厚积薄发

以厚积薄发四字篆印一方
赠高等教育出版社

李岚清
二〇〇七年初秋

生也有涯

学無止境

任繼愈

教育部哲学社会科学研究后期资助项目

物理学革命的哲学思考：
寻找"科学统一性"方向的探索研究

Wulixue Geming de Zhexue Sikao
Xunzhao Kexue Tongyixing Fangxiang de Tansuo Yanjiu

○ 曹文强　贺恒信　著

高等教育出版社·北京
HIGHER EDUCATION PRESS BEIJING

图书在版编目（ＣＩＰ）数据

物理学革命的哲学思考：寻找"科学统一性"方向
的探索研究 / 曹文强，贺恒信著. -- 北京：高等教育出
版社，2014.1
ISBN 978-7-04-038610-3

Ⅰ. ①物… Ⅱ. ①曹… ②贺… Ⅲ. ①物理学哲学-
研究 Ⅳ. ①04-02

中国版本图书馆CIP数据核字(2013)第245301号

策划编辑	杨亚鸿	责任编辑 杨亚鸿	封面设计 张 志	版式设计 王 莹
插图绘制	杜晓丹	责任校对 杨雪莲	责任印制 张福涛	

出版发行	高等教育出版社	咨询电话	400-810-0598
社　　址	北京市西城区德外大街 4 号	网　　址	http://www.hep.edu.cn
邮政编码	100120		http://www.hep.com.cn
印　　刷	北京市白帆印务有限公司	网上订购	http://www.landraco.com
开　　本	787 mm×960 mm　1/16		http://www.landraco.com.cn
印　　张	50.75		
字　　数	910 千字	版　　次	2014年1月第1版
插　　页	2	印　　次	2014年1月第1次印刷
购书热线	010-58581118	定　　价	150.00 元

谨将此书献给我尊敬的父亲曹国卿先生、亲爱的母亲谢素君女士！

——曹文强

谨将此书献给我亲爱的夫人赵华女士！

——贺恒信

总　序

　　哲学社会科学是探索人类社会和精神世界奥秘、揭示其发展规律的科学，是我们认识世界、改造世界的有力武器。哲学社会科学的发展水平，体现着一个国家和民族的思维能力、精神状态和文明素质，其研究能力和科研成果是综合国力的重要组成部分。没有繁荣发展的哲学社会科学，就没有文化的影响力和凝聚力，就没有真正强大的国家。

　　党中央高度重视哲学社会科学事业。改革开放以来，特别是党的十六大以来，以胡锦涛同志为总书记的党中央就繁荣发展哲学社会科学作出了一系列重大决策，党的十七大报告明确提出："繁荣发展哲学社会科学，推进学科体系、学术观点、科研方法创新，鼓励哲学社会科学界为党和人民事业发挥思想库作用，推动我国哲学社会科学优秀成果和优秀人才走向世界。"党中央在新时期对繁荣发展哲学社会科学提出的新任务、新要求，为哲学社会科学的进一步繁荣发展指明了方向，开辟了广阔前景。在全面建设小康社会的关键时期，进一步繁荣发展哲学社会科学，大力提高哲学社会科学研究质量，努力构建以马克思主义为指导，具有中国特色、中国风格、中国气派的哲学社会科学，推动社会主义文化大发展大繁荣，具有十分重大的意义。

　　高等学校哲学社会科学人才密集，力量雄厚，学科齐全，是我国哲学社会科学事业的主力军。长期以来，广大高校哲学社会科学工作者献身科学，甘于寂寞，刻苦钻研，无私奉献，开拓创新，为推进马克思主义中国化，为服务党和政府的决策，为弘扬优秀传统文化、培育民族精神，为培养社会主义合格建设者和可靠接班人做出了重要贡献。本世纪头 20 年，是我国经济社会发展的重要战略机遇期，高校哲学社会科学面临着难得的发展机遇。我们要以高度的责任感和使命感、强烈的忧患意识和宽广的世界眼光，深入学习贯彻党的十七大精神，始终坚持马克思主义在哲学社会科学的指导地位，认清形势，明确任务，振奋精神，锐意创新，为全面建设小康社会、构建社会主义和谐社会发挥思想库作用，进一步推进高校哲学社会科学全面协调可持续发展。

哲学社会科学研究是一项光荣而神圣的社会事业，是一种繁重而复杂的创造性劳动。精品源于艰辛，质量在于创新。高质量的学术成果离不开严谨的科学态度，离不开辛勤的劳动，离不开创新。树立严谨而不保守，活跃而不轻浮，锐意创新而不哗众取宠，追求真理而不追名逐利的良好学风，是繁荣发展高校哲学社会科学的重要保障。建设具有中国特色的哲学社会科学，必须营造有利于学者潜心学问、勇于创新的学术氛围，必须树立良好的学风。为此，自 2006 年始，教育部实施了高校哲学社会科学研究后期资助项目计划，旨在鼓励高校教师潜心学术，厚积薄发，勇于理论创新，推出精品力作。原中央政治局常委、国务院副总理李岚清同志欣然为后期资助项目题字"厚积薄发"，并篆刻同名印章一枚，国家图书馆名誉馆长任继愈先生亦为此题字"生也有涯，学无止境"，此举充分体现了他们对繁荣发展高校哲学社会科学事业的高度重视、深切勉励和由衷期望。

展望未来，夺取全面建设小康社会新胜利、谱写人民美好生活新篇章的宏伟目标和崇高使命，呼唤着每一位高校哲学社会科学工作者的热情和智慧。让我们坚持以马克思主义为指导，深入贯彻落实科学发展观，求真务实，与时俱进，以优异成绩开创哲学社会科学繁荣发展的新局面。

教育部社会科学司

序

人们对物理世界乃至整个物质世界的认识，总是伴随着科学知识的世代积累和创新而逐渐深化和拓展的。科学知识的不断积累和创新，人的认识的不断深化和拓展，势必导致以科学知识体系、科学理论基础、科学思维方式的根本变革为特征的科学革命。

科学革命问题，历来是科学哲学、科学学、科学社会史等众多学科的共同关注点。历史上被称为自然科学借以宣布其独立的哥白尼天文学革命，19世纪细胞学说、进化论、能量守恒与转化定律三大发现引起的自然科学革命，放射性发现引起的物理学革命，一直是这方面研究的重要例证。20世纪中期T.S.库恩《科学革命的结构》一书的出版，引发了当代科学哲学和科学社会学对科学革命问题的进一步深入研究。

近期，由曹文强、贺恒信两位教授撰写的《物理学革命的哲学思考》一书，既可看做历史上有关科学革命问题研究的继续，亦可看做当代这类研究的缩影。

粗略地翻一翻这本书稿，触目惊心的字眼随处可见——"牛顿力学需要修正"，"'熵增加原理'不是一个正确而普适的基本原理"，"相对论的意义并不在于'相对'二字"，"测不准原理是违背事物客观性、将人为的'主观介入'因素引进理论的错误原理"，等等。这些20世纪以来已经深入人心，甚至被许多人奉为圭臬的观念都受到了质疑。

然而，仔细地读下来，随着作者用简明而扎实的数学物理论证证明了自己的观点，并用对牛顿力学以来物理学主要建树的理论结构、实质意义、主要缺陷及其原因所在、克服缺陷的途径等问题的分析来证明自己所提出的观点的合理性，从而使上述疑问逐渐被解开。

在本书里，作者并没有把自己的分析仅仅局限在物理学的框架之中，而是在更高的层次上进行了深化和拓展。作者以物质观、认识论为评判标准，完整地提出了检验真理的"C判据"，并用之检验和审查所有的一切。因而，以"物理学革命的哲学思考"作为书名是相当切题的——既不是单纯脱离哲学的纯数学物理的推演论证，也不是脱离具体科学实践的纯哲学思辨和空洞的说教。

在分析了20世纪以来物理学革命的成就和问题的基础上，作者试图提出一个新的理论体系。他们认为，这一新的理论体系克服了前述的种种弊端，不仅可以将现有的主要物理学理论统一于以粒子论为基础的认识之中，而且开辟了自然科学同生命科学、社会科学的连接通道。这可能是在科学统一性道路上迈出的重要的一步。

从哲学的角度看，本书提出了一个根本性的哲学命题——说到底，世界是由非物质性的"空"和物质性的"有"组成的。非物质性的"空"是一个空而静的参考框架，是一种无任何物质存在的客观存在方式。唯独有了它，一切以"粒子"方式存在的物质性的"有"及其运动、结构和演化方式等才能被凸显出来，获得一种不依赖于任何人为性的统一认识——而这才是真的认识。依据这种根本性的认识，"物质"这一最基本的概念获得了科学定义——物质是由其特征属性、时空属性和结构属性组成的有机整体。由此出发，在肯定牛顿绝对时空间的基础上，上述所有那些"质疑"则全部被逻辑地作出了说明（包括其相应的数学物理论证）。由一个基点出发推演出所有这一切，表明这个命题反映了事物的本质，这无疑印证了一个观点：原本简单而质朴的自然，必须用简单而质朴的根本性思想才能真正把握。

本书令人信服地说明，哲学作为一个"总的科学"，并没有失去存在的价值；然而，哲学只有放下它尊贵的身价，同具体的科学实践做进一步的紧密结合，才能免于陷入"贫困化"的泥沼而真正起到它应有的指导性作用。对于科学事业而言，本书的探索给我们的启示则是：自然科学工作者同样迫切需要哲学的指导，需要一个认识论的变革，一种正确的物质观念。唯有如此，才能真正在探索科学统一性的道路上勇往直前。

需要说明的是，由于本书的内容极其丰富，涉及面甚为广阔，因而在这短短的"序言"中不可能全面介绍。我预期人们读过本书之后，会有所收获。

当然，正如作者所说，这本书也只是一家之言，也只是对20世纪以来的物理学发展的一种视角和实现科学统一性的途径的一种可能方案的探索。他们并没有宣称自己垄断了真理。存在不同的看法和观点是难免的。这些不同的看法和观点之间的交流和碰撞，正是科学发展的最重要的动力之一。我期待着在"宽容"、"公正"的前提下去看待他们的工作并与之进行自由的讨论。通过这种讨论，我们一定会在探索科学统一性的道路上迈出更为坚实的步伐！

在即将结束这篇"序"的时候，让我说几句也许并不算是多余的"闲话"。据作者讲，他们就这一课题进行了整整 18 年的探讨，其中的艰辛唯有自知；其间仅整理书稿，就花了大约两年的工夫。这不能不令人万分感慨：何止是"十年磨一剑"！然而，他们对此却淡泊而平静。在国内学术界日显浮躁的今天，可能唯有这份淡泊与平静，才有可能催生出一批有分量的科学作品来。我祝愿这样的作品能够更多地问世。

2008 年 2 月 北京中关村 *

---

* 陈益升教授原系中国科学院自然辩证法通讯杂志社《科学与哲学》编辑室主任，中国科学院科技政策与管理科学研究所科学学研究室主任，研究员，中国科学学与科技政策研究会副理事长，《科学学研究》、《科学学译丛》主编。

目　　录

第1编　引　　论

第 2 编　物理学革命的回顾与分析——一种基于物质观的新视角

绪　言

　　如人们所认识到的那样，在我们这个统一的物质世界里，虽然有着以自然形态、生物形态和社会形态存在的多种多样的物质形态，但却都是运动着的物质的各种不同的表现形式；在演化的意义上，它们都是物质性宇宙发展变化的产物，都遵从物质发展变化的统一的本源性基本自然规律。正是由于这一原因，才使得以研究自然现象、揭示本源性基本自然规律为宗旨的物理学，获得了作为基础的"元科学"或"科学基石"的特殊地位，也使其他各门学科都对物理学寄予特殊的厚望：在寻找该学科领域的"特殊性"之后，都会"形而上"地去追问更深层次的原因——希望物理学基于自然规律的必然性说明它们所提出的问题；而如果得不到物理学的回答的话，就会感到尚未寻到"根"，还未求得"本源性"的答案。

　　而物理学经过漫长的发展历程，特别是 20 世纪以量子论、相对论为标记的物理学理论建立之后，在对宏观、宇观、微观的大跨度、全域性的扫描与研究中，已经取得了一系列十分重要的进展，极大地丰富了人们对整个物质世界的认识。物理学以及它所带动的相关学科和相关产业，将数不清的成果应用于人类的生产和生活领域，极大地改变着人们的生产方式和生活观念，以其辉煌的成就，展示了它作为推动社会前进巨大杠杆的强大功能。同时，物理学还向横的方向拓展，不断促成学科的交叉融合，在各个领域烙上自己的印记：传统化学被改造成为物理化学、量子化学；传统生物学则被提升为生物物理学、量子生物学或生命理论物理学；即使在社会科学领域，"耗散结构"、"协同学"、"系统论"等物理思想和理论，也被广泛用于解释社会和社会中各组织系统的发展演化……所有这一切构成了一个标志，一个任何有识之士都不能忽视的大变革的标志：人类将经历一场更大规模的科学综合，以使得我们能从自然规律的本源性出发，重构一幅可以理解的世界绘景。它不仅可以促进科学的加速发展，还可以让我们以清醒的头脑认识全球性社会进化的趋势与必然，在规律的把握之中抓住机遇，勇敢地面对种种严峻挑战。

然而，就是在这种情况下，"科学正在走向终结"的悲观论调却再次问世。美国资深记者霍根（J. Horgan）在根据对许多知名学者的访问及与他们的谈话的内容写就的《科学的终结》一书中断言，不仅物理学已走到了穷途末路，甚至连一切自然科学都到了该散场的地步。

与上述"悲观论者"不一样，我们属于科学的"乐观主义者"：科学并没有"终结"，相反，它正在准备迎接一场革命大风暴的洗礼。因为问题是如此的明显：作为20世纪物理学理论支柱的相对论和量子论，均将"主观介入"作为认识论的基础，而这一基础是明显背离自然中心主义原则的；与之相关联的，是一系列涉及物理学理论根基的根本性困难，在现有理论的框架内已无法克服。并且，这一"内部"困境又与物理学不能面对来自生命科学、社会科学的强有力挑战的"外部"困境密切相关。可见，认识论基础上的缺陷与理论面临的困境是互为因果的。它已经使物理学甚至整个科学都陷入了深刻的危机之中。

不少有识之士已经深深地感受到了危机的严重性，并预言物理学将发生一场更深刻的科学革命。这正如伯纳尔（Bernal）所指出的：

> 没有一个了解当前困难的人会相信用简单方法或者将现有理论进行修改就可以挽救物理学的危机。需要根本性的变革，而且这些变革将大大超出物理学的范围。新的世界观正在形成，但在它定型之前还需要很多试验和争论。它必须自圆其说，它必须包括并说明基本粒子及其复杂场的新知识，它必须解释波和粒子的悖论，它必须使原子里的世界和广阔的宇宙空间同样能够被理解。它必须具有不同于所有以往的世界观的维度，而且本身包含有关新事物的起源和发展的说明。在这方面它自然会与生物学、社会科学的趋同倾向相一致——这两门科学都将一个正规的模式同它的演进历史融合在一起。①

---

① 转引自［美］冯·贝塔朗菲：《一般系统论——基础、发展和应用》，林康义等译，清华大学出版社1987年版，第3-4页。

M. 雅梅则进一步上升到哲学层面和文化统一性的高度来认识这一问题。他深刻指出：

> 亚里士多德和牛顿的物理学通过与哲学的结合分别都得出了一个自洽的和在理智上满意的世界图景，与此相比，现代物理学没能做到这一点。物理学家尽管把视野扩展到了亚微观小、宇观大的领域，但仍然发现自己迷失在一个他不透悟的宇宙中。单独由物理学家就能改变这个局面是不大可能的。很可能只有通过与其他科学和哲学协调一致的合作，物理学才能重新达到一个自洽的世界图景。正如 M. V. 劳厄曾一度表示过的那样，物理学"只有给哲学以帮助才能赢得其尊贵"。我之所以会有这种看法，是因为所有科学必须以哲学为其公共的核心组织起来，而且这也是它的最终目的。这样，只有这样，才能在科学日益不可阻挡趋于专业化的情况下，保持科学文化的统一性，没有这个统一性，整个文化都会走向衰败。[①]

而从哲学的高度看问题，相对于经典力学的自然中心主义而言，20 世纪物理学中以"主观介入"为理论基础的人的中心主义绝不是认识论上的进步，反而是一种倒退——正是由于没有清醒地认识到这一点，才把我们带入了深刻的危机之中：人的中心主义见诸物理学领域，是肆意扭曲客观世界的种种诡异和神秘主义的"学说"，被堂而皇之地塞进所谓"未来科学革命"的思想变革和理论描述之中，让我们更远离了自然的本性。映射到社会领域之中，是狂热的、各种名目的原教旨主义思潮泛滥；是自私而贪婪的人类不顾及地球的承载力，使人口爆炸式地增长；是享乐至上和金钱万能的物欲横流在加速物种的消亡和生态的急剧恶化；是让社会达尔文主义的丛林法则激活了形形色色的极端民族主义、国家利益至上主义，让无序的竞争和对自然资源的争夺日益白热化；是新的军事结盟和高科技的军备竞赛悄然兴起，正为新的世界战争集聚着毁灭性的力量……而这一切，正在提出一个严肃的警示：人类若不摈弃人的中心主义而向自然中心主义回归的话，就一定会踏上自我毁灭的不归路！

因而，我们就应当以"道法自然"的宏大气魄，回到自然中心主义的基点上看待物理学的"内、外困境"，在正确哲学观念的指导下，通过对物理学的再认识，寻找出支配万事万物（包括以自然形态、生物形态和社会形态存在的各种物质形态）的统一的基

---

① M. 雅梅：《新物理哲学含义思考》，王作译，载《自然科学哲学问题丛刊》1983 年第 3 期，第 19 页。

本自然规律；不仅为科学的进一步发展开辟出一条新的道路，而且为社会进化和世界的未来指明方向。而哲学则应当从它目前的思维框架和传统领地中走出来，与其他学科、特别是物理学做更紧密的结合，回到"一切科学形态的公共核心"的位置上来，义不容辞地挑起给具体学科提供指导的重担，而不是只沾沾自喜于纯思辨的认识或亦步亦趋地做科学的"跟班"。这一十分重要的探索方向，构成了本书的中心内容。

　　本书共分为三编。第 1 编探讨哲学如何具体指导物理学研究的问题——将"哲学指导"转换为具体的"理论评判标准"（即"C 判据"），以便为物理学确立起正确的物质观、认识论和方法论基础。第 2 编以"C 判据"为标准，采取哲学思辨和具体的数学物理论证相结合的方法，检验和反思现存的物理学基本理论。目的是为了充分揭示它们在物质观和认识论方面的革命性意义，找出它们不完善的地方及产生问题的根本原因，以便扬弃这些理论中不合理的成分而保留继承其合理内核，作为进一步前进的出发点。第 3 编以正确的哲学观念为指导，讨论变革的可能方向，建立起一个相对而言具有更高程度科学统一性的理论框架和认识论框架——系统结构动力学（简称 SSD），并论证它可以基本实现物理学内部几大理论"板块"的连通统一，可以为解释生命现象中的自组织、意识和精神现象的物质性以及生物和社会进化的目的与方向等提供理论基础，从而架起一座物理学同生命科学、社会科学相衔接的桥梁。由此展示出了基于自然规律本源性的这一理论所具有的初步功能和它十分重大的潜在性价值。

　　需要说明的是，正由于本书基于"自然中心主义"这一"道法自然"的世界观维度，因而它在继承中又必然将强烈挑战 20 世纪物理学中的以"主观介入"为理论基础的"人的中心主义"的旧世界观。因而必造成对物理学现行理论以及"测不准原理"、"相对性原理"、"熵增加原理"、"大爆炸理论"等一系列物理学"公认"根基的"另类"解读。而由于物理学是一种以定量数学语言为工具的理论，所以，要使得这种挑战和新建立的理论思维真正能站得住脚，就必须进行严密的数学物理论证。当然，我们也注意尽可能地少用或采取最简单的数学论证来达到目的，以减轻一般读者的阅读困难。事实上，不熟悉数学物理论证的读者，完全可以越过数学公式，只看书中的文字论述部分，通过上下文逻辑关系的把握，来理解本书的中心内容，也许它同样能使读者获得某种心灵的震撼和思想的启迪。对专业的物理学、哲学、社会学、数学、生物学、化学等领域的工作者和相关专业的教师而言，本书崭新的视角或许能使您诱发出新的灵感，开辟出新的研究领域和方向，以更深刻的认识为基础从事教学和科研。在校的研究生和大学生们，可以从本书中捕捉到不少新思想的气息，不仅有助于他们对传统教材的学习与掌握，可能更有助于他们从"正统"思想的禁锢中摆脱出来，特别是有助于思维方式和创新意识的训练。即使对一般社会公众——无论是从政、从商、从事新闻媒体的工作还是从事其他事业——该书对他们也许都会有所裨益，他们可以从中悟出自己应如何看待我们的宇宙，如何看待我们这个飞速发展的社会，以更好地开拓发展事业，设计人生道路。

总之，本书的基本观点是：世间的一切都是物质性宇宙发展演化的产物，必定遵从宇宙发展演化的统一的基本自然规律，因此并不存在独立于自然规律之外的生命和社会。正因为如此，当今正在孕育着的科学革命和社会革命是相互呼应的。本书从自然之源出发进行的科学统一性探索，映照着的是当今世界的一个重要趋势——反省人的中心主义所带来的种种弊端，重新回到尊重自然规律、向自然回归的正确道路上来。这样，也只有这样，人类才有希望，才能在与自然的和谐之中生活得快乐和幸福。同时，本书的核心理念来源于中国的"阴阳根本律"，研究思路是继承与创新相结合的方法，它雄辩地说明了以包容性与和谐性为特质的华夏文明，为什么会是"四大文明"中唯一不曾中断的文明——这不是我们作为炎黄子孙的自我欣赏，而是通过数学物理方程所表达的自然规律被充分证明的：华夏文明的发展与自然规律所揭示的进化规律间具有深刻的平行性。因而，在由全球化所推进的全球社会进化中，必将迎来在新的历史条件下融进了西方文明中的积极性、创造性因素之后的，以和谐理念为中心的华夏文明和东方文化的复兴。由此出发我们才能对中国、亚洲乃至所有新兴国家的崛起和东西方文明的对话有一个全新的认识。

当然，本书只是一本探索性的著作，我们的观点也只是探索科学统一的洪流中的一朵浪花，是各种不同观点的一种和不同的解决方案之一。特别是由于时间仓促，其推导论证也许还有许多不够完善的地方。因此，我们十分期盼读者的批评指正，期盼不同意见和观点之间的交流与碰撞。我们认为，正是这种不同意见的交流，才会极大地促进科学事业的飞速发展。

最后，衷心感谢教育部社科司、高等教育出版社、兰州大学科研处的大力支持；正是这种支持，才使得本书能够顺利出版。感谢我国著名哲学家陈益升先生给本书写了十分精彩的序言。感谢在本工作的进行过程中提供帮助的各界朋友。特别要感谢我们各自的家人，他们的默默奉献始终在鞭策着我们。本书的出版，既是对我们发自内心深处的对祖国和人类命运的"忧患"以及对朋友们的鼓励、帮助的一个交待，也使我们艰苦探索18年的历程暂时告一段落。我们希望本书能为各界朋友带来一股"清新的风"，如果人们阅读本书后有所感悟的话，那将是我们莫大的欣慰。

第 1 编
引论

第1章　继承爱因斯坦的科学精神，努力探索"科学统一性"的方向

1905 年，一个 26 岁的年轻人在德国《物理学纪事》17 卷上发表了三篇论文，它们是：

1. 《布朗运动理论》。该文论证，静止液体中悬浮的粒子越小，位移越大；将其外推到分子般大小的粒子，就是分子的热运动。由此建立起的布朗（Brown）运动理论，事实上支持了约翰·道尔顿（J. Dolton）的"原子论"（即"粒子说"）的观点。这使得"实证论"者（如马赫和奥斯瓦耳德等）对分子存在的诘难，终于不得不销声匿迹，烟消云散。

2. 《论动体的电动力学》。该文突破了牛顿的绝对时空观念，证明了时间和空间的相对性的正确性（包括提出了著名的质能关系式 $E = mc^2$），标志着狭义相对论的诞生。

3. 《关于光的产生和转化的一个启发性的观点》。在对辐射问题的讨论中，该文提出了"光量子"的概念（后来人们将其称为"光子"），肯定了光的"粒子性"。由此肯定和提升了普朗克关于"量子"的概念，赋予了普朗克的"量子""粒子性"。

这三篇文章，每一篇都能使作者赢得垂诸久远的声誉，并确立起其作为"伟大科学家"的地位；三篇这样的文章出自一人之手，在科学史上实为罕见。这三篇文章的作者，就是当时在伯尔尼瑞士专利局任"三级技术员"的爱因斯坦——他后来被人们称作 20 世纪最伟大的科学家，被誉为世纪性的天才。这样的称谓一点都不过分——因为众所周知，20 世纪的物理学是以相对论和量子论作为其支柱的；而在这两个领域中，爱因斯坦从宇观到微观纵横驰骋，取得了一系列开创性、革命性的成果。在 20 世纪的"科学圣坛"上，是没有人可以与之比肩的。

9

第 1 节 爱因斯坦的伟大科学成就

爱因斯坦从小就对自然现象抱有强烈的好奇心，勤于思考，勇于探索，经常向老师提出一些稀奇古怪、无法解答的问题。他还十分喜爱哲学思考，12 岁开始阅读通俗的科学和哲学读物，13 岁就读过康德的《纯粹理性批判》，初步接受了传统的科学自然主义的唯物论思想。但爱因斯坦小时候却被就读的学校认为行为古怪，甚至精神上有问题，因而被赶出了校门。不过热爱科学的爱因斯坦并不因此气馁，又转到苏黎世完成了自己的学业。大学毕业后，爱因斯坦未能如愿在大学里谋得一个职位，只好在同学罗斯曼的父亲的帮助下，于 1902 年到设在伯尔尼的瑞士专利局去做一个小职员。在这里，他一直工作到 1909 年。当时虽然薪金不高，但毕竟使得爱因斯坦摆脱了失业的威胁，有了一个相对安定的生活环境。更重要的是，他可以利用业余时间自由地思考和研究他感兴趣的自然科学和哲学问题。爱因斯坦一生中最重要的科学成就，都是在这最富创造力的几年间完成的。

在 20 世纪初古典物理学出现危机的关键时刻，爱因斯坦无疑是引领物理学重大变革的一面光辉旗帜。他顽强的科学探索精神和不懈的理性思考结出了累累硕果。他所提出的狭义相对论和广义相对论，挑战并改变了经典的时空观念和物质观念，为人们从根本上弄清楚"物质"这一最基本的概念，提供了新的启示。狭义相对论中给出的质能关系式，为原子能这一新能源的揭示与开发提供了依据。广义相对论中给出的宇宙常数项，预示了产生排斥力的暗能量的存在。他与其他一批科学家一起建立的宇宙构造及其起源、演化的模型，丰富了人们的宇宙观。同时，他还是量子论的重要奠基人之一。他提出的集"波动性"和"粒子性"于一身的"光量子"概念，不仅完善地解释了光电效应，而且启示薛定锷（Schrödinger）建立了量子力学的波动表象。他发展了原子论和统计力学，解释了布朗运动、比热、受激辐射等一系列现象，其中的受激辐射理论直接导致了激光的问世。他与玻色（Bose）合作，提出了玻色–爱因斯坦量子统计，预言了玻色凝聚态的存在。他质疑统计量子力学的基础，为人们不断深入思考量子力学的基础性问题，提供了新的启示与动力。他所提出的量子纠缠态（Entangled state），开辟了量子信息的新领域。晚年他又致全力于建立统一场论，虽直至辞世尚未取得成功，但他的思想、精神，以及他的研究思路（即从高维几何局域对称性出发，进行相互作用力场统一研究的思想），却为其后量子场论的提出与发展提供了养料，至今仍指引着统一场论的发展方向，并已经在对弱、电和强相互作用的统一性的探索中得到了体现……

回顾爱因斯坦光辉的一生，追溯他创造性思想的足迹，常使人有一种"高山仰止"

的感觉。他的思想之深邃，目光之犀利，思维之敏捷，意志之坚毅，品德之高尚，都将永远成为科学后辈仿效的楷模！

第 2 节　爱因斯坦科学思想的简单概括

爱因斯坦的思想是复杂的、多维的和发展变化的。全面地评述爱因斯坦的科学思想，绝不是在本节这短短的篇幅中可以完成的任务。但我们却可以根据爱因斯坦的科学实践，将他较为一贯的、正确的主体性思想，做以下简单的概括。

一、承认物质世界和自然规律的客观性　　　　　　　　　　　　　　　　　(A_1)

这是爱因斯坦的一贯思想，也是爱因斯坦思想的基础。他在纪念麦克斯韦 (J. Maxwell) 时所讲的话——"相信有一个离开知觉主体而独立的外在世界，是一切自然科学的基础"[①]，代表了他坚持科学自然主义哲学观的坚定不移的立场。科学史也反复证明，无论是谁，只要他放弃科学自然主义唯物论（爱因斯坦称为"实在论"）的基本信仰，就一定会犯根本性的错误。这不是武断，因为存在着一个明白无误的事实：自然及其内在规律是先于人类而早已存在的。

二、认为自然规律可以用符合逻辑的理性思辨来把握　　　　　　　　　　　(A_2)

爱因斯坦一贯崇尚理性思维的巨大创造性作用。他之所以这样认为，一方面是因为他坚信物质世界及自然规律的客观性：既然物质世界及其规律是客观存在的，那么你是否做实验去观测它，它同样都会存在。另一方面也是因为他相信人类理性的巨大创造性功能，即人可以用符合事物自身发展逻辑的理性思辨，透过表象把握客观的规律。因为，只有不符合逻辑的思维，却没有不符合逻辑的事物。爱因斯坦一生主要运用逻辑实证主义的方法所取得的巨大科学成就（在下面的章节中我们还将对此做详尽的论述），用其伟大的科学实践雄辩地证明了这一点。

三、坚定地认为自然规律的表述应尽可能达到逻辑的自洽性和结构的简单性，并且认为这种规律应表现为必然性的因果规律　　　　　　　　　　　　　　　　　(A_3)

坚信自然规律的统一性，显然是爱因斯坦探索真理和创立相对论的指导思想。他认

---

① 爱因斯坦著：《爱因斯坦文集》（第一卷），许良英等编译，商务印书馆 1976 年版，第 292 页。

为对自然规律表述的逻辑自洽性，是自然规律统一性的必然要求。这种统一性的规律也必然是简单的，因为只有简单性才能覆盖复杂性。同时，统一的自然规律又一定是本源性的——因而必然是因果性的规律。因此，爱因斯坦相信，"科学研究能破除迷信，因为它鼓励人们根据因果关系来思考和观察事物。在一切较高级的科学工作的背后，必定有一种关于世界的合理性或者可理解性的信念"①——偶然性的背后若仍是偶然性的话，预示性的科学就失去了其存在的基础和存在的价值。"我无论如何深信上帝不是在掷骰子"②，爱因斯坦的这一名言，代表了他对自然规律的客观性和具有可循因果性的坚定信念。

四、认为作为理性思辨产物的理论必须接受可重复性实验的检验，但在这种检验中，理论与实验之间应具有内在的统一性与自洽性　　　　　　　　　　　（A₄）

只有考虑到理论思维同感觉经验材料的全体总和的关系，才能达到理论思维的真理性。这是爱因斯坦站在理论物理的基石上对于自然科学的认识论和方法论进行了前所未有的一般考察后得出的结论之一。他认为，基于因果性自然规律的统一性，实验才具有可重复性，实验检验所用的理论基础与所检验的理论之间才具有内在的统一性与自洽性，理论才可能为实验所检验，检验的结果才是可信的。这种内在关系现在已经成为了广大科学家较为一致的信念。

五、用历史的、批判的和发展的眼光去看待现存的科学理论和人类的思想遗产，勇于探索，执着追求，敢于创新　　　　　　　　　　　　　　　　　　　　（A₅）

这是爱因斯坦科学精神和科学思想的精髓。人们对此已经进行了充分的论证，我们就不再赘述了。

爱因斯坦光辉一生的伟大科学实践，较忠实地贯彻了他以上的科学思想。

1929年，一位犹太教领袖用电报询问爱因斯坦对上帝的信仰，他礼貌地回答了那句很有名的话："我信仰斯宾诺莎的那个在存在事物的有秩序的和谐中显示出来的上帝，而不信仰那个同人类的命运和行为有牵累的上帝。"③

事实上，在斯宾诺莎看来，自然就是上帝，自然法则是上帝的指令。爱因斯坦信仰

---

① 爱因斯坦著：《爱因斯坦文集》（第一卷），许良英等编译，商务印书馆1976年版，第244页。
② 爱因斯坦著：《爱因斯坦文集》（第一卷），许良英等编译，商务印书馆1976年版，第221页。
③ 爱因斯坦著：《爱因斯坦文集》（第一卷），许良英等编译，商务印书馆1976年版，第243页。

"斯宾诺莎的上帝"，就是相信自然规律的客观性，由此可见他是以（A_1）作为自己的基本信仰的。爱因斯坦把斯宾诺莎视为自己的人生榜样，十分仰慕他的"唯理论"思想，这是因为他相信自然界的统一性与合理性，相信人的理性思维的创造性能力，由此确立了他对（A_2）和（A_3）的信仰。（A_5）既来自爱因斯坦的基本哲学观念，也来自他本人的性格特点。正因如此，他才能用批判的和发展的眼光看待休谟的"经验论"，既看到了经验论的短视（如爱因斯坦所指出的那样，"产生出一种致命的'对形而上学的恐惧'，它已经成为现代经验论哲学推理的一种疾病"[1]（注：这里的"形而上学"指哲学的本体论），又吸收了休谟思想中要求一切在传统上被认为是先验的东西却要回到经验的基础上来验证的正确成分，用来改造斯宾诺莎的极端唯理论以清除其先验论的谬误成分，并由此形成了爱因斯坦所坚持的（A_4）的观点。

需要说明的是，爱因斯坦的相对论深受马赫（E. Mach）的影响。马赫在1883年出版的《力学及其发展的历史批判概论》一书中高度评价了牛顿力学的贡献，又批判了牛顿的绝对时间和绝对空间的概念，认为没有绝对的、永恒不变的时空，时空总要随着经验条件的变化而变化。他还提出了惯性来源于物体与宇宙其余部分的相互作用的观点。马赫的批判精神和相对主义观点给爱因斯坦创立相对论以很大的启发。爱因斯坦也明确承认他继承了马赫的工作，认为如果没有马赫，他不可能提出相对论，所以他称马赫为"相对论的先驱"[2]。由于这一原因以及爱因斯坦在某些论述中采用过马赫的语言（如"思维经济"等），在苏联和中国曾长期把爱因斯坦当作马赫主义者来批判。应当说这种批判并非学术观点上的平等交流与讨论，是违背科学精神的，是一种非科学的批判。至于"相对主义"哲学观是否正确，相对论的真正意义在于"相对"二字还是在于其他方面，当然并不是不可以讨论的。然而这种讨论应当是实事求是的和充分说理的。因而我们认为，从总体上说，爱因斯坦从休谟、马赫那里所吸收的正面的科学思想是主流，他对休谟、马赫他们在哲学基本问题上的错误观点是有所警惕的。他早期的光量子理论已经表现出对马赫的"经验论"和"实证论"的批判；而后来在与哥本哈根学派关于量子力学基础的论战中，则更远离了马赫哲学而坚定地站在了科学自然主义这个正确的基本立场之上。

前面我们说过，爱因斯坦的思想，包括其科学思想和哲学思想，是复杂的、多维的和发展变化的，绝不可能用上述的简单概括来加以全面总结。就哲学思想而言，任何一

---

[1] 爱因斯坦著：《爱因斯坦文集》（第一卷），许良英等编译，商务印书馆1976年版，第410页。
[2] 爱因斯坦著：《爱因斯坦文集》（第一卷），许良英等编译，商务印书馆1976年版，第273页。

种比较完整的哲学都包括本体论、认识论和价值论三个组成部分，且以本体论即世界观为基础。按这种“完整的哲学”的评价标准来讨论爱因斯坦的思想，不是本书的特定目标，而是哲学家们所关心的论题。我们的目的只是用上述的办法将爱因斯坦主流性的正确思想简单概括出来，以作为本书的指导性思想。

第3节　继承爱因斯坦的科学精神和科学思想，努力探索“科学统一性”的方向

一代科学巨星爱因斯坦离开我们已经半个多世纪了。他那个时代物理学的辉煌，已经成为了永不磨灭的历史陈迹。今天我们纪念爱因斯坦，不应当仅仅停留在对于他的伟大的赞叹中。如果爱因斯坦有在天之灵，他一定会希望我们踏着他的足迹不断向前奋进，去创造 21 世纪科学的新辉煌！

我们知道，爱因斯坦十分重视正确而深入的哲学思考。正是由于这一点，才使得他比当时所有的物理学家都站得更高，看得更远，才使得他以极其敏锐的目光抓住了引导物理学发生变革的理论方向。他在 1905 年，以一个“业余科学家”的身份发表的改变 20 世纪物理学面貌的 5 篇重要论文，使他凭借着自己闪光的思想、扎实的数学物理功底和孜孜不倦的求索精神步入了庄严的科学殿堂。其后，他在 1908 年提出了推广狭义相对论到加速坐标系的任务，1909 年开始认识到加速度和重力等价的关系，并在经过 6 年的艰苦努力之后，于 1915 年建立起了引力的广义相对论。成名之后，爱因斯坦不仅以谦虚和求实的态度看待自己所取得的成就，且十分看重和强调成就表象背后的思想。就理论的价值与思想的价值相比较而言，他更为看重后者。

爱因斯坦的这一观点印证了如下的认识：以数学表象为载体的物理学所荷载的是物理学家们的思想，而思想的背后则是他们看待客观物质世界的世界观和方法论。当然，数学对于现代物理学十分重要，但数学表象背后的物理思想却更为重要。因为，物理学即使缺少了数学这个载体，它仍可以用定性的语言来表述——虽在数学的意义上减少了精确性与严密性。所以，虽然作为定量语言工具的数学在物理学中处于显要的地位，但它却不是物理学的真正基础。正确的物质观、正确的物理图像才是物理学真正而直接的基础。物理学中的一切以数学形式表现的前提、假定、定律、理论及论证等，均不能与上述基础脱离。脱离了这个基础，物理学就不成为物理学，而成为一种抽象的数学游戏了。在物理学高度数学化的今天，如果我们认识不到这一点，物理学将迷失方向而沦为数学的附庸，或者变相地成为数学的一个诠释性的分支学科。也就是说，隐于物理学理

论背后更深刻而本质的东西是物理学的物质观、认识论和哲学思想——正因如此，在怀念爱因斯坦的同时，我们更应将目光聚焦在对他的思想的追踪上。通过继承与发扬爱因斯坦的思想和精神，才能在对 20 世纪物理学的成就与困难有较正确认识的基础上，较准确地把握 21 世纪物理学的发展方向，并阔步奔向"科学的统一"的宏伟目标。

然而，我们不能不遗憾地问，当前的物理学界真正深刻地认识到这一点了吗？

我们认为，似乎没有。因为当前的情形同 20 世纪初时有点相像。20 世纪前，物理学经过艰难的跋涉，已经在一定的意义上实现了三次科学的大综合（即在一定范围内的科学统一）——它们是经典力学、电动力学和热力学，人们通常将它们统称为"经典物理学"。由于经典物理学涉猎的领域是如此的广泛，取得的成就是如此的辉煌，以至于当时的人们误认为物理学已走到了它的尽头。

然而，就在人们准备为欢庆物理学大厦全部竣工举行落成盛典之时，在物理学晴朗天空的远处，却出现了两朵令人不安的乌云。这两朵乌云，一个指的是为观测"以太"介质存在的迈克耳孙—莫雷实验所给出的"零结果"；另一个是空腔黑体辐射经典物理学解释的困难、特别是"紫外灾难"的困难（它们将在后面做详细介绍）。正是对"两朵小乌云"现象的解释，导致了"两场大风暴"，它们即是发生在 20 世纪初的量子论革命和相对论革命。

以量子论、相对论为标志的革命，建立起了以量子论和相对论为理论支柱的 20 世纪物理学。这一革命的纵深发展，使当代物理学把研究的探针深入 10^{-15} cm 的"极微小"的亚核微观世界，把视野扩展到 10^{28} cm 的空间和宇宙标度为 10^{17} 秒的"极广大"的宇观世界。通过对如此大跨度的世界所作的"全域性"扫描和研究，物理学取得了前所未有的成就，甚至极大地改变了人们的生活方式和生活观念。偌大一个地球，已经被压缩为一个小小的"地球村"，信息社会和知识经济时代的来临，强有力地改变了世界的面貌，促使着全球社会的重新"整合"。

不过，也正是由于这耀眼夺目的辉煌所诱发的"致盲症"，使得科学走向终结的悲观论调再次问世。美国资深科学记者霍根在根据对许多知名学者的访问和同他们谈话的内容所写成的《科学的终结》一书中，就断定不仅物理学已走到了再无重大科学发现的穷途末路，甚至一切自然科学都到了该散场的地步。

这种新形式的悲观论是偏见与傲慢相结合的产物。偏见在于夸大了 20 世纪物理学的成就，傲慢在于夸大了 20 世纪物理学现行理论的威力和物理学家自己工作的成果，将其视为终极的真理和终极的发现。如果我们不摈弃这种悲观论调，物理学将再无前进的动力。正因如此，我们才应中肯地看待20世纪的物理学以保持清醒的头脑：不仅需要肯定当代物理学所取得的成就，更应敢于正视和面对它所存在的困难；不仅需要看到现行理论的合理性，更要看到它的不完善性；不仅欣赏已有的科学发现，更应预计到未知世界还有更多的惊喜在等待我们。这样，也只有这样，我们探索的欲望才不会枯竭，物理学才会永不自满地向前迈进而永葆作为一棵"长青之树"的真正本色。

总之，成绩属于过去，我们渴望拥抱未来。一个人躺在已有成就的温床上沾沾自喜，虽获得到了软化筋骨的享受，然而等待他的却只能是不思进取的颓唐。懂得丢掉成功包袱的人才是真正成熟的人：正视不足，完善自我，他将走得更远，攀得更高。看待物理学，也是同样的道理。"对真理的追求要比对真理的占有更为可贵"[1]，德国启蒙思想家G. E. 莱辛的这句名言，是爱因斯坦终生的座右铭，也是他科学生涯的写照。今天，这句话更应成为指引我们前进的旗帜。

事实上，已经有不少有识之士注意到，在20世纪物理学取得巨大成功的同时，其"内部"也暴露出一系列的涉及现行理论根基、又不能在现行理论框架之中被克服的根本性困难。而从"外部"讲，不能面对来自生命科学和社会科学的强有力挑战，则是物理学的致命伤。而这种"内"、"外"困境，又是密切关联的。

有许多人都看到了这一点。"系统论"的创始人贝塔朗菲（L. V. Bartalanffy）就曾表达过对物理学现状的不满和一种强烈的"非物理主义"的观点。在他看来，物理主义已经过时了，无法实现科学的统一，无法提供一幅统一的宇宙的图像；而这个任务，应由系统论的发展来实现。他用如下的话——"我们相信，一般系统论进一步精致化，将是走向科学统一性的重大步骤。它在将来科学中所起的作用，注定要与亚里士多德逻辑在古代科学中的作用相似"[2]——强烈地质疑和挑战了物理学长期以来作为科学"领头羊"的地位和作用。M. 雅梅同样思考过这个问题，并上升到哲学层面和文化统一性的高度来认识：

亚里士多德和牛顿的物理学通过与哲学的结合分别都得出了一个自洽的和在理智上满意的世界图景，与此相比，现代物理学没能做到这一点。物理学家尽管把视野扩展到了亚微观小、宇观大的领域，但仍然发现自己迷失在一个他不透悟的宇宙中。单独由物理学家就能改变这个局面是不大可能的。很可能只有通过与其他科学和哲学协调一致的合作，物理学才能重新达到一个自洽的世界图景。正如 M. V. 劳厄曾一度表示过的那

① 爱因斯坦著：《爱因斯坦文集》（第一卷），许良英等编译，商务印书馆1976年版，第394页。
② ［美］冯·贝塔朗菲著：《一般系统论——基础、发展和应用》，林康义等译，清华大学出版社1987年版，第82页。

样，物理学"只有给哲学以帮助才能赢得其尊贵"。我之所以会有这种看法，是因为所有科学必须以哲学为其公共的核心组织起来，而且这也是它的最终目的。这样，只有这样，才能在科学日益不可阻挡趋于专业化的情况下，保持科学文化的统一性，没有这个统一性，整个文化都会走向衰败。[①]

牛顿始终相信自然规律的统一性寓于物质世界组成的简单性之中这一科学真理。我们能否从这一科学真理出发去找到一条途径，以克服上述物理学的"内、外困境"，从而在寻找"科学统一性"的道路上有新的突破和进展呢？这正是我们必须本着爱因斯坦伟大的理性批判精神和不懈的科学探索精神，所应思考的问题和努力探索的方向。沿着这一方向勇敢地前行，必将在寻找"科学统一性"方向的道路上取得新的胜利！

---

① M. 雅梅：《新物理哲学含义思考》，王作译，载《自然科学哲学问题丛刊》1983 年第 3 期，第 19 页。

第 2 章　物理学的宗旨与物理学理论的评判标准

第 1 节　物理学的宗旨

一、物理学的宗旨

所谓物理学的"宗旨",通俗地讲就是"物理学是干什么的";换一句话说就是对物理学的界定。

物理学是与古老的所谓"自然哲学"相当的现代名词。所以,从本质上说,物理学也就是研究"自然"的"哲学"。物理学一词来源于希腊语,其希腊原词 physis 的含义为"自然"。因而在古代欧洲,物理学就是自然科学的总称。随着自然科学的发展,它的各分支学科逐渐形成并独立出来,物理学才成为自然科学的分支学科之一。

按《辞海》的解释,"物理学"一词专指自然科学中"研究物质的基本性质及其最一般的运动规律,以及物质的基本结构和基本相互作用等"的学科①。目前一种较普遍的观点认为,世界从本质上讲是物质性的。在这个统一的物质世界中,虽然有着多种多样的物质形态(包括自然形态、生物形态和社会形态),但都是运动着的物质的各种不同的表现;而从演化的意义上,又可以说世间的一切都是物质性宇宙发展变化的产物,遵从宇宙发展变化的统一的自然规律。因而,作为"研究物质的基本性质及其最一般的运动规律,以及物质的基本结构和基本相互作用等"的物理学,就可以被界定为是以研究自然现象、揭示物质性宇宙本源性基本自然规律为宗旨的科学。

---

① 辞海编辑委员会:《辞海》(第六版缩印本),上海辞书出版社 2010 年版,第 2020 页。

二、物理学的特点和在科学体系中的地位

物理学以科学自然主义的认识论作为指导思想，在对物质性客体进行研究时，以凝炼出的连通宇宙各层次物质系统的物质性基元概念作为工作基础。正因为这些物质性基元概念——质量（m）、电荷（e）、时空（t，$\vec{r}$），以及为描述物质基本存在方式而引入的基本物理模型［如离散的质点模型 $\vec{r}$（t）和连续的场模型 ψ（$\vec{r}$，t）］，是连通宇宙中各层次物质系统的基础性概念，所以用这些基础性概念间的相互关系，去"映射"深藏着的宇宙规律所产生的正确的基本物理定律，就具有了对所有各层次物质系统作全域覆盖的"一般性"，从而成为普适的"基本自然规律"。

物理学的基本定律在具体系统中的应用，是由基元性概念去生成表征具体系统特征、性状的次级概念（即进行概念和理论的"重塑"）来实现的。例如，研究宏观热力学系统时，就应由上述基元性概念去生成和定义描述热力学系统特性的"压力"、"温度"、"热量"、"熵"等概念，由微观基本方程推导出"热力学基本方程"等，才能通过对宏观热现象的微观机制的揭示，达到更深刻的认识。物理学的基本定律在其他的、各层次的物质系统中的应用，在某种意义上与此相类似。当然，系统进化的程度愈高则愈复杂，相应的定义和转换的路径便愈长。但与之相应的是，通过这种转换所能获取的信息则会愈丰富。这既是物理学基本定律具体应用于各层次物质系统时的困难之所在，也是其魅力之所在。

正因为物理学的上述特点，所以物理学就获得了作为最基础的"元科学"或"科学基石"的特殊地位，并使得由"自然规律"的"折射"所产生的正确物理观念，成为构筑人类认识论的基础。在这样的形势下，一个必然的现象就产生了：其他各门学科对物理学寄予特殊的厚望，不断地向物理学提出要求，希望物理学以自然规律的"本源性"为基础来说明它们所提出的问题，而如果得不到物理学的回答的话，它们就会觉得尚未寻到"根"，仍然没有求得"本源性"的答案（必须注意到的是，这里我们所讲的是"本源论"的思想而不是"还原论"的思想。"本源论"与"还原论"虽有联系，但却有本质的差别）。

我们这样说，并不是说物理学就可以取代其他的学科。肯定其他学科自身建立和发展的某种相对独立性不仅是必要的，而且是必需的——其他层次的物质运动既遵从自然规律的统一性，又有着自己的特殊性，除物理学之外的其他各门学科所研究的就是这些特殊性。我们之所以这样说，只是想表明，由于物理学作为"科学基石"的基础性地位，它的研究对象是"物质的基本性质及其最一般的运动规律，以及物质的基本结构和基本相互作用等"，所以它具有特殊的优势。

正像平常人们所说的：一滴水珠就是一个小"宇宙"。这说明了从整体上说整个宇宙的规律是统一的。物理学在基础物质层次（而非特别复杂的巨系统）上研究这种规律，问题就变得相对简单了：这样做能较容易地揭示出规律，并用精确的数学表象来描述它，用可重复性的实验来检验它。这是物理学作为精确定量科学所具有的特殊的优势。作为"元科学"和"科学基石"的物理学，由于具有这种特殊优势，由于所揭示的某些物理定律被视为"基本自然规律"，所以就应当而且必然向更广阔的领域拓展。与此同时，其他学科也会主动地学习、借鉴和应用物理学的思想和理论成果。这种"双向运动"必然会推动物理学与极广阔领域的其他学科的交叉融合，并由此造就出建立在各学科相对独立性之上，但又具有整体性的科学形态，使整个科学体系成为一个既分工又协作的整体——而围绕着"基本自然规律"的揭示与应用这个"公共核心"运转，则是上述科学体系形成的内在动因。目前，"学科交叉"作为一种流行时尚的提出与兴起，不过是上述科学发展态势的初级表演，也只是折射出了人们的一种朦胧的感知。这种科学形态的形成与深入发展，不仅将有力地促进其他学科的提升与进步，也将深刻地影响和推动物理学自身的变革与发展。因此可以说，物理学与其他学科之间是一种相互影响、渗透以促进共同发展的互补性结构关系。

但在这里，我们必须看到一个不容忽视的事实：物理学毕竟是从机械唯物论这个基点上成长起来的。以数学表象为载体的"物理定律"所荷载的是物理学家认识客体和自然规律的思想和观念。所以，这些物理定律就完全有可能自觉或不自觉地、在某种意义和程度上打上机械唯物论的烙印。另一方面，这些物理定律的提出，如众所周知的，通常是建立在对简单系统的最主要特性的认识与考查之上，由模型和近似做出的；而这种模型与近似又是与上述的"烙印"相关联的。所以，这些物理定律就完全有可能忽略掉自然规律中某些本质的方面——主要是因为它们在简单系统中尚未充分而强烈地被表现出来。这些被忽略掉的、在物理学中被视为"小"的因素的东西，我们可以用不断地增加附加性假设的手段（或其他方式）来"完善"，并由此使得这些物理定律在所考察的物理领域中被证明是"实证成功"的。这种认识方法和研究方法，对物理学内的分支学科来讲，既是一种常用的方法，当然也是一种有效的方法，因为它有利于问题的简化与求解，有利于将问题的考察做得更精细。但是，如下节中我们将指出的那样，这种"理论—实证"的认识方式和理论检验方式，最多只能证明这些物理定律的某种"合理性"

和"实用性"，却不能证明理论的"深刻性"。

例如，作为物理学"科学革命"标志的理论成果，许多均是线性方程且未统一起来。然而，作为当今理论前沿的非线性科学，却已经越来越明白地使人们认识到：大自然无情地是非线性的——在现实世界中，能解的、有序的线性系统是少见的例外，非线性才是大自然的普遍特性；线性系统其实只是少数简单非线性系统的一种理论近似，只有非线性才构成了世界的魂魄。这就引出了以下的思索：既然世界在本质上是非线性的，那么人们就完全有理由用一种全新的视角来重新认识上述的"科学革命"成果——它们只不过是真实的非线性世界的某种线性近似下的理论表述，所反映的只不过是物理学家们在"线性思维"下的某种认识；作为"科学革命"，它们虽具有重要的积极意义，但这种意义也仅是阶段性的，既不代表科学革命的终结，更不代表人类认识的终结。恰恰相反，它们应当在"非线性思维"的指导下，在更深入的科学革命之中得到新的提升。伴随着这种"新的提升"，它们自身的不完善性可能得到新的认识，理论的缺陷和困难可能得到某种意义上的克服，理论间的非科学统一性局面可能得到某种程度的改善。由此可见，认识论不一样，世界观和视角不一样，我们对现存的物理学理论的意义，及对其取得的成功的判别和评价也是不一样的，而这又将深刻地影响着我们对物理学方向的把握，影响着物理学自身的变革与发展。

综上所述可以看出，以简单系统为研究对象并以机械唯物观为基础成长起来的物理学，既具有理论上的优势，又存在认识论上的局限性，我们对此必须时刻保持清醒的认识。由此，也决定了物理学绝不能"妄自尊大"，而应特别注意向其他学科学习和借鉴，汲取它们的理论成果，特别是思想成果。这样，也只有这样，物理学才能在自身变革发展的同时，真正挑起"科学基石"的重担而不负众望。这是物理学在科学日益走向整体化时应持的一种虚心的态度。与此同时，对于其他学科而言，虽应考虑到自己所研究系统的特殊性，但这种考虑却不能与自然规律的普适性相违背。因而它们也应积极吸收物理学定律中的思想和相应成果，将其具体应用到自己的学科研究之中。在这个过程中，既应考虑到正确的物理学定律作为基本自然规律的一般性制约，又不应完全为物理学的**现存理论**所困，而要注意保持相对的独立性。这种独立性，在目前物理学自身面临一大堆根本性困难时，不仅对其他学科的发展是有好处的，即使对物理学也是十分重要的。因为这些来自进化高层次系统中的规律性认识，以及相应学科所提出的新思想，可能反过来成为引导物理学实现理论变革和思想变革的动力与源泉。总之，物理学与其他学科之间的关系，是一种既相对独立又相互依存、相互促进的共生关系。物理学在向横的方向拓展的同时，必须与其他学科不断地交叉融合，在这个过程中汲取养料，从而促进自身的纵深发展，以更深入地揭示出自然规律的"本源性"和"统一性"。

第2节　物理学理论的评判标准

一个理论是不是正确的，在不同的认识论和不同的评判标准下会有不同的结论。因而，建立一套能更加严格和更加完善地评判理论的科学的标准，是涉及学科发展的大问题，也是涉及物理学发展的大问题。如果不把这个问题提出来并在一定程度上解决好，那么在分析和讨论学科发展时就缺乏依据。物理学发展到今天，似乎已经到了应该严肃地考虑这个问题的时候了——因为，建立标准的过程，同时也是我们认真思考和确立物理学真正基础的过程——如果物理学的真正基础尚未以清晰的方式被确立起来的话，那么物理学事实上仍在一定程度和意义上处于不透悟的迷茫之中。

其实，对这个问题人们一直都在思考，也从不同的角度和以不同的方式提出过各自的看法。对如此广泛的看法，我们无法一一评论，只能进行总体的评述。由于这个问题本质上是与哲学本体论以及方法论密切关联的，所以这里仅从哲学本体论和方法论的角度，先就"实验实证主义"和"逻辑实证主义"这两个影响最大和使用最广的评判标准做必要的讨论。然后，在此基础上提出我们认为是更为科学并倡导采用的评判标准。

一、实验实证主义

"物理学是一门实验性的科学"，这是在物理学界较广泛流行的观点。按照这种观点，人们称物理学的假定、原理和定律，都是在实践中由大量事实总结和抽象出来的，同时，它又必须再回到实践中经受住可重复性的实验的检验，以证明其正确性。人们把这种一切归结为"实验"的观点，称之为"实验实证主义"的观点，归纳法是它的方法论基础。它在科学发现、科学理论的建立和科学事业的发展之中，一直起着重要的作用。作为物理学基础的"四大力学"（经典力学、热力学、电动力学和量子力学）理论的建立过程，一再证实了用实验实证主义的观点去指导物理学发展的重大价值，一再体现了归纳法思想的耀眼光辉。它的积极性、合理性和有效性事实上寓于对事物"客观性"的尊重之中。

但是，如果我们把实验实证主义的哲学观念推向极端，那将是片面的和短视的。因为它也存在明显的局限性。这主要表现在：

（1）任何理论都必须经得起实验检验的验证，这是确定无疑的。但是，在一定范围内为实验所肯定的理论未必就是真正深刻的理论。杠杆原理、浮力定律是被实验验证为正确的，但它们却还不是本源性的规律。两匹马拉的车比一匹马拉的车跑得快，这是被实验所证实了的亚里士多德（Aristotle）的命题，但以此为基础所建立起的力学却不是正确的力学规律。世界围绕地球转，这是托勒密的命题，用"本轮、均轮"的理论也可以建立历法并为实验所证实，但却不是正确的科学理论。甚至在核物理学中，两种截然对立的模型理论，可以同样地解释实验，而实验却无法去区分这两种理论模型谁优谁劣。如此等等。由此可见，实验检验最多只能肯定理论可能存在的"合理性"，并在一定的意义上去确立起它的"现实性"及相应的"有效性"和"实用性"。亦即是说，无论理论是否正确与深刻，只要在某种意义上能为实验检验所证实，那么在我们现在的认识论阶段上，它就具有了一定的"有效性"和在实践中应用的"实用性"，并且它可能存在的"合理性"将成为未来科学继续发展的一个平台。科学是集体的事业，是一个随时间延续的历史性进程。正因如此，我们既要用历史的眼光去看历史，不能求全责备，又要用现实的眼光去尊重现实，去肯定现存理论的价值（由此赋予了科学发展的历史性及现实性）；但同时又要着眼于未来，去做更深入的思考。所以，在科学研究中，我们允许不完善，也允许犯错误。如果不是这样，那么科学的生命就被扼杀了。但是，如果不允许用批判的眼光去看历史和现实，不允许做更深入的思考，科学发展的动力也就枯竭了。也正因如此，所以我们必须认真地看到以归纳法为方法论基础的实验实证主义本身所具有的局限性：由众多事物所归纳出的规律是否可以推广应用到全体是存在疑问的——在一定范围内的实际观测的实验检验，只能说明所抽象出的和被检验的某个命题在一定范围内的"合理性"、"现实性"和"实用性"，而不能说明该命题的"普遍性"和"必然性"。例如，由一只一只的白天鹅总结出的"所有的天鹅都是白的"这个全称命题是否正确（即是否具有普遍性和必然性）就是存在疑问的。

（2）与此同时，我们还必须注意到另一个十分重要的基本事实：没有独立于理论的观测和实验。这正如爱因斯坦在 1926 年对年轻的海森堡所说的那样："只有理论能够决定什么是可能被观察的。"[①] 正是由于理论和实验之间的这种相互依存的关系，又使得实验实证主义时刻面临另一个更严峻的挑战——当理论有所改变时，实验的所谓"确实性"就应当重新考虑。

正是上述原因，促使人们思考和运用另一类的方法和检验标准，即所谓的"逻辑实

① C. F. 冯扎克：《维纳·海森堡——一篇纪念性的演讲》，《自然科学哲学问题丛刊》1983 年第 1 期，第 37 页。

证主义"的观点。

二、逻辑实证主义

事实上，随着科学的不断发展，从直接观察获取经验事实从而总结出科学理论，而后再回到实践中用实验验证理论的"实验实证主义"方法越来越显现出局限性。这促使人们开始思索新的科学认识论方法和检验科学理论是否正确的方法，这就是逻辑检验的方法。人们在实践中发现，所有事物的存在和发展都是遵从普遍的逻辑原则的，只有不符合逻辑的思维，而没有不符合逻辑的事物。因而逻辑检验便作为一种方法论被提了出来。人们认为，在面对一个尚无法用直接经验检验的科学问题时，可以充分发挥人类理性思维的创造性功能，先提出"假说"，进而利用"逻辑演绎法"推导出可以进行经验观察的理论预言，再利用相应的直接经验观察来验证它是否同理论预言相符合，从而判定该科学理论的正确与否。上述的"假说—逻辑演绎"的方法，被称为逻辑实证主义观点。

（一）逻辑实证主义对实验实证主义的改造、提升及其意义

当然，逻辑实证主义并不是在实验实证主义"之后"才产生的。事实上实验实证主义和逻辑实证主义两种观念一直伴随着科学发展的整个历程，只不过在 20 世纪以前的物理学中更多地表现为对前者的应用罢了，但是后者也起着非常重要的作用。而且正是后者对前者的改造与提升，才更加有力地促进了物理学的发展与进步——这特别表现在经典力学和电动力学的两次科学综合之中。

光及电磁现象的统一，是物理学历史上的第二次大的科学综合。在电动力学的发展过程中，通过对电磁现象的观测，麦克斯韦之前的物理学家已经总结出了一组实验性的方程（理论）。写成微分式，即为：

$$\left.\begin{array}{l} \nabla \cdot \vec{E} = \dfrac{1}{\varepsilon_0}\rho \quad (2-1_{\mathrm{a}}) \\[2mm] \nabla \times \vec{E} = -\dfrac{\partial \vec{B}}{\partial t} \quad (2-1_{\mathrm{b}}) \\[2mm] \nabla \cdot \vec{B} = 0 \quad (2-1_{\mathrm{c}}) \\[2mm] \nabla \times \vec{B} = \mu_0 \vec{j} \quad (2-1_{\mathrm{d}}) \end{array}\right\} \qquad (2-1)$$

其中，$\vec{E}$、$\vec{B}$ 为真空中的电场强度和磁场强度，ρ 为自由电荷密度（即单位体积的电荷数），$\vec{j}$ 为自由电流密度（即单位面积的电流量），ε_0 和 μ_0 为真空中的介电常数和磁

导率。

这一组方程是符合当时已有的实验事实的，因而按照实验实证主义的观点来判别，被当时的人们认为是正确的。但是，我们现在知道它其实并不完全正确，也不够深刻。因为它没有揭示电、磁现象之间的本质联系，没有揭示光和电磁现象的统一性。众所周知，这种本质联系和统一性的揭示，是由麦克斯韦完成的。但是，在当时并没有发现这种本质性联系和统一性的实验证据，因而麦克斯韦也不可能运用实验实证主义的方法，通过对实验事实的总结归纳提出新的电磁理论［电磁波是在麦克斯韦死后 7 年 （1887 年），才由赫兹（Hertz）在麦克斯韦预言的基础上通过实验发现的］。那么，麦克斯韦是如何实现了这一物理学史上的重大理论变革呢？他运用的主要是逻辑实证主义的方法。现在，就让我们简单地"重现"一下麦克斯韦当时的思维过程，来体验一下逻辑实证主义对实验实证主义进行改造与提升的巨大威力吧！

先从总体逻辑上来看。对（2-1）式，如果按照逻辑的要求进一步深入下去，人们必然会思考：

（ⅰ）上述方程组是否可以推广到一般情况并且是相容和自洽的？

（ⅱ）若自洽性存在问题，将如何修正？

而当人们明确地意识到数学只是一种定量的语言工具，其背后所反映的物理思想和物理实质才是本质所在时，对（2-1）式就还会从物理实质出发问如下的问题：

如图 2-1 所示，带电体运动形成电流，由（1_d）式知将激发磁场。亦即是说，带电体是"因"，是"源头"，通过运动形成电流这个"中介"，从而产生出磁场这个"果"。然而，源于同样的"因"和"源头"，为什么通过另一个中介（即电场变化）却没有产生出磁场这个"果"呢？这是从实验得出规律之后，进行理性把握必然要发出的因果性提问。

上述问题，还可以从如下的对称性角度来提问（参见图 2-2）：

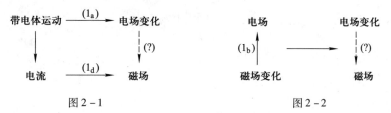

图 2-1　　　　　　　　　　　　图 2-2

电磁场是一种物质存在的形态。无论你将电场和磁场看成是两种物质，还是看成是同一物质的两个侧面，它们都是物质。物质和物质之间通过相互作用可以相互转化。图

2－2 左边通过（1$_b$）式反映了上述内容。但是在方程组（2－1）之中却无电场变化激发磁场的效应存在。若方程是真，则表明电场这种物质形态不能与磁场这种物质形态相互作用和相互转化。而这一结论又与图2－2左边揭示的内容相左，从而表明方程组（2－1）在物质观上存在逻辑矛盾。在这里，我们是相信建立在正确物质观之上的内在逻辑呢，还是相信数学表象和在一定范围内的实证成功呢？

正如前面所说，没有不合乎逻辑的事物，只有不合乎逻辑的思维。所以我们应当更相信基于正确物质观念的逻辑关系的正确性。因而上述方程组在某些方面一定有问题。麦克斯韦正是通过这样的逻辑思考，从揭示和解决逻辑矛盾入手，深化和发展了电磁运动的理论，建立起了经典电动力学。下面我们来进行具体的分析。

众所周知，电荷守恒定律是更基本的定律，因为它的基础是物质不灭定律：作为物质的电荷既不能被消灭，也不能被创生。写成方程，就是电荷守恒的连续性方程：

$$\frac{\partial \rho}{\partial t} = -\nabla \cdot \vec{j} \qquad (2-2)$$

将（2－2）式代回（2－1$_a$）式运算后有

$$\frac{\partial \rho}{\partial t} = \nabla \cdot \left(\varepsilon_0 \frac{\partial \vec{E}}{\partial t} \right) = -\nabla \cdot \vec{j} \neq 0 \qquad (2-3)$$

但由（2－1$_d$）式取散度后必有

$$\mu_0 \nabla \cdot \vec{j} = \nabla \cdot (\nabla \times \vec{B}) = 0 \qquad (2-4)$$

（2－4）式右边是严格的数学结果：任一矢量的旋度取散度必为零。（2－4）式与（2－3）式间的矛盾，表明（2－1$_d$）式与（2－1$_a$）式是不协调的。但由（2－3）式有

$$\nabla \cdot \left(\vec{j} + \varepsilon_0 \frac{\partial \vec{E}}{\partial t} \right) = 0 \qquad (2-5)$$

那么，要解决矛盾，显然唯一的办法是令

$$\nabla \times \vec{B} = \mu_0 \left(\vec{j} + \varepsilon_0 \frac{\partial \vec{E}}{\partial t} \right) \qquad (2-6)$$

这样，（2－6）式与（2－1$_a$）式就相协调了。

麦克斯韦正是通过位移电流 $\vec{j}_D$ 的引入

$$\vec{j}_D = \varepsilon_0 \frac{\partial \vec{E}}{\partial t} \qquad (2-7)$$

实现了方程的统一。故人们把修改后的方程组命名为麦克斯韦方程组（真空中）

$$\left.\begin{array}{l} \nabla \times \vec{E} = -\dfrac{\partial \vec{B}}{\partial t} \\[3mm] \nabla \times \vec{B} = \mu_0 \vec{j} + \mu_0 \varepsilon_0 \dfrac{\partial \vec{E}}{\partial t} \\[3mm] \nabla \cdot \vec{E} = \dfrac{1}{\varepsilon_0}\rho \\[3mm] \nabla \cdot \vec{B} = 0 \end{array}\right\} \qquad (2-8)$$

带电体在电磁场中的运动则由洛伦兹力下的牛顿方程来描述（不计辐射项）

$$\frac{d\vec{p}}{dt} = q\vec{E} + q\vec{v} \times \vec{B} \qquad (2-9)$$

方程组（2-8）和（2-9）式合称为电动力学的基本方程。

麦克斯韦方程组第一次把电磁现象统一了起来：不仅电荷和电流可以激发电磁场，而且电磁场间也可以相互激发，这样就可以在空间中形成以光速 $c\left(c = \dfrac{1}{\sqrt{\varepsilon_0 \mu_0}} = 3 \times 10^8 \text{ m/s}\right)$ 运动和传播的电磁波。麦克斯韦首先由这组方程预言了电磁波的存在，并指出光波就是一种电磁波。

麦克斯韦本人未能目睹到自己的预言被证实，对他本人而言，这也许是一种遗憾，但这丝毫无损于他的伟大。因为在由他所进行的这次科学综合之中，用逻辑的正确性来检验理论的逻辑实证主义思想和方法的巨大作用和价值，以夺目的光辉被凸显了出来：方程组（2-1）是由实验总结出来的，凝结了众多科学家们的心血和艰辛，若仅将方程组（2-8）与（2-1）式相比较，麦克斯韦所做的工作似乎并不多，他只是在方程组（2-8）的第二式中增加了 $\mu_0 \varepsilon_0 \dfrac{\partial \vec{E}}{\partial t}$ 这样一个项目。然而，这个项目的引入，不仅使得方程组协调和自洽了，更重要的是它打开了一扇窗户，让人们看到了物理学可能将经历一场从实验实证主义思想向逻辑实证主义思想转变的伟大认识论变革。当然，后者不是对前者的否定，而是在肯定前者基础上的重大提升。前者的基础是对事物"客观性"的尊重，这一点在逻辑实证主义方法中被肯定和继承了下来：它尊重由实验所总结出来的规律，但又不仅仅局限于此。因为既然自然规律是客观存在的，那么人们是否观测它和是否做实验去总结它，它仍是存在的，从而也就为我们通过理性的把握，更好地检验理论和推动理论的进一步发展，开辟了一个新的可供探索的空间。在这个空间中，我们的理性思维将具有更大的可供开发的自由度。

人类理性思维的每次飞跃，都是人类伟大进步的历史性标志，它贯穿于人类思想发

27

展史的整个历程之中，只不过在物理学的这次科学综合之中，麦克斯韦以极简捷而优美的方式把它表演得更精彩罢了。正是由于这个原因，人们将方程组（2-8）命名为麦克斯韦方程组。对此，麦克斯韦是当之无愧的。

综上所述，这次科学综合的成功明确传达了这样的信息：理论不仅要经受实验验证和科学统一性的检验，还要经受理论内部概念及逻辑运行的自洽性的检验，且它是一种需要理性把握的更高层次的检验。这一历史事实还表明，人类科学事业经历从经验主义向理性主义发展的转变，是人类思想进化逻辑的历史性必然。

当然，经典电动力学理论的建立并不是说明逻辑实证主义方法巨大威力的唯一例子。实际上，在经典牛顿力学的第一次科学大综合之中，上述的逻辑实证主义的作用已经初见端倪。

第一次科学综合被表述为人们所熟知的牛顿三大定律。

牛顿第一定律为惯性运动定律。该定律称，若物体不受力，则物体将保持其匀速直线的惯性运动状态。写成数学形式为

$$\text{若力 } \vec{F} = 0, \text{则速度 } \vec{v} = \text{常矢量} \tag{2-10}$$

牛顿第二定律为运动定律。该定律称，物体所获得的加速度 $\vec{a}$ 与作用在它上面的力 $\vec{F}$ 成正比，与该物体自身的质量 m 成反比。用数学形式来表述则为

$$\vec{F} = m\vec{a} = \frac{d\vec{p}}{dt} \tag{2-11}$$

式中 $\vec{p} = m\vec{v}$ 为动量。

牛顿第三定律为作用力与反作用力定律。该定律称，当物体 1 以力 $\vec{F}_{21}$ 作用于物体 2 时，则物体 2 必同时以力 $\vec{F}_{12}$ 作用于物体 1。该两力（即作用力与反作用力）同时分别作用于两物体上，大小相等，方向相反，并处于同一直线上。数学表述为

$$\vec{F}_{12} = -\vec{F}_{21} \ (\text{即 } \vec{F}_{12} + \vec{F}_{21} = 0) \tag{2-12}$$

现在，人们已对牛顿定律和物体的运动规律比较熟悉了。然而在伽利略（Galileo）以前的数千年间，人们对运动问题的认识一直是模糊不清的。自然界存在各种各样的运动形态，非常复杂。为了解运动并揭示其规律，人们发现最好的办法是由最简单的例子入手，然后再去研究更复杂的运动。一个静止的物体，没有任何运动，要改变其位置，就要推它、提它、拉它，以使其受力。直观的感觉使人们以为运动是与推、拉、提等的作用力相联系的。多次经验使人们进一步相信要使一个物体运动得越快（即速率 v 越大），就必须用更大的力 F 去推它、提它、拉它：一辆四匹马驾的车比一辆两匹马驾的

车运动得快些（这是由实验实证主义方法所得出的亚里士多德的命题）。这些"经验"和"直觉"告诉人们，速率 v 是作用力 F 的直接结果，我们记为 $v \Leftrightarrow F$。当时的人们认为这是正确的力学规律。特别是因为亚里士多德作为一位科学家和哲学家，当时在整个欧洲享有至高无上的威望，从而使得人们长期相信由直觉和经验所导出的上述观念是正确的并奉为信条。

然而现在我们知道这种观念是错的。那么错在哪里呢？让我们进行具体的分析。运动的物体（例如小车），当拉力取消后，还将运动一段距离。这时，有什么办法可以让小车运动得更远呢？可以想到的方法就是减少摩擦。现在我们再往前跨一大步——历史性的一大步：假设路是绝对平滑的，车轮本身也无摩擦，即当小车不受任何力的作用时，小车将会永远运动下去，既不改变运动的方向，也不改变速率的大小。这是一个"假想实验"或称为"思想实验"。虽在现实中是无法完成的，但在逻辑思辨中却是可信的。这就是伽利略所采用的逻辑实证主义的理性思维模式和方法。由此，我们立刻会得出结论：物体运动的速度并不是力的直接结果。那么，力的直接结果又是什么呢？让我们继续小车的实验去寻找科学上的一条最重要的线索——整个经典力学的基础：对匀速运动的小车，沿运动方向推一下，则小车的速率会变大；反之，则变小。亦即是说，外力作用的直接结果是物体运动速度（即它的运动状态）的改变。用现在的话来讲，即"外力是改变物体运动状态的原因"，这就是所谓的牛顿原理的核心表述。对于单位时间内的速度改变量，伽利略引入了加速度的概念来表示。于是我们看到，外力作用的直接结果是物体获得了加速度：$\vec{F} \Leftrightarrow \vec{a}$。

也许是伟大而神秘的巧合，在伽利略逝世（1642 年）之后不久，一位伟大的天才在英国诞生了，他就是牛顿。1687 年，牛顿出版了用拉丁文写的名著《自然哲学的数学原理》。在这本书中，他在伽利略发现的基础上，将"外力是改变物体运动状态的原因"这一原理精确地表述为牛顿第一定律和牛顿第二定律，并根据理论内部概念及逻辑运行的自洽性的要求，独立地提出了牛顿第三定律，从而完成了对经典力学的一次具有划时代意义的伟大科学综合。作为这一原理的一个直接应用，牛顿又根据开普勒（Kepler）的行星运动三大定律，由第二定律推导和提出了著名的万有引力定律。由该定律预言的海王星的存在被成功发现，为牛顿的美妙画卷添上了浓墨重彩的一笔。

中世纪的欧洲处于政教合一的宗教统治的黑暗时期，人们丧失了自我与尊严。西方的文艺复兴，在某种意义上讲，是欧洲人带着丧失了自我后的自卑感去发现和挖掘古希腊文明的一场运动。随着牛顿这个伟大人物和他的伟大著作的出现，文艺复兴终于结出了硕果：以牛顿力学为标志的近代科学最终冲出了黑暗，加在人们精神上的自卑感被打破了，使人们重新找回了属于自己的尊严和自信，思想获得了一次真正的解放。此后，在工业革命的巨大力量牵引下，科学和社会呈现出加速发展的趋势。而牛顿则获得了极高威望，甚至在事实上被人们奉为了"科学至尊"：即使作为 20 世纪最伟大的科学巨匠的爱因斯坦，人们通常也只是称他"几乎可以与牛顿相媲美"。

从亚里士多德到伽利略到底发生了什么样的实质性变化？下面我们列表做个比较（表 2－1）。

表 2－1　两种思想方法的对比

	思想方法	结论	所导致的理论
亚里士多德	直接经验　实验实证主义	$F \Leftrightarrow v$	错　　误
伽　利　略	理性把握　逻辑实证主义	$F \Leftrightarrow a$	正　　确

从表 2－1 的简单比较中我们看到：这段科学发展史告诉人们，经验和实验固然是必须的和十分重要的，但它仅仅是研究问题的开始，认识事物规律的先导，既非人类认知过程的全部，也非最后的归宿。因为再聪明的实验都要受到既定思维和理论的制约，也不可能排除众多的"干扰"因素，因而就不可避免地带有不同程度的虚假性。如果不用正确的理性把握来排除这种虚假性，那么这种带虚假影像的线索就可能导致我们得出错误的结论。

前面所讲的亚里士多德命题，就是这种错误的一个极好的例子。现在就让我们用牛顿定律来具体分析一下亚里士多德命题错误的原因，从而再体验一下实验实证主义方法的局限性吧。

对一匹马、两匹马、四匹马拉的车这三种情况，我们以下标 $i=1，2，3$ 来加以区分。所谓比较当然是在某些相同条件下的比较：一是每匹马的力量一样大且保持不变，可以表示为 $F_1=F_0$，$F_2=2F_0$，$F_3=4F_0$，其中 F_0 代表一匹马的力量；马车的质量一样（也就是人们常说的马车一样重），可以将其表示为 $m_i=m(i=1,2,3)$；起跑时速度一样，设为 $v(t=0)=0$；沿同一直线向前跑了同样的时间，设为 T。牛顿方程对每种情况都成立，故由（2－11）式应有

$$\frac{dp_i}{dt} = m_i \frac{dv_i}{dt} = F_i \quad (i=1,2,3) \tag{2-13}$$

对上式作积分得 T 时刻马车的速率（令 $k=T/m$）

$$v_i(T) = \int_0^T \frac{F_i}{m_i}dt = \frac{F_i}{m_i}\int_0^T dt = \frac{T}{m}F_i = kF_i \tag{2-14}$$

数学结果（2-14）可以用图2-3来表示。由图2-3可见，ν 与 F 在该问题中是一种"线性比例关系"（简称为线性关系），两者的比值为直线 OA 的斜率：$\tan\theta = k = \nu_i/F_i$。（2-14）式表明，四匹马拉的车的速度是两匹马拉的车的速度的2倍，而后者又是一匹马拉的车的速度的2倍，即 $\nu_3 = 2\nu_2 = 4\nu_1$。这正是亚里士多德由直接经验和实验实证得到的结果，并由这样的结果得出亚里士多德的命题：作用于物体的力 F 正比于物体的速度 ν，即

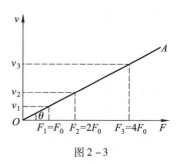

图 2-3

$$F \propto \nu \qquad\qquad (2-15)$$

然而它却不是正确的力学规律。而伽利略用理性把握和逻辑实证主义所得出的正确的力学规律为：作用于物体上的力 F 正比于受力物体所获得的加速度，即

$$F \propto a \qquad\qquad (2-16)$$

它后来被牛顿准确表述为第一和第二定律。

由上面的讨论我们看到：亚里士多德经由实验实证所得出的结论虽没有错，但只是在一定条件下和一定范围内成立的单称命题。对他所讨论的问题来讲，这个"理论"具有合理性并由此获得了相应的有效性和实用性：在赛马场上，若拉车的马匹不受限制的话，在上述的条件下，十足的笨蛋才会去驾一匹马拉的车；任何一个心智健全的人，无须看结果就知道这是一种注定要失败的选择。然而，正如我们前面说过的：不能把由实验实证的单称命题简单地拓展为全称命题。因为，实验所实证的到底是基本规律本身还是规律在特殊情况和条件下的外在影像，是实验本身不能回答的，它应由实验者（即由我们人类）通过理性来把握。具体而言，将（2-15）式与（2-14）式相比较，两者的确是一样的。但是，（2-14）式和（2-15）式只是牛顿规律在初速度为零、作用力恒定这种特殊情况下的一个特解，它只是规律在特殊情况下的外在表象（简称"外象"）——然而，外象本身并不等同于隐于其后更基本的规律——虽然外象已被实验所证实。

因此我们可以说，伽利略的发现以及他所应用的科学推理方法是人类思想史上的最伟大的成就之一，它甚至标志着物理学的真正开端。正是在这样的意义上，伽利略虽然未能获得作为集大成者的牛顿那样显赫的地位，但他却获得了任何物理学家都无法再获得的唯一殊荣："物理学之父"。人，不过是人类文化的传承者，是文化得以继续和发展的载体。我们常思考的所谓"人生价值"，在这里找到了最高境界的定位。人，无论从

事什么样的行业，只要你思考过自己在人类文化中的作用，并尽力去追求和坚持真理，无论成败，在临终时都敢说出这铿锵的别言："我无愧于此生！"伽利略的一生是坎坷和艰辛的。但他没有屈服于宗教势力的黑暗压迫，牢狱未能磨去他意志的力量，即使有可能如布鲁诺那样面对死神，他也仍然坚持着对真理追求的那份执着。磨难中，他实现了对人生价值最高境界的追求。他的科学思想、科学精神和伟大的人格魅力，虽常使我们这些后辈们汗颜，但却是激励我们前进的永恒动力。有这样的"物理学之父"，是物理学的光荣和骄傲。

爱因斯坦不仅推崇伽利略的逻辑推理的思想方法，而且是这种思想方法的拓展者，并将其推向了新的更高的境界。爱因斯坦不是以获得诺贝尔奖的理论成果，而是以未获奖的相对论来确立其作为 20 世纪最伟大的科学家，并事实上被人们视为一代科学领袖这一崇高地位。以相对性原理为基本前提所建立起的狭义相对论及其后的广义相对论，是在当时实验尚未观测到相对论效应的情况下，由爱因斯坦运用他所倡导的逻辑思辨的方法建立起来的理论。相对论效应，则是在理论预言之后才为实验观测所证实的。并且，在相对论思想影响下建立起来的场的量子理论，预言了一大批基本粒子，实验也只是"后验"地证实了其存在。这里我们看到，理论走在了实验的前面，这是 20 世纪物理学的一个极为显著的特征，是科学思维又一次变革的历史性标志。它不仅加快了科学发展的步伐，也加快了人类思想和认识论进化的步伐。这一光荣，无疑属于爱因斯坦：正是爱因斯坦完成了从实验实证主义向逻辑实证主义的历史性跨越，把人类理性思维的潜能和价值提高到了一个空前的水准。

这一变革推动并与人类社会从工业社会向信息社会和知识经济社会的社会变革相同步。这不是因为别的，而是因为物理学作为一个嵌于社会之中的非独立变量，是不可能与社会的进化、人类思维的进步相分离的。在今天，我们欣喜地看到，作为历史性变革的标志，"知识是第一生产力"、"发挥人的潜能"、"理论的预先设计"、"前瞻性的思维"等概念，已经被提了出来。但可以毫不客气地说，没有逻辑实证主义方法对实验实证主义方法的改造与提升，这种变革是绝对不可能出现的。

（二）逻辑实证主义的局限性

正如上面所说，提倡完全依赖实验检验的实验实证主义是有缺陷的：实验检验只能够说明某个命题的现实性，而不能说明该命题的普遍性和必然性。然而，将逻辑检验加进去之后的逻辑实证主义是不是就是完美无缺了呢？我们认为还不是。因为即使加上逻辑证明在内，克服了单纯实验检验的缺陷（即保障了某个命题的普遍性和必然性），也并不能完全保证被检验理论的"正确性"。因为逻辑证明的正确，除了由逻辑推理过程的正确加以保障之外，还依赖于其推理前提的正确与否。而这是现有"假说—逻辑演绎"的逻辑实证主义方法所无法保证做到的。即使从实践中总结出逻辑前提，也会由于这种"总结"（即归纳）自身的缺陷（单称命题与全称命题的矛盾）而出错。

在科学发现的过程中，逻辑实证主义方法的逻辑前提有没有可能出错呢？有。下面就让我们以在物理学史上应用逻辑实证主义方法的杰出的代表——爱因斯坦为例，加以说明。

众所周知，爱因斯坦的狭义相对论基于如下的两条基本原理（即其逻辑前提）：

（ⅰ）相对性原理。基本物理定律（即自然规律）在所有的惯性系中都保持相同的数学表达式，因此一切惯性系都是等价的。

（ⅱ）光速不变原理。真空中的光速相对于任何惯性系沿任一方向恒为 c，并与光源的运动无关（这里暗含着光速 c 是不可超越的极限速度和唯一的信号联系方式的意思）。

上述两条基本原理是否完全成立，或者说是否完善呢？

先来看光速不变原理。首先需要说明，爱因斯坦在提出以上两条基本原理的时候，并不知道迈克耳孙—莫雷实验。光速不变原理所称的 c 为极限速度，只是一种假设，或者说是由爱因斯坦发挥人类思维的创造性功能，先验地设定的一个"逻辑前提"。这个逻辑前提是否正确呢？

我们认为至少是可怀疑的。理由如下：

（1）爱因斯坦在提出狭义相对论时，对静电相互作用的实验事实似乎是注意不够的。我们知道，两个静止的电荷体，电荷密度 $\rho = \rho(\vec{x})$ 是不显含时间 t 的。由方程组 $(2-8)$ 的第 3 式可知，因方程右边 ρ 不显含 t，则方程左边的电场 $\vec{E}$ 也就不显含 t，即 $\vec{E} = \vec{E}(\vec{x})$。现将 $\vec{E} = \vec{E}(\vec{x})$ 代入方程组 $(2-8)$ 的第 2 式，得 $\nabla \times \vec{B} = \mu_0 \vec{j}$。但我们又知道，在这种情况下，方程 $\nabla \cdot \vec{B} = 0$ 和 $\nabla \times \vec{B} = \mu_0 \vec{j}$ 是可以由毕奥—萨伐尔定律推导出来的。这表明毕—萨定律在此种情况下是更基本的定律。对静止电荷体，不存在宏观电流，即 $\vec{j} = 0$。将 $\vec{j} = 0$ 代入毕—萨定律

$$\vec{B}(\vec{x}) = \frac{\mu_0}{4\pi} \int \vec{j}(\vec{x}') \times \frac{\vec{r}}{r^3} dV' \qquad (2-17)$$

于是，得

$$\vec{B} = 0 \qquad (2-18)$$

这一事实表明：既然 $\vec{B} = 0$，$\vec{E} = \vec{E}(\vec{x})$，故两静止电荷之间不存在以光速 c 传播的

电磁波，于是以光速 c 传递相互作用的"传播子"的概念在这里失效。这就表明把相互作用完全归结为是由定域的"传播子"来传递的观点，似乎是不完善的。两静止电荷体是以静电相互作用来建立联系的，这种联系是"瞬时"的（当然，"瞬时"只是一种近似，用目前的术语说，就是存在超光速的"非定域关联"；但为与历史上的说法相衔接和方便起见，在此我们沿用"瞬时传递"这个近似意义下的术语，其含义是指超光速的非定域关联。在以后，凡提到"瞬时"相互作用的地方，若不作特殊的说明，则均是就上述意义而言的）。可见，即使在电磁现象中，瞬时相互作用也是存在的，且充当了极重要的角色。因此，隐含着光速 c 是不可超越的极限速度的光速不变原理是可怀疑的。

（2）超光速的非定域性关联，在其他方面也有报道。射电天文学发现，半径大于 1 光年的河外射电源（包括类星体和射电星系，如 $3C_{273}$ 等），能够在几个月之内发生整体的明暗变化。如果光速是不可超越的，发生这种变化所需要的时间就要在 1 年以上。十分迅速的整体亮度变化，很可能意味着射电源上存在着超光速相互作用。苏联学者们也曾称他们测得粒子穿越 11.4 cm 势垒的速度是光速的 4.7 倍。在铯原子钟的实验中，不久前也传出了存在超光速现象的报道。如此等等。而根据古斯（A. Guth）的暴涨宇宙学说的说法，早期宇宙曾以比光速快 100 倍的速度均匀膨胀过。

（3）事实上，关于超光速非定域关联的问题，在爱因斯坦在世时就提出过。在同玻尔的那场著名的论战中[①]，爱因斯坦关于量子力学还不是一个完善理论的思考是一种更高境界的追求，所提出的"物理实在"的观点也没有错，问题在于他把以光速传播的相互作用绝对化了，被玻尔抓了个正着[②]。后来通过阿斯佩等人的实验[③]，证实了玻尔关于超光速的非定域联系的论断。爱因斯坦在这场论战中"失利"的原因，事实上很可能就像人们所说的，量子论本质上是个非定域性理论，牵扯到类空联系或关联，即牵扯到比光速还快的信号传播。所以玻姆（D. Bohm）称，客观世界存在着由光信号确定其联系的领域之外的新领域，在这个领域中，非定域联系是一种更基本的真实的联系[④]。

（4）如我们所熟知的，在介质中所传播的振动的波速，例如，在固体中横波的波速为

$$u = \sqrt{\frac{G}{\rho}} \tag{2-19}$$

———————————

① A. Einstein, B. Podolsky and X. Rosen, *Phys. Rev.*, 47（1935）777.

② N. Bohr, *Phys. Rev.*, 48（1935）696.

③ A. J. Aspect, J. Dajibard and G. Roger, *Phys. Rev.* Lett., 49（1982）1804.

④ D. Bohm, *Process Studies*, 8（1978）89.

而纵波的波速为

$$u = \sqrt{\frac{E}{\rho}} \tag{2-20}$$

其中 ρ 为固体的密度，G 和 E 分别为固体材料的切变模量和杨氏模量。

振动在流体中只能形成和传播纵波，波速为

$$u = \sqrt{\frac{K}{\rho}} \tag{2-21}$$

其中，K 为流体的体变模量。在空气中传播的声波是纵波。在绝热近似下，声速为

$$u = \sqrt{\frac{\gamma p}{\rho}} \tag{2-22}$$

其中 p 为压强，γ 是空气的定压和定体摩尔热容之比。对理想气体，将物态方程

$$p = \frac{\rho R T}{\mu} \tag{2-23}$$

代入（2-22）式，则可以表示为

$$u = \sqrt{\frac{\gamma R T}{\mu}} \tag{2-24}$$

其中 R 为普适气体常量，T 是空气的热力学温度，μ 是其摩尔质量。

上述例证显示，在介质中的波的波速，与波源的运动无关，而仅与介质的固有性质有关。以声波为例，声源的运动可以产生多普勒效应（相向运动的列车，你会感到列车笛声的频率变高；相反则变低），但是声音的速度却仅依赖于空气的固有性质而与声源的运动无关（这也是"音障"产生的原因）。

同样，如果采用麦克斯韦和洛伦兹等人的观点，视电磁波为在"以太"介质中传输的波，那么光波与前述的在介质中传播的"介质波"就应有同样的性质：光在真空中的传播速率与光源的运动性质无关，而仅与介质（真空）的固有性质有关，故而光速

$$c = \frac{1}{\sqrt{\mu_0 \varepsilon_0}} \tag{2-25}$$

仅与反映"介质真空"的固有性质的介电常数 ε_0 和导磁率 μ_0 有关。这就表明，如果"介质真空"的固有性质发生了变化，那么光速就不一定是"不变"的。

谈到"介质真空"，不能不与物理学历史上的"以太"概念相联系——在我们的论述中没有采用原始的"以太"概念，而是采用了"物质性背景空间"（即"介质真空"）的概念（在后面我们还将详细讨论这一概念，在这里我们只需将其粗略理解为："真空"

事实上是不空的，里面还有物质，具有十分复杂的内容和结构），但二者是相当的——因为有许多人认为相对论否定了"以太"的存在。事实上，这是一种误解。其一，前面已经说过，爱因斯坦在提出狭义相对性原理时，并不知道迈克耳孙—莫雷实验。其二，在历史上洛伦兹实际早已证明，由迈克耳孙—莫雷实验未观察到干涉条纹移动的"0结果"，得不出否定"以太"存在的结论。其三，狭义相对论"似乎"是否定了"以太"，但在广义相对论中，某种意义上又承认了"以太"的存在。这样，爱因斯坦在他的相对论中岂不是用一种前后相矛盾的观点去看问题吗？事实上，爱因斯坦本人从来就没有表达过彻底否定以太的观点。其四，1965年，美国的彭齐亚斯和威尔逊发现了2.7 K的宇宙背景辐射。从某种意义上讲，它给予了"以太说"一种有力的支持——2.7 K宇宙背景辐射，可能就是物质性背景空间中的"电磁背景"，或者说是介质真空的一部分内容；由此，人们可以推论"以太"事实上是存在的。如果真是如此的话，即"以太"或者说"介质真空"是物质性的客观存在的话，那么这种具有极其复杂的内容和结构的"物质性背景空间"，在不同的时空点上就有可能因其他物质系统的存在和运动的影响而有所不同（即相应的介电常数或导磁率也可能会有差异或涨落）。因而，不仅将光速视为极限速度在实际上已经受到了挑战，且将光速 c 视为不变的，也是可以怀疑的。因为我们现在的实验所测得的只是在一定条件下的"平均光速"，而非"瞬时光速"；也只是证明往返光速不变，并未证明单程光速不变。所以，"光速不变原理"只是在一定实验基础上的一种"假定"，且是可以提出质疑的假定。

通过上述讨论我们所得出的结论是："光在真空中传播的速率都等于 c，与光源的运动状态无关"的假定似乎是合理的，但这一假定并不与否定以太的存在相关联；而其中所隐含的将光速 c 视为不可超越的极限速度和唯一信号联系方式的认识，至少说，是可怀疑的。

现在我们来看相对性原理。狭义相对性原理是对伽利略相对性原理的一种拓展。为论述方便，我们用众多读者较为熟悉和易于理解的伽利略相对性原理来讨论问题，然后再推广到狭义相对性原理。

如果移植到推导伽利略变换，则可以将变换写成广义的变换关系

$$x_i' = f_i(x_1, x_2, x_3, t) \quad (i = 1, 2, 3) \tag{2-26}$$

其中，$i = 1$，2，3分别代表直角系中的三个方向，即 $x_1 = x$，$x_2 = y$，$x_3 = z$；$\{x_i\}$ 表示在固定参考系 S 中 P 点的坐标；$\{x_i'\}$ 表示 P 点在相对于 S 做匀速直线运动的参考系 S' 中的坐标。在绝对时间 $t' = t$ 的假定下，若假定（2-26）式的坐标变换关系是线性的，则可

以导出人们所熟知的伽利略变换（即矢量加法公式）

$$\vec{r}(t) = \vec{r}_0(t) + \vec{r}'(t) \qquad (2-27)$$

（2-27）式是一般的关系，我们用图2-4的相对
运动关系图来加以理解。设 P 点即是我们所考查的
粒子，在 S 参考系中，它的质量为 m。对（2-27）
式微分，有

$$\dot{\vec{r}}(t) = \dot{\vec{r}}_0(t) + \dot{\vec{r}}'(t) \qquad (2-28)$$

即

$$\vec{v}(t) = \vec{v}_e(t) + \vec{v}'(t) = \vec{v}_0 + \vec{v}'(t) \quad (2-29)$$

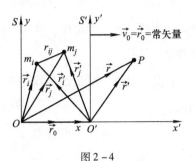

图 2-4

其中 $\vec{v}(t) = \dfrac{d\vec{r}}{dt} \equiv \dot{\vec{r}}(t)$ 为在"绝对参考系" S 中所看到的粒子 P 的运动速度，称为

"绝对速度"（例如，一人在火车上运动，地面观察者所看到人的速度即是绝对速度）；
$\vec{v}_e(t) = \dot{\vec{r}}_0 = \vec{v}_0$ 是由于 S' 相对于 S 运动所引起的 P 相对于 S 的运动速度，称为"牵连速
度"（即人在火车上相对于火车不动时由火车运动所产生的人对地面的速度——它即等
于火车的运动速度）；$\vec{v}'(t) = \dfrac{d\vec{r}'}{dt} \equiv \dot{\vec{r}}'(t)$ 是 P 相对于 S' 系的运动速度，称为"相对速度"

（即火车上的人在火车上运动时相对于火车的速度）。

现对（2-29）式再微分，且注意到 $\dot{\vec{v}}_0 = 0$，于是我们得出绝对加速度等于相对加
速度：

$$\vec{a}(t) = \dot{\vec{v}}(t) = \dot{\vec{v}}'(t) = \vec{a}'(t) \qquad (2-30)$$

另外，作用于物体上的力的一般表达式为 $\vec{F} = \vec{F}(\vec{r}, \dot{\vec{r}}, t)$，其中的变量 $\vec{r}$，$\dot{\vec{r}}$ 是指物体间的
相对距离和相对速度。例如图2-4中的两质点 m_i 和 m_j 间的万有引力（可将 m_i 理解为太

阳，m_j 理解为地球）的值 $F = \dfrac{Gm_im_j}{r_{ij}^2}$，即仅是两者相对位置的函数。因为 r_{ij} 在（2-27）式

的伽利略变换下是不变的，因而 F 也是（2-27）式的不变量。故有

$$\vec{F} = \vec{F}' \qquad (2-31)$$

即在 S 和 S' 系所看到作用力是一样的。如果进一步假定质量 m 这个"标量"是变换的不
变量，即

$$m = m' \qquad (2-32)$$

于是由（2-26）式、（2-27）式和（2-28）式得

$$\vec{F} = m\frac{d\vec{v}}{dt} = m'\frac{d\vec{v}'}{dt} = \vec{F}' \qquad (2-33)$$

即牛顿定律对于伽利略变换是不变的。由此人们提出所谓的"伽利略相对性原理"：基本力学定律（即牛顿定律）在所有的惯性系中都保持相同的数学表达式，因此一切惯性系都是等价的。

但是，是否一切惯性系都是等价的（即都是完全平权的）呢？下面我们来看一个例证。

如图 2-5 所示，设 A 处有一静止的目标（敌人），在 O 处的我方士兵测得距离 $OA = L$。若假定空气阻力不计，地面是平坦的，子弹可近似视为受重力 $F = mg$，士兵若已知枪发射子弹的初速度为 v_0，初始动能为 $E_0 = mv_0^2/2$，则基于牛顿定律

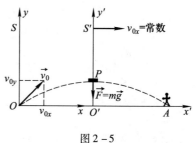

图 2-5

$$m\frac{d^2 y}{dt^2} = m\frac{dv_y}{dt} = -mg \qquad (2-34)$$

$$m\frac{d^2 x}{dt^2} = m\frac{dv_x}{dt} = 0 \qquad (2-35)$$

作积分，且以子弹出膛为计时零点，则得

$$y(t) = v_{0y}t - \frac{1}{2}gt^2 \qquad (2-36)$$

$$x(t) = v_{0x}t, \quad v_x = v_{0x} = 常数 \qquad (2-37)$$

经 T 时间后，子弹击中目标。由（2-36）式，令 $y(t=T)=0$，求得子弹击中目标的飞行时间为

$$T = \frac{2v_{0y}}{g} \qquad (2-38)$$

（2-38）式代回（2-37）式，得

$$L = x(t=T) = v_{0x}T = \frac{1}{g}2v_{0x}v_{0y} = \frac{v_0^2}{g}2\sin\theta\cos\theta = \frac{v_0^2}{g}\sin 2\theta \qquad (2-39)$$

由（2-39）式，士兵根据他所求得的瞄准角度

$$\theta = \frac{1}{2}\arcsin\left(\frac{gL}{v_0^2}\right) = \frac{1}{2}\arcsin\left(\frac{mgL}{2E_0}\right) \qquad (2-40)$$

进行射击，即可准确地射杀敌人。

这是在"绝对参考系"S（当然也是惯性系）所发生的真实的物理过程。

现我们来看另一幅图像。

设 $t = 0$ 时，恰有一个以 $\nu_{0x} =$ 常量的惯性参考系 S′ 经 O 后向前运动。S′ 中的观察者在 O′ 处。他所看到的图像是子弹以 ν_{0y} 的初速度上抛后又落下，A 处的敌人是以 $\nu_A' = -\nu_{0x}$ 的速度运动，主动"送货上门"被落下的子弹击中的。或者，为了叙述更为简单，假设重力可不考虑，那么在 S 系中的士兵是以 $\theta = 0$，$\nu_{0x} = \nu_0$ 水平发射枪弹去击中目标的。而以 $\nu_{0x} =$ 常量 $= \nu_0$ 运动的 S′ 系中的观察者所看到的图像是：子弹是静止不动的，而 A 处的敌人则是以速度 $\nu_A' = -\nu_0$ 迎面冲过来去碰子弹而"自杀"的。

于是，O 处的士兵和 O′ 处的观察者发生了争论。

O 处的士兵说：你的那个参考系 S′ 是一个不好的参考系，因为你所描绘的物理图像是不真实的；真实的物理图像是，A 处的敌人是静止不动的，他的动能 $E_A = 0$，是我用枪发射子弹使子弹获得 $\nu_p = \nu_0$ 的速度和 $E_p = m\nu_0^2/2$ 的动能；A 处的敌人被射杀，在我看来是要做功的，是以动能 E_p 的消耗为代价的；敌人的死，是"他杀"事件，我将其击毙，我是立了战功的。

O′ 处的观察者则反驳说：在我的 S′ 系中看到的是敌人以 $\nu_A' = -\nu_0$ 在运动，他的动能 $E_A' = m\nu_0^2/2$，子弹是静止的，速度 $\nu_p' = 0$，动能 $E_p' = 0$；敌人的死，在我的 S′ 系中看来你是无须做功的，而是以敌人的动能 E_A' 的消耗为代价的；敌人的死是"自杀"事件。我的上述观点很容易被验证。在子弹与敌人相碰之前，子弹就在我的身旁且相对于我是静止的。为达到把敌人杀死这个目的，现在我将你的子弹拿过来，换上……哦，我抽烟，就换上我的打火机以取代你的子弹吧。敌人跑过来碰上我的打火机，他同样是死了，目的同样达到了。但是，为达到同样的目的，在我的 S′ 系中我无须做功，而在你的 S 系中你则要做功，所以你的 S 系是一个"不经济"的参考系；敌人死了，你立功，我也立了功，但是在你的 S 系中敌人是被你"他杀"的，敌人也是人，从"人道"的角度讲，你在良心上总是有点难受吧？而在我的 S′ 系中，敌人是自己主动跑来碰打火机"自杀"的，不是"他杀"行为，我在良心上不受谴责，所以我的 S′ 系同你的 S 系相比较是一个既"经济"又"人道"的参考系。所以说，你说我的 S′ 系是一个不好的参考系是不成立的，而恰恰相反的是，你的 S 系才是一个不好的参考系。

两者的观点能一致吗？两个参考系中的观察者对物理事件的描述和认识能等价吗？如果真是等价的，即在两个参考系中得出的结果都是真的，也就是 A 处的敌人的动能在 S 系中 $E_A = 0$ 为真，在 S′ 系中 $E_A' = m\nu_0^2/2$ 同样也为真的话，那么从 $E_A = 0$ 向 $E_A' \neq 0$ 的转化之中，是谁做了功？——须知，在 x 方向，人是不受外力的。所以，"一切惯性系都是等价的"（这里事实上指的是惯性系与绝对系等价）这个命题是不成立的。

从方程的角度讲，由伽利略变换（2-27）式出发，虽然我们得出了在 S 系和在 S′ 系中牛顿方程有相同的表达式的结论，但须注意的是，牛顿定律

$$\frac{d\vec{p}}{dt} = \vec{F} \begin{cases} \rightarrow \text{已知运动求力} & (2-41a) \\ \leftarrow \text{已知力求运动} & (2-41b) \end{cases} \qquad (2-41)$$

在"已知运动求力"的（2-41a）式的情况下，运算过程是一个微分的过程，从而使得 S 与 S′显示不出差别来。但在已知力求运动的（2-41b）式的情况下，即描述物体的运动图像时，却是一个积分的过程，这时 S 与 S′的差别就会显示出来——这正如在上面争论中看到的，S′系就会将非真实的虚假的影像带进来并由此表明在对运动的真实性的描述和认识上，S 与 S′是不等价的。

这样，我们得出结论：

不仅要求牛顿方程成立且要求方程对物理过程以真实的描述和认识的参考系是唯一的。这个唯一的参考系称之为"绝对参考系"。 $\qquad$ (D₁)

随结论（D₁）的得出，一个自然的问题是如何定义和确立绝对参考系。 $\qquad$ (D₂)

该问题将在后面予以回答。现在来看狭义相对性原理。

只需将伽利略相对性原理中的"基本力学定律（牛顿定律）"换成"基本物理定律（即自然规律）"，就从伽利略相对性原理过渡到了爱因斯坦的狭义相对性原理。但是应注意的是，根据我们上述的讨论，一切惯性系都是等价的这个命题是不成立的，而是存在一个绝对参考系，在这个绝对参考系中所见到的物理过程才是真实的。下面我们再来看一个例子。

由狭义相对论，有著名的爱因斯坦时间延缓

$$\tau = \frac{\tau_0}{\sqrt{1 - (v^2/c^2)}} \qquad (2-42)$$

其中，τ_0 是时钟静止时的周期，τ 是时钟以速度 v 相对于固定系 S 运动时的周期。当 $v < c$ 时，由（2-42）式知

$$\tau > \tau_0 \qquad (2-43)$$

现有一对双生子 A 和 B，今各持一个在图 2-4 的 O 点处（此时 O 与 O′重合，均静止）校准了的时钟 C_A 和 C_B。现假定 B 与钟 C_B 及所在的参考系 S_B（即图 2-4 中的 S′系）以速度 v 相对于地面静止的参考系 S_A（即图 2-4 中的 S）运动，则 A 所看到的是，钟表

C_B 的周期变慢了

$$\tau_B = \frac{\tau_A}{\sqrt{1 - \dfrac{v^2}{c^2}}} , \quad \tau_B > \tau_A \tag{2-44}$$

因而相应地 B 的寿命较 A 延长了。但是，若"一切惯性系都是等价的"成立的话，那么站在 S_B 参考系的角度考查，结果就也应是真。在 B 看来，S_B 是静止的，是 A 及钟 C_A 与其参考系 S_A 相对 S_B 以速度 $-v$ 在运动。于是 B 认为是钟 C_A 的周期变长（即变慢）

$$\tau_A = \frac{\tau_B}{\sqrt{1 - \dfrac{(-v)^2}{c^2}}} = \frac{\tau_B}{\sqrt{1 - \dfrac{v^2}{c^2}}} , \quad \tau_A > \tau_B \tag{2-45}$$

与之相应的是，A 的寿命较 B 延长了。亦即是说，A、B 所见的都是对方的寿命延长了。但哪个是真？这个著名的所谓"双生子佯谬"，是狭义相对论无法判别和回答的。佯谬一旦出现，即表明理论在立论的根基上出了问题，是最为严重的和必须认真对待的大问题。上述佯谬说明爱因斯坦"相对性原理"这个逻辑前提存在着问题："一切惯性系都是等价的"这个前提是错误的。

事实上，当我们修正了相对论在立论基点上的毛病，承认绝对参考系之后，上述的双生子佯谬才不会发生：绝对参考系所见的（2-44）式是真，而（2-45）式则是因为引入了"一切惯性系等价"这个错误命题所得出的虚假影像，在事实上是不成立的。上述结论实际早已为实验所证明。例如，飞机绕地球飞一圈后又回到机场（每时每刻将飞机近似看成是一个相对运动的惯性系），机场上的工作人员根据（2-44）式的判断是乘客的表慢了（周期变长了），不妨设为 x 秒。而根据（2-45）式，飞机上的乘客却认为地面上机场工作人员的表慢了 x 秒。飞回机场两者一对照，事实上只有一个结果：乘客的表慢了 x 秒。这一事实肯定了（2-44）式而否定了（2-45）式，从而肯定了绝对参考系的存在。

以上讨论表明，逻辑实证主义的方法也存在着缺陷，即这一方法本身无法保证其逻辑前提的正确。即使伟大如爱因斯坦，可以把逻辑实证主义方法的威力发挥到极致，也会因为逻辑前提的不完善而出问题。当把逻辑实证主义作为检验理论正确性的标准时，这一方法的局限性就会影响我们做出正确的判别（在后面章节介绍相对论时还将详细讨论）。

有错误就应当纠正，有缺陷就应当弥补，科学就是这样在不断地纠正错误和弥补缺陷的过程中前行的。那么，如何弥补逻辑实证主义方法的缺陷（即如何保障逻辑前提的正确性）呢？办法就是找出可以决定和判别理论的逻辑前提是否正确的东西。我们认为，在"逻辑起点—逻辑推理"及其所得结论（包括基本方程）的背后，还有着更深层次的、对理论思维和理论结果给予限定和制约的因素，只有它才能决定和判别理论的逻辑前提的正确性。也就是说，寻找"逻辑起点—逻辑推理"及其所得结论（包括基本方程）背后的、对理论思维和理论结果给予限定和制约的更深层次的因素，是建立物理学理论应当满足的新的评判标准的关键；也只有找到它，才能为物理学奠定真正而坚实的基础。

三、物理学理论应当满足的标准

总结以上的论述可以看出，在科学发展的早期，人类的认识水平和认识能力还不高，科学的发展主要依靠直接经验的总结。这时的科学理论主要是运用"归纳法"，依靠直接经验事实的总结形成的。随着科学的不断发展，从直接观察获取经验事实从而总结出科学理论的方法，越来越显现出局限性。这一方面是因为归纳法本身的局限性：由单称命题拓展为全称命题是可怀疑的，且实验会受到理论及现存思维的前提性制约；另一方面是由于人们的认识越来越深入难以直接观察的层次（从广袤的宇宙及其起源到微观、超微观及基本力场的起源与统一——这正是 20 世纪物理学领域的特点），理论已经难以直接从已知实验的结果中总结得出，也难以直接同实验结果相比较，只有通过一个或长或短的逻辑通道，才可能去构思理论和检验理论（往往是一种间接的检验）。正是由于这些原因，人们就必须思索新的科学认识论方法和检验理论的方法，这就是前面所提及的、以爱因斯坦为卓越代表的物理学中的逻辑实证主义方法。正因如此，所以 20 世纪以前的物理学的基本定律，如牛顿方程、麦克斯韦电磁运动方程组和热力学三大定律，主要是用实验实证主义方法，由实验总结出的定律（当然如前面所说，也包括逻辑实证主义方法对实验实证主义的改造与提升）；而以相对论和量子论为标志的 20 世纪的物理学的基本理论方程，没有一个方程是直接由实验经归纳法得出的，全是用逻辑实证主义方法给出的，并由此使得理论走在了实验的前面。这是 20 世纪物理学作为一次科学革命的明显标志。

以上的论述说明，从迄今为止的科学实践看，这二者——实验实证主义和逻辑实证主义都具有一定的合理性；它们的合理性与有效性，是寓于对事物客观性的尊重之中的，而且后者对人类理性思维的潜能和价值给予了更充分的发挥和肯定。但是，如前面的分析所表明的，这两种方法又都存在着不足之处，必须予以克服。

那么，怎样才能建立起更为科学的理论评判标准呢？我们认为，就物理学理论而言，要想建立起这样的评判标准，必须从追寻物理学的"根"开始。

先让我们再分析一下实验实证主义和逻辑实证主义这两种方法：

在理论建立和理论检验的过程中，实验实证主义的方法如图 2-6（A）所示，它从实验出发，用归纳法经（1）上升为理论后，由（2）给出理论结果，再经（3）由实验检验，根据实验提供的信息再循环。该方法的缺陷，如前面所说，主要是（i）由单称命题向全称命题过渡的可质疑性；（ii）理论与实验的依存性，即通常所说的证据（实验）会被待评价的理论"污染"的问题。逻辑实证主义的方法如图 2-6（B）所示，事先提出基本假定（即假说），通过逻辑演绎的方法（如前面所说变换及协变性等），经（a）得出理论后，由（b）给出理论结果，再经（c）由实验检验，然后从实验提取信息经（d）再循环。逻辑实证主义与实验实证主义相比较，上述第（ii）点的问题仍存在，但改善了上述的第（i）点。也就是说，即使用"假说—逻辑演绎"取代了"实验—归纳总结"，从而避免了由单称命题向全称命题过渡时运用归纳法的可质疑性，使得逻辑实证主义可以直奔"科学统一性"的主题，并凸显了理性思维的巨大价值，但"假说—逻辑演绎"的可靠性基础依然存在疑问。我们看到，（B）的循环事实上最后还要依靠实验检验来证实。然而，这种证实又因为（ii）的"污染"问题的存在，从而缺乏严格性和可信性。

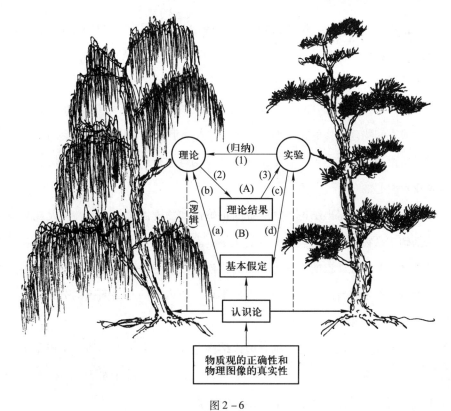

图 2-6

那么怎么办呢？我们认为，要想找到解决的办法，必须先弄清产生这个问题的原因。这是要从"根"上讲才能说清楚的。

人们常说，理论和实验是物理学的两棵参天大树。但再深入一步进行分析就能看出，物理学中的一切问题，表面上看似乎都在围绕着理论和实验转，但实际上根基却是我们的认识论——理论和实验是我们认识客观世界的一把双刃剑，剑柄却是握在认识论手中的：因为理论和实验作为人类认识客观世界的两种手段，其合理性和价值的基础，在于我们从认识论高度对客观事物规律性的肯定。从我们上面对实验实证主义和逻辑实证主义两种方法的分析可以看出，无论是采用如图 2-6 中的（A）那样间接的方式，还是如图 2-6 中的（B）那样直接的方式，其基础均是认识论。但是，正确的认识论的基础又是什么呢？我们认为，我们所认识的是客观世界，客观世界是一个物质世界，所以正确的认识论是建筑在物质观的正确性和物理图像的真实性这个基础之上的。形象地说，如图 2-6 所示的那样，物理学的理论和实验这两棵大树的根，是深深扎在物质观和物理图像这个"土壤"之中的。只看到地面之上的理论和实验这两棵大树，看不到这两棵大树所扎根的物质观和物理图像这个"土壤"，也就是说，不从根源上看问题，所谓的"污染"问题怎么纠缠得清呢？

事实上，正因为物质观和物理图像是"土壤"，质朴而无华，因而人们一走进"园林"，往往只注意到如理论公式、数学表象这样的"树、叶、花和果实"，很少去关注脚下的"土地"。也就是说，在建立理论和对理论进行评议的过程中，我们常常关心的是图 2-6 中那些耀眼的有形的部分，注重的是复杂的数学表象及其推演，而对认识论及其基础，即物质观和物理图像的正确性，却极少问津。但这正好是我们视野中的一个盲点。当今物理学所出现的众多困难，以及这些基础性困难迄今仍找不到克服途径的根源，就是由这个盲点引起的。

由以上的分析可以得出结论：物质观的正确性和物理图像的真实性才是物理学真正而直接的基础，是物理学之树赖以生存的土壤；若离开了这个土壤，物理学之树就枯萎了。正是在这一根本性认识的基础上，我们广泛吸收了各种不同观点的合理内核，特别是根据前面对物理学宗旨的认识，和对物理学理论与实验的相关问题的分析，提出如下对物理学理论的评判标准：

物理学中的理论思维、理论基础、理论结构和理论结果至少必须满足以下五条限定性条件［或称为判据（Criteria）］，它们可按重要性、本质性排序如下：

基于物质观、认识论之上的哲学本体论的正确性；　　　　　　　　　　　　　（C_1）

物理图像的真实性；   （C_2）

理论内概念及逻辑运行的自洽性；   （C_3）

科学的连通统一性；   （C_4）

理论预言为实验验证为正确的可实证性。   （C_5）

上述限定性条件是对理论做出评判的标准，也是我们去构造理论的依据和出发点。这些标准虽是针对物理学提出的，但鉴于物理学作为最基础的元科学，和基本物理规律作为自然规律的普适性，那么，只需对上述标准进行必要的修改［例如将（C_2）修改为"所研究系统应当具有图像的真实性"］，就有可能将其推广到更广泛的领域，以用作评价所有科学理论的一种参考标准。其中最为重要、最为显著的特征是：正确的物质观、正确的认识论和正确的物理图像，才是物理学真正而坚实的基础，是不容任何一个理论与之相对立的；它且只有它，才能保证和检验一个理论是否正确与深刻。而在我们的评判标准中增加了（C_1）和（C_2）的内容，且将其置于最高的位置，就有可能保证对一个理论的基础和方向是否正确这一关键性问题，做出准确的判断。

第3节　新评判标准的意义和应用

一、应用新评判标准时需要宽容与公正

在提出上述 5 条标准时，我们刻意指出它们是"按重要性和本质性排序"的。这暗含着我们既注意到了物理学的"层级结构"特征，又注意到它随人类认识不断发展而不断变革的历史性特征。这两个特征使我们必须面对如下的问题：建立以上的评判标准之后，还必须确立相应的"评判实施规则"，以正确地使用上述的评判标准，使其既能体现对历史的尊重，又能反映和满足现实的要求，并保证评价的公正性。

我们认为，要做到这一点，在对理论的评价中就要特别注意如下问题：宽容和公正。在这里，宽容是公正的前提，公正是宽容希望达到的目的。因为在许多情况下，如果没有宽容，可能就会永远失去公正的机会；而如果没有公正，那么宽容就可能成为"纵容"。

（一）在评价"常规科学"理论时的宽容与公正

库恩说过，"常规科学所研究的范围是很小的；我们现在讨论的常规研究，其视野也受到严格的限制。"[①] 在这里，库恩表达了对常规科学的某种程度的轻蔑。对此，我们持

[①] ［美］托马斯·库恩著：《科学革命的结构》，金吾伦等译，北京大学出版社 2003 年版，第 25 页。

不同的看法。须知，科学革命这类事件的发生往往是世纪性的，它所涉及的具有开拓性思维的前驱科学家毕竟只是少数。大多数科学家所从事的绝大多数工作，事实上均属于"常规科学"的范围。20世纪的物理学是以相对论和量子论作为标志的。以量子论为例，在20世纪30年代前后，统计量子力学（SQM）的基本理论形态"已经完成"。但其后，人们仍做了大量的工作，将其向纵、横两个方向拓展，取得了举世瞩目的巨大成功。这时，SQM的工作，事实上已属于"常规科学"的范畴，包括方法论的发展，领域的拓宽，理论应用价值的开发等，也包括在这种研究中人们对SQM理论基础的质疑与思考，以及种种突破性尝试。而后者又为新的科学革命做了必要的铺垫。这样的"常规科学"研究，难道不是必要而有意义的吗？显然，否定"常规科学"研究的意义甚至其必要性，是不公正的。

事实上，在某些领域和范围，当我们尚未找到较为完善和统一的理论表述时，一种常用的方法，就是由有限的实验数据去总结出"经验公式"；有时也可能再上一个台阶，提出在局部领域内有效的"模型理论"。这时，它们虽可能并不完全满足（C_1）～（C_4）的要求，但却满足（C_5），表明其在"可实证性"的意义上，于局域的范围内是"成功的"。对这样的工作，我们无需求全责备，而应肯定它的实用性价值。因为众所周知，一个连续函数，在任一有限的值域范围内，从理论上讲，自变量和因变量的数目是无穷多的。因而，我们显然不可能以极为不"经济"的办法去做无穷多次的实验。于是，上述的"经验公式"和"模型理论"，就显示出了它既经济又实用的价值——虽此时它可能尚称不上是一个真正意义上的理论。例如，"核数据"就是一项很具经济性和实用性价值的工作：为提取铀核或钚核的某个数据，我们总不能随时去试爆一颗原子弹吧！这些事实提醒我们，科学研究和科学事业本身是需要由其实用性价值来支撑的。或者说得俗一点，由于社会是很"现实"的，它对虽然有点"下里巴人"、但却具有一定实用价值的常规科学研究也是有着强烈需求的。因而我们在应用上述评判标准对常规科学理论进行评价时，一定不能忽视对其实际应用价值的肯定。

现在我们来看一个例证。

在量子力学中，如周知的，对于定态系，系统的哈密顿量不显含时间 t

$$\hat{H} = \hat{H}(\vec{r}, \hat{p}) \qquad (2-46)$$

若力学量 $\hat{A}$ 也不显含 t，则力学量的平均值 $\langle \hat{A} \rangle$（即"观测值"）将不随时间变化，即

$$\frac{d\langle \hat{A} \rangle}{dt} = 0, \quad \langle \hat{A} \rangle = 常量 \qquad (2-47)$$

（2 - 47）式是严格的结果（量子力学的有关问题我们将在后面做较详细的介绍，不熟悉量子力学的读者，在这里仅需从逻辑上把握，也可以掌握论述的实质）。

核力是与时间无关的，故原子核是一个定态系统；描述核运动的力学量，因（2 - 47）式的前提性限制，将是不随时间变化的。这就意味着，由于（2 - 47）式的制约，核将被"凝固"起来而无法运动。在这样的理论基础上，对核的运动的研究就无法进行下去了。怎么办？为打破这一僵局，人们把定态系的哈密顿量（2 - 46）改写为

$$\hat{H} = \hat{H}(\vec{r},\vec{p}) = \hat{H}(\vec{r},\vec{p}) + V(t) - V(t) = \hat{H}_A(\vec{r},\vec{p},t) + \hat{H}'(t) \qquad (2-48)$$

其中，
$$\hat{H}_A(\vec{r},\vec{p},t) = \hat{H}(\vec{r},\vec{p}) + V(t) \qquad (2-49)$$

$$\hat{H}'(t) = -V(t) \qquad (2-50)$$

这样，一个本来只具 $\hat{H} = \hat{H}(\vec{r},\vec{p})$ 哈密顿量的定态系，通过（2 - 48）式的"操作"，就变成了一个具 $\hat{H} = \hat{H}_A(\vec{r},\vec{p},t)$ 的、显含时间 t 的非定态系，并处于微扰 $\hat{H}'(t)$ 的干扰之中。通过微扰展开的不完全，一个定态系的原子核硬是被变成了非定态系的原子核，于是核"动"了起来。这样做当然是不"严格"的，甚至是无道理的，但其结果却可以满足一定的实用性需要，所以从一定的意义上说，也是应当允许的。

基于上述的同样原因，为描述原子核的集体运动，人们先验地引入描述集体运动的参数 $q_\gamma(t)$，将薛定锷方程（量子力学的基本方程）

$$i\hbar \frac{\partial}{\partial t}\psi(\vec{r},t) = \hat{H}\psi(\vec{r},t) \quad (\text{其中}\vec{r} = \{\vec{r}_1,\cdots,\vec{r}_n\}(n\text{为系统的粒子数})) \quad (2-51)$$

中的波函数改写为

$$\psi = \psi(q_\gamma(t),t) \qquad (2-52)$$

依靠如下的数学处理来实现

$$i\hbar \frac{\partial}{\partial t}\psi(q_\gamma(t),t) = i\hbar \frac{\partial}{\partial t}\psi + i\hbar \sum_\gamma \frac{\partial \psi}{\partial q_\gamma}\dot{q}_\gamma = \hat{H}\psi \qquad (2-53)$$

我们知道，系统做集体运动，应以众多粒子具有相同位相的运动为前提和基础。也就是说，只有系统内单个粒子是运动的，系统的集体运动才能发生，故描述粒子坐标的空间位矢就应理解为 $\vec{r}_i = \vec{r}_i(t)$。于是相应的波函数可表示为

$$\psi = \psi(\vec{r}_i(t),t) \qquad (2-54)$$

现将（2 - 54）式代入（2 - 51）式，若（2 - 53）式的数学运算是合理的，那么（2 - 51）式（薛定锷方程）就应作如下的数学处理：

$$i\hbar \frac{\partial}{\partial t}\psi(\vec{r}_i(t),t) = i\hbar \frac{\partial}{\partial t}\psi + i\hbar \sum_i \frac{\partial \psi}{\partial \vec{r}_i} \cdot \dot{\vec{r}}_i = \hat{H}\psi \qquad (2-55)$$

我们可以用（2－55）式的方式来求解薛定锷方程吗？

众所周知，正确的数学运算关系为

$$\frac{d}{dt}\psi(q_\gamma(t),t) = \frac{\partial\psi}{\partial t} + \sum_\gamma \frac{\partial\psi}{\partial q_\gamma}\dot{q}_\gamma \neq \frac{\partial}{\partial t}\psi \qquad (2-56)$$

这说明以上的数学处理是不正确的，说明现有的 SQM 对系统的认识是不完全的。因为我们知道，核力不清楚和处理多体问题的技术复杂性，是人们公认的原子核理论中的两个基本性困难。除此之外，从以上的分析中我们又看到，SQM 对系统认识的先天不完全性是其又一个更深刻的原因。讨论原子核中的集体运动和输运过程等，没有与单粒子轨道运动相关联的变量进来，理论的描述和数学表象的建立就缺乏了基础。

从上述论述可见，若按（C₃）来评价，以上的工作均是"不合格"的。但是，人们却应对这种不合格持宽容的态度，因为它们计算出了结果，在一定程度上对原子核的运动给予了描述，具有一定的实用性价值。事实上人们常常是这么做的，在科学刊物上充斥着大量反映这种"不合格"工作的文章，就是明证。

由此我们看到：

第一，对上述五条标准的把握应是柔性的而非刚性的。如果没有这种弹性的宽容，在一个不完善的理论基础之上，我们将无法继续前行。正是因为有了这种宽容，在上述两个基本困难再加上一个不完善的 SQM 的基础上，原子核理论开展了丰富而有效的研究工作，取得了很大的成功，从而保证和肯定了它的实用性价值：核能、核电站、核技术的开发与应用，当然也包括核武器的巨大破坏力对和平和人类所造成的威胁。

第二，在上述例子中，对（C₃）的"强行突破"，是迫于无奈的"办法"，并且十分鲜明地显示了 SQM 的不完善性（这将在后面详细讨论）。站在对理论进行严肃评判的角度，对（C₃）的违反是绝对不能被肯定的。然而这种"权宜"性的方法，也有其正面的意义（一定的实用性）。并且，它还为进一步发展和完善量子力学留下了重要的探索空间，迫使我们不断地深入思考。这又是值得肯定的，是属于正面的东西。

汇总上述讨论所得出的结论是：对上述五条标准的把握应具有适度的弹性，应从多角度、多侧面来审识。具体到对一个"常规科学"理论的评价，特别是在尚不能用完善而统一的理论进行描述的领域中，在对该领域中的局域性理论进行评价时，更应着重对其应用价值的肯定。也就是说，用现在的眼光看，历史上的许多理论无疑是错误的；但这并不意味着我们可以否认这些理论在当时历史条件下的科学价值及实用性意义。因为我们不能用今天的认识去苛求历史上的科学理论——理论的评价除应具有客观性的特点之外，还应具有历史性。科学家不是圣人，他们在科学研究和有关科学问题、科学思想等的论述中难免不犯这样那样的错误。要求他们不犯错误，除非他们不工作，但这样科学事业也就不存在了。此外，我们还应看到理论价值的多功能性。例如，即使是一个错误的理论，它也许还可能具有对人的智慧和思维进行培养训练的价值，以及避免人们重犯类似错误的警世性价值等。所以，以追求"刚性"的客观真理为目标的科学，是以"柔性"的思想自由、信仰自由、探索自由、评价宽容和相互尊重为生存条件的。若认识不到这个问题或处理不好它，我们这个科学共同体就缺乏良好的生存环境，科学事业就会被我们自身所伤害。

（二）在评价突破性理论时的宽容与公正

1. 理由

如果说在评价常规性科学理论时，人们已经在一定程度上注意到了宽容性，从而在一定意义上保障了评价的公正性的话，那么相对而言，在对突破性理论的评价中，就做得差多了。尽管在科学史上也可以找到如普朗克（M. Planck）那样的例子——不仅仅是出于科学精神，或许还由于来自自身经历的体会，普朗克当时虽并不赞同爱因斯坦文章中的观点，但却不压制新的思想与尝试，加上觉得这个年轻人的数学表述还不错，在审稿时"宽容"地"放了爱因斯坦一马"，于是成就了一位天才与伟人，被传为科学佳话而流芳百世。所以，普朗克不单单因他的开创性工作被尊为量子论的鼻祖，也为这段佳话备受人们的尊敬。但更多的现象却是其反面——各种违背科学精神和科学道德的事件，在我们这个科学共同体中反复地重演，留下了一桩桩不光彩的记录：门德尔基因学说曾被扼杀，百年后才得以重见天日；能量守恒定律的发现，当时根本得不到承认，文章也无法发表，亥姆霍兹等人只能用油印"传单"的方式宣传他们的观点，三人小组，一人气成了神经病；热力学研究中，坚持道尔顿"原子论"（1803 年提出）的玻耳兹曼（Boltzmann），在热质说和马赫的实证哲学的压制与讥讽打击下，于 1906 年跳楼自杀，这位才华横溢的科学家的墓碑上所刻的热力学熵公式，不仅仅是对他工作的肯定，也是对科学界中的非科学精神的无声控诉……所以量子论的创立先驱普朗克，在他的《科学自传》一书中，由自己科学生涯的体会，表述了对科学中的不宽容和不公正现象极度悲伤的愤慨："一个新的科学真理的胜利并不是靠使它的反对者信服和领悟，还不如说是因为它的反对者终于都死了，而熟悉这个新科学真理的新一代成长起来了。"[1] 由此可见，

---

① 转引自 ［美］托马斯·库恩著：《科学革命的结构》，金吾伦等译，北京大学出版社 2003 年版，第 136 页。

在对突破性的理论进行评价时，保持宽容与公正也是十分重要的——从某种意义上说，它甚至更为重要。

之所以这样说，实质上是因为，从科学革命的爆发到一次科学综合的实现，绝非是一夜之间的奇迹，而是一代又一代科学家们史诗般的艰难探索的结果。经典力学的牛顿综合，从人类文明史算起，经历了数千年的时间，若从哥白尼算起，跨越了两个半世纪。电磁理论的麦克斯韦综合，若从法国的笛卡儿提出"以太旋涡说"算起，同样经历了两个半世纪，即使从惠更斯提出波动说算起，也经历了一个多世纪的时间。在通往一次科学综合的征程中，人们提出各种方案去做尝试，最终的科学综合是各种思想和理论相互竞争、激烈冲撞的结果。在这个过程中，特别需要"百家争鸣"的氛围，特别需要科学评价的宽容，以保护那些如嫩芽般的新的思想。这样才能让那竞争、碰撞所激发的思想火花，如划破黑夜长空的闪电，照亮漫长的艰难征程。只有这样，一个崭新的世界观才能脱颖而出并逐步形成一种共识。在这个深化了的共识的基础之上，一次科学革命才会以必然发生的科学综合画上句号。而如果相反，苛刻地要求突破性新理论从一开始就十分完善，那就不可能出现最终的完美结局——这显然是极不公正的。

在这里有必要特别谈一谈在物理学中应用数学的问题。因为许多人认为理论的所谓"完善"仅仅表现为完美的数学表述。其实，数学表述只是荷载我们思想的工具。数学语言变了，理论的表述形式也会变。哥白尼、伽利略时代用以描述客体的数学工具，随着历史的发展，不仅早已被牛顿的数学表象（微积分表述）所取代，甚至也被我们淡忘了。但是，其思想却保留了下来！可见，以数学表象为载体的理论形态可能随数学语言的发展、表述方式的进化，以及历史的进程而被超越甚至被忘却；但那些真正站得住脚的闪光的思想却永远不会被忘却，它们是可以获得丰碑般永恒的——这不是因为别的，而是因为科学和社会的前进，需要用历史积淀出的这些宝贵思想，作为它的航标和灯塔。所以我们在对理论进行评判时，不应过多地去纠缠具体而复杂的数学表象，而应透过表象的华丽外衣窥探其内在的思想与观念。因为只有思想和观念对头了，方向才对头，基点才牢靠——在科学研究之中，正确的理论方向永远是第一位的东西，是理论生命力的真正源泉。当然，理论方向对了，不一定就可以即刻找到一个较完善的数学表象，使之能较忠实地去荷载我们的思想，但我们却可以在正确的方向上继续寻找和前进；反之，方向不对，则是南辕北辙的努力。

总之，从科学革命的爆发到一次科学综合的实现，事实上一直围绕着世界观这个主旋律在展开。因而，一个理论，特别是突破性的理论或具革命性意义的理论，隐于外在表象背后的思想，才是其本质之所在。所以，对突破性的理论，特别是对具革命性意义的理论进行评判时，就应着重看它的认识论价值，在初期更要注重它的思想闪光点，而不是将关注点放在对它是否具有完美的数学表述或者是否取得广泛实证成功的苛求上。这样，也只有这样，我们才能抓住本质的东西。也就是说，对突破性理论应注重认识论价值，对常规科学的研究工作应注重实用性价值；两者的评判重点是不一样的，存在质的差别，是不能都用简单的实证主义观点来对待的。

2. 方法

然而，如何才能公正地评价一个突破性的理论？我们欣赏普朗克的做法，也希望在对理论的评审中有更多普朗克式的人物，少留下一些对新思想压制的遗憾。但是，现实告诉我们，不能把对理论的公正评价建立在"欣赏"与"希望"的基础之上，而应建立在公正性原则的共识与确立，和能保证其实现的方法的建立与实施的基础之上。

库恩主张由"科学集团"来对理论进行评判。这当然是一种方案，但却是一个无法实际操作的方案，更是一个无法保证评判公正性的方案，所以也就是一个不可行的方案。事实上，库恩本人已经用自我矛盾的方式否定了上述方案。这正如他所看到的那样，"常规科学的目的既不是去发现新类型的现象，事实上那些没有被装进盒子内的现象，常常是完全视而不见的；也不是发明新理论，而且往往也难以容忍别人发明新理论。"[①]所以在常规科学处于科学领域中主导地位的时候，由"科学集团"来对理论进行评判时，一个显然的事实和结果是，属于该常规科学领域并遵从既定"规范"的理论或文章将受到青睐（如前面例证所看到的，即使有明显问题），而对既定规范提出不同看法的突破性理论或文章将受到压制。所以由"科学集团"来评判理论，不仅机构的组成是困难的，而且其公正性也是可质疑的，结果往往就是因传统思想对新思想的压制而阻碍科学的发展。

科学既是一项事业，更是一种生活方式，只有将它牢牢地建立在人类探索自由、创造自由、信仰自由这个本能性的精神支柱上，它才会繁荣起来。这应是显而易见的共识。在对科学理论进行评价时，若评审者以自己所信仰的学术观点去压制另一种学术观点，人们通常认为这是有悖于科学精神与科学道德的。但怎样才能防止"不道德"的情况出现呢？

科学理论都是通过在相关刊物上发表而为人所知的。因而，文章能不能在审稿时通

---

① 托马斯·库恩著：《科学革命的结构》，金吾伦等译，北京大学出版社 2003 年版，第 25 页。

过，能否得到刊物编辑部的支持在刊物上发表，就成了新思想是否被扼杀的关键环节。由于通常来说，一个理论或一篇文章，一般应由立论依据，数学、物理论证和所得结果或结论三部分内容组成；而在对一个理论或一篇文章进行评审时，正确的立场应是中性的、就事论事的。所以，为了防止新思想被扼杀，在审稿时就应当做到：

（ⅰ）如果审稿者能严格无误地论证所评审的理论或文章是不成立的，就可予以否定；

（ⅱ）若不能论证它是不成立的，则应加以肯定，而不应为自己的观点和信仰所左右。

我们认为这是评审应遵循的最起码的"公正性原则"。

在"公正性原则"（ⅰ）的情况下，既然审稿者已经严格论证了作者理论或文章的基本内容是不成立的，作者自然也是心悦诚服的，评审也是公正的。这种情况，通常不存在问题。

"公正性原则"（ⅱ）从理论上讲也不成为问题——假设前述的（C_1）～（C_5）的评判标准和刚才提及的评判的公正性原则，已经确立起来并成为共同遵守的约定。但正因为上述的"标准"、"原则"未建立起来，于是，模糊而无标准与原则可循的评审，就给了审者以评审的随意性。经常会有如下的情况发生：审稿者无法论证所评审的理论或文章的基本点是不成立的，但由于该工作挑战了自己的观点和信仰，又不愿意承认它是成立的，于是就站在维护自己观点和信仰的立场上，杜撰一些"理由"将其否定掉。下面我们来对这种现象进行分析。

这种现象，说得轻点是一种典型的"学霸"作风；说得直率点，这正是库恩所谓"同规范共存亡"的一种恶劣表现。这种"同规范共存亡"的思想，作为一种信仰，我们无权厚非，因为信仰自由是科学精神的基石。但是，当把这种思想带进评审之中时，它就与我们应坚持的科学精神和科学道德相对立，就成为阻碍科学进步的非科学的东西，是为人们所唾弃的不道德的行为。当然，我们也应看到问题的另一面：即在科学研究中，既应提倡探索自由、信仰自由，讲科学民主，又应提倡追求真理、坚持真理，讲对真理的追求与坚持应有宗教般的狂热。这两者事实上是相反相成的两个方面，是既对立又互补的结构关系，缺失任何一方，科学大厦就会崩塌。道理上不难理解，做起来往往是困难的。由宗教般狂热追求确立起来的信仰和观念，是难免不产生排它性情结的。所以，审稿者将感情因素带进评审中，往往是难免的，甚至是可理解的（但又不等于是可谅解的）。再者，除了上述的感情因素之外，或许还有更深层次的原因："同规范共存亡"可能与隐藏在背后的、由"学术威望"所获得的"既得利益"相关联。不仅在科学革命中如此，社会革命在某种意义上也有着相似之处，只是前者往往通过不流血的方式，用传统观念已被确立所占据的优势，对新生的不同观念采取压制甚至是扼杀的手段来实现。

正确的态度应是怎样的呢？

钱三强曾说过："有特色的东西一下子是不会完整的，但它对于人类的知识的积累有贡献。应当允许某些似乎怪里怪气的东西存在。现在看来怪，将来可能是正确的"，"如果不允许失败和错误，正确的东西就出不来。"[①] 这就是我们应持的态度。

一个真正的而又受人尊敬的科学家，不仅表现在他所从事的工作与取得的成就，也表现在其科学精神与科学道德的高尚上。科学家有信仰，但却不把信仰绝对化，懂得追求真理比追求信仰更可贵，懂得尊重他人追求真理的权利，懂得自己并不是真理的创造者而最多只不过是它的代言人——因为真理先于他们存在。与宇宙的历史相比，人类认识宇宙的历史是极短暂的，科学家个人本身更是匆匆的过客。我们每一个人，如果有幸的话，只是充当真理火炬接力者的角色：接过火炬，把它拨得更亮，再传下去。这种接力，使得科学事业延续与发展，使得科学真理的光芒照亮人类文明的征程。以这样超然的态度，我们就不会困在"同规范共存亡"的狭隘的思想牢笼之中而拥有更博大的胸怀。

用上述的"应持的态度"和"博大的胸怀"，我们就不会"先入为主"地用自己已形成的"思维定式"去看待一些新的、犯忌的观点，而是会以平和的心态公正地审识一个理论或一篇文章。

现在我们来寻找判别"观念之争"的具体"方法"。

既然现在的问题是一种"观念之争"，那就需要判断谁的"观念"更合理或更正确。"观念"联系着两头：一头是"外化"，在理论中表现为基本概念及其相互之间的逻辑关系；一头是"内化"，这就上升为所谓的认识论问题。由于在物理学中，我们所认识的是物质性客体，正确的物质观和正确的物理图像就是其真正的基础。这样，"观念之争"的是非问题，用前面提出的（C_1）～（C_5）的五条判据来检验时，就可以用简化关系图[图 2-7，这里已将（C_4）和（C_5）作为必要的参考依据]来做检验。亦即是说，现在我们可以将所谓的"观念"、"认识论"之类的抽象争论，形象化为如图 2-7 所示的、反映（C_1）、（C_2）和（C_3）的相互关系，而用撇开数学表象的定性分析方法来做判定：

---

① 钱三强：《集中智慧，努力创新——在微观物理学思想史讨论会上的讲话（摘要）》，《自然辩证法通讯》1978 年第 1 期，第 8 页。

以两种"观念之争"为表现的两种理论，哪个在基本点（C_1）、（C_2）和（C_3）上更正确，哪个就是更正确的观念和理论，或者说得更严格些，代表更深刻的观念和更正确的理论方向。

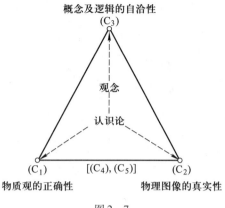

图 2 - 7

下面我们以普朗克工作所带来的量子论变革为例，看看如何应用图 2 - 7 对"观念之争"的问题做出准确的判断。

电动力学实现了光、电、磁现象的统一认识，是科学史上第二次伟大的科学综合。在这次科学综合中，"场"成了主角。由于电磁场具有能量和动量，故人们认为，场也是一种物质。于是，当上升到物质观念的高度认识这次科学综合的意义时，人们称：相对于粒子作为物质存在方式的基本形态而言，连续性的场是物质存在的另一种基本形态。由此，形成了"粒子"和"场"同为物质存在方式基本形态的"二元论"物质观。

"量子"概念因克服黑体辐射的"紫外灾难"而正式进入物理学，由此标志着量子论的诞生。普朗克所提出的不连续的"能量子"的概念，强烈地挑战了连续的"场"的概念。它所隐含的光的粒子性，后来则为爱因斯坦所肯定并给出了"光粒子"的能量、动量和数学表达式，从而表明电磁场是光粒子的集合体。亦即是说，当上升到物质观的高度看问题时，普朗克工作的实质则是否定了上述的"二元论"的物质观，而回到牛顿的"一元论"的物质观：粒子才是物质存在方式的最基本形态。

关于上述量子论的问题在后面章节中还将做较详细的分析和讨论。此处为讨论"观念之争"问题方便起见，我们以下这种简要的方式来看一看应如何看待普朗克的工作。假设普朗克将其工作提交刊物送审后，被电磁场理论的"评审专家"所否定。专家的否定性意见是："电磁场理论作为一次伟大的科学综合，不仅表现在它具有完整和无可挑剔的数学物理表述，而且表现为它的理论及所提出的物质观念，既得到了极广泛的实验支持，又取得了极为丰富的实际应用的成功，深刻影响着人类生活的方方面面。这不仅是全体科学界的普遍认识，而且也是广大公众的共识。作者在文章中所提出的非连续的、所谓'能量子'的概念，根本上就是违背已为实验所充分肯定的连续性的场概念的。它是作者以不自洽的方式，用东拼西凑所建立的所谓的'理论'杜撰出来的似是而非的东西。对此，我们不能认同。"对这样的评审意见，刊物会持什么样的态度？普朗克的"理论"的确是不自洽的,的确是东拼西凑的。说得直率点根本就称不上是一种"理论"。若依据(C_4)、(C_5),把普朗克的工作和经典电动力学做比较,普朗克的工作不知差了多少个数量级。这样一比较,审者的意见难道不合理吗?若真的采取"我们只尊重评审专家的意见",该工作当然被否定而不能发表。普朗克当然别想拿诺贝尔奖了,量子论革命也就不会发生了。若刊物持另一种立场(即宽容的和公正的),则有不同的认识:普朗克的这个"异端邪说"虽很不完善,也称不上是一个真正的"理论",但在物质观这个基本点上挑战了旧理论,无论对否,均属突破性工作的范畴。对突破性工作必须慎重对待,对它的评价重在认识论价值的肯定,所以审者用旧理论在(C_4)、(C_5)上的成功来否定作者的工作是不公正的,因未能触及问题的实质——谁在物质观上更正确。

下面我们假想一个场景,再来深入分析一下这个问题:包括刊物编辑们在内的听众在听这位"评审专家"做"电磁场理论变革的意义"的专题报告。与这位高水平的"专家"相比,听众们当然均自谦地称自己为"外行"。现我们来听听报告临结束时专家与外行的对话。

专家:汇总今天报告的内容,如果仅从物质观的角度讲,电磁场理论突破了经典牛顿力学把"粒子"视为唯一物质存在方式的思想藩篱,论证了"粒子"和连续性的"场"同是物质存在方式的基本形态,从而变革了经典力学的物质观(注:这仍是我们目前电磁场理论教材中所采取的观点与陈述)。

外行:感谢专家给我们做了一个深受启发的报告。由于我是个外行,所以听了以后仍觉得"粒子"、"场"和"连续性"之类的概念是模糊的。您是否可以把这些概念用我们外行能听懂的方式再解释一下,以便我们能更清楚和更直观地去理解电磁场理论的物质观变革的意义。

专家:可以。说得通俗点,从物质存在方式讲,"粒子"这个概念,是对占有有限空间大小的、非全空间弥散的物质性客体所做的一种抽象。地球是粒子,月亮是粒子,我手中的茶杯是粒子,作为人的你和我也同样是粒子。电磁场也是一种物质形态,与粒子不同的是,它是一种弥散于全空间的、连续的物质存在方式。数学上我们用在时空中的连续的场函数来描写它。这里所谓的"连续",从数学上讲,就是说场函数在任一时空点上的左极限和右极限相等,通俗地讲,就是说它是不间断的,无缝隙的。例如,我们这个礼堂的灯光即是电磁场,它弥散于我们这个礼堂的全空间。你们所用的手机,是通过弥散于全空间的电磁波这种连续性的物质来传递信号互通信息的。这样讲,你是否听懂了?

外行：谢谢。听懂了。用我们外行的话，是否可以将您所说的电磁场理论的物质观变革形象地表述为：作为粒子的人是生活在周围连续的电磁场之中的，两者是并存的，对吗？

专家：对的。你不仅理解得很快，而且这个例子也比拟得相当恰当、直观和生动。

外行：如果真是如此的话，请恕我直言，我觉得您讲的电磁场理论的物质观变革是难以理解的，或者直率点说，是不成立的。因为您所说的"粒子"和"场"两种物质形态并存是一种错误的二元对立的物质观念［注：违背（C_1）］，两个概念是不能协调自洽的，所以两者事实上是不能相容并存的［注：违背（C_3）］。这一点很容易想象和证明。常听到这样一句话："恨不得地下裂个缝我钻进去。"它意味着：若地为无缝隙连续性物质时，作为粒子的人是不能钻进地这个连续性物质之中的；仅当地裂了缝，作为粒子的人才能在这个被视为连续、但事实上是不连续的地中存在并运动。现在只需把上述例证中的"地"这个物质代换成"电磁场"这个物质，我们则得出结论：若电磁场真是一种连续的物质形态的话，作为粒子的人是不能在其中存在和运动的［注：违背（C_2）］；但事实上作为粒子的人是可以在电磁场中存在和运动的，所以说被视为连续的电磁场事实上是不连续的［注：由（C_2）物质图像的非真实性来证明其物质观念的错误性（C_1）］。粒子作为物质存在的基本方式是真实的，我们看得见，摸得着。现在我们的礼堂中坐满了人。作为一个整体，它在时空中的分布，可以看做由非连续的、离散的、大量的人这种粒子的集合体所组成。电磁场虽看不见，摸不着，但以间接的方式我们可以感觉到它的存在，所以它是一种物质是完全可信的。既然电磁场是非连续的物质存在方式，鉴于上述的比拟，作为一个整体，我们也应将电磁场视为某种粒子的集合体。光也是电磁波。我们就不妨将这种粒子称为"光粒子"。亦即是说，电磁场是由大量光粒子组成的集合体。这当然是一种以粒子为最基本形态的一元论的物质观［注：已将（C_1）、（C_2）和（C_3）正确地关联为一个整体］。我是个外行，不知这种理解对不对？

面对该外行的说法，专家的态度可能是：

情况1——

专家：……对你的说法，对不起，我一时不能回答，请允许我仔细考虑后再回答你。

（注：一种留有余地的回答）

情况2——

专家：你的上述分析令我震撼：看来我们物理学家在上述问题的认识上的确出了毛

病；而你这"外行"却一点也不外行，比我们专业人员看得还清楚和深刻。这真应了那句老话："旁观者清，当局者迷。"你的意见值得重视和进一步深入研究。

[注：十分敏锐的回答，充分展示了该专家的真正水平。因他从外行的上述分析中，立即意识到了图2-7中的那些关系，并明白了什么才是物理学的真正基础。这位专家回去后，会立即改变对普朗克工作的评价意见。在该工作的基础上，根据外行的"光粒子假说"，他会在很短（甚至一夜之间）的时间内，提出同于爱因斯坦的"光量子理论"并由此去解释光电效应。若他的文章提到了"光粒子假说"的来源，他将与这位外行共同分享诺贝尔奖。这个故事将传为美谈。若不提其来源，这个奖的含金量将下降。用"剽窃"他人思想的说法则过于强烈，但至少如老百姓所讲的"不够哥们"，且人们的议论将会影响到他获奖所带来的荣誉。]

情况3——

专家： 你的上述说法，听起来很有道理，同样请恕我直言，却是一个似是而非的东西。物理学是不能以这种似是而非的比拟作为基础的，更是不能用这种比拟来否定的。什么是物理学？物理学是老老实实的科学，是高度数学化、严格化的科学，是可以用实验来检验的可实证性的科学。我刚才所讲的电磁场理论的物质观变革，是以高度数学化、严格化的电磁场理论为基础的，是以广泛得到实验实证成功为基础的，所以说是完全正确的。你的上述似是而非的比拟，只是一种非科学的猜想，所以是站不住脚的。作为一位非专业人员，当然是可以谅解的。

外行： 感谢专家的批评与谅解。在您的面前，我最多只算是一个小学生，不该班门弄斧，只是觉得您所讲的似乎仍不能令我信服。按我的理解，科学应该是常识性的和可理解的东西。然而，你们物理学家所讲的很多东西，说它很重要，很有意义，是革命性的，如此等等，但却如你今天的报告所讲的电磁场理论的物质观变革那样，是我们这些外行既不能理解也不能认同的。这表明：要么是我们这些外行不懂物理学，水平太差，理解不了；要么就是你们物理学家本身就没有把问题弄清楚，故说服不了人。这个问题，你我之间在今天是争论不清楚的。在日常生活中，一方面我们从科技成果的实用性价值之中时刻感到了物理学的存在，另一方面却又感到物理学家是离我们越来越远了（这里也包括了您刚才的回答），物理学家的声音和物理学在社会上的影响力是越来越弱了。这不仅是我个人的感受，也是整个社会和广大公众的感受。对此，我很不理解，也不知原因何在，但却很难过，因我虽不从事物理学工作，但却十分热爱物理学。

专家：……

[注：与前一种情况形成鲜明对照的是，专家的回答振振有词，表面上看似乎很有道理，但稍加分析就知道，他把物理学建筑在数学表象和实验检验（通常所检验的只不过是数学结果）的基础之上，而不是建筑在正确的物质观和正确的物理图像的基础之上。正因为基点不对，这位专家的回答又怎么可能驳倒和说服这位外行，让人家相信你这位专家以及你的物理学理论呢？当我们物理学家玩数学玩得连我们自己都弄不懂它的物理实质时，玩得连我们物理学家都说服不了物理学家的时候，试问我们又怎么可能让广大公众理解物理学和物理学家的思想呢？物理学在社会和公众中的影响力又怎能不下降呢？这本身就是值得深思的一个问题。在这里，我们清楚地看到：在对问题分析的逻辑思考中，在对物理学基础的把握上，我们的这位外行才真的不外行，他比我们的这位专家要清楚得多，深刻得多。应尊重专家，信任专家，但却不应迷信专家，若在"专家"面前我们能多几分自信，那我们就多了几分清醒与成熟。]

以上的场景是虚拟的，但却说明了不少问题，可引发我们对更多问题的进一步思考。仅就如何对"观念之争"做出正确的判断而言，从上面的讨论，人们也很容易看出我们所倡议的方法是可行的。

二、新评判标准的重大意义

上面我们说过，"正确的物质观、正确的认识论和正确的物理图像，才是物理学真正而坚实的基础"；"它且只有它，才能保证和检验一个理论是否正确与深刻"；在原有的标准中增加了这一内容并将其置于最高的地位，是我们所提出的新评判标准"最为显著的特征"。

但为什么要提出这一新的标准？它的意义何在？

（一）同时改造和提升了实验实证主义和逻辑实证主义，是检验理论的更好的评判标准，也是我们去构建理论时的指导思想

众所周知，逻辑实证主义是对实验实证主义的改造和提升。而由上一节的分析可见，我们所提出的新的评判标准可以克服逻辑实证主义标准的缺陷：在它的制约下，理论的逻辑前提能得到正确的认知和评判。因而，这一新标准就同时改造和提升了实验实证主义和逻辑实证主义，从而成为一个检验理论的更好的标准，也是我们去构建理论时的指导思想。因而，它在促进科学理论良性发展中是具有重要意义的。

霍夫曼曾观察到物理学中的一种怪现象：科学理论家有一种才能，这在他们的各种天赋当中不算是最不重要的：他们能从后来被证明是错误的前提得出有价值的结论。这种怪现象正是我们在前面分析时已经指出的，被实验实证成功的"有价值的结论"，只能证明具"实用性"和"有效性"，但不能证明其理论的"深刻性"和理论的"前提"是正确的。所以"实证成功"并不是一切，对它一定要保持清醒与警惕。在尊重"实用性"、"有效性"、"实证成功"的同时，还要进行更深入的理性思考，才能将"有价值的结论"放在更深刻的"前提"下进行判断与甄别，从而才能不因固守"实证成功"而堕入庸俗实证主义的目光短浅的陷阱之中。所以，只有运用 C 判据——它吸收了理性主义和实证主义的合理成分而清除了纯先验的因素，又避免了归纳法的不足并排除了实证主义的"主观介入"对客观性的人为扭曲，才能使逻辑实证主义与实验实证主义两者相互补充并达到一种更完善的认识。由此可见，C 判据是检验理论的更好的评判标准。

同时，C 判据也是我们去构建理论时的指导思想。为什么可以这样讲呢？正如我们反复强调的，以数学表象为载体的物理学理论所荷载的只是物理学家认识世界的思想，亦即是他们的哲学观念。可见，作为外在表象的理论和作为内在思想的哲学观念，是互为因果的，是相辅相成的。正因为 C 判据对"哲学观念"的投影是准确的、完全的，所以对理论的检验也是准确的、完全的；反过来，若理论被 C 判据检验为正确，相应地，理论赖以支撑的哲学观念也就是正确的。正因为这种准确性和完全性，才赋予了 C 判据科学性、完全性，从而也就使它在科学实践中不仅起着判据性的作用，而且起着指导性的作用。

（二）较好地解决了物理学同哲学结合的问题

理论表象的背后是科学家的哲学观念。正因如此，爱因斯坦一向十分重视自然科学的哲学基础对科学发展的指导性意义。所以他在看到物理学特别是 SQM 导致了思想混乱时才指出："本世纪（注：指 20 世纪）初只有少数几个科学家具有哲学头脑，而今天的物理学家几乎全是哲学家，不过'他们都倾向于坏的哲学'。"[①] 但他并没有真正解决哲学与物理学如何结合的问题，也没有给出评判物理学理论和区分"好的哲学"与"坏的哲学"的科学判据。所以，虽然爱因斯坦一直站在高处以深邃的思想俯视着物理学，并坚守着科学自然主义的纯洁性，但他的"好的哲学"总是说服不了海森堡的"坏的哲学"。在第 1 章中，我们曾提到 M. 雅梅的思考。他深刻洞察到隐于 20 世纪物理学表面

---

① 爱因斯坦著：《爱因斯坦文集》（第一卷），许良英等编译，商务印书馆 1976 年版，第 628 页。

辉煌下的巨大而深刻的危机，看到了危机的实质是正确的哲学观念尚未真正树立，所以无法提供一幅统一而自洽的宇宙绘景。据此，他提出了哲学与物理学联合的思想。然而他虽然看到了这种联合的重要性及必要性，但他同样不知道如何实现这种联合。

我们不是哲学家，本书的目的也不是去专门研究某个科学家的哲学观，或者去专门讨论物理学与哲学的关系。但是，鉴于物理学与哲学之间的内在的和深刻的联系又是不可回避的问题，是引导我们去真正把握物理学思想和方向时必须事先确立起来的一个重要基础，所以我们必须以一种简捷的方式去寻找哲学与物理学之间的某种内在联系。但如何找到这种内在联系呢？我们认为，C 判据的提出就是建立这种联系的重要一步。下面我们来进行具体的分析。

任何一个比较全面的哲学都包括本体论、价值论和认识论（以及相应的方法论）这三个组成部分。当我们把哲学家们称之为"哲学"的抽象的东西"投射"到物理学中来时，它是可以被 C 判据具体化的。图 2 - 8 就清晰地表示出了它们之间的关系。在图 2 - 8 中，价值论［对应着（C_4）］是目的，它高高在上地站在认识论［对应着（C_3）和（C_5）］的双足之上，靠本体论［对应着（C_1）和（C_2）］的双翼展翅，才使得哲学可以在各个领域中展示睿智的光芒。下面我们更具体地看一看。

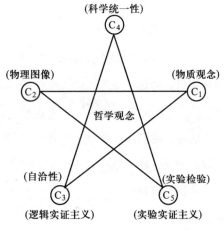

图 2 - 8 C 判据与哲学关系示意图

价值论，反映到物理学之中，为科学统一性［即（C_4）的内容］所涵盖。找到了它，即在某种意义上发现了基本自然规律之后，我们便达到了某种程度的对广泛现象的统一认识，并可以从对规律的遵从与应用中实现其价值。因而所谓"认识"，从根本上说也就是认识自然规律的统一性，而后应用这种规律指导人类的实践，这是科学的最高目标和最大价值之所在。

本体论［或称为形而上学（Metaphysics），也即世界观］是哲学的核心部分，其最核心的问题是世界的"终极实在"是什么。这里所说的"形而上"在西方哲学传统中是一个很高的称谓。在古希腊文中，Meta 是"之后"或"后面"的意思。所以，Metaphysics 就是物理学之后的学问。因此，物理学后面的问题便是哲学的问题，特别是哲学本体论的问题。所以物理学是不可能与本体论、即形而上学割裂开来的。这正如薛定锷所说的那样："真要扫除形而上学，就意味着抽去艺术和科学的灵魂，将它们置于裹足不前的境地。"[①]事实上，对"绝对"的追求，即对"形而上"问题的追问，就是对"终极"的追求。在物理学中，从物质存在方式提问，即是问有无"终极方式"的存在。从对物质的运动规律提问，即是问有无"终极规律"——即"绝对真理"的存在，这种对"终极"的追问，是超经验的、属于经验彼岸的东西，是只能靠人的理性来把握的［即 C 判据中的（C_3）所涵盖的内容］。这种思考，是来自于"大脑"的思考，来自于人们称之为"心"的领会与感悟，甚至包括"灵感"。但如果这种思考是建筑在对自然真谛的追求和对世界物质性本源的思考之上，那么就必然导致这样的假定：有独立于人类感觉而客观存在的外部实在世界和相应的客观规律。

作为经验或实证主义者的马赫和海森堡等人，就认识的主体性意识来讲，是反"形而上"的。马赫是道尔顿"原子论"的坚定反对者，他不承认那些看不见、摸不着的"原子"，认为那是虚无缥缈的东西。量子论中的矩阵力学的创始人海森堡将马赫的经验主义上升了一步，认为物理理论只应讨论物理上可以观测的物理量（实际上为可精确测量的物理量，而这正是测不准原理的核心）——"对于建立微观现象的正确理论，尤其要注意这一点"；他甚至向魏扎克说，"在量子论中再也不可能有主观和客观的明显界线了。"[②]这样，他们就在实际上认为对"终极"的追问这种"形而上"的东西是没有意义的。与之相反，在19、20世纪的物理学中，道尔顿、玻耳兹曼、普朗克、薛定锷、爱因斯坦、狄拉克（Dirac）等人，就主体性的信仰而言，则可以说成是"形而上学家"，因为他们都坚持"客观性"和对"终极存在"的追问。

我们认为，正是对"形而上"、即对哲学本体论的"终极实在"的追问，人们才能冲破经验主义的思想禁锢，走向更深入的思考。从道尔顿在化学中提出"原子论"到玻耳兹曼为原子论殉难，人们虽经历了一个世纪的艰难历程，但终于使得"原子论"站住了脚，不仅使得热力学的统计理论能建立在正确的思想基础之上，同时也迎来了量子论的诞生。爱因斯坦的"统一场论"的思想，即是"形而上"的思考并深刻地影响着其后的量子场论。QCD（量子色动力学）对夸克的追寻，规范场论对力场统一的追寻，都表现出对"终极"追问的"形而上学"的思考。正因为是对"终极"的更深刻的思考，无论理论是否正确与完善，其方向都是必须肯定的。所以说，对哲学本体论即形而上学问

---

① E. 薛定锷著：《我的世界观》，王大明译，《自然科学哲学问题》1987 年第 4 期，第 32 页。
② W. Heisenberg, Zeit, *physic*, 33（1925）879；M. Born, R. Jordan, Zeit, *physic*, 34（1925）858；M. Born, W. Heisenberg, P. Jordan, Zeit, *physic*, 35（1926）557.

题的思考，是引导物理学前进的一盏指路的明灯，物理学是不可能与哲学和哲学思考相脱离的。

关于世界的本源究竟是什么，人们一直在进行着思考，并提出了各自不同的看法。例如，赫拉克利特称为"火"，莱布尼兹称为"单子"，笛卡儿称为"以太"，牛顿称为"粒子"，量子场论中称为"场"，中国的老子则称之为（由阴、阳组成的）"道"……如此等等。反映到物理学中，这种"形而上"的思考主要包括两个基本的部分：物质由什么最基本的元素组成，物质以什么最基本的方式存在。此即是（C_1）和（C_2）所涵盖的内容。

而将哲学中的认识论具体到物理学中时，主要包括两种认识方法：一种是依靠直接实践经验的认识论以及由此形成的方法论，它便是以休谟和马赫为代表的经验主义（也称实证主义）的认识论及相应的"实验实证主义"方法论；另一种是以斯宾诺莎为代表的仅仅崇尚人类理性思维（以概念、逻辑的自洽性为基础）的彻底的一元论观点以及相应的"逻辑实证主义"的方法论。上述两者，事实上已为（C_5）和（C_3）所涵盖。以上的论述已经基本上说明了 C 判据通过映射关系建立起了物理学同哲学之间紧密的内在联系。所以，物理学从本质上说就是哲学，而且是通过定量语言来加以描述并可以用 C 判据来检验其真伪的哲学。

下面我们再说得详细一些。如图 2－8（C 判据与哲学观念的关系示意图）所示，"形而上"的对"终极"的追求，无疑是深刻的思考："形而上"的逻辑实证主义［为（C_3）涵盖］可以去直奔科学统一性［为（C_4）所涵盖］这个主题。但要使思考的基点对，则应将其建立在正确的物质观念之上［为（C_1）所涵盖］。而物质观念是否正确，则要由物理图像的正确性来判定［为（C_2）所涵盖］。然而，物理图像是否正确，却又是靠实验的检验来实证的［为（C_5）所涵盖］。这样，就必须再由（C_5）去看待（C_4），再与由（C_3）直接建立起来的（C_4）相比较，从而完成一次全面的检验。这一不断循环检验的过程，使得形而上的哲学思考已不再是从概念到概念、从哲学思辨到哲学思辨的东西，已经将哲学的基础牢牢扎根在事物和规律的客观性之上。

由以上的论述可见，C 判据的确较好地解决了物理学同哲学结合的问题，从而使得哲学的"科学化"和科学的"哲学化"得到较为完美的统一。并且，通过 C 判据的检验，不仅物理学理论而且理论背后的思想，甚至包括其哲学观念和信仰，也都是在一定意义上可以判别真伪的。这就在一定程度上解决了在观念和信仰方面的"公说公有理，婆说婆有理"的难题——虽然我们并不排除它随历史发展而不断深化的现象。随着这一

"难题"的解决，哲学才能通过与自然科学、特别是与作为"科学基石"的物理学的结合，为克服自身"贫困化"的问题找到方向和出路，从而再次确立起哲学对整个科学的不可取代的"指导性地位"。当然，二者之间的对应关系可能还有更深刻的含义，它属于进一步探索的议题。

（三）突出了观念变革——从而为科学发展和社会变革奠定了重要的理论基础

需要指出的是，这一新标准的提出还有更深远的意义：由于强调了正确的物质观、正确的认识论和正确的物理图像在理论评判中的极端重要性，从而也就强调了观念变革的重大作用。而它，才是科学发展和社会变革的最重要的基础。

下面我们用哥白尼式的革命来分析这一问题。

现在人们都认为，哥白尼理论诱发了一场伟大的科学革命。如我们所熟知的，在哥白尼提出"日心说"之前，人们信奉的是托勒密（C. Ptolemaeus）用"本轮－均轮"理论建立的"地心说"。因哥白尼的地球绕日做圆轨道运动的理论，未考虑到地球绕日的轨道事实上是个很小偏心率的椭圆，所以若仅以（C_5）为判据，哥白尼的理论不仅未导致日历上的任何改进，且在精确度上甚至还不如托勒密的理论。所以，仅以（C_5）为唯一标准来检验理论，特别是去检验像哥白尼日心说这样的突破性或革命性理论，将是十分片面的，甚至是有害的。因为我们必须看到：（C_5）的检验虽是必须的和重要的，但却是一种最低层次上的要求而非最重要的和最本质性的要求；（C_1）和（C_2）才是物理学的基础，只有它才能对一个理论在方向上的正确性与深刻性做出判断。方向对了，不等于理论是完善的，能很好地经受其他判据的检验。但是，只要在方向上对了，即在（C_1）和（C_2）的检验中能站得住脚，就必须给予充分肯定，对它大力支持——即使它尚不完善，还很稚嫩，甚至还远远没有旧理论那么精确和成功。

为了更深刻地理解这一点，下面我们换一种方式做较为详细的说明。

让我们来做一个假想实验：设某一时刻（$t=0$）整个宇宙突然"刹车"而全部静止了下来。但此时图2－4中的S'系相对于静止参考系S以：（A）常速度$\vec{v}$运动；（B）常加速度$\vec{a}$运动；（C）常角速度$\vec{\omega}$旋转。于是，对这个"事实上静止的宇宙"，S'系中的观察者O'所看到的却是：

（A）以$-\vec{v}$运动并有总动能

$$E_a = \frac{1}{2}\Big(\sum_i m_i\Big)v^2 \qquad (2-57\mathrm{a})$$

（B）以$-\vec{a}$做加速运动，t时刻速度为$-\vec{a}t$，具有总动能

$$E_b = \frac{1}{2}\Big(\sum_i m_i\Big)a^2t^2 \qquad (2-57\text{b})$$

（C）以 $-\vec{\omega}$ 旋转并具有总动能

$$E_c = \frac{1}{2}\Big(\sum_i m_i r_i^2\Big)\omega^2 \qquad (2-57\text{c})$$

其中 $\sum_i m_i = m$ 为宇宙的总质量；r_i 为具有 m_i 质量的物体距 O' 的距离。

在上述情况下，S' 系中的观察者 O' 和 S 系中的观察者 O，所看到的宇宙运动的物理图像是不一样的，宇宙所具有的总动能（由此所反映的物质观）也是不一样的。而且，对 S' 系来说，若 $\vec{v}$、$\vec{a}$、$\vec{\omega}$ 不一样，（2-57）式的值也是不一样的。亦即是说，对同一个宇宙，由于观察者（即人）的"立场"不同，因而对宇宙的"认识"也不同，所得"结论"也不同，且这种"立场"、"认识"、"结论"是无穷多的。那么这样的认识是真的吗？我们有办法将其统一起来吗？

下面我们采用爱因斯坦所倡导的"逻辑思辨"的方法，从（C_3）出发，用逻辑判断式的"询问"去获得上述问题的答案。

问：这是一个显然的事实：在人类产生之前，就存在一个物质性宇宙，它在按自身的规律运动和演化。对此，你无异议吗？ （D_3）

答：无异议。

问：这就是说，你承认宇宙及其规律的客观性？ （D_4）

答：是的。

问：既是客观的，那就是说，如果我们的立场是相同的且是正确的话，那么我们对宇宙的认识就是一样的且给出的宇宙图景就是真实的。亦即是说，宇宙及其规律的"客观性"，与我们能达到的认识上的"共识"是因果关联的。对吗？ （D_5）

答：对的。是这样的。

通过以上询问我们看到：宇宙及其规律的客观性［即爱因斯坦思想中的（A_1）］，是人们对宇宙及其规律进行认识以形成"共识"的物质性基础；但是，要达到这个"共识"且给宇宙以真实的描述，还要求我们有"相同的立场"，且这个立场是"正确"的。这里所提及的所谓"共识"、"相同"之类的概念，在物理学被数学化之后，就应转化为数学语言来表述——而它，如我们所熟悉的，即是数学上的所谓"交集"的概念。

前面所说的三类相对运动参考系［即（2-57）式］，代表了三类无穷多种"立场"。用精确的话讲，就是说 S' 系以 $\vec{v}$、$\vec{a}$、$\vec{\omega}$ 这三类无穷多种不同方式，相对于绝对参考系 S

运动。要使得这三类无穷多种"立场"能"相同",就要找出 $\vec{v}$、$\vec{a}$、$\vec{\omega}$ 的"交集"。这个"交集"即是示意图 2-9 中的"O"点。这意味着要获得"相同"的"立场",S′系就必须相对于 S 系以 $\vec{v}=0$、$\vec{a}=0$、$\vec{\omega}=0$ 这种唯一的方式运动,这事实上就是说 S′必须与绝对参考系 S 重合。这样,我们就能得出结论:

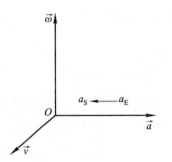

图 2-9

存在一个绝对参考系。在这个绝对参考系中,我们才能客观地描述宇宙,达到我们对宇宙规律的统一认识。　　　　　　　　　　　　　　　　　　　　　　　　　　　（D_6）

现将上述"相同"的立场

$$\left.\begin{array}{l} \vec{v}=0 \\ \vec{a}=0 \\ \vec{\omega}=0 \end{array}\right\} \tag{2-58}$$

代入前面的三类无穷多种情况（2-57）式之中,则它们的"共识"是:宇宙是静止的——这样的物理图像是真实的,此时宇宙的总动能为零

$$E_a = E_b = E_c = 0 \tag{2-59}$$

从而使得物质观念是正确的。并由此表明上述的这种"相同"的"立场"是"正确"的。

这里我们看到,将非本质的三个式子［（2-57）式］简化为本质性的一个式子［（2-59）式］,所显示的所谓"本质性"、"简单性"之类概念,如前提及的,是寓于（C_1）和（C_2）之中的。

以上述的论证为基础,哥白尼式革命的内涵就易于理解了。

现只考虑地球绕日公转的部分,则地球和太阳满足如下的牛顿方程:

$$m_E a_E = F \rightarrow a_E = \frac{F}{m_E} \tag{2-60}$$

$$m_S a_S = F \rightarrow a_S = \frac{F}{m_S} \tag{2-61}$$

其中 F 为太阳与地球间的万有引力。由上两式有

$$a_S = \frac{m_E}{m_S} a_E \tag{2-62}$$

由于太阳的质量 m_S 远远大于地球质量 m_E,则

$$m_S \gg m_E \rightarrow \frac{m_E}{m_S} \ll 1 \tag{2-63}$$

将（2－63）式代入（2－62）式即得

$$a_S \ll a_E \qquad\qquad (2-64)$$

它表明太阳的加速度 a_S 远远小于地球的加速度 a_E。

这样我们看到，从托勒密的地心说向哥白尼的日心说的转变（即图2－9中的 $\vec{a}$ 轴上的转变：$a_E \rightarrow a_S$）是向承认绝对参考系靠拢的一种方向性转变（虽哥白尼未完全做到这一点）。进一步的分析可见，从表面上看，哥白尼的工作只是承认了（D_6）的内容，但因（D_6）是作为逻辑起点的（D_3）的推论，故上述"方向性转变"的实质是承认（D_3）。所以，从地心说向日心说的转变，是从主观的"人的自我中心主义"向客观的"宇宙自然中心主义"的转变，是思想的变革、世界观的变革和认识论的变革。

以上论述生动地说明了哥白尼理论之所以正确的原因，也充分证明了我们上面所说的新评判标准重大意义的第1点：这一评判标准可以克服逻辑实证主义标准的缺陷，在它的制约下，理论的逻辑前提能得到正确的认知和评判。但是，只停留在上述的认识上仍未能理解哥白尼式革命的深刻性。现将问题引向纵深，以找到更本源性的基础与意义。

众所周知，哥白尼时代的欧洲处在政教合一的黑暗统治之中。正是哥白尼革命如划破长空的闪电，撕裂开这黑暗的天空，从此欧洲的科学发展和社会进步才走上了光明的征程。

然而，宗教并不是从一开始就扮演这可恶角色的。就其起源而论，宗教可以说与科学同源。教义本来是人对自然、生命、社会和人的行为、道德及相互之间关系等的一种认知体系，亦即库恩所说的一种"科学规范"（也称为"范式"）。只是到了后来，当教义即规范被神圣化了之后，才逐步演化成了统治人们思想的"宗教"。所以，从本质上讲，科学和宗教都是作为社会精英的知识阶层对世界的一种认知理论，并由此决定了它们间的某种相容性。但另一方面，宗教作为一种古老而又相对静止的"科学形态"，和以求实、求深、求新、求变、求发展为特点的现代科学之间，又有巨大的时空与认识上的反差，所以它们之间又存在某种相斥性。正因为存在"相容性"，以第一次科学革命和科学综合（牛顿综合）为标志的西方现代科学，就是从宗教这个母胎里孕育出来的。又因为存在"相斥性"，所以现代科学的降生才成了一次"难产"——它是以生命为代价用血与火的悲壮来诠释的。但这种悲壮也孕育出了硕果——第一次科学革命推动了第一次工业革命，并由此迎来了一场伟大的社会变革：集结在"自由、平等、博爱"旗帜下的人们，勇敢地冲破欧洲中世纪黑暗的藩篱，催生出了一个以"法制"为基本标志的西方现代社会。为法律所肯定了的思想自由、言论自由、新闻自由、出版自由等，成为人们的新的共识与准则。

再向根源追溯，我们可以看到，人与动物的根本区别不单单是"思维物质"（脑）有量的差别，更在于存在质的差别——以思维为内在物质基础和条件的人，能认识外在物质世界的规律以及人类自身和社会的规律。正是这种认识"规律"的迫切需要，催生了以原始宗教为表现形态的"原始科学"。可以说，原始科学的诞生，才从真正的意义上标志着"人类"这个新物种的诞生——人类最终从动物中彻底地分离了出来，并随着对规律认识的深化和对规律应用范围的扩展，营造出了一个基于自然规律、并随我们认识发展而发展的动态进化的社会系统。一部人类文明的进化史，虽然表演得丰富多彩，但却始终是围绕着科学——对规律的认识和应用以及相应的生活方式——这个中轴线展开的。所以，人类事实上是一个在"为什么"这个问题的提出和答案的寻求中诞生、并与此问题的回答同步前进的物种。

然而，在对"为什么"的追寻过程中，人的探索意识、自主意识、自我实现的意识、对自己信仰和尊严的保护意识等，却随着人类的进化逐步演化成弗洛伊德称之为"潜意识"（即"无意识"）的东西，嵌于意识结构的深处，成了人类的本性。对知识的尊重，对科学的崇尚，是这种人类本性的某种必然的外在表现。由于人们所追求的"为什么"的答案，往往在黑暗的深处，因而人类在"朦胧"中探索所获得的答案，只具有"朦胧"的性质。加之利益驱使下的人为扭曲，所以这些答案里既包含着真知灼见，又包含着人类的痛苦与彷徨，当然也包含着欺世的谎言。这种种的集合，构成了我们所谓的"文化"。这种文化，既有共性——因它的根扎在人类共同本性的深处；又有它的民族性、地域性和历史性——因为人类及其社会的发展是历史的延续，并与地域和周边环境密切关联。这就如求解一个物理系统的特解时离不开初始条件和边界条件那样。也正是因为这种朦胧，人类的"文明"史，却是以最不文明的方式来推进的：人类把这个星球折腾得天翻地覆、支离破碎！把自身折腾得痛不欲生、死去活来！！

不过，尽管人类文明史是一部充满人类苦难的历史，但人类却并没有放弃希望，仍坚持着对真理的追求，对公平社会的向往与企盼——其突出表现之一，就是知识界所设想的一个又一个救世方案，开出的一副又一副的济世药方。宗教就是在这种情况下产生的。

因而，就其初衷而言，伟大基督所创立的伟大宗教（基督教），就是基于伟大的慈爱开出的一副济世药方。耶稣以自己殉道者的伟大人格，展示了人性中思想和信仰的力量这一最本质和最光辉的一面，表达了解放人类苦难的坚定信念和执着追求。耶稣作为一名知识分子，一个智者，想医治社会的创伤，无疑充当着如荣格所说的"向导"、"导师"甚至是"医生"的角色，企图把人类引向一个没有战争灾难、充满兄弟般友爱的和睦社会。但在他的方案中，这个理想社会的实现，是以对上帝这个至高无上的神的信仰为代价和条件的。亦即是说，他企图以人们的思想信仰向上帝的绝对转移为条件，来造就一种无差异的单一信仰，用信仰的单一性、同一性和"爱"，来消除战争的隐患，把人类引向一个和睦的社会。可以说，这就是一种对社会认识的理论（当然，《圣经》的内容远比刚才论述的内容要丰富得多）。

然而，当宗教被世俗社会所利用并与世俗政权相结合，被上升和法定为一种不可违背的绝对信仰时，即成为强加于人们的迷信使人盲从时，宗教就被世俗社会政权的力量异化为了"非科学"的东西，于是欧洲堕入了最黑暗的时期。从根本上说，这是因为这种迷信和盲从扼杀了人类认识世界、探索规律的最基本的权利，从而也就与人类的探索本性相对立，就与基于人类本性需要的思想自由、信仰自由、人格尊严的科学精神及生活方式对立了起来。科学，既是人类的公共事业，更是推动人类社会进步的根本性力量，它作为一种生活理念和生活方式，深深地潜伏在人类探索性、创造性的本能需求之中。所以科学有着极丰富的内涵，它不仅属于我们狭义世界里从事所谓"科学事业"的人们，更是属于全体人类，是人类的共同需求。正因如此，科学就必定要求与之相适应的社会形态和生活方式，凡是与之不相适应的，最终都将被科学的力量冲破、推翻或改造。中世纪欧洲政教合一社会的覆灭，就见证了这种"历史的必然"。

从上述更广阔的视角来理解，哥白尼式革命和第一次科学综合的意义将会有新的诠释：当世俗政权用宗教的、"神"的力量扼杀和摧毁人的信仰自由和人的尊严的时候，人就会用更为强大的自然的力量来捍卫自己的自由与尊严——因为，如果人的生命以及他们的自由与尊严是有意义的话，它就应嵌于自然规律的铁的法则之中，人们也就有可能揭示出这一规律，并从这个铁一般的自然法则中找到人类自身解放的真正钥匙，从而使得人类自身存在、自我意识及其实现的价值，得到最终和最强有力的肯定与支持。

从以上的分析可以看出，从地心说向日心说转变的哥白尼式革命，其真正意义在于科学自然主义的确立。科学自然主义以尊重自然规律和自然现象的客观性，作为其认识论的基础，这是它最显著的特征。从科学自然主义出发，就必须承认客观真理存在的绝对性。由此，就要承认人们探索真理的权利，并通过对人的探索性、创造性本能的肯定，进而肯定人存在的意义、事业上的执着追求的可贵和自我实现的价值。与此同时，本着科学自然主义，又必须承认我们对规律的认识只具有相对的合理性，承认所认识到的只是相对真理，从而也就承认科学事业是动态发展的人类社会活动。作为一种生活方式，这种活动要求与之相适应的自由、尊重、协作等基本法则成为社会的共识。科学自然主义在欧洲被真正确立的过程，就是欧洲现代科学和现代社会走向成熟的过程，两者是互动的。科学革命和社会革命在欧洲这块土地上互动的结果，造就了以经典力学、电动力学和热力学为标志的三次科学综合在欧洲发生，并由此促进了近代欧洲在17、18、19世纪的崛起与繁荣。

在这里，我们清楚地看到了物理学中思想变革的巨大力量：不仅推动物理学自身的进步，也推动着人类社会和文明的进步。所以，若把物理学限定在"理论—实验—应用"这样一个狭隘的框架之中，就看不到物理学革命在认识论变革和社会变革中的巨大价值，从更深层的意义上说，就不懂得为什么作为"元科学"的物理学是科学的"基石"，从而也就在根本点上不懂得什么是"物理学"。

21世纪的科学革命与社会变革将迎来华夏文明的复兴、中国以至亚洲的崛起。这不仅是一种可能性，而且是由客观规律支配的某种历史必然。21世纪的科学革命、社会变革及相应的全球格局的变革，是内在关联的，这也是规律支配下的必然性趋势，它给中国的崛起提供了机遇与可能。科技进步是中国崛起和可持续发展的引擎，然而科技进步需要民族的自信心和学术的繁荣来催生。我们认为，虽然中国的科技水平与西方相比仍有差距，但我们已经掌握了最基本的东西。这使我们有理由相信，百年屈辱加在中国人精神上的自卑，到彻底打破和洗刷的时候了：中国的月亮同样是圆的。进一步说，以包容性为特质的华夏文明，还有着自己独特的优势。在这种文化哺育下的华夏儿女和她的知识精英，吸收了西方文化的优秀成分之后，在21世纪的科学革命和科学综合之中，应当有上乘的表现。由此，我们应当对中国的崛起充满信心。但是，跨越式的发展，是以创新型的思维来开路的，在科技领域更是如此。所以，如果我们仍在传统"规范"的框架中亦步亦趋地"学"、"追"、"赶"，没有新的思想，没有突破，"超"只是一句空话。这种老路不能再走下去了。当然，我们不仅应提倡创新型的理论思维，提倡在前沿和基础的领域作大胆的、突破性的探索，更应有切切实实的配套措施加以保障。如果我们、特别是21世纪新成长起来的年轻一代仍走不出传统思维的阴影，如果我们的创造性思维仍被置于传统思维规范的利斧下而得不到保护与支持的话，那我们的希望又在哪里？这可能就是我们提出新的理论评判标准的另一个原因吧！因为十分清楚的是，由此所引发的深入思考将具有关系到中国崛起的重要的现实意义。

附：

我们希望将本书写成一本集思想性、知识性、趣味性和启发性于一体的普及性读物，以献给最广泛层面的读者。但由于涉及对物理问题的论述，特别是因本书介绍的"系统结构动力学"，还是一种人们尚不熟悉的新的理论，所以在书中我们无法避开对它的数学表象的介绍与讨论。为使仅具高中数学物理基础知识的读者也能看懂书中涉及的基本物理方程（通常以微分形式表述），所以在这里以最简要（但不要求严格）的方式给出"微分"的概念。至于书中所涉及的其他方面的数学物理论证、运算及具体求解等，这部分读者完全可以绕过去而只阅读文字叙述的部分，仅依靠对上下文论述的内在逻辑关系的了解，您也会掌握与理解本书的基本内容及基本结论。

设函数（因变量）$f(x)$ 是自变量 x 的连续函数。在 x 处，相应的函数值为 $f(x)$。当自变量增加一个有限大小的 Δx 值后，在 $x + \Delta x$ 处，相应的函数值为 $f(x + \Delta x)$，由图 2-10 可见，这可以表示为

$$f(x + \Delta x) = f(x) + \Delta f \tag{a_1}$$

其中 Δf 的意义为当 x 增加 Δx 后函数 f 相应地所产生的增量。可见如下的比值

$$\frac{f(x + \Delta x) - f(x)}{\Delta x} = \frac{\Delta f}{\Delta x} = \frac{DC}{BD} = tg\ \alpha \tag{a_2}$$

所给出的是一种平均变化率的概念。这样的描述太粗糙。为了能描述函数 $f(x)$ 在点 x 处的变化率，显然在上式中应令 Δx 趋近于零。于是取极限有

$$\lim_{\Delta x \to 0} \frac{f(x + \Delta x) - f(x)}{\Delta x} = \lim_{\Delta x \to 0} \frac{\Delta f}{\Delta x} \tag{a_3}$$

我们记（a_3）式右边的极限为 $\dfrac{df}{dx}$，即

$$\lim_{\Delta x \to 0} \frac{\Delta f}{\Delta x} = \frac{df}{dx} \tag{a_4}$$

它称为函数 $f(x)$ 对 x 的"导数"（也称为"微商"）。

于是由（a_3）、（a_4）有"导数"$\dfrac{df}{dx}$的定义

$$\frac{df(x)}{dx} = \lim_{\Delta x \to 0} \frac{f(x + \Delta x) - f(x)}{\Delta x} \tag{a_5}$$

同时上式也是导数的计算式。

［例］　求函数 $f(x) = x^2$ 的导数

解：将 $f(x) = x^2$ 代入（a_5），得 x^2 的导数

$$\frac{dx^2}{dx} = \lim_{\Delta x \to 0} \frac{(x + \Delta x)^2 - x^2}{\Delta x}$$

$$= \lim_{\Delta x \to 0} \frac{x^2 + 2x\Delta x + (\Delta x)^2 - x^2}{\Delta x}$$

$$= \lim_{\Delta x \to 0} (2x + \Delta x)$$

$$= 2x + \lim_{\Delta x \to 0} \Delta x$$

$$= 2x \tag{a_6}$$

由图 2 - 10 可见，当 $\Delta x \to 0$ 时，则 $\alpha \to \beta$，割线 BC 则趋近于切线 AE。于是由（a_2）和（a_5）有

$$\frac{df(x)}{dx} = \lim_{\Delta x \to 0} \frac{f(x + \Delta x) - f(x)}{\Delta x} = tg\,\beta \quad (a_7)$$

可见导数的意义是曲线 $f(x)$ 的"斜率"：β 越大，函数 $f(x)$ 随 x 的变化越"陡"。

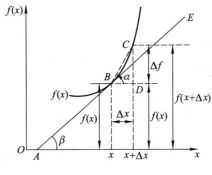

图 2 - 10

可见，通过导数概念的引入，我们建立起了无限接近的相邻两点的函数值间的关系。这种关系的建立，具有非常重要的意义。

例如将 x 理解为时间 t，$x = t$；将 f 理解为速度 ν，$f = \nu$。对直线运动情况，由（a_5）则给出"瞬时加速度" $a(t)$ 的定义：

$$\lim_{\Delta t \to 0} \frac{\nu(t + \Delta t) - \nu(t)}{\Delta t} = \frac{d\nu(t)}{dt} \equiv a(t) \tag{a_8}$$

由（a_8）式，则牛顿定律的微分表达式为

$$ma(t) = m\frac{d\nu(t)}{dt} = F(t) \tag{a_9}$$

由（a_8）式和（a_9）式，写成差分的形式，即有

$$\nu(t + \Delta t) = \nu(t) + \frac{F(t)}{m}\Delta t, \quad （其中 \Delta t \to 0） \tag{a_{10}}$$

上式表明，在力 $F(t)$ 已知的情况下，若 t 时刻的速度 $\nu(t)$ 已知，则经过 Δt 时间后的速度 $\nu(t + \Delta t)$ 可"决定性"地由（a_{10}）给出。依此类推，即可以知道以后任一时刻的速度。正因为如此，所以我们说用微分形式所表述的牛顿定律（a_9）是一种"决定论性的规律"。

由导数（a_4）的定义，我们有

$$df = \frac{df}{dx}dx \tag{a_{11}}$$

df 称为函数 $f(x)$ 的"微分"。它的意义为当 x 获得一个"微增量"(即 x 的"微分")dx 时,相应的函数 $f(x)$ 所获得的"微增量"(即 f 的"微分")为 df。(a_{11})则表明 df 等于"斜率"乘 dx。

现假定 f 是自变量 x、y、z 的函数

$$F = f(x, y, z) \tag{a_{12}}$$

将(a_3)作扩展,则可定义"偏微商":

$$\lim_{\Delta x \to 0}\frac{f(x + \Delta x, y, z) - f(x, y, z)}{\Delta x} = \frac{\partial f}{\partial x} \tag{a_{13}}$$

$$\lim_{\Delta y \to 0}\frac{f(x, y + \Delta y, z) - f(x, y, z)}{\Delta y} = \frac{\partial f}{\partial y} \tag{a_{14}}$$

$$\lim_{\Delta z \to 0}\frac{f(x, y, z + \Delta z) - f(x, y, z)}{\Delta z} = \frac{\partial f}{\partial z} \tag{a_{15}}$$

它表示仅由某个自变量变化(其他不变时)所产生的函数 f 的变化率。类似的,将(a_{11})作扩展,则"全微分" df 则应考虑到由所有自变量发生变化的"全部贡献"

$$df(x, y, z) = \frac{\partial f}{\partial x}dx + \frac{\partial f}{\partial y}dy + \frac{\partial f}{\partial z}dz \tag{a_{16}}$$

上式中,若令 $x = t$,$y = y(t)$,$z = z(t)$,于是由(a_{16})式有

$$\frac{df(t, y(t), z(t))}{dt} = \frac{\partial f}{\partial t} + \frac{\partial f}{\partial y}\frac{dy}{dt} + \frac{\partial f}{\partial z}\frac{dz}{dt} = \frac{\partial f}{\partial t} + \frac{\partial f}{\partial y}\dot{y} + \frac{\partial f}{\partial z}\dot{z} \tag{a_{17}}$$

其中已简记 $\frac{dy}{dt} = \dot{y}$,$\frac{dz}{dt} = \dot{z}$。

现将(a_{16})和(a_{17})作更一般的扩展,则有

$$df(x_1, x_2, \cdots, x_n) = \sum_{i=1}^{n}\frac{\partial f}{\partial x_i}dx_i \tag{a_{18}}$$

$$\frac{df(t, x_1(t), \cdots, x_n(t))}{dt} = \frac{\partial f}{\partial t} + \sum_{i=1}^{n}\frac{\partial f}{\partial x_i}\dot{x}_i \tag{a_{19}}$$

在(a_5)式中,$\frac{df(x)}{dx}$ 仍是 x 的函数,不妨记为

$$\frac{df(x)}{dx} = g(x) \tag{a_{20}}$$

类似的,我们有

$$\lim_{\Delta x \to 0} \frac{g(x + \Delta x) - g(x)}{\Delta x} = \frac{d}{dx}g(x) = \frac{d}{dx}\left(\frac{d}{dx}f(x)\right) \equiv \frac{d^2}{dx^2}f(x) \qquad (\mathrm{a}_{21})$$

$\dfrac{d^2 f(x)}{dx^2}$ 称为函数 $f(x)$ 的"二阶导数"。重复上述的操作，则可以定义更高阶的导数。

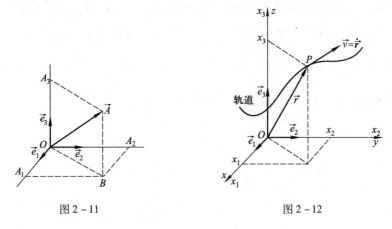

图 2 – 11   图 2 – 12

不太严格地讲，"矢量"可以称为有大小和方向的量。例如力 $\vec{F}$、速度 $\vec{v}$、加速度 $\vec{a}$ 和一个粒子的空间位矢 $\vec{r}$ 均是矢量。我们可以用一个抽象的矢量 $\vec{A}$ 来标记它们。若 $\vec{A}$ 是一个三维的矢量，则我们可以用在直角坐标系中的 3 个分量来表示它。令 $\vec{e}_1$，$\vec{e}_2$，$\vec{e}_3$ 为"单位矢量"：长度为 1（即 $|\vec{e}_i| = 1$）的矢量，由图 2 – 11 可见，则有

$$\begin{aligned}
\vec{A} &= \overrightarrow{OA} \\
&= \overrightarrow{OB} + \overrightarrow{BA} \\
&= \overrightarrow{OB} + \overrightarrow{OA_3} \\
&= \overrightarrow{OA_1} + \overrightarrow{A_1B} + \overrightarrow{OA_3} \\
&= \overrightarrow{OA_1} + \overrightarrow{OA_2} + \overrightarrow{OA_3} \\
&= \vec{e}_1 A_1 + \vec{e}_2 A_2 + \vec{e}_3 A_3
\end{aligned}$$

即

$$\vec{A} = \sum_{i=1}^{3} \vec{e}_i A_i \qquad (\mathrm{a}_{22})$$

其中 A_i 称为 $\vec{A}$ 在 i 方向的"分量"。

如果将（a_{22}）式中的 $\vec{A}$ 理解为粒子 P 的全空间位置矢量（位矢）$\vec{r}$，直角系的 x，y，z 分量记为 x_1，x_2，x_3，则由（a_{22}）式有位矢

$$\vec{r} = \sum_{i=1}^{3} \vec{e}_i x_i \qquad (\mathrm{a}_{23})$$

x_i 称为 $\vec{r}$ 的分量（$i = 1$，2，3）。

下面我们定义矢量的"点积"（即"标积"）和矢量的叉积（即"矢积"）。

两个矢量 $\vec{A}$ 和 $\vec{B}$ 的点积为一个标量，记为 C。它定义为

$$C = \vec{A} \cdot \vec{B} = \vec{B} \cdot \vec{A} = |\vec{A}||\vec{B}|\cos(\vec{A},\vec{B}) \tag{a_{24}}$$

式中，$|\vec{A}|$ 和 $|\vec{B}|$ 分别为 $\vec{A}$ 和 $\vec{B}$ 的"模长"（即它的值），$(\vec{A},\vec{B})$ 为 $\vec{A}$ 与 $\vec{B}$ 间的夹角。

利用（a_{24}）式的定义，我们有 $\vec{e_i} \cdot \vec{e_j} = |\vec{e_i}||\vec{e_j}|\cos(\vec{e_i},\vec{e_j})$，因 $|\vec{e_i}| = 1 = |\vec{e_j}|$，故 $\vec{e_i} \cdot \vec{e_j} = \cos(\vec{e_i},\vec{e_j})$。由于 $\vec{e_1},\vec{e_2},\vec{e_3}$ 是相互垂直的矢量，故夹角 $(\vec{e_i},\vec{e_j}) = 0$（当 $i = j$ 时）或 $\dfrac{\pi}{2}$（当 $i \neq j$ 时）。若引入一个"δ符号"，它定义为

$$\delta_{ij} = \begin{cases} 0 \,(i \neq j) \\ 1 \,(i = j) \end{cases} \tag{a_{25}}$$

则有

$$\vec{e_i} \cdot \vec{e_j} = \cos(\vec{e_i},\vec{e_j}) = \delta_{ij} \tag{a_{26}}$$

利用（a_{25}）、（a_{26}）式，则有

$$\vec{e_1} \cdot \vec{r} = \vec{e_1} \cdot \sum_{i=1}^{3} \vec{e_i} x_i = \sum_{i=1}^{3} \vec{e_1} \cdot \vec{e_i} x_i = \sum_{i=1}^{3} \delta_{1i} x_i = \delta_{11} x_1 + \delta_{12} x_2 + \delta_{13} x_3 = \delta_{11} x_1 = x_1 \tag{a_{27}}$$

2，3 分量同理。或写成一般表达式，有

$$x_i = \vec{e_i} \cdot \vec{r} \tag{a_{28}}$$

式中，x_i 是位矢 $\vec{r}$ 的 i 分量，它是由矢量 $\vec{r}$ 向 x_i 轴作"投影"而来，故 $\vec{r} \cdot \vec{e_i}$ 标积的意义是将 $\vec{r}$ 向 i 方向作"投影"的运算。

同样利用（a_{25}）、（a_{26}）式，则两矢量的点积在直角系中的表示为

$$\begin{aligned}
\vec{A} \cdot \vec{B} &= \left(\sum_{i=1}^{3} A_i \vec{e_i}\right) \cdot \left(\sum_{j=1}^{3} \vec{e_j} B_j\right) \\
&= \sum_{i=1}^{3} A_i \sum_{j=1}^{3} (\vec{e_i} \cdot \vec{e_j}) B_j \\
&= \sum_{i=1}^{3} A_i \sum_{j=1}^{3} \delta_{ij} B_j \\
&= \sum_{i=1}^{3} A_i \delta_{ii} B_i \\
&= \sum_{i=1}^{3} A_i B_i
\end{aligned} \tag{a_{29}}$$

两矢量的叉积为一个矢量，记为 $\vec{C}$，定义为

$$\vec{A} \times \vec{B} = \vec{C} = \vec{C^0}|\vec{A}||\vec{B}|\sin(\vec{A},\vec{B}) \tag{a_{30}}$$

其中$\vec{C^0}$为$\vec{C}$矢量的单位方向矢量，它由$\vec{A}$向$\vec{B}$按右手螺旋方向来定义，如图2-13所示。$\vec{C^0}$垂直于$\vec{A}$、$\vec{B}$所组成的平面。由（a_{30}）式知，$\vec{C}$的值$|\vec{C}|$为$\vec{A}$、$\vec{B}$为边的平行四边形的面积值。且由（a_{30}）知

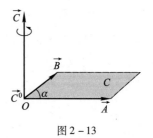

图 2 - 13

$$\vec{A} \times \vec{B} = -\vec{B} \times \vec{A} \tag{a_{31}}$$

若

$$\vec{A} /\!/ \vec{B}, 则 \ \vec{A} \times \vec{B} = 0 \tag{a_{32}}$$

利用（a_{30}）的定义，则单位矢的叉积为

$$\vec{e_1} \times \vec{e_2} = \vec{e_3}, \vec{e_2} \times \vec{e_3} = \vec{e_1}, \vec{e_3} \times \vec{e_1} = \vec{e_2} \tag{a_{33}}$$

利用（a_{33}）式的关系，两矢量的叉积可以在直角系中被表示为

$$\vec{A} \times \vec{B} = \left(\sum_{i=1}^{3} A_i \vec{e_i} \right) \times \left(\sum_{j=1}^{3} B_j \vec{e_j} \right)$$

$$= \begin{vmatrix} \vec{e_1} & \vec{e_2} & \vec{e_3} \\ A_1 & A_2 & A_3 \\ B_1 & B_2 & B_3 \end{vmatrix} \tag{a_{34}}$$

$$= \vec{e_1}(A_2 B_3 - B_2 A_3) + \vec{e_2}(A_3 B_1 - B_3 A_1) + \vec{e_3}(A_1 B_2 - B_1 A_2)$$

定义一个梯度算子∇，它在三维直角系中的表达式为

$$\nabla = \vec{e_x}\frac{\partial}{\partial x} + \vec{e_y}\frac{\partial}{\partial y} + \vec{e_z}\frac{\partial}{\partial z} = \vec{e_1}\frac{\partial}{\partial x_1} + \vec{e_2}\frac{\partial}{\partial x_2} + \vec{e_3}\frac{\partial}{\partial x_3} = \sum_{i=1}^{3} \vec{e_i}\frac{\partial}{\partial x_i} \tag{a_{35}}$$

位矢$\vec{r}$的"微分"$d\vec{r}$即是"位移"：

$$d\vec{r} = \vec{e_x}dx + \vec{e_y}dy + \vec{e_z}dz = \vec{e_1}dx_1 + \vec{e_2}dx_2 + \vec{e_3}dx_3 = \sum_{j=1}^{3} \vec{e_j}dx_j \tag{a_{36}}$$

则（a_{18}）、（a_{19}）两式在3维空间（$n=3$）中的表达式为〔利用（a_{29}）式〕

$$df(x_1,x_2,x_3) = df(\vec{r}) = \sum_{i=1}^{3} dx_i \frac{\partial}{\partial x_i} f = d\vec{r} \cdot \nabla f \tag{a_{37}}$$

$$df(t,x_1(t),x_2(t),x_3(t)) = df(t,\vec{r}) = \frac{\partial f}{\partial t} + \sum_{i=1}^{3} \dot{x}_i \frac{\partial f}{\partial x_i}$$

$$= \frac{\partial f}{\partial t} + \dot{\vec{r}} \cdot \nabla f = \frac{\partial f}{\partial t} + \vec{\nu} \cdot \nabla f = \frac{\partial f}{\partial t} + \frac{d\vec{r}}{dt} \cdot \nabla f \tag{a_{38}}$$

在前面的电磁场理论中，电场$\vec{E}$和磁场$\vec{B}$

$$\left. \begin{array}{l} \vec{E} = \vec{E}(\vec{r},t) = \vec{E}(x,y,z,t) \\ \vec{B} = \vec{B}(\vec{r},t) = \vec{B}(x,y,z,t) \end{array} \right\} \tag{a_{39}}$$

是时空的函数，称为"场函数"。我们可以用一个抽象的矢量场 $\vec{A}$ $(\vec{r}, t)$ 来同时标记 $\vec{E}$ 和 $\vec{B}$ 一个标量场函数记为 ψ $(\vec{r}, t)$。现将相关运算汇总如下（直角坐标系中的表示）：

若记 $x = x_1$，$y = x_2$，$z = x_3$，则标量场 ψ $(\vec{r}, t)$ 的"梯度"定义为

$$\nabla\psi(\vec{r},t) = \nabla\psi(x_1,x_2,x_3,t) = \sum_{i=1}^{3} \vec{e}_i \frac{\partial}{\partial x_i}\psi \tag{a_{40}}$$

矢量场 $\vec{A}$ $(\vec{r}, t)$ 的"散度"定义为

$$\nabla \cdot \vec{A}(\vec{r},t) = \sum_{i=1}^{3} \frac{\partial}{\partial x_i}A_i \tag{a_{41}}$$

矢量场 $\vec{A}$ $(\vec{r}, t)$ 的"旋度"定义为

$$\nabla \times \vec{A}(\vec{r},t) = \begin{vmatrix} \vec{e}_1 & \vec{e}_2 & \vec{e}_3 \\ \dfrac{\partial}{\partial x_1} & \dfrac{\partial}{\partial x_2} & \dfrac{\partial}{\partial x_3} \\ A_1 & A_2 & A_3 \end{vmatrix} \tag{a_{42}}$$

$$= \vec{e}_1\left(\frac{\partial A_3}{\partial x_2} - \frac{\partial A_2}{\partial x_3}\right) + \vec{e}_2\left(\frac{\partial A_1}{\partial x_3} - \frac{\partial A_3}{\partial x_1}\right) + \vec{e}_3\left(\frac{\partial A_2}{\partial x_1} - \frac{\partial A_1}{\partial x_2}\right)$$

第 2 编
物理学革命的回顾与分析——一种基于物质观的新视角

我们在第 1 章中曾谈到，必须"继承爱因斯坦的科学精神和科学思想，努力探索'科学统一性'的方向"。然而，正如我们在第 2 章中谈到的，世界从本质上说是物质性的。在这个统一的物质世界中，虽然有着以自然形态、生物形态和社会形态存在的多种多样的物质形态，但却不过都只是运动着的物质的各种不同的表现形式而已；而在演化的意义上，它们又都是物质性宇宙发展变化的产物，必然遵从宇宙发展变化的本源性的统一的自然规律——这是"科学的统一"可以实现的根源所在。因而，寻找"科学统一性"的方向和途径，就应当从揭示这一"本源性的统一自然规律"入手。正因为如此，以"研究物质的基本性质及其最一般的运动规律，以及物质的基本结构和基本相互作用等"为宗旨的物理学，就在其中扮演着关键的角色。所以，我们首先就应当对 20 世纪及其以前物理学发展的道路进行认真的分析。也就是说，只有拿起批判的武器，认真审视迄今为止物理学发展历史上所创造的一切，找出物理学发展过程中取得辉煌成就和产生巨大困难的真正原因之所在，才能找到探求"科学统一性"道路上的一个正确的起点。

当然，为了使这种分析和批判更为有理、有力、"切中要害"，必须具有全新的视角，有迥然不同于通常教材和现行观点的新的"维度"。换一句话说，就是我们所使用的批判武器必须有新的、更为锋利的"刃口"。在本书中，我们将更加注重哲学的分析——虽然数学、物理论证也是不可避免的。而将哲学分析、特别是物质观和认识论的分析具体化，便是我们在第 2 章中所提出的检验理论的五条标准（简称为 C 判据）。所以，本书以后各章的分析也可以看成是这五条标准的具体运用。

第3章 牛顿力学：现代科学的基础和进一步发展的出发点

17 世纪至 19 世纪末，可以称之为物理学的经典盛世。在这一时期，发生了以牛顿经典力学、麦克斯韦经典电动力学和经典热力学这三次科学大综合为标志的伟大科学革命，对物理学的发展产生了极其重大而深远的影响。其中 17 世纪牛顿经典力学体系的建立，更是现代科学真正意义上的起点，是人类认识论和科学发展历史上的一次最伟大的科学综合，其意义之重大，影响之深远，是迄今为止任何理论都无法与之相比肩的。因此，对牛顿力学进行实事求是的认真分析，揭示它在科学发展中的真正价值所在，并在此基础上认真剖析牛顿力学遗留下来的一些未解决的问题，对认准 21 世纪物理学前进的道路和寻找"科学统一性"的正确方向，进而披荆斩棘地勇敢前行，将十分重要。

第1节 牛顿力学体系的基本内容

牛顿力学是一个庞大的体系，内容丰富而多彩。但就其基本点而言，可概括为以下几个方面的内容。

一、揭示了物质运动的基本规律

牛顿力学体系的核心是"牛顿原理"，即牛顿第二定律，通常将其表述为"外力是改变物体运动状态的原因"。写成数学公式便是

$$m\vec{a} = \vec{F} \tag{3-1}$$

其中，m 是所考查物体的"质量"，$\vec{a}$ 是物体在"外力"$\vec{F}$ 作用下所获得的"加速度"，它定义为

$$\vec{a} = \frac{d\vec{v}}{dt} = \frac{d^2\vec{r}}{dt^2} \tag{3-2}$$

其中 $\vec{v} = \dfrac{d\vec{r}}{dt} = \dot{\vec{r}}$ 为物体的速度，$\vec{r}$ 为物体的空间位矢。

由（3-2）式，（3-1）式可以写为

$$\frac{d\vec{v}}{dt} = \frac{\vec{F}}{m} \qquad (3-3)$$

牛顿第二定律阐述了物体运动的原因，解释了物质为什么会运动以及如何运动，从而也就说明了物质运动的基本规律。

二、利用牛顿原理开展了基本力场的研究

牛顿利用他所提炼出的牛顿原理开展基本力场的研究，发现了以质荷（即质量）为源头的"万有引力"和以电荷为源头的"静电力"（也称为库仑力）。它们的值被表示为

$$万有引力 = G\frac{Mm}{r^2} \qquad (3-4)$$

$$静电力 = \frac{1}{4\pi\varepsilon_0}\frac{Qq}{r^2} \qquad (3-5)$$

（3-4）式中的 G 是引力常量，r 是质量分别为 M_1 和 m_2 的两物体之间的距离；（3-5）式中的 ε_0 是真空介电常数，r 是电荷量分别为 Q 和 q 的两物体之间的距离。

这一研究，开创了人类对力场研究的先河。

三、提出了较为完整的基元性概念体系

由（3-1）—（3-5）式我们看到，牛顿力学体系是完全建立在以下四个基本概念之上的：

$$\left. \begin{array}{l} 质量\ m \\ 电荷\ Q \\ 空间\ \vec{r} \\ 时间\ t \end{array} \right\} \qquad (3-6)$$

这些最基础的、不可以再退化的概念，我们将其称之为"基元性概念"（"基元"的含义我们下面还要进行详细的解释）。正是牛顿力学提出的这些概念，为物理学研究确立起了较为完整的基元性概念体系。由此人们才确立起对"物质"进行量度的基本单位（国际单位制），其中空间（长度）的量度单位为米（m），时间的量度单位为秒（s），

质量的量度单位为千克（kg）。电荷的量度单位为库（C）。

四、建立起了物质存在基本形态的模型（物理图像）

作为一种物理图像，物质存在基本形态的模型，是对物质客体存在方式的近似模拟。它是建立物理学基本理论的基础和关键的一步。牛顿力学中所建立的这类模型是所谓的"系统模型"（也被称为"粒子模型"）：n 个相互之间具有内约束力（内力 $\vec{F}^{(I)}$）的子系统，在适当的环境约束（表现为受外力 $\vec{F}^{(E)}$）下，组成一个集合体，我们称该集合体为一个"系统"。需要指出的是，在牛顿力学中，这一模型概括了所有的物质存在的"基本方式"；也就是说，牛顿把这一模型看做物质存在"基本形态"的唯一合理的近似模拟。

在这一模型的基础上，牛顿又进一步提出了质心的概念。我们知道，系统的质心（即质量的中心）定义为

$$\vec{r} = \frac{\sum_{i=1}^{n} m_i \vec{r}_i}{\sum_{i=1}^{n} m_i} = \frac{1}{m} \sum_i m_i \vec{r}_i \qquad (3-7)$$

其中 $m = \sum_{i=1}^{n} m_i$ 为该系统的"总质量"（为方便起见，在以下的论述中，我们将把求和符号 $\sum_{i=1}^{n}$ 简写为 $\sum_i$），m_i 是第 i 个子系统的质量，$\vec{r}_i$ 是该子系统质心的空间位矢。对处在地球表面附近的不太大的物体而言，质心与重心是（几乎）重合的。

在数学中可以严格证明，在满足"定域性条件"——系统存在区域的非全域性弥散（通俗地讲，即系统内的每个子系统都不能跑到无穷远处），即

$$|\vec{r}_i - \vec{r}| < \infty \qquad (i = 1, 2, \cdots, n) \qquad (3-8)$$

时，质心是"存在"的和"唯一"的。

在牛顿力学中，以质心这个"质点"——具有质量而无维度的"几何点"——作为描述物体运动的"代表点"［也正因为如此，所以有时人们也把"系统（粒子）模型"称为"质点模型"。但必须指出，从严格的意义上说"系统模型"与"质点模型"是不能等同看待的：质点指的是质心，它只是系统（即粒子）运动的代表点，并不是该系统本身。但在目前的一些教材、书籍和文章中，往往并没有把质心与粒子严格区分开来，而是将二者等同看待，从而就会因定义的不严格导致论述及结论的不严格］。既然这个"存在"且"唯一"的质心可以作为物体的"代表"，则对物体运动规律的研究就可以转

化（简化）为对其质心运动规律的研究。由此可见，质心概念及质点模型的引入不仅十分重要，而且非常巧妙，确实是牛顿神来之笔的杰作。

五、说明了牛顿原理成立的条件

（一）牛顿原理中所说的"力"，只是满足牛顿第三定律的机械力（有心力）

让我们仔细地分析一下"系统（粒子）模型"。

图 3-1 表示由 n 个子系统组成的物体。设 C 是其质心，其中质量为 m_i 的子系统受到的来自物体之外的力（外力）为 $\vec{F}_i^{(E)}$，受到的来自物体内第 j 个子系统的作用力为 $\vec{f}_{ij}$（是物体内子系统的相互作用力，故称为内力），则 m_i 所受物体内来自其他子系统的总内力 $\vec{F}_i^{(I)}$ 应为

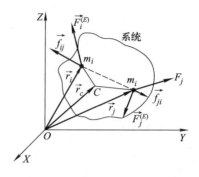

图 3-1

$$\vec{F}_i^{(I)} = \sum_{\substack{j=1 \\ (j \neq i)}}^{n} \vec{f}_{ij} \equiv \sum_j{}' \vec{f}_{ij} \qquad (3-9)$$

上式中的 $(j \neq i)$ 表示对 j 求和时不包括 $j=i$ 这一项（因为 i 不对 i 自身施力），且将求和符号作了如下的简写（打上了一个"′"号，表示 $j \neq i$）：

$$\sum_{\substack{j=1 \\ (j \neq i)}}^{n} \equiv \sum_j{}' \qquad (3-10)$$

当我们以质量为 m_i 的物体为"研究对象"时，站在 m_i 的角度看，$\vec{F}_i^{(E)}$ 和 $\vec{F}_i^{(I)}$ 均是"外力"。于是根据"外力是改变物体运动状态的原因"的牛顿原理，可以写出如下的式子

$$\frac{d\vec{p}_i}{dt} = \vec{F}_i^{(E)} + \vec{F}_i^{(I)} = \vec{F}_i^{(E)} + \sum_j{}' \vec{f}_{ij} \qquad (3-11)$$

其中 $\vec{p}_i = m_i \vec{v}_i = m_i \dot{\vec{r}}_i$ 为第 i 个子系统的动量，$\vec{v}_i = \dot{\vec{r}}_i$ 为其质心的速度。

若假定内力是满足牛顿第三定律的机械力（有心力）

$$\vec{f}_{ij} = -\vec{f}_{ji} \qquad (3-12)$$

则很容易证明系统的合内力为零[①]

$$\vec{F}^{(I)} \equiv \sum_i \vec{F}_i^{(I)} = \sum_i \sum_j{}' \vec{f}_{ij} = 0 \qquad (3-13)$$

---

① 周衍柏：《理论力学教程》（第二版），高等教育出版社 1985 年版，第 113 页。

若假定 m_i 是不随时间变化的常量，对（3－7）式微分得

$$m\dot{\vec{r}} = \sum_i m_i \dot{\vec{r}}_i = \sum_i \vec{p}_i = \vec{p} \qquad (3-14)$$

于是得 $\vec{p} = \sum_i m_i \dot{\vec{r}}_i = \sum_i m_i \vec{v}_i$，为系统的总动量。

现对（3－11）式求和并利用（3－14）式，就可以得到系统总动量的微分表达式 $\dfrac{d}{dt}\sum_i \vec{p}_i = \dfrac{d\vec{p}}{dt} = \sum_i \vec{F}_i^{(E)} + \sum_i \vec{F}_i^{(I)}$。若令 $\sum_i \vec{F}_i^{(E)} = \vec{F}$ 为作用于该物体上的"合外力"（简称为外力），并利用（3－13）式，则上式可以进一步写为

$$\frac{d\vec{p}}{dt} = \sum_i \vec{F}_i^{(E)} = \vec{F} \qquad (3-15)$$

但是，因 $\dot{\vec{r}} = \vec{v}_c$ 为该物体质心的速度，若令 $\vec{p}_c = m\vec{v}_c$ 为质心动量［它等于将物体全部质量 $m = \sum_i m_i$ 集中于质心（一个几何点而非物质性的点）上的质量与质心（相对于 O 点）的速度的积］，则由（3－14）式又可知

$$\vec{p}_c = m\vec{v}_c = m\dot{\vec{r}} = \sum_i \vec{p}_i = \vec{p} \qquad (3-16)$$

将（3－16）式代入（3－15）式得

$$\frac{d\vec{p}_c}{dt} = \sum_i \vec{F}_i^{(E)} = \vec{F} \qquad (3-17)$$

此即是质心运动定理：物体质心的运动，就好像一个质点的运动一样。此质点的质量等于该物体内所有子系统的质量的总和；作用于该质点上的力，等于诸外力之和。

由以上的论述可见，物体（系统）的运动定理（3－15）式与该物体的质心运动定理（3－17）式在数学形式上是完全一样的。当然，其内在的物理意义并不完全相同：在（3－15）式中，$\sum_i \vec{F}_i^{(E)}$ 中的 $\vec{F}_i^{(E)}$ 是作用在第 i 个子系统上的；而在（3－17）式中，$\vec{F}_i^{(E)}$ 则是作用在系统（即所考查的物体）的质心之上的。同时，应特别注意的是，这里所谓的"作用在质心之上"只是一种"等效性"的处理方式，因为事实上 $\vec{F}_i^{(E)}$ 作为"物质和物质之间的相互作用"，是无法作用在质心这样一个"非物质性的虚空的几何点"之上的。然而，却正是因为这种处理方式具有的"等效性"，才使得我们能通过质心运动定理（3－17）了解质心的运动规律；而（3－15）式和（3－17）式在数学形式上的相同性，则使得只要了解了质心这个物体运动代表点的运动规律，就可以了解该质心所代表的物体（系统）的运动规律。

由上述分析我们看到，系统质心及系统内各子系统质心的运动方程可以写为

$$\begin{cases} \dfrac{d\vec{p}}{dt} = \vec{F} & (3-18) \\[3mm] \dfrac{d\vec{p}_i}{dt} = \vec{F}_i & (3-19) \end{cases}$$

其中 $\vec{F}_i = \vec{F}_i^{(E)} + \vec{F}_i^{(I)}$。利用（3–18）式和（3–19）式即可以对系统作完善的描述。

我们知道，站在第 i 个子系统的角度看，$\vec{F}_i$ 在概念上仍应是"外力"。但由于存在（3–16）式，故（3–17）式可以写成（3–18）式。因此，通过（3–18）式和（3–19）式就可以对由 n 个子系统所组成的物体做完全的描述（即描述了所有的 n 个子系统的运动规律和由它们所组成的物体的整体运动规律）。而在内涵上，（3–18）式和（3–19）式均表示"外力是改变物体运动状态的原因"，这表明作为牛顿第二定律两种表示形式的（3–18）式和（3–19）式是内在自洽的，从而显示了牛顿第二定律作为基本自然规律的科学统一性。而且，由于（3–18）式在物理内容及求解上与（3–19）式是完全一样的，所以人们往往只是利用（3–18）式研究物体的质心运动，并由此来把握质心所代表的物体的运动规律。

需要特别指出，以上的论证是建立在假设（3–12）式，即牛顿第三定律成立的基础之上的，由此可见牛顿第三定律事实上是为保证牛顿力学体系的自洽性而引入的假定。在保证这一自洽性的前提下，在牛顿力学体系中所讲的力，就只能限定在机械有心力这个范围之内（这一点非常之重要，我们下面还要详细论述）。

（二）牛顿原理只是在牛顿第一定律成立的条件下才成立

众所周知，牛顿原理不是在任何情况下都成立的，只是在"惯性系"中才成立。至于什么是"惯性系"，牛顿力学中则用第一定律来定义：惯性参考系是这样的参考系——在这个参考系中，若物体（即一个粒子）不受力，则它将做匀速直线运动（即 $\vec{p} =$ 常矢量）。因此，牛顿第一定律又常常被称为"惯性定律"。这一定律是牛顿原理成立的条件。

以上（一）、（二）两点，事实上表明在以"外力是改变物体运动状态的原因"为核心内容的牛顿力学体系中，牛顿原理受到了牛顿第一定律和第三定律的前提性制约，在这一制约下，牛顿力学体系（至少表观上看）才构成了一个自洽的理论体系。

总之，以上的论述表明，从基元性概念（即描述物质内涵的最基本的概念）、物质运动基本规律、物质存在基本方式和理论成立的条件这几个方面来看，牛顿力学已经构建了较为科学、完整和自洽的体系，使它可以毫无愧色地被称为人类历史上的第一次伟大科学综合。

当然，在整个牛顿力学体系中，第二定律是核心。所以，要深刻理解牛顿力学体系，关键就在于深入揭示（3-18）式所表示的牛顿第二定律的实质。

我们认为，对（3-18）式可以做如下的理解：

$$\begin{cases} \dfrac{d\vec{p}}{dt} = \vec{F} & \rightarrow 已知运动求力 \qquad\qquad (3-20a) \\ & \leftarrow 已知力求运动 \qquad\qquad (3-20b) \end{cases}$$

即牛顿原理事实上是通过（3-20a）式和（3-20b）式这两种理解方式的反复运用来认识物体的运动规律的。例如，基于自然规律的统一性，牛顿从苹果落地联想到了行星的绕日运动，于是他根据开普勒行星运动三大定律的资料，在已知运动的条件下，由（3-20a）式求得了（3-4）式的"万有引力"。而后来，人们由天王星轨道运动的偏离联想到在太阳系中可能还有一个行星，并根据万有引力已知的条件，运用（3-20b）计算出了这颗行星的运动轨道，从而导致了海王星的发现。

第2节　牛顿力学的伟大意义

作为人类历史上第一次划时代的伟大科学综合，牛顿力学的意义是重大的、深远的、多方面的。仅就其有形的应用价值而言，任何人在日常生活中都能深切地感受到——睁开眼睛四处望去，处处都是牛顿力学结出的硕果：汽车在奔跑，火车在飞驰，飞机在翱翔……这些运动体，哪一个不遵从牛顿力学原理？在工程上我们使用的工程力学，在选择材料时我们应用的材料力学，在对连续体进行描述时我们使用的连续介质力学（包括弹性力学和流体力学）……这所有的"力学"哪一个不是以牛顿力学为基础的？从对人类社会发展产生巨大直接推动作用的"技术"的角度看来，也主要是凭借着牛顿力学与其他学科的结合，才使得现代技术的发展摆脱了对经验的单纯依赖，成为了以科学为基础的"技术科学"。例如，航空航天技术就是以在牛顿力学基础上发展起来的材料力学、空气动力学等作为理论基础的。所以爱因斯坦曾说过："人们不要以为牛顿的伟大工作真的能够被这一理论或任何别的理论所代替。作为自然哲学领域里我们整个近代概念结构的基础，他的伟大而明晰的观念，对于一切时代都将保持着它的独特的意义。"[①]

然而，并不是所有的人都深刻认识到和承认牛顿力学在当今时代的重大意义的。"20世纪的科学革命使得牛顿力学的大厦轰然倾覆，灰飞烟灭"，这是我们常会在一些文章中看到的话。这种话语出惊人，但却充分表现了言者的狂妄与无知——而在这里，狂妄

---

① 爱因斯坦著：《爱因斯坦文集》（第一卷），许良英等编译，商务印书馆1976年版，第113页。

也许主要是源于无知。但为什么会产生这种无知？其重要原因之一，便是在当前的一些教材、著作和文章中，对牛顿力学的真正价值和意义并未进行充分的揭示。因而，充分论证牛顿经典力学综合的伟大意义，便十分必要。在这里，我们就将运用第2章中提出的C判据，从"新的世界观维度"这个"新的视角"，来谈谈这个问题。

但从何处说起呢？我们在第2章中曾说过，作为"研究物质的基本性质及其最一般的运动规律，以及物质的基本结构和基本相互作用等"的物理学，是以研究自然现象、揭示物质性宇宙本源性基本自然规律为宗旨的科学。因此，也就可以将其视为是对"物质"这一最根本的概念作诠释的科学。这样，用正确的物质观回答"物质是什么"这个问题，就成为物理学的核心问题并主宰着物理学。因而，我们就可以从这里说起：如果牛顿力学体系能对物理学中这一最基本、最重要的核心问题做出正确的回答，就说明它具有伟大的意义。

"物质"可以说是我们使用频率最高的词汇之一。但"物质"在科学中迄今尚无一个被各学科公认的定义。对物质的最抽象、也最宽泛的定义是哲学上的定义，它把物质界定为"不以人类主观意志为转移的客观存在"。认真分析这一定义可以发现：人类出现之前就有物质存在，故这一定义中修饰"存在"的定语可以省去；这样一来，物质的定义就成了"物质是存在"。但"存在"是什么呢？按彻底的一元论的唯物主义观点，应视"世界（即'存在'）是物质的"，既然世界是物质的，那么我们只得说，"存在是物质"。于是，正面说，"物质是存在"；反过来说，"存在是物质"。由此可见，上述对物质的定义似乎是一种无内涵的循环定义——当然，我们并不否认它在哲学上是有意义的，对物理学也有重要的价值——成为物理学长期坚持的"科学自然主义"的基础[1]，表明了物理学应以"存在"作为自己的研究对象。然而，在对物质存在及其运动进行具体研究的物理学中，对物质的定义就不能像哲学中那样抽象了——物理学应通过"物理学理论"来对"物质"这一概念进行定义，以准确理解它的内涵。

在物理学的范畴内准确理解物质这一概念的内涵，重点归结为回答以下三个基本问题：

第一，物质这一概念是由哪些基元性概念构成的？即回答"组成物质概念的基本单元有哪些"这个问题。这是物理学理解物质这一概念首先需回答的问题。

第二，物质以什么方式存在？即回答"物质的基本结构是什么样的"这个问题。当

---

① J. S. Bell, *Phys. Rept.*, 137（1986）7；49.

然这里所说的"物质结构"是"物质的基本结构",即所有物质的"结构的共性",或者称之为"物质存在的基本形态",而不是具体物质的"具体结构"。因为对物质的具体结构方式进行研究,是分支学科的任务。这种研究是有意义的,但却没有普适性。而像牛顿力学这样的"基本理论"的任务,并不在于去认识特殊性,而在于去认识共性,或称之为普遍性,并由此涵盖一切特殊性。所以,对物质存在方式的认识重在对其"结构共性"即"物质存在基本形态"的认识。

第三,物质为什么会运动?其结构为什么会变化?这种运动和结构的变化有什么样的特点和规律?等等。这些都是物质概念的更深刻的内涵。对这些问题的回答,涉及如何对众多五彩缤纷的物质的运动、变化、进化和退化现象做出统一的描述,也就是找出物质运动的"基本规律"(在物理学中用"基本方程"来具体描述),并说明这些规律有什么样的特点。

当然,物理学中对物质概念的这种定义或者说"物理学理论"是否正确,是需要一定的"判据"来分析和检验的。我们认为,这个判据就应当是我们前面一再谈到过的 C 判据,特别是其中的 (C_1) 和 (C_2),因为 (C_1) 和 (C_2) 的检验是最为基础、最为重要和最为本质的。不仅如此,这种检验还带来一个明显的好处,就是可以用几乎不借助于数学表象的办法,抓住问题的实质,从而避免了那种从数学表象到数学表象的常常是切不中要害的数学游戏式的讨论。

现在,就让我们以物质观为切入点和主线条作适当展开,具体地分析一下牛顿力学是不是满足 C 判据的严格要求,并由此验证它是否具有伟大的意义。

一、牛顿力学对"物质概念由哪些基本单元组成"这一问题的回答是基本正确的

所谓物质观,按字面上的意思就是如何看待物质,或者说就是对"什么是物质"这个问题的回答。而要弄清楚"什么是物质",首先就要搞清楚"物质"这个概念是由哪些"基本单元"组成的。在牛顿力学产生以前,物理学中还没有任何一个理论对这一问题做出较全面系统的回答。牛顿力学基本完成了这一任务,用物理学理论的语言回答了"物质概念是由哪些基本单元组成的"这个问题。

前面说过,牛顿力学为物理学建立起了较为完整的基元性概念体系:整个牛顿力学体系是以(3-6)式的基元性概念为基础的。除(3-6)式列举的这四个基元性概念之外,迄今为止我们似乎还没有发现过其他任何新的基元性概念。所谓"基元性概念",实际上也就是说明物质基本属性的概念。而(3-6)式中的这四个基元性概念说明了物

质的基本属性——质量（m）和电荷（Q）代表了物质的"特征属性"，时间和空间（$\vec{r}$，t）代表了物质的"时空属性"。并且，由于物质的特征属性和时空属性是不可分的——以特征属性为标记的物质系统既占据着空间又在空间中运动，而运动是需要时间的——所以，当在牛顿力学的框架中谈论物质这个概念时，我们就不能将其特征属性与时空属性分离开来。这也就是说，物质是由其"特征属性"和"时空属性"共同组成的一个有机复合体——这就是牛顿力学对"物质概念是由哪些基本单元组成的"这个问题的回答。

正因为是这样看待"物质"这个最基本的概念的，所以在牛顿力学中物体的空间位矢 $\vec{r}$ 以及它的速度 $\vec{v}$ 都不是最本质的量，而动量 $\vec{p}=m\vec{v}=m\dfrac{d\vec{r}}{dt}$，角动量 $\vec{J}=\vec{r}\times\vec{p}=\vec{r}\times m\dfrac{d\vec{r}}{dt}$，动能 $T=\dfrac{1}{2}m\vec{v}^{2}=\dfrac{1}{2m}\vec{p}^{2}=\dfrac{1}{2}m\left(\dfrac{d\vec{r}}{dt}\right)^{2}$，机械能 $E=T+V(\vec{r})$（$V(\vec{r})$ 为势能）等量才是更本质的量。为什么它们是"更本质的量"？就是因为这些量是由组成物质概念的"特征属性"和"时空属性"所共同构成的量〔例如动量 $\vec{p}=m\dfrac{d\vec{r}}{dt}$，就是由反映物质特征属性的量（质量 m）和反映物质时空属性的量（空间 $\vec{r}$ 和时间 t）共同构成的〕，因而才全面、准确地反映了"物质的属性"，所以它们才是更本质的"物质性的量"。

在牛顿力学中，对物体运动的具体描述也反映了上述观点。例如，当作用力 $\vec{F}$ 已知时，要用多少个量才能对一个物体的质心运动作完整的描述呢？比如将某物体在某点 $\vec{r}=(x,y,z)$ 处以速度 $\vec{v}=(v_{x},v_{y},v_{z})$ 抛出，则其运动轨迹就是一条抛物线。我们都知道，在重力 $\vec{F}=m\vec{g}$ 已知的条件下，只有上述 6 个量 $\{\vec{r};\vec{v}\}=\{(x,y,z);(v_{x},v_{y},v_{z})\}$ 同时知道，我们才能"完整"地了解该抛物体的运动。这就是说，要完整地描述质心这个质点的运动需要 $\{\vec{r};\vec{v}\}$ 这 6 个独立的量。所以这 6 个量又被称为质点的"动力学量"（故质点的动力学自由度数 $f=6$）。这 6 个量可由下述方程描述（当 m 不随时间变化时）

$$\dot{\vec{r}}=\vec{v} \tag{3-21}$$

$$\dot{\vec{v}}=\frac{\vec{F}}{m} \tag{3-22}$$

但由于 $\vec{r}$、$\vec{v}$ 不是本质性的量，本质性的量应是"物质性的"，所以物理学中常常取彼此独立的 6 个"物质性的动力学量"及相应的方程来描述质点的运动。例如，这 6 个量可以选为 $\{\vec{p};\vec{J}\}$。但因 $\vec{p}$ 垂直于 $\vec{J}$，根据上章附（a_{23}），两者的标积应为零

$$\vec{p} \cdot \vec{J} = \vec{p} \cdot (\vec{r} \times \vec{p}) = 0 \qquad\qquad (3-23)$$

由于 $\vec{p}$、$\vec{J}$ 之间满足（3-23）式的约束条件，表明这 6 个量中只有 5 个是彼此独立的。为此，还必须再补加一个标量，人们常常选取 T。这样，由 $\{\vec{p}; \vec{J}; T\}$ 这组物质性量（共 7 个，但彼此独立的只有 6 个）即可对质点的运动做更本质而完整的描述。相应地，它们分别满足

动量定理：

$$\frac{d\vec{p}}{dt} = \vec{F} \qquad\qquad (3-24)$$

角动量定理：

$$\frac{d\vec{J}}{dt} = \vec{L} \qquad\qquad (3-25)$$

动能定理：

$$\frac{dT}{dt} = w \qquad\qquad (3-26)$$

其中，$\vec{L} = \vec{r} \times \vec{F}$ 为外力矩，$w = \vec{F} \cdot \vec{r}$ 为功率。若外力 $\vec{F}$ 是稳定的保守力，则可以引入一个稳定的势函数 $V(\vec{r})$，它由下式来定义

$$\vec{F} = -\nabla V(\vec{r}) \qquad\qquad (3-27)$$

（3-27）式代入（3-26）式，则得机械能守恒定律：

$$E = T + V = \frac{1}{2}mv^2 + V(\vec{r}) = 常量 \qquad\qquad (3-28)$$

其中 $E = T + V$ 称为质点的机械能。

为什么在经典力学的教科书中都要讲动量定理、角动量定理和动能定理？就是因为 $\{\vec{p}; \vec{J}; T\}$ 这组量才是更本质的物质性的动力学变量。

由上面的讨论我们看到，在牛顿力学中，通过物质性基元性概念（3-6）式的引入，指出了物质是由其"特征属性"和"时空属性"共同构成的有机复合体，并在理论的描述中，根据上述的物质概念定义了相应的物质性的动力学变量，给出了这些量的运动规律［即（3-24）、（3-25）、（3-26）］。所以，仅就"物质概念由哪些基本单元组成"这个问题而言，牛顿力学已经从上述的几个层面给出了比较完善的回答。

二、牛顿力学对"物质以什么样的基本形态存在"这一问题的回答也是正确的

正如我们前面说过的，牛顿力学以模型的语言明确地回答了"物质存在方式"这个问题：粒子（即系统）是物质存在方式的基本形态。数学、物理上则表示为前面谈到的

系统模型，以及作为系统运动代表点的质心定义。

牛顿坚信自然界是简单的，复杂性不过是简单性的外在表现。在他的力学中，就通过"粒子模型"将千姿百态的具体物质存在方式的共性找了出来，发现了背后的简单性：宇宙间的一切都以"系统"的方式存在。这种简单性反过来又表明了物质存在方式的统一性——系统（粒子）是物质存在方式的最基本形态，物体的运动即是系统的运动，并且可以用系统质心这个几何点作为物体运动的代表点，用动量 $\vec{p} = m\vec{v}$ 这个物质性量来描述系统及其质心的运动。

这个回答的正确性已由它所提供的物理图像的真实性所证明——从目前人们所认为的最小微观系统（例如，作为系统的基本粒子，是由夸克子系统组成的）直到最大的宇宙系统（它由星系子系统组成）的存在被广泛证实，就充分表明了作为牛顿力学基础的系统模型是一个覆盖宇宙各层次物质系统的正确模型，证明了粒子（即系统）是物质存在方式的最基本形态，证明了系统（粒子）模型是一个覆盖宇宙各层次的普适的模型，真正反映了所有物质的"结构的共性"。

由此可见，从物质存在基本形态的角度来回答什么是物质这个问题时，牛顿力学的上述物质观和相应的物理图像也是比较完善和正确的。

事实上，自从人类产生，就开始了对这一问题的探究。在古希腊，哲学家留基伯和德谟克利特等人对世界本源的认识，从存在方式的角度讲，就是离散的"原子论"。在他们看来，万物都是由最小的、不能再分的微粒——原子组成的，原子之间的空隙里则一无所有，一片虚空。这样，万物之始就来自于原子和虚空，而原子是在虚空中运动着的。牛顿是原子论的热心继承者。从物质的存在方式讲，他继承了原子论的"离散"的概念，用粒子（即系统）存在区域的非全域弥散的定域性准确表达了这种"离散"性，以"系统"作为物质存在的方式建立起了一个统一的模型，从而将本源性与特殊性统一于普适性之中。而"虚空"则被转化为牛顿的绝对空间概念，并在"虚空"之上建立起了描述物体存在及运动的一个绝对的参考背景——绝对静止参考系（即 SR 系。但事实上牛顿力学中所使用的并不是真正意义上的 SR 系，后面我们对此还将进行详细的分析）。SR 系是科学自然主义的根基：物体的"运动"是相对于参考背景的"静止"而言的，物体作为物质性的"实在"是相对于非物质性的"虚空"而言的，一切物质性的"有"是相对于虚空这个非物质性的"无"而言的。建筑在以非物质的"空"为参考背景下的牛顿力学，使一切物质性的"有"、即使得一切运动以及对运动规律的认识均相对于 SR 系这个唯一的参考背景发生，人的"主观介入"被完全排除在外，从而才保证了对运动及其规律认识的客观性。这可以说是牛顿系统（粒子）模型的更深层次的重大意义。

在这里我们清楚地看到，对物质存在方式的认识和模型抽象是物理学中最基础的工作，它起着支配性的作用。这是因为，抽象出的物质存在方式所具有的全宇宙的普适性，为追寻普适的和统一的基本自然规律提供了基本前提条件。也正因为如此，就使得"到底粒子是物质存在的基本形态还是连续性的场是物质存在的基本形态"这一问题的讨论，成为一个关系到物理学全局的真正基础性的最重大的问题。而粒子是物质存在最基本形态观点的被证实，本身就表明：在21世纪，牛顿力学将获得新形式下的再生并显示出其巨大威力。

三、牛顿力学基本正确地回答了"以系统方式组成的物质性宇宙为什么会运动、变化？其运动变化遵从什么样的规律？"这个问题

如前所述，牛顿力学发现了以（3-18）式和（3-19）式为表示的牛顿第二定律，从而解释了宇宙间一切物质运动变化的原因，说明了以系统方式存在的物质的运动、变化遵循的基本自然规律。这个规律是一个客观存在的统一的基本自然规律，这一规律的正确性也已经被人类的实践所广泛证明（至于牛顿第二定律中存在的问题，我们后面还要进行分析，在此暂时存而不论）。

事实上，在牛顿原理的表述——"外力是改变物体（即系统）运动状态的原因"——中，既然并未指明所谓的"外力"是何种特殊的外力，也未指明"系统"是何种特殊的系统，则这一原理必然就是适合一切外力和一切系统的统一的规律。也就是说，正因为它抹去了具体的特殊性和外在的纷繁性，才达到了普适的一般性和内在的本源性；然后又可以由特殊系统所受的特殊力去研究众多的具体系统，去再现特殊性、纷繁性，以及由这些特殊性、纷繁性带来的所谓的复杂性、多样性、易变性等，由此去描述那五彩缤纷的世界。这就充分表明，牛顿原理是一个统一的基本自然规律。

这一原理同样也可以用于解释物质结构的变化。我们知道，若一个系统内的子系统"不跑出"该系统，我们就说该系统是"稳定的"；若有子系统"跑出"了该系统，于是该系统蜕变成一个较原系统简单的新系统，我们称这样的转化过程为"退化"；反之则称为"进化"。也就是说，系统是否稳定，是以是否有子系统"跑进"或"跑出"该系统为标志的。但"跑进"和"跑出"是与"运动状态的变化"相联系的。所以，只要我们找到"作用力"与"运动状态变化"之间的关系，系统的运动以及稳定性、进化、退

化等貌似"千奇百怪"的种种自然现象，就都可以纳入到一个统一的自然规律之中来认识。这个自然规律，在牛顿的认识论中，便是牛顿原理。

另一方面，在牛顿力学中，质心被看做"客观存在"的物体的运动的"代表点"，牛顿原理研究的就是这个"代表点"的运动。而质心是"唯一"的和"存在"的。所以，也可以说牛顿原理就是以"客观存在"为研究对象的。与之相应地，牛顿运动定律就是建筑在"基本自然规律是客观存在的"这样的认识论之上的思想结晶。这样，牛顿力学作为现代科学的"原点"，从一开始就为现代科学确立了科学自然主义这个正确而坚定的立场。

再者，牛顿原理的发现表明基本自然规律是可以被认知的。我们上面说过，牛顿力学是以质心作为代表点来研究物体的运动的。但由于质心位矢（即位置矢量）在数学上是严格的连续函数，故质心运动方程可以被安置在连续的微分方程的数学框架中，从而表现为决定论性的规律——而正是决定论（即内在的必然性）才从根本上保障了基本自然规律能够被认知——它在科学上树立起了一面旗帜：科学的真正价值就在于透过纷繁的偶然性的外在表象揭示其内在的必然，若偶然性的背后仍是偶然性的话，科学将无立锥之地。

最后，牛顿原理的正确性是可以被检验的。因为既然质心及质心的运动是"客观存在"的，当然在一定的意义和条件下就是可以观测的，也就是可以被实验检验的。但我们应注意到，质心只是一个抽象的几何点，并且不可以与其所代表的系统相分离；所以，质心位矢 $\vec{r}$ 和动量 $\vec{p}$，无论是在宏观还是在微观，是单独还是同时，均是不可能被精确测量的。因为质心实际上只是一个虚空的、非物质性的"几何点"，所以对其测量的精确性只能存在于理论的描述之中。但是，只要理论的预言落在实验测量误差的适当范围内，即可以认为理论被检验为正确。在上述的意义上，牛顿力学不仅被广泛证明是成功的，且实验检验是在同一理论的框架中完成的。这既是理论内在自洽性的要求，也是源自基本规律统一性的内在必然性。

科学和科学家的最高目的和心愿，莫过于撩开宇宙那变幻莫测的神秘面纱，与自然作真诚的对话，通过深切感知宇宙心律的脉动，找到那支配宇宙万事万物的至高无上的"理"。也就是说，他们以（C_4）为既定目标——企图找到那被称之为"上帝指令"的"基本自然规律"。但如何才能找到？爱因斯坦说：我想知道上帝是如何创造这个世界的。对于这个或那个现象，这个或那个元素的谱我并不感兴趣，我想知道的是它的思想，其他的都是细节。他用这段话概括了他所追求的目标和他为达到目标所采用的方法。这一方法就是从特殊性中找到一般性，从纷繁中找到内在的规律，由规律揭示出"理"——自然界的"思想"，并用人类的语言把它表达出来。这实际上也就是认识论。牛顿力学体系的建立，作为寻找那支配宇宙万事万物的至高无上的"理"——基本的自然规律的伟大征程中极其重要的一步，通过建立具体的物理学理论，推动了人类物质观和认识论的重大变革，这就是它的伟大意义之根本所在。

综上所述，以物质观为切入点和主线条，对牛顿力学在 C 判据面前的表现进行的较详尽的分析讨论，表明牛顿力学可以较好地、全面地经受住 C 判据［从（C_1）到（C_5）］的检验。所以，我们说它是一个基本正确的理论，一个好的理论，一个美的理论。

第 3 节　牛顿力学遗留的问题

一、牛顿力学遗留的主要问题

上面我们叙述了牛顿力学体系的基本内容，并论述了它的伟大意义——正是它所带来的一系列的新知识，推动了人类物质观和认识论的重大变革，丰富和深化了人类对自然的认知，并发挥着指导人类实践的巨大作用。然而，牛顿力学同样也留下了许多未解之谜，为牛顿以后的人们的科学探索留出了巨大的空间。这主要涉及对一些基本问题的认识，例如质量是什么，电荷是什么，时空是什么，等等。具体说来，主要有以下四个方面。

（一）质量是什么？

（3－1）式是用来描述物体运动的，与物体的"惯性"有关，因而其中的 m 被称作"惯性质量"；而（3－4）式是用来描述引力的，因而其中的 m 被称作"引力质量"。然而，"惯性质量"和"引力质量"是同一回事吗？它们在数值上是不是相等的？再深入一步，所谓"质量"究竟是什么？它们是怎么产生的？这一问题牛顿力学并没有回答。

（二）如何定义惯性参考系？

我们知道，牛顿定律是在惯性参考系中成立的。对于惯性参考系究竟是什么，在牛顿力学的框架中是这样问答的。

问："惯性参考系"是什么？　　　　　　　　　　　　　　　　　　　（A）

答：牛顿定律［即（3－1）式或（3－3 式)］成立的参考系叫惯性参考系。在此参考系中，若没有作用力作用在物体上（即 $\vec{F}=0$），则该物体将做匀速直线运动（即 $\vec{v}=$ 常矢量）。借此我们可以把惯性参考系同其他参考系区分开来。　　　　　（B）

问：那所谓的"没有作用力作用在物体上"是什么意思呢？　　　　（C）

答：这就是说物体在惯性参考系中作匀速直线运动。　　　　　　（D）

在（D）中，又用"惯性参考系"作为前提条件来回答问题（C），于是人们只得又返回去再提出（A）的问题。这表明牛顿力学事实上是用一种逻辑循环的表述方式定义惯性参考系的。正是因为上述原因，爱因斯坦认为牛顿力学并没有给惯性参考系以严格的定义，因而使牛顿力学犹如建筑在沙滩之上一样。所以爱因斯坦（特别是在早期受马赫相对主义思想的影响较大时）一直企图将惯性参考系这个"鬼魂"赶出物理学（这也是他其后建立相对论的思想基础之一）。

（三）人们常说牛顿力学是机械唯物论的，这是为什么？其根源又何在？

（四）力场是什么？

我们知道，（3-4）式、（3-5）式所表述的引力和电磁力是一种瞬时传递的超距作用。例如，将（3-4）式同（3-15）式相结合，在 m 不变的情况下就有

$$\frac{d\vec{p}(t)}{dt} = m\frac{d^2\vec{r}(t)}{dt^2} = -G\frac{m_1 m_2}{r^3(t)}\vec{r}(t) \qquad (3-29)$$

从方程（3-29）可见，大质量 m_1（近似地认为，m_1 位于惯性参考系原点）t 时刻施予 m_2 的作用力 $-Gm_1m_2\frac{\vec{r}(t)}{r^3(t)}$，是"瞬时"地传到了 m_2 之上产生动量改变的。这种"瞬时"可以看成是一种不通过"介质"的"超距作用"。当然，这在（C_1）、（C_2）的检验下是通不过的。为什么如此呢？力场真的是可以不通过"介质"来做"瞬时"和"超距"传递的吗？进一步说，力场又是什么？其物质性基础何在？这些问题牛顿力学都没有给出明确的回答。

当然，人们还可以对牛顿力学提出更多的问题，但以上的4个问题是最基本的问题。

二、牛顿力学所遗留问题的核心是力场未予定义

我们以下的分析将说明，在牛顿力学所遗留的4个主要问题中，问题（四）是核心。也就是说，所有其他问题都是由于这个问题未解决，即对力场 $\vec{F}$ 未给出定义才派生出来的。

例如，在 $\vec{a}$ 已给出定义的前提下，由于未定义 $\vec{F}$，所以就产生了问题（一），即由 $m = F/a$ 去问质量是什么，根本就无法说得清楚。

现在再来看一看惯性系的问题。

上面我们已看到，牛顿对惯性参考系的定义是与牛顿原理在惯性系中成立相互依存

的——即惯性参考系是通过牛顿原理（3 − 1）式或（3 − 3）式的一种特殊的情况（$\vec{F} = 0$，$\vec{v} =$ 常矢量）来加以定义的。我们可以形象地将它们的关系表示为图 3 − 2。图中的虚线框表示的是牛顿定律的这种特殊情况（$\vec{F} = 0$ 与 $\vec{v} =$ 常矢量），实线表示惯性系

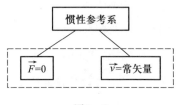

图 3 − 2

同它之间的依存关系。图 3 − 2 表明，若 $\vec{F} = 0$ 与 $\vec{v} =$ 常矢量能同时成立，并且力和速度均给出了定义，则该参考系即能被严格地定义为惯性参考系。而我们知道，一个参考系选定之后，速度 $\vec{v} = \dot{\vec{r}}$ 可以单独定义，于是 $\vec{v} =$ 常矢量的状态也就可以定义了。但是，作用力是什么？这个问题牛顿和他的力学体系并没有回答，或者说没有给予定义［即牛顿力学只是以（3 − 20）式中的（a）、（b）两种方式来认识和应用"力"这一概念的］。所以，当人们问"没有作用力作用在物体上"是什么意思的时候，这本应用力的定义来加以回答的问题，却因为力还没有给予定义，只好"车轱辘话来回说"，回答为"所谓没有作用力作用在物体上，就是说物体在惯性系中做匀速直线运动"，由此形成了循环方式的定义。由此可见，为了把惯性系的含义弄清楚，也必须先把力的含义弄清楚。

下面来谈问题（三）。

上面我们说过，通过（3 − 20）式（a）和（b）的运用，就基本力场而言，人们发现了以"质荷"m 为源和以"电荷"Q 为源的万有引力和静电力（3 − 4）式和（3 − 5）式。由（3 − 4）式和（3 − 5）式可见，力场仅是 $\vec{r}$ 的函数，故而可以将牛顿方程抽象地统一写为

$$\frac{d\vec{p}(t)}{dt} = \frac{d[m\vec{v}(t)]}{dt} = \vec{F}(\vec{r}) = -\nabla V(\vec{r}) \tag{3 − 30}$$

其中 $V(\vec{r})$ 称为"势场"函数。

我们说牛顿是机械唯物论的，是因为在牛顿力学中，物质的运动仅受刻板的外力场的规定。由（3 − 30）可见，一旦初条件给定，在外力场 $\vec{F}(\vec{r}) = -\nabla V(\vec{r})$ 给定的情况下，物体的运动状态 $\vec{v}(t)$ 就将被唯一地和僵死地决定，丝毫无"主动性"的余地——因力场 $\vec{F}(\vec{r})$ 中无反映"主动性"的运动状态变量 $\vec{v}(t)$ 进来。由

$$m\vec{v}(t + \Delta t) = m\vec{v}(t = 0) + \int_0^{t + \Delta t} \vec{F}(\vec{r}) dt \tag{3 − 31}$$

可见，由于 $\vec{F}(\vec{r})$ 的自变量中并不包含 $\vec{v}(t)$，则 $\vec{v}(t)$ 就不是影响其后的运动状态 $\vec{v}(t + \Delta t)$ 的原因。亦即是说，它表达的是现在的运动行为［即 $\vec{v}(t)$］与将来的运动行为［即 $\vec{v}(t + \Delta t)$］不在同一"因果链"之中，那么哪里还会有什么"主动性"

呢？——因为我现在的行为不是将来行为的原因，故而我现在的行为不必为将来的行为负责。这显然是荒谬的。因若是这样的话，在社会学问题之中，我们对罪犯是不能定罪的，要审判的话，也只能去审判最终的原因："上帝"——因为是上帝创世"造就"了人类。

另一方面，主动性的问题又和意识、精神有关。但我们讲意识，讲精神，若追到根上就是在讲"信息"。如果信息的动力学机制不在我们的生命之中起作用，哪里会有思想、意识和精神可言呢？如果物种不能接受、储存、处理和利用信息，生命体又怎么可能"趋利避害"、"适者生存"而进化呢？但是在牛顿的力 $\vec{F}(\vec{r})$ 中却没有"精神"的根——与信息有关的动力学机制。

总之，在牛顿的反映物质运动变化的原因的量——"力"之中根本找不到 $\vec{v}(t)$ 和信息的影子，那么人们称其为机械唯物论的，就毫不奇怪了。

若要改变这种状态，则应对力 $\vec{F}$ 进行修改。如果记信息量为 H_I，将 $\vec{F}$ 按下式拓展

$$\vec{F} \rightarrow \vec{F}(\vec{r}) + \vec{F}^{(s)}(\vec{r}, \vec{v}, H_I) \tag{3-32}$$

于是有

$$\frac{d\vec{p}}{dt} = \lim_{\Delta t \to 0} \frac{m\vec{v}(t+\Delta t) - m\vec{v}(t)}{\Delta t} = \vec{F}(\vec{r}) + \vec{F}^{(s)}(\vec{r}, \vec{v}(t), H_I) \tag{3-33}$$

在（3-33）式中，t 时刻的运动状态 $\vec{v}(t)$ 和信息 H_I 蕴含于 $\vec{F}^{(s)}(\vec{r}, \vec{v}(t), H_I)$ 的自变量之中，表示 $\vec{v}(t)$ 和 H_I 是影响其后的运动状态 $\vec{v}(t+\Delta t)$ 的原因——于是，克服牛顿机械唯物论所必需的"主动性"以及"信息的动力学机制"即被表达了出来。

事实上很清楚，物理学要想解开思想、意识、精神、生命、进化等的谜，与信息 H_I 有关的动力学机制就必须进入物理学本源性基本自然规律的方程之中。这就是为什么（3-32）式中一定要有信息量 H_I 的原因。而且，布里渊（L. Brillouin）已经论证[1]，热力学的玻耳兹曼几率熵与申农信息论中的信息熵是等价的。维纳则认识到量子力学建立了能量与信息的新联系。这就表明，信息 H_I 是可以进入物理学的基本方程之中的，并且要探讨信息的问题需从量子层次找答案。而另一方面，量子层次展开的最重要和最基本的现象是生命的产生（组成生命物质的大分子以及 DNA 的自复制涌现于量子水平）。这一切事实上表明，如果我们能找到（3-32）式中的力，则（3-33）式就可以完成经典牛顿力学、热力学和量子力学的统一，且随此统一必将打开物理学通向生命科学的通道。但为什么物理学目前做不到这一点呢？因为从一开始牛顿就没有回答力场是什么的问题。

---

[1] L. Brillouin, J. *Applied Phys.*, V. 22, No. 3, 1951.

由以上论述可见，牛顿力学的机械唯物论不能面对生命科学挑战的根源，仍是"力"的问题。

综合上面的分析可以看出，所有的问题都归结到一点：当力是什么都没有弄清楚时，以"外力是改变物体运动状态的原因"为表述的牛顿原理又怎么可以称得上是清晰和完善的呢？所以，要解开牛顿力学体系留下的谜团，其"钥匙"就是回答力场是什么；抓住"力场"这一概念的回答这个"牛鼻子"，才能将牛顿力学体系不完善性的根本原因弄清楚。与之相应地，由这一不完善性所带来的牛顿经典力学所面临的挑战、其后科学发展的必然性以及克服牛顿体系不完善性的途径等问题，也才能找到根本性的答案，从而也就能够使我们更好地把握科学前进脚步的正确方向。

第4节　牛顿力学的进一步剖析及给我们的启示

综上所述，我们认为，牛顿力学作为一次伟大的科学综合，在对物质及其运动规律进行认识的过程中，已经提取了基本正确的思想作为我们继续前进的认识论基础；但是，它同时也遗留了许多未解决的问题（而其中力场问题的回答是核心），从而为我们留下了可供进一步探索的巨大空间。正是在这样的意义上，我们说牛顿力学为科学、特别是为物理学提供了前进的坚实基础和进一步发展的"出发点"。

实际上，在物理学探索宇宙奥秘的征程中，我们所建立的理论，哪怕是像牛顿原理这样的可以被称为自然规律的理论，也只具有相对的完善性而不可能具有绝对的完善性。现代数理逻辑的公理学分支（研究公理方法或公理系统）的哥德尔（Godel）定理证明：对于最严格完善的形式算术系统，如果它是无矛盾的（即是一种内在自洽的自封闭系），那么它一定是不完全的（即是不完善的）；也就是说，一定可以构造一个命题，在这个系统中无法证明其是否正确。只有适当扩充原有理论才可以做到这一点。但这又必然会产生新的不可判命题。或者，我们可以用更简要的方式来理解哥德尔的命题：如果是完善的，就不应是封闭的；若是封闭的，就不会是完善的。

哥德尔定理在认识论方面给人的启示是积极的，而不是消极的。它只是宣告人的认识层次的无限性：任何一个层次上的认识都不可能穷尽人类的全部认识。它揭示了形式系统这种最严格最漂亮的理论体系的局限性，从而进一步揭示了人类认识过程的无限性。

我们知道，人类的认识是一条无限的长河，任何一个时代的任何一批人或一个人，都只是这条长河中的一滴水。他的成功或失败，都是人类认知过程的一环。所以，对待任何再伟大的人物和他伟大的理论，我们都应持一种正常的心态：应当给予肯定，甚至我们可以去崇拜；但是，这种肯定不是将其绝对化，这种崇拜（或更确切地讲是敬仰）不应是盲目崇拜。这样，我们才有可能在正确的心态指引下，去从事我们自己的事业，去走我们自己应该走的路。

哥德尔命题也可以用通俗的话说成是：当我们用人类创造的语言去映射物质性宇宙时，所获得的最多只能是一种"准同构"的映射；或者说我们对自然的认识是不能达到完全透明的，总具有朦胧的意味。当然，不完善和朦胧也是一种"美"，它是一种所谓的"残缺美"——就像"美人"们的"犹抱琵琶半遮面"一样。笼罩在层层面纱之下的物质性的宇宙自然规律，既可以被认知，又不可能完全被认知，这层层面纱笼罩下的迷幻，更增添了它神奇的美。又比如残缺的维纳斯雕像，恰恰因其残缺才会激发出人们的无限想象力和对美进行深入探索的浓厚兴趣，才使它对我们的吸引力永不消退。所以，一个理论的"美"，不仅在于该理论让我们窥探到大自然的真谛，也表现于该理论的不完善的"残缺美"之中——它为后继者留足了可供探索的广阔空间。

经典牛顿力学正是这样一种好的理论，美的理论。现在，就让我们来剖析牛顿力学这种包括其"不完善"在内的"美"，并希望能通过这一剖析获得有益的启示，以从中找到进一步前进的方向。

一、"力"的实质和物质性背景空间的存在

我们知道，牛顿力学并没有给"力"以明确的定义，但它可以用如下的相互关系的方式对力进行理解：

$$\begin{cases} \dfrac{d\vec{p}}{dt} = \vec{F} & \rightarrow \text{动量的改变产生力} \qquad (3-34a) \\ & \leftarrow \text{力产生动量的改变} \qquad (3-34b) \end{cases}$$

由（3-34a）式可见，力来自于粒子动量的改变。然而，相互作用只能发生在物质间，而粒子又是物质存在的最基本形态，故力只能通过粒子之间的直接碰撞生成——这一点我们在孩提时代从打弹子的游戏中就已经体会到了。然而，两个非直接接触的物体——例如太阳和地球——之间的力或者说相互作用又是怎样发生的呢？

如果我们把太阳和地球分别标记为1和2，并把（3-34a）和（3-34b）两式结合起来，则有如下的理解

$$\begin{array}{ccc} (3-34b) & (3-34a) \\[4pt] \dfrac{d\vec{p_1}}{dt}\begin{smallmatrix}\leftarrow\\\rightarrow\end{smallmatrix} & \begin{array}{c}(\vec{F})\\ \text{中介}\end{array}\begin{smallmatrix}\leftarrow\\\rightarrow\end{smallmatrix} & \dfrac{d\vec{p_2}}{dt} \qquad (3-35) \\[4pt] (3-34a) & (3-34b) \end{array}$$

可见，作为物质性量的 1、2 两粒子的动量的改变，是通过力场这个"中介"来相互传递的。然而，根据物质不灭定律，要能够传递 1、2 两粒子的"动量的改变"这个物质性的量，作为"中介"的"场"自身也必须是物质性的。但在严格的意义上，粒子又是物质存在的最基本形态。那么，如果坚持彻底的一元论观点的话，我们就必须认为作为中介的"场"这种物质，也是以粒子［场粒子（Field particle）］作为其基本存在方式的。也就是说，我们所剩下的唯一选择只能是："场也是粒子（场粒子）的集合体"。

当然，作为传递实物粒子［Material particle，简称为"粒子"；通常人们又将其称为"物体"（Body）］之间相互作用的中介的"场"，实际上也就是物体（粒子）借以存在和发生相互作用的"环境"。这个"环境"（即人们所说的"场"），作为传递物质与物质之间相互作用的"中介"，自身又是"场粒子的集合体"，它当然也就是物质性的。因而，我们就可以将其称之为"物质性背景空间"（Material background space，简称MBS[①]）。两粒子就是通过与组成 MBS 的"场粒子"的碰撞来发生相互作用的。这一结论对于两粒子之间的无论是直接接触还是非直接接触情况下的相互作用都是普遍适用的。

由此我们得出如下结论：

在宇宙间存在一个非空的物质性背景空间。 (F_1)

下面再来仔细地分析一下两粒子之间的相互作用。对两个刚性的质点（质量分别为 m_1 和 m_2）而言，无内部自由度的激发，在碰撞时有

$$\frac{d\vec{p}_1}{dt} = -\frac{d\vec{p}_2}{dt} \qquad (3-36)$$

（3-36）式表明"一个粒子动量的增加是以另一个粒子的动量的减少作为代价的"，或者也可说成是"粒子之间动量的相互交换，是改变粒子彼此运动状态的原因"。

按照这样的理解，结合我们上面谈到的"两粒子是通过与组成 MBS 的'场粒子'的碰撞来发生相互作用的"观点，牛顿力学中所使用的"力"的概念的实质就可以搞清楚了。事实上，按照上述观点，牛顿第二定律就应当作如下的理解：

$$\frac{d\vec{p}}{dt}\left[= \vec{F}_t \right] = -\sum_\nu \frac{d\vec{p}_\nu^{(s)}}{dt} \qquad (3-37)$$

在（3-37）式中，我们将原来的牛顿的力场 $\vec{F}$ 改换成"总的力" $\vec{F}_t$ 以表示对牛顿力场的既相联系又相区别的一种关系（即 $\vec{F}_t$ 是和 $\vec{F}$ 有关但不完全等同的力，在本书的后续

---

① Cao Wenqiang, On The Materialistic Basis of Wave-Particle Duality and Nonlinear Description of Motion of Particle, *Chinese Academic Forum*, 3（2005）53.

部分对此还要进行详细的论述），且用方括号括起来并代换为右边的式子。$\vec{p}_\nu^{(s)}$ 是 MBS 中的场粒子的动量。$\sum\limits_\nu$ 表示的是众多场粒子贡献的求和。

（3－37）表明，原来牛顿所谓的"力"和"力场"之类的概念，不过是 MBS 场粒子碰撞作用的一种等效性的表示方法。这样，牛顿的所谓的"力"的实质就通过（3－37）式被揭示了出来。当然，在力场的实质被揭示之后，我们仍然还可以使用原来的牛顿第二定律，但此时力的概念已被定义为

$$\vec{F}_t = -\sum_\nu \frac{d\vec{p}_\nu^{(s)}}{dt} \qquad (3-38)$$

于是我们有结论：

牛顿力学中所说的"力"，其实只是 MBS 场粒子碰撞作用的一种等效性的表示方法；也可以说，牛顿力学中所说的"力"，只是其对物质性背景空间的一种理论上的"提取"。

$$(F_2)$$

二、组成宇宙的最基本单元

上面说过，牛顿力学认为宇宙物质的基本存在方式是"系统（即粒子）"，而系统则是由"子系统"组成的，这表明牛顿力学已经明确提出了"物质可分"的观念。但物质的分解方式又是如何的呢？

事实上，对物质分解方式的认识，一直存在以下两种观点：

一种观点认为，物质是无限可分的。海森堡和中国古代的庄子都持这种观点。这种观点的逻辑基础，写成数学式子就是

$$1 = \frac{1}{2} + \frac{1}{4} + \frac{1}{8} + \frac{1}{16} + \cdots = \frac{1}{2^1} + \frac{1}{2^2} + \frac{1}{2^3} + \frac{1}{2^4} + \cdots = \sum_{n=1}^{\infty} \frac{1}{2^n} \qquad (3-39)$$

即一个无穷级数。可见，海森堡和庄子的无限可分观是建立在机械的几何划分和数学上的无穷级数的概念之上的。也就是说，因为上述式子在数学上是成立的，所以"物质无限可分"的命题便是成立的。

但上述观点忽视了一个根本性的问题：数学只是我们用以认识物质世界的语言工具，若它对物质世界的映射是"同构"的，则数学表象才可称之为忠实表象，相应的数学结论才可称之为对物质世界的正确认识；若它对物质世界的映射不是同构的，则数学表象便不能代表真实的物质世界。因此，绝不能用本末倒置的思维方式——即用客观物质世界这个"足"去适我们主观建立起来的数学表象这个"履"的方法——去认识世界，

否则就会闹出笑话。而上述"物质无限可分"的观点恰恰就是这种本末倒置的"削足适履"式思维方式的产物，所以它是不可信的。

另一种观点认为，物质是有限可分的，古希腊哲学家留基伯和德谟克利特就认为万物都是由最小的、不能再分的微粒——原子组成的，原子之间的空隙里一无所有，一片虚空。这样，万物的基始就是原子和虚空，原子是在虚空中运动着的。这里所谓的"原子"，显然不应理解为目前物质层次上的原子，而应理解为组成万物基始的"最基本的粒子"（因在希腊文中"原子"的意思是"不可分的"）。建立在"粒子论"基础之上的牛顿力学，无疑是继承了古希腊哲学家留基伯和德谟克利特所提出的原子论思想，并运用物理学的语言将系统准确地表述为如前面所说的"粒子模型"，还十分巧妙地抽象出了质心这个"质点"作为系统运动的代表点，而且把运动状态改变的原因归结为"外力"；但在对力场的认识上却没有体会到它应来自上述的"最基本的粒子"。

我们认为，这种认为万物的基始就是原子和虚空的观点，从逻辑上讲是对的：如果不存在"虚空"，作为粒子的"原子"又怎么可能在空间中存在并运动呢？另外，这种物质有限可分的观点，按现代科学的说法，从能量的角度来看问题，也是易于被证明为正确的：如我们所知的，分子被拆解为原子所需的能量大约为 10^{-3} eV 的量级（1 eV = 1.62×10^{-19} J），原子被拆解为电子和原子核所需的能量大约为 eV 的量级，从原子核中把核子（质子和中子）轰击出来所需要的能量大约为 MeV（1 MeV = 10^6 eV）的量级……越是基本的粒子，被拆解开来所需的能量就越大。如果物质可以无限可分的话，分到后面将其分解开来的能量将会趋于无穷大。这可能吗？

从对牛顿力学的进一步剖析中也可以说明这一问题。质量 m 的物体，t 时刻质心的动量为 $\vec{p} = m\vec{v}$，遵守（3-37）式。但是由于众多子系统所组成的物体的质心只是一个非物质的几何点，它是建筑在"空"之上的，而用（3-38）式表示的力是不能作用于"空"之上的（即 MBS 场粒子是不能与"空"发生碰撞交换动量的改变的）。另一方面，由前面的定义知道，作用在物体质心上的力只是一种等效处理的结果，它事实上是作用在所有的子系统之上的。但是在对子系统及其运动进行描述时，代表点仍是子系统的质心，而它又是一个非物质性的几何点，作用力同样不能作用在该几何点之上；于是，当问（3-38）的力是如何作用于物体之上时，我们就必须不断向再次级的子系统追问下去，由此将形成一个物质系统不断分解下去的序列。如果这个序列是无限的，那么（3-38）式的力就永远加不到该物质系统上去。但事实上力场是加上去了的，并由此引起了物体运动状态的改变（例如地球受万有引力的作用使得地球绕日做椭圆轨道运动），所以序列就必须中断。这个分解到最后的不能再分解下去的粒子，便是一个在很小区域内质量连续分布的粒子。它们是再无子系统的连续体，所以才能在实际上发生碰撞，相互之间的作用才不是建立在以"空"为基础的"质心的相互作用"之上。这种最小的、最基本的粒子，便是组成一切物质的最基本的和最小的单元，我们将它称为"元子"（这是因为在中国文化和古代的哲学之中，视"元"为万事万物之祖、之始的缘故），其英文名字，可以写为 Yuanion。[1] 一切以系统方式存在的物体——基本粒子、核、原子、分子、宏观物体以及物体之间相互作用的场等——退到基始来看，均是由元子组成的。

于是我们得出结论：

存在组成物质性宇宙的最基本的粒子。这种粒子是由在很小范围内的连续物质分布所组成的，是不能再分解的最基本的物质单位，我们将其称为元子（Yuanion）。 （F_3）

"元子"既然是最基本的物质单元，那么，宇宙间的一切物质最终便都是由它所组成的。因而，不仅一切实物粒子从最基础的层次上讲都是由它所组成的，而且作为实物粒子存在的环境或者说作为相互作用的中介的"场"，即物质性背景空间（MBS），也是由它所组成的，正是它以及它的激发模式在传递着粒子与粒子之间的相互作用。于是，宇宙间一切物质系统的运动、系统的稳定性、系统之间的相互联系以及系统的演化（进化和退化）等，就都是靠与 MBS 的元子发生相互作用来实现的。亦即是说，万物之始，万物之基，万物之因，万物之果，均来自于元子的运动和它的聚散，正是它的这双无情的手在主宰着宇宙——它才是真正的"上帝"。

由此便可以得出结论：

物质性背景空间（MBS）是由元子组成的。元子是传递物质系统之间相互作用的最基本的传播子。 （F_4）

三、"基元"的含义

在前面我们曾称"质量"、"电荷"为不可退化的基元性概念。但"基元"又是什么意思呢？当组成宇宙的最基本的单元——元子被揭示出来之后，所谓"基元"的含义就很清楚了。事实上，"基元"就意味着只有退到元子这个最基本的物质单位时，才是真正的不可以再退化的。

由此我们有结论：

---

[1] Cao Wenqiang, "To Overcome the Basic Difficulties of the Statistical Quantum Mechanics", *Chinese Academic Forum*, 6 (2005) 37 –44.

应当用元子所拥有的质量和电荷作为物体（粒子）的质量和电荷的定义的基础和最基本的单位。 （F_5）

于是，作为物质特征属性的电荷和质量的概念，从理论上和最基础的层次上就说清楚了。而且，质荷（即质量）、电荷是力场（如前面所说的引力、静电力）的"源头"，因而力场是否统一，就与质荷、电荷是否统一相联系。此问题放在后面讨论。

然而，理论上的回答与实际上的确定是有距离的。因为元子虽存在却抓不住，所以目前只能做理论上的假设，却无法从实验测量的角度去确定它。正因为如此，质量就可能成为在不同的理论中以不同的方式来理解的一个变动着的概念。但当揭示出了元子既充当着组成物体的基本成分又充当着相互作用的传播者的双重角色之后，我们对质量概念的重新认识和重新定义毕竟有了实在的基础。这样，在经过较长时间的争议之后，随着理论的深入发展，对质量和电荷的定义和共识就是有可能达成的。

四、惯性参考系

牛顿原理是在惯性参考系中才成立的。但前面我们说过，牛顿力学对惯性参考系采用的是循环定义，由此曾使得爱因斯坦企图赶走惯性参考系这个"鬼魂"。因此，有必要对"惯性参考系"的问题进行深入的分析：牛顿力学中所谓的"惯性参考系"究竟是什么？

牛顿力学认为，在惯性参考系中，若物体（即一个粒子）不受力，则它将做匀速直线运动（即$\vec{p}$ = 常矢量）。用牛顿定律的数学关系式表述，即为

$$\left.\begin{array}{l}\dfrac{d\vec{p}}{dt} = \vec{F} = 0 \\ (\vec{p} = 常矢量)\end{array}\right\} \qquad (3-40)$$

现假设 OXYZ 参考系是一个惯性参考系。在这个参考系中，若质量为 m 的粒子不受力，则 $\vec{p}$ = 常矢量，于是该粒子保持匀速直线运动状态

$$\vec{r}(t) = \vec{r}(t=0) + \frac{\vec{p}}{m}t \qquad (3-41)$$

但所谓"不受力"是什么意思呢？

牛顿力学并没有给"力"以明确的定义。但本节中上面的分析表明，力来自于粒子动量的改变；并且由于相互作用或"力"只能发生在物质之间，而粒子是物质存在的最基本形态，故力只能通过粒子之间的直接碰撞的动量交换生成。这样，(3-40) 式的所谓"不受力"的意思就明白了（参见图 3-3）：

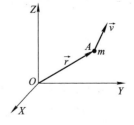

图 3-3

当质量为 m 的粒子从 A 点出发，以速度 $\vec{v}$ 运动时，若在其前进的方向上不与其他任何粒子发生碰撞，则它的动量 $\vec{p} = m\vec{v}$ 就不会发生变化，即它不受力。当然，一个参考系不仅包括参考原点 O，也包括其全部空间。要了解这个所谓的"惯性参考系"的全部空间的性质，就应当使粒子 m 以（3-41）式的运动状态跑遍全体空间。只有它在每一运动方向上的每处均不与任何其他粒子发生碰撞，才能表明它所处的参考系真的就是一个它在其中"不受力"的参考系。做完这种考查后，我们发现：在惯性参考系中，质量为 m 的粒子在任何地点、任何方向上均不与任何其他粒子发生碰撞，说明该惯性参考系中无任何粒子存在；而物质是以粒子形态存在的，无粒子存在就是无物质存在，所以说惯性参考系应当是一个无物质的"空"的空间。

由此我们得出结论：

（1）惯性参考系应当是这样的一个参考系：在这个参考系所处的空间之中，无任何物质存在，它是一个"绝对空"的空间。我们不妨将这个空间称之为"绝对真空间"。由于运动是建筑在物质之上的概念，对一个空洞无物的"绝对真空间"来讲，是不存在运动概念的，故它只能是不变的、不动的"空"。绝对真空间上的任一点 O 都是不动点，由 O 为参考原点所张的 OXYZ 参考系，就是一个绝对不动和不变的空间参考框架。这个空间参考框架便定义了一个绝对静止参考系，可以将它简称为"绝对参考系"或"静止参考系"（缩写为 SR 系）。但这里的参考原点 O 的选取，只是在形式理论上才是成立的，在"实证科学"的意义上却无法运用。因为 O 是个"空"而"静"的参考原点，而"空"是无法观测的，所以相对于 O 点的运动在实验上是无法得到观测验证的。在实验上，这个"观测基点"、即"参考原点"是必须以实在的物质为基础的，至于它如何确定，我们放在后面讨论狭义相对论时去做回答和完善，在目前我们暂且假定它（至少在理论上）已被确立。与之相应地，一切建立在上述绝对真空间基础之上、且参考原点相对于 SR 系做匀速直线运动的参考系，称之为"惯性参考系"。惯性参考系可以有无穷多个，而绝对参考系（SR 系）却只有一个——它是唯一的！这样，惯性系和绝对系的问题就说清楚了。

（2）SR 系才是一个真正优越的参考系：一切物质性的"实"，是相对于这个非物质性的"空"而言的；一切粒子的"动"，是相对于 SR 系的"静"而言的。这样，物质的"存在"、"运动"、"相互作用"和"结构方式"等才能在这个"空"而"静"的绝对参考系的基础上被凸现出来并获得一种不依赖于任何人为性的统一认识，规律所具有的简单性与统一性才可能有非人为性的客观基础。这样，为什么 SR 系才是一个真正优越的参考系的问题就回答清楚了，因为只有以 SR 为物质表演的舞台，才能保证物质存在及其规律（即真理）具有绝对意义上的"唯一性"、"客观性"和"统一性"。

（3）由于 SR 系所处的空间是绝对不变、不动的"空"，所以必然处处一样，各向同性，故它又是一个"均匀的和各向同性的"空间，与数学上的"欧氏空间"是等价的。这样，为什么牛顿力学在数学上被安置在欧氏空间的问题就弄清楚了。　　　　　（F_6）

在"绝对真空间"、"绝对系"和"惯性系"这些概念定义清楚了之后，有关牛顿的绝对时空观以及绝对运动和相对运动等问题的论述是否正确，就可以谈清楚了。

例如，牛顿将绝对空间和绝对时间定义为：

绝对空间：按照本身的性质，与外部任何事物无关，永远保持静止和不变。

绝对时间：按照本身的性质，与外部任何事物无关，相等而且平静地流动着。

关于"时间"的问题，我们放在相对论中去做统一而详细的讨论，这里只讨论"空间"的问题。

由上述牛顿关于"绝对空间"的定义可见，它事实上即是我们前面所说的"绝对真空间"。为了论述简单和方便且有统一和一致的定义，我们就称"绝对真空间"为"空间"。亦即是说，所谓的"空间"，是一种无任何物质在其中存在的存在方式，是一种与任何物质存在及运动无关的静止和不变的虚空框架，从而为物质的运动和演化提供了一个表演的舞台。在这个舞台上（即选取了绝对参考系之后）去认识物质性宇宙的规律（即去认识真理），才具有"唯一性"、"统一性"和"客观性"。所以说，牛顿关于空间和相应的 SR 系的定义不仅是十分清楚的，而且是十分正确的。正是通过这一定义，科学自然主义的哲学观念才从物理学的基点上和描述上被实实在在地确立了起来。

但牛顿的"绝对空间"并没有被人们广泛公认。"不承认有虚空存在的最初学者是巴门尼德。巴门尼德认为宇宙中充满了以太。他说，你将体会到以太和以太中的一切星体，宇宙是由以太和各种星体组成的。1638 年笛卡儿再次提出一种无所不在的'以太'假设，拒绝接受牛顿的超距作用解释，坚持认为力只能通过物质粒子与之紧密相邻的粒子相接触来传播，把热和光看成'以太'中瞬时传播的压力。笛卡儿认为，空间是物质的广延，而广延即是物质，也就是广延即是'以太'。因此，笛卡儿认为没有物质的空间是不存在的，亦即一无所有的空间是不存在的"。[①]

与牛顿将空间定义为一种一无所有的广延（即虚空）相比较，笛卡儿则把空间定义为物质的广延，认为广延即是物质。可见两者对空间的认识和定义是不一样的。如果采

---

① 赵国求：《运动与场》，冶金工业出版社 1994 年版，第 21 页。

用笛卡儿的定义，那么当我们面对一大堆具体的物质存在，例如立方的盆子、柱状的圆筒、流动的液体时，是否能将空间分别定义为（或看成是）具有立方体、圆柱体、形状可以变动的流体的外观形体呢？抑或将空间定义为上述各种"形体"的集合？或者再抽象一点，定义空间是各种不同形状的点、线、面、体的集合体呢？可见，采用笛卡儿对空间的认识，给不出空间的科学而严格的定义。而事实上，笛卡儿所说的空间指的是"物质所占有的空间"，这种观点只能通过对"占有空间"的认识去认识物体的"几何形状"——即它的"结构方式"，并没有揭示空间的本质。但另一方面，笛卡儿否定牛顿的"力场是不通过中介物质'以太'来传播的超距作用"这一点却是十分正确的。正是该观点的提出，纠正了牛顿对力场起源的不正确认识，触及了他对基本力场的提取不完善的一面，并必然会引导出对下面一些问题的重新理解和认识。

五、牛顿原理需要修正和"结构力"$\vec{F}^{(s)}$存在的论证

西方人所说的"以太"，东方人称之为"元气"。对它们，不同的人有不同的认识：有的人认为它们是粒子的集合体，有的人则认为它们是一种完全连续的物质分布和存在方式。根据上一章的分析，我们已经确认粒子是物质存在的最基本形态，所以我们把"以太"、"元气"也视为粒子的集合体。如果这样来看问题，以太和元气与我们所定义的由元子粒子集合体所组成的物质性背景空间（MBS）就是几乎同类的物质存在，说的是同一样东西。但需注意的是，"物质性背景空间"中的"空间"，指的是元子粒子集合体这种物质存在所"占有的空间"，它与牛顿的"绝对空间"是不一样的：前者是建立在"物质占有"的概念之上的，是与实实在在的物质存在相联系的"非空"的东西，是可以运动、变化和被激发的，是要与实物粒子（即物体）发生相互作用的；而后者是不与物质存在相联系的非物质性的"空"，是静止和不变的虚空框架，它只为物质提供表演的舞台，而不与物体发生作用。既然我们已经定义了"绝对空间"为"空间"，事实上就应将物质所占有的空间不称为"空间"而改用别的名称来加以定义。但鉴于目前物理学的理论又事实上不加区分地将占有空间也称为空间，并由此引起对空间认识的混乱，为保持延续性并避免混乱，故将其定义为"物质性背景空间"（MBS）——"物质性"表示是"非空的"，"背景"表示是"可以运动和变化的"，"空间"表示的是物质"占有的空间"。

按照我们上面的理解，系统（粒子）的运动变化以及结构的演化，事实上就是按图3-4所示的方式实现的。亦即是说，处于 MBS 环境之中的具有结构并运动着的物质系统将扰动 MBS，即通过它与 MBS 中的元子产生相互作用而扰动由元子所组成的 MBS，由此

影响 MBS 的运动和结构情态；反过来 MBS 的运动与结构情态又通过其元子（包括其激发模式，例如变化的电磁场）与系统发生相互作用，制约着该系统的结构方式和运动状态。也正是通过如图 3–4 所示的方式，才使得物体内的子系统

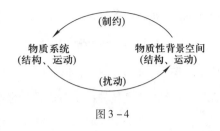

图 3–4

被关联了起来，使得一个物体与另一个物体关联起来，由此形成了我们这个具有整体性并运动和不断演化着的宇宙。元子在导演着一切；元子的简单性，变幻出了我们这个五彩缤纷的世界。这就是我们的宇宙。

但我们如何去描述它呢？

一个自然的想法是：只要把元子弄清楚了，对宇宙进行描述的基础就建立起来了。

然而我们目前对这个作为整个物质性宇宙基始的最基本的物质单元尚无任何的了解。当然我们可以先在理论上做出假定，然后通过理论的计算与实验的检验来认识它。例如，可以设想共有 k 种元子，它们是某种有限小范围的连续物质分布（即有结构），并用模型构造出它的分布函数。由于它作为"物质"具有特征属性，所以可假定其质量和电荷为

$$\{m^{(\alpha)}, q^{(\alpha)}\} \quad （其中 \alpha = 1, 2, \cdots, k） \tag{3-42}$$

不过，问题在于，要认识 MBS 中的某个单独元子的性质，就必须可以"抓住"它，即在实验上能测量到它，才有可能去认识它。然而，这个最小的元子却像个幽灵，目前我们根本无法抓住它，也无法做元子的两体碰撞实验来研究它的性质。我们能抓住和测量的是实物粒子。粒子越大，越好测量，但涉及极其庞大的多体碰撞的技术困难，理论上难以处理。为减少困难，我们不妨去研究可以抓得住的、简单的粒子，即所谓的基本粒子。通过基本粒子的运动和转化来研究作为物质基元和作为传播子的元子以及它的激发模式的性质。但是，基本粒子是怎样由元子组成的？这一问题尚不清楚。所以只能先做一些设想。由于对基本粒子性质的研究和测量总是在一定时间和空间内完成的，故而与该粒子的作用仍是众多元子的贡献，所以也是一个多体问题。而且，元子与元子的碰撞是有结构的物质的两体碰撞问题，可能不能简单地用传统的弹性碰撞来加以处理，而涉及新型碰撞理论的建立（在此我们只能提出这个设想，希望将来有人能把这一新型碰撞理论建立起来）。而且基本粒子的运动以及散射后的元子又会影响到 MBS 的结构及分布情态，从而影响到元子与基本粒子的碰撞几率，如此等等。这样众多复杂而困难的因素加在一起，将使问题变得更加复杂。所以说，对元子的认识，以及对由元子组成的 MBS 的情态的认识，可能是 21 世纪物理学中最为基本和最为重大的课题，但却是最为复

杂和最为困难的课题。也就是说，这种由碰撞过程去揭示元子性质和提取"力场"的研究方法，虽是最为细致和最为可信的方法，但其复杂性和困难程度却会大大超出人们的预料。也许，直到人类社会的终结，我们也达不到一个完全透明的认识（但即使我们能在一定意义上达到某种程度的认识，也是十分有意义的）。对于基本粒子以上的物质层次的认识，显然更不可能用上述的多体碰撞理论来处理。

于是就必须寻找新的理论描述方法——我们所想到的可行方法之一，便是仿效牛顿力学中的处理方法。即采用（3-38）式的认识，把（3-38）式等式右边的来自 MBS 元子碰撞作用的全部效应近似地等效为一个力场 $\vec{F}_t$，这在事实上就是将物体与 MBS 的元子交换动量的微观机制用一种平均的等效性效应 $\vec{F}_t$ 作了简化和近似处理，从而避免了多体问题的困难和元子的性质尚不知道的困难。这时，在如图 3-4 所示的新理解下，牛顿第二定律的"数学形式"虽仍然是成立的，但是，牛顿第二定律的原始意义"外力是改变物体运动状态的原因"这种说法却不再成立。原因在于，现在我们是用如图 3-4 所示的方式来理解物体的运动及其结构变化的机制的，而且物质系统与 MBS 之间是互为因果的。由此可见，原有的牛顿第二定律是不完备的，只有修改牛顿原理，使其中的力 $\vec{F}_t$ 之中包含了不满足牛顿第三定律的成分，才有可能超出牛顿力学体系，去揭示和发现牛顿力学未能认识到的新现象。

沿着以上的思路，仍记**"牛顿力学中所提取出的满足牛顿第三定律的力"**为 $\vec{F}$，我们现在来考虑用图 3-4 所示的方式理解之后的修正。既然背景空间对物体的作用力与物体的结构及运动状态是相关联的，那么物质系统的结构、运动情况不一样，对背景空间的扰动就不一样，所以背景空间所产生的制约物质系统的力也就不一样，它就是依赖于物体的运动与结构的。但正如上面的分析指出的，牛顿力学中所说的满足牛顿第三定律关系的"力"［如由（3-4）式和（3-5）式所给出的万有引力和静电力］却不能反映出上述性质，从而表明**牛顿力学对来自背景空间效应的作用力的提取是不完善的**。所以，就应当在牛顿方程中增加一个相对于牛顿的力 $\vec{F}$ 的修正项 $\vec{F}^{(s)}$（它反映 MBS 中的元子对粒子的动量改变量的贡献，即其效应中除了牛顿定义的满足第三定律的力 $\vec{F}$ 之外的"其他效应"）。这样一来，在 SR 系中，修正后的牛顿方程就可以形式地写为

$$\frac{d\vec{p}}{dt} = \vec{F} + \vec{F}^{(s)} = \vec{F}_t \qquad (3-43)$$

为什么增加的这一修正项 $\vec{F}^{(s)}$ 必须是"反映除了牛顿定义的满足第三定律的力 $\vec{F}$ 之外的'其他效应'"呢？因为，如果 $\vec{F}^{(s)}$ 仍是满足牛顿第三定律的话，那么（$\vec{F} + \vec{F}^{(s)}$）

这个力就仍然满足第三定律。这样，"原始"牛顿学派的信奉者们就会站出来说："我们仍然可以运用（3－20a）式的办法，已知运动求力；找到了力之后，又可以再通过（3－20b）式去描述运动。通过（3－20a）式和（3－20b）式的反复应用，就可以达到对物质世界的完善认识。在你现在的新解释中，虽然给出了满足第三定律的 $\vec{F}^{(s)}$ 一项，但在牛顿力学中却可以认为这是因为我们运用（3－20a）式求力 $\vec{F}$ 时，由于实验精度不够而在提取力时丢失了 $\vec{F}^{(s)}$。现将 $\vec{F}^{(s)}$ 纳入到 $\vec{F}$ 中，即将 $(\vec{F}+\vec{F}^{(s)})$ 再重新理解并令其为牛顿的'外力' $\vec{F}$，则牛顿力学仍是自洽相容而完备的，故你所说的' $\vec{F}^{(s)}$ 是来自 MBS 的贡献'这种说法并不成立。"

现在就让我们更具体地说明一下这个问题。

设牛顿的力 $\vec{F}=0$（即牛顿所说的"无外力"时，如孤立系的情况），由（3－43）式就有

$$\frac{d\vec{p}}{dt}=\vec{F}^{(s)}\neq 0 \tag{3-44}$$

按传统的牛顿定律，若第三定律成立，由于存在（3－13）式，那么对一个孤立系统而言，物体便不再受来自"外在"的力。但（3－44）式却表明即便是孤立系也是受力的。因此，若（3－44）式成立，这时牛顿第三定律在严格的意义上就不成立。因此，在牛顿所提取的满足第三定律的力 $\vec{f}_{ij}$ 之中就应加上一个不满足第三定律的修正项 $\vec{f}_{ij}^{(s)}$。这就意味着应将 $\vec{f}_{ij}$ 变成 $\vec{f}_{ij}+\vec{f}_{ij}^{(s)}$：

$$\vec{f}_{ij}\rightarrow\vec{f}_{ij}+\vec{f}_{ij}^{(s)} \tag{3-45}$$

其中含有非有心力成分的修正部分（$\vec{F}^{(s)}$）不满足第三定律

$$\vec{f}_{ij}^{(s)}+\vec{f}_{ji}^{(s)}\neq 0 \tag{3-46}$$

与之相应的将有如下修正

$$\vec{F}_i^{(1)}\rightarrow\vec{F}_i^{(1)}+\vec{F}_i^{(s)}=\sum_j{}'\vec{F}_{ij}+\sum_j{}'\vec{f}_{ij}^{(s)} \tag{3-47}$$

其中，

$$\vec{F}_i^{(s)}=\sum_j{}'\vec{F}_{ij}^{(s)} \tag{3-48}$$

相应地，（3－11）式也应修改为

$$\frac{d\vec{p}_i}{dt}=\vec{F}_i^{(E)}+\sum_j{}'\vec{F}_{ij}+\sum_j{}'\vec{F}_{ij}^{(s)} \tag{3-49}$$

若令

$$\vec{p}_i=\vec{p}_i^{(N)}+\vec{p}_i^{(fl.)} \tag{3-50}$$

其中 $\vec{p}_i^{(N)}$ 为原牛顿力学的结果，它满足（3－11）式，即有

$$\frac{d\vec{p}_i^{(N)}}{dt} = \vec{F}_i^{(E)} + {\sum_j}' \vec{f}_{ij} \qquad (3-51)$$

$\vec{p}_i^{(fl.)}$ 为因 $\vec{f}_{ij}^{(s)}$ 存在而引起的相对于 $\vec{p}_i^{(N)}$ 的修正，它满足

$$\frac{d\vec{p}_i^{(fl.)}}{dt} = {\sum_j}' \vec{f}_{ij}^{(s)} \qquad (3-52)$$

将（3-51）式对 i 指标求和，且令

$$\vec{F}^{(s)} = \sum_i \vec{F}_i^{(s)} = \sum_i {\sum_j}' \vec{F'}_{ij}^{(s)} \qquad (3-53)$$

即有

$$\frac{d}{dt}\left(\sum_i \vec{p}_i^{(fl.)} \right) = \vec{F}^{(s)} \qquad (3-54)$$

可见 $\vec{F}^{(s)}$ 表示的是由于物体内部运动而产生的相对于原牛顿运动的"涨落"。当不考虑 $\vec{F}^{(s)}$ 时，物体的质心运动满足（3-18）式（式中 $\vec{p} = m\vec{v}$ 为质心的动量），物体的内部运动将不会影响物体的质心运动，即两者是"无耦合的"；而当 $\vec{F}^{(s)}$ 存在之后，将（3-54）式代

入（3-43）式，则使得物体内部运动涨落的变化 $\dfrac{d \sum_i \vec{p}_i^{(fl.)}}{dt}$ 影响到物体质心动量的变化

$\dfrac{d\vec{p}}{dt}$。这亦即是说，当存在 $\vec{F}^{(s)}$ 后，物体的内部运动与物体的质心运动是"耦合的"。

在上面的思考中，我们在对问题进行分析时，首先要求在（C_1）和（C_2）上是完全正确的，然后运用（C_3）来保证逻辑思维是严密的。若在（C_1）、（C_2）、（C_3）上是正确的，（C_4）和（C_5）的正确性就成为一种逻辑性的必然产物。例如，虽然（3-54）式只是一种逻辑推断的东西，目前仅具有形式上的意义，但这种推断在（C_4）和（C_5）层次上的正确性却已经明白无误地呈现在了我们面前：关于非中心力的预言，在电动力学的洛伦兹力公式［见（2-9）式］右边的第 2 项中早已存在；将（3-54）式运用于量子力学则能解释为什么基态能量不为零（即在最低的能量状态上，粒子也不是静止不动的）——并由此表明（3-54）式不仅已经将牛顿力学且可能将量子力学统一于其中。随着这一统一性的实现，将打开通往生命科学的衔接通道，从而实现更广泛意义上的科学统一性——因为在我们的方案中，牛顿的"唯物论"被保留而"机械的"外因决定论的不足已被克服，这就使得在物理学与生命科学之间架起一座衔接的桥梁成为一种内在的逻辑必然。

当然，目前的（3-54）式仅仅是一种抽象的表述，还需要通过对各个具体领域的考察获得关于 $\vec{F}^{(s)}$ 的更丰富的信息，以确立起关于 $\vec{F}^{(s)}$ 的数学表象的具体构想，并进一步把这种构想变成一个实实在在的数学表象（即本书的系统结构动力学方程），然后再反过来去完成

上述统一性的数学物理论证。这些都是将要在后面章节逐步展开和讨论的内容。

现在我们可以将（3－43）式所提供的信息概括如下并有结论：

牛顿力学所提取的满足牛顿三大定律的力及相应方程，对 MBS 作用的提取以及对物体运动的描述均是不完善的。为克服这种不完善性，应在原来的满足牛顿第三定律的"瞬时"（如第 2 章已解释过的，这只是一种近似）外力 $\vec{F}$ 的基础上加上一个修正项 $\vec{F}^{(s)}$。这个修正项是一个包含着不满足第三定律的非有心力成分在内的力，通过该力可以使物体的内部运动与物体的质心运动"耦合"起来。 $\hspace{3cm}$ （F_7）

事实上这是非常清楚的，如果不存在耦合，那么复杂系统被拆卸为简单系统，或者简单系统组装成复杂系统之后，它们就仍遵从牛顿方程而无新的特质，从而表明牛顿定律对自然规律的认识是完善的，不应存在超出牛顿规律之外的新的规律和新的现象。这就意味着机械唯物论的"还原论"可以用来认识宇宙中的一切。然而，事实并不是如此。众多的现象并不完全遵从牛顿规律，量子现象、生命现象和社会学中的问题就是明显不能完全纳入到牛顿力学的"原始"框架之中来加以认识的。于是，以 $\vec{F}^{(s)}$ 存在为标志的对牛顿力学的突破就是不可避免的。

六、"结构力" $\vec{F}^{(s)}$ 的不断深入揭示可能将引发一场又一场科学革命

$\vec{F}^{(s)}$ 的揭示突破了牛顿力学的理论框架，改正了牛顿"机械唯物论"的认识论缺陷，补充了牛顿未能认识力场起因和对力的提取不完全的不足，纠正了牛顿"力场通过空洞无物的'绝对时空'来传递"的错误。而所有这一切，都是通过对 MBS 的物质性的揭示来实现的。

当然，牛顿关于"绝对空间"和"绝对参考系"的认识和定义是正确的。但因为牛顿对力场认识的不足以及用"外因决定论"来认识物质性宇宙自身规律，所以才使得他的理论存在不完善性。在牛顿看来，若 $\vec{F}=0$，则空间中将空无一物，故是他所定义的"绝对空间"。但事实上，即使牛顿所定义的力 $\vec{F}=0$，在这个"绝对空间"中却仍有 $\vec{F}^{(s)}\neq0$ 的力存在而表明在这个绝对空间中仍有物质存在，故仍存在相互作用。也就是说，牛顿所提出的"绝对空间"的概念并没有错，但他所说的"绝对空间"事实上是"不空的"。这个"不空"的空间中的 MBS 的效应，特别是由于其中的 $\vec{F}^{(s)}$ 可以使物体的内部运动与物体的质心运动"耦合"起来的效应，将产生突破牛顿力学规律的新现象——而这些新的现象，将进一步丰富人们的物质观念和时空观念。因而，在某个领域和在某种意义上实实在在地对 $\vec{F}^{(s)}$ 的某些性质和表现的揭示，必定导致理论结构、时空

观念、物质观念的变革，而被人们誉为"科学革命"。

但是，我们必须清楚地认识到的是，这种科学革命绝不可能用来否定牛顿关于"绝对空间"和"绝对参考系"的定义和认识上的正确性。因为否定了它，就否定了我们所长期坚持的科学自然主义的基本立场。这种"科学革命"只能表现在对牛顿力场认识不足的纠正上，表现在对牛顿机械唯物观的扬弃中。这说明，这些将来势必绽开的科学革命之花之所以会绚丽多彩，正是因为它们是在牛顿力学"残缺美"的沃土中发育出来的。而在这些势必发生的一场又一场"科学革命"之中，对上述"耦合"现象揭示的深浅，则是对其"科学革命"价值和意义进行衡量的一把尺子。因为这种耦合的揭示将使我们看到，在从简单系统向复杂系统的过渡之中，由于存在层次与层次之间的耦合和关联，就可以在新的层次上产生不同于简单组合的新组合，产生新的特质。系统科学中"整体大于部分之和"的命题，20世纪物理学中的许多新的发现，以及以超级大分子（DNA）的自复制功能涌现为标志的生命现象的产生，似乎都可以用上述的"耦合"来解释。这样，在引论中所指出的物理学的"内"、"外"困境就有可能在一定程度上得以克服或缓解。

由此我们得出结论：

与（质心运动和内部运动）耦合相关的力 $\vec{F}^{(s)}$ 的揭示，有可能使得物理学冲破传统的机械唯物论的思想牢笼而诱发一场真正的思想变革、认识论变革和理论变革。引论中 M. 雅梅所倡导的科学与哲学的结合，伯纳尔所预见的新的世界观维度和新的科学综合的方向，将有可能在对 $\vec{F}^{(s)}$ 的深刻揭示之中找到切切实实的真正基础。它给予我们的启示是发人深省的。

$$(F_8)$$

七、关于在高速、微观的情况下为什么牛顿力学不再适用的问题

（3-38）这一完善表达式，是建立在绝对静止参考系（SR 系）之上的——而绝对静止参考系的实质，是那个名为"空"的"绝对真空间"。站在这个"空"的空间中来考查，一切"实"的物质才能显现出来，故而我们对所研究的对象——物体及 MBS——的认识和描述才是完善的，且标准是绝对的和唯一的，才不会产生如第 2 章在惯性系讨论中所发现的物质观方面的错误以及人为带来的虚假的复杂因素。当我们将牛顿未给予定义的"力场"的物理实质揭示出来后，发现所谓的力场只不过是对 MBS 贡献的一种等效提取方法——这种方法的好处是可以让我们在元子性质还不知道、多体困难无法克服的条件下，仍能借助力场概念的引入，进行一定统计平均意义下的近似的等效处理，从而达到对自然现象及规律的一定意义上的认识。当我们把（3-38）式右边的 MBS 的贡

献重新用"力场"来等效时，它给出了（3-43）式右边的两项（力 $\vec{F}$ 和 $\vec{F}^{(s)}$）。由此我们看到，牛顿事实上是不自觉地从 MBS 中提取了满足牛顿第三定律的瞬时作用力 $\vec{F}$ 后，把剩余的空间视为"绝对空间"，牛顿定律即在建于该"绝对空间"的绝对参考系中成立。这个"绝对空间"，作为物体存在和运动的场所和"环境"，在牛顿看来，可以任意地容纳任何物体，是与物体的存在和运动没有关系的。亦即是说，牛顿认为绝对空间是与物体的结构方式和运动状态无关的一个"虚空的框架"。什么样的空间才满足这一性质呢？我们知道，什么物质都没有的、前面我们已定义过的"绝对真空间"才满足上述性质。故"绝对空间"就是"空"的空间，是没有任何物质的空间。这样看来，牛顿对"绝对空间"的解释就是我们所定义的"绝对真空间"，故而牛顿的认识和定义是没有错误的；但在实际运用中，由于牛顿所提取的力 $\vec{F}$ 是不完全的，所以在事实上他的"绝对空间"却又并不是"绝对真空间"意义上的绝对空的概念。这是因为，由（3-43）式可见，当 $\vec{F}^{(s)}$ 可以忽略时，牛顿方程才成立。也就是说，牛顿事实上只是提取了 MBS 空间的一部分的作用（体现为"牛顿的力" $\vec{F}$ 的贡献），而把剩余的空间称为"绝对空间"——它显然并不是真正的"空"，而只是在 $\vec{F}^{(s)}$ 可以忽略的情况下才近似成立的。现在我们来分析它成立的条件。

$\vec{F}$ 是瞬时传递的相互作用力。"瞬时"，如前面已解释过的，只是一种近似的说法，或者说得严格些，是一种超光速的非定域的作用。而 $\vec{F}$ 是靠 MBS 中的元子来传递相互作用的。元子的速度不知道，但 $\vec{F}$ 作为超光速的非定域性作用却是为实验所肯定了的。$\vec{F}$ 是元子贡献的统计平均的表述，所以可以设众多元子的平均速度为 u，且 $u \geq c$（c 为光速）。$\vec{F}^{(s)}$ 也是 MBS 的贡献，是被牛顿视为"小"的部分而忽略掉的。MBS 被物体所扰动，依赖于两个因素：一是物体的速度，二是物体的结构。这很容易想象。空气可以视为我们生活的"环境"。我们走路时，感觉不到空气的存在；而在跑的时候（运动状态不一样），就会感到空气的阻力。用像苍蝇拍一样网状有孔的扇子扇的风很小，而拿扁平无孔的扇子扇的风很大。为什么？结构不一样。当物体运动的速度 $v \ll u$ 时，运动与静止的差别显示不出来，因而该因素可以不考虑。又由（3-54）式可见，$\vec{F}^{(s)}$ 的效应引起物体内子系统的动量改变相对于牛顿力学结果有一个涨落。然而，从结构的角度看，对具有大量子系统的宏观物体来说，这种涨落是无规则的，因而可以近似地被"对消"掉，就可以不考虑其影响（人们称这样的近似为"无规近似"，简称 RPA），于是结构的因素可以不考虑。可见 RPA 对宏观物体而言，是一个较好的近似。正因为如此，我们在通常的经典力学教科书上都会看到这样的结论：牛顿力学是在宏观、低速的情况下成立的。但为什么？书中并未提到其中更为深刻而细致的原因。

然而，当物体的运动速度很高时，运动的效应就鲜明地显示了出来，$\vec{F}^{(s)}$ 的作用就必须考虑，从而就必须对牛顿力学进行修正。对微观系统而言，由于其子系统数目少，是一个少体问题，上述的 RPA 不成立，即其结构的效应显示了出来，所以 $\vec{F}^{(s)}$ 的作用也必须考虑，从而也必须修正牛顿力学。在宇观尺度上，MBS 整体分布的效应也许会成为不可忽略的因素，所以也应加以考虑。这样看来，所有这些对牛顿力学的修正，只是在纠正牛顿对 $\vec{F}^{(s)}$ 认识的不足，在纠正牛顿所使用的"绝对空间"和绝对参考系事实上并不是真正的"绝对真空间"和真正静止的绝对参考系的认识误区。

由此可见，其后理论的发展，若对 $\vec{F}^{(s)}$ 的补充越完善，则事实上越证明了（3-43）式的正确性。由于（3-43）式是在我们所定义的绝对真空间之上所建立的绝对静止参考系中才成立的，所以必导致对绝对空间和绝对静止参考系（SR 系）的肯定。　　　　（F_9）

八、对牛顿"第一推动力"的重新认识

牛顿称，第一推动力来自"上帝的那双手"。若我们剥去其宗教信仰和神学的外衣，牛顿这一说法的物理实质在于以下三个方面。

（一）肯定了绝对参考系为优越参考系

物体从"静"到"动"，是要外力来做功的。既然不存在外力，故作为参考原点的参照物体应处于"静止"的状态。亦即是说，当不存在外力时所定义的参考系，是绝对静止参考系（SR 系），它是唯一的。

（二）"第一推动"是形而上学地对"终极"的追问

在 SR 系中，物体受力就会发生从"静止"到"运动"的运动状态改变，它由下述积分方程来求解

$$m\vec{v}(t) = m\vec{v}(t_0) + \int_{t_0}^{t} \vec{F}\,dt \qquad (3-55)$$

假若在 $t \geqslant t_0$ 之后 $\vec{F} = 0$，则有

$$m\vec{v}(t) = m\vec{v}(t_0) \rightarrow \vec{v}(t) = \vec{v}(t_0) \qquad (3-56)$$

于是，物体 m 将保持"初始时"（t_0）的运动状态。这正是第一定律的内容。我们在解方程（3-55）时，$\vec{v}(t_0)$ 这个初始条件（即初速度）是以假定的形式给出的。这种"假定"是人为的、主观的东西。即使 $\vec{v}(t_0)$ 是实验观测的结果，也避不开"主观介入"。牛顿所坚持的是科学自然主义哲学观，所以他就必定要排除掉人为的"假定"，而

追问初始时的运动状态 $\vec{v}(t_0)$ 形成的原因，即它是由何种外力引起的（因为从"静"到"动"需要外力做功才能实现）。若定义 t_0 为"计时原点"——宇宙创始之初，即意味着我们必须问（3-56）式中的初始运动状态 $\vec{v}(t_0) \neq 0$ 的成因，用牛顿的话来说，即是"第一推动力从何而来？"所以，这在事实上是一种更深层次的哲学本体论的思考，是对"终极"成因的追问。

在这里我们还应注意的是，牛顿原理通过（3-56）式给出了第一定律，在此基础上可以建立起相对于 SR 系的众多惯性参考系；但是这些惯性参考系同绝对静止参考系（SR 系）并不处于"绝对平权"的位置：首先，这些惯性参考系中的参照物的运动是相对于 SR 系而言的；其次，这些惯性参考系不能靠人为的"假定"获得，必须依靠外力做功才能形成。 (F_{10})

（三）由于在牛顿原理中，"外力"是改变物体运动状态的原因，而现在又无外力，故而他就不得不把这个"终极"的外因归结为那个我们不能再发问的"最高"先验命题——"上帝的那双手"

由上面的分析可见，牛顿的"第一推动"里面包括很深的思考和内容。就第一、第二两点而论，无疑是正确的。第三点有合理成分但又包含着机械唯物论的色彩——因为牛顿原理是"外因决定论"性的规律，内因（包括物种和生命体的主动性）没有得到反映。为什么是如此呢？因为在牛顿力学中，牛顿并未定义和回答力是什么这个问题，而第三定律则是为满足牛顿原理的自洽性所作的假定。

在牛顿力学中，虽对具体系统而言有"内力"和"外力"的划分，然而若将整个宇宙视为一个系统时，"内力"之和是为零的，故而"终极"的原因仍被归结为"外因"。正是在这种意义上，表现出了他的哲学基础是"外因决定论"，从而被称为是"机械的"唯物论。

在哲学上，按彻底的唯物论的观点，应认为世界是物质的，物质是运动着的，运动是绝对的。既然承认物质运动是绝对的，那么显然物质"最初"的运动就应从物质自身运动绝对性这个"内因"中来寻找，以求得"终极"的答案。所以真正而彻底的唯物主义的力学规律，应安置在"内因决定论"的理论框架之中。内因决定论并不排斥和否定"外因"。在对有限系统的划分中，外界系统（即环境）对所研究系统的作用力称为"外力"（即外因），所研究系统内物体之间的作用力称为"内力"（即内因）。若将外界系统和所研究系统视为一个更大的研究系统，于是原来被视为"外力"的东西又变成了"内力"。由此可见，"外力"（即外因）是一个相对性的概念，而"内力"（即内因）却

115

是一个绝对性的概念。所以对整个物质性宇宙自身内在的基本自然规律的认识，就必然要纳入从宇宙自身物质性的内因来认识的框架之中，这就使得它从哲学本体论的高度对"终极"进行追问时，必定是"内因决定论"的。基于上述哲学观念，我们事实上已经回答了牛顿对"终极"的追问，不过这个终极的原因［由对（3-38）式、（3-43）式和（3-44）式以及图3-4的理解可知］已被改为来自"物质性自然界的那双手"——因为"自然就是上帝"。在这里，我们所持的是斯宾诺莎的宇宙观。

第5节　结论和说明

一、结论

在本章的以上各节中，我们事实上就是以 C 判据与哲学本体论相结合的方法来分析牛顿力学的。基于这种分析，我们所得出的基本结论是：牛顿力学是现代科学的基础和源头，具有不可取代的特殊的基础性地位；但它又是不完善的，正是它的这种不完善所表现的"残缺美"，成为其后物理科学进一步发展的出发点。因而，要进一步推进物理科学的发展，首先就应当从分析牛顿力学的不完善性做起，并且这种"分析"应当是全面、深刻、准确而成熟的。通过这种分析，我们得到了如下的最重要的启示：

粒子是物质存在的最基本形态。　　　　　　　　　　　　　　　　　　　　（R_1）

宇宙间存在非空的物质性背景空间（MBS）。物质性背景空间是由元子（Yuanion）组成的。元子由在很小范围内的连续物质分布所组成，它是物质的最基本单位。元子和它的激发模式传递着物质系统之间的相互作用。　　　　　　　　　　　　　（R_2）

"力场"是对 MBS 作用的一种近似的等效性的提取。但是牛顿力学对 MBS 作用的提取是不完善的。为克服这种不完善性，应在牛顿原来的"瞬时"外力 $\vec{F}$ 的基础上加上一个修正项 $\vec{F}^{(s)}$。这个修正项包含着不满足牛顿第三定律的非有心力的成分，通过该力可以使物体的内部运动与物体的质心运动"耦合"起来。　　　　　　　　　　（R_3）

与耦合相关的力 $\vec{F}^{(s)}$ 的揭示，有可能使得物理学冲破传统的机械唯物论的思想牢笼而诱发一场真正的思想、认识论变革和理论变革。引论中 M. 雅梅所倡导的科学与哲学的结合，伯纳尔所预见的新的世界观维度和物理学"内"、"外"统一的科学综合的方向，将有可能在对 $\vec{F}^{(s)}$ 的深刻揭示之中找到切切实实的真正基础。它给予我们的启示是发人深省的。　　　　　　　　　　　　　　　　　　　　　　　　　（R_4）

经修改后的完整的牛顿定律（3-43）式仅在绝对静止参考系（SR 系）中成立。SR

系才是真正和唯一的优越参考系：一切物质性的"实在"，是相对于这个非物质性的"虚空"而言的；一切粒子的"运动"，是相对于 SR 系的"静止"而言的。正是这个"空"而"静"的 SR 系为物质提供了不依赖任何"主观介入"的表演舞台，所以才能保证物质存在及其规律（即真理）具有绝对意义上的"唯一性"、"客观性"和"统一性"。 $\qquad$ (R$_5$)

上述结论无疑将挑战现行理论的若干基础。例如，承认（R$_1$），量子论的"场的一元论认识"模式就面临挑战；承认（R$_1$）和（3-43）式的描述，即表明粒子存在"轨道运动"——虽这种"轨道运动"可能不同于牛顿力学描述的图像，但仍是"轨道"的概念，故海森堡提出的"测不准原理"就面临挑战；承认（R$_4$）并由（3-32）式和（3-33）式可见，若把物理学"内部"的困境与物理学在"外部"不能面对来自生命、社会科学的挑战的局面纳入到科学统一性（C$_4$）中来思考，认识到"内"、"外"困境不过是同一根源在两个侧面的反映，打开与生命科学衔接的通道和物理学"内部"困境的克服是内在关联的，那么否定生命规律的热力学的"熵增加原理"即面临挑战；承认（R$_5$），亦即若我们将爱因斯坦所坚持的科学自然主义［见（A$_1$）］作为认识论的基础，那么"相对性原理"将面临挑战；如此等等。这些挑战无疑将诱发出新的变革，为 21 世纪以后的物理学继续发展提供新的思维和动力。 $\qquad$ (R$_6$)

二、说明

我们指出上述的必然性，并不意味着上述所有面临挑战的东西没有合理性以及重要的意义和价值。因为任何理论都避不开描述上的近似性和人们认识上的阶段性。而当我们的认识深化以后，理论又会进一步向前发展。这就如我们对牛顿力学的分析那样，被改造后的牛顿力学事实上使得原有的牛顿三大定律均面临挑战，必须上升到新的高度上来认识，以求得更深入的发展；但是，在一定的条件和近似下，原来的牛顿三大定律却又都是"合理的"，即它们有利于问题的简化并继续保持着意义和价值。正因为如此，所以我们选用"挑战"这个词来表达以上的意思，并指出由于挑战将诱发认识论的新"变革"。我们在这里之所以不用"革命"一词是因为"革命"一词太强烈了，它常常让我们联想到对旧东西的彻底打碎与破坏；而"变革"一词则可以理解为"变化"与"改革"，在"变"和"改"中既有"前进"同时又有着"继承"。科学总是在继承中发展的。所以，在对如上所述的一些问题的思考中，我们也许并不是什么"革命者"——因为我们非常强调科学评价中的"宽容"。

细心的读者可能已经发现，我们以上的分析以及所得的结论，均是在"C 判据是分析评判及构建理论时的指导思想"这一原则的指引下给出的，所以它事实上就是 C 判据在牛顿力学中的一次具体应用。而在其中，特别突出了（C_1）、（C_2）为物理学的真正而直接的基础，用（C_3）来保证其自洽性。所以，上面的一切，事实上就是以 C 判据、特别是以（C_1）、（C_2）和（C_3）作为基础，溯到"源头"上所作的逻辑推断的产物。我们充分相信基于正确前提（正确的物质观、正确的认识论和正确的物理图像）的逻辑推断一定是正确的——因为没有不符合逻辑的事物，只有不符合逻辑的思维。但是，这种逻辑推断的正确性毕竟还要用客观事实来检验。也就是说，如果我们不能在其后的理论发展中揭示出那些的确存在着的"含有不满足牛顿第三定律的非有心力成分的力"（或"非空"的物质性背景空间的真实存在），不能通过各个领域的考察去论证上述结论的确实性，则上述推断便不能为人们所信服。而如果这种推断是正确的，它就必在其后的理论发展中不断被证实，并由此证实 C 判据的科学性价值。

因此，在以后的各章节中，我们所做的一切论述，都是在用"事实"去验证我们的上述"基本结论"，并通过它来反复运用和肯定 C 判据——它所围绕的一个不变的核心则是那个最为质朴的思想："正确的物质观、正确的物理图像和正确的认识论才是物理学真正而直接的基础"。因为，只有这个质朴的思想才能将我们引向对形而上的"终极"的追问，才有可能引导我们寻找到那个"真知"；因为，以无限多样存在的世界有没有共同的本源？如果有，这种本源是什么？无限多样的物质世界是怎么由这种本源性物质组成的？——无论是在古代还是现代，这些都是最为基础而重大的问题。而正是这些对"终极"性问题的追问，才深刻地触及了物理学的"源头"和最最基本的问题，从而也就成为长久影响到物理学的基础和发展的根本性问题——虽然现代物理学是以定量的数学语言来表述的，冠以新的定义和名词，而在古代，则是以哲学思辨性的语言来认识和表述的。

总之，牛顿力学对科学事业的贡献是全面而深刻的，是基础性的，起着奠基性的和不可取代的特殊作用。它的最重要的贡献在于提供了对世界本源的一种基础性的和基本正确的认识。

然而，科学家，即使伟大如牛顿这样的科学巨擘，也不可能是圣人和完人，也不能不在自己的思想和工作中表现出一定程度的冲突与矛盾。正如本章的分析指出的那样，牛顿对"力场"问题的认识不足，使得他事实上是一个不完全的一元论者，并使得其理论在物质观上出现了一定程度的悖论，在对客体的认识上表现出了"机械论"的某种不完全性。但是，牛顿力学作为一个好的理论和美的理论，其"好"和"美"，既表现在它作为一个"准基本自然规律"所具有的较广泛的科学统一性，表现在它的巨大的思想价值和它所取得的成功上，也表现在它的"残缺美"上。我们在本节分析所得到的结论（R_1）—（R_6），就是我们对这种残缺美的一种认识。当然，这种"残缺美"也是一种"残缺"，但正是由于这种残缺，物理学家们才能有事可做而不感到寂寞，因为他们的前辈为他们留足了可供探索和发展的巨大空间。

牛顿之所以伟大，是因为他站在哥白尼、伽利略这样的巨人肩上。科学就是在这种既继承又发展、既肯定又突破之中前行的。正因如此，在牛顿理论之后，该轮到以"以太"为物质基础的理论——经典电动力学登上科学舞台的时候了。

第4章 经典电动力学："以太"作为物质性背景场进入了物理学

第1节 "以太"与对光的本性的认识

"以太"是物理学中的一个幽灵。它时而被视为神明和万物的主宰，时而又被视为最可恶和无用的垃圾从而应当被扫地出门。而最让人感到吃惊的是，在我们自视为科学已高度发达的今天，这个幽灵又在物理学中重新出现：新的"以太"论正在以不同的形式悄然兴起……那么，"以太"到底仅仅是科学家思想中一个挥之不去的千年梦幻，一个代代遗传的心理情结，还是一个实实在在而又笼罩在层层迷雾之中的客观存在？——它亦真亦幻、漂浮不定，让我们既无法回避却又难以捉摸！因此，驱散重重迷雾，窥探"以太"的"庐山真面目"，就成了物理学中的一个重大的基础性问题。

说起来，"以太"是一个非常古老的概念——在古希腊的神话传说中，"以太"表示精灵之气，弥漫于整个宇宙。后来，人们把对"以太"的理解与人类对世界本源的认识联系了起来：古希腊博学多才的哲学家亚里士多德反对原子论，他认为不存在虚空，空间处处为连绵不断的物质所充满；地上的物质包括4种元素，即土、火、水、气；除此之外，还应该加上第5种元素——天上的物质，即"以太"。在这里，亚里士多德将"以太"与另外4种被认为连续的物质（土、火、水、气）并列，视为第5种连续的物质，从而在对世界本原的哲学认识中，树立了与离散的原子论相对立和相抗衡的连续的"以太"观。可是，在亚里士多德那里，似乎并没有赋予"以太"更多的特殊优越地位。

到了1644年，法国的笛卡儿提出了"以太旋涡说"，首次将"以太"引进了科学领域。笛卡儿认为，物质是连续的，不存在虚空和任何超距作用；"以太"是连续的物质世界的唯一本原；"以太"处在不停的激烈运动之中，各部分相互作用形成了许多不同大小、不同速度和不同密度的旋涡——他以此来解释气态、液态、固态物质的生成和太阳系行星的运动。和亚里士多德不同的是，笛卡儿在这里已经把"以太"这种连续的物质看成是连续的物质世界的唯一本源了，从而他就是以一种彻底的一元论的观点，从物质存在方式入手，去解释我们这个丰富而多彩的现实世界的。也就是说，在笛卡儿那里，"以太"是无所不在、无所不能的，是万物之基始，是它创造了世界——正是"以太"在扮演着至高无上的和全能的"上帝"的角色。

此后，荷兰物理学家惠更斯将"以太"引进物理学，用来描述光的本性——17 世纪的惠更斯和胡克把光看成是振动在"以太"中的传播过程，提出了光的波动说，从而与牛顿的光的微粒说分庭抗礼。按照光的波动说，光和水波、声波在道理上是一样的：后者是在连续的介质水和空气中传递的机械波，前者则是在被称之为"以太"的连续介质中传递的机械波。不过，当时惠更斯认为光是与声波类似的纵波（即振动方向与传播方向相同的波）。但后来光被证明是一种横波（即振动方向与传播方向垂直的波），给予光的波动说以很大打击。同时，由于坚持光的微粒说的人滥用牛顿的崇高威望来不断巩固自己的地位，到了 18 世纪，作为光的波动说的基础的"以太"论就没落了。以至于到了18 世纪末，法国人完全抛弃了由法国人笛卡儿所创立的"以太"论，改而信奉英国牛顿学派的超距作用理论。

但是，有趣的是，英国人却反而继承了法国人笛卡儿的传统。后来，主要是由于英国人的研究工作，"以太"论在 19 世纪又得到了复兴和发展。英国人杨（Young）关于光的干涉的实验和理论研究，法国人菲涅耳（Fresnel）关于光的衍射的实验和理论研究，特别是后者设想出的一种新的"以太"模型克服了惠更斯纵波的困难，使得光的波动说又逐步复苏而且站稳了脚跟。而在这一时期，与光的波动说相抗衡的光的微粒说，却仍在沿用牛顿的"脉动微粒说"。由于按照该理论，光在水中的速度不是像波动说所认为的那样比其在空气中的速度更小，而是更大，所以当胡克的实验证实了波动说的看法是正确的以后，微粒说就日趋衰落了。

由以上的历史回顾可见，在物理学中，"以太"理论的兴起是同光的本性的研究联系在一起的。而光的波动说在物理学中的地位的确立，则使得作为光波载体的"以太"成为物理学的"新贵"，成了物理学的重要研究对象并深刻地影响着此后物理学思想和理论的发展。

第 2 节　经典电动力学理论体系的建立

在 17 世纪，伴随着牛顿力学所取得的巨大成功而带来的耀眼与辉煌，自然科学以主角的身份登上了科学的殿堂，它反过来又促进了自然科学在欧洲大地的蓬勃发展，并且促进了工业革命在欧洲的兴起。自然科学发展与在工业革命推动下的欧洲社会发展相互耦合，共同演绎了一首欧洲迅速崛起的雄浑的交响曲。正是在这样的背景下，当光的微粒说与波动说交锋正酣之时，从18世纪末期开始，对电磁现象的实验研究悄然兴起，一场新的科学革命和科学综合的序幕拉开了……在这一时期，确立了以后成为静电学理论基础的库仑定律，发现了电化学效应，制成了电池。而电池的制成，使人们第一次掌握了有效的电源，从而在19世纪初开始了电解、电镀等最初的电化学的实际应用。这反过来又刺激和推动了对电磁现象本质规律的更进一步的深入研究。

一、静电相互作用的研究

18世纪末期确立的库仑定律发现，在真空中两个静止的点电荷之间的相互作用力，其大小与它们所带电荷量的积成正比，与它们之间距离的平方成反比，作用力的方向沿两点电荷的连线，同号电荷相斥，异号电荷相吸。按上述的库仑定律，质量为 m_1、电荷为 q 的物体受质量为 M、电荷为 Q 的物体的作用力，可写为

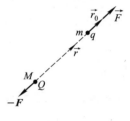

图 4 – 1

$$\vec{F} = \frac{1}{4\pi\varepsilon_0} \frac{qQ}{r^2} \vec{r}^0 \qquad (4-1)$$

式中，$\vec{r}^0 = \dfrac{\vec{r}}{r}$ 为单位向量，$\varepsilon_0 = 8.854\ 187\ 818\ (71) \times 10^{-12}$ F · m^{-1} 为真空中的介电常数。

令 $\dot{\vec{r}} = \vec{v}$，$\vec{p} = m\vec{v}$，将（4 – 1）式与牛顿定律结合，则有质量为 m、电荷为 q 的物体在受到静止电荷 Q 的作用力时的运动方程

$$\frac{d\vec{p}}{dt} = \vec{F} = q\vec{E} \qquad (4-2)$$

其中 $\vec{E}$ 称为电荷 Q 在空间所激发的电场强度：

$$\vec{E} = \frac{1}{4\pi\varepsilon_0} \frac{Q}{r^2} \vec{r}^0 = \frac{1}{4\pi\varepsilon_0} \frac{Q}{r^3} \vec{r} \qquad (4-3)$$

由上式可见，$\vec{E}$ 是 $\vec{r}$ 的函数，即 $\vec{E} = \vec{E}\ (\vec{r})$。这种不随时间变化的电场，称为稳定电场。如果电场是随时间 t 变化的，就称为非稳定电场。例如，若 $Q = Q(t)$，则由（4 – 3）式可知，$\vec{E} = \vec{E}\ (\vec{r},\ t)$，即 $\vec{E}$ 是空间 $\vec{r}$ 和时间 t 的函数。

如果电荷 Q 不是点电荷而是存在着某种分布，设它的电荷分布密度为 ρ（单位体积

的电量），则

$$Q = \int_V \rho \mathrm{d}V \qquad\qquad (4-4)$$

由（4-4）式和（4-3）式可以得出高斯（Gauss）定理

$$\nabla \cdot \vec{E} = \frac{1}{\varepsilon_0}\rho \qquad\qquad (4-5)$$

在这里，我们引入了电场 $\vec{E} = \vec{E}(\vec{r})$ 的概念。由（4-2）式可见，电场 $\vec{E}$ 又可以理解为

$$\vec{E} = \frac{\vec{F}}{q} \qquad\qquad (4-6)$$

由以上的论述可以看出，在静电相互作用中，力 $\vec{F}$ 是依靠静电场 $\vec{E}$ 来实现的。（4-2）式的左边——如上节的分析所指出的——是物质性的量，那么其右边也应是物质性的量，即电场 $\vec{E}$ 也应是物质性的量。（4-3）式给出了静电场这种物质在空间的分布形式。相应地，（4-5）式则表示电场 $\vec{E}$ 和激发该电场的"源头"（电荷密度 ρ）这二者之间的关系。

上面我们说，"在静电相互作用中，力 $\vec{F}$ 是依靠电场 $\vec{E}$ 来实现的"。这也就是说，电荷 Q、q 之间的静电相互作用，是通过一个非空（即其中存在着以电场 $\vec{E}$ 的方式体现的物质）的"空间"来传递的。可见，通过上述静电场的研究，人们已经建立了这样的观念：电荷 Q、q 之间的空间并不是非物质的"空"，而是存在某种物质的。当然，这种物质究竟是什么，人们当时并不知道；但由于受到亚里士多德和笛卡儿等人的影响，所以认为它就是"以太"：正是通过"以太"物质的传递，电荷 Q 通过（4-5）式所激发的电场 $\vec{E}$ 使得另一电荷 q 受到了作用力 $\vec{F} = q\vec{E}$。但"以太"这种物质又是什么呢？人们对它是不了解的。它看不见，摸不着，它有什么性质，人们更加不知道。那么又怎么能够认为它就是存在的呢？其实，在这里人们是通过对电场 $\vec{E}$ 的存在的肯定来间接地肯定"以太"的存在的。也就是说，电场 $\vec{E}$ 作为某种可以"外化"的量，能被用来反映"以太"这种物质的存在。当然，（4-5）式虽给出了 $\vec{E}$ 的数学表达式，但 $\vec{E}$ 本身却同与它相连带的"以太"一样，也是看不见，摸不着的。不过，人们却可以利用（4-2）式，通过能被观察到的效应——在 $\vec{E}$ 的作用下带电粒子的运动——来"感知"到它是实实在在的，是真实存在的。所以，也可以说通过静电相互作用的研究，就已经使电场——从而"以太"——作为真实的客观物质存在得到了某种程度的证实。

二、电磁相互作用的研究

到了 19 世纪 20 年代，人们又发现了两条通电导线之间存在着磁相互作用等现象，从而导致了有关电流磁效应的毕奥－萨伐尔定律的发现，它使得人们认识到了电现象和磁现象之间的紧密联系。19 世纪 30 年代，人们利用这一电磁学的成果发明了电报和电话，满足了工业和商业发展对迅速便利的通信工具的需求，从而成为近代通信技术的开端。

在对电磁相互作用的理论研究中，人们仿照在描述电荷与电荷之间相互作用时所引入的概念——"电场"（它是电荷之间相互作用的传递媒介），又引入了描述电流与电流之间相互作用的概念——"磁场"（电流之间相互作用的传递媒介）。

实验发现，一个电流元 $Id\vec{l}$ 在磁场 $\vec{B}$ 中所受的力为

$$d\vec{F} = Id\vec{l} \times \vec{B} \tag{4-7}$$

其中，I 为电流强度，$d\vec{l}$ 为电流流经的一个小的线元，$\vec{B}$ 被称为磁感应强度（或称为磁场强度，参见图 4-2）。

如图 4-2 所示的闭合导线，设在距 O 点为 $\vec{\xi}'$ 处的导线元（体积为 dV'）的电流密度（单位面积的电流量）为 $\vec{j}\,(\vec{\xi}')$，令该闭合导线在空间 P 点处所激发的磁场为 $\vec{B}\,(\vec{r})$，则

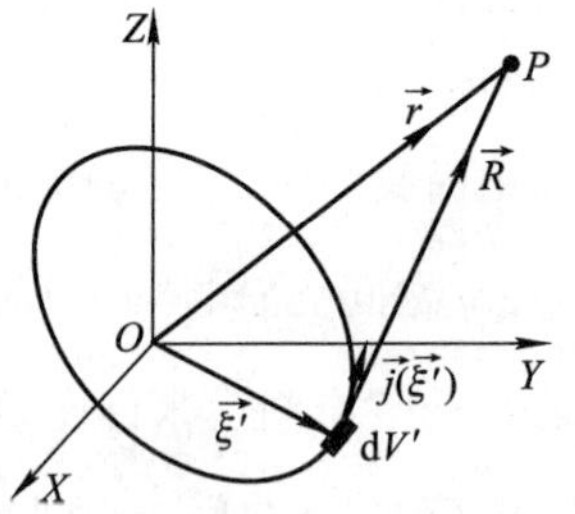

$$\vec{B}(\vec{r}) = \frac{\mu_0}{4\pi} \int_{V'} \frac{\vec{j}\,(\vec{\xi}') \times \vec{R}}{R^3} dV' \tag{4-8}$$

图 4-2

（4-8）式就是在实验上发现的毕奥－萨伐尔定律。由（4-8）式可以直接推导出实验上发现的安培（Ampere）定律和高斯定律

$$\nabla \times \vec{B} = \mu_0 \vec{j} \tag{4-9}$$

$$\nabla \cdot \vec{B} = 0 \tag{4-10}$$

到了 1831 年，法拉第（Faraday）在实验中又发现了电磁感应定律，揭示了磁电之间的转化关系。这一定律的微分表述为

$$\nabla \times \vec{E} = -\frac{\partial \vec{B}}{\partial t} \tag{4-11}$$

它反映了磁场的变化将激发出电场这一规律。后来，人们以此为理论基础，研制成功了发电机和电动机，突破了化学电源功率小的限制，并开辟了电力在生产中应用的广

阔途径。

三、麦克斯韦经典电动力学理论体系的建立

由以上的叙述可见，在麦克斯韦之前，人们已发现了以下述方程组表示的一组实验定律

$$\left.\begin{array}{l} \nabla \cdot \vec{E} = \dfrac{1}{\varepsilon_0}\rho \\[2mm] \nabla \times \vec{E} = -\dfrac{\partial \vec{B}}{\partial t} \\[2mm] \nabla \cdot \vec{B} = 0 \\[2mm] \nabla \times \vec{B} = \mu_0 \vec{j} \end{array}\right\} \qquad (4-12)$$

（4-12）式实际上就是（4-5）式、（4-9）式、（4-10）式、（4-11）式的综合。在这里，这组实验方程是用麦克斯韦的"场"概念的数学语言来表述的（这种表述使用了最新的统一语言——数学语言，有利于交流和教学，但却难以让读者了解历史的演进过程）。而在历史上，由于曾当过装订工的英国人法拉第不大懂得专门数学，所以他是用他的"力线"、"力管"等"非正规的方式"来解释他的电磁实验现象的。正因如此，他的这类图画特别激怒了专业的数学家，并受到了他们的嘲笑。然而，由于他的"力线"、"力管"的概念真正体现了"场"的精髓，所以，随着时间的流逝，不是数学家的法拉第竟超过了他同时代的所有数学家。因而法拉第说，实验工作者不必害怕数学，我们完全可以在发现的过程中与数学家们竞争，并取得成功。事实上，法拉第的伟大成功就已经向我们昭示，对物理实质和物理问题的敏锐感知与理解，在物理学研究中才是最重要的——当然，这绝不意味着我们可以忽视数学：对于任何一个想成为物理学家的人，牢固的数学、物理功底都将是你走向成功过程中必不可少的"拐杖"。

然而，方程组（4-12）式还不是自洽的（参见本书第 2 章第 2 节中对逻辑实证主义的分析）。为了使得这一组方程协调一致，麦克斯韦引入了电位移矢量

$$\vec{j}_D = \varepsilon_0 \frac{\partial \vec{E}}{\partial t} \qquad (4-13)$$

将方程组（4-12）式改造为如下的麦克斯韦方程组（在最终完成这组方程的表述的过程中，赫兹在理论上所做出的重要贡献是不应被忽视的[①]）

[①] 钱长炎、胡化凯：《赫兹对经典电磁理论发展的贡献及其影响》，《物理》2003 年第 9 期，第 627 页。

$$\nabla \times \vec{E} = -\frac{\partial \vec{B}}{\partial t} \qquad\qquad (4-14a)$$

$$\nabla \times \vec{B} = \mu_0 \vec{j} + \mu_0 \varepsilon_0 \frac{\partial \vec{E}}{\partial t} \qquad (4-14b)$$

$$\nabla \cdot \vec{E} = \frac{1}{\varepsilon_0}\rho \qquad\qquad (4-14c)$$

$$\nabla \cdot \vec{B} = 0 \qquad\qquad (4-14d)$$

带电粒子在电磁场中的运动则由洛伦兹力下的牛顿方程描述（不计辐射项）

$$\frac{d\vec{p}}{dt} = q\vec{E} + q\vec{\nu} \times \vec{B} \qquad\qquad (4-15)$$

（4-14）式、（4-15）式合在一起，就可以对电磁相互作用的规律（真空中）及带电粒子在电磁场中的运动规律进行完善的描述，从而构成了电动力学的基础。至此，物理学发展史上的第二次科学综合大功告成，经典电动力学的理论体系建立起来了。

如通常所认为的那样，经典电动力学理论体系的建立，作为物理学历史上的第二次伟大综合，其最大的理论价值在于实现了对光、电、磁现象的统一认识——虽然（4-14）式和（4-12）式相比，唯一的不同之处只是在（4-14b）式的右边增加了 $\mu_0\varepsilon_0\frac{\partial \vec{E}}{\partial t}$ 这一项目，但这一改动的意义是重大的：这一增加的项目表明电场的变化可以产生磁场。将这一认识和（4-14a）式带给人们的信息——磁场的变化可以产生电场——结合在一起，就可以得出以下结论：电场和磁场是可以相互转换的，因而，电磁现象就是统一的（统称为电磁波）。按照当时人们的认识，电磁场是在充满了"以太"这种介质的"背景空间"中传播的，而光也是依靠"以太"来传播的。所以，麦克斯韦在给出了方程组（4-14）式以后，就立即预见性地指出光也是一种电磁波，从而将光、电、磁现象统一了起来。而1888年所做的赫兹实验，则给了法拉第-麦克斯韦理论以有力的证明。

四、麦克斯韦经典电磁理论的实验验证——赫兹实验

我们知道，理论的实验验证，就是用实验来检验理论预言的正确性。因而，在讨论麦克斯韦经典电磁理论的实验验证以前，我们先来看一看它对电磁现象有什么预言。为使问题简化，我们这里的讨论将通过电磁运动的一种最简单的模式——电磁场的平面波来进行。先根据麦克斯韦经典电磁理论，给出在远离源头 ρ 和 $\vec{j}$ 的区间的电磁场的分布，从而为在这些区间由实验测量 $\vec{E}$、$\vec{B}$ 提供理论依据。若实验上测得了理论所预示的结果，

就证实了理论的数学表象的合理性（当然，也证实了数学表象背后物质性基础的合理性）。

由前面的麦克斯韦方程组可见，电荷密度 $\rho\,(\vec{r},\,t)$ 和电流密度 $\vec{j}\,(\vec{r},\,t)$ 是激发电磁场的"源头"。当在远离"源头"的地方观察时，可以认为此处的 $\rho = 0$，$\vec{j} = 0$。于是麦克斯韦方程组就可以写为（真空中）

$$\nabla \times \vec{E} = -\frac{\partial \vec{B}}{\partial t} \qquad (4-16)$$

$$\nabla \times \vec{B} = \mu_0 \varepsilon_0 \frac{\partial \vec{E}}{\partial t} \qquad (4-17)$$

$$\nabla \cdot \vec{E} = 0 \qquad (4-18)$$

$$\nabla \cdot \vec{B} = 0 \qquad (4-19)$$

现在，我们利用数学上的下列矢量运算公式

$$\vec{A} \times (\vec{B} \times \vec{C}) = \vec{B}(\vec{A} \cdot \vec{C}) - (\vec{A} \cdot \vec{B})\vec{C} \qquad (4-20)$$

将上式中的 $\vec{A}$、$\vec{B}$ 代换为第 2 章附录（a_{35}）所示的梯度算子 ∇，$\vec{C}$ 代换为电场 $\vec{E}$，则有

$$\nabla \times (\nabla \times \vec{E}) = \nabla(\nabla \cdot \vec{E}) - (\nabla \cdot \nabla)\vec{E} \qquad (4-21)$$

将（4-18）式及 $\nabla \cdot \nabla = \nabla^2$ 代入上式，则有

$$\nabla \times (\nabla \times \vec{E}) = -\nabla^2 \vec{E} \qquad (4-22)$$

（4-16）式两边同时作"旋度"运算，则有

$$\nabla \times (\nabla \times \vec{E}) = -\nabla \times \frac{\partial \vec{B}}{\partial t} = -\frac{\partial}{\partial t}(\nabla \times \vec{B}) \qquad (4-23)$$

将（4-22）式、（4-17）式代入上式，则有

$$-\nabla^2 \vec{E} = -\frac{\partial}{\partial t}\left(\mu_0 \varepsilon_0 \frac{\partial \vec{E}}{\partial t}\right) = -\mu_0 \varepsilon_0 \frac{\partial^2 \vec{E}}{\partial t^2} \qquad (4-24)$$

将 $c = \dfrac{1}{\sqrt{\mu_0 \varepsilon_0}} \approx 3 \times 10^8 \text{ m/s}$ 代入（4-24）式，得电场的波动微分方程

$$\nabla^2 \vec{E}(\vec{r},t) - \frac{1}{c^2}\frac{\partial^2 \vec{E}(\vec{r},t)}{\partial t^2} = 0 \qquad (4-25)$$

完全类似地作上述运算，可得磁场的波动微分方程

$$\nabla^2 \vec{B}(\vec{r},t) - \frac{1}{c^2}\frac{\partial^2 \vec{B}(\vec{r},t)}{\partial t^2} = 0 \qquad (4-26)$$

$\vec{E}$ 和 $\vec{B}$ 的方程形式是一样的，我们不妨仅讨论 $\vec{E}$ 满足的方程（4-25）式。由于离源很远的地方可以近似地看成是"真空"，所以，当在这里测量时，（4-25）式中的 $\vec{E}$ 又称之为在"真空"中的解。

在数学上我们称（4-25）式形式的方程为"线性微分方程"，它的解满足"叠加性原理"：若 $\vec{f}_1(\vec{r},t),\cdots,\vec{f}_n(\vec{r},t)$ 是（4-25）式的解，则它们的线性叠加

$$\vec{E}(\vec{r},t)=c_1\vec{f}_1+\cdots+c_n\vec{f}_n=\sum_i c_i\vec{f}_i(\vec{r},t) \tag{4-27}$$

也是（4-25）式的解。常量 $\{c_i\}$ 取值不一样，对应的解 $\vec{E}$ 也就不一样，而这样的取法有无穷多种，故有无穷多的解。由于这个解对应的是"真空"解，所以"真空情态"是极其复杂的。

这里我们仅讨论最简单而又最重要的一种解——平面波。平面波是只有一种频率（设为 ω）的单色波。从数学上的傅立叶（Fourier）分解可知，任何形式的复杂解均可以表示为平面波的求和，故而求出了平面波解也就为求任意形式的解奠定了基础。

在这里，（4-25）式中 $\vec{E}$ 的空间微分 ∇^2 与时间微分 $\dfrac{\partial^2}{\partial t^2}$ 是以"和"的形式出现的，数学上称这类方程是"可分离变量型"方程：解的空间部分和时间部分可以写成积的形式。根据这一性质，则（4-25）式和（4-26）式的平面波解就可以写为如下形式：

$$\begin{cases}\vec{E}(\vec{r},t)=\vec{\varepsilon}(\vec{r})e^{-i\omega t} & (4-28)\\[2mm] \vec{B}(\vec{r},t)=\vec{b}(\vec{r})e^{-i\omega t} & (4-29)\end{cases}$$

在上式中，解是用复数表示的，而实际的场强只取其实部。

将（4-28）式代回（4-25）式，得空间部分满足的方程

$$\nabla^2\vec{\varepsilon}(\vec{r})+\frac{\omega^2}{c^2}\varepsilon(\vec{r})=0 \tag{4-30}$$

该方程有多种解，每种解代表一种"模式"。我们只讨论最简单的一种：在全空间沿某固定方向传播的平面电磁波。

设电磁波沿 x 方向传播，场强的分布与 y、z 无关，即 $\vec{\varepsilon}=\vec{\varepsilon}(x)$。令 $\dfrac{\omega}{c}=k$ 为波数，则（4-30）式可写为

$$\frac{d^2}{dx^2}\vec{\varepsilon}(x)+k^2\vec{\varepsilon}(x)=0 \tag{4-31}$$

它的一个解为

$$\vec{\varepsilon}(x)=\vec{\varepsilon}_0 e^{ikx} \tag{4-32}$$

其中 $\vec{\varepsilon}_0$ 为常矢量。将（4-32）式代入（4-28）式得

$$\vec{E}(x,t)=\vec{\varepsilon}_0 e^{i(kx-\omega t)} \tag{4-33}$$

现将（4-33）式代回（4-28）式，得

$$\vec{e}_x \frac{\partial}{\partial x} \cdot \vec{E}(x,t) = ik\vec{e}_x \cdot \vec{E}(x,t) = 0 \qquad (4-34)$$

由第 2 章附录（a_{24}）式知，两个矢量的点积为零，则要求两矢量间的夹角为 $\frac{\pi}{2}$，即两者是垂直的。于是由（4-34）式，有结论：

$$\vec{E}(x,t) \perp \vec{e}_x \rightarrow E_x = 0 \qquad (4-35)$$

因 $\vec{E}$ 垂直于 x 轴（说明电场的方向同电磁波的传播方向垂直，即电磁波是"横波"），故 $\vec{E}$ 在 x 方向的分量 $E_x = 0$。这样，不妨选 $\vec{E}$ 沿 y 方向，即有

$$E = E_y(x,t) = \varepsilon_{0y} e^{i(kx-\omega t)} \qquad (4-36)$$

将（4-28）式、（4-29）式代入（4-16）式中，有 $(\nabla \times \vec{\varepsilon})\, e^{-i\omega t} = i\omega \vec{b} e^{-i\omega t}$，即

$$\vec{B}(\vec{r},t) = -\frac{i}{\omega} \nabla \times \vec{E}(\vec{r},t) \qquad (4-37)$$

现将（4-36）式代入（4-37）式并注意到 $\frac{\partial}{\partial Z} E_y(x,t) = 0$，则有

$$\vec{B} = -\frac{i}{\omega} \nabla \times \vec{E}$$

$$= -\frac{i}{\omega} \begin{vmatrix} \vec{e}_x & \vec{e}_y & \vec{e}_z \\ \dfrac{\partial}{\partial x} & \dfrac{\partial}{\partial y} & \dfrac{\partial}{\partial z} \\ 0 & E_y(x,t) & 0 \end{vmatrix}$$

$$= -\frac{i}{\omega} \left(- \begin{vmatrix} \vec{e}_x & \vec{e}_z \\ \dfrac{\partial}{\partial x} & \dfrac{\partial}{\partial z} \end{vmatrix} E_y \right)$$

$$= -\frac{i}{\omega} \vec{e}_z \frac{\partial}{\partial x} E_y(x,t)$$

$$= -\frac{i}{\omega} \vec{e}_z \frac{\partial}{\partial x} (\varepsilon_{0y} e^{i(kx-\omega t)})$$

$$= \frac{k}{\omega} \vec{e}_z \varepsilon_{0y} e^{i(kx-\omega t)}$$

$$= \vec{B}_0 e^{i(kx-\omega t)} \qquad (4-38)$$

其中

$$\vec{B}_0 = \frac{k}{\omega} \varepsilon_{0y} \vec{e}_z \qquad (4-39)$$

上式说明磁场的方向和电场的方向垂直，并且它们都和电磁波的传播方向垂直。

将（4-36）式也写成矢量式（它沿 y 方向），为

$$\vec{E} = \vec{\varepsilon}_0 e^{i(kx-\omega t)}, \quad \vec{\varepsilon}_0 = \varepsilon_{0y}\vec{e}_y \tag{4-40}$$

上式说明电场 $\vec{E}$ 和磁场 $\vec{B}$ 的振动同相位。

在（4-38）式和（4-40）式中，ε_0 和 B_0 称为电磁场的"振幅"，$e^{i(kx-\omega t)}$ 称为振荡因子。

电磁场是实场，故只取其实部，以电场为例，应为

$$E(x,t) = \varepsilon_{0y}\cos(kx-\omega t) \tag{4-41}$$

现在我们来看波是如何向 x 方向传播的（参见图4-3）。图中的虚线代表在 $(x,\ t)$ 时的波，实线代表在 $(x',\ t')$ 时的波。其中 $x' = x + dx,\ t' = t + dt$。

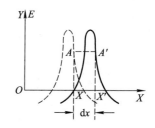

图 4-3

由图4-3可见，我们可以用振动中两个同高度（振幅相同）的点 A 和 A' 来判别振动的传播。这两点的场强分别为

$$E_A(x,t) = \varepsilon_{0y}\cos(kx-\omega t) \tag{4-42}$$

$$E_{A'}(x',t') = \varepsilon_{0y}\cos(kx'-\omega t') \tag{4-43}$$

由 $E_A = E_{A'}$，有

$$kx-\omega t = kx'-\omega t' \tag{4-44}$$

由 $x' = x + dx,\ t' = t + dt$ 及（4-44）式，可得

$$\frac{x'-x}{t'-t} = \frac{dx}{dt} = \frac{\omega}{k} = \frac{\omega}{\omega/c} = c \tag{4-45}$$

此式说明电磁波的传播速度为 $c = \dfrac{\omega}{k}$。

根据上面的讨论，我们可以将平面电磁波在真空中的传播特征表示为图4-4。图中 $\vec{k} = \dfrac{\omega}{c}\vec{k}^0$ 为"波矢量"，它平行于 $\vec{E} \times \vec{B}$，指向波传播的方向。

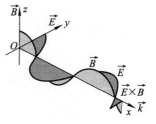

图 4-4

由图4-4可见，平面电磁波有以下的性质：

（1）电磁波是横波，电磁场 $\vec{E}$ 和 $\vec{B}$ 均与波的传播方向垂直；

（2）电场 $\vec{E}$ 与磁场 $\vec{B}$ 相互垂直，并与传播方向 $\vec{k}$ 满足叉积的右手螺旋关系；

（3）电场 $\vec{E}$ 和磁场 $\vec{B}$ 的振动同相位；

（4）电场 $\vec{E}$ 和磁场 $\vec{B}$ 的振幅成比例，波线上同一点瞬时值之间满足同样的比例

$$\frac{B_0}{\varepsilon_0} = k\omega ;$$

（5）电磁波在真空中的传播速度为

$$c = \frac{\omega}{k} = \frac{1}{\sqrt{\varepsilon_0\mu_0}} \tag{4-46}$$

而在介质中的传播速度

$$\nu = \frac{1}{\sqrt{\varepsilon\mu}} < c \tag{4-47}$$

其中 ε、μ 为介质中的介电常数和磁导率。

下面我们来看看赫兹是如何用实验来证实麦克斯韦的理论预言的。

图 4-5 是赫兹实验的示意图。如图所示，赫兹利用电容器充电后通过火花隙放电产生振荡的原理，做成了图 4-5 所示的振荡器。其中 C、D 是安放在同一条直线上的两段铜棒，两铜棒的顶端部分分别带有一个光滑的铜球，两铜球之间 P 处留有间隙，两铜棒分别与感应圈 T 的两极

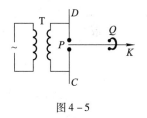

图 4-5

相接。感应圈 T 以 $10 \sim 10^2$ Hz 的频率间歇地在 C、D 之间产生很高的电压，当间隙中的空气被击穿而产生电火花时，两段铜棒构成电流通路，就成为"偶极振子"，偶极振子产生的电磁波沿 PK 方向传播。探测电磁波的谐振器 Q 是用铜棒制成的留有火花隙的圆环，通过调节两铜球的距离来改变火花隙的大小，从而改变谐振频率。将谐振器 Q 放置在电磁波传播路径 PK 的某处，适当选择方向，调节谐振器的频率，当与振荡器发生谐振时，谐振器间隙会出现明显的火花。可见，赫兹所测量的是电偶极辐射，电偶极辐射在远处的很小范围内可以近似地看成一个平面波（这正是我们上面的分析中的情况）——这样，就可以免去求解复杂的电偶极辐射的问题，通过求解简单的平面波显示出电磁场运动的清晰的物理图像。赫兹正是用上述方法观测到了电磁波的存在，观测到它具有如我们上面所说的性质，证实了麦克斯韦电磁理论的正确性。然而，在实验中，赫兹虽已经观察到了"光电效应"，但却未引起他的关注，这也许是一个小小的遗憾。

赫兹当年的实验装置和实验条件都十分简陋，然而，就是在这样简陋的条件下，他首次发射和接收到了电磁波，并证明了可见光属于电磁波。而且通过多次实验证明了电磁波与光波一样能够发生反射、折射、干涉、衍射和偏振，验证了麦克斯韦的预言，揭示了光的电磁本质，证明可以将光学与电磁学统一起来。总之，通过赫兹实验的验证，

麦克斯韦经典电磁理论就在科学中真正确立起来了。

第3节 经典电磁理论的物质观和认识论价值

作为一次伟大的科学综合，麦克斯韦经典电磁理论的意义是广泛而深远的。全面地讨论它，不是本书的目的，我们这里主要讨论它在物质观和认识论方面的价值。

一、经典电磁理论证实了非空的物质性背景空间的存在

在历史上，法拉第和麦克斯韦的电磁理论，以及洛伦兹的带电粒子的运动理论，都是把"以太"看做电磁场的载体的。所以，赫兹当年的实验证实了电磁波的存在之后，轰动了整个科学界——人们都把该实验看做"以太"存在的确实证据。人们为什么这么看呢？这是因为，"以太"看不见、摸不着，犹如我们日常生活中的空气一样。空气是通过其流动，使树叶哗哗作响而被我们"听"到，使物体产生运动而被我们"看"到——来让我们感知到它是一种实实在在的物质存在的。而声音和风，不过是振动空气后的效应的某种说法。比如池中的水，当扔一块石头于平静的池中时，我们就会看见一圈一圈的水波向远处传去。在水面上放一片树叶，如果水向某个方向流动，则树叶也会随之流动。但在上面石头击水的实验中，树叶并没有随水波运动飘到远方去，而只是在原处上下振动。亦即是说水只是在上下振动，而水波则沿水面向远方传去，即作为介质的水的振动方向与水波的传播方向是相互垂直的。这种波，我们称之为"横波"。在该实验中，波动以及作为波的载体物质的水都是可以被直接观察到的，并由此使得我们相信，只要观察到波动现象，就可以证明作为波的载体物质的水的存在的客观性。现在如果载体不是水，而是看不见摸不着的"以太"物质，则道理是一样的。我们也可以通过电磁波现象的实验观察，来证明作为其载体的"以太"物质的存在的客观性。而赫兹实验正是这样的实验，所以，人们自然把它的成功看成是"以太"存在的确实证据。

并且，"以太"存在的真实性被证实，还使得经典电磁理论所实现的光电磁现象的综合背后的更深刻的意义显现了出来——形成了一种新的物质观念：离散的以"粒子"形式存在的物体，是沉浸在连续的以"场"形式存在的、名为"以太"的物质（作为非空的物质性背景空间）之中的；前者是通过后者来传递相互作用的，后者则通过对前者的相互作用的传递把整个宇宙关联了起来。所以，证实和承认了"以太"的存在，实际上就是证实和承认了非空的物质性背景空间的存在，这就是电磁理论在认识论上的最重要的价值之所在——正如我们在第3章第5节"结论和说明"中所说的那样，非空的物

质性背景空间的存在这个新的基础性认识的产生，将引发一系列重大的理论变革。当然，电磁理论中所认为的物质性背景空间同我们在第 3 章中提出的 MBS 是有差别的：在我们的认识之中，MBS 这个"背景空间"是由元子这种粒子的集合体组成的；而在电磁理论之中，惠更斯、胡克、法拉第、麦克斯韦、赫兹、洛伦兹、彭加勒等人则认为"背景空间"是由连续的"以太"物质组成的（对于两者的差别问题，下面将进行详细的分析）。但在认为存在非空的物质性背景空间，即视"真空"事实上是不空的，它是所谓的"力场"的传递者这一点上，两者的认识却是相同的。

当然，此处的"力场"只涉及电磁相互作用，因而其对背景空间的提取是否已经完全，就是值得认真研究的。另外，在该理论体系中，同时运用了"粒子模型"和"场模型"来分别作为物体和背景空间的"物质存在的基本方式"，从而就在物质观上产生了二元对立。这些都是经典电磁理论在物质观和认识论方面的缺陷。对这些问题，我们下面还要进行详细的分析。

二、经典电磁理论证明了 $\vec{F}^{(s)}$ 的真实存在

在第 3 章中，我们把物理学置于正确的物质观、正确的物理图像和正确的认识论的基础之上，采取了几乎不借助数学表象的定性分析方法，指出了牛顿力学不完善的根源在于力场是什么的问题没有回答，以及对力场传递的非物质性解释所形成的物质观念上的悖论。为完善牛顿力学，就必须假定存在着由最基本的物质粒子"元子"所组成的物质性背景空间（MBS），它是实物粒子存在的环境和相互作用的传递者。当把 MBS 中的元子对实物粒子的作用再等效为"力场"的概念时，如第 3 章分析指出的：牛顿提取的满足牛顿第三定律的"瞬时"相互作用 $\vec{F}$ 只是其中的主体性部分，并不是力场的全部；为达到对力场的完全认识，则应补充牛顿尚未提取的部分 $\vec{F}^{(s)}$，且 $\vec{F}^{(s)}$ 之中应包含不满足牛顿第三定律的非有心力的成分。

现在，我们首先仍通过"力"的分析，来看看电磁理论对这一问题是如何认识的。

令（4 – 15）式右边的第二项为 $\vec{F}_B$，则

$$\vec{F}_B = q\vec{v} \times \vec{B} \tag{4 – 48}$$

它是由磁场产生的力。如周知的，$\vec{F}_B$ 是不满足牛顿第三定律的力。如果要该力不存在，即 $\vec{F}_B = 0$，其条件是：

（a） $$\vec{v} = 0, \quad 或者 \ \vec{v} /\!/ \vec{B} \tag{4 – 49}$$

（b） $$\vec{B} = 0 \qquad (4-50)$$

由（4-15）式可见，当 $\vec{F}_B = 0$ 时，有

$$\frac{d\vec{p}}{dt} = \frac{d}{dt}(m\vec{\nu}) = q\vec{E} \qquad (4-51)$$

对（4-51）式作积分，对电荷量为 q、质量为 m 的粒子，在电场 $\vec{E} \neq 0$ 的情况下，有

$$m\vec{\nu}(t) = m\vec{\nu}_0 + q\int_0^t \vec{E}\,dt \qquad (4-52)$$

其中 $\vec{\nu}$ $(t=0) = \vec{\nu}_0$ 为质量为 m 的带电粒子的初始速度，它是可以任意给定的。如果 $\vec{\nu}_0$ 不同，那么 t 时刻的速度 $\vec{\nu}$ (t) 就是不一样的。故而（a）所要求的 $\vec{\nu}$ 为零和 $\vec{\nu}$ 平行于 $\vec{B}$ 一般是不满足的。这样，要 $\vec{F}_B = 0$，则只有使 $\vec{B} = 0$。而电动力学的知识告诉我们，当 $\vec{B} = 0$ 时，是不存在以光速 c 传播的电磁波的。这时，（4-51）式即为带电粒子在静电场所产生的瞬时静电力作用下的运动方程——而此方程，是未超出牛顿力学框架的。

在这里我们清楚地看到，在经典电磁理论的框架中，如果没有以光速 c 传播的电磁波（如上例中的情况，$\vec{B} = 0$），便没有不满足牛顿第三定律的非有心力 $\vec{F}_B$。因此，不满足牛顿第三定律的非有心力 $\vec{F}_B$ 的存在和以光速 c 传播的电磁波的存在，是内在关联的，是互为因果的。也就是说，经典电磁理论发现和证明了以光速 c 传播的电磁波的存在，就是发现和证明了不满足牛顿第三定律的非有心力 $\vec{F}^{(s)}$（在上面所讨论的情况下便是 $\vec{F}_B$）的真实存在。

下面我们再从麦克斯韦方程组出发对上述问题进行较详细的分析。

（一）当仅存在静电相互作用时

由电动力学的知识知道，我们可以引入标势 φ 和矢势 $\vec{A}$，把 $\vec{B}$ 和 $\vec{E}$ 写为（高斯单位制）

$$\vec{B} = \nabla \times \vec{A} \qquad (4-53)$$

$$\vec{E} = -\nabla\varphi - \frac{1}{c}\frac{\partial \vec{A}}{\partial t} \qquad (4-54)$$

相应地，麦克斯韦方程组为（高斯单位制）

$$\left.\begin{aligned}
\nabla \cdot \vec{E} &= 4\pi\rho \\
\nabla \times \vec{E} &= -\frac{1}{c}\frac{\partial \vec{B}}{\partial t} \\
\nabla \cdot \vec{B} &= 0 \\
\nabla \times \vec{B} &= \frac{1}{c}\frac{\partial \vec{E}}{\partial t} + \frac{4\pi}{c}\vec{j}
\end{aligned}\right\} \qquad (4-55)$$

将（4-54）式和（4-53）式分别代入（4-55）式的第1和第4式中，得

$$\nabla^2 \varphi + \frac{1}{c} \nabla \cdot \frac{\partial \vec{A}}{\partial t} = -4\pi\rho$$

$$\nabla \times (\nabla \times \vec{A}) = -\nabla^2 \vec{A} + \nabla(\nabla \cdot \vec{A}) = -\frac{1}{c} \frac{\partial}{\partial t}(\nabla\varphi) - \frac{1}{c^2} \frac{\partial^2 \vec{A}}{\partial t^2} + \frac{4\pi}{c}\vec{j}$$

上两式可改写为

$$\left.\begin{array}{l}
\nabla^2 \varphi - \dfrac{1}{c^2} \dfrac{\partial^2 \varphi}{\partial t^2} + \dfrac{1}{c} \dfrac{\partial}{\partial t}\left(\nabla \cdot \vec{A} + \dfrac{1}{c} \dfrac{\partial \varphi}{\partial t}\right) = -4\pi\rho \\[3mm]
\nabla^2 \vec{A} - \dfrac{1}{c^2} \dfrac{\partial^2 \vec{A}}{\partial t^2} - \nabla\left(\nabla \cdot \vec{A} + \dfrac{1}{c} \dfrac{\partial \varphi}{\partial t}\right) = -\dfrac{4\pi}{c}\vec{j}
\end{array}\right\} \qquad (4-56)$$

如果我们选择规范变换为洛伦兹条件

$$\nabla \cdot \vec{A} + \frac{1}{c} \frac{\partial \varphi}{\partial t} = 0 \qquad (4-57)$$

那么（4-56）式就可以写为

$$\left.\begin{array}{l}
\nabla^2 \varphi - \dfrac{1}{c^2} \dfrac{\partial^2 \varphi}{\partial t^2} = -4\pi\rho \\[3mm]
\nabla^2 \vec{A} - \dfrac{1}{c^2} \dfrac{\partial^2 \vec{A}}{\partial t^2} = -\dfrac{4\pi}{c}\vec{j}
\end{array}\right\} \qquad (4-58)$$

它的解为推迟势

$$\varphi(\vec{r},t) = \int \frac{\rho\left(\vec{r}', t - \dfrac{R}{c}\right)}{R} dV' \qquad (4-59)$$

$$\vec{A}(\vec{r},t) = \frac{1}{c} \int \frac{\vec{j}\left(\vec{r}', t - \dfrac{R}{c}\right)}{R} dV' \qquad (4-60)$$

为什么上两式称为"推迟势"呢？因在 D 处体元 dV' 内的电荷 $\rho dV'$ 所激发的电磁波，从 D 传到 P 点所需时间为 $t' = \dfrac{R}{c}$（这里隐含了"所有的电磁作用都是在以光速 c 传播"的意思），所以，在 t 时刻 P 点的势 $\varphi(\vec{r},t)$ 和 $\vec{A}(\vec{r},t)$ 应是 $t - t' = t - \dfrac{R}{c}$ 时刻激发的，故 $\dfrac{R}{c}$ 称为推迟因子，相应地称用（4-59）式和（4-60）

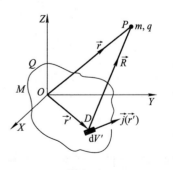

图 4-6

式表示的 $\varphi(\vec{r},t)$ 和 $\vec{A}(\vec{r},t)$ 为"推迟势"（参见图 4-6）。为了讨论方便，并使得电

磁场速度 c 能被凸现出来，我们在这里没有使用国际单位制，而是采用了高斯单位制。

为简化讨论，现设质量为 M、电荷为 Q 的粒子以不变速度运动，即 $\vec{v}_0 =$ 常矢量。利用上述推迟势，我们直接借用电动力学所导出的结果，可将 φ，$\vec{A}$ 表示为

$$\varphi = \frac{Q}{\sqrt{r_\perp^2 \left(1 - \dfrac{v_0^2}{c^2}\right) + r_{/\!/}^2}} \tag{4-61}$$

$$\vec{A} = \frac{Q\vec{v}_0}{c\sqrt{r_\perp^2 \left(1 - \dfrac{v_0^2}{c^2}\right) + r_{/\!/}^2}} \tag{4-62}$$

上两式中的 $r_{/\!/}$ 和 $r_\perp$，如图 4-7 所示，分别代表 $\vec{r}$ 平行于和垂直于 $\vec{v}_0$ 方向的分量。由（4-62）式可见，此时 $\vec{A} = \vec{A}(\vec{r})$，不显含 t，故 $\dfrac{\partial \vec{A}}{\partial t} = 0$，将其代入（4-53）式和（4-54）式，简单运算后即可得到下列关系：

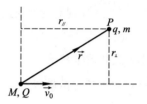

图 4-7

$$\vec{E} = \frac{Q\vec{r}\left[1 - \left(\dfrac{v_0}{c}\right)^2\right]}{r^3 \left[1 - \left(\dfrac{r_\perp}{r}\right)^2 \left(\dfrac{v_0}{c}\right)^2\right]^{\frac{3}{2}}} \tag{4-63}$$

$$\vec{B} = \frac{\vec{v}_0}{c} \times \vec{E} \tag{4-64}$$

若 $v_0 < c$，因 $r_\perp < r$，故 $\left(\dfrac{r_\perp v_0}{rc}\right)^2 < 1$。将（4-63）式的分母作级数展开后，可得

$$\vec{E} = \frac{Q}{r^2}\left(\frac{\vec{r}}{r}\right) + \frac{Q\vec{r}}{r^3}\left[\frac{3}{2}\left(\frac{r_\perp}{r}\right)^2 - 1\right]\left(\frac{v_0}{c}\right)^2 + \frac{Q\vec{r}}{r^3}\left[\frac{15}{8}\left(\frac{r_\perp}{r}\right)^4 - \frac{3}{2}\left(\frac{r_\perp}{r}\right)^2\right]\left(\frac{v_0}{c}\right)^4 + \cdots$$

$$= \vec{E}_N + \vec{E}_E^{(S)}\left(\frac{v_0}{c}\right) \tag{4-65}$$

其中

$$\vec{E}_N = \frac{Q}{r^2}\frac{\vec{r}}{r} = \frac{Q}{r^2}\vec{r}^{\,0} \tag{4-66}$$

而 $\vec{E}_E^{(S)}\left(\dfrac{v_0}{c}\right)$ 是（4-65）式中除去第一项 $\vec{E}_N$（即（4-66）式）外，剩余的与因子 $\left(\dfrac{v_0}{c}\right)$ 有关的所有项目之和。

现在我们对（4-65）式的物理意义进行分析。

在通常的教科书中，人们称，由于 $\nu_0 \ll c$，（4-65）式中的 $\vec{E}_E^{(s)}\left(\dfrac{\nu_0}{c}\right)\to 0$，于是 $\vec{E} = \vec{E}_N = \dfrac{Q}{r^2}\vec{r}^0$，为库伦静电势。亦即是说，库伦静电势 $\vec{E}_N$ 是在不考虑 $\left(\dfrac{\nu_0}{c}\right)$ 的 1 阶（在（4-64）式中）和 2 阶及其以上［在（4-65）式中］效应下的**近似**。

这样的解释在逻辑上是存在毛病的：第一，我们要问，库伦静电势和静电相互作用是以光速 c 传递的吗？显然不是。第二，若称之为"近似"，则只能说 $\vec{E} \approx \vec{E}_N$（近似相等）。而现在要问的是，在什么条件下 $\vec{E}$ 和 $\vec{E}_N$ 严格相等？

下面，我们将以一种不同于通常教科书中的理解方式对（4-65）式加以重新理解。之所以要这么做，是因为如下的理由：虽然在物理理论研究过程中，往往需要先将物理问题数学化，而后通过数学推演得出某个结果，但同时我们却必须注意到一个问题：数学公式和数学结果并不能简单地等价为物理过程和物理结果——只有那些真正符合物理过程和物理实在意义的数学过程和数学结果，才是正确的数学物理过程和数学物理结果。因而，在经过数学推演得出一个数学结果之后，还需要有一个数学问题物理化的过程，即理解所得到的数学解的真实物理意义，从中提取满足真实物理过程的信息的阶段。我们下面的"重新理解"，实际上作的就是"数学问题物理化"的工作。

下面，我们将按照上述思想对（4-65）进行分析。要使（4-65）式中的 $\vec{E}$ 和 $\vec{E}_N$ 严格相等，就必须要求 $\vec{E}_E^{(s)}$ 严格为零，即 $\vec{E}_E^{(s)}=0$。那么 $\vec{E}_E^{(s)}=0$ 的条件又是什么呢？

现在，考虑一个电荷为 q、质量为 m_2 的点粒子在电荷为 Q、质量为 m_1（$m_1 \gg m_2$）的粒子所激发的场中运动。若 $\vec{E}_E^{(s)}=0$，则 m_2 只受库伦静电力 $\vec{F}=q\vec{E}_N$ 的作用。众所周知，此力是一种瞬时相互作用。当然，所谓"瞬时"，在严格的意义上讲，就是说其传播速度无限大，我们可以记它的传播速度为 u（$u\to\infty$）。注意，此时，即只存在静电相互作用时，是只存在以 u（$u\to\infty$）为传播速度的力场，而不存在以 c 为传播速度的力场的。

从物理上考虑，（4-58）式中的 $\dfrac{1}{c^2}$ 因子是产生推迟势的原因，即（4-58）式中的因子 $\dfrac{1}{c^2}$ 与（4-59）式、（4-60）式中的推迟因子 $-\dfrac{R}{c}$ 是相对应的——表明力场是以传播速度 c 由 Q 传递到 q 之上的，也就是说，$\dfrac{1}{c^2}$ 和 $-\dfrac{R}{c}$ 都是与力场的传播速度相关的量。所以，如果现在力场只是以 u 的速度在传递着，那么，从物理上考虑，我们就可以将（4-58）中的 $\dfrac{1}{c^2}$ 换成 $\dfrac{1}{u^2}$，将（4-59）式和（4-60）式中的 $-\dfrac{R}{c}$ 换成 $-\dfrac{R}{u}$。于是有

$$\left.\begin{array}{l} \nabla^2 \varphi - \dfrac{1}{u^2}\dfrac{\partial^2 \varphi}{\partial t^2} = -4\pi\rho \\[4mm] \nabla^2 \vec{A} - \dfrac{1}{u^2}\dfrac{\partial^2 \vec{A}}{\partial t^2} = -\dfrac{4\pi}{c}\vec{j} \end{array}\right\} \qquad (4-67)$$

$$\left.\begin{array}{l} \varphi(\vec{r},t) = \displaystyle\int \dfrac{\rho\!\left(\vec{r}',\,t-\dfrac{R}{u}\right)}{R}dV' \\[6mm] \vec{A}(\vec{r},t) = \dfrac{1}{c}\displaystyle\int \dfrac{\vec{j}\!\left(\vec{r}',\,t-\dfrac{R}{u}\right)}{R}dV' \end{array}\right\} \qquad (4-68)$$

相应地，（4-63）、（4-65）和（4-64）式就可以改写为

$$\vec{E} = \frac{Q\vec{r}\left[1-\left(\dfrac{\nu_0}{u}\right)^2\right]}{r^3\left[1-\left(\dfrac{r_\perp}{r}\right)^2\left(\dfrac{\nu_0}{u}\right)^2\right]^{\frac{3}{2}}} \qquad (4-69)$$

$$\left.\begin{array}{l} \vec{E} = \vec{E}_N + \vec{E}_E^{(s)}\!\left(\dfrac{\nu_0}{u}\right) \\[4mm] \vec{B} = \dfrac{\vec{\nu}_0}{u}\times\vec{E} \end{array}\right\} \qquad (4-70)$$

现令 $u\to\infty\left(\text{即令}\ \dfrac{\nu_0}{u}\to 0\right)$，于是就可以严格导出

$$\left.\begin{array}{l} \vec{E}_E^{(s)}\!\left(\dfrac{\nu_0}{u}\right) = 0 \\[4mm] \vec{E} = \vec{E}_N + \vec{E}_E^{(s)}\!\left(\dfrac{\nu_0}{u}\right) = \vec{E}_N = \dfrac{Q}{r^2}\vec{r}^0 \end{array}\right\} \qquad (4-71)$$

$$\vec{B} = \frac{\vec{\nu}_0}{u}\times\vec{E} = 0 \qquad (4-72)$$

设 O 点为惯性参考系原点，将上述关系代入洛伦兹公式（采用高斯单位制）

$$\frac{d\vec{p}}{dt} = q\vec{E} + \frac{1}{c}q\vec{\nu}\times\vec{B} \qquad (4-73)$$

于是，得该粒子在场（4-71）式、（4-72）式中的运动方程为 $(\vec{p}=m_2\vec{\nu})$

$$\frac{d\vec{p}}{dt} = q\vec{E}_N = \frac{qQ}{r^2}\vec{r}^0 = \vec{F} \qquad (4-74)$$

此即是质量为 m_2、电荷为 q 的粒子在质量为 m_1（$m_1 \gg m_2$）、电荷为 Q 的粒子所产生的静电场中的牛顿运动方程。在这个场中，m_1 粒子也会受到反作用力 $-\vec{F}$，相应地产生加

速度 $\vec{a}_0 = -\dfrac{\vec{F}}{m_1}$，但由于 m_1 很大，则可近似地视 $\vec{a}_0 = 0$（故前面所说的粒子 m_1 的速度 $\vec{v}_0 =$ 常矢量的假定才是成立的）。此时，将 O 点选在 m_1 的质心上，在 O 点上建立的参考系便是惯性系。在这个参考系中，（4-73）式才是成立的。这也是我们之所以假定 Q 电荷以 $\vec{v}_0 =$ 常矢量运动的原因，因为在这样的情况下，可以简化对问题的讨论。

在这里我们看到，当仅存在瞬时相互作用时，牛顿所提取的满足第三定律的力 $\vec{F}$ 为

$$q\vec{E}_N = \frac{qQ}{r^2}\vec{r}^0 \equiv \vec{F} \tag{4-75}$$

它即是两带电体之间的库仑力。由上式可见，库仑力是"瞬时"（$u \to \infty$）力，$\vec{E}_N$ 是 Q 所激发的"瞬时"势。在瞬时传递时，是不存在非有心力部分的。同时，由上面的讨论可知，$\vec{E} = \vec{E}_N$ 的得出来自（4-71）式，是 $u \to \infty$ 的结果；而不是来自（4-65）式不考虑 $\vec{E}_E^{(s)}\left(\dfrac{\nu_0}{c}\right)$ 时的近似。

需要强调的是，我们之所以要以这种新的方式来理解（4-65）式的物理意义，是因为在通常的理解方式下，是把静电场 $\vec{E} = \vec{E}_N$ 也理解为以光速 c 传递的——这与实验不符。在实验上，如我们已经在第 2 章中分析指出的，两静止电荷之间是不存在以光速 c 传递的电磁波的，而仅仅存在着瞬时相互作用。正因如此，我们才从物理实质出发，对（4-65）式做了上述的不同于通常教材中的理解。

现在我们再来看 $u \to \infty$ 在场方程中的物理意义。将 $u \to \infty$ 代入（4-67），于是有

$$\left.\begin{array}{l} \nabla^2 \varphi = -4\pi\rho \\[2mm] \nabla^2 \vec{A} = -\dfrac{4\pi}{c}\vec{j} \end{array}\right\} \tag{4-76}$$

（4-76）式表明了势与"源"之间的关系。将（4-76）式与（4-58）式相比较，可见要（4-58）式与（4-76）式一样（当仅存在瞬时相互作用时），不能令**常量** $c \to \infty$（试想一下，真空中的光速 c 作为一个"**常量**"，怎么可能趋近"无穷大"呢？），而只能视（4-58）式中的 $\vec{A}$、φ 不显含时间。利用此条件，（4-53）式和（4-54）式才能严格地退化为

$$\left.\begin{array}{l} \vec{B} = \nabla \times \vec{A} \\[2mm] \vec{E} = -\nabla\varphi \end{array}\right\} \tag{4-77}$$

而当 φ 不显含 t 时，由（4-57）有

$$\nabla \cdot \vec{A} = 0 \tag{4-78}$$

利用（4-77）式、（4-78）式，于是得

$$\left.\begin{aligned}\nabla \times \vec{B} &= \nabla \times (\nabla \times \vec{A}) = -\nabla^2 \vec{A} + \nabla(\nabla \cdot \vec{A}) = -\nabla^2 \vec{A} \\ \nabla \cdot \vec{E} &= -\nabla \cdot (\nabla \varphi) = -\nabla^2 \varphi\end{aligned}\right\} \quad (4-79)$$

将（4-79）式代入（4-76）式中，得

$$\left.\begin{aligned}\nabla \cdot \vec{E} &= 4\pi\rho \\ \nabla \times \vec{B} &= \frac{4\pi}{c}\vec{j}\end{aligned}\right\} \quad (4-80)$$

将 $\vec{A}$、φ 不显含时间代入（4-77）式中，则 $\vec{B}$、$\vec{E}$ 不显含时间。代入（4-55）式则得

$$\left.\begin{aligned}\nabla \cdot \vec{E} &= 4\pi\rho \\ \nabla \times \vec{E} &= 0 \\ \nabla \cdot \vec{B} &= 0 \\ \nabla \times \vec{B} &= \frac{4\pi}{c}\vec{j}\end{aligned}\right\} \quad (4-81)$$

可见，（4-80）式和（4-81）式是一致的。这时，（4-81）式就是静电场、静磁场的麦克斯韦方程组。

上面的讨论，只是论证了采取（4-67）式、（4-68）式的理解方式，从物理上说是合理的，可以将"瞬时"传递的部分，换一个角度表示出来，以使得静电势产生的瞬时作用力能得到物理上的正确理解。但是，（4-67）式只是一个用"比拟"的方法，作为一种有用的"假定"直接引入的方程，而非由某个更基本的原理导出的方程。也就是说，（4-67）式背后更深刻的东西、即其基础是什么，其实在理论上并没有给予回答——这是一个有待将来进一步研究的问题。

（二）当瞬时的非定域相互作用和以光速 c 联系的定域相互作用并存时

在牛顿力学的框架中，当提取了（4-75）式的力 $\vec{F}$ 之后，就将剩余的空间视为空洞无物的绝对空间。但事实上，牛顿的力 $\vec{F}$ 对空间效应的提取是不完全的，他所讲的"绝对空间"，在认识和定义上是正确的，但在实际应用时却不完全等同于我们所定义的真正的"绝对真空间"。在他的"绝对空间"中，由于还有一部分 MBS 的作用未被 $\vec{F}$ 提取出去而"剩余"在这一空间中，故他的"绝对空间"在事实上仍不是空的。由于这部分"剩余"的 MBS 也要发挥自己的作用，所以，当带电粒子 Q 以速度 $\vec{v}_0$ 运动时，我们就不仅应考虑到原有的静电场 $\vec{E}_N$（对应着牛顿的力 $\vec{F}$），还应考虑到"剩余的"非空的空间被扰动而激发出以光速 c 传播的电磁场——例如其中的电场 $\vec{E}_E^{(s)}\left(\dfrac{v_0}{c}\right)$，它同静电场

$\vec{E}_N$ 的叠加才是总的电场 $\vec{E}$ [见 (4-65) 式]。现将 (4-65) 式、 (4-64) 式代入 (4-73) 式中，则得电荷为 q 的点粒子的运动微分方程（高斯制）

$$\frac{d\vec{p}}{dt} = \vec{F} + \vec{F}^{(s)}\left(\frac{\nu_0}{c}\right) \tag{4-82}$$

其中

$$\vec{F}^{(s)}\left(\frac{\nu_0}{c}\right) = q\vec{E}_E^{(s)}\left(\frac{\nu_0}{c}\right) + \frac{q}{c}\vec{\nu} \times \left(\frac{\vec{\nu}_0}{c} \times \vec{E}_N\right) + \frac{q}{c}\vec{\nu} \times \left(\frac{\vec{\nu}_0}{c} \times \vec{E}_E^{(s)}\left(\frac{\nu_0}{c}\right)\right) \tag{4-83}$$

而

$$\vec{F} = q\vec{E}_N = \frac{qQ}{r^2}\vec{r}^0 \tag{4-84}$$

为静电力（高斯制）。

现在我们来分析 (4-82) 式的物理意义。

上面说过，若只考虑满足第三定律的瞬时相互作用时， (4-82) 式即退化为

$$\frac{d\vec{p}}{dt} = \vec{F} = \frac{qQ}{r^2}\vec{r}^0 \tag{4-85}$$

此时牛顿方程是严格成立的。

但是，若在考虑到牛顿的瞬时作用的基础之上再进一步考虑到以光速 c 传递的定域相互作用，那么就应在 (4-85) 式的基础上加进一个修正项目 $\vec{F}^{(s)}\left(\frac{\nu_0}{c}\right)$，此即 (4-82) 式。而此式正是第 3 章中我们分析牛顿力学不完善时所给出的方程 (3-43) 式在电磁相互作用中的具体表现。而在 (3-43) 式中，如前一节分析表明的，$\vec{F}^{(s)}$ 是因牛顿的力 $\vec{F}$ 对 MBS 效应的提取不完全而对其进行的修正。这个修正项 $\vec{F}^{(s)}$ 的提出，改正了牛顿理论对力场的认识所存在的物质观念上的错误（即认为力场是通过非物质性的"空"来传递的），指出力场是靠 MBS 来传递的。所以， (4-82) 式中 $\vec{F}^{(s)}\left(\frac{\nu_0}{c}\right)$ 这一项目的存在，就具有重大的认识论价值，即再一次否定了牛顿所定义的"绝对空间"是"空"的说法，证明了在牛顿所定义的"绝对空间"中还有物质存在，首次从理论和实验两个方面以明确的方式论证了力场是依靠"非空"的 MBS 来传递的——只不过在电磁理论中，所揭示的只是 MBS 之中的"电磁背景"，并将其称之为"以太"罢了。

以上的分析还表明，即使从麦克斯韦方程组出发，我们也得出了静止电荷产生的电场是静电场，稳定电流产生的磁场是静磁场，静电场和静磁场不是以光速 c 传递的，而是"瞬时"的这一结论。所以，"所有的电场和磁场均是以光速 c 传递的"这种说法实

际上是不对的。这种错误的说法之所以广泛流传，是因为在通常的教科书中对此采取了一种含混的表述，这才造成人们认为所有的电场和磁场均在以光速 c 传递的错觉。

总之，瞬时的非定域相互作用和以光速 c 联系的定域相互作用同时存在，是在电磁现象的实验中已经被肯定了的东西。但是，由上面的讨论可知，在麦克斯韦方程组中，却未能将这两种相互作用以某种自洽而光滑的方式统一地表示出来。这是电磁理论本身的不足之处，也是造成人们认为所有的电场和磁场均在以光速 c 传递的错觉的重要原因。正因为这一不足和人们对麦克斯韦方程组理解上的偏差，后来才导致相对论将 c 视为极限速度。但后面我们将谈到，20 世纪 80 年代被实验证实的 AB 效应却又将瞬时的非定域相互作用凸显了出来，从而证实在非相对论领域，非定域的量子力学表述是有道理的；也使得相对论和量子力学不相统一的问题更加凸现出来。相对论与量子力学统一的问题，是一个迄今尚未找到解决途径的重大问题，是一个严肃的重大课题，这里不再深入讨论。但我们推测，它很可能同以 u 和 c 的速度传播的两种相互作用并存，而迄今尚未找到某种统一的机制和描述的手段有关。

综上所述，"真空"非空，其间充满了传递相互作用的"以太"物质，从而揭示出了所谓"真空"的物质性，这是电磁理论在认识论方面最重大的价值所在，它进一步丰富了人们的物质观念，使人们对力场的物质性基础有了更清楚的认识。这是我们利用一个例证，由电磁理论的现存结果（4-63）式和（4-64）式，以及洛伦兹公式（4-73）式并根据（3-43）式直接导出的结论。这一结论再次印证了我们在上一节中的一个基本观点：每当人们在某个领域和在某种意义上实实在在地揭示了 $\vec{F}^{(s)}$ 的某些性质和表现时，就必然会导致理论结构、时空观念、物质观念的变革，而被人们誉为"科学革命"。所以，牛顿力学的残缺美的确是一片沃土，植根于这片沃土的科学苑必将枝繁叶茂。作为第二次科学综合的电磁理论革命，就是科学苑中绽放的第一朵鲜花——这是必然性的逻辑结果。

第 4 节 经典电磁理论不完善性的分析及给我们的启示

法拉第-麦克斯韦的电磁理论研究的是宏观电荷、电流体系所激发的电磁场和场的运动，以及其与物质相互作用的规律，这是科学史上继牛顿革命和综合之后的又一次科学革命和科学综合。它的意义不仅表现为丰富了人们的物质观，揭示了牛顿所定义的"绝对空间"事实上并不是一无所有的"空匣子"，亦即是说牛顿所说的"真空"事实上不是"空"的，它里面充满了名为"以太"的连续物质，它是力场的传递者；也表现在为人们早已熟知的许多巨大的实用性价值，以及由此而带来的巨大的经济效益和社会效益上；同时，还表现在它的不完善性所产生的"残缺美"上——由此为人们留下了新的探索空间。

一、二元对立的物质观需要修正

电磁理论涉及对粒子所激发的场和粒子在场中的运动这两个方面的描述。前者由麦克斯韦方程组（4-14）式承担，后者则由洛伦兹公式（4-15）式来实现。这样，"场"以及"粒子"在场中的运动这两个方面都涉及了，故而是一种较完善的认识。但这种描述方式，表明电磁理论在对物质本性的认识上显然是持一种"二元论"的物质观。这种物质观对不对呢？

在上一章中我们曾指出，当我们弥补了牛顿对力场认识不足的理论缺陷之后，必然会导致一个新的假定：实物粒子是通过非空的 MBS 来联系的。若仍用"力场"的等效性近似概念来提取这种联系方式，则牛顿方程应修改为

$$\frac{d\vec{p}}{dt} = \vec{F} + \vec{F}^{(s)} \qquad (4-86)$$

（4-86）式是在我们所定义的"绝对真空间"的背景下才成立的，亦即是说在绝对静止的参考系（简称静止参考系，即 SR 系）中才成立的。在该式中，$\vec{F}$ 是牛顿所提取的 MBS 中的满足牛顿第三定律的瞬时作用力。在牛顿看来，把 $\vec{F}$ 提取出来之后，剩余的由他所定义的"绝对空间"将是空洞无物的"空匣子"，建于此"空匣子"之上的匀速运动参考系就是牛顿的惯性参考系。但如上节的分析指出的，事实上这个"空匣子"仍是不空的。而前面的例证又表明，质量为 m_1、电荷为 Q 的具有结构的粒子，在以 $\vec{v}_0 =$ 常矢量运动时，将扰动事实上非空的、牛顿的所谓"绝对空间"而改变该空间的情态，由此使得质量为 m_2（$m_2 \ll m_1$）、电荷为 q 的"点"粒子受到一个附加力 $\vec{F}^{(s)}$，且 $\vec{F}^{(s)}$ 中还有不满足牛顿第三定律的非有心力部分。这就从实例的具体分析中印证了我们前面的观点：牛顿以后的"科学革命"都将围绕对 MBS 的认识展开，并特别表现在对 $\vec{F}^{(s)}$ 的揭示之中。而每次"科学革命"都将带来对牛顿的时空观和物质观的变革。

正因如此，将（4-86）式同（4-82）、（4-84）式对比时，就必然会发现其准确的对应关系：

$$\vec{F} = q\vec{E}_N = \frac{qQ}{r^3}\vec{r} \qquad (4-87)$$

$$\vec{F}^{(s)} = \vec{F}^{(s)}\left(\frac{\nu_0}{c}\right) \qquad\qquad (4-88)$$

其中 $\vec{F}^{(s)}\left(\dfrac{\nu_0}{c}\right)$ 由（4-83）式定义，它包含着不满足牛顿第三定律的非有心力成分。这与（4-86）式的预示是完全吻合的。这样，电磁理论的革命性就被清楚地揭示了出来。与之相应地，它反过来必将导致对 MBS 的物质性的新认识而变革牛顿的时空观和物质观。这就是惠更斯、胡克、菲涅耳、安培、法拉第、麦克斯韦、洛伦兹、彭加勒等一大批科学家们所坚持的"以太"观和赫兹实验所论证的"以太"的物质性的伟大意义之所在。也就是说，把电磁场视为在"以太"介质中的振动模式的运动，是历史上人们对电磁场本性的认识。它的意义在于揭示了牛顿所定义的"真空"是不空的，里面充满了连续的"以太"物质，它是力场的传递者。

我们将非空的"真空"称之为 MBS，而在麦克斯韦电磁理论中，人们将其称为"以太"。就其本质而言，这两者不过是对同一客体的不同称谓。但前者以"粒子"为物质存在方式的最基本形态，持一种彻底的一元论物质观念。它是满足了（C_3）的自洽性要求并保证（C_1）和（C_2）正确性的必然性推论。如上面所分析的，在电磁理论中它也必然会得到证实。而后者则把"以太"视为连续的物质形态，如第 3 章所分析的，认为离散的粒子与连续的"以太"这两种物质存在基本形态并存，是一种无法自洽的二元对立的物质观念。但若称"以太"为最基本粒子的集合体，电磁场是其激发模式，则与我们所说的 MBS 就完全等价了。由于 MBS 的"元子"尚无法捕捉到，再加上存在多体困难，因而我们认为在描述上仍可用连续性的"力场"的概念来等价实物粒子与 MBS 的作用，因为它是现实的和有意义的，虽然这只是一种技术性的权宜之计。所以，场概念的引入，至少在目前的阶段是方便的和有实际价值的。如果这样来看问题，那么电磁理论同时用"粒子"和"场"这两个模型去描述客体，就不仅在描述上是完善的，而且若采取 MBS 的观点或上述被改造过的"以太"观，则在物质观上也仍是一元论的——因为在这里，"场"的引入只是一种技术性的手段。而在对场的物理实质的认识上，仍然将场看成为"粒子的集合体"。

但狭义相对论产生后，较多的人们和较为流行的观点却认为迈克耳孙—莫雷实验否定了"以太"的存在，转而采取了一种新的说法，即认为因电磁场具有能量和动量，故它本身就是一种不依赖"以太"介质传递的新的物质形态。这正如通常的电动力学教科书上所说的那样：相对于粒子作为物质存在方式的基本形态而言，电磁理论则揭示了具有叠加性和可入性的连续的电磁场也是物质存在方式的另一种基本形态。由此形成了离散的粒子与连续的场这两种物质存在基本形态并存的物质观。我们认为，这种"二元对立"的物质观念是错误的，或者至少可以说在提法上是欠妥当的。

之所以会产生这种观念，与对物理学同数学间关系的不当认识有关。在物理学高度数学化了之后，物理学家们似乎已经养成了一个习惯：直接把数学结果当成物理实在来看待。亦即是说，人们已经不是将物理学置于正确的物质观、正确的物理图像的基础之上，而是置于数学表象的基础之上了。当把数学表象作为物理学的基础时，人们就会说：电场 $\vec{E}$ $(\vec{r}, t)$ 和磁场 $\vec{B}$ $(\vec{r}, t)$ 是连续函数。电磁场具有能量，可以用能量密度 $W = \frac{1}{2}$ $(\vec{E} \cdot \vec{D} + \vec{H} \cdot \vec{D})$ 来描述；也有动量，可以用能流密度 $\vec{S} = \vec{E} \times \vec{H} \left(动量 \vec{g} = \dfrac{\vec{S}}{c^2}\right)$ 来描述。$\vec{E}$、$\vec{B}$ 满足线性微分方程，例如在离源很远处，$\vec{E}$、$\vec{B}$ 满足（4-25）式、（4-26）式的二阶线性偏微分方程。线性方程的特点之一是解具有叠加性。例如 $\vec{E}_1$ 和 $\vec{E}_2$ 是满足（4-25）式的两个"解"（注意：这是数学概念），则 $\vec{E} = c_1\vec{E}_1 + c_2\vec{E}_2$ 也是方程（4-25）式的解。而叠加性的背后是 $\vec{E}_1$ 与 $\vec{E}_2$ 之间具有"可入性"，因为只有"可入"才能使 $\vec{E}_1$ 和 $\vec{E}_2$ 叠加、融合为 $\vec{E}$ 这样一个整体（注意：这里已经将数学概念"方程的解"偷换成物理概念"场"了）。另外，麦克斯韦方程组与洛伦兹方程又是并列的，即连续性的电磁场物质和离散的粒子形态的物质是并列的、共存的。粒子可以在电磁场中运动，故而也要求连续性的场物质具有"可入性"，否则具有有限尺度大小的粒子在连续性的场物质中就不能运动。粒子可以在连续的场中运动是被实验肯定了的；叠加性则由干涉、衍射实验所证实。故而"叠加性"、"可入性"是被实验所证实了的东西。电磁场的能量和能流同样在与物质的相互作用中被证明，故称它是一种物质形态是完全可以站得住脚的。而这些又都是从连续性的场满足麦克斯韦方程组、粒子满足洛伦兹力公式这一前提出发所得出的、被实验证明了的理论结果。基于上述论证，前面所提及的"相对于粒子作为物质存在方式的最基本形态而言，电磁理论则揭示出了具有叠加性和可入性的连续的电磁场也是物质存在方式的另一种基本形态"的结论有什么不对的呢？

把上述"证明"置于"检验理论正确性的标准"的框架内进行分析，我们就可以发现：以数学表象为载体的电磁场理论，在某种意义上和一定的领域内对众多现象（主要是光、电、磁现象）所进行的统一的描述，可以经受住（C_4）的检验，即在一定领域数学表象统一性的检验；理论的上述描述被实验证实，所经受的是（C_5）的检验。人们之所以认为电磁理论是正确的，就是因为它通过了上述检验。

然而，这种检验是完善而深刻的吗？我们认为不是。正如我们在第 2 章中反复说明了的，对一个理论的完善而深刻的检验，应由我们前面所提出的 C 判据 [（C_1）—（C_5）这一整体] 的全面检验来完成；而在其中，（C_4）和（C_5）的检验仅仅只能肯定理论的某种"实用性"、"有效性"以及可能的"合理性"，而（C_1）、（C_2）和（C_3）的检验才是更为本质和更为重要的，因为只有它们才能判别出理论是否正确与是否深刻。

那么，电磁理论在（C_1）、（C_2）和（C_3）的更本质的检验中的表现怎么样呢？现在，就让我们再用第 2 章中图 2－7 所示的检验方法来对电磁理论做判断——我们在第 2 章中已经说过，这种判断的最大好处，在于可以用不借助数学表象的方法准确地得出结论。

首先我们来看连续性电磁场物质具有"叠加性"和"可入性"的说法是否成立。当然，连续性的电磁场这种物质，我们看不见，摸不着，但至少我们可以用看得见的事物，来"类比"地检验"连续场物质具有叠加性和可入性"这种说法，从概念上讲，其逻辑是否成立。

例如，冰块这种物质，在一定的意义上可以视为一种连续的物质分布。两块凹凸不平的冰块放在一起，有"叠加性"和"可入性"吗？显然没有。将两块冰加热后化成水，水在一定的意义上也可以被视为一种连续的物质。设一种水无色，另一种水为红色。将这两种水倒在同一容器中，我们看到它们会混合起来。能混合起来，说明两者具有"可入性"。正因为这种"可入性"才使得它们具有"叠加性"。为什么冰不具有"可入性"和"叠加性"而冰化成的水却具有这些性质呢？这是因为当水结成冰变成固态晶体之后，分子之间的作用力较大，一块冰晶体进入不到另一块冰晶体之中，所以无"可入性"。而冰化成水后，作为"粒子"的水分子与水分子之间的作用力很弱，"红色"的水分子可以渗透到"无色"的水分子之间，于是两者之间就具有了"可入性"。正是这种可入性才使得两者具有叠加性。水是大量水分子的集合体。对处于"液相"的水来说，如果不去考查每个水分子的运动，而只是考查它的宏观性质时，我们当然可以将其视为一种连续的物质，可以在数学上抽象出一个连续的函数来描述它。正因为水有"可入性"和"叠加性"，所以我们看到了"叠加性"的重要表现——水波有"干涉效应"。现在我们再将温度升高，让水汽化成为气体状，即成为"气相"的水分子的集合体，并置于容器之中。如果容器较大，水分子密度较小，那么分子间的间距较大而相互作用力就比其在"液相"时更小，甚至可以略去不计。在这种情况下，"可入性"会更好，表明其"粒子性"更加突出。当然，这时的水分子集合体已经变成透明的气体，用肉眼已经看不到了。但是，它们作为一种物质性客体，其存在却是实在的和可信的。在这种情况下，由粒子状水分子组成的气相的水蒸气在空间的分布，在严格的意义上是连续的吗？显然不是。然而，在研究某些问题时，比如研究声音在该水蒸气组成的"空气"中传播的规律时，我们却又可以将水蒸气近似地视为一个连续体，并在数学上用一个连续的场函数来描述它。但是，这个数学上的连续场函数的所谓"连续性"——不间断、无间隙，只是数学意义上的，而在物理实质上，它所模拟的客体——水分子的集合体——却是间断的和有间隙的。所以，在对客体进行模拟时，数学上的连续性实际上只是一种近似。但为什么又可以用数学上的连续场函数来近似地模拟实际上非连续的物质呢？这是因为，尽管在极短的时间内和在一个极小的空间范围内，某些地方有水分子，某些地方没有水分子，故而是间断的；但在我们所研究的实际问题中，时空的尺度是很大的，而且水分子是运动着的，所以，当我们在一个较大的体积元 ΔV 中，在较大的时间间隔 Δt 内考查时，其内必有水分子，于是"间断"就看不到了，而"连续"的性质则呈现出来了。所以，数学方程中的 $dV = dxdydz$ 和 dt 的"微分"概念，实际上只具有数学上的意义，而在实际观察时，使用的却是有限小的"差分" ΔV、Δt 的概念，而不是无限小的"微分"概念。当我们在容器一头说话时，振动了水分子"空气"，于是这个作为"介质"的水分子"空气"的密度就会发生变化并运动。其运动方程，在离声源的远处，与（4-25）式在形式上完全一样，只需将光速 c 换成"声速"，将 $\vec{E}$ 换成空气密度就可以了。这种线性方程也具有"叠加性"，其波也有干涉、衍射效应。但与电磁波不一样的是，声波不是横波而是纵波。

上述的讨论可以清楚地说明，数学表象和数学公式只是我们认识和描述客体的载体。我们不能把数学表象和数学结果完全当作物理实在来看待，而应透过数学表象去正确地理解其真正的物理实质——满足线性微分方程的连续性场函数，具有"叠加性"和"可入性"，这是高度抽象的数学所得的结论，是数学上的东西；对应到物理实在中，如果连续性的场函数真的就是代表了连续的物质形态，即对应于方程中的两个解的两种物质，真的就是"不间断、无缝隙"的话，怎么可能"可入"和"叠加"呢？这就清楚地表明，以物质观和物理图像的正确性为基础的物理学，与以数、形和结构关系以及数理逻辑为基础的数学，两者在基础上并不完全一样，即并不是——对应的同构关系。但是，当在某种合适的时空尺度考查粒子的集合体时，在一定的范围和意义上，若它们的确可以**近似**视为连续物质形态，例如当描述水、空气等介质的密度分布时，我们却完全可以引入连续性的场函数来抽象它。而且，因为作为粒子的集合体的这种介质具有叠加性、可入性，存在干涉和衍射现象，所以描述它的方程也必定是线性微分方程。这就说明，数学上的连续性对应到客体时，只是一种近似；由数学表象所给出的符合实验的结果，所证实的连续性场函数所代表的客体物质的所谓连续性，其实并不是真正的严格意义上的连续，而只是一种近似——事实上，它作为大量粒子的集合体，在严格的意义上，是不连续的。

电磁场看不见、摸不着，但道理、概念及逻辑与上面的例证分析是相同的。正因为如此，电磁场就一定不是一种连续的物质形态，用现代的语言来说，它应当是大量光粒子的集合体。在宏观电磁现象中，我们是在较大的 ΔV、Δt 尺度上考查的。快速运动的光粒子集合体，在这样的时空尺度上，视为一种连续的物质分布，是一个较好的近似。然而到微观的尺度，例如到了电子的尺度时，再将电磁场视为连续物质分布就不合适了。正因如此，电磁理论上述二元论物质观的错误，必在微观领域中被暴露出来。因而，由康普顿（Compton）散射（即电子与光子的碰撞，该实验在后面章节中讨论）等所反映出的光的粒子性的发现，就是一种必然性的逻辑结果。

我们再来进一步论证物质性粒子与连续性电磁场物质两者并存的说法是否站得住脚。对此问题，第 2 章已作过讨论，现在换一个角度来思考。从中学的物理教科书中我们就已经知道，例如一个正点电荷 Q 所激发的电场 $\vec{E} = \dfrac{1}{4\pi\varepsilon_0} \dfrac{Q}{r^2} \vec{r}^{\,0}$，画成电场线，则如图 4-8 所示。因为 $\vec{E} = \vec{E}(r)$ 处处不为零（除无穷远处），故是连续分布的（图 4-8 只是一个示意图，实际的电场线有无穷多条，是连续的）。如果我们将 $+Q$ 固定，现又有一个电荷为 $-q$ 的点电荷进入到 $+Q$ 的电场之中，我们知道，两者就有了相互作用，电场线就会发生改变，起于 $+Q$ 而止于 $-q$。我们将这时的电场线示意为图 4-9。由于 $+Q$ 是固定的，于是 $-q$ 便在相互作用的力场 $\vec{F} = -q\vec{E}$ 中按洛伦兹公式（3-63）式描述的方式运动。在这里我们应注意到，$+Q$ 的电场线的改变，与 $-q$ 受 $+Q$ 的静电作用力是相关联的；而电场线是连续分布的，并且所代表的并不是一种严格意义上真正连续的电场物质形态。

图 4-8

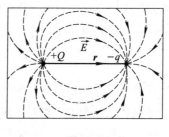

图 4-9

现在假设有一中性（即不带电）粒子进入图 4 – 8 的 + Q 所激发的电场之中。按电磁理论的说法，中性粒子是不受力的，即该粒子不应影响和改变 + Q 的电场分布——即不影响和改变 $\vec{E}$ 这种连续的静电场物质形态的空间分布。但事实上，对这个具有限空间尺度的中性粒子来说，当它在连续的电场物质中运动时，是必然要改变电场物质的分布的——就如将一块石头投入一杯水中（水视为连续物质），我们就会看见水在刻有刻度的杯中上涨一样。而既然它使电场的分布发生了改变，那么它就是受力的。但是，这却与电磁场理论的预言，即中性的不带电粒子不受静电力的结论相矛盾——即使我们不如第 2 章那样追问一个有限尺度大小的粒子是否可以进入一种连续的物质之中这一问题。这不是什么数学的问题，而是基于 (C_1)、(C_2)、(C_3) 必定要问的问题。因此，当我们将通过了 (C_4)、(C_5) 检验的电磁理论再置于 (C_1)、(C_2)、(C_3) 的标准下来检验时，前述电磁理论的所谓物质观变革的结论，就立刻遇到了麻烦。

通过上面的分析我们清楚地看到，数学表象只是我们认识客体的载体和工具，它本身并不是物理学的真正基础。物理学的真正基础是正确的物质观、正确的物理图像和正确的认识论。如果我们弄不清楚物理学的真正基础，给不出一套科学的评判标准来检验和认识理论的话，就一定会闹出笑话。而电磁理论的所谓离散的"粒子"与连续的"场"同为物质存在方式的基本形态的"二元对立"的物质观——甚至还美其名曰是"革命性的变革"，就是这类弄不清物理基础闹出的笑话。这种笑话所带来的尴尬局面，在第 2 章所描述的"报告会"中就发生了：这时"专家"将被"外行"问得张口结舌而下不了台——因为专家所谓的"物质观变革"，本身就是未经深入思考而杜撰出来的东西。

现在我们再来看看电磁理论所谓的否定"以太"的"现代"解释，是否真的行得通。

我们再回到图 4 – 5 所示的赫兹实验。实验装置中的 P 处有一个偶极振子，偶极振子的电偶极矩 $\vec{p} = Q\vec{l}$。根据电磁理论，可得 R 处的电磁场为

$$\left.\begin{array}{l} \vec{E} = \dfrac{|\ddot{\vec{p}}|}{4\pi\varepsilon_0 c^2}\dfrac{e^{ikR}}{R}\sin\theta\vec{\theta}^0 \\[4mm] \vec{B} = \dfrac{|\ddot{\vec{p}}|}{4\pi\varepsilon_0 c^3}\dfrac{e^{ikR}}{R}\sin\varphi\vec{\varphi}^0 \end{array}\right\} \tag{4 – 89}$$

平均能流密度为

$$\vec{S} = \frac{1}{2}R_e(\vec{E}^* \times \vec{H}) = \frac{|\ddot{\vec{p}}|^2}{32\pi^2\varepsilon_0 c^3 R^2}\sin^2\theta\vec{n} \tag{4 – 90}$$

149

总辐射功率为

$$P = \oint |\vec{S}| R^2 d\Omega = \frac{1}{4\pi\varepsilon_0} \frac{|\dot{\ddot{p}}|}{3c^3} \tag{4-91}$$

假若

$$\left.\begin{array}{l} \vec{p} = \vec{p}_0 e^{-i\omega t} \\[2mm] \dot{\ddot{p}} = -\omega^2 \vec{p}_0 e^{-i\omega t} \end{array}\right\} \tag{4-92}$$

则辐射功率为

$$P = \frac{1}{4\pi\varepsilon_0} \frac{p_0^2}{3c^3} \omega^4 \tag{4-93}$$

赫兹实验观察的正是上述偶极振子辐射。从上述公式可见，所有的量均依赖电偶极矩（如图 4-10 所示）$\vec{p}$ 的二阶微商值 $\ddot{\vec{p}}$。当 $\vec{p}$ 和 $\ddot{\vec{p}}$ 取（4-92）式形式时，辐射功率 P 为（4-93）式。

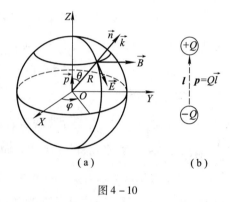

图 4-10

为讨论问题方便，我们来做一个假想实验。在赫兹的实验中，$\vec{p} = \vec{p}(t)$ 是由线圈 T 通过交变电流的耦合对电容器 P 的充电放电（改变 Q）产生的。但我们也可以换一种方式来达到同样的目的。对 $\vec{p}$ 求微商有

$$\dot{\vec{p}} = \dot{Q}\vec{l} + Q\dot{\vec{l}} \tag{4-94}$$

若假定 Q 不变，而 $\vec{l}$ 可变，则

$$\dot{\vec{p}} = Q\dot{\vec{l}}, \quad \ddot{\vec{p}} = Q\ddot{\vec{l}} \tag{4-95}$$

若令

$$\vec{l} = \vec{l}_0 e^{-i\omega t}, \quad \vec{p}_0 = Q\vec{l}_0 \tag{4-96}$$

则

$$\left.\begin{array}{l} \vec{p} = Q\vec{l} = Q\vec{l}_0 e^{-i\omega t} = \vec{p}_0 e^{-i\omega t} \\[2mm] \ddot{\vec{p}} = -\omega^2 \vec{p}_0 e^{-i\omega t} \end{array}\right\} \tag{4-97}$$

（4-97）与（4-92）是一样的，产生的辐射也是一样的。用（4-96）式的方式产生偶极振荡，可以有多种方法。一种简单的方法，是在图 4-10（b）中的电荷球上加一根绝缘棒，由人拿着绝缘棒按（4-96）式的方式运动，这就造成了偶极振子的振动，在远

处则能测得以上公式所描述的电磁场的强度（包括方向）以及辐射功率等理论预言结果。

现在我们问：电磁能量是如何辐射出去的？电磁能量的载体物质是什么？

在上述情况下，初始时 $\vec{p}$ 处于（b）的位置，$\vec{l} = \vec{l}_0$ 振动 n 个周期之后，$\vec{p}$ 又回到了（b）的位置。若认为电磁波这种物质是由电荷体所组成的偶极子所"发射"出去的，则根据物质不灭定律，电磁场这种"物质"既被"发射"了出去，偶极子 $\vec{p}$ 就应有相应的物理量的减少。然而，经过 n 个周期（τ）之后，我们知道

$$\vec{p}(n\tau) = \vec{p}(0) \tag{4-98}$$

偶极子无任何变化而表明无任何"物质"损耗用以转换成电磁场这种"物质"，所以电磁场这种物质被"发射"出去，其原因不是来自于偶极子的物质损耗。电磁场"物质"这个概念，常常又用电磁能量来描述。这个能量被发射了出去，是谁做了功？在上述的情况下是人。也就是说，是人将能量形式的电磁场发射了出去。但真是这样的吗？显然又不是：人做了功不假，但我们人却没有本事直接发射电磁波。对这样的问题，电磁理论如何回答？这种提问才是真正触及问题实质的提问。因为这种思辨的方法不依赖于数学表象，所以才能避开数学表象的近似性，直接触及物理实在的最本质的部分。

现在再换一个角度看一看。将两个带电体球换成两块不带电的木块，同样做振动，我们就会在远处感到周期振荡所形成的周期性的风。木块并没有损失什么物质去"发射"出"风"这种物质，而是人通过木块对空气介质做功，于是人做的功转化成了"风"能——它是依靠空气介质（大量气体分子的集合体）来传递的。

上述两种情况的道理是一样的。在上述的理想实验中，是人做了功，改变了两电荷体的位置，从而改变了电磁介质的场（历史上称为"以太"）的分布，也就是人做的功转化成了"电磁"能——它是依靠人们曾称之为"以太"、我们称之为 MBS 的介质（是大量的"元子"的集合体）来传递的，而光子，不过是"元子"集合体被激发所形成的"波包"。这样来解释，在物质观、物理图像上才不会形成困难和悖论。

当然，上面的论述只是一种定性分析，并未回答电荷体运动是如何激发 MBS 形成电磁场并使其运动的这个问题。当然，我们现在没有回答这个问题，经典电动力学也没有回答。因为该问题的回答是一个艰深的理论课题，只有在未来的长期研究中才有可能找到某种答案。

我们知道，上面的定性分析，一定会受到正统的经典电磁理论家的反对。他们会通过所谓电磁质量、辐射阻尼等办法来讨论此问题，来反驳上述观点。但在这里我们要提

醒他们：当你们由数学公式给出理论结果和作解释时，请别忘了用（C_1）、（C_2）和（C_3）来检验——我们可以肯定，你们的反驳一定通不过上述检验。当然，同样一个问题，物质观、认识论不一样，视角就不一样，说法也就不一样。例如，当带电粒子受外力作用而加速时，会产生电磁波，把部分能量辐射出去，因而粒子受到一个阻尼力——这是讲授辐射阻尼时的传统说法。但换一个角度，我们也可以说，当带电粒子受外力作用而加速时，由于电磁介质对带电粒子有阻尼力，粒子克服阻尼力做功而形成了辐射的电磁波。这两种"理论"的数学推导及结果是一样的，但物质观和认识论却大不相同。哪个更对呢？它要经受 C 判据的检验，特别是要经受（C_1）、（C_2）和（C_3）的检验。只有这种检验才能把理论中一系列深刻的内在矛盾暴露出来，而传统的检验方法（即理论－实验的方法）则把这些矛盾包裹了起来，阻碍人们去作更深入的思考。

关于背景空间和所谓"以太"的问题，在讨论狭义相对论时，还将作进一步分析，这里不再展开论述。

二、宏观描述的不完全性为人们从微观量子层次认识电磁场产生的机制留下了探索空间

电磁理论是宏观理论，它研究的对象包含着大量的分子或原子，所以观测到的和所描述的是它们的平均的、近似意义下的总效应。这样的描述，抹去了细微的微观效应，所以就带来了认识上的简化和处理上的方便，并由此使得我们在宏观领域能达到一定意义的认识。而且，在上述的领域和意义上，它今后依然会有着不可取代的地位和作用。

但另一方面，以结构性方程为特征的经典电磁理论，所给出的只是 $\{\rho\ (\vec{r},\ t),\ \vec{j}\ (\vec{r},t),\ \vec{E}\ (\vec{r},\ t),\ \vec{B}\ (\vec{r},\ t)\}$ 这组量之间的相互关系，并没有揭示出电磁场产生的微观机制。这样，它就为人们从微观的量子层次认识该问题留下了探索的空间。于是，量子电动力学（QED）的产生，就成为必然的结果。即使只涉及电磁场的运动，例如介质中的电磁场的运动，当微观效应不能平均掉而显示出不可忽略的作用时，也应在讨论具体系统时修正电磁理论。所以，电磁理论虽具有一般性的意义，但当运用到具体领域时，其分支学科又需要对它重新认识、补充甚至突破。因此，非线性光学等分支学科的产生，就不能视为一种偶然。

三、推迟势可能需要重新理解

由于法拉第－麦克斯韦的电磁理论所描述的是宏观电荷体系所激发的电磁场，所以

其"源头"就不是电荷和电流，而是电荷密度 $\rho(\vec{r}, t)$ 和电流密度 $\vec{j}(\vec{r}, t)$。由我们上面的分析可见，它们与所激发的电场 $\vec{E}(\vec{r}, t)$ 和磁场 $\vec{B}(\vec{r}, t)$ 的关系为：

$$\left.\begin{array}{l} \text{静电荷 } \rho(\vec{r}) \rightarrow \text{激发静电场 } \vec{E}(\vec{r}) \\ \text{恒稳电流 } \vec{j}(\vec{r}) \rightarrow \text{激发静磁场 } \vec{B}(\vec{r}) \end{array}\right\} \text{瞬时传递的非定域性相互作用} \qquad (4-99)$$

$$\left.\begin{array}{l} \text{非稳定电荷 } \rho(\vec{r},t) \rightarrow \text{激发非稳定电场 } \vec{E}(\vec{r},t) \\ \text{非稳定电流 } \vec{j}(\vec{r},t) \rightarrow \text{激发非稳定磁场 } \vec{B}(\vec{r},t) \end{array}\right\} \text{以光速传递的定域性相互作用}$$

$$(4-100)$$

事实上，在电荷为 Q 的粒子运动时，这两种相互作用是同时存在的。其中的非定域性相互作用的传播速度为 $u \rightarrow \infty$，定域性相互作用的传播速度为光速 c。尽管我们上面说过，由于 u 太大了，它所引起的推迟效应可以忽略不计，但从最严格的意义上说，这种推迟效应却仍然是存在的。由于两种相互作用（定域的和非定域的）同时并存，所以推迟效应实际上是由两部分组成的：一部分是由速度 u 引起的推迟效应，另一部分是由速度 c 引起的推迟效应。亦即是说，当非定域与定域的两种信号同时并存时，其推迟因子应为 $\dfrac{R}{u} + \dfrac{R}{c} = R\left(\dfrac{1}{u} + \dfrac{1}{c}\right)$，相应的推迟势应为

$$\varphi(\vec{r},t) = \int \frac{\rho\left(\vec{r}', t - \left(\dfrac{R}{u} + \dfrac{R}{c}\right)\right)}{R} dV' \qquad (4-101)$$

$$\vec{A}(\vec{r},t) = \frac{1}{c} \int \frac{\vec{j}\left(\vec{r}', t - \left(\dfrac{R}{u} + \dfrac{R}{c}\right)\right)}{R} dV' \qquad (4-102)$$

当考虑到 $\dfrac{R}{u} \xrightarrow{u \rightarrow \infty} 0$ 时，上两式才分别退化为

$$\varphi(\vec{r},t) = \int \frac{\rho\left(\vec{r}', t - \dfrac{R}{c}\right)}{R} dV' \qquad (4-103)$$

$$\vec{A}(\vec{r},t) = \frac{1}{c} \int \frac{\vec{j}\left(\vec{r}', t - \dfrac{R}{c}\right)}{R} dV' \qquad (4-104)$$

而当不存在以信号 c 联系的定域关联时，以信号 $u \rightarrow \infty$ 联系的非定域关联却是存在的。所以此时的推迟势应为

$$\varphi(\vec{r},t) = \int \frac{\rho\left(\vec{r}', t - \dfrac{R}{u}\right)}{R} dV' \qquad (4-105)$$

$$\vec{A}(\vec{r},t) = \frac{1}{c}\int \frac{\vec{j}\left(\vec{r}',t - \frac{R}{u}\right)}{R}dV' \qquad (4-106)$$

为了使得上两者［即（4-103）式、（4-104）式和（4-105）式、（4-106）式］能写成统一的表达式，可将（4-101）、（4-102）式中的推迟因子作如下的代换

$$\frac{R}{u} + \frac{R}{c} \rightarrow \frac{R}{u} + \frac{R}{c}\Gamma_{cu} \qquad (4-107)$$

其中

$$\Gamma_{cu} = \begin{cases} 0 & \text{仅有 } u \text{ 关联时} \\ 1 & c \text{ 关联和 } u \text{ 关联并存时} \end{cases} \qquad (4-108)$$

现令

$$c' = \frac{c}{\Gamma_{cu}}, \quad u_c = \frac{uc'}{(c'+u)} \qquad (4-109)$$

则

$$\frac{R}{u} + \frac{R}{c}\Gamma_{cu} = \frac{R}{\frac{uc'}{(c'+u)}} = \frac{R}{u_c} \qquad (4-110)$$

将（4-110）式代回（4-101）式和（4-102）式，得

$$\varphi(\vec{r},t) = \int \frac{\rho\left(\vec{r}',t - \frac{R}{u_c}\right)}{R}dV' \qquad (4-111)$$

$$\vec{A}(\vec{r},t) = \frac{1}{c}\int \frac{\vec{j}\left(\vec{r}',t - \frac{R}{u_c}\right)}{R}dV' \qquad (4-112)$$

于是，上两式通过（4-108）式和（4-110）式而将前面的两种情况统一了起来。

与之相应地，只需将（4-63）式和（4-64）式中的 c 换成 u_c，就可以得到在 $\frac{R}{u_c}$ 推迟因子下的电场 $\vec{E}$ 和磁场 $\vec{B}$ 的表达式

$$\vec{E} = \frac{Q\vec{r}}{r^3} \cdot \frac{1 - \left(\frac{\nu_0}{u_c}\right)^2}{\left[1 - \left(\frac{r_\perp}{r}\right)^2\left(\frac{\nu_0}{u_c}\right)^2\right]^{\frac{3}{2}}} \qquad (4-113)$$

$$\vec{B} = \frac{\vec{\nu}_0}{u_c} \times \vec{E} \qquad (4-114)$$

由上两式，有

（1）当 $\Gamma_{cu} = 0$，$u \to \infty$，即仅存在非定域瞬时相互作用时，则

$$\vec{E} = \vec{E}_N = \frac{Q\vec{r}}{r^3} \qquad (4-115)$$

$$\vec{B} = 0 \qquad (4-116)$$

（2）当 $\Gamma_{cu} = 1$，$u \to \infty$，即同时存在非定域瞬时相互作用和定域相互作用时，有

$$\vec{E} = \vec{E}_N + \vec{E}_E^{(S)} \left(\frac{\nu_0}{c} \right) \qquad (4-117)$$

$$\vec{B} = \frac{\nu_0}{c} \times \vec{E} \qquad (4-118)$$

（3）当 $\Gamma_{cu} = 1$，u 有限（但要比 c 大得多），即同时存在以光速 c 传播的定域关联和以超光速 u 传播的非定域非瞬时关联时，有

$$u_c = \frac{uc}{(u+c)} \qquad (4-119)$$

若假定

$$u = k \times c \quad (k \gg 1) \qquad (4-120)$$

则

$$u_c = \left(\frac{k}{k+1} \right) c \qquad (4-121)$$

于是将（4-117）式中的 c 换成 u_c，可得

$$\vec{E} = \vec{E}_N + \vec{E}_E^{(s)} \left((1+k) \frac{\nu_0}{c} \right) = \frac{Q\vec{r}}{r^3} + \frac{Q\vec{r}}{r^3} \left[\frac{3}{2} \left(\frac{r_\perp}{r} \right)^2 - 1 \right] \left(1 + \frac{1}{k} \right)^2 \left(\frac{\nu_0}{c} \right)^2 + \cdots$$
$$(4-122)$$

此式为测量非定域联系 $u = k \times c$ 提供了基础，但实验上也许很难观测得到，除非实验的精度非常高。

用上述的方法进行处理，则前面的表述就被统一了起来，认识上的以及物理理解上的错误也已被纠正。

四、势的引入和对它的认识有待深化

我们知道，矢势 $\vec{A}$（$\vec{r}$，t）和标势 φ（$\vec{r}$，t）与电、磁场的关系为（国际单位制）

$$\vec{B} = \nabla \times \vec{A} \qquad (4-123)$$

$$\vec{E} = -\nabla\varphi - \frac{\partial \vec{A}}{\partial t} \qquad (4-124)$$

155

在这里，$\vec{A}$、φ 是以一种数学手段的形式出现的。而在宏观电磁现象中，标势和矢势不直接表达电磁场，只有场强 $\vec{E}$、$\vec{B}$ 才有直接可观测的物理效应。例如，电荷为 q 的带电粒子在电磁场中的运动方程为

$$\frac{d\vec{p}}{dt} = q\vec{E} + q\vec{v} \times \vec{B} \qquad (4-125)$$

其洛伦兹力是由场强 $\vec{E}$、$\vec{B}$ 决定的。

但是，随着认识的发展，人们可能会越来越清楚地看到，矢势和标势（$\vec{A}$，φ）的引入，将大大超出其原始的只是作为一种数学手段的意义，而具有更深刻的内容。

1959 年阿哈拉诺夫（Aharonov）和玻姆（Bohm）提出，在量子物理中，当具有波动性特征的粒子（例如电子）运动而经过具有标势和矢势的区域时（不论这个区域内电场强度是否为零），物质波相位会发生变化，通过粒子的干涉可直接观测到由此引起的物理效应（例如干涉条纹的移动）[1]。这一效应被称之为 AB 效应。到 1986 年，AB 效应已为实验所完全肯定[2]。

为将此问题说得明白点，我们讨论简单情况。在稳恒的条件下，所有物理量都与时间无关，$\frac{\partial \vec{A}}{\partial t} = 0$，这时

$$\vec{E} = -\nabla\varphi \qquad (4-126)$$

如果假定 $\vec{B} = 0$，于是由（4-15）式有

$$\frac{d\vec{p}}{dt} = -q\nabla\varphi = \vec{F} \qquad (4-127)$$

假若

$$\begin{cases} \varphi = c_1 & (4-128a) \\ \varphi = c_2 & (4-128b) \end{cases}$$

其中 c_1、c_2 为常数（即 φ 为常数），由（4-126）式知，$\vec{E} = 0$，相应地（4-127）式中的力 $\vec{F} = -q\nabla\varphi = q\vec{E} = 0$，即没有力作用在粒子之上，故不会改变粒子的运动状态。亦即是说，当 φ 为常量时，无论取 $\varphi = c_1$ 或者 $\varphi = c_2$，两者均表示 $\vec{F} = 0$，故而均不会改变粒子的运动状态。即当 φ 分别为（4-128a）式或（4-128b）式这两种情况时，按（4-127）式的牛顿力学的方程，粒子的运动是不会显示出任何差别来的。

---

① Y. Aharonov and D. Bohm, Phys. Rev., 115 (1959) 485.

② Akira Tonomura, et al., Phys. Rev. Lett., 489 (1982) 1443; 59 (1986) 92.

然而 AB 效应却预言，在 $\varphi = c_1$ 和 $\varphi = c_2$ 这两种不同的情况下，干涉花样不一样。亦即是说，两者之间会有干涉条纹的相对移动。人们已经在实验中观测到了这种由标势 φ 所引起的干涉条纹的移动，从而证实了 AB 效应的存在。

一石激起千重浪。AB 效应被观测到，对物理学的现行理论以极大的挑战：

（1）既然（4 – 128）式的效应被观测到，而（4 – 127）式却称无此效应，则表明（4 – 127）式的认识是不完善的。而（4 – 127）式既是经典牛顿力学的基本方程，又是经典电磁理论的一个基本方程，从而表明 AB 效应同时挑战了经典牛顿力学和经典电动力学。

（2）令 $V = q\varphi$ 为势能。由（4 – 126）式，有机械能守恒定律

$$\frac{1}{2m}p^2 + V = 常量 \qquad\qquad (4 - 129)$$

在传统的经典力学中，如人们所共知的，势能 V 的选取只具有相对的意义。但（4 – 128）式却表明，φ 值不一样，则 V 就不一样，其效应也不一样，故而势的选取不再只具有相对性，而成为了一个具有绝对意义的量。但若 V 具有了绝对量值的意义，由（4 – 129）式可见，相应的，动能 $T = \dfrac{p^2}{2m}$ 也就具有了绝对的意义。

相对性原理称，一切惯性参考系都是等价的。然而，在不同的惯性参考系中所看到的同一粒子的运动速度是不一样的，故而动能 T 也是不一样的。亦即是说，如果相对性原理成立的话，则动能 T 的值就是依赖于不同惯性参考系的选取的、仅具有相对意义的量。然而，AB 效应却表明能量——动能和势能具有绝对量值的意义。这样，相对性原理在更严格的意义上很可能就是不成立的。

在什么样的参考系中动能和势能才具有绝对量值的意义呢？我们知道，这个参考系就是我们在第 2 章中所定义的那个唯一的绝对静止参考系（SR 系）。所以，AB 效应的实质之一便是证明了 SR 系的存在。而这一点，正是第 3 章所做出的理论预言（F_9）。这样，SR 系的存在，就使得相对性原理——无论是伽利略相对性原理还是爱因斯坦相对性原理，均将面临挑战。

在第 2 章中，我们从例证分析入手，曾指出相对性原理不是一个基本原理。现在，这一论断在 AB 效应中又再次得到了印证。

（3）既然势具有了绝对的意义且存在可观测的效应，那就表明势（$\vec{A}$，φ）似乎是较场（$\vec{E}$，$\vec{B}$）更本质的量。或者说，（$\vec{E}$，$\vec{B}$）还不足以确定和表现（$\vec{A}$，φ）所具有的全部性质。若是这样的话，就意味着目前的电动力学理论，其表述形式似乎还不能被视

为一种最终的和最完善的表述，也许还有可供探索的改进和发展空间。

（4）当 $(\vec{A}, \varphi)$ 确立之后，由（4－123）式和（4－124）式可见，$(\vec{E}, \vec{B})$ 就可以被唯一地确定下来。但反过来，若 $(\vec{E}, \vec{B})$ 已确定，而 $(\vec{A}, \varphi)$ 却不能唯一地被确立，因为由场求势是积分过程，涉及积分常量的确定。在电动力学中，将这种不确定性表述为所谓的"规范变换和规范变换下的不变性"。

在电动力学中，可以任意地引入一个标量场 $\psi (\vec{r}, t)$，通过如下的"规范变换"

$$\left.\begin{aligned}\vec{A}' &= \vec{A} + \nabla\psi \\ \varphi' &= \varphi - \frac{\partial \psi}{\partial t}\end{aligned}\right\} \tag{4－130}$$

将 $(\vec{A}, \varphi)$ 转换成 $(\vec{A}', \varphi')$，然后通过简单运算可得

$$\left.\begin{aligned}\vec{B}' &= \nabla \times \vec{A} = \nabla \times \vec{A}' \\ E' &= -\nabla\varphi - \frac{\partial \vec{A}}{\partial t} = -\nabla\varphi' - \frac{\partial \vec{A}'}{\partial t}\end{aligned}\right\} \tag{4－131}$$

这实际上也就是说，无论是用 $(\vec{A}, \varphi)$ 还是用 $(\vec{A}', \varphi')$，所得出的 $(\vec{E}, \vec{B})$ 都是一样的。这种在规范变换（4－130）式下 $(\vec{E}, \vec{B})$ 所具有的不变性，被称之为"规范不变性"。

正因为上述规范变换和规范不变性的存在，就给了人们选取不同规范（例如库仑规范、洛伦兹规范等）的某种人为的任意性。这种人为的任意性，在进行基本理论研究和求解某些实际的辐射问题时，将给人们带来很多方便。

但是，由于 AB 效应表明势具有了绝对量值的意义，那么上述的"人为任意性"就将被"客观的确定性"所取代，从而使得规范变换及规范不变性面临着重新理解的问题。特别是在微观领域，这种"客观的确定性"的制约，似乎代表着与力场相联系的某种制约性条件，从而可能有新的更深刻的意义。

当然，AB 效应所提出的挑战及由此所引起的对物理学问题的新思考还远不止这些（而且，除了 AB 效应之外，还发现了与之相连带的几何效应[①]以及其他效应等，这些我们在此都不再讨论）。正因为 AB 效应的挑战是严重的，挑战的范围广，挑战的问题深刻且涉及物理学的根基，深深地触及了物理学敏感的神经，所以人们称 AB 效应是 20 世纪的迈克耳孙实验，认为它的发现意味着物理学将发生革命性的重大理论变革。但也正因为如此，完全透明地认识 AB 效应就可能还有很长的路要走。因此，人们应当努力从不

---

① 周义昌、李华钟：《量子力学的一些几何效应》，《物理学进展》1995 年第 3 期，第 114 页。

同角度去认识它，以便提出一些新的思想，激发出更深入的思考——而这一点，不仅对揭示 AB 效应，而且对物理学基础理论的发展，都将是有积极意义的。

五、一些感想

（1）如果我们重温一下第 3 章中对经典牛顿力学的分析，就可以发现，AB 效应所诱发的革命性理论变革，事实上是完全可以从对牛顿力学"残缺美"的剖析中引出的：因为，前面对 AB 效应分析的（1），其实正是第 3 章的结论，且结论是十分明确的：牛顿三大定律只是一种近似，在更严格的意义上它是不成立的。

但为什么牛顿三大定律不再成立？原因就在于牛顿力学并没有对"力场"是什么的问题给予回答。而对这一问题的追问与回答，如第 3 章（F_8）已经预示的——"必导致对绝对的静止参考系（SR 系）的肯定"。SR 系这一优越参考系的确立，使得相对性原理不再是物理学中的根本性原理，并且也使得粒子（即系统）的能量具有了绝对的意义。而这正是前面对 AB 效应分析的（2）的内容。

但为什么存在 SR 系呢？如上章的分析所指出的，原因就在于粒子是物质存在方式的最基本形态，由此必导致 MBS 的引入。MBS 的引入使得（3 – 43）式中的 $\vec{F}_t$ 已不再具有牛顿所赋予的原始意义，即此时 $\vec{F}_t$ 应作如下理解：

$$\left.\begin{array}{ll} \dfrac{dp}{dt} = -\displaystyle\sum_{\gamma} \dfrac{d\vec{p}_{\gamma}^{(s)}}{dt} & \text{(a)} \\[3mm] \quad = \vec{F}_t = \vec{F} + \vec{F}^{(s)} & \text{(b)} \end{array}\right\} \qquad (4-132)$$

也就是说，所谓"力场"的本质性意义，实质上就是（4 – 132）式中的（a）式的意义——它是 MBS 中场粒子的贡献。（4 – 132）式是在 SR 系中写出来的，所以其量值具有绝对的意义。（4 – 132）式的（a）转换成能量之后，等式的左边变成了实物粒子的动能 $T = \dfrac{p^2}{2m}$，等式的右边则转换成了场粒子所贡献的动能 $T^{(s)}$。将这种理解与（4 – 128）式作比较，可见"势能" V 不过是对场粒子所贡献的动能 $T^{(s)}$ 在一定意义上的等效说法和等效处理。由于在 SR 系中 $T^{(s)}$ 具有绝对的意义，所以相应的 V 也就具有了绝对的意义。这是很容易理解的。当把（4 – 132）式的（a）等效为（4 – 132）式的（b）的"力场"来认识时，它包含了两个部分：$\vec{F}$ 是牛顿所提取的满足牛顿第三定律的瞬时相互作用，它是一种"非定域"的相互作用；$\vec{F}^{(s)}$ 是对牛顿提取不完善的部分所作的补充，在它之中包含着不满足牛顿第三定律的非有心力部分。在上面对电磁理论意义的论述中，由

（4－82）式、（4－83）式、（4－84）式和（4－117）式可见，$\vec{F}$ 即是静电力，它是"瞬时"的非定域的相互作用；而 $\vec{F}^{(s)}$ 即是（4－83）式中的 $\vec{F}^{(s)}\left(\dfrac{v_0}{c}\right)$，它是以光信号为联系方式的"非瞬时"的定域相互作用。但是由于在传统的电动力学的教材中对推迟势等问题理解上的错误，加之对相对论理解上的错误，从而无视上述非定域相互作用的存在，而错误地将电磁相互作用——无论是静电磁相互作用还是交变电磁相互作用——均视为是以光速 c 传递的定域相互作用。这是一个影响深远的错误。正因为通常人们在理解上是错误的，所以非定域联系被观测到就是一点也不奇怪的。

（2）我们说，电动力学揭示了 $\vec{F}^{(s)}$，从而突破了牛顿力学，表现为一次新的科学革命。但由上面对 AB 效应的分析可见，"势"可能是比"场"更本质的量。但由经典电磁理论看，在 $\vec{F}_t$ 中，无论是 $\vec{F}$ 还是 $\vec{F}^{(s)}$，却都是"场"在起作用，"势"并没有直接起作用。这表明，即使在电磁理论揭示出 $\vec{F}^{(s)}$ 之后，势所引起的效应也仍然没有被明显地揭示出来。因而，可以说电动力学的认识可能仍是不完善的，是仍然需要发展的。

这种不完善性的主要原因之一来自前面所提及的电磁理论"宏观描述的不完全性"——抹去了某些微观效应。这种不完全性必然会带来两种结果：一是不能简单地将宏观电磁理论及其结论推广到微观领域；二是在微观领域认识电磁现象时，将会突破宏观电磁理论的框架，而其合理的内核及有价值的思想和结论，则应继承下来。

（3）人们通常认为，麦克斯韦的电磁场方程"结束了"相互作用是"超距"作用还是接触作用的争论，论证了带电粒子之间是通过以光速 c 运动的电磁场来传递相互作用的。但这一认识是有错误的。通过对电磁运动的理论和实验的分析，如前面已论证的，瞬时的非定域相互作用与以光速 c 传递的定域相互作用是并存的。亦即是说，以光粒子为传播体的相互作用，只是其中的一部分。然而，按现代场论，物理作用都是以场量子为媒介的，吸收或发射场量子的过程都是定域的，系统用一个定域的哈密顿量描述，其动力学规律是哈密顿量决定的微分方程，物理现象决定于此微分方程的边条件和初条件。这就是近百年来物理学家普遍认为完备的定域描述（Local description）。但继量子力学贝尔不等式检验的阿斯佩实验[①]之后，AB 效应的被证实，又一次发出了定域描述不够完善的强烈信号。量子场论面对此挑战时，将如何认识？

现在，人们是如何考虑这一问题的呢？有人认为，在 AB 效应提议的实验中，电磁

---

① A. J. Aspect, et. al., Phys. Rev. Lett., 49 (1982) 1804.

场对粒子的定域作用力为零，但由于粒子路径所处的空间的非平庸拓扑，电子被沿运动路径累积相位。两相干电子波在传播的整体上受到空间拓扑性质的影响。电子波叠加时的相位差依赖于运动路径的几何结果和空间拓扑性质。AB 效应是几何的。1984 年，贝里（Berry）论证简单量子系统的几何相位的存在[①]，对整体描述的发展做出了贡献，也被视为量子力学发展中的重要的阶段性成果。于是，人们企图将 AB 效应归结为贝里势的相因子的贡献。对 AB 效应，杨振宁从规范场的角度来考虑并与数学上的纤维丛（Fiber bundles）联系起来，作了很有意义的讨论[②]。

我们不否认上述工作的重要意义和积极作用。但上一段中的文字叙述，不仅对一般的读者、甚至对大学物理专业的本科学生来讲，也只能被视为是用艰涩语言所作的学究式的表述，让人抓不住要领，看得一头雾水，根本搞不懂。贝里相因子、空间拓扑性质、规范场、非阿贝尔群、纤维丛……如此等等的概念，决非一两句话可以说得清楚，我们不去作进一步解释。其实，我们在这里之所以说这些，是因为它牵涉物理学和数学的关系问题。

物理学的确离不开数学。物理学与数学之间的这种极为密切的关系，的确是很神奇的。牛顿力学被安置在欧氏几何里，规范场和超弦理论以微分几何为支架，希尔伯特（Hilbert）空间、闵可夫斯基空间和黎曼空间这些数学上的东西，似乎早有先见之明地被数学家们建立了起来，专等着薛定谔建立量子力学及爱因斯坦建立狭义和广义相对论时，去为理论穿上这定制的华美霓裳。这种神奇的关系，不仅使得高度数学化的现代物理学更加依赖于数学，而且使得物理学家们逐渐形成了一种观念甚至是条件反射：物理学遇到重大困难时，人们立即想到的就是数学表象，总是企图由新的数学概念、数学语言或者新的数学工具的引入，找到克服困难的办法。当然，这不失为一种思路。而且，重大困难的克服，或许真的是与某种数学手段的引入相关联的。然而，物理学的真正基础是数学表象还是物理实质？却仍然是一个应认真思考的严肃问题。我们认为，不仅是由于本书的写作目的和读者对象的关系，还因为在物理学中存在着一系列根本性的困难，使我们必须采取一种与上述的认识截然相反的观点：物理学的真正基础，如我们反复强调的，是正确的物质观、正确的物理图像和正确的认识论，而不是数学表象；当物理学的基础出了问题时，就应当退到物质观念的"源头"上、即从对"终极"的追问中去寻找正确答案，重新夯实物理学的基础。

① M. V. Berry, Proc. Roy. Soc., A 392 (1984) 45.
② T. T. Wu and C. N. Yang, Phys. Rev. D., 12 (1975) 3843; 3845.

在这里，也许我们应当认识到一个常识性的道理：得与失总是结伴而行的。物理学高度数学化所获得的"精确性"，是以我们对客体认识的"真实性"在一定程度上的丧失为代价的。数学以数理逻辑等作为基础，在这一点上它与 C 判据中的（C_3）相重合；另一方面，数学家们事实上仍然排除不掉对（C_1）和（C_2）的考虑。因为数学家们只有通过对众多客观事物的考查和认识，在这一基础之上，才能将客观事物高度抽象化、理想化为"数"、"形"、"结构"等关系，并用逻辑性来保持它们之间的自洽性。所以，就遵从（C_1）、（C_2）和（C_3）这一点来看，数学事实上和物理学具有相当的重叠性。也许正是上述原因，才使得物理学与数学结下了不解之缘。但另一方面我们又要看到，正因为数学对客观事物的高度抽象化和理想化从而获得了精确性，它与实在所具有的真实性之间就产生了一定的差距。例如在经典力学中，我们用抽象的质心（几何点）作为系统运动的代表点，于是在数学上就可以自洽地纳入连续的常微分方程的框架中获得决定论性的精确的认识与描述。这样一来，"模型"与数学表象倒是一致了并获得了精确性，但系统更细致的行为，即它的真实性，就在一定的意义上被抹去了。所以经典力学只能在一定的范围内，在某种近似的意义上达到对客体的某种程度上的认识。

上述情况促使我们思考：当某一物理学理论的不完善性显示出来的时候，我们应首先考虑的是数学表象还是物理实质？我们认为，物理学的首要目的是认识客体运动的真实性。而当我们去认识"真实性"时，由于上述的原因，就不得不牺牲"精确性"。因而，这时就应抛开数学表象的"精确性"，首先使得我们在（C_1）、（C_2）上基点正确，然后应用（C_3）使整个定性分析和思辨过程在逻辑上是自洽的。这种方法的优点，在于不需数学表象和复杂的数学运算，仅通过定性分析的方法就可以获得对物理实质相当准确和可靠的认识。这一过程是提取思想和认识的阶段。第 3 章对牛顿力学的分析即是属于此阶段的认识。正因为这种认识准确和可靠，所以我们将看到，它所预示的东西将会无一例外地被后面章节的内容充实和证明。当然，物理科学不能仅仅停留在"定性科学"的阶段，我们也必须去寻找由定性分析所确立的正确思想和认识的"载体"——数学表象，借用数学表象的"精确性"使物理科学成为一门在一定程度和意义上可以被实证的科学。但由于在获得数学上的"精确性"的同时，一定会在某种程度上牺牲掉我们对客体认识的"真实性"，所以作为"载体"的数学表象在荷载我们的思想和认识时，最多也只是某种"较为忠实的表象"，不可能达到"绝对忠实"的程度。这时，面对数学表象和客观真实的差异，就又需要我们重新再回到物理源头的定性分析中去寻找原因。事实上，物理学正是在上述定性分析和定量描述两种手段的交替使用中不断前行的。忽视其中的任何一个方面都是片面的。物理科学的真正光荣，就在于我们能确立起正确的物质观和正确的认识论，用清晰的思辨建立起对物理图像真实性的正确把握，并能寻找到相应的数学表象作为载体，以使得理论的建立和所取得的实证成功，成为一种逻辑的必然。

正是运用上述方法，依托这种更牢靠的基础，我们从传统经典力学教科书中的那些被认为是"定了论"的基本概念和数学表述（事实上，这些所谓被传统经典力学教科书"定了论"的东西，有好多并没有真正弄清楚）入手分析问题，才得出了一系列极为基础性的重要发现，从而真正地提升了对经典牛顿力学的认识。其结论之一就是，牛顿所定义的"绝对空间"事实上是不空的，从而也就使得以牛顿三大定律为基础的牛顿力学，事实上并没有被安置在欧氏几何的均匀和各向同性的空间之中。那些被牛顿忽略的背景空间因素，既可以用动力学的办法来提取，也可以用几何学的语言来描述。但从物理实质上讲，它们都应是以背景空间的物质性为基础的。基础对头了，牛顿力学与数学上的欧氏几何学之间的关系才能弄清楚。没有对此问题的清楚的回答，其后的问题又如何弄得清楚呢？如果空间的物质性基础都没有弄清楚，又如何去谈所谓的"空间"和"空间拓扑"的性质呢？

又例如，在量子力学的波函数上可以加一个所谓的贝里相因子，它不引起"几率"的变化，却可以产生"势"的效应。它作为一种数学手段，当然是有意义的。但是，我们要问的是这个相因子引入的物理基础是什么？势是"能"的概念，是物质性的东西，那么它的物质性基础又是什么？如果不去追问这些问题，物理实质弄不清楚，靠纯粹的数学手段的应用又怎么可能将问题引向纵深呢？

（4）在对 AB 效应问题的考察中我们已经看到，即使是通过对推迟势的再认识，揭示出了电动力学事实上既包含非定域相互作用、又包含定域的相互作用之后，用洛伦兹力下的牛顿方程却仍不能描述 AB 效应。这表明问题的产生可能还有其他的原因，且显然与量子层次的因素有关，因而也可能与"宏观描述的不完全性"相关联。所以，从微观上深刻认识 AB 效应，将是一个十分重大的理论课题。

对于具有宏观结构的电荷体系而言，当 $\rho = \rho\,(\vec{r},\,t)$，$\vec{j} = \vec{j}\,(\vec{r},\,t)$ 时，带电粒子的相干效应才在宏观上表现为可以激发变化的电场 $\vec{E}\,(\vec{r},\,t)$ 和变化的磁场 $\vec{B}\,(\vec{r},\,t)$，并由此形成电磁运动和定域相互作用。但微观粒子，例如氢原子中的电子，情况就完全不一样了，它不能激发出交变电磁场，所以核与电子之间只能是非定域的静电相互作用。这正是为什么在薛定谔方程中势用静电势的原因。所以在非相对论性量子力学中，非定域的联系是其主要的因素。但 AB 效应既是非定域的问题，又是量子力学的问题，那么对氢原子的描述和对 AB 效应的描述就应该纳入同一框架之中。而量子力学的薛定谔方程不能描述粒子是如何运动的，要描述，就需要补充一个动力学方程，例如牛顿方程。然而，牛顿方程不能完善地描述量子客体的运动，故将牛顿方程运用到微观领域时，该方程是需要修改的。修改的基础——由我们在本节和上节的大量分析可见——则是对 MBS 的认识，亦即是对（4 - 132）式中的（a）的物理实质的理解。这一理解的数学手段，可以是几何学的，也可以是（b）所表述的动力学方式的。但无论用何种手段，都应当明确地响应 AB 效应的重要提示："势"或者"能量"的动力学效应在方程之中应被明显地凸显出来。这样，AB 效应问题的回答，与统计量子力学（SQM）困难的克服，就有可能同时孕育在对 MBS 的重新认识之中。这将在后面的章节中详细讨论。

通过上述论述，我们看到：作为对经典力学（Classical Mechanics，简称为 CM）的继承与发展，电磁理论的最大贡献是揭示了 MBS 的物质性，揭示了牛顿的绝对空间是非空的。而这一空间在不同领域表现出的不同性质，将成为其后理论发展的真正基础。同时，电磁理论宏观认识不完善的部分，应通过微观理论的建立来进一步充实和完善。总之，作为一次科学革命，电磁理论在 CM 的基础上又登上了一个新的台阶。然而，它不过是为其后人们继续攀登提供了一个新的支点而已，科学还将继续前进。继电磁理论之后，热力学的发展又把人们对物质的认识引向一个新的境界：通过对耗散的认识，非线性进入了人们的视野。

第5章 热力学综合：耗散和过程方向性的问题被尖锐地提了出来

众所周知，我们在日常生活中所接触的宏观物体都是由大量微观粒子（分子或其他粒子）构成的，这些微观粒子永不停止地进行着无规运动，它们与外界（环境）相互关联，并且彼此之间发生着相互作用。人们把大量微观粒子的这种无规运动称为物质的热运动，热现象是分子杂乱运动的宏观体现。热力学就是研究热现象和力现象两者之间的关系的科学，它的研究对象是由大量粒子所组成的宏观系统，它所关心的是它们的宏观性质及规律。经典热力学通过对热现象的观测和实验分析，总结出了宏观热现象的"基本规律"，这就是作为一次科学综合标志的热力学第一定律、热力学第二定律和热力学第三定律。

由于热力学中所研究的"热现象"只是微观粒子杂乱运动的"宏观体现"，因而就说明在其研究中并没有区分这些微观粒子究竟是什么样的粒子，也不管这些粒子适用什么样的力学规律（是经典力学还是量子力学），而只是抓住它们在宏观表现上的共同特点来进行描述和研究。然而由于这一点，使得热力学在少数几个一般原理和假定的基础上、在一定的意义和近似下得出的结论，可以适用于完全不同的物质系统——而不管这个系统是由原子、分子、等离子体组成的，还是由宏观物体组成的。这事实上说明，同物理学中的其他分支学科相比较，热力学普适性的特点更为明显。或者换一句话说，是在物理学的发展历史中，热力学革命更体现了研究方法上的"综合性"的特点——正因为如此，才使得热力学的规律和概念远远超出了原始的热力学所界定的范畴，不断与众多其他领域的研究相互结合，形成新的交叉，既促进了其他领域的进步，反过来又进一步推动了热力学理论自身的发展。

作为物理学发展史上的一次伟大科学综合，热力学革命的意义是多方面的。其中最杰出的一项思想成果，是把事物演化的方向引入了理论的视野——在经典热力学之中，人们已经注意到了一个极为明显的事实：复杂系统的宏观运动总是不可逆的。例如，一个初始具有不均匀温度分布或不均匀浓度分布的物体，总是自发地、单向地趋向于一个均匀分布的状态，即平衡态。过程的方向性或所谓"时间之矢"，不过是人们对这一现象常用的一种说法。这个方向性或人们常说的不可逆的"时间之矢"的规律，在经典热力学之中，被表述为著名的"熵增加原理"。

当然，过程的方向或时间之矢的问题，不单单是热力学现象中的规律性问题，而且也是宇宙物质系统进化过程中的规律性问题。物质、生命和社会进化的过程，就是极为明显的具有不可逆方向性的过程：从简单到复杂，从低级到高级，从无生命的沉寂安详到生命的活力四射。然而，生命（包括社会这个生命体）进化的方向却与热力学过程的方向大相径庭、截然相反。这是为什么呢？或者如人们所质疑的：为什么一个走向"混乱"、"热寂"和"死亡"，而另一个则走向"有序"、"活力"和"生命"呢？在这里，物理学似乎正陷入深刻的危机之中：物理学的微观理论给不出"时间之矢"（作为微观理论基础的经典力学中的牛顿方程和量子力学中的薛定谔方程均具有时间反演的不变性：将时间 t 换成 $-t$，以上两方程形式不变。这就说明正向时间 t 和逆向时间 $-t$ 两者在方程之中等价，故而时间是没有方向的），而热力学过程进行的方向，却与作为宇宙物质系统演化最基本规律的进化规律相违背。

危机和转机总是结伴而行的。但将危机转变为转机，首先需要的不是"鸵鸟政策"，而是敢于面对困难，敢于正视我们在认识上的不足，敢于承认现行的热力学理论的不完善性——这就是我们在这一章中要对热力学理论进行认真分析的根本原因之所在。而采用的方法，仍然是我们在前面的分析中用过的，即当我们看待传统教科书中那些"定了论"的经典热力学理论时，需要建立起一个基本的立场，用一把同样的尺子——C 判据去加以衡量，看一看它们真的是正确的还是存在着问题的——我们认为，这样做将可以找到答案。

第 1 节　一些基本概念

一、孤立系统、封闭系统和开放系统

我们知道，物质世界是一个相互作用的整体，将物质世界这个整体一下子全部研究清楚很困难；为了减少难度，我们可以将整体中的一部分划分出来进行研究。在热力学

中，这个被我们划分出来进行研究的宏观物质系统称为热力学系统，简称为"系统"，又称为"工作物质"。而与系统相互作用的其他部分，则称为"环境"或"外界"。我们可以根据系统与外界环境的关系，将其进一步划分为：孤立系统：与外界既无能量也无物质交换的系统；封闭系统：与外界有能量而无物质交换的系统；开放系统：与外界既有能量又有物质交换的系统。

二、状态和过程

一个热力学系统的整体状况称为系统的"状态"，简称为"态"。系统的整体状况不同，则其状态不一样。我们称系统内各处的状况完全一样（具有均匀性）并且不再发生变化的状态为"平衡态"；否则，则称其为"非平衡态"。所以，平衡态是系统均匀而稳定的状态。非平衡态则不同，它们或者是非均匀的，或者是非稳定的，或者是既非均匀又非稳定的。

从一个状态变化为另一个状态的中间阶段，称为"过程"。过程起始时系统的状态称之为"初态"；过程结束时系统的状态称之为"末态"。例如，图 5 - 1 就表示系统由初态"状态 1"开始经历一个过程 l 变化为末态"状态 2"。

在经典的平衡态热力学中，所研究的热力学过程的初、末态均为平衡态。但是，在从初态向末态的过渡过程中，情况有所不同：状态的变化必然意味着原有的平衡态遭到破坏，只有经过一定的时间 τ（称为弛豫时间）才能达到新的平衡状态。所以，在由一个平衡态向另一个平衡态过渡的

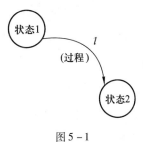

图 5 - 1

"过程"中，系统所历经的一系列的状态，实际上都是非平衡态。然而，非平衡态是很复杂的，研究起来很麻烦。为了避开非平衡态的困难，在经典热力学中，就人为地将其"理想化"，除把初态和末态均设定为平衡态外，还把中间的过程设想为所谓的"准静态过程"——过程进行得无限缓慢，以至于在过程中所经历的每一个状态都可以看做平衡状态。当然，这一设想其实是一种逻辑上无法自洽的远离实际的说法。因为平衡态不被打破，状态的变化就不可能发生；既然状态发生了变化，那么其中间的过程就必不是平衡态，即使是加上"无限缓慢"为条件，也是不可能的。所以，"准静态过程"只是一种非真实和逻辑上不自洽的理想化的"假定"。之所以要做出这样的假定，是因为只有在这种"假定"的理想情况下，一切状态、包括准静态过程中的中间态，才可以被视为（近似意义上的）平衡态，从而才有可能在经典的平衡态热力学的

框架中来进行研究。应当说，作为一种研究方法，经典热力学的这一假定是巧妙的和有用的。但是，我们一定要注意到这一假定毕竟同实际的情况是不一样的，即我们不能把这种假定看成<u>就是</u>实际发生的现象；如果那样看，就会导致谬误，就是大错而特错了。

三、状态参量和状态方程

由以上的叙述可见，通过上述概念和"假定"，经典平衡态热力学就把自己的研究归结为对平衡态的研究。而要研究平衡态首先就要描述它。所谓"状态参量"（简称态参量）就是用来描述系统处于平衡态时状态的特征的物理量。对一个简单的热力学系统来讲，其态参量为系统的压力 P、体积 V 和温度 T。这三个态参量彼此之间并不独立，而是满足一定的关系。我们不妨将其抽象地表示为

$$f(P, V, T) = 0 \tag{5-1}$$

这个关系被称为热力学的物态方程（也称为状态方程，或简称为态式）。

由（5-1）式可见，3 个量中只有 2 个是彼此独立的，不妨选为 P 和 V，这样，系统的"状态"，就可以用 P-V 图上的一个"点"来代表，所以简单系统又称 PV 系统。

如图 5-2 所示，从 C 到 D 经 l 的路径就代表了状态变化的一个"过程"。这个"过程"在 P-V 图上用一条"线"来表示。可见，"过程"或者"路径"是作为"点"的一系列"状态"的集合。

作为（5-1）式的具体表述，下述的理想气体的态式是为我们所熟知的

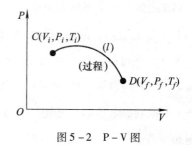

图 5-2　P-V 图

$$PV = \frac{m}{M}RT = \nu RT \tag{5-2}$$

其中 m 为气体的质量，M 为 1 摩尔（mol）气体的质量（称为摩尔质量），ν 为摩尔数，R 为普适气体常量，$R = 81.31$（J/（mol·K））。

上式也可以写成

$$P = nkT \to PV = NkT \tag{5-3}$$

其中 n 为单位体积气体分子的数目；N 为气体分子的总数量；k 为玻耳兹曼常量，$k = \frac{R}{N_0} = 1.380\,65 \times 10^{-23}$ J/K；N_A 为阿伏伽德罗常数，即 1 mol 气体的分子数，它对所有的气体是一样的，$N_0 = 6.032 \times 10^{23}$ 分子/mol。

对较稠密的实际气体，态式为范德瓦尔斯方程（ν 摩尔气体）

$$\left(P + \frac{\nu^2 a}{V^2}\right)(V - \nu b) = \nu R T \tag{5-4}$$

其中 a、b 是两个常量。

上述方程是态式（5-1）的具体表达式，它是由实验给出的。在经典的平衡态热力学中，一件重要的事情就是去寻找系统所满足的态式。对 PV 系统而言，研究不同的实际系统的一项重要任务，即是去找到诸如（5-2）式或（5-4）式之类的状态方程。这类方程可以完全由实验测量给出（因此人们称由这种方法给出的方程为"经验方程"）。实验的具体方法不再赘述，但应指出下列三个量在实验法测量态式中起到了关键作用。以 PV 系统为例，它们是：

$$\left.\begin{array}{l} \alpha = \text{定压膨胀系数} = \dfrac{1}{V}\left(\dfrac{\partial V}{\partial T}\right)_P \\[3mm] \beta = \text{定容压力系数} = \dfrac{1}{P}\left(\dfrac{\partial P}{\partial T}\right)_V \\[3mm] \kappa = \text{等温压缩系数} = -\dfrac{1}{V}\left(\dfrac{\partial V}{\partial P}\right)_T \end{array}\right\} \tag{5-5}$$

它们之间满足如下的链式关系

$$\alpha = \kappa \beta P \tag{5-6}$$

第 2 节　经典热力学的基本定律

上面我们谈到，人们可以由实验得出一个热力学系统的态式，不同的热力学系统，其态式也是不一样的。然而，热力学的研究并没有停留在这里止步不前，而是进一步由这些实验得出的经验公式出发，寻求和揭示出它们背后的一些普适的、更基本的规律。

一、热力学第一定律

我们称系统所具有的由其热力学状态决定的能量为热力学系统的内能（简称为内能，记为 E）。对一个孤立系统来讲，系统的内能是不发生变化的。然而对一个开放系统（或封闭系统）来说，由于它与环境有相互作用，则系统的内能 E 将发生变化。而这种变化，是以外界对系统做功（或系统对外界做功）和系统从外界吸收热量（或系统向外界放出热量）为代价的。

（一）功

如图 5 - 3 所示的装置，我们假定汽缸中的工作物质可以视为一个简单系统。如果外力 $\vec{F}$ 以无限缓慢的方式匀速地推进活塞，则我们就可以视系统 C 的状态转变过程为准静态过程，在此过程之中，因活塞的加速度 $a = 0$，所以活塞与汽缸之间在无摩擦阻力时有 $F = PS$，其中 S 为活塞的截面积，P 为系统 C 对活塞的压强（而在热力学中，人们又经常习惯于将 P 称为"压力"——但只要我们知道这里所说的"压力"实际上指的是"压强"，即单位面积所受的力，就不至于引起概念上的混淆）。在上述过程中，外界对系统所做的"元功"（即图 5 - 4 中的小阴影部分）为

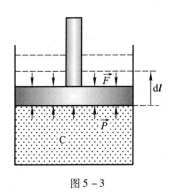

图 5 - 3

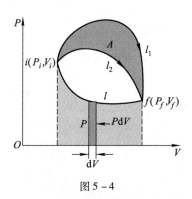

图 5 - 4

$$\delta W = \vec{F} \cdot \vec{dl} = -Fdl = -PSdl = -PdV \qquad (5-7)$$

这样一来，对无摩擦阻力的准静态过程，外界的作用力及其所做的功，就可以用系统的态参数来描述。就是由于这一原因，在经典热力学中谈到的准静态过程，指的都是没有（外）摩擦阻力的准静态过程。

设系统由初态 i 经路径 l 到末态 f。对上式积分，则给出总功

$$W = \int_{i(l)}^{f} \delta W = -\int_{V_i(l)}^{V_f} PdV \qquad (5-8)$$

总功（5 - 8）式的意义可理解为图 5 - 4 中的浅阴影区域的面积。按照这种理解，由图 5 - 4 我们看到

$$-\int_{V_i(l_1)}^{V_f} PdV \neq -\int_{V_i(l_2)}^{V_f} PdV \qquad (5-9)$$

亦即是说，**外界对系统所做的总功，不仅依赖于初、末态，而且依赖于积分的"路径"——即"过程"。**

将（5 - 9）式移项，则有

$$-\int_{V_i(l_1)}^{V_f} PdV + \int_{V_f(l_2)}^{V_f} PdV = -\left[\int_{V_i(l_1)}^{V_f} PdV + \int_{V_f(-l_2)}^{V_i} PdV\right] = -\oint PdV = \oint \delta W = A \neq 0$$

$$(5-10)$$

上式的环路积分中的"环路"，指的是系统从初态 i 经路径 l_1 到末态 f 后，再经 l_2 的反向路径 $-l_2$ 由 f 又回到 i，而形成的一个封闭的回路。这个环路的积分量为图 5－4 中 l_1 和 l_2 所围成的区域的面积 A，而 A 一般是不为零的。在数学上，如果某个量的微变量的环路积分量不为零，就称这个量的微变量"不是一个全微分"。（5－10）式表明，在热力学中，功的微变量不是一个全微分，所以将其记作 δW（而不能记作 dW——dW 表示功的微变量是全微分）。

（二）传热与内能的关系

经验告诉我们，当两个存在温差的系统热接触时，热量 Q 将从高温系统流向低温系统，两系统的内能 E 均发生变化：若系统从外界获得热量则内能增加；若系统向外界释放热量则内能减少。实验表明，系统从一个状态变化到另一个状态所获得或释放的热量不仅取决于初、末态，而且与过程有关，因而热量 Q 的微变量 δQ 也不是一个全微分。

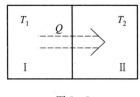

图 5－5

（三）热力学第一定律

将上述两个方面（即做功和传热）与系统内能的关系综合起来，就是热力学第一定律的内容。可将其表述为：对于一个与外界（以功、热两种形式）发生相互作用的封闭系统（在这里之所以说成是封闭系统，是将系统与环境存在物质交换的情况排除在外，只研究二者之间的能量交换问题），当系统经一过程从某一平衡态 A 到达另一平衡态 B 时，系统所获得的内能的增量（$\Delta E_{A \to B} = E_B - E_A$）等于在该过程中系统从外界所吸收的热量（$Q_{A \to B}$）与外界对该系统所做的功（$W_{A \to B}$）之和。写成数学式子就是

$$E_B - E_A = Q_{A \to B} + W_{A \to B} \tag{5－11}$$

对系统状态变化极小的微变过程，上式可写成

$$dE = \delta W + \delta Q \tag{5－12}$$

由（5－11）式和（5－12）式所表述的热力学第一定律是从大量实验中总结出的规律。它反映的是一个热力学系统的"内能"同环境对该系统所做的"功"（机械能）以及环境传给系统的热量（热能）之间相互转化的关系。它是能量守恒及转化定律在热力学领域中的具体体现。作为具有普适性的能量守恒定律的具体表现形式之一，它在热力学领域是普遍适用的。也就是说，它对任何热力学过程（不论是准静态过程还是非准静态过程）都是成立的。

需要注意的是，（5－12）式的写法，事实上是说内能的微变量是一个全微分（记为

dE)。关于这一点，下面还要讨论。

二、热力学第二定律——开尔文表述和克劳修斯表述

热力学第一定律指出，各种形式的能量在相互转化的过程中必须满足能量守恒关系，它对过程进行的方向是没有作出任何限制的。但实际过程却往往具有方向性。例如，摩擦（做功）生热是自然界常见的自发过程，功可以完全转变为热，但反过来，热却不能完全转变为功。热传导过程也是自然界中常见的自发过程，当两个温度不同的物体相互接触时，热量将自动从高温物体传到低温物体去；但反过来，热量却不能自动从低温物体传到高温物体去，从而表现出过程的不可逆性。对于这种过程的方向性或不可逆性，热力学第一定律不能做出解释。这就表明，与热现象相关联的过程除了遵从热力学第一定律之外，还应受到一个与"方向"有关的定律的制约。这一定律，便是所谓的热力学第二定律。

（一）可逆过程和不可逆过程

如图 5-6 所示，当系统从态 c_i 经过程 1 到达态 c_f，再经过程 2 回到 c_i 而完成一次循环时，若对外界产生的一切影响也能同时消除，便称此过程为可逆过程；反之，则称之为不可逆过程。

应指出的是，可逆过程并不要求反向过程必须沿与正向过程相同的路径反向返回，但却一定可以通过与原过程相同的路径反向返回。另外，可逆过程和准静态过程也是有区别的。在平衡态热力学中作讨论时，可逆过程必须是准静态过

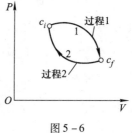

图 5-6

程，且还必须是无耗散效应的过程（否则它对外界所产生的影响无法在循环结束时消除）。但反过来，准静态过程却未必就是可逆过程。当然，所谓无限缓慢的准静态过程及无耗散的过程等，都是在理论研究中人为引入的一种理想化假定。也就是说，在真实的情况下事实上是不存在严格的可逆过程的——自然界中所发生的一切与热现象有关的实际过程毫无例外的统统都是不可逆过程。之所以要引入可逆过程的概念，只是因为理论研究的需要。

（二）卡诺（Carnot）循环和卡诺定理

从一状态出发又回到此状态，这一系列的过程就组成一个"循环"。称按顺时针方向进行的循环为正循环；反之，为逆循环。

图 5-7 所示的由两个等温和两个绝热过程所组成的循环称为卡诺循环。如果其工作

物质为无内摩擦（即无内耗散）的理想气体，则卡诺循环是可逆的。以卡诺循环的方式工作的热机称之为卡诺机。其中，以理想气体作为工作物质的卡诺机是可逆卡诺机。

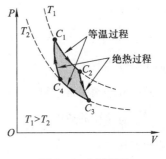

图 5 - 7　卡诺循环

在一个循环过程中，如果设热机的工作物质从高温（T_1）热源吸热 Q_1，向低温（T_2）热源放热 Q_2，则热机的效率为

$$\eta = \frac{W}{Q_1} = \frac{Q_1 - Q_2}{Q_1} = 1 - \frac{Q_2}{Q_1} \qquad (5-13)$$

（5 - 13）式对任何热机（可逆机和不可逆机）都是适用的。

如果工作物质设定为理想气体，根据热力学第一定律，则很容易证明上式又可以改写为

$$\eta = 1 - \frac{T_2}{T_1} \qquad (5-14)$$

可见以理想气体为工作物质的卡诺机（它是可逆机）的效率只取决于高温热源的温度 T_1 和低温热源的温度 T_2。当高温热源的温度 T_1 越高，低温热源的温度 T_2 越低时，可逆卡诺机的效率越高。也就是说，（5 - 14）式只适用于可逆机。（5 - 14）式还表明，在 T_1、T_2 确定后，所有可逆的卡诺机的效率相等。并且，在普通物理中已证明有如下的"卡诺定理"：

在相同的高、低温热源间工作的一切不可逆机的效率 η_i，都不可能超过可逆机的效率 η_R，即

$$\eta_i \leqslant \eta_R \rightarrow \eta_i \leqslant 1 - \frac{T_2}{T_1} \qquad (5-15)$$

（三）热力学第二定律的开尔文表述和克劳修斯表述

如上所述，在真实的情况下，自然界中所发生的一切与热现象有关的过程毫无例外的统统都是不可逆过程。所以研究实际过程，就应当研究不可逆过程。而要研究不可逆过程，首要的问题就是如何判定它可以向什么方向进行而不可以向什么方向进行。由于前述的热力学第一定律无论对可逆过程还是不可逆过程都是成立的，所以除热力学第一定律之外，还必须有一个单独的定律提供依据以便对不可逆过程进行的方向做出判别。

热力学第二定律就是用来提供判定不可逆过程的进行方向的判据的。在历史上，它

最初有如下两种表述方式：

1. 开尔文表述：不存在这样一种循环，只从单一热源吸收热量使之完全转变为有用功而不对外界产生任何影响。

这一表述表明第二类永动机［即可以从单一热源（如海洋、大气等）吸热并将其全部转变成有用功的热机］是不可能制成的。其实质是指功与热之间转化的不可逆性：功可以全部转化成热，但却不可能逆转过来再将热全部转化为功。也就是说，在反过来将热向功转化的过程中，必然会有一部分热不能被转化成功而"耗散"掉（从而不能被利用），即热量的耗散具有不可避免性。这种"热量一定会有耗散"的性质就使得系统必然地不可能回到初始状态——从而这样的过程就是不可逆的。这实际上也就是在说，造成过程不可逆的根本原因就是"耗散"。

2. 克劳修斯（Clausius）表述：不可能把热从低温热源传到高温热源而对外界不产生任何影响。

这一表述表明从低温热源吸热向高温热源放热是不可能的。它的实质也是说明了自然界中与热现象有关的实际过程都是具有方向性的不可逆过程。

可以用"反证法"证明以上两种表述是等价的（大学普通物理中已证明，故从略）。

值得注意的是，被以上两种表述判定为不可能发生的这两种过程都并不违背能量守恒定律，但事实上却不能实现。这就表明：自然界的实际过程，除了要遵从能量守恒定律之外，还要受过程的可能性——即方向性限制的制约。由此可见，以上面 1 和 2 两种方式表述的热力学第二定律，最重要的意义就在于把"过程的方向性"以突出的方式提了出来，揭示出了"实际过程进行的方向是要受到限制的"这个客观事物的规律，并以例证的方法指出了实际的不可逆自发过程进行的方向。

三、热力学第二定律的数学表述和熵增加原理

如上所述，热力学第二定律的 1、2 两种表述方式均是定性的例证式的表述方式。这种方式明确地提出了问题，但却不是数学化的表述，故不便于具体应用。为方便使用，需要将热力学第二定律数学化。而为了将其数学化，首先就需要一个新的物理量来反映和描述由热力学第二定律所揭示出来的"过程的方向性"。熵的概念就是在这样的背景下提出来的。

（一）熵概念的引入

根据卡诺定理，由（5-13）式和（5-14）式，有一切可逆机的效率

$$\eta = 1 - \frac{Q_2}{Q_1} = 1 - \frac{T_2}{T_1} \qquad (5-16)$$

于是有

$$\frac{Q_1}{T_1} - \frac{Q_2}{T_2} = 0 \qquad (5-17)$$

（5-17）式是按图5-8（a）来理解的。若按图5-8（b）来理解，即将 Q_2 理解为吸收的热量，则有

$$\frac{Q_1}{T_1} + \frac{Q_2}{T_2} = \sum_{i=1}^{2} \frac{Q_i}{T_i} = 0 \qquad (5-18)$$

如图5-9所示，任意一个可逆循环 $ACBDA$，都可用大量的微小的卡诺循环来替代。于是，由（5-18）式有

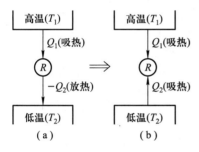

图5-8　热机工作原理示意图

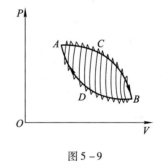

图5-9

$$\lim_{n \to \infty} \sum_{i=1}^{n} \frac{Q_i}{T_i} = 0 \qquad (5-19)$$

将上式写成积分式则为

$$\oint \frac{\delta Q}{T} = 0 \qquad (5-20)$$

此式称为可逆循环的克劳修斯等式。

（5-20）式的环路积分也可以写成

$$\int_{ACB} \frac{\delta Q}{T} + \int_{BDA} \frac{\delta Q}{T} = 0$$

即

$$\int_{ACB} \frac{\delta Q}{T} = -\int_{BDA} \frac{\delta Q}{T} = \int_{ADB} \frac{\delta Q}{T} \qquad (5-21)$$

上式表明，在可逆循环中，$\frac{\delta Q}{T}$ 的积分值只取决于初、末态而与过程（即与积分的路径）

无关。这就是说$\dfrac{\delta Q}{T}$在数学上是一个全微分，因而可将其定义为

$$\frac{\delta Q}{T} = dS \qquad (5-22)$$

其中的量 S 便是克劳修斯引入的热力学"熵"（entrope，因为他认为"熵"在希腊文里表示"变化"）。dS 是一个全微分，表明量 S 的取值只与状态有关。在热力学中，这样的量称为"态函数"——例如，在 PV 图上，S 就是可以用状态参量 P、V 来表示的$[S = S\ (P,\ V)]$。

δQ 不是全微分，但乘以 $\dfrac{1}{T}$ 之后为全微分。按数学的话讲，$\dfrac{1}{T}$ 是 δQ 的积分因子。

需要指出的是，熵概念本身是在准静态（即平衡态）可逆循环（即过程可逆）的条件下引入的，是与过程无关的，因而，对非平衡态不可逆过程而言，是否可以运用上述的"熵"概念，就必须慎重考虑。

（二）克劳修斯不等式

根据卡诺定理，在相同的高温、低温热源之间工作的一切不可逆机的效率 η_i，不可能超过可逆机的效率 η_R，即

$$\eta_i \leqslant \eta_R \qquad (5-23)$$

将 $\eta_i = 1 - \dfrac{Q_2}{Q_1}$，$\eta_R = 1 - \dfrac{T_2}{T_1}$ 代入上式，有

$$1 - \frac{Q_2}{Q_1} \leqslant 1 - \frac{T_2}{T_1} \qquad (5-24)$$

即

$$\frac{Q_1}{T_1} - \frac{Q_2}{T_2} \leqslant 0 \qquad (5-25)$$

同样将 Q_2 改为"吸热"，则上式为

$$\frac{Q_1}{T_1} + \frac{Q_2}{T_2} \leqslant 0 \qquad (5-26a)$$

可以将（5-26a）式的克氏不等式推广到有 n 个热源的情况。设一个系统在循环过程中与温度 T_1，T_2，$\cdots$，T_n 的 n 个热源接触，从这 n 个热源分别吸取 Q_1，Q_2，$\cdots$，Q_n 的热量，在热力学的通常教材中曾证明

$$\sum_{i=1}^{n} \frac{Q_i}{T_i} \leqslant 0 \qquad (5-26b)$$

对于更普通的循环过程，将（5-26b）式的求和号推广为积分号，则得积分形式的克劳

修斯不等式

$$\oint \frac{\delta Q}{T} \leqslant 0 \quad (\;=\;:可逆;<:不可逆) \tag{5-27}$$

其中 δQ 表示工作物质（系统）从温度为 T 的热源吸收的热量 [在这里还要注意的是，由于（5-24）式右边的温度 T 是准静态可逆卡诺循环时外界的温度，所以在无限缓慢的准静态等温过程中，该温度便是系统处于平衡态时的温度]。

（三）克劳修斯不等式的推广和热力学第二定律的普遍表达式

如图 5-10 所示，设 A→B 是一个实际的不可逆过程 (i)。现设想一个可逆的过程 B $\xrightarrow{R}$ A。则从 A 出发经 i 到 B 后再经 R 回到 A 这样一个循环总的说来是不可逆的，因为其中包含着不可逆过程 i。于是由（5-27）式有

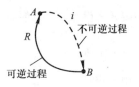

图 5-10

$$\oint \frac{\delta Q}{T} = \int_A^B \left(\frac{\delta Q}{T}\right)_i + \int_B^A \left(\frac{\delta Q}{T}\right)_R \leqslant 0 \tag{5-28}$$

即

$$\int_A^B \left(\frac{\delta Q}{T}\right)_i \leqslant -\int_B^A \left(\frac{\delta Q}{T}\right)_R \tag{5-29}$$

将上式右边的积分限倒置即得

$$\int_A^B \left(\frac{\delta Q}{T}\right)_R - \int_A^B \left(\frac{\delta Q}{T}\right)_i \geqslant 0 \tag{5-30a}$$

$$\Delta S = S_B - S_A = \int_A^B \left(\frac{\delta Q}{T}\right)_R \geqslant \int_A^B \left(\frac{\delta Q}{T}\right)_i \tag{5-30b}$$

上式表示为微变形式即

$$(dS)_R \geqslant \left(\frac{\delta Q}{T}\right)_i \tag{5-31}$$

克劳修斯不等式（5-30）式、（5-31）式（式中"="号适用于可逆过程；">"适用于不可逆过程）可作为热力学第二定律的普遍表达式。它反映了对过程的限制：违背此不等式的过程是不能实现的。因此，我们可以根据此表达式研究在各种约束条件下的系统的可能的变化。

（四）熵增加原理

按照热力学通常教材中的说法，可逆过程发生后，所产生的后果（对外界的影响），可以完全消除而令一切恢复原状；而不可逆过程发生后，则用任何曲折复杂的方法都不可能令一切恢复原状。这个事实说明，过程是否可逆是由初态和末态的相互关系决定的。

因而，有可能找到一个态函数，并可以用这个函数在初态和末态的数值来判断过程是否可逆和不可逆过程的自发方向。这个函数就是熵。 $\qquad$ (S_1)

通常的热力学教材中还说（这种说法是否正确，我们将在后面分析讨论），若初、末两态由某一不可逆过程 i 联系，则熵差大于 $\int_A^B \left(\frac{\delta Q}{T}\right)_i$ [见（5-31）式]，故 $\int_A^B \left(\frac{\delta Q}{T}\right)_i$ 不代表熵差，只有 $\int_A^B \left(\frac{\delta Q}{T}\right)_R$ 才代表熵差；因此，要计算由不可逆过程联系着的两态的熵差，只要任意设想一个方便的可逆过程把该两态联系起来，并计算 $\int_A^B \left(\frac{\delta Q}{T}\right)_R$ 即可[①]。 (S_2)

如果所讨论的系统所经历的是绝热过程，则不等式（5-30b）式右边的 $\delta Q = 0$，于是由该式有

$$\Delta S = S_B - S_A \geq 0 \qquad (5-32)$$

由（5-32）式就有所谓的"熵增加原理"：系统经绝热过程由初态变到终态，它的熵永不减少——在可逆绝热过程中熵不变，经不可逆绝热过程后熵增加。 (S_3)

这一原理同样可以用于判别过程是否可逆及不可逆过程进行的方向。因而，在历史上，克劳修斯认为熵增加原理是一个等效于热力学第二定律的原理。

熵增加原理的一个重要的应用是对孤立系统中发生的过程的分析。孤立系统与其他物体完全隔绝，故孤立系统中发生的过程必是绝热过程。由熵增加原理可知，孤立系统的熵永不减少；孤立系统中所发生的不可逆过程，总是朝着熵增加的方向进行。

另一方面，从统计的观点看，熵可以粗略地看做体系中混乱程度的一种量度（这一点最早由玻耳兹曼指出）。这样，熵增加原理就表明，孤立系统中发生的不可逆过程总是朝着混乱度增加的方向进行。由此，人们将其推广到更一般的情况，认为所有宏观自发过程，都总是朝着混乱程度增加的方向进行。作为熵增加原理的应用与外推，有人曾提出了宇宙的"热寂论"。他们认为，整个宇宙是一个孤立系统。根据熵增加原理，宇宙的熵永不减少。宇宙中发生的任何不可逆过程都使得宇宙的熵增加。将来总有一天，宇宙的熵达到极大值，于是整个宇宙就达到了平衡状态，即所谓的"热寂"状态。于是，要使得宇宙从平衡态重新活动起来，只有靠"外力"的推动才行。这就为上帝创造世界提供了所谓的"科学根据"。

---

① 北京工业大学应用物理系理论物理组编：《理论物理简明教程》（上册），北京工业大学出版社1998年版，第203页。

四、热力学基本方程

将热力学第一定律

$$dE = \delta W + \delta Q \qquad (5-33)$$

与克劳修斯定律

$$dS \geqslant \frac{\delta Q}{T} \to \delta Q \leqslant TdS \qquad (5-34)$$

结合起来有

$$\delta Q = dE - \delta W \leqslant TdS \qquad (5-35)$$

对简单系统

$$\delta W = -PdV \qquad (5-36)$$

将（5-36）式代入（5-35）式得

$$dE \leqslant -PdV + TdS \qquad (5-37)$$

此式称为热力学基本方程，是研究平衡态热力学的出发点。式中，等号适用于可逆过程，不等号适用于不可逆过程。

五、热力学第三定律

1906 年，能斯脱（Nernst）从低温化学反应的大量实验事实中总结出一个结论，称为能斯脱定理：凝聚系统的熵在等温过程中的改变随绝对温度趋于零。即

$$\lim_{T \to 0} (\Delta S)_T = 0 \qquad (5-38)$$

其中 $(\Delta S)_T$ 指在等温过程中熵的改变。

1912 年，能斯脱根据上述定理推出一个原理：不可能使一个物体冷到绝对温度的零度。我们称上述的绝对零度不能达到原理为热力学第三定律的标准表述。

上面所讲的绝对零度是就热力学温标而言的。热力学温标 T 是开尔文引进的，故称开氏温标，其单位为 K。1954 年，国际权度会议决定选水的三相点的温度为 273.16 K。摄氏温标是我们在日常生活中使用的温标，用 t 表示，其单位为℃，它与热力学温标 T 的数值关系为

$$t = T - 273.15 \qquad (5-39)$$

水的三相点温度 $T = 273.16$ K，故其摄氏温度 $t = 0.01$ ℃。

第3节 对热力学综合重大意义的进一步认识

以热力学三大定律的发现为标志的经典热力学，作为一次科学综合，其意义是重大的，影响是深远的。这不仅表现在它所取得的巨大的实证成功及实用价值上，更表现在认识论的意义上。但是，目前理论界对热力学综合重大意义的认识还不是十分清楚，对一些问题的认识显得不够深入，对另一些问题的认识则似乎有失偏颇，因而有必要进行深入的分析。

一、对热力学综合重大意义的传统认识

（一）热力学第一定律

众所周知，能量守恒与转化定律是 19 世纪自然科学的三大发现之一。能量守恒与转化定律表明：自然界中虽存在多种物质运动形态，如机械的、热的、电磁的、化学的、生物的，等等，但能量作为其共同的量度，必须守恒。当 1847 年亥姆霍兹所写的总结能量守恒的论文（它大概是在当时关于能量守恒定律最早和最全面的叙述）问世之后，作为适用于一切形式的能量的自然界的一个普遍规律，能量守恒定律就逐步得到人们的公认。

然而，这一原理的确立并非一帆风顺，而是经过了漫长而艰苦卓绝的斗争历程，有许多领域的杰出人士为之付出了毕生的心血。其中，作为经典热力学研究领域主要代表人物之一的焦耳（Joule）的贡献更为突出：他从 1840 年开始，在 20 多年的时间内，反复进行了大量的实验工作，不仅导致了人们所熟知的热功当量的发现（$1\ cal = 4.18\ J = 4.18 \times 10^7 erg$），更以无可辩驳的实验结果证明机械能、电能、内能之间的转化满足守恒关系。经典热力学研究中提出的热力学第一定律，作为能量守恒与转化定律在热力学领域的具体表现，彻底粉碎了人们曾经有过的制造"永动机"的幻想（在历史上，人们曾经幻想制造一种机器，这种机器不需要外界供给能量却可以不断对外做功，因而被称为永动机。但根据能量守恒与转化定律，功必须由能量转化而来，不可能无中生有地产生，所以这种机器是不可能制造出来的。因此热力学第一定律有另一种表述：永动机是不可能制造成功的），证明了物质不灭这一普遍原理的正确性，是对人类物质观念的又一次重大提升——这就是人们通常对热力学第一定律重大意义的认识——当然，这一认识无疑是十分正确的。

（二）热力学第二定律

在热力学宏观系统中，经验告诉我们系统的过程是不可逆的。例如经验方程（唯象

理论）中的热传导傅立叶定律

$$\frac{dT}{dt} = \lambda \ \nabla^2 T \qquad (5-40)$$

及扩散的斐克（Fick）定律

$$\frac{dC}{dt} = D \ \nabla^2 c \qquad (5-41)$$

都是时间不可逆的。上述方程中，T 为温度；c 为浓度；λ、D 为常量。这种时间的不可逆性表明：单靠热传导或扩散过程可以从初始温度和浓度均匀分布的状态自发产生某种不均匀分布的状态是不可能的，所以我们也就不可能观察到。在热现象中的与摩擦生热相关的过程，各种爆炸过程，同样是不可逆过程。当然上面提及的不可逆过程，均是非准静态过程。

然而，如众所周知，在经典牛顿力学中，因为牛顿方程

$$\frac{d\vec{p}}{dt} = m \ \frac{d^2 \vec{r}}{dt^2} = \vec{F}(\vec{r}) \qquad (5-42)$$

对时间是可逆的（t 变成 $-t$，方程不变）。所以，过程的不可逆性事实上就形成了对经典力学的严峻挑战。热力学第一定律同样也没有解决这一问题。因为尽管热力学第一定律指出了各种形式的能量在相互转化的过程中必须满足守恒关系，但对于过程进行的方向却没有给出任何限制。所有这些情况都表明，我们需要一个新的定律，以判别这种方向性。如前所述，这便是热力学第二定律，它有前面所提及的开氏和克氏的两种表述。热力学第二定律的以上两种表述均以例证的方式指出了一切与热现象有关的实际过程都是不可逆的，将过程的不可逆性、方向及时间之矢的问题尖锐地提了出来——这就是热力学第二定律最重要的贡献。

然而，用什么来刻度和表现"不可逆"呢？热力学中引入了"熵"这一概念，并进一步提出了（5-32）式的"熵增加原理"。因而，从刻度和表现不可逆性的角度看，熵概念的引入和熵增加原理的提出，是具有积极意义的。

（三）热力学第三定律

对于热力学第三定律的意义，理论界并没有太多的分析。我们认为，从物质观的角度讲，以"绝对零度不可能达到"为表述的热力学第三定律的实质，就是用热力学理论的方式揭示出了真空的物质性（正因为在"真空"中存在着永恒运动的物质，才使得绝对零度不可能达到）。这是经典热力学的又一重要贡献。它进一步验证了我们前面提出的 MBS（物质性背景空间）里面有物质和能量的结论。而正因为真空的物质性，在电磁

理论中我们看到了电磁场的存在；在热力学中就会有第三定律；而在其后，于量子水平上就会观察到所谓的"真空作用"、"真空激发"、"真空量子涨落"等现象。

总之，目前绝大多数人对热力学综合重大意义的认识基本上仍停留在以上叙述的层面上——我们将其称之为对热力学综合重大意义的传统认识。

二、对热力学综合重大意义传统认识的分析

（一）热力学第一定律

我们前面说过，证明了物质不灭这一普遍原理的正确性，是对人类物质观念的又一次重大提升——这就是人们通常对热力学第一定律重大意义的认识——当然，这一认识无疑是十分正确的。

然而这一认识是否就是非常深刻了呢？我们认为，若仅仅停留在上述的层面上看问题，似乎还显得有些浅薄，还没有真正理解热力学第一定律的本质意义。因为以热力学第一定律的形式表示的能量守恒与转化定律，不仅表明"内能"、"功"和"热量"是可以相互转化的，而且事实上已经隐含了对"它们**为什么**可以相互转化？"这一问题的说明。因而只有当我们沿着这一思路追问下去，从物质观这个"源头"上对上述的"为什么"有了清醒的认识时，才算真正揭示出了热力学第一定律的本质意义。

那么，内能、功、热量为什么可以相互转化呢？我们认为，这是因为它们在本质上是统一的，即有着共同的本源。正是这个"共同本源"的存在，才使得它们相互之间的"转化"有了基础和可能。因而，对作为能量守恒与转化定律具体表现形式的热力学第一定律重大意义的"更深刻的理解"，就是说它揭示了一个最重要的基本原理——自然有着"共同的本源"。并且，对这一问题的进一步认识，还将导致对自然的"共同本源"的实质的揭示。

事实上，热力学理论在自己的发展进程中，已经一步一步地逐步揭示出了这个"共同的本源"。下面我们来进行具体的分析。

前面给出的热力学第一定律的三种表述（5－11）式、（5－12）式和（5－37）式，对有限过程可以写成

$$E_B - E_A = Q_{A \to B} + W_{A \to B} \qquad (5-43a)$$

上式也可以改写为

$$Q_{A \to B} = (E_B - E_A) - W_{A \to B} \qquad (5-43b)$$

此式给出了热量的定义。以上两式事实上是如下的微变过程

$$dE = \delta W + \delta Q \qquad\qquad (5-44)$$

的积分表达式。由（5-44）式可见，在热力学中，认为有限过程中的 Q、W **不是态函数**，故 δW 和 δQ 不是全微分；而内能 E 是一个态函数，故 dE 是一个全微分，满足

$$\oint dE = 0 \qquad\qquad (5-45)$$

在这里有必要再次强调，能量守恒与转化定律是一个普适的定律，这种"普适性"表明它应当适用于一切物质系统和它所经历的任何过程。

但在经典热力学的发展过程中，人们对这一点起初并没有清晰的认识。传统的热力学教材称，在（5-43）式和（5-44）式中，初态和终态是平衡态，而中间态却可以不是平衡态。[①] 我们认为，传统热力学中的这一说法是存在问题的。因为它不仅没有解释为什么初态和终态必须是平衡态的原因，说出正当的理由，而且在逻辑上也存在毛病：既然中间过程可以是非准静态过程（即由一系列的非平衡态组成的过程），而如果将整个中间过程划分成若干个子过程，则各个子过程的初、末态也属于整个"中间过程"中的状态之列，那么这些初末态就也是非平衡态，这岂不是同"初态和末态必须是平衡态"的论述相矛盾了吗？而且，如果必须使用此条件（初态和终态是平衡态）的话，那不就意味着能量守恒与转化定律不适合于非平衡态（在初、末态），从而也就意味着能量守恒与转化定律不是普适的了吗？

事实上，使用该条件的目的，不外乎使得 E_B 和 E_A（平衡态时）可以用态参量来表示。然而，即使 A、B 不是平衡态（即为非平衡态，记为 A' 和 B'），其能量也可以与处于平衡态时的能量值相等。即

$$\begin{cases} E_{A'} = E_A \\ E_{B'} = E_B \end{cases} \qquad\qquad (5-46)$$

这一点很容易做到。以初态为例。设初始时处于非平衡态 A'，能量为 $E_{A'}$，经过一段时间后达到平衡态 A，能量为 E_A，只要在此过程中外界不做功且系统不从外界吸热，于是由（5-44）式有

$$\int_{A'}^{A} dE = 0 \rightarrow E_A = E_{A'} \qquad\qquad (5-47)$$

由此可见，初末态是平衡态的限制条件，对热力学第一定律的表述来讲，是多余的；该定律是一个无论初末态及中间态是否平衡态均可以应用的普适的定律。

[①] 汪志诚编：《热力学·统计物理》，人民教育出版社 1980 年版，第 26 页。

（5-44）式中内能函数的引入和热量的定义，是喀喇氏（Caratheodory）在 1909 年首先提出来的［在此以前，热力学第一定律的数学表述都采取（5-43b）的形式，其中功和热量同时独立地引进］。这一表述表明，功（机械能）和热量都可以统一为"能量"——物体的内能，它们可以相互转化，因而它们就是具有"共同本源"的。而我们前面的分析，又进一步说明了它的普适性。因而，对这一"共同本源"的深究就具有了重大意义。

然而，这个"共同的本源"是什么呢？从"物质存在的方式"讲，这个"共同本源"即是物质的"粒子说"。简单地回顾热力学发展过程中与马赫的"经验主义"和热量的"热质说"的斗争历程，就可以发现热力学成长和发展的过程就是"粒子说"逐步确立的过程。

对我们现在的人讲，接受"粒子说"似乎不是什么困难的事。然而，在经典热力学发展进程的初期，热、温度和熵这些概念的引入，却是与力、质量、加速度、速度等一类力学属性的概念"毫无关系"的。亦即是说，在对宏观热力学现象的研究中，当时的人们似乎觉得不必如牛顿力学那样，从粒子模型出发去研究任何假想的粒子或对物质性质进行没完没了的推测。例如，根据温度计水银柱的高度，就可以确定温度，而不需要对构成物质的微粒作任何假设。在这个意义上，所谓的"唯能论"就可以代替牛顿力学关于物质的粒子性的假设。到了 19 世纪末，甚至对唯能论是否也像牛顿力学那样包含丰富的内容，对是否可以从唯能论出发推导出牛顿体系（从行星运动、潮汐现象到地球的运动）的各种性质，人们也发表了各种意见。其中，马赫的"经验主义"和"节约思维原则"对人们的影响最大（例如奥斯瓦尔德和裘根等人，就深受马赫主义的影响）。根据马赫主义的思想，一方面，既然在热现象中所谓"分子"、"原子"之类的粒子看不见、摸不着且未被实验观察的经验事实所证实，所以粒子论的假设就没有了经验的基础；另一方面，基于"节约思维原则"，既然从唯能论出发可以解释热现象而没有必要假设分子、原子的存在，那么在热力学中，有关物质的粒子性的假设也就是多余的了。上述的观点，曾一度成为主流性的思想。在 17 世纪的热力学研究与发展中，"热质论"也曾一度流行。根据这种理论，热被看成一种细的弹性流体。这种流体被称之为 caloric——热质（"热质"一词是后来在 1787 年由拉瓦锡想出来的）。热质论是以引入一种新的物质实体的形式来描述热量的，所以又称为热的物质论或实体论。

我们知道，"热质说"和"唯能论"现在都已被热的"粒子说"战胜。下面我们利用在本书第 2 章中提出的 C 判据，用几个极简单的实验来说明"粒子说"何以能够战胜

"唯能论"及"热质论"从而被确定起来。

在图 5 - 11 所示的实验中，绝热容器 A 中装有某种
液体 D（例如水），其中插入可转动的叶片 B，通过叶片
B 对容器 A 内物质的"搅动"而对物质 D 做功。因整个
过程是"绝热的"，所以由（5 - 43）式有

$$dE = \delta W \qquad (5 - 48)$$

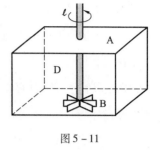

图 5 - 11

在 A 中插入一温度计，我们会发现，随着叶片 B 对物质
D 做功，水的温度会上升。当水的温度达到 100 ℃时，水即沸腾了起来。继续做功，我
们会看到 A 中的水面不断下降以至于最终由于叶片"搅动"做功而把水全部"搅和"
干。于是此时，A 中原来"看得见"的物质水就再也看不见了。如果称肉眼看得见的存
在为物质的话，那么现在我们用肉眼则看不到 A 中有什么物质存在。这是用肉眼这个实
验测量装置、以"看得见"为评判尺度所作的结论。

但依据肉眼的"实验观察"［判据（C_5）］所得出的结论就一定是对的吗？

按照我们在第 2 章中提出的 C 判据，首先要求物质观正确（C_1）。在上述问题中，
根据物质不灭定律（物质观），我们只能说 A 中仍有物质，只不过不再是肉眼看得见的
水，而是肉眼看不见的"水蒸气"。这样一来，我们对物质的界定，就不再是以肉眼是
否"看得见"的实验观察为标准，而是以物质本身的"固有属性"为依据了。作为物质
固有属性之一的"质量"，在非相对性情况下是守恒的。于是我们可以用这个守恒关系
来检验上述观点的正确性。将上述装置放在天平上一称，我们会发现，液态时和气态时
两者一样重，从而证实了"物质是不灭的"。可见，从实验检验所得结果出发，依据判
据（C_5）所作结论的正确性，是寓于（C_1）物质观的正确性之中的，是由物质观所决
定的。

事实上，在上述实验中，作为存在的物质，怎样才会让我们"看不见"呢？我们知
道，如果物体的几何尺度太小，我们的肉眼就看不见了——而由水所化成的水蒸气，就
是由我们肉眼看不见的"气体分子"这类"很小的"粒子组成的。这是在（C_1）为正确
的基础之上，并进而保证物理图像的真实性（C_2）的前提下，由（C_3）所作的一种逻辑
推断（或称为假定）。

让我们继续按照上述逻辑进行分析。当液态汽化为气态之后，我们继续转动叶片，
则气体的温度还要进一步升高。为什么呢？根据前面的假定，现 A 中充满着以粒子形态
存在的"水分子"物质。当转动叶片时，水分子粒子将与叶片 B 形式的"粒子"发生碰

撞（做功）而改变动量，由动量的改变引起水分子粒子能量的改变。即气体分子能量的增大，与气态物质温度的升高是内在关联的。这样我们看到了（5–45）式中的 E 和 W，都存在着一个共同的本源——从物质观的源头上看，就物质存在的方式而论，任何形态的物质都是以粒子作为其存在的基本形态的。也就是说，既然能量 E 和功 W 是"物质性的量"，所以溯到物质观的源头上，就必定找到如上所述的存在方式上的共同本源——"粒子性"，这难道不是逻辑的必然吗？

事实上，正是基于上述的认识，才有基于粒子这一本源之上的分子运动论以及统计力学理论的建立，从而才使得我们有可能更深刻地认识宏观热力学过程的微观基础，去深入认识热力学基本定律的深刻意义。这一方向，是由一大批科学家所作工作积淀出来的。其中克劳修斯、玻耳兹曼、麦克斯韦和吉布斯等人的工作尤为重要（由于本书的最终的关注点放在对所谓"基本规律"及其背后的思想和实质的追踪、认识和寻找上，所以我们在此只介绍热力学三大定律，揭示它的实质，以去寻找重要的启示，而不单独介绍气体分子运动论和统计力学——虽然我们有时也会直接引用它们的结论）。

当把热力学的微观基础置于"粒子说"的基础之上，宏观热力学的基本定律的物理实质就易于理解了。我们不妨以简单的理想气体为例来看问题。

理想气体，从微观上讲，是以质点模型为基础并遵从牛顿规律的，并且具有所有分子之间不存在分子力、碰撞时是弹性碰撞等性质。在普通物理的气体分子运动论中，由弹性碰撞假定，可导出粒子的平均动能

$$E_k = \frac{1}{2}m\bar{v}^2 = \frac{3}{2}kT \tag{5-49}$$

于是理想气体的内能（不计分子间势能）

$$E = NE_k = \frac{3}{2}NkT \tag{5-50}$$

其中 N 为气体的分子数。于是由上式可见，内能

$$E = E(T) \tag{5-51}$$

此即是焦耳定律：内能仅是温度的函数。所以在经典热力学理论中，对理想气体的定义又加了一条：理想气体还应是严格遵守焦耳定律的气体。

这样我们就从微观的角度了解到，当所研究的气体是理想气体时，气体分子实际上被简化为无内部结构的质点，所以不涉及分子、原子中的跃迁辐射问题，作为辐射量子的"声子"、"光子"等是没有被暴露出来的。或者简言之，理想气体分子是一个没有内部自由度的质点，而且分子之间的势能也不计及，所以粒子只有动能。正因如此，理想

气体就是一种不存在辐射耗散的气体。

下面我们再继续进行作为能量守恒与转化定律具体表现形式的热力学第一定律物理实质的讨论。

对可逆过程而言，能量守恒定律为（5-44）式的形式。从对（5-48）式的讨论知道，E、W 的共同本源为"粒子"，现将 E、W 代入（5-43b）式之中，则表明热量的基础也应建立在共同的本源——"粒子论"的基础之上。

现在我们来看另一个实验。为简化讨论，我们假定有两个相同大小的容器 1 和 2，里面有等量（即分子数量相等 $N_1 = N_2 = N$）的温度分别为 T_1 和 T_2（$T_1 > T_2$）的理想气体。现将两者如图 5-5 那样，作"热接触"。亦即是说，接触面虽不允许分子穿过，但却允许热"流过"，整个装置对外界来讲又是绝热的。

初始时，系统 1、2 的内能，由（5-49）式可知其分别为

$$E_{1i} = \frac{3}{2}NkT_1, \quad E_{2i} = \frac{3}{2}NkT_2 \tag{5-52}$$

现以 1、2 所组成的整个系统为研究对象。由于整个系统是绝热的（$\delta Q = 0$），且外界不对该系统做功（$\delta W = 0$），于是由（5-44）式有

$$dE = d(E_1 + E_2) = 0$$

对上式积分则有

$$E_{1f} + E_{2f} = E_{1i} + E_{2i} \tag{5-53}$$

末态时，1、2 达到平衡，设温度为 T，末态时两容器内的内能分别为

$$E_{1f} = \frac{3}{2}NkT, \quad E_{2f} = \frac{3}{2}NkT \tag{5-54}$$

将（5-52）式、（5-54）式代入（5-53）式可得

$$T = \frac{1}{2}(T_1 + T_2) \tag{5-55}$$

此即末态为平衡态时的温度。

现在分别以 1、2 为研究对象，此时两者就互为"环境"。由于 1、2 之间是非绝热的，而环境不对系统做功，于是系统 1、2 均满足

$$dE = \delta Q \tag{5-56}$$

对上式作积分，并利用（5-52）式、（5-54）式及（5-55）式，得 1、2 彼此从对方所吸的热量为

$$Q_{i \to f}^{(1)} = E_{1f} - E_{1i} = -\frac{3}{4}Nk(T_1 - T_2) \tag{5-57}$$

$$Q_{i\to f}^{(2)} = E_{2f} - E_{2i} = \frac{3}{4}Nk(T_1 - T_2) \tag{5-58}$$

由上两式可知

$$Q_{i\to f}^{(1)} < 0, \quad Q_{i\to f}^{(2)} > 0, \quad Q_{i\to f}^{(2)} = -Q_{i\to f}^{(1)} \equiv Q_{i\to f} \tag{5-59}$$

现在我们来看上述数学结果的物理意义。

（5-59）式表明，由于 $T_1 > T_2$，所以低温系统 2 从高温系统 1 吸收了 $Q_{i\to f}$ 大小的热量。我们也可以形象地说，从初态到末态，有数量为 $Q_{i\to f}$ 的热量从系统 1 "流向"了系统 2。热量既是一种物质，有热量从 1 "流向" 2，这不就是类似于"热质说"的表述吗？

如果真的存在热质论所说的作为热量载体的"弹性流体"的物质实在的话，那么在上述非相对论性实验中，根据质量守恒定律，则系统 1 将损失一定数量的质量并为系统 2 所吸收。即系统 1、2 初、末态的质量是不一样的。但是实验却告诉我们，系统 1、2 在初、末态的质量是一样的。这样也就否定了"热质论"。

热量既是一种物质，而又的确有热量从系统 1 流向了系统 2，而作为物质的热量又是需要载体的，那么在否定了热质论之后又怎么来回答这个问题呢？

一个系统的温度愈高，则我们说这个物质系统愈"热"。可见热与温度这类概念是相联系的。当以粒子论为基础，由（5-49）式将温度的含义揭示出来之后

$$T = \frac{2}{3k}E_k = \frac{2}{3k}\left(\frac{1}{2}m\overline{v^2}\right) \tag{5-60}$$

我们看到，所谓的"热"和"冷"，不过是对系统粒子能量的一种度量表述。而热量，由（5-57）式、（5-58）式可见，则不过是系统内能的一个同义语罢了。所以，热量作为物质，其载体仍是粒子。亦即是说，1 中的粒子，通过与接触面非绝热层的粒子发生非弹性碰撞而损失能量，并经接触面上的粒子与 2 中的粒子非弹性碰撞，又将上述 1 中粒子所损失的能量，传递给了 2 中的粒子。接触面非绝热材料中的粒子，起在 1、2 之间传递能量的"中介"作用。可见，在整个能量转变的增减过程中，仍是以"粒子"来作为载体的。

通过上述对热力学第一定律（5-12）式的深入理解，我们看到，作为"等式"的数学表象，不仅是等式两边的数值相等、量纲相等，且作为物质性量背后的物质观也应建于相同的基础之上——正是从这种"相同基础"之中，我们揭示了它们的共同本源，再次深化了（如在本章第 1 节中我们所做的那样）对所谓的"物质"这一基本概念的理解，从而得出以下的结论：

第一，既然 E、Q、W 均是"物质性量"，所以它们就应当有共同的物质性本源；由

于我们已经在牛顿力学部分揭示了 E 的载体是粒子，且"粒子"是物质存在的"最基本形态"，因而从物质的"基本存在方式"的层面看，就必须认为 W 和 Q 的载体也是"粒子"，即"粒子"是所有形态物质的"共同本源"。我们知道，牛顿力学是建立在"粒子论"的基础之上的，其物质观基础是正确的。在电动力学中，引入"场"的概念并提出离散的"粒子"和连续性的"场"并存的二元对立物质观。但当我们深入微观后，于量子的水准上，却又能揭示出场的粒子性——电磁场不过是"光粒子"的集合体，于是又重新回到了"粒子"的一元论。在热力学之中，虽有"唯能论"和"热质说"的一时流行，但最终却为一元论的粒子说所战胜。不同的领域，殊途同归于一元论的"粒子说"，从而表明粒子是物质存在的最基本形态。这一结论的得出绝不是偶然，而是一种内在的逻辑必然。

由于"物质以什么样的基本形态存在"是物质观的核心问题之一，是我们在最基础的层次上对物质的根本看法，是整个认识论的基础，因而它决定着数学物理表象（即理论）对客体描述的真实性。所以对这个问题的认识，是根基性的重大问题。"粒子是物质存在的最基本形态"作为一个最基本的事实和认识，以"内在的逻辑必然"的方式，既然已经在牛顿力学、电动力学和热力学的发展进程中得到了明确的印证，那么我们就有充分的理由相信，作为"四大力学"之一的量子力学（或它的拓展——量子论）也不能违背这种"内在的逻辑必然"。当然，目前在场的一元论的基础上建立起来的量子论，还没有走出"波粒两重性悖论"这个魔咒的怪圈。但如我们将在后面的章节中论证的那样，当量子论再回到粒子的一元论之后，这个魔咒将自动消除，从而再次印证这个"内在的逻辑必然"。然而，我们同时也不得不感叹：一个正确基本观念和正确认识的确立，是多么的艰难和漫长！

第二，能量守衡不过是物质不灭定律这一更高原理的一种表述。这一原理并非现代人的发明，在古代人们就已经认识到了。现代人的功劳，不过是通过定量语言的优势，深化了对物质观念的认识，即在以"物质是由什么基本概念组成的"方式提问时，现代的人们认识到了物质是其"特征属性"和"时空属性"所组成的"有机复合体"。而能量守恒与转化定律正是描述了这种"有机复合体"的"特征属性"与"时空属性"的联合的守恒与转化，从而表明这一定律更加完整地表达了物质概念的内容。这也使得它成为一条基本性的规律，拥有了重大的认识论意义和发现新事物的实用性价值。例如，当我们发现在质子 p 衰变成中子 n 和正电子 e^+（或中子 n 衰变为质子 p 和负电子 e^-）时

$$p \rightarrow n + e^+ + \nu_e, \quad n \rightarrow p + e^- + \tilde{\nu}_e \qquad (5-61)$$

有一部分能量似乎"消失"了。但基于能量守恒与转化定律及粒子是物质存在的基本形态的认识，导致了中微子 ν_e 和反中微子 $\tilde{\nu}_e$ 这两种粒子的发现。

（二）热力学第二定律和熵增加原理

正如前面说过的，以开氏和克氏两种方式表述的热力学第二定律，以例证的方式指出了一切与热现象有关的实际过程都是不可逆的，将过程的不可逆性、方向及时间之矢的问题尖锐地提了出来——这就是热力学第二定律最重要的贡献。而为了刻度和表现"不可逆"性，热力学中又引入了"熵"这一概念，并提出了（5-32）式的"熵增加原理"，这些工作都是具有积极意义的。

但不可否认的是，我们不应当将热力学第二定律及熵增加原理的积极意义任意地人为拔高。这是因为如下的理由：

（1）我们知道，可逆过程必是无耗散的准静态过程。然而，在实际操作中，我们既不可能使过程进行得无限缓慢，也无法去掉耗散——而无人参与的实际的自发过程，当然就更不可能是无耗散的准静态过程了。所以，当一个不可逆过程发生之后，不论用任何曲折复杂的方法，都不可能将它对外界产生的后果完全消除而恢复原状。我们还知道，克劳修斯正是从可逆与不可逆热机的比较之中，从卡诺定理出发，给出了以著名的克劳修斯不等式（5-27）式为表示的热力学第二定律的。因为不可逆机的原因是耗散，所以产生"不等式"的原因也来自耗散。亦即是说，在克劳修斯的认识与表述中，"耗散"是造成热力学有限系统不可逆的"元凶"。但我们必须注意到，该式却未将耗散的影响以明确的方式表述出来，这表明用克劳修斯不等式表示的第二定律对此的认识尚不够深刻——它只是提出了问题，但却并未真正解答问题，更不知道细致的缘由。因而虽然它具有启迪性，可以为我们的进一步探索提供基础，但却不宜将它对人类认识和理论发展的意义过于高估。

（2）由于无耗散的无限缓慢的准静态过程是可逆的，而"耗散"又是与热量这个量相联系的，所以显然可以找到一个与热量相关联的量来定义一个态函数（此即是 1865 年克劳修斯所引入的"熵"），以使得我们可以将"可逆"与"不可逆"区分开来。从这个意义上说，熵概念的提出具有积极的意义。

但必须注意的是，态函数熵是由理想系准静态可逆过程（简称可逆过程）来定义的。正因如此，对可逆过程来讲，不等式（5-30）左边的熵差

$$\Delta S = S_B - S_A = \int_A^B dS = \int_A^B \left(\frac{\delta Q}{T}\right)_R \qquad (5-62)$$

是与所经历的过程（即 P-V 图上的路径）无关的。这时这个量就可以纳入经典热力学的所谓"平衡态热力学"的框架之中，进行严格计算。

但对不可逆过程来讲，（5-30）式右边的量

$$\delta S_i^{(p)} \equiv \left(\frac{\delta Q}{T} \right)_i \qquad (5-63)$$

却不是一个态函数。但是，它的形式相似于熵，量纲与熵一样，所以我们不妨称其为"赝熵"。对"赝熵"来说，存在两种情况：

第一种情况是，若所讨论的不可逆过程也是准静态过程，那么热源的温度就是系统平衡态时的温度。这时（5-63）式中的温度 T 与（5-24）式中不等式右边的温度概念是一样的，故而（5-30）式克氏不等式的提出是严格的。但是，对不可逆过程来讲，它只满足（5-37）式中的"不等式"；而由不等式出发，却是无法计算出式中的量的理论值的——即使我们从实验上给出了该实际工作物质的"态式"。不过在这种情况下，将 δQ、T 理解为系统从"热源"吸收的热量和热源的温度，通过对热源的实验测量，却可以在一定意义和精度上给出（5-63）式的"实验值"。

第二种情况是，若所讨论的不可逆过程是非平衡态，则问题就变得复杂了。这时热源的温度 T 并不等于工作物质的温度，且对于非平衡态系统而言，各处的温度也是不一样的。在这样的情况下，（5-63）式中的系统从外界吸收的热量 δQ_i，和非平衡态系统与温度为 T 的热源接触时对系统产生的影响是什么，以及它们代表怎样的意义，就目前而论，我们仍不是十分清楚的——因为一个成熟的非平衡态热力学理论尚未建立起来。所以，将（5-62）式和（5-63）式联系起来的热力学第二定律（即克劳修斯不等式），在这里似乎仅具有形式的意义，虽给出了不可逆过程的一种判定方法，但具体内涵尚不十分清楚，而需进一步认识。

下面，我们用具体"解读"第二定律的方法来进一步较详细地谈一谈这个问题。

记可逆过程 R 的熵差为

$$\Delta S_R (A \to B) = \int_A^B \left(\frac{\delta Q}{T} \right)_R \qquad (5-64)$$

一个实际的 i 过程的赝熵差为

$$\Delta S_i^{(p)} (A \to B) = \int_A^B \left(\frac{\delta Q}{T} \right)_i \qquad (5-65)$$

将以上两式代入（5-30）式的克氏定理，有

$$\Delta S_R (A \to B) \geqslant \Delta S_i^{(p)} (A \to B) \qquad (5-66)$$

其中"="号对应可逆过程;">"号对应不可逆过程。这样,第二定律就给出了过程是否可以发生以及其进行的"方向"的判据——即用其差值

$$\Delta S_R(A \to B) - \Delta S_i^{(p)}(A \to B) \geq 0 \qquad (5-67)$$

来确定。

这里我们应注意到,初、末态给定之后,可逆过程 R 的熵差可能为正,也可能为负[见后面补充证明中的(5-78)式的(a)和(b)]。于是存在两种情况:

(a)假若

$$\Delta S_R(A \to B) \geq 0 \qquad (5-68)$$

此过程不妨称为"正过程"。在实际的正过程中,赝熵差在满足(5-64)式的前提下,它的值可正也可负:

$$\Delta S_i^{(p)} = \begin{cases} + \\ - \end{cases} \qquad (5-69)$$

(b)假若

$$\Delta S_R(A \to B) < 0 \qquad (5-70)$$

则赝熵差在满足(5-66)式的前提下,其值只能为负

$$\Delta S_i^{(p)} = 负值 \qquad (5-71)$$

以上两种情况表明:在"正过程"(5-68)式的情况下,真实过程的赝熵差可正也可负,即熵可能增加,也可能减少;在"逆过程"(5-70)式的情况下,真实过程的赝熵差恒为负,即熵只能减少;无论是正过程还是逆过程,真实过程与理想的可逆过程相比较,真实的实际过程永远较理想的可逆过程的熵差小故而更为有序。或者说,随着过程的发展,前者(真实过程,由有内部结构的粒子所结成的系统)丧失的有序性永远较后者(理想过程,由无内部结构的"质点"所结成的系统)丧失的有序性少(这一认识在此处我们不再展开讨论。但必须指出其意义十分重大:它将为后面我们讨论的问题提供极重要的认识论基础)。

以上就是克劳修斯定律所表达的实际内容。也就是说,第二定律只是给出了可能方向的一个判据,但它却不能对真实 i 过程自身的演化进程给予细致的描述,因为赝熵差 $\Delta S_i^{(p)}$ 不能纳入平衡态热力学的框架中来描述,是有待于理论的进一步发展来回答的。所以,第二定律虽有很重要的意义,但其价值仍是有限的。

其实,克劳修斯不等式(即热力学第二定律)(5-67)式所表达的只是实际过程与"标准"的一种比较关系。作为"标准",按克劳修斯的理解,应当是"绝对的"和

"唯一的"。无论是什么样的实际气体（有耗散的或无耗散的），均以无耗散的理想气体（即无内部结构的质点系统）为比较的"参照"；无论是平衡态或非平衡态，是可逆的还是非可逆的过程，均用无限缓慢的可逆的准静态过程作为比较的"基准"。这个"参照"和"基准"是绝对的和唯一的，从而才成为了一个"标准"。通过（5-67）式将实际与标准相比较，满足"＞"号的为不可逆实际过程；满足"＝"号的，为可逆的实际过程。这似乎才是第二定律的原始含义。当然这是从原公式"读"出的克劳修斯的"想法"。而这种"想法"，如后面将论证的［参见后面的（5-191）式的结论］，"并不是一般成立的"。至于"读"得是否合理，自然可以见仁见智。

（3）目前社会上甚至学术界均对熵增加原理的评价甚高，但我们却对之持一种质疑的态度。具体理由将在下面阐述，在此从略。

第4节　经典热力学理论的缺陷及其分析

一、"熵增加原理"不是一个正确而普适的基本原理

熵增加原理是经典热力学中最重要的原理之一，其影响早已远远超出了物理学的范畴。目前，不仅自然科学界而且社会科学界，均把它奉之为圭臬，予以广泛使用。有的人甚至将其上升到只可仰视的高度，称之为一种"新的世界观"。因此，对它进行认真分析，就十分必要。

在物理学中，人们有时又将熵增加原理称为热力学第二定律的数学表述，对此我们不敢苟同。我们以下的论述将表明，事实上这个所谓的"根本原理"是可质疑的。

我们知道，熵增加原理的论证是由克劳修斯不等式导出的。然而，若要它成立，则要求论证它成立的前提条件是成立的。这些前提条件是：

（ⅰ）克劳修斯定律（5-30a）实质上是给出了可逆过程 R 与不可逆过程 i 之间的一种"比较"。这种比较当然要求相同的初末态：亦即对 R 和对 i 的积分的初态 A 和末态 B 是相同的。

（ⅱ）它假定了 $\int_A^B \left(\dfrac{\delta Q}{T}\right)_i$ 不代表实际不可逆过程的熵差，而 $\int_A^B \left(\dfrac{\delta Q}{T}\right)_R$ 才代表实际过程的熵差。此即 (S_1) 和 (S_2) 的假设性论断。

（ⅲ）假定 $\delta Q_i = 0$。

在上述三个条件均成立的前提下，我们才可以得出熵增加原理（即 S_3）。

但上述三个前提条件真的是成立的吗？下面我们将论证上述三个条件无一成立。

首先我们来讨论条件（ⅲ），看一看 $\delta Q_i = 0$ 是否成立。

在图 5-10 中，过程 i 是以 A 为初态 B 为终态的，于是由（5-30）式，令 $\delta Q_i = 0$，得熵增加原理（5-32）式。该原理称，这一结论对**任意**初、末态均是成立的。

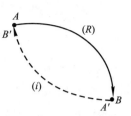

图 5-12

现以 A'（即 B）为初态，B'（即 A）为终态（见图 5-12），于是用同于推导（5-30）式的操作过程，有

$$\oint \frac{\delta Q}{T} = \int_{A'}^{B'} \left(\frac{\delta Q}{T}\right)_i + \int_{B'}^{A'} \left(\frac{\delta Q}{T}\right)_R \leqslant 0 \qquad (5-72)$$

即

$$\int_{A'}^{B'} \left(\frac{\delta Q}{T}\right)_i \leqslant -\int_{B'}^{A'} \left(\frac{\delta Q}{T}\right)_R \qquad (5-73)$$

但因

$$\int_{A'}^{B'} \left(\frac{\delta Q}{T}\right)_R = -\int_{B'}^{A'} \left(\frac{\delta Q}{T}\right)_R \qquad (5-74)$$

将（5-74）式代入（5-73）式，则得

$$\Delta S' = S_{B'} - S_{A'} = \int_{A'}^{B'} \left(\frac{\delta Q}{T}\right)_R \geqslant \int_{A'}^{B'} \left(\frac{\delta Q}{T}\right)_i \qquad (5-75)$$

若实际的 i 过程是绝热的，即不等式（5-75）右边可以应用条件（ⅲ），$\delta Q_i = 0$，于是由（5-75）式得

$$\Delta S' = S_{B'} - S_{A'} \geqslant 0 \qquad (5-76)$$

上式有同于（S_3）熵增加原理的解释。与图 5-10 相比较，图 5-12 的 A' 即是图 5-10 中的 B，B' 即是 A，于是由（5-76）式代换下标即得

$$S_A - S_B \geqslant 0 \rightarrow S_B - S_A \leqslant 0 \qquad (5-77)$$

上式与（5-32）式相冲突，从而也就否定了（5-32）式"熵增加原理"的数学论证。

为什么会产生上述内在矛盾的结果呢？

我们知道，由克劳修斯不等式，必有如下的结果

$$\Delta S_{A \to B} = S_B - S_A = \int_A^B \left(\frac{\delta Q}{T}\right)_R \geqslant \int_A^B \left(\frac{\delta Q}{T}\right)_i \qquad (5-78\text{a})$$

$$\Delta S_{B \to A} = S_A - S_B = \int_B^A \left(\frac{\delta Q}{T}\right)_R \geqslant \int_B^A \left(\frac{\delta Q}{T}\right)_i \qquad (5-78\text{b})$$

若假定

$$\Delta S_{A \to B} = S_B - S_A > 0 \tag{5-79a}$$

则交换初末态，有

$$\Delta S_{B \to A} = S_A - S_B < 0 \tag{5-79b}$$

将（5-79）式代入（5-78）式，在 $\delta Q_i \neq 0$ 的情况下，是不存在任何问题的。例如，在上两组方程中，对不可逆过程（取不等号）来讲，分别有：

$$\left.\begin{array}{l} S_{A \to B} = S_B - S_A > 0 \\[2mm] S_B - S_A = \int_A^B \left(\dfrac{\delta Q}{T}\right)_R > \int_A^B \left(\dfrac{\delta Q}{T}\right)_i \end{array}\right\} \tag{5-80a}$$

$$\left.\begin{array}{l} S_{B \to A} = S_A - S_B < 0 \\[2mm] S_A - S_B = \int_B^A \left(\dfrac{\delta Q}{T}\right)_R > \int_A^B \left(\dfrac{\delta Q}{T}\right)_i \end{array}\right\} \tag{5-80b}$$

在 $\delta Q_i \neq 0$ 时，（5-80a）式只是表明赝熵值 $\int_A^B \left(\dfrac{\delta Q}{T}\right)_i$ 是一个小于正值 $S_{A \to B}$ 的量，在满足此条件下，赝熵值可能是正值，也可能是负值，此即是前面（5-69）式的情况；（5-80b）式则表明 $\int_B^A \left(\dfrac{\delta Q}{T}\right)_i$ 是小于负量 $S_{B \to A}$ 的量，在满足此条件时，赝熵值一定是负值，此即是前面（5-71）式的情况。这时（5-80a）和（5-80b）式不存在任何不协调的矛盾问题。

但若 $\delta Q_i = 0$ 是被允许的话，那我们即刻有以下结果：

$$\left.\begin{array}{l} S_{A \to B} = S_B - S_A > 0 \\[2mm] S_B - S_A = \int_A^B \left(\dfrac{\delta Q}{T}\right)_R > 0 \end{array}\right\} \tag{5-81a}$$

$$\left.\begin{array}{l} S_{B \to A} = S_A - S_B < 0 \\[2mm] S_A - S_B = \int_B^A \left(\dfrac{\delta Q}{T}\right)_R > 0 \end{array}\right\} \tag{5-81b}$$

这样，在（5-80b）的方程组中，就一定会存在不自洽的逻辑矛盾，从而表明 $\delta Q_i = 0$ 的条件是不被允许的。

但为什么 $\delta Q_i = 0$ 的条件不被允许呢？

我们知道，克劳修斯不等式是从可逆与不可逆的卡诺热机的比较中得出的，然后将其扩展成一个普遍的定理——即以克劳修斯不等式表述的热力学第二定律的。而热机，是与热源相接触的，故必有 $\delta Q_i \neq 0$。如果 $\delta Q_i = 0$，就表明热机工作时是不与热源相接触的，但这是不可能的。所以使用 $\delta Q_i = 0$ 的条件之后，卡诺定理成立的条件也就不存在了，相应地，推导出克劳修斯不等式的条件也就不成立了。

由上面的讨论可见，条件（ⅲ）是不成立的。

现在我们讨论条件（ⅰ）和条件（ⅱ）。

为讨论该问题，我们来分析热力学教材中一个著名的例证：求理想气体经绝热自由膨胀，从体积 V_A 变到 V_B 时的熵变（其中 $V_A < V_B$）（参见图 5 – 13）。

装置 K 被固定系 G 所固定。如我们通常所理解的那样，初始时理想气体处于平衡态，其体积为 V_A，温度为 T；绝热条件下，抽掉隔板 C，气体则通过不可逆非平衡过程很快充满整个体积为 V_B 的气缸。过一段时间，末态也为一个平衡态。在这整个过程中，中间过程是非平衡态，而初末态则是平衡态。利用（5 – 2）式，知状态参量 (T, V, p) 为

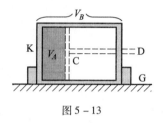

图 5 – 13

$$初态 A : \left(T, V_A, p_A = \frac{\nu RT}{V_A} \right) \\ 末态 B : \left(T, V_B, p_B = \frac{\nu RT}{V_B} \right) \Bigg\} \tag{5 – 82}$$

由于平衡态热力学理论对非平衡态问题不能处理，于是我们将隔板 C 想象为"活塞"，再加上想象的"连杆"D，并通过 D 与外界装置连接从而可以对外界做功；如果让活塞 C 无限缓慢地移动，则整个过程就是准静态过程，于是过程就可以纳入平衡态的经典热力学的理论框架中来描述。这样模拟之后，图 5 – 13 的装置就成为一个可逆的卡诺循环机了，就可以用卡诺循环来加以处理。

气体的体积从 V_A 变到 V_B，在图 5 – 7 的可逆的卡诺循环中，过程既可以用 c_1c_2 段达到，也可以用 c_2c_3 段来实现。若用 c_2c_3 的绝热过程来实现，此过程熵差 $\Delta S = 0$；其初态 A（即 c_2）可以与（5 – 82）式相一致；而末态 B 为 $\left(T', V_B, p_B = \frac{\nu RT'}{V_B} \right)$，其中 $T' < T$，这样，绝热自由膨胀过程的态参量在末态与（5 – 82）式不一致，故对实际 i 过程的模拟不够真实。于是我们用 c_1c_2 的等温膨胀来尽可能地逼近实际过程，这样做可以使得状态参量在初、末态与（5 – 82）式相一致。

按通常教科书上的计算，对可逆过程来讲，（5 – 37）式取等号，于是由

$$dS = \frac{dE}{T} + \frac{pdV}{T} \tag{5 – 83}$$

利用理想气体的态式（5 – 2），有 $\qquad T = \frac{1}{\nu R} pV$

又利用（5－51），有
$$dE = \frac{dE}{dT}dT = C_V dT$$

将以上两式代入（5－83）式，有

$$dS = C_V \frac{dT}{T} + \nu R \frac{dV}{V} \tag{5－84}$$

其中 $C_V = \frac{dE}{dT}$ 为定容热容，并可近似视为一个常量。对（5－84）式积分，得

$$S = C_V \ln T + \nu R \ln V + S_0 \tag{5－85}$$

其中 S_0 为积分常量。

将初态和终态的状态参量代入，可得初态的熵为

$$S_A = C_V \ln T + \nu R \ln V_A + S_0 \tag{5－86}$$

终态的熵为

$$S_B = C_V \ln T + \nu R \ln V_B + S_0 \tag{5－87}$$

故过程前后气体的熵变为

$$S_B - S_A = \nu R \ln \frac{V_B}{V_A} \tag{5－88}$$

因为

$$\frac{V_B}{V_A} > 1 \tag{5－89}$$

故而

$$\Delta S = S_B - S_A > 0 \tag{5－90}$$

所以如通常书中所称的："这个结果是符合熵增加原理的。"

当然，按通常经典热力学的理解，ΔS 也就是理想气体的绝热自由膨胀过程中所实现的熵变。为什么可以这样理解呢？因为人们"**认为**"用（5－90）式的可逆的准静态过程所给出的初、末态的状态参量，也**就是**实际的理想气体在绝热自由膨胀时的初、末态的状态参量。在这样的情况下，若前面（S_1）和（S_2）的说法成立，当然 ΔS 就可以被理解为实际过程的熵差，继而也就能得出（S_3）的结论。但上面的说法是否成立呢？我们不妨从微观的角度来分析上述理想气体的绝热自由膨胀过程。

假设图5－13中的气体为单元系统气体（即只有一种分子的气体）。理想气体的内部自由度是被"冻结"了的，故两分子的碰撞是弹性碰撞。K装置是"绝热"的，这就意味着容器壁可被视为绝对的"刚性壁"。故气体分子与容器壁的碰撞也是弹性的，分子与容器壁碰撞后能量不发生变化。分子与分子之间的势能略去不计，故气体的总能量仅

是分子的动能。

现考虑质量为 m_1 和 m_2 的两分子的碰撞（参见图5-14）。在 x、y 直角坐标系中，直接利用弹性碰撞公式（其中 $\vec{v}_1'$ 和 $\vec{v}_2'$ 为 m_1、m_2 粒子碰后速度）

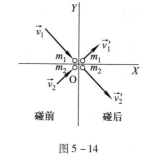

图 5 – 14

$$\left.\begin{aligned} v_{1i}' &= \frac{m_1 - m_2}{m_1 + m_2}v_{1i} + \frac{2m_2}{m_1 + m_2}v_{2i} \\ v_{2i}' &= \frac{2m_2}{m_1 + m_2}v_{1i} + \frac{m_1 - m_2}{m_1 + m_2}v_{2i} \\ (i &= x, y) \end{aligned}\right\} \qquad (5-91)$$

对单元系统，$m_1 = m_2 = m$，于是由上式有

$$\left.\begin{aligned} v_{1x}' &= v_{2x}, \quad v_{1y}' = v_{2y} \\ v_{2x}' &= v_{1x}, \quad v_{2y}' = v_{1y} \end{aligned}\right\} \qquad (5-92)$$

将上式写成矢量式即为

$$\left.\begin{aligned} \vec{v}_1' &= \vec{v}_2 \\ \vec{v}_2' &= \vec{v}_1 \end{aligned}\right\} \qquad (5-93)$$

由上式可见，在碰后，粒子1获得粒子2碰前的速度，而粒子2则获得粒子1碰前的速度。这意味着粒子1与粒子2通过碰撞只是交换了彼此的位置。但是又因两粒子质量相等，即 $m_1 = m_2 = m$，故而可等效为两粒子未发生碰撞，仍在做自由运动——因热力学所关心的是统计平均效果，所考查的是系统的总的平均能量状态，而不是去追踪每个粒子如何运动。所以，在上述情况下，每个粒子在与其他粒子发生碰撞后，可视为运动状态不变。而且，在绝热条件下，粒子与壁的碰撞也是弹性碰撞，也不会改变粒子的动能。故在整个绝热自由膨胀过程中每个粒子的动能都不会发生变化。这样一来，理想气体的总能量 E 在绝热自由膨胀过程中就是不变的。

为简化讨论我们来做一个假想实验。

设体积 V_A 的 x 方向的长为 l_A；V_B 的 x 方向的长度为 l_B；令 $l_B - 2l_A = l_s$。为以最简要的方式讨论问题，我们设想理想气体的粒子（视为质点）为只沿 x 方向运动的粒子。由于在每一个点的邻域，初始时系统处于平衡态，其分子密度一样，故向 x 正方向及相反方向运动的粒子数目是一样的。现设粒子的速率均为 v。粒子跑过 l_A 路程所需的时间为 $\tau = \frac{l_A}{v}$。设 $l_0 = \frac{l_A}{4}$。粒子跑过 l_s 所需时间为 $\tau_s = \frac{l_s}{v}$。对理想气体而言，由（5-93）式知，同质量的气体粒子碰后只不过是置换了位置。在宏观热力学中，我们并不去追踪每个粒子的运动，所以上述置换的效应与粒子不置换而粒子做自由运动是等价的。这样，从微观角度来看，我们可以视理想气体的粒子是在做自由运动。现我们考查 x 方向的运动。在 $t=0$ 时的初始时刻，我们抽去图 5-13 的隔板 C。此时，在空间一点的极小的邻域，将有一成对的粒子分别沿 x 的正向和反向以速率 ν 运动。对这种运动，我们只需考查图 5-15（a）中的 A_1、A_2、B_1、B_2、C_1、C_2、D 这 7 个代表粒子的运动，即可以确定在此区域内 x 方向的所有粒子的运动。在 $t=0$ 时，这 7 个粒子的运动图像如图 5-15（a）所示。在 $t=\tau+0^+$ 时（0^+ 表示一个极短小瞬间，以使得向左运动的粒子 A_2 与壁碰后倒向为沿 x 正向运动），上述 7 个粒子的运动图像如图 5-15（b）所示。此时，体积扩大 1 倍，所有的粒子均沿 x

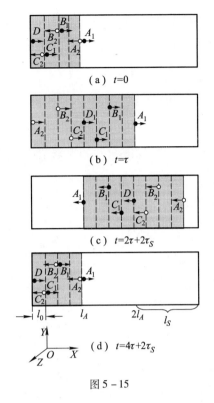

（a）$t=0$

（b）$t=\tau$

（c）$t=2\tau+2\tau_S$

（d）$t=4\tau+2\tau_S$

图 5-15

正向以速度 ν 运动。前峰粒子 A_1 右边的空白区域内尚无粒子到达，故是无粒子的"真空区"。图 5-15（b）中的 A_1 粒子向右运动与壁碰后再折回到此位置所需的时间为 $2\tau_S$，进而在到达图 5-15（a）中 A_1 粒子的位置所需的时间为 τ，故而经过 $t=2\tau+2\tau_S$ 的时间后，粒子的运动图像如图 5-15（c）所示。空白为真空区。图 5-15（c）的前峰粒子 A_1 向左运动与壁碰后再回到该位置，所需时间为 2τ，它将经过 $8l_0$ 路程。所以当总时间为 $t=4\tau+2\tau_S$ 时，A_1、B_1、C_1 和 D 粒子均与壁碰撞后向正 x 方向运动并处于图 5-15（d）的位置；而 A_2，B_2，C_2 粒子在 2τ 的时间内将反向（x 负方向）从图 5-15（c）的位置运动到图 5-15（d）中 A_1、B_1 和 C_1 粒子的位置。于是经过 $t=4\tau+2\tau_s$ 的时间，图 5-15（d）中粒子的运动图像与图 5-15（a）中粒子的运动图像是一样的。亦即是说，经过周期

$$T=4\tau+2\tau_S=\frac{(4l_A+2l_s)}{\nu}=\frac{2(2l_A+l_s)}{\nu}=\frac{2l_B}{\nu} \qquad (5-94)$$

理想气体又回到了初始状态，它不是不可逆的，而是一种以 T 为周期的振荡运动方式！

对实际的理想气体而言，向各种方向运动的气体粒子均存在。但只需将其速度向 x 方向投影，讨论的结果就与前相同。这时，将是向 x 方向运动的振荡方式的叠加，讨论起来情况稍微复杂一些。为了以最简要的方式讨论问题又不引入复杂的数学，且又可以

199

得出所关心的结论，所以我们仅以前述图 5 – 15 所示的简化了的理想气体的绝热自由膨胀为例来讨论，并通过前面的分析得出以下的结论：

前面所提及的条件（ⅰ），即 R 过程和 i 过程具有相同的初、末态这个条件是不成立的。在该理想实验中，两者具有相同的初条件；但对末态而言，在 R 过程中气体通过无限缓慢的准静态过程充满了体积为 V_B 的全空间，这时系统的状态是平衡态；然而在 i 过程中，绝热自由膨胀后的理想气体却不能充满全空间，这时系统也不处于平衡态，而是处于一个随时间变化着的振动态。

同样，前面提及的条件（ⅱ），即认为 R 过程的熵变才是实际过程 i 的熵变的先验性假定也是不成立的。R 过程的熵变是由（5 – 88）式给出的，是熵增加的。而该理想实验中的 i 过程的熵变，则是一个振荡的函数：在初态时如图 5 – 15（a）所示，相同能量的粒子具有两个不同的运动方向，而在中间态 ［如图 5 – 15（b）、（c）所示］ 却只具有一个运动方向。这就说明后者较前者提高了"有序性"，所以熵变小了。到了图 5 – 15（d）所示的运动状态时，又回到了初态，与初态具有了相同的熵。由此可见，实际的 i 过程的熵根本上就不等于用 R 过程所模拟的熵。所以前面提及的条件（ⅱ）亦即（S_3）的说法，根本就是不成立的。

其实这一点是很容易理解的。

以该理想气体实验为例，实际的 i 过程是理想气体的绝热自由膨胀。"绝热"就意味着容器壁可以视为刚性壁，粒子与壁的碰撞是弹性碰撞。在我们所假定的初条件 ［即图 5 – 15（a）所示的条件］ 下，必导致上述的理论结果。而当用 R 过程，即用准静态等温非绝热过程来模拟上述过程时，实际上就已经破坏了 i 过程的原有系统和条件。在等温非绝热过程中，上述系统是与一个温度为 T 的大热源作非绝热接触的。"非绝热"就意味着系统的容器壁已经由原来的"刚性壁"被转变成了"非刚性壁"——系统被改换了。气体分子（理想气体分子被视为质点）与非刚性壁的碰撞是非弹性碰撞，不仅动能变化，且动量的方向也发生变化。粒子动能的变化又通过与活塞的非弹性碰撞转化为功，于是宏观上看来，在无限缓慢的等温膨胀准静态过程中，又可以视粒子的动能未发生变化，故而变化的只是粒子运动的方向。图 5 – 15（a）所示的两种方向，在非绝热等温过程中变成了多种运动方向，无序度上升了，故而熵增加了。V 越大，气体分子与非刚性壁物质内分子做非弹性碰撞的几率越大，故而造成气体粒子运动方向改变的机会就越多，无序度就越大，故而熵增越大。这正是（5 – 88）式的微观基础。然而，这时由已经改变了原 i 过程系统性质的 R 过程所计算得出的熵变，是原 i 过程的熵变吗？显然不是！

这里，读者也许会提出这样的疑问：在我们所看到的气体的自由膨胀过程中，末态都可以达到平衡态，而不是本书中所描述的振荡过程，所以本书中的以上论述是值得怀疑的。但是，也许你忽略了你所讲的气体不是理想气体，而是"实际气体"。对实际气体来讲，存在内部结构，碰撞是非弹性碰撞，存在辐射耗散，当然其过程也就不同于我们上述假想实验所给出的过程。

　　前面我们对熵增加原理成立的三个前提条件（ⅰ）、（ⅱ）和（ⅲ）的分析，证明了这三个条件均不成立，因而熵增加原理是否严格成立就是疑问了。当然，这并不表明这一原理在某些情况下和在一定意义上没有一点用处。

　　我们知道，实际的自发过程大致指向体积增加、压力减小和温度下降的方向。我们不妨称这个方向为自发过程的"正方向"，即它的"可能方向"。而这个"可能方向"即"正方向"与图 5-7 卡诺循环中的 $c_1 \rightarrow c_3$ 的"正方向"是一致的。而在这个"正方向"上，R 过程的熵变是大于零的。在这种情况下，令 $\delta Q_i = 0$ 时，所得的（5-81a）式不存在不自洽性。所以，在该情况下，它"可以"用于实际的绝热过程。

　　但是当我们应用熵增加原理时，对其内容却应有正确的理解——而它事实上也正是对前面所说的三个前提条件的正确理解。以下来做一个初步的说明。

　　（1）R 和 i 过程应具有相同的初末态，且此初末态应是平衡态。这一点在应用克劳修斯不等式时，图 5-10 所示的物理内容就已经给予了正确的诠释。因初末态 A、B 是 i 和 R 过程的共同初末态，且 A、B 态又在准静态 R 过程之中，故 A、B 态就必是 R 过程所描述的态，即必是平衡态。但是，在热力学的教科书中又称，可以将熵增加原理推广到初、末态不是平衡态的情况。这一说法不仅与上述的自洽性相违背，且在数学论证上也是存在问题的。

　　我们应当注意到，所谓广延量和强度量的划分，是就热力学平衡态来讲的，不能不作分析地简单套用到非平衡态。例如内能 E，无论对平衡态还是非平衡态来讲，将其视为广延量都是不成问题的。因为对能量这个量来讲，我们将一个系统分解为 n 个小的子系统，则它满足

$$E = \sum_{j=1}^{n} E_j \qquad (5-95)$$

设所划分出的每个小的子系统的温度为 T_i，其相应的体积 V_i 不变（即 $dV_i = 0$），且每个小系统可以视为处于平衡态，若其满足（5-37）式的"＝"号，则有

$$dE_j = T_j dS_j = \delta Q_j \qquad (5-96)$$

由上式可见，热量 Q 也是广延量。求和有

$$dE = d\left(\sum_{j=1}^{n} E_j\right) = \sum_j T_j dS_j = \sum_j \delta Q_j = \delta Q \qquad (5-97)$$

若所有子系统的温度都相等

$$T_j = T \quad (j = 1, \cdots, n) \qquad (5-98)$$

则有

$$\frac{1}{T} dE = \frac{1}{T}\left(d\sum_{j=1}^{n} E_j\right) = \sum_j dS_j = \sum_j \frac{\delta Q_j}{T} \qquad (5-99)$$

定义

$$dS_j = \frac{\delta Q_j}{T} \qquad (5-100)$$

为第 j 个子系统的熵变，则有

$$\sum_j dS_j = d\left(\sum_j S_j\right) = \sum_j \frac{\delta Q_j}{T} = \frac{1}{T}\sum_j \delta Q_j = \frac{1}{T}\delta Q = dS \qquad (5-101)$$

即有

$$d\left(S - \sum_j S_j\right) = 0 \qquad (5-102)$$

令积分常量为零，则得

$$S = \sum_j S_j \qquad (5-103)$$

即 S 也是广延量。可见，仅在（5-98）式这一特殊情况下，热力学教科书上的论证才是成立的。

然而对一般的非平衡态情况而言，通常各处温度不一样，即

$$T_i \neq T_j (i \neq j) \qquad (5-104)$$

这时由（5-96）式虽可以定义子系统的微熵

$$dS_j = \frac{1}{T}\delta Q_j \qquad (5-105)$$

但却不能证明（5-103）式是成立的，故教科书上的论证不适合于一般的非平衡态。

所以我们应严格限定 A、B 态均为平衡态。

（2）如已讨论过的，仅在"正过程"即 $\Delta S_{A \to B} > 0$ 时，令 $\delta Q_i = 0$ 才不产生内在矛盾，故它仅可用于"正向的"绝热过程。

（3）熵增加原理只是表明不可逆"正向的"绝热过程满足（5-81a）式，并可由此经由 R 过程计算出 $\Delta S_{A \to B} > 0$，以确立起一个"判据"，用来判断相应的 i 过程是不可逆的，并可以用于讨论所研究的现象（例如某些化学反应问题）是否可能发生。这正是这

个判据的实用性。当然这时的讨论，仍停留在对（5－32）式的非深入认识阶段，故也仅是阶段性的初步认识。并且必须注意的是，R 过程的熵变 $\Delta S_{A \to B} > 0$ 绝不代表实际过程 i 的熵变！i 过程的熵变满足（5－69）式，是可正也可负的。

通过以上的初步讨论我们已经看到，熵增加原理虽然给出了判别"正向"绝热过程方向的一种途径，但它的意义是十分有限的，并且这个"判别"仍有疑点而需要做细微分析。正因为存在上面所讨论的众多疑点，从而使得熵增加原理似乎不应被抬得过高，也不应当被视为是热力学第二定律的数学表述。

对熵增加原理提出质疑并纠正其在论述和理解上的失误，具有重要而积极的意义。因为这样一来，由熵增加原理所导致的一系列似是而非的伪结论——诸如物理规律与进化规律的对立，宇宙将热寂而死亡等——都将自动被排除掉。这不仅证明了（R_6）（见第 3 章）的预示性结论，而且更重要的是，当搬开熵增加原理这个人为设置的障碍之后，我们才有可能使得物理规律与基本自然规律相一致，从而才有可能去探索伯纳尔所预示的方向。

这一事实再次提醒我们：当物理学中出现类似熵增加原理这类所谓的基本物理规律，而这种规律又与其他领域所发现的正确的基本自然规律（例如进化规律）相抵触时，唯一的可能性只会是我们的所谓基本物理规律出了问题。这不是因为别的，而是因为物理学是以揭示物质性宇宙基本自然规律为宗旨的科学，故而正确的基本物理规律就必然会成为基本自然规律而具有全面覆盖的普适性；反之，如果所谓的"基本物理规律"与所发现的正确的基本自然规律相抵触，那么这个所谓的"基本物理规律"就一定不是一个真正的基本规律，一定在什么地方出了问题。这是一个最基本的认识和判断——是无需去研究其数学、物理论证就敢于下结论的判断。能否形成对物理学上述宗旨的认识和是否敢于做出上述的判断，事实上检验着一个物理学家是否真正认识到了物理学的真谛，检验着他的认识论是否深刻。一旦形成了上述的认识和判断，利用 C 判据，我们就一定会找出这个所谓的"基本物理规律"所存在的问题。上述对熵增加原理的质疑，是 C 判据的又一次成功的应用，它再次显示了 C 判据的威力。

总之，从上面的讨论我们所得出的基本结论是：熵增加原理似乎不应被视为是热力学第二定律的数学表述。热力学第二定律的准确表述仍是克劳修斯不等式。热力学第二定律用不等式的方式提出了"过程的方向性"和"时间之矢"的问题，但由于 $\Delta S_i^{(p)}$ 不能在经典热力学中计算，且耗散的作用未在克劳修斯不等式中明显表达出来，故只是提出了问题但却并未真正回答问题，更不知道细致的缘由。然而，它却具有启迪性并为进一步的探索改进提供了基础。

二、经典热力学理论体系不是一个自洽的理论体系

正如我们在本章第 1 节中所看到的那样，牛顿三大定律在其自身的认识论基础上是内在自洽的，满足（C_3）的要求。但经典热力学的三大定律却不是这样。这是一件大事——因为仅仅就热力学自身的发展和完善而论，三大定律之间的不自洽性就是一个不容忽视的重大论题。然而，自经典热力学建立到现在，一个多世纪过去了，该论题却既无人提出，更无人去研究，这在科学发展中真是一个让人难以理解的怪现象。现在让我们来看看这个问题。

（一）热力学第一定律和第二定律之间的矛盾

热力学第一定律的表述为

$$dE = \delta W + \delta Q \tag{5-106}$$

对简单系统而言，在无限缓慢的准静态过程中，（5 – 106）式中的外力所做的功为

$$\delta W = -pdV \tag{5-107}$$

系统从外界吸收的热量为

$$\delta Q = TdS \tag{5-108}$$

将以上两式代入（5 – 106）式，有热力学基本方程

$$dE = -pdV + TdS \tag{5-109}$$

其中系统的内能 E，按前面（5 – 45）式的说法，是一个态函数。

以（5 – 106）式为表述的定律称为能量守恒与转化定律。它是一个迄今为止我们所认识到的最普适的基本定律。正因为其极广泛的"普适性"，使得它对任何系统（无论是宏观系统还是微观系统，是经典系统还是量子系统），对所经历的任何过程（无论是准静态过程还是非准静态过程，是可逆过程还是不可逆过程），都应是严格成立的。

当把最普遍意义上的能量守恒与转化定律写成（5 – 109）式之后，它仍是能量守恒与转化定律，只不过是对简单系统而言的，其数学表述只适用于准静态过程而已。

而对不可逆准静态过程来讲，我们可以将克劳修斯定律表述为

$$dS > \frac{\delta Q}{T} \rightarrow \delta Q < TdS \tag{5-110}$$

由此我们得出

$$dE < -pdV + TdS \tag{5-111}$$

将（5-109）式与（5-111）式相比较所得的结论是：对简单系统的准静态过程来讲，以等式（5-109）式为表述的能量守恒与转化定律，不适合于不可逆过程［因这时是用不等式（5-111）式来表述的］。这就意味着在不可逆过程中第一定律遭到了破坏。而这一结论是与前述热力学第一定律应具有广泛"普适性"的认识不相容的。另一方面，由于（5-111）式是从作为热力学第二定律的克劳修斯不等式导出的，这就意味着热力学第一定律与第二定律之间是不自洽的。

（二）热力学第一定律和第三定律之间的矛盾

由（5-60）式可见，对理想气体而言，基于粒子论，当 $E_k = 0$ 时 $T = 0$。按照公认为基于粒子论的经典力学，这个运动状态是允许存在的。亦即是说，$T = 0$ 的情况是允许存在的。因而，根据自然本质的统一性，同样基于粒子论，则在热力学中，从理论上讲，理想的可逆卡诺机的最大效率

$$\eta_{max} = \lim_{T_2 \to 0} \eta = \lim_{T_2 \to 0} \left(1 - \frac{T_2}{T_1} \right) \tag{5-112}$$

就可以达到 100%。但是因"绝对零度不能达到"的热力学第三定律的限制，在事实上 η_{max} 仍达不到 100%。这就表明，基于粒子论而导出的关于理想气体行为的结论与热力学第三定律是相矛盾的。这一矛盾表现在热力学中，当把（5-12）式写成"热力学基本方程"的下述形式（以状态参量来表述的热力学基本方程，事实上也就是热力学第一定律）

$$dE = \delta W + \delta Q = -pdV + Tds \tag{5-113}$$

时，如我们在通常热力学教材中所看到的那样，由（5-113）式就可以推导出（5-16）式的可逆机效率。但如上所述，这显然是同"绝对零度不能达到"的热力学第三定律不相容的，即热力学第一定律与热力学第三定律并不是内在自洽的。由于这两者之间的不自洽性较为隐蔽，长期以来并未引起人们的注意。

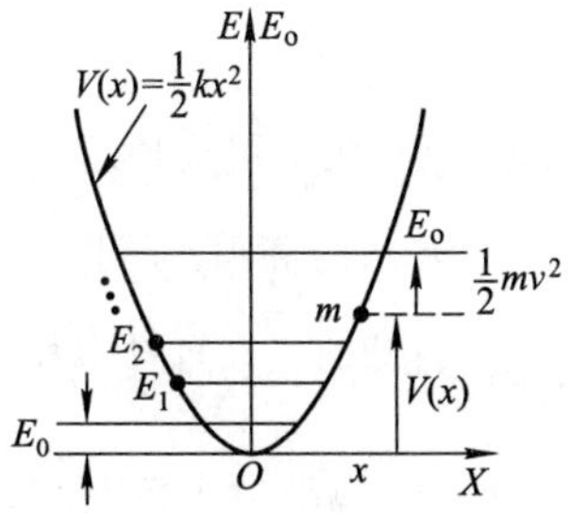

图 5-16

但以上的矛盾其实在物理学发展进程中早已有所表现，只不过人们没有将其联系起来考虑，也没有看到它们的共同点罢了。例如，在经典力学中，我们处理一维谐振子问题时，由牛顿方程有

$$\frac{dp}{dt} = m\frac{d^2x}{dt^2} = -kx = F \tag{5-114}$$

其中振子的弹力 $F = -kx$。若令 $\omega^2 = \dfrac{k}{m}$ 则上式可写为

$$\ddot{x} + \omega^2 x = 0 \qquad (5-115)$$

上述方程的解，如我们所熟知的，为谐振动

$$x = \frac{\nu_0}{\omega}\sin \omega t \qquad (5-116)$$

$$\dot{x} = \nu_0\cos \omega t \qquad (5-117)$$

振子的能量

$$E_o = \frac{1}{2}m\nu^2 + V(x) = \frac{1}{2}m\nu_0^2 \qquad (5-118)$$

式中 ν_0 为质量为 m 的振子通过 $x=0$ 处时的速度（并选此时为计时零点）。振子的振动周期为

$$T = \frac{2\pi}{\omega} = 2\pi\sqrt{\frac{m}{k}} \qquad (5-119)$$

振子的动量

$$p_x = m\dot{x} = m\nu_0\cos \omega t \qquad (5-120)$$

现利用（5-116）式和（5-120）式，则有

$$\frac{x^2}{\left(\dfrac{v_0}{\omega}\right)^2} + \frac{p_x^2}{(m v_0)^2} = 1 \qquad (5-121)$$

令

$$p_{0x} = m\nu_0, \quad x_{0m} = \frac{\nu_0}{\omega} \qquad (5-122)$$

在图 5-17 的由 x 和 p_x 所组成的"相空间"中，由（5-121）式知，其轨道为椭圆，而其长、短"半径"，则由（5-122）式确定，椭圆的"相面积"为

$$A_s = \pi p_{0x}x_{0m} = \frac{\pi}{\omega}m\nu_0^2 \qquad (5-123)$$

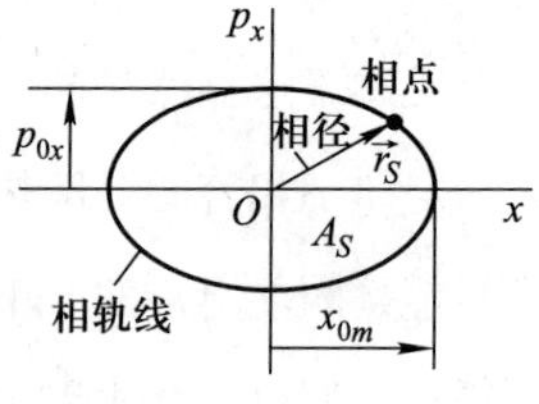

故而能量

$$\varepsilon = \frac{1}{2}m\nu_0^2 = \frac{\omega}{2\pi}A_s \qquad (5-124)$$

图 5-17

为了将来讨论量子力学中的普朗克的开创性工作，这里将有关谐振子的结论预留于此。仅就现在我们所讨论的问题而言，由（5-118）式知道，对经典振子而言，若初始时将质量为 m 的振子置于 $x=0$ 处，并使其初速度 $\nu_0 = 0$，则它的最低能量为零，即

$$\varepsilon_0 = 0 \qquad (5-125)$$

然而，如后面在量子力学中所讨论的那样，同样的线性谐振子，它的能量取"分立值"：

$$E_n = \left(n + \frac{1}{2}\right)\hbar\omega \quad (n = 0, 1, 2, \cdots) \tag{5-126}$$

而它的最低能量（$n = 0$）

$$E_0 = \frac{1}{2}\hbar\omega \tag{5-127}$$

却不等于零。式中，$\hbar = \dfrac{h}{2\pi}$，h 为普朗克常量（$h = 6.626 \times 10^{-34}\text{J} \cdot \text{s}$）。

将（5-127）式与（5-125）式相比较有

$$E_0 \neq \varepsilon_0 \tag{5-128}$$

即经典振子和量子振子的基态（最低能量状态）能量是不相等的。将这种"不相等"与热力学中的三大定律不自洽联系起来，将给我们什么启示呢？我们下面来分析此问题。

三、经典热力学理论存在缺陷的原因分析

由以上的论述可见，在经典热力学理论体系中，不仅所谓的熵增加原理的正确性是值得质疑的，而且热力学三大定律之间还存在着明显矛盾的地方。这是为什么？即存在这种不自洽性的原因何在呢？

由于在经典热力学理论体系的内部矛盾中，热力学第一定律处于中心的地位。因而，分析经典热力学理论体系内在矛盾的着眼点就应当是热力学第一定律。另外，由于热力学本身虽是宏观理论，但其微观基础却是粒子的运动理论。所以要把上述问题真正弄清楚，我们必须从更深入的微观理论的分析中去寻找答案。

事实上人们早已知道，在应用（5-113）式时必须注意到：**其最右边等式的表述，仅对准静态可逆过程才成立**！而如热力学中反复强调的，可逆过程必是一个无耗散的过程。以理想气体为工作物质的系统，就是一个无（内）耗散的系统。但当气体的压力 p 较大时，气体分子间的势能就必须考虑。而势能与分子平均间距、即与分子密度 $\dfrac{N}{V}$ 有关，故而考虑到势能之后，内能应为

$$E = E(V, T) = E(p, V) \tag{5-129}$$

它仍是"态函数"，dE 仍是全微分。此时的 E 从微观上讲包括了分子的动能和势能，即应是统计平均意义上的机械能。

而在统计物理中，内能表示为

$$E = \sum_l \varepsilon_l a_l \qquad\qquad (5-130)$$

其中 a_l 是能量为 ε_l 的粒子数。a_l 满足下式

$$\sum_l a_l = N \qquad\qquad (5-131)$$

其中 N 为总的粒子数。在封闭系统，N 为常量（为简化讨论，这里不考虑多元系统和化学反应）。

这表明，即使将分子内的原子及原子内的电子等内部自由度暴露出来，（5-130）式的 E 中也并未包括跃迁辐射中的辐射量子的能量。正因为如此，所以以（5-113）式为表述的能量守恒与转化定律，仅对无耗散的理想系统才是成立的。而对于存在辐射耗散的真实系统而言，该表述就不再成立。

另一方面，前面我们曾经说过，在热力学第二定律的克劳修斯表述中，已经说明了不可逆机的原因是耗散，所以产生克劳修斯"不等式"的原因也是耗散，"耗散"才是造成热力学有限系统不可逆的真正"元凶"。这就促使我们认识到，由于在以（5-113）式为表述的能量守恒与转化定律（即热力学第一定律）中，内能 dE 并未包括辐射耗散能在内，所以才会和显示耗散作用、作为不可逆现象规律的热力学第二定律产生矛盾。

热力学第一定律同第三定律的矛盾也可以用同样的理由加以解释。"绝对零度不能达到"说明此时一定还有某种能量存在。如果这部分能量就是上面所说的辐射耗散能，那么由于在以（5-113）式为表述的热力学第一定律中，内能 dE 并未包括辐射耗散能在内，所以它和热力学第三定律产生矛盾就是顺理成章的事情了。而这一点，又与（5-128）式所揭示的经典力学的不完善性相联系。

这样一来，经典热力学存在理论缺陷的原因就清楚了：在（5-109）式中，我们对系统内能的认识或许是不完善的——因为，如前面的分析已指出的，"耗散能"这一能量的缺失将使得其表现为（5-111）式。所以，克服这一缺陷的途径也就清楚了——如果我们能将这一缺失的能量补充上，则（5-111）式就可以写成同于（5-109）式形式的、用等式来表达的能量守恒与转化定律。这样，就不仅能克服第一和第二定律、第三定律之间的不自洽性，且以等式表述的方程才是可解方程，具有更大的应用价值。而且它还会有更重要的意义：可以从能量缺失的角度去重新认识熵的含义和以不等式为表述的第二定律，使我们对"熵"这一概念的了解更加深刻；同时，因能量守恒与转化定律也适用于微观系统，那就有可能用它对现行的微观理论做出检验，并引导作为更基本认识的微观理论转向更高的层次，走向更广泛的科学统一性。

第5节　完善和发展热力学理论的初步方案及其优点的分析

由上面的分析我们已经看到，要克服经典热力学理论的不自洽性，关键就在于使热力学第一定律（5-113）式不仅适合于理想系统也适合于实际系统，以使得能量守恒与转化定律是真正普适的。而要做到这一点，就必须对它进行修正与补充。因为原热力学第一定律中的内能 E 未考虑系统中的辐射耗散能（记为 $E^{(I)}$），故不是一个完整而普适的能量守恒与转化定律，所以它只适用于无耗散的理想系统，而不适用于存在耗散的真实系统。所以，要得出一个完整而普适的能量守恒与转化定律，就必须修改原热力学第一定律，将其缺失的"耗散能" $E^{(I)}$ 增补进来。只有作了这样的修改后，这个真正普适的第一定律才能与第二定律相容——当有限的热力系统的辐射耗散能向外界有泄漏时，对我们所考查的这个有限的热力学系统而言，能量守恒遭到了破坏。与之相应地，时间的平权性将被打破而将"时间之矢"显示出来，也才能同第三定律相容——这种相容性，将自动地把原第一定律所缺失的辐射耗散与第三定律所揭示的"真空"效应关联起来。

一、热力学第一定律的重新表述

由前面的（5-113）式可见，即使考虑了势能，气体的内能 E 仍是态函数。但这个能量考虑了系统于量子层次上的跃迁辐射能了吗？没有。所以与耗散相关联的辐射能并未计入系统的总能量之中。若我们令系统的总内能为 E_t，辐射能为 $E^{(I)}$，则总能量 E_t 就应是 E 与 $E^{(I)}$ 之和

$$E_t = E + E^{(I)} \tag{5-132}$$

由上式即知

$$E_t \geqslant E \tag{5-133}$$

其中" = "对应于不考虑 $E^{(I)}$ 的理想系统，" > "号对应于考虑 $E^{(I)}$ 的实际系统。

按上述对能量的理解，能量守恒与转化定律就应严格而完整地表述为

$$dE + \delta E^{(I)} = \delta W + \delta Q^{(e)} \tag{5-134}$$

在经典热力学的传统论述中，称 E 为系统的能量。这个系统，当然是大量粒子的集合体，E 则是它们的总的平均能量。设系统所占据的空间体积为 V，则在热力学中称 V 以外的物质系统为"环境"——或更明确地称其为"外环境"即"外界"。现在，我们将原热力学中的系统从外界所吸收的热量 δQ 明确地标记为 $\delta Q^{(e)}$，以表示它是系统从"外环境"中吸收的热量。现在若仍保留能量为 E 的粒子集合体就是"系统"这一概念，

那么 V 内的辐射场能量 $\delta E^{(I)}$ 就应纳入"内环境"的热量的概念之中并记为 $\delta Q^{(I)}$。两者的关系为

$$\delta E^{(I)} = -\delta Q^{(I)} \tag{5-135}$$

将（5-135）式代入（5-134）式，有

$$dE = \delta W + \delta Q^{(e)} + \delta Q^{(I)} = \delta W + \delta Q \tag{5-136}$$

该式称为能量守恒与转化定律的准确表述，它亦即是对经典热力学第一定律的重新表述。其中粒子系统从（内、外）环境中吸收的热量 δQ 定义为

$$\delta Q = \delta Q^{(e)} + \delta Q^{(I)} = \delta(Q^{(e)} + Q^{(I)}) \tag{5-137}$$

现在，假定外界不对系统做功（$\delta W = 0$），且不从外环境中吸热（$\delta Q^{(e)} = 0$），则由（5-136）式及（5-135）式有

$$dE = \delta Q^{(I)} = -\delta E^{(I)} \tag{5-138}$$

该式表明，若系统从内环境中吸热（$\delta Q^{(I)} > 0$），则系统的内能增加（$dE > 0$）。而系统所吸的热量是 V 内的辐射场的能量，故必定引起辐射场能量的减少（$\delta E^{(I)} < 0$）。这就是为什么要作（5-135）式定义的原因。

明眼人一看就知，（5-138）式从能量的角度为普朗克黑体辐射提供了理论基础。将 E 视为腔壁系统的能量，$E^{(I)}$ 视为辐射场的能量，则（5-138）式即是腔壁物质系统能量与空腔内辐射场能量达到热动平衡的方程。由于（5-136）式及（5-138）式考虑了"量子"层次上的跃迁辐射，所以从（5-136）式、（5-138）式出发，必导致量子论革命的诞生。但是，就目前的议题而论，有一点却是肯定的：前面所揭示的（5-128）式的"不相等"表明经典力学未考虑量子层次的跃迁辐射，故是不完善的。现在用引入 $\delta E^{(I)}$ 的办法试图改变这种局面。而这也必定会同时解决热力学三大定律不自洽的问题——这正是我们下面将论证的论题。

二、在新表述下热力学第一定律与第二定律矛盾的克服

前面我们已经提到，以（5-106）式为表述的热力学第一定律，不是一个在一般意义下成立的、准确的能量守恒与转化定律，并由此造成了经典热力学第一定律与第二、第三定律之间的内在不自洽性。

当我们提出（5-136）式并将其作为一般意义下的、准确的能量守恒与转化定律之后，一个自然的逻辑关系是：若（5-136）式的确是一个以能量为表述形式的最基本原理（或最基本方程）的话，那么以能量为基本描述手段而产生的热力学三大定律就

均是（5-136）式的导出表达式（即在不同情况下的理解），从而表明它已经将热力学三大定律间的不自洽性消除并将它们统一于（5-136）式这一新的准确的表述之中。

现在我们来论证（5-136）式已将第一、第二定律之间的不协调性克服。

在（5-136）式之中，若系统是一个不存在耗散的理想系统，则要求

$$\delta Q^{(I)} = 0 \tag{5-139}$$

将其代入（5-136）式，则有

$$dE = \delta W + \delta Q^{(e)} \tag{5-140}$$

此即（5-106）式。原式中的 Q——从外界（体积 V 以外）所吸收的热量，在（5-140）式中则以 $Q^{(e)}$ 来标记，以使其意义更加明确。所以，（5-140）式作为传统经典热力学第一定律的表述，只是在（5-139）式成立、即不存在辐射耗散的理想系统（质点模型近似）中的能量守恒与转化定律，只是（5-136）式的一种特殊情况下的表述。正因为如此，所以（5-140）式不是一般意义下的能量守恒与转化定律。

对无限缓慢的理想系统的准静态过程来讲，（5-140）式可以写成

$$dE = -pdV + T\frac{\delta Q^{(e)}}{T} \tag{5-141}$$

由上式即有

$$\frac{\delta Q^{(e)}}{T} = \frac{dE + pdV}{T} \tag{5-142}$$

对上式作环路积分，则有

$$\oint \frac{\delta Q^{(e)}}{T} = \oint \frac{dE + pdV}{T} \tag{5-143}$$

现将（5-143）式用于图 5-7 所示的理想系统的可逆卡诺循环。在绝热过程中因 $\delta Q^{(e)} = 0$，故在 $c_2 \rightarrow c_3$ 和 $c_4 \rightarrow c_1$ 的绝热过程之中

$$\frac{\delta Q^{(e)}}{T} = \frac{dE + pdV}{T} = 0 \tag{5-144}$$

将（5-144）式代入（5-143）式，则有

$$\oint \frac{\delta Q^{(e)}}{T} = \int_{c_1}^{c_2} \frac{\delta Q^{(e)}}{T} + \int_{c_3}^{c_4} \frac{\delta Q^{(e)}}{T} = \int_{c_1}^{c_2} \frac{dE + pdV}{T} + \int_{c_3}^{c_4} \frac{dE + pdV}{T} \tag{5-145}$$

而在等温过程中，对理想气体而言 $E = E(T)$，故而 $dE(T) = \frac{dE}{dT}dT = 0$。将其代入（5-145）式中，则有

$$\int_{c_1}^{c_2} \frac{dE + pdV}{T} = \frac{1}{T_1} \int_{c_1}^{c_2} pdV \tag{5-146}$$

$$\int_{c_3}^{c_4} \frac{dE + pdV}{T} = \frac{1}{T_2} \int_{c_3}^{c_4} pdV \qquad (5-147)$$

利用理想气体的状态方程（5-2）式 $p = \nu RT \frac{1}{V}$，将其代入前两式，得

$$\int_{c_1}^{c_2} \frac{dE + pdV}{T} = \mu R\ln \frac{V_2}{V_1} \qquad (5-148)$$

$$\int_{c_3}^{c_4} \frac{dE + pdV}{T} = \mu R\ln \frac{V_4}{V_3} \qquad (5-149)$$

如热力学中已证明的那样，准静态绝热过程中理想气体满足

$$TV^{\gamma-1} = c = 常量 \qquad (5-150)$$

其中

$$\gamma = \frac{C_p}{C_V} = \frac{定压热容}{定容热容}$$

利用（5-150）式，于是在 $c_2 c_3$ 和 $c_4 c_1$ 的绝热过程中，有

$$T_1 V_2^{\gamma-1} = T_2 V_3^{\gamma-1} \qquad (5-151)$$

$$T_1 V_1^{\gamma-1} = T_2 V_4^{\gamma-1} \qquad (5-152)$$

由此两式消去 T_1 和 T_2，得

$$\frac{V_2}{V_1} = \frac{V_3}{V_4} \qquad (5-153)$$

利用（5-148）式、（5-149）式、（5-153）式及（5-144）式，则得在理想系统和卡诺循环中

$$\oint \frac{dE + pdV}{T} = 0 \qquad (5-154)$$

将（5-154）式代入（5-143）式得

$$\oint \frac{\delta Q^{(e)}}{T} = 0 \qquad (5-155)$$

现考虑如图5-9所示的理想系统的循环。这个循环可用大量的微小的卡诺循环来替代。完全同于重复（5-140）式到（5-143）式的过程并考虑利用大量的微小卡诺循环来替代，则有

$$\oint \frac{\delta Q^{(e)}}{T} = \lim_{n \to \infty} \sum_{j=1}^{n} \oint_j \frac{dE + pdV}{T} \qquad (5-156)$$

其中 $\oint_j \frac{(dE + pdV)}{T}$ 即是对第 j 个微小的卡诺循环来讲的，而它则是满足（5-154）式的。由于对每个微小的理想系统的卡诺循环来说均满足（5-154）式，故代入（5-156）式后即得

$$\oint \frac{\delta Q^{(e)}}{T} = 0 \qquad\qquad (5-157)$$

此即是由新的热力学第一定律（5-136）式在无耗散理想系统条件（5-139）式下所推导出的理想系统准静态循环过程的关系——它正是（5-20）式所表述的理想系统可逆循环的克劳修斯等式。

由（5-157）式知 $\delta \dfrac{Q^{(e)}}{T}$ 是一个全微分，可记为

$$dS_e = \frac{\delta Q^{(e)}}{T} \qquad\qquad (5-158)$$

S_e 称为系统的"外部熵"。将其代入（5-140）式，则得准静态理想系统的热力学基本方程

$$dE = \delta W + \delta Q^{(e)} = -pdV + TdS_e \qquad\qquad (5-159)$$

此即是（5-37）式取等号时的表达式。为什么取等号？原因在于对于以质点模型为近似的理想系统而言是不存在辐射耗散的，故 $\delta Q^{(I)} = 0$。这样，问题就说得非常清楚了。

现在我们来考虑一个实际系统所作的如图5-9所示的准静态过程循环 $ACBDA$。对实际系统来讲，它满足（5-136）式

$$dE = \delta W + \delta Q = \delta W + \delta Q^{(e)} + \delta Q^{(I)} = -pdV + \delta Q \qquad\qquad (5-160)$$

由上式有

$$\oint \frac{\delta Q}{T} = \oint \frac{dE + pdV}{T} \qquad\qquad (5-161)$$

同样的，实际系统的准静态循环 $ACBDA$ 也可用无穷多个无限小的可逆卡诺循环来做如图5-9所示的替代，这样就有

$$\oint \frac{dE + pdV}{T} = \lim_{n \to \infty} \sum_{j=1}^{n} \oint_j \frac{dE + pdV}{T} \qquad\qquad (5-162a)$$

对每个小的可逆卡诺循环 j 来讲，均满足（5-154）式，于是将（5-154）式代入（5-162a）式，得

$$\oint \frac{dE + pdV}{T} = 0 \qquad\qquad (5-162b)$$

（5-162b）式代入（5-161）式则得

$$\oint \frac{\delta Q}{T} = \oint \frac{\delta Q^{(e)}}{T} + \oint \frac{\delta Q^{(I)}}{T} = 0 \qquad\qquad (5-163)$$

这里将分两种情况：来自实际系统所产生的跃迁辐射能将从系统存在的区域 V 中泄漏出去，或者不能泄漏出去。写成数学表达式即为

$$\oint \frac{\delta E^{(I)}}{T} = -\oint \frac{\delta Q^{(I)}}{T} \leq 0 \quad （"="号表示无辐射热能泄漏；"<"表示存在泄漏）$$

$$(5-164)$$

通过一个特例，例如等温线上的沿原路返回的循环，就很容易理解（5-164）式。此时 $\oint \frac{\delta E^{(I)}}{T} = \frac{1}{T}\oint \delta E^{(I)}$。有泄漏就表示辐射场能量在 V 内减少了，即 $\oint \delta E^{(I)} < 0$，所以就有（5-164）式的表达式。

现将（5-164）式代入（5-163）式则得

$$\oint \frac{\delta Q^{(e)}}{T} \leq 0 \qquad (5-165)$$

此即克劳修斯不等式（5-27）式。

由上面的推导可见，克劳修斯不等式只是（5-136）式在（5-164）式情况下的导出式。亦即是说，克劳修斯不等式只不过是严格的能量守恒与转化定律（5-136）式所导出的一种判断辐射有无泄漏的数学表达式。这里我们是以（5-164）式为条件来给出克劳修斯不等式（5-165）式的，所以原克劳修斯不等式中未将辐射耗散凸显出来所表现的含混性，已不复存在。在热力学的教科书中，虽明确地宣称可逆过程应是准静态过程，且还必须是无耗散的过程，但却不能以明确的数学结果去表达这一思想上已正确认识到的东西，从而使其成为一种正确的但却是主观性的论断。现在给出了（5-164）式的条件和（5-165）式的结果之后，上述"主观性"就被排除掉了，而保留下的则是"正确性的论断"。

为了讨论更细微一些，可分为两种情况。

情况一：无泄漏。在此情况下

$$\oint \frac{\delta Q^{(I)}}{T} = 0 \begin{cases} \delta Q^{(I)} = 0 & (\alpha) \\ \delta Q^{(I)} \neq 0 & (\beta) \end{cases} \qquad (5-166)$$

在（5-166）式中，若取条件（α），就表示系统不存在跃迁辐射能，故系统是理想气体的情况。此时（5-165）取等号，而它是以（5-164）式取等号及（5-166）式取（α）条件、即系统无辐射耗散为前提的。于是在此情况下，（5-163）式即退化为克劳修斯等式（5-157）式。将（5-158）式及 $\delta Q^{(I)} = 0$ 代入（5-160）式，即得出（5-159）式。这样，力学基本方程（5-159）式及克劳修斯等式（5-157）式仅对准静态理想系统（无耗散）成立的论述通过上述的论证就被完整地表达了出来。

若（5-166）式取条件（β），则表示系统是存在跃迁辐射的实际系统，但此系统的辐射能却无泄漏（这与实际的技术条件相关，由技术条件来保证）。在这种情况下，因 (5-166)（β）的存在，可引入"内部熵"S_I的概念

$$dS_I = \frac{\delta Q^{(I)}}{T} \qquad (5-167)$$

相应地，将 (5-166) 式代入 (5-163) 式，知 $\oint \frac{\delta Q^{(e)}}{T} = 0$，故而可按 (5-158) 式定义外部熵。于是由 (5-163) 式有

$$dS = dS_e + dS_I = d(S_e + S_I) \qquad (5-168)$$

其中系统的总熵

$$S = S_e + S_I \qquad (5-169)$$

总熵的定义由下式给出

$$dS = \frac{\delta Q}{T} = \frac{1}{T}(\delta Q^{(e)} + \delta Q^{(I)}) \qquad (5-170)$$

将 (5-170) 式代回 (5-160) 式，则得真实系统在准静态可逆过程中的热力学方程

$$dE = -pdV + TdS = -pdV + TdS_e + TdS_I \qquad (5-171)$$

若 $\delta Q^{(I)} = 0$，则 (5-171) 式中的 $S_I = 0$，于是 (5-171) 式退化为理想系统准静态可逆过程的热力学基本方程 (5-159) 式。

情况二：存在泄漏。在此情况下

$$-\oint \frac{\delta Q^{(I)}}{T} < 0 \qquad (5-172)$$

将其代入 (5-163) 式则有

$$\oint \frac{\delta Q^{(e)}}{T} < 0 \qquad (5-173)$$

此时由于存在 (5-163) 式、(5-172) 式及 (5-173) 式，故总熵 S 仍是态函数，而内、外熵则均不是态函数，故可以引入内、外"赝熵"$S_I^{(p)}$ 和 $S_e^{(p)}$ 的概念：

$$\delta S_e^{(p)} = \frac{\delta Q^{(e)}}{T}, \quad \delta S_I^{(p)} = \frac{\delta Q^{(I)}}{T} \qquad (5-174)$$

于是，对实际系统经不可逆（因存在辐射泄漏）的准静态过程来讲，其热力学基本方程为

$$dE = -pdV + TdS = -pdV + T\delta S_e^{(p)} + T\delta S_I^{(p)} \qquad (5-175)$$

现考虑如图 5-9 所示的一个循环，它是实际气体经由准静态过程 i（ACB）及准静态理想可逆过程 R（BDA）形成的。由 (5-159) 式有

$$\oint \frac{\delta Q}{T} = \int_A^B {\left(\frac{\delta Q}{T}\right)}_i + \int_B^A {\left(\frac{\delta Q}{T}\right)}_R = \int_A^B {\left(\frac{\delta Q}{T}\right)}_i - \int_A^B {\left(\frac{\delta Q}{T}\right)}_R = 0 \qquad (5-176)$$

即有

$$\int_A^B {\left(\frac{\delta Q^{(e)}}{T}\right)}_R - \int_A^B {\left(\frac{\delta Q^{(e)}}{T}\right)}_i = \int_A^B {\left(\frac{\delta Q^{(I)}}{T}\right)}_i - \int_A^B {\left(\frac{\delta Q^{(I)}}{T}\right)}_R$$

$$= \int_A^B {\left(\frac{\delta Q^{(I)}}{T}\right)}_i + \int_B^A {\left(\frac{\delta Q^{(I)}}{T}\right)}_R \qquad (5-177)$$

$$= \oint \frac{\delta Q^{(I)}}{T}$$

当存在泄漏时，由（5 – 164）式知，应有

$$\oint \frac{\delta Q^{(I)}}{T} > 0 \qquad (5-178)$$

亦即是说，当满足如下条件［将（5 – 178）式代入（5 – 177）式，由其第二个等号后的表达式就可得出］

$$\int_A^B {\left(\frac{\delta Q^{(I)}}{T}\right)}_i - \int_A^B {\left(\frac{\delta Q^{(I)}}{T}\right)}_R > 0 \qquad (5-179)$$

时，则［由（5 – 177）式中第一个等号前的表述］有

$$\int_A^B {\left(\frac{\delta Q^{(e)}}{T}\right)}_R - \int_A^B {\left(\frac{\delta Q^{(e)}}{T}\right)}_i > 0 \qquad (5-180)$$

此即克劳修斯不等式（5 – 30）式，它给出了将实际过程与可逆过程进行比较从而判断过程的不可逆性的判据。

在实际的问题中，我们真正碰到的均是实际气体。实际气体的可逆过程，是依赖于技术条件的。所以（5 – 179）式的比较，更切合实际。为了不依赖于技术条件而使问题的讨论简化，在理论上，人们往往用可逆的理想化的理想气体来取代实际过程的可逆气体。这时因$(\delta Q^{(I)})_R = 0$，故对（5 – 179）式的条件作理想化处理后则为

$$\int_A^B {\left(\frac{\delta Q^{(I)}}{T}\right)}_i > 0 \qquad (5-181)$$

但如后面将要进一步论证的那样［见后面的（5 – 191）式］，上述的处理及（5 – 181）式的条件，一般来说是不允许的。

由（5 – 180）式，写成微变形式则为

$$dS_e > \delta S_e^{(p)} \qquad (5-182)$$

现将（5 – 182）式代入（5 – 175）式之中，得实际系统准静态不可逆过程的以不等式表述的热力学基本方程

$$dE < -pdV + T\delta S_l^{(p)} + TdS_e \qquad (5-183)$$

将（5-183）式与（5-37）式相比较，（5-183）式多出一项 $T\delta S_l^{(p)}$，从而表明原热力学理论结果不够严格。原因在于以（5-106）式 [即（5-142）式] 为表述的热力学第一定律不是严格而普适的能量守恒与转化定律，它只是对理想系统成立。正因为是理想系统，所以无跃迁辐射问题。正因为这一差别，所以对真实系统而言在（5-183）式中就出现了 $T\delta S_l^{(p)}$ 这一项目。

由于（5-183）式来自于（5-175）式这一严格的能量守恒与转化定律，故与（5-175）式并不矛盾；但另一方面又考虑到了不可逆条件（5-182）式，故而改成了不等式，从而能使"不可逆"、"方向"通过"不等号"来加以诠释——亦即是说，它是第一定律与第二定律的联合表达式，通过它我们可以确定何种不可逆过程是可以实现的。

三、在新表述下热力学第一定律与第三定律矛盾的克服

E 是热力学系统粒子的总内能。它虽是一种平均的效应和度量，但仍然还是以单个粒子的能量为基础的。现我们由（3-43）式出发来考虑一个粒子处于"真空"中的运动情态。设牛顿所提取的力 $\vec{F}$ 为有势力，即 $\vec{F} = -\nabla V(\vec{r})$，于是由（3-43）式，有

$$\frac{d\vec{p}}{dt} = -\nabla V(\vec{r}) + \vec{F}^{(s)} \qquad (3-43b)$$

上式两边点积 $d\vec{r}$，并令 $E = \frac{1}{2}mv^2 + V$，即得

$$dE = \vec{F}^{(s)} \cdot d\vec{r} \qquad (5-184)$$

若记

$$\vec{F}^{(s)} \cdot d\vec{r} = -\delta E^{(I)} \qquad (5-185)$$

则有

$$dE = -\delta E^{(I)} \qquad (5-186)$$

在前面我们已经知道，$\vec{F}^{(s)}$ 是物质性背景空间（MBS）施予粒子的"力"，是来自"真空"的效应，故而 $\delta E^{(I)}$ 即是来自"真空"（它实际上是不空的，还有物质存在）的能量。所以（5-186）式即是粒子与背景真空相互交换能量的表述。既然存在这种能量交换，经典力学中令基态粒子能量 $\varepsilon_{o0} = 0$ [即（5-125）式] 的说法就不成立。所以粒子在"真空"环境下的最低能量 $\varepsilon_{o0} \neq 0$。（5-186）式是单粒子的表达式。将它作统计平均，即给出了热力学系统在真空环境下的方程——此即是（5-136）式在真空环境下的理解。既然每个粒子在真空环境中的基态能量不为零，那么统计平均下的系统内能 E [为

（5－136）式中的能量〕也应不为零。这样，（5－136）式就表明任何系统的最低温度不为零，即 $T_{\min} \neq 0$。

由于（5－186）式和（5－138）式是热力学第一定律的准确表达式（5－136）式在特定情况下的表达式，从而表明原热力学第一定律与第三定律之间的不协调的问题，已被新的热力学第一定律的准确表达式所克服，而且通过微观粒子运动方程（3－43b）式的简单应用，说明了第三定律的实质在于揭示了"真空事实上是不空的"这一基本而又重大的发现。

当然，在上述的讨论中，我们完全用的是形式理论的定性解释，因为（3－43b）式的准确表达式尚未给出——这一表达式正是本书追寻的重要目标，所以在迄今为止的论述中，我们只是通过各领域所提供的信息，既讨论 $\vec{F}^{(s)}$ 真实存在的客观性，又企图通过这些信息为得出 $\vec{F}^{(s)}$ 的具体数学表达式提供线索，以便为后面给出（3－43b）式的数学表象做准备。

四、新表述后的理论的价值分析

以新形式表述的严格的能量守恒与转化定律，不仅准确地表达了经典热力学定律的内涵和物理实质，而且提供了新的认识和可靠的应用基础。下面我们进行简要的讨论。

通过上面的讨论我们已经看到，由于以（5－136）式为表述的严格的能量守恒与转化定律的提出，不仅已将经典热力学中三个基本定律的内在不自洽性的不足予以克服，而且将三者统一了起来——因为它们均是（5－136）式的导出式在不同情况下的理解。而且更重要的是，由于它已将经典热力学定律的内涵及物理实质准确地表达了出来，故而为我们去认识和应用这些定律，提供了新的认识和可靠的基础。

我们知道，以克劳修斯不等式为表述的热力学第二定律，来自于卡诺定理——一个理想可逆热机与非理想不可逆热机相比较的实验定理，然后克劳修斯将此实验定理推广为热力学第二定律，并认为是一种普遍的规律。但这里存在的问题是，一方面推广后的方程物理实质不清，另一方面，从特殊到一般存在着可质疑性。

我们所推出的克劳修斯不等式（5－180）式，来自普遍的能量守恒与转化定律（5－136）式。这就表明克劳修斯定律只不过是（5－136）式在特殊情况（耗散系统与非耗散系统相比较）下的一种理解与表述。所以当我们使用从一般到特殊的方法给出克劳修斯定律之后，前述的"可质疑性"问题已不存在；另外，由于它已将耗散这一项目准确表达了出来，原克劳修斯定理"物理实质不清"的问题也不存在了。

正是在这样的意义上，以（5-179）式和（5-180）式的联合形式所表述的新形式的热力学第二定律，不仅重现了原经典热力学的第二定律，且赋予它更清楚和更深刻的含义。所以新定理与老定理比较，不单单是继承，也有新的提高与拓展。

例如，如果仅仅以保证（5-180）式成立为目的，则采用（5-179）式或（5-181）式为条件均是可以的。但是，所表达的物理内涵却大相径庭。

为了看清（5-179）式的物理意义，我们不妨在等温过程 ℓ 下来考查。由（5-179）式，有

$$\int_{A}^{B}{}_{(\ell)}\left(\frac{\delta Q^{(I)}}{T}\right)_i - \int_{A}^{B}\left(\frac{\delta Q^{(I)}}{T}\right)_R = \frac{1}{T}\left[\int_{A}^{B}\delta E_R^{(I)} - \int_{A}^{B}\delta E_i^{(I)}\right] > 0 \qquad (5-187)$$

例如，在等温膨胀过程中，V 增大之后，实际气体分子的密度减小。从微观上讲，粒子间相互碰撞的几率也将随之减少。亦即是说，通过碰撞将分子激发到高激发态的几率减少，故而气体分子总体处于低激发态的几率增大。这样，系统所经历的过程是从较多的高激发态向较多的低激发态的转变，故而是一个内环境中所储存的跃迁辐射能增加的过程，即 $\delta E_R^{(I)} > 0$。而这里的 $\delta E_R^{(I)}$，是对选作比较标准的可逆系统而言的。该可逆系统存在辐射，但辐射对 $E_R^{(I)}$ 而言是不泄漏出去的。$\delta E_i^{(I)}$ 则是对实际系统经 ℓ 过程而言的。因在等温过程中不绝热，故 $E_i^{(I)}$ 是存在泄漏的。为说明此问题，我们用简单的数值来讨论。假若经上述 ℓ 过程后，其值　　$E_R^{(I)}(A) = 8$，$\quad E_R^{(I)}(B) = 16$

则得

$$\Delta E_R^{(I)}(A \rightarrow B) = E_R^{(I)}(B) - E_R^{(I)}(A) = 8 \qquad (5-188)$$

设在初态时 $E_i^{(I)}(A) = E_R^{(I)}(A) = 8$。末态时，如果由于实验条件的差别而使得非绝热条件不一样：一种（标记为 i_1）使得末态的辐射能损失 10%；另一种（标记为 i_2）使末态的辐射能损失 70%。于是有

$$E_{i_1}^{(I)}(B) = E_R^{(I)}(B) \times (1 - 10\%) = 16 \times 90\% = 14.4$$

$$E_{i_2}^{(I)}(B) = E_R^{(I)}(B) \times (1 - 70\%) = 16 \times 30\% = 4.8$$

得

$$\Delta E_{i_1}^{(I)}(A \rightarrow B) = E_{i_1}^{(I)}(B) - E_{i_1}^{(I)}(A) = 6.4 \qquad (5-189a)$$

$$\Delta E_{i_2}^{(I)}(A \rightarrow B) = E_{i_2}^{(I)}(B) - E_{i_2}^{(I)}(A) = -3.2 \qquad (5-189b)$$

现将（5-188）式与（5-189a）式及（5-189b）式代入（5-187）式中，我们看到该不等式的条件是满足的，不存在矛盾。

再利用上述数值，我们即由（5-177）式得出

$$\int_A^B \left(\frac{\delta Q^{(e)}}{T}\right)_R - \int_A^B \left(\frac{\delta Q^{(e)}}{T}\right)_i = \frac{1}{T}\left[\Delta E_R^{(I)}(A \to B) - \Delta E_i^{(I)}(A \to B)\right]$$

$$= \left\{\frac{1.6}{T}(i_1 \text{ 过程})\right\}$$

$$= \left\{\frac{11.2}{T}(i_2 \text{ 过程})\right\} \tag{5-190}$$

（5-190）式仍是满足克劳修斯不等式（5-180）式的，但它却将不同的实际过程（例如此处所列举的 i_1 和 i_2 过程）的量值给了出来。

满足（5-180）式的不可逆过程均称为实际上可能的过程，这是克劳修斯不等式的价值；在此基础上，以（5-179）式和（5-180）式为表述的新的热力学第二定律，如同例证（5-190）式所显示的那样，却表明对不同的可能发生的实际过程来讲，其具体的数值可能是不一样的——这就将过程实现的速率等问题反映了出来，从而使得它在实际中具有了更大的应用价值。

现若将（5-189）式代入（5-181）式右边作计算，我们立即就会发现 i_1 过程的计算结果为

$$\int_A^B \left(\frac{\delta Q^{(I)}}{T}\right)_{i_1} = -\int_A^B \left(\frac{\delta E^{(I)}}{T}\right)_{i_1} = \frac{-1}{T}\Delta E_{i_1}^{(I)}(A \to B) = -\frac{6.4}{T} < 0 \tag{5-191}$$

这一结果与（5-181）式的不等号是相矛盾的，这说明（5-181）式不能保证在一般情况下成立。这就表明：在对有耗散的实际气体的过程进行判别时，只能选有辐射存在但无辐射泄漏的实际气体来作为比较的标准，而不能选不存在辐射的理想气体来作为比较的标准。可见前面所提到的克氏以理想气体的可逆过程来作为"标准"的"想法"，并不是一般成立的。而这些物理实质性的东西在原克劳修斯定律中是反映不出来的。正因为条件和比较标准弄不清楚，所以就会使原经典热力学给理论和实际工作带来一些含混东西并导致失误。

前面我们对熵增加原理作了初步的讨论，但这种讨论还不是十分清楚和准确的——因为一个新的原理尚未建立起来。当该原理即（5-136）式被建立起来之后，克劳修斯定律就成了它的导出式，且物理内涵清楚了。在物理内涵已清楚的情况下，我们就可以对原克劳修斯定律（即热力学第二定律）及由它给出的相应的熵增加原理作更准确和更本质的"再解读"。

现在将可逆与不可逆两种情况均考虑在内，由条件［即（5-178）式］

$$\oint \frac{\delta Q^{(I)}}{T} = \int_A^B \left(\frac{\delta Q^{(I)}}{T}\right)_i - \int_A^B \left(\frac{\delta Q^{(I)}}{T}\right)_R \geqslant 0 \tag{5-192}$$

有克劳修斯不等式 [热力学第二定律，即 (5-180) 式]

$$\int_A^B \left(\frac{\delta Q^{(e)}}{T}\right)_R - \int_{\overset{(\ell)}{A}}^B \left(\frac{\delta Q^{(e)}}{T}\right)_i \geqslant 0 \tag{5-193}$$

上两式中，等号对应的实际的 i 过程是可逆的，不等号对应的实际的 i 过程是不可逆的。

若令 (5-193) 式中所对应的 i 过程在整个过程之中均有 $(\delta Q^{(e)})_i = 0$，则得熵增加原理

$$S_e(A \to B) = S_e(B) - S_e(A) = \int_A^B \left(\frac{\delta Q^{(e)}}{T}\right)_R \geqslant 0 \tag{5-194}$$

但这里必须注意的是，我们以上的所有推导都是在准静态过程中进行的，故而结果也仅对准静态过程成立。所以以下若无特殊的申明，我们所说的"过程"，均是准静态过程。

在从 (5-193) 式向 (5-194) 式过渡时，用到了"绝热"条件。在原经典热力学中，绝热只表述为 $\delta Q^{(e)} = 0$，而未将耗散部分明显包括在严格的理论表述之中。然而，当我们将耗散明显包括进来之后，"绝热"就不仅意味着 $\delta Q^{(e)} = 0$，而且意味着是一个无辐射泄漏的过程，即要求 (5-164) 式 [即 (5-192) 式] 只取等号。而由 (5-163) 式知，相应地，(5-193) 式和 (5-194) 式也只能取等号。于是我们得知，对准静态过程来讲，若过程是绝热的，则

$$\int_A^B \left(\frac{\delta Q^{(e)}}{T}\right)_R = \int_{\overset{(\ell)}{A}}^B \left(\frac{\delta Q^{(e)}}{T}\right)_i = 0 \tag{5-195}$$

所以在这个时候，熵增加原理的实际意义为

$$\Delta S_e(A \to B) = S_e(B) - S_e(A) = \int_A^B \left(\frac{\delta Q^{(e)}}{T}\right)_R = 0 \tag{5-196}$$

这事实上是很容易想象的，也是很容易证明的：

从概念上讲，既然实际过程 i 是绝热过程，那么如前分析的，它就是一个无限缓慢的无热量泄漏（即无耗散损失）的过程，故而实际过程也就是一个可逆过程。这正是 (5-195) 式和 (5-196) 式的意义。

就数学论证而言，可逆过程的 dS_e 是全微分，故它的积分是与路径无关的——这种"无关"又可以被说成"选任意一个路径其积分值也是一样的"。既然从 $A \to B$ 的"绝热"过程是可实现的实际过程，我们就不妨选此过程。对此过程，有

$$\int_A^B \left(\frac{\delta Q^{(e)}}{T}\right)_R = \int_{\overset{(\ell)}{A}}^B \left[\left(\frac{\delta Q^{(e)}}{T}\right)_R\right]_{\delta Q^{(e)} = 0} = 0 \tag{5-197}$$

这正是 (5-196) 式的内容。

由此可见，对绝热过程来讲，以（5－194）式为表述的熵增加原理给出的只是 $0=0$ 的一个平凡恒等式，没有任何的实质内容。

然而，在绝热过程中，人们用等号对应可逆过程，不等号对应不可逆过程，且在实际计算时，$\int_A^B \left(\dfrac{\delta Q^{(e)}}{T}\right)_R$ 用的又不是绝热条件。正因采用了如此等等的矛盾论述与条件，所以使熵增加原理产生了如我们前面所质疑的一大堆毛病。

为什么会出现这些毛病呢？我们知道，从原始的克劳修斯定律出发，（5－18）式中的 T_1 和 T_2 都是平衡态时的体系的温度。作了推广之后，（5－9）式中的 T，仍是平衡态时的温度。所以克劳修斯不等式（5－27）式只是在平衡态时才成立。但是，人们没有认真分析和考虑这一点而将克劳修斯定理不加分析地推广到非平衡态，加之其他方面理解的失误，所以就产生了如我们前面指出的种种互相矛盾的结果。

另外，还需要注意我们现在所讨论的是"封闭系统"的情况。我们将辐射能纳入"热量"这一概念之后，仍是对封闭系统而言的。相对经典热力学的原始说法，现在的所谓的"无物质交换"指的是没有由电子、质子、中子等费米子所组成的"实物粒子"的交换，但不排除辐射场量子（玻色子）的交换——而它也是应当被纳入"热量"之中的。

由于实际的不可逆过程往往是非平衡态过程，所以只有将上述的克劳修斯定律推广到非平衡态时，它的作用才能真正而更有意义地被体现出来。我们这里不去讨论一般的非平衡态问题，而只是以一种最简要的方式从概念上看看将其推广后的变化。

现考虑一个非平衡态封闭系统，并将其划分为 n 个小的子封闭系统。对每个小的子系统而言，（5－136）式的能量守恒与转化定律仍是成立的。现设这些小的子系统仍是一个宏观小、微观大的系统，以至于每个子系统可近似视为平衡态，使其可以纳入经典平衡态热力学的框架中来处理。亦即是说，我们作了一种"局域平衡"的假设。

现考虑第 j 个子系统，它可以纳入经典热力学中处理。此时，不涉及（或不考虑）外力做功的问题。将（5－160）式用于该子系统，有

$$dE_j = dQ_j = T_j \frac{\delta Q_j}{T_j} = T_j \delta S_j \qquad (5-198)$$

其中 T_j 是第 j 个子系统的温度（且认为在此子系统内，温度是处处一样的）。子系统的微熵定义为

$$\delta S_j = \frac{\delta Q_j}{T_j} \qquad (5-199)$$

对整个系统来讲，设其平均温度为 T，于是有

$$dE = \delta Q = T\delta S \qquad (5-200)$$

其中

$$\delta S = \frac{\delta Q}{T} \qquad (5-201)$$

称为系统的平均微熵。

应用（5-199）式，由

$$dE = \sum_i dE_i = \delta Q = \sum_j \delta Q_j = \sum_j T_j \delta S_j = T\delta S \qquad (5-202)$$

可得

$$\delta S = \frac{\delta Q}{T} = \frac{\sum_j T_j \delta S_j}{T} \qquad (5-203)$$

对于系统的平均值而言，其变化若假定是相对缓慢的以至于可以纳入平衡态热力学的理论之中，则我们就可以用平均值下的态参量来加以描述，并可以使用平衡态热力学的关系。

在上述的假定下，就概念而论，原平衡态系统的熵可转化为平均熵，它与子系统的熵 S_j 之间的关系按（5-203）式来定义。只要作上述的简化处理，我们就很容易将（5-192）式、（5-193）式和（5-194）式推广应用到非平衡态的情况。

但应注意的是，我们所讨论的子系统也是封闭系统，故此时的结果只适于研究固态物质而不能用于气体和液体的情况（因它们的子系统不是封闭系统）。对固态，不考虑体积的变化（略去热胀冷缩现象），则做功一项就可以不考虑。这样，推导过程与前面是一样的，只需将实际的非平衡态 i 中的量用平均量来代替，就可以得出结果

$$\left.\begin{aligned}
(\delta S^{(I)})_i &= \left(\frac{\delta Q^{(I)}}{T}\right)_i = \frac{1}{T}\sum_j T_j \delta S_j^{(I)} = \frac{1}{T}\sum_j T_j \frac{\delta Q_j^{(I)}}{T_j} \\
(\delta S^{(e)})_i &= \left(\frac{\delta Q^{(e)}}{T}\right)_i = \frac{1}{T}\sum_j T_i \delta S_j^{(e)} = \frac{1}{T}\sum_j T_j \frac{\delta Q_j^{(e)}}{T_j}
\end{aligned}\right\} \qquad (5-204)$$

于是（5-193）式便为

$$\int_A^B (\delta S^{(e)})_R - \int_{(\ell)A}^B (\delta S^{(e)})_i \geqslant 0 \qquad (5-205)$$

现考虑绝热过程

$$(\delta Q)_i = (\delta Q^{(e)} + \delta Q^{(I)})_i = 0 \qquad (5-206a)$$

即有

223

$$(\delta Q)_i = \sum_j \delta Q_j^{(e)} + \sum_j \delta Q_j^{(I)} = 0 \qquad\qquad (5-206b)$$

可见，所谓"绝热"，是指整个系统与外界无热交换［即（5－206）式］；但对子系统来讲，它们之间是可以交换热量的，即

$$\delta Q_j^{(e)} \neq 0, \quad \delta Q_j^{(I)} \neq 0 \qquad\qquad (5-206c)$$

于是，将（5－205）式用于绝热过程时，有

$$\left.\begin{array}{l} \displaystyle\int_A^B \left(\frac{\delta Q^{(e)}}{T}\right)_R \geq \int_{(\ell)_A}^B \left(\frac{\delta Q^{(e)}}{T}\right)_i \quad (\alpha) \\[3mm] (\delta Q)_i = (\delta Q^{(e)})_i + (\delta Q^{(I)})_i = 0 \quad (\beta) \end{array}\right\} \qquad (5-207)$$

所以求解绝热过程，应由（5－207）式中的（α）和（β）联立求解。由（β）可见，$(\delta Q^{(e)})_i$ 和 $(\delta Q^{(I)})_i$ 之间是可以通过子系统相互转化的，故不能令 $(\delta Q^{(e)})_i = 0$。所以，若实际的 i 过程是一个非平衡态绝热过程，则由（α）是得不出（5－194）式的熵增加原理的。此时的结果仍为（5－207）式。与之相应地，计算 $\int_A^B \left(\frac{\delta Q^{(e)}}{T}\right)_R$ 时也不能使用 $(\delta Q^{(e)})_R = 0$ 的条件。当内涵弄清之后，我们看到，克劳修斯不等式是可以在一定的假设条件下推广到非平衡态去的；所谓"过程的方向性"的问题，可以通过"不等号"反映。

如果再推广到多元系统及粒子数可变的情况，就不仅可以将其用于讨论气体的问题，也可以用于讨论化学反应问题。其具体讨论不再赘述。

鉴于一般本科生均未学过非平衡态热力学（无论是线性的还是非线性的），所以我们上面没有采用非平衡态热力学的正规方式进行讨论；另外，由于非平衡态热力学理论尚不成熟，故"正规方式"本身的定义就是不确定的；所以我们采用了一种便于理解的简便方式去讨论问题，其目的只是从概念上弄清楚熵增加原理。但通过上述的简要讨论仍可明显地看出，即使推广到非平衡态的情况，熵增加原理似乎也是不成立的。可见要了解非平衡态和过程的"方向"、"可能"，仍要从克劳修斯不等式出发才行。

通过本节上面的初步讨论，我们已十分清楚地看到了修改和补充后的新的热力学第一定律（5－136）式作为严格、完善、普适的能量守恒与转化定律的提出，具有重要的意义与价值——原经典热力学的三大定律，不过是它的导出表达式，从而表明它作为一个最根本性的规律已将经典热力学三大定律统一了起来；由它推导出作为热力学第二定律的克劳修斯不等式之后，我们看到克劳修斯定律只不过是将（5－136）式应用于有限热力学系统，所反映的只是耗散能是否存在泄漏、即有限系统能量是否守恒罢了，而由

能量守恒（而非转化）定律在有限系统的破坏，表明时间的平权性被打破，就可以显示出所谓的"方向性"；在这个具有"方向性"的不可逆过程之中，即使对于"正方向过程"来讲，真实系统的赝熵也既可能是增加的，又可能是减少的（这一点有待于非平衡态理论的发展和对具体实际系统的研究来进一步确定并去理解其内涵），而这一结论与我们所看到的广泛的有限系统既可能走向"有序"也可能走向"混乱"的实际情况是相吻合的。这就从基本规律的本源性意义上，使得物理规律不与生命、社会演变规律相矛盾，从而才能使得物理学从"熵增加原理"的困境中走出来，证明基本物理规律作为基本自然规律的普适性。克劳修斯不等式及熵增加原理所涉及的更为具体的内容很多，我们只作上述的简要讨论而不再作进一步的拓展。

关于非平衡态热力学，特别是作为其代表的普利高津的非线性平衡态热力学（耗散结构理论），我们后面在将 SSD 理论用于自组织进化和生命现象时，还会结合系统科学统一给予介绍与评价。

五、热力学基本方程的微观基础分析：在新表述下，一种更广泛的科学统一性将蕴于其中

热力学第一定律的严格表达式［按（5－136）式理解］

$$dE = \delta W + \delta Q \tag{5－208}$$

是一个普遍规律。在可逆的准静态过程中，（5－208）式可以表述为如下形式的热力学基本方程

$$dE = \delta W + \delta Q = -pdV + TdS \tag{5－209}$$

系统的内能 $E = \sum_{\ell} E_{\ell} a_{\ell}$，对其微分有

$$dE = d\left(\sum_{\ell} E_{\ell} a_{\ell} \right) = \sum_{\ell} a_{\ell} dE_{\ell} + \sum_{\ell} E_{\ell} da_{\ell} \tag{5－210}$$

将（5－189）式代入（5－209）式有（热力学基本方程）

$$dE = \sum_{\ell} a_{\ell} dE_{\ell} + \sum_{\ell} E_{\ell} da_{\ell} = \delta W + \delta Q = -pdV + TdS \tag{5－211}$$

如果我们能从微观基础理论出发准确地推导出热力学基本方程，则可以深刻地认识其微观基础，并由此达到基础性微观理论与宏观热力学理论的统一。但是，如我们所知的，外力做功的部分

$$\delta W = -pdV = \sum_{l} a_{l} dE_{l} \tag{5－212}$$

可以由基于轨道概念的经典牛顿力学（CM）将其推导出来，而热量这一项

225

$$\delta Q = TdS = \sum_l E_l da_l \qquad (5-213)$$

却不能从牛顿力学中推导出来。为什么如此呢？我们前面的分析已经指出，内能、功、热均具有相同的物质性本源——"粒子"，故在揭示其微观基础时，自然应将其纳入以"粒子论"为基础的牛顿力学之中来加以认识。（5-212）式能被推导出来，说明了这一认识方向的正确性。然而，如前面已分析指出的，（5-213）式热量这一项与量子层次的辐射跃迁现象相关联；由于牛顿力学不能描述粒子的量子行为而表明它是不完善的，该不完善性就决定了由它推不出（5-213）式。而另一方面，作为基础性微观理论的统计的量子力学（SQM），如我们所知的，既无法描述单个粒子的运动行为，也给不出清晰的物理图像，从而表明它对量子粒子的行为的认识是不完善的（这种不完善性，按通常的话说就是"波粒两重性悖论"）。但是 SQM 又硬要称其理论的认识是"完善的"，于是采取"鸵鸟政策"，提出所谓的"测不准原理"，宣称不存在粒子的轨道运动。既然不存在粒子的轨道运动，所以人们所质疑的不完善性也就不存在了，于是 SQM 就是"完善"的了。这样做的结果事实上是把存在的问题和理论的不完善性包裹和掩盖了起来。但另一方面，SQM 又声称自己是一个更高层次的理论。而按照（C_4）的要求，它就应当将 CM 包括于自己的理论之中。既然如此，因（5-212）式可由 CM 导出，那么也应该由 SQM 导出。亦即是说，SQM 应该给出一个基本方程，既可以导出牛顿方程，也可以准确导出热力学基本方程。但事实上，SQM 完全做不到。为什么呢？因为"测不准原理"是否定轨道概念的。既然否定了轨道概念，又怎么可能从 SQM 导出牛顿方程继而导出热力学基本方程呢？用（C_3）来判别，这无疑是用一种充满悖论的方式来思考 SQM 理论。SQM 根本推不出而牛顿力学却可以部分推出热力学基本方程，二者相比较，说明相对于牛顿力学的不完善性而言，SQM 是更加不完善的。

统计力学的基础是两个微观理论：经典力学和量子力学。既然 SQM 根本导不出热力学基本方程（5-211）式，而 CM 只能导出（5-211）式中的第一项却导不出第二项，而统计力学却又硬要认为自己的认识是"完善的"，于是就只好也采取"鸵鸟政策"，宣称"热量是热现象中所特有的宏观量，是没有相对应的微观量的"。这就相当于提出了一个"热量无微观基础"的"原理"，将事实上的认识的不完善性包裹了起来。按（C_3）来加以判别，这样的认识和处理是允许的吗？

既然热量是没有相对应的微观量的，那么人们由经典统计和量子统计从微观来认识宏观热现象又是在干什么？并且，由经典统计和量子统计从微观出发又怎么可能去认识宏观热现象呢？事实上，统计物理认为，宏观热力学系统是由大量微观粒子组成的，故宏观热现象是有微观基础的；由于宏观热力学量是微观量的统计平均值，因此，我们就可以由宏观量相对应的微观量的统计平均求得宏观量，并由此揭示出宏观热力学性质的微观基础，从而达到更本质的认识——这是统计物理的信念基础和追求目标。而现在却又说热量是没有相对应的微观量的。既然热量是没有相对应的微观量的，那么就意味着热现象是不可能从微观上来认识的。这不是一种明显的自我否定的逻辑悖论吗？按(C_3)判据，是根本不允许的。然而令人吃惊的是，这种类似的逻辑悖论，充斥着物理学的许多领域。

我们知道，一旦在一个理论中存在认识上的逻辑悖论，就说明该理论在基础上出现了某种毛病。由于这种毛病是基础性的，所以就是必须严重关注的。因为一个理论若不能首先通过(C_1)、(C_2)和(C_3)的严格检验，它在基础上的牢固性就没有获得真正的肯定；而一旦在某一点上被检验失败，就证明其基础出了问题。所以，从理论基础上所提出的问题，一定是理论中的重大问题；对这些重大理论问题的突破，才是真正的突破性工作。

这不仅仅是教师或者研究人员应当经常关注和思考的问题，在校学生在学习现行理论的时候，同样也应思考类似的问题，保持应有的警觉，时刻记住用(C_1)、(C_2)和(C_3)去判断一个问题，而不可被一个理论在(C_5)上的辉煌成功所迷惑，影响我们应有的更深刻的思考。我们这样讲，丝毫没有否认现行理论价值的意思，也丝毫不否认理论还必须经受(C_5)的检验。但是，正如前面已经论述过的，(C_5)的检验只能肯定理论的"有效性"、"实用性"和"合理性"，却并不能如(C_1)、(C_2)、(C_3)那样去检验和肯定理论的"正确性"、"深刻性"和必须具有的概念、理论、思维和逻辑的"自洽性"。所以，当我们掌握了C判据的精神实质之后，在学习一个理论的时候，就不仅必须从理论在(C_5)判据下的实证成功和平时的作业训练中学会必要的处理实际问题的技巧和方法——因为无此必要的训练我们就有可能变得"眼高手低"而在实际工作中寸步难行，还必须时刻以(C_1)、(C_2)和(C_3)作为最主要的判别标准，将图2-7的判别方法用于学习之中。这样，我们就可以站在一个新的高度上，去深刻地认识一个理论，真正从中学到科学前辈的思想精髓，同时又能看到现行理论的不足。

现在我们就以上述的悖论为例子，看看当我们面对物理学中的悖论时，应当如何进行思考。

前面我们已经知道，能量守恒与转化定律是一个普遍的规律，因此，它既适用于宏观热力学系统，也应适用于微观系统。而另一方面，宏观热力学系统又是大量微观粒子的集合体。这两个方面就以清楚的方式告诉我们，不是说"热量"这一项目没有微观基础，而只能说我们现在尚未建立起一个统一的、更完善的微观**粒子**运动方程，以统一的方式将（5-212）式和（5-213）式两式同时推导出来。

现在我们稍详细地讨论一下这个问题。

当 $\delta Q = 0$ 时，利用（5-213）式，由（5-211）式有

$$dE = \sum_{\ell} a_{\ell} dE_{\ell} = \delta W = -pdV \qquad (5-214)$$

对简单系统，利用（5-7）式，有

$$\delta W = -pdV = -pSd\ell = -Fd\ell \qquad (5-215)$$

其中 F 是"外力"，$-d\ell$ 为"外参量"ℓ 的元增量。在一般的情况下，我们可以将上式推广并抽象地写成

$$\delta W = Ydy \qquad (5-216)$$

其中 Y 称为"广义力"，外参量小增量 dy 称之为"广义位移"。将（5-216）式代入（5-214）式之中，有

$$dE = \sum_{\ell} a_{\ell} dE_{\ell} = Ydy \qquad (5-217)$$

可见广义力可定义为

$$Y = \frac{dE}{dy} = \sum_{l} a_{\ell} \frac{dE_{\ell}}{dy} \qquad (5-218)$$

由此定义出发，则有

$$\delta W = Ydy = \sum_{\ell} a_{\ell} \frac{dE_{\ell}}{dy} dy = \sum_{\ell} a_{\ell} dE_{\ell} = dE \qquad (5-219)$$

即可以从方程的左边推导出方程的右边——能量的表述。这正是在统计热力学中所做的。但这种做法仍没有与最基本的粒子运动方程联系起来。下面我们来寻找解决这一问题的线索。

由牛顿方程（3-34）式，且将 $\vec{F}$ 分解为有势部分 $-\nabla V(\vec{r})$ 及非有势部分 $\vec{f}$，则有

$$\frac{d\vec{p}}{dt} = \vec{F} = -\nabla V(\vec{r}) + \vec{f} \qquad (5-220)$$

上式两边点积 $d\vec{r}$，则有

$$d\vec{p} \cdot \frac{d\vec{r}}{dt} = -\nabla V(\vec{r}) \cdot d\vec{r} + \vec{f} \cdot d\vec{r} \qquad (5-221)$$

因为

$$d\vec{p} \cdot \frac{d\vec{r}}{dt} = [d(m\vec{v})] \cdot \vec{v} = d\left(\frac{1}{2} m\vec{v} \cdot \vec{v}\right) = d\left(\frac{1}{2} mv^2\right) \qquad (5-222)$$

且利用第二章附录中的（a_{37}）式，有

$$-\nabla V(\vec{r}) \cdot d\vec{r} = -dV(\vec{r}) \qquad (5-223)$$

现将（5-222）式和（5-223）式代入（5-221）式，且令

$$\varepsilon = \frac{1}{2}mv^2 + V(\vec{r}) \qquad (5-224)$$

为粒子的机械能，则得

$$d\varepsilon = \vec{f} \cdot d\vec{r} \qquad (5-225)$$

（5-225）式是一个用能量来表述的粒子运动方程。它对任何一个粒子都成立，当然对处于 ℓ 态的粒子也成立。故我们可以加一个下标以表示它是 ℓ 态上的粒子，于是有

$$d\varepsilon_l = \vec{f}_l \cdot d\vec{r}_l = Y_l dy \qquad (5-226)$$

这里 $\vec{f}_l$ 是非有势力，$d\vec{r}_l$ 是"位移"的概念（$\vec{r}_l$ 称为粒子的"坐标"）。力的形式很多，为将各种"力"都纳入力的概念之中，我们将其称为"广义力"，它是对通常意义上的"力"的概括。现将作用于 ℓ 态粒子上的广义力定义为

$$Y_l = \vec{f}_l \cdot \frac{d\vec{r}_l}{dy} = \frac{d\varepsilon_l}{dy} \qquad (5-227)$$

dy 称为"广义位移"，y 称为"广义坐标"。将（5-227）式两边同乘以 ℓ 态上的粒子数 a_l 并求和，则有

$$\sum_l a_l d\varepsilon_l = \sum_l a_l Y_l dy \qquad (5-228)$$

现定义作用于系统上的总的非有势部分的广义力为 Y，则有

$$Y = \sum_l a_l \vec{f}_l \cdot \frac{d\vec{r}_l}{dy} = \sum_l Y_l a_l \qquad (5-229)$$

于是外界对系统所做的总功

$$\delta W = Ydy = \sum_l (Y_l a_l)dy = \sum_l (\vec{f}_l \cdot d\vec{r}_l)a_l = \sum_l a_l dE_l \qquad (5-230)$$

这正是在经典热力学中所推导出的（5-219）式。上述的推导过程，只不过印证了在经典热力学中给出的一个众所周知的结论：（5-212）式可由经典牛顿方程准确推导出来。

然而，当计及（5-213）式之后，从经典牛顿方程出发，却不能将其推导出来。

那这又是为什么呢？从（5-213）式右边可见，这里涉及 $da_\ell \neq 0$ 的效应。a_ℓ 发生变化，即意味着粒子的量子态发生了变化，故系统存在量子跃迁现象，从而表明（5-213）式的解释涉及量子层次的问题。这样我们就将牛顿力学的不完善性——即不能完善

地认识量子现象和不能认识热力学中的"热量"所以不能推导出（5-213）式这两者关联了起来。而这一点，又是与（5-129）式的"不相等"相关联的。

将第3章（3-43）式中的 $\vec{F}$ 按（5-220）的方法进行分解，则（3-43）式可写为

$$\frac{d\vec{p}}{dt} = \vec{F} + \vec{F}^{(S)} = -\nabla V(\vec{r}) + \vec{f} + \vec{F}^{(S)} \tag{5-231}$$

在前面的讨论中我们已经论证过，$\vec{F}^{(S)}$ 的引入，通过（5-185）式为辐射耗散能 $E^{(I)}$ 提供了微观基础。而 $E^{(I)}$ 被引入后，通过追补 $E^{(I)}$ 给出了能量守恒与转化定律的准确表达式（5-136）式，由它将热力学三大定律统一起来了，且克服了原三大定律不自洽的毛病。那么，合理的逻辑推论便是，随着 $\vec{F}^{(S)}$ 的引入，"热量"这一项就可由（5-231）式准确导出。

当 $\vec{F}^{(S)} = 0$ 时，由上式可推导出（5-212）式。同样道理，当 $\vec{F} = 0$ 时，由 $\vec{F}^{(S)}$ 所做的功也应给出如下的对应关系

$$\vec{F}^{(s)} \cdot d\vec{r} \underrightarrow{} \underleftarrow{} \delta Q = \sum_l \varepsilon_l da_l = N \sum_l \varepsilon_l d\rho_l = \sum_l \varepsilon_l a_l d\ln \rho_l = TdS \tag{5-232}$$

其中 $\rho_\ell = \dfrac{a_\ell}{N}$ 为粒子处于 ℓ 态的概率，N 为粒子总数。

由（5-232）式，我们就可以给出单个粒子的较为准确的对应关系（去掉 l 指标）

$$\vec{F}^{(S)} \cdot d\vec{r} \sim \varepsilon d\ln \rho \rightarrow \vec{F}^{(S)} \sim \varepsilon \nabla \ln \rho \tag{5-233}$$

并结合第3章所获得的信息，我们可以将 $\vec{F}^{(S)}$ 抽象地表述为

$$\vec{F}^{(S)} = \vec{F}^{(S)}(\vec{r}, \vec{p}, T, d\ln \rho) \tag{5-234}$$

虽然（5-234）式仍是一种抽象的表述，但提供的信息却已相当丰富和清楚了，从而为我们寻找（3-43）式的准确表述

$$\frac{d\vec{p}}{dt} = \vec{F} + \vec{F}^{(S)}(\vec{r}, \vec{p}, T, d\ln \rho) \tag{5-235}$$

提供了非常宝贵的启示和线索。

目前（5-235）式的具体表述尚未建立，故而尚不能由它准确导出热力学基本方程（5-211）式。该问题将在后面章节中，当我们给出了（5-235）式的具体数学表达式，即 SSD 基本方程已建立以后，通过 SSD 去准确导出（5-211）式的数学、物理论证来补充和完善。我们可以换一个角度来思考问题，看（5-235）式能给我们以什么样的线索和启示。

在（5-235）式中，$\vec{p} = m\vec{v}$ 为动量。即 $\vec{F}^{(S)}$ 中有与 $\vec{v}$ 相关的项目。与 $\vec{v}$ 相关联这一

点，事实上由洛伦兹力公式（4-15）式已经给出了启示。$\ln\rho$ 这一项正好与信息（H_I）是相关的，所以第 3 章中（3-33）式的预言，即 $\vec{F}^{(S)}$ 与信息相关在这里得到了证实，且可能的形式［即（5-235）式］得到了进一步的明确。布里渊既然已经论证申农的信息熵与热力学的玻耳兹曼概率熵（它正比于 $\ln\rho$，ρ 为概率）等价，且在量子力学中波函数又被称为"概率波"，$\psi*\psi$ 则称为"概率密度"，故 $\ln\rho$ 就与量子力学关联了起来。亦即是说，也可以将 $\vec{F}^{(S)}$ 理解为 $\vec{F}^{(S)}=\vec{F}^{(S)}(\psi)$（$\psi$ 为量子力学中薛定锷方程的波函数）。又由（5-60）式，$E\propto T\propto v^2$，故表明与 T 相关的项目是一个非线性项目。T 在这里为温度，但它又正比于动能，故在后面我们就可以将 T 理解为动能。亦即是说，描述粒子运动的基本方程应是一个非线性方程——非线性应是一种本源性的规律。各种非线性自组织理论（包括普里高津的耗散结构理论）描述系统的自组织行为和自组织现象时，都宣称其动力学行为是"非线性的"，并上升到认识论上称"大自然无情地是非线性的"，"只有非线性才构成世界的魂魄"。非线性虽被尖锐地提出来了，但却不能从"本源"的意义上予以回答。然而当我们摈弃"热量是没有微观基础的"这一错误结论去揭示其微观基础时，由热力学基本方程（即热力学第一定律的严格表述）所提供的信息，却是"描述粒子运动的基本微观方程应是非线性的"。这样，就从物理学的"本源性"的认识上，于一定的意义下揭示出了非线性的本源性意义，从而肯定了"大自然的基本规律是非线性的"这一认识的正确性。这是经典热力学的又一重大贡献！

由（5-235）式的形式我们已经看到，当 $\vec{F}^{(S)}\to0$ 时，（5-235）式就退化为经典牛顿方程。由（5-232）方程形式的启示，从右向左看（←），若我们由其提供的线索较好地找到了 $\vec{F}^{(S)}$ 的具体数学表象的话，反过来从左向右看（→），就必定会带来两个结果：一是由此推导出（5-232）式右边的结果，从而给热量提供微观基础；二是按（3-20a）式的理解，由已知运动求力出发，若 $\vec{F}^{(S)}(\Psi)$ 的数学表述是较为准确的话，则由（5-235）式将推导出 Ψ 所满足的薛定锷方程，而将量子力学囊括于其中。这样，经典力学、量子力学和热力学三者的基本方程均是（5-235）式［即（3-43）式］的导出式，从而表明三者将被（5-235）式统一起来。而且上述分析以清楚的形式告诉我们，量子力学的薛定锷方程的成立与决定论动力学方程（5-235）的成立是互为因果的，是不相矛盾。同时，（5-235）式又是一个将主动性和信息纳入其中的非线性方程，故而如（3-33）式分析所指出的那样，它将可以建立起物理学与生命科学相连接的一座桥梁。

这一条重要的线索和相应的推论，我们将放在后面"SSD 的科学统一性"部分去作详细讨论和论证。

第6节·小结与启示

从前面的讨论中，我们看到热力学三大定律是内在不自洽的。如何将其统一起来成为一个自洽相容的理论体系，表面上看来，似乎是一个很深奥的问题。然而，当我们抓住表象背后的物理实质之后，问题就变得非常之本质和简单——只要将原热力学第一定律所缺失的"耗散能"部分增补进来，重新给出一个严格而完整的能量守恒与转化定律，则原热力学三大定律均成为它在不同情况下的理解，于是不仅将三大定律统一了起来，且原有的内在不自洽性问题也将被自动克服；相应地，定律更深刻的内涵也得到了更清楚的理解。数学处理上复杂吗？一点也不复杂，大学本科的学生都完全可以完成。这一事实再次表明，若我们以（C_1）、（C_2）作为物理学的基础，则我们所关注的首要问题是物理实质问题。而物理实质的问题，往往是很简单和很本质的问题。这个问题弄清楚了，克服困难的途径和方向才是清楚和正确的。我们这样讲，不是说不重视数学表象；但在实质未真正弄清的前提下，纯粹依赖附加性假定的提出和数学表象的改进，可能无助于困难的真正克服——犹如在托勒密理论中再多加几个"轮"，虽表面上可以改进理论结果与实验数据的吻合度，但却不能克服理论基础上的根本性困难。

能量守恒与转化定律是一条最基本的定律。它不仅在宏观热力学系统中应是严格成立的，同样在微观粒子系统中也应是严格成立的。这样，当我们给出了严格而完善的能量守恒与转化定律而去寻找其微观基础的时候，就自动而必然地将作为其微观理论基础的经典力学和量子力学关联了进来。牛顿力学是不完善的，因缺失了对 $\vec{F}^{(s)}$ 的认识，故无法认识粒子所表现出的"波动性"一面。而另一方面，SQM 可以认识粒子的"波动性"却因"测不准原理"拒斥对"粒子性"的认识而无法认识"粒子性"的一面，表现为量子力学中的所谓"波粒两重性悖论"。所以 SQM 也是不完善的。当我们对两者的不完善性进行探究并补充了原热力学第一定律缺失的对辐射耗散能的认识之后，从形式上我们看到了（5－235）式的存在。由于 $\vec{F}^{(s)}$ 是来自物质性背景空间（MBS）的作用，那么显然，$\vec{F}^{(s)} = \vec{F}^{(s)}(\psi)$ 的启示表明函数中的"波函数"ψ（即薛定锷场）在本质上就应是刻画 MBS 性质的物质性场。这样，物理实质一下子就清楚了：在微观领域，由于微粒的运动扰动背景空间，从而使得背景空间（由薛定锷场 ψ 描述）变得急剧的起伏不平，它所产生的动力学效应（由 $\vec{F}^{(s)}$ 刻画）使得粒子的运动偏离牛顿力学中所刻画的粒子的"光滑的"轨道行为，从而产生出"波动性"。于是"波粒两重性"的"悖论"将被（5－235）式所克服而获得完整的描述。这说明，这一表达所给出的启示，是重要的和一目了然的。

在本章结束对经典物理的回顾之后，下面将要转入讨论相对论和量子论。人们称它们是革命。这种革命是无缘之木吗？显然不是。那么其根基是什么？其实，从（5－231）式和（5－235）式出发就可以揭示其根基。因为它们虽作为一种抽象的理论形式，但却以明确的方式预示了这场革命的必然性与方向。此问题我们不妨从下面的角度来切入：

在牛顿力学中，若 $\vec{F} = -\nabla V(\vec{r}) + \vec{f} = 0$，则有

$$\frac{d\vec{p}}{dt} = \vec{F} = 0, \quad \vec{p} = 常矢量 \tag{5－236}$$

亦即是说，粒子将做匀速直线运动。我们不妨假设它沿图 5－18 所示的 x 方向运动。然而，由于 $\vec{F}^{(S)} \neq 0$，所以当 $\vec{F} = 0$ 时，粒子运动方程事实上为

$$\frac{d\vec{p}}{dt} = \vec{F}^{(S)} \neq 0 \tag{5－237}$$

于是粒子的运动将有着不同于（5－236）式所描述的沿 x 轴线运动的新方式，它将在偏离 x 轴的 $x-y$ 平面上运动（为论述简便和作图方便，考虑为如图 5－18 所示的 2 维运动）。

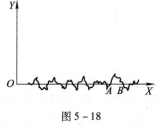

图 5－18

如果我们仍站在牛顿机械唯物观的基础上，用仅沿 x 方向运动的"一维人"的思想来思考问题，他对于上述现象是难以想象的：在 A 点粒子怎么突然"消失"了而在 B 点又突然"产生"了呢？于是他可以想象各种各样的离奇方案来加以解释。但事实是什么呢？事实上是原来的经典力学"一维"描述的"维度不够"！由此可见，$\vec{F}^{(S)}$ 的引入必然要突破旧的牛顿的时空观念。而时空观又与物质观、认识论相联系，从而就必定带来物质观和认识论的变革。所以继经典物理学之后的理论新进展，即 20 世纪的相对论、量子论革命，就必定打上时空观、物质观变革的深深烙印，而这种变革又必将是与对物质性背景空间（MBS）的认识相关联的！

在下面的章节中，我们就将以相对论、量子论革命为例，来继续对这一问题进行探索。

第6章　相对论革命：物质观和方法论的变革

20世纪物理学是以相对论革命和量子论革命作为标志的。这一发生在20世纪初叶的革命风暴，以磅礴的席卷之势冲击着人类此前从理论到实践的一系列观念，对认识论和社会发展起到了难以估量的巨大作用。

在相对论和量子论的牵动下，物理学开始向纵、横两个方面迅速扩展，同多个学科渗透、交叉，发展成了一个庞大的学科群，在微观、宏观和宇观三个层次上，全方位、多视角地审视我们这个物质世界，把人类对自然的认知水准提升到一个前所未有的新高度，使20世纪的科学苑里一片生机盎然。物理科学与工程技术的紧密结合，催生了一系列新兴产业：导致了原子能的开发并使核技术在众多领域成功运用；促进了激光、新材料、新能源的研究、开发和应用；促进了半导体、集成电路、超导、光通信等的研究和发展；推动了计算机技术及其应用的突飞猛进……更为重要的是，它为信息社会的加速向前提供了物质和技术基础。以至于在当今时代，无论是在能源领域、材料领域、信息领域、空间领域，还是在医学领域、生物领域以及行为科学领域和社会科学领域，无处不关联着20世纪物理学的成果，烙上它的深深印记。所以可以毫不夸张地说，20世纪物理学以其自身的辉煌装点了世界，极大地改变了我们的生产和生活方式，成为推动现代社会加速发展的巨大杠杆。

当然，我们不能仅仅沉浸在对20世纪物理学成就的赞叹中，而要研究物理学如何进一步向前发展的问题，思考和探索如何不断完善物理学。这是我们在第1章引论中已经表述过的一个基本立场。而要贯彻这个基本立场，就不但应树立正确的哲学观和基本信念，还要对20世纪物理学发展中存在的问题进行中肯的、实实在在的分析与认识。

我们进行分析和认识的基本工具就是前面一再提到的C判据。如已论述过的，C判据是对理论及相应的逻辑系统做出严格而全面检验的依据，而在其中，（C_1）和（C_2）的检验又是最为重要和最为根本的：就认识论而言，我们必须承认物质世界及其规律的客观性，这是（C_1）的核心内容所在；溯到源头上，就物质存在方式的物理图像而言，我们必须坚持粒子是物质存在方式的最基本形态，这一彻底的一元论观点，是（C_2）的核心内容所在——以上两点是物理学的真正基础。

然而，令人感到惊讶的是，作为相对论和量子论哲学基础的"相对性原理"和"测不准原理"，却均将"主观介入"作为认识论的基础，从而似乎在某种程度上偏离了物理学长期坚持的承认物质客观性的科学自然主义的根本性立场；在对离散的粒子和连续性的场谁是物质存在方式的最基本形态的认识上，虽然近代物理学批判了经典电磁理论的二元对立的物质观，但却均把连续性的场作为物质存在的基本形态（无论视其是物质性的场还是非物质性的概率波），这样又似乎形成了一种本末倒置的（对物理图像的真实性的）处理与认识。

由此可见，以相对论和量子论作为支柱的 20 世纪的近代物理学，其根基似乎是存在某些缺陷的。正因为基础上出了问题，所以涉及相对论、量子论理论基础的一些根本性困难，就不可能在现存的理论框架内得到克服。也正因为如此，所以自相对论、量子论建立到现在，总是不断有人对之进行质疑和挑战，总是不断有人希望突破它们。但另一方面，它们又的确取得了某种意义上的巨大成功，甚至能以极高的精度解释某些实验现象。正因如此，更多的人不仅认为它们是成功的理论，甚至认为它们是完全正确的理论。所以，他们以坚定的信仰维护其权威性，在相关领域之中热忱地工作着。两种观点截然对立，争论不休。

争论冲击着整个理论界，当然也将我们卷进了这场争论之中。从某种意义上讲，以下三章的目的之一，就是透视争论背后的更深刻的东西，以期对相对论、量子论革命的意义有更为准确的把握，从而把物理学置于正确的哲学基点上，并希望在此基础上进一步探求物理学今后发展的方向。当然，我们的观点，如同众多其他参考性观点一样，也许尚是一种不成熟的观点，但也可以为人们提供一个新的参考视角。

由于大学本科生尚未系统地学习过广义相对论、量子场论和规范场理论等，所以涉及该部分的内容我们只作简单的定性介绍和评说，而仅对狭义相对论和非相对论性统计量子力学作较详细的介绍和讨论。这虽不是对 20 世纪物理学的全景式勾勒，但却并不影响我们对最基本的自然规律作深层次的揭示——而它，才是本书的目标和焦点之所在。

第 1 节　狭义相对论（简称相对论）简介

我们知道，经典电磁理论是建立在对真空的"非空"认识这一物质性基础之上的，它认为宇宙充满了名为"以太"的物质——在当时，对经典电磁理论物理学家们来说这已成为一个共同的信念。

物质性"以太"概念的引入，既克服了牛顿力学中认为力场是通过非物质性"虚空"来传递的"超距作用"的物质观上的不自洽性，又为电磁场确立起了实实在在的物质基础，从而将"粒子"和"场"这两者都置于"实在论"的物质性观念之上。正是在上述的意义上，经典电磁理论的价值，就不仅仅在于实现了光、电、磁现象的统一，更在于随着物质性"以太"介质这一概念的提出，把人们带到了物质观变革的大门口。而其后的所谓量子论革命和相对论革命，事实上均是围绕着这一概念的物质性基础的不断深入揭示和认识展开的——随着我们后面的讨论，这一点将会看得越来越清楚。

在"静止"（是宏观意义上的静止而不是微观意义上的静止）的湖面上扔下一块石头，立即会激起水波以一定的速度向四周传播开来。水波是横波，其波速由介质的特征性质决定。当然，我们所说的波的速度是相对于作为传播介质的静止的水而言的。

完全类似，所谓"真空"中的电磁波的传播速度，也是相对于静止的真空介质而言的，只不过这个"真空"事实上是"不空"的——按经典电磁理论的说法，里面充满了名为"以太"的物质性实体。

根据经典电磁理论的这一认识，人们可以做出如下的逻辑推断：

第一，既然认为"以太"是一种充满整个宇宙的**特殊**介质，那就意味着我们应当承认相对于"以太"的那个"静止不动"的惯性参考系具有**特殊**地位［注意：这一点在讨论相对论时具有重要意义——承认"绝对参考系"的特殊地位，将与"相对性原理"发生冲突。因为相对性原理宣称：在**一切**惯性参考系中，物理规律具有**相同**的数学形式，故而一切惯性参考系都是等价的（即"平权"的）。所以，这种"平权性"将否定绝对参考系的"特殊优越性"］。

第二，既然"以太"在电磁现象中有如此重要的地位，那么物体运动时，附近的"以太"是否被"拖动"就成为一个极重要的问题，特别是地球相对于"以太"的运动速度更是直接决定着地球参考系中电磁规律与麦氏方程差异的程度。通过对这种差异的研究，反过来也就可以确定地球相对于"以太"的速度。

对第二个问题，在光的电磁学产生以前的光学理论中人们已经进行过研究。费涅耳根据"以太"（光学"以太"）的一些特殊假定，给出了相对于"以太"做惯性运动的介质参考系中光的传播规律$\left(\text{精确到}\dfrac{\nu}{c}\text{的一级小量}\right)$

$$u = \frac{c}{n} - \frac{\nu \cos \theta}{n^2} = \frac{c}{n}\left(1 - \frac{1}{n}\frac{\nu}{c}\cos \theta\right) \tag{6-1}$$

其中 n 为介质的折射率，u 为光线在介质中的速度，ν 为介质相对于"以太"运动的速度，θ 为光线传播方向与介质运动方向的夹角。该公式表明，在相对于"以太"运动的参考系中，光在各个方向传播的速度是不同的。

费涅耳公式曾被斐索（Fizeau）实验在 $\dfrac{\nu}{c}$ 级的准确度内证实。实验设计如图 6-1 所示。其中 L 为光源，P 为半透镜，M_1、M_2 和 M_3 为反射镜，T 为目镜，箭头为水的运动方向，整个装置是固定在地球上的。来自光源 L 的光线到达 P 后被分成了两条路径：一条为 $M_0 M_1 M_2 M_3 PT$；另一条为 $PM_3 M_2 M_1 PT$。当管中水不

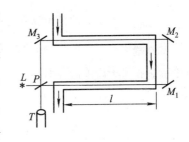

图 6-1　斐索实验

流时，在准确到 $\dfrac{\nu}{c}$ 量级时两束光经历的时间是相等的，因而目镜 T 中无相差；当水管中的水流动时，两束光由于一条顺水流传播而另一条逆水流传播，故相应的光线速度 u 是不一样的，故而到达 T 时，两者之间将有一个相位差（记为 $\Delta\varphi$），于是形成干涉条纹。根据费涅耳的计算$\left(\text{略去}\dfrac{\nu^2}{c^2}\text{项}\right)$，相位差为

$$\Delta\varphi = \omega\Delta t = \frac{\Delta l \omega \nu^*}{c^2}(n^2 - 1) \tag{6-2}$$

其中 l 为水管长度，ν^* 为水相对于管的速度，ω 为光波的频率。斐索实验的结果证实了（6-2）式。

在光的电磁理论建立之后，洛伦兹曾在"以太"不被介质带动的假定下，根据介质的电子论，由麦氏方程重新推导出了费涅耳公式。因而，费涅耳公式被斐索实验所证实，就说明洛伦兹关于"以太"不为运动介质（在这里是水）所带动的假定是合理的。洛伦兹这一假定的正确性在双星运动的观察中也得到了证实。因为如果行星运动要拖动"以太"介质，就会影响光线的运动速度。双星间的距离比它们和太阳系间的距离小得多，它们彼此间也有比较大的相对速度。这样，当其中一个急速远离地球而另一个朝向我们运动时，它们所发出的光将在不同时刻到达我们这里。因而它们彼此绕行的和一起通过

空间的运动,在我们看来,就将完全变形了。而在某些情况下,我们还可以同时在不同地点观察到双星系统的同一个星,如果行星运动要拖动"以太"介质,这些"魅星"在其本身的周期运动中就将时而消失,时而再出现。然而,上述现象并没有被观察到。

根据洛伦兹"以太"不被拖动的假定,上述实验及现象并不与肯定"以太"存在相矛盾。

然而,在费涅尔公式的实验中,如果我们所用的介质不是水而是"真空",因真空(或稀薄空气)的折射率 $n=1$,由(6-2)式就观察不到干涉条纹的出现,故而就需要更为精确的实验。

这个著名的实验即是迈克耳孙—莫雷实验[①]。众所周知,正是迈克耳孙—莫雷实验和黑体辐射问题这"两朵小乌云",诱致了 20 世纪初的两场大风暴,引发了波澜壮阔的相对论革命和量子论革命。因此,与通常教材一样,为讨论相对论革命的产生,需先介绍迈克耳孙—莫雷实验。

一、迈克耳孙—莫雷实验

迈克耳孙—莫雷实验如图 6-2 所示。来自光源 S 的光线经半透镜 P 后,一条经 M_1 反射回 P 后再反射到目镜 T;另一条的路径则为 PM_2PT。上述装置是固定于地球之上的。设地球相对于"以太"的绝对速度为 ν。由于地球运动对光线速度的影响,则上述两条光线到达目镜 T 的时间不一样,由此形成光程差 δ(以及相应的相角差 $\Delta\varphi$),于是将产生干涉条纹。人们企图以这样的实验来测量地球的绝对速度 ν,由此来确证绝对参考系及相应的"以太"的存在。

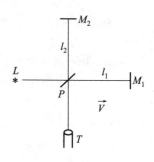

图 6-2 迈克耳孙—莫雷实验

现来计算光程差 δ。假定空气作用可以略去不计(即作真空处理),且速度满足矢量合成规则,由图 6-3 的简单的三角函数关系则得光线相对于地球的速度

$$u = \sqrt{c^2 - \nu^2 + \nu^2 \cos^2 \theta} - \nu\cos \theta \qquad (6-3)$$

PM_1 段 $\theta=0$,则 $u=c-\nu$;M_1P 段 $\theta=\pi$,则 $u=c+\nu$。故

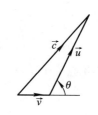

图 6-3 速度的矢量

① Michelson and morley, *American Journal of Scence* 34(1887)333.

光线经 PM_1P 所需时间为

$$t_1 = \frac{l_1}{c-\nu} + \frac{l_1}{c+\nu} = \frac{2l_1 c}{c^2 - \nu^2} = \frac{2l_1}{c\left(1 - \dfrac{\nu^2}{c^2}\right)} \tag{6-4}$$

而在 PM_2 和 M_2P 段，$\theta = \dfrac{\pi}{2}$ 和 $\dfrac{3\pi}{2}$，则 $u = \sqrt{c^2 - \nu^2}$，故经 PM_2P 的时间为

$$t_2 = \frac{2l_2}{\sqrt{c^2 - \nu^2}} = \frac{2l_2}{c\sqrt{1 - \dfrac{\nu^2}{c^2}}} \tag{6-5}$$

两束光到达 T 的时间差为

$$\Delta t = t_1 - t_2 = \frac{2}{c}\left[\frac{l_1}{1 - \left(\dfrac{\nu}{c}\right)^2} - \frac{l_2}{\sqrt{1 - \left(\dfrac{\nu}{c}\right)^2}}\right] \tag{6-6}$$

相应的光程差及相角差分别为

$$\delta = c\Delta t \tag{6-7}$$

$$\Delta\varphi = \omega\Delta t = \frac{\omega}{c}\delta \tag{6-8}$$

由于 δ 和 $\Delta\varphi$ 不为零，将产生干涉条纹。

现将图 6-2 中的整个干涉仪转动 $90°$，ν 将与 PM_2 平行，这时两束光重新会合的时间差为

$$\Delta t' = -\frac{2}{c}\left[\frac{l_2}{1 - \left(\dfrac{\nu}{c}\right)^2} - \frac{l_1}{\sqrt{1 - \left(\dfrac{\nu}{c}\right)^2}}\right] \tag{6-9}$$

由此形成的两者的时间差为

$$\delta t = \Delta t - \Delta t' \approx \frac{l_1 + l_2}{c}\left(\frac{\nu}{c}\right)^2 \tag{6-10}$$

相应的干涉条纹移动 ΔN 条

$$\Delta N = \frac{c}{\lambda}\delta t \approx \frac{l_1 + l_2}{\lambda}\left(\frac{\nu}{c}\right)^2 \tag{6-11}$$

迈克耳孙—莫雷实验做得很精细，它可以观察到 $\dfrac{1}{100}$ 的条纹移动。在实验中，取 $l_1 = l_2 = l = 10$ m，光的波长 $\lambda = 5\,000$ nm，若 ν 为地球的公转速度（3×10^4 m/s），由上式计算所得的 $\Delta N = 0.4$。而实验观察到的上限却只为 0.01。后来人们用微波激射以及穆斯

239

堡尔效应等所做的实验，也得出了类似的结论[①]。

迈克耳孙—莫雷实验的"零结果"表明，在相对于"以太"运动的参考系中，光在各个方向传播的速度似乎又是不变的。这也似乎使得"以太"和相应的绝对参考系存在的假定面临着严峻的挑战。

二、洛伦兹—斐兹杰惹收缩和洛伦兹变换的提出

面对迈克耳孙—莫雷实验的否定性结果，在 1892 年左右，先由斐兹杰惹提出后经洛伦兹改进，提出了洛伦兹—斐兹杰惹收缩假定：当物体以速度 ν 运动时，沿运动方向 l 长的物体，其长度将收缩为 $l\sqrt{1-\left(\dfrac{\nu^2}{c^2}\right)}$。利用这一结果，当 $l_1 = l_2 = l$ 时，考虑了"收缩"效应后，（6-6）式中的时间差为

$$\Delta t = \frac{2}{c}\left[\frac{l\sqrt{1-\left(\dfrac{\nu}{c}\right)^2}}{1-\left(\dfrac{\nu}{c}\right)^2} - \frac{l}{\sqrt{1-\left(\dfrac{\nu}{c}\right)^2}}\right] = 0 \qquad (6-12)$$

这就是说，在迈克耳孙—莫雷实验中，光速各向不同的效应，恰好被长度收缩的效应所抵消。在仪器转过 $\dfrac{\pi}{2}$ 后，PM_1 恢复为 l 而 PM_2 改变成 $\dfrac{l}{\sqrt{1-\left(\dfrac{\nu}{c}\right)^2}}$，这样，$\Delta t' = 0$。

所以 $\delta t = \Delta t - \Delta t'$ 仍为零，仍然观察不到条纹的移动。

于是，通过洛伦兹—斐兹杰惹收缩假定的提出，迈克耳孙—莫雷实验的"零结果"似乎就可以绕过去而不构成对"以太"学说和绝对参考系存在的挑战。

但是，"收缩"假定的物理基础又是什么呢？这是不容回避的问题。为对运动物体收缩的假定做出根本性的解释，洛伦兹不得不就处于运动状态的固体的行为建立相应理论。在这个理论中，他不仅假定存在收缩，而且假定当电子运动时，其质量也会改变。然后他引入了时间 t'，将它称为"运动系中的本地时间"——不过当时洛伦兹在发表自己的理论时，对"本地时间"这一概念的引入相当地不情愿。他并不认为它是真实的东西，而认为其只不过是为数学处理的方便而引入的一种数学符号。当然，洛伦兹上述的种种假设，均是建立在对带电粒子运动时的电磁力作用的微观机制的分析之上的。例如，

---

① J.P. Cedarholm et. al, Phys. Rev. Lett. , 1 (1958) 342.

当洛伦兹考察某一物体（如处于运动状态的一根固体棍）的行为时，假定将棍的所有质点聚焦在一起的力，要么是电磁力，要么是类似于电磁力的力。然后，洛伦兹利用麦克斯韦电动力学，证明如果棍相对于"以太"运动的话，则把固体棍所有质点聚焦在一起的力将是变化的［例如，运动着的带电质点之间会产生相互作用的磁力，而当带电质点停止运动之后，相互作用的磁力也消失，见洛伦兹公式（4-15）］。并且，洛伦兹还进一步提出了一切力都与电磁力相似的假设，由于当物体运动时电磁力是变化的，棍上电荷的平衡状态也在改变，因此运动时棍看上去是缩短了。

利用上述的概念与假定，对于图6-4所示的相对运动参考系来讲，洛伦兹事实上是给出了后来爱因斯坦在"相对论"中所给出的变换关系。这个变换，后来被人们称之为"洛伦兹变换"：

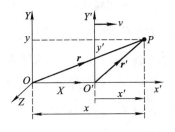

图6-4 相对运动参考系

$$
\left.
\begin{aligned}
x' &= \frac{x - vt}{\sqrt{1 - \dfrac{v^2}{c^2}}} \\[2mm]
y' &= y \\
z' &= z \\[2mm]
t' &= \frac{t - \dfrac{v}{c^2}x}{\sqrt{1 - \dfrac{v^2}{c^2}}}
\end{aligned}
\right\}
\tag{6-13}
$$

对洛伦兹引入的"收缩"之类的假定，人们并不是完全赞同的。例如，彭加勒就曾提出过异议[1]，认为如果为了解释迈克耳孙实验的否定结果就要引入新的假定，那么每当出现新的实验事实时，同样也将发生这种类似的需要。面对彭加勒的批评意见，洛伦兹认为如果能够利用某些基本假定，并且不用忽略这种数量级或那种数量级的量，来证明许多电磁作用都完全与系统的运动无关，那就更好了。他后来用自己的工作证明了这一点。这样，假定（6-13）式的提出，已经跨越了解释迈克耳孙实验的特定目的，上升到了保证电磁规律在相对运动惯性参考系中形式不变（即运动方程具有所谓"协变性"）来看问题的高度。而这种协变性又来自于物质系统内在的力学机制，且不与承认"以

---

① Poincare, Rapports du Congres de Physique de 1900, Paris. 1. pp22, 23.

太"及绝对参考系相冲突。

当然，洛伦兹变换的提出是源于他对电子及力场的认识。但是，从另一个角度看，洛伦兹变换却又是一种"时空变换"关系。那么，这种时空变换背后的更深刻的时空观、物质观又是什么呢？在这里我们看到，一种新的时空观正处于呼之欲出的态势之中。所以说，爱因斯坦相对论的诞生，是理论及时空观深化的逻辑必然。

三、爱因斯坦狭义相对论的主要内容

在洛伦兹的论文发表一年之后的 1905 年，爱因斯坦发表了那篇深刻影响人们世界观的世纪性文章：《论运动物体的电动力学》。如他本人所回忆的那样，他当时并不知道洛伦兹的论文，也不知道迈克耳孙—莫雷实验。虽然，由于在该文中有这样的表述，"诸如此类的例子，以及企图证实地球相对于'光媒质'运动的实验的失败……"[①] 可能引起人们的联想与猜测，但我们无意于介入对这段科学发展史的看法，而只关心相对论给予我们的实质性的东西。

爱因斯坦相对论建立的原始出发点，如爱因斯坦本人所表述的那样，一是光速不变原理，这来自于对麦氏方程中的光速 c 是一个宇宙常量的认识；二是他确信规律在惯性参考系中应有相同的形式，因为从伽利略变换出发，如他在文中所指出的那样，"麦克斯韦电动力学——像现在通常为人们所理解的那样——应用到运动的物体上时，就要引起一些不对称，而这种不对称似乎不是现象所固有的"[②]〔这一点很容易用如下简单方式看出：（4-15）中的洛伦兹力与粒子运动速度 ν 无关，而电磁场的波动方程（4-25）和（4-26）与光的速度 c 有关，如果联系两个惯性系的伽利略变换仍有效的话，将速度变换公式（2-29）代入上述方程之中，则所得方程的形式将不再具有原方程的形式——即方程的协变性将被破坏〕。当然，还有第三个原因，如爱因斯坦自己所承认的那样，就相对论的哲学基础而言，是受了马赫的相对主义思想的影响，故而在爱因斯坦看来，不存在绝对运动而只存在相对运动，所以一切相对运动的惯性系都是等价的。

狭义相对论的主要内容包括以下几点：

1. 对同时性的认识和定义

正如爱因斯坦在原文中所表述的那样："如果我们要描述一个质点的运动，我们就以时间的函数来给出它的坐标值。现在我们必须记住，这样的数学描述，只有在我们十

①〔美〕爱因斯坦著：《爱因斯坦文集》（第二卷），范岱年等编译，商务印书馆 1977 年版，第 83 页。
②〔美〕爱因斯坦著：《爱因斯坦文集》（第二卷），范岱年等编译，商务印书馆 1977 年版，第 83 页。

分清楚地懂得'时间'在这里指的是什么之后才有物理意义。我们应当考虑到：凡是时间在里面起作用的我们的一切判断，总是关于同时的事件的判断。"[1] 但如何从同时事件来定义时间的同时性呢？爱因斯坦问：如果我们从不同的参考系去观察，两个事件仍然会是"同时"的吗？

现假定置于 A、B、A′、B′上的4座钟是已经被"对时"了的。设在某一时刻，列车以速度 v 运动并恰好使列车上的观察者 S′与地面上的观察者 S 重合（为作图方便，将 S、S′画得分开了）。而观察者分别站在 A′B′和 AB 的中间。此时，闪电"同时"击中 A、B，其场景如图6-5（a）所示。

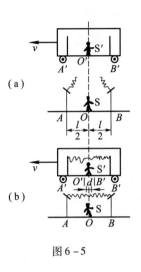

图6-5

什么叫"同时"击中呢？在图6-5（a）的情况下，地面的观察者是这样定义的：当 A、B 被雷电击中时，于 A、B 处即刻发出光信号（例如在 A、B 处放置反光镜，借助反光镜发出光信号），设在此时 A、B 处时钟的计时分别为 t_A 和 t_B。在经过 $\Delta t = \dfrac{l}{2c}$ 的时间后，分别来自 A、B 的光信号将"同时"到达 S 所在的位置［如图6-5（b）所示］，则我们称雷击 A、B 的事件是"同时"的，即 $t_A = t_B$。

而按这样的定义，列车上的观察者 S′所看到的上述光信号可否"同时"到达中点 O′的位置呢？在 Δt 的时间间隔内，列车移动了 $d = v\Delta t$ 的距离［参见图6-5（b）］。同一物理规律在不同惯性参考系中不会改变自己。亦即是说，光信号经过 Δt 时间到达 O（即 O′）这一事实不应改变。这样，在 S′系的观察者会看到，来自 A（即从 A′出发）的光信号将先到达 O′，而来自 B（即从 B′出发）的光信号将后到达 O′，于是 $t_{A'} \neq t_{B'}$。亦即是按固定系 S 所作的"同时性"定义，在 S 系看来是"同时"的事件，在 S′系看来就变得"不同时"了。由此我们可得出结论：一般地讲，在一个参考系同时发生的两个事件，在另一个参考系看来就不是同时发生的。

当然，在相当的程度上，关于"同时性"的定义是很任意的。认识和定义不一样，所得出的结论也会不一样。自然，介绍狭义相对论时采用的是爱因斯坦的上述定义与认识。

2. 狭义相对论的洛伦兹变换

由上面的同时性定义和实验可见，"时间"和"空间"是相互关联的。亦即是说，

① ［美］爱因斯坦著：《爱因斯坦文集》（第二卷），范岱年等编译，商务印书馆1977年版，第85页。

第2编 物理学革命的回顾与分析——一种基于物质观的新视角

牛顿关于时间和空间彼此互不关联的"绝对时空观",在涉及以光信号为联系(即考虑到"定域相互作用")的情况时将不再成立。与之相应地,联系两个惯性参考系之间的伽利略变换也将不再成立。

那么新的变换关系又是什么呢?

基于时空的均匀性,变换应是线性的。若考虑到上述有关时空的不可分离性,其变换关系就可以假定为

$$\left.\begin{array}{l} x' = a_{11}x + a_{12}t \\ y' = y \\ z' = z \\ t' = a_{21}x + a_{22}t \end{array}\right\} \qquad (6-14)$$

为简化问题,以图 6-4 的相对运动参考系为例来展开讨论。其中 a_{ij}($i, j = 1, 2$)为系数,它应由相关的假定来确定。

爱因斯坦在原文中将这个相关假定表述为:"对力学方程适用的一切坐标系,对于上述电动力学和光学的定律也一样适用,对于第一级微量来说这是已经证明了的。我们要把这个猜想(它的内容以后就称之为'相对性原理')提升为公设,并且还要引进另一条在表面上看来和它不相容的公设:光在空虚空间里总是以一确定的速度 ν 传播着,这速度和发射体运动状态无关。"[1]

在 S 系中,光速的平方 c^2 可以表示为

$$c^2 = \frac{(dx)^2 + (dy)^2 + (dz)^2}{(dt)^2} \qquad (6-15)$$

根据真空中的光速和发射体运动状态无关的假定,S′系中的光速仍为 c,于是有

$$c^2 = \frac{(dx')^2 + (dy')^2 + (dz')^2}{(dt')^2} \qquad (6-16)$$

于是由上两式有

$$(dx')^2 + (dy')^2 + (dz')^2 - c^2(dt')^2 = (dx)^2 + (dy)^2 + (dz)^2 - c^2(dt)^2 \quad (6-17)$$

$$
\begin{aligned}
(6-17)\text{式左边} &= (a_{11}dx + a_{12}dt)^2 + (dy)^2 + (dz)^2 - c^2(a_{12}dx + a_{22}dt)^2 \\
&= (a_{11}^2 - c^2 a_{21}^2)(dx)^2 + (dy)^2 + (dz)^2 + (a_{12}^2 - c^2 a_{22}^2)(dt)^2 + \\
&\quad 2(a_{11}a_{12} - c^2 a_{21}a_{22})dxdt \qquad (6-18)
\end{aligned}
$$

由(6-18)式 =(6-17)式右边得

---

[1] 爱因斯坦著:《爱因斯坦文集》(第二卷),范岱年等编译,商务印书馆 1977 年版,第 84 页。

$$\left.\begin{array}{l} a_{11}^2 - c^2 a_{21} = 1 \\ a_{12}^2 - c^2 a_{22}^2 = -c^2 \\ a_{11} a_{12} - c^2 a_{21} a_{22} = 0 \end{array}\right\} \tag{6-19}$$

3 个方程涉及 4 个未知系数，求解不充分，还应补充一个方程。S′系原点在 $x' = 0$ 处，有 $0 = a_{11}x + a_{12}t$，微分即得 O′ 在 S 系中的速度

$$\frac{dx}{dt} = \nu = -\frac{a_{12}}{a_{11}} \tag{6-20}$$

于是，由（6 – 19）式、（6 – 20）式作简单的代数运算即得相对论下的洛伦兹变换

$$\left.\begin{array}{l} x' = \dfrac{x - \nu t}{\sqrt{1 - \dfrac{\nu^2}{c^2}}} \\[4mm] y' = y \\ z' = z \\[2mm] t' = \dfrac{t - \dfrac{\nu x}{c^2}}{\sqrt{1 - \dfrac{\nu^2}{c^2}}} \end{array}\right\} \tag{6-21}$$

它与（6 – 13）式的形式完全一样！

在 $\nu \ll c$ 时，$\dfrac{\nu}{c} \ll 1$，可视 $\dfrac{\nu}{c} \sim 0$，于是由（6 – 21）式有近似关系

$$\left.\begin{array}{l} x' \approx x - \nu t \\ y' = y \\ z' = z \\ t' = t \end{array}\right\} \tag{6-22}$$

此即是经典牛顿力学所满足的伽利略变换（2 – 27）在图 6 – 4 情况下的表示。

需强调的是：洛伦兹变换中的两组时空坐标是对同一事件而言的。

3. 狭义相对论的主要结论

（1）同时的相对性

令 $\beta = \dfrac{\nu}{c}$，由（6 – 21）式有

$$x_1' = \frac{x_1 - \nu t_1}{\sqrt{1 - \beta^2}}, \quad t_1' = \frac{t_1 - \dfrac{\beta x_1}{c}}{\sqrt{1 - \beta^2}}$$

$$x_2' = \frac{x_2 - \nu t_2}{\sqrt{1 - \beta^2}}, \quad t_2' = \frac{t_2 - \dfrac{\beta x_2}{c}}{\sqrt{1 - \beta^2}} \right\} \tag{6-23}$$

（6-23）中的第 4 式减去第 2 式，得

$$t_2' - t_1' = \frac{(t_2 - t_1) - \dfrac{\beta(x_2 - x_1)}{c}}{\sqrt{1 - \beta^2}} \tag{6-24}$$

由（6-24）可见，当 $t_2 - t_1 = 0$ 时，有 $\tag{6-25}$

$$t_2' - t_1' = -\frac{1}{\sqrt{1 - \dfrac{\nu^2}{c^2}}} \frac{\nu}{c^2}(x_2 - x_1) \tag{6-26}$$

亦即是说，在 S 系中的两个同时事件（$t_1 = t_2$），在 $x_1 \neq x_2$ 时，在 S′系中则因 $t_1' \neq t_2'$ 而变得不同时了——"同时"具有了相对性的意义。

（2）洛伦兹-斐兹杰惹"尺缩"（图6-6）

由（6-23）第 3 式减去第 1 式，有

$$x_2' - x_1' = \frac{(x_2 - x_1) - \nu(t_2 - t_1)}{\sqrt{1 - \beta^2}} \tag{6-27}$$

图 6-6

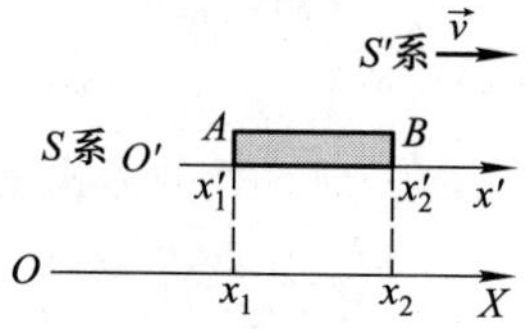

对尺的两端 A、B 的测量是同时的，即 $t_1 = t_2$，代回（6-27）式即有

$$x_2' - x_1' = \frac{1}{\sqrt{1 - \beta^2}}(x_2 - x_1) \tag{6-28a}$$

尺 AB 在 S′系看来是相对静止的，故而 $x_2' - x_1' = l_0$ 为静止时尺的长度；在 S 系看来，尺是运动着的，故（$x_2 - x_1$）$= l$ 为尺运动时的长度。于是由（6-28a）有

$$l = l_0 \sqrt{1 - \beta^2} = l_0 \sqrt{1 - \frac{\nu^2}{c^2}} \tag{6-28b}$$

可见 $l < l_0$（因 $\nu < c$），即运动时尺"缩短"了。于是，长度具有了相对性。

（3）爱因斯坦"时间延缓"

由（6-24）式的逆变换（ν 换成 $-\nu$，则 S′与 S 对换位置——即指标对换）有

$$t_2 - t_1 = \frac{1}{\sqrt{1-\beta^2}}\Big[(t_2' - t_1') + \frac{\beta}{c}(x_2 - x_1)\Big] \tag{6-29}$$

设晶体振动达振幅极大值时相邻的两次事件在 S 系中的坐标为 (x_1, t_1)、(x_2, t_2)，则有

$$\left.\begin{array}{l} t_2 - t_1 = \tau（周期） \\[2mm] x_1 = x_2（振幅相等） \end{array}\right\} \tag{6-30}$$

相应地，相对于 S′静止的该晶体在 S′系中的坐标为 (x_1', t_1')、(x_2', t_2')，则有

$$\left.\begin{array}{l} t_2' - t_1' = \tau_0（周期） \\[2mm] x_1' = x_2'（振幅相等） \end{array}\right\} \tag{6-31}$$

将（6-30）式、（6-31）式代入（6-29）式得

$$\tau = \frac{\tau_0}{\sqrt{1-\dfrac{v^2}{c^2}}} \tag{6-32}$$

即运动着的晶体的振荡周期 τ 比静止晶体的振动周期 τ_0 延长了（$\tau > \tau_0$）。此现象称为爱因斯坦时间延缓。亦即是说，时间具有了"地方性"、"相对性"。

（4）光速 c 为最大的极限速度

由（6-21）式可见，当 $v > c$ 时，x' 为虚数。由于坐标必为实数，故 $v > c$ 是不允许的。既然任何一个物质实体均可以被选作为参考系 S′，因此任何一个物质实体的运动速度不可能超过 c，故光速 c 为极限速度。

（5）时序与因果律

既然同时性具有了相对的意义，那么必然会产生一个自然的提问：这是否将意味着时序和因果（即前因和后果）也具有相对性呢？亦即是说，在地球上我们看到的是先下种，后结果；而在相对地球运动的参考系中是否会发生时序和因果的倒置而变成先结果后下种呢？

现在我们以此为例来讨论该问题。

设在 S′系中事件 1 和事件 2 同地发生（$x_1' = x_2'$）。这两个事件是：事件 1，"在某地下一颗种"；事件 2，"在某地长成一根苗"。由于长成苗的事件在后，且是同地发生，于是，将此条件代入（6-24）式和（6-27）式有

$$\Delta t' = t_2' - t_1' = \frac{1}{\sqrt{1-\dfrac{v^2}{c^2}}}\Big[(t_2 - t_1) - \frac{v}{c^2}(x_2 - x_1)\Big] > 0 \tag{6-33}$$

$$\Delta x' = x'_2 - x'_1 = \frac{1}{\sqrt{1 - \dfrac{v^2}{c^2}}} [\,(x_2 - x_1) - v(t_2 - t_1)\,] = 0 \qquad (6-34)$$

由（6-34）有

$$\frac{x_2 - x_1}{t_2 - t_1} = \frac{\Delta x}{\Delta t} = v \qquad (6-35)$$

将（6-35）代回（6-33）有

$$\Delta t - \frac{v}{c^2}\Delta x = \Delta t\left(1 - \frac{v^2}{c^2}\right) > 0 \qquad (6-36)$$

由上式可见，当

$$v < c \qquad (6-37)$$

时，则由（6-36）式得出结论

$$\Delta t = t_2 - t_1 > 0 \qquad (6-38)$$

上式表明，在 S 系中，S′系中的时序因果关系（6-32）式，在满足条件 $v < c$ 时，其满足（6-38）式而不会颠倒。

（6）爱因斯坦光锥

前面我们已经看到，讲一个事物时总是离不开事物的发生地点 $\vec{r} = (x, y, z)$ 和发生时刻 t 的，即事件是同时以时空 (x, y, z, t) 来标记的。为了方便起见，我们不妨引入"四维"时空坐标，并为使量纲一致，第4维坐标定义为 ct（即为空间长度的量）。为简单起见，以第一事件为时空原点 $(0, 0, 0, 0)$，设第二事件的时空坐标为 (x, y, z, t)。由于这4个坐标是相互垂直的，所以我们可以定义这两事件的间隔为

$$s^2 = c^2 t^2 - x^2 - y^2 - z^2 = c^2 t^2 - r^2 \qquad (6-39)$$

其中 $r = \sqrt{x^2 + y^2 + z^2}$ 为两事件间的空间距离。

两事件的间隔可以取任何值。现在我们区分三种情况：

（i）若两事件是可以用光信号联系的，因 $r = ct$ $\qquad (6-40)$

将（6-40）式代入（6-39）式有

$$s^2 = c^2 t^2 - r^2 = 0 \qquad (6-41)$$

（ii）若两事件是可以用低于光速的作用来联系的，因 $r < ct$ $\qquad (6-42)$

将其代入（6-39）式有

$$s^2 = c^2 t^2 - r^2 > 0 \qquad (6-43)$$

（ⅲ）若两事件是可以用超过光速的作用来联系的，因 $r > ct$ (6-44)

将其代入（6-39）式中则有

$$s^2 = c^2 t^2 - r^2 < 0 \qquad (6-45)$$

由于从一个惯性系到另一个惯性系的变换中间隔 s^2 保持不变，因此上述三种间隔的划分是绝对的，不因参考系变换而变换。

为看清上述分类的几何意义，我们将 3 维相互垂直并垂直于时间坐标的空间坐标与 1 维时间坐标统一起来考虑，构成一个相互垂直的 4 维的时空坐标系。当然这种 4 维相互垂直的坐标系是画不出来的，因为我们真实的自然空间是 3 维的，故不可能在 3 维空间容纳 4 度空间。对这种抽象的数学上的东西，我们只能凭抽象的思维来想象和理解。为了能够用直观的图像来表示，如果我们只考虑粒子在 xy 平面上的运动，那么由 x，y 和 ct 所构成的 3 维时空当然可以在 3 维自然空间中被安置进来并做出如图 6-7 的相互垂直的坐标系。事件用 3 维时空中的一点 P 来表示：P 在 xy 面上的投影，表示事件发生的地点；P 在 ct 轴上的投影，表示事件发生的时刻乘以 c。

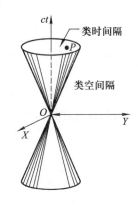

图 6-7

这样，上述的三种情况对应三个不同的区域：

（ⅰ）若事件 P 与事件 O 的间隔 $s^2 = 0$，则 $r = ct$，因而 P 点在一个以 O 为顶点的锥面上。这个锥面，称为"光锥"。凡是在光锥上的点都可以和 O 点用光讯号联系。事件的因果率不会倒置。

（ⅱ）若事件 P 与事件 O 的间隔 $s^2 < 0$，则 $r < ct$，P 点将在光锥之内。这种类型的间隔称为类时间隔。类时间隔事件为因果事件，时序在任何惯性参考系中都不会颠倒。由图 6-7 可见，若 P 在 O 的上半光锥内，则表示 P 相对于 O 来讲，是"绝对将来"事件；反之，若 P 在 O 的下半光锥内，则表示 P 相对于 O 是"绝对过去"事件。且这种"将来"与"过去"的时序在任何惯性系中不变。

（ⅲ）若事件 P 与事件 O 的间隔 $s^2 > 0$，则有 $r > ct \left(\dfrac{r}{t} = v > c \right)$，P 点在光锥之外。P 点不可能与 O 点用光信号或低于光速的作用相联系。这类间隔称为类空间隔。这时事件没有因果率，时序无绝对的意义（这只是相对于以光信号联系的方式为参考而言的）。

在狭义相对论中，论证了类空间隔是不允许存在的。

（7）速度变换公式

令粒子在 S 系和 S′系中的速度分别为 $\vec{u}$ 和 $\vec{u}'$，由（6-21）式作微分运算即得速度 $\vec{u}$ 和 $\vec{u}'$ 之间的变换关系

$$\left.\begin{array}{l} u_x' = \dfrac{dx'}{dt'} = \dfrac{u_x - \nu}{1 - \dfrac{\nu u_x}{c^2}} \\[3em] u_y' = \dfrac{dy'}{dt'} = \dfrac{u_y}{1 - \dfrac{\nu u_x}{c^2}} \sqrt{1 - \dfrac{\nu^2}{c^2}} \\[3em] u_z' = \dfrac{dz'}{dt'} = \dfrac{u_z}{1 - \dfrac{\nu u_x}{c^2}} \sqrt{1 - \dfrac{\nu^2}{c^2}} \end{array}\right\} \tag{6-46}$$

对换指标并将 ν 换成 $-\nu$，则得速度的逆变换公式

$$\left.\begin{array}{l} u_x = \dfrac{dx}{dt} = \dfrac{u_x' + \nu}{1 + \dfrac{\nu u_x'}{c^2}} \\[3em] u_y = \dfrac{dy}{dt} = \dfrac{u_y'}{1 + \dfrac{\nu u_x'}{c^2}} \sqrt{1 - \dfrac{\nu^2}{c^2}} \\[3em] u_z = \dfrac{dz}{dt} = \dfrac{u_z'}{1 + \dfrac{\nu u_x'}{c^2}} \sqrt{1 - \dfrac{\nu^2}{c^2}} \end{array}\right\} \tag{6-47}$$

若 $\nu \ll c$，令 $\left(\dfrac{\nu}{c}\right) \to 0$，由（6-46）式得

$$u_x \approx \nu + u_x', u_y \approx u_y', u_z \approx u_z' \tag{6-48}$$

此即经典牛顿力学的速度合成公式。

为简化讨论，设速度只沿 x 方向，故 $u = u_x$，$u' = u_x'$（y，z 分量均为零），于是

$$u = \dfrac{u' + \nu}{1 + \dfrac{\nu u'}{c^2}} \tag{6-49}$$

由（6-47）很容易证明：

（ⅰ）若 $u' < c$，$\nu < c$ $\hspace{6em}$ (6-50a)

则 $\quad u < c$ $\hspace{8em}$ (6-50b)

（ⅱ）若 $u' < c$、$\nu = c$ 或 $u' = c$、$\nu < c$ (6-51a)

则　$u = c$ (6-51b)

（ⅲ）若 $u' = c$，$\nu = c$ (6-52a)

则　$u = c$ (6-52b)

在相对论中，由于 $\nu \leqslant c$，所以通过上述三种情况的速度合成所得的 $u \leqslant c$，即通过速度合成所得的速度仍不会超过光速。

由（6-47）式的逆变换

$$u' = \frac{u - \nu}{1 - \dfrac{\nu u}{c^2}}$$ (6-53)

当 $u = c$，$\nu \to c$ 时，有

$$u' = \lim_{\nu \to c}\left(\frac{u - \nu}{1 - \dfrac{\nu u}{c^2}}\right)_{u=c} = \lim_{\nu \to c}\left(\frac{c - \nu}{c - \nu}\right)c = c$$ (6-54)

上式表明：若一个粒子在绝对系（S）中以光速 c 的绝对速度运动（即 $u = c$）时，对于以相同的绝对速度（$\nu \to c$）运动的观察者来说，他所看到的该粒子相对于自己的相对速度仍是光速 c（即 $u' = c$）。

四、闵可夫斯基的四维时空间

狭义相对论的出名以及相对论的进一步发展，得益于爱因斯坦在苏黎世工业大学时的数学老师闵可夫斯基（H. Minkowski）。在辞世的前一年（1908 年），闵可夫斯基在科隆举行的第八十届德国自然科学家与医生大会上，作了题为"空间和时间"的极其热情洋溢的演讲，几乎可以说正是这次演讲才使得相对论名闻天下。正如他在演讲中开宗明义的第一段话中所说的那样："现在我要向你们提出的时空观是在实验物理学的土壤上产生的，其力量就在这里。这些观点是根本性的。从现在起，孤立的空间和孤立的时间注定要消失为影子，只有两者的统一才能保持独立的存在。"[①] 这样，闵可夫斯基在这次演讲中就把相对论关于时空观变革的根本性意义——时空是相互关联的——明确地提了出来，并通过他所提出的四维时空间，为相对论提供了更为简捷而优美的表述框架。

然而，爱因斯坦当时对这种超越日常三维的"四维时空间"的"高维"表示并不特

---

① H. 闵可夫斯基：《时间与空间》，引自爱因斯坦著：《相对论原理》，赵志田、刘一贯译，孟昭英校，科学出版社 1980 年版，第 61 页。

别热心。这正如他曾表达过的那样："当听到'四维'事物的时候，不免感到神秘和困惑，产生某种类似鬼神之事所引起的那一种感觉。"[1] 直到后来给出广义相对论方程并推广了闵可夫斯基的工作之后，他才真正确信四维时空这一形式的意义和力量。

从数学上讲，高维表示是 20 世纪物理学的一个显著特征。对任何一个人讲，当他最初接触到超过三维的高维表示时，都会产生类似爱因斯坦曾有过的那种"鬼神之事"的"神秘和困惑"。为了冲破这种神秘和困惑去了解 20 世纪的现代物理学，我们有必要谈一谈"高维表示"，以认识和理解它——这里我们主要介绍的是闵可夫斯基的四维时空间。

（一）从三维空间到四维空间

1. 三维空间

为了作图和书写简便，我们以二维空间为例，然后推广到三维空间。在图 6-8 中，Ox_1x_2 为 S 系，$Ox_1'x_2'$ 为 S' 系。P 点的空间位矢在 S 系中为 $r(x_1, x_2)$，在 S' 系中为 $r'(x_1', x_2')$；与之相应的模量的平方分别为 $r^2(x_1, x_2)$ 和 $r'^2(x_1', x_2')$。它们在 S 及 S' 系中的表示为

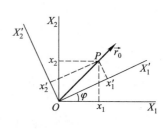

图 6-8

S 系：

$$r^2 = x_1^2 + x_2^2 = \sum_{i=1}^{2} x_i x_i \tag{6-55}$$

$$\vec{r} = x_1 \vec{e}_1 + x_2 \vec{e}_2 = \sum_{i=1}^{2} x_i \vec{e}_i \tag{6-56a}$$

$$\vec{r} = \begin{pmatrix} x_1 \\ x_2 \end{pmatrix} \tag{6-56b}$$

其中（6-56b）式称为 $\vec{r}$ 的矩阵表示。

S' 系：

$$r'^2 = x_1'^2 + x_2'^2 = \sum_{i=1}^{2} x_i' x_i' \tag{6-57}$$

$$\vec{r}' = x_1' \vec{e}_1' + x_2' \vec{e}_2' = \sum_{i=1}^{2} x_i' \vec{e}_i' \tag{6-58a}$$

$$\vec{r}' = \begin{pmatrix} x_1' \\ x_2' \end{pmatrix} \tag{6-58b}$$

其中（6-58b）式称为 $\vec{r}'$ 的矩阵表示。

---

[1] A. Einsdein, *Relativity*, New York, Crown, 1961, P55.

在上述表示中，$\vec{e}_i$ 和 $\vec{e}_i'$ 分别称为 x_i 和 x_i' 的单位方向矢量（参见第 2 章附录）。

P 点的空间位矢，在 Ox_1x_2 系中观测时称之为 $\vec{r}$，长度为 r，$\vec{r}$ 的坐标分量值为 x_1 和 x_2；在 $Ox_1'x_2'$ 系中观测时称为 $\vec{r}'$，长度为 r'，$\vec{r}'$ 的坐标分量值为 x_1' 和 x_2'。P 点的空间位置位矢是一个客观量，不应随观测方法（即坐标系的选取）而改变其客观性。这就意味着两种观测所观测的是同一客体，即

$$\vec{r}' = \vec{r} \tag{6-59}$$

$$r'^2 = r^2 \tag{6-60}$$

由（6-60）式有"长度的不变性"关系

$$\sum_{i=1}^{2} x_i' x_i' = \sum_{i=1}^{2} x_i x_i \tag{6-61}$$

由（6-59）式有分量之间的关系

$$\sum_{j=1}^{2} x_j' \vec{e}_j' = \sum_{i=1}^{2} x_i \vec{e}_i \tag{6-62}$$

（6-62）式点乘 $\vec{e}_k'$，有

$$\sum_{j=1}^{2} x_j' (\vec{e}_j' \cdot \vec{e}_k') = \sum_{i=1}^{2} x_i (\vec{e}_i \cdot \vec{e}_k') \tag{6-63}$$

注意到

$$\vec{e}_j' \cdot \vec{e}_k' = \delta_{jk}, a_{ki} = \vec{e}_i \cdot \vec{e}_k' = \cos \alpha_{ki} \tag{6-64}$$

其中 α_{ki} 为 x_k' 轴与 x_i 轴之间的夹角。将（6-64）式代回（6-63）式，则得变换关系

$$x_k' = \sum_{i=1}^{2} a_{ki} x_i \quad (k = 1, 2) \tag{6-65a}$$

（6-65a）式写成矩阵表示为

$$\begin{pmatrix} x_1' \\ x_2' \end{pmatrix} = \begin{pmatrix} a_{11} & a_{12} \\ a_{21} & a_{22} \end{pmatrix} \begin{pmatrix} x_1 \\ x_2 \end{pmatrix} \tag{6-65b}$$

（6-65a）式和（6-65b）式两种表述是等价表述。（6-65b）中的矩阵

$$A = \begin{pmatrix} a_{11} & a_{12} \\ a_{21} & a_{22} \end{pmatrix} = \begin{pmatrix} \cos \varphi & \sin \varphi \\ -\sin \varphi & \cos \varphi \end{pmatrix} \tag{6-66}$$

称为联系两个坐标系的变换矩阵。

将（6-65a）式代入（6-61）式中，有

$$\sum_{i=1}^{2} x_i x_i = \sum_{k=1}^{2} x_k' x_k' = \sum_{k=1}^{2} \left(\sum_{i=1}^{2} a_{ki} x_i \right) \left(\sum_{j=1}^{2} a_{kj} x_j \right) = \sum_{i,j} x_i x_j \left(\sum_{k} a^{T_a} a_{kj} \right) \tag{6-67}$$

其中，a_{ik}^T 称为 a_{ik} 的转置矩阵。可见，当且仅当下式满足时

$$\sum_{k} a_{ik}^T a_{kj} = \delta_{ij} \tag{6-68}$$

253

（6－67）式等式右边的量才等于等式左边：

$$\sum_{i,j} x_i x_j \delta_{ij} = \sum_i x_i x_i$$

故（6－68）式给出了 A 矩阵的限定性条件：满足（6－61）长度不变的变换，是一个实的幺正变换。（6－68）式也可以直接用矩阵乘法来表示（A^T 称为 A 的转置矩阵）

$$A^T A = \begin{pmatrix} a_{11} & a_{21} \\ a_{12} & a_{22} \end{pmatrix} \begin{pmatrix} a_{11} & a_{12} \\ a_{21} & a_{22} \end{pmatrix} = \begin{pmatrix} \cos\varphi & -\sin\varphi \\ \sin\varphi & \cos\varphi \end{pmatrix} \begin{pmatrix} \cos\varphi & \sin\varphi \\ -\sin\varphi & \cos\varphi \end{pmatrix} = \begin{pmatrix} 1 & 0 \\ 0 & 1 \end{pmatrix} = I$$

$$(6-69)$$

其中 I 称为单位矩阵。（6－69）式、（6－68）式两者是等价的。

通过上面的讲述和极简单的运算，主要表达了两层意思：

第一，关于量的定义。

过去我们称，只有大小（即量值）而无方向的量为标量，既有大小又有方向的量为矢量。但这种定义尚不十分准确。例如，无限小转动是矢量，但有限大小的转动却不是矢量。[①] 而现在对量的定义，则是按量的变换性质来加以定义的。例如，（6－60）式是长度平方不变的定义，长度平方是一个标量。这样，根据（6－60）式的拓展，我们称一个量在 $Ox_1 x_2$ 系中于 $x_1 x_2$ 处所测得的数值为 $M(x_1, x_2)$，在 $Ox_1' x_2'$ 系中于 $x_1' x_2'$ 处所测得的数值为 $M'(x_1', x_2')$。当满足下式

$$M'(x_1', x_2') = M(x_1, x_2) \tag{6-70}$$

时，则称该量 M 为标量。同样，根据（6－65）式的拓展，若一个量的分量满足如下变换

$$B_k' = \sum_{i=1}^{2} a_{ki} B_i \quad (k=1,2) \tag{6-71}$$

则称 $\vec{B}$ 为在二维空间中的矢量。完全类似，若一个量的分量满足如下变换

$$T_{ij}' = \sum_{k,l} a_{ik} a_{jl} T_{kl} \quad (i,j=1,2) \tag{6-72}$$

则称 T 为一个在二维空间中的二阶张量。例如应力、转动惯量即是二阶张量。

如果我们用分量数来定义，则

$$分量数 = (空间维度)^{阶次} \tag{6-73}$$

则可以称标量为 0 阶张量，矢量为一阶张量，阶次为 2 的是二阶张量……这仅是从量的分量数目来加以定义的。而更重要的是，量还应满足上述的变换关系（称为"协变

---

① 周衍柏：《理论力学教程》，高等教育出版社 1985 年版，第 159 页。

性"）。亦即是说，现在的量是按上述协变性来定义的物理量：满足上述变换性质的量称为"协变量"。

第二，关于协变性与客观性。

在图 6-8 中，P 点的空间位矢既可以在 S 系中也可以在 S′ 系中进行表示和测量，其测量所得的分量是不一样的：$x_1 \neq x_1'$；$x_2 \neq x_2'$。S 和 S′ 系的不同选取，相当于观测方法（实验仪器放置的方向）不一样。但是，观测方法不应改变事物的客观性。亦即是说，在 S 系中的位矢被称为 $\vec{r}$（x_1，x_2），在 S′ 中则被称为 $\vec{r}'$（x_1'，x_2'），但两者实为同一个量（客观性要求），故有（6-59）式并由（6-59）式出发，推导出了协变关系（6-65）式。这样，（6-65）式不仅给出了两组量数值间的转换关系，而且通过协变性表达了对事物客观性的肯定。这是其本质意义之所在。

在上述讨论中，若称 Ox_1x_2 为固定参考系 S，则 $O'x_1'x_2'$（O′ 与 O 重合）只不过相对于 S 转动了一个固定角 φ，因而 S′ 系也是一个固定参考系。此时，两者间的变换为"齐次伽利略变换"（6-65）式。

如若在上述变换的基础上 O′ 还将相对于 O 以常速度 $\vec{v}$ 运动，则（6-59）式应改换为（设 $t=0$ 时 O 与 O′ 重合）

$$\vec{r}' = \vec{r} - \vec{v}t \tag{6-74}$$

相应地，（6-65）式则应改换为如下的"非齐次伽利略变换"

$$x_k' = \sum_{i=1}^{2} a_{ki}x_i - \nu_k t \tag{6-75}$$

式中，ν_k 为 $\vec{v}$ 的 k 分量。

将 $\sum_{i=1}^{n}$ 中的 n 理解为 $n=2$，即是上述的二维空间问题；令 $n=3$，简单推广，即是三维空间的问题。由于数学表示是完全类似的，故不再赘述。

2. 闵可夫斯基的四维时空

闵可夫斯基看到了牛顿力学的方程表现出的双重不变性：首先，如果令基本的空间坐标系作任意的位置改变，方程的形式不变；其次，如果改变坐标系的运动状态，即让它做某种匀速平移运动，方程形式也不变；此外，时间原点也不起作用。他认为，对于力学的微分方程来说，每一种不变性本身表示一个变换群。两个群同时并存却毫不相干。可能是它们截然不同的特征令人没有勇气去把它们结合起来。然而恰恰是把它们结合起来作为一个整体，即作为一个完全群，才引起了人们的思考。

那么，如何进行这样的思考呢？

闵可夫斯基想，我们感觉中的对象，总是牵涉联合着的地点和时间。从来没有人脱离时间而观察地点，或者脱离地点而观察时间。我们可以把某一时刻的一个空间点，即一组 x，y，z，t，叫作一个世界点；把一切可以设想的数值 x，y，z，t 的全体，称为世界。这样一来，"世界"中的事件 P 就应用它在其"世界点"的发生来标记，即 $P = P(x, y, z, t)$。例如，你要举行一次宴会，在邀请一个不熟悉该城市地理环境的朋友时，你总是这样告诉他：从某某街口（以可以找到的明显位置作为参考原点）出发，向东行某某米（x），再向北行某某米（y）即到饭店，在饭店的几楼（z）于何时（t）举行宴会。

为了使得时间和空间坐标均具有相同的量纲，根据（6-41）式，引入

$$x_4 = ict \qquad (6-76)$$

作为第4维"空间"坐标是方便的。这样，用 x_1，x_2，x_3，x_4 所组成的相互正交（即相互垂直）的"四维空间"，称为闵可夫斯基空间。

（二）洛伦兹变换的四维表述

为了书写简便，我们约定，凡重复的拉丁指标表示为1到3的求和；重复的希腊指标表示为1到4的求和。例如

$$\left. \begin{array}{l} A_i A_i = \displaystyle\sum_{i=1}^{3} A_i A_i \\[3mm] A_\mu A_\mu = \displaystyle\sum_{\mu=1}^{4} A_\mu A_\mu \end{array} \right\} \qquad (6-77)$$

亦即是说，按上面的约定可以省去书写求和符号所带来的麻烦。

按上面的约定，将（6-61）式推广为三维空间中通过转动变换保持长度不变的关系即为

$$x'_i x'_i = x_i x_i \qquad (6-78)$$

所满足的变换关系为

$$x'_k = a_{ki} x_i \quad (k=1,2,3) \qquad (6-79)$$

其矩阵表示为

$$\begin{pmatrix} x'_1 \\ x'_2 \\ x'_3 \end{pmatrix} = A \begin{pmatrix} x_1 \\ x_2 \\ x_3 \end{pmatrix} = \begin{pmatrix} a_{11} & a_{12} & a_{13} \\ a_{21} & a_{22} & a_{23} \\ a_{31} & a_{32} & a_{33} \end{pmatrix} \begin{pmatrix} x_1 \\ x_2 \\ x_3 \end{pmatrix} \qquad (6-80)$$

变换矩阵 A 是一个幺正矩阵

$$A^T A = A^{-1} A = I \qquad (6-81)$$

现将上述 3 维空间拓展为 4 维空间，则有四维空间长度的不变性为

$$x'_\mu x'_\mu = x_\mu x_\mu = 不变量 \qquad (6-82)$$

故而有相应的变换关系

$$x'_\mu = a_{\mu\gamma} x_\gamma \quad (\mu = 1,2,3,4) \qquad (6-83)$$

可见，洛伦兹变换在形式上就可以理解为四维空间中的"转动变换"。其变换矩阵

$$A = \begin{pmatrix} a_{11} & a_{12} & a_{13} & a_{14} \\ a_{21} & a_{22} & a_{23} & a_{24} \\ a_{31} & a_{32} & a_{33} & a_{34} \\ a_{41} & a_{42} & a_{43} & a_{44} \end{pmatrix} \qquad (6-84)$$

是一个幺正矩阵

$$A^T A = A^{-1} A = I \qquad (6-85)$$

对于图 6 – 4 中的 x 轴（即 x_1 方向）的特殊的洛伦兹变换（6 – 13）式而言，将 t 改换成 ict，简单运算即得

$$A = \begin{pmatrix} \gamma & 0 & 0 & i\beta\gamma \\ 0 & 1 & 0 & 0 \\ 0 & 0 & 1 & 0 \\ -i\beta\gamma & 0 & 0 & \gamma \end{pmatrix} \qquad (6-86)$$

如图 6 – 9 所示，在该"转动变换"中转动角为 φ，满足

$$\cos\varphi = \frac{1}{\sqrt{1-\beta^2}}, \quad \sin\varphi = \frac{i\beta}{\sqrt{1-\beta^2}} \qquad (6-87)$$

其中

$$\beta = \frac{v}{c}, \quad \gamma = \frac{1}{\sqrt{1-\beta^2}} \qquad (6-88)$$

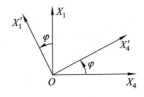

图 6 – 9

（三）物理规律的协变性

同样，按照前面（6 – 71）式和（6 – 72）式的定义，推广到四维空间则有

$$B'_\mu = a_{\mu\gamma} B_\gamma \qquad (6-89)$$

$$T'_{\mu\gamma} = a_{\mu\lambda} a_{\gamma\tau} T_{\lambda\tau} \qquad (6-90)$$

B 和 T 分别称为四维矢量和四维张量。

如果某物理方程具有如下的形式

$$F_\mu = G_\mu \quad (\mu = 1,2,3,4) \qquad (6-91)$$

假若方程中的每一项都按相同的方式变换

$$F'_{\gamma} = a_{\gamma\mu}F_{\mu}, \quad G'_{\gamma} = a_{\gamma\mu}G_{\mu} \qquad (6-92)$$

则由（6-91）式直接运算有

$$a_{\gamma\mu}F_{\mu} = a_{\gamma\mu}G_{\mu} \qquad (6-93)$$

比较（6-92）式和（6-93）式则得

$$F'_{\gamma} = G'_{\gamma} \quad (\gamma = 1, 2, 3, 4) \qquad (6-94)$$

即物理方程（6-91）式在参考系变换时将保持其形式不变〔即取（6-94）式的形式〕。

相对性原理要求一切惯性参考系都是等价的。这就意味着物理规律（方程）在一切惯性参考系中具有相同的形式。这样，根据上面的讨论我们看到：如果表示物理规律的物理量是用洛伦兹变换相联系的同阶秩的四维形式的协变量构成的，那么在联系两个惯性系的洛伦兹变换下，物理规律将具有相同的数学形式而由此满足爱因斯坦相对性原理。

由以上讨论可见，在四维闵可夫斯基空间描述物理规律时，关键在于将原来在三维空间中描述的物理量改造成四维的协变量。这样，由四维协变量所构成的物理学基本定律，将保持在洛伦兹变换下的形式不变性。

五、力学定律的四维描述

在三维空间中，牛顿方程为

$$\vec{F} = \frac{d\vec{p}}{dt} = m_0\frac{d\vec{\nu}}{dt} = m_0\frac{d^2\vec{r}}{dt^2} \qquad (6-95\text{a})$$

写成分量形式为

$$F_k = \frac{dp_k}{dt} = m_0\frac{d\nu_k}{dt} = m_0\frac{d^2r_k}{dt^2} \quad (k = 1, 2, 3) \qquad (6-95\text{b})$$

（6-95）式对于伽利略变换是协变的，但是对于洛伦兹变换却不是协变的。这样，我们就必须将（6-95）式修改成四维的满足洛伦兹变换的协变形式。要做到这一点，关键的问题是怎样引入四维动量和四维力，然后用它们去构造出四维形式的满足洛伦兹变换的力学方程，并且要求在不考虑相对论效应时 $\left(\dfrac{\nu}{c}\rightarrow 0\right)$，该方程可准确退化为牛顿方程。

（一）四维速度和四维加速度

三维速度分量按原定义为

$$\nu_i = \frac{dx_i}{dt} \quad (i = 1, 2, 3) \qquad (6-96)$$

上式中，dx_i 是可以按（6-89）形式作变换的矢量（一阶张量），且 v_i 也是同阶的矢量，故 dt 应是标量。但事实上，由于

$$dt = dx_4 / ic \qquad (6-97)$$

是一个四维矢量的第 4 个分量而不是一个标量，所以（6-96）式所定义的速度在洛伦兹变换下不具备协变性，故不是一个"好的物理量"的定义。由上述分析可见，要将其改换成满足洛伦兹协变性的"好的物理量"的定义，则（6-96）式中的时间部分 dt 就应改换为一个标量。

在四维空间中，四维间隔 $d\&$ 是一个不变量（即标量），故有

$$d\&^2 = c^2 dt^2 - dr^2 = -dx_\mu dx_\mu = -(dx_1^2 + dx_2^2 + dx_3^2 + dx_4^2) = -(ds^2 + dx_4^2) = 不变量$$

$$(6-98)$$

因光速 c 是洛伦兹变换下的不变量，故

$$d\tau^2 = \frac{1}{c^2} d\&^2 = \frac{1}{c^2}(c^2 dt^2 - ds^2) = dt^2 \left[1 - \left(\frac{ds}{dt} \right)^2 \right] = dt^2 \left(1 - \frac{v^2}{c^2} \right) = 不变量$$

$$(6-99)$$

由此可见，"固有时"

$$d\tau = dt \sqrt{1 - \frac{v^2}{c^2}} = dt \sqrt{1 - \beta^2} \qquad (6-100)$$

即是标量。

按前面的分析，则我们应定义四维速度

$$u_\mu = \frac{dx_\mu}{d\tau} = \frac{1}{\sqrt{1 - \beta^2}} \frac{dx_\mu}{dt} \quad (\mu = 1, 2, 3, 4) \qquad (6-101)$$

其前三个分量构成的三维矢量（空间部分）

$$\vec{u} = \frac{\vec{v}}{\sqrt{1 - \frac{v^2}{c^2}}} = \frac{\vec{v}}{\sqrt{1 - \beta^2}} \qquad (6-102)$$

则知 $\vec{u} = (u_1, u_2, u_3)$ 是满足洛伦兹变换的协变矢量。第 4 维速度分量（称为时间分量）

$$u_4 = \frac{dx_4}{d\tau} = \frac{icdt}{d\tau} = \frac{ic}{\sqrt{1 - \beta^2}} \qquad (6-103)$$

这样，四维速度就可以表示为

$$u = (u_1, u_2, u_3, u_4) = (\vec{u}, u_4) = \left(\frac{\vec{v}}{\sqrt{1 - \frac{v^2}{c^2}}}, \frac{ic}{\sqrt{1 - \frac{v^2}{c^2}}} \right) \qquad (6-104)$$

和上述的分析与处理完全类似，相应的四维加速度应定义为

$$a_\mu = \frac{du_\mu}{d\tau} = \frac{d^2 x_\mu}{d\tau^2} \quad (\mu = 1,2,3,4) \tag{6-105}$$

由（6-98）式和（6-99）式有

$$c^2 d\tau^2 = d\&^2 = -dx_\mu dx_\mu$$

即有

$$\frac{dx_\mu}{d\tau} \frac{dx_\mu}{d\tau} = u_\mu u_\mu = -c^2 = 不变量 \tag{6-106}$$

对上式取微分有

$$u_\mu \frac{dx_\mu}{d\tau} + \frac{du_\mu}{d\tau} u_\mu = 2u_\mu a_\mu = 0$$

即得

$$u_\mu a_\mu = 0 \tag{6-107}$$

（6-107）式表明，在四维闵可夫斯基空间中，四维速度和四维加速度是永远"垂直"的［将第二章附录（a_{24}）和（a_{29}）拓展为四维形式即可以理解］。

（二）四维动量

在牛顿力学中，三维动量

$$p_i = m_0 \nu_i = m_0 \frac{dx_i}{dt} \quad (i = 1,2,3) \tag{6-108}$$

不是洛伦兹变换下的不变量。由于物体的"静"质量 m_0 是一个标量，u_μ 是四维协变矢量，故而四维协变的动量应定义为

$$p_\mu = m_0 u_\mu = \frac{m_0}{\sqrt{1 - \dfrac{\nu^2}{c^2}}} \frac{dx_\mu}{dt} \tag{6-109}$$

若令"动质量"

$$m = \frac{m_0}{\sqrt{1 - \beta^2}} = \frac{m_0}{\sqrt{1 - \left(\dfrac{\nu^2}{c^2}\right)}} \tag{6-110}$$

则动量

$$p_\mu = m_0 u_\mu = m \frac{dx_\mu}{dt} \tag{6-111}$$

前三维构成一个三维矢量（空间部分）

$$\vec{p} = m\vec{v} = \frac{m_0 \vec{v}}{\sqrt{1 - \left(\dfrac{v^2}{c^2}\right)}} = (p_1, p_2, p_3) \qquad (6-112)$$

第 4 维动量（时间部分）为

$$p_4 = imc \qquad (6-113)$$

这样，四维动量就可以表示为

$$p = (p_1, p_2, p_3, p_4) = (\vec{P}, P_4) = \left(\frac{m_0 \vec{v}}{\sqrt{1 - \left(\dfrac{v^2}{c^2}\right)}}, i \frac{m_0 \vec{c}}{\sqrt{1 - \left(\dfrac{v^2}{c^2}\right)}} \right) \qquad (6-114)$$

（三）四维力

在牛顿力学中，力 $\vec{F}$ 并未给予单独的定义，而是按（3-34）式的理解来加以彼此定义的。既是这样，根据洛伦兹协变性，四维力 K_μ 就应定义为

$$K_\mu = \frac{dP_\mu}{d\tau} \quad (\mu = 1, 2, 3, 4) \qquad (6-115)$$

其空间部分的分量

$$K_i = \frac{dp_i}{d\tau} = \frac{1}{\sqrt{1 - \beta^2}} \frac{dp_i}{dt} \quad (i = 1, 2, 3) \qquad (6-116)$$

若定义

$$F_i = K_i \sqrt{1 - \beta^2} \qquad (6-117)$$

则空间部分可以写为

$$F_i = \frac{dp_i}{dt} \quad (i = 1, 2, 3) \qquad (6-118a)$$

上式也可以写成三维矢量式（相对论性的牛顿方程）

$$\vec{F} = \frac{d\vec{p}}{dt} \qquad (6-118b)$$

其中相对论性三维动量 $\vec{p}$ 按（6-112）式定义，它与牛顿力学中的动量 $\vec{p}$（$\vec{p} = m_0 \vec{v}$）的关系为

$$\vec{p} = \frac{\vec{p}}{\sqrt{1 - \beta^2}} \qquad (6-119)$$

四维力的第 4 分量为

$$K_4 = \frac{dp_4}{d\tau} = \frac{1}{\sqrt{1 - \beta^2}} \frac{dp_4}{dt} \qquad (6-120)$$

（四）爱因斯坦质能关系式

将（6-115）式写为

$$K_\mu = \frac{dp_\mu}{d\tau} = m_0 a_\mu \qquad (6-121)$$

a_μ 是按（6-105）式定义的四维加速度。将（6-121）式代入（6-107）式，则得

$$K_\mu u_\mu = 0 \qquad (6-122)$$

将上式的空间分量与时间分量分开写，则得

$$\vec{K} \cdot \vec{u} + K_4 u_4 = 0 \qquad (6-123)$$

将（6-120）式、（6-117）式和（6-102）式代入（6-123）式之中，有

$$\frac{1}{\sqrt{1-\beta^2}} \frac{dp_4}{dt} \frac{ic}{\sqrt{1-\beta^2}} = -\frac{\vec{F}}{\sqrt{1-\beta^2}} \cdot \frac{\vec{\nu}}{\sqrt{1-\beta^2}} \qquad (6-124)$$

所以 $\quad \dfrac{dp_4}{dt} = \dfrac{i}{c}\vec{F} \cdot \vec{\nu}$

$\vec{F} \cdot \vec{\nu}$ 为功率，而功率等于能量随时间的增加率

$$\frac{dE}{dt} = \vec{F} \cdot \vec{\nu} \qquad (6-125)$$

于是由以上两式有

$$\frac{dp_4}{dt} = \frac{i}{c}\frac{dE}{dt} \qquad (6-126)$$

对上两式积分并令积分常数为零，则得

$$p_4 = \frac{i}{c}E \qquad (6-127)$$

这样，相对论力学方程就可以写为

$$\left\{ \begin{array}{l} \vec{F} = \dfrac{d\vec{p}}{dt} \qquad\qquad (6-128) \\[3mm] \vec{F} \cdot \vec{\nu} = \dfrac{dE}{dt} = \dfrac{c}{i}\dfrac{dp_4}{dt} \qquad (6-129) \end{array} \right.$$

（6-128）式即是（6-118b）式，为空间部分的表达式；（6-129）式即是（6-118a）式的第4分量（即时间部分）的表达式。

将（6-113）式代入（6-127）式，则得著名的爱因斯坦质能公式

$$E = mc^2 \qquad (6-130)$$

将（6-110）代入上式，当 $\nu \ll c$ 时，有

$$E = m_0 c^2 \left[1 - \left(\frac{v^2}{c^2} \right) \right]^{-\frac{1}{2}} = m_0 c^2 \left(1 + \frac{1}{2} \frac{v^2}{c^2} + \cdots \right) \approx m_0 c^2 + \frac{1}{2} m_0 v^2 \qquad (6-131)$$

（五）能量－动量关系式

在四维空间中，动量模的平方为标量

$$p_\mu p_\mu = p'_\gamma p'_\gamma = 不变量 \qquad (6-132)$$

式中，带"'"者表示其是 S' 系中的量。若取 S' 与粒子相对静止（即 $\vec{u}' = 0$），则有

$$\left(p'_\gamma p'_\gamma \right)_{\vec{u}' \to 0} = \left(\frac{iE'}{c} \right)^2_{\vec{u}' \to 0} = -m_0^2 c^2 \qquad (6-133)$$

将（6-133）式代回（6-132）式，则得能量－动量的关系式

$$p_\mu p_\mu = \vec{p}^2 - \frac{E^2}{c^2} = -m_0^2 c^2$$

即

$$E^2 = m_0^2 c^4 + \vec{p}^2 c^2 \qquad (6-134)$$

现将（6-130）式代入（6-134）式，则有

$$m^2 c^4 = m_0^2 c^4 + \vec{p}^2 c^2 \qquad (6-135)$$

两边同除以 c^2，则得

$$\left(mc \right)^2 = \left(m_0 c \right)^2 + \vec{p}^2 \qquad (6-136)$$

由上式可见，可以将 mc、$m_0 c$ 和 $\vec{p}$ 三者的关系按勾、股、弦定律理解为如图 6-10 所示的直角三角形关系。在这样的直角三角形关系中，四维空间转动（6-86）式中的因子 β 具有了清楚的意义：

$$\sin\alpha = \frac{mv}{mc} = \frac{v}{c} = \beta \qquad (6-137)$$

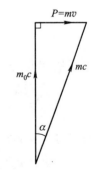

图 6-10

（六）洛伦兹力的四维形式

在国际单位制下，（4-54）式、（4-55）式为

$$\left. \begin{aligned} \vec{B} &= \nabla \times \vec{A} \\ \vec{E} &= -\nabla\varphi - \frac{\partial \vec{A}}{\partial t} \end{aligned} \right\} \qquad (6-138)$$

若引入四维矢势

$$\left. \begin{aligned} A &= (A_1, A_2, A_3, A_4) = (\vec{A}, A_4) \\ A_4 &= \frac{i}{c}\varphi \end{aligned} \right\} \qquad (6-139)$$

则由（4-138）式，有分量关系

$$
\left.\begin{array}{l}
B_1 = \dfrac{\partial A_3}{\partial x_2} - \dfrac{\partial A_2}{\partial x_3}, \cdots \\[4mm]
E_1 = ic\left(\dfrac{\partial A_4}{\partial x_1} - \dfrac{\partial A_1}{\partial x_4} \right), \cdots
\end{array}\right\} \tag{6-140}
$$

其余分量只需作相应的指标轮换即可。若我们引入一个反对称的四维张量

$$
\Im_{\mu\gamma} = \frac{\partial A_\gamma}{\partial x_\mu} - \frac{\partial A_\mu}{\partial x_\gamma} \tag{6-141}
$$

则电磁场构成一个四维二阶张量

$$
\Im = (\Im_{\mu\gamma}) = \begin{pmatrix}
0 & B_3 & -B_2 & -\dfrac{i}{c}E_1 \\[3mm]
-B_3 & 0 & B_1 & -\dfrac{i}{c}E_2 \\[3mm]
B_2 & -B_1 & 0 & -\dfrac{i}{c}E_3 \\[3mm]
\dfrac{i}{c}E_1 & \dfrac{i}{c}E_2 & \dfrac{i}{c}E_3 & 0
\end{pmatrix} \tag{6-142}
$$

在上述定义下，四维矢势和四维电磁场张量在洛伦兹变换下是协变的：

$$
\left.\begin{array}{l}
A'_\mu = a_{\mu\gamma}A_\gamma \\[2mm]
\Im_{\mu\gamma} = a_{\mu\lambda}a_{\gamma\tau}\Im_{\lambda\tau}
\end{array}\right\} \tag{6-143}
$$

洛伦兹力下的经典牛顿方程

$$
\frac{d\vec{p}}{dt} = q(\vec{E} + \vec{\nu} \times \vec{B}) \tag{6-144}
$$

不满足洛伦兹变换下的协变性要求，需要进行改造。

用电磁场张量$\Im_{\mu\gamma}$和四维速度u_γ可以构成一个四维矢量

$$
K_\mu = q\Im_{\mu\gamma}u_\gamma \tag{6-145}
$$

由（6-145）式很容易验证其空间矢量部分

$$
\vec{K} = \frac{1}{\sqrt{1 - \left(\dfrac{\nu^2}{c^2}\right)}}q(\vec{E} + \vec{\nu} \times \vec{B}) \tag{6-146}
$$

上式与（6-117）式的定义是一样的，故而由（6-128）式和（6-129）式得

$$\begin{cases} \dfrac{d\vec{p}}{dt} = q(\vec{E} + \vec{v} \times \vec{B}) & (6-147) \\[3mm] \dfrac{dE}{dt} = q(\vec{E} + \vec{v} \times \vec{B}) \cdot \vec{v} = q\vec{E} \cdot \vec{v} & (6-148) \end{cases}$$

此外，只需将经典电磁理论的形式稍加变化，也可改造为四维相对论形式。具体内容不再详述。有兴趣的读者可参阅有关书籍。

第 2 节　对相对论革命性意义的探讨：缘由、基础和路径

在简单介绍了狭义相对论的主要内容之后，我们回到本章的主题——对相对论革命性意义的探讨。

一、为什么要重新认识相对论的革命性意义？

（一）为了更好地发扬和继承爱因斯坦伟大的科学精神和正确思想

崇拜英雄也许是人类共有的心理情结。牛顿、爱因斯坦等科学巨匠无疑是我们心目中的英雄。所以，每当我们提起他们的时候，内心总是不由自主地充满了敬畏。但是，英雄崇拜本质上是对英雄们的精神和他们的思想的崇拜：在科学探索艰苦而漫长的征程中，许多东西终将随着时光的流逝而慢慢逝去，唯有科学家的精神和他们的正确思想才可以永存。因此，如果不能把物理学之父伽利略等人坚持科学真理的大无畏精神融于我们的血液之中，不能把他们的正确思想真正继承下来，我们怎么配称为科学事业的传人？

正是基于以上的认识，我们才敢于以"探讨"的方式，用一种迥然不同的新视角来审视相对论，去重新认识它的意义——其目的正在于更好地继承爱因斯坦主体性的正确思想和他伟大的科学精神。

（二）因为人们对相对论革命性意义的认识一直存在争论

量子论的鼻祖、爱因斯坦的挚友普朗克在为爱因斯坦谋求一个职位时所写的推荐信中曾说过，假如狭义相对论被证实是正确的，爱因斯坦将被认为是 20 世纪的哥白尼。现在，当我们重新体会普朗克对爱因斯坦的评价时，不得不佩服他目光的犀利和用语的准确。众所周知，哥白尼和他的日心说只是经典物理学革命的前奏曲，而作为这场革命的最重大的成果的科学综合，其优美的乐章却是由牛顿来谱写的。普朗克把爱因斯坦比作哥白尼而不是牛顿，既是很高的评价，又是尺度把握极准的评价。其深刻寓意是：犹如哥白尼一样，爱因斯坦和他的相对论只是掀开了新一轮科学革命的帷幕，而波澜壮阔的

"正剧"——一次新的科学综合的实现，却还处在酝酿之中。

事实上，哥白尼日心说对托勒密地心说的否定，其革命性意义主要表现在以下两个方面：①把科学从神学的桎梏中解放出来；②实现了从人的中心主义向自然中心主义的转变。这一革命的最重要的成果，是确立起了科学界长期坚持的科学自然主义这个根本性的正确立场。而在这一点上相对论和日心说有所不同。作为相对论基本假设的相对性原理否定了绝对参考系的优越地位，从而就在某种程度和一定意义上否定了自然规律的客观性。正因如此，物理学家兼科学哲学家布里奇才认为正是"同时性定义"把观察者及其操作的作用带进了物理学，并称相对论为"操作主义"。后来也有不少的人认为是爱因斯坦把"操作主义"哲学带进了物理学。例如，基于统计量子力学中的"测不准原理"就是"操作主义"的延伸与拓展的认识，当爱因斯坦批判测不准原理时，海森堡就曾当面告诉他，自己所提出的测不准原理，其思想基础来自于相对论。由此可见，就认识论而言，相对论和统计量子力学一样，也在某种程度上表现出了对科学自然主义的背离（这不仅让人们感到困惑，更感到忧虑）。

也正因为如此，当相对论提出后，不仅遭到一些物理学家的抵制，甚至也遭到包括罗素在内的一些哲学家的批评。爱因斯坦深深崇敬的实验物理学家、美国第一位诺贝尔奖得主迈克耳孙，至死都嫌恶和怀疑相对论。1931年迈克耳孙79岁时，在他与爱因斯坦的仅有的一次会面中对爱因斯坦说，他的实验竟然对相对论这样一个"怪物"的诞生起了作用，他甚至感到遗憾①。

也正是因为类似的原因，使爱因斯坦获得1921年度诺贝尔奖的过程极富戏剧性。这个奖是授予1921年度的获奖者的，但授奖委员会直到1922年11月10日才宣布它的决定，而爱因斯坦实际上直到1923年4月才收到奖金。而且，获奖的是光电效应定律而不是相对论。

当然，一个理论的价值并不依赖于是否获得诺贝尔奖这个唯一的标准。相对论虽然未获得诺贝尔奖，但却以其在某些基本观念上对经典理论的叛逆和挑战，特别是新的物质观的发现、提出，证实了它的革命性。但是，目前我们对相对论的重大意义是不是认识得十分清楚了，我们的认识又是不是真的是正确的，却是需要认真分析和"探讨"的。

（三）物理学和科学革命健康发展、继续前进的需要

之所以要进行这种分析和探讨，直接的原因还在于我们对物理学发展问题的思考。

———————————

① ［美］爱因斯坦著：《爱因斯坦文集》（第一卷），许良英等编译，商务印书馆1976年版，第564页。

在经过了20世纪的"革命"之后，物理学内部仍然处于四分五裂的局面：现行的"四大力学"（牛顿力学、电动力学、热力学和量子力学）理论仍然互不相通，一次新的科学综合并没有实现。而在外部，物理学又面临着生命科学和社会科学的有力挑战，使物理学作为科学"根基"及"带头学科"的地位遭遇了危机。难道作为科学"领头羊"的物理学真如"系统论"的创始人贝塔朗菲所质疑的那样，已经"陈旧了"从而衰败了吗？否！因为物理学是以研究自然现象、揭示物质性宇宙本源性基本自然规律为宗旨的，这一宗旨制约着它，不允许它挑不起"科学基石"这副重担，不允许它不去努力给出一幅统一的、能让人们感到是可以理解的宇宙图像，以再次证明它的毋庸置疑的地位，展现它的魅力与风采。而要做到这些，则要求我们敢于正视物理学的问题和困难，而它是以对现行理论的反思和批判为前提的。正因为如此，我们就不能把包括相对论在内的现行理论看成终极的理论，而应当既肯定它们的进步与成功，更看到它们的失误与不足；既要去研究它们的理论结构，更要运用新的"世界观"，通过剖析去透视理论背后隐藏的思想。只有这样，我们才能叩开新一轮科学综合的大门，以期绘出一幅全新的、统一的宇宙图景！

（四）为了厘清爱因斯坦科学思想中的精华和其中掺杂着的马赫相对主义的糟粕

爱因斯坦的科学思想是十分复杂的、不断发展的。如我们在第1章中说过的，就其主体性思想而言，爱因斯坦长期坚持了科学自然主义的观点。然而，他在建立相对论的过程中曾经受到过马赫"相对主义"思想的影响，却同样也是一个不争的事实。尽管这种影响只是爱因斯坦所受众多思想影响中的一小部分，并且到了后来（在相对论建立之后），他几乎完全抛弃了马赫的思想（这在他写给贝索的信中清楚地反映了出来——1917年5月13日，在回复贝索同年5月5日给他的信时说："我不想谴责马赫这匹小马，但你知道我是怎样看它的。它不能产生任何有生命的东西，只能消灭有害的虫豸。"[①]），但由于在建立相对论时马赫思想的影响产生了一定的作用，就使得相对论中不可避免地印上了马赫相对主义的某些影子，使得相对论的思想基础成为科学自然主义和马赫相对主义的混合物。因此，探讨爱因斯坦相对论的意义，关键在于把其中体现科学自然主义的精华同反映马赫相对主义的糟粕区别开来，只有这样才能把爱因斯坦的科学思想遗产真正继承下来。

---

① [美] J. 伯恩斯坦著：《阿尔伯特·爱因斯坦》，科学出版社1980年版，第121页（注：该书如同流行的观点那样，事实上是将爱因斯坦及其相对论置于马赫的哲学基点上来加以认识的）。

二、要正确认识相对论的革命性意义，必须弄清科学自然主义和以马赫经验论为基础的"相对主义"的本质区别

怎样去认识和描述我们这个物质性宇宙呢？较为公认的观点是：设物质性宇宙客体是由一组最基本的元素 u_1，u_2，$\cdots$，u_n 组成的，它们满足一定的关系

$$g_k(u_1, u_2, \cdots, u_n) = 0 \quad (\text{其中 } k = 1, 2, \cdots, l) \qquad (6-149)$$

g_k 就是宇宙内在的自然规律。人类可以通过自己的主观能动性，用自己所创造的模拟上述基本元素的一组物质性基本概念（例如前面提及的物质性基元概念——质量 m、电荷 Q、时空 $\vec{r}$ 及 t）x_1，x_2，$\cdots$，$x_{n'}$ 去"映射"客体 O，并找出它们之间的联系

$$f_k(x_1, x_2, \cdots, x_{n'}) = 0 \quad (\text{其中 } k = 1, 2, \cdots, l') \qquad (6-150)$$

这 l' 个物理方程 f_k，便是人们对隐藏在深处的自然规律 g_k 进行认识的结果（见图 6-11）。

如果 $n' = n$，$l' = l$，则我们称这类映射是"完全的"；若 f_k 能很好地模拟 g_k 的关系，我们就说数学表象 f_k 是"忠实的"。物理学最基本的任务就是去寻找这个忠实而完全的数学表象——物理学中的"基本方程"，以达到对物质性宇宙及其规律的本质性的统一认识。

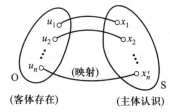

图 6-11

但是，这种"映射"怎样才算是"正确的"（即"完全的"和"忠实的"），人们的看法并不一样。"科学自然主义"和马赫的"经验主义"，就是人们对待这一问题的两种截然不同的看法。

在以马赫为代表的"经验主义"者看来，"映射" f_k 的正确与否，是完全由"观测者"通过"经验"决定的。他们只相信"经验"，认为只有"眼见"才"为实"。当然，在一定的意义上和一定的条件下相信经验并没有错，但这并不能成为"观测者"只相信经验的理由。因为如果每个观测者都只相信自己的经验（即所有的观测者都是"平权的"），那么不仅会使所得的结果不可避免地打上观测者"主观介入"的"烙印"从而歪曲真理的客观性，而且，如果彼此的观测有不同的话，则就否定了客观存在的"唯一性"。再者，只相信经验本身就是缺乏对更深层次的本体论的探究，从而也就是否定人类理性思维价值的做法——它否认了人类可以通过思维的能动性，透过外在经验的表象揭示出表象背后的本质，去认识客观事物的创造性功能。这事实上也就是在否认人类是宇宙物质进化的最高产物——因为他携带着宇宙进化过程中产生的全部信息，因而人类是可以认识客观存在的宇宙自然规律的。

科学自然主义者则与之相反，在他们看来，物质性宇宙自然规律 g_k 是不依赖于认识主体而"独立存在"的。因而，人们是不是去"观测"它，它仍然会"客观地""存在"。我们的任务，只是用作为人类创造性产物的 f_k 去"正确地""映射"它。既然客观事物本身是"存在"且"唯一"的，那么我们的"映射"也就必须是"客观"的而应将"主观性"排除在外，绝不能将人的"主观介入"掺杂在其中。只有这样的映射才是"正确"的映射。但怎么才能做到这一点呢？科学自然主义者并不排斥实验观测，但他们认为实验观测并不是一切；而且，由于实验观测本身不可避免地会由于"主观介入"而带有（处于不同的参考系的）"观测者"的印迹，和被实验观测所依据的理论及理论背后的思想与认识论所"污染"，所以，观测的结果究竟是自然规律本身还是其外在表象，或者是主观的杜撰，是存在疑问的。因此，必须发挥人类思维的创造性功能对这种观测进行"升华"以达到更本质的认识。这种更本质的认识的达成，主要依靠逻辑的力量。然而，即使如此，作为人类"主观"创造性思维功能结果的 f_k 是否真的反映了客观事物的本质，即是否已经真的完成了从"主观"向"客观"的脱胎换骨式的转变，仍然是存在疑问的。因为逻辑前提等尚是存在疑问的。因此，它还必须接受以 C 判据为"客观标准"的全面检验，特别是（C_1）和（C_2）的检验，即首先要接受哲学本体论（认识论和物质观）的正确性及物理图像真实性的检验，当然也要包括（C_5）和其他各条的检验在内。而且在（C_5）的检验中，根本不应存在什么"观察者"，这种检验应是一种与我们的主观世界以及我们的喜怒哀乐无关的、"冷漠"的检验。因为人们所做的实验仍可以归结为对被测物质系统与作为测量工具的物质系统之间的相互作用和相互关系的认识，而这些"物质系统"同样是由"冷漠"但却是经得起 C 判据全面检验的自然规律 f_k 来加以描述的。若 f_k 在 C 判据的全面检验中尚存在某些问题，则表明"主观"的认识还不完全符合"客观"的实际，"主观"的东西还没有从理论的描述中被完全排除掉。这就要求我们去反思和修改理论 f_k，"去伪存真"，使其更彻底地排除掉主观的因素以便更符合客观实际。这样一来，我们就能不断排除掉理论中的主观性，使之愈来愈逼近客观的"绝对真理"。

由以上的论述可见，科学自然主义与马赫经验主义的最大区别就在于：前者承认科学真理的客观性，要求 f_k 经受 C 判据的全面检验；而后者则只承认主观的"经验"，只要求 f_k 在（C_5）的意义上取得"实证成功"。由此，经验主义必导致相对主义，从而否定客观真理的唯一性。产生这一错误的原因在于经验主义从根本上否定了人类思维的巨大创造性功能，从而堵塞了人类由此认识真理的渠道。科学自然主义则将人类思维的创造性功能挖掘和发挥出来，并把它置于正确的物质观和认识论以及真实的物理图像的制约之下，并不断排除认识过程中的主观印迹，逐渐接近对绝对真理的认知。而所有这一切，均是在承认物质世界独立存在于人的意识之外的基础上所产生的。综上所述，二者的高下之分，立刻就可以看得十分清楚。

爱因斯坦是科学自然主义的坚定信奉者和捍卫者，所以，就应将爱因斯坦的"相对论"纳入科学自然主义观点之下来理解。否则，对爱因斯坦的理论的认识就缺乏了坚实的基础。

三、本书对相对论的意义进行分析探讨的路径

应当说，目前社会各界对相对论意义的认识并不统一。主要可分为以下两类：

（1）科学家们认为相对论建立了一个新的"科学规范"，发展了牛顿的理论，并对它的"形式美"十分欣赏；哲学家们则说相对论是对牛顿机械唯物论的"绝对时空观"的否定。

（2）对相对论并不十分了解的一般公众，则往往顾名思义，认为相对论的革命性意义就在于"相对"二字上。甚至也有部分学者持同样的观点。

对于上述第 1 类认识，我们将主要在第 7 章进行分析（其中"绝对空间"的问题由于与"相对性"问题密切相关，所以放在本章）。本章主要分析第 2 类认识，并希望在这一分析的基础上探讨相对论真正的革命性意义之所在。分析将主要集中在以下问题上：

第一，相对论革命性意义的实质是不是就在于"相对"二字？也就是说，相对论的成功是不是真的证明了"相对性原理"、即马赫"相对主义"的正确性？是不是真的否定了"以太"介质的存在和绝对系的优越性？——这是真正理解相对论革命性意义的关键。

第二，如果相对论革命性意义的实质并不在于"相对"二字，也并不是对"以太"以及绝对系的否定，那么它真正的革命性意义又在哪里？

第三，由于爱因斯坦在相对论中确曾受到过马赫"相对主义"的影响，那么，这种影响以及爱因斯坦没有清醒意识到的其他一些因素，使得他的理论出现了一些什么样的"瑕疵"？

在这里，我们的剖析所使用的工具，依然是 C 判据这把犀利的"手术刀"，而在其中，（C_1）即哲学本体论（世界观和物质观）又是最为重要的核心问题。

第 3 节　相对论的意义并不在于"相对"二字

人们之所以误认为相对论的意义就在于"相对"二字，第一是由于爱因斯坦把他的

革命性理论以不十分确切的方式命名为"相对论"，因而使得人们误认为似乎爱因斯坦本人否定了绝对系；第二是在狭义相对论中涉及了"同时性的相对性"、由"尺缩"所表现的"长度（空间）的相对性"、由"时间延缓"所表现的"时间的相对性"等"相对"的内容，因而似乎相对论的理论结果否定了绝对系；第三是作为相对论立论前提的基本假设之一，便是所谓的"相对性原理"。这最后一点是至关重要的，因为它实际上是前两者的根基。所以我们应由此出发进行分析。如果分析表明"相对性原理"不是一个正确的基本原理——那就可以证明相对论的意义并不在于"相对"二字。

我们知道，爱因斯坦之所以提出相对性原理，基于他确信物理规律在惯性参考系中应有相同的形式。根据爱因斯坦的论述以及后人的进一步理解（和"发挥"），现在一般将"爱因斯坦相对性原理"表述为：

所有惯性参考系都是等价的。物理规律对于所有惯性参考系都可以表达为相同的形式。也就是不论通过力学现象，还是电磁现象或者其他现象，都无法觉察出所处参考系的任何"绝对运动"。相对性原理是被大量实验事实所精确检验过的物理学基本原理。

$$(G_1)$$

从上述相对性原理的表述中，我们"解读"到的意思是：

第一，由于"物理规律对于所有惯性系都可以表达为相同的形式"；　　　　　　(G_2)

第二，所以，一切惯性系均是"等价的"、"平权的"；　　　　　　　　　　(G_3)

第三，基于同样的原因，即"物理规律对于所有惯性系都可以表达为相同的形式"，所以"不论通过力学现象，还是电磁现象或者其他现象，都无法觉察出所处惯性系的任何'绝对运动'"，由此否定绝对静止参考系（SR系）的特殊优越地位。　　　(G_4)

第四，相对性原理之所以是对的，就是因为它经过了"大量实验的精确检验"。

$$(G_5)$$

从上面的分析可以看出，在相对性原理的现代表述中，就逻辑关系而言，"物理规律对于所有惯性系都可以表达为相同的形式"是"因"，惯性参考系的"平权"及否定 SR 系优越性是"果"。就其正确性的判别而言，依据的仅仅是"实验"的"精确检验"。

相对性原理的上述说法是不是正确的呢？

为以更方便的方式讨论此问题，我们从大家较为熟悉的伽利略相对性原理入手来展开论述。因为正如洛伦兹变换是对伽利略变换的拓展一样，爱因斯坦相对性原理也是对伽利略相对性原理的拓展，就其本质而言两者是相同的。而爱因斯坦相对性原理既然是伽利略相对性原理的拓展，那么也就是将伽利略相对性原理包含于其中的。因此，如果对伽利略相对性原理的讨论表明它是存在问题的，那么，将它包含于其中的爱因斯坦相对性原理也就是存在问题的（这种讨论的方式事实上就是"证伪"的办法——例如，只要我们发现了一只黑天鹅，那么"所有的天鹅都是白的"的理论就可以被证明是错误的）。而且，对伽利略相对性原理的讨论比较简单易懂，所举的例证也可以是一些最简单的例证，是中学生都熟悉的例子，不涉及任何复杂的数学表述，这样既可以把问题讲清楚，又不会造成阅读理解上的困难。所以我们在以下的讨论中就将爱因斯坦相对性原理退化为伽利略相对性原理，将洛伦兹协变性退化为伽利略协变性来进行论述——这样做并不影响我们对问题本身的分析。

一、伽利略表述、伽利略变换和伽利略协变性

我国东汉初年的《书纬·考灵曜》一书中有过这样一段话："地恒动而人不知，譬如人在大舟中，闭牖而坐，舟行而人不觉。"1 500 多年后，伽利略作了事实上类似的表述，被称之为"伽利略表述"。"伽利略表述"后被牛顿概括在他的牛顿第一定律之中。由第一定律，建立了对"惯性系"的定义。设一惯性系（S'）相对于绝对参考系（SR）以

$$\vec{v}_\alpha = 常矢量 \rightarrow \dot{\vec{v}}_\alpha = 0 \tag{6-151}$$

运动，于是一粒子在 SR 系和在 S'系中的空间位矢及相应的时间，满足"伽利略变换"

$$\left.\begin{array}{l} \vec{r}'(t') = \vec{r}(t) - \vec{v}_\alpha t \\ t' = t \end{array}\right\} \tag{6-152}$$

其中，$t' = t$ 为牛顿的"绝对时间"假定。

由上式，有速度的变换关系

$$\vec{v}' = \vec{v} - \vec{v}_\alpha \tag{6-153}$$

其中，$\vec{v}'$ 和 $\vec{v}$ 分别为粒子在 S'系和 SR 系中的运动速度。

在 SR 系中，牛顿方程的原始表述为

$$\frac{d\vec{p}}{dt} = \vec{F}, \ \vec{p} = m\vec{v} \tag{6-154}$$

假若

$$m = m_0 = 常量 \tag{6-155}$$

则 (6-154) 式可以改写为

$$m\vec{a} = m\frac{d\vec{v}}{dt} = m\frac{d^2\vec{r}}{dt^2} = \vec{F} \tag{6-156}$$

将 m 从（6-154）式左边的微分号中提出来而表述为（6-156）式，有利于形式的简化和牛顿原理的普及与推广（这是马赫的功劳），但它是有条件的［即（6-155）式］。

再利用（6-151）式、（6-152）式和（6-153）式，有

$$m\frac{d\vec{v}}{dt} = m\frac{d}{dt}(\vec{v}' + \vec{v}_\alpha) = m\frac{d\vec{v}'}{dt} = \frac{d\vec{p}'}{dt'} \tag{6-157}$$

（6-156）式右边的力场 $\vec{F}$ 若为如下的形式

$$\vec{F} = \vec{F}(\vec{r}_{ij}, \vec{v}_{ij}, t) \tag{6-158}$$

即它仅是粒子之间的"相对位矢"（$\vec{r}_{ij} = \vec{r}_i - \vec{r}_j$）和"相对速度"（$\vec{v}_{ij} = \vec{v}_i - \vec{v}_j$）的函数时，利用（6-152）式、（6-153）式很容易证明 $\vec{r}'_{ij} = \vec{r}_{ij}$，$\vec{v}'_{ij} = \vec{v}_{ij}$，$t' = t$，故

$$\vec{F}(\vec{r}_{ij}, \vec{v}_{ij}, t) = \vec{F}(\vec{r}'_{ij}, \vec{v}'_{ij}, t') \tag{6-159}$$

亦即是说，SR 系与 S' 系中的力是一样的

$$\vec{F} = \vec{F}' \tag{6-160}$$

利用（6-154）式、（6-155）式、（6-157）式、（6-160）式，得

$$\frac{d\vec{p}'}{dt'} = \vec{F}',\ \vec{p}' = m\vec{v}' \tag{6-161}$$

通过上述的伽利略变换我们看到，牛顿方程在 SR 系中的数学形式（6-154）式与在 S' 系中的数学形式（6-161）式的确是相同的。于是人们称牛顿方程具有"伽利略协变性"。

但必须注意的是，伽利略协变性原理的得出有三个前提条件：一是绝对时间假定，二是质量不变假定，三是力场仅是相对坐标和相对速度的函数。如果这些条件并不是严格满足（即只是"近似"满足）的，则所谓"协变性"就只具有近似的意义。

应当说，伽利略（以及洛伦兹）协变性原理具有重要的价值。这一方面是因为由于力学规律具有协变性，即可以通过伽利略变换将其在不同惯性系中的表述化为相同的数学形式（当然是在满足前述三个条件的前提下），所以就方便了人们在不同的惯性系中研究同样的问题。而更重要的是，物理规律的协变性本身反映了这样一个事实——人们在不同的惯性系中对同一规律的表述（即前述的"映射" f_k）既然可以化为相同的数学形式，就表明人们在不同的惯性系中所观察的是"同一个""客观存在"，这个"客观存在"是不以人们的"主观介入"的"实验观测"而改变的，是"客观的"、"唯一的"［因为与"主观介入"有关的运动因素 $\vec{v}_\alpha$，在从（6-156）式导出（6-161）式的过程

中被"消去了"〕。

然而，由协变性原理出发是不是可以推出"所有惯性系都是'等价的'、'平权的'"并进而否定绝对系的优越性的结论呢？我们的回答是：否！

二、由协变性原理并不能推出"所有惯性系是'等价的'、'平权的'"并进而否定绝对系的优越性的结论

我们之所以能这样说，基于以下的理由：

伽利略协变性原理说，"在不同的惯性系中，通过伽利略变换，所有的力学规律都可以表达为相同的数学形式"。但仅只是**数学形式相同**就能说明它们是**同一个**东西吗？我们知道，一个事物包含着质、形、量多方面的内容，只有其质、形、量完全一样的东西，我们才能说它们就是同一个东西。因而，只是规定了力学规律在"形"的方面的"相同性"的伽利略协变性，并不能保证力学规律的"同一性"或"等同性"。

为说明此问题，我们用一个大家在中学时就已熟知的最为简单的事例来做论证。

设在近地表面附近，一质量为 m 的小球于离地面高 h 处以初速度 v_0 铅直向上抛出。而恰逢此时（选为计时零点，$t=0$），一小车以匀速度 v_α 经过该铅直连线的位置（参见图 6 – 12）。空气阻尼力不计。现讨论小球的运动。在以下的讨论中我们将把地球作为一个惯性系，把小车作为另一个惯性系。我们知道，惯性系是相对地在运动着的，这"运动"必须得有一个起源，即它从"静"到"动"，必须要有什么东西对它做功才行。因而惯性系是不能先验地"假定"的，而应当由实际过程来"确立"〔其论证参见第 3 章（F_{10}）〕。按照这一观点，我们首先来"确立"地球和小车的惯性参考系地位。

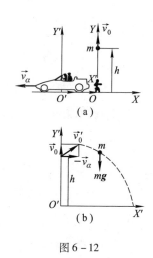

图 6 – 12

我们先"假定"一个绝对静止的参考系 O_s（SR 系），并在其中看问题。这和我们上面的观点并不矛盾。即使按相对性原理关于一切惯性系都是等价和平权的说法，这也是允许的。而更为重要的是，建于 O_s 上的 SR 系，在该问题中自始至终均不与任何物体发生相互作用，所以它作为一个特殊惯性系的地位始终是一致的，因而它所给出的结果就始终保持了"真"的一致性。

现在 O_s 系中考察小球 m 和地球 M_E 的运动，它们的运动方程分别为

$$\frac{d(m\vec{\nu})}{dt} = m\vec{g} \tag{6-162}$$

$$\frac{d(M_{\mathrm{E}}\vec{\nu}_{\mathrm{E}})}{dt} = -m\vec{g} \tag{6-163}$$

这是因为 m 在近地表面附近运动时，小球与地球之间相互作用的万有引力可以近似简化为重力 mg。由上两式相加，有

$$\frac{d}{dt}(m\vec{\nu} + M_{\mathrm{E}}\vec{\nu}_{\mathrm{E}}) = 0 \tag{6-164}$$

对上两式积分，有

$$m\vec{\nu}(0) + M_{\mathrm{E}}\vec{\nu}_{\mathrm{E}}(0) = m\vec{\nu}(0^-) + M_{\mathrm{E}}\vec{\nu}_{\mathrm{E}}(0^-) \tag{6-165}$$

0 和 0^- 分别表示小球 m 被抛出和未被抛出的瞬时；而在 0^- 瞬时，O_S 的观察者所看到的小球与地球均是静止的；$\vec{\nu}(0^-) = \vec{\nu}_{\mathrm{E}}(0^-) = 0$，于是利用 $\vec{\nu}(0) = \vec{\nu}_0$，有

$$m\vec{\nu}_0 + M_{\mathrm{E}}\vec{\nu}_{\mathrm{E}}(0) = 0 \tag{6-166}$$

由上式即有地球的速度

$$\vec{\nu}_{\mathrm{E}}(0) = -\frac{m}{M_{\mathrm{E}}}\vec{\nu}_0 \tag{6-167}$$

地球质量 $M_{\mathrm{E}} = 5.9742 \times 10^{24}\ \mathrm{kg}$，若设 $m = 1\ \mathrm{g}$，$\nu_0 = 1\ \mathrm{m/s}$（在 $t=0$ 时小球的速度），于是地球的速度值便为

$$\nu_{\mathrm{E}}(0) = \frac{1}{5.9742} \times 10^{-27}\ \mathrm{m/s} \approx 0 \tag{6-168}$$

即地球在 $t=0$ 时近似地处于静止状态。返回到（6-163）式看问题就是说小球对地球的反作用力（$-mg$）太小了，从一开始就"拉不动"地球，当然以后也"拉不动"（因为此后这个力一直没有改变——当然也没有增大），即这个"反作用力"可以略去不计。于是在我们的讨论中，（6-163）式就可以近似地表示为

$$\frac{d}{dt}(M_{\mathrm{E}}\vec{\nu}_{\mathrm{E}}) \approx 0 \tag{6-169}$$

由上式即有

$$\vec{\nu}_{\mathrm{E}}(t) \approx \vec{\nu}_{\mathrm{E}}(0) \approx 0 \tag{6-170}$$

这样，我们就"确立"起了地球作为一个近似的惯性参考系的地位。但我们应注意的是，这一结论的得出，有三个前提条件：一是小球对地球的反作用力可以忽略不计；二是在所研究的系统中，除了小车、小球和地球之外，"外界"的影响（例如太阳的作

用）略去不计；三是上述对小球、地球的描述是在 O_S 静止点上所建的绝对参考系（SR系）上进行的并推出了（6-169）式。在这里，第一、第二两个条件是近似条件。这些近似在我们所讨论的问题中是一个"好的近似"。所以在 SR 系中所确立的满足（6-169）式的地球作为一个近似惯性系也就是一个好的近似。第三点表明，我们是在 SR 系中得出上述结论的。我们在前面章节中已论述过，SR 系的确立确保了我们对客观世界认识的"唯一性"、"客观性"和"统一性"。所以这第三点就保证了地球的惯性参考系地位的确立过程的"客观性"。且地球这个惯性参考系同时还满足（6-170）式，故它又是一个近似的 SR 系。

现在我们来建立小车的惯性参考系的地位——同样道理，不能用"假定"来引入，而必须由实际过程来"确立"。

设小车是从 $t = -t_0$ 到 $t = 0$ 这段时间内完成其从 $\nu_c(-t_0) = 0$ 加速到 $\nu_c(0) = \nu_\alpha$ 的转变的，地面与车之间的摩擦力为 $\vec{F}_N$。在 O_S 这个 SR 系讨论时，小车及地球的运动方程为

$$\frac{d}{dt}(m_c \vec{\nu}_c) = \vec{F}_N \tag{6-171}$$

$$\frac{d}{dt}(M_E \vec{\nu}_E) = -\vec{F}_N \tag{6-172}$$

由（6-171）式积分，有

$$\vec{\nu}_\alpha = \frac{1}{m_c} \int_{-t_0}^{0} \vec{F}_N dt \tag{6-173}$$

为简化讨论，设 $\vec{F}_N$ 为常矢量，则得小车的速度

$$\nu_\alpha = \frac{1}{m_c} F_N t_0 \tag{6-174}$$

$$F_N = \frac{m_c \nu_\alpha}{t_0} \tag{6-175}$$

对（6-172）式积分并将（6-175）式代入，得地球速度

$$\nu_E(0) = \frac{1}{M_E} \int_{-t_0}^{0} F_N dt = \frac{1}{M_E} F_N t_0 = \frac{m_c}{M_E} \nu_\alpha \tag{6-176}$$

ν_e 的方向与 ν_α 相反。因小车质量远远小于地球的质量（$m \ll M_E$），

故
$$\frac{m_c}{M_E} \approx 0 \tag{6-177}$$

代回（6-176）式则有以下的近似关系，它表明在建立小车这个惯性系的过程中，地球

的静止状态是近似不变的：

$$\nu_E(0) \approx \nu_E(-t_0) \approx 0 \tag{6-178}$$

在 $t \geq 0$ 之后，假定地球表面是绝对光滑的，小车无内摩擦，空气阻力不计，于是有

$$\frac{d}{dt}(m_c\vec{\nu}_c) = 0 \tag{6-179}$$

$$\frac{d}{dt}(M_E\vec{\nu}_E) = 0 \tag{6-180}$$

利用 (6-174) 式得 t 时刻小车的速度

$$\nu_c(t) = \nu_\alpha = \frac{1}{m_c}F_N t_0 = 常量 \tag{6-181}$$

由 (6-180) 式、(6-178) 式得 t 时刻地球的速度

$$\nu_E(t) \approx \nu_E(0) \approx 0 \tag{6-182}$$

这样，由 (6-179) 式、(6-181) 式就确立起了小车在 $t \geq 0$ 之后作为惯性参考系的地位。且在建立小车惯性参考系地位的过程中，由 (6-178) 式、(6-180) 式、(6-182) 式可见，前面所讨论的地球可以近似视为是一个 SR 系的结论是不受影响的。

至此为止，我们上述的所有结论均是在 SR 系中得出的，故是客观的——虽有近似但却无主观介入的影响。

建立起了地球作为一个近似的 SR 系以及小车作为一个以 ν_α 匀速度相对于地球这个近似的 SR 系运动的惯性系的地位之后，我们现在就可以在图 6-12 所示的 Oxy 及 $O'x'y'$ 系中来描述小球 m 的运动了。

对于静止或作平动的物体而言，因其上任一点的加速度是一样的，故我们可以不选质心而选其上的任一方便计算的点为其运动的代表点。对地球，我们选图 6-12 的 O 点为代表点。

在 Oxy 这个 SR 系中，小球 m 的运动方程为

$$\begin{cases} m\dfrac{d\nu_x}{dt} = m\dfrac{d^2x}{dt^2} = 0 & (6-183) \\[2mm] m\dfrac{d\nu_y}{dt} = m\dfrac{d^2y}{dt^2} = -mg & (6-184) \end{cases}$$

由 (6-183) 式作积分，有

$$\nu_x(t) = \nu_x(0) = 0 \tag{6-185}$$

$$x(t) = x(0) = 0 \tag{6-186}$$

由（6-184）式作积分，有

$$\nu_y(t) = \nu_0 - gt \tag{6-187}$$

$$y(t) = h + \nu_0 t - \frac{1}{2}gt^2 \tag{6-188}$$

设 $t = t_k$ 时为小球运动到最高处（$y(t_k) = y_{max}$）的时刻，此时 $\nu_y(t_k) = 0$。于是由（6-187）式有

$$t_k = \frac{\nu_0}{g} \tag{6-189}$$

代入（6-188）式得

$$y_{max} = y(t_k) = h + \frac{\nu_0^2}{2g} \tag{6-190}$$

于是由（6-186）式、（6-188）式和（6-190）式可见，在 Oxy 系中的观察者 A 所看到的小球的轨道运动现象是：以 ν_0 于 h 处竖直上抛到最高处 y_{max} 之后，小球又铅直加速自由落回到地面 O 点。由于现在的 Oxy 系也是近似的 SR 系，所以上述的结论、所给出的小球轨道运动的物理图像与在 O_S 这个 SR 系所得出的是（近似）一样的。

在 $O'x'y'$ 系中，由

$$\left. \begin{array}{l} m\dfrac{d\nu_x'}{dt} = m\dfrac{d^2x'}{dt^2} = 0 \\[2mm] m\dfrac{d\nu_y'}{dt} = m\dfrac{d^2y'}{dt^2} = -mg \end{array} \right\} \tag{6-191}$$

作完全类似的计算，得

$$\nu_x'(t) = \nu_\alpha \tag{6-192}$$

$$x'(t) = \nu_\alpha t \rightarrow t = \frac{x'}{\nu_\alpha} \tag{6-193}$$

$$\nu_y'(t) = \nu_0 - gt \tag{6-194}$$

$$y'(t) = h + \nu_0 t - \frac{1}{2}gt^2 \tag{6-195}$$

（6-193）式代入（6-195）式消去 t，得轨道方程

$$y' = h + \frac{\nu_0}{\nu_\alpha}x' - \frac{g}{2\nu_\alpha^2}x'^2 \tag{6-196}$$

亦即是说，在 $O'x'y'$ 系中 B 处的观察者所看到的小球 m 的轨道运动现象是：小球以初速

度 $\vec{\nu}_0{}' = \vec{\nu}_0 - \vec{\nu}_\alpha$、与水平线成夹角 $\theta_\alpha = \tan^{-1}\left(\dfrac{\nu_0}{\nu_\alpha}\right)$ 的方式被抛出去并按（6－196）式描述的二维抛物线运动［如图 6－12（b）所示］。它和我们在地球这个 SR 系中所看到的小球的轨道运动现象——以初速度 $\vec{\nu}_0$ 竖直上抛至最高点然后再铅直回落的一维直线运动［如图 6－12（a）所示］——是不一样的。

现在来考察由地球、小球所组成系统的机械能。在 O_S 这个 SR 系中，由机械能守恒有

$$E = \frac{1}{2}m\nu^2 + mgy = c_1 = 常量 \tag{6－197}$$

因地球是静止的，故地球的动能

$$E_E = \frac{1}{2}M_E\nu_E^2 \approx 0 \tag{6－198}$$

在（6－197）式中反映不出来。

这一结果与 Oxy 系中 A 处的观察者所看到的结果是一样的，原因在于地球也是一个近似的 SR 系。但我们却不能在地球这个参考系中求地球和小球所组成的系统的机械能。因在该系中是选地球作为参考原点的，因而无论地球在客观上是否运动，在 A 处的观察者看来总认为地球是不动的。

现在 $O'x'y'$ 惯性系中来考察。这时，小球与地球所组成的系统的总的机械能为

$$E' = \frac{1}{2}M_E\nu_\alpha^2 + \frac{1}{2}m\nu'^2 + mgy' = c_2 = 常量 \tag{6－199}$$

其中 $\vec{\nu}'$ 为 S' 系中小球的速度。

以上我们对这个例子进行了详细的描述。现在对其进行分析。

众所周知，牛顿力学规律既包括以微分形式为表述的规律，也包括以积分形式为表述的规律。对于以微分方程形式为表述的牛顿原理（6－161）式与（6－154）式而言，它们的确具有"形、量、质"的等同性：于"形"上，数学形式是相同的；于"量"上，（6－157）式和（6－160）式保证其精确相等；于"质"上，所表达的是同样的客观本质——规律具有不依赖于观察者人为介入的自然属性（这一点在下面还将分析）。因而可以说它们就是"等同"的、"同一"的。然而，对以积分形式为表述的力学规律而言却不是这样。前面推导出的积分规律（例如机械能守恒定律）具有"形"的相同性——系统的机械能为一常量——这一点的确已为（6－197）式和（6－199）式的数学形式所证明；但却不具备"量"、"质"方面的等同性。（6－197）式和（6－199）式这

279

两个积分常量是标量，在伽利略变换下应是一个"不变量"。然而，在 Oxy 和 $O'x'y'$ 这两个不同的惯性系中，二者在"量"上实际却并不"相等"：代入初条件之后，求得（6 – 197）式和（6 – 199）式的积分常量分别为

$$c_1 = \frac{1}{2}m\nu_0^2 + mgh \tag{6 – 200}$$

$$c_2(\alpha) = \frac{1}{2}M\nu_\alpha^2 + \frac{1}{2}m\,(\vec{\nu}_0 - \vec{\nu}_\alpha)^2 + mgh = \frac{1}{2}(M+m)\,\nu_\alpha^2 + \frac{1}{2}m\nu_0^2 + mgh$$

$$\tag{6 – 201}$$

比较两式知

$$c_1 \neq c_2(\alpha)\,, \Delta c(\alpha) = c_2(\alpha) - c_1 = \frac{1}{2}(M+m)\nu_\alpha^2 \quad (\alpha = 1,2,\cdots) \tag{6 – 202}$$

由此可见，这二者并不是"等同"、"同一"的。既然不是"等同"的、"同一"的，就是二者之间仍然是有差别的。这一差别是由我们在不同的惯性系中对同一事物进行描述所带来的，这就表明我们用来进行描述的不同的惯性系本身就是有差别的，那么又怎么能说这不同的惯性系是"平权的"、"等价的"呢？

如果这所谓的"平权"和"等价"指的是人们在不同的惯性系中所观测到的规律和现象具有"平权"性，即都是"对的"、"成立的"，那就更荒谬了。在上面的例证中，我们已经求出了以积分形式为表述的规律所呈现的现象——轨道运动，在 Oxy 这个 SR 系中，所看到的小球做的是一维竖直的直线轨道运动［见（6 – 186）式、（6 – 188）式、（6 – 190）式］；而在以 ν_α 匀速度相对 SR 系做相对运动的惯性系 $O'x'y'$ 中的观察者看来，小球所做的是二维抛物曲线轨道运动［见（6 – 192）式、（6 – 195）式、（6 – 196）式］。如果把直线运动纳入广义的抛物运动之中，则就"抛物线簇"这一类概念而言，不同参考系（$\alpha = 1,2,\cdots$）所看到的轨道似乎还可以称为具有"形"上的"相同性"，但是一维运动和二维运动——就空间维度这个"量"而言——能称得上是"同一"的、"等同"的吗？"质"和"量"常常是相互关联的，"不同惯性系中的观察者看到小球 m 做的是不同的抛物轨道运动"这种"量"上的变化必然会带来"质"的改变：客观存在及其规律的统一性和唯一性被破坏了。反映到能量关系上，如（6 – 201）式所示，在不同惯性系（$\alpha = 1,2,\cdots$）中观测所获得的能量值是不一样的；从而因（6 – 202）式的存在，使得对不同的惯性系而言，能量守恒被破坏了——于是人们不得不问：这种能量差 $\Delta c(\alpha)$（$\alpha = 1,2,\cdots$）是谁做功给予的？

如果承认上述的相对性原理关于"平权"、"等价"的说法，基于上述的理论描述，

从实验上讲，"上述所有的导出式都是'成立'的"这一点的确是可以被"观察实证"的。亦即是说，在以 O_S 为参考原点的 SR 系中看到的由（6-187）式、（6-188）式所给出的小球的轨道运动以及由（6-197）式和（6-200）式所给出的小球、地球结成的系统的机械能，可以被实验观测所"实证"；同样的，在以 O' 为参考原点的惯性系中所看到的由（6-194）式、（6-195）式所给出的小球的轨道运动以及由（6-199）式和（6-201）式所给出的小球、地球所结成的系统的机械能，在承认"一切惯性系是等价的、平权的"这个假定的基础上，也是可以被实验观测所"实证"的。然而所"实证"的东西，却并不是一样的。由（6-174）式可见，在同样的时刻 t_0 施加同样的力 F_N，B 处的观测者越瘦（m_c 越小），相应的 ν_α 则越大，与之相应地以（6-199）式为表述的系统的机械能也就越大。同样的"因"，由于观测者（"主观介入"）的质量不一样，就给出了不同的能量，即结出了不同的"果"。这是真实的吗？而上述这些种种的"果"及理论结论，均是在"相对性原理"确立后被认为是能由实验观测所"实证"的。但我们要问：这种实验验证是可靠的吗？可以检验出理论及理论背后的物质观和认识论是否正确吗？显然不能。事实上，受理论和世界观制约、即"污染"后的"实验检验"虽是必要的，但却不是充分的，故不能作为检验理论的唯一标准。全面检验的标准，应是 C 判据。

我们上面不嫌累赘地说了这么多，事实上是想说明以下的问题：

将"力学规律中的微分规律"在伽利略变换下具有"相同的形式"，拓展为"力学规律"（包括积分规律）在伽利略变换下具有"相同的形式"（G_2）是错误的、不成立的！然而（G_2）又是（G_3）、（G_4）和（G_5）以及整个"相对性原理"（G_1）的基础和前提，那么，既然（G_2）不成立，则在它的基础上建立起来的（G_3）、（G_4）、（G_5）以及整个"相对性原理"（G_1）就统统都是不成立的。因而，说相对性原理否定了绝对系的存在就是错误的，因为这将发生如下面所论述的一种"质"的变化：将"主观介入"带进了物理学。

三、所有的惯性系"并不等价"、"并不平权"的原因，在于在除绝对系（SR 系）以外的惯性系中带入了"主观介入"因素的影响

我们上面说过，牛顿原理在 SR 系中的表述（6-154）式和在另一个惯性系 S' 中的表述（6-161）式是"等同的"。这是为什么呢？

事实上这是因为，在伽利略变换下，我们在推导（6-161）式的过程中，其前提条

281

件（6 – 157）式和（6 – 159）式的得出，用到了如下的关系

$$\frac{\mathrm{d}\vec{\nu}_\alpha}{\mathrm{d}t} = 0 \tag{6 – 203}$$

然而，$\vec{\nu}_\alpha$ 不同说明惯性系不同，也即观察者的"视角"和"立场"不同。也就是说，不同惯性参考系中观察者的"视角"和"立场"，是通过"$\vec{\nu}_\alpha =$ 常矢量"这个量被带进来的。由于（6 – 203）式的原因，则在（6 – 161）式的推导过程中，就"消去"了$\vec{\nu}_\alpha$ 这个量——从而"抹去"了观察者的视角和立场。所以，牛顿原理在伽利略变换下的不变性，实质上反映的是该力学规律的成立与观察者无关。而这一点，正是牛顿力学的认识论基础。所以，伽利略变换不仅可以保证微分规律具有"形"、"量"的等同性、同一性，且在认识论、世界观上保证了其"质"的等同性和同一性。这是它的核心和实质所在。

但是，在不同的惯性系中，以积分形式为表述的规律（例如机械能守恒定律和轨道现象）却并不是"等同的"。这又是为什么呢？

先来看运动轨道。

在 SR 系中，小球的运动轨道是以（6 – 186）式、（6 – 188）式、（6 – 190）式表示的竖直上抛至最高点后又铅直下落的一维直线运动，在水平方向是没有运动的。

在 $O'x'y'$ 系中，所看到的小球 m 的运动方程为

$$\left.\begin{array}{l} x'(t) = \nu_\alpha t \\[2mm] y'(t) = h + \nu_0 t - \dfrac{1}{2}gt^2 \end{array}\right\} \tag{6 – 204}$$

所给出的是（6 – 196）式的抛物轨道运动。所看到的地球（以 O 为代表点）在沿 x' 方向做匀速直线运动，其运动方程为

$$\left.\begin{array}{l} x_0'(t) = \nu_\alpha t \\[2mm] y_0'(t) = 0 \end{array}\right\} \tag{6 – 205}$$

可见在地球这个 SR 系和在 $O'x'y'$ 系中所看到的运动，显然是不同的。但在 $O'x'y'$ 系中 B 处的观察者所看到的小球 m 相对于地球（以 O 为代表点）的"相对运动"为〔见前面的（6 – 186）式和（6 – 188）式〕

$$\left.\begin{array}{l} x(t) = x'(t) - x_0'(t) = 0 \\[2mm] y(t) = y'(t) - y_0'(t) = h + \nu_0 t - \dfrac{1}{2}gt^2 \end{array}\right\} \tag{6 – 206}$$

却与小球在绝对系中的运动轨道是"相同的"。

若利用伽利略变换

$$\left. \begin{array}{l} x'(t) = x(t) + \nu_\alpha t \\ y'(t) = y(t) \end{array} \right\} \qquad (6-207)$$

将（6-207）式直接代入（6-204）式同样可以得出（6-206）式。

再来看机械能。

以地球为例，在 $O'-x'y'$ 系中，它 t 时刻的速度

$$\nu_e'(t) = \nu_\alpha = \text{常量} \qquad (6-208)$$

则其在 t 时刻的动能为

$$E_e'(t) = \frac{1}{2}M_E (\nu_e'(t))^2 = \frac{1}{2}M_E\nu_\alpha^2 \quad (\alpha = 1,2,\cdots) \qquad (6-209)$$

而在 O_S 这个 SR 系中，地球在 t 时刻的速度〔见（6-182）式〕

$$\nu_e(t) \approx \nu_e(0) \approx 0 \qquad (6-210)$$

故而其动能为

$$E_e(t) = \frac{1}{2}M_E\nu_e^2(t) \approx 0 \qquad (6-211)$$

比较（6-209）式和（6-211）式，有

$$E_e'(t) \neq E_e(t) \qquad (6-212)$$

即使按严格的计算，利用（6-176）式所得的地球的动能也应为

$$E_e(t) = E_e(0) = \frac{1}{2}M_E\nu_e^2(0) = \frac{1}{2}m_c \left(\frac{m_c}{M_E}\right)\nu_\alpha^2 \qquad (6-213)$$

这是在上述例证中得出的真实的地球动能值。与（6-209）式相比较，有

$$\frac{E_e'(t)}{E_e(t)} = \left(\frac{M_E}{m_c}\right)^2 \gg 1 \qquad (6-214)$$

但是，如果我们再将积分常量（6-209）式代回（6-197）式，就有

$$E = \frac{1}{2}m\nu^2 + mgy = \frac{1}{2}m\nu_0^2 + mgh \qquad (6-215)$$

将（6-201）式代回（6-199）式，有

$$E' = \frac{1}{2}M_E\nu_\alpha^2 + \frac{1}{2}m\nu'^2 + mgy' = \frac{1}{2}(M_E + m)\nu_\alpha^2 + \frac{1}{2}m\nu_0^2 + mgh \qquad (6-216)$$

利用伽利略变换公式 $\begin{cases} y' = y \\ \vec{\nu}' = \vec{\nu} - \vec{\nu}_\alpha \end{cases}$

于是（6-216）式右边为（注意到 $\vec{v} \perp \vec{v}_\alpha$）

$$E' = \frac{1}{2}M_E v_\alpha^2 + \frac{1}{2}m(\vec{v} - \vec{v}_\alpha)^2 + mgy = \frac{1}{2}(M_E + m)v_\alpha^2 + \frac{1}{2}mv^2 + mgy \quad (6-217)$$

（6-217）式代回（6-216）式，有

$$\frac{1}{2}(M_E + m)v_\alpha^2 + \frac{1}{2}mv^2 + mgy = \frac{1}{2}(M_E + m)v_\alpha^2 + \frac{1}{2}mv_0^2 + mgh \quad (6-218)$$

上式中，消去等式两边的 $\frac{1}{2}(M_E + m)v_\alpha^2$，则得

$$\frac{1}{2}mv^2 + mgy = \frac{1}{2}mv_0^2 + mgh \quad (6-219)$$

这正是在 O_S 即在地球 O 所看到的机械能守恒定律〔见（6-215）式〕。

在 $O'x'y'$ 系中的机械能守恒定律（6-218）式之中，为什么同样作为初条件的 $\frac{1}{2}mv_0^2$ 消不掉，而 $\frac{1}{2}(M_E + m)v_\alpha^2$ 却消掉了？原因在于前者是客观性的真实的东西，而后者是主观介入赋予的非真实的东西。因积分方程是由微分方程导出的结果，而微分方程是与观察者无关的，所以与观察者有关的部分就必定会同时在两边出现而被消掉。

从上面的"消去"我们看到，真实的客观部分（6-219）式是完全排斥主观介入的，所以这种"消去"的过程实际上是一个如前面所论及的排除主观性的"去伪存真"的过程。而这是通过伽利略变换来加以保证的。

由此可见，在其他惯性系中所看到的小球 m 和地球 O 的运动方程（6-204）式和（6-205）式以及地球的机械能（6-209）式中，正是 v_α 将不同（$\alpha = 1, 2, 3, \cdots$）观察者的主观介入带了进来——使它们变得"似是而非"。

说它"似是"，是因为它有合理性，看起来像真的。因为，无论我们直接由（6-204）式、（6-205）式还是借助伽利略变换给出（6-206）式，都表明客观真实的东西并没有丢掉，并可借此将 SR 系确立起来（这表明，对伽利略变换的认识虽是"见仁见智"的，但对它的最基本点的认识——保证了规律的客观性和唯一性——却是不容肆意歪曲的），也使得不同惯性系的选取作为一种技术和认识手段的合理性得以肯定。说它"而非"——在实际上却不是真的。因为，它将本来仅仅反映了"描述的是同一客观事实"的伽利略协变性原理，人为"拔高"上升为伽利略相对性原理：声称一切惯性系都是"等价的"、"平权的"——这样一来，就等于说不同惯性系所观察到的现象都是"真"——从而将"主观介入"带进了物理学，并由此因否定"客观性"而产生论述上

的矛盾。

正因为上述矛盾，才使得相对性原理产生内在的论述上的逻辑悖论；用我们所提出的 C 判据来检验时，首先就通不过（C_3）的检验。继而，因主观介入否定客体的客观性，所以通不过（C_1）物质观的检验。客观存在具有"唯一性"，但主观观察却产生"多样性"，使得主观观察的物理图像不具备真实性，通不过（C_2）的检验。

让我们再进一步从力学规律的"源头"——牛顿方程来谈谈这个问题吧。

按（3-20）式，牛顿方程有如下两种理解：

在（a）的情况下，已知运动求力，是微分过程。牛顿方程在伽利略变换下的协变性表明：通过微分过程（用"求力"的方法）是不可能判断出惯性系相对于 SR 系是否是运动的。这正是"舟行而人不觉"所表达的内容。物体受力的状态是"人不觉"的，也就是与主观的观察无关的，是客观的，故以微分形式为表述的牛顿力学规律在伽利略变换下是不变的。

在（b）的情况下，已知力求运动，是积分过程。因涉及积分常量的确定，就将 ν_α 这个因素的效应反映了出来，从而也就将由观察者的"主观介入"所产生的某些非真实的东西带了进来。正因存在"主观介入"的非客观真实性，所以以积分形式为表述的力学规律不具备伽利略变换下的不变性。也恰因为这一原因，相对性原理宣称"一切惯性系都是等价的、平权的"论述才是不成立的。但是，在另一方面我们又注意到，在不同的惯性参考系中的积分表述和它得出的结果，又都是由微分表述的牛顿方程推导出来的。而微分形式表述的牛顿方程，在伽利略变换下的不变性是依赖我们前面所指出的"三个条件"的，其中之一便是力场仅是"相对运动"的函数。这就表明，牛顿方程在（b）的情况下，通过积分过程由力求运动时，物体之间"相对运动"的客观事实，在积分力学规律之中仍被保留——它是造就不同观察者的"共识"的因素，是"唯一的"、"客观的"。所以，在由积分规律及所描述的现象和得出的结果中，既有依赖于观察者主观介入的虚幻的、非真实的东西，也有不依赖于观察者主观介入的客观的、真实的东西。前者依赖于不同的观察者，是"多样的"；后者不依赖于不同的观察者，是"唯一的"。这种客观上的"唯一性"，正是不同观察者可以达成"共识"从而正确认识客体及自然规律的基础。

正因为如此，我们才能看到，将伽利略变换代入到惯性系中所得的积分规律后，反映主观介入的、与 ν_α 有关的量将统统被消去，只有那些在 SR 系中得出的、与 ν_α 无关的客观结果才被保留下来。而正是这一点，为我们采用"由表及里，去伪存真"的方法认识客观实在提供了前提：通过不同惯性系之间的"不等价"、"不平权"性的比较，从中挑选出那个唯一的优越参考系（SR 系）；在这个优越参考系中，那些"多样的"、依赖于观察者的、虚幻的非真实的东西将被排除掉，所保留下来的仅只是客观真实的部分——即那"唯一的"能让不同观察者达成"共识"的部分。由此可见，伽利略协变性原理不等同于伽利略相对性原理：伽利略协变性原理为真，伽利略相对性原理为假。

四、相对性原理的现代表述并不符合伽利略、爱因斯坦的主体性思想

通过上面细致而严格的检验，我们得出了十分明确的结论：伽利略协变性原理不等同于伽利略相对性原理。可以说，伽利略相对性原理实际上是后人强加给伽利略的，是后人提出的一个错误的原理。

因而，相对性原理并不符合伽利略、爱因斯坦的主体性思想。伽利略支持哥白尼的理论，而哥白尼理论的实质是确认 SR 系的优越地位。这就是确认第 3 章第 1 节的结论（R_5），承认在 SR 系中的对客体及其规律的认识具有"唯一性"、"客观性"和"统一性"——这正是科学自然主义的根基。爱因斯坦思想的主体也是科学自然主义。而相对性原理却是同科学自然主义格格不入的。因此，我们上述对相对性原理的否定性论证并不能否认伽利略和爱因斯坦伟大的科学贡献和他们正确的主体性思想。

事实上，从伽利略表述到伽利略协变性原理直到最后向伽利略"相对性原理"的转变，是后人们未能正确理解伽利略表述、伽利略协变性原理和牛顿原理而"拔高"后强加给伽利略的。正是由于后人们对他们的本意的错误理解和对协变性原理的不恰当的"拔高"，才使得马赫的"相对主义"及由此而来的人的"主观介入"在物理学中泛滥，造成了对科学自然主义的严重背叛和认识论的严重倒退，深深地损伤了物理学、特别是20 世纪物理学的基础。这是一个必须严重关切的重大问题！因为它不仅阻滞了物理学的发展，而且阻滞了科学事业的发展，甚至对整个社会都带来了极其重大的不良影响。

五、相对性原理中的错误认识对物理学发展的不良影响

通过以上的论述我们看到，相对性原理中掺杂了马赫经验主义的错误观念。这一点更集中地表现在（G_5），即"相对性原理之所以是对的，就是因为它经过了'大量实验的精确检验'"之中。

正是依据这一点，人们会说，不同惯性系（v_α 不同，$\alpha = 1$，2，…）的观察者所看到的小球 m 和地球 O 的运动分别由前面的（6 - 204）式和（6 - 205）式描述，这是我们

亲眼所见，而且是可以为实验检验肯定的［即在 $O'x'y'$ 系中通过实验测量，证实 (6-204) 式和 (6-205) 式是成立的］，怎么能说它不是真的呢？

这是因为，实验检验本身是依赖于理论及其背后的认识论的，是被"污染"了的，故而也就会在一定的意义上失去其客观性。所以它只是 C 判据之 (C_5) 的内容，是不能作为检验理论的唯一标准的。这正如霍夫曼所说的："理论每有改变，都再一次表明实验的确实性是不确实的。"

当然，我们并不否认"眼见"即经验和实验的价值与作用，但对真理的认识却不能停留在这一步。认识真理，还需要用理性思维去作"由表及里、去伪存真"的把握，从"眼见"的外在的表象出发进一步透视其内在的本质，剥去经验的外衣作更深层次的本体论思考。因为只有这样，才有可能去掉纯经验带给我们的"经过伪装看似为实而实际为虚的东西"，以达到对客观存在及其规律（真理）的本质性认识（即前面所论及的 f_k 对 g_k 的"完全"而"忠实"的映射）。在这里，正确的认识论是关键。

行文至此，我们不能不遗憾地指出，马赫经验主义中的错误认识论在 20 世纪物理学"革命"之后，不仅没有被彻底清算，反而越来越猖獗了。纵观当前的物理学研究，似乎在许多方面充斥着不健康的东西：我们往往不首先问一问认识论对不对，物质观对不对，物理图像对不对——总之，物理学的基础对不对，而仅仅依赖于数学表象，满足于理论结果在某些范围被"实证成功"（但若实证成功就是一切，那么托勒密理论就是对的，就无须哥白尼式的革命）。这样一来，数学表象的"高深"便与认识论上的"肤浅"呈反比例地增长——数学表象越来越复杂，手段越来越多，局面"轰轰烈烈"；而对于原本"简单的自然"的本性的认识，却似乎正让我们处在一种更加不透悟的迷茫之中。

这种实证主义思想的蔓延反映在社会方面，就是实用主义的蔓延——"只要是有用的东西，就是好的东西"。这种实用主义和极端个人主义的结合，极大地毒害了我们这个社会有机体，导致不适当地强调人类甚至个人的主体性及其自由意志。而人的理性却在泯灭，人的理想和追求——真正体现人的价值的最宝贵的东西——也被抛到了一边。试想一想，如果这样"发展"下去，其结果将是多么的可怕！因此，现在真的是到了需要彻底清算马赫经验主义中那些导致错误认识论的东西的时候了！

六、关于洛伦兹变换与伽利略变换之间关系的一点说明

从伽利略变换到洛伦兹变换的过渡，原因在于存在了以光速 c 为关联的定域相互作用。若令 (4-109) 式所定义的关联信号

$$u_c = \frac{uc'}{c' + u} \qquad (6-220)$$

为不变量。其中

$$c' = c/\Gamma_{cu}$$

$$\Gamma_{cu} = \begin{cases} 0 & \text{仅只是存在着 } u \text{ 关联} \\ 1 & c \text{ 关联与 } u \text{ 关联并存} \end{cases} \qquad (6-221)$$

则可得如下结果［只需将（6-21）式中的 c 变成 u_c 即可，推导过程与推导原洛伦兹变换时相同］

$$x' = \frac{x - \nu t}{\sqrt{1 - \dfrac{\nu^2}{u_c^2}}} \equiv x'(u_c)$$

$$t' = \frac{t - \dfrac{\nu x}{u_c^2}}{\sqrt{1 - \dfrac{\nu^2}{u_c^2}}} \equiv t'(u_c) \qquad (6-222)$$

当仅存在牛顿力学中的"瞬时"非定域相互作用时（此时 $\Gamma_{cu} = 0$，$u \rightarrow \infty$），由（6-220）式有

$$u_c = u \rightarrow \infty \qquad (6-223)$$

将（6-223）式代回（6-222）式，即得伽利略变换

$$x'(u_c = u \rightarrow \infty) = x' = x - \nu t$$

$$t'(u_c = u \rightarrow \infty) = t' = t \qquad (6-224)$$

当瞬时非定域关联（$u \rightarrow \infty$）和以光速 c 联系的定域关联并存时（此时 $\Gamma_{cu} = 1$）

$$u_c = \left(\frac{uc}{c + u} \right)_{u \rightarrow \infty} = \left(\frac{c}{1 + \left(\dfrac{c}{u} \right)} \right)_{u \rightarrow \infty} = c \qquad (6-225)$$

将（6-225）式代回（6-222）式有

$$x'(u_c \rightarrow c) = x' = \frac{x - \nu t}{\sqrt{1 - \dfrac{\nu^2}{c^2}}}$$

$$t'(u_c \rightarrow c) = t' = \frac{t - \dfrac{\nu x}{c^2}}{\sqrt{1 - \dfrac{\nu^2}{c^2}}} \qquad (6-226)$$

此即是洛伦兹变换。可见洛伦兹变换的实质是非定域瞬时关联与定域光信号关联并存时的结果，而非仅存在光信号关联。

仅有光信号关联的部分，是两者的差值

$$x'(u_c \to c) - x'(u_c = u \to \infty) \equiv x'_c = (x - \nu t)\left(\frac{1}{\sqrt{1 - \dfrac{\nu^2}{c^2}}} - 1 \right) \qquad (6-227)$$

$$= (x - \nu t)\left(\frac{1}{2}\left(\frac{\nu}{c}\right)^2 + \frac{3}{8}\left(\frac{\nu}{c}\right)^4 + \cdots \right)$$

$$t'(u_c \to c) - t'(u_c = u \to \infty) \equiv t'_c = t\left(\frac{1}{\sqrt{1 - \dfrac{\nu^2}{c^2}}} - 1 \right) - \frac{\dfrac{\nu x}{c^2}}{\sqrt{1 - \dfrac{\nu^2}{c^2}}} \qquad (6-228)$$

这一修正部分是很小的。

由以上的论述可见，洛伦兹变换（6-226）式已将伽利略变换（6-224）式包括于其中。当无光信号关联存在时，（6-226）式则准确退化为伽利略变换。

所以，洛伦兹变换的认识论基础不能同伽利略变换的认识论基础相悖——因而，从对伽利略变换的讨论所导出的对相对性原理的否定，将应同样适用于洛伦兹变换的情况。所以，无论在仅存在非定域关联时还是在非定域关联与定域关联并存的情况下，相对性原理均是不成立的。我们不能把协变性原理人为"拔高"变为相对性原理。

七、小结

总结以上的论述，我们得出以下结论：

相对性原理不是一个正确的基本原理——因为，绝对静止参考系（SR 系）和惯性参考系（IR 系）并不"平权"，并不"等价"；SR 系是一个特殊的参考系，它比任何 IR 系都具有更为优越的地位。

我们可以准确地将绝对静止参考系（SR 系）和惯性参考系（IR 系）分别定义如下：

以空洞无物的"绝对真空间"为参考背景、以其上的任一不动点 O_S 为参考原点所建立的参考系称为绝对静止参考系（SR 系）。由于"绝对真空间"空洞无物，所以它是一个在任何地点和任何方向均无差异的空间，与数学上均匀的各向同性的欧氏空间等价。由于相互作用只能发生于物质与物质之间，而 SR 系是建于"绝对真空间"这个非物质的"空"之上的，所以它就是一个不与任何物质发生相互作用的虚空的框架。然而正因为如此，即其参考原点的"静"和参考框架的"空"是不随时间和物质的存在和运动发生变化的，才能为物质的运动和演化提供一个公共的"表演舞台"。也正因为如此，SR系才确立起了它的特殊优越地位：一切物质的"实在"，是相对于该参考系的"虚空"而言的；一切物体的"运动"，是相对于该参考系的"静止"而言的。这样，物质的存在和运动以及相应的自然规律才能在这个"空"而"静"的绝对参考系的背景下被凸显出来，获得一种不依赖于任何人为性的统一认识，规律的简单性与统一性、唯一性才可能有非人为性的客观基础，从而才有可能保证我们能对物质存在及其规律（即真理）达成"共识"，即保证我们对物质存在及其规律的认识具有"唯一性"、"客观性"和"统一性"。

而一切将参考原点建于实物之上、并且该实物又相对于绝对静止参考系做匀速直线运动的参考系称之为惯性参考系（IR系）。显然，IR系和SR系有所不同。最明显的不同是它并不是"绝对静止"的（IR系相对于SR系以匀速度 $\vec{v}_\alpha$ 在做直线运动）；SR是唯一的，而IR系却可以是众多的（$\alpha = 1, 2, \cdots$）。正是众多不同 $\vec{v}_\alpha$ 的存在，才使得一些物理规律（例如以积分形式表述的牛顿力学规律）在不同IR系之间不满足洛伦兹（伽利略）协变性原理；并且，正是这些不同的 $\vec{v}_\alpha$ 将不同的IR系中的观察者的"视角"、"立场"等"主观介入"因素带进了理论的描述之中，产生了一些虚幻的非真实的结果——当然，由于在不同IR系中，物理规律（例如牛顿力学规律）的积分表述和所得出的结果，又都是由微分形式表述的规律（例如牛顿方程）推导出来的，所以在它们之中又包含着有关物体之间的"相对运动"的客观真实的东西——这正是不同的IR系中的观察者可以达成"共识"的部分，是具有"客观性"、"唯一性"和"统一性"的。它们之所以具有"客观性"、"唯一性"和"统一性"，正是因为在排除掉由不同IR系的 $\vec{v}_\alpha$ 所带来的观察者的不同"视角"、"立场"等"主观介入"的"特殊"因素之后，这些反映规律本质的"一般性"因素才能被保留下来——所以，以微分形式为表述的物理规律（例如牛顿方程）才满足洛伦兹（伽利略）协变性原理。

IR系与SR系的不同还表现在IR系的近似性上。SR系是绝对"空"而"静"的参考系，物质在这样的参考背景下是可以"一览无余"地进行表演的，因而我们在这样的参考系中对物质及其规律的认识就是"完全精确"的。然而IR系却不是这样。IR系是建于实物之上的。实物只有在不受力的情况下才做匀速直线运动。但通常人们在对惯性系下定义时所说的作为IR系参考原点的实物"不受力"的"力"，只是原牛顿力学意义上的力 $\vec{F}$。然而，由前面章节我们已经知道，事实上牛顿力学中的"力"的概念是对由物质性背景空间（MBS）的元子及其激发模式传递给粒子的动量的改变量的一种等效的平均"提取"。写成方程即为［见（3－38）和（3－43）式］

$$\frac{d\vec{p}}{dt} = -\sum_{\gamma} \frac{d\vec{p}_{\gamma}^{(s)}}{dt} = \vec{F}_t = \vec{F} + \vec{F}^{(s)} \tag{6-229}$$

而惯性系定义中所说的"不受力"指的并不是"全部的力"$\vec{F}_t = 0$，因为事实上"绝对不受力"的物体是不存在的——即使牛顿力学意义上的力$\vec{F} = 0$，也还有$\vec{F}^{(s)} \neq 0$的力存在。所以，以实物粒子、即物体作为参考原点的 IR 系，并不是真的绝对"不受力"，而只是在"近似"的意义上才是"不受力"的——认为$\vec{F}^{(s)} \neq 0$这个力太小而把它忽略了——从而表明所谓"不受力"的 IR 系只是一种"人为的设定"。由于"力是对物质性背景空间（MBS）的元子及其激发模式传递给粒子的动量的改变量的一种等效的平均'提取'"，将$\vec{F}^{(s)} \neq 0$"忽略"事实上表示着 IR 系所依赖的 MBS 中元子的效应并没有被完全"提取"出来——即 IR 系所依赖的"背景空间"并不是真正完全"空"的空间，在这一空间中还有物质存在。也就是说，IR 系的近似性是同其所依赖的背景空间的"非空"相互关联的：正因为它忽略了来自于 MBS 中的元子及其激发模式的一部分贡献，才造成了 IR 系的近似性。

由以上的论述可见，SR 系和 IR 系是绝对不能画等号的。所以，认为"一切惯性系（包括 SR 系在内）都是等价的、平权的"的相对性原理就是错误的——因为 SR 系与除它之外的其他惯性系（IR 系）有着本质上的不同，它是一个较所有 IR 系都更为优越的参考系。

但在这里我们应当注意到，实验总是建立在物体之间的相互作用与关联这个基础之上的；所以，建立在"空"之上的参考背景和参考原点就不能直接被观测实证，即绝对系本身是不能被实验直接观察所实证的（但是不能直接观察实证并不等于不存在，也不等于不可以间接实证）。正因为如此，将参考原点建于实物之上的惯性系（IR 系）在物理学研究中仍然具有重要的意义和价值：第一，某些问题可以在近似的 IR 系中求解并达到一定近似意义上的认识，得出所关心的某些信息，其结果可以直接与实验的观察测量相联系，有利于简化对问题的处理。第二，IR 系的引入还具有理论发现的价值——若以微分形式为表述的物理规律，在某种变换下于 IR 系间具有协变性的话，则我们就能从协变性入手，借助理性思维而非实验归纳去寻找描述该规律的方程。

例如，牛顿力学中的力场，满足我们前面指出的"三个条件"：第一，牛顿的力是"瞬时"传递的，且满足牛顿第三定律；"瞬时"即意味着传播子的速度$u \to \infty$，故$t' = t$的同时性假定（即"绝对时间"假定）成立。第二，"元子"（即"瞬时"作用的"传播子")与物体发生碰撞交换动量之后，由于 $u \to \infty$，所以传播子不在物体内滞留，故"$m = m_0 = $ 常量"的假定成立。第三，若其力场仅是相对运动的函数这个条件成立，那么，如前面所讨论的，牛顿方程就具有伽利略变换下的不变性，我们就可以利用这种协变性，借助理性思维的力量，从理论上去"发现"牛顿原理和它的数学表述。

然而，当 MBS 被激发而同时还存在以光速 c 传递的力场时，$t' = t$ 的同时性被破坏；定域相互作用传播子在物体内有一个滞留时间，由此将使物体的实际质量 m 发生变化，这时 $m = m_0$ 的假定不再成立。再加之这时上述的第三个条件也不成立，故伽利略变换不再成立。正是在此情况下，洛伦兹和爱因斯坦分别发现了联系 SR 系和 IR 系的"洛伦兹变换"，从力学方程应具有洛伦兹变换下的协变性入手，爱因斯坦借助理性思维的力量，直接从理论的推演中"发现"了洛伦兹变换下的力学方程。而其中最著名的就是爱因斯坦的质能关系式（它似乎成了爱因斯坦姓名的代名词）

$$E = mc^2 \tag{6-230a}$$

$$m = \frac{m_0}{\sqrt{1 - \dfrac{v^2}{c^2}}} \tag{6-230b}$$

从而使牛顿方程修改为

$$\frac{d\vec{p}}{dt} = \vec{F}, \vec{p} = m\vec{v} \tag{6-231a}$$

它虽与牛顿的原始表述（6-154）式在形式上是一致的，但其中的 m 却已由（6-230b）式具体化了。正是这一"具体化"，使得 MBS 被激发而形成的定域相互作用被揭示了出来，从而也就揭示出了"以太"介质的存在。

为了看清楚这一点，我们将（6-231a）式与仅存在非定域瞬时相互作用时的牛顿方程

$$m_0 \frac{d\vec{v}}{dt} = \vec{F} \tag{6-232}$$

相比较，以便看出"相对论修正"对牛顿的"力"将作怎样的修正。（6-231a）式也可以写为

$$m \frac{d\vec{v}}{dt} + \vec{v} \frac{dm}{dt} = \vec{F}$$

上式两边同乘以 $\dfrac{m_0}{m}$，得

$$m_0 \frac{d\vec{v}}{dt} = \frac{m_0}{m}\vec{F} - \frac{m_0}{m}\vec{v}\frac{dm}{dt} = \vec{F} - \left(1 - \frac{m_0}{m}\right)\vec{F} - \frac{m_0\vec{v}}{m}\frac{dm}{dt} \tag{6-231b}$$

将 (6 – 230) 式中的 m 代入 (6 – 231b) 式中，简单运算则可得

$$m_0 \frac{d\vec{\nu}}{dt} = \vec{F} + \vec{F}^{(s)}$$

$$= \vec{F} - \left(1 - \sqrt{1 - \frac{\nu^2}{c^2}}\right)\vec{F} - \frac{\dfrac{m_0 \nu^2}{c^2}}{1 - \dfrac{\nu^2}{c^2}} \vec{\nu}^0 \frac{d\nu}{dt} \tag{6 – 233}$$

与原牛顿方程 (6 – 232) 式相比较，(6 – 233) 式的 "力" 多了一个来自定域相互作用的修正部分

$$\vec{F}^{(s)} = -\left(1 - \sqrt{1 - \frac{\nu^2}{c^2}}\right)\vec{F} - \frac{\dfrac{m_0 \nu^2}{c^2}}{1 - \dfrac{\nu^2}{c^2}} \vec{\nu}^0 \frac{d\nu}{dt} \tag{6 – 234}$$

而如果仅存在非定域瞬时相互作用，借助前面的结果可知，相对论修正将消失，于是

$$m = m_0, \quad \vec{F}^{(s)} = 0 \tag{6 – 235}$$

在 (6 – 233) 式中，$\vec{F}$ 是牛顿从 MBS 中所提取的满足牛顿第三定律的瞬时相互作用。在该力 $\vec{F}$ 被提取之后，在牛顿看来，MBS 的效应已被提取完了，再无物质性的力量存在了，所以剩下的即是非物质性的空，亦即牛顿所定义的 "绝对空间"。但事实上牛顿的 $\vec{F}$ 对空间物质效应的提取不完全，在剩余空间中仍有物质存在。具结构形态的物体，在运动时就将扰动这部分 MBS，产生一个修正项 $\vec{F}^{(s)}$ 以补充牛顿力学认识的不完善性。该力 $\vec{F}^{(s)}$，如我们曾分析指出的那样，与物体的结构、运动有关，且包含着不满足牛顿第三定律的非有心力成分。在 (6 – 234) 式之中，运动的效应表现得十分明显；而在第二项中，因通常情况下粒子运动速度方向 $\vec{\nu}^0$ 与满足第三定律的力 $\vec{F}$ 的方向不一致，故它即是修正项中的不满足牛顿第三定律的非有心力的成分。这正是第 3 章（R_3）所预示的结果。而这一结果，以明确的方式揭示出了 MBS（电磁论称之为 "以太"）的存在。

第4节　相对论的理论结果和爱因斯坦本人都未否定绝对系和 "以太" 介质的存在

一、从动力学效应出发进行分析

"同时性" 的讨论与定义，是相对论建立的基础和前提。由 (6 – 26) 式可见，若

$x_2 - x_1 = 0$，即对一个具体物质系统而言若将其视为"质点"，则有 $t_2' = t_1'$，"同时性"成立，相对论效应将全部消失。所以，所谓时间的相对论效应，实际上是由于爱因斯坦与牛顿一样，将粒子视为"系统"而非"质点"而带来的。下面我们就从此出发展开讨论。

我们知道，(6-233) 式对任一粒子均成立，当然对一个由静质量为 m_{01} 和 m_{02} 的两粒子组成的系统也应成立

$$m_{01} \frac{d\vec{\nu}_1}{dt} = \vec{F}_1 + \vec{F}_1{}^{(s)} \tag{6-236a}$$

$$m_{02} \frac{d\vec{\nu}_2}{dt} = \vec{F}_2 + \vec{F}_2{}^{(s)} \tag{6-236b}$$

两式相加，有

$$(m_{01} + m_{02}) \ \frac{d}{dt}\left(\frac{m_{01}\vec{\nu}_1 + m_{02}\vec{\nu}_2}{m_{01} + m_{02}} \right) = \vec{F}_1 + \vec{F}_2 + \vec{F}_1{}^{(s)} + \vec{F}_2{}^{(s)}$$

根据 (3-7) 式质心定义，知

$$\frac{m_{01}\vec{\nu}_1 + m_{02}\vec{\nu}_2}{m_{01} + m_{02}} = \dot{\vec{r}} = \vec{\nu} \tag{6-237}$$

为该两体系统质心的运动速度。令该系统的总质量 $m_0 = m_{01} + m_{02}$，于是有

$$m_0 \ \frac{d\vec{\nu}}{dt} = \vec{F}_1 + \vec{F}_2 + \vec{F}_1{}^{(s)} + \vec{F}_2{}^{(s)} \tag{6-238}$$

其中牛顿的力可以分解为

$$\vec{F}_1 = \vec{F}_1{}^{(e)} + \vec{F}_{i12}, \quad \vec{F}_2 = \vec{F}_2{}^{(e)} + \vec{F}_{i21} \tag{6-239}$$

其中两体间的内力满足第三定律

$$\vec{F}_{i12} + \vec{F}_{i21} = 0 \tag{6-240}$$

于是有

$$m_0 \ \frac{d\vec{\nu}}{dt} = \vec{F} + \vec{F}^{(s)} \tag{6-241a}$$

其中牛顿的合外力 $\vec{F}$ 及其修正部分 $\vec{F}^{(s)}$ 分别为

$$\vec{F} = \vec{F}_1{}^{(e)} + \vec{F}_2{}^{(e)} \tag{6-241b}$$

$$\vec{F}^{(s)} = \vec{F}_1{}^{(s)} + \vec{F}_2{}^{(s)} = \left(\sqrt{1 - \frac{\nu_1^2}{c^2}} - \sqrt{1 - \frac{\nu_2^2}{c^2}} \right) \vec{f}_{i12} - \left(1 - \sqrt{1 - \frac{\nu_1^2}{c^2}} \right) \vec{F}_1{}^{(e)} -$$

$$\left(1 - \sqrt{1 - \frac{\nu_2^2}{c^2}}\right)\vec{F}_2^{(e)} - \left(\frac{\frac{m_{01}\nu_1^2}{c^2}}{1 - \frac{\nu_1^2}{c^2}}\vec{\nu}_1^0 \frac{d\nu_1}{dt} + \frac{\frac{m_{02}\nu_2^2}{c^2}}{1 - \frac{\nu_2^2}{c^2}}\vec{\nu}_2^0 \frac{d\nu_2}{dt}\right) \qquad (6-241c)$$

对孤立的两体系来讲，不受外力

$$\vec{F}_1^{(e)} = \vec{F}_2^{(e)} = 0, \quad \vec{F} = 0 \qquad (6-242)$$

于是有

$$m_0 \frac{d\vec{\nu}}{dt} = \vec{F}^{(s)}$$

$$= \left(\sqrt{1 - \frac{\nu_1^2}{c^2}} - \sqrt{1 - \frac{\nu_2^2}{c^2}}\right)\vec{F}_{i12} - \left(\frac{\frac{m_{01}\nu_1^2}{c^2}}{1 - \frac{\nu_1^2}{c^2}}\vec{\nu}_1^0 \frac{d\nu_1}{dt} + \frac{\frac{m_{02}\nu_2^2}{c^2}}{1 - \frac{\nu_2^2}{c^2}}\vec{\nu}_2^0 \frac{d\nu_2}{dt}\right)$$

$$= \left(\sqrt{1 - \beta_1^2} - \sqrt{1 - \beta_2^2}\right)\vec{F}_{i12} - \left(\frac{m_{01}\beta_1^2}{1 - \beta_1^2}\vec{\nu}_1^0 \frac{d\nu_1}{dt} + \frac{m_{02}\beta_2^2}{1 - \beta_2^2}\vec{\nu}_2^0 \frac{d\nu_2}{dt}\right)$$

$$(6-243)$$

由 (6-243) 式可见，即使系统不受牛顿力学意义上的外力 $\vec{F}$ 的作用，也要受到 $\vec{F}^{(s)}$ 的作用。由于 $\vec{F}_{i12}$ 与内部子系统的结构相关，所以 $\vec{F}^{(s)}$ 是与内部子系统的运动状态和结构形态相关的——从而表明系统的质心运动是与系统的内部结构、运动状态相关联的。正因为这一原因，我们把 $\vec{F}^{(s)}$ 称为"结构力"，以突出结构的物质性力量，突出"结构"作为一个"新的世界观"和组成物质概念的"新维度"的重大意义和价值。

"结构"的动力学效应在相对论中被揭示出来，是爱因斯坦相对论的一个十分突出的贡献。为什么"结构"是组成物质概念的一个新的、不可缺少的概念和维度，"结构的力"在物质的演化、系统的自组织以及物种的进化和生命的产生中将起到什么样的重要作用等问题，将在后面逐步展开。只有通过这种逐步展开的方式，"结构"这个看似十分熟悉的概念以及其未深入挖掘的动力学效应及在宇宙演化中的价值和意义才能逐步弄清楚。

需要说明的是，牛顿运动方程是以"质心"这个"质点"作为运动的代表点的；而在爱因斯坦的理论处理中，则把不是质点的物质系统因运动、结构所引起的物质性背景空间（MBS）的"时空变化"（即 MBS 所"占有"的时空的变化）转变成坐标系的性质，通过协变性又转换成满足洛伦兹协变性的质点运动方程 (6-231) 式。于是与内部结构相关联的效应，便被暗藏了起来。

所以，如我们曾分析指出的，（6-231a）式是在 SR 系中成立的，且无论是 $\vec{F}$ 还是 $\vec{F}^{(s)}$ 均为来自 MBS（电磁理论则称之为"以太"）的贡献。既然如此，爱因斯坦相对论的理论结果又怎么可能否定 SR 系以及"以太"介质的存在呢？当定域、非定域相互作用并存时，伽利略变换不再成立，代之以洛伦兹变换，而牛顿力学本身不具备洛伦兹变换下的协变性，故而如前面理论描述所显示的那样，应将其改造为协变的形式。改换之后，与原只存在非定域相互作用的牛顿方程（6-232）式相比，相当于在（6-233）式中给出了 $\vec{F}^{(s)}$ 修正项。力是一个物质性的量，应存在实实在在的物质性基础。那么现在问，$\vec{F}$ 和 $\vec{F}^{(s)}$ 的物质性基础是什么？上面我们只是借用相对论已给出的数学结果（6-231）式，将它具体应用于一个两体问题之中，追问力场的物质性基础，即刻造成我们对力场（MBS 的效应的提取）与物体之间相互关系的如图 3-4 所示的认识；与之相应地，"主动性"、"非线性"、"结构的物质性"和"结构力"的动力学效应等更为重要的性质，也被显示了出来（以下章节将详述）。

二、从动质量的成因出发进行分析

由相对论力学基本方程（6-231）式

$$\vec{F} = \frac{d}{dt}(m\vec{v}) = m\frac{d\vec{v}}{dt} + \vec{v}\frac{dm}{dt} \tag{6-244}$$

两边点乘 $\vec{v}$，有

$$\vec{F} \cdot \vec{v} = m\frac{d\vec{v}}{dt} \cdot \vec{v} + \vec{v} \cdot \vec{v}\frac{dm}{dt} = \frac{1}{2}m\frac{dv^2}{dt} + v^2\frac{dm}{dt}$$

$$= mv\frac{dv}{dt} + v^2\frac{dm}{dt} = \left(mv\frac{dv}{dm} + v^2\right)\frac{dm}{dt} \tag{6-245}$$

利用（6-230b）式，可得

$$\frac{dm}{dv} = \frac{\dfrac{mv}{c^2}}{1 - \dfrac{v^2}{c^2}}$$

即

$$\frac{dv}{dm} = \frac{1 - \dfrac{v^2}{c^2}}{\dfrac{mv}{c^2}} \rightarrow mv\frac{dv}{dm} = c^2 - v^2 \tag{6-246}$$

将 (6-246) 式代入 (6-245) 式，得

$$\vec{F} \cdot \vec{\nu} = c^2 \frac{dm}{dt} \qquad (6-247)$$

从经典力学的定义知，元功

$$dW = \vec{F} \cdot d\vec{r} = \vec{F} \cdot \frac{d\vec{r}}{dt}dt = \vec{F} \cdot \vec{\nu}dt \qquad (6-248)$$

而元功则引起粒子动能的变化

$$dT = dW \qquad (6-249)$$

故而动能

$$T = \int_0^\nu \vec{F} \cdot \vec{\nu}dt \qquad (6-250)$$

将 (6-247) 式代入 (6-250) 式得

$$T = \int_0^\nu c^2 dm = c^2(m - m_0) \qquad (6-251)$$

记

$$E = mc^2 \qquad (6-252)$$

为粒子的总能量，则得

$$E = m_0 c^2 + T, \quad T = E - m_0 c^2 \qquad (6-253)$$

另若直接对 (6-247) 式积分，则有

$$m = m_0 + \frac{1}{c^2}\int_0^\nu \vec{F} \cdot \vec{\nu}dt = m_0 + \frac{T}{c^2} \qquad (6-254)$$

在前面 (6-222) 式的讨论中，我们将 c 换成 u_c，可以给出形式完全相同的洛伦兹变换。在这里采用同样的方法，将 (6-280) 式中的 c 代换为 u_c。若仅存在瞬时非定域相互作用，$u_c = u \to \infty$，则 (6-254) 式化为

$$m = m_0 + \lim_{u \to \infty}\frac{1}{u^2}\int_0^\nu \vec{F} \cdot \vec{\nu}dt = m_0 \qquad (6-255)$$

相对论效应消失。当瞬时非定域相互作用和以 c 为传播速度的定域相互作用并存时，则 $u_c \approx c$，就是原 (6-254) 式。可见 (6-254) 式中的第二项

$$\Delta m(\nu) = \frac{1}{c^2}\int_0^\nu \vec{F} \cdot \vec{\nu}dt \qquad (6-256)$$

是来自定域关联所产生的"相对论性修正"。其积分式表明，该修正效应来源于 MBS 效应所提取的力场，将粒子从相对于 SR 系的静止状态（$\nu = 0$）加速到速度为 ν 的状态所

做的功。这就从质量的相对论效应（它是相对论的理论结果之一）的角度，说明了相对论的理论结果既不否定绝对静止参考系的存在，也不否定作为力场传递的物质基础的"以太"（我们称为 MBS）的存在。

三、从"相对论性佯谬"的克服的角度进行分析——以"时钟佯谬"为例

若承认相对性原理关于一切惯性系都是"平权的"说法，则会产生时间、质量、空间的"相对性"的种种佯谬：你看我的质量增加了，而反过来我看你的质量也增加了；你看我的尺子缩短了，我看你的尺子也缩短了；我看你的时钟变慢了，你看我的时钟也变慢了。下面我们以作为"时钟佯谬"代表的"双生子佯谬"为例进行分析。

假定一对双生子（甲和乙），其中甲乘宇宙飞船以速度 $v = 0.995c$ 作太空遨游，按飞船上的钟（地方时间）旅行了 5 年（即 $t_0 = 5$ 年），于是按（6 – 32）式有

$$t = \frac{t_0}{\sqrt{1 - \frac{v^2}{c^2}}} = \frac{5}{\sqrt{1 - \left(\frac{0.995c}{c}\right)^2}} \approx \frac{5}{\sqrt{0.01}} \approx 50 \text{ 年} \qquad (6 - 257)$$

即地球上的人已经过了整整 50 个年头。若宇航员出发时 30 岁，5 年后他 35 岁，而他留在地球上的兄弟乙已经 80 岁；若甲将 5 岁的孩子留在地球上，航行 5 年后，35 岁的父亲将拥有 55 岁的儿子！

然而，相对性原理却又声称一切惯性系都是平权的，那就意味着在宇航员甲看来，飞船是静止的，地球以 $v = 0.995c$ 在反向运动，故而在他看来他的兄弟乙和儿子变得更年轻了而自己则更衰老了。

哪个是真？哪个是假？有无办法加以确认和鉴别？

对时钟佯谬问题人们长期争论不休[1]。有人甚至企图用广义相对论来消除佯谬。而爱因斯坦则采取"时钟佯谬超出狭义相对论的范围"的说法来加以回避[2]，如此等等。上述看法均解决不了问题。然而，一旦我们作了正确的理解，则"时钟佯谬"会自动消除。

在上述的双生子佯谬中，若要判别出到底谁的时钟快而谁的慢，就要使两者会面。现让飞船航行一段时间后，从原来的相对于地球的速度 v 经历一个减速过程变成速度为 0；飞船不用掉头，保持喷射状态，又从速度为 0 加速到速率为 v 再反向飞回地球。在计

---

① L. Marder, *Time and the Space-Traveller*, Allen & Vnwin, Londn, 1971.

② A. Einstein, *Naturwiss*, 40（1918）697.

算加、减速运动时，飞船已不是惯性系，而相对论只是在惯性系成立，故只能选地球为参考系作基准进行计算。设上述的减速、加速过程中，力一样，用同样的时间，不用作任何的计算也知道上述的加、减速所产生的效应正好对消掉。于是飞船返回地球时，仍遵从（6-32）式，不过是在地球这个参考系中来表述的。这样返回地面后两兄弟一比较，宇航员甲年轻些，地球上的兄弟乙衰老些，不存在所谓的"双生子佯谬"。

上述的宇宙飞船的实验不好做，且成本太高。简单的方法，是1971年海福乐（Hafele）和基廷（Keating）用飞机携带原子钟环绕地球航行的方法。这一实验完成了对相对论所预言的时间延迟的检验，直接验证了相对论效应并否定了双生子佯谬[①]。

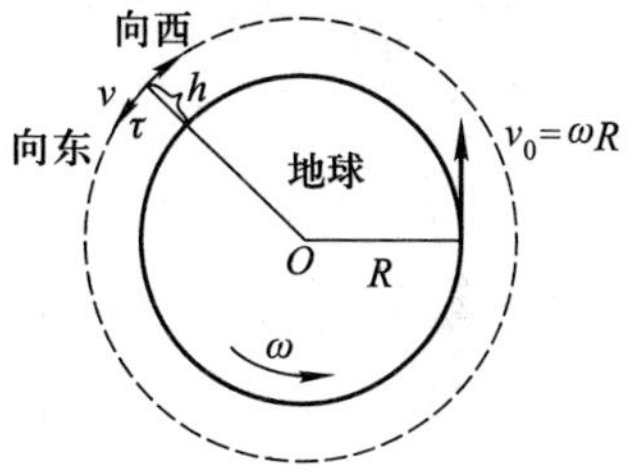

海福乐假定地球在一个非转动参考系S中以等角速度ω旋转（自转），如图6-13所示。在S系中计算飞机上的原子钟环地球航行一周后，与地面上的原子钟的读数之差，得

图6-13

$$d\tau \approx \left[1 + \frac{gh}{c^2} - \frac{1}{2c^2}(\nu^2 + 2\omega R\nu\cos\theta\cos\varphi) \right] d\tau_0 \qquad (6-258)$$

其中$\cos\varphi$是纬度余弦（赤道面$\varphi = 0^0$），$\nu\cos\theta$是速度ν在向东方向上的分量。

1971年，海福乐和基廷将4只铯原子钟放在飞机上，飞机在赤道平面附近某一高度分别向东及向西绕地球飞行一周后回到地面，然后将其与地面的原子钟的读数作比较，发现向东飞行的4只原子钟较地球上的钟平均慢了59×10^{-9} s；向西飞行的4只原子钟较地球上的钟平均快了273×10^{-9} s。在实验误差内，这些结果与（6-258）式的预言值是相符的。

上述原子钟实验的理论描述部分是在S系中进行的。在不考虑地球绕日公转的近似下，非旋转参考系S即是绝对静止参考系。所以当原子钟的实验测量与理论描述结果相符合时，所验证的不仅仅是相对论效应在一定实验精度上的正确性，更重要的是对绝对参考系的肯定。所以，原子钟实验以极其明确的方式表明：只要承认绝对系相对于惯性系的特殊优越性和唯一性，因对相对论的错误理解所产生的种种"佯谬"，包括双生子佯谬，在事实上是不存在的。

① J. C. Hafele and R. E. Keating, *Science*, 177（1972）168.
   J. C. Hafele, *Nature*, 277（1970）270；*Nature Phys.* Sci., 229（1971）288；Am. J. Phys., 40（1972）81.

四、爱因斯坦本人并不否定绝对系以及"以太"介质的存在

爱因斯坦把自己的理论称为"相对论",又称马赫是相对论的前驱人物,也说过只相信存在相对运动这类完全同于马赫"相对主义"哲学观的话,并且在原文中又的确把他的假定称为"相对性原理",如此等等。正因为如此,就无意中引导着人们从"相对主义"的角度去认识他的理论,使人们误以为他本人是否定绝对系以及"以太"介质的存在的。

但事实上爱因斯坦并不否定绝对系及"以太"介质的存在。现举出以下的例子予以证明。

(1)爱因斯坦在1905年发表的《论动体的电动力学》一文中就明确表示:"由此,我们可以下结论说,在其他条件完全相同的情况下,赤道的摆钟将比安置在地球一极的性能完全一样的钟稍慢些,虽然所差的数值甚小。"

不考虑地球的公转而只考虑地球自旋的效应。建一SR系,将原点置于地球的质心上,选z轴过两极。则极点的速度$v=0$。该速度与SR系的坐标原点的速度是一样的。赤道上安置的钟相对于此SR系的速度$v=\omega R$(ω为地球的角速度,R为地球半径),所以按相对论公式计算,赤道上的钟的时间延缓了,变慢了。由此可见,爱因斯坦事实上是以极明确的方式承认了绝对系(SR系)的存在和绝对运动的存在的。

(2)爱因斯坦也不否定"以太"介质的存在,他说:"更加精确的考查表明,狭义相对论并不一定要求否定以太。可以假定有以太存在;只是必须不再认为它有确定的运动状态,也就是说,必须抽掉洛伦兹给它留下的那个最后的力学特征。"[1] "狭义相对论不允许我们假定'以太'是那些可以随时间追踪下去的粒子所组成的,但是以太假说本身同狭义相对论并不抵触。"[2] 这里所说的"以太",实际上就是我们所说的由元子集合体所组成的物质性背景空间(MBS)。只存在非定域瞬时关联时,元子的速度$u\to\infty$,此时,元子这种粒子的确是无法"追踪下去"的。爱因斯坦的说法并没有错。由此可见,一般性地认为爱因斯坦否定绝对静止参考系和"以太"介质的存在,似乎是与历史事实不符的——虽然我们并不否认爱因斯坦在该问题的认识中所表现出的矛盾。

五、结论

通过上述的讨论可见,无论是直接从相对论自身所给出的理论公式〔例如(6-256)

---

① 爱因斯坦著:《爱因斯坦文集》(第一卷),许良英等编译,商务印书馆1976年版,第124页。
② 爱因斯坦著:《爱因斯坦文集》(第一卷),许良英等编译,商务印书馆1976年版,第125页。

式]，还是通过实验对相对论效应的检验［例如在 SR 系中对（6 - 258）式的验证］，都表明了相对论的理论结果既不否定绝对参考系的存在，也不否定"以太"介质的存在。同时，爱因斯坦本人也并未明确否定过绝对系和"以太"介质的存在。

否定绝对系和否定"以太"介质是内在关联的；反过来，肯定绝对系与肯定"以太"介质也是内在关联的。如前所论述的，既然相对论不否定绝对系与"以太"介质的存在，那么作为一种逻辑的必然，若相对论是正确的——或者用弱表述说就是具有合理性的话，那么以某种方式观测到"绝对运动"和"以太"介质的存在，就是逻辑的必然。

1965 年，美国的彭乔斯和威尔逊发现了 2.7 K 的宇宙背景辐射，从而证实了"真空"的不空，里面仍有物质存在。这是对物质性背景空间（电磁理论称为"以太"介质）的一个强有力支持——当然，它所给出的只是 MBS 中的电磁背景，而非其全部。

后来进一步的研究证实[1]，背景辐射严格地各向同性的情况，只存在于一个较为特殊的惯性系中，在相对于这个较为特殊的惯性系做运动的其他任何惯性系中，将显示出辐射温度的方向变化，并借此可以将通常意义上的惯性参考系与这个较为特殊的惯性系区分开来。这事实上就是说明了前者与后者的非平权性。

现代宇宙学认为，在宇宙范围内，存在着"宇宙标准坐标系"。它是一个较为优越的空间坐标系，典型星系对于这个坐标系均匀和各向同性。亦即是说，典型星系或星系团均匀各向同性的空间就是宇宙的背景空间，凡是在相对于这个背景空间以某一速度运动的参照系中进行观测时，就会产生对这种均匀各向同性的偏离。因此，原则上就可以以这个较为优越的宇宙空间坐标系为参照，来测量物体的绝对运动速度。而用此方法所测得的速度与物体相对于各向同性的背景辐射的速度，是基本一致的。

在众多的惯性参考系中，那个最贴近于真正意义上的绝对系的参考系，被称之为"准绝对系"。所谓"最贴近"的意思，是说在我们所假定的众多惯性系中，它的参考原点的加速度、速度最小并近似趋于零。在更广泛和最普适的意义上，目前人们采用的"准绝对系"是 FK_4 参考系，它是选取 1 535 颗星系的平均不动的状态来作为参考物的。

比 FK_4 更好的准绝对系也正在研究中。一是利用极其遥远的射电源作为基准来建立参考系；二是利用 1965 年发现的 2.7 K 微波背景辐射作为参照物——在现阶段，它被公认为是"唯一"的"标准参考系"。人们已经从实验上测得了地球相对于这个"标准参

① R. A. Muller, *Scient.* Amer. , 238（1978）64.

考系"（通过测量背景辐射温度的微小偏离，其最大值指向狮子座 α 星方向所得）的绝对速度大约为 400 km/s。亦即是说，通过"准绝对系"的确立，人们已经在一定近似的意义上建立起了与绝对系的关系，并且相应的绝对运动已不再只是"理论意义"上的东西，而已经成为了可以被直接观测实证的"实在意义"上的东西。

正因为上述种种事实的存在，"相对性原理"关于一切惯性参考系都是"平权的"、"等价的"假定，不仅面临挑战，而且在事实上已经被否定（我们在论证中，采用的是"证伪"原则，仅举一、两个反例就足够了）。这正如郭汉英所指出的："一些著名的相对论物理学家清楚认识到这些矛盾。当代杰出的相对论学者、爱因斯坦的学生和合作者柏格曼就明确指出，在宇观尺度上狭义相对论的一些基本原理和概念已经被破坏了。"①诺贝尔奖得主、著名理论物理学家狄拉克 1979 年 2 月在美国普林斯顿纪念爱因斯坦大会上所作的报告中指出，"爱因斯坦做了一个大胆的假设：他说所有这些不同的洛伦兹参照物都是同样好的"，"那时洛伦兹并不接受相对论，他实际上已经做出了坚实的数学工作，他发现了变换式，但他不接受所有不同参照系都同样好的这一想法。洛伦兹认为这些参照系中有一个真正正确的物理框架，而其余的框架不过是数学的杜撰。彭加勒也研究过这个问题，并且持有一种与洛伦兹相似的观点"，"这样就有一个优惠的观测者，对他来说，微波辐射是对称的。可以说，这个优惠观察者在某种绝对意义上是静止的，也许他就对于以太是静止的。这恰恰与爱因斯坦的观点相矛盾"。正因为如此，所以狄拉克宣称："在某种意义上说，洛伦兹是正确的而爱因斯坦是错误的。"②（就"相对性原理"而言）

第 5 节　相对论的革命性意义：物质观和方法论的变革

一、什么样的理论才配称之为"革命性的理论"？

所谓"科学理论"，是人类对自然法则（或称"规律"、"真理"）的认识的理论表述。人类之所以能够提出科学理论，从根上说，是由于他们与被动地嵌于自然规律的必然性之中（即仅能不自觉地被自然法则所支配，或者最多只能"感知"自然法则）的其他物种不同，是可以"认知"自然法则的。事实上，正是由于这一认识能力上的巨大差别，才使得人类从其他物种中分离了出来，并营造了一个基于人类认识论——对规律的

① 郭汉英：《酝酿中的变革——爱因斯坦之后的相对论物理》，《自然辩证法通讯》1979 年第 3 期，第 30 页。
② P. A. M. 狄拉克著：《我们为什么信仰爱因斯坦》，曹南燕译，《自然科学哲学问题丛刊》1983 年第 3 期，第 13 页。

认识与应用——之上的人类社会。所以，人类及其社会的进化与发展，是基于人类认识论的进化与发展之上的。正因为如此，论及某理论是不是"革命性"的，必须以它是否在某些方面带来了"认识论的革命"为依据来加以评价：只有带来了"认识论的革命"的理论，才能真正被称之为"革命性的理论"。

然而，认识论是以方法论和物质观作为基础的。所以，所谓"认识论的革命"，便可以归结为物质观的革命和方法论的革命。而物质观是否正确，在物理学中，则是在对客体进行描述时，借助数学物理表象（即基本物理方程）所给出的物理图像的正确性来加以体现和获得"实证成功"的。它们之间的关系可以用图 6 - 14 来加以表示。

需要说明的是，在图 6 - 14 中，我们将"数学表象"用虚线框出，表示对以数学为载体作定量计算的理论（例如现代形式的物理学理论）来讲，它是必要的；但没有它，我们的认识仍可以是完整的，只不过所采用的是思辨或定性分析的方法而已。由此可见，

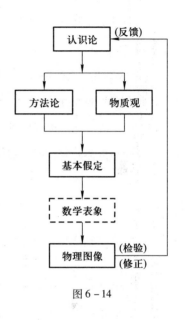

图 6 - 14

对作为定量科学的物理学来讲，虽然数学表象处于十分耀眼的地位，但相对而言它仍处于表面的层次，而深层次和更本质的东西是基于物质观、认识论之上的哲学本体论的正确性。也正是因为这一原因，在 C 判据中，它被置于"最高"和"最显赫"的位置上。

二、相对论的革命性意义（Ⅰ）：在方法论上完成了从实验实证主义向逻辑实证主义的彻底转变

在第 2 章中，我们曾经对逻辑实证主义的方法进行过论述。应当说这一方法并不是爱因斯坦首创的，在他之前人们就已经开始在运用这一方法。麦克斯韦方程组的提出，就是运用这一方法的一个典型的案例。

但是，在科学史上，却正是爱因斯坦完成了从实验实证主义方法向逻辑实证主义方法的彻底转变。因为在爱因斯坦之前，科学理论的提出，总或多或少地以一定的实验基础为依据（即使麦克斯韦经典电动力学理论，也是在由实验所总结出的一组"实验方程"的基础上提出的）；而相对论的提出，却完全是发挥人类理性思维创造性功能的结果，通常人们说相对论以迈克耳孙—莫雷实验为依据，其实是不符合历史事实的——因

为爱因斯坦提出相对论时,并不知道迈克耳孙—莫雷实验。而在相对论提出之后的整个20世纪,整个物理学中所有的重要理论发现,均采用了和爱因斯坦提出相对论时所用的同样的方法。也就是说,正是爱因斯坦为20世纪的物理学发展建立起来了一种新的科学"规范"——逻辑实证主义的方法。

(1)这一新的科学"规范"的建立具有重大的意义——标志着人类对自然及其规律的"认知"能力的历史性进步!因为它可以使我们依靠人类理性思维的强大创造性功能,以某些基本假定作为逻辑前提,通过逻辑演绎(定性科学中表现为逻辑思辨、逻辑推理,而在定量的物理学中,则转换为基于上述逻辑思辨和推理之上的数学物理推导)去寻找以数学表象为载体的物理学的"基本方程"——它即是被我们称之为在一定历史时期、条件和范围所发现的"基本自然规律",从而充分展现了人类理性逻辑思维的巨大力量。这样,它就摆脱了实验实证主义单纯依赖"实验"、"实践"的桎梏,使得理论有可能走在实验的前面。因而也就有可能使我们用更"经济"的方式在理论和理性思维的指导下去从事实验和实践,以避免盲目实验和实践所带来的不必要的损失。

这一认识论和方法论的变革,不仅深刻地影响着整个物理学的发展,也同时深刻影响着整个人类社会。因为正如我们前面所说的:人类及其社会的进化与发展,是基于人类认识论的进化与发展之上的。由此可以看出,在相对论出现之后100年的今天,我们能够"用理论指导实践"、对未来进行"预先设计",以及"观念的变革是一切变革的前提条件"、"知识是第一生产力"等事物的出现就绝不是偶然!

(2)但是我们必须注意的是,在使用逻辑实证主义方法时,其基本假定(即所谓逻辑前提)虽是人类思维的创造性产物,但它却不是人为随意性的结果,因为它同样要受到客观内在逻辑性的制约:由于科学的逻辑实证主义这一方法论是以科学自然主义这一认识论作为前提的,那么显然,为保证内在的逻辑自洽性,当我们运用逻辑实证主义这一方法时,就不能与承认物质世界及其规律的客观性这一原则相违背。这一点事实上在爱因斯坦创立相对论的过程中已经得到了明确的体现。

爱因斯坦是科学自然主义的坚定拥护者和捍卫者。而科学自然主义的基本点就在于"相信有一个离开知觉主体而独立存在的外在世界"——物质世界及其内在规律的存在是客观的:无论我们是否在观察它或者是否做实验去实证它,它都是存在的。正是由于这一基本事实的存在,才为发挥人的创造性思维的功能,通过客观事物的内在因果性逻辑的把握去认识和发现自然规律,提供了可资利用的广阔探索空间。

相对论的逻辑前提是被爱因斯坦称之为"原理"("相对性原理"和"光速不变原

理")的两个基本假定。而其他被我们视之为"革命性成果"的东西，则均是这两个基本假定的逻辑演绎结果。如果相对论的"正确性"应被保持的话，那么按照我们上面的分析，作为相对论逻辑前提的基本假定就绝不能置于将人的"主观介入"带入其中的马赫"相对主义"的认识论基点之上，故"相对性原理"就绝不可能是一个正确的基本假定。与之相应地，相对论革命的意义也就绝不在于"相对"二字——这是我们不做任何数学、物理论证而仅仅通过逻辑推理就敢下的一个准确无误的结论。

但是，作为定量科学的物理学虽讲逻辑和逻辑思辨，但绝不能停留在这一步，而应以数学、物理的手段来做更严格的论证，这一论证即是本章第 3 节中用"例证"（即"证伪"）的方法所做的证明——它证明了"所有惯性系都是'等价的'、'平权的'"这种论述是不成立的，它导致了对绝对参考系优越地位的肯定——这不是因为别的，而是因为只有在"绝对静止参考系"这个"空"而"静"的参考背景中做考察时，物质性实体的"实在"性存在及其"运动"，才可能无遗漏地被凸显出来，而获得一种不依赖于任何人为性的认识，从而才能保证我们对物质存在及其规律的认识具有"唯一性"、"客观性"和"统一性"。由此可见，上述正确的数学、物理论证和相应的正确结论的得出，不过是上面所论及的"内在的逻辑性制约"的必然性结果。这一结果是以科学自然主义的正确认识论为前提的。这一结果所产生的对具体物质系统的认识的正确性，以及相应理论在逻辑上的自洽性，在论证上的完善性，反过来又进一步证明了科学自然主义的认识论的正确性。

正是运用这一正确的认识论手段，当我们否定了"相对性原理"而肯定了"协变性原理"之后，相对论的两个基本假定就应当按以下方式重新表述为：

① 协变性原理：以微分形式为表述的基本物理规律，在惯性系中的形式与在绝对静止参考系这个特殊优越参考系中的形式是相同的。亦即是说，在联系惯性系间的时空变换下具有数学形式的不变性。

② 光速不变原理：真空中的光速相对于任何惯性系沿任一方向恒为 c，并与光源的运动无关。

亦即是说，本章第 1 节中的两条基本假定中的第 1 条——"相对性原理"已被改换成了"协变性原理"。采取上述表述之后，并不会影响按传统方式来建立相对论，也不会丢掉任何相应的结果。但是，它却带来了一种新的、根本性的变化：马赫"相对主义"将人的"主观介入"带进理论之中的认识论错误已被摒弃，而爱因斯坦主体性的、一贯坚持的科学自然主义根本性立场却获得了肯定。在这种处理之下，那些被称之为

"质量的相对性"、"尺度的相对性"和"时间的相对性"的东西——它们都是由"相对性原理"这个错误假定和站在错误认识论基点上所得出的看法——其实只是协变性原理的产物,所反映的只是物体相对于绝对静止参考系的绝对运动的效应,是与绝对运动相关联所显示出的"地方性"。正因为如此,我们则应将其称为"质量的地方性"、"尺度的地方性"和"时间的地方性"。当然,尽管有上述这些认识上的改变,但相对论的数学结果仍被保留,不过它们已经不再与肯定绝对静止参考系的优越地位相违背。与之相应地,由"相对性原理"关于一切惯性系均"等价"、"平权"所导致的结果均"为真"而产生的种种"佯谬",例如前面作为例证的"双生子佯谬",则均已不复存在。

三、相对论的革命性意义（Ⅱ）："结构力"的揭示——物质观的重大变革

物理学是从自然的本性中去认识物质世界及其基本规律的科学,实际上也就是对"物质"这一最根本的概念作诠释和定量解答的科学。由于物理学作为"科学基石"在整个科学体系中的特殊地位,所以我们才可以说,当且仅当一个理论在物质观上有重大突破并深化了我们对物质这一根本性概念的认识时,该理论才可以被称为"革命性"的理论。因此,相对论革命性意义的更重要和更本质的方面,就在于它在物质观方面实现的重大变革。

在本节中,我们将按以下的思路对相对论所带来的物质观变革进行分析:

第一,正如我们在第3章中曾指出过的那样,在物理学中,对"物质"的认识,重点归结为回答如下三个基本问题:

（ⅰ）物质由什么基本概念组成?

（ⅱ）物质以什么基本方式存在?

（ⅲ）物质遵从什么基本规律?

以上三方面是彼此关联的整体。只有对这个"整体"达到了"透明"的认识,物质概念的内涵才算真正弄明白了,"什么是物质"的问题才得到了最终的回答。因此,我们对相对论在物质观方面所带来的重大变革的分析,也必须围绕着这三个问题进行（当然,认识和回答这些根本性问题十分困难。所以我们只可能通过艰苦的科学探索,撩开包裹着它的层层神秘面纱,一步步地逐渐取得相对透明的认识——"物质"是一个随科学发展而不断变化和不断深化的概念,因而,相对论对它的认识也只是这不断发展深化过程中的阶段之一）。

第二,爱因斯坦的相对论作为一个"革命性"的理论,其在物质观方面的"变革",

是对牛顿力学的继承又是对它的重大突破。因此，分析相对论的"革命性"意义，就应着眼于此，通过该理论与牛顿力学的比较，看前者在物质观上有什么地方显示出对后者的"突破"。

第三，我们前面说过，爱因斯坦相对论在方法论方面的重大变革是实现了实验实证主义方法向逻辑实证主义的方法的彻底变革，从而确立起了一个新的科学研究"规范"。因而，我们就应当遵循这一新的"规范"，充分发挥爱因斯坦所倡导的逻辑思辨的强大力量，从理论内部的逻辑自洽性的论证入手，展开我们的分析。

下面我们就来对这一问题进行具体分析。

（一）牛顿力学中是如何认识"物质"的？

如上所述，对"物质"的认识可以归结为对（ⅰ）、（ⅱ）和（ⅲ）这三个基本问题的回答。牛顿力学是如何回答这三个基本问题的呢？

我们在第 3 章中曾论述过，牛顿力学事实上是通过（3－6）式来回答问题（ⅰ）的，即通过

$$\left.\begin{array}{l}\text{质量 } m\\\text{电荷 } Q\\\text{空间 } \vec{r}\\\text{时间 } t\end{array}\right\} \tag{6-259}$$

这 4 个"基本概念"来认识"物质"的。这 4 个概念事实上是对（6－149）式中的基本物质元素 $\{u_1, u_2, \cdots, u_n\}$ 的"映射"，即（6－150）式中的基本概念 $\{x_1, x_2, \cdots, x_{n'}\}$。应当说，到目前为止，我们还没有发现超越（6－259）式之外的任何其他新的基本概念。所以至少在目前，仍可以说（6－259）式这组概念对客观物质世界"基本物质元素"的映射是"完全的"（即无遗漏的）。也就是说，从物质性基元概念的角度讲，牛顿力学的认识是正确而完全的，它为物理学提供了最基础的概念体系。正因为如此，我们才称由 $\{m, Q, \vec{r}, t\}$ 所组成的"基本概念"为"物质性基元概念"。

"物质性基元概念"中的"基元"，意味着"最基本"或"不可退化"。"不可退化"是说（6－259）式中的每一个基本概念都不能作进一步的分解，即不能将其视为是由更深层次的其他的一些概念组成的。但"不可退化"并不意味着这些概念是彼此独立的，因为我们不能抽出（6－259）式中的任何一个概念称它就是"物质"。这就如同大厦由砖块所组成，但却不能称每个砖块为大厦一样。因此，我们还必须找到"物质"与这些"物质性基元概念"之间的关系——而该"关系"，是通过对物质世界的进一步认识来达

成的——这就需要对（ii）、（iii）两个问题做出回答。

在牛顿力学中，用"粒子是物质存在的最基本形态"回答了问题（ii），并用"粒子模型"（即"系统模型"）来模拟这种存在方式，且十分巧妙地抽象出系统的质心为系统运动的代表点。质心位矢是以质量为权重的各子系统空间位矢的平均值

$$\vec{r} = \frac{\sum_i m_{0i}\vec{r}_i}{\sum_i m_{0i}} = \frac{1}{m_0} \sum_i m_{0i}\vec{r}_i \qquad (6-260)$$

这里的空间指标 $\vec{r}$ 是指物质所"占有的空间"，而不是牛顿的非物质的绝对空间。由上式可见，这种物质所"占有的空间"作为物质的一种属性，是不能与作为物质"特征属性"的质量相分离的。

当然，如果 $\{\vec{r}_1(t), \vec{r}_2(t), \cdots, \vec{r}_n(t)\}$ 这组量给定了，则系统中所有子系统在 t 时刻的空间位置即给定了，从而也就给出了 t 时刻该系统的"结构"。可见，（6-260）式这一定义又可以视为系统结构与系统质心之间的关系的表示式。

若系统是稳定的（指系统不被"瓦解"意义上的稳定），则要求

$$|\vec{r}_i - \vec{r}| < \infty \quad (i=1,2,\cdots,n) \qquad (6-261)$$

这一数学表达式的意思是说，系统内任一子系统不能跑到无穷远处去，亦即是说，系统只存在于有限的空间内（即它存在区域的定域性）。正因为系统具有存在区域的非弥散的定域性，所以我们可以形象地称该系统为一个"粒子"。

由于牛顿力学对（i）、（ii）这两个问题的上述回答，并未指明所适用的具体范围（即对任何系统及其子系统均是适用的），因而事实上是普适的。可见，从思辨的角度，在一定的认识水平上，就可以将牛顿力学对"物质"的认识，用一种普适而尚不够精细的方式总结为：物质世界是由各种物质系统（即粒子）组成的；而这些系统由其特征属性（Q, m_0）表征并具有结构形态；系统既占有着空间（$\vec{r}$）又在空间中运动，且其结构形态也在发生着变化，而这种"运动"和"变化"是需要时间（t）的。

据此，我们就可以用更普适、更宽泛、更抽象和更具哲学味的语言对物质下这样一个定义，以达到对"物质"的定性认识：物质是由其"特征属性"、"时空属性"和"结构属性"共同组成的一个"有机复合体"。在这里，"有机复合体"表示组成物质的上述三个"基本属性"（也可以称为组成物质概念的三个"基本维度"）是彼此关联着的一个整体，单独抽出任何一个属性（即它的一个维度）问它是不是物质显然是不合适的——因为它只是物质概念的一个侧面而非物质概念的全体。

采取上述的表述易于为广大公众（特别是不熟悉物理学的人们）所接受，使人们对

物质这一根本性概念有一个定性了解，也易于从这一定义出发纠正传统认识上的若干错误或不足。但是由于这三个属性是如何"有机复合"的问题还没有回答，故上述定义对物质的认识还不够深入和精细。为此，需要对（iii）做出回答——而在这里，却暴露出了牛顿力学体系内部存在的一个隐蔽的逻辑悖论——正是由于这一悖论的存在，才使得牛顿力学虽有很深层次的合理性，但［按（C_3）来检验］却还不是一个充分自洽而完全的力学体系，所以尚不能对物质达到"完全而精细的认识"。由于人们对此还缺乏清醒的认识，所以有必要在下面进行较为详细的分析。

（二）牛顿力学的理论结构中存在着逻辑悖论

所谓对问题（iii）的回答，即讲清楚"物质遵从什么样的规律"，事实上就是将抽象的映射

$$f_k(m_0, Q, \vec{r}, t) = 0 \quad (k = 1, 2, \cdots, l') \tag{6-262}$$

用更具体的"基本物理方程"加以表述。在牛顿力学中，是由下式

$$\vec{F}^{(e)} = \frac{d\vec{p}}{dt} = m_0 \frac{d\vec{v}}{dt} = m_0 \frac{d^2\vec{r}}{dt^2} \tag{6-263}$$

所给出的牛顿原理（外力是改变物体运动状态的原因）来进行具体回答的。（6-263）式是在三维空间中的二阶矢量微分方程，方程数为 3 个（即 $l' = 3$）。

对 $\vec{F}^{(e)} = -\nabla V(\vec{r})$ 的情况，粒子的"哈密顿量"即为粒子的机械能

$$H = T + V = \frac{1}{2m_0}p^2 + V(\vec{r}) \tag{6-264}$$

粒子的运动就可以用"哈密顿正则方程"

$$\left.\begin{array}{l} \dot{\vec{r}} = \dfrac{\partial H}{\partial \vec{p}} \\[3mm] \dot{\vec{p}} = -\dfrac{\partial H}{\partial \vec{r}} \end{array}\right\} \tag{6-265}$$

来描写。亦即是说，（6-263）式的 3 个二阶微分方程可用（6-265）式的 6 个一阶微分方程取代，两种描述是等价的。（6-265）式告诉我们：只要我们确定了如下的 6 个量（即"动力学变量"）

$$(\vec{r}, \vec{p}) = \text{"动力学变量"} \tag{6-266}$$

则以 m_0 为"特征属性"的粒子在外力 $\vec{F}^{(e)}$ 下所表现出的全部物质性质就完全给定了——即我们就达到了对它的完全而精细的认识。

然而，就对"动力学变量"的认识而言，从"运动学"和"动力学"两个不同的角

度出发，牛顿力学却得出了相互矛盾的看法。

1. 从"运动学"角度出发得出的看法

设总质量为 m_0 的物体由 n 个子系统组成。根据对（ⅰ）、（ⅱ）的回答，暂不涉及动力学问题而仅从运动学来认识时，t 时刻该物体质心的空间位矢为（$\vec{c}$ 为积分常量）

$$
\left.
\begin{aligned}
\vec{r}(t) &= \{\vec{r}_1(t), \vec{r}_2(t), \cdots, \vec{r}_n(t)\} & \text{a} \\[2mm]
&= \frac{1}{m_0}\sum_i m_{0i}\vec{r}_i(t) & \text{b} \\[2mm]
&= \vec{c}_1 + \int \frac{1}{m_0}\vec{p}\,dt & \text{c}
\end{aligned}
\right\} \quad (6-267)
$$

其中的动量 $\vec{p}\,(t) = m_0\vec{\nu}\,(t)$ 由下式给出

$$
\left.
\begin{aligned}
\vec{p}(t) &= \{\vec{p}_1(t), \vec{p}_2(t), \cdots, \vec{p}_n(t)\} & \text{a} \\[2mm]
&= m_0\dot{\vec{r}}(t) = \sum_i m_{0i}\dot{\vec{r}}_i(t) = \sum_i \vec{p}_i(t) & \text{b} \\[2mm]
&= \vec{c}_2 - \int \frac{\partial H}{\partial \vec{r}}dt = \vec{c}_2 + \int \vec{F}^{(e)}dt & \text{c}
\end{aligned}
\right\} \quad (6-268)
$$

现我们来"解读"以上两式，看它们提供了怎样的信息。

由（6-267c）可见，若 $\vec{p}=0$，则有

$$
\vec{r} = \vec{c}_1 = 常矢量 \tag{6-269}
$$

它是与时间无关的。即从运动学的角度讲，由运动所显示的"运动时间"消失了。该式表明，**没有时间，粒子占有的空间仍是存在并可以单独定义的。**

当粒子运动，$\vec{p}\neq 0$ 时，空间 $\vec{r}$ 可由（6-267c）解出并抽象表示为

$$
\vec{r} = f_1(t) \tag{6-270a}
$$

或写成隐式

$$
f_2(\vec{r}, t) = 0 \tag{6-270b}
$$

由此，也可以解出时间并表示为

$$
t = f_3(\vec{r}) \tag{6-271}
$$

（6-270a）式表示，在不同的时刻，粒子处于空间的不同位置，从而给出空间随时间的变化过程。（6-271）式则表示，**时间是用粒子在空间变化的过程加以定义的，或简言之，时间事实上是由空间来定义的。**

（6-269）式的 $\vec{r}$ 是粒子的"占有空间"。若粒子不存在，即在此点上的 $m_0=0$，则 $\vec{r}$ 消失，"占有空间"也就不存在了（但作为"舞台"的非物质的"空"而"静"的绝

对空间却仍存在，这就如演员不在了而"舞台"依旧存在一样）。可见，$\vec{r}$ 这个"空间"量，是通过物质的存在来显现的。所以，它就必须用标明物质存在的特征量（即表明它的特征属性的量）来加以定义，此即是（6-267b）式。该式实际上表明物质的"时空属性"与其"特征属性"是不能分离开的。

现将（6-267b）式写成

$$\vec{r} = \frac{1}{m_0}(m_{01}\vec{r}_1 + \cdots + m_{0i}\vec{r}_i + \cdots + m_{0n}\vec{r}_n) \qquad (6-272)$$

若质量为 m_{0i} 的子系统不在 $\vec{r}_i$ 的位置而在

$$\vec{r}'_i = \vec{r}_i + \Delta\vec{r}_i \qquad (6-273)$$

的位置，则有

$$\vec{r}' = \frac{1}{m_0}\left[m_{01}\vec{r}_1 + \cdots + m_{0i}(\vec{r}_i + \Delta\vec{r}_i) + \cdots + m_{0n}\vec{r}_n\right]$$

$$= \vec{r} + \frac{m_{0i}}{m_0}\Delta\vec{r}_i \neq \vec{r} \quad (i=1,2,\cdots,n) \qquad (6-274)$$

（6-274）式表明，若某个子系统的空间位置不一样，则系统质心的位置就不一样。所以，仅当所有子系统的位置给定了，即它的复合体 $\{\vec{r}_1, \cdots, \vec{r}_n\}$ 给定了，或更明确地说是系统的"结构"给定了，该系统的质心位置才给定。这即是（6-267a）式的内容。这就表明，不仅"时空属性"和"特征属性"是彼此关联的，且它们又都是与系统的"结构属性"相互关联的。正因为如此，所以当不涉及对问题（ⅲ）的回答，即不涉及其动力学成因去作更细致的描述和认识时，我们就可以用一种普适而抽象的方式，将物质定义为是由其"特征属性"、"时空属性"和"结构属性"所组成的一个有机复合体。

通过上述对 $\vec{r}$ 与"结构属性"关系的分析，我们得出如下的重要结论：

结论 A：系统质心的空间位矢是与系统的内部结构相关联的。

对上述的三个式子 [（6-272）式—（6-274）式] 微分，即得

$$\vec{p}' = \vec{p} + m_{0i}\Delta\dot{\vec{r}} \neq \vec{p} \quad (i=1,2,\cdots,n) \qquad (6-275)$$

此式表明，系统内部结构不一样，那么其内部运动便不一样，则系统质心的动量也将不一样。正是由于这一原因，类似（6-267a）式，就有（6-268a）式的表述与关系，并由此得出如下重要结论：

结论 B：系统质心的动量是与系统内部的结构及内部运动相关联的。

将上述两个结论与（6-275）式结合起来，于是我们得出重要结论：

结论 C：动力学变量 $(\vec{r}, \vec{p})$ 是与系统的内部结构及内部运动相关联的。

在这里，由于"基元性概念"的提取是完全的，粒子（系统）作为物质存在的最基本形态是普适的，所以，由此得出的"物质是由其'特征属性'、'时空属性'和'结构属性'共同组成的有机复合体"的关于物质的认识，以及所得出的"动力学变量 $(\vec{r}, \vec{p})$ 是与系统的内部结构及内部运动相关联的"这个关于质心运动与内部结构和内部运动之间存在"耦合效应"的结论（即结论 C），也就是"完全的"和"普适的"——虽然尚不是"精细的"，还需要由动力学的描述来追补和完善。当然，其动力学的描述及所得出的结论却不应与运动学的描述及相应的结论相矛盾。下面，我们来分析 $(6-263)$ 式的动力学描述。

2. 从"动力学"角度出发得出的看法

动力学的描述涉及"力"。在牛顿力学的框架内，所认识到的只是"瞬时"传递的基本力场——引力及静电力。它们可以统一地写为

$$\vec{F}^{(e)}(\vec{r}) = \frac{k}{r^3}\vec{r} = -\nabla V(r), \quad k = \begin{cases} -GMm_0 \text{（引力）} \\ \dfrac{1}{4\pi\varepsilon_0}qQ \text{（静电力）} \end{cases} \qquad (6-276)$$

因为其他形式的力或由模型建立的力均应从基本力场的认识中才能找到真正的起源，所以我们就从"瞬时"传递的基本力场出发来分析牛顿力学中的动力学问题。

将 $(6-276)$ 式代入 $(6-263)$ 式之中，则有

$$\frac{d\vec{p}}{dt} = m_0 \frac{d\vec{v}}{dt} = m_0 \frac{d^2\vec{r}}{dt^2} = \vec{F}^{(e)}(\vec{r}) = -\nabla V(r) \qquad (6-277)$$

这里已假定了 $M \gg m$（O 在 M 上），故可视在 M 上所建的参考系为惯性系。我们甚至可以更严格些，在 SR 系中进行考察——这时，则只需将 m_0 换成折合质量 μ 即可。

$(6-277)$ 式是描述系统质心运动的方程，其中的 $(\vec{r}, \vec{p})$ 代表的是质心的位置 $(\vec{r})$ 和质心的动量 $(\vec{p})$。但这里的动力学变量 $(\vec{r}, \vec{p})$ 却是与系统的结构及其内部运动无关的——因为，无论各子系统的位置和它们的运动状态如何，只要质心的位置和运动状态不变，则它们将都不违背 $(6-277)$ 式—— $(\vec{r}, \vec{p})$ 只取决于"外力" $\vec{F}^{(e)} = -\nabla V(r)$。因此，由 $(6-277)$ 式就可得出结论：

结论 D：动力学变量 $(\vec{r}, \vec{p})$ 与系统内部结构及内部运动是无关联的。

于是我们看到，从动力学角度出发所得出的结论 D 与从运动学角度出发所得出的结论 C 是相互矛盾的。这就表明，在 (C_3) 判据的检验下，以牛顿原理为核心表述的牛顿

力学体系，不是一个充分自洽的系统，其理论结构内部存在着严重的逻辑悖论。

（三）牛顿力学理论结构内部存在逻辑悖论的原因分析

那么，为什么在牛顿力学的理论结构内部会存在上述的逻辑悖论呢？事实上，这是因为与系统内部结构及内部运动相关联的"结构力"未纳入牛顿的"力"的认识之中，从而在动力学的描述中，才使得物质的"特征属性"、"时空属性"未与事实上存在的"结构属性"关联起来。正因为如此，才使得"牛顿原理"（"动力学方程"）对系统的描述和认识是不完全的——虽然在牛顿力学中，也可以用同样形式的牛顿方程去描述系统内的子系统，在某种近似意义下达到一定程度的对该系统结构的认识。也正是由于上述原因，我们在第 3 章才称"牛顿力学对物质观这一问题做出了'基本正确'的回答"，只是认识到了"物质是由其'特征属性'和'时空属性'共同组成的一个有机复合体"——如刚刚分析的那样，这还不是一个"完全而普适"的回答，因为它尚缺乏对物质的"结构属性"的动力学效应的认识。

以外力是改变物体运动状态的原因为表述的牛顿原理，是一个"外因"决定论的规律。这个规律没有错，只是不完善，因为缺乏对"内因"的认识。我们上面说过，结论 C 是普适的。该结论表明，除"外力"以外，反映"主动性"的、与系统内部运动状态及内部结构相关联的"组织的力"、即"结构的力"，也是改变物体运动状态的原因——它是来自物体内部结构原因的"力"（"结构力"），因而是"内因"。如若把这一"原因"仍归结为"力"并仍采用牛顿方程来描述物体运动的话，就应在 $\vec{F}^{(e)}$ 的基础上再加上一项——（与内部运动及结构相关的）"结构力" $\vec{F}^{(s)}$。这样，修改后的牛顿方程应为

$$\frac{d\vec{p}}{dt} = m_0 \frac{d\vec{v}}{dt} = m_0 \frac{d^2\vec{r}}{dt^2} = \vec{F} + \vec{F}^{(s)} \text{（内部运动及结构）} \tag{6-278}$$

（6-278）式的内容，与我们在第 3 章中运用图 2-7，"切入点"集中于 C_1 所得的结论是完全一样的——这即是图 3-4 的预示性结果：既然具有结构并运动着的物质系统扰动背景空间（MBS），由此形成一个来自背景空间的对该系统的"力"，那么这个力就应与该系统的运动及结构有关。只不过上面的分析和相应的结论的得出，是"换了一个角度"，"切入点"是从图 2-7 的 C_3 出发的。

（四）爱因斯坦相对论是怎样消除了牛顿力学理论结构内部的逻辑悖论，从而变革了牛顿力学的物质观的？

既然相对论是对牛顿力学的革命，我们只有将相对论的公式与牛顿力学在仅仅存在非定域关联时的方程对比，才能够看出相对论对牛顿力学的"革命"究竟表现在何处。

也就是说，通过描述存在以光速 $\bar{c}$ 相联系的定域相互关联的相对论公式，与只存在瞬时非定域关联的牛顿方程（6-232）式的比较，以便对（6-232）式有正确的理解［该式中的 $\vec{F}$ 即是（6-263）式中的 $\vec{F}^{(e)}$］，才能真正理解相对论革命的意义。在本章的第4节中，我们用一个最简单的具有内部结构的实际系统（两体系统）作为例证，仅仅利用相对论的原有结果，就显示出了爱因斯坦相对论是对牛顿力学的重大突破，得出了与（6-278）相对应的方程（6-241a）——其中的 $\vec{F}^{(s)}$ 由（6-241c）定义——而它在内涵上与（6-278）式中的 $\vec{F}^{(s)}$ 的意义是完全相同的！这样，事实上就表明相对论可以通过动力学方程的清晰明白的表述揭示出"结构力"的存在，从而使得那些神奇的"组织的力量"、"主动性干预的效应"、"非线性才构成世界的魂魄"等看似十分深奥而又彼此孤立的现象和问题，在物质观的基础上首次在理论中找到了统一的答案。

正因为物质性的"结构力"和相应的作为组成物质概念基本维度之一的"结构属性"的实实在在的揭示，爱因斯坦相对论就在继承的基础上突破和变革了牛顿力学的物质观，从而丰富和完善了人们对"物质"这一根本性概念的认识：特征属性、时空属性和结构属性是组成物质概念的"基本维度"，是组成物质概念的不可分离的"最基本的属性"，将任何一个维度或一个属性抽出来问它们是不是物质都是片面的和不恰当的，只有这三者共同组成的有机复合体才构成所谓的物质。

为了将结构力的"物质性"更充分地展示出来，下面再换一种方式来认识。

在第5章我们曾以图5-18的方式形象地预示"经典物理学之后的理论新进展，即20世纪的相对论、量子论革命，就必定打上时空观、物质观变革的深深烙印，而这种变革又必将是与物质性背景空间（MBS）的认识相关联的！"

图5-18是为了简化和方便作图而给出的一种形象比拟。若对它理解不当，则容易让人作错误的联想，以为是牛顿的 SR 系的三维空间的"维度"不够，不足以容纳对粒子新的运动模式的描述。但事实上不是这样的。

现将原图的理解方式改换一下。假若牛顿的"瞬时"力 $\vec{F} \neq 0$，则粒子在牛顿所定义的绝对空间（即3维的欧氏空间）中运动，给出的是一条在3维空间中的"牛顿轨道"。但因事实上存在 $\vec{F}^{(s)}$（只是在传统经典领域的某些问题中 $\vec{F}^{(s)}$ 作用太小而显示不出明显的效应来），粒子所受的真实的合力为 $\vec{F}_t = \vec{F} + \vec{F}^{(s)}$，故粒子的"真实轨道"将围绕"牛顿轨道"而产生偏离。但这个"真实轨道"却仍是在此三维空间之中的。由此可见，牛顿对系统运动的"空间"的认识仍是完全的。所以，相对论关于时空观、物质观变革的意义就绝不是对牛顿绝对空间及相应的绝对系的否定，也绝不在于三维空间的维度不够而需要新的空间维度——把"革命"归结为从三维走向"高维"。它的革命性意义，只能从对 $\vec{F}^{(s)}$ 的认识中去寻找。这正如前面分析所指出的，问题出在牛顿力学的动力学描述对物质的"结构属性"这一"物质维度"的认识不足。

为什么牛顿对这一"物质维度"认识不足呢？这是因为牛顿是采取（3-20）式的方式来认识物质世界及其规律的；而在这一认识中，牛顿并没有回答和定义"什么是力场"的问题，当然更没有对力场的运动和变化作描述。这样，当进一步追问"力场从何而来"时，就必定导致物质性背景空间概念的提出和这一物质性客体的发现——作为它的激发模式之一，便是电磁场及其运动的发现；所以，就必然会提出对电磁场运动的描述的问题，这就是麦克斯韦方程组产生的根本原因。从"映射"的角度讲，则是因为以牛顿方程为具体表述的（6-150）式中的 l' 不等于（6-149）式中的 l（事实上是 $l' < l$），即"方程数不够"。要在该领域达到完全的描述，就必须增加 l' 的数目，即还应增加对场的描述。此即是以（4-14）式和（4-15）式为表述的"联立方程组"。这是一个方面。在另一方面，由于同时存在"非定域"以及"定域"（以光信号来联系的）的相互作用，所以粒子受到的"力"发生了变化，这就必然会导致对"结构力" $\vec{F}^{(s)}$ 的揭示，进而克服牛顿对物质的"结构属性"这一"物质维度"认识的不足，从而对物质客体——粒子和场同时以更全面和更深刻的认识。

$\vec{F}^{(s)}$ 的存在，是以实实在在的物质性客体的存在为前提条件的。这就决定了相对论绝不可能否定 SR 系及"以太"（我们称为 MBS）的存在。正因如此，所以我们看到，相对论中由（6-233）式所揭示出的 $\vec{F}^{(s)}$ 与我们在第 3 章中所预示的力在内容上是完全一致的。

如果我们不按（6-233）式的形式来认识相对论的意义，而把（6-233）式中的 $\vec{F}^{(s)}$ 的效应"吸收"到（6-230b）式的 m 之中，就成为洛伦兹协变式的牛顿方程（6-231）式——它的优点在于保持了方程的"对称形式"，让我们感到了它的"形式美"。

现将（6-233）式变到（6-231）式，并与（3-37）式结合起来，看看会导出什么样的物理结果。

由（3-37）式有

$$\frac{d\vec{p}}{dt} = m_0 \frac{d\vec{v}}{dt} = \vec{F}_t = \vec{F} + \vec{F}^{(s)} = -\sum_\nu \frac{d\vec{p}_\nu{}^{(s)}}{dt} \qquad (6-279)$$

（6-279）式与（6-233）式是等价的方程。（6-279）中的 $\vec{p}_\nu^{(s)}$ 为 MBS 中的场粒子（元子）的动量。现将 $\vec{p}_\nu^{(s)}$ 分解为两部分

$$\vec{p}_\nu^{(s)} = \vec{p}_\nu^{(s)}\,(u_c = u \to \infty) + \vec{p}_\nu^{(s)}\,(u_c = c) \equiv \vec{p}_{\nu_1}^{(s)} + \vec{p}_{\nu_2}^{(s)} \tag{6-280}$$

第一项 $\vec{p}_{\nu_1}^{(s)} = \vec{p}_\nu^{(s)}\,(u_c = u \to \infty)$ 表示"瞬时"传播的非定域部分；第二项 $\vec{p}_{\nu_2}^{(s)} = \vec{p}_\nu^{(s)}\,(u_c = c)$ 表示 MBS 被激发后所形成的以光速 c 为联系方式的定域部分。

现令

$$\left.\begin{aligned}\vec{F} &= -\sum_{\nu_1} \frac{d}{dt}\vec{p}_{\nu_1}^{(s)}\\ \vec{F}^{(s)} &= -\sum_{\nu_2} \frac{d}{dt}\vec{p}_{\nu_2}^{(s)}\end{aligned}\right\} \tag{6-281}$$

代回（6-279）式之中，有

$$m_0 \frac{d\vec{\nu}}{dt} = \vec{F} - \sum_{\nu_2} \frac{d\vec{p}_{\nu_2}}{dt} \tag{6-282}$$

（6-282）式中，若无定域关联，右边第二项为零，则退化为原牛顿方程。当同时存在定域关联和非定域关联时，将（3-283）式移项，则有

$$\frac{d}{dt}\left(m_0\vec{\nu} + \sum_{\nu_2} \vec{p}_{\nu_2}^{(s)}\right) = \vec{F} \tag{6-283}$$

令

$$\sum_{\nu_2} \vec{p}_{\nu_2}^{(s)} = (m - m_0)\vec{\nu} = \Delta m \cdot \vec{\nu} \tag{6-284}$$

其中

$$\Delta m = m - m_0 = m_0\left(\frac{1}{\sqrt{1 - \dfrac{\nu^2}{c^2}}} - 1\right) \approx \frac{1}{2}m_0 \frac{\nu^2}{c^2} \tag{6-285}$$

将（6-284）式代回（6-283）式，得满足洛伦兹协变性的相对论性的牛顿方程

$$\left.\begin{aligned}\frac{d\vec{p}}{dt} &= \frac{d}{dt}(m\vec{\nu}) = \vec{F}\\ m &= \frac{m_0}{\sqrt{1 - \dfrac{\nu^2}{c^2}}}\end{aligned}\right\} \tag{6-286}$$

由此可见，从（6-233）式向（6-286）式的转化过程，从微观的角度讲，事实上是将来自 MBS 的激发所产生的定域相互作用的动量交换部分作了（6-284）式的理解，即将定域相互作用产生的"结构力"引起的修正部分，转化成了"质量效应"。

由（6-284）式有

$$\Delta m v^2 = \sum_{\nu_2} \vec{p}_{\nu_2}^{(s)} \cdot \vec{v} \qquad (6-287)$$

$\vec{p}_{\nu_2}^{(s)}$ 是以光信号联系的定域相互作用部分，可以近似地将它形式地写为

$$\vec{p}_{\nu_2}^{(s)} = m_{\nu_2} \vec{c} \qquad (6-288)$$

其中 $\vec{c}$ 为光速。将（6–288）式代入（6–287）式有

$$v^2 \Delta m = \left(\sum_{\nu_2} m_{\nu_2} \right) \vec{c} \cdot \vec{v} \qquad (6-289)$$

令 $\vec{c}^0 = \dfrac{\vec{c}}{c}$ 为光的传播方向的单位矢量，于是由（6–289）式有

$$\Delta m = \left(\sum_{\nu_2} m_{\nu_2} \right) \frac{c}{v} (\vec{c}^0 \cdot \vec{v}^0) \qquad (6-290)$$

于是得

$$\frac{v}{c} = \frac{\sum\limits_{\nu_2} m_{\nu_2}}{\Delta m} (\vec{c}^0 \cdot \vec{v}^0) \qquad (6-291a)$$

若 $\vec{c} /\!/ \vec{v}$，则有

$$\frac{v}{c} = \frac{\sum\limits_{\nu_2} m_{\nu_2}}{\Delta m} \qquad (6-291b)$$

相对论中的"修正因子"$\left(\dfrac{v}{c} \right)$ 通过上式获得了清楚的物理解释：修正因子实质上来自物质性背景空间被激发部分的定域作用场粒子的质量效应。

现将（6–285）式代入（6–291b）式，得

$$\frac{v}{c} \approx \left(\frac{2 \sum\limits_{\nu_2} m_{\nu_2}}{m_0} \right)^{\frac{1}{3}} \qquad (6-291c)$$

这样，相对论效应的"缘由"就更清楚了：它来自物质性背景空间的"物质性贡献"！由此可见，如果否定了物质性背景空间（即所谓的"以太"介质）的存在，$\sum\limits_{\nu_2} m_{\nu_2} = 0$，就不会有所谓的相对论效应；反之，只有肯定 SR 系及"以太"介质的存在，才有 $\sum\limits_{\nu_2} m_{\nu_2} \neq 0$，才有 $\dfrac{v}{c} \neq 0$ 的相对论效应的产生。

若仅存在瞬时关联（$u_c = u \to \infty$）的传播子而不存在以光速 $\vec{c}$ 联系的定域传播子，则应要求

$$\sum_{\nu_2} m_{\nu_2} = 0 \qquad (6-292)$$

于是,"相对论效应"将全部消失。

通过上面的讨论,在我们否定了"相对性原理",即否定了马赫"相对主义"的人为的"主观介入"而回到绝对静止参考系之后,回到牛顿、爱因斯坦所坚持的科学自然主义的哲学观来重新认识相对论的意义时,我们看到:那种以种种"佯谬"为表现的所谓的"革命",事实上是真正的谬误,是对相对论革命性意义的严重扭曲;相对论并不否定绝对空间和绝对静止参考系的存在——因为只有在此参考系中,才能使一切物质性的"有"一览无余地被呈现出来,从而才能通过(6-291)式将物质性背景空间的物质性修正效应表现出来,也才能使我们对"相对论效应"的认识有了实实在在的物质性基础;同样因这一物质性效应的存在,才使得"结构力"由(6-233)式被揭示了出来——从而变革了牛顿的物质观,使相对论重大的、划时代的革命性意义被揭示出来并得到了充分的肯定。

四、由对相对论革命性意义的重新认识所引出的话题

(一)科学革命的成果是不是可以"超越日常经验"?

科学自然主义的哲学观反映在科学理论的评判中,便是必须坚持以 C 判据作为检验理论的评判标准,也作为我们构建理论时的指导思想。从对相对论的评判过程可以看出,当忽视了科学自然主义对物理学的根本指导作用,将"协变性原理"人为拔高为"相对性原理",得出了一切惯性系均是"等价的"、"平权的"错误认识之后,就将相对论的哲学基点置于马赫的"相对主义"的基础之上了,从而就把人的"主观介入"作为了建立理论的逻辑前提。这样就使得相对论中所使用的逻辑实证主义方法论同科学自然主义哲学观之间的因果逻辑关系产生了尖锐的对立。因此,它就既通不过 C_3 的检验,也通不过 C_1 的检验。与之相应地,也必定会产生种种诸如"双生子"之类的似是而非的"佯谬"(事实上是说物理图像是非真实的),由此通不过 C_2 的检验——而这只不过是 C_1、C_3 检验不成功必然派生的结果。

然而,令人感到惊讶的是,人们似乎并没有从上述的角度来思考,反而将这种种"佯谬"称之为"革命性的成果",并由此否定了绝对系和绝对运动的存在。于是相对论的革命性意义就变成了对真理的客观性、唯一性和统一性的否定,变成了对马赫相对主义的肯定,从而也就导致了对主观介入带来的"公说公有理,婆说婆有理"的肯定:你看我的质量增加了,我看你的质量增加了;你看我的尺度缩短了,我看你的尺度缩短了;你看我的寿命延长了,我看你的寿命延长了;如此等等。

对上述种佯谬，不仅广大公众弄不懂，会提出质疑，甚至连坚定信奉相对论的物理学家们乃至爱因斯坦本人也找不出一种令人信服的说法。于是人们找到了一个最有力的托辞：这些佯谬式的"革命性成果"是超越日常经验的。

需要特别指出的是，当前，这种"科学革命的成果是'超越日常经验'的"说法正以不同的形式充斥在物理学的各个领域中："生命问题是物理学不能企及的"，"热量是热现象所特有的宏观量，是没有相对应的微观量的"，"由于测不准原理的限制，要问微观系统是什么样子，是没有意义的"，如此等等。真是这样的吗？否！

事实上，科学进步包括科学革命，只能是让我们越来越逼近真理。依据真理应具有"普适性"这个特点，真理是应当涵盖日常经验的。若它与日常经验相矛盾，就说明它不具备"普适性"的特征，从而表明它在事实上并不是真理，或至少不是根本性的自然规律。另一方面，真理又是质朴的，质朴得简直就是"大实话"。它是我们完全可以理解的东西，是真真切切的道理——对事物的规律和本质的揭示。因为物理学尽管以复杂的数学表象为载体，但剥去数学表象的外衣之后，其物理实质、物理图像和物质观念却又是常识性的，是直观、生动和可理解的，仍然是"大实话"。"结构"作为物质概念的一个基本维度不正是十分易于理解的"大实话"吗？若没有结构，怎么能有物质系统、包括我们人类在内的存在?! 与主动性、信息、非线性相关联的结构力的存在，是我们在日常生活中早已体会到了的，它是解释生命和社会现象的基础。然而，在作为物理学"原点"的牛顿力学的动力学描述中，却找不到它的踪影。而当我们通过对牛顿力学的内在逻辑分析之后，发现"力场"是什么的问题未在该理论中予以定义和回答。从这一问题入手，站在绝对参考系这个"空"而"静"的参考基准之上来考察，就去掉了任何人为性，使物质实在无一遗漏地凸显了出来。也正因如此，MBS 以及与之相关联的结构力才被揭示了出来。这难道不是十分自然的逻辑必然吗？

当代科学的重大进展之一，是系统科学从多层次对事物普遍存在着的"同形性"和"重演律"的揭示，而寓于其后的，正是自然规律的普适性。也正是这一原因，给了我们从日常经验的启发中，通过类比的方法，用脱离数学表象的非常形象直观的思维方式去认识宇宙奥秘，提供了一把钥匙——但前提是站在科学自然主义立场上，善于通过"由表及里、去伪存真"的分析，排除掉主观介入的人为因素，去达到更深入的本质性的认识。例如，女儿嚷嚷道："妈妈，柜子里塞得满满的，被子放不进去了。"这是日常生活中发生的事，并由此形成了日常的经验，产生相应的看法和结论。然而，这种看似简单而显得平庸的经验和思想，却蕴藏着揭示整个宇宙奥秘的精华所在。衣柜是空的，被子才能放进去。亦即是说，要把物质"装进去"，我们需要一个空的空间。而它，正是牛顿的非物质的绝对空间及建于其上的绝对参考系。它的确立，为物质提供了一个公共的、无一遗漏的和不依赖于任何人为因素的表演舞台，并由此为整个科学确立起了基于科学自然主义之上的坚实认识论基础。若衣柜里塞得满满的，被子就放不进去。类比到物理学中，若该绝对空间被连续的、无缝隙的"场物质"填得满满的话，占据有限空间的离散的"粒子"这类物质又怎么可能"放进"这种场物质之中并在其中存在和运动呢？所以我们必须承认"粒子是物质存在的最基本形态"的一元论认识，必须假定场也是粒子的集合体。当然，在数学描述上，犹如电动力学那样，可以同时使用粒子模型和场模型。但在认识论上，却必须坚持以粒子为基本存在形态的一元论的认识论。这样，量子论的产生和光的粒子性的揭示，就不是什么新奇的怪现象，而只不过是在微观小的尺度上的逻辑性必然。相应地，既然粒子是物质的基本存在形态，粒子之间的相互作用就只能通过物质性背景空间（MBS）的元子来传递。亦即是说，我们必须以图 3－4 的方式来认识以系统方式存在的粒子与 MBS 之间的相互联系和相互作用的关系。采取这一直观而真切的认识图像，不仅揭示了满足牛顿第三定律的瞬时相互作用力是来自 MBS 的贡献，而且还使我们认识到，牛顿提取的力场是不完全的：在该力场被提取了之后，牛顿以为提取完了，因而认为剩下的是空的空间（即"真空"）。但事实上这个"真空"是不空的，里面还有 MBS 的剩余部分没有被牛顿提取完，该剩余部分物质还要与粒子发生相互作用。这个作用力即是我们在第 3 章中所揭示的与系统内部结构及运动相关联的"结构力"。结构力的揭示，使得"结构"成为组成物质概念的一个"基本维度"（即"基本属性"），从而在继承的基础之上变革了牛顿的物质观：物质是由其特征属性、时空属性和结构属性来共同表征的；抽出任何一个属性（即维度）问它是不是物质，都是片面的和不适当的，因为三者缺一不可；三者不可分割的有机复合体才构成我们称之为"物质"的完整概念及其内涵。

实际上，所谓"科学革命的成果是超越日常经验的"这种说法，不过是一块"遮羞布"：既然"这些佯谬式的革命性成果是超越日常经验的"，那么它们就不是以日常经验为思维基础的低水平的人们所能想象、理解和认识的。如果你是"低水平"的人，那么你的想象、理解和认识以及由此提出的挑战、质疑就一定是错误的；如果你是"高水平"的人，就不应提出如"低水平"的人那类的挑战和质疑，而应承认"那些佯谬式的革命性成果是超越日常经验的"。

于是，这块"遮羞布"犹如一面盾，可以将信奉者无法解答所表现的无能掩盖得严严实实；它又犹如一把矛，可以用"低水平"、"无知"等遁词将质疑和挑战者刺得遍体鳞伤。

由此可见，这块遮羞布在掩盖和压制争议的同时，也在起着抑制人们进一步深入思考和阻碍科学进一步前进的十分有害的作用。而人们之所以不时地挥舞起这块"遮羞布"，原因正在于在面临科学发展的重要关头，在原有的旧理论出现重大缺陷的困境中，旧理论的信奉者们不能以批判的眼光去看待原有理论的不足之处，以勇于创新的姿态去从事新理论的探索，反而无一例外地声称所信奉的理论是"完善的"，抱着一种"与规范共存亡"的心态去极力地维护这种理论的权威性。也正因为如此，才使得当前的物理学处于一种四分五裂的局面，一系列基础性的根本困难找不到克服的有效途径，表面上轰轰烈烈，而深层中却潜伏着深刻的危机——而这一切，集中表现为由于缺乏正确哲学观指导带来的认识论上的危机和世界观上的危机。

（二）物理学"内"、"外"困境的消解必须从"源头"上着手

按照贝塔朗菲的说法，物理学已经陈旧了，挑不起勾勒一幅统一的宇宙绘景的担子；这个任务应当由系统论的发展来实现。这是一种"非物理主义"的思想。

贝塔朗菲的这种想法既对又错。说它对，是因为只有完全而彻底地抛弃物理学的种种"实证成功"加在人们思想上的枷锁，才敢于以一种全新的世界观去重新审视我们这个世界，才有新的思想和突破。正是在这种认识指引下，系统科学提出了一系列新的革命性的思想，并随着系统科学理论群的发展，揭示了一系列的新的现象，极大地丰富了人们的思想和认识论，把科学引导到了"整体变革"的大门口。说它错，是因为贝塔朗菲未能深刻认识到物理学是怎样的科学，不了解物理学的宗旨。恰恰由于这一原因，其革命性的思想只能把人们引导到通往科学统一性的大门口"外"，却进入不了科学统一性的大门口"内"。因为要实现这种较为广泛的科学统一性，是物理学本身的任务，它绝不能通过由"非物理主义"思想建立起的理论来完成——当然，十分显然的是，物理学要完成这一任务，也必须认真吸收系统科学的革命性思想。

我们应当如何在贝塔朗菲上述思维方式的启迪下完成物理学应当完成的任务呢？其一，当目前物理学面临一大堆困难的时候，我们就应当如贝塔朗菲那样，彻底抛弃现行理论的"实证成功"的包袱，采取一种完全无视一切现行理论的方式来思考。这样才能不受任何限制地去思考问题。其二，在对待数学表象和物理实质的看法中，必须要认识到物理实质是本质性的。亦即是说，一个真实的可以理解的直观而清晰的宇

宙图像是最本质的东西，物质观的正确和物理图像的正确才是考虑和思考问题的出发点。至于用什么数学手段去描述它，是技术语言的问题。其三，又要否定掉贝塔朗菲思维中"不对"的部分，清楚地认识到物理学的宗旨，认识到物理学不仅应当而且必须给人们提供一幅统一的宇宙绘景（当然，这是要由理论和认识的发展来逐步完善的）。

回到物理主义之后，一个显然的事实是：既然如前面已论述过的，"物理学的基本定律在具体系统中的应用，是由基元性概念去生成表征具体系统特征、性状的次级概念（即进行理论和概念的'重塑'）来实现的"，那么当物理学的各种"基本定律"在具体领域的"流"上遇到困难时，就应当采取逆向思维，将各种基本定律关联起来去寻找其背后的深层次的"交汇"，溯到"源"头上去认识。"源"头上搞对了，一切表现在"流"上的困难和问题，就有可能在某种意义和程度上得以自动克服和解决。这就是表观上的复杂性与源头上的简单性之间的内在逻辑关系。而仅从克服物理学的"内"、"外"困境的角度来思考，其显然的逻辑关系是："内"、"外"困境不过是同一原因的两个侧面的反映，若变革了物理学机械唯物观的新的理论模式可以克服物理学不能面对生命、社会科学挑战这个根本性困难的话，那么它就必可以用来克服物理学自身的内在困难。而这把打开克服困难之门的钥匙，就蕴藏于对结构物质性的揭示之中。总之，在源头上看，问题就变得十分简单了。而要从"源头"上看问题，关键在于必须用正确的哲学观念，用正确的世界观和认识论进行分析——这是解决物理学当前所面临的一切问题的"总钥匙"。

（三）科学的进步需要勇于探索、执着追求、敢于创新的"爱因斯坦精神"

正如我们在第1章中指出的：用历史的、批判的和发展的眼光去看待科学理论和人类的思想遗产，勇于探索，执着追求，敢于创新，是爱因斯坦科学精神和科学思想的精髓。

我们信仰甚至崇拜爱因斯坦，但所信仰和崇拜的是他的科学精神和科学思想；信仰和崇拜也不等于盲从，盲从是无知和缺乏独立思考的代名词，以盲从的方式去维护爱因斯坦和他的理论的权威性，本身就是有悖于爱因斯坦的思想和精神的，是不配自称为爱因斯坦"传人"的！

正因为这一原因，我们才敢于在这个巨人和他的伟大理论面前直陈我们的观点。我们也有充分的理由相信：只有发扬勇于探索、执着追求、敢于创新的"爱因斯坦精神"，才能使我们的科学事业迅猛地不断向前！

第6节 相对论中的瑕疵分析及人们的进一步思考

一、相对论中的瑕疵分析

爱因斯坦狭义相对论的逻辑起点是以下两条基本假定，它在爱因斯坦原文中的表述（记为表述 A）是：

（i）相对性原理：所有惯性参考系都是等价的，物理规律对所有惯性参考系都可以表述为相同的形式。也就是不论通过力学现象，还是电磁现象或其他现象，都无法觉察出所处参考系的任何"绝对运动"。

（ii）光速不变原理：光在真空中总是以不变的速度 c 传播，而不依赖于发光体的运动状态。

但需要指出的是，由于表述 A 中的第（i）条认为"所有惯性参考系"（当然包括绝对系在内）"都是等价的"，所以，从形式逻辑的自洽性考虑，表述 A 的第（ii）条中所说的"光在真空中"的速度，就只能是相对于"任何惯性系"而言的。所以，作为爱因斯坦狭义相对论逻辑前提的两条基本假定，事实上应当是（记为表述 B）：

（i）相对性原理：同于"表述 A"中的（i）。

（ii）光速不变原理：真空中的光速相对于任何惯性系沿任一方向恒为 c，并与光源的运动无关。

由此，才可以保证（i）和（ii）之间的形式逻辑自洽性，也才符合爱因斯坦所倡导的逻辑实证主义的方法论原则。而且，由于在爱因斯坦发表狭义相对论时，他在哲学观上尚处在不十分成熟的冲突思考中，并的确受到了马赫相对主义思想的影响，因而上述"更正后"的说法才是真正符合爱因斯坦当时的思想实际的。

然而，相对论的"瑕疵"，正好表现在以上的两条基本假定之中。

（1）正如我们反复强调的，物理学必须以科学自然主义为基础。因此，科学自然主义的哲学观和认识论，又必然会构成对逻辑实证主义方法论的前提性制约。

正是这种前提性制约，决定了表述 B 中的"相对性原理"是错误的——这是相对论的第一个重要"瑕疵"。关于这一点，我们已经在本章的第 3 节中进行了详细的分析，在此不再赘述。

其实，正如我们前面说过的，"相对性原理"中存在着人为"拔高"的因素——当然，也并非完全不符合爱因斯坦当时的想法。为了回到科学自然主义的正确基点上，我们从揭示相对论真正的革命性意义的角度出发，在保留相对论合理成分的前提下，修正了"表述 B"，将其中的"相对性原理"改换为"协变性原理"，从而得出表述 C：

（ⅰ）协变性原理：以微分形式为表述的基本物理规律，在惯性系中的形式与在绝对静止参考系这个特殊优越参考系中的形式是相同的，即在联系惯性系的时空变换下具有数学形式的不变性。

（ⅱ）光速不变原理：同于"表述 B"中的（ⅱ）。

这一修正在否定了基于马赫相对主义的视种种"佯谬"为革命性成果的错误认识之后，肯定了物质性背景空间的存在和绝对静止参考系的优越地位，使我们又回到了爱因斯坦长期坚持的科学自然主义哲学观。在这一哲学观的指导下，本章通过修正后的牛顿方程与仅存在瞬时关联时的牛顿方程的比较，揭示出了"结构力"的存在，并由此说明相对论真正的革命性意义为：在物质观上，狭义相对论揭示了"结构的物质性"——它不仅没有降低相对论革命性意义的价值，反而达到了更本质的认识。

可以说，目前上述的认识已不再仅仅停留在观念或信念的层次，而是已为客观事实所证实。特别是在 AB 效应证实绝对系的存在以及宇宙微波背景辐射被观察到之后，在科学界，许多著名学者认为应当回到绝对系。伯格曼认为，在宇观尺度上，相对性原理被破坏了；宇宙背景辐射只在一个独一无二的参考系中各向同性，在这个意义上，那个参考系代表"静止"[1]。韦斯科夫认为，无论如何，观察到的 2.7 K 背景辐射是一个各向同性的绝对坐标系[2]。斯塔普认为，2.7 K 背景辐射定义了一个优越参考系，利用它可以决定事件发生的绝对顺序[3]。罗森甚至以更明确的方式表示，宇宙学的最新发现要求回到绝对空间的概念[4]。

然而，在大量事实面前，我们的许多教材中仍在坚持狭义相对论否定"以太"及绝对系和绝对运动的陈述。这是不是太不切实际和太陈旧了呢？——须知，具有讽刺意味的是，在我们仍然千百次地宣扬这种"太过陈旧"的观点和相应的信仰时，宇宙学家们事实上却不仅已经承认而且在实际上已经建立起了并在工作中使用着"标准参考系"！

（2）然而，"表述 C"仍是存在问题的。现在我们来进行分析。

首先，从逻辑上讲，既然表述 C 的第（ⅰ）条、即"协变性原理"肯定了绝对静止参考系的特殊优越地位，那么光速在不同的相对于静止参考系运动的惯性系中观察时，

① P. G. Bergman, *Found. Phys.*, 1（1970）17.

② V. F. Weiskopf, *Science*, 203, 4377（1979）240.

③ H. D. Stapp, *Found. Phys.*, 9（1979）1.

④ N. Rosen, *Phys. Rev.* D 3（1971）2317.

就绝不可能是相等的。因而，表述 C 的第（ⅱ）条、即"光速不变原理"就不应当成立。

我们可以用类比的方法更详细地说明这一点。一个静止的大水池相对地球是静止的。地球在我们所考察的问题中可以视为静止参考系。扔一块石头在这一静止的水面上，在静止参考系观察到"水波"的波速在各个方向上一样。此时，一人相对于地球（也等价于相对于"水波"的介质"水"）这个静止参考系做相对匀速运动时（他不"拖动"水这个介质），他看到的水波在各个方向的传播速度却是不一样的。假若这个人是一个大力士，能够搬起整个水池与他一起相对静止参考系做匀速运动，在同样的实验中，相对于静止参考系做匀速运动的观察者（因他将整个水池搬起来与自己同速前进而"全拖动"介质水）所看到的水波相对于自己在各个方向上的传播速度是一样的，而在静止参考系的观察者看来，则是不一样的。

这一例证表明，无论是相对静止参考系运动的惯性系"不拖动"或"全拖动"作为水波载体的"介质"，静止参考系与惯性系中的观察者所看到的水波的波速均是不一样的。

将水波类比为电磁波，将水类比为电磁波动介质"以太"，道理在某种意义上有相似性。但可能电磁波和作为其波动介质的"以太"之间的关系与上述例证中的水波及其介质水之间的关系有些不一样：前面我们已经论述过，在静电场的情况下，带电体之间是靠"瞬时"的静电相互作用来联系的。而这个静电相互作用是靠人们称之为"以太"、我们称之为 MBS 的介质来传递的。这里的"瞬时"，从微观上讲，是指 MBS 中的"元子"的速度 $u \to \infty$。若"瞬时"是严格的（即 u 就是 ∞），则任何以有限速度 v 运动的物体，其静止与运动就显示不出差别来。这时，不论带电物体是静止还是在运动，其与介质的相互作用就都是一样的，所以也就不会激发出以光速运动的电磁波。因此，"瞬时"只是一种近似的说法，更严格地讲应是"存在非定域的超光速的关联"。亦即是说，u 远比光速大但仍是一个有限速度。自然，u 究竟多大目前我们尚一无所知，它是另一个探索的课题，这里不去追究。但正因为 u 是个有限速度，所以带电体的静止与运动，严格说来仍会显示出某种差别。概括地说起来，这种差别，就是当宏观尺度的带电体运动时会扰动"以太"介质，这种扰动的叠加效应，即是在"以太"介质中激发出的以光速传播的电磁波。

这里我们用"扰动"而不用"拖动"这个词，是因为"扰动"包含可能存在的"拖动"在内，但却不等同于"拖动"。拖动指的是运动体拖曳着介质沿相同方向运动，而扰动则包含着更为复杂的运动成分。至于运动电荷体如何扰动介质形成电磁波，是一个极复杂而困难的研究课题，电动力学未予回答，我们这里也不去追究。这里我们想得出的结论是，运动体运动时，是一定要与介质发生某种相互作用的。

正因为存在这种相互作用，若沿用"拖动"方式来看问题，那么显然"不拖动"是不可能的。而"全拖动"——运动体将全空间的介质拖带着与自己一起运动——则更是不可能的。因为只有惯性系"全拖动""以太"介质一起运动，而且不同的惯性系均在同时"全拖动""以太"介质，才可能使不同惯性系中所看到的光速是不变的——而这更是荒唐的！也恰因为上述原因，在对相对论的认识中，也有人提出"以太"介质是被"半拖动"的。运动体与"以太"介质之间是怎样的关系，人们提出了不同的看法，对此不多介绍。我们通过上述的讨论，想表达的意思是：表述 C 中的两条假定是存在矛盾的。

然而，上面我们已经以严格的方式论证了表述 B 的（ⅰ）的反映马赫相对主义观点的"等价、平权"的认识是不成立的。即表述 B 必须修正为表述 C。也就是说表述 C 中的第（ⅰ）点、即协变性原理是正确的。这样，为了保持表述 C 逻辑上的自洽性，就必须牺牲掉其中的第（ⅱ）点——光速不变原理。也就是说，光速不变原理就一定不是一个可以经得起推敲的正确原理。

（3）我们也可以换一种方式来讨论上述问题。

爱因斯坦建立狭义相对论的直接前提是对所谓"同时性"的定义与思考。我们曾用图 6 - 5 给予这一思考直观而生动的说明。如果读者比较细心的话，就将发现这种按爱因斯坦同时性定义所给出的结论，与爱因斯坦狭义相对论的结果发生了直接的冲突。

由（6 - 53）式的速度变换公式有

$$u' = \frac{u - \nu}{1 - \frac{\nu u}{c^2}} \tag{6 - 293}$$

其中 ν 为参考系（即图 6 - 5 的车）的速度。

现将上式运用于图 6 - 5 所示的问题中。在 S 系所看到的雷电同时击中镜面后反射的两束光，其中与 ν 同方向的一束记为 $u_+ = c$，与 ν 反方向的一束记为 $u_- = -c$。现将它们代入（6 - 293）式之中，于是，在 S′ 系中所看到这两束光的速度分别为

$$u'_+ = \frac{u_+ - \nu}{1 - \frac{\nu u_+}{c^2}} = \frac{c - \nu}{1 - \frac{\nu c}{c^2}} = \left(\frac{c - \nu}{c - \nu}\right) c = c \tag{6 - 294}$$

$$u'_- = \frac{u_- - \nu}{1 - \frac{\nu u_-}{c^2}} = \frac{-c - \nu}{1 - \frac{\nu(-c)}{c^2}} = -\left(\frac{c + \nu}{c + \nu}\right) c = -c \tag{6 - 295}$$

亦即是说，在 S' 系中所观察到的光速的大小和方向是不变的。既然如此，由于 S' 这个观察者所看到的这两束光，分别以同样的光速从相反的方向向自己运动，那么在 S' 系中则应同时到达 S' 系中的点 O'。

然而，上述的结论与图 6-5 的"同时性"定义所论述的两束光在 S' 系中不同时到达 O' 的说法是矛盾的。亦即是说，爱因斯坦的同时性定义与他的狭义相对论的理论结果并不是充分自洽的。

一般说来，解决逻辑不自洽矛盾的常用方法是肯定其中一个而牺牲掉另外一个。然而，若爱因斯坦关于同时性在一个惯性系中成立则在另一个惯性系中将遭到破坏的说法不再成立的话，则（6-14）式的空间坐标与时间相互依存的变换将遭到质疑而由此使整个狭义相对论面临灭顶之灾，因而爱因斯坦的同时性定义必须保留。另一方面，相对论的主要结论在相当高的精度上是实验所肯定了的，所以相对论的主要理论结果也必须保留。那么在这种情况下怎么才能解决这一矛盾呢？

我们发现，只要否定光速不变原理，即认为光在不同的惯性系中的速度并不是完全相同的，这一矛盾便可以得到解决。即只要认为 O' 系中所观察到的光速其大小和方向是可以改变的［即认为（6-294）式和（6-295）式不正确］，那么，在保留同时性定义的前提下，相对论的主要理论结果就仍可以保留（在下面第二部分中还要进行说明）。

上述的论述，也从另一个角度说明了光速不变原理存在错误的可能性。

由以上（2）、（3）两点的讨论我们看到，即使我们通过努力克服了爱因斯坦相对论在认识论上的"瑕疵"而将表述 B 改换为表述 C 之后，由于光速不变原理仍是存在问题的，所以爱因斯坦的理论仍是有"瑕疵"的，仍不能视为是一个严格的理论形态，尚有进一步思考探索的发展空间。

二、人们的进一步思考

以上我们论述了相对论尚存在的一些"瑕疵"。这些瑕疵反映在实验检验上，就是绝不可能得出肯定光速不变原理的明确结论。这正如张元仲在他那本很有启发性的著作中所指出的："直接检验光速不变原理是极为重要的。在这方面所做的大量实验（见第 2 章），其目的是检验光速是否各向同性以及光速与光源运动是否有关。这正如后面所论证的，至今实验检验的只是回路光速不变的不变性。"[1] ——亦即是说光速不变原理并没

① 张元仲：《狭义相对论实验基础》，科学出版社 1983 年版，第 12 页。

有获得实验的直接支持。正是由于这一原因，人们对相对论的进一步思考和探索，便集中在对光速不变原理的修正上。

（一）回路光速不变的狭义相对论

该理论认为，以光信号为校钟手段，单向光速就是一个不可观测的量。若要使单向光速是可以被观测的，就必须找到光信号以外的更为理想的校钟手段。由于爱因斯坦的理论是建立在光信号校钟这个手段之上的，故表述 B（ⅱ）的"光速不变原理"中的单向光速不变的假定是不可能被实验观测的，从而使得任何宣称在实验上证实了光速不变原理的说法都是不成立的。

为了消除单向光速不变假定与爱因斯坦同时性假定之间的矛盾，该理论定义了一种与同时性问题无关的可观测量——平均双程光速 c：

$$c = \frac{l_{ABA}}{t_{ABA}} \qquad (6-296a)$$

其中 $l_{ABA} = l_{AB} + l_{BA} = 2l_{AB}$，$t_{ABA}$ 是在 A 钟上所读的光经 l_{ABA} 路程所需的时间：

$$t_{ABA} = t_{AB} + t_{BA} = \frac{l_{AB}}{c_{AB}} + \frac{l_{BA}}{c_{BA}}$$

将上式代回（6-296a）式有

$$\frac{l_{AB}}{c_{AB}} + \frac{l_{BA}}{c_{BA}} = \frac{l_{ABA}}{c} = \frac{2l_{AB}}{c} \qquad (6-296b)$$

即

$$\frac{1}{c_{AB}} + \frac{1}{c_{BA}} = \frac{2}{c} \qquad (6-296c)$$

在（6-296c）式中，c_{AB} 和 c_{BA} 取值虽有任意性但却要受到因果关系的制约。例如，光信号不可能在从 A 出发之前到达 B。由（6-296）式可得约束条件

$$\frac{c}{2} \leqslant c_{AB}（\text{或} c_{BA}）\leqslant \infty \qquad (6-297)$$

在满足（6-297）式的情况下，c_{AB} 和 c_{BA} 仍有无限多种的选择。而爱因斯坦理论所用的只是其中的一种选择：$c_{AB} = c_{BA} = c$。

若（6-296a）式中的 l_{ABA} 是任一闭合回路的长度，则由此式定义了平均回路光速 c，并将其表述为"回路光速不变原理"：光在真空中沿任意闭合回路传播的平均光速 c 是一个恒定值，且与光源的运动状态无关。

设两参考系 S（x，y，z）和 S′（x'，y'，z'）在初始时重合，S′相对于 S 以 v = 常量

沿 x 轴正方向运动。在满足回路光速不变的条件下，各方向的光速可以写为

$$
\left.
\begin{aligned}
& c_y = c_{-y} = c, c_{y'} = c_{-y'} = c \\
& c_z = c_{-z} = c, c_{z'} = c_{-z'} = c \\
& c_x = \frac{c}{1-X}, c_{x'} = \frac{c}{1-X'} \\
& c_{-x} = \frac{c}{1+X}, c_{-x'} = \frac{c}{1+X'}
\end{aligned}
\right\}
\qquad (6-298)
$$

其中参数 X（或 X'）利用（6-297）式给出取值范围

$$
-1 \leqslant X \quad (\text{或 } X') \geqslant 1 \qquad (6-299)
$$

若取 $X = X' = 0$，即是爱因斯坦假定。

用（6-298）式所表达的回路光速不变原理取代爱因斯坦光速不变原理，可以导出更一般的洛伦兹变换[①]

$$
\left.
\begin{aligned}
& x' = \eta(x - \nu t) \\
& y' = y \\
& z' = x \\
& t' = \eta \left\{ \left[1 + \beta(X + X') \right] t + \left[\beta(X^2 - 1) + X - X' \right] \frac{x}{c} \right\}
\end{aligned}
\right\}
\qquad (6-300)
$$

其中

$$
\eta = \frac{1}{\sqrt{(1 + \beta X)^2 - \beta^2}}, \quad \beta = \frac{\nu}{c} \qquad (6-301)
$$

显然，在 $X = X' = 0$ 时，（6-300）式退化为通常的洛伦兹变换。

张元仲在其著作中称："在回路光速不变的条件下，假定光信号各向不同性（X（或 X'）$\neq 0$）来定义不同地点的同时性，与假定光信号各向同性（$X = X' = 0$）来定义不同地点的同时性在效果上是完全一样的。这就是说，回路光速不变的狭义相对论与爱因斯坦相对论一样预言了同样的可观察效应。"

回路光速不变的狭义相对论对于澄清爱因斯坦相对论中的认识论问题，具有十分积极的意义。因为在否定了一切惯性系平权而承认绝对运动之后，相应地光速不变原理也就必然不会成立。然而，建立在光速不变原理上的爱因斯坦相对论的理论结果却又的确在相当高的精度上是被肯定了的。这样，我们似乎处于一种两难境地。回路光速不变的

[①] W. F. Edwards, Am. J. Phys., 31 (1963) 482.

狭义相对论就是站在正确的认识论基点上，为解开"两难"疑问提供了一把钥匙。该理论通过参量 X 和 X' 的引入，将"扰动"或"拖动"之类的效应，以某种方式引进了理论的描述之中。该理论并不要求 $X = X'$，且一般来讲，$X \neq X'$，从而表明惯性系并不是等价和平权的。然后通过同时性定义的讨论，给出了通常的洛伦兹变换。这样，爱因斯坦相对论的理论结果的"实证成功"虽仍保留，但却并不与光速不变原理相联系。因为实验所证实的只是回路光速不变，单向光速可以是不一样的。由于实验测量是以往返平均光速为基础做出来的，光速方向性效应被抵消掉了，故而显示不出来，从而使得与假定单向光速不变在一定精度上观察的效应是重合的。

（二）标准时空论的狭义相对论

在上述的回路光速不变原理中，一般来讲 $X \neq X'$。这虽在一定的意义上否定了惯性系的平权性，但也并没有用十分明确的方式肯定绝对系的优越地位，且参量 X 和 X' 并没有被确定下来（是人为选定的）。这些缺陷表明，沿此思路探索，仍有进一步发展的空间。

国防科技大学谭暑生教授的"标准时空物理学"理论[①]，无疑在回路平均光速不变这一方向上做出了更为系统和更为完善的工作。

该工作建立在以下的假定之上：

（1）标准惯性系原理：存在一个空间显示各向同性的特殊的惯性参考系，即绝对参考系或标准惯性系；相对绝对参考系运动的物体的长度收缩（如果存在的话）只发生在物体运动的方向上，具有绝对的意义。对绝对参考系做匀速直线运动的参考系都是惯性系。

（2）回路平均光速不变原理：在任何惯性参考系中，沿真空中任一闭合路径传播的光信号的回路平均光速都等于常数 c，与光源的运动和空间的方位无关。

此外，标准时空论的狭义相对论同爱因斯坦相对论一样，还必须满足下面三项要求：

（ⅰ）因果律：对于构成因果联系的两个事件，原因总是发生在结果之前；

（ⅱ）时空均匀性假设：空间和时间上的所有点都是完全等价的；

（ⅲ）对应原理：新的时空变换系在低速范围（$v \ll c$）内必须还原为经典变换关系。

在以上假定下，该理论推导出了含参量 X' 的变换关系

---

① 谭暑生：《标准时空物理学》，载于董光璧主编《物理时空新探》，湖南教育出版社 1992 年版，第 2~72 页。

$$
\left.\begin{array}{l}
x' = \gamma(x_a - \nu t_a) \\
y' = y_a, z' = z_a \\
t' = \gamma(1 + \beta X')t_a - \gamma(\beta + X')\dfrac{x_a}{c}
\end{array}\right\} \qquad (6-302)
$$

其中

$$
\gamma = \frac{1}{\sqrt{1 - \beta^2}}, \quad \beta = \frac{\nu}{c} \qquad (6-303)
$$

在（6-300）式中，若令 $X = 0$，则可导出

$$
\begin{cases}
x' = \gamma(x_0 - \nu_0 t_0) & (6-304\text{a}) \\
t' = \gamma(1 + \beta X')t_0 - \gamma(\beta + X')\dfrac{x_0}{c} & (6-304\text{b})
\end{cases}
$$

因 $X = 0$ 是各向光速不变假定，而它只在绝对静止参考系这个特殊惯性系中成立，故而（6-304）式中的 x_0、t_0 与（6-302）式中的 x_a、t_a 是一样的量，可见（6-302）式与（6-304）式［即（6-300）式］是两个完全等价的变换。

可见，虽然在前述的回路光速不变的狭义相对论中，一般可以要求 $X \neq X'$ 而显示惯性系之间并不是等价和平权的，但却不如谭氏理论这样以极明确的方式令 $X = 0$ 以确立静止参考系（即绝对系）的特殊优越地位，从而把理论建立在科学自然主义的哲学观这一基本立场之上。也正是因为这一原因，后者显示出了较前者更重要的认识论意义。

由谭的理论也可以得出一系列的运动学和动力学结论：速度变换、长度收缩与时间延缓、质量关系、动力学方程、质能关系。并且，在亚光速的情况下，若惯性系的绝对速度 $\vec{u}$ 满足

$$
\vec{u} \cdot \vec{\nu}/c^2 \ll 1 \rightarrow a \approx 1 \qquad (6-305)
$$

则标准时空论的结果退化为爱因斯坦狭义相对论的结果。

三、小结

（1）以"表述 B"为逻辑起点的爱因斯坦狭义相对论，由于以马赫的相对主义、即以人的"主观介入"作为立论的基础，因而是存在"瑕疵"的，应当扬弃。即应当将相对论的立论基础改换成"表述 C"。由于表述 C 已经回到了绝对系，肯定了绝对运动和"以太"介质的存在，则使得狭义相对论中的种种"佯谬"消失；相对论对牛顿力学所作的"修正"的物质性基础才会通过对"以太"的认识得以实现；如果建立在表述 C 之

上的狭义相对论的理论结果能把爱因斯坦狭义相对论的理论结果涵盖其中，那么爱因斯坦相对论的理论结果被实验的"实证成功"以及它的"革命性意义"将被保留和继承下来，而且它在认识论上的失误将得以纠正。

（2）在回路光速不变的狭义相对论中，引入了可调参量 X 和 X'。理论上允许 $X \neq X'$，且在实际的应用操作上已令 $X = 0$，$X' \neq 0$。因此，该理论事实上就是以表述 C 为前提的，这就消除了马赫相对主义这一错误哲学观的影响。另外，它还通过同时性定义的重新理解重现了洛伦兹变换，由此肯定了爱因斯坦的理论成果。这一理论发展的积极意义，在于明确肯定了爱因斯坦相对论并不与肯定马赫相对主义相关联。它说明，在对相对论意义的认识上，洛伦兹关于肯定绝对系、绝对运动和"以太"介质的观点是正确的，虽然他未能如爱因斯坦那样以更完整的数学表述建立理论，并以这种表述作为"科学规范"实现一次重大的变革。

（3）在上述回路光速不变原理的基础上，谭暑生求出了 X'，建立了"标准时空论的狭义相对论"（谭称其为"标准时空论物理学"）。该理论既是对上述回路光速不变狭义相对论的继承，也是对它的发展。该理论给出了一些不同于爱因斯坦狭义相对论的新的理论结果，且拓展到了超光速领域。超光速现象可以存在，是回路光速不变原理的一种自然结果。不存在超光速运动，是洛伦兹变换的结果，但人们却缺乏对洛伦兹变换成立条件的认识。在"条件"不清的情况下所得的结论，至少在理论上是可以怀疑的。正因为如此，在实验上就不时地传出观察到超光速的报道。例如，在天体物理学领域，国外有不少人讨论所谓超光速运动的可能性，克莱（Clay）和克劳斯（Crouth）曾声称观察广延大气簇射时发现了超光速现象[1]。国内也有学者做过这方面的研究。

最近，伽马射线暴的实验观测也使光速不变原理受到了进一步的挑战。

利用（6-134）式及光的量子论公式 $E = h\nu$，有

$$E = h\nu = \sqrt{p^2 c^2 + m_\gamma^2 c^2} \tag{6-306}$$

其中 m_γ 为光子的静质量，h 为普朗克常数。群速度 ν 随光子能量或频率的色散关系为

$$\nu = \frac{\partial E}{\partial p} \tag{6-307}$$

由 $p = \dfrac{1}{c}\sqrt{E^2 - m_\gamma^2 c^4} \Rightarrow dp = \dfrac{1}{c}\dfrac{1}{2}\dfrac{2EdE}{\sqrt{E^2 - m_\gamma^2 c^4}}$，得

---

① R. W. Clay and P. C. Crouth, *Nature*, 28 (1974) 248.

$$\nu = \frac{\partial E}{\partial p} = c \sqrt{1 - \frac{m_\gamma^2 c^4}{E^2}} = c \sqrt{1 - A\nu^{-2}} \approx c(1 - 0.5A\nu^{-2}) \qquad (6-308)$$

其中

$$A = \frac{m_\gamma^2 c^4}{h^2} \Rightarrow m_\gamma = \frac{A^{\frac{1}{2}} h}{c^2} \qquad (6-309)$$

可见，假若 m_γ 不为零，则频率高的光子将比频率低的光子跑得快些[①]。

通过外层空间探测对伽马射线暴的观测，上述预示性的结果已获得了确认。通过实验观测知

$$A = \frac{2c\Delta t}{D}(\nu_1^{-2} - \nu_2^{-2}) \qquad (6-310)$$

由实验定出的光子静质量的上限为

$$m_\gamma \leqslant 4.2 \times 10^{-44} \, g \qquad (6-311)$$

也就是说，光子的静质量是不为零的[②]。

$m_\gamma \neq 0$ 也可以从另一角度来考虑。由

$$t_2' - t_1' = \frac{-\nu(x_2 - x_1)}{c^2 \sqrt{1 - \frac{\nu^2}{c^2}}}$$

当 $x_2 \neq x_1$ 时，才有 $t_2' - t_1' \neq 0$——即"同时性"才具有爱因斯坦所理解的"相对性"意义，这是相对论的基础之一。假若考虑的是一个质点，因 $x_2 = x_1$，故 $t_2' = t_1'$，于是在静止参考系中是同时的（$t_2 = t_1$），则在运动系中也是同时的（$t_2' = t_1'$）。即"相对论效应"是与粒子的"结构"相关联的。于是，质能关系

$$E = mc^2 \approx m_0 c^2 + \frac{1}{2} m\nu^2 \qquad (6-312)$$

中的"静能" $m_0 c^2$，事实上包括有结构的粒子的内部粒子对质心的动能和内部势能（当然也包括相对论性的小修正）。为什么会如此呢？因为讨论时空变换时用的不是质点的概念而是具有大小长度的粒子（物体）的概念。得出时空变换后变成了坐标系的性质，这时物体又被转换成了质点——"静能"即表现了出来。令 $T_0 = m_0 c^2$，则 T_0 代表系统对质心的转动动能及内势能等；$T_k = \frac{1}{2} m_0 \nu^2$ 为系统的平动动能。若 $m_0 = 0$，则 $T_0 = 0$。什么

---

① Schaefer B. E. *Phys. Rev.* Lett. , 1999，82（25）：4964～4966.

② 吴雪峰、陆琰：《伽马射线暴与爱因斯坦相对论》，《物理学进展》2007 年第 1 期，第 1 页。

样的粒子才会有此性质呢?除非该粒子是无次级结构的绝对刚体(因刚体无形变故无内势能)且无自转运动(则无对质心的动能)。既然光子自旋角动量 $J = 1\hbar \neq 0$,就表明光子在自转,那它的静质量怎么可能为零呢?所以上述实验验证 $m_\gamma \neq 0$ 是物理实质的必然。

由此可见,仅根据相对论自身的理论及对物理实质的理解,也会得出否定光速不变及光子静质量为零的结论。当然,由此将造成相对论理论的内在矛盾,并表明相对论的理论结果虽在高精度上于一定条件下仍成立且有用,但却并不意味着它是不需发展的最终表述形式。

(4)我们在上面特别介绍了谭的理论。这不仅仅是因为该理论的表述更完整,且给出了一些有趣的新的理论结果,并在亚光速情况下退化为爱因斯坦理论,肯定了爱因斯坦理论的变革性意义,更在于该理论真正继承了爱因斯坦在狭义相对论这一"科学规范"中所体现的革命性思想与精神。

正如我们在本章第 5 节中指出的,爱因斯坦通过相对论这一范式"在方法论上完成了从实验实证主义向逻辑实证主义的彻底转变"。谭的理论所运用的仍然是爱因斯坦规范,不过在确立起他的基本假定之前,作者做了大量哲学上的讨论。若用 C 判据的语言讲,他的这些工作事实上就是在论述图 2-7 的关系。正是在这一关系的制约下,确立了该理论的基本假定:"标准惯性系原理"的实质是肯定绝对参考系的特殊优越地位,由此修正了爱因斯坦理论中"相对主义"哲学观上的失误。"回路平均光速不变原理"起着两方面的作用,一方面借此在一定条件和精度上将爱因斯坦结果涵盖其中,另一方面通过 $X = 0$、$X' \neq 0$,使"回路平均光速不变原理"与肯定绝对系的特殊优越性相洽,与实验上所肯定的"真空中的光速不变"即回路光速不变相一致,再加上对"以太"的肯定,从而保证了理论的物质观基础的正确性。这样,就使得其理论基点满足了图 2-7 所示的关系,从而在一定的认识阶段于一定的意义上形成了一个较为自洽的整体。

(5)谭暑生的理论基于"元气说"。正如我们已经论述过的,以粒子模型为基础来认识,"元气"、"以太"以及我们所说的"物质性背景空间"不过是同一客体的不同称谓,实质上说的是同一个东西。但在对"空间"的认识上,谭所持的是笛卡儿的观点,即否定牛顿的绝对空间的概念,而把绝对参考系建在均匀和各向同性的"元气"或"以太"之上。关于笛卡儿和牛顿对空间的认识以及"标准参考系"(前面我们称之为普适的"准绝对系")与"绝对参考系"之间的关系,前面我们已经论述过,这里不再重复。即使不按第 3 章的方式来加以认识和证明绝对空间存在的真实性及建立于"空"而"静"之上的绝对系的价值,仅从谭的理论自身的内在逻辑来判断,否定牛顿的绝对空间及其相应的建于该绝对空间之上的牛顿的绝对系，而把牛顿的绝对系改换为建于"元气"或"以太"物质之上，则必造成逻辑悖论而瓦解其理论基础。谭暑生称，"长度收缩自然应当理解为运动物质与构成绝对系的物质相互作用的结果，因而是一种动力学效应，具有绝对意义"。既然运动物体与构成绝对系的物质（即"元气"或"以太"）发生了相互作用，那就必然会改变该物质时空分布上的均匀性和各向同性——而一旦均匀性和各向同性被破坏了，则建于该物质之上的参考系，按绝对系的意义来讲，就不再是绝对系了，从而使得作为绝对标准的参考框架被瓦解，于是使得建于该绝对标准的参考框架之上的理论描述失去了描述的基准，由此导致理论基底的瓦解。可见，仅从逻辑上来判断，为保证理论在论述上的自洽性，严格的、真正意义上的绝对参考系就不应建在元气或以太这类物质之上，而必须建在牛顿的"绝对空间"之上。正因为如此，作为物质存在和表演舞台的绝对空间的存在和其作为唯一的客观参考标准的地位，是根本不可能被否定掉的。若将谭的绝对系按我们的理解来定义，并肯定MBS（即"元气"或"以太"）的存在，则在理解上就完全一样了，并且不影响谭的理论的建立。当然，这只是该理论在论述上的小小的失误，不是影响该理论"真正价值与意义"的问题。

（6）单程光速是客观存在的，这是一个显然的事实。而是否可以测量到单程光速，则不仅依赖于实验手段，而且首先依赖于建于单程光速之上的理论。正因为如此，所以狭义相对论仍有可资探索发展的余地，也恰恰因为这一原因，无论是（基于单向光速各向同性之上的）爱因斯坦的狭义相对论还是回路光速不变的狭义相对论，只要你去仔细地推敲，就一定会发现某种不完善的地方，从而表明它们确实还需要进一步发展。

张元仲在他自己的书的第20页表达了类似的思想："此外，按照唯物主义的认识论，人们对同时性问题的认识如同对其他问题的认识一样，是逐步深化的。在任何一个具体的时间内，这种认识总带有一定的历史局限性，进而滑向了唯心论。他们声称，同时性的定义完全是主观上的一种随意的'约定'，从而否定了它的客观性和可认识性，是完全错误的。在回路光速不变的前提下，使用光信号校钟所存在的任意性，绝不意味着在实践上排除了其他更理想的校钟手段的存在。其他可能的校钟手段是否与光信号校钟完全等价，这一问题不单是理论上需要研究的问题，更重要的是，它是一个需要为今后的实践反复检验的问题。如果能够发现回路光速不变性被破坏，或者找到大于光速的信号，或者发现了其他校钟手段与光信号校钟在实践中的效果不同，那么对单向光速各向同性的问题，就有可能做出更进一步的判断，人们对同时性问题的认识也会更深一步。"[①]

张元仲的这段深思后的论述及其观点，无论对于认识还是进一步完善和发展爱因斯坦的狭义相对论，都具有重要的启迪性参考价值。

（7）本书的中心议题是第3章的内容，它是全书的主线条。由于该章中的一系列的结论（也包括作为其基础的科学自然主义哲学观），均是按爱因斯坦科学规范所倡导的逻辑方法并溯到"源头"上所作的逻辑推断，且它们又都是通过了C判据严格检验的，所以我们相信这种推断的正确性，并预示性地指出它"必在其后的理论发展中不断被证实"。这一预示性的论断，在狭义相对论中，同样获得了无例外的证实。

这里，我们对狭义相对论的后续发展不再作进一步的讨论（但并不意味着这种讨论无现实的价值和意义）。这是因为，作为爱因斯坦狭义相对论逻辑起点的两个基本原理，即使不论及上面所述的种种问题，最多也只具有近似的意义。事实上，真正不受力的物体是不存在的，故建于实物之上的惯性参考系在严格的意义上就是不存在的。即使按牛顿经典力学，光线经过重质量物体附近时，也会因引力的存在而发生偏转，从而使得光速（在大小和方向上）不变原理在严格的意义上不能成立。由此可见，狭义相对论的意义仍是有限的。也正因为上述原因，爱因斯坦在建立狭义相对论之后不久就发展了被称为"广义相对论"的引力理论。在下一章中，我们将简要地介绍广义相对论，并将对其意义作进一步的认识。

[①] 张元仲：《狭义相对论实验基础》，科学出版社1983年版，第20页。

第7章 广义相对论：揭示了力场的物质性基础及非线性的本质

我们知道，狭义相对论是对牛顿力学的拓展：通过使之满足所谓的"洛伦兹协变性"，将牛顿力学改造成为相对论性的理论，既能将牛顿力学涵盖于其中（即在极限情况下退化为牛顿理论），又拓宽了牛顿理论的应用范围，给出了一些新的理论结果。然而，由于这时的协变性仅只存在于惯性系之间，而惯性系只是一般运动参考系（即非惯性系）的特例，因此狭义相对论的意义就仍然是有限的。于是，在创立狭义相对论之后不久，爱因斯坦即开始着手建立被称为"广义相对论"的引力理论，企图将他的理论做进一步的推广，使之也适用于一般运动参考系，以便彻底将惯性系这个"鬼魂"赶出物理学。

广义相对论是20世纪最重要的物理学理论成果之一，产生了极其重大的广泛影响。它所开创的场的一元论的研究方向，成了20世纪物理学的主导方向；它所导出的关于宇宙问题的一些理论结果，引发了广大社会公众的浓厚兴趣和强烈好奇心，并推动了宇宙学的蓬勃发展；它的基本思想和所使用的研究方法，成为一种新的"科学规范"……因此，认真研究广义相对论的理论结构、思想实质，发掘它真正的革命性意义，同时正视它所存在的困难与不足，找出其原因之所在，对催生新的科学革命具有十分重要的意义和价值。

由于广义相对论是对引力进行研究的理论，因此又被称为"爱因斯坦引力理论"。但在广义相对论之前，已经有人对引力进行过研究，最著名的是牛顿。为了看清楚广义相对论是如何发展了牛顿理论的，我们有必要首先谈一谈爱因斯坦之前的引力理论。

第 1 节　爱因斯坦之前的引力理论

一、牛顿引力理论

被称作"万有引力定律"的牛顿引力理论的表述是：任何物体必定相互吸引；两物体之间的引力与它们的质量的乘积成正比，与它们之间的距离的平方成反比。写成数学表达式为

$$\vec{f} = -G\frac{mM}{r^2}\vec{r}^0 \tag{7-1a}$$

其中，r 是质量分别为 m、M 的两物体之间的距离，G 称作引力常数。

这一定律的直接基础之一是开普勒的行星运动三大定律，它是运用牛顿定律，从已知运动出发求力而得出的。所求出的力是两物体之间的引力。"万有引力"，则是通过两体引力公式作逻辑推广和延拓，从而赋予它"普适性"所得的结论。

这一定律不仅在大范围内的引力作用中以极高的精度成立，至今仍是航天技术、空间技术、天文学以及天体物理学的基础，而且在科学上也经过了广泛的实验验证。主要有：

1. 等价原理的检验

将（7-1a）式写为

$$\vec{f} = -G\frac{m_gM}{r^2}\vec{r}^0 \equiv m_g\vec{g} \tag{7-1b}$$

其中，$\vec{g}$ 定义为

$$\vec{g} = -G\frac{M}{r^2}\vec{r}^0 \tag{7-2}$$

称为引力场强度（在牛顿力学中，$\vec{g}$ 仅是作为一个数学符号而引入的概念）；m_g 称为"引力质量"。若令 m_I 为物体的"惯性质量"，$\vec{p} = m_I\vec{v}$，将（7-1b）式代入牛顿方程，则有

$$\frac{d\vec{p}}{dt} = m_I\dot{\vec{v}} = m_I\vec{a} = m_g\vec{g} \quad \rightarrow \quad \vec{a} = \dot{\vec{v}} = \frac{m_g}{m_I}\vec{g} \tag{7-3}$$

若令惯性质量与引力质量相等

$$m_I = m_g \equiv m \tag{7-4}$$

即所谓引力质量与惯性质量等价的"等价原理"成立，则物体的加速度

$$\vec{a} = \dot{\vec{v}} = \vec{g} \qquad\qquad (7-5)$$

应该说是伽利略最先利用（7-5）式检验了等价原理（即著名的比萨斜塔的自由落体实验）。当然，这种完全依靠"目测"的实验的精度是很差的。在牛顿建立了自己的理论之后，他用单摆实验在 10^{-2} 精确度的范围内检验证明等价原理是成立的。后来，匈牙利物理学家厄阜（R. V. Eötvös）利用扭秤测地球表面重力的微小差异，将精度提高到 10^{-9} 量级；20 世纪 60 年代，美国物理学家迪克（R. H. Dicke）改进了厄阜实验而将精度提高到 10^{-11} 量级；其后不久，苏联的布拉金斯基（V. B. Braginsky）又把精度提高到 10^{-12} 量级。而为消除地面实验对厄阜实验装置的影响，目前人们正计划将装置放在宇宙飞船上，估计精度可达 10^{-15} 量级；若放在无引力的自由飞行器上，精度也许会达到 10^{-18} 量级。总之，通过实验证明，在相当高的精度内，等价原理是成立的。

2. 平方反比定律的检验

牛顿引力定律在阐明月球以及行星运动时取得了一系列辉煌的成功。过去，天王星轨道的若干不规则性一直得不到解释，直到 1846 年，美国的阿当姆（J. C. Adams）和法国的勒威耶（U. J. J. Le Verrier）利用牛顿引力理论独立计算并预言了海王星的存在及位置，以后几乎立刻就发现了海王星。通过纯理论计算发现一颗巨大的行星，成为当时一项令人瞩目的伟大成就。它不仅消除了人们对牛顿理论价值的最后一点疑虑，同时也让牛顿引力理论的威信达到了它的巅峰。

然而，富有戏剧性的是，又恰恰是这位论证了牛顿理论"正确性"的勒威耶，在发现海王星的头一年（1845 年），通过计算发现了水星的反常运动——水星近日点的进动比牛顿的预期值每百年快 35″，并被加拿大天文学家纽科姆（S. Newcomb）的观测证实（附加值为 43″/百年）。勒威耶曾设想这个多余进动是由于太阳与水星之间存在一群小行星的缘故，但经过仔细搜寻，一个也没有发现。这种对平方反比定律的小的偏离或修正所表现出的牛顿引力理论的"瑕疵"，虽不足以在当时产生修正的紧迫感，但却已经预示着它将可能成为新的引力理论的生长点。

另外，在当前新发展的一些理论中，预言有一些新的弱作用粒子，由于它们的存在，也有可能破坏平方反比定律。检验这一定律，不仅能进一步确定引力定律的精确度和适用范围，还有助于判别某些新理论的真伪，影响整个物理学的发展。由于引力很弱，实验测量是很困难的。尽管如此，一些实验已经表明，"严格的"平方反比定律，在事实上却并不是真正严格的。

3. 引力常数 G 的测定

首先较为精确地测量 G 值的是英国物理学家卡文迪许（H. Cavendish）。他最初的目的是想确定地球的质量。1798 年，他利用英国地质学家密歇耳（J. Michell）所发明的扭秤测定出地球的质量约为 6.6×10^{20} 吨，平均密度约为水的 5.5 倍，所测得的 G 的实验值为 $(6.754 \pm 0.041) \times 10^{-11}$ $\mathrm{m^3 s^{-2} kg^{-1}}$。而在一个世纪前，牛顿曾较准确地判断出地球的平均密度约为水的 $5 \sim 6$ 倍，据此推算出的 G 值约为 6.7×10^{-11} $\mathrm{m^3 s^{-2} kg^{-1}}$。

因扭秤利用悬置杆两端严格对称的小球，消除了外界引力的影响，是测量 G 值的有效工具。随着这一装置的性能及使用方法的改进，G 值的测定技术与精度也在不断提高。其中，美国的朗（D. R. Long）等人的工作引起了人们的特别关注。朗用环形物代替扭秤上的球体，从而提高了精度。他们的测量显示出了两方面的重要结果：一是在实验的范围内引力的平方反比律并不严格成立，G 值随环的尺寸有微小的变化；二是 G 值与相互作用两物体的质心距离 r 有关，其关系为 $G(r) = G_0 [1 + (0.002) \ln r]$。上述结果已引起不少实验与理论物理学家的关注。

另一个值得关注的是著名英国物理学家狄拉克于 1937 年关于 G 值随时间变化的猜想，即所谓的"大数假说"。他注意到，质子（质量 m_p）与电子（质量 m_e）间的静电引力与万有引力的比值

$$\frac{e^2/r^2}{Gm_p m_e/r^2} = \frac{e^2}{Gm_p m_e} \approx 10^{40} \qquad (7-6)$$

恰与用时间的原子单位表示的宇宙年龄的数量级相吻合。狄拉克所选的时间的原子单位为 $e^2/m_e c^3$。

若这一发现不是偶然的话，它就不仅表明宇宙学与两个长程力（万有引力及静电力）间存在某种基本关系，且表明（7-6）式的比值随着宇宙年龄在增加。若假定电量 e 及电子、质子的质量 m_e、m_p 不变，则表明 G 随时间在减少。

近年来的理论进展表明 G 不是常数，这将对物理学的发展产生深远的影响。20 世纪 50 年代，约旦（E. P. Jordan）根据 G 随时间变化建立起可变 G 的引力理论。在该理论中，变化的引力常数由一个静止质量为零的标量场所代替。后来，布朗斯（G. Brans）与迪克也建立了类似的 G 可变的引力理论。在他们的标量-张量理论中，G 的变化率为 $(0.007 \sim 0.8) \times 10^{-11}$/年。1961 年，布里尔（D. R. Brill）得到半径为 R 的均匀各向同性宇宙情况下的约旦引力场方程解，除得到了与宇宙标准模型相应的预言外，还提供了检验 G 值的途径。迪克等人根据他们的引力理论，曾计算出若干古老星体的年龄，所得结

果恰与由哈勃膨胀推算出的宇宙年龄 8×10^9 年相符。由于 G 值的时间依赖关系，迪克认为，不仅将由于太阳温度变化影响地球和月球的温度，还会导致其他的一些地球物理现象的发生。例如，随着 G 减小，在整个地球的历史中，赤道将增长 700 km。他甚至认为，非洲与南美大陆的巨大断裂，就是这种连续膨胀造成的。当然，这些推论或猜测尚需进一步的观测实证。

大数假说与 G 值随时间变化对物理学产生深刻影响的另一表现，是所谓的"物质创生"说。宇宙中核子总数估计为 10^{80}。而它又恰恰等于宇宙年龄 10^{40} 的平方。那么根据其与大数定理的关系，就很容易得出这样的推论：随着宇宙年龄的增大，宇宙中的核子数将随时间的平方成正比例地增加。尽管不少人对狄拉克的这一"物质创生"推论持质疑的态度，但支持者们却认为，不能因想象不出新核子在宇宙中被创造的缘由与方式而忽略狄拉克的预言。为此，有人提出"引力屏蔽"理论为"物质创生"作解释：致密物体对引力有屏蔽作用，表现为抵抗运动状态变化能力的惯性质量与核子总数成正比，而表现为引力作用强弱的引力质量则只与未被屏蔽的核子数成正比，当引力常数减小时，巨大天体表面层重量减小，随之引起天体膨胀，物质密度减小，屏蔽效应减弱，因而有更多的核子对外界的引力做出贡献，使引力质量加大。从而表现为天体的核子数在加大，但这并不意味着有新物质创生。由于天体引力屏蔽层表面积随时间的平方增加，这恰好满足了大数假说的要求。尽管大数假说及其推论以及其他人所做的解释都带有某种猜测的性质，但人们还是较为一致地认为所猜测的事实反映出自然界尚有某些未知的规律在起作用，其发现也许将紧密地依赖于 G 值的研究。

值得注意的是，牛顿在引力论中事实上已经表达出了自己对宇宙演化发展的某些看法。他认为正是引力的作用，才使得宇宙物质趋向于它们的内部，其中有些物质将聚集成一个物体；它们彼此距离很远，散布于整个无限的空间中，很可能太阳和（其他）恒星就是这样形成的。这种在引力作用下物质从无序走向有序的观点，是明显不同于其后热力学的"熵增加原理"的。

二、引力的场理论表述

电荷 q 在电荷 Q 的静电场中所受的静电力 [（4-1）式在高斯单位下的表示] 为

$$\vec{F} = \frac{qQ}{r^2} \vec{r}^0 \equiv q\vec{E} \qquad (7-7)$$

其中 $\vec{E}$ 称为由电荷 Q 所产生的静电场强度

$$\vec{E} = \frac{Q}{r^2}\vec{r}^0 \tag{7-8}$$

该电荷 q（质量为 m、动量为 $\vec{p} = m\vec{v}$）在上述静电场中的运动方程为

$$\frac{d\vec{p}}{dt} = \vec{F} = q\vec{E} \tag{7-9}$$

$\vec{E}$ 是一个保守场，可以引入一个标势函数 φ

$$\vec{E} = -\nabla\varphi \tag{7-10}$$

在静电场的情况下，标势 φ 和矢势 $\vec{A}$ 均不显含时间 t，于是由（4-59）式有泊松方程

$$\nabla^2\varphi = -4\pi\rho \tag{7-11}$$

其中 ρ 为电荷密度

$$Q = \int\rho dV \tag{7-12}$$

在静电力场的情况，力场是"瞬时"传递的"超距"作用。在电动力学中，正是通过"电场" $\vec{E}$ 及相应的"标势" φ 及其后的磁场 $\vec{B}$ 及相应的矢势 $\vec{A}$ 的引入，揭示出了所谓的"力"是通过电磁场来传递的。而电磁场，按经典电磁场论的观点（即麦克斯韦、洛伦兹等人的观点），则被视为是"以太"介质中的振动。这样，电动力学的重要贡献就不仅仅是给出了描述电磁场运动的一组结构性方程组，更重要的是揭示出了"力"的实实在在的物质性基础，从而纠正了牛顿的"瞬时超距力"看似不通过中介媒质来传递的物质观上的谬误，从而变革了牛顿的物质观。这些正是第4章所得出的最重要的结论。

将引力与静电力相比较，有对应关系

$$\vec{f}\leftrightarrow\vec{F}; \quad \vec{g}\leftrightarrow\vec{E} \tag{7-13}$$

同样因 $\vec{g}$ 为保守场，可以引入标势 ψ

$$\vec{g} = -\nabla\psi \tag{7-14}$$

则对应于（7-11）式同样应有引力的泊松方程

$$\nabla^2\psi = -4\pi G\rho \tag{7-15}$$

其中 ρ 为质量密度

$$M = \int\rho dV \tag{7-16}$$

这样我们看到，上述两组方程之间具有一一对应的类似关系。亦即是说，与"电磁场"理论相类似，经典引力理论是可以改造为"引力场"理论的，并有望通过这一改造，揭示出牛顿引力的物质性基础而加深我们对引力本质的认识。上述研究方向是拉普拉斯（P. S. M. Laplace）、拉格朗日（P. S. M. Lagrange）及其学生泊松等提出来的。

引力场概念被引入之后，原始的"牛顿引力"形式下的引力理论获得了新的内涵和形式上的推广，但也存在明显的不足：首先，由于引力场不显含时间，故上述经典引力场仅能描述超距作用，相应地，"场"的物质性基础还不能以明显的场的运动方式被彰显出来；其次，它不像电磁场理论那样，具有洛伦兹变换下的协变性。

针对上述问题，1906 年彭加勒以实现洛伦兹群协变性要求为前提，构造了第一个相对论性的引力理论。他指出，引力作用也应像电磁作用一样，具有光速的传播速度。之后，闵可夫斯基和索末菲（A. J. W. Sommerfeld）又把这一理论表述为四维矢量分析的形式。尽管彭加勒、闵可夫斯基等人的洛伦兹协变下的引力场理论尚存在某些缺陷，但毕竟找到了一种协变形式的引力理论，还成功地给出了引力质量和惯性质量等价性的解释，且更注意到了满足物理理论形式一致性的要求。

第 2 节　广义相对论的基本内容

狭义相对论问世之后，作为德国数学中心的戈廷根的学者们曾将其视为浅显的"小儿科"。但对广义相对论中所用到的"四维几何学"，恐怕就无人再敢这样说了——即使到现在，要搞懂广义相对论的数学表述和求解过程并对其思想有深入的理解，任何一个人（哪怕他是高级的物理研究人员）可能也都得认真下一番工夫。可见广义相对论的数学表象相当复杂。

一、广义相对论的思想基础

1918 年，爱因斯坦在《关于广义相对论的原理》一文中指出："这个理论今天在我看来，依据三个决非互不相关的基本观点。"它们是："（a）相对性原理"，"（b）等效原理"，"（c）马赫原理"。因此，这三大原理可以看做广义相对论的主要思想基础。由于相对性原理我们在第 6 章已经进行过详细讨论，下面我们将主要谈一谈后两个原理。

（一）牛顿水桶和马赫原理

为了论证绝对运动的存在，牛顿描述了不少实验，其中最著名的是所谓的"牛顿水桶"实验（如图 7-1 所示）：把一个水桶吊在一根长绳上，将桶旋转多次而使绳拧紧，然后盛之以水，并使桶与水一道静止不动。当长绳松开时，水桶将朝反方向旋转，并将持续这种运动若干时间。牛顿说他亲自做过这个实验，水面最初会与桶开始旋转以前一样是平的［如图 7-1（a）所示］，但此后桶逐渐把它的运动传递给水，使它明显地旋转起来，并逐步离开中心而向桶的边缘升起［参见图 7-1（b）］，形成一个凹面……；起初当水在桶中的相对运动最大时，这种相对运动并没有使水产生离开轴心的任何倾向，水没有显示出向四周运动并沿桶壁上升的趋势，而保持水平；所以它的真正圆运动尚未开始。但是后来水的相对运动减小，水就因此趋向桶的边缘而在那里上升，这证明它是在努力离开转轴；这种努力证明水的真正的圆运动在不断增大，一直到水在桶内处在相对静止时达到其最大数量为止〔参见图7-1 (c)〕……

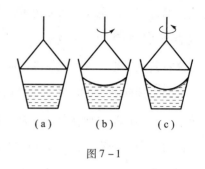

（a）　　　（b）　　　（c）

图 7-1

牛顿水桶实验的实质是想借此证明绝对空间和绝对运动的存在。他的观点在获得克拉克（S. Clarke）、欧拉（L. Euler）等人热烈支持的同时，也被同时代的贝克莱（B. G. Berkley）以及他的劲敌莱布尼兹（W. V. Leibniz）所反对。当然，随着牛顿力学的确立，拥护牛顿观点的学派取得了优势，并由此使争论逐渐销声匿迹。

然而，19世纪末马赫却又将这一问题重新提了出来。马赫的经验论使他相信"只存在相对运动"，他对牛顿水桶评论道：

> 牛顿用转动的水桶所做的实验，只是告诉我们：水对桶壁的相对转动并不引起显著的离心力，而这离心力是由水对地球的质量和其他天体的相对转动才产生的。如果桶壁愈来愈厚，愈来愈重，最后到达好几里厚时，那就没有人能说这实验会得出什么样的结果。[①]

也就是说，由于马赫认为不存在绝对运动而只存在相对运动，故在图7-1 (c) 的情况，当水桶与水均以 $\overrightarrow{\Omega}$ 转动时，即可以看成是水桶与水均为静止，而整个宇宙包括远处的恒星及地球却在以 $-\overrightarrow{\Omega}$ 转动，故离心力可以视为是整个宇宙绕着桶中的水作转动形成的。正是基于这样的认识，所以对图7-1 (a) 的情况，马赫发出疑问："如果桶壁愈来愈厚，愈来愈重，最后到达好几里厚时，那就没有人能说这实验会得出什么样的结果"——而事实上在马赫看来，是会产生离心力而使水面变凹的。

这种认为"地球与其他天体的质量"对于决定惯性系有若干影响的假说，后来被爱因斯坦称之为"马赫原理"。由上面的描述可以看出，所谓的"马赫原理"其实只是马

---

① 爱因斯坦著：《爱因斯坦文集》（第一卷），许良英等编译，商务印书馆1976年版，第88页。

赫相对主义哲学观在牛顿水桶问题上的具体化，与相对性原理的思想基础是一致的。柯克尼（G. Cocconi）等人曾指出[①]，靠近地球有一个大质量的银河系；马赫原理认为粒子朝着或者离开银心时惯性质量会稍有不同而产生质量的各向异性（差别记为 Δm），而20世纪60年代的实验表明 $\Delta m/m \leqslant 10^{-20}$，即在 10^{-20} 的精度上是不支持马赫原理的[②]。

（二）爱因斯坦升降机和等效原理

事实上，爱因斯坦最初是试图在狭义相对论的框架之中建立起包括引力在内的新的相对论引力理论的，但是他很快意识到引力理论不能简单地被包括于狭义相对论之中，因为对引力而言，建立狭义相对论的两个基本前提假定（狭义协变性和光速不变）均已不再成立。

那么引力理论的基点如何确立呢？

该问题深深地困扰着爱因斯坦，使他陷入了冥思苦想的幻梦般的状态之中，以致在他与居里夫妇共同旅游休假时，令人惊叹的阿尔卑斯山的风光也未能将他从幻梦般的状态中解脱出来。也恰因为如此，当爱因斯坦站在山上俯瞰山巅下的幽谷时，一个突发的灵感，一股莫名的冲动，猛地将他惊醒。他突然抓住居里夫人的手问道：当你坐在电梯里从山上自由落下时，你将会怎样？这就是著名的"爱因斯坦升降机"思想实验。

如图7-2所示，我们在地球（视为静系）表面附近的有限时空来考查升降机内的物体 B 的运动。观察者甲处在地面上；观察者乙处在升降机内。

图7-2（b）的情况：升降机 O' 相对地面 O 静止。

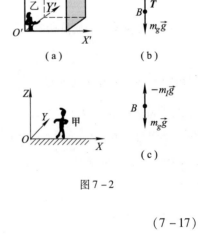

图7-2

在此种情况下，O' 系与 O 系均为静系，两者对物 B 的描述一样。设物 B 的惯性质量为 m_I，所受的重力为 $m_g\vec{g}$（m_g 为引力质量），且由一轻绳将物 B 悬于升降机顶下。设绳的张力为 $\vec{T}$。此时，物 B 处于静止（加速度 $\vec{a}=0$）的平衡状态

$$m_I\vec{a} = \vec{T} + m_g\vec{g} = 0 \tag{7-17}$$

由此得出力的平衡方程

① G. Cocconi, E. E. Salpeter, *Phys. Rev.* Lett., 4（1960）176.

② V. W. Hughes, H. G. Robinson and V. Beltran-Lopez, *Phys. Rev.* Lett., 4（1960）342; R. W. P. Drever, Phil. Mag., 61（1961）683.

$$\vec{T} = -m_g \vec{g} \qquad (7-18)$$

上式的"负号"表示张力 $\vec{T}$ 与 $\vec{g}$ 的方向是相反的，故而张力 $\vec{T}$ 指向 Z 的正方向。上两式是在 O 系中给出的。由于此时 O' 系也是静系，将加速度 $\vec{a}$ 换成 $\vec{a}'$ 也成立，故知 $\vec{a} = \vec{a}'=$ 在 O' 系中的加速度。

图 7-2（a）的情况：升降机 O' 以重力加速度 $\vec{g}$ 自由下落。此时 O' 系为非惯性系，且在此时，我们将悬挂物 B 的绳剪断。

在 O 系中描述物 B 时，所用的仍是在静系中成立的牛顿方程

$$m\frac{d\vec{\nu}}{dt} = m\frac{d^2\vec{R}}{dt^2} = \vec{F} \qquad (7-19)$$

其中 $\vec{\nu} = \dot{\vec{R}}$ 为物体 m 在 O 系中的绝对速度，$\vec{F}$ 为作用在 m 上的"真实力"（即存在施力者的力）。

B 受力为重力

$$\vec{F} = m_g\vec{g} \qquad (7-20)$$

将（7-20）式代回（7-19）式，有

$$m_I\vec{a} = \vec{F} = m_g\vec{g} \qquad (7-21)$$

于是有

$$\vec{a} = \frac{m_g}{m_I}\vec{g} \qquad (7-22)$$

利用惯性质量与引力质量相等的等价原理

$$m_I = m_g \equiv m \qquad (7-4)$$

得出物 B 在 O 系中的绝对加速度

$$\vec{a} = \vec{g} \qquad (7-23)$$

在 O 系中对参考系 O'（即人乙）的描述与以上对物 B 的描述是完全一样的，即观察者乙（即参照系 O'）的绝对加速度 $\vec{a}_0$ 与物 B 一样

$$\vec{a}_0 = \vec{g} \qquad (7-24)$$

利用伽利略变换

$$\vec{R} = \vec{R}_0 + \vec{r} \qquad (7-25)$$

有

$$\vec{a} = \vec{a}_0 + \vec{a}' \qquad (7-26)$$

$\vec{a}'$ 为 O' 系中的相对加速度。代回（7-21）式，有

$$m\vec{a} = m(\vec{a}' + \vec{a}_0) = \vec{F} = m\vec{g} \qquad (7-27)$$

将 $m\vec{a}_0$ 移项且利用（7-24）式，则得

$$m\vec{a}' = \vec{F} - m\vec{a}_0 = m\vec{g} - m\vec{a}_0 \qquad (7-28\text{a})$$

$$= 0 \rightarrow \vec{a}' = 0 \qquad (7-28\text{b})$$

（7-28）式表明，如果站在 O' 系中来看问题，则可以认为自己的参考系是加速度为零的"惯性系"。但我们知道事实上它并不是一个惯性系而是一个非惯性系。那么，这个非惯性系是如何"转化"成了一个"惯性系"的呢？

如果视

$$\vec{F}_h = - m\vec{a}_0 \qquad (7-29)$$

为一个"新的引力场"，就可以把（7-28）式解释为：原来的引力场 $\vec{F} = m\vec{g}$ 并没有消失，而是 $\vec{F}_h$ 和 $\vec{F}$ 两者的和所构成的"总的引力场"（即"有效力"）消失了。即

$$\vec{F}_{eff} = \vec{F} + \vec{F}_h = m\vec{g} - m\vec{a}_0 = 0 \qquad (7-30)$$

由此，就有所谓的"等效原理"：惯性力（即"虚设力" $\vec{F}_h$）与引力场等效，也可以说成是引力场与加速运动场等效；或者说，当把由于非惯性系相对于惯性系的运动而产生的"虚设力"，"等效"为一个"真正的力"（在引力场中即引力）的时候，就可以把该非惯性系"等效"为一个"惯性系"。这样一来，就可以把物体在一个非惯性系中的运动转化到这个"等效"的"惯性系"中来描述。当然，作为一个观察者，要真的能认为参考系 O' "就是"一个"惯性系"，则作为 O' 系的升降机的"舱"必须是封闭的。如果只讨论力学现象，即在封闭的舱内作任何力学实验都无法区分重力的效果或惯性力（即虚设力）的效果，这种引力与惯性力的等效性被称为"弱等效原理"。如果进一步假定无论在封闭舱内做力学的、电磁学的或者其他的任何物理实验都不能区分重力的效果或惯性力的效果，也就是说两个参考系（即 O 系与 O' 系）不仅对力学过程是等效的，而且对一切物理过程也是等效的，这就是"强等效原理"。

等效原理对广义相对论的建立起到了相当重要的作用。这正如爱因斯坦自己说的：把等效原理与狭义相对论结合起来，就会很自然地得出引力与非欧几何联系在一起的结论。当然，从上面的简单介绍中也可以看出，爱因斯坦升降机实验和等效原理均依赖于承认相对性原理。所以，爱因斯坦关于相对性原理、等效原理和马赫原理三者"绝非互不相关"的说法是正确的——它们都可以归结到相对性原理上来。所以，可以说广义相对论事实上就是建立在相对性原理的思想基点之上的。

二、引力理论的建立

对于引力理论的建立，爱因斯坦曾回忆道：在思考引力论的漫长过程中，直到 1912 年，当他偶然想到高斯的曲面理论可能就是解开这个奥秘的关键时，这个问题才获得了解释——这时，爱因斯坦看到了引力与时空几何结构间的联系：引力场影响时空结构，乃至决定着它的度规的规律。

（一）转动圆盘与里曼几何——引力场可以用非欧几何来对应

我们用一个转动圆盘来模拟以角速度 Ω 自转的地球（M）和地球赤道上空距地心 r 远处相对于地球静止的同步卫星（m）的运动。忽略其他天体的影响，m 所受的地球引力为

$$\vec{F}_g = -G\frac{mM}{r^3}\vec{r} \qquad (7-31\text{a})$$

由于地球的自转（圆盘转动）而使 m 所受到的离心力（惯性力）为

$$\vec{F}_h = m\Omega^2\vec{r} \qquad (7-31\text{b})$$

在转动圆盘这个非惯性系中看，m 相对于 M 静止，故

$$\vec{v}'_m = 0, \quad m\frac{d\vec{v}'_m}{dt} = \vec{F}_g + \vec{F}_h = \vec{F}_{eff} = 0 \qquad (7-32)$$

亦即是说，若将惯性力 $\vec{F}_h$ 也视为"引力"，则（7-32）式表明卫星 m 受力 $\vec{F}_{eff} = 0$，故在卫星 m 这个封闭舱中会感到我们生活在"惯性系"之中。这正是"等效原理"的内容。

我们知道，转动圆盘上的 m 点对静系的绝对速度

$$\nu = \Omega r \qquad (7-33)$$

在相同 Ω 的情况下，r 很小时，ν 很小，可以不考虑相对论效应；而当 r 很大时，ν 很大，则应考虑相对论效应。由于径向 om（参见图7-3）垂直于速度 ν，故此方向不产生洛伦兹收缩，而在 ν 的方向要产生洛伦兹收缩

$$l = l_0\sqrt{1 - \nu^2/c^2} \qquad (7-34)$$

这里必须注意的是，如我们在狭义相对论那一章已分析指出的，狭义相对论也不能否定静系的特殊优越地位，

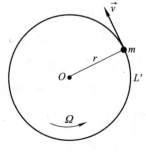

图 7-3

所谓的尺缩，是相对于静系而言的，而不是"你看我的尺子缩短了，我看你的尺子缩短了"，故而"尺缩"是具有绝对意义的量。上式中，l_0 是静系中（即在绝对空间中）的

"尺"，l 则是在旋转参考系于圆的切向方向上的"尺"。由（7-34）式可见

$$l < l_0 \qquad\qquad (7-35)$$

在平直的绝对空间中，遵从欧氏几何，半径为 r 的圆在欧氏空间中的周长

$$L = 2\pi r \qquad\qquad (7-36)$$

这个周长与半径的关系可以用静系中的尺 l_0 的测量来证实。然而，当用 l 对 L 进行测量时，由于 $l < l_0$，尺子要短一些，所以在旋转参考系中测得的实际圆周长 L' 并不等于 L，而是"变长"了

$$L' > 2\pi r \qquad\qquad (7-37)$$

不满足欧氏几何中半径与周长之间的关系（7-36）式，但却可以用所谓的"里曼几何"来描述（包括球面几何、椭球面几何、双曲面几何等这些不能纳入欧氏几何的"曲面几何"，都被统称为里曼几何）。因此，非惯性系中的狭义相对论效应（尺缩）同里曼几何之间是存在某种关联的。

由以上的讨论可见，利用"等效原理"，我们可以将"虚设力"等效为一个引力场，从而将一个非惯性系"等效"为一个"惯性系"（这样一来，就便于将惯性系中的物理定律推广到非惯性系中）。同时考虑到相对论效应，即把等效原理与狭义相对论结合起来，就会很自然地得出引力与非欧几何联系在一起的结论。

也就是说，将转动圆盘的例证加以拓展和抽象，我们就可以得出这样的结论：在引力场中的任何一个时空点上，我们总可以建立起一个非惯性参考系，并利用等效原理，将惯性力与引力等效，使得在该时空点的极小的一个局域范围内狭义相对论所确定的物理规律为有效——正是通过该"有效"性，即通过时空长度相对于静系（即欧氏时空）所发生的变化表明，平坦的欧氏空间不足以完善地认识和描述引力场，而应将引力场安置于非欧的里曼空间之中。

这在广义相对论的建立过程中是十分关键的一步。因为正是由于上述这种认识上的转变，才导致引力场被"几何化"了：即引力场的存在被转化成一种"空间属性的变化"——从"平直"（可以用欧氏几何来描述）转为"弯曲"（只能用非欧的里曼几何来描述）。

（二）用"度规"在时空中的变化来对应"引力场"在时空中的变化

要将引力场"几何化"，就应当从"几何"的角度来描述引力场在时空中的变化。如何描述呢？爱因斯坦用的是"度规"的方法。

"度规"的概念是人们公认的历史上最伟大的数学家之一、被誉为"数学王子"的高斯（C. F. Gauss）提出的。他从大地测量中受到启发，在创立二维曲面的微分几何理

论时，在曲面上引入曲线坐标 u 和 ν，并证明曲面上的任意线元有如下的普遍形式：

$$ds^2 = g_{11}du^2 + g_{12}dud\nu + g_{21}d\nu du + g_{22}d\nu^2 \qquad (7-38a)$$

若记 $u = x_1$，$\nu = x_2$，则上式可以更简单地写成

$$ds^2 = \sum_{i,j=1}^{2} g_{ij}dx_i dx_j \qquad (7-38b)$$

其中 $g_{ij}(i,j=1,2)$ 称为二维曲面上的"度规"。它确定了二维曲面上的测地线（即弯曲空间的"直线"），能由此找出曲面的曲率，并进一步证明曲面所在空间的非欧几何性质。亦即是说，g_{ij} 是描述曲面性质的基本量。

为了理解二维曲面，我们以图 7-4 的半径为 R 的球为例。曲线坐标为 θ，φ。曲面上的线元 ds 的平方为

$$\begin{aligned}
ds^2 &= (ds)^2 = (BC)^2 = (AC)^2 + (AB)^2 \\
&= (R\sin\theta d\varphi)^2 + (Rd\theta)^2 \\
&= R^2 d\theta^2 + R^2 \sin^2\theta d\varphi^2 \qquad (7-39a)
\end{aligned}$$

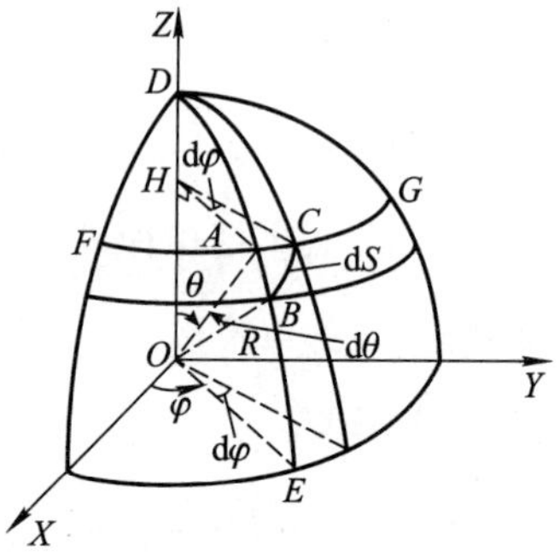

图 7-4

令 $\theta = x_1$，$\varphi = x_2$ 则知

$$ds^2 = R^2 dx_1^2 + R^2 \sin^2\theta dx_2^2 \qquad (7-39b)$$

故度规

$$g_{11} = R^2, \quad g_{22} = R^2\sin^2\theta, \quad g_{12} = g_{21} = 0 \qquad (7-39c)$$

若将度规用矩阵表示，令

$$g = \begin{pmatrix} g_{11} & g_{12} \\ g_{21} & g_{22} \end{pmatrix} = \begin{pmatrix} R^2 & 0 \\ 0 & R^2\sin^2\theta \end{pmatrix} \qquad (7-39d)$$

则（7-39a）式就可以写为

$$ds^2 = (dx_1, dx_2)\begin{pmatrix} g_{11} & 0 \\ 0 & g_{22} \end{pmatrix}\begin{pmatrix} dx_1 \\ dx_2 \end{pmatrix} = (d\theta, d\varphi)\begin{pmatrix} R^2 & 0 \\ 0 & R^2\sin^2\theta \end{pmatrix}\begin{pmatrix} d\theta \\ d\varphi \end{pmatrix} \qquad (7-39e)$$

在（7-39a）式之中，我们看到，第一项 R 的意义是通过径线 DABE 的"大圆"的半径（$OA = R$，参见图 7-4），而第二项则是通过纬线 FACG 的截平面所截出的圆的半径（$HA = R\sin\theta$）。这即是"度规"在二维球面这种非欧几何中的意义。

如果二维空间不是上述的"弯曲"了的空间，而是一个"平坦"的空间，那么它的度规又是什么样的呢？

由图 7-5 可见，曲线上的一个很小的"线元"$ds = \overline{AB}$ 的平方为

$$ds^2 = (AC)^2 = (AB)^2 + (CB)^2$$
$$= (dx_1)^2 + (dx_2)^2 = dx_1^2 + dx_2^2$$
$$= \sum_{i,j=1}^{2} g_{ij} dx_i dx_j \qquad (7-40\text{a})$$

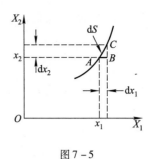

图 7 – 5

其中度规为

$$g_{11} = 1, \quad g_{22} = 1, \quad g_{12} = g_{21} = 0 \qquad (7-40\text{b})$$

上式也可以简写为

$$g_{ij} = \delta_{ij} = \begin{cases} 1 & (i=j) \\ 0 & (i \neq j) \end{cases} \qquad (7-40\text{c})$$

同样，排成矩阵

$$g = \begin{pmatrix} 1 & 0 \\ 0 & 1 \end{pmatrix} \qquad (7-40\text{d})$$

则（7 – 40a）式可以写为

$$ds^2 = (dx_1, dx_2) \begin{pmatrix} 1 & 0 \\ 0 & 1 \end{pmatrix} \begin{pmatrix} dx_1 \\ dx_2 \end{pmatrix} \qquad (7-40\text{e})$$

这样我们看到，若 2 维空间的度规满足于（7 – 40c）式而可以被写成一个"δ 符号"，则称该 2 维空间是"平坦的欧氏空间"。而（7 – 40a）式的意义 $ds^2 = dx_1^2 + dx_2^2 = \sum_{i=1}^{2} dx_i^2$ 即是所谓的"勾股弦定理"——西方人所谓的"毕达格拉斯定理"。

在 2 维空间中，若仅从"数目"来讲，标量仅用 1 个数来表示，而矢量则须用 2 个数来表示。而表示曲面空间的度规却一般需要用 4 个量（g_{11}，g_{12}，g_{21}，g_{22}）来表示（球面是特例，它的非对角元素为零），这种量（即更高阶的矢量）人们称之为 2 维空间中的 2 阶张量。即度规是一个张量，被称之为"度规张量"。

从上面 2 维空间的简单例子，我们了解到了欧氏空间和非欧空间的区别，了解到了"度规张量"是描述非欧空间性质（即它是如何"弯曲"）的量。而把度规从 2 维空间向更高维度的进一步推广，则是里曼（G. B. Riemann）的功劳。

里曼是高斯的一位才华横溢但却内向和害羞的学生。然而，让人难以想象的是，这个看似羞涩而又带几分神经质的青年却是那样大胆而具有颠覆性：我们所熟悉的日常空间仅仅是 3 维，而他却敢提出超出 3 维的任意维 n 的 n 维空间！也即是说，对任意的 n 维欧氏空间，可以将毕达格拉斯定理推广为

$$ds^2 = \sum_{i=1}^{n} dx_i^2 = \sum_{i,j}^{n} \delta_{ij} dx_i dx_j \qquad (7-41)$$

而对任意弯曲的 n 维非欧的"弯曲的超空间"来讲，其线元的平方可以写为

$$ds^2 = \sum_{i,j=1}^{n} g_{ij}dx_i dx_j = (dx_1, dx_2, \cdots, dx_n) \begin{pmatrix} g_{11}g_{12}\cdots g_{1n} \\ g_{21}g_{22}\cdots g_{2n} \\ \cdots \cdots \cdots \cdots \cdots \\ g_{n1}g_{n2}\cdots g_{nn} \end{pmatrix} \begin{pmatrix} dx_1 \\ dx_2 \\ \cdots \cdots \\ dx_n \end{pmatrix} \qquad (7-42)$$

其中 g 称为 n 维里曼空间的度规张量。里曼在继承和吸收了他的老师以及鲍耶和罗马契夫斯基等人工作的基础之上，创造了一门新的几何学："里曼几何"。这一工作被誉为数学史上世纪性的工作，当然，这在当时却是非常反传统的并常被传统思想责难的一项工作。

里曼所留下的宝贵遗产，在电磁论中被麦克斯韦所继承。虽然他没有采取"度规"去描述"力场"，而是用"场"的概念提升了法拉第"力线"的概念，完成了电磁理论的统一。而在引力论中，则被爱因斯坦所继承，明确建立起了"度规"与"引力场"之间的联系，在 4 维（$\vec{r}$, t）的非欧里曼空间中于局域的小区域内保留 4 维的平直的闵可夫斯基空间。这样，"时间"的因子就进入了理论，就在吸收了上面所说的拉普拉斯、拉格朗日、泊松等人的"场论"思想的基础上，找到了用几何学的语言来描述"力场"的方法，从而建立起了在弯曲的 4 维时空中运动变化的引力场方程。

（三）利用广义协变性原理建立引力场方程

在广义相对论的创建中，爱因斯坦的老同学格罗斯曼（M. Crossmann）的帮助与合作起到了非常重要的作用。在格罗斯曼的帮助下，爱因斯坦学习了里曼几何、里奇与列维－契维塔张量分析等，并用于广义相对论的引力理论之中。从 1912 年 8 月开始，他们俩合作发表了三篇论文。这是广义相对论走向建成的重要阶段。1913 年，在他俩联合发表的重要论文《广义相对论纲要和引力理论》中，他们提出引力的度规场不再是标量势，而是以 10 个引力势函数所构成的"度规张量"，从而使里曼几何获得了实在的物理意义，这是向几何化方向迈出的决定性的一步。

为理解这 10 个量组成的度规张量，下面做简单的介绍。若令

$$x'^1 = x', \quad x'^2 = y', \quad x'^3 = z', \quad x'^4 = ct' \qquad (7-43)$$

其中 $x'^{\nu}(\nu=1,2,3,4)$ 是指 4 维时空间的位矢的 4 个"逆变"分量（不是 ν 次方的意思）。设新坐标 x^{μ} 与老的笛卡儿坐标 x'^{ν} 之间的变换关系为：

$$x'^{\nu} = x'^{\nu}(x^{\mu}) \qquad (7-44)$$

则有

$$dx'^\nu = \sum_{\alpha=1}^{4} \frac{\partial x'^\nu}{\partial x^\alpha} dx^\alpha \equiv \frac{\partial x'^\nu}{\partial x^\alpha} dx^\alpha \tag{7-45}$$

在（7-45）式之中，已经采用了简写的符号：凡重复指标，均表示从 1 到 4 的求和。

4 维间隔一般可以在笛卡儿坐标中被表示为［见（6-39）式］

$$-ds^2 = \sum_{i=1}^{3} dx'^i dx'^i - (dx'^4)^2 = \sum_{\nu,\mu=1}^{4} \eta_{\nu\mu} dx'^\nu dx'^\mu \equiv \eta_{\nu\mu} dx'^\nu dx'^\mu \tag{7-46}$$

其中

$$\eta_{\mu\nu} = \begin{cases} 0\,(当\,\mu \neq \nu\,时) \\ 1\,(当\,\mu = 1,2,3\,时) \\ -1\,(当\,\mu = 4\,时) \end{cases} \rightarrow 矩阵\ \eta = \begin{pmatrix} 1 & 0 & 0 & 0 \\ 0 & 1 & 0 & 0 \\ 0 & 0 & 1 & 0 \\ 0 & 0 & 0 & -1 \end{pmatrix} \tag{7-47}$$

这个空间即是前面所说的闵可夫斯基空间，也称为 4 维赝欧氏空间。

现将（7-45）式代入（7-46）式之中，则有

$$-ds^2 = \eta_{\nu\mu} dx'^\nu dx'^\mu = \eta_{\nu\mu} \frac{\partial x'^\nu}{\partial x^\alpha} dx^\alpha \frac{\partial x'^\mu}{\partial x^\beta} dx^\beta = \eta_{\nu\mu} \frac{\partial x'^\nu}{\partial x^\alpha} \frac{\partial x'^\mu}{\partial x^\beta} dx^\alpha dx^\beta \tag{7-48}$$

若令

$$g_{\alpha\beta} = \eta_{\nu\mu} \frac{\partial x'^\nu}{\partial x^\alpha} \frac{\partial x'^\mu}{\partial x^\beta} \quad (\alpha,\beta = 1,2,3,4) \tag{7-49}$$

则 4 维线元

$$-ds^2 = \eta_{\nu\mu} dx'^\nu dx'^\mu = g_{\alpha\beta} dx^\alpha dx^\beta \tag{7-50}$$

由（7-49）式元素所组成的 4 维度规张量为

$$g = \begin{pmatrix} g_{11} g_{12} g_{13} g_{14} \\ g_{21} g_{22} g_{23} g_{24} \\ g_{31} g_{32} g_{33} g_{34} \\ g_{41} g_{42} g_{43} g_{44} \end{pmatrix} \tag{7-51}$$

由（7-49）式的数学形式知 g 是对称张量

$$g_{\alpha\beta} = g_{\beta\alpha} \quad (\alpha,\beta = 1,2,3,4) \tag{7-52}$$

所以度规张量 g 中只有 10 个独立的分量。由上述数学公式，我们知道为什么只是"以 10 个引力势函数所构成的度规张量"。

以上的变换比较抽象，我们举一个较实际的例子。

以转动圆盘为例，用 x'、y'、z' 表示老的笛卡儿坐标。新坐标（不标记"'"）与圆盘相连使之随圆盘转动。这样，两者的关系可以简化为如图 7-6 所示。

由图 7-6 很容易给出新老坐标间的变换关系〔即（7-44）式的具体表达〕

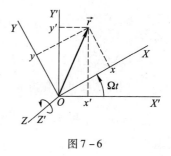

$$x' = x\cos \Omega t - y\sin \Omega t$$
$$y' = x\sin \Omega t + y\cos \Omega t$$
$$z' = z$$
$$t' = t$$

$$(7-53)$$

图 7-6

将（7-53）式代入（7-50）式之中，简单运算即得

$$-ds^2 = dx'^2 + dy'^2 + dz'^2 - c^2 dt^2$$
$$= dx^2 + dy^2 + dz^2 - 2\Omega y dx dt$$
$$+ 2\Omega x dy dt - \left[c^2 - \Omega^2(x^2 + y^2) \right] dt^2$$

$$(7-54)$$

由（7-54）式知度规张量为

$$g = \begin{pmatrix} 1 & 0 & 0 & -\dfrac{\Omega y}{c} \\ 0 & 1 & 0 & \dfrac{\Omega x}{c} \\ 0 & 0 & 1 & 0 \\ -\dfrac{\Omega y}{c} & \dfrac{\Omega x}{c} & 0 & -\left[1 - \dfrac{\Omega^2}{c^2}(x^2 + y^2) \right] \end{pmatrix}$$

$$(7-55)$$

由上式可见，因 $g_{14} = g_{41} \neq 0$、$g_{24} = g_{42} \neq 0$，故而一般地 $g_{\mu\nu} \neq \eta_{\mu\nu}$，即变换后的空间不再是平坦的赝欧氏空间，而是不平坦的里曼空间。

这样，以 10 个引力势函数 $g_{\mu\nu}$ 确定引力场的观点，打破了引力场是一个单一量表示的标量势的传统认识和信条。这是爱因斯坦引力论的一个巨大创新。他使用"绝对微分学"这一新的数学工具，根据"广义相对性原理"——所寻找的物理方程在任何坐标系（无论是惯性系还是非惯性系）内都应具有相同的数学形式的要求，给出了具广义协变性的引力场方程

$$R_{\alpha\beta} - \frac{1}{2} g_{\alpha\beta} R = \frac{8\pi G}{c^4} T_{\alpha\beta}$$

$$(7-56)$$

由于是对称的，交换 α 和 β 不变，故上式是一个由 10 个方程构成的联立微分方程组。

其中引力常数 $G = 6.67 \times 10^{-8} \ \text{cm}^3 \cdot \text{g}^{-1} \cdot \text{s}^{-2}$，空间的标曲率 R 按下式定义

$$R = g^{\alpha\beta} R_{\alpha\beta}$$

$$(7-57)$$

$R_{\alpha\beta} = R^{\lambda}_{\alpha\lambda\beta}$（重复指标为求和）为里奇曲率能量（为对称张量），而 4 阶的混合曲率张量

定义为

$$R^\alpha_{\beta\gamma\delta} = \frac{\partial \Gamma^\alpha_{\beta\delta}}{\partial x^\gamma} - \frac{\partial \Gamma^\alpha_{\beta\gamma}}{\partial x^\delta} + \Gamma^\alpha_{\lambda\gamma}\Gamma^\lambda_{\beta\delta} - \Gamma^\alpha_{\lambda\delta}\Gamma^\lambda_{\beta\gamma} \tag{7-58}$$

式中的第二类克里斯多夫符号定义为

$$\Gamma^\sigma_{\nu\lambda} = \Gamma^\sigma_{\lambda\nu} = g^{\mu\sigma}\Gamma_{\mu,\nu\lambda} \tag{7-59}$$

上式中的第一类克里斯多夫符号定义为

$$\Gamma_{\mu,\nu\lambda} = \Gamma_{\nu\lambda,\mu} = \frac{1}{2}\left(\frac{\partial g_{\mu\nu}}{\partial x^\lambda} + \frac{\partial g_{\mu\lambda}}{\partial x^\nu} - \frac{\partial g_{\nu\lambda}}{\partial x^\mu}\right) \tag{7-60}$$

$T_{\alpha\beta} = T_{\beta\alpha}$ 称为任意体系的能量——动量张量，它由下式定义

$$\frac{1}{2}\sqrt{-g}\,T_{\alpha\beta} = \frac{\partial}{\partial x^\gamma}\left[\frac{\partial \sqrt{-g}\,L}{\partial\left(\frac{\partial g^{\alpha\beta}}{\partial x^\gamma}\right)}\right] - \frac{\partial \sqrt{-g}\,L}{\partial g^{\alpha\beta}} \tag{7-61}$$

其中 g 为度规张量行列式的值

$$g = \det(g_{\alpha\beta}) = |g_{\alpha\beta}| \tag{7-62}$$

L 为任意系统的拉氏函数密度，它由以下的任意体系的作用量 s 来定义

$$s = \frac{1}{c}\int L\sqrt{-g}\,d\Omega \tag{7-63}$$

其中 $d\Omega$ 为 4 维体积元。

通过对上述量的定义我们看到，引力场方程事实上是一个求度规的非线性微分方程。而方程的右边的能量动量张量 $T_{\alpha\beta}$，由（7-61）式知是依赖于对体系的拉氏密度而选取的（对体系和宇宙的认识不一样则给出不同的假设）。亦即是说，时空弯曲（由 $g_{\mu\nu}$ 来描述）是依赖于体系的拉氏密度 L、即依赖于体系的物质与能量以及体系中其他的非引力性质的力，从而建立起了时空弯曲与物质体系及其性质之间的联系。

对于不存在物质体系的自由空间，（7-56）式则退化为

$$R_{\alpha\beta} - \frac{1}{2}g_{\alpha\beta}R = 0 \tag{7-64}$$

（四）粒子在引力场中的运动方程为"短程线"方程

$$\frac{d^2 x^\alpha}{ds^2} + \Gamma^\alpha_{\beta\gamma}\frac{dx^\beta}{ds}\frac{dx^\gamma}{ds} = 0 \quad \alpha = (1,2,3,4) \tag{7-65}$$

其中 $ds = cd\tau = \sqrt{-g_{44}}\,dx^4$，$\mu_\alpha = d^2 x^\alpha/ds^2$ 为"4 度加速度"，$-m\Gamma^\alpha_{\beta\gamma}\frac{dx^\beta}{ds}\frac{dx^\gamma}{ds}$ 为"4 度力"。这个力作用在位于引力场的粒子上。这时，张量 $g_{\alpha\beta}$ 起着引力场"势"的作用——它的导数决定场的"强度" $\Gamma^\alpha_{\beta\gamma}$。

这时的"粒子",例如我们的星球,不再是一个具有形体的物质系统,而是被视为在引力场中的一个极小范围内的质量密集区——这与牛顿采用质心的概念来描述星体的运动,是相类似的。

三、广义相对论的理论预言及其实验检验

广义相对论提出之后不久就获得了极高的赞誉,主要是由于它所得出的理论预言很快就得到了实验检验的证实。这些预言和相应的实验是"光线偏转"、"引力红移"和"水星进动"。在广义相对论问世以后的 50 年中,实际上也还是只有上述的"三大实验检验"。直到 20 世纪 60 年代,美国物理学家夏庇罗(Shapiro)等人才提出"雷达回波的时间延迟"的所谓"第四验证",经几年努力取得了成功。下面对这"四大实验检验"做一简单介绍。

(一) 光线的引力偏折

光线引力偏折的理论预言是爱因斯坦在 1911 年完成的《关于引力对光传播的影响》一文中提出的。虽然该文只是他通往 1916 年广义相对论最终形式[①]之前的一个中继站,但对光线引力偏折的实验验证也被人们看成是对广义相对论的实验验证。

光子的静质量为零,但却可以有"动质量"(或称为"有效质量")。根据爱因斯坦光的量子论,其能量 $E = mc^2 = \hbar\omega$(其中 $\hbar$ 为普朗克常数,ω 为光的频率),则知其质量为

$$m = E/c^2 = \hbar\omega/c^2 \qquad (7-66)$$

即光线可以视为"光粒子"的集合体。这样,光线经过重质量星体(例如太阳的附近)时,犹如一般的物体那样,就不会"走直线"而是会"走曲线",从而形成所谓的"光线的引力偏折"。

牛顿力学中有比尼(Binet)公式(粒子的轨道微分方程)

$$h^2 u^2 \left(\frac{d^2 u}{d\theta^2} + u \right) = -\frac{1}{m} F \qquad (7-67)$$

式中 $u = 1/r$,$h = r^2 \dot{\theta}$ 为角动量密度。

由万有引力公式,知

$$-\frac{1}{m} F = -\frac{1}{m} \left(-G \frac{mM}{r^2} \right) = GMu^2 \qquad (7-68)$$

---

① A. Einstein, *Annalen der Phys*, 49 (1916) 769.

将（7－67）式代回（7－66）式则得方程

$$\frac{d^2 u}{d\theta^2} + u = \frac{GM}{h^2} \tag{7－69}$$

在中心力场中 h 是一个常数，可由近日点求出 $h = R \cdot R\dot{\theta} = R \cdot c$（$R$ 为太阳半径，M 为太阳的质量），代入上式得

$$\frac{d^2 u}{d\theta^2} + u = \frac{GM}{R^2 c^2} \tag{7－70}$$

由上式可见，其轨道运动是与粒子的质量无关的。由于光子的能量 $E > 0$，故它的轨道应是双曲线的一支。这样，观察结果的实际情况将如图 7－7 所示（图中将其偏转"夸张"了）。亦即是说光线经太阳附近将偏折一个角度 φ，由经典力学计算的结果为（牛顿值）

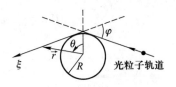

图 7－7

$$\varphi_N = \frac{2GM}{Rc^2} \approx 0.87'' \tag{7－71}$$

在"一战"前夕的 1914 年，一支德国天文学家考察队前往苏联去观察一次全日蚀，企图检验该理论的结果。但富于戏剧性的是：他们被当作战俘拘留而未作测量，否则将否定当时经典牛顿力学的（7－71）式而得出其后的广义相对论结果

$$\varphi_E = \frac{4GM}{Rc^2} = 2\varphi_N \approx 1.75'' \tag{7－72}$$

这一结果较（7－71）式中的牛顿值整整大了一倍！

那么，谁的计算更正确呢？人们希望用实验来判别。英国的科学家埃丁顿爵士出于对广义相对论所包含的革命性思想的兴趣与热忱，在第一次世界大战刚结束的 1919 年，力促英国派出了两支日食考察队分别前往几内亚和巴西进行观测。在普林西比（几内亚）观察的结果为 1.61″，误差 0.30″；而在索布尔（巴西）为 1.98″，误差 0.12″。二者的结果同爱因斯坦的预言相当一致！实验结果让爱因斯坦的名声大噪，把他推到了唯一能与牛顿媲美的科学伟人的崇高地位。

（二）引力红移

依照广义相对论，固有时与世界时的关系为

$$d\tau = \frac{1}{c}\sqrt{-g_{44}} dx^4 = \frac{1}{c}\sqrt{-g_{44}} dt \tag{7－73}$$

由（7－55）式，可知上式中的 g_{44} 为

$$g_{44} = -\left(1 - \frac{\nu^2}{c^2}\right) \tag{7-74}$$

代入（7-73）式，则有

$$d\tau = dt\sqrt{1 - \frac{\nu^2}{c^2}} \tag{7-75a}$$

在转动圆盘的情况下，根据引力与惯性力等效的原理，选圆心为势的零点，则距 r 处的引力势

$$U = -\int_0^r \omega^2 r dr = \int_r^0 \omega^2 r dr = -\frac{1}{2}\omega^2 r^2 = -\frac{1}{2}\nu^2 \tag{7-76}$$

代入（7-75a）式，则有

$$d\tau = dt\sqrt{1 + \frac{2U}{c^2}} \tag{7-75b}$$

而由 r 处的引力势

$$U = -\frac{GM}{r} \tag{7-77}$$

代入（7-75b）式则得

$$dt = \frac{d\tau}{\sqrt{1 - \frac{2GM}{c^2 r}}} \tag{7-78}$$

式中的 dt 应理解为无穷远处无引力场地方的时间间隔，$d\tau$ 为引力场中的固有时间间隔。由上式知

$$dt < d\tau \tag{7-79}$$

亦即是说，引力场中发生的物理过程，在远处观察，时间节奏（dt）比当地的固有时间慢。

引力的时间延缓（7-78）式的一个可观察的效应，即是星光谱线的"引力红移"。设从星球表面 $r = R$ 处的物质发出的固有频率为 ν_0、固有周期为 T_0 的光传播至无限远处时频率变为 ν，周期变为 T。利用（7-78）式，则有

$$T = \frac{T_0}{\sqrt{1 - \frac{2GM}{c^2 R}}} \tag{7-80}$$

而频率关系则为

$$\nu = \nu_0\sqrt{1 - \frac{2GM}{c^2 R}} \tag{7-81}$$

由红移量定义知

$$z = \frac{\Delta \nu}{\nu_0} = \frac{\nu - \nu_0}{\nu_0} = \frac{\nu}{\nu_0} - 1 = \sqrt{1 - \frac{2GM}{cR^2}} - 1 \approx -\frac{GM}{c^2 R} \qquad (7-82)$$

对于太阳来说，$M = 1.99 \times 10^{30}$ kg，$R = 6.96 \times 10^5$ km，计算得出

$$z = \frac{\Delta \nu}{\nu_0} \approx -2.12 \times 10^{-6} \qquad (7-83)$$

可见红移是相当小的。由于 M、R 在天文测量上是有误差的，故计算值与实测值会有偏离。例如，1961 年观测太阳光谱中的纳 5 896A^0（$1A^0 = 10^{-10}$ m）时，结果比理论值偏小 5%。

（7-82）式也可以用来测地面的引力红移。由引力势差引起的频率移动的绝对值

$$z = \frac{\Delta \nu}{\nu_0} = \frac{gH}{c^2} \approx 1.1 \times 10^{-16} H \qquad (7-84)$$

其中 H 为高度差。1959 年庞德等人把含有钴（c_0）放射性衰变发出的 14.4 kev 的 γ 射线从 $H = 22.6$ m 的哈佛塔顶射向塔底。理论上的值为 $z = 2.46 \times 10^{-15}$，测得的结果为 $z = (2.57 \pm 0.26) \times 10^{-15}$，两者符合得相当好。

（三）水星进动

如图 7-8 所示，按照牛顿力学，行星绕太阳 S 作椭圆运动，太阳则在椭圆的焦点上。但实际上行星除受太阳的平方反比的引力之外，还要受其他行星的摄动等因素的影响而使得水星发生进动。牛顿对此做出了解释并预言水星在近日点处有每世纪 5 557.62″的进动。但实际观测值为每世纪 5 600.73″，与理论值相比多了 43.11″，称为"剩余进动"，此问题一直得不到解释。

图 7-8

而按照广义相对论，则得出行星每转一周，其轨道近日点要移动一个角量

$$\delta \varphi = \frac{6\pi GM}{c^2 a(1 - e^2)} \qquad (7-85)$$

其中 a 为椭圆的长半轴，e 为轨道的偏心率。由（7-85）式推算出的每 100 年的进动为 43″。亦即是说，在广义相对论中，即使不考虑其他因素的影响，水星的近日点也有进动，其值恰好为"剩余进动"的值，从而使得剩余进动得到了说明，也反过来验证了广义相对论。

我们不去讨论（7-85）式是怎么推导出来的，而是换一种方式来理解上述的所谓"进动"。在转动圆盘的实验中，我们曾看到大圆的周长要尺缩。形象地，沿径向剪去一

359

个切口，使其圆周为尺缩后的周长，然后再将其"缝合"，于是就近似成了一个"圆锥"。从平面→圆锥：空间弯曲了。

水星进动与此类似。如图 7-9 所示，要使平面（a）变成圆锥，则应如（b）那样切去一块，然后将切口接合起来［如图中（c）所示］。这样一来，轨道的结合处就出现了一个交叉，表明当行星运动到此处时不再进入（a）所示的原来的轨道，而要越过原来的轨道向前运动——这正是进动的原因。这种办法虽不能精确计算，但却能以形象直观的办法使我们了解广义相对论中的"空间弯曲"的效应——此处则是由"空间弯曲"去解释"剩余进动"的几何成因。

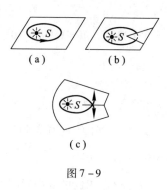

图 7-9

（四）雷达回波的时间延迟

这里我们不去给出广义相对论的理论计算结果，而只做形象的解释。

如图 7-10 所示，当地球 E、太阳 S 和行星 P 几乎排成一条直线时，从 E 掠过 S 表面向 P 发射一束雷达波。由于时空弯曲，雷达波沿弯曲的轨道 EFP 传播，然后再沿原路返回。在无引力场的真空中传播时（走直线），往返所需时间为 $t = 2(a+b)/c$。而广义相对论预

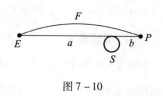

图 7-10

言其走的是曲线，故将较上述时间延迟 Δt。并计算出当 P 为金星时，$\Delta t = 2.05 \times 10^{-4}$ s（相当于多走了 61.5 km 的路程）。但实验很难做。金星的表面山峦起伏，相差也达到了这个数量级。后来利用固定在卫星"水瓶号"上的应答器和固定在火星上的"海盗号"的登陆舱进行观测，就得到了很好的结果。

上述几个著名的实验给予了广义相对论有力的支持。

四、引力波和黑洞

引力波和黑洞也是广义相对论的理论预言。但由于其实验检验目前尚存在不同的看法，所以单独抽出来叙述。

（一）引力波

真空中的电磁波满足线性的波动方程（即达朗贝尔方程）

$$\left(\nabla^2 - \frac{1}{c^2} \frac{\partial^2}{\partial t^2} \right) f = 0 \Bigg\} \quad (7-86)$$

$$\text{或写成} \square f = 0$$

式中的 f 可以是标势 φ 也可以是矢势 $\vec{A}$。

上式也可以被写为

$$g^{\mu\nu} \frac{\partial^2}{\partial x^\mu \partial x^\nu} f = 0 \quad (7-87)$$

其中，$g^{\mu\nu} = \eta^{\mu\nu}$ 为伽利略值。上式是在平直空间中采取笛卡儿坐标时的波动方程，但却具有可以推广到一般弯曲空间中的数学形式——可以由此方程表示弯曲空间的一个波动方程。

在线性近似下，广义相对论可以推导出相类似的波动方程

$$g^{\mu\nu} \frac{\partial^2}{\partial x^\mu \partial x^\nu} g_{\alpha\beta} = 0 \quad (7-88)$$

虽然 $g_{\alpha\beta}$ 是张量，但上式却不是张量方程，因式中的微商是普通微商而不是协变微商。

若考虑的是弱场，时空的弯曲程度是不高的，（7-88）式中所采用的谐和坐标是接近于笛卡儿坐标的，故（7-88）式基本上可以看做达朗贝尔方程（标准波动方程）

$$\square g_{\alpha\beta} = 0 \quad (7-89)$$

其中 $g_{\alpha\beta}$ 代表引力场。与（7-86）式相比较知，（7-89）式表示的引力场能够以波的形式向四周传播，其传播的速度为光速 c，这就是"引力波"。

早在 1916 年，即建立引力场方程后不久，爱因斯坦就得出了线性近似下的引力波波动方程的解。1922 年，爱丁顿强调指出，这些解预示了引力波的存在。但问题在于从实验上如何确认。1918 年，爱因斯坦首先证明，加速状态的质量体系并不能辐射引力波。然而，一根质量为 M、长度为 2l 的质密棒，沿垂直于棒中心轴的方向高速旋转且具有随时间变化的四极矩时，就会产生引力辐射。

1970 年，韦伯宣布实验探测到了发自银河系中心的引力波，但后来被其他的实验否定。但韦伯开拓性的工作却仍具有引领人们去验证引力波的重要意义。1974 年，通过阿雷西波天文台的巨型望远镜，泰勒（J. H. Taylor）和他的研究生赫尔斯（R. A. Hulse）共同发现了一颗脉冲双星 PSR1913 + 16，它的频率为 16.940 539 184 253（1）Hz，变化率稳定在 2.475 83（1）$\times 10^{-15}$ Hz/s（括号内那一位数是不准确的）。根据分析，这颗脉冲星的质量为太阳的 1.441 0（5）倍，其伴星质量为太阳的 1.387 4（5）倍。此双星发现后，泰勒与其合作者威斯伯（J. M. Weisberg）、曼彻斯特（R. N. Manchester）等人经过长

期观察，积累了大量的数值。他们测得该双星系统轨道周期 τ_b 随时间的变化率为

$$d\tau_b/dt = -(2.410\ 1 \pm 0.008\ 5) \times 10^{-12} \tag{7-90}$$

这与广义相对论的理论预言值 $d\tau_b/dt = -(2.402\ 5 \pm 0.000\ 1) \times 10^{-12}$ 极为接近。这不仅对爱因斯坦引力论是高精度的检验，且也间接地证明了引力波的存在。

目前对引力波的实验检验，大多集中在所谓的"间接检验"上，因为引力波太弱了。例如，已知的最强的引力波源之一是狮子座 UV 双星。它旋转很快，周期为 14 小时，其引力波总功率为 6 亿亿兆瓦（6×10^{19} kw），但它距地球 220 光年，到达地球的能流为 10^{-10} 瓦/平方公里。如此弱的能流，目前的技术条件很难测出。

正因为是"间接证明"，所以存在争议和不同的看法；而引力波存在的"直接证明"，目前则尚未给出。

（二）黑洞

黑洞也是爱因斯坦引力场方程的一个理论预言。将施瓦西（K. Schwarichild）度规写成

$$ds^2 = \frac{dr^2}{\left(1 - \dfrac{r_g}{r}\right)} + r^2\left(d\theta^2 + \sin^2\theta d\varphi^2\right) - \left(1 - \frac{r_g}{r}\right)c^2 dt^2 \tag{7-91}$$

其中 $r_g = 2MG/c^2$ 为施瓦西黑洞半径。由（7-91）式可见

$$\text{在 } r = 0 \text{ 处, } g_{44} = \infty; \text{ 在 } r = r_g \text{ 处, } g_{11} = \infty \tag{7-92}$$

所以这是两个奇点：曲率变成无限大。为什么

$$r = r_g = 2MG/c^2 \tag{7-93}$$

被称为"施瓦西黑洞半径"呢？这里我们不去讨论理论的细节，而可以简单地做这样的理解：对于一个质量为 M 的静止物体来讲，若它被压缩到了小于或等于该半径的尺寸时，则任何物体，甚至连光线都再也不能从其中跑出去了。正因为连光都跑不出来，所以我们看不见它，故将其称为"黑洞"。

换一种方法，即用多数读者所熟悉的经典牛顿力学的方法，也许更易理解。

在万有引力的保守力场中，有机械能守恒定律：质量为 m 的物体的机械能

$$E = T + V = \frac{1}{2}mv^2 - G\frac{mM}{r} = \text{常数} \tag{7-94}$$

这里已选择无限远处为引力势能的零点。现在将其运用于光粒子（其 $m = E/c^2$）。所谓光粒子"跑不出去"即意味着光子的总机械能

$$T + V = E \leqslant 0 \tag{7-95}$$

于是有

$$\frac{1}{2}mc^2 - G\frac{mM}{r} \leq 0$$

由上式可得同于（7-92）式的结果

$$r \leq \frac{2GM}{c^2} \quad (\text{即 } r \leq r_g) \tag{7-96}$$

将 M 代入相应的星体的质量，则可以计算出相应的"黑洞半径"（即施瓦西半径）和相应的黑洞物质的"平均密度"。

表7-1　各种质量的"黑洞半径"和"平均密度"

物体质量	黑洞半径 r_g	平均密度 d
1 吨	1.3×10^{-22} cm	9.2×10^{66} 吨/厘米^3
10 亿吨	1.3×10^{-13} cm	9.2×10^{48} 吨/厘米^3
地球：6×10^{21} 吨	0.89 cm	2.0×10^{21} 吨/厘米^3
太阳：2×10^{27} 吨	2.96 km	1.8×10^{10} 吨/厘米^3
环状星团：2×10^{33} 吨	3×10^6 km	18 公斤/厘米^3
银河系：3×10^{38} 吨	4.5×10^{11} km	7.8×10^{-7} 克/厘米^3

由表7-1可见，若把我们地球"压缩"到 0.89 cm 这样小的尺寸时，则地球也就成了黑洞。

根据牛顿力学和光的粒子说，早在1783年英国的地质学家和天文学家米歇尔就预言存在"看不见的天体"。后来，法国数学家和天文学家拉普拉斯于1796年也独立地做出了相同的预言，并称之为"黑洞"。

黑洞被重新提起是广义相对论发表之后的事。1916年爱因斯坦创立了广义相对论。这一年时值第一次世界大战，正随炮兵在俄作战的德国天文学家、数学家施瓦西得到了爱因斯坦场方程的一个解，给出了施瓦西黑洞的半径。施瓦西黑洞是最简单的一种黑洞，其外面被一个光层所包围，只具有质量，不旋转也不带电荷和磁矩。它的表面就是视界（"视界"是指任何信号都射不出去的界限），奇点在黑洞的中心。

在1916年到1918年间，赖斯那（Reisener）和诺兹特隆（Nordstrom）又得到了具有球对称质量、带电荷或磁荷的极坐标系的解，称为赖斯那-诺兹特隆黑洞。这个黑洞的中心有一个奇点，有两个"视界"。若所带电荷（或磁荷）较少，则内视界半径甚小；反之，外视界收缩而内视界扩大；当质量与电荷相当时（$M = |Q|$）（自然单位制），两视界合二为一；$M < |Q|$ 时，视界消失，只剩下一个裸奇点；$Q = 0$ 时，退化为施瓦西黑洞。

1963 年，澳大利亚数学家克尔（R. P. Kert）用椭圆面得到了质量球对称的转动物体的引力场方程，给出了"克尔黑洞"。克尔度规的形式如下（取 $c=1$）

$$ds^2 = -dt^2 + \frac{\rho^2}{\Delta}dr^2 + \rho^2 d\theta^2 + (r^2 + a^2)\sin^2\theta d\varphi^2 + \frac{2MGr}{\rho^2}(dt - a\sin^2\theta d\varphi)^2 \quad (7-97)$$

式中

$$a = \frac{J}{M}; \quad \rho = r^2 + a^2\cos^2\theta; \quad \Delta = r^2 - 2MGr + a^2 \quad\quad (7-98)$$

J 为角动量，M 为质量。由（7-97）式可见，当 $a=0$（即 M 不转动）时，令 $\Delta = 0$，则给出施瓦西度规。克尔解的得出，在 20 世纪理论物理学中是重要的进展之一。克尔黑洞有如下的一些性质：它的奇异域为一个环，一般有两个视界；当转动较慢时，两个视界包住奇异环；转动较快时，两个视界彼此靠近，在极端条件下合二为一，最后可能消失而露出一个裸奇异环。

1965 年，以纽曼（E. T. Newman）为首的研究小组给出了更为复杂的爱因斯坦引力场方程解——一种静态、轴对称引力场方程度规。克尔-纽曼黑洞具有质量、电（磁）荷和角动量三个特征。当电量 $Q=0$ 时，它退化为克尔黑洞；当角动量 $J=0$ 时，则退化为赖斯那-诺兹特隆黑洞；而当 $J=Q=0$ 时，还可以退化为最简单的施瓦西黑洞。

从 20 世纪 60 年代末到 70 年代初，人们集中讨论了物质处于黑洞时有哪些特殊量被保留下来。惠勒（Weeler）认为仅有 m、J、Q 三个基本量被保留，而其中质量（m）和角动量（J）又最为重要。这是因为质量越大，转动角速度越大。故在黑洞的形成中，极强的引力场及强大的潮汐力将气体分子或原子撕碎，从而使得裸露的电荷或磁荷成对中和，故而黑洞内的电荷或磁荷很少。正因如此，克尔黑洞更具实际的意义。

黑洞是爱因斯坦引力场方程的解。根据这些解并运用其他的物理学理论知识，诞生了一门十分有趣的"黑洞物理学"，从理论上给出了一系列十分引人入胜、新奇，甚至是科幻式的现象。正因为"有趣"，所以人们探讨它，甚至痴迷它——因为从根本上讲，科学的原动力并不是什么"实用性"，而是"有趣性"：人们想去了解世界"是什么"、"为什么"，其"实用性"则是由"有趣性"派生出来的。另外，宇宙的演化又与"黑洞"相关，所以更增添了人们对它的兴趣。至于黑洞是否真的存在，至今尚无确切的、直接的证据，而仅在一些天体现象，例如从对天鹅座 X-1（Cyg X-1）的观测中，认为它"似乎是一个黑洞"。

黑洞的研究以及它所揭示的一系列新奇现象，向现今公认的物理学理论提出了挑战，也提供了新的研究课题。它不仅对天文学而且对物理学理论的进一步发展具有深刻的意义。但目前在黑洞的研究中还存在一系列问题：例如，黑洞熵的本质仍不十分清楚；"宇宙监督原理"的基础有待于进一步考查；用杨－米尔斯理论的微扰技术处理引力并不很成功；量子引力论不可重整化问题正困扰着人们；黑洞破坏重子数守恒如何理解；等等。然而，这也许正预示新的理论变革和新理论的建立已成为一种不可回避的趋势——它带给人们的可能才是真正的惊喜——虽然路途还很遥远。

五、宇宙论简介

科学源自人类的好奇。而我们的宇宙从哪里来？它将如何演化？人类的命运和宇宙的命运又将如何？……这些是从远古延续至今并使人类最感兴趣的话题之一。因而，就产生了一系列有关宇宙的神话、传说以至于理论，例如中国的"盘古开天辟地"，西方的"上帝创造世界"，现代的天文学直到宇宙论。

可以说，宇宙论起源于天文学的研究。但 20 世纪以来，它受到了广义相对论的深刻影响。现代宇宙论中许多问题的研究起因于爱因斯坦引力场方程的"解"，因而人们又往往把宇宙论看做广义相对论的组成部分。而且，随着量子论的深入发展，原子物理学、核物理学以及基本粒子物理学等科学理论成果被逐步运用到宇宙星系的演化过程研究之中，广义相对论中关于宇宙演化的理论得到微观量子理论的支持而被充实。这不仅促进了广义相对论与量子论的进一步结合，同时又促进了宇宙论的深入发展。

在这里，我们只重点介绍一下恒星的演化史和作为宇宙标准模型的"大爆炸理论"。

（一）恒星的演化

我们的地球是太阳系 8 大行星（因冥王星不够"行星"的标准而被开除了"行星籍"，原来太阳系的 9 大行星现在变成了 8 个）中普通而又特殊的一员。"特殊"在于它上面有生命，是人类的家园。

然而，没有太阳和它发的光，人类就无法生存。因此，我们的命运——从宇宙学的角度讲——首先是与太阳的命运紧密相关的。

太阳是银河系中一颗不算很大的普通"恒星"，主要是由氢组成的。沿着图 7－11 所示的演变路径，这些氢原子进行着剧烈的热核反应：两个氢原子聚变成一个氦原子（$H + H \rightarrow He$）并释放出能量，这就是太阳发光的原因。经过几十亿年，"氢→氦"反应会逐渐将太阳核心中的氢耗尽。这时，太阳将收缩，同

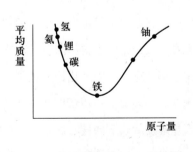

图 7－11

时其核心的温度升高。将点燃"氦→锂"以及"氦→碳"($He + He + He \rightarrow c$)等新的聚变反应（参见图7-11）。这时，太阳在尺度上缩小了，但核心的温度却更高，以至于使得"大气层"外壳膨胀得很大而扩展到火星轨道上去，于是太阳就变成了一颗"红巨星"（这时，地球上的所有生命、或许地球本身都可能因此而被蒸发掉。目前，我们的太阳已是一颗大约50亿岁的中年恒星。它要变成红巨星，大约还要50亿年的时间）。这时，其中心致密的程度会高达$10^6 \sim 10^9 \, g/cm^3$左右，由于中心简并的电子气体的动量很高，可以抵挡引力进一步坍缩的压力而使得太阳处于稳定的状态，从而演化成一颗白矮星。这是太阳的宿命。

形成稳定白矮星剩余质量的上限为 $M_c \sim 1.4 M_\odot$（$M_\odot$为太阳质量）。恒星演化成白矮星后，若它所剩的质量 $M > M_c$，则它还将继续演化，其反应将聚合成越来越重的元素，最后到达铁元素，即几乎到达图7-11曲线的底部。这时就不能从剩余的质量中提取能量，核反应炉将再次暂时关闭，于是引力成为主角，将物质压缩。由电子气的费米（Fermi）动量知

$$p_F = (3\pi^2 \hbar^3 n)^+ \tag{7-99}$$

上式中的 n 为单位体积内的电子数。当引力的压力使得物质坍缩时，内部的体积下降，n 则增加，从而使得简并的电子能量增加，中心的温度也随之增加。当中心的温度高到下面的电子（e^-）、质子（p）反应大量进行时

$$e^- + p \rightarrow n + \nu \tag{7-100}$$

就将中心的质子（p）转化为中子（n）并释放中微子（ν）。这时的星体内部将暴胀几千倍而达到上万亿度的高温，从而将星体的外壳炸毁，同时释放出巨大的能量，成为一颗叫做超新星的爆炸恒星，这时它比千亿颗恒星的总亮度还要亮。历史上，我国古代最早观察到并多次记录过超新星的爆炸。2006年9月，美国加州利克天文台拍到了一幅超新星爆炸的红外线图像，美国航天局的X射线太空望远镜也拍到了这次爆炸。这是天文学家们观测到的最剧烈也是最辉煌的超新星爆发。

超新星是恒星走向死亡前的"回光返照"。爆炸之后，含有重元素（包括铁）的外壳被炸飞而抛向宇宙的四处。这就解开了另一个由来已久的谜：太阳不能"生产"出铁来，那么作为太阳"臣民"的地球以及我们人身体中所含的铁等重元素是从哪里来的？现在我们知道了：超新星爆炸已经在星际中撒下了包括我们所需重元素的"种子"。超新星爆发后余下的核心部分仅仅有中子。若这些简并的中子气运动能顶住引力坍缩的压力而平衡，则形成稳定的"中子星"。典型的中子星的质量 $M \sim 1.0 M_\odot$，半径 $R \sim 10 \, km$。

形成中子星的最大剩余质量的上限为 $M_{o-v} \sim 2.0 M_{\odot}$。中子星看不到，但它一边转动一边发出辐射，故我们看到的是闪烁其脉冲辐射的"脉冲星"。1967 年以来，已观察到了 400余颗脉冲星。假若中子星的质量 $M > M_{o-v}$，则它将坍缩成"黑洞"。

（二）大爆炸宇宙论

1. 提出大爆炸宇宙论的主要事实依据

（1）宇宙无限与奥勃斯佯谬

宇宙是有限的还是无限的？这是一个古老的问题，但却是一个极其重要的问题。德国著名的天文学家奥勃斯（H. W. M. Olbers）指出，若认为宇宙在空间和时间上是无限的，则恒星的平均分布密度是处处相同的，再假定光在星际空间中传播时不减弱，则黑夜的星空应该是和太阳表面一样的明亮。这被称之为"奥勃斯佯谬"。

如何来思考这一点呢？这是因为一个发光体无论与我们的距离如何，其单位视面积的亮度是不变的。若光源移远了 n 倍的距离，则视面积减小 n^2 倍。但这时进入人眼的光亮也减小 n^2 倍。所以从发光体的单位视面积（立体角）发出的光进入人眼的部分是不变的。因此，若宇宙是无限的，我们向任何一个方向看，就总会碰上一个恒星。于是我们看到它和太阳一样亮，即黑夜将和白天一样亮。

但事实是，黑夜时（假若无月亮的反光的话），星际几乎是完全漆黑的。由奥勃斯佯谬得出的推论是：宇宙应是有限的。

（2）宇宙无限与物体撕裂的佯谬

假如宇宙无限大的假设成立的话，并假定牛顿定律的叠加性原理成立，且引力不可屏蔽，则很容易证明物体将被引力撕裂：

以任一物体（质点）为球心画一个半径为 R 的大球。将球分成两半，分别考虑两半球对该质点的引力。因引力 $\propto M/R^2$，如果假定质量 M 在"平均"意义上是均匀的，则 $M \propto R^3$，于是引力 $\propto R$。两边的半球都在"吸引"该质点，令 $R \to \infty$（若宇宙无限的话），则该质点受两个无限大的力的拉扯，则必被撕裂。

但事实上任一物体或星球均未被引力撕裂，故宇宙就不应是无限大的，而应是有限大的。

（3）几个主要的观测事实

A. 在（宇观）大尺度上，天体的分布是各向同性的。亦即是说，在 $10^8 \sim 10^9$ 光年的大范围内进行平均后做比较，多数人认为基本上是均匀的，不存在"超星系团"等更高层次的成团现象。

B. 由放射性元素的相对丰度可以测定天体的年龄。通过测定，地球的年龄约为 5×10^9 年；银河系中最古老的天体——球状星团的年龄约为 $10 \times 10^9 \sim 15 \times 10^9$ 年；所以估计银河系的年龄大约也在 $10 \times 10^9 \sim 15 \times 10^9$ 年之间。根据上述数据以及天文学上的赫 – 罗图（天体演化理论）估算，也得到了 100 亿年左右这个数字。运用"视差法"和"光度法"对宇宙尺度进行测量时，同样得到了宇宙的空间尺度大约为十几至 100 多亿光年的结论，与前面的结果一致。这使得人们猜想，我们的宇宙可能诞生于 100 多亿年之前。

C. 哈勃红移

哈勃对宇宙进行了长期的观察。在 20 世纪 20 年代左右，当他观察星系的距离及光谱分类时，十分惊异地发现大部分星系的谱线是"红移"的。1929 年哈勃宣布，红移量（Z）与距离（d）大致呈线性关系

$$Z = \frac{1}{c} Hd \tag{7-101}$$

其中 c 为光速，H 为哈勃常数。该公式称为"哈勃定理"。

若这个"红移"的起因是多普勒效应的话，则意味着宇宙是"正在膨胀着"的。这很容易证明。根据多普勒效应，若光源以速度 ν 远离我们时，则我们测得光波的波长 λ 与原波长 λ_0 有如下的关系

$$\lambda = \lambda_0 \sqrt{\frac{c+\nu}{c-\nu}} \tag{7-102}$$

而"红移"量被定义为

$$Z = \frac{\lambda - \lambda_0}{\lambda_0} = \frac{\lambda}{\lambda_0} - 1 \tag{7-103}$$

将（7 – 102）式代入（7 – 103）式则有（当 $\nu \ll c$ 时）

$$Z = \sqrt{\frac{c+\nu}{c-\nu}} - 1 = \sqrt{\frac{(1+(\nu/c))}{(1-(\nu/c))}} - 1 = \left(1 + \frac{1}{2}\frac{\nu}{c} - \cdots\right)\left(1 + \frac{1}{2}\frac{\nu}{c} - \cdots\right) - 1 \approx \frac{\nu}{c}$$

$$\tag{7-104}$$

若再假定宇宙在均匀膨胀，相对速度与距离成正比

$$\nu = Hd \tag{7-105}$$

将（7 – 105）式代入（7 – 104）式，即得哈勃定理（7 – 101）式。

对于"有限"但"无边"的膨胀宇宙，可以用如下的形象比拟来加以理解：

将整个"我们的宇宙"比作一个吹胀了的大气球面，天体类比为固定在球面上的悬浮着的小斑点。若小斑点自身体积的尺度不变，则当气球吹胀向外扩张时，生活在球面

上的"智慧蚂蚁"，无论站在哪个小斑点上看，它将看到所有的小斑点都在向四面八方远离自己而去，越远的斑点退行的速度越快。哈勃的工作被人们视为现代宇宙论的开端。

2. 罗伯逊–沃尔克度规和宇宙大爆炸理论

（1）罗伯逊–沃尔克度规

基于天体在大尺度分布上是均匀的和各向同性的，则可以证明宇宙的度规可以取罗伯逊–沃尔克（Robertson-Walker）度规的形式（取 $c=1$）[1]

$$ds^2 = dt^2 + R^2(t)\left\{\frac{dr^2}{1-kr^2} + r^2(d\theta^2 + \sin^2\theta d\varphi^2)\right\} \tag{7-106}$$

式中的 $R(t)$ 是一个时间的未知函数，称为"宇宙的标度因子"。适当选取 r 的单位，可以使得常数 k 只取 3 个值：0，± 1。当 $k=1$ 时，$R(t)$ 可以合理地被称为四维欧氏空间内球面的半径，故而 $R(t)$ 可以被理解为"宇宙的半径"。图 7–12 给出的是对应不同 k 时爱因斯坦方程给出的宇宙的解。[2]

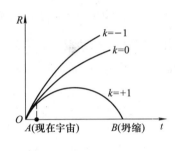

图 7–12

由图 7–12 可见，$k=+1$（即为正曲率）时，宇宙是膨胀–收缩型的；$k=0$（为平坦的欧氏空间）和 $k=-1$（负曲率）时，宇宙将一直膨胀下去。

需要说明的是，当 1916 年广义相对论提出时，人们普遍相信宇宙是静态的。

为了给出一个静态的宇宙，爱因斯坦在 1917 年引入了所谓的"宇宙常数项"λ，而将场方程（7–56）式修改为

$$R_{\mu\nu} - \frac{1}{2}g_{\mu\nu}R = \frac{8\pi G}{c^4}T_{\mu\nu} + \lambda g_{\mu\nu} \tag{7-107}$$

借宇宙常数 λ 提供的"反引力"去平衡宇宙物质相互吸引的"引力"，以达到宇宙是静止的这一目的[3]。

然而不久之后的 1922 年，苏联数学家弗里德曼（A. Friedmann）在 $\lambda > 0$、$k=1$ 的情况下，依赖于"宇宙学"假定，即我们不论往哪个方向看，也不论在任何地方进行观察，宇宙看起来都是一样的，则场方程的解给出的宇宙不是静态的[4]。

① H. P. Robertson, *Ap. J.*, 82（1935）284；A. G. Walker, Proc. *Lond. Math.* Soc.（2），42（1936）90.

② S. 温伯格：《引力论和宇宙论》，科学出版社 1984 年版，第 558 页。

③ A. Einstein, Sitz. Preuss, *Akaol.* Wiss, 142（1917）.

④ A. Friedmann, Z. *Phys.*, 10（1922）377.

刚开始爱因斯坦并不十分赞同弗里德曼的看法。几年之后，弗里德曼的预言被哈勃红移的观测所证实。爱因斯坦因而放弃了自己的静态宇宙观，并说加入宇宙常数项是"我一生中最大的蠢事"。

弗里德曼的理论工作和哈勃的实验观测把"宇宙膨胀"的概念带入了人们的视野。

（2）宇宙大爆炸理论

1927 年，比利时的勒梅特（G. Lemaitre）又得到了 $\lambda \neq 1$、$k = \pm 1$ 和 0 情况下爱因斯坦引力场方程的解。该理论在一般的意义上于数学上预言了宇宙存在随时间膨胀的解。这在物理学和天文学上产生了很大的影响。根据宇宙膨胀宇宙学以及哈勃红移所观测到的膨胀着的宇宙，人们自然的联想是：把时间反推回去，宇宙应起源于一个原始的"大爆炸"：勒梅特称其为把宇宙全部物质压缩到大约为太阳 30 倍的球（称为"原始原子"，也叫"宇宙蛋"）开始向外膨胀的。而"大爆炸"（Big Bang）一词则来自霍伊尔（F. Hoyle）于 20 世纪 40 年代创造出来的一个词，他是企图用来嘲弄在他看来"精美得就像蛋糕中跳出来的交际花"似的这些理论。

大约又过了 20 年，当核物理学和基本粒子物理学发展到了应有的水平，场方程的解被进一步充实之后，伽莫夫（G. Gamow）作为勒梅特"宇宙蛋"理论的积极支持者，与艾尔弗（R. Alpher）、赫尔曼（R. Herman）一起提出了"大爆炸宇宙学"。由于多数科学家相信这一关于宇宙演化的理论，故将其称为"宇宙标准模型"[1]。

该理论认为，极早期的宇宙温度和密度极高，充满着各种基本粒子和辐射，它们之间强烈作用，各种物质粒子和辐射场均处于热平衡状态。这一假定使问题大为简化，因为可以根据统计力学和粒子物理确定早期宇宙每一时刻的状态。这一理论还假定，在宇宙的初期，强子数略多于反强子数，这一差别虽极小，但却决定了现今宇宙物质的存在及数量。

宇宙标准模型给出了一个以大爆炸为起点，一直推演到现今宇宙的演化时间表。这正如霍金所说的：如果我们原原本本按照爱因斯坦方程式的说明，将宇宙从奇点中暴露出来的时刻定义为时间的起点，大爆炸标准模型就能讲出从这一创造时刻之后 0.000 1 秒以来发生的全部故事[2]。

"大爆炸"的瞬间：宇宙温度约 10^{12} k，核物质的密度 10^{14} g/cm^3。在这样的条件下，"背景"辐射的光子带有极大的能量，得以按爱因斯坦公式 $E = mc^2$ 与粒子互换。于是光

---

① G. . Gamow, *Phys. Rev.*, 70（1946）572；74（1948）505；*Rev. Mod. Phys.*, 21（1949）367.

② R. A. Alpher, R. C. Herman, and G. Gamow, *Phys. Rev.*, 74（1948）1198.

子创造出粒子和反粒子，它们又可以相互湮灭产生高能光子。原始"火球"中还有很多中微子。由于基本相互作用中细微的不对称，粒子产生得比反粒子稍微多一点——每10亿个反粒子约有10亿零1个粒子与之相配。当宇宙冷却到光子不再具备创造质子和中子的能量时，所有成对的粒子-反粒子都将湮灭，而那10亿分之一的粒子留了下来，成为了以后的稳定的物质。

0.1秒：温度降为 $3 \times 10^{10} k$，此时中子与质子的比例为 $38 : 62$。

1.1秒：温度降为 $10^{10} k$，中子：质子 $= 24 : 76$，宇宙密度＝水密度的38万倍，中微子解耦。

13.8秒：温度降为 $3 \times 10^{9} k$，质子与中子合成氘核，但又很快被其他粒子碰撞而分裂。

3分零2秒：温度降为 $10^{9} k$（约为太阳中心温度的70倍），中子比例降至14％，温度终于降到能让氘和氦形成而不被其他粒子碰撞所分裂。

4分钟：如伽莫夫和霍伊尔等人所说的，它是一个值得纪念的时刻，幸存的中子被锁闭在氦核内，刚好不足25％的核物质转变成了氦核。

30分钟："几乎"所有的正电子全部被湮灭掉，只有与质子数"相等"的、仅占总电子数10亿分之一的电子被保留了下来。此时温度降为 $3 \times 10^{8} k$。电子刚被质子抓到就会被背景辐射的光子打跑。

其后：电子与光子之间冷却到 $6\,000\ k$，背景辐射才得以解耦，与物质不再有明显的相互作用。大爆炸到此结束，宇宙膨胀也变得相对平和并且在膨胀中继续冷却。宇宙进入了有结构的状态，形成各种尺度的星体及星体体系。现在的宇宙年龄已有了200亿年，宇宙的背景温度降为约 $3\ k$。

1933年初，在贝尔实验室工作的年轻物理学家彭齐亚斯（A. A. Penzias）和射电天文学家威尔逊（R. W. Wilson）偶然观测到了宇宙微波背景辐射大约为 $3.5 \pm 1\ k$。于1965年用《在4 080 MH$_z$处无线多余温度的测量》[①] 为题，并与迪克（R. H. Dicke）小组的理论文章《宇宙黑体辐射》[②] 相互协商后，分别从实验与理论的不同角度表述了对背景辐射的研究成果。这种各向同性、无偏振、具有大约 $3\ k$ 温度的宇宙微波背景辐射被观测到，在某种意义上为宇宙大爆炸理论提供了实验上的支持，而更重要的是结束了关于"以太"是否存在的长期争论，证明了"真空"不空并使其在对力场的认识和对宇宙学

① A. A. Penzias and R. W. Wilson, *Ap. J.*, 142（1965）419.
② R. H. Dicke, P. J. E. Peobles, P. G. Rell, and D. T. Wilkinson, *Ap. J.*, 142（1965）414.

的研究中具有重大意义。为此，彭齐亚斯和威尔逊获得了 1978 年诺贝尔物理学奖。

根据微波背景辐射所具有的黑体辐射特征及 $3\ k$ 温度，可以计算出当今宇宙中的光子数密度 $n_\gamma = 500$ 个/cm^3。由观测估计，当今重子数密度 $n_B = 0.2$ 个/cm^3。由此，皮布尔斯（P. J. E. Peobles）以及其他人等又推算出了氦丰度——按质量计，氦核约占 25% ~ 30%，氢占 70%。[①] 这与 20 世纪 60 年代实验的观测相符。这一实验数据，是对大爆炸理论的又一支持。

当然，大爆炸理论自身也存在着不少的困难。例如，宇宙在大爆炸奇点之前是什么样子的？为什么宇宙中各时空点在毫无联系的情况下却能于同一时刻爆炸，并能按同一速率向外膨胀？而且宇宙的平直性也使人感到疑惑。在 10^{28} cm 尺度的可观测范围内，观测的结果表明几乎是平直的、即几何的性质几乎是欧几里得式的；而按宇宙标准模型，随着时间的推移宇宙应变得十分弯曲——这对大爆炸理论来讲，几乎是一场灾难。另外，它在解释星系形成上也不尽如人意。按该理论，大爆炸后辐射和粒子达到热平衡；若无特殊事件发生，当宇宙膨胀温度降到 4 000 k 时，以等离子状态存在的物质开始通过"复合"过程结合成稳定的中性原子（主要是氢、氦等轻元素）。复合后，宇宙变得透明，辐射场和物质粒子各自经历演化而互不影响。目前人们所观测到的星系、星系团等超大尺度结构，应该是早期等离子体的不均匀性增长演化而成的，故其"不均匀性"应在微波背景辐射的小角度（$1'' \sim 1^0$）各向异性上有所反映，使宇宙整体的不均匀性表现为微波背景辐射大角度的各向异性。但是迄今在实验上〔包括著名天文学家外斯（R. Weiss）领导的利用宇宙背景探索者卫星（OBE）进行的实验〕仍未观测到大角度的各向异性。由此可见，各向同性的观测结果虽支持标准宇宙模型关于早期宇宙各向同性的结果，却又与迄今观测到的星系等大尺度结构产生矛盾，从而被称为"现代宇宙学的一朵乌云"。而磁单极则是其"另一朵乌云"。根据标准模型关于相变的讨论，宇宙在膨胀降温的过程中，较高的物理对称性消失而代之以较低的对称性，从而会给几何结构带来一系列拓扑性的缺陷，这些缺陷结构有面结构畴壁、线性弦以及点状的单极子。根据标准模型，在每一个视界上，至少能产生一个具有磁性的单极子，且可估算出磁单极子的丰度。根据大统一理论，此时磁单极子的质量应为宇宙当时的能量标度，因此不难估计其能量密度。然而令人惊异的是，仅磁单极的能量密度就是宇宙临界能量密度的 10^{12} 倍。这样一来，目前磁单极子应该具有与质子一样的丰度，宇宙的平均质量密度也应比目前的估计

① P. J. E. Peobles, *Ast. J.*, 146（1966）542.

值 10^{-29} g/cm³ 大十几个数量级。然而，迄今也未观测到所谓的"磁单极子"。这一结果同样使得大爆炸学说陷入了困境。

3. 宇宙的"暴胀"理论

为解决大爆炸宇宙学在均匀性、奇点等方面存在的问题，早在 20 世纪 60 年代，苏联列宁格勒理工学院的天文学教授恩斯特·格林纳（Ernst Gliner）就曾提出"极早期宇宙"有一个"暴胀"阶段的设想。1980 年，美国麻省理工学院的古斯（A. Guth）和温伯格（S. Weinberg）等人，在发展"暴胀宇宙学"上又迈出了关键的一步。他们明确提出，应把对真空的讨论用于按指数膨胀的暴胀阶段，以解决原始有磁单极子问题、平直性问题及视界问题等。依照这个方案，宇宙在暴胀后，将变得极不均匀。1981 年，林德（A. Lende）又提出了一个称之为混沌暴胀理论的新的暴胀理论方案，它解决了古斯等人原始表述中出现的一些困难；其后，于 1983 年，他又发展了这一方案，企图建立起一个与粒子物理学相协调一致的宇宙学。根据量子场论，真空中充满着各种类型物理场的量子涨落，在按指数膨胀的宇宙中，真空的构造就更复杂。在 10^{-35} 秒以后，宇宙的演化过程与公认的热宇宙标准模型一致，但在 10^{-35} 秒以前，情况却大不相同。在这一阶段的暴胀中，宇宙尺度的增大要比以前认为的大 10^{56} 倍。根据弱电统一理论，在这一阶段占主导地位的是物质的标量场。宇宙所需的能量来自真空态。随着温度的下降，宇宙从最初的能量最低的真空态过渡到亚稳态（即假真空态），此时原有的对称性遭到破坏。通过隧道效应，宇宙还可能从假真空态跃迁到一个新的真空态，此时伴随着大量能量的释放。宇宙就像"泡"一样，由于从真空获得了额外能量而急剧膨胀，形成所谓的暴胀，这是一个原来极小的量子涨落扩大为密度的宏观涨落的过程。根据这一理论，宇宙的熵比原来大爆炸学说的预言值增大一个因子 Z^3，如果这一过程持续的时间超过 6.5×10^{-33} 秒，增大的熵将使宇宙视界的尺度超越可观察的尺度，这将使原来那些彼此毫无关联的区域具有了一致性的因果关系，从而解决了原有标准模型的视界问题。此外，宇宙尺度的巨暴胀，还使早期时空的任何弯曲之处一扫而光，成为近乎平直的空间，平直性的困难也就迎刃而解了。

但深入的研究发现，暴胀宇宙模型还有一些更深层次的问题。例如，根据隧道效应，宇宙能从假真空态跃迁到新的真空态，但这只是在一定概率下进行的。这表明，宇宙只有一部分机会获得这样的跃迁，全部宇宙完成这种跃迁则需要一段相当长的时间。宇宙的各部分分别像"泡"一样相继胀大，这种机制是以一种新的不均匀性代替原有的不均匀性。此外，暴胀后的空间平直性还以暴胀前的平直性作为前提，否则暴胀不可能发生。

373

林德所提出的混沌暴胀理论对于构建克莱因超弦理论具有重要意义。近年来，有些学者提出，在暴胀瞬间，物质高能状态存在统一场，并推测在大爆炸后 10^{-35} 秒，统一场中的"冻结碎片"会形成纤细而重（10^4 kg/cm）的"宇宙弦"，由于其引力场，周围可能形成星系，较大的弦圈可能形成星系团。这一理论较好地解释了现今观测到的空洞、星系链和星系的片状结构。暴胀宇宙学的建立与发展表明，现代宇宙学已涉及基本粒子物理、理论物理、大统一理论等各方面的学科，这一扩展使人们面临许多根据现有知识体系所不能预见的问题。现代宇宙学的发展还有待于观测宇宙学及相关理论的进展。

宇宙的大爆炸理论以及其修正（例如暴胀理论），也是一个不断面临挑战和质疑而正在向前发展着的理论。专题报道《打开宇宙的四把钥匙》[①]，以科普性的方式做了一些有趣的介绍，并以彩图给出了威尔金森微波各向异性探测器（简称 OBE）卫星拍下的宇宙大爆炸之后 38 万年时的一幅快照。由于对微波背景辐射的黑体形态的观测，使得美国的约翰·马瑟和乔治·斯穆特获得了 2006 年度诺贝尔物理学奖，人们认为该工作是对宇宙大爆炸早期存在暴胀过程的支持。

4. 人类的"逃生"方案

我们从哪里来？我们将归向何处？死亡的恐怖阴影总是从人类固有的心结中挥之不去。

如果太阳变成红巨星将地球烧掉，人类将怎么办呢？爱因斯坦引力论为人类下达了一纸死亡判决书——虽然是遥远将来的"缓期执行"，而且不是"冰"的寒冷就是"火"的炼狱，死得并不畅快——由图 7-12 可见，若 $k=0$ 或 $k=-1$，宇宙将继续膨胀下去而最后冷到绝对零度——那是"冰刑"的刑场所在；若 $k=1$，目前膨胀着的宇宙最终又将坍缩为一个奇点，这时宇宙将处于极高的温度之下——"火刑"将等待着我们。其中，"冰刑"是宇宙的无尽的扩散，无任何生还的希望，是死亡的绝对判决；而"火刑"似乎却透出了一丝希望之光——科学家们正在抓住这"希望之光"，他们企图如万能的上帝或佛祖那样担当起"救世主"的角色，为拯救人类设计出了种种的"逃生"方案。

（1）施瓦西黑洞和"爱因斯坦-罗森桥"

仅在爱因斯坦写下他的著名方程数月之后，施瓦西 1916 年就计算出了其大质量的静态解（球对称解），预示了黑洞的存在。他的黑洞是这样的：

A. 黑洞被一圈"无归点"环绕着，在所谓的施瓦西半径（或视界——最远的可视

---

① 《科学》2004 年第 4 期，第 26-59 页。

点）内，任何物体都将无情地被黑洞俘获。

B. 任何掉进黑洞内的人都会在"另一边"看到一个"镜像宇宙"。

量子力学中的狄拉克理论认为，真空中充满着"虚"的粒子和反粒子对（这里的"虚"，可以被理解为虽"存在"但却还不能被"观察"到）。它们可以不断地"物化"为一对实粒子，分离开，再合并而湮灭。

在黑洞的视界附近，也充满着这些"虚"的正、反粒子对。它们产生了，分离开，又合并而湮灭。

例如，图 7 - 13（Ⅰ）所示的"正"粒子（实线 AC 所示）和"反"粒子（虚线 AB 所示）在黑洞附近产生后，其中一颗粒子可能会落入黑洞，剩下的一颗就失去了湮灭的对象。它可能落入黑洞，也可能逃逸到远处去。假使落入黑洞的是一颗反粒子［如图 7 - 13（Ⅰ）所示］，则它的"时间反演"态即是正粒子。所以一个正粒子的逃逸过程就可以看成如图

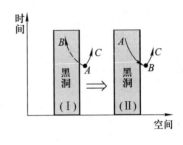

图 7 - 13

7 - 13（Ⅱ）所示的在视界面附近的散射过程（实线 ABC）。黑洞的引力场可以看成一个势垒，阻止粒子的逃逸，故从经典的角度看，粒子无法从黑洞中跑出去。但在量子力学中，由于存在"隧道效应"，粒子仍有一定概率穿过势垒而逃逸。大黑洞的势垒厚，逃逸的概率非常小，实际上近乎为零。而小黑洞的势垒薄，透射的概率可能达到相当可观的程度，结果有大量粒子穿透引力势垒而逃逸到黑洞的外面去。所以霍金黑洞与外界可以交换物质和能量，是"长毛的"。

这个联结"两个宇宙"的区域，被称之为"爱因斯坦 – 罗森桥"。这个"桥"虽被认为是一个数学上的"怪物"（黑洞中的引力场是如此之强，电子将从原子中剥离，甚至原子核中的中子和质子也会被撕开，所以这个解在物理上绝不会被观察到），不过却必须有这个"桥"才能给出一个在数学上自洽的黑洞理论。

1963 年，新西兰数学家克尔（R. Kerr）假设所有的坍缩星都会转动，故描述黑洞静态的解不是爱因斯坦场方程的最切题解，因为大质量转动的恒星不会坍缩成一个点，相反恒星会因越来越高的转动拉得越来越平而最后压缩成为一个"环"。探测器从侧面发射到黑洞之中，因时空曲率无限大，它将落到环上并彻底销毁，即黑洞中心的周围存在"死亡之环"。然而，如果一个空间探测器从上面或下面发射到环中去，它将遇到一个很大却有限的曲率，引力不是无限大的（参见图 7 - 14）。这就意味着通过爱因斯坦 – 罗森

桥（即"蛀洞"，也称"虫洞"）通向另一个宇宙，
或许是有可能的，虽然是极其危险的。

蛀洞可以这样来想象：一上一下两张纸代表着两
个互不连通的宇宙，各打一个洞且在中间加一根管子
则被连通了起来，虫子就可以从一张纸通过管子这个
"虫洞"爬到另一张纸上。平的纸与欧氏空间对应。
把纸弄皱了，起伏不平，就与里曼空间对应了起来。
现把上下放置的两张弄皱了的纸于某处粘起来。它们
虽被粘在一起，但却仍是不连通的，"二维"的虫子
不能从一张纸爬到另一张纸上去。但是蛀虫却可以：
它可以在粘接处咬出一个"洞"，于是就从一个宇宙
钻进了另一个宇宙。所以"蛀洞"或"虫洞"是形
象的类比。

（2）霍金方案

在近年来的宇宙学研究特别是公众中，霍金的声
望鹊起。霍金的黑洞因量子过程而存在霍金辐射，故
会越变越小，而温度却越来越高，它以最后一刻的爆
炸而告终。亦即是说，在图7－12的B点，宇宙将再
"重复"下一次大爆炸。在该学说中，也允许存在多
个平行的宇宙（参见图7－15），还假定了宇宙之间
存在隧穿（取道蛀洞）的可能性。

但这种"可能性"现实吗？这正如加来道雄在
他的科普著作《超越时空》中所评论的那样：

> 到目前为止，已经召开了多次有关宇宙波函
> 数的国际会议。但是，像以前一样，宇宙波函数
> 中牵涉的数学超出了这颗行星上任何人的计算能
> 力。我们不得不等待有进取心的人能够找到霍金
> 方程组的解。在霍金的方案中，把连接这些平行
> 宇宙的"蛀洞"置于他的理论的中心位置。但

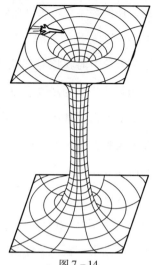

图7－14

爱因斯坦－罗森桥联结两个
不同的宇宙。爱因斯坦认为，任
何进入桥中的火箭将被压碎，从
而使得两个宇宙间的通信变得不
可能。然而，最近的计算显示，
通过桥非常困难，但也许是可
能的。

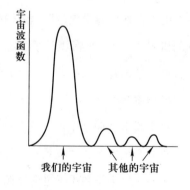

图7－15

在霍金的宇宙波函数中，波
函数最有可能集中在"我们的宇
宙"周围。我们之所以生活在我
们的宇宙中，是因为这个宇宙最
有可能拥有最大的概率。但是，
波函数选择邻近宇宙的概率亦存
在，虽然很小但是不为零。因此，
宇宙之间的转移或许是可能的
（尽管概率很小）。

是这些蛀洞的平均尺寸极小，大约为普朗克长度（约为质子的 100 万万亿分之一），对人类的旅行来讲，简直是太小了。[1]

看来霍金雄心勃勃的"量子宇宙论"尚不能为人类的"逃生"制订出可行的计划。

（3）"超弦"理论家们的方案

超弦理论是由韦内齐然诺（Gabriele Veneziano）和铃木真彦（Mahiko Suzuki）于 1968 年提出的，它是一个新的企图以扩大空间维度的方法来寻找"大统一"的理论。该理论把"粒子"视为"弦"的振动。弦的每一种振动代表一种独特的共振或粒子。亦即是说，该理论是以"弦"来统一我们对所谓"物质"的认识的。当然这个弦不是我们在日常生活中所看到的 3 维空间中的弦，而是在 10 维空间中的"超弦"。10 维空间是一个超出日常经验和任何智能生物的想象的空间。我们生活的现实空间、即物理上具有真实性的空间是 3 维空间。如果再考虑到运动和过程，则还需要引入"时间"的概念。若将时间也视为描述物理事件发生所"必须"的一维的话，也最多是我们前面所看到的"4 维空间"。那么超弦理论中的另外的 6 维空间就是"看不到"的。为什么"看不到"呢？因为它太小了——故在超弦理论中，这 6 维空间是被"卷曲"在非常小的范围之内的，用数学上的话讲就叫做是被"紧致"了的。所以 10 维是一个"4 + 6 = 10"的超空间。

有了这个 10 维的超空间，于是当宇宙在图 7 - 12 的 B 点"坍缩"时，人类这个"智慧生命"可以通过超弦理论所描绘的图像作"维际旅行"，通过现在的 4 维空间逃到 6 维空间之中去以避过那场注定的"大劫难"。

从 4 维到 6 维是一个大的变化。那么它将是怎样的一幅场景呢？

我们来想象一只"二维的蚂蚁"遇到一只"三维的跳蚤"后所发生的故事。

凌空中有一张平稳的薄薄的纸，中间被挖了一个洞。在以前，当蚂蚁们爬到洞边时，一些不知深浅的家伙继续向前爬，结果突然地"消失"了。对二维蚂蚁来讲，它的所行所思全是"二维"的，所以对从洞中"掉下去"这一现象，它是不能理解的。它只能将其想象为突然"消失"——或者说，这里存在一个"黑洞"，把它的同伴吸了进去，再也看不见了。在吸取了这些教训后，剩下的聪明的蚂蚁爬到洞边总是绕着走，以避开被吸进"黑洞"的灾难。

---

[1] 加来道雄著：《超越时空——通过平行宇宙、时间卷曲和第十维的科学之旅》，刘玉玺、曹志良译，上海科技出版社 1999 年版，第 260 页。

一天，这群聪明的蚂蚁突然遇见了一只跳蚤。这群聪明而友善的蚂蚁是不排斥"异类"的，于是一边爬行一边和跳蚤聊着天。当爬到洞边时，蚂蚁们一下子想起了"黑洞"的危险并向跳蚤大声喊道："小心前面有黑洞……"可话还没说完，跳蚤已经消失得无影无踪了。这群蚂蚁很懊恼，后悔只顾了聊天而忘了及早提醒跳蚤。但当这群蚂蚁好不容易绕过洞爬到洞的另一边时，却惊异地发现跳蚤正在那里向它们打招呼："嗨！我在这里等你们半天了！你们多笨呀，怎么不知道从空中跳过来呢?""空中"?"跳"? 这是蚂蚁们无法理解和想象的。它们所能理解和想象的是，这只跳蚤居然在被"黑洞"吸进去之后又能魔幻般地"冲"了出来! 这真是太"神奇"了，它一定是一位"神"。于是，这群蚂蚁在跳蚤面前顶礼膜拜，异口同声地说："你是一位神，请做我们的领袖，做我们的主吧!"

高维空间与低维空间相比，由于维度的增加而使得物质获得了新的运动自由度，从而就有了在低维空间所不能实现的运动方式。正是这一原因，3 维跳蚤的一个简单的"跳"的运动，在 2 维蚂蚁的眼中就具有无法想象的魔幻般的神奇。

这或许能让我们明白，上帝之所以万能，是因为他生活在天国这样一个"高维"的空间中。可见，超弦理论给我们的逃生之路所开启的是一扇通往"天国"的大门，那里将有神奇在等待着我们——不过我们得有耐心——这一方案能否实现尚不十分清楚，因为超弦理论所面临的挑战、质疑和困难要比它目前所取得的有限成果多得多!

（4）"时间旅行"方案

1949 年，爱因斯坦的好友、维也纳数学家哥德尔找到了爱因斯坦方程的一个微扰解，破坏了"因果性"，于历史上第一次把所谓的"时间旅行"的问题建立在了数学、物理方程的基础上。

哥德尔假设宇宙中充满了缓慢旋转的气体和尘埃，这看来似乎是合理的。哥德尔的解之所以引起了巨大的关注，其原因主要在于以下两点:

首先，他的解破坏了马赫原理。他证明了爱因斯坦方程组的两个解有相同的气体和尘埃分布是可能的（这就意味着马赫原理是不完备的，即还存在着隐含的假设）。

更重要的是，他证明了某种形式的时间旅行是允许的。如果一个粒子在哥德尔宇宙中沿着它的路径旅行，它最终返回到过去并与自己相遇。于是他写道:"乘一艘宇宙飞船，沿着范围足够大的曲线作环形旅行，在这些世界里有可能旅行到过去、现在和未来的任何区域，然后再返回。"[1]

---

[1] K. Gödel. *An Example of a New Type of Cosmological Solution Einstein's Field Equation of Gravitation.* Review of Modern Physics，1949（21）：407.

怎么来形象地理解呢？我们知道，爱因斯坦理论是建立在 4 维弯曲的里曼空间之上的。其中空间为 3 维，时间为 1 维。在 2 维的纸上是画不出 4 维的，最多能利用透视法画出 3 维的图像。现在将空间想象成一个弯曲的 2 维曲面并让它卷曲起来或干脆让空间简化为圆柱，于是时间也就有可能被卷曲成为一个圆（如图 7 - 16 所示）。

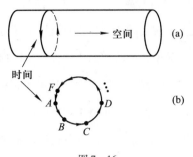

图 7 - 16

在图 7 - 16 的（b）中，箭头的方向是由"过去"指向"未来"的。由于时间被卷曲成了封闭的曲线之后，由"过去"的 A 向"未来"的 B、C、D……行进时，我们又回到了"过去"的 A 处。亦即是说，哥德尔解找到了广义相对论中的第一条"闭合的类时曲线"。

这个解是怎么产生的呢？它来自所假定的"物态条件"：宇宙中充满了缓慢旋转的气体和尘埃。亦即是说，如果我们能"制造"出上述的物态条件，即意味着我们"制造"出了一部"时间机器"，使我们可以作"闭合类时"旅行。若以 A 代表某人降生的时刻，则当他沿图 7 - 16 所示的闭合类时曲线旅行时，他将会再回到他降生的时刻——又成为一个婴儿！这是什么？这不正类似于佛祖的"轮回"吗？当然，它甚至比佛祖的轮回更有趣、更精彩，当然也更荒唐。例如，一个名叫亨利的人可以开动时间机器作闭合类时旅行，去会见他爷爷的爷爷的爷爷大卫。于是下面的奇迹发生了：这时，年轻的大卫尚未与他美如天仙的未婚妻玛丽成婚。当亨利见到玛丽时，立即陷入对玛丽的狂热的爱与追求中。在盛行决斗的年代，他在决斗中杀死了大卫。虽然亨利如愿以偿地与玛丽成了婚，但人们不得不问：既然大卫与玛丽未成婚，那么曾作为他们的孙子的孙子的孙子的亨利从何而来？现在这个"乱伦"的婚姻又将如何改写曾发生过的家庭史？这样的悖论有可能是真的吗？我们难道不应该去想一想这一悖论表象背后所隐含着的深层理论危机吗？

当然，由于人们认为哥德尔解的假定条件不成立，从而把它抛弃了。至少爱因斯坦 1955 年逝世时，他对此感到满意。但是，事情并没有因此而了结。1963 年，纽曼（E. Newman）、昂蒂（T. Unti）和坦布里诺（L. Tamburino）发现了爱因斯坦方程组的一个新解（称为 NUT 解）。NUT 解类似于一个黑洞，它同样允许出现"闭合类时曲线"和时间旅行。更奇特的是，当你绕着黑洞走 360°后，你并没有回到出发点而是转到了宇宙的另一片去了。这个"病态解"给出的宇宙，被人们称之为"NUT 宇宙"。

虽然这个解如同哥德尔解一样被人们抛弃了，但数十年后，人们发现，允许时间旅行的"病态解"不是少了，而是大量涌现。甚至连克尔解（被认为是对黑洞作了物理意义上最现实的描述）也被证明允许时间旅行。这正如相对论专家、美国新奥尔良州杜雷大学的蒂普勒所说的那样：对爱因斯坦引力场方程来讲，"表现出任何一种奇异行为的场方程组都可以找到"[①]。这里不再去列举更多地出现"奇异现象解"的例子。但可以肯定的是，若爱因斯坦还健在的话，他一定会为他的方程组爆炸式增长的病态解而大吃一惊：我的理论怎么竟会造就如此众多的荒唐解?!

第3节　广义相对论革命性意义的分析

我们前面说过，爱因斯坦的广义相对论是 20 世纪最重要的物理学理论之一，它极其深刻地影响了整个 20 世纪直至今天的物理学和科学——甚至包括整个人类社会——的发展。对如此重要的理论的意义的正确认识，无疑是一件十分重大的事情。

一、相对论并未"否定"牛顿的绝对时空观

在对相对论意义的认识中，有一种流传甚广的观点是必须加以澄清的。这种观点认为相对论"否定"（也有人"客气"地说成"变革"）了牛顿的绝对时空观——我们对此必须进行认真的分析。

事实上，并没有人清楚地阐述过所谓"否定了牛顿的绝对时空观"的确切含义。一种可能是指相对论以明确的方式将时间和空间关联了起来，从而克服了牛顿认为时间和空间各自独立、互不相关的认识。应当说这种看法有一定的道理——尽管只是一种肤浅的认识（具体原因将在下面说明）。另一种可能，是指相对论证明了长度（空间）、时间的所谓"相对性"（你看我的尺子缩短了，我看你的尺子也缩短了；我看你的时钟变慢了，你看我的时钟也变慢了），因而时间和空间变得并不"绝对"了。在第 6 章第 4 节的第三个问题中，我们已经对这种看法进行了分析，说明了这其实只是对这些"相对论性佯谬"的误解；所谓时间、空间的"相对性"的称谓也并不确切，正确的理解应是时间、空间的"地方性"。第三种可能则是认为相对论"否定"了牛顿"绝对空间"（绝对系）和"绝对时间"（时间的单向性和均匀性）的概念。对于这一点，下面我们来进行具体的分析。

---

① F. Tipler. "Gausality Violation in Asymplotically Flat Space-Time". *Phys. Rev.* Lett. , 1976（37）: 979.

（一）关于空间

1. 牛顿关于"绝对空间"和"绝对运动"的认识是完全正确的

牛顿在他的名著《自然哲学的数学原理》的定义的附注中写道："绝对空间，其自身特性与一切外在事物无关，处处均匀，永不移动。"物质与物质要发生相互作用而运动。但物质与非物质的"空"却不能发生相互作用，故"空"是不可能发生运动的。由此可见，牛顿所说的"绝对空间"，便是我们在第 3 章中详细分析阐述过的非物质的"绝对真空间"——它为一切物质的存在和运动提供了一个统一的表演舞台，并由此使得我们对物质的运动的认识和描述具有了完全不依赖于任何观察者主观视角的纯粹的客观性。

在上述定义的基础上，对于绝对运动，牛顿这样写道："绝对运动是物体由一个绝对处所迁移到另一个绝对处所的运动。"这里所说的"绝对处所"（无论是物体迁移"前"还是迁移"后"的"绝对处所"）就是指物体在绝对空间中的处所。

事实上，我们是通过物体在"空间"中的位置的比较来认识运动的。设 t 时刻质点在"空间"某一位置，$t + \Delta t$ 时刻质点在"空间"另一位置，若两位置不重合，即"现在"的位置相对于"原来"的位置发生了"迁移"，则称质点发生了运动。这里所说的"空间"，就是牛顿的"绝对空间"。因为绝对空间是一个不动的空间，故"原来"的位置就不会移动，才能作比较；反之，如果将"原来"的位置建于物质之上，由于物质会运动，于是"原来"的位置也会运动，则无法作比较了。例如，如果将"原来"的位置置于实在的物质之上，t 时刻，荷载着"原来"位置的物体恰好跑到了 $t + \Delta t$ 时刻物体的位置上。这时我们就会将原本的处于"运动"状态的物体误认为是处于"静止"的状态，从而也就失去了真实性——即失去了客观性。可见，没有对上述绝对空间和绝对运动这些概念的正确抽象和定义，客观地认识运动是无从谈起的。所以说，牛顿关于绝对空间和绝对运动的认识是完全正确的，是整个自然科学的一块基石。该基石一旦被抽掉，认识自然规律的客观基础就会被抽掉，物理学大厦就会摇晃！

上述论证说明，为了统一地描述一切物体在绝对空间中的绝对运动，在该绝对空间上任选一点为参照原点并建立起相应的坐标系是方便的。由于该点是建在不动的绝对空间之上的，而非建在实在物体之上，故该坐标系是一个静止不动的参考系（或称坐标系），我们将其称为绝对参考系或称为静系。而一切将参考原点建于实物之上的参考系称为运动参考系。若运动参考系相对静系做匀速直线运动，则称它为惯性参考系；若它相对于静系做加速运动（$\vec{a_0} \neq 0$）或者作转动（$\vec{\Omega} \neq 0$）或两者兼而有之，则称其为非惯性参考系。物体相对于运动参考系的运动，称为相对运动，相对于静系的运动称为绝对运动。由于在静系中可以描述一切物体（包括建立运动参照考的物体）的绝对运动，以此为基础，当然也就可以描述一物相对另一物（即运动系）的相对运动。正因为如此，牛顿力学体系对运动的描述是完善的。

2. 作为相对论哲学基点的相对性原理并不能"否定"牛顿绝对空间的观念

否定绝对空间事实上也就是否定绝对系的优越性。对这一认识的错误之处，我们在第 6 章的第 3 节中已经进行过分析，现再换一个角度来认识。

在广义相对论建立之后，有人认为：由于运动的相对性，我们没有理由说哪个参考系更好一些，一切参考系都是相同的，可用的。因此，根本的问题是我们是否可以建立起适合于一切参考系的物理定律，并使之在极限的情况下退化为绝对系中的物理定律。只要此问题得以解决，科学史早期托勒密与哥白尼观点之间的激烈斗争，就是毫无意义的了。

(A_1)

从（A_1）的论述我们所读到的论证方式是：第一，由实在物体运动的相对性出发，从哲学的意义上推论出一切建于实物之上的参考系均是"优越系"；第二，因上述由一般哲学思辨得出推论的方式尚不能称作严格的证明，故进一步用"可以建立起适合于一切参考系的物理定律，并使之在极限情况下退化为绝对系中的物理定律"（即协变性），来论证上述一切参考系均是优越系的命题是成立的。

这一认识的基础是只承认运动的相对性而不承认运动的绝对性，建立在马赫经验论的相对主义哲学观之上。它所导致的对哥白尼革命意义的否定，在物理学内外流毒甚广，不仅是对物理学宗旨，也是对人类正确认识论基础的严重背叛。若这一流毒不肃清，理性思维就会被经验主义的重重迷雾笼罩而丧失其睿智的光芒，就会由经验主义的盲人瞎马将我们引向偏离真理的方向。

（1）若在所有的物体都遵从同样的自然规律这种意义上，论断（A_1）称所有的物体是平等的、平权的是可以的（法律面前人人平等在一定意义上反映了上述思想）。但从上述的"平权性"以至于"协变性"，却无法导出运动只具有相对性以及相应的建于一切实物之上的参考系均是优越系的结论。

事实上，在论断（A_1）中是用"没有理由说哪个参考系更好一些"来表达参考系间的"平权性"的。所谓的"更好一些"即是"更优越一些"。既然不承认谁更优越，大家都平权，那么只有两种可能：（a）大家都是优越的；（b）大家都不是优越的。

什么是"优越"的标准呢？由（A_1）的论述可见，这个标准被建于"可用的"判断之上。所谓"可用的"，事实上是指其可用于真实地描述物体的运动，即建立在"真"的基础之上。即所谓的"同等优越"或"同样不优越"，指的是以这些参考系为基准所得出的结论均"为真"或均"不为真"。

现设有两个物体甲、乙在做相对运动，并在其上建立甲、乙两个随动参考系（观察者），则分别在这两个参考系中观察物甲和物乙的状况并得出如表7-2所示的结论。

表7-2

	物甲	物乙
参考系甲的观察结果	静止	运动
参考系乙的观察结果	运动	静止

如果甲、乙互不观察对方，他们所得出的结论分别是自身参考系赖以立足的物甲和物乙是静止的。既然甲、乙具有同等"优越"的"平权性"，则得出的结论应均为"真"，由此甲、乙两者所得结论同为"真"的集合是物甲和物乙均"静止"。既然物甲和物乙均是静止的，则由此否定了甲、乙两物在事实上是"在做相对运动"的客观事实这个"真"。所以这两个平权的参考系"均优越"（即均可以得出符合客观事实的"真"结论）的说法就是不成立的。

如果甲、乙还可以同时互相观察，则他们的观察结果即是表7-2的所有结果。然而，表7-2中对物甲、物乙的两组结论却是互不相同、相互否定的。那么，究竟哪组结论是"真"？再进一步说，如果是n个观察者在观察他们所赖以立足的n个物体，则得出的n组不同结论，试问哪一个为"真"？同一时刻，物体的运动行为应是唯一的。为保持这种"唯一性"，可能的办法之一是选取其中的一个观察结果为基准，而认为其余$n-1$个观察结果为"非真"。但这在事实上也就意味着其余$n-1$个参考系不再是优越系，即这一结论事实上就否定了所有运动参考系都是优越的说法。

（2）另一方面，若承认其余$n-1$个"不是优越系"的认识是对的，则由于n个参考系均没有高下之分——是"等同的"、"平权的"这一"相对性原理"的制约，余下的那一个参考系也应"不是优越系"。也就是说，我们只能承认（b）的认识，并得出如下结论：一切以实物为参照物所建立的参考系均不是优越系。

既然"一切"以实物（包括作为观察者的人自己）为参照物所建立的参考系均不是优越系，那么，优越参考系建立在非物质的空的基础之上便成为唯一的选择。这样做的必然结果是：第一，以这个"空"而"静"的绝对真空间为参考标准，一切物质性的实在（包括"非生命"的物质、"有生命"的物质、作为生命体的人以及由人的集合体所构成并与自然相关联而结成的社会）才能被无一遗漏地凸显出来而获得统一的认识，一种对更广义的"所有物质"进行认识的更具广泛科学统一性的理论才可能在此背景下被确立起来；第二，必造成对绝对静止参考系的特殊优越地位的肯定以及对绝对运动的肯定，并可以在肯定绝对运动的基础上，同时去认识无论人是否考察而在事实上均存在的实在物体之间的相对运动，从而将绝对运动、相对运动纳入统一而完善的认识之中。这样我们就看到，当肯定绝对运动，确立起绝对静系的优越地位，从而否定掉运动参考系的优越地位之后，相对运动也是被肯定的。在这样的认识之下，表 7 - 2 的结论将均为"真"，矛盾得以克服。

3. 对牛顿的"绝对空间"和"绝对运动"的正确认识有助于澄清学生在学习经典力学时的思想混乱

在现行的物理学教材中有这样的论述："为了研究宏观物体的机械运动，首先应确定该物体的空间位置。但因物体的位置只能相对地了解，因此又应首先找出另外一个物体作为参考，这种作为参考的物体，叫做参照系或参考系。参照系确定以后，我们就可以在它上面适当地选取坐标系，来确定物体在空间的相对位置。"[①] 上述定义以极清楚的语言告诉我们：第一，参照系及相应的坐标系是建立在实物之上的；第二，不承认存在绝对运动而只承认存在相对运动。该书的内容真的是以上述定义所表达的思想实质为基础的吗？下面我们以所谓的"内禀坐标系"为切入点来进行分析。

在内禀坐标系（即自然坐标系，参见图 7 - 17）中，质点 m 的轨道形状被假定为已知（从而轨道的曲率半径 ρ 已知）；在该轨道上任选一点（记为 O_n）为参考原点，以质点经过该原点的时刻为计时零点，且设经过时间 t 后质点 m 沿该轨道（从 O_n 到 m）的路程为 $s(t)$（它表征质点 m 运动行为的快慢），且假定它也是已知的。在上述

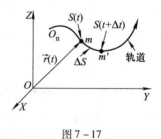

图 7 - 17

两方面已知的前提下，质点 m 的运动状态可以唯一地被确定：它的速度 ν 沿切向（$\nu = \nu_\tau$），法向速度为零（$\nu_n = 0$）

$$\nu(t) = \nu_\tau(t) = \frac{ds(t)}{dt} = \lim_{\Delta t \to 0} \frac{s(t + \Delta t) - s(t)}{\Delta t} = \lim_{\Delta t \to 0} \frac{\Delta s}{\Delta t} \qquad (7 - 108)$$

它的切向加速度 a_τ 和法向加速度 a_n 为

---

① 周衍柏编：《理论力学教程》，人民教育出版社 1982 年版，第 4 页。

$$a_\tau(t) = \frac{d\nu(t)}{dt} = \frac{d^2 s(t)}{dt^2} \Bigg\}$$

$$a_n(t) = \frac{1}{\rho}\nu^2(t) = \frac{1}{\rho}\left(\frac{ds(t)}{dt}\right)^2 \Bigg\} \qquad (7-109)$$

在内禀系中运动描述上的这种"唯一"性，反映了物体自身运动的"客观性"。那么，这种客观性又是如何在描述中被实现的呢？

我们从（7-108）式关于速度的定义来看看该问题。

数学公式（7-108）中的 $s(t)$ 为曲线 $O_n m$ 的长度，$s(t+\Delta t)$ 为曲线 $O_n m'$ 的长度，ΔS 为曲线 mm' 的长度，Δt 则是质点从 m 沿轨道运动到 m' 经过 ΔS 长的路所需的时间间隔。若在 $t+\Delta t$ 时刻，客体仍在 t 时刻"原来"的位置上，因 $s(t+\Delta t)-s(t)=\Delta s=0$，则由（7-108）式知其速度 $\nu(t)=0$，此时它是"静止"的；相反，若不在"原来"的位置上，因 $s(t+\Delta t)-s(t)=\Delta s\neq0$，则其速度 $\nu(t)\neq0$，故知此时它是"运动"的。

在这里我们应注意到两件事：第一，如果我们选择一个建于实物之上的参考系 O 为参考基准且让它随质点 m 一起同步运动，则在 O 参考系中考查时，质点的速度永为零，是静止的。这种描述是真实而客观的吗？肯定不是——因为带进了观察者的"主观介入"。正因为没有选取实物为参考基准，而是通过客体时时刻刻与前一时刻自身（在静系中）"原来"的位置相比较，由客体自身的运动行为来定义所谓的"静止"与"运动"的状态，所以才保持了客体运动的客观性。由此可见，要客观地认识客体的运动，参考系不能建立在实物之上。

第二，客体自身的运动是在其自身轨道上的运动。"所谓轨道，就是运动质点在空间（或平面上）一连串所占据的点形成的一条轨迹。"[1] 可见，在对内禀系中描述的运动进行认识时，还有另外一个问题——对"轨道"、"空间"以及相应的"客观性"的认识。

我们不妨用实例来说明。万里无云的晴朗天空中，有一架喷气式飞机从空中飞过。为方便讨论，设它作直线飞行（这只是一种近似，因地球是圆的）。飞机飞过后，空中会留下一条直直的白色雾带。由此直的雾带，我们直观地体会到该飞机的"轨道"概念：飞机曾在该空间作直线飞行，由此在该空间留下了一条直线轨道的"影像"。若天气很好，气流稳定，这条直的雾带会保留很长的时间，从而使得该飞机在该空间曾作直线轨道运动的"历史"被保留在那里。若气流不稳定，这条原本直的雾带就会扭曲、变形，甚至消失得无影无踪。面对这时的观察结果，我们是否可以称飞机在"历史"上的

---

① 周衍柏编：《理论力学教程》，人民教育出版社 1982 年版，第 6 页。

轨道是那个"扭曲、变形"了的曲线，抑或称飞机根本就不曾在该空间作过直线轨道运动——因为我现在没有观察到雾带这个历史的痕迹？当然我们会说上述的说法是错误的，而坚持说飞机在该空间曾作过直线轨道运动是一个"客观"事实。当我们做出这样的判断时，我们在认识上已经发生了两次质的飞跃。其一，正确地区分了"存在"与"观察"并将我们的认识及物理学放在"存在"这个基础之上，而不是"观察"的基础上。"雾带"是飞机喷射出的物质与空气作用后的产物，我们只是借助它，把客观上存在的轨道运动以这种方式显示了出来。如果飞机不喷气，就不会有雾带，那么飞机作直线轨道运动这一客观事实就不存在了吗？当然不是。由此可见，物理学是以"存在"为研究对象的。例如，我们现在讨论所谓的宇宙遥远的过去，而在那时，人类还没有出现，我们能以人类的所谓观察为基础，来建立起对宇宙历史的认识吗？所以说"存在"是第一性的概念，是物理学的基础。借助对各种客观存在的概念抽象，我们建立起了理论。有了理论之后，我们才知道观察到的是什么。例如，通过喷气物质与空气的作用我们知道了雾带形成、气流分布及它们随时间的变化之间的关系，由此才能知道通过对雾带的观察我们到底了解了什么。所以，观察和相应的观测量是由存在派生出来的第二位的概念，是依赖于理论的。第二，若气流稳定，我们看到的雾带是直的；若气流不稳定——例如，我们作一个理想化的假定，一旦飞机飞过，其后的气流就沿飞机飞行的垂直方向上下来回作振荡运动，则所看到的雾带就像一条正弦（或余弦）函数曲线的样子。我们能将作直线运动的飞机的轨道按雾带所显示的正弦（或余弦）函数的曲线形状来理解吗？当然不行。亦即是说，前面关于轨道定义中的"空间"——它作为描述物体运动的参考背景，在上述对飞机飞行的讨论中，是不能被安置在"空气"这种物质的分布之上的。对该事例再作抽象，我们就会知道，描述物体运动时，其参考背景不能以物质为基准——既是这样，即表明参考背景应将物质"抽去"。这个"抽去"了物质的参考背景，从抽象的概念上来把握，应是什么呢？显然它就是一个空洞无物的"空"的概念，是一个静止的、无物的、各向均匀的空间——即我们所定义的"绝对真空间"（牛顿称其为"绝对空间"。从定义的实质讲，如第3章已分析指出的，这两者是一样的）。恰因为如此，轨道的"真"才被永久保留。

基于上述分析，我们得出的结论是：内禀系中的参考系的参考原点不是建立于实物之上的；内禀系中描述物体运动的参考背景所使用的"空间"是绝对真空间。由此可见，内禀系所讨论的是在绝对空间中的绝对运动，故（7－108）式是质点的绝对速度，（7－109）式为质点的绝对加速度。正因为内禀系不是以物质作为参考基准〔包括参考基点（即原点）和参考背景（即空间）]的，所以就无任何的人为性（因为人也是物质），从而保持了对客体运动描述的绝对客观性。恰恰是因为我们是用不依赖于人的主观观察而仅依赖于客体本身的存在及运动所具的自然本性的方式来认识和定义运动的，所以我们才将（7-108）式、（7-109）式称之为"内禀方程"[或称为"禀性方程"、"本性方程"——仅仅依赖于物体自身所具有的自然本性（即它的内禀性质）所建立的方程]，相应地把轨道的切线、法线也作为坐标系看，则称其为"自然坐标系"（也称为"内禀坐标系"）。

我们既可以用自然坐标系来描述运动，也可以用直角坐标系（或其他的坐标系，例如球坐标系、柱坐标系、抛物坐标系等）来描述运动。这只是手段的不同而并不改变实质。不同手段之间的关系，是通过坐标变换来联系的。为了建立起自然坐标系与直角坐标系之间的联系，如图7-17所示，我们又选了一个$O-xyz$直角坐标系。既然自然坐标系的参考背景是绝对空间，因而$O-xyz$也是建于绝对空间之上的。因为参考原点O相对于质点的轨道没有运动——而在一般意义上，将参考原点O建于实物上，它是可以发生运动的——故它只能被建于静止的绝对空间之上。由此可见，图7-17所示的$O-xyz$系是建于绝对空间之上的一个绝对静止参考系，相应地，给出的是绝对运动。

通过上面的讨论，我们清楚地看到，周衍柏先生的书，在内容上和思想实质上仍是以牛顿的绝对空间和绝对运动的认识为基础来展开的。正因为如此，该书才可以称之为是"牛顿力学"，并获得它在其范围内的实证成功。

由此可见，周先生上述的关于运动的定义只能是关于"相对运动"的定义，但却不能以此定义作为建立牛顿力学的出发点。这一点在上面对表7-1的讨论中我们已经作了一般性的论证：若只承认运动的相对性，则因彼此矛盾的对运动的认识，根本就不可能建立起任何形式的对运动作认识和描述的正确理论！

举周先生的书为例是因为该书为教育部推荐的"高等学校试用教材"，影响面较宽。在规定大纲的前提下，该书是大家公认的一本较好的参考教材。那么上述的定义是周先生个人的错吗？显然不能这样看。借助库恩的"规范"概念来讲，可以说鉴于爱因斯坦及其理论的伟大与威望，已经形成了一种"爱因斯坦规范"，成为多数人的认识与准则。这时，歌颂和遵从该规范成为一种时代性的时尚；反之，将被痛斥为对爱因斯坦规范的背叛而面临千夫所指的巨大压力。须知，敢于做出这种"背叛"，像狄拉克那样去批评相对论，是需要极高威望、极深刻的认识、极敏锐的目光和极大的勇气和魄力来做"底气"的。试问，科学界中又有多少人有这样的"底气"呢？所以说上述定义所出现的问题是时代性的错误，是不能由周先生个人来负责的。

（二）关于时间

时间让科学家、甚至科学泰斗们都深感头痛，迄今仍争论不休。在此我们对这一基础性的问题做一些分析。

1. 时间在日常生活中的定义——通过物体在空间中的位置变化过程来感知

在日常生活中，地球绕太阳公转一周被定义为 1 年。1 年中我们看到有 365 个日出日落，于是称 1 年有 365 天。而 1 天中地球自转 360°，用了 24 小时，故 1 小时是用地球自转 $\varphi = 365°/24 = 15°$ 来定义的。如此下去，我们还可以定义更小的时间刻度。由上面的事例我们看到，时间是通过地球在空间中的位置的变化过程来加以定义的。

2. 时间的定义还依赖于对"力"的认识

然而，为什么地球在空间的位置会发生变化而显示出过程呢？那是因为地球受到了来自太阳的万有引力。那么也就是说，时间是通过地球的空间位矢 $\vec{r}$ 以及它所受到的力 $\vec{F}$ 来定义的。这个定义表达了它们之间的某种关系，用数学语言来表达即存在函数关系

$$t = f_1(\vec{F}, \vec{r}) \tag{7-110}$$

通过本书中的分析，我们已经知道力场来自 MBS 元子对物体的碰撞作用，是与元子在空间中的分布密度 ρ 相关的

$$\vec{F} = \vec{F}(\rho) \tag{7-111}$$

将（7-111）式代入（7-110）式之中，则有

$$t = f_1(\vec{F}(\rho), \vec{r}) = f_2(\rho, \vec{r}) \tag{7-112}$$

上式中的 t 是"时刻"的概念，而通常我们能感觉到的是"时段"Δt 的概念

$$\Delta t = t_2 - t_1 = f_1(\vec{F}(\rho_2), \vec{r}_2) - f_1(\vec{F}(\rho_1), \vec{r}_1) = f_2(\rho_2, \vec{r}_2) - f_2(\rho_1, \vec{r}_1) \tag{7-113}$$

由（7-112）式可见，我们前面"时间是通过物体在空间的位置的变化过程来加以定义的"的说法并不准确，它只能被称作"运动学时间"——因其尚未考虑到力场的效应。我们之所以这样定义时间，只是由于力场 $\vec{F}(\rho)$ 不是可被直接观察的量，只有物的位置 $\vec{r}$ 才是可被直接观察的。

与此相类似，人们通常所说的所谓"热力学时间"、"宇宙学时间"、"生物学时间"等概念，都同样是对时间的本质并未认识清楚而根据各自的理解和对时间的体会提出的，同样是不准确的。

因此，要精确地定义和认识时间，依赖于对 $\vec{F}(\rho)$ 和 $\vec{r}$ 的准确认识和对作为自然规律的函数关系 f_1 的认识。也正是由于"没有对力进行定义"这个原因，在牛顿力学中并

未回答时间的本质的问题，而只是将时间视作一个"参变量"。

3. 时间必须在绝对静系中定义

时间依赖于力场，事实上也就是说时间依赖于"环境"。因此，只有采取特殊的措施使其环境不发生变化，由此才能使时间的刻度成为一个不变的常量，从而使得它按照自身的性质（即自身的规律 f_1）相等（为一个常数）且平静地流动着，与任何外部事物无关（因其环境是永不变化的）。而这正是牛顿关于"绝对时间"的定义：

绝对时间：按照本身的性质，与外部任何事物无关，相等而且平静地流动着。

然而，永不发生变化的环境只能是"绝对空间"。所以，牛顿的"绝对时间"事实上是在"绝对空间"中定义的。也就是说，由于只有在绝对空间中才能达成对 $\vec{F}(\rho)$、$\vec{r}$ 和 f_1 的完全客观而无遗漏的认识，所以时间必须在绝对静系中来定义。由此定义所给出的时间，就是"绝对时间"。也只有"绝对时间"的概念才能将所有那些对时间的片面认识统统概括于其中，给予统一的定义与认识。只有在这个意义上，时间才是被统一度量的。

4. 除绝对时间外，还有必要定义"地方时间"

我们上述对绝对时间的基础性定义是必要的，然而它并不好用。事实上，生活在地球上的人们总是用地球上的物质运动的过程来定义时间（记为 t'）的。这个时间 t' 就是我们所讲的"地方时间"。由于地球是一个非惯性系（用 $\vec{a}_0$ 和 $\vec{\Omega}$ 来标记），从而使得对同一物体的运动而言，t' 与 t 存在如下关系

$$t' = f_3(t, \vec{a}_0, \vec{\Omega}) \tag{7-114}$$

在 $\vec{a}_0$、$\vec{\Omega}$ 和 f_3 已知的情况下，t' 与 t 是决定性的一一对应关系，所以使用绝对时间和使用地球上的地方时间是同等有效的。只是在这样的意义上，用地球上的物体的运动过程来定义的时间也才可以被称之为绝对时间。

有了上述的时间概念后，任选一物的过程所需"时段"为时间刻度，就可以用比较的方式去描述其他物体过程的快慢。如甲、乙、丙三人做匀速直线运动，三人同时出发，当甲走过 1 米时，乙走过 10 米而丙走过 20 米，若选甲走过 1 米的过程为时间单位并称之为 1 秒的话，则乙于 1 秒内走过 10 米，即走过相同的 1 米只需时 0.1 秒，所用的时间短些，就说明乙的过程较快；丙走过 1 米仅用 0.05 秒，其过程则更快。有了上述用时间来定义的过程快慢的概念之后，就可以用另一个量来等价它，这就是速度：速度快的过程快，速度慢的过程慢。

当然，用上述方法选取时间刻度和单位并不方便。方便的方法是选周期运动的一个

周期的过程为时间单位。例如，钟就是以秒针走完一周为一个计量单位并称之为 1 分，相应 1/60 周定义为 1 秒。时间单位（1 个周期）选得越大，在比较时误差越大，故我们尽可能选更小的时间单位。例如，我们目前就以铯原子振动的周期作为更好的时间单位。

5. 时间的"地方性"绝不等同于爱因斯坦所错误理解的"相对性"

由以上的论述可见，作为比较的基准，我们所用的是牛顿"绝对时间"的概念，它必须是不变的和统一的。而在非绝对空间中定义的时间只具有"地方性"：对同一物体而言，由于环境和状态不一样，其过程的快慢（即时间）就会发生变化——而这种变化所显示出的地方性仅当用统一的绝对时间为标准才能做到准确的认识。而且，由此认识出发，经（7−112）式就可以揭示出力场 $\vec{F}(\rho)$ 发生了怎样的变化，才能揭开所谓时间地方性的谜底。

在这里需要特别注意的是，时间的"地方性"绝不等同于爱因斯坦所错误理解的"相对性"。正如在狭义相对论的讨论中已经论证过的那样，所有的运动参考系中的"尺缩"、"时延"均是相对绝对系而言的，它们是"运动产生的力学效应"，是"地方性"而非"相对性"。"地方时间"并没有否定"绝对时间"的存在及其优越地位；而建立在"所有参考系都是平权的"认识基础上的"相对性"（包括所谓"时间的相对性"），则否定了"绝对时间"的优越地位甚至其客观存在。

6. 时间是从过去走向未来的单向发展——具有不可逆性

有人认为相对论在时间问题上的"革命"、或称对牛顿时空观的"否定"，是使时间具有"可逆性"——如可以进行"闭合类时曲线"旅行，可以让亨利去与他爷爷的爷爷的爷爷会面。真是如此吗？

人死了，不可能复生；历史演绎过了，不可能再重演；一只花瓶从桌子上掉下去摔碎了，无论如何都不可能将其再真正恢复成原来的样子……这是我们所熟知的例证。

也许人们会提出质疑，简谐振动的时间就是可逆的。例如，竖直弹簧下坠一重物，给它一个小的偏离后，它即绕平衡点附近作上下往复的周期运动。

设重物从最高处运动到最低处，所用时间为 T，若我们做一个"时间反演"变换，从 t 变成负 $t(t \Rightarrow -t)$，则相应的速度 $dy/dt = \nu$ 就变为 $dy/d(-t) = -dy/dt = -\nu$。以最低点处为计时零点，通过上述的时间反演变换，则重物将以相反的速度方向，经过 $-T$ 的时间又回到了原来的最高处。这一事例不正是说明了时间是可逆的吗？

这里我们应注意的是，上述的简谐振动方程

$$m\ddot{y} = -ky \Rightarrow \ddot{y} = -\omega^2 y \tag{7−115}$$

只是一种理想化的近似。在理想化的情况下可以去讨论所谓时间反演所显示的时间的可逆性；然而对于真实过程来讲，却是完全不行的。实际的振子，除了受恢复力 $-ky$ 的作用外，还要受到一个更复杂的力 $f(y^2,y^3,\cdots;\dot{y},\dot{y}^2,\dot{y}^3,\cdots)$ 的作用，不过在初级近似下将其略去了。亦即是说，实际振子的方程为

$$\ddot{y} = -\omega^2 y + f(y^2,y^3,\cdots;\dot{y},\dot{y}^2,\dot{y}^3,\cdots) \qquad (7-116)$$

我们不去讨论（7-115）式的具体形式和解，只做一般性的讨论。加上 f 之后，（7-115）式的"线性振子"就一般性地变成了（7-116）式的"非线性振子"的问题。线性振子的相轨迹如图 5-17 所示，是一个封闭的椭圆，振子从任一点 A 出发，经一个周期的运动后，又回到了原来的 A 点。但真实的非线性振子经上述的一个周期后却回不到原来的 A 点，故它的运动在严格的意义上是不可逆的。

一维振子是最简单的系统。这种最简单的系统都是不可逆的，那么对一个复杂的系统而言，当然更是不可逆的。例如人死了，送到火葬场火化，人的组织被火燃烧后的物质，通过烟囱排到空气中，通过与大气分子的碰撞四散开到了各处。试问，它们可以通过时间反演的过程再回到未被火化前的状态吗？显然不行。

正因为时间的不可逆性，所以就决定了在严格的意义上既不可能存在、当然也就不可能观察到可逆过程。

对此人们又会提出疑问。我们通常是通过光来看一个物体的。如果我们乘超光速火箭去追一个物体——例如你爷爷的爷爷的爷爷——曾发出过的光影，岂不是正看到一个被倒置了时间顺序的逆向过程了吗？但是，这一质疑忽略了两个问题。第一，即使上述的逆向过程被你观察到，你所观察到的也仅是他们的"光影像"，当追上光影像后，你也不可能与他们对话，更不可能与他们亲密接触。第二，你的先辈所发出的"历史过程的光"，是向宇宙的四面八方飞去的，且这些光又与其他物质发生作用而散射开来，所以在事实上，你乘超光速火箭去追全部的"历史进程的光"是不可能的，故他们的"光影像"也不可能被你无一遗漏地观察到而去再现先辈的历史。可见，追光的过程，也是不可逆的。

总之，前面的种种分析与论证已经表明，把相对论的革命性意义归结为对牛顿的绝对时空观的革命的认识是完全错误的。牛顿的绝对时空观并没有错，且由此才能将物理学建立在科学自然主义的正确认识论基础之上。

那么，广义相对论真正的革命性意义究竟何在呢？

二、广义相对论的革命性意义探析

事实上，对于爱因斯坦广义相对论的意义，人们已经进行过许多分析，可以说见仁见智。有人指出相对论实现了从实验实证主义向逻辑实证主义的历史性跨越，是爱因斯坦"科学规范"最突出的贡献，是时代性变革的标志。我们十分赞同这一看法，但该问题在前面章节中已做过论述，故不再重复。也有人看到了广义相对论中的场的一元论图像和对力场的统一性的追求，我们同样赞赏爱因斯坦在这方面所表现的宏大气势、高度的数学抽象能力和追求真理的执着精神。还有人赞叹它的"美"。例如，正是出于对美的追求与肯定，狄拉克在批评与质疑爱因斯坦相对论的同时，却十分欣赏相对论的美学价值："凡是在数学上是美的，在描述基本物理学方面就很可能是有价值的。这实在是比以前任何思想都要更加根本的思想。描述基本物理理论的数学方程中必须有美，我们认为这首先应归功于爱因斯坦而不是别人。"从这一认识出发，他大胆地提出了这样一个观点："创造美的理论是重要的，即使与观测的结果不符也不必担心。"[①] 对于这一观点我们也是相当赞赏的。更有人把广义相对论的价值归结为场的"几何化"的手段——这一问题我们暂且留下放在后面再讨论。更多的说法不再一一列举。

然而，我们仍然觉得所有的这些认识似乎还不够，相对论（包括广义和狭义相对论）还具有更深刻的革命性意义。

（一）将人的主动性价值纳入了理论的视野

我们知道，牛顿力学，就其哲学基础而言，是建立在僵硬的机械唯物论之上的。"唯物"是正确的，是牛顿力学最成功的方面，它开创了科学认识论的先河：真理蕴于对物质运动规律的揭示与认识之中，从而冲破了"神"加于人们的精神枷锁。但是，它又是不完善的，因为"机械论"无视生命（包括我们人类在内）的主动性与创造性。所以当牛顿力学的思想被推崇为"新的圣经"之后，我们的思想乃至于社会就均被禁锢于"钟表与发条"之中，人不过是社会的"齿轮与螺丝钉"而已。所以说，无论从科学理论或者从认识论发展的角度，冲破牛顿的科学规范而代之以新的科学规范，就成为一种逻辑的必然。

马赫以无畏的精神挑战了牛顿思想，他的"经验主义"有其合理内核。一是经验中包括对客观世界的观测与认识，有其"客观性"的一面；二是经验来自人的思考与事实

---

① P. A. M. 狄拉克著：《我们为什么信仰爱因斯坦》，曹南燕译，《自然科学哲学问题丛刊》1983 年第 3 期，第 13 页。

的概括与总结，有对人主动性的肯定。爱因斯坦的相对论的确受到了马赫经验主义的影响，将只承认运动的相对性作为立论的基础。这样，在相对论中也就带进了马赫经验主义的积极方面，从以下两个方面表达出了肯定人的主动性价值的诉求：

（1）既然只承认运动的相对性，故而在"运动"的面前，所有的"运动参考系"就无老大老二之分，均是"平权"的。因而，作为参考基准（即人的视角），在对自然规律的认识上就应是同等有效的，即物理规律在所谓运动参考系中应具有相同的数学形式。于是相应的物理量及物理规律就应具有在联系两个参考系的时空变换下的某种"协变性"。"协变性原理"的提出，对于推动物理学的理论发展，特别是其后的量子场论的发展，起到了非常突出的作用。而且正如后面将分析指出的，它"为我们研究自然规律提供了极大的便利条件"，使我们能"借助协变性为寻找原始的基本自然规律方程提供可能的途径"——这都反映了人的主动性的价值。另外，正是这种"平权性"和"主动性"的思想，使得物理学的思想与社会学相互耦合，推动了社会观念的变革：自由、平等、民主、个性解放和对个人自我实现价值的肯定，成为现代西方的某种标志。这种观念的确立，是西方文艺复兴的巨大成果之一。它不仅使得人们从神的精神枷锁中被解放出来，而且促成了西方现代科学及现代社会的崛起与发展。它的价值及进步意义是不容否定的。

（2）物理学理论的建立及被实验检验都与我们人类的"观测"相连。于是，作为相对论的又一个支撑点，"同时性"的重新认识和"测量"进入了理论的描述之中，从而就把人的主观因素带进了理论之中。

我们曾说过，理论变革的根本点和根本性的意义在于认识论的变革。正是在这样的意义上，相对论"肯定人的主动性价值的诉求"，是必须加以充分肯定的——因为相对于"机械论"而言，它是认识论的革命。至于这种"诉求"在理论中是否表述得当，则是另外一个问题。

然而我们同时必须正视问题的另一个方面：对人的主动性价值诉求的肯定不能以对自然规律的否定为代价，人的主动性的发挥不能违背自然规律。这主要是因为，以对人的主动性和自我价值的肯定为核心的西方思维观又是存在明显缺陷的：一味地沿着对主体和主体意识的肯定与崇尚这个方向发展，将使得我们认识世界的思维（逻辑）基础，离客观的真实性和自然规律的内在必然性越来越远。而作为我们人类主体意识精神产物的逻辑思维，在远离了自然之源后，其逻辑判断是否能真正达到对自然真谛的准确把握？

在现实世界中，正是人的主动性的极度发挥造就了空前的自由竞争和世界的"进步与繁荣"；同时也促成了"人的中心主义"的形成：人对自然及其规律的"蔑视"——

"人定胜天"是它的豪言（足以表现出人类的狂妄）。伴随着20世纪物理学的革命，我们在看到科技进步、经济发展、物质财富极度丰富的同时，也看到了极端民族主义的能量大释放；看到两次世界大战夺走了数千万人的生命；看到高科技下的人欲横流；看到人的中心主义正肆无忌惮地毁坏着我们的地球家园……

正是在这样的背景下，人们渴望着对自然的回归、对爱的期盼、对绿色的拥抱。而所有这一切的基础，则是对于人的本身的所谓"主动性"、"自由意志"的重新认识。也就是说，我们必须从人类自身面临的困境中悟出一个简单的道理：自然造就出的人类就应当去遵循自然的规律！

（二）揭示了力场的物质性基础

由于广义相对论中所用到的数学工具（里曼几何）十分抽象，不易为非专业人员所理解，所以我们在此运用更为直观的方式，阐释它们背后的物理内容和物理实质。

让我们再简单回忆一下广义相对论的建立过程：通过爱因斯坦升降机思想实验，把引力场"等效"为一个"惯性力"；由于"惯性力"是运动参考系产生的效应，于是引力场便与运动参考系对应，即引力场与某种"空间"相对应。同时，由于存在（狭义）相对论效应，适用的不是欧氏空间，而是非欧的里曼空间。也就是说，通过上述思维链条，就可以把引力"几何化"为一个"弯曲"的里曼空间。

但"弯曲的里曼空间"的实质是什么呢？也就是说，空间为什么会"弯曲"呢？

现在我们将图7－18的球面想象成地球的表面。在欧氏空间中，从 A 到 B，最近的距离是直线 AB，但是，当我们被限定为只能在球面上运动时，要从 A 到 B，却不能走直线 AB，只能沿球面行进，且有无穷多的路径。而在其中，弧线 A͡CB 在大圆的截面上，是最短的一条曲线，称之为"短程线"。可见，当"约束"存在、即粒子被约束在球面上运动时，

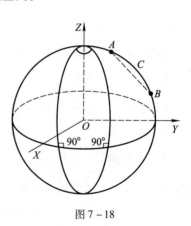

图 7－18

A、B 之间的最短距离较不受约束时的直线距离 AB 长，也就是说不是欧氏几何中所描述的样子了。因此，这时候欧氏几何就不适用了，适用的是非欧的里曼几何。

由以上的论述可见，粒子在其中运动的"空间"之所以会"弯曲"，只是因为它的运动受到了"约束"。

牛顿的绝对空间是一个空而静的内部无任何物质的"绝对真空间"，是一个与欧氏

空间完全等价的均匀的各向同性的空间。在该空间中，若物体不受力（不受任何"约束"），给它一个初速度，则它将沿此初速度的方向做匀速直线运动。我们可以把这段直线比拟成图 7 - 18 中的 AB 直线。但被"约束"在球面上运动的物体走的是 $\overset{\frown}{ACB}$ 曲线。为什么只能这样走呢？因为地球是一个"物质"，它表面的物体既要受地球引力的作用还要受地面支撑力（即约束力）的作用而被"约束"在地表上运动——做非欧几何的曲线运动。

这也就是说，与非欧的里曼几何相对应的"弯曲"空间，其实并不是那个与欧氏空间等价的空洞无物的"绝对真空间"，而是一个"物质所占有的空间"（例如地球这个"物质"所"占有的空间"就是由地球物质分布所显现出的几何构型）——在物理学中，没有实际的物质存在，非欧空间将无从谈起。所以，"弯曲"的里曼空间的实质，是一个"非空"的、里面有物质的存在的"物质的占有空间"！

所以，把引力"几何化"为里曼空间的广义相对论，实际上是将引力场的物质性基础揭示了出来：引力是和物质紧密联系在一起的，"没有物质"（与绝对"空"和"静"的"绝对真空间"相对应）就不会有引力！

亦即是说，从（7 - 36）式满足欧氏几何到（7 - 37）式满足里曼几何的内在实质是"物质"在起作用，即粒子由于受到了一个附加的物质的作用而偏离了牛顿的轨道运动：

$$d\vec{p}/dt = \vec{F} + \vec{F}^{(s)} \tag{3 - 44}$$

其中 $\vec{F}$ 是"牛顿的力"，在引力场中，即是牛顿所定义的万有引力；$\vec{F}^{(s)}$ 即是由物质所产生的附加的作用力。

这里所说的"物质"，既包括通常所说的"物质性粒子"（material particle），也包括作为物质基元和最基本力场的形成者和传递者的"元子"。在现实的空间中，在有宏观的或微观的"粒子"这种物质存在的地方，同时还有"元子"这种物质的存在；即使在没有"粒子"这种物质存在的地方，也一定有"元子"这种物质存在。所以，所谓物质的"占有空间"，既包括"物质粒子"的占有空间，也包括"元子"的占有空间——虽然"元子"永远不能被直接"抓住"。元子的占有空间就是"物质性背景空间"（MBS，而且它是不均匀的）。也就是说，爱因斯坦的引力场理论是对牛顿引力理论的所谓"修正"，其"修正项"正是来自 MBS 的贡献。

在第 3 章中我们曾指出，牛顿力学的根本性缺陷是没有给力场以定义并给出力场形成的物质性基础。正因为这一原因，所以在其后的理论发展中，克服这一缺陷就成为一个中心的议题。在前面的章节中，从电动力学中我们已经看到了；从克服热力学三大定律论述不自洽入手进行分析和讨论时也看到了。第 6 章通过对狭义相对论的重新理解，得出的是一样的结论：

在第 6 章中我们曾定义

$$\vec{F}^{(s)} = - \sum_{\nu_2} \frac{d}{dt} \vec{p}_{\nu_2}^{(s)} \tag{6-315}$$

并给出了相对论效应"因子"的物质性基础

$$\nu/c \approx \left(2 \sum_{\nu_2} m\nu_2/m_0 \right)^{1/3} \tag{6-325c}$$

从而揭示出了"狭义相对论修正"部分的物质性基础——它来自物质性背景空间。

而现在，通过对非欧几何的实质的揭示，我们得出的是同样的结论：广义相对论的革命性的实质是揭示了力场的物质性基础——它是通过我们称之为物质性背景空间、西方人称之为"以太"的介质物质来传递和实现的。

需要说明的是，我们前面仅仅是将（3-44）式与牛顿方程（7-19）式相比较，揭示 $\vec{F}^{(s)}$ 是物质性背景空间中已经提取了 $\vec{F}$ 之后的"剩余"效应，该效应是与非欧几何相联系的。然而，牛顿所提取的引力 $\vec{F}$ 以及提取后的"剩余"效应 $\vec{F}^{(s)}$ 这两个部分，在事实上都是物质性背景空间的贡献。既然这样，就应纳入到同一认识和描述之中来。

怎样做到这一点呢？

如我们所知，物体或星体在牛顿方程所描述的引力场中运动时，并不走直线，而是走"曲线"。类比到图 7-18 中，即物体并不是走直线 AB。怎么才能让物体或星体走直线呢？唯一的方法是让物体不受力，

$$d\vec{p}/dt = 0 \tag{7-117}$$

不受力就意味着物体在一个空洞无物的绝对空间中运动，对应到几何学中，即是在欧氏空间中的直线运动。在图 7-18 中对应的即是 AB 直线。与（7-117）式相比较，即以（7-117）式的空间（欧氏空间）为参考背景；当物体受到（3-44）式右边的引力的作用时，物体就不再走直线 AB，而是走曲线了。对应到几何学中，用图 7-18 来做比拟，即粒子被约束在了球面上做曲线运动。具体走哪条路径呢？"简单而质朴"的自然界所选择的是"最经济"的"最佳"路径——"短程线"。

这样，粒子在力场中的运动就可以归结为在一个变化着的里曼空间的曲面上的运动。里曼空间的变化，对应着引力场（包括 $\vec{F}$ 和 $\vec{F}^{(s)}$ 两部分）在时空上的运动，从而既可以用这种方式表达出我们对引力场的物质性基础的某种认识和提取，又对该物质的运动与变化作了描述；而粒子运动方程，则可由里曼空间的短程线来加以表达——以上就是爱

因斯坦在广义相对论中对引力场的处理方式。这种方式，既通过（3－44）式给牛顿方程以修正，又在某种意义上揭示出了（3－44）式右边引力场的物质性基础和它的运动变化规律。

（三）揭示了非线性的本质

大约是从 20 世纪 40 年代开始，"非线性"逐渐成了一个极热门的话题。著名的物理学家、诺贝尔奖得主费米（E. Fermi）称："圣经中并没有说过一切大自然的定律都可以用线性方式来表示。"也有人说："大自然无情地是非线性的。"

但非线性的本质何在？这一提问的实质是在问非线性是如何产生的。目前流行的观点之一认为它来自"非线性相干"：描述系统的一组线性微分方程组在求解时由于"消元"而将"非线性项"带进了消元后的方程之中。这种认识，至少不适用于单粒子问题和相应的一维运动过程，因这种过程不涉及"消元"——而由这一反例就可以反证非线性科学的基础性结论：非线性是大自然的普遍性特性和规律，线性仅是其理论近似。

由此可见，虽然从"非线性相干"的角度认识非线性产生的机制有一定的意义，但却不能将其视为对"非线性本质"的唯一或最深刻的回答。而爱因斯坦的广义相对论作为一种非线性引力理论，事实上已经对这一问题做了非常本质性的回答。然而遗憾的是，这一思想迄今还没有引起人们的注意和深思。

现在我们来看看这个问题。

爱因斯坦引力论的一个突出贡献是用物质性的"以太"作为力场的载体。"以太"，即我们所说的 MBS 在时空中的分布，可以用其单位体积的密度函数 ρ 来加以表征。ρ 在时空中的变化可由图 7－19 形象地表示。为便于在 2 维纸面上作图，我们将 3 维空间用一个 3 维空间矢量 $\vec{r}$ 来标记。由图 7－19 可见，当我们考查一个质量为 m、电荷为 e 的粒子 P 的运动时，可以认为它是在由 $\vec{r}$、t、ρ 所组成的 5 维"超空间"［其中 $\vec{r}$ 为 3 维，ρ 为 1 维，t 为 1 维，共计 5 维。一个"坐标"维度，就应由一个相应的坐标量来描述。在广义坐标系中，

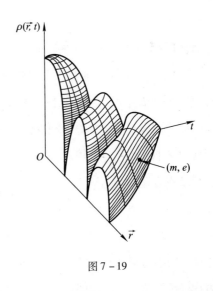

图 7－19

例如在球坐标中，我们用 (r, θ, φ) 来标记。其中 r 为线量（即长度）而 θ 和 φ 为角量。它们的"量纲"是不一样的。可见，表示"空间"坐标维度的量的量纲可以选择得

不一样］中运动的。但是 $\vec{r}$、t、ρ 独立吗？它们彼此并不独立。密度 ρ 是 $\vec{r}$、t 的函数

$$\rho = \rho(\vec{r},t) \tag{7-118}$$

将上式的显函数写成隐函数，则可以抽象地表示为

$$f_1(\rho,\vec{r},t) = 0 \tag{7-119}$$

此式表明 5 维超空间的 5 个量 ρ、$\vec{r}$、t 彼此不独立而满足（7-119）式的"约束方程"。有了（7-119）式这样一个约束条件的制约，独立量就变为 4 个。亦即是说，粒子 P 是在一个由 4 个独立量表征的 4 维空间中运动的。4 维空间是 5 维空间的子空间。

数学上已经一般性地证明：粒子在一个子空间中的运动方程，一般说来是非线性的。在爱因斯坦广义相对论中，作为"短程线方程"的粒子运动方程就是非线性的。这是因为粒子是在 5 维超空间的 4 维子空间中运动的，所以其运动方程必是非线性的。

也就是说，爱因斯坦讨论问题的空间是上述 5 维空间的 4 维"时-空"子空间。当然，他没有将 ρ 张成一维，而是把 ρ 转换成了在 $(\vec{r}, t)$ 4 维中的"几何图形"——用"度规"来描述不平坦的几何图形的"样子"，而粒子则被视为是约束在该几何图形上的运动，而它必须受该几何约束的"约束力"——既然力是"几何学"的，故就应由描述"几何样子"的度规来把"力"表达出来。这是爱因斯坦"投影"物理问题的思想实质［至于这种"投影"（即"映射"）的方法和数学手段是不是忠实而完善的，则另当别论］。这表明爱因斯坦事实上在对引力的研究实践中，已经用"例证"的办法回答了非线性的本质——非线性是由于粒子的运动受到"约束力"而产生的（也可以说成是受到了别的物质的作用）。由于所有物质（粒子）的运动都必然会受到某种约束力的作用（至少如我们下面将说明的，它"浸透"在由"元子"所组成的 MBS 的"海洋"之中，而且这个"海洋物质"在各处的密度分布是不均匀的），因而非线性就是一个本质的规律——"大自然无情地是非线性的"。也就是说，他已经从"自然"这个"源头"之中，寻找出了非线性产生的根源，从而使自己的理论（至少在一定意义上）成为了"自然规律的基本方程"！

但是我们应注意的是，由（7-118）式、（7-119）式可见，上述的 5 维超空间是一种函数空间，虽可由此揭示出非线性具有的本质性意义，但它们却并不是真实的自然空间，因后者只能是 3 维的。一切物质均存在于 3 维空间并在其中运动和演化。物理学要借助数学将客体之间的量表达为函数关系，从而使得在某种意义上，我们可以在函数空间、位形空间等数学空间中表达物理规律——这在某些场合会更方便，形式更美；但是，我们却不能忘记，在 3 维自然空间中的描述才是最真实和最直接的——它不易因认

识不妥、处理不当或额外维度的引入，将虚假的东西带入理论之中。这些问题，也许是值得谨慎对待的。

我们知道，"绝对真空间"本身是一个完全"空"而"静"的空间，它对物质的运动不产生任何影响；而以它为绝对参考背景，粒子及 MBS 以及它们的相互作用和作为自然的本质——非线性才能完全无遗漏地表现出来，所以在真正的"绝对真空间"中描述物质运动的方程才是"非线性方程"，即使采用弯曲的里曼几何，试问"弯曲"是相对谁而言？自然是相对"平直"而言的，可见，里曼空间是要置于平直的欧氏空间之中的——从而就无法否定牛顿的绝对空间。

可见，把相对论的革命性意义归结为对牛顿绝对时空观的"革命"的认识是完全错误的。广义相对论的真正的革命性意义的实质，恰恰在于肯定了绝对空间，由此才凸显出了力场的物质性基础，且深层次地揭示了非线性的本质——这就是我们的结论。

第 4 节 对与广义相对论有关的一些问题的探讨

广义相对论提出之后，获得了巨大的成功和崇高的威望。但是，也一直有人对它抱怀疑的态度，甚至还有人说出较为激烈的言词。例如，李映华在其《真空物质的存在形式问题》中写道："爱因斯坦的相对论是现代理论物理中，俘获不少人而成为统治理论的最荒诞最混乱的伪科学体系。这一体系是在经典物理学碰到困难的情况下，歪曲了迈克耳孙关于地面光速不变的光学结果而建立起来的，作为这一理论灵魂的数学体系——洛伦兹变换，是根据被歪曲了的前提拼凑起来的恶性循环体系，理论结果是很荒诞的。相对论的创始者和追随者对理论的解释也很矛盾和混乱。在这一理论的影响下，理论物理学的混乱使得教授和专家也无法处于清醒的状态"，并认为建立狭义相对论时的数学、物理推导和论证"在数学上则完全不顾逻辑思维必须遵循的起码准则，在推导过程中，偷换论题，以部分概整体，将零与非零相等，使用了种种数学上和逻辑上不允许的诡辩手法"。[①]

李先生的言词虽较为激烈，但论述绝非全无根据，即使仅从维护科学中的言论自由这一科学精神出发，李先生这样讲也是允许的。但我们觉得一般不宜采用"伪科学"这一词汇作为评价的标准——因为这一"时髦"的提法本身就不科学，且易于为某些别有用心的人所用，沦为压制学术讨论的大棒（但这里不是针对李映华先生而言的）。对李

---

① 李映华著：《物理学的几个重大理论问题》，华南理工大学出版社 1997 年版，第 41~42 页。

先生的论述，虽见仁见智，但我们却十分欣赏他的思维方式：在权威的面前不盲从，保持自己的独立见解，并从对权威们的理论所存在的问题的分析出发，做更深入的思考和探索。也正因为上述原因，所以我们反对用简单的"Yes or No"的二值关系去看一个理论，而提出了 C 判据作为评判的标准，主张评价的全面、公正与宽容，且特别珍视理论背后的思想的价值。因而，在本节中我们将重点放在"思想"的层面上，对与广义相对论有关的一些问题做进一步的探讨。

一、关于"爱因斯坦规范"

自库恩提出科学革命就是科学规范的革命之后，人们常喜欢用"规范"（即"范式"）来讨论科学革命的问题。爱因斯坦是 20 世纪的科学领袖，因而相对论及相应的思想和研究方法（主要是"场的一元论"、"协变性"和"几何化"），也被人们称之为"爱因斯坦科学规范"。在爱因斯坦科学规范的引领下，相对论和量子论取得了丰硕的成果，但是又面临着一系列涉及理论基础的根本性困难。不少有识之士已经在谈论物理学必将爆发新的科学革命的可能性与现实性，甚至明确指出，只有冲破"爱因斯坦科学规范"所编织的牢笼，这一势必爆发的科学革命才有可能真正发生并走上健康发展之路。

关于"几何化"的问题我们放在后面单独论述，这里先讨论爱因斯坦规范中其他的方面。

（一）"场的一元论"的研究方向和对称性、守恒律

自爱因斯坦引力论之后，场的一元论就成了 20 世纪物理学的主角。而协变性、对称性、守恒律则是场理论的主体性语言。然而，企图用"场"的一元论图像去对力场作统一的认识，似乎是存在问题的——爱因斯坦穷其后半生孜孜不倦于建立统一场论的工作而并未取得成功，可能是值得人们深思的。

实际上，任何连续性的场（无论在经典意义上或量子意义上）均是对粒子统计平均效应的一种提取方式。这一提取方式既具有合理性，同时又具有近似性——它只是将作为主要部分的平均效应提取了出来，而"抹去了"粒子的涨落效应——真实的物质世界并非如此。这一结果必然在对称性、守恒律等方面显现出来，使我们产生疑问：强作用、电弱作用、引力场这三种作用的基础都是建立在对称的理论之上的，可是实验不断发现对称不守恒；为什么理论越来越对称，而实验越来越多地发现不对称？其实，每次实验所观察到的是具体事件，从而也就将涨落的因素也观察到了。正是这一原因，所以理论上总是协变的、对称的、守恒的，实验上的观察却又恰恰相反——这或许正是答案之所在。

然而，当上述理论与实验发生冲突之后，人们又把解决困难的希望寄托于所谓对"空间拓扑性质"的认识上。有了涨落，意味着场的连续性于很小的区域被破坏了——即数学上所讲的"一致收敛性"被破坏了，因而数学家们从"拓扑"的角度来认识是完全可以理解的。而从物理实质来讲，涨落所反映出的却是粒子性。这种关系与区别可能要深入分析和认识。否则一头栽进数学表象之中，把数学当成克服物理学困境的救世主，不去分析其物理实质，定会让我们陷入数学表象的迷茫之中。

关于力场的微观机制问题，我们将在下面讨论。

（二）协变性

从某种意义上，可以说正是协变性思想主导着 20 世纪的物理学。

协变性是说物理规律在不同的参考系中可以表示成相同的数学形式。协变性原理的提出具有重要意义。从变换的角度讲，它使我们可以选择不同的参考系（视角）来处理问题，给问题的简化和人们的研究带来了方便；而且，在实际应用中，协变性也具有帮助人们发现规律的作用。

那么，协变性的基础又在哪里呢？协变性原理所表达的思想的实质，是在规律的面前——无论是物或者人——均平等、平权。这就表明规律与任何观察者的视角（参考系的选取）无关。我们知道，对自然规律的不依赖于观察者的认识，只有在绝对系中才能做到——这一点适合于任何物体，所以绝对系才具有特殊的优越地位。然而，肯定绝对运动并不否定相对运动，当选取任一物为运动参考系去考察另一物的运动时，其数学、物理方程也将具有相同的数学形式。正是这一点，在一定的意义上为协变性提供了前提，说明用协变性去处理物理问题的某种合理性与价值。

然而，似乎又不能将协变性绝对化，正如我国著名物理学家胡宁先生所说的："星体在引力场中的运动方程在广义相对论里已不具有广义协变性……我们的结论是相对性原理和广义协变性的适用范围应有一定的限度，广义协变性并不是一切：物理规律是广义协变的，但具体的解则不一定是这样。我们认为这种协变性不是一切的观点，在爱因斯坦物理思想中占有很重要的地位。"[1]

之所以不能将协变性绝对化，其原因主要是：

首先，作为相对性原理的推论的协变性，在肯定一切运动参考系都是有用的同时，

---

[1] 胡宁:《爱因斯坦的物理思想和研究方法》,《自然辩证法通讯》1979 年第 3 期，第 26 页。

却不能由此否定绝对静系的存在及其特殊优越地位。如在狭义相对论的讨论中，我们已经做出的论证：所有的运动参考系中的"尺缩"、"时延"均是相对绝对系而言的，它们是运动产生的力学效应，是"地方性"而非"相对性"，这种"地方性"并不能否定绝对空间和绝对时间的存在及其优越地位。事实上，从认识论来看，既然相对运动也是客观存在，所以也就肯定了站在一切运动参考系之上的观察者从自身的视角出发也可以发现自然规律的客观性。当然，在这里，人认识规律的主观能动性获得了肯定。但是，我们又必须注意的是，从不同个体的视角出发去观察世界时，由于立场、观点、认识水准的差别，又往往对同一客观事物及规律得出不同的结论，从而使得这种"结论"是主、客观的混杂体。既然事物及规律具有客观性的真，故而就具有共识的意义。表现在对日常事务以及社会学领域中的很多问题的认识上，这种"共识"就被理解为"求同存异"；表现在物理学中，"共识"与"求同"就是再回到绝对系来看问题而排除掉一切人为性，从而达到对"真"的绝对性的认识——因为正如薛定锷所说的"物理学是研究绝对真理的"。这时人们就会发现，规律既容易理解又简单而质朴。例如，非惯性系的牛顿方程与惯性系的牛顿方程相比较，后者在数学表述上就要简单得多，因为后者具有特殊优越性。

同时我们还应注意到，由于绝对系具有特殊的优越性从而也就否定了它与运动参考系的平权性。这一点我们在讨论经典牛顿规律的时候就已经看到了。一方面，以任一运动参考系为基准所建立的粒子运动方程虽均具有相同的数学形式，但另一方面，虚设力却不是真实的力（这一点将否定等效原理），故而在严格的意义上不能纳入力中来认识和处理。这就表明，牛顿规律（力指真实的力，它是改变物体运动状态的原因）不具备从静系向运动系过渡时的伽利略变换下的协变性，并由此否定了自然规律在两运动系之间、在意义上而非数学形式上的协变性。粒子是物质存在的基本形态，故而描述粒子运动的方程是基本自然规律方程。由此我们得出结论，作为基本自然规律的粒子运动方程虽在数学形式上具有相同的形式，但在最严格的意义上，其意义却并不一定具有任意参考系间变换下的协变性。正因为如此，"协变性"不能绝对化，要具体分析。

二、关于爱因斯坦引力场论的微观基础

我们说爱因斯坦引力场论"似乎是存在问题的"，还在于连续性的场作为一种统计效应的平均，由于抹去了粒子性，不可能对力场的本质达成更深入的认识——揭示力场的微观基础——而只有在粒子的一元论的基础之上才能做到这一点。

（一）一个设想

我们在 1992 年提出系统结构动力学（SSD）的最初的理论形态时[1]，由于其基础为第 3 章的内容，故即想到了可以用下述方法探究引力的

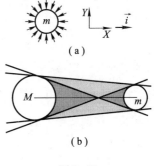

图 7 - 20

实质：物质性背景空间（MBS）是由"元子"组成的，是元子在充当着所谓"力场的操盘手"，故可以用（3 - 37）式的极为简单的碰撞公式来描述元子与物质之间的碰撞过程，然后借助（3 - 38）式作统计平均，去揭示出所谓的"万有引力"的实质，将其建立在粒子的一元论基础之上达到最本质的认识。借助图 7 - 20 的物理图像可以形象地说明这一想法的物理实质。

由图 7 - 20（a）可见，来自 MBS 中的元子在与物体 m 发生碰撞之后，即对 m 产生一个压力，但各方向的压力在统计平均意义上是相等的，从而相互对消，故在宏观意义上表现出孤立的物体是"不受力"的。而当两个物体 M 和 m 组成一个"系统"时〔如图 7 - 20（b）所示〕，M 和 m 之间是相互遮挡的，从而使得在图示阴影区内元子与物体的碰撞概率减小，相应地阴影内部区域施予物体的压力（$\vec{F}_内$）就较外部非阴影区域施予物体的压力（$\vec{F}_外$）为小。以图 7 - 20（b）中的 m 为例（为简化问题，将 m 视为一个匀质的球），外部区域元子碰撞 m 后的所有力相加之后，y 方向的分量被对消而只剩下 x 方向的分量，故 $\vec{F}_外$ 作用于 Mm 的连线并指向 x 的反方向；而 $\vec{F}_内$ 与上面的道理是一样的，只是 $F_内 < F_外$ 且 $\vec{F}_内$ 指向 x 的正方向。于是作用于 m 上的合力

$$\vec{F}_m = \vec{F}_外 + \vec{F}_内 = F_外(-\vec{i}) + F_内 \vec{i} = (F_外 - F_内)(-\vec{i}) = -F_m \vec{i} \qquad (7-120)$$

因

$$F_m = F_外 - F_内 > 0 \qquad (7-121)$$

故表现为 m 受了一个值为 F_m 并指向 $-\vec{i}$ 方向（即由 m 指向 M）的力——于是我们就说 M 对 m 有一个"吸力"；同样的道理，M 将受一个指向 $+\vec{i}$ 方向（即由 M 指向 m）的

① 曹文强、贺恒信：《系统结构动力学——探索宇宙进化动因的尝试》，《科学·经济·社会》1992 年第 4 期，第 75 页；《系统结构动力学（SSD）对基本量子现象的解释（Ⅰ）》，《甘肃科学学报》1996 年第 2 期，第 10 页；《系统结构动力学（SSD）对基本量子现象的解释（Ⅱ）》，《甘肃科学学报》1996 年第 3 期，第 21 页；《量子论的结构场解释与系统结构动力学方程的建立》，《甘肃科学学报》1996 年第 4 期，第 71 页；《系统结构动力学的科学统一性（Ⅰ）》，《甘肃科学学报》1996 年第 1 期，第 4 页；《系统结构动力学的科学统一性（Ⅱ）——自组织、进化、生命和意识》，《甘肃科学学报》1997 年第 3 期，第 11 页。

力——我们说 m 对 M 有一个"吸力"。这就是万有引力产生的机制，是由生动的物理图像提供的。有了上述的物理思想之后，剩下的问题是通过碰撞过程作统计平均去计算并证明的

$$F_M = F_m = G\frac{mM}{r^2} \qquad\qquad (7-122)$$

物体 M、m 是由核与电子组成的系统，它们与元子的碰撞，应视为有结构的二体的碰撞过程，因而其数学、物理处理将很困难。但作为初级近似，可以将其简化为刚性粒子的弹性碰撞。但即使作了该简化之后，仍有许多技术性困难：元子与物体内的核和电子碰撞，折射后还可以与其他的核子和电子碰撞，且散射后的元子与元子之间也会发生碰撞；穿出物体之后，元子与元子之间也会发生碰撞从而影响物体外元子的分布密度。对于元子，我们还一无所知。它的质量为多大？速度为多少？MBS 内的元子的平均分布密度为多少？如此等等。但这些量虽不知，却可以事先作理论假设。若通过计算机对上述复杂的多体碰撞作计算之后，把元子层次的未知量等因素纳入 G 之中，则问题就可以算是初步解决了。

然而，由于种种困难和条件的限制等原因，上述设想并未真正付诸实际的计算与检验。

简单而质朴的自然，应当用简单而质朴的方式来理解——以上的理解虽简单，却直击到了力场的本质。这个简单的理解，我们能想到，别人也易于想到。本书作者之一在参加汕头会议时得知上海的学者们有类似的思路并做出了很好的工作，所以在文章中引述了这一工作[1]。

（二）一个计算机模拟实验

上述工作已被选入美国 23 届中西部力学会议，现将相关介绍引述如下：

1994 年 11 月，在上海召开的"全国第十次引力与相对论天体物理学术会议"上，上海第二工业大学李鸿仪教授的一篇报告，引起与会代表的极大兴趣。他说，"自从牛顿发现了万有引力的存在以后，人类对万有引力的本质进行了大量的研究。然而，其进展却十分有限。虽然已有广义相对论和量子场论等引力理论，但并没有对万有引力的形成机制作出实质性的阐明。一直到本世纪 90 年代，王建成等人才提

---

[1] 曹文强：《论波粒两重性的物质性基础和粒子运动的非线性描述》，《武汉工程职业技术学院学报》2003 年第 4 期，第 41 页。

出了一种关于万有引力形成机制的假说。该假说认为，所谓引力，实际上不过是一些微粒子对物体的撞击所形成的合力。王等人认为，宇宙中存在大量随机运动着的极微小的中性粒子，由于粒子十分微小且不带电，其中大部分穿越物体而过，其余则和物体相碰撞。对单个物体，由于各个方向都有粒子与之相撞，且各个方向的撞击数目相等，因而物体所受的合力为零，换言之，微粒子的运动是各向同性的。对于两个物体，由于其中之一的物体挡住了原本射向对方的粒子，从而使双方的合力不再为零，而是指向各自的对方。"

显然，该假说十分简单直观。如果该假说能够成立，则困惑人类达三个多世纪的万有引力形成机制乃至"场"的本质，都将变得十分简单明了。

李鸿仪先生在计算机上工作了一年多，用电脑模拟验证上述假说。为了验证"不反射"条件下的碰撞，他计算了十几万次。为了验证"部分反射"条件下的碰撞，他计算了 1 000 万次。计算机给出的图形、曲线和数据，都毫无保留地支持上述王建成等 3 人提出的假说。并由此得出了一些与已有事实一致和尚待验证的补充推论。[1]

由于陈建国先生在著作中未引入数学处理及计算图形与结果等，所以在此不能更详细地介绍。有兴趣的读者可向他们咨询。

我们认为，王建成、李鸿仪等人的工作是一项具有时代性意义的开创性工作：他们首次将"力场"的粒子性基础揭示了出来，并用实际的计算完成了对粒子一元论思想正确性的论证。这不是客套的赞誉，而是因为他们的工作真正可以被称之为是在科学统一性的探索中迈出了非常真切而坚实的一步。他们的工作与我们在第 3 章中所提出的 MBS 是由元子组成并是力场形成的基础的思想是一致的。当然，若考虑到碰撞的更复杂的过程以及物体本身运动的效应，能否将我们所提出的 $\vec{F}^{(s)}$ 部分和爱因斯坦所说的"引力波"的激发模式也揭示出来，可能还需做进一步的研究；但即使如此，简化后的计算却严格给出了牛顿的万有引力定律，这就在科学史上第一次将力的形成机制用粒子的碰撞模型揭示了出来。

然而，人们也许会立刻提出反驳意见：王等人的上述粒子碰撞模型解释不了静电斥力。

① 陈建国：《时间－空间飞船——相对论的哲学问题》，地质出版社 1999 年版，第 196 页。

我们前面讲了，元子与物体内粒子的碰撞是有结构的粒子的碰撞。而他们的工作却做了简化处理，将碰撞视为刚性球的弹性碰撞。元子有几类？具有怎样的结构？内禀性质如何？这些都不知道。而且可以说，永远都不可能直接予以了解和加以实验验证，因为我们不能直接"抓住"元子，也不能做单个元子与元子的碰撞实验。能够观察到的是这些抓不住的元子与我们能"抓得住"的、即能被观察的粒子（包括基本粒子和宏观物体）间因碰撞所产生的"力"的效应。现在我们用两个人的有结构的碰撞来比拟一下力的产生过程。将乙想象为物体内的粒子，甲想象为元子，人的两只手想象为弹簧。甲乙两人正面碰撞时，彼此的两只手先被压缩然后反弹恢复。从可被观察的乙来看，则受到了与其原运动方向相反的一个压力。这一解释，正是我们在前面定性讨论引力时所看到的情况。现在若假定像弹簧一样的两只手在被压缩的过程中两人又正好抱着转了半圈（180°）而使得甲乙正好互换了一个位置，故在弹簧的恢复过程中，甲对乙就会产生一个与乙原运动方向相一致的推力。推力与原来讨论引力时的压力相比较，正好方向相反，即倒了一个"负号"，从 $F_外 \Rightarrow -F_外$，$F_内 \Rightarrow -F_内$。另外由于现在所讨论的碰撞与讨论引力时有差别，碰撞概率可能不相同，故力的值的大小也可能不一样。这一差别用一个抽象的比例常量 k 来表示。现将推力记为带 "'" 的量，并注意到上述的结论以及从"遮挡"的角度与讨论引力是类似的，故有如下的关系

$$F'_外 = -kF_外, \quad F'_内 = -kF_内 \qquad (7-123)$$

于是有

$$F'_m = F'_外 - F'_内 = -k(F_外 - F_内) = -kF_m \qquad (7-124)$$

利用（7-120）式的类似关系即有

$$\vec{F'_m} = -F'_m \vec{i} = kF_m \vec{i} \qquad (7-125)$$

除因上述讨论时的"压力"变"推力"这一差别外，其他的讨论与引力的讨论是完全一样的——而引力的结果，已由李鸿仪的计算证明（7-121）式是成立的，故将其代入（7-125）式有

$$\vec{F}_m = kG\frac{mM}{r^2}\vec{i} = kG\frac{mM}{r^3}\vec{r} \qquad (7-126)$$

设 m、M 所带的电荷分别为 q、Q，且令

$$kG\frac{mM}{qQ} = \alpha \qquad (7-127)$$

于是有

$$\vec{F}'_m = \alpha \frac{qQ}{r^3}\vec{r} \tag{7-128}$$

在高斯单位下，只需令

$$\alpha = 1 \tag{7-129}$$

则得静电力公式

$$\vec{F}'_m = \frac{qQ}{r^3}\vec{r} \tag{7-130}$$

当然，我们上面的论述无疑只是一种推测式的定性讨论，而不是准确的数学物理论证。然而这一讨论却说明了使用碰撞理论再加上对"结构"的考虑，去讨论静电力也是可能的。也就是说，虽然王建成、李鸿仪等人的工作目前只解释了引力形成的机制，但从基点来看，解释其他力场的可能性是存在的。我们期盼着他们给我们带来更多的惊喜。

（三）"暗物质"、"暗能量"问题

利用上述方法，也可以更好地理解所谓"暗物质"、"暗能量"的问题。

设物体 m 绕物体 M 作匀速圆周运动，则有

$$\frac{mv^2}{r} = G\frac{mM}{r^2} \Rightarrow v = \sqrt{GM/r} \tag{7-131}$$

现在把图 7-20 中的 M 想象为银河系，m 视为银河系边缘的恒星。为了简化，将银河系 M 视为一个大球，则 M 就应包括两部分质量：一部分为各种星体、星云等看得见的物质的总质量 M_0；另一部分为作为引力传播者的元子的等效总质量 M_y。若令

$$v_0 = M_0^{\frac{1}{2}}\sqrt{G/r} \tag{7-132}$$

现将

$$M = M_0 + M_y \tag{7-133}$$

代入（7-131）式则有

$$v = \sqrt{G/r}(M_0 + M_y)^{\frac{1}{2}} = \sqrt{G/r}(M_0)^{\frac{1}{2}}\left(1 + \frac{M_y}{M_0}\right)^{\frac{1}{2}} = \beta v_0 \tag{7-134}$$

因

$$\beta = \left(1 + \frac{M_y}{M_0}\right)^{\frac{1}{2}} > 1 \tag{7-135}$$

故有

$$v = \beta v_0 > v_0 \tag{7-136}$$

亦即是说，银河系边缘恒星的速度 v 较仅考虑银河系内看得见的物质 M_0 时的恒星的速度 v_0 大得多——此即所谓存在"暗物质"的证据。而上面的（7-136）式的解释却表明，

暗物质可以用引力场的载体粒子——元子的存在来加以解释。

那么"暗能量"又是什么呢？

在李鸿仪的计算中，作为场粒子的总体分布被假定为是均匀的和各向同性的。当 M、m 两物体存在时，由于相互遮挡，阴影区内的这种各向同性及均匀性被破坏了，从而显示出存在所谓的万有引力。

现在我们将 M 理解为所考察的整个宇宙中被划分出来的一个"内层物质"部分并将其视为一个球体，m 则视为其外的一个星体。现假定元子在径向是沿从 M 指向 m 的方向以某种方式递减的，且在较小的空间尺度范围内，这种递减效应很弱而无须考虑，则李鸿仪的计算结果仍将保留。而在大尺度范围内，递减效应就需考虑。既然存在径向的递减关系，则表明在图 7 - 20 所示的 m 右边的外压力 $F_外$ 下降了。记为 $F'_外 = F_外 - \Delta F_外$；而 m 左边的内压力上升了，记为 $F'_内 = F_内 + \Delta F_内$。于是在此种情况下 m 所受的总合力 ［与对（7 - 120）的讨论类似］

$$\vec{F}'_m = \vec{F}'_外 + \vec{F}'_内 = (F'_外 - F'_内)(-\vec{i})$$

$$= (F_外 - F_内)(-\vec{i}) + (-\Delta F_外 + \Delta F_内)(-\vec{i}) \qquad (7-137)$$

$$= (F_外 - F_内)(-\vec{i}) + (\Delta F_外 - \Delta F_内)(\vec{i}) = -F_m\vec{i} + \Delta F_m\vec{i}$$

上式中的第一项的力指向（$-\vec{i}$）方向，为吸引力，维持星球在万有引力下的运动；而第二项的力指向 $\vec{i}$ 方向，是沿 M 向 m 方向的一个斥力，从而提供了所谓的"斥力"的解释——即宇宙是在膨胀的——它在爱因斯坦的理论中，是通过硬加进的宇宙常数项来表达的。

我们从上面的定性的物理图像分析，看到所谓的"暗物质"及"暗能量"均可以由引力场的载体粒子——元子的存在来加以解释。自然界中除了看得见的所谓粒子、星体之外，剩余的所谓的"真空"部分实际上并不是"空的"，因为"空的"即意味着不存在物质，就无所谓力场的存在。既然存在力场，而场是粒子的集合体，故就必须假定传统意义上的真空是不空的，里面有作为力场传递者的元子这类看不见的粒子存在，它们扮演着上述的多重角色——原来看来是复杂的现象，又归结为简单的原因。

我们这里的讨论只是定性的理解，是"猜测"；而所谓的"暗物质"、"暗能量"不同样也是猜测吗？这虽然需要理论和实验的发展来做进一步的检验，但从事物的简单性原则以及李鸿仪已经作出的很好的计算来分析，似乎已经表明我们的猜测或许是更切合实际的。

（四）对物质运动的完善描述需要同时运用离散的粒子模型和连续的场模型

然而，我们能不能用上述的碰撞过程去计算以粒子为基本形态的世间的万事万物？这显然是不现实和不可能的：若涉及多个物体，用元子与物体碰撞来做计算，是一个复杂的多体问题，加上又是有"结构"的碰撞，且物体的运动又要影响到元子在时空中的分布概率，计算量大得令人吃惊！正因为如此，王建成、李鸿仪等人的工作，最重要的意义是真正建立起了力场与粒子运动之间衔接的一座桥梁，从而克服了牛顿未回答什么是力场而出现的认识和理论上的"断层"。而在具体描述粒子的运动时，我们就不能再用他们的碰撞理论了，而需将碰撞的效应平均化，等效地提取"力场"的概念并用连续的场函数来描述，于是问题就被简化了，就不再涉及难以想象和极其复杂的多体计算的困难了。这样，在认识论上是粒子的一元论；从模型和数学手段上，却是同时运用了离散的粒子模型和连续的场模型，从而也就同时涉及了对粒子运动的描述和对场的描述。电动力学就采用了这种认识方案，故在宏观领域即是一种较完善的认识方案。

（五）量子引力论的局限性

量子场论在认识力场的方面取得了进展，并把力场归结为传播子的概念。这具有合理性与积极意义，但似乎并不完善。前面我们曾指出，静电力时，有相互作用，但却不存在与光速相联系的变化的电磁场，从而也就不存在所谓的以光子为传播子的力场的传播方式。这是一个明显的事例。该例子以及 AB 效应，已经向量子场论提出了挑战，表明它在认识力场上似乎尚不够完善。

核物理学即是一个例证。如果作为力场的传播子知道了就认为力场已经弄清楚了，那么在汤川提出核力是通过传播 π 介子来实现的从而建立了汤川理论之后，就应当认为核力是弄清楚了的。但为什么人们仍然说核力不清楚是核物理的基础困难之一呢？因为事实上人们都感到，仅仅用汤川理论解决不了问题，且很不好用。而目前的核理论是众多模型和众多数学进行广泛"杂交"的产物，离一个统一而完整的理论形态还远得很。[①]这就从一个具体领域质疑了仅仅用"传播子"认识力场是"完全的"这一说法。

当然，场的量子理论吸收了场的一元论思想，通过所谓的量子化手段于一定的意义上达成了对场的粒子性的认识，从而显示出了其合理与成功的一面。20 世纪 60 年代后期，量子引力、包括引力场中的量子过程的研究克服所谓奇异性的疑难，是其重要的推动力之一。

---

① 曹文强、王顺金、吴国华：《原子核物理学的巨大进展》，《核物理动态》1991 年第 1 期，第 1 页；《核物理的研究前沿与九十年代展望》，《核物理动态》1991 年第 1 期，第 8 页。

引力场的协变量子化和正则量子化（已证明二者是等价的）都取得了进展。但著名的物理学家埃图夫特等人已证明，除无源引力场的最低阶量子效应之外，在一般情况下，广义相对论在量子化之后是不可重整化的。这也就是说，引力的高阶量子效应，或者引力的物质相互作用的量子行为不仅发散，而且无法判断其中是否具有物理内容。后来，有人在广义相对论的基础上加进含物质高阶微商的新的引力作用量，得到了可以重整化的量子引力理论。但是，它却破坏了保证几率守恒的幺正性，在物理上是不能成立的。况且，质量巨大的"磁单极子"也无法找到。总之，上述种种问题正困扰着规范场及相应的量子引力理论。

正是上述种种原因，如席艾玛所说的："我们面临着理论物理危机。或者经典广义相对论要破坏，或者存在等效的负能级密度，或者因果性不再成立，或者自然界存在奇性。也许人们认为量子化的广义相对论能解决这一危机，但这仅仅是希望而已。"然而，如郭汉英教授所指出的那样："广义相对论的量子理论的研究表明，这个'希望'也破灭了！量子化后相对论不可重整化，根本没有可能去解决奇性的问题。"[1]

近些年来，雄心勃勃的超弦理论也登场了，这种宣称为可以将物理学熔为一炉的"大统一理论"，认为可以去统一引力理论。目前，这个理论正在被热炒，有不少人开始跟进并热心拥护；但不相信这一理论而坚决持否定态度的科学家更是大有人在，反对的声浪似乎不比拥护的声浪弱。站在反对者的立场上，他们不得不问：10 维空间是一个真实的物理空间吗？拼图式的方案是站在本源意义上的一种对"大统一"的正确认识吗？超弦作为力场的物理图像真实吗？简单的自然界用如此复杂的数学手段来描述对吗？一个公式的推导要数百页纸来完成，得出的解成千上万，然后人们要在里面"精细地挑选"看是否有物理内容的东西。这使人们不禁要问：这到底是解物理过程还是在玩数学游戏？这些所谓的解到底是物理结果还是一堆数学垃圾？把粒子看成是弦的振动从物理图像上可以被认为是真的吗？"在弦理论中，原先认为是粒子的东西，现在被描绘成弦里传播的波动，如同振动着的风筝的弦上的波动。一个粒子从另一个粒子发射出来或者被吸收，对应于弦的分解和合并。例如，太阳作用到地球的引力，在粒子理论中被描述成由太阳上的粒子发射出，并且被地球上的粒子所吸收的引力子。在弦理论中，这个过程相应于一个 H 形状的管。H 的两个竖直的边对应于太阳和地球上的粒子，而水平的横杠对应于它们之间传递的引力子。""1974 年，巴黎的朱勒·谢尔克和加州理工学院的约

① 郭汉英：《酝酿中的变革——爱因斯坦之后的相对论物理》，《自然辩证法通讯》1979 年第 3 期，第 30 页。

翰·施瓦兹发表了一篇论文，指出弦理论可以描述引力，只不过其张力要大得多，大约是 1 000 万亿亿亿亿吨（1 后面跟 39 个 0）。"[1] 霍金在这里是用"横杠"来形象地类比弦理论中的"开弦"的。按照弦理论对引力的解释和描绘的图像，使 Georgi Dvali 相信"弦理论也许是极小和超大之间的桥梁，宇宙的命运也许就悬在一根弦上。"[2] 这里根本无须去讨论其复杂的数学表象，仅根据该文图示的物理图像，人们也不得不问：引力真的就来自这些蜘蛛网式的弦的效应？这种物理图像真实吗？如此大张力的弦谁见过？我们时时刻刻受着引力的作用，可我们为什么却丝毫也感觉不到弦的存在的真实性？……

在持反对立场的人群中，诺贝尔奖得主格拉肖是突出而典型的代表：他把弦理论的思想和流行比作艾滋病毒而不可救药，并发誓坚决不让弦理论进入他任教的哈佛大学。一些持批评态度但较宽容的学者们也认为，超弦理论最多只是一种模型理论，似乎不可能带来革命性的突破，因为从科学的统一性的观点来看，存在一个明确无误的事实：即使超弦理论有合理性并取得了某种成功，也不可能用来解释生命现象，所以不可能被认为在认识论上是一个革命性的理论。

就我们的观点而言，同样不看好、也不太相信弦理论的目前表述。但却认为无须像格拉肖那样做出"过度反应"，因为科学只有在自由的田园里才能枝繁叶茂，信仰和探索是每个科学家的权利。作为一种科学探索，弦理论以及它所用到的数学工具，毕竟给予粒子"结构"——当然更真实的结构不是一维的弦而是 3 维的体。这样，若该理论将目标放在有结构的粒子的碰撞的研究上，可否对基本力场形成的机制和其他某些问题产生某种积极的影响呢？这也许有待于理论的发展并做出谨慎的评价。

三、"几何化"是不是一种最好的"映射"方式？

众所周知，爱因斯坦在广义相对论中是运用"几何化"的方法，用"度规"的语言来"映射"引力场的。然而，"几何化"是不是一种最好的甚至唯一的映射方式？或者说它是不是存在缺陷呢？

让我们举一个实际生活中的例子来说明。一个球体，它的度规是完全确定的。但同一个球体，既可以用钢铁也可以用泡沫塑料来做。即用不同密度及不同总物质量的物质可以做成相同度规的东西。这一形象的比拟告诉我们，借助物态条件去解爱因斯坦场方

---

① ［英］史蒂芬·霍金著：《时间简史——从大爆炸到黑洞》，许明贤、吴忠超译，湖南科学技术出版社 2004 年版，第 157 ~ 158 页。

② Georgi Dvali：《冲出黑暗》，《科学》2004 年第 4 期，第 52 ~59 页。

程求出度规再去认识引力场似乎并不够准确而完善——不能精确地区分度规相同而在物理实质上并不完全"等同"的各种物质存在。

在引力场方程中，爱因斯坦曾被迫引入了一个宇宙常数项。这虽被爱因斯坦称为他一生中所做的最愚蠢的事，然而当发现暗能量的存在后，人们却又认为爱因斯坦硬加一个宇宙常数项是对的。但当人们在肯定"是对的"时，却不去问另一个问题：爱因斯坦的引力场方程是一个微分方程，不涉及积分常数的问题，所以把宇宙常数项解释为积分常数似乎并不合理；既然宇宙常数项是在所建立的理论中硬加进去的，且又认为只有把它加进去才能更好地认识引力场，则宇宙常数项就证明了爱因斯坦引力论对引力场的认识不够准确和完善——因为它存在一个可加常数的不确定性。

人们之所以认为爱因斯坦用"几何化"的方法所建立的引力理论是对的，并进而引申认为作为其数学映射工具的"几何化"方法是最好的方法甚至是唯一的方法，根本的原因就是因为爱因斯坦理论的"实证成功"——如果它存在上述问题，它怎么又会取得实证成功呢？

我们承认，虽然用时空弯曲来认识引力场，从物理实质和时空观上讲有错误且不够本质化，但"时空弯曲"却又的确在一定的意义上可以去描述粒子（包括光线）的曲线运动，并由此取得在一定精度上的"实证成功"。但我们要看到的是，这种"实证成功"，从事例上来讲，实在是太少了，迄今不过就是那"三大实验证据"及后来的雷达回波延迟实验。而这些实验的实证成功并不足以证明爱因斯坦理论的本质性与完善性。

一个明显的反证例子是，国内学者吕家鸿根本就不用所谓的里曼几何的办法，而完全是在 3 维平直的空间中对牛顿万有引力定律作修正，也得出了一个相对论性的修正公式，以很简便的数学方法求出了近日点进动、引力红移、光线偏折和雷达回波延迟等引力效应。结果与里曼几何表述的广义相对论和实验观测完全相符。[①]

吕家鸿是这样来修正牛顿公式的：

由相对论质能公式

$$E = mc^2 \tag{7-138}$$

有

---

① 吕家鸿：《对万有引力定律的一种可能的修正》，《中国科学技术大学学报》1984 年第 1 期，第 39~47 页；《修正牛顿三大定律，探索相对论的物理意义》，《自然辩证法研究》1987 年第 6 期，第 27~34 页；《从超光速和 3°k 背景看牛顿时空观的统一》，《赣南师范学院学报》1989 年第 2 期，第 32~45 页（转引自陈建国著《时间-空间飞船——相对论的哲学问题》，地质出版社 1999 年版，第 36~49 页）。

$$dE/dt = \vec{F} \cdot \vec{\nu} \Rightarrow E = \int \vec{F} \cdot \vec{\nu} dt + c \tag{7-139}$$

利用上两式，则

$$m = m_0 + \frac{1}{c^2} \int_{t_0}^{t} \vec{F} \cdot \vec{\nu} dt \tag{7-140}$$

$$\vec{p} = m\vec{\nu} = m_0 \vec{\nu} \left(1 + \frac{1}{m_0 c^2} \int_{t_0}^{t} \vec{F} \cdot \vec{\nu} dt \right) \tag{7-141}$$

由上式即有

$$\vec{F} = \frac{d\vec{p}}{dt} = \frac{d}{dt} \left\{ m_0 \vec{\nu} \left(1 + \frac{1}{m_0 c^2} \int_{t_0}^{t} \vec{F} \cdot \vec{\nu} dt \right) \right\} \tag{7-142}$$

经典牛顿万有引力公式为

$$\vec{F}_N = -G \frac{M_0 m_0}{r^3} \vec{r} \tag{7-143}$$

将（7-143）式代入（7-140）式，得惯性质量的修正

$$m_1 = m_0 + \frac{1}{c^2} \int_{t_0}^{t} \vec{F}_N \cdot \vec{\nu} dt = m_0 + \frac{1}{c^2} \int_{\infty}^{r} F_N dr = m_0 \left(1 + \frac{\alpha}{r} \right) \tag{7-144}$$

式中 $\alpha = GM_0/c^2$。于是，作 1 级修正后的牛顿引力（7-143）式就应为

$$\vec{F}_1 = -\frac{GM_0 m_0}{r^3} \left(1 + \frac{\alpha}{r} \right) \vec{r} \tag{7-145}$$

将（7-145）式代入（7-140）式后得 2 级修正，如此循环往复，最后得出质量的修正式为

$$m = m_0 \left[1 + \frac{\alpha}{r} + \frac{1}{2!} \left(\frac{\alpha}{r} \right)^2 + \frac{1}{3!} \left(\frac{\alpha}{r} \right)^3 + \cdots \right] = m_0 e^{\frac{\alpha}{r}} \tag{7-146}$$

式中 $\frac{\alpha}{r} = \frac{GM_0}{c^2 r}$。利用（7-146）式，则得 n 级修正（$n \to \infty$）后的牛顿引力（7-143）式为

$$\vec{F}_N = -G \frac{M_0 m_0 e^{\frac{\alpha}{r}}}{r^3} \vec{r} \tag{7-147}$$

将（7-147）式代入（7-141）式经一系列运算（从略）则得出吕家鸿的万有引力修正公式为

$$\vec{F}_G = -G \frac{M_0 m_0 e^{\frac{\alpha}{r}}}{r^3} \vec{r} + \frac{GM_0 m_0 e^{\frac{\alpha}{r}}}{c^2 r^3} \nu(\nu_0 \vec{r}) = \vec{F}_N \left(1 - \frac{\nu^2}{c^2} \right) \tag{7-148}$$

利用以上修正后的引力公式，吕家鸿同样很好地解释证明了广义相对论成功的所谓的"四大实验"。

任何一个理论都是见仁见智的，所以我们不去评论吕家鸿的引力理论。但就我们所讨论和关心的议题而论，3 维平直空间中的吕家鸿描述对"四大实验"的成功解释，证明了非平直的 4 维里曼空间中的爱因斯坦描述并不是成功解释"四大实验"的必要条件，也不能由此来论证"认识引力场非里曼几何不可"。

运用"几何化"映射方法建立的广义相对论，直接推动了宇宙学的快速发展，特别是作为宇宙标准模型的"大爆炸理论"，得到许多人的支持并引起了公众的广泛兴趣。这也被有些人看成是广义相对论的"实证成功"，看成是对几何化方法的有力支持。

然而，国内学者陈绍光先生却认为引力不是一种独立的作用力，而只是弱作用力真空极化的一种表现。他首先从泡利（Pauli）不相容原理要求的"在物理真空中最低能态中微子 v_0 分布的均匀各向同性"出发，用中微子与质点的弹性碰撞，并考虑到质量为 m 与 M 两质点接近时将影响 v_0 分布的均匀性，从而推导出了真空极化压力公式

$$\vec{F} = -G\frac{mM}{r^2}\left(\frac{\vec{r}}{r} + \frac{\vec{v}}{c}\right) \tag{7-149}$$

式中的常数 G 与真空中中微子 v_0 的动量 p_0、v_0 的数密度 ρ 以及 v_0 与夸克的弱作用截面 σ 等相关。由于 p_0、ρ、σ 的确切值无法严格计算，故粗略估算之后，认为 G 即是万有引力常数。陈绍光得出（7-149）式的思路在一定的意义上与王建成、李鸿仪的思路有类似之处，后者考虑的是 m、M 静止的情况，当然无（7-149）式中的与速度 $\vec{v}$ 相关的项目。

然后，陈绍光利用"量子引力效应"（7-149）式，讨论了引力作用下能量不守恒的理论预言及实验检验，并找到了时间流逝一去不复返的物理根源，解释了引力的屏蔽效应、温度效应等；接着推导出了"途中引力红移公式"，再由此公式推导出了统计意义上的哈勃定律，解释了反常红移、哈勃曲线的弥散性、丢失质量、类星体之谜、光度佯谬、微波背景辐射和氦丰度等观察结果。由于哈勃红移按陈先生的理论不是多普勒速度红移而是途中引力红移，故大爆炸理论的直接支柱被抽掉而由此否定了大爆炸理论。

由以上的论述可见，作为"几何化"方法"实证支持"的两大内容——大爆炸宇宙学和四大实验检验的实证成功，前者可被陈绍光的理论替代，后者可用吕家鸿的 3 维描述得到解释。这就证明了"实证成功"并不是里曼几何的必然结果。再考虑到引力论的其他困难，使得我们更觉得这一数学手段虽有合理性，但似乎还不是认识客观真实性的好的投射方式。

上述论述进一步证明了哥德尔定律（其内容参见本书前面的章节）的正确性。哥德尔的数学论证摧毁了数学家们一个美妙的梦，从而使人们认识到任何一个数学系统都不

可能是完善的。随着这个梦的破灭，当然相应地也就要摧毁物理家们一个美妙的梦——企图仅仅借助一种数学手段和数学模型就可以造就一个通晓宇宙一切的"大统一"理论的梦。统一的自然规律是存在的，但它却不能只依靠一种数学手段和数学模型就达到完全的认识。也就是说，当我们借用数学的语言去映射自然规律时，因哥德尔定理的限制，所得出的可以被之为自然规律的数学物理方程却仅具有一定范围的科学统一性——我们不可能建立一组数学物理方程组去完善地解释世间的万事万物。

以广义相对论为例，即使不论及采用里曼几何的4维流形语言在宇宙论认识中因佯谬而产生的困难，仅就对力场的认识而言，其几何学的度规语言描述，因是明显的经典宏观描述，从而也就不可能完善地揭示和认识力场形成的微观机制。爱因斯坦没有认识到这一点，而将其后半生的睿智消耗在数学操作上，进行着注定无法实现的建立"统一场"理论的努力。事实上，度规的语言在一定的范围内是有意义的，但绝不可能成为一种万能的语言和认识自然规律的万能工具。

量子场论用场函数来认识力场并通过"量子化"给出了粒子性，从而深化了对力场的认识。但是，它同样面临着众多的深层次困难。其中之一即所谓的发散困难。由于本书不详细介绍量子场论的数学结构，故不能做详细的原因分析，但我们可以用简单的"比拟"来加以说明。量子场论中，将粒子视为无几何维度的"点"粒子，而粒子又用场函数来描述。例如，我们可用一个"波包"来描述粒子。而数学上的傅立叶分析告诉我们，这个有结构的波包可以用无穷的平面波叠加来展开。每个平面波代表一种运动模式并具有能量。将所有平面波的能量加起来，其能量就为无穷大。这种"无穷大"，在量子场论中被称为"发散困难"。从上述的形象思辨中，我们可以很清楚地看到，困难来自"场模型"，是由在认识粒子时使用的数学语言不十分恰当而引起的，是属于理论基础的问题。故消去无穷大的所谓"重整化"手段只是绕过了困难而并没有真正克服困难——且这样的理论结构，是根本就不可能克服这样的困难的。所以说，以场的一元论为出发点的场的量子理论尽管有合理性并取得了很大成功，但同样会遇到数学语言和数学结构所带来的根本性困难而不可能是"万能方程"。

王建成、李鸿仪等人的工作开创了以粒子的一元论为基础去认识力场的形成机制的一个达到根本性认识的途径。从理论上讲，采取"有结构的碰撞"模型可能会将所有力场形成的机制揭示出来，而不必毫无希望地如量子场论那样去等待在"大爆炸原点"去检验所谓的力场统一。但是研究这种多体的有结构的粒子碰撞，绝非是一件轻松的工作——这不单单指计算量很大。可见，这一理论同样也不是万能的。

从上面的讨论我们得出的结论是，任何以数学语言为载体的物理学理论，对客体的认识都不可能达到尽善尽美的程度，也不可能达到完全的科学统一性。正因为如此，科学的统一性在于哲学的思辨中，在于采用不同数学模型建立起的各种理论的互补之中，在于这些理论"合理性"的叠加及交集之中。不要指望用一种数学手段所建立的物理学理论就能完善而统一地认识世界，这是爱因斯坦用沉重的代价和牺牲给予我们的一个十分重要的启示。

由上述论证还可以进一步看出，物理思想与数学手段之间的关系，是灵魂与工具之间的关系，不能做本末倒置的认识与处理。因而，必须把物质观、认识论、物理图像的真实性等置于最高的层次上——这是 C 判据的核心思想。不过，当我们回顾沿着几何化道路高歌猛进的 20 世纪物理学时，却感到迷茫：当超弦理论家们十分得意于理论在数学上的高深与复杂，并自诩用一种令数学家们都感到吃惊的方式将里曼几何、卡茨－穆迪代数、超李代数、有限群、模函数和代数拓扑学等都联系在一起而用于超弦理论时，人们感到这似乎是一种将克服物理学危机的命运交于复杂的数学手段而缺乏正确物理思想的表现。然而，自然的根本性规律是靠我们去正确认识和把握的，而不是用纯数学的方式就可以推导出来的！

四、时空奇点的宇宙学与广义相对论的困境

从某种意义上，可以说爱因斯坦相对论是充满了悖论、佯谬和奇异性质的理论。霍金、彭罗斯等相对论物理学家关于黑洞以及大尺度时空的研究表明，在相当普遍的条件下，广义相对论的引力场在理论上存在时空奇性。这种奇异性表现为一些非常奇特的性质。例如，类时或类空的测地线会不知怎么就突然"冒"了出来，或者会无法再延伸下去；这也就是说，沿着测地线运动的粒子或光线，在奇性处会"无中生有"，或者停止不前又不知去向，甚至还可能会形成"闭合的类时曲线"。

正是这些奇点的存在，才由爱因斯坦场方程的"病态解"引出了如我们在上面介绍宇宙论时所叙述的那些"科幻式"的想象，例如"开动时间机器"，用我们主观的意愿去强奸历史，去改变已发生过的一切等等，为科幻小说提供了丰富的素材——爱因斯坦及他的相对论之所以特别出名，除了其"革命性"的因素外，也在于它"科幻性"的魅力——匪夷所思的奇奇怪怪的东西吊人胃口，"美梦"使你即使不相信但也希望它是"真的"。

然而，科学虽起因于"有趣性"却并不止于有趣性。它还需要对"真理"的探究，需要逻辑，需要以永不休止的"形而上"的追问作为前进的不竭动力源泉。

低级的"桌子"是由高级的"人"创造的。由这一事实出发所形成的逻辑推论是：低级的物种是由高级物种创造出来的。沿着这样的思路人们就会问：被认为是最高级生命的人类又是从哪里来的呢？于是宗教站出来回答：人是上帝创造出来的，是亚当与夏娃的原罪——偷吃禁果的产物。然而人们还不满意，于是继续追问：那么上帝又是谁创造的呢？这是一个涉及基础的根本性的诘难。对此，宗教也只得用逃避的办法来遮掩：上帝既然是"最高"的层次，就没有其后的层次，故这种提问就是不被允许的，是对上帝这万物之始和万物创造者的大不敬，是必受到上帝惩罚的！

与宗教的"创造说"相对应的是科学的"进化说"：万物是在由简单到复杂的"进化"过程中产生出来的。由这一逻辑出发做进一步的层层追问，就追到了宇宙奇点的大爆炸。

然而人们同样也会问：宇宙奇点又是从何而来的？它又是谁放在那里的？奇点爆炸的巨大能量从何而来？面对这根本性的质疑，"科学"的回答也不比宗教的回答更高明：在宇宙奇点处，时间和空间的概念已经消失了；既然已经消失了，就是不可以再被认识的最后终结，故这类提问是一种在科学上不被允许的无知的提问！这难道不也是一句苍白的遁词吗？

由此我们看到，基于"创造说"的宗教和基于"进化说"的大爆炸宇宙论，当面临着"形而上"的对"终极"的追问时，均陷入了困境。

我们绝不能小视这种"形而上"的追问，因为它既涉及本源，也涉及逻辑的严密性。事实上，如果宗教的"创造说"在面临"形而上"的追问时，在逻辑上是自洽和严密的话，就绝不会有现代科学的产生。同样，如果以"进化说"为逻辑基础的大爆炸宇宙论在逻辑上是自洽的和完全严密的，那么它就应当是我们对宇宙认识的最后终结。然而，它在面对形而上的对"终极"的追问时的无能为力，却很难让人相信它就是对真理和真实过程的最终和最正确的回答。

因此，可以预言，这种大爆炸理论虽然"很有趣"，但似乎难以让人相信是真的，迟早一定会被其他更正确的理论和认识所取代。这也许才是具有奇点的爱因斯坦相对论和相应的大爆炸理论所面临的最为严重的挑战！

五、真实的宇宙是什么样子？

就宇宙论而言，尽管以度规为语言的爱因斯坦引力论存在众多问题，面临种种挑战与质疑，但它的革命性价值也是不容否定的——作为认识宇宙演化的首次尝试，爱因斯坦引力论功不可没：正是它使得我们将单纯的观测宇宙学上升为理论宇宙学——可以实现理论的描述，以便与实验的观测结合起来共同认识我们的宇宙的演化过程。当然，就真实地认识宇宙而言，也许几何学的 4 维流形描述不如用时空中的物质分布密度那样直观而准确，这或许是引力论进一步发展应考虑的问题。

事实上，建立理论是为了认识和模拟客观现实。当爱因斯坦的引力论出现了一系列的佯谬、悖论和病态解之后，我们要问的是：爱因斯坦的引力论真实地模拟和认识了宇宙吗？

借助 MBS 中的元子与物体碰撞形成引力的微观机制，我们来定性地看看一个真实的宇宙应该是什么样子的。

前面我们运用碰撞模型，通过对引力的研究，知道引力来自元子碰撞物体的压力和由两物间的遮挡所形成的"压力差"。可见，对每一个物体而言，引力虽表现为受其他物体的吸引力，但从微观机制来认识，这种吸引力的实质是该物受到的向内的、来自元子碰撞的不对等的"压力"，而非向外的"拉力"。这样，所谓"宇宙无限与物体撕裂的佯谬"将不存在。

而前面提及的"宇宙无限与奥勃斯佯谬"，在论证上是不成立的，因为它的"光源所发的光不受引力作用走直线"的假设条件不成立——即使只考虑经典力学的引力效应，光线在引力场的作用下走的也是曲线。而由（7 - 96）式所表达的"施瓦西半径"可见，任何地方发出的光都跑不出"我们的宇宙"。类似地考虑，若还有"其他宇宙"存在的话，它发出的光同样也不能越出它的视界而跑到我们的宇宙来。因此，"宇宙无限的奥勃斯佯谬"是不存在的。

从物理实质来看，以上两个否定宇宙无限的佯谬在事实上也是不成立的。不错，我们的宇宙与其他的宇宙之间的确不可能建立起定域的使用光信号的联系，用光信号也"看"不到其他宇宙的存在，但这不等于说不可能与其他宇宙建立以元子为载体的非定域的联系。因此，宇宙有可能是无限的。这是因为如下的理由：

宇宙"有限"可以这样来界定：在有限的范围内存在物质；其外无任何物质。若我们的宇宙是有限的，将会怎样呢？

不妨将这个有限的宇宙想象为一个半径为 R、边界为 $\sum$ 的很大的球。若我们的宇宙有限，即意味着 $\sum$ 边界之外是绝对真空，其间无任何物质。这样，元子将向 $\sum$ 边界之外扩散，从而使得我们的宇宙不断膨胀以保证 $\sum$ 之外永无物质。宇宙不断膨胀的结果，将使越接近宇宙边界 $\sum$ 的地方，元子的密度越小，由此形成一个自中心向外递减的元子分布密度，从而推动星体也向外膨胀运动。但另一方面，随着半径 R 的增大，维系物体间引力的元子的密度也越来越小。引力，从微观机制上讲，其实是元子对物体碰撞所产生的由遮挡引起的不对等压力。当元子密度下降到临界值时，它对星体的压力也减小到临界点，无法再维系星体的存在——星体被撕裂而爆炸。由此可见，若我们的宇宙真是有限的话，这个"孤独者"的宿命就必定是不断膨胀，物质将不断地被撕裂，向无尽黑暗的真空扩散，消失得无影无踪。

这样的宇宙会有任何意义吗？显然毫无意义。代表宇宙自然意志的全能的上帝，绝不会愚蠢到花那么大的精力去创造出这样一个无意义的有限宇宙。亦即是说，宇宙应是无限的，而我们的宇宙仅是无限宇宙中的"沧海一粟"，它可以通过 MBS 场的元子与外界宇宙建立起联系和进行能量交换。

现在我们假定，外界以输入元子的方式给我们的宇宙提供能量，以至于形成自外向内的元子分布密度的递减率。这样，我们的宇宙将被压缩。随着压缩的进程，星际物质的密度将增加。为了简化，设压缩到一个足够小的半径 R 时，元子与星际物质的碰撞可近似地考虑为只存在反射而不存在透射。现切一个壳层出来进行研究，设每秒钟壳层外射向壳层内的元子数为 n_e，假定相互之间的碰撞是对心弹性碰撞，则外部对壳层产生的平均压力为 $F_外 \propto 2\mu\nu \cdot n_e$。设每秒钟壳层内射向壳层外的元子数为 n_i，则由内部对球壳产生的平均压力为 $F_内 \propto 2\mu\nu \cdot n_i$。其中 μ、ν 为元子的质量和速度。两者产生的压力差 $\Delta F = F_外 - F_内 \propto 2\mu\nu(n_e - n_i)$。当 $n_e > n_i$ 时，$\Delta F > 0$，外面对壳层的压力大于内部对壳层的反压力，于是壳层将被继续向内压缩。但这里我们应注意到，当取 $\Delta t = 1$ 秒时，若 R 被压缩得足够小，使 $\nu \cdot \Delta t = \nu \gg R$，壳层内的元子将在壳内往返运动而形成与壳层的多次碰撞，其碰撞次数为 $N = \nu/2R$。这样，在 1 秒内由内部元子与壳碰撞产生的平均压力应改为 $F_内 \propto 2\mu\nu n_i \cdot N$，则产生的压力差为 $\Delta F = F_外 - F_内 \propto 2\mu\nu(n_e - n_i \cdot \nu/2R)$。由此可见，当 $R < n_i \cdot \nu/2n_e$ 时，ΔF 实现"倒号"：由向内的压力转变为向外的斥力，宇宙从压缩又转向膨胀。由此可见，即使考虑到外界向我们的宇宙输入能量引起宇宙的收缩，也不会出现所谓宇宙被压缩为"奇点"的情况。

由上述讨论可见，考虑到总能量守恒时的可能情况，是在一段时间内我们的宇宙通过载体元子向外界输出能量；过一段时间，外界又向我们的宇宙输入能量。这样，我们的宇宙就是一个震荡着的宇宙（一段时间膨胀，过一段时间又收缩）。既不可能无限地膨胀下去，也不可能压缩为一个奇点。所以我们的宇宙是一个"安全"的宇宙，无需人们费尽心机去设想种种荒谬而又不可能实现的"逃生计划"。这种在大的宇宙时间尺度上的震荡运动，就像"拉风箱"一样，多次的拉扯效应的平均结果，就形成星际分布的"长城街"。

亦即是说，即使不采用陈绍光的"途中引力红移"来否定多普勒红移的速度红移解释，从而否定大爆炸理论，而采用上述的解释，也不会存在来自"奇点"的大爆炸。"奇点"的困难以及由奇点产生的所谓大爆炸，对一个真实的宇宙而言是不存在的。即使视多普勒红移是速度红移，宇宙正在膨胀，其逆向思维就证明宇宙曾向内收缩过。但是，如我们刚才所讨论的，这种收缩也不会形成奇点，故无奇点的大爆炸问题。

问题是很清楚的。4维的弯曲里曼空间本身就不是对我们的宇宙的客观而真实的描述。空间是不可能被弯曲的，只能说空间中的物质分布不均匀了；场的变化和物体的运动会让我们感到"时间"的存在，但却不可能存在沿"时间轴"的运动。所以，弯曲的"4维流形"的数学语言，并不完全代表我们的宇宙的真实物理图像。

陈汉涛无疑注意到了真实的自然空间（即物理空间）是3维空间，与高于3维的数学空间存在本质的差别。因而他特别强调仅在真实的3维空间中才能达到本质的认识。正是基于这一考虑，他根本不用4维的闵可夫斯基空间而完全用平直的3维坐标系，同样也推导出了爱因斯坦相对论的所有结果。这一事实本身就表明，对于相对论的建立而言，4维描述并不构成必要条件。同样，陈汉涛由3维坐标系出发，也提出了自己对宇宙问题的认识。这使他相信：

> 虽然他（注：指闵可夫斯基）用事件间隔的不变性来表示时空的相关性，但他却用时间维垂直于空间三维来表示时空的不可分离性（相依性）。这种处理方式是很不合理的，因任何两维间相互垂直表示它们之间相互独立。例如描述物体在 $x-y$ 平面上的运动就不须画出 z 轴。今将时间维垂直于空间三维只是表示出时空的独立性，而无法表示出时空的相依性，所以四维时空坐标系是一很不合理的坐标系。无论是无引力场时在四维时空坐标系内建构平直的三维空间（闵可夫斯基空间），或有引力场时在四维时空坐标系内建构弯曲的三维空间（里曼空间），皆是毫无意义的。
>
> 既然四维时空坐标系的建构是不合理的，奠基在这个坐标系的宇宙标准模型又有许多无法解释的矛盾现象，我们为何不完全放弃四维时空坐标系，而采用较合理的三维时空坐标系呢？[1]

---

[1] 陈汉涛著：《建构在三维时空坐标系的相对论——脉络性原理》，哈尔滨工业大学出版社1998年版，第58页。

当然，我们并不反对运用较抽象的高维的数学空间。"高维"将问题铺展开来，可能会带来某些方便。但是，从真实的 3 维向高维过渡，若处理不当，又会将种种非物理的虚幻的"怪异"东西带进理论之中——这就是爱因斯坦曾有过的那种关于"产生某种类似鬼魂之事"的感觉与担心。事实上，3 维与高维的关系，从更深的层次讲，涉及物理学与数学的关系——这种关系既让我们十分迷恋却又倍感困惑，迄今仍是一个须认真研讨而尚不能准确认识与把握的问题。这里不再进一步展开讨论。

六、广义相对论与东方哲学

（一）物理学和哲学各自的优势所在

在我们谈论物理学和哲学之间的关系的时候，首先必须注意到一个最基本的事实：理在不言之中。一旦以人类的话语来"言"这个"理"——自然的基本规律时，这个"言"——即"映射"——就必有失真。语言越精确，失真越严重。如此看来，哲学作为指导性的总科学，涵盖了世上的万物万理，它将最根本的"理"用最简的方式加以表述，因而就必然是不精确的模糊的表述。物理学以"精确"的数学语言为载体，获得了以"精确"的实验手段于一定意义上来检验理论是否合理的优势，然而这却是以"失真"为代价的。

例如，在爱因斯坦引力论中，星球或星系被抽象成了于很小的时空点上的能量聚集区，这不是一种失真吗？引力场用连续的度规场函数来映射，电磁场用连续的电磁场函数来描述，这种映射和描述不也是失真了的吗？因为场是粒子的集合体，故场的粒子性就一定会在微观上显示出来，才一定有从经典理论向量子理论发展的问题。但是在宏观的尺度上，以上述的失真为代价，我们可以将问题简化，并能在一定的水平和近似意义上达到对客体的某种程度的认识而又显示出了其合理性。如果看不到精确性优势是以失真为代价的，就会使物理学放大对"数学精确性优势"的崇拜而拒斥哲学的指导，就会陷入盲人骑瞎马的窘困境地，甚至最终沦为数学的附庸和奴隶。

而建立在正确的物质观和对事物发展演化逻辑的正确认识基础上的哲学思考，却是思辨性的，语言相对而言就较为模糊而不够精确。它的优势在于更接近客观的"真"（但这种优势的获得却是以牺牲"精确性"为代价的）。由于我们的一切科学的最高目的，就是为了获得对"客观真"的认识，因而哲学才能成为指导性的总科学。但是，哲学对"真"的认识又是不够精确的，不能很好地用可实证性的手段来检验对"真"的认识，因而又必须用更具体和表述更为精确的各个学科的认识来充实。可见，它们是相辅相成的，通过它们之间的相互耦合、相互借鉴、相互学习，才能推动科学和我们的认识论不断向前发展。

（二）神奇的数字"10"

在爱因斯坦的理论中，作为基本物理量的度规张量，其矩阵表示为

$$g = (g_{\mu\nu}) \quad (\mu, \nu = 1, 2, 3, 4) \tag{7-150}$$

由于矩阵元是对称的，$g_{\mu\nu} = g_{\nu\mu}$，故独立量为 10 个。

"10" 是一个神奇的数字。

将牛顿方程写成如下的形式

$$\left. \begin{aligned} \frac{d\vec{r}}{dt} &= \frac{1}{m}\vec{p} \\ \frac{d\vec{p}}{dt} &= \vec{F} \end{aligned} \right\} \tag{7-151}$$

在力 $\vec{F}$ 已知的情况下，可以完全确定粒子的动力学行为，其动力学变量由 $(\vec{r}, \vec{p})$ 描述。$(\vec{r}, \vec{p})$ 为 3 维矢量，若用分量来表示，则可记为

$$(\vec{r}; \vec{p}) = (x, y, z; p_x, p_y, p_z) \tag{7-152}$$

共有 6 个量。亦即是说，假若力 $\vec{F}$ 已知，则"完善"地描述一个粒子的运动，需要"6个"独立变量。这 6 个量可以选为 $(\vec{r}, \vec{p})$，也可以选为其他的"广义变量"。

但是，事实上 $\vec{F}$ 是未知的。正是在这一点上，牛顿力学表现出了"不完善性"。而要有"完善"的认识，就必须增补对力场及其运动变化的认识和描述。所以，经典电动力学的"完善"认识，既包括对场运动的描述（4-14）式，也包括对粒子运动的描述（4-15）式。也就是说，只有同时从"粒子"和"场"两个方面对物质及其运动进行描述，这种描述才可能是"完善"的。而从变量数来看，经典电动力学是由以下 12 个变量表征的

$$\left. \begin{aligned} &\text{描述粒子的变量为}(\vec{r}, \vec{p}), \text{共 6 个} \\ &\text{描述电磁场的变量为}(\vec{E}, \vec{B}), \text{共 6 个} \end{aligned} \right\} \Rightarrow 6 \text{ 个} + 6 \text{ 个} = 12 \text{ 个} \tag{7-153}$$

与那个"神奇的 10"相比较，变量数多出了 2 个。于是就必发现如下的关系

$$\left. \begin{aligned} \vec{E} &= \vec{E}(\vec{A}, \varphi) \\ \vec{B} &= \vec{B}(\vec{A}, \varphi) \end{aligned} \right\} \tag{7-154}$$

亦即是说，$\vec{E}$、$\vec{B}$ 是 $\vec{A}$、φ 的函数，$(\vec{E}, \vec{B})$ 这 6 个量是由 $(\vec{A}, \varphi)$ 这 4 个量确定的，故有

$$\left.\begin{array}{l}\text{对粒子的描述}(\vec{r},\vec{p})\text{,为 6 个}\\\text{对场的描述}(\vec{A},\varphi)\text{,为 4 个}\end{array}\right\} \Rightarrow 6+4=10 \qquad (7-155)$$

所以在 AB 效应中,矢势 $\vec{A}$ 和标势 φ 的效应就一定会被观察到——因为它是刻画电磁场的更基本的量,而不单单是"数学符号"。

(三)独立变量数与空间维度的关系

牛顿力学对客体进行认识时,独立变量数为 6;它是在 3 维空间中作描述的。这样,我们就发现一个关系:$6=2\times3$,其意义为

$$\text{独立变量数} = 2\times\text{空间维度} \qquad (7-156)$$

我们知道,一方面,与牛顿力学相比较,由于麦克斯韦电动力学增加了对电磁相互作用的认识,爱因斯坦引力论增加了对引力相互作用的认识;另一方面,这二者的理论中独立变量数都增加了,且都等于"神奇的数字"10,并且都揭示出了"以太"(即 MBS)为力场的物质性基础。这难道仅仅是巧合?这不值得深思吗?

事实上,如果(7-156)式具有普遍意义,那么,若完善地描述客体(同时包括粒子与场)需要的独立变量数为 10 的话,由

$$2\times5(\text{空间维度}) = 10(\text{独立变量数}) \qquad (7-157)$$

可知,这种"完善"的描述就必然是在 5 维空间中进行的。也就是说,要对物质性客体做无遗漏的认识,需要的空间必然是"5 维超空间"(当然,它是一种抽象的数学空间)!

(四)"5 维超空间"同中国哲学之间的关系

一个理论是否深刻,要上升到哲学的层面上来分析和看待。下面,我们就来分析作为爱因斯坦和麦克斯韦等人的物理学理论成果的"5 维超空间",与作为华夏文明最高哲学和思想成就的"阴阳根本律"之间的关系,借此看一看"阴阳根本律"对物理学有些什么样的指导性价值。

1. "阴阳根本律"简述

历史学家们说,阴阳思想最早产生于 6 000 年前的伏羲氏,后经周文王发展,最后由春秋时代的老子集其大成,将其总结概括和上升为一种理论。

在中国哲学中,"阴阳"两极代表一切物质的存在、演化包括其背景场所:上下,左右,前后,正电荷负电荷,吸引力排斥力,正物质反物质,物质的"有"与虚空的"无"……——正因为"阴阳"使用的是模糊性的语言,所以它才能将整个自然囊括其中。

"一阴一阳之谓道。""道",既指道路、方向和道理,也指方法、办法和技巧,具有

多重含义，但核心是道理，是规律。在规律的支配下，事物要演化和发展。老子将事物演化发展的过程概括为：

"道生一，一生二，二生三，三生万物。"（《老子》四十二章）

但是，"道"本身又有说、讲的意思，故道也是指人所讲出的道理，它即是我们所说的映射。既然这种映射来自人的观念和思想，就有对人的主观能动性的肯定；但若对其不加以制约而划一，就会"公说公有理，婆说婆有理"，根本达不成共识，世界岂不是无规律即无道了吗？所以在观察到从简单到复杂进化序列的同时，老子又注意到了一种制约性关系，并将其概括为：

"人法地，地法天，天法道，道法自然。"（《老子》二十五章）

亦即是说，人对道的认识有对主观能动性的肯定，但这种认识不应是一种主观杜撰，而应受制于自然所固有的本性（即其内在规律）；与之相应地，我们人类一切个体的、团体的或全社会的活动，就应是一种在尊重自然规律之下的活动，所求得的是一种人与自然、人与人、人与团体和社会之间的相互协调的发展。这就是一种"和谐"的观念。

可以说，上面《老子》里面的 33 个字说尽了至上的理！它给人一种"说尽了，说绝了"的感觉；一种根本就无法再超越了的感觉；一种任何一个思想家最多只能被称为是它的小学生的感觉。

2. 阴阳基本律与"五行学说"

"阴阳"在现代哲学的术语中又被理解为"矛盾"和"对立"的概念（当然，这一表述有合理性但不够完善。这里不讨论该问题），矛盾和对立的概念具体到物理学中，讲的是"元素"彼此不连通、不统一。如图 7-21 所示，元素 A、B 若不连通、不统一，我们就用不存在"连线"这种方式来表示它们之间的这种关系。但是我们又知道，矛盾、对立的双方又可以通过一个"中介"将其连通、统一起来。这个中介我们记为

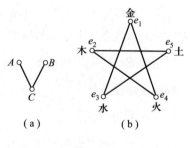

图 7-21

C。既然 C 以中介的方式将 A、B 连通了起来，即是说 A 与 C、B 与 C 间存在连线，此即图 7-21（a）的意思，也就是"道生一，一生二，二生三"的示意图。这里既有从简到繁的发展序列关系，也包括组成物质世界的基本元素之间的关系：有一个元素，则必有与之对立的另一元素，于是由一而二；但对立的两个元素又通过中介来连通和统一，于是由二而三。于是，"三"成为一个基本单位：由三去生万物。

为什么"三"可以去"生"万物呢？由图7-21（a）可见，这个基本单位是"残缺的"和"不完整的"。正因为残缺和不完整，所以这些基本单位还要相互组合发展（生）出更复杂的系统。怎么组合呢？C又是一个元素，它也应有对立面，也应通过一个中介来连通……这样一直发展下去，以使得由这些元素所组成的系统，既要满足图7-20（a）所示的元素之间的"对立统一"的基本要求，又要满足作为一个系统应有的"统一性"的要求——所谓"统一"，即组成系统的所有元素均可以通过中介来相互连通，这才满足一个完整系统应具有的"封闭性条件"。

那么，组成一个完整而封闭的满足对立统一规律的最简单（涉及最少元素）的系统的元素是多少呢？由图7-21（b）可见，它为5个。这就是中国人所谓的"五行"。中国古人用"金、木、水、火、土"来标记"五行"中的5个元素。这5个元素中，相互间无连线的，被称之为"相克"（即相互矛盾的、不连通的）；相互间有连线的，被称之为"相生"（即相互无矛盾的，连通的）。"金、木、水、火、土"仅是一种比拟的形象符号，古人是用它们的这种"生"、"克"关系去对应世间的万事万物的。故"5"即是"万物"。5是从3而来的，故"三生万物"。

既然这5个元素可以用来去对应和理解"万物"，那么对应到物理学中来，就应被理解为"基元性概念"，并可将其记为 e_1，e_2，e_3，e_4，e_5。这5个元素不是彼此独立的，故可以用如下的抽象数学关系来表达其相互间的制约关系

$$f_3(e_1,e_2,e_3,e_4,e_5)=0 \qquad\qquad (7-158)$$

（7-158）式即是所谓的"阴阳根本律"的抽象的数学表述。[①]

3. "五行"与"5维超空间"

如果将（7-158）式与（7-119）式进行比较，我们马上就会看到，所谓关联着的"5维超空间"这个抽象的数学空间（7-119）式，不过是将阴阳根本律（7-158）式按物理学所谓时空观的认识所做的理解、应用和映射罢了。而且，正因为存在（7-158）式这种"对立统一"又"封闭完整"的关系，才使得物体在满足（7-119）式关系下的"子空间"中运动时，其物理规律必是非线性的。

事实上，5个元素才能形成5维，而这5个维度又要用"基本量"（例如 m、e、G、c、$\hbar$）来加以刻度。而且，因（7-158）式的关系，这5个用于"刻度"——即作为计量的基本量也将不是独立的，故应有如下的抽象数学（约束）关系

---

① 曹文强、刘波：《系统科学物质观变革的基础分析》，《系统辩证学学报》1996年第2期，第73页。

$$f_4(m,e,G,c,\hbar)=0 \qquad (7-159)$$

其中 m、e 为质量和电荷单元，G 为引力常数，c 为光速，$\hbar$ 为普朗克常数。

为什么选这 5 个量呢？

选择"刻度"是为了定量地描述并做定量的测量以检验理论。描述的对象是物质，测量的工具也是由物质组成的，故"刻度"与物质固有的"特征属性"（m，e）相关联。物质是有结构的，从最基础的微观层次来认识，结构是与普朗克常数 $\hbar$ 相关联的。从描述的角度讲，物质运动状态的变化是物质相互作用的结果，故而是与相互作用相关联的。从测量的角度讲，测量是通过被测物质与仪器物质之间的相互作用关系和产生的结果来认识的。可见，刻度又是与力场相关联的，从而也就与刻画力场的基本常数（c，G）是相关联的。

由此可见，（7-159）式是"阴阳根本律"（7-158）式要求的必然结果。

然而，（7-159）式这样一种"约束关系"存在吗？

在量子物理中的"精细结构常数"

$$\alpha = \frac{e^2}{\hbar c} = \frac{1}{137} \qquad (7-160)$$

即是上述关系的一个最简单的例子。

1937 年，狄拉克发现了一些更奇妙的"基本量"之间的关系，并提出了"大数假说"（也称为"人择原理"，Anthropic Principle）。他注意到，质子与电子之间的静电力与它们之间的万有引力之比

$$\frac{e^2/r^2}{Gm_p m_e/r^2} = \frac{e^2}{Gm_p m_e} \approx 10^{40} \qquad (7-161)$$

恰与用时间的原子单位表示的宇宙年龄的数量级相符合。狄拉克所选的时间的原子单位为 $\dfrac{e^2}{m_e c^3}$。后来，根据戴森（F. J. Dyson）的建议，改为用 $\hbar^2/m_e c^2$ 为单位，其值大约为 10^{-21} s。

若令

$$10^{40}\Big/\left(\frac{\hbar^2}{m_e c^2}\right) \equiv k \qquad (7-162)$$

则有

$$\left(\frac{e^2}{Gm_p m_e}\right)\Big/\left(\frac{\hbar^2}{m_e c^2}\right) \approx k \rightarrow \frac{e^2 c^2}{Gm_p \hbar^2} \approx k \rightarrow f_5(m_p,e,G,c,\hbar)=0 \qquad (7-163)$$

这里我们不去讨论根据大数假设所引出的关于宇宙学方面的问题，我们只是想由此

得出结论：（7–163）式这一数学关系表明电荷 e、质量 m_p（质子质量）、普朗克常数 $\hbar$、光速 c 和引力常数 G 这些"基本量"彼此之间不是相互独立的。可见，（7–163）式之类的所谓狄拉克大数定理的发现，不过是"阴阳根本律"（7–158）式用于 5 维空间"刻度"时所得出的（7–159）式的一种具体的表现而已。

（五）由物理学同中国哲学的关系引申开去

阴阳的思想产生于 6 000 多年前，即使从老子算起，也有近 3 000 年的历史了。科学家们，包括伟大如爱因斯坦及狄拉克这类"科学圣人"在内，好不容易才认识到"5 维超空间"、"4 维超空间是 5 维超空间的子空间，其物理规律是非线性的"、"存在基本量之间的关联——即大数定理假设"等道理，然而这一切早在数千年前的阴阳根本律中却早已预言。阴阳根本律对现代科学的指导性意义，从上述在物理上的"实证成功"中也获得了充分的证明。由此也再次印证了在 C 判据中将 C_1 作为最高标准的价值和意义。

中华儿女常为"五千年的历史和文明"而自豪，这种自豪是有根据的。但是，我们不可因自豪却变得忘乎所以而骄傲。我们应当看到，像"阴阳根本律"这种博大精深的思想，仅当被用于更具体的科学领域时，其现实意义和应用价值才能得到彰显。所以我们要去学习西方的科学技术，更要用中华文明的精深的思想来指导我们的求索、突破和超越。我们更应看到，正是中国历史上各民族的大融合，才锻造出了阴阳的包容性，而包容性又反过来促进了各民族间更进一步的融合。所以远在 3 000 年前中国就是一个大国——一个以包容为民族气质的特殊的多民族融合的大国。所以，华夏文明和它的优秀的思想不仅属于狭义的"中华"，更属于广义的"世界"。我们就更负有大国的特殊义务。这就是将华夏文明发扬光大，使它不仅服务于中华民族的复兴大业，更服务于建设和谐世界的宏大目标，造福于全体人类！

面对 20 世纪物理学的深刻危机，首先需要我们有变革的胆识；同时还需要我们用深邃的目光去审识危机的根源所在，找到克服危机的途径。王建成等人以及我们所知的国内许多人所做的工作，事实上都属于这类工作。在西方学术界正困于上述危机之中的时候，中国的学术界已经开始了拉开新的科学革命帷幕的尝试。这是与中华文明的崛起相耦合、相呼应的。为什么会这样？因为我们有 5 000 年灿烂的优秀文化，它赋予了华夏子民审识问题的独特眼光和相应的智慧，易于把握事物的本质。当然我们也看到，要真正实现"超越"，形成以中国学术精英为主导的学派，还有一段艰苦的路要走。这不仅需要拓荒者们的坚忍不拔，同时还需要其他的条件与环境，例如国家相应管理部门的重视与支持等等。特别是我们的学者们，也包括那些拓荒者们，必须形成相互支持的态势，而不能文人相轻、相互拆台。正是因为这一原因，我们在本书中尽可能多地引用了国内学者们的成果和观点，这不仅是对他们工作的尊重，更表达出我们希望营造出相互支持氛围的愿望——须知，华夏和东方文明的伟大复兴事业需要团结起来，众志成城，需要民族的每一份子特别是知识精英们那坚强而不屈的脊梁！

我们曾指出过，人与其他物种最根本的差别就在于人能认识和应用自然规律。所以推动人类和社会发展的根本动力，是以科学为载体所表现出的思想和认识论，而哲学这个总科学，则起着指导性支配性的作用。正因为在华夏这块多民族融合的神奇沃土上，远古就产生了如"阴阳根本律"这样博大精深的哲学思想，从而也就锻造出了一种特殊的华夏精神、华夏文化和华夏文明：一种曾是那么异彩夺目的文明，一种曾较西方文明超前近 2 000 年的文明，一种在"四大文明"中唯一不曾中断的文明！只有从这个角度来思考，才能领悟到华夏文明那深厚的积淀，才能真正揭开中华民族发展历史的谜底并作为我们永恒的支撑。

中华民族百年的屈辱，只是历史长河短暂的一瞬。当西方的炮舰把我们从"优秀文明"的高傲和梦境中震醒的时候，同时也把我们给震慑了——在其后的"百年反思"、"百年问路"的探索中，我们几乎总在踏着一条否定自身文化和文明、一味地学习西方文化和文明（包括各种理论）的道路。然而，在流淌着眼泪和鲜血的求索中，我们走得很苦，走得很累。

以邓小平的"改革开放"为契机，到胡锦涛提出建立和谐社会与和谐世界的战略口号，才真正实现了历史性的伟大转折：原来我们要找的方向就是东方文明重新复兴的方向，原来我们要走的道路是在东方思维指引下的全球人类共建一个熔东西方文明于一炉的和谐世界。在这个新的世界里，一个国家不过是同一个地球的一部分，各个民族都是同一地球村中的村民，我们处于全球的"命运共同体"之中。因此，人们应当从狭隘的"国家内"的民族间的认同，拓展为"地球村内"的国与国和民族与民族间的认同，彼此相互尊重，相互学习，取长补短，共同用智慧把我们这个共同的家园建设得更美好，让普天下的众生在与自然的和谐中生活得快乐和幸福。从这样的角度来思考，才能真正认识到华夏文明的复兴的意义和必然。

第8章 量子论：回归一元论的物质观——证实了只有粒子才是物质存在方式的最基本的形态

量子论和在此基础上建立起来的量子力学（简称 QM），是 19 世纪末 20 世纪初物理学发展中除相对论之外的另一重大突破。它表明人类对微观世界的认识实现了从积累材料到理论综合的飞跃。目前，QM 已在广泛领域得到许多成功应用；而 QM 形式理论的建立，则对推动 QM 的发展起到了决定性的作用。

但是，量子力学却是迄今为止最具争议性的物理学理论体系。自 QM 产生之日起，围绕着它的论战也就开始了。其历时之长，争论之激烈，涉及面之广，触及到的认识论及本体论问题之深刻，在科学史上是极其罕见的。以至于对于这一争论，到目前为止都难下确切的结论。这正如北京大学的曾谨言教授指出的，从一般角度讲，"与任何一门自然科学一样，我们应该把量子力学看成一门还在发展中的科学"；并且更重要的是，"量子力学理论的争论，或许是一个更深层次争论的一部分。在进一步的探索中，人们对自然界中物质存在的形式和运动规律的认识，也许还会有更根本性的变革"。[1]

那么，争论的主要问题是什么呢？尹鸿钧教授说："……在下述一些重要问题上：①量子力学的物理内容、数学体系与测量过程、观测结果的关系问题。包括对波粒二象性的理解，波函数的统计解释，测不准关系，在测量过程中是否存在测量仪器与客体之间的不可控制的作用，量子力学中的因果性与机遇性等问题，**即量子力学对于独立于认识之外的客观世界究竟给出了什么表述**。②在量子力学背后，是否还有更深刻的新的理论框架，量子力学是否是完备的理论，它描述的是单个粒子的运动规律还是由大量单粒子体系组成的纯粹系综的规律，能否建立一种新的区别于现有量子力学的形式理论，而

---

① 曾谨言：《量子力学物理百年回顾》，《物理》，2003 年第 10 期，第 665 页。

量子力学只是该理论在一定条件下的近似等问题，即**量子力学对于客观世界究竟给出了什么深度的表述**。这些争论中的问题涉及量子力学的物理基础，也是现代物理学的重要问题，还超出物理学的范畴，涉及哲学领域，更需要进一步实验的判定。"[①]

因此，在本章中，我们将站在科学自然主义的基本立场上，以 C 判据为依据来重新审视量子力学。首先从"物理图像的真实性"入手，通过分析，将争论的实质揭示出来，回答尹鸿钧所提出的第①个问题，为寻找"更根本性的变革"提供思想基础。然后，简要地回答他所提出的第②个问题，指出新的理论方向，以揭示"更深刻的新的理论框架"的可能形式——而其更具体的数学表象及理论实证等，将放在下一编中再仔细展开。

第 1 节 量子论的初期发展过程分析及其启示

一、经典物理学所面临的困难

到 19 世纪末，经典物理学在力学、光学、热学和电磁学等领域内都取得了辉煌的成就。物理学家们怀着无比自豪的心情迎接 20 世纪的到来。当时，他们中的绝大多数人都认为，物理学的体系已经基本完整，基础已经相当牢固和可靠，物质世界运动的画面已经很清晰了。留给后人的工作，将只不过是把已有的实验做得更精密一些，使测量数据的小数点后面增加几位有效数字而已。

然而，正当人们因物理学提供了对自然的完备认识而准备举行庆功盛会之时，它的困难却"出乎意外"地显示了出来。量子论的产生就是由这些困难引发的。这些困难主要有：

（一）黑体辐射

1. 实验结果

由于 19 世纪蒸汽机和电照明的广泛应用，促进了热力学的发展，并引起了人们对物体在受到加热时所发出的辐射（这种辐射是一定波长范围内的电磁波）问题的研究。人们感兴趣的主要问题，是在与周围物体处于平衡状态时，热辐射的能量按波长（或频率）的分布情况。为了研究的方便，科学家们设想了一种理想物体，称作"绝对黑体"（简称为"黑体"）。所谓"黑体"是指一个物体能完全吸收辐射能而不会泄漏出去。图

① 尹鸿钧编著：《量子力学》，中国科学技术大学出版社 1999 年版，第 572 页。

8-1中（开有一个微孔）的空腔即可以视为一个"黑体"。

黑体辐射实验研究的装置如图 8-1 所示。实验所测得的能量密度（单位体积的辐射能）$\rho = E/V$ 随波长 λ 或频率 ν 的变化如图 8-2 中的点所示，且 $\rho = f(\nu, T)$ 与腔体的形状、组成的物质无关。

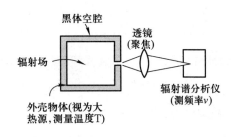

图 8-1

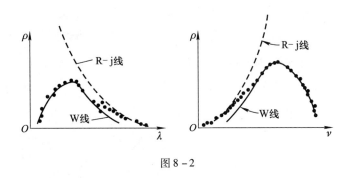

图 8-2

2. 经典理论对黑体辐射实验的解释

（1）瑞利 - 琼斯（Rayleigh-Joans）公式

利用经典电磁场理论加上统计力学的能量均分定理，瑞利 - 琼斯得出了如下的理论公式（推导从略，式中的 k 为玻耳兹曼常数），用以解释黑体辐射实验

$$\rho_\nu d\nu = \frac{8\pi\nu^2}{c^3} kT d\nu \qquad (8-1)$$

依据这一公式所画出的 $R-j$ 理论线（参见图 8-2）在低频段与实验结果符合得很好；然而在高频段却不相符。且总能量密度

$$\int_0^\infty \rho_\nu d\nu = \frac{8\pi}{c^3} kT \int_0^\infty \nu^2 d\nu \to \infty \qquad (8-2)$$

这明显是错误的（称为"紫外区灾难"）。

另外，固态外壳物质可视为是有限自由度的体系；而外壳围成的空腔中的电磁场，按连续的经典电磁场理论，应视为是一个无穷多自由度的体系。于是，根据能量按自由度均分的定理，则腔内辐射场将把外壳物质的全部能量夺走而使得腔壁的温度 $T \to 0$，而这与事实完全不符。

（2）维恩（Wien）公式

根据统计热力学理论并加上一些特殊的假定后，维恩得出的理论公式（推导从

431

略）为

$$\rho_v dv = c_1 v^3 e^{-c_2 v/T dv} \qquad (8-3)$$

由图 8-2 可见，W-线在高频段与实验结果相符而在低频段不相符。

从上述的讨论可见，采用"电动力学＋热力学"的经典描述所给出的理论公式，无法圆满地解释实验——这说明经典理论在这里遇到了困难。特别是连续性的电磁场不能解释辐射为什么达到平衡的问题，表明经典电动力学视"离散的粒子"和"连续的场"同为物质存在的最基本形态的"二元对立"的物质观，存在着重大的缺陷。

（二）光电效应

19 世纪 80 年代，俄国物理学家斯托列托夫等人发现，当光照射到金属上时，会使金属表面有电子逸出。这种现象称作光电效应。光电效应中逸出的电子叫做光电子。

1. 实验结果

对光电效应进行实验研究的装置如图 8-3 所示。频率为 v 的入射光照到光电管的丝极上，通过交换能量则可能将丝极中的电子轰击出来，加上电压于是形成电流。利用安培计和伏特计测出相应的电流和电压，就得出了如图 8-4 所示的相关曲线。

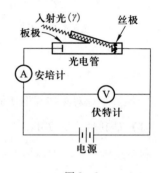

图 8-3

光电效应的实验结果（图 8-4 所示的曲线）表明，只有当光的频率大于一定值时，才有光电子发射出来；否则，不论光的强度多大，照射时间多长，都没有光电子产生。光电子的动能只与光的频率有关，光的频率越高，光电子的动能越大；而与光的强度无关。光的强度只影响光电子的数目，强度增大，光电子的数目就增多。

2. 经典理论无法解释光电效应的实验结果

按照经典电磁理论（光的波动说），光强 p 越大，电子获得的动能 $E_e = \frac{1}{2}mv^2$ 越大，即

$$E_e \propto p \qquad (8-4)$$

但是由截止电压 V_a 有

$$eV_a = E_e \qquad (8-5)$$

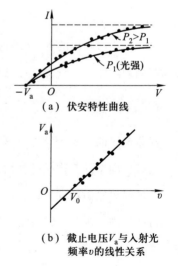

（a）伏安特性曲线

（b）截止电压 V_a 与入射光频率 v 的线性关系

图 8-4

结合上两式则得

$$V_a \propto p \qquad (8-6)$$

由（8-6）式即得出如下两点结论：

（1）p 不同则 V_a 不同；

（2）V_a 正比于 p 而与频率 v 无关。

由此，经典电磁理论在解释光电效应时将产生如下的困难：

（1）不能解释图 8-4（a）的对应不同的入射光强 p 却有相同的截止电压 V_a 的实验事实；

（2）对图 8-4（b）的 $V_a \propto v$ 的线性特性曲线不能予以说明，即不能说明为什么光电效应中的电子"情有独钟"于频率 v 而却不"偏爱"光强 p——这是反常于光的波动理论的。

（三）原子光谱问题

1. 实验结果

由原子光谱的实验研究得出了两个基本结论：

（1）原子是稳定的存在；

（2）光谱是线性分立结构。例如，早在 1885 年，瑞士的中学教师帕尔麦（Palmer）就总结出了氢原子线性光谱谱线频率的经验公式 $\big[$其中 $R_H = 1.09677576 \times 10^7 m^{-1}$，为里德伯（Rydberg）常数$\big]$

$$v = R_H c \left(\frac{1}{m^2} - \frac{1}{n^2} \right) \quad (n > m, m = 1,2,3,\cdots; n = 2,3,4,\cdots) \qquad (8-7)$$

2. 经典理论解释原子光谱时的困难

为了由原子结构解释原子光谱的规律，首先应当有一个原子模型。当时较公认的原子模型是卢瑟福（E. Rutherford）的"行星模型"（也称原子的有核模型）：带正电荷的原子核，在一个很小的区域内几乎集中了原子的全部质量，电子则绕着核作轨道运动（参见图 8-5）。

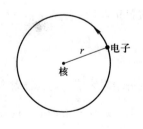

图 8-5

然而，按照经典理论却不能建立起一个稳定的原子模型。因为经典电动力学告诉我们，带电量为 e 的粒子以加速度 a 运动时的韧致辐射强度

$$I = \frac{2e^2}{3c^2} a^2 \qquad (8-8)$$

若为简单起见，设电子作匀速圆运动，则其向心加速度

$$a = \frac{v^2}{r} \qquad (8-9)$$

将（8-9）式代入（8-8）式有

$$I = \frac{2e^2}{3c^2} \frac{v^4}{r^2} \qquad (8-10)$$

电子的机械能为动能与势能之和

$$E = \frac{1}{2} mv^2 - \frac{ze^2}{r} \qquad (8-11)$$

又由电子运动的牛顿方程有

$$\frac{mv^2}{r} = F = \frac{ze^2}{r^2} \Rightarrow \frac{1}{2}mv^2 = \frac{1}{2}\frac{ze^2}{r} \qquad (8-12)$$

将（8-12）式代入（8-11）式有

$$E = -\frac{1}{2}\frac{ze^2}{r} \qquad (8-13)$$

电子作匀速圆运动时的韧致辐射

$$I = -\frac{dE}{dt} = -\frac{ze^2}{2r^2}\frac{dr}{dt} \qquad (8-14)$$

由（8-10）式及（8-14）式则有

$$-\frac{ze^2}{2r^2}\frac{dr}{dt} = \frac{2e^2}{3c^2}\frac{v^4}{r^2} \Rightarrow \frac{dr}{dt} = -\frac{4e^2 v^4}{3zc^2} \qquad (8-15)$$

上述由经典牛顿力学以及经典电动力学所得出的理论结果，在解释实验时将产生如下两个主要困难：

（1）由（8-15）式可见，若经典电动力学对原子中电子韧致辐射的描述（8-14）式是正确的，则有

$$\frac{dr}{dt} < 0 \qquad (8-16)$$

这一结果表明，韧致辐射会使得电子的轨道半径 r 随着时间减小，以至电子最终将落在核上，这样原子将不复存在。这与我们所看到的原子稳定存在的客观事实矛盾。

（2）即使不考虑上述的韧致辐射问题，认为不同轨道上的电子都可以稳定地作圆运动，但因为初条件不一样，则圆轨道不一样，而这种初条件及相应的圆轨道是连续变化的［即（8-13）式的 r 是可以连续变化的］，故电子从高能的状态（对应于 r 大的情况）向低能的状态（对应于 r 小的情况）变化时向外辐射的能量应是连续变化的。这是与实验观测到的原子辐射光谱的线状分立结构不相吻合的。

由此我们可以得出结论："经典牛顿力学 + 经典电动力学"所给出的理论不能自洽地解释原子光谱的实验结果。

总之，由以上论述可见，经典物理学在微观领域面临着严峻的挑战！

二、量子论发展初期的历史回顾及其启示

（一）普朗克的黑体辐射理论

量子论初期发展中第一个、也是最重要的事件，是打破了经典物理中长期居于支配性地位的连续性概念，提出了不连续的分立的概念。这是德国的物理学家普朗克（M. Planck）在他所提出的黑体辐射理论中做出的贡献。

1. 理论的建立[①]

普朗克假定谐振子的能量是不连续的，而且只能是一个最小量 ε 的整数倍（下式中的 h 称为"普朗克常数"，$h = 6.626 \times 10^{-27}$ 尔格·秒；$\hbar = h/2\pi = 1.054 \times 10^{-27}$ 尔格·秒）

$$\left.\begin{array}{l} \varepsilon_n = n\varepsilon_1 \\ \varepsilon_1 = \varepsilon = h\upsilon \end{array}\right\} \quad (n = 0, 1, 2, \cdots) \tag{8-17}$$

亦即是假定黑体空腔物质的谐振子，以 $h\upsilon$ 的能量单位不连续地发射和吸收频率为 υ 的辐射，而不是像经典理论认为的那样可以连续地发射和吸收辐射能量。

由上述假定出发，普朗克推导出了如下的黑体辐射公式

$$\rho_\upsilon d\upsilon = \frac{8\pi h\upsilon^3}{c^3} \frac{d\upsilon}{e^{h\upsilon/kT} - 1} \tag{8-18}$$

式中 ρ_υ 为单位体积的能量密度，c 为光速，k 为玻耳兹曼常数。

2. 对实验的解释

利用近似条件 $(e^{h\upsilon/kT} - 1) \approx \begin{cases} \left[\left(1 + \dfrac{h\upsilon}{kT} + \cdots \right) - 1 \right] = \dfrac{h\upsilon}{kT}, & (h\upsilon \ll kT) \\ e^{h\upsilon/kT}, & (h\upsilon \gg kT) \end{cases}$

将上式代入（8-18）式中，有

（1）当 $h\upsilon \ll kT$ 时，正是 $R-j$ 线

$$\rho_\upsilon d\upsilon = \frac{8\pi\upsilon^2}{c^3} kT d\upsilon \tag{8-1}$$

[①] M. Planck, Ann. Der, Physic, 4 (1901) 553.

（2）当 $hv \gg kT$ 时，正是 W – 线

$$\rho_v dv = c_1 v^3 e^{-c_2 v/Tdv} \tag{8-3}$$

其中 $c_1 = 8\pi h/c^3$，$c_2 = h/k$。

上面已经说过，R – j 线和 W – 线分别在低频段与高频段很好地符合实验。由于（8 – 18）式在低频和高频的情况下分别退化为瑞利 – 琼斯公式和维恩公式，则表明该式能很好地解释实验结果。

3. 启示

（1）从物质观上讲，普朗克彻底站在一元论的"粒子说"立场上，把"分立性"的量子概念引入了物理学，从而标志着作为微观物理学的量子论的诞生而开创了一个新的纪元。

事实上，在黑体辐射中，空腔振子的能量同空腔所围区域内的辐射场的能量是动态平衡的，即二者之和等于常数。正如我们在热力学的讨论中曾指出的，"作为'等式'的数学表象，不仅是等式两边的数值相等、量纲相同，且物质观也应建于相同的基础之上"。既然振子是粒子，粒子能量的变化所形成的辐射的能量是分立的，与之相应的，空腔内的辐射场也应具有完全相同的性质：即作为电磁辐射的物质载体的场，也应是物质性的粒子的集合体。在黑体辐射实验中，该载体粒子的能量也应取分立值（当然，关于辐射场的粒子性及能量的量子化问题，普朗克当时并没有认识到。这一点事实上是后来由爱因斯坦的光量子理论予以补充和完善的）。这实际上就是明确地指出连续的电磁场的概念在物质观上是有缺陷的，它应具有更深层次的物质性基础——场是粒子的集合体。

这一揭示是通过引入表现粒子（分立）性的"作用量子" h 的方式实现的。h 是一个很小的量。小到怎样的程度呢？一盏 25 瓦的灯泡，每秒将发出 6 千亿亿个能量子。在宏观的情况下，视电磁场为物质的连续分布形态，当然是一个好的近似；但是，在微观领域，当涉及电子、原子等很小的微观客体时，在很小的时空尺度上，作为实际上是能量子集合体的电磁场，其由"粒子性"所表现出的"分立性"就被显现了出来。这从物理图像上讲，其实是很好理解的。

（2）要突破传统观念的桎梏，必须有敢于"孤注一掷"的勇气。

正如前面所说，物质（包括"场物质"在内）存在的"粒子性"和"分立性"，从物理图像上讲其实是很好理解的。然而，长期持有连续的经典场观念的物理学家们，却难以接受这一概念。这除了源于量子论发展初期工作本身的不够完善外，还有其他更重要的原因，特别是思维"惯性"和"驽钝"所形成的对新思想的"成见"。

狄拉克曾说过，那些大的跃进常常在于克服成见。连续性的电磁场理论在经典宏观领域取得了辉煌的成功，以至于人们相信"连续性的场与粒子一样，也是物质存在的一种基本形态"，还将其上升到物质观的高度而称之为"又一次革命"。这就是一种"成见"。而要"革命"，就要克服"成见"——特别是那些由"似乎如此明显"的属于支撑理论基础的"基本事实"和"基本概念"所形成的"成见"——因为如果没有从"基础"上的对旧理论的动摇与变革，新理论又何以称之为"革命"呢？

普朗克的由连续性的场物质向分立的、非连续的能量子组成的场物质的概念变革，就是从基础上克服成见的革命性的观念变革。没有宏大的气魄和深邃的哲学本体论的思考，是根本不可能去想象、认识这一概念的，更是不可能去提出这一概念的。这也许是我们今天再次回顾普朗克作为量子论开山鼻祖的工作时，应当有更深的体会和领悟的东西。

（二）爱因斯坦的光量子理论

1. 理论的提出

普朗克通过（8-17）式提出了分立的"作用量子"的概念，解决了辐射问题。这一工作其实具有更为广泛的意义。善于独立思考的爱因斯坦最先敏锐地抓住了普朗克辐射公式中"量子"概念的实质。这正如他在文章中所说的那样：

> 物理学家关于气体和其他重物体所抱有的种种理论观点，跟麦克斯韦关于所谓的真空之中的电磁效应的理论之间，存在着一个在形式上带根本性的分歧……按麦克斯韦理论，对于包括光在内的一切纯电磁现象，能量被看作是一个连续的 3 维函数，而按照现在物理学家的观点，一个有重量物体的能量，必须用其所有原子和电子求得的能量的总和来表示……
>
> 运用连续 3 维函数的光的波动理论极其圆满地解释了各种纯光学现象，它决不可能为任何一个别的理论所取代。可是我们应当记住，光学观测所得出的是对时间的平均值，而不是瞬时值。而且虽然衍射、反射和色散等等理论已完全为实验所证实，但是可以预见，当运用连续 3 维函数的光的理论被应用到光的产生和转化等现象时，它势必导致与经验相矛盾。[1]

---

① A. Einstein. Annalen der Physik, 1905（17）：132.

这促使他思考：普朗克所说的作用量子 $\varepsilon = h\upsilon$ 到哪里去了？一个合乎逻辑的必然联想，是它被辐射到空腔之中成了辐射场的能量——这使得辐射场也具有了分立性的能量子 $E = h\upsilon$。这个能量子被爱因斯坦视为光量子。由于光量子的静质量 $m_0 = 0$，由质量关系

$$E = h\upsilon = mc^2 = m_0 c^2 + pc = pc \Rightarrow p = h\upsilon / c \qquad (8-19)$$

根据光的相关量（圆频率 ω，角频率 υ，波长 λ，波矢量 $\vec{k}$）间的关系

$$\omega = 2\pi\upsilon, \hbar = h/2\pi, \lambda = c/\upsilon; \quad \vec{k} = \frac{2\pi\upsilon}{c}\vec{k}^0 = \frac{\omega}{c}\vec{k}^0 = \frac{2\pi}{\lambda}\vec{k}^0 \qquad (8-20)$$

爱因斯坦给出了光量子的能量、动量的数学表达式

$$E = \hbar\omega = h\upsilon; \quad \vec{p} = \hbar\vec{k} = \frac{h}{\lambda}\vec{k}^0 = \frac{h\upsilon}{c}\vec{k}^0 \qquad (8-21)$$

当然，"光子"（photon）一词——该词赋予了光明确的"粒子性"——是由勒维斯（Lewis）在 1926 年提出来的[①]。但需要说明的是，爱因斯坦在 1905 年的文章中，事实上就是以"粒子的一元论"来看待原子、电子和作为辐射场的光量子的。所以勒维斯的概念和观点实质上早已蕴含在爱因斯坦的文章中了。

2. 理论的实验检验

（1）对光电效应的解释

采用光子的"粒子性"概念，则上述光电效应的解释困难立即迎刃而解。当光粒子（简称光子）射到金属表面时，一个光子的能量可能立即被一个电子吸收。设电子克服金属中的阻尼力所做的"脱出功"为 A，逸出金属表面后的速度为 υ，由能量守恒关系则有

$$E_\gamma = h\upsilon = \frac{1}{2}m\upsilon^2 + A \qquad (8-22)$$

上式表示光子能量 $E_\gamma = h\upsilon$ 转化成了电子的动能 $Ee = m\upsilon^2/2$，加上电子克服阻尼所做的脱出功 A，由上式，若

$$h\upsilon - A = \frac{1}{2}m\upsilon^2 \leqslant 0 \qquad (8-23)$$

则表明电子不能逸出金属表面而形成电流。若上式取等式，则可得最低的截止频率（υ_0）

$$\upsilon_0 = A/h \qquad (8-24)$$

将 $eV_a = \frac{1}{2}m\upsilon^2$ 代入（8-23）式，有

$$V_a = \frac{h}{e}\upsilon - \frac{A}{e} \qquad (8-25)$$

---

① G. N. Lewis, *Nature*, 18, Dec. 1926.

此即是图 8-4（b）的线性直线关系。且由（8-25）式可见，对于同样 v 的入射光来说，灯丝的材质一样（A 相同），截止电压（V_a）相同；光强越大，入射光子数越多，相应地电流也越大。这些正是图 8-4（a）表示的实验结果。一个看似复杂而矛盾的现象，就这样被光的粒子性简单地给予了回答。

（2）康普顿散射[①]

光的粒子性的最有力的实验证据，是图 8-6 所示的康普顿散射。

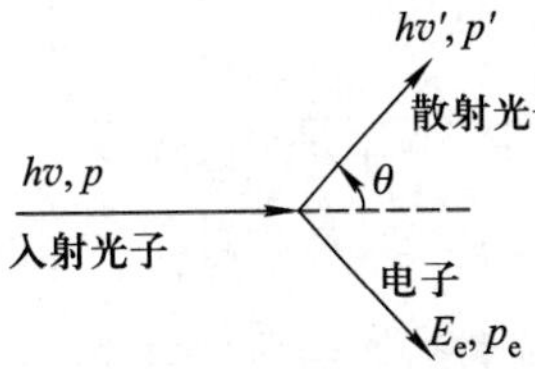

图 8-6

在碰撞前，原子中电子的速度和束缚能很小，近似地可以略去。这样，碰前的总能量为光子的能量 $h v$ 加上电子的能量 $m_e c^2$［用相对论公式（8-19）式］，总动量为入射光子的动量 $\vec{p}$；碰后的总能量为散射光子的能量 $h v'$ 加上电子的总能量 E_e，相应的总动量为光子动量 $\vec{p}'$ 加上电子动量 $\vec{p}_e$。康普顿在作了上述假定后认为，碰撞中能量、动量应是守恒的

$$\left. \begin{array}{l} h v + m_e c^2 = h v' + E_e \\ \vec{p} = \vec{p}' + \vec{p}_e \end{array} \right\} \tag{8-26}$$

利用相对论关系
$$E_e^2/c^2 - p_e^2 = m_e^2 c^2$$

可得
$$\frac{1}{c^2}(h v + m_e c^2 - h v')^2 - (\vec{p} - \vec{p}')^2 = m_e^2 c^2 \tag{8-27}$$

对光子而言
$$p = h v/c, \quad p' = h v'/c \tag{8-28}$$

且注意到图示的角关系，则有
$$\vec{p} \cdot \vec{p}' = p p' \cos \theta = \frac{h^2 v v'}{c^2} \cos \theta \tag{8-29}$$

将（8-28）式、（8-29）式代回（8-27）式简单运算即可求得散射光子的频率

$$v' = \frac{v}{1 + \dfrac{h v}{m_e c^2}(1 - \cos \theta)} \tag{8-30a}$$

上式也可以用波长 λ（$\lambda = c/v$）来表示

$$\lambda' = \lambda + \frac{h}{m_e c}(1 - \cos \theta) \tag{8-30b}$$

---

① A. H. Compton, *Phys. Rev.*, 22（1923）3009.

若令电子的康普顿波长为 λ_e

$$\lambda_e = \frac{h}{m_e c} = 2.43 \times 10^{-2} A^0 \qquad (8-31)$$

则（8-30b）式可改写为

$$\Delta\lambda = \lambda' - \lambda = \lambda_e(1 - \cos\theta) \qquad (8-32)$$

上式与实验结果符合得很好。

上述实验不仅证明了光的粒子性和爱因斯坦的光量子理论，而且证明：在微观单个碰撞事件中，经典力学关于动量、能量守恒的定律仍是成立的。

3. 启示

光量子理论的产生表明，在对光的本性的认识上，经历了从牛顿的一元论的粒子说到电动力学的二元对立的粒子、波动（场物质）说的波折之后，又重新回归到牛顿粒子说一元论的物质观。所以，爱因斯坦－普朗克的光量子理论是一次物质观的革命——对经典连续场概念的革命——论证了场是粒子的集合体。这一认识，与我们由第3章的分析所得出的结论完全一致。这是我们由光量子理论得出的最重要的启示。

（三）玻尔的量子论

1. 理论的提出

为了解决经典物理学与原子稳定性之间的矛盾，玻尔认为应当对卢瑟福的行星模型作新的认识，即必须对经典概念来一番彻底改造。到1913年，这种"改造"已被他所提出的两条基本假定表达。这两条基本假定是[1]：

（1）原子具有能量不连续的稳定状态（定态）。原子的稳定状态只可能是某些具有一定的分立值能量（E_1，E_2，…）的状态。为了具体确定这些能量的数值，他提出了如下的量子化条件——电子的角动量 J 只能是 $\hbar$ 的整数倍

$$J = n\hbar \qquad (8-33)$$

（2）量子跃迁的概念。他认为，原子处于定态时是不发出（或吸收）辐射的。但由于某种原因，电子可以从一个能级 E_n 跃迁到另一个较低（高）的能级 E_m。此时，将发射（吸收）一个光子，光子的频率 ν_{mn} 为[2]

$$\nu_{mn} = (E_n - E_m)/h \qquad (8-34)$$

可见玻尔的理论实质上是由三方面的内容组成的：一是卢瑟福原子模型（这表明经

① N. Bohr, *Phil. Mag.*, 26 (1913) 1.
② 曾谨言编著：《量子力学》（上册），科学出版社1986年版，第11～12页。

典牛顿方程仍成立）；二是以（8 – 33）式为表述的普朗克量子化条件；三是以（8 – 34）式为表述的关于辐射场的爱因斯坦光量子假设。因此，他的理论可以归结为如下的两个公式：

$$\begin{cases} \dfrac{d\vec{p}}{dt} = \vec{F} & (8-35) \\[3mm] \oint p_q dq = nh & (8-36) \end{cases}$$

亦即是说，玻尔认为牛顿方程仍是成立的，不过它应受到以（8 – 36）为表述的普朗克量子化条件的约束，从而使得原子中的电子运动在特殊的量子化的轨道上。

2. 对原子光谱实验的解释

以氢原子为例，并假定核外的电子作匀速圆周运动。

选广义坐标 $q = \varphi$；广义动量为角动量 $p_q = J = p_n r_n$（下标 n 表示电子处在第 n 条量子化轨道上），圆运动时 $p_n = m r_n \nu_n$ 为常数，r_n 也为常数。由（8 – 36）式，有

$$\oint p_q dq = \int_0^{2\pi} J_n d\varphi = J_n \int_0^{2\pi} d\varphi = J_n 2\pi = nh$$

于是，得

$$J_n = nh/2\pi = n\hbar \qquad (8-37)$$

此即（8 – 33）式。

当电子作圆运动时，（8 – 35）式的径向方程为

$$\frac{m\nu_n^2}{r_n} = F = \frac{e^2}{r_n^2} \qquad (8-38)$$

由上式，有电子的动能

$$T_n = \frac{1}{2} m\nu_n^2 = \frac{1}{2} \frac{e^2}{r_n} \qquad (8-39)$$

电子的总机械能为

$$E_n = T_n + V(r_n) = \frac{1}{2} m\nu_n^2 - \frac{e^2}{r_n} = \frac{1}{2} \frac{e^2}{r_n} - \frac{e^2}{r_n} = -\frac{1}{2} \frac{e^2}{r_n} \qquad (8-40)$$

又由（8 – 37）式有

$$J_n = m\nu_n r_n = n\hbar \Rightarrow \nu_n = \frac{n\hbar}{mr_n} \qquad (8-41)$$

将（8 – 41）式代入（8 – 39）式之中，有

$$\frac{1}{2} m \frac{n^2 \hbar^2}{m^2 r_n^2} = \frac{1}{2} \frac{e^2}{r_n}$$

由此式得出电子的"量子化轨道半径"

$$r_n = \left(\frac{\hbar^2}{me^2}\right)n^2 = r_B n^2 \quad (n = 1, 2, 3, \cdots) \tag{8-42}$$

其中玻尔半径

$$r_B = r_1 = \frac{\hbar^2}{me^2} \tag{8-43}$$

现将（8-42）式代回（8-40）式之中，得

$$E_n = -\frac{1}{2}\frac{e^2}{r_B n^2} = -\left(\frac{me^4}{2\hbar^2}\right)\frac{1}{n^2} \tag{8-44a}$$

若令里德伯（Rydberg）常数

$$R_H = \frac{2\pi^2 me^4}{ch^3}$$

则得

$$E_n = -R_H ch \frac{1}{n^2} \tag{8-44b}$$

根据爱因斯坦的光量子假设〔即（8-34）式〕，从 n 态跃迁到 m 态所发射的光谱线为

$$\upsilon_{mn} = \frac{E_n - E_m}{h} = R_H c\left(\frac{1}{m^2} - \frac{1}{n^2}\right) \quad (n > m, m = 1, 2, 3, \cdots) \tag{8-45}$$

此即（8-7）的帕尔麦公式。这表明玻尔理论给予了氢原子光谱完美的解释。

3. 启示

玻尔理论发表后引起了巨大的反响，赞誉者有之，反对者也大有人在。M. V. 劳厄就说麦克斯韦方程在一切情况下都是成立的，一个电子在圆形轨道上必然发生辐射。这实际上是提出了一个严肃的问题：作为宏观理论的麦克斯韦电磁场方程，是否也适用于微观情况？

现假定存在电磁辐射。利用推迟势，矢势的二次项

$$\vec{A}^{(2)} = -\frac{2}{3c^2}\sum e\dot{\vec{\nu}} \tag{8-46}$$

对一个电荷为 e 的粒子而言，产生的电场

$$\vec{E} = -\frac{1}{c}\dot{\vec{A}}^{(2)} = \frac{2e}{3c^3}\ddot{\vec{\nu}} \tag{8-47}$$

将其代入洛伦兹公式，得

$$m\dot{\vec{v}} = \vec{F} = e\vec{E} = \frac{2e^2}{3c^3}\ddot{\vec{v}} = \frac{2e^2}{3c^3}\frac{d}{dt}(\dot{\vec{v}}) \tag{8-48}$$

上式除了"$\vec{v}$ = 常数"这个平凡解之外，还有另一个解

$$\dot{\vec{v}} \propto e^{\frac{3mc^3}{2e^2}t} \tag{8-49}$$

这个解表明，单个带电粒子的加速度将会随时间 t 无限制地增加。这显然是荒谬的。人们将此困难理解为基本粒子有无限大的电磁"固有质量"。[①] 而后者是量子场论的基本困难。故上述解释只是将一种困难推给另一种困难而无助于对困难的认识与克服。这一荒谬的理论结果，已经表明将宏观电磁理论推广到微观时的局限性。

事实上，从物理机制上分析，静止电荷体之间的相互作用是静电相互作用。这时机械能守恒，不存在以光速 c 传播的电磁波及相应的相互作用，当然也就不存在"推迟势"的推迟效应，力场是"瞬时"传递的。当作为大量微观电荷集合体的宏观电荷运动时，才会产生电磁波——它是光粒子的集合体。可见，光粒子是由大量运动着的微电荷体的集体运动模式扰动 MBS 所形成的波包（当然目前我们尚不能从理论上很好地描述它）。但是，对单个微观电荷而言，由于不存在集体运动产生的相干模式，故也就不会产生光子这种波包运动（即以光速 c 传播的电磁波就不存在）。既然如此，劳厄关于"麦克斯韦方程在一切情况下都成立"的说法就是有问题的，由经典理论推导出（8-49）式的荒谬结果就是必然的。

那么，为什么劳厄错了而玻尔对了呢？原因就在于玻尔有正确的思想方法：理论只是我们认识客体的载体，从而也就决定了我们不能用客观事实去迎合理论，而是要用理论去适应客观事实。正因为思想方法是正确的，才使得他与普朗克一样，敢于去做"孤注一掷"的冒险，对经典的原有理论实施突破，成为量子论革命的伟大先行者，从而把那些故步自封的"专家们"远远地抛在了后头——这也许能看做我们从玻尔的壳模型原子理论的建立中获得的另一个启示吧！

三、对初期量子论重要意义的再认识

（一）初期量子论在发展过程中提出了一系列重要的观念

1. 粒子是物质存在的最基本形态

总结以上的分析可以看出，无论是普朗克的"作用量子"概念、爱因斯坦的"光量子"理论，还是玻尔的"原子具有不连续的稳定状态"和"量子跃迁"的概念，所有这

[①] 朗道、粟弗席兹著：《场论》，人民教育出版社 1979 年版，第 247 页。

443

些量子论发展初期的重要工作，都是在肯定物质的"粒子性"——粒子是物质存在的最基本的形态，它们都表明"粒子性"不仅在宏观的物质粒子方面，而且在微观领域、在场中同样存在。这是以普朗克、爱因斯坦、玻尔工作为代表的初期量子论最重要的意义。

2. 所谓"波粒两重性"中的"波性"，实质是"分立性"、"量子性"

量子论发展初期的"分立性"的"量子"概念，集中表现在两个方面：一是如图8-7所示的分立的"量子化轨道"（此处是普朗克的以粒子来描述振子运动的量子化轨道）；二是由普朗克-爱因斯坦"量子"概念引出的"粒子"与"波"（即场）之间的数学联系

$$\left.\begin{aligned} \frac{E}{\hbar} &= \omega \\ \frac{p}{h} &= \frac{1}{\lambda} \end{aligned}\right\} \tag{8-50}$$

我们注意到，方程（8-50）左边是"粒子"的量，而右边却是"波场"的量；它们都是描述同一个微观客体的。这正是所谓的"波粒两重性"。但值得注意的是，这里由（8-50）式所表现出的"波性"，同图8-7所示的量子化轨道一样也来源于"分立性"的"量子"概念。因而，这里的"波性"只不过是"分立性"、"量子性"的表现而已——所谓的"波性"，在本质上实际就是一种"分立性"、一种"量子性"。

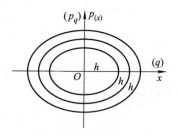

图8-7 普朗克的量子化轨道

（二）玻尔理论有着更深刻的意义

应当说，玻尔理论解释的现象虽然有限，但却包含着极丰富的内容和极深刻的思想。在这一理论的推动下，玻尔后来提出了著名的"互补性原理"（Complementary principle）。玻尔的思想和方向，在量子力学理论尚未建立之前极具吸引力，它将许多人集聚在自己的旗帜下做了大量的工作，以生动的物理图像加深了人们对原子、分子的认识及与化学的联系，门氏周期表中72号缺失元素"铪"的发现等，构成了玻尔理论方向的大胜利。特别是，玻尔的理论实际上已经孕育着一种新的理论"统一模式"。

玻尔的理论常被人们称为"旧量子论"。所谓"旧"，既是与QM相比较而言的，也隐含着玻尔理论有"经典"痕迹的意思，因为玻尔理论仍在使用着"轨道"的概念。

那么，究竟粒子的"质心"概念是否存在？究竟粒子运动时质心在空间中的"轨道"是否存在？从逻辑上和物理图像来判断，应当是存在的。正因为如此，通过康普顿

散射和云室，我们才会看到电子等微观粒子运动所显示出的轨道运动存在的客观性，它为玻尔的氢原子理论［认为牛顿方程（8-35a）式"仍成立"］提供了依据。

但是，牛顿方程不能完善地描述微观客体，故虽"仍成立"，但却"不完善"。为什么不完善呢？电子的轨道运动依赖于"初条件"，而初条件是可以连续变化的，与谱线的分立性是不自洽的。为了克服牛顿定律的上述不完善性，玻尔使用了图8-7普朗克的"量子化条件"，强行规定电子只能被限定在（8-37）式所描述的"量子化分立"的轨道上。正是这两者的结合，造就了玻尔理论的成功。

但是玻尔理论又是不完善的，适用的范围有限。原因又何在呢？

（8-37）式事实上是以"约束条件"的形式出现的。若用"力"的语言来表述，则可以称电子受到了一个尚不知名的"约束力"的作用。不妨将这个"力"形式地记为 $\vec{F}^{(s)}$。这样，比（8-35a）式更普适的牛顿方程，就可以形式地写为

$$\frac{d\vec{p}}{dt} = \vec{F} + \vec{F}^{(s)} \qquad (8-35\mathrm{b})$$

另一方面，（8-37）式的约束条件又与两个基本概念相联系：

第一，（8-37）式来自于（8-50）式的推广，与"波场"的概念相联系；

第二，（8-50）式又与一个基本宇宙常数 h 的发现相联系。

如我们所知，基本宇宙常数 c 的发现，导致了电磁场波动方程的建立和牛顿方程的修正——被改造为洛伦兹力下的粒子运动方程。完全对称地考虑，基本宇宙常数 h 的发现就应导致一个适应于微观领域的、新的场波动方程的发现（不妨记这个场的函数为 Ψ）。可见（8-36a）式孕育的是一个诉求：

$$\oint pdq = nh \Rightarrow \Psi \text{ 场方程的建立} \qquad (8-36\mathrm{b})$$

同样对称地考虑，它还能用来修正牛顿方程的"不完善"性，即 $\vec{F}^{(s)} = \vec{F}^{(s)}(\Psi)$。

通过上述对玻尔理论及思想的"再认识"，我们可以将原来的以（8-35a）式、（8-36a）式表述的玻尔理论拓展为如下的表述：

$$\begin{cases} \dfrac{d\vec{p}}{dt} = \vec{F} + \vec{F}^{(s)}(\Psi) & (8-35\mathrm{c}) \\[2mm] （约束）建立关于场函数 \Psi 的运动方程 & (8-36\mathrm{c}) \end{cases}$$

这样就可以使玻尔理论普适化，纠正其适用范围不广的弊端；而原来的理论，则可以视为上述以（8-35c）式、（8-36c）式为表述的普适化理论的一个"特例"。

在这里我们看到，玻尔理论通过（8-36c）式已经预示了新的场方程建立的必然

性——它后来为薛定锷波动方程的建立证实。另外，它还预示了牛顿方程将通过（8-35c）式被修正。然而遗憾的是，玻尔既没有深刻认识到这一点，又因其"看来是没有希望的"而缺乏深入下去的信心，从而失去了自己建立起来的理论线索。而这一修正，如下一编中将证明的，不仅将把经典力学与量子力学统一起来，而且使 SQM 的"测量问题不能被描述"的困局自动消解。

由此可见，因玻尔理论使用了轨道概念就认为它是一个不完全的量子论的观点，是一种未真正抓住事物本质的说法。玻尔理论作为"音乐性的最高形式"（爱因斯坦语）有着远远超出传统评价的更为重大和积极的意义！

第 2 节　统计量子力学（SQM）理论简介

量子力学（简称 QM）是 1923—1927 年间建立起来的。它主要有两种形式的表象理论：海森堡的矩阵力学[1]，薛定锷的波动力学[2]。海森堡、玻恩和约当的矩阵力学从可观测量入手，赋予每个物理量一个矩阵，根据对应原理（Correspondence principle），其形式与经典力学相似但运算规则不同——遵从矩阵乘法不可对易的代数学。而薛定锷则认为，波和粒子这两种性质均是微观客体普遍的内在性质。他推广了德布罗意"物质波"的概念，并找到了一个描述量子体系的关于物质波的波动方程——以他的名字命名的薛定锷方程（简称 SE）。在这两种表象理论中，哪个是更本质的表述？两派争议得很厉害。后来薛定锷做出论述，称二者是"等价的"。[3] 既然二者"等价"，且在事实上人们基本上都是在运用薛定锷方程求解问题，所以，我们以下的论述就以薛定锷表象为例进行。

这样一来，所谓的统计量子力学（SQM）就被看做由以下两个部分组成的：一部分是作为主方程（Master equation）的薛定锷方程（简称 SE）；另一部分则是其统计解释。下面我们简单地介绍一下这个理论。

一、薛定锷波动方程的建立

（一）德布罗意（L. de Broglie）的物质波假说[4]

德布罗意受普朗克、爱因斯坦和玻尔等人的工作的启发，仔细分析了光的粒子说与

① W. Heisenberg, Zeit. *physik*, 33（1925）879；M. Born, P. Jordan, Zeit. *Physic*, 34（1925）858；M. Born, W. Heisenberg, P. Jordan, Zeit. *Physic*, 35（1926）557.

② E. Schrodinger, *Annalen der physik*, 79（1926）36, 489；80（1926）437；81（1926）109.

③ E. Schrodinger, *Annalen der physik*, 79（1926）734.

④ L. de Broglie, *Comptes Rendus*, 177（1923）507；*Nature*, 112（1923）540.

波动说的发展历史，并注意到了几何光学与经典力学的相似性。他根据类比，设想物质粒子（Material particle）也有与光类似的波粒两重性，从而提出了物质波的假说。

我们知道，几何光学的基本定律可以概括为最小光程的费马原理

$$\delta \int_A^B \frac{dl}{\nu} = 0 \qquad (8-51)$$

式中 $\nu = c/n$ 为光在折射系数为 n 的介质中的速度，δ 为"变分"运算。(8-51) 式可改写为

$$\delta \int_A^B n dl = 0 \qquad (8-52)$$

上式表示：光线从 A 到 B，实际路径与其他可能路径不同的地方，是光程 $\int_A^B ndl$ 取极值，即其"变分"为零（"变分"概念在下一编中再介绍）。

完全类似地，对一个物质粒子，按经典力学则有莫培督（Maupertuis）原理

$$\delta \int_A^B pdl = \delta \int_A^B \sqrt{2m(E-V)}\, dl = 0 \qquad (8-53)$$

同样，对真实运动而言，其"作用量" $\int_A^B pdl$ 的变分必为零。

以上两者具有很强的相似性。(8-53) 式中的 $\sqrt{2m(E-V)}$ 起着 (8-52) 式中折射率 n 的作用。亦即是说，"光子"与"粒子"应对称地加以考虑。这促使德布罗意提出：与具有一定能量 E 及动量 p 的粒子相联系的物质波的频率 ν 及波长 λ 分别应为

$$\nu = E/h; \quad \lambda = h/p \qquad (8-54)$$

利用波矢量 $\vec{k} = \frac{2\pi}{\lambda} \vec{k}^0$，可以将上式写成完全同于爱因斯坦光量子"波粒两重性"的表述

$$E = \hbar\omega; \quad \vec{p} = \hbar\vec{k} \qquad (8-55)$$

德布罗意猜想存在一种物质波（是怎样的"物质性"的波以及如何描述，在当时仍是不清楚的），可以借助物质波的驻波，建立起与玻尔理论中的定态间的联系，以消解量子化条件中的人工刻痕。下面我们用图的示意方法来看一看这种"联系"。

例如，按照玻尔的理论，如图 8-8 所示，氢原子中的电子运动在量子化轨道上，其轨道半径为 r_n（$n = 1, 2, 3, \cdots$）。为何会如此呢？按照德布罗意的想法，是因为存在物质波，由于波必须满足驻波条件，即波绕原子中电子的轨道传播一周后应光滑地衔接起来，否则叠加后的波会由于干涉而相消。亦即是说周长 l_n 应满足如下条件

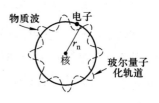

图 8-8

$$l_n = 2\pi r_n = n\lambda \quad (n = 1, 2, \cdots) \tag{8-56}$$

利用（8-54）式的德布罗意关系，则由上式有

$$2\pi r_n = n\lambda = nh/p_n \Rightarrow J_n = r_n p_n = n\hbar \tag{8-57}$$

这正是普朗克-玻尔量子化条件（8-37）式——但应注意的是，它是"物质性驻波"所要求的结果，在认识上已经较普朗克、玻尔的"人为引入"上升了一步。它以明确的方式表达了"物质波"的存在以及建立相应波动方程的必然性——玻尔理论所隐含的对"波场"的诉求，被德布罗意更明确地表述了出来。

现在考虑如图8-9所示的粒子在区间 [0, a] 的一维无穷深势阱中的运动。无穷深势阱所模拟的是粒子在刚性壁内与壁弹性碰撞后的往返运动过程。按照经典力学，由于粒子的初速度 ν 是可以连续变化的，因而其动能 $T = m\nu^2/2$ 也是连续变化的。但是，粒子除了与壁碰撞受力的作用外，还要受到来自物质波的"制约"。因波被限制在 [0, a] 内传播，故 $x = 0$、a 处是波的节点，与两端固定在 [0, a] 处的弦振动相似。按驻波条件

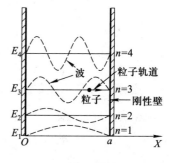

图 8-9

$$n\frac{\lambda}{2} = a \quad (n = 1, 2, \cdots) \tag{8-58}$$

有

$$\lambda = \lambda_n = 2a/n \tag{8-59}$$

代入（8-54）式，得受物质波"制约"的粒子的动量

$$p = p_n = 2\pi\hbar/\lambda_n = \frac{\pi\hbar}{a}n \tag{8-60}$$

相应地，粒子的能量（仅有动能）

$$E = E_n = \frac{1}{2m}p_n^2 = \frac{\pi^2\hbar^2}{2ma}n^2 \quad (n = 1, 2, \cdots) \tag{8-61}$$

取"分立值"而显示出"波动性"。

既然微观粒子也有"波动性"，那就应如光波那样产生干涉现象。如图8-10所示，当入射电子射向单晶表面时，其表面就等效为一个反射光栅，其光栅间距 a 依赖于晶体常数及磨光平面的取向。当以下条件

$$a\sin\theta = n\lambda \quad (n = 1, 2, 3, \cdots) \tag{8-62}$$

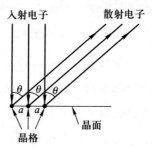

图 8-10

满足时，反射波被加强。利用（8-54）式

$$\lambda = h/p = h/\sqrt{2mE} \qquad (8-63)$$

代入（8-62）式，得峰值方向发生在

$$\theta = \theta_n = \sin^{-1}\left[\frac{n\lambda}{a}\right] = \sin^{-1}\left[n\,\frac{h}{a\,\sqrt{2mE}}\right] \qquad (8-64)$$

若电子真的具有波动性，实验就应证实（8-64）式的存在。

"物质波"？谁见过物质波？它不过是一种"胡说八道"！这是当时科学界大多数人对德布罗意"物质波"假定的看法。不仅如此，甚至经典物理学家们还借学术会议的机会，以会议决议的方式否定德布罗意的物质波理论。然而，上帝似乎特别眷顾逆境中的这位法国公爵的后代：他的理论被戴维逊（G. J. Davisson）和革末（L. H. Germer）无意间证实了[①]——实验室液态气瓶发生爆炸破坏了镍的内部结构，但因表面上看不出来，所以人们对此毫不知情；恰因如此，却造就了恰当的实验条件。所以当再次用电子束照射镍的晶面做实验时，就证明了（8-64）式——"物质波"真的存在！这是一个轰动性的事件。它使得德布罗意在提出自己的理论之后仅仅6年，就获得了诺贝尔奖。而作为"飞来的喜讯"，戴维逊和革末也获得了1937年度的诺贝尔奖。

（二）薛定锷方程（简称 SE）的建立

玻尔理论所隐含的"物质波"不仅被德布罗意以明显的方式提了出来，而且获得了实验的肯定。于是建立起描述该物质波的波动方程，就成为一种紧迫的需要。这一工作，是由当时的经典波动理论物理学家薛定锷完成的。

奥地利物理学家薛定锷十分关注德布罗意的工作，因而在苏黎世的一次学术会议上介绍了物质波的思想。会议主席德拜在薛定锷介绍完之后对他说道：你论及了物质波却为何不给出物质波的方程呢？于是，薛定锷很快根据德拜的提议给出了这个方程——即以他的名字命名的薛定锷波动方程（SE），从而使得"薛定锷"成为科学文献中出现最为频繁的人名。

基本方程总是以"最高原理"的方式直接引入的，不存在"推导"与"证明"的问题。它是否合理或如人们所称的是否"正确"，按照目前的流行观点，是靠其后的"实证成功"来判别的。

然而，按照我们的观点，更完善的检验是 C 判据。若在 C_1 的检验下，它还没有追到

① G. J. Davisson, L. H. Germer, *Phys. Rev.*, 30（1927）705.

本体论的源头上，则该原理的背后就应有一个更深的原理将其涵盖。即使视其为"最高原理"，里面也包含着丰富的信息，必须深入理解它的重要意义，不能单单是会用它去求解问题。所以，下面我们借助"推导"SE 来理解其意义。

研究这一问题的最佳途径是先从最简单的情况——自由粒子的情况——入手。我们由此出发来寻找波动方程的线索。

设自由粒子状态由波函数 $\Psi(\vec{r}, t)$ 描述。根据其性质，所寻找的方程应满足如下条件：

（1）该方程应是偏微分方程——因 $\Psi(\vec{r}, t)$ 是时空变化的场函数；

（2）方程中不应显含状态参量——方程的普适性要求；

（3）该方程应是线性微分方程——态的叠加性要求，因为具有态的叠加性才会有电子的干涉效应和（8-64）式的结果；

（4）方程的系数中应有虚数——波动性要求。

从波的角度考虑，自由粒子是与平面波相联系的

$$\Psi(\vec{r}, t) \sim e^{i(\vec{k} \cdot \vec{r} - \omega t)} \tag{8-65}$$

对于能量为 E、动量为 $\vec{p}$ 的自由粒子，根据（8-55）式，可将（8-65）式写为

$$\Psi(\vec{r}, t) \sim e^{i(\vec{p} \cdot \vec{r} - Et)/\hbar} \tag{8-66}$$

对时间微分，有

$$\frac{\partial \Psi}{\partial t} = -\frac{i}{\hbar} E\Psi \Rightarrow i\hbar \frac{\partial \Psi}{\partial t} = E\Psi \tag{8-67}$$

由于 E 是粒子的状态参量，故（8-67）式不是我们要找的方程。

但是，由下式 $\qquad \nabla^2 \Psi = -\dfrac{p^2}{\hbar^2} \Psi$

即

$$-\frac{\hbar^2}{2\mu} \nabla^2 \Psi = \frac{p^2}{2\mu} \Psi = E\Psi \tag{8-68}$$

结合（8-67）、（8-68）两式，就可以得出

$$i\hbar \frac{\partial}{\partial t} \Psi(\vec{r}, t) = -\frac{\hbar^2}{2\mu} \nabla^2 \Psi(\vec{r}, t) \tag{8-69}$$

其中 μ 为粒子的质量，是描述粒子特征属性的固有参量，而不是与运动状态（速度 $\vec{v}$）相关的状态参量。所以（8-69）式是满足上述 4 个条件的，它即是自由粒子的 SE。

由（8-67）式和（8-68）式，我们还发现一种有趣的对应关系：

$$E \Rightarrow i\hbar \frac{\partial}{\partial t}; \quad E = T = \frac{p^2}{2\mu} \Rightarrow -\frac{\hbar^2}{2\mu}\nabla^2 = \frac{1}{2\mu}(-i\hbar\nabla)\cdot(-i\hbar\nabla)$$

亦即是说，将上两式左边的经典量代换为右边的操作算子（加"尖角"表示为"操作算符"）

$$E \Rightarrow \hat{E} = i\hbar \frac{\partial}{\partial t}; \quad \vec{p} \Rightarrow \hat{\vec{p}} = -i\hbar\nabla \tag{8-70}$$

则经典自由粒子运动方程（能量方程）

$$E = T = \frac{p^2}{2\mu}$$

就可以代换成描述粒子运动的波动方程

$$\hat{E}\Psi = \frac{\hat{\vec{p}}^2}{2\mu}\Psi \Rightarrow i\hbar \frac{\partial}{\partial t}\Psi = -\frac{\hbar^2}{2\mu}\nabla^2\Psi \tag{8-71}$$

于是，在不是自由粒子、而是一个在势场 $V(\vec{r},t)$ 中运动的粒子的一般情况下，由经典粒子的能量方程

$$E = T + V = \frac{1}{2\mu}\vec{p}^2 + V$$

作完全类似的对应推广，则有

$$\hat{E}\Psi = \left(\frac{1}{2\mu}\hat{\vec{p}}^2 + V\right)\Psi \tag{8-72}$$

将（8-70）代入上式，则得一般单粒子的 SE

$$i\hbar \frac{\partial}{\partial t}\Psi(\vec{r},t) = \left[-\frac{\hbar^2}{2\mu}\nabla^2 + V(\vec{r},t)\right]\Psi(\vec{r},t) \tag{8-73}$$

在由 n 个粒子组成的系统（每个粒子的质量为 μ_i）的情况下，内、外力的总的势能为 $V(\vec{r}_1, \vec{r}_2, \cdots, \vec{r}_n, t)$，经典系统的总的机械能为

$$E = \sum_{i=1}^{n} \frac{1}{2\mu_i}\vec{p}_i^2 + V(\vec{r}_1, \cdots, \vec{r}_n, t) \tag{8-74}$$

类似上述代换过程，则得多粒子系的 SE

$$i\hbar \frac{\partial}{\partial t}\Psi(\vec{r}_1, \cdots, \vec{r}_n, t) = \left[\sum_{i=1}^{n} \frac{-\hbar^2}{2\mu_i}\nabla_i^2 + V(\vec{r}_1, \cdots, \vec{r}_n, t)\right]\Psi(\vec{r}_1, \cdots, \vec{r}_n, t) \tag{8-75}$$

其中 ∇_i^2 中的下标 i 表示仅对第 i 个粒子的位矢 $\vec{r}_i$ 指标作运算。为了方便记忆，我们令哈密顿（Hamilton）算子 $\hat{H}$

$$\hat{H} = \hat{T} + V = \sum_{i=1}^{n} \frac{-\hbar^2}{2\mu_i}\nabla_i^2 + V(\vec{r}_1, \cdots, \vec{r}_n, t) \tag{8-76}$$

则（8-75）式的 SE 可简记为

$$i\hbar\frac{\partial}{\partial t}\Psi = \hat{H}\Psi \qquad (8-77)$$

二、对波函数含义的理解

理解 SE 的意义的关键，在于如何理解其中的波函数 Ψ 的物理内容。

（一）薛定锷本人的理解

以单粒子方程（8-73）式为例，若 V 是一个实场，取复共轭运算"$*$"（即把 i 变成 $-i$ 的运算）则有

$$\hat{H}^* = \hat{H} \qquad (8-78)$$

于是对（8-73）式取"$*$"运算后的方程为

$$-i\hbar\frac{\partial}{\partial t}\Psi^* = \left(-\frac{\hbar^2}{2\mu}\nabla^2 + V\right)\Psi^* \qquad (8-79)$$

由（8-73）和（8-79）两式，并令

$$\rho(\vec{r},t) = \Psi^*(\vec{r},t)\Psi(\vec{r},t) = |\Psi|^2 \qquad (8-80)$$

$$\vec{j}(\vec{r},t) = \frac{i\hbar}{2\mu}(\Psi\nabla\Psi^* - \Psi^*\nabla\Psi) \qquad (8-81)$$

即可导出如下的方程[①]

$$\frac{\partial\rho}{\partial t} + \nabla\cdot\vec{j} = 0 \qquad (8-82)$$

薛定锷提出 SE 后很快就发现了以（8-82）式为表述的场的连续性方程。其中的 ρ 可以被理解为"分布密度"，也可以被理解为"概率密度"；$\vec{j}$ 可以被理解为"分布流密度矢量"，也可以被理解为"概率流密度矢量"。薛定锷当时将 ρ 解释为粒子的电荷或质量的分布密度，将 $\vec{j}$ 解释为相应的粒子的电荷或质荷分布流密度矢量。

若令

$$\rho_m = m\rho,\ \vec{j}_m = m\vec{j};\quad \rho_e = e\rho,\ \vec{j}_e = e\vec{j} \qquad (8-83)$$

则有

$$\frac{\partial\rho_k}{\partial t} + \nabla\cdot\vec{j}_k = 0 \qquad (8-84)$$

若 $k = m$（或 e），则为质量（或电荷）的连续性方程。

但是，薛定锷的上述理解从物质观和物理图像上都是难以想象的，而且在实际应用

---

① 周世勋编：《量子力学教程》，高等教育出版社 1995 年版，第 29 页。

中也遇到了困难。

（二）统计解释（波函数的概率波解释）

"后来是玻恩提出的统计诠释才克服了这一困难。玻恩认为：薛定锷方程中 Ψ 的平方，即 $|\Psi(\vec{x})|^2$ 并不代表一个电子的电荷密度，而是代表单位体积中找到电子的概率。当你在空间某处找到一个电子时，出现的是整个电子（注：原子性!），因此原子中的一个电子的波函数 $\Psi(\vec{x})$，并非描述空间连续分布的电荷。电子可以在这里，也可以在那里，但一旦在某处出现了，就是一个整体，一个点电荷。"[1]

玻恩（M. Born）是在用 SE 方程处理散射时，为解释散射粒子的角分布而提出"概率波"概念的[2]。由于干涉现象是"波粒两重性"的最生动的实验体现，故一般量子力学著作均以此情况来讨论所谓概率波的引入问题。

下面我们以电子的双缝衍射实验为例来做讨论（参见图 8 - 11）。

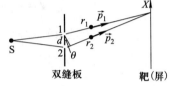

图 8 - 11

如果射向双缝的不是电子而是子弹（当然双缝要放大才行），当只开缝 1 时，靶上子弹的密度分布为 $\rho_1(x)$；只开缝 2 时，为 $\rho_2(x)$。当 1、2 同时打开时，子弹将各不相干地一粒一粒地打在靶上，此时其密度分布 ρ_{12} 为 ρ_1 和 ρ_2 的简单相加

$$\rho_{12}(x) = \rho_1(x) + \rho_2(x) \tag{8-85}$$

现在我们用声波来做实验，设频率为 ω 的经过缝 i 的声波用 $h_i(x)e^{i\omega t}$ 来描述（$i=1,2$）。因波有叠加性，双缝并开时的波幅为 $(h_1+h_2)e^{i\omega t}$。相应的声波强度分布

$$I_{12} = [(h_1+h_2)e^{i\omega t}]^* [(h_1+h_2)e^{i\omega t}] = (h_1+h_2)^* (h_1+h_2)$$

$$= |h_1|^2 + |h_2|^2 + (h_1h_2^* + h_2h_1^*) = I_1 + I_2 + (h_1h_2^* + h_2h_1^*)$$

因干涉项 　　　　　　　　$I(干涉项) = h_1h_2^* + h_2h_1^* \neq 0$

可见

$$I_{12} = I_1 + I_2 + I \neq I_1 + I_2 \tag{8-86}$$

水波、光波的情况与上面所说的情况是相似的。

由于上述的波（声波、水波、光波等）在衍射实验中会形成明、暗相间的衍射花样，所以我们说它是波，具有波的"波动性"。

---

① 曾谨言编著：《量子力学》（上册），科学出版社 1986 年版，第 49 页。

② M. Born, Zeit. Physik, 38（1926）803.

若我们用极弱的电子流来做实验，并且假设来自源 S 的电子流是如此之弱，以至于是一个又一个地分别射向双缝板的。若我们关闭 2 而仅打开 1，则电子将会形成单缝衍射花样；反过来打开 2 关闭 1，也会形成类似的单缝衍射花样。而将 1、2 同时打开，电子在屏上会形成双缝衍射花样，但它却不是单独打开 1 及 2 时的两个单缝衍射花样的简单叠加。

子弹是粒子，电子也是粒子，但作为微观粒子的电子，在上述的衍射中所表现出的行为却不同于作为经典粒子的子弹的行为，这表明微观粒子具有了"波动性"。

电子离开源后是自由粒子，应由自由粒子的平面波来描述。电子既可以通过缝 1，也可以通过缝 2，两者是平权的，概率一样，故总波函数

$$\Psi = \Psi_1 + \Psi_2 = Ae^{i(\vec{p}_1 \cdot \vec{r}_1 - \varepsilon_1 t)/\hbar} + Ae^{i(\vec{p}_2 \cdot \vec{r}_2 - \varepsilon_2 t)/\hbar}$$

通过 1、2 的是同样能量的电子，故 $\varepsilon_1 = \varepsilon_2 = \varepsilon$，$|\vec{p}_1| = |\vec{p}_2| = p$，于是上式可以写为

$$\Psi = Ae^{-i\varepsilon t/\hbar}(e^{ipr_1/\hbar} + e^{ipr_2/\hbar}) \tag{8-87}$$

其强度

$$\begin{aligned}\rho &= \Psi^* \Psi = |A|^2 (2 + e^{ip(r_2-r_1)/\hbar} + e^{-ip(r_2-r_1)/\hbar}) \\ &= \{2 + 2\cos[p(r_2-r_1)/\hbar]\} |A|^2\end{aligned} \tag{8-88}$$

由于靶与板的间距远大于缝宽 d，有

$$r_2 - r_1 \approx d\sin\theta \tag{8-89}$$

代回（8-88）式，则得

$$\rho = \Psi^* \Psi = 2\left[1 + \cos\left(\frac{dp}{\hbar}\sin\theta\right)\right] |A|^2 \tag{8-90}$$

由上式可见

$$\frac{dp}{\hbar}\sin\theta = \begin{cases} 2n\pi \\ (2n+1)\pi \end{cases} \text{时,} \quad \rho \text{ 为} \begin{cases} \text{极大值} \\ \text{极小值} \end{cases}$$

将 $p/\hbar = 2\pi/\lambda$ 代入上式得

$$d\sin\theta_n = \begin{cases} n\lambda \\ \left(n + \dfrac{1}{2}\right)\lambda \end{cases} \text{时,} \quad \rho \text{ 为} \begin{cases} \text{极大值} \\ \text{极小值} \end{cases} \tag{8-91}$$

此即著名的布喇格（Bragg）公式。这一强度分布的规律，被电子衍射实验所证实。

从电子极弱流衍射我们看到的是：如图 8-12 所示，一个电子在屏上打一个点——反映其具有"粒子性"；终极累计的结果形成衍射条纹的分布——反映其具有"波动性"。

所谓"波动性"，在这里表现为"分立性"：所形成的干涉条纹是"间断"分布的，中间区域几乎没有电子打在上面。这种分立性，我们在前面的普朗克谐振子的分立的量子化轨道及相应的分立的能级值中看到了，在玻尔氢原子电子分立的壳层轨道运动及相应的分立能级值中也看到了。所以我们前面说过：分立性就是所谓的波动性。从经典粒子的连续性向微观粒子的"分立性"、"间断性"的转变，是从经典力学向量子力学过渡的"最显著特征"。

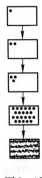

图 8－12

一个电子打在何处，我们不知道，它似乎是随机的；但是，它却只落在分立的干涉条纹之上，这是必然的。由于分立性即是波动性，故这种波动性是单个粒子所固有的性质。

在 SQM 中用波函数来描述这种波粒两重性时，$\Psi(\vec{x},t)$ 被称为"概率波"，$\Psi^*\Psi = \rho(\vec{x},t)$ 称之为在 t 时刻、$\vec{x}$ 处粒子出现的概率密度。亦即是说，概率波解释是以这样的方式来协调波粒两重性的："在底板上 $\vec{x}$ 点附近衍射花样的强度，$\propto$ 在 $\vec{x}$ 点附近感光点子的数目，$\propto$ 在 $\vec{x}$ 附近出现的电子的数目，$\propto$ 电子出现在 $\vec{x}$ 附近的概率。"[①]

利用上述概率解释，我们就可以称 $\Psi^*(\vec{r},t)\Psi(\vec{r},t)d^3\vec{r}$ 为在 t 时刻、$\vec{r}$ 邻域于体积元 $d^3\vec{r}=dxdydz$ 内找到粒子的概率。在不涉及粒子的产生与湮灭的非相对论性领域（即低能领域），在全空间我们总可以找到粒子，即其概率为 1：

$$\int_\infty \Psi^*(\vec{r},t)\Psi(r,t)d^3\vec{r}=1 \qquad (8-92)$$

（8-92）式称为波函数的归一化条件。按此条件被归一的波函数称为归一化波函数。

用上式的积分方式书写起来不太方便。为了简单起见，我们采用一种拓展的狄拉克符号来标记上式。定义

$$\int_\infty \Psi^*(\vec{r},t)\Psi(\vec{r},t)d^3\vec{r}\equiv\langle\Psi(\vec{r},t)\mid\Psi(\vec{r},t)\rangle=1 \qquad (8-93)$$

然而，上述"波函数的概率波解释"却遭到了薛定锷本人的激烈反对。

这是为什么呢？

这是因为，波函数的物质波解释表明波函数是一种物质性的量，并可能与某种尚不知名的物质的发现相关联；而概率波的解释，则将波函数看成了第二位的、非物质性的量。两种不同的解释，将使得 SE 和波函数在科学上的意义和地位有着天壤之别的差异。

———————————

① 曾谨言编著：《量子力学》（上册），科学出版社 1986 年版，第 27 页。

正因如此，薛定锷直到生命的最后一刻也反对和厌恶概率波，认为这是最让他痛心疾首的事——然而，他却无可奈何，因他未找到关于物质波解释的更佳途径。在愤怒中，他后来几乎退出了量子战线〔然而，他利用物理学知识写了一本《生命是什么?》（*What is Life?*）的小册子，激发一批物理学家介入了生命科学，大大推动了生命科学的发展，却是这一行动的意外收获〕。

这一事实表明，对波函数的理解是如此的重要和本质！所以，必须将这一极为重大而本质的问题的讨论深入下去——我们在本章第 3 节中还会再回过头来详细讨论这一问题。

三、统计量子力学（SQM）的基本内容

由于写作目的的制约，本书并不准备全面介绍 SQM，而只介绍其基本内容。

在非相对论性 SQM 中，粒子运动由 SE 描写

$$i\hbar\frac{\partial}{\partial t}\Psi(\vec{r},t) = \hat{H}\Psi(\vec{r},t) \tag{8-94}$$

引力、静电力和核力等自然力均是与时间无关的。所以，对真实的自然系统而言，定态问题具有特殊重要的意义。在 SQM 中，主要求解的也均是定态问题。而所谓定态问题，就是粒子所受力 $\vec{F} = -\nabla V(\vec{r})$ 不随时间变化的一类问题。为方便讨论而又不失一般性，我们将以定态单粒子系来讨论问题。此时，粒子的哈密顿量为

$$\hat{H} = -\frac{\hbar^2}{2\mu}\nabla^2 + V(\vec{r}) \tag{8-95}$$

在这种情况下，波函数 Ψ 可以分离变量

$$\Psi(\vec{r},t) = f(t)\psi(\vec{r}) \tag{8-96}$$

代入（8-94）式则给出定态 SE

$$\hat{H}\psi(\vec{r}) = E\psi(\vec{r}) \quad (E = 常数) \tag{8-97}$$

相应的解为

$$\Psi(\vec{r},t) = e^{-iEt/h}\psi(\vec{r}) \tag{8-98}$$

在经典力学中的量 A，在 SQM 中则用操作算符 $\hat{A}$ 来表示。例如，经典力学中的位矢 $\vec{r}$、动量 $\vec{p}$、角动量 $\vec{L} = \vec{r} \times \vec{p}$，在 SQM 中则分别被表示为算符 $\hat{\vec{r}} = \vec{r}$，$\hat{\vec{p}} = -i\hbar\nabla$，$\hat{\vec{L}} = \vec{r} \times \hat{\vec{p}} = -i\hbar\vec{r} \times \nabla$，如此等等。而相应的力学量 A 在 t 时刻于 Ψ 态的"观测值"由如下的"平均值"来定义

$$\langle \hat{A} \rangle = \bar{A} = \frac{\int_{\infty} \Psi^*(\vec{r},t) \hat{A} \Psi(\vec{r},t) d^3\vec{r}}{\int_{\infty} \Psi^*(\vec{r},t) \Psi(\vec{r},t) d^3\vec{r}} = \frac{\langle \Psi | \hat{A} | \Psi \rangle}{\langle \Psi | \Psi \rangle} \qquad (8-99a)$$

$$= \langle \Psi(\vec{r},t) | \hat{A} | \Psi(\vec{r},t) \rangle \quad (若 \langle \Psi | \Psi \rangle = 1) \qquad (8-99b)$$

为书写方便，Dirac 符号按（8-99b）式的定义方式作了一种拓展的理解，这并不影响 Dirac 符号的使用，也不会造成任何混乱。定态时，概率密度

$$\rho(\vec{r},t) = \Psi^* \Psi = e^{iEt/\hbar} \psi^*(\vec{r}) e^{-iEt/\hbar} \psi(\vec{r}) = \psi^*(\vec{r}) \psi(\vec{r}) = |\psi(\vec{r})|^2 \qquad (8-100)$$

是一种稳定的分布。相应地，一切与时间无关的力学量平均值不随时间变化。即若 $\hat{A}$ 不显含 t，则

$$\frac{d\langle \hat{A} \rangle}{dt} = 0, \quad \langle A \rangle = const. \qquad (8-101)$$

在氢原子问题中，$\{\hat{H}, \hat{L}^2, \hat{L}z\}$ 是力学量完全集。按测不准原理（简称为 UP）的说法，它们是可以被精确测量的。但事实上会因存在 $\vec{L}$、$\vec{S}$ 耦合而使得角动量守恒被破坏。鉴于此，为使讨论内容适用于一般的定态单粒子系统，故我们以能量为例来展开讨论。

设粒子处于特定本征态 Ψ_n，本征能量为 E_n，则在该态测得的能量的平均值为

$$\langle \hat{H} \rangle_n = E_n = \frac{\langle \Psi_n(\vec{r},t) | \hat{H} | \Psi_n(\vec{r},t) \rangle}{\langle \Psi_n | \Psi_n \rangle} = \int_{\infty} E_n(\vec{r},t) \frac{\Psi_n^*(\vec{r},t) \Psi_n(\vec{r},t)}{\langle \Psi_n | \Psi_n \rangle} d^3\vec{r} \qquad (8-102a)$$

$$= \int_{\infty} E_n(\vec{r}) \frac{\psi_n^*(\vec{r}) \psi_n(\vec{r})}{\langle \psi_n | \psi_n \rangle} d^3\vec{r} = \int_{\infty} E_n(\vec{r}) \rho_n(\vec{r}) d^3\vec{r} \qquad (8-102b)$$

其中概率密度

$$\rho_n(\vec{r},t) = \frac{\Psi_n^*(\vec{r},t) \Psi_n(\vec{r},t)}{\langle \Psi_n | \Psi_n \rangle} \qquad (8-103a)$$

$$= \frac{\psi_n^*(\vec{r}) \psi_n(\vec{r})}{\langle \psi_n | \psi_n \rangle} = |\psi_n(\vec{r})|^2 = \rho_n(\vec{r}) \quad (若 \langle \psi_n | \psi_n \rangle = 1) \qquad (8-103b)$$

若系统不处在某一特定本征态而是处于任意态 φ，利用波函数的正交归一性 $\langle \psi_n | \psi_m \rangle = \delta_{nm}$，则 φ 可以展开为

$$\varphi = \sum_n c_n \psi_n, \quad c_n = \langle \psi_n | \varphi \rangle \qquad (8-104)$$

能量的理论平均值为

$$\bar{E}^{(th.)} = \langle \varphi | \hat{H} | \varphi \rangle = \sum_n |c_n|^2 E_n \qquad (8-105)$$

设实验上共做足够大的 N 次测量，其中有 N_n 次测得粒子处于 ψ_n 态，粒子能量为

ε_n，所占概率 $\omega_n = N_n/N$，则实验上测得的平均能量为

$$\bar{E}^{(\text{exp.})} = \sum_n \omega_n \varepsilon_n \tag{8-106}$$

其中 ω_n 满足概率的归一性

$$\sum_n \omega_n = \sum_n \frac{N_n}{N} = \frac{1}{N}\sum_n N_n = \frac{N}{N} = 1 \tag{8-107}$$

利用 φ 的归一化条件

$$\langle \varphi | \varphi \rangle = \sum_n |c_n|^2 = 1 \tag{8-108}$$

由（8-107）、（8-108）两式有

$$\sum_n |c_n|^2 = \sum_n \omega_n = 1 \tag{8-109}$$

若假定本征能量 E_n 即是粒子能量 ε_n

$$E_n = \varepsilon_n \tag{8-110}$$

且进而假定［它并不能由（8-109）式直接导出］

$$|c_n|^2 = \omega_n = N_n/N \tag{8-111}$$

则得理论值与实验值相等的结论

$$\bar{E}^{(th.)} = \sum_n |c_n|^2 E_n = \sum_n \omega_n \varepsilon_n = \bar{E}^{(\text{exp.})} \tag{8-112}$$

人们通常称上述概率波解释及对测量问题的讨论为"量子力学统计解释之全部内容"，它也是 SQM 处理问题的直接基础。它的确在一定意义上可以被证明是"合理的"，并使得 SQM 在此基础上取得了某种意义的成功。

统计解释的正确性要靠实验来检验，故必须建立起 SQM 与经典力学（CM）间的衔接，论证 SQM 已将 CM 包含于其中。利用 SE 及其伴随方程（这里已明确标记了算子向前（→）、向后（←）的作用方向，且记向前作用 $\vec{\hat{A}} = \hat{A}$）

$$i\hbar\frac{\partial}{\partial t}|\Psi\rangle = \hat{H}|\Psi\rangle, \quad -i\hbar\frac{\partial}{\partial t}(\langle\Psi|) = \langle\Psi|\overleftarrow{\hat{H}}^+ \tag{8-113}$$

对（8-99b）式微分，SQM 给出了平均值运动方程

$$\frac{d\langle\hat{A}\rangle}{dt} = \frac{\partial\langle\hat{A}\rangle}{\partial t} + \frac{1}{i\hbar}\langle[\hat{A},\hat{H}]\rangle \tag{8-114a}$$

$$= \frac{1}{i\hbar}\langle[\hat{A},\hat{H}]\rangle \quad (\text{若 } \hat{A} \text{ 不显 } t) \tag{8-114b}$$

其中 $\dfrac{\partial\langle\hat{A}\rangle}{\partial t} \equiv \left\langle\Psi\left|\dfrac{\partial\hat{A}}{\partial t}\right|\Psi\right\rangle$，$[\hat{A},\hat{H}] = \hat{A}\hat{H} - \hat{H}\hat{A}$。

利用 $[f(\vec{r}),\hat{\vec{p}}] = i\hbar\nabla f(\vec{r})$，由（8-114b）可得

$$\frac{d}{dt}\langle \vec{r} \rangle = \left\langle \frac{\partial}{\partial \hat{\vec{p}}} \hat{H} \right\rangle, \quad \frac{d}{dt}\langle \hat{\vec{p}} \rangle = -\left\langle \frac{\partial}{\partial \vec{r}} \hat{H} \right\rangle \qquad (8-115)$$

对定态系，将（8-95）式代入（8-115）式有 Ehrenfest 定理：经典运动方程在平均值意义下成立。

$$\begin{cases} \dfrac{d}{dt}\langle \vec{r} \rangle = \dfrac{1}{\mu}\langle \hat{\vec{p}} \rangle & (8-116) \\[3mm] \dfrac{d}{dt}\langle \hat{\vec{p}} \rangle = -\langle \nabla V(\vec{r}) \rangle = \langle \vec{F}(\vec{r}) \rangle & (8-117) \end{cases}$$

当势 $V(\vec{r})$ 变化很缓慢，且粒子动能又很大时，就可以用一个狭窄的波包去描述粒子的运动（且势在波包内是均匀的），则（8-117）式还可以进一步写为

$$\frac{d}{dt}\langle \hat{\vec{p}} \rangle = -\nabla V(\langle \vec{r} \rangle) = \vec{F}(\langle \vec{r} \rangle) \qquad (8-118)$$

以此证明统计解释与实验实证是可以"自封闭的"。

为什么这样说呢？由（8-118）式可见，若认为平均值就是 CM 粒子的经典值的话，它即是 CM 的牛顿方程——因测量时所测的量是粒子的经典量，它们遵从 CM 的牛顿方程。

但为什么只能是统计的描述呢？测不准原理（UP）给予了哲学上的解释。

若 A、B 是一对正则量

$$[\hat{A}, \hat{B}] = i\hbar \qquad (8-119)$$

则 SQM 证明有如下的测不准关系

$$\begin{cases} \Delta A \cdot \Delta B \geqslant \hbar/2 & (8-120) \\[3mm] \Delta A \geqslant \lim\limits_{\Delta B \to 0}\left(\dfrac{\hbar}{2}\dfrac{1}{\Delta B} \right) \to \infty & (8-121) \end{cases}$$

即若 B 可以"精确测量"（其测量偏差 $\Delta B \to 0$），则 A 就"绝对测不准"（其测量偏差 $\Delta A \to \infty$）；反过来，颠倒 A、B，道理一样。在经典力学中，粒子的动力学变量为 $\vec{r}$ 和 $\vec{p}$，两者同时确定后，就可以用经典轨道来描述其运动行为并给出清楚的运动图像。但是，在 SQM 中，由于 $\vec{r}$、$\hat{\vec{p}}$ 是一对正则量

$$[\vec{r}, \hat{\vec{p}}] = i\hbar \qquad (8-122)$$

故它们将受上式的限制而使得两者在测量精度上互斥，所以不能用轨道概念；于是决定论失效，统计描述是终极的认识。

第3节　对统计量子力学（SQM）的质疑与分析

一、为什么要再次质疑和分析 SQM？

（一）关于 SQM 的论争并没有以爱因斯坦的"失败"告终

众所周知，SQM 刚建立不久，以爱因斯坦–玻尔为代表的量子大论战就开始了。

论战的第一回合发生在 1927—1930 年于布鲁塞尔举行的索尔维（Solvay）会议上。代表性的实验是著名的"光子箱"思想实验。爱因斯坦设计光子箱实验的目的，是想证明实验测量精度可以比海森堡不确定性原理要求的更高。玻尔耗了一个不眠之夜后对爱因斯坦的挑战进行了反驳，并借助爱因斯坦本人的广义相对论，证明测不准原理是"仍成立"的。

玻尔的这一"拯救性工作"，被许多物理学家欢呼为玻尔及其哥本哈根学派的胜利和爱因斯坦的失败。但是，玻尔的论据也不断受到批评，因为他在论证中所用的量的含义与测不准关系中的量的含义并不相同，故阿嘎西称玻尔非法地改变了"游戏规则"[1]。玻尔自己也承认，爱因斯坦失败了，但没有被说服——为"说服"爱因斯坦以使得自己的论证是无懈可击的，以至于玻尔在去世的前一天晚上，还在书室的黑板上画了光子箱思想实验的示意图。这表明他仍在思考着这个事实上并未真正分出胜负的争论。

论战的第二个回合是 1935 年提出的 EPR 佯谬[2]。玻尔的反击可参见有关资料[3]。这一争论导致贝尔提出了判定争议的"贝尔不等式"[4]，后来阿斯佩等人还设计了实验进行检验。[5] 检验的结果似乎给了爱因斯坦的看法否定性的回答（关于 EPR 佯谬的实验检验等具体问题，可参阅董光璧等人的评述性文章）。[6]

由以上的论述可见，爱因斯坦"似乎""失败"了。但人们却普遍认为这一争论并没有就此画上句号。这是为什么呢？

下面我们以 EPR 问题为例，来简单地探讨一下其中的原因。

EPR 问题的结构关系为：

① K. R. Popper, *The Logic of Scientific Discovery*, footnote 10, P. 447, Basic Boors, New York, 1959.

② A. Einstein, B. Podolsky and X. Rosen, *Phys. Rev.*, 47 (1935) 777.

③ N. Bohr, *Phys. Rev.*, 48 (1935) 696.

④ J. S. Bell, *Phys.*, 1 (1964) 195; Rev. Mod. *Phys.*, 38 (1962) 497.

⑤ A. Aspekt, J. Delibard and G. Roger, *Phys. Rev. Lett.*, 49 (1982) 1804.

⑥ 董光璧：《定域隐变量理论及其实验检验的历史和哲学讨论》，《自然辩证法通讯》1984 年第 2 期，第 25 页。

1. 立论的基础

一种可理解的真实性的定义，是不以我们的目的为转移的。

2. 形成的判据

若一个系统没有受到任何干扰，我们就能预设一个确切的物理量（即概率为1）。于是就存在着对应此物理量的物理真实性的元素。而在量子力学中，若$[\hat{A},\hat{B}]\neq 0$，则两者是互斥的。因此，要么（1），由波函数给出的量子力学真实性描述是不存在的；要么（2），相应于两个不互易算子的物理量不是同时真实的。

因而，假定由于两个粒子1和2距离很远，其相互作用是以光速相联系的定域作用，则测量1就不影响测量2。这样就能得出结论：不互易算子的量是可以同时被测量的，故是同时真实的，这就与（2）发生矛盾。而（1）和（2）是等价判断，故可以得出结论：量子力学是不完全的。

由以上的论述可见，爱因斯坦的立论基础是科学自然主义，是完全正确的；其矛头直指作为 SQM 哲学基础的海森堡的所谓"测不准原理"（UP）。这正如他在 1926 年 8 月 21 日致索末菲的信中说的："在这些对量子规则作深刻阐明的新尝试中，我最满意的是薛定锷的表述方式。但愿那里所引进的波场是能够从 n 维空间的坐标移植到 3 维或 4 维空间的。海森堡 – 狄拉克的理论（注：矩阵力学表述）我固然不得不钦佩，但是我却闻不到真理的气味。"[1]

事实上，海森堡提出的 UP 的基础是"测量"。这就把 SQM 建立在了"测量"的基础之上。现在我们要问的是：若科学家们不去作测量，或者在人类产生之前，有无氢原子之类的客体及它所遵从的量子规律的存在？若有，就使得我们在不做任何数学物理论证之前，就敢于下这样一个明确无误的结论：海森堡的测不准原理是一个伪结论。因为这一结论如果是真的，而且其数学物理论证真是严格而正确的话，那就无异于认为物理学可以"证明"错误的认识论和哲学观是"正确的"。这样，物理学岂不成了人们所常论及的伪科学？

可见，EPR 的立论基础和矛头所指并没有错，其意义是积极而重大的。但爱因斯坦在论战中为什么会失利呢？问题出在以下两个方面：

其一，是爱因斯坦把物理真实性的元素与一个确切的物理学量相联系，又将后者与没有任何干扰的守恒量相联系，这就表明爱因斯坦是将物理学量视为守恒量的。这在实

① 爱因斯坦著：《爱因斯坦文集》（第一卷），许良英等编译，商务印书馆 1976 年版，第 218 页。

际上就与海森堡所定义的可观测量一样了——在这里，爱因斯坦关于物理量的定义落入了海森堡设定的圈套之中。海森堡就明确指出过："任何物理理论只应讨论物理上可以观测的物理学量，对于建立微观现象的正确理论，尤其要注意这点。"[1] 所以，爱因斯坦在这里已经违背了自己的立论基础——因为这一基础要求以"存在"而不是以"观测"为出发点。例如，处于本征态上的氢原子的电子能量守恒，按海森堡的说法，因 $\Delta E = 0$，故 E 是一个"精确的可观测量"；但因系统不以能量的方式向外输出信息，故在事实上这个"精确的可观测量"是不可观测的！——因为观测一个量，总是要在其变化中才能实现；因此，客观存在但"不变"的物理学量，在事实上均不是精确的可观测的。但不能精确观测并不等于不"存在"。经典力学的质心的空间位矢及相应的动量在一般情况下不是守恒量，因而也不是可以精确观测的，但却是"存在"的。所以，我们应以"存在"为研究对象并由此去定义基本物理学量，而不是以"精确可观测的"所谓"守恒量"来定义基本物理量。

其二，是爱因斯坦将以光速为联系方式的定域相互作用绝对化了。这一点如我们在前面指出的，由于科学界广泛流行着对推迟势的错误理解，爱因斯坦也未能免俗，因而将其渗透到自己的相对论之中了。由于非定域关联是一种更为基本的相互作用，这就必造成玻尔用非定域性关联将爱因斯坦击倒，从而导致该非定域关联的实验实证。

可见，爱因斯坦的"失败"不在于他的哲学基点不对；反过来，贝尔不等式违反所证实的也仅仅是 SQM 的统计解释的合理性——这与早已在其他领域所做的证实是一致的，并不能由此否定爱因斯坦的哲学基础不对。而哲学基础，在物理学中是不可能"公说公有理，婆说婆有理"的，而是可以被检验的。可见，EPR 悖论所提出的更深层次的关于 SQM 的哲学基础问题仍是需要探索和论证的根本性问题！

（二）人们为解决量子力学中的佯谬所作的努力并未取得实质性的重大成功

应当看到，正是量子力学中的争论，导致薛定锷于 1935 年首先提出了所谓的"纠缠态"（Entangled state）的问题。量子非定域性和纠缠态的讨论，又促进了当今的量子信息、量子密码、电子长程通讯等新兴量子信息科学的产生。它与量子计算机的研究和纳米技术的开发与应用等结合在一起，催生了一个新的技术和产业——"量子工程学"，其前景诱人。这说明 SQM 不仅已取得了丰富的成果，而且正在不断取得成功并扩大着应用的领域。

---

[1] 曾谨言编著：《量子力学》（上册），科学出版社 1986 年版，第 13 页。

但是，"自从量子力学在 20 世纪 20 年代由尼尔斯·玻尔、埃尔文·薛定锷、沃纳·海森堡、保罗·狄拉克等创立以来，这么多年似乎并没有什么新的发现。"[1] 亦即是说 SQM 所固有的佯谬和困难仍然存在。这说明爱因斯坦两次对 SQM 哲学基础的质疑仅仅是在"揭盖子"，问题并没有因为玻尔在表面上的"胜利"而终结。恰恰相反，盖子是捂不住的——人们为克服量子力学中的佯谬所做的努力从来就没有中断过。

事实上，即使按贝尔的划分，[2] QM 也有 4 种表象和 6 种主要"解释"。4 种表象是海森堡的"矩阵表象"，薛定锷的"波动表象"，费曼（R. P. Feynman）的"路径积分表象"和马德隆（E. Madelung）的"流体力学表象"。6 种解释是哥本哈根概率解释，冯·诺依曼（J. Von Neumann）和维格纳（E. P. Wigner）的标准解释，布洛欣采夫（D. I. Blokhintev）的统计系综解释，艾弗雷特（H. Everett Ⅲ）的多世界解释，玻姆（D. J. Bohm）的隐参量（量子势）解释和纳尔逊（E. Nelson）的随机解释。

在这 6 种解释中，除纳尔逊的随机解释是以经典统计力学中的 Fork-Planck 方程为讨论问题的出发点外（它和流体动力学表象是一脉相承的），其余的均以线性薛定锷方程作为讨论的出发点[3]。

标准解释比哥本哈根解释多了一条"波包编缩"，用以解释测量过程中的"薛定锷猫"的佯谬。两者的结合，称为"正统解释"。以薛定锷 – 海森堡表象为基础采用正统解释而建立的 QM，被称之为 SQM。除 SQM 较广泛地被不同程度认同之外，费曼的路径积分表象和玻姆的量子势解释这两种理论的影响也较大。我们下面对它们进行简单介绍。

1. 费曼的路径积分理论

正因为费曼（包括他的学生时代）怎么也弄不懂 SQM，所以他曾说"无人懂量子力学"[4]。这促使他建立起了量子力学的路径积分表象理论。

设系统的经典拉氏量为 L，哈密顿量为 H，q、$\dot{q}$ 为广义坐标和广义速度

$$L(q,\dot{q}) = \frac{1}{2}\mu\dot{q}^2 - V(q) = p\dot{q} - H \qquad (8-123)$$

则费曼传播子（即费曼振幅）

$$R(qt, q_0t_0) \equiv \langle qt \mid q_0t_0 \rangle = A \int [d\tilde{q}] e^{\frac{i}{\hbar}\int_{t_0}^{t} dt L(\tilde{q},\tilde{p})} \qquad (8-124)$$

① ［英］安东尼·黑帕特里克·沃尔特斯著：《新量子世界》（The New Quantum Universe），雷奕安译，湖南科学技术出版社 2005 年版，第 2 页。

② J. S. Bell, "Six Possible Worlds of Quantum Mechnics", Found Phys., 10（1992）1201.

③ 沈惠川：《Born 是 Copenhagen 学派掌门人之一："关于量子力学发展早期的学派之争的评述"的评述》，《武汉工程职业技术学院学报》2003 年第 4 期，第 37 页。

④ R. P. Feynman, The Character of Physical Law, P. 129, M. I. Press, Cambridge, Mass, 1978.

其中 A 为一常数，对一般体系的 H，可有

$$\langle qt \,|\, q_0 t_0 \rangle = A \int [\,d\tilde{q}\,] e^{\frac{i}{\hbar} \int_{t_0}^{t} dt L_{eff}(\tilde{q}, \tilde{p})} \qquad (8-125)$$

其中有效拉氏量 L_{eff} 与 H 间不一定符合经典关系。由于 $\langle qt \,|\, q_0 t_0 \rangle$ 表示对 $[\,d\tilde{q}\,]$ 的泛函积分，故又称为"路径积分"。

费曼提出的路径积分量子理论基于如下的假定：对量子体系，存在一个有效拉氏量 L_{eff}，使上述对 $[\,d\tilde{q}\,]$ 的无穷维泛函积分成立。故（8-125）式又称为费曼方程。

量子力学的费曼形式的特点是不涉及经典数量和不用算符。它事实上是将从 $q_0 t_0$ 向 qt 演化过程的振幅看成可能的"经典轨道"的叠加（参见图 8-13）。为什么会如此呢？若从物理实质来认识，这无异于费曼考虑了微粒的运动存在

图 8-13

"内随机性"：由于这种内随机性使得微粒将具有不同的轨道运动，其叠加则给出费曼振幅。费曼路径积分已广泛使用在量子场论等领域，特别是其形式理论之中。但"由于作无穷维的泛函积分，而该积分理论也尚在研究发展中，只在极少数简单情况下才能具体计算结果"[1]。为什么该理论在实际的应用中无重大的突破性成功？现从图 8-13 的关系简单思考一下：请问图中 $t_0' \to t'$ 之间的费曼振幅与 $t_0 \to t$ 之间的费曼振幅，是相容而自洽的吗？这似乎是值得人们认真思考的。

2. 玻姆的隐参量理论[2]

玻姆的隐参量理论最积极的思想在于他提出了波函数的"量子势"解释，从而使得对波函数的认识走上了"实在论"的方向。玻姆将波函数写为

$$\Psi = R e^{is/\hbar} \qquad (8-126)$$

其中 R、s 为实函数。将（8-126）式代入 SE，玻姆推导出在形式上类似于经典的 Hamilton-Jacobi 方程

$$\frac{ds}{dt} = -E = -\left[\frac{(\nabla s)^2}{2\mu} + V(r) - \frac{\hbar^2}{2\mu} \frac{\nabla^2 R}{R}\right] \qquad (8-127)$$

若令粒子的动量

$$\vec{p} = \nabla s \qquad (8-128)$$

则根据（8-127）式的形式相似性，玻姆假定粒子的运动方程可以写为

---

[1] 尹鸿钧编著：《量子力学》，中国科学技术大学出版社 1999 年版，第 206 页。

[2] D. Bohm, *Phys. Rev.*, 85 (1952) 166, 180; 89 (1953) 458; 96 (1954) 208.

$$\frac{d\vec{p}}{dt} = -\nabla V - \nabla\left(-\frac{\hbar^2}{2\mu}\frac{\nabla^2 R}{R}\right) \qquad (8-129)$$

亦即是说，在玻姆看来，与经典牛顿粒子不一样的是，微观粒子还要受到一个来自 $R = \sqrt{\Psi^* \Psi}$ 的力

$$\vec{F}_{Bohm} = -\nabla\left(-\frac{\hbar^2}{2\mu}\frac{\nabla^2 R}{R}\right) = -\nabla V_{Bohm}(\vec{r}) \qquad (8-130)$$

的作用。V_{Bohm} 称为量子势。

在自由粒子情况下，$\Psi = e^{-i(Et-\vec{p}\cdot\vec{r})/\hbar}$。于是由

$$\nabla s = \vec{p}, \quad V = 0, \quad V_{Bohm} = 0 \qquad (8-131)$$

有

$$\frac{d\vec{p}}{dt} = 0 \Rightarrow \vec{p}(t) = \vec{p}_0, \quad \vec{r}(t) = \vec{r}_0 + \frac{1}{\mu}\vec{p}_0 t \qquad (8-132)$$

玻姆方程可以描述自由粒子的运动。这里给出的有意义的信息是：得出经典自由粒子运动方程，无须以 $\hbar \to 0$ 为前提；$[\hat{p}, \hat{H}] = 0$ 表示 $\vec{p} = \vec{p}_0$ 为常矢量，$[\vec{r}, \hat{H}] \neq 0$ 表明 $\vec{r}$ 不是守恒量，但却可由（8-132）式描述，且是可以由实验检验为正确的可观测的量。

但对于一维谐振子的情况，由于 $s = -Et$，$\nabla s = \vec{p} = 0$，可见 ∇s 在一般情况下不是粒子的经典动量，而 $-\frac{\hbar^2}{2\mu}\frac{\nabla^2 R}{R}$ 是动能项，若略去（即令 $\hbar^2 \to 0$），则方程不平衡。这种"静止的"振子的物理图像显然不合乎实际。可见，将（8-127）式与 $H-J$ 方程作类比而给出粒子方程（8-129），因 $\vec{p} = \nabla s$ 不是一般意义上的粒子的动量，故一般而言也不是一个真实的粒子运动方程。

例如，作一般的考虑，QM 应将 CM 涵盖于其中。亦即是说，对微观和宏观的认识都应在同一个方程中完成。地球的绕日运动即是一个经典问题。因此，任何形式的量子理论，都应论证可以将这一问题纳入其理论之中来描述。这才能满足（C_4）判据的"完全性"。

求解氢原子与求解地球的绕日运动是精确等价的。在高斯单位下，只需作如下的对应与代替即可：

$$\frac{e^2}{r} \Rightarrow G\frac{\mu M}{r}, \quad 即 \ e^2 \Rightarrow G\mu M \qquad (8-133)$$

电子的第 1 玻尔半径

$$(r_1)_e = a_0 = \frac{\hbar^2}{\mu_e e^2} \sim 0.529 \times 10^{-8}[cm] \qquad (8-134)$$

利用上两式，相应地有

$$(r_1)_{earth} = \frac{\hbar^2}{G} \frac{1}{\mu^2 M} = \frac{1.054}{6.67} \times 10^{-46} \frac{1}{\mu^2 M} [cm] \to 0 \qquad (8-135)$$

其中，μ、M 分别为地球和太阳的质量（单位为克）。因存在（8-135）式，故（8-129）式中的 $\vec{F}_{Bohm}$ 不需考虑。而波函数

$$\Psi_{nlm}(r,\theta,\varphi,t) = e^{-iE_n t/\hbar} R_{nl}(r) Y_{lm}(\theta,\varphi) \equiv \mathrm{Re}^{is/\hbar} = \mathrm{Re}^{i(-E_n t + m\hbar\varphi)/\hbar} \qquad (8-136)$$

其中 m 为磁量子数。按照玻姆定义，"动量"

$$\vec{p} = \nabla s = \vec{\varphi}^0 \frac{1}{r\sin\theta} \frac{\partial}{\partial\varphi}(m\hbar\varphi) = \vec{\varphi}^0 \frac{m\hbar}{r\sin\theta} \qquad (8-137)$$

代入（8-129）式中，则得地球绕日的运动方程

$$\left. \begin{array}{l} \dfrac{m\hbar}{r}\dot\varphi = G\dfrac{\mu M}{r^2} \\[3mm] \dfrac{m\hbar ctg\,\theta}{r}\dot\varphi = 0 \\[3mm] \dfrac{m\hbar}{r}\left(\dfrac{\dot r}{r} + \dot\theta\,ctg\,\theta\right) = 0 \end{array} \right\} \qquad (8-138)$$

这一离奇形式的方程显然不能描述地球的绕日运动。这表明玻姆的 QM 不能实现与 CM 的光滑衔接。

可能正是由于上述的种种原因，虽然玻姆声称他的理论追寻着爱因斯坦的思想，但爱因斯坦本人却对玻姆的理论一直采取保留的态度。

应当说明，贝尔不等式的检验曾使人们相信"否定了"隐参量理论。但事实上人们仍在不断地进行探索，以至于目前各种形式的隐参量理论已多达数十种。

总结以上的论述可见，无论是隐参量还是其他的"解释"或"表象"，以及德布罗意所主张的"双重解理论"、多种非线性"波导理论"，或者是北京大学黄湘友教授提出的建于 5 维空间中的"双波理论"、天津大学崔君达教授提出的"复合时空理论"、武汉工程职业技术学院赵国求教授提出的波函数的"曲率波解释"等[①]，均表达了人们对 SQM 的质疑和对新的探索的欲望与诉求。然而，一个无情的事实却是，面对种种的质疑与挑战以及如此众多的其他表象、解释或新的理论表述，SQM 迄今仍处于 QM 中的主导性地位，并似乎难以动摇。这充分表明了以下两点：其一，它的确具有很深刻的合理内核；其二，既然它存在众多的佯谬，那么，能继承 SQM 合理内核又可克服其佯谬的理论

---

① 赵国求：《消除相对论与量子力学深层次矛盾的新进展》，《武汉工程职业技术学院学报》2004 年第 2 期，第 19 页。

形态——一种较 SQM 更好的理论形态——就一定存在。

但是，至今的所有理论似乎都尚未达到可以取代 SQM 的高度与要求。这就表明这些理论似乎尚未完全击中佯谬的要害，也没有完全揭示出关于佯谬所引发的量子争论背后的更深层次的东西——这正是我们之所以要重新质疑与分析 SQM 的原因。当然，我们不仅仍需探索，也需要从上述争论以及各种"非正统 QM 理论"中汲取养料，以便把探索更深入地持续下去。

二、对 SQM 的质疑及分析

上面说过，SQM 事实上是由两部分组成的：一部分是作为主方程的薛定锷方程（SE）（8－94）式；另一部分则是其统计解释。这两者的关系是很清楚的：若 SE 对系统的描述是完善的，就不必再去另加上一个所谓的"解释系统"。由此可见，解释系统事实上是为了"追补"SE 描述粒子运动的不完善性。

这种"追补"主要是通过以下 4 点实现的：

（1）SE 的波函数被解释成了概率波；

（2）力学量被解释为"平均值"，即可观测的量；

（3）力学量遵从平均值运动方程［即海森堡方程（8－114）］，它描述力学量随时间的变化；

（4）借助海森堡运动方程给出爱伦菲斯特定理［即（8－117）式］，从而给出与经典力学的衔接，表明利用统计解释可以完成在经典测量下的与实验检验的连接，证明 SQM 从理论到实验检验是内在自封闭的，是完善的。

因而，我们的质疑与分析就集中在这四点上。下面将以 C 判据为标准，分析来自哥本哈根学派统计解释的上述 4 点"追补"的实质。

（一）关于"概率波"解释

在图 8－14 所示的实验中，来自源 S 的一个粒子（例如电子），被云室（b）、（d）捕捉并留下两条直线轨迹（实线 AB、CD），进入均匀磁场（f）之后则在乳胶片上留下

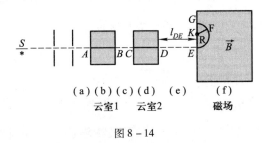

图 8－14

半径为 R 的圆轨迹。若该粒子是被轰击出基态氢原子的电子，则可由此实验测出电子的电离能。

粒子在（b）、（d）、（f）中运动时称为测量过程。其他则称为未测量的自由运动区间，该区间 $V=0$，（8–94）式的解为平面波

$$\Psi(\vec{r},t) = e^{-iEt/\hbar}\psi_{\vec{p}}(\vec{r}) = e^{-iEt/\hbar}e^{i\vec{p}\cdot\vec{r}/\hbar} \tag{8–139}$$

按 SQM 的解释

$$\rho(\vec{r},t) = \Psi^*(\vec{r},t)\Psi(\vec{r},t) = 1 \tag{8–140}$$

表示粒子 t 时刻在全空间各处出现的概率处处相等。然而，实验却告诉我们：粒子在两云室中留下的是随时间演化的清晰的直线轨迹 AB 和 CD，且它们又在同一直线上（云室在该实验中只不过起着"放大器"的作用，将客观上本就"存在"的粒子轨道运动"放大"，使宏观上可观察）。于是，在两云室间的"未被观测"的自由运动区间（c）——任何一个逻辑和心智健全的人都将做出同样的判断——粒子沿图示的虚直线 BC 运动。

若记粒子的空间位矢为 $\vec{r}^{(p)}(t)$，则上述实验检验的结果是，粒子只在 $\vec{r}=\vec{r}^{(p)}(t)$ 的地方出现，而在 $\vec{r}\neq\vec{r}^{(p)}(t)$ 的地方无粒子。写成数学表述即为

$$\rho(\vec{r},t) = \begin{cases} 1\,(若\,\vec{r}=\vec{r}^{(p)}(t)) & \tag{8–141a} \\ 0\,(若\,\vec{r}\neq\vec{r}^{(p)}(t)) & \tag{8–141b} \end{cases}$$

这样，（8–140）与（8–141）两式就处于严重的不协调之中。亦即是说，对于自由运动的单粒子而言，将 $\Psi(\vec{r},t)$ 理解为找到粒子的概率波，所给出的物理图像不对；进而 SE（例如定态问题）将无法理解：

$$i\hbar\frac{\partial}{\partial t}\Psi(\vec{r},t) = \hat{H}\Psi(\vec{r},t) = E\Psi(\vec{r},t) \tag{8–142a}$$

$$\Psi(\vec{r}\neq\vec{r}^{(p)}(t)) = 0 \tag{8–142b}$$

因为由上面的关系式可见，在 $\vec{r}\neq\vec{r}^{(p)}(t)$ 的地方，$\Psi(\vec{r}\neq\vec{r}^{(p)}(t),t)$ 为零，即无粒子存在；而 Ψ 又被理解为粒子的概率波，$\Psi=0$ 即是无粒子存在的非物质性的"空"。于是，数学成了"魔术师"，它可以借助数学操作的"魔力"，从非物质性的"空"中产生出物质性的能量来——此即是（8–142）式数学表象背后的物质观。可见，（8–140）式的概率波解释，在物质观上不对。

"玻恩认为：薛定锷方程中 ψ 的平方，即 $|\psi(\vec{x})|^2$ 并不代表一个电子的电荷密度，而是代表单位体积中找到电子的概率。当你在空间某处找到一个电子时，出现的是整个电子（注：原子性！），因此电子中一个电子的波函数 $\psi(\vec{x})$，并非描述在空间连续分布

的电荷。电子可以在这里，也可以在那里，但一旦在某处出现，就是一个整体，是一个点电荷。"[1] 将玻恩的上述的所谓概率波解释翻译出来，正是（8-141）式的表示："但一旦在某处出现"[设为 $\vec{r}^{(p)}(t)$ 处]，"就是一个整体，是一个点电荷"，故在此处出现的概率为1，即 $\rho(\vec{r}=\vec{r}^{(p)}(t),t)=1$；那么在同一时刻，在 $\vec{r}\neq\vec{r}^{(p)}(t)$ 处，有电子出现吗？显然没有，故应有 $\rho(\vec{r}\neq\vec{r}^{(p)}(t),t)=0$。然而，按玻恩对概率波的解释，$\vec{r}$ 作为一个流动指标，在 $\vec{r}\neq\vec{r}^{(p)}(t)$ 处，ρ 一般却又不为零，即 $\rho(\vec{r}\neq\vec{r}^{(p)}(t),t)\neq0$。这样，其定义就发生了逻辑矛盾。

玻恩是由对散射问题的讨论引入概率波概念的。连续的粒子流的散射问题是可以用"系综"的概念来处理的（即把不同时刻的系统的行为放在同一时刻"串起来"加以理解），这样的理解是可行而简便的。但是却不可以将"概率波"推广到系统的情况，因玻恩没有考虑到 $\rho(\vec{r},t)$ 被理解为粒子或系统的概率时，将完全通不过（C_1）、（C_2）、（C_3）判据的检验。由此可见布洛欣采夫的"统计系综"解释，是有一定道理的。

上述概率波解释中的矛盾与 $\psi_{\vec{p}}(\vec{r})$ 是不是归一化波函数并无关系，因若改为箱归一化波函数后，矛盾依然存在。

（二）关于平均值假定

（8-112）式成立的条件是假定（8-110）式和（8-111）式。一般说来，假定（8-111）式不存在问题。进而，若采用布洛欣采夫的观点，把 φ 理解为系综波函数，将每次对单粒子的实验值的确认过程视为一种从系综状态向单粒子状态转换的"投射算子"的作用过程，则从概念到数学处理均无所谓的"编缩"困难。

然而，假定（8-110）之是否成立，却应从"数值"、"内容"两个方面来判断：

$$E_n=\varepsilon_n\begin{cases}E_n(\text{数值})=\varepsilon_n(\text{数值}) & (8-143a)\\ E_n(\text{内容})=\varepsilon_n(\text{内容}) & (8-143b)\end{cases}$$

两者中任何一个不成立，则将本征值 E_n 视为粒子能量 ε_n 的假定即不成立。

对（8-143a）式的实验数值测量将放在下一个例证中去讨论，现先讨论（8-143b）式。要论证 $E_n=\varepsilon_n$ 在"内容"上成立，需将单粒子能量（8-102）式的内涵暴露出来用实验来检验。由（8-102）式可见，当且仅当如下解释内容

$$\begin{cases}E_n(\vec{r},t)\text{为}t\text{时刻粒子在}\vec{r}\text{处的能量} & (\alpha)\\ \rho(\vec{r},t)\text{为}t\text{时刻在}\vec{r}\text{邻域内找到粒子的概率密度} & (\beta)\end{cases}$$

① 曾谨言编著：《量子力学》（上册），科学出版社 1986 年版，第 49 页。

同时成立时，（8-143b）式才成立；任何一个不成立，则（8-143b）式就不成立。

现我们以氢原子为例来讨论问题。

一组力学量若彼此之间互易，且它们又与系统的哈密顿量互易，则这组力学量连同哈密顿量就一起组成"力学量完全集"。而在定态问题中，SE 的全部功能，就是求解（8-97）式的定态 SE——给出上述"力学量完全集"的共同本征波函数及相应的本征值。

在氢原子问题中，$\{\hat{H}, \hat{L}^2, \hat{L}_z\}$（哈密顿量、角动量平方及角动量 z 分量）为完全集，相应的共同本征态为

$$\psi_{nlm}(r, \theta, \varphi)\psi_{nlm}(r, \theta, \varphi) = R_{nl}(r)Y_{lm}(\theta, \varphi) \tag{8-144}$$

其中 $R_{nl}(r)$ 为径向波函数；$Y_{lm}(\theta, \varphi)$ 为球谐函数。定态方程为

$$\left.\begin{array}{l} \hat{H}\psi_{nlm} = E_n\psi_{nlm}, E_n = -\dfrac{\mu e^4}{2\hbar^2}\dfrac{1}{n^2} \\[3mm] \hat{L}^2\psi_{nlm} = l(l+1)\hbar^2\psi_{nlm} \\[3mm] \hat{L}_z\psi_{nlm} = m\hbar\psi_{nlm} \\[3mm] (n = 1, 2, 3, \cdots; l = 0, 1, \cdots, n-1; m = -l, -l+1, \cdots, +l) \end{array}\right\} \tag{8-145}$$

为方便讨论，以基态为例。基态波函数为

$$\psi_{100} = \frac{2}{\sqrt{4\pi}}\left(\frac{1}{a_0}\right)^{\frac{3}{2}}e^{-\frac{r}{a_0}} \tag{8-146}$$

根据（8-102）式的解释，基态本征能量及相关量为（a_0 为玻尔半径）

$$E_1 = -\frac{e^2}{2a_0} = \int_\infty \psi_{100}{}^*(\vec{r})\hat{H}\psi_{100}(\vec{r})r^2 dr d\theta d\varphi \tag{8-147}$$

$$= \int_0^\infty T(r)W_1(r)dr + \int_0^\infty V(r)W_1(r)dr$$

$$W_1(r) = \frac{1}{2}\left(\frac{2}{a_0}\right)^3 r_2 e^{-2r/a_0} \tag{8-148}$$

$$V(r) = -e^2/r \tag{8-149}$$

$$T(r) = E_1 - V(r) = \frac{e^2}{r} - \frac{e^2}{2a_0} \tag{8-150}$$

它们分别被解释为粒子在基态（$n=1$）时的总能量、r 处找到粒子的径向概率密度（参见图 8-15），以及粒子在 r 处的势能和动能。

现在所求解的是氢原子单电子的行为，故上述的量只能被解释为单粒子的相关量。

若 $W_1(r)$ 被解释为单电子的径向概率密度并形象地将其称之为"电子云"的话，试问它的粒子性又何以保留？又如何认识？显然，电子云这类概率的概念与粒子性是根本无法协调的，由此使得对所谓波粒两重性的认识处于严重的悖论之中。为绕过这些困难，在此处人们有时又不得不掺杂着使用系综概率波概念，以使得"粒子性"得以完整地保留。但

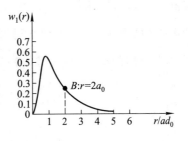

图 8-15　基态径向概率密度

即便如此，也存在以下基本困难：由（8-150）式可见，在 $r > 2a_0$ 的区间，动能为负值

$$T(r > 2a_0) < 0 \tag{8-151}$$

按照相对论，上式表示电子的动量是虚动量，电子以超过光速 c 的速度在运动。这样的物理图像是真实的吗？经验和实际都告诉我们，在相同能量下，离核越近的电子运动越快，而（8-151）式却称，离核越远的电子运动越快——以超光速的方式在发疯似的奔跑！由（8-148）式可见，在 r 很大处（在此处，事实上只要稍有外界干扰，电子即被电离），$W_1(r)$ 虽小但却并不为零。这样，长时间的概率累积，氢原子将有较大概率被电离而不复存在。这是与氢原子稳定的自组织结构及其存在的事实不相符的。可见，(α)、(β) 通不过 C 判据的检验。

由此我们有如下结论：

第一，$\rho_n(\vec{r}, t) = \Psi_n^*(\vec{r}, t) \Psi_n(\vec{r}, t)$ 不能解释为 t 时刻、$\vec{r}$ 邻域找到粒子的概率密度；

第二，本征值 E_n 也不能被直接理解为粒子处于 n 态的能量 ε_n。这是因为（8-151）式这一矛盾不仅在概率波解释系统中存在，即使不作概率解释，SE 中的 $\Psi_n(\vec{r}, t)$ 内的流动指标 $\vec{r}$ 也包含（8-151）式的矛盾；

第三，但是，在实验上通过对众多客体的研究，却发现系统的本征值 E_n 与粒子的能量值 ε_n 在相当高的精度上近似相等。也就是说，存在这样一种数学关系

$$\varepsilon_n \approx E_n = \frac{\int \Psi_n^* \hat{H} \Psi_n d^3\vec{r}}{\int \Psi_n^* \Psi_n d^3\vec{r}} \tag{8-152}$$

由于 (α)、(β) 被否定，这个关系无法按概率波方式得到符合实验的物理过程的合乎逻辑的解释。而给出（8-152）式并给予正确的解释，对任何一个企图突破 SQM 的理论来说，都是一个必须直面的挑战。

当然，氢原子中的电子运动不能直接观察，人们对上述"推理"过程的结论会心存

471

疑虑。现在我们讨论可以直接观察的系统，例如一维谐振子或粒子在一维无穷深势阱中的运动。两者涉及的是类似的问题，故以无穷深势阱为代表来做讨论。（8－97）式的奇、偶宇称解为：

$$\left.\begin{array}{l} \psi_{o.p}{}^{(n)}(x) = \dfrac{1}{\sqrt{a}}\sin\left(\dfrac{n\pi}{2a}x\right) \\[3mm] \psi_{E.p}{}^{(n)}(x) = \dfrac{1}{\sqrt{a}}\cos\left(\dfrac{n\pi}{2a}x\right) \end{array}\right\} \quad (n=1,2,\cdots) \tag{8－153}$$

本征能量

$$E_n = \frac{\pi^2\hbar^2}{8\mu a^2}n^2 \tag{8－154}$$

现以 $n=2$ 为例，此时

$$E_2 = \frac{\pi^2\hbar^2}{2\mu a^2} \tag{8－155}$$

相应地，概率密度（参见图 8－16）为

$$\rho_{o.p}{}^{(n=2)}(x) = \rho_2(x) = \frac{1}{a}\sin^2\left(\frac{\pi}{a}x\right) \tag{8－156}$$

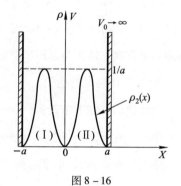

图 8－16

根据判据（C_4）的要求，QM 应将 CM 包含于其中。亦即是说，SE 及其解释不仅对"量子的"粒子且应对"经典的"粒子也成立。即薛定锷方程（SE）及解无论对"经典的"还是"量子的"粒子均成立。若本征能量可以被理解为粒子的能量（$E_n = E_2 = \varepsilon_2 = T_2$），则粒子的速度

$$v^{(n=2)} = \left(\frac{2T_2}{\mu}\right)^{\frac{1}{2}} = \frac{\pi\hbar}{\mu a} \tag{8－157}$$

在 $(-a, a)$ 区间是处处相等的，粒子是运动着的。若将 $\rho_2(x)$ 解释为单粒子的"粒子云"则与粒子性相冲突；即使将 ρ_2 理解为系综的概率分布，但 $x=0$ 是概率为零的"节点"

$$\rho_2(x=0) = 0 \tag{8－158}$$

从而表明粒子不能越过节点（$x=0$）从区间Ⅰ运动到区间Ⅱ；反之亦然。于是，按概率波解释，粒子事实上将无法运动。物理图像显然是非真实的，且使得（8－157）式、（8－158）式的两种解释——粒子性与波动性（概率波）——处于相斥的悖论之中。

也许人们会说，不能用 $n=2$ 的态，因为 n 很大时才是经典运动成立的区间。即使按

此说法，n 很大时，粒子的经典速度

$$\nu^{(n)} = \left(\frac{2\varepsilon_n}{\mu} \right)^{\frac{1}{2}} = \frac{\pi\hbar}{2\mu a} n \qquad (8-159)$$

仍处处相等。但是，按概率波解释，因节点（概率为零的点）处出现粒子的概率为零，这样，激发态越高则 n 越大，概率为零的节点数越多，粒子更无法运动。这仍与事实不符。

无穷深势阱所模拟的是粒子在刚性壁内的运动，实际图像是粒子与壁发生弹性碰撞后再折回，在壁内形成往返运动。这种运动是完全可以做实验来直接观测实证的，并且是肉眼可以"看得见"的。由此可见，即使用肉眼看得见的可以直接观测的实验例证来作检验，(α)、(β) 同样也通不过 C 判据的检验。

以上我们否定了波函数的概率波解释以及将平均值直接视为粒子的量这一假定，但却并没有否定（8-112）式在相当高精度上成立的合理性。由于这一关系的存在，以系综为表述的统计平均值的合理性将可以获得肯定——而它恰恰是论证 SQM 总会获得实证成功的关键。

（三）关于平均值运动方程

设 $\varphi(q,p,t)$、$\psi(q,p,t)$ 为以正则变量 (q,p) 表示的两个任意函数，将泊松括号定义为（其中 s 为系统自由度）

$$\left[\varphi, \psi \right]_{p.B} = \sum_{\alpha=1}^{s} \left(\frac{\partial \varphi}{\partial q_\alpha} \frac{\partial \psi}{\partial p_\alpha} - \frac{\partial \varphi}{\partial p_\alpha} \frac{\partial \psi}{\partial q_\alpha} \right) \qquad (8-160a)$$

则在 CM 中有泊松定理（力学量运动方程）

$$\frac{d\varphi}{dt} = \frac{\partial \varphi}{\partial t} + \left[\varphi, H \right]_{p.B} \qquad (8-160b)$$

$$= \left[\varphi, H \right]_{p.B} \quad （若 \varphi 不显含 t） \qquad (8-160c)$$

其中 $H(q,p)$ 为系统的哈密顿量。它与系统的拉格朗日函数的关系为

$$H = \sum_{\alpha=1}^{s} p_\alpha \dot{q}_\alpha - L \qquad (8-161)$$

其中拉格朗日函数为动能 T 与势能 V 之差

$$L = T - V \qquad (8-162)$$

对稳定的保守力场、且约束是光滑的系统而言，由上两式可知，系统的哈密顿量为其总机械能

$$H = T + V = E \qquad (8-163)$$

由（8-160）式的定义，知广义坐标 q 和广义动量 p 这对"正则量"满足基本泊松括号

$$[q_\alpha, q_\beta]_{p.B} = 0, [p_\alpha, p_\beta]_{p.B} = 0, [q_\alpha, p_\beta]_{p.B} = \delta_{\alpha\beta} \qquad (8-164)$$

对保守、完整的力学系统，由（8-160c）式有

$$\dot{q}_\alpha = \frac{\partial H}{\partial p_\alpha} = [q_\alpha, H]_{p.B}, \quad \dot{p}_\alpha = -\frac{\partial H}{\partial q_\alpha} = [p_\alpha, H]_{p.B} \qquad (8-165)$$

即系统的哈密顿正则方程。由此可见，（8-160）式的泊松方程是一个更广义的运动方程，而哈密顿正则方程可视为以泊松括号为表示的泊松方程的特例。

海森堡的矩阵力学是根据对应原理提出来的。其具体做法是将基本泊松括号（8-164）式对应为如下的基本互易关系

$$[q_\alpha, q_\beta] = 0, \quad [\hat{p}_\alpha, \hat{p}_\beta] = 0, \quad [\hat{q}_\alpha, \hat{p}_\beta] = i\hbar\delta_{\alpha\beta} \qquad (8-166)$$

这样就使经典力学过渡到了量子力学。亦即是对经典量与量子力学量进行了如下的代换：

$$[\ , \ ]_{p.B} \Rightarrow \frac{1}{i\hbar}[\ , \ ] \qquad (8-167)$$

将经典力学量用量子力学的平均值代替，则经典的力学量运动方程（8-160）式就被量子力学的平均值运动方程、即海森堡方程（8-114）式代替。

然而我们知道，"对应原理"只是表示物理规律之间具有某种形式上的相似性，它为我们发现物理规律提供了启示；而根据对应原理所给出的方程是否正确，却必须作出检验。下面我们就来检验（8-114）式是否正确。

以定态为例，设力学量 $\hat{A}$ 不显含 t，于是根据（8-101）及（8-114b）两式有

$$\frac{d\langle\hat{A}\rangle}{dt} = 0 = \frac{1}{i\hbar}\langle[\hat{A}, \hat{H}]\rangle \qquad (8-168)$$

于是我们看到，海森堡方程的实质是

$$0\begin{cases} = 0 \quad \text{当}\langle[\hat{A}, \hat{H}]\rangle = 0 \text{ 时} & (8-169\text{a}) \\ \neq 0 \quad \text{当}\langle[\hat{A}, \hat{H}]\rangle \neq 0 \text{ 时} & (8-169\text{b}) \end{cases}$$

情况（8-169a）只是 $0=0$ 的平凡恒等式，没有什么实际的价值；情况（8-169b）则表示方程内在不协调、不自洽。故海森堡方程不是一个基本方程！

为什么会如此呢？SE 是 QM 的主方程

$$i\hbar\frac{\partial}{\partial t}|\Psi\rangle = \hat{H}|\Psi\rangle, \quad -i\hbar\frac{\partial}{\partial t}(\langle\Psi|) = \langle\Psi|\overset{\leftarrow}{\hat{H}}{}^+ \qquad (8-170)$$

利用平均值假定（设 Ψ 已归一，$\langle\Psi|\Psi\rangle = 1$）

$$\langle\hat{A}\rangle = \langle\Psi|\hat{A}|\Psi\rangle \qquad (8-171)$$

微分则有

$$\frac{d\langle\hat{A}\rangle}{dt} = \langle\Psi|\frac{\partial\hat{A}}{\partial t}|\Psi\rangle + \frac{\partial}{\partial t}(\langle\Psi|)\hat{A}|\Psi\rangle + \langle\Psi|\hat{A}\left(\frac{\partial}{\partial t}|\Psi\rangle\right)$$

$$= \frac{\partial\langle\hat{A}\rangle}{\partial t} - \frac{1}{i\hbar}\langle\Psi|\vec{\hat{H}}^+\hat{A}|\Psi\rangle + \frac{1}{i\hbar}\langle\Psi|\hat{A}\vec{\hat{H}}|\Psi\rangle \qquad (8-172)$$

$$= \frac{\partial\langle\hat{A}\rangle}{\partial t} + \frac{1}{i\hbar}\langle\Psi|(\hat{A}\vec{\hat{H}} - \vec{\hat{H}}^+\hat{A})|\Psi\rangle$$

现令

$$[\hat{A},\hat{H}]_0 = \hat{A}\vec{\hat{H}} - \vec{\hat{H}}^+\hat{A} = \hat{A}\hat{H} - \hat{H}\hat{A} + \vec{\hat{H}}\hat{A} - \vec{\hat{H}}^+\hat{A} = [\hat{A},\hat{H}] + [\vec{\hat{H}} - \vec{\hat{H}}^+]\hat{A} \qquad (8-173)$$

则严格运算所得的严格方程为

$$\frac{d\langle\hat{A}\rangle}{dt} = \frac{\partial\langle\hat{A}\rangle}{\partial t} + \frac{1}{i\hbar}\langle\Psi|[\hat{A},\hat{H}]_0|\Psi\rangle$$

$$\qquad (8-174a)$$

$$= \frac{\partial\langle\hat{A}\rangle}{\partial t} + \frac{1}{i\hbar}\langle\Psi|[\hat{A},\hat{H}]|\Psi\rangle + \langle\Psi|(\vec{\hat{H}} - \vec{\hat{H}}^+)\hat{A}|\Psi\rangle$$

$\hat{A}$ 不显含 t 时，$\partial\langle A\rangle/\partial t = 0$，这时方程为

$$\frac{d\langle\hat{A}\rangle}{dt} = \frac{1}{i\hbar}\langle\Psi|[\hat{A},\hat{H}]_0|\Psi\rangle$$

$$\qquad (8-174b)$$

$$= \frac{1}{i\hbar}\langle\Psi|[\hat{A},\hat{H}]|\Psi\rangle + \frac{1}{i\hbar}\langle\Psi|(\vec{\hat{H}} - \vec{\hat{H}}^+)\hat{A}|\Psi\rangle$$

由（8-174）式可见，当且仅当如下条件

$$\langle\Psi|(\vec{\hat{H}} - \vec{\hat{H}}^+)\hat{A}|\Psi\rangle = 0 \qquad (8-175)$$

满足时，（8-174）式才退化为海森堡运动方程而表明（8-114）式是成立的。那么（8-175）式是否一般地成立呢？

设所考察的定态 $\hat{H}$ 是满足如下关系的第一类厄密算子

$$\langle\Psi|\vec{\hat{H}}|\Psi\rangle = \langle\Psi|\vec{\hat{H}}^+|\Psi\rangle \qquad (8-176)$$

令 $\{\psi_n\}$ 是系统的正交归一本征集

$$\hat{H}|\psi_n\rangle = E_n|\psi_n\rangle, \quad \langle\psi_m|\psi_n\rangle = \delta_{mn} \qquad (8-177)$$

若 $|\zeta\rangle$ 和 $|\eta\rangle$ 是属于 Hilbert 空间 $\{\psi_n\}$ 的两个态，因

$$|\zeta\rangle = \sum_n c_n|\psi_n\rangle, \quad |\eta\rangle = \sum_m b_m|\psi_m\rangle \qquad (8-178)$$

则很容易证明 $\hat{H}$ 将是满足如下的第二类厄密性条件的

$$\langle\zeta|\vec{\hat{H}}|\eta\rangle = \sum_n c_n^* b_n E_n = \langle\zeta|\vec{\hat{H}}^+|\eta\rangle \qquad (8-179)$$

但事实上，除非我们知道这些函数是属于该 Hilbert 空间的态，否则（8–178）式的线性展开及（8–176）式的 $\hat{H}$ 的厄密性在情况（8–179）时仍保留是可怀疑的——因为众所周知复数域上的有限维内积空间通常是完备的，但无限维内积空间有可能是不完备的。

（8–99）式和（8–114）式中的态 Ψ 是所考察系统 Hilbert 空间中的任意态，自然也包括其中的本征态

$$\Psi_n = e^{-iE_n t/\hbar}\psi_n(\vec{r}) \tag{8–180}$$

为简化论证而不失一般性，我们不妨在 Ψ_n 态上来考察。设 $\hat{A}$ 不显含 t，$\hat{A}$ 与 $\hat{H}$ 不互易

$$[\hat{A},\hat{H}] \neq 0 \tag{8–181}$$

并假定 $|\psi_n\rangle$ 与态 $[\hat{A},\hat{H}]|\psi_n\rangle$ 不正交

$$\langle\psi_n|[\hat{A},\hat{H}]|\psi_n\rangle \neq 0 \tag{8–182}$$

显然除 $[\hat{A},\hat{H}]$ 是升降算子的特殊情况外，（8–182）式是一般满足的。由严格方程（8–174b）有

$$\begin{aligned}
\frac{d\langle\hat{A}\rangle}{dt} &= \frac{1}{i\hbar}\langle\Psi_n|[\hat{A},\hat{H}]_0|\Psi_n\rangle = \frac{1}{i\hbar}\langle\psi_n|[\hat{A},\hat{H}]_0|\psi_n\rangle \\
&= \frac{1}{i\hbar}\{\langle\psi_n|\hat{A}\vec{\hat{H}}|\psi_n\rangle - \langle\psi_n|\overleftarrow{\hat{H}}^+\hat{A}|\psi_n\rangle\} \\
&= \frac{E_n}{i\hbar}\{\langle\psi_n|\hat{A}|\psi_n\rangle - \langle\psi_n|\hat{A}|\psi_n\rangle\} = 0
\end{aligned} \tag{8–183}$$

这正是（8–101）式的严格结果。现利用（8–182）式、（8–183）式，由（8–173）式有

$$\langle\Psi_n|(\vec{\hat{H}}-\overleftarrow{\hat{H}}^+)\hat{A}|\Psi_n\rangle = \langle\Psi_n|[\hat{A},\hat{H}]_0|\Psi_n\rangle - \langle\Psi_n|[\hat{A},\hat{H}]|\Psi_n\rangle$$

$$= -\langle\Psi_n|[\hat{A},\hat{H}]|\Psi_n\rangle = -\langle\psi_n|[\hat{A},\hat{H}]|\psi_n\rangle \neq 0$$

即

$$\langle\Psi_n|\hat{H}|\hat{A}\Psi_n\rangle \neq \langle\Psi_n|\overleftarrow{\hat{H}}^+|\hat{A}\Psi_n\rangle \tag{8–184}$$

$\hat{H}$ 的厄密性遭到破坏。

由此，我们有如下的一般性结论：若

$$\langle\Psi|\vec{\hat{H}}|\hat{A}\Psi\rangle \neq \langle\Psi|\overleftarrow{\hat{H}}^+|\hat{A}\Psi\rangle \tag{8–185}$$

则海森堡平均值运动方程不成立

$$\frac{d\langle\hat{A}\rangle}{dt} \neq \frac{1}{i\hbar}\langle[\hat{A},\hat{H}]\rangle \tag{8–186}$$

由上述的论证可见，以（8-169）式为实际内容的海森堡方程没有任何"追补"性价值，而且根本就不是一个正确的基本方程！

为什么会出现（8-184）式这种情况呢？

现令

$$|\zeta\rangle = |\Psi_n\rangle, \quad |\eta\rangle = \hat{A}|\Psi_n\rangle = |\hat{A}\Psi_n\rangle \tag{8-187}$$

如果 $|\eta\rangle$ 仍是由 $\{\psi_n\}$ 组成的 Hilbert 空间中的态，则就应满足（8-179）式从而表明 $\hat{H}$ 的厄密性仍保留；但事实上由于（8-184）式成立而（8-179）式不再成立，从而表明用与 $\hat{H}$ 不互易的算子 $\hat{A}$ 作用于 $|\Psi_n\rangle$ 态所形成的由（8-187）式所定义的新态 $|\eta\rangle = |\hat{A}\Psi_n\rangle$，已经越出了由 $\hat{H}$ 算子本征态 $\{\psi_n\}$ 所组成的 Hilbert 空间。故对（8-187）式所定义的 $|\eta\rangle$ 态而言，$\{\psi_n\}$ 所在的 Hilbert 空间就不再具有完备性。相应地，（8-178）式中的第 2 个展开式也就不再成立。

由上述讨论我们看到，所谓的算子的厄密性以及厄密算子的本征集组成一个完备集的说法是有条件的，不是可以任意普适地运用的。而在传统的教材和量子力学的形式理论中，恰恰没有考虑到这一点。这就使得所谓的表象理论、力学量及运动方程的矩阵表述以及薛定锷波动表象与海森堡的矩阵表象的等价性论证等均建立在摇晃的、不严格的基点之上。

我们知道，通常的教材都用薛定锷方程作为讨论和求解的出发点，表象理论和矩阵力学仅仅是作为一般性的形式理论介绍一下，一般并不用它来求解问题。为什么如此呢？既然求解 SE 很困难，用矩阵力学不更简单吗？例如，选平面波的本征集为"完全集"（求束缚定态问题时，可采用平面波的箱归一化条件），按表象理论所言，任意系统的 $\hat{H}$ 在此"完全集"中表示时，$\hat{H}$ 的矩阵将不是对角的。然后，通过一个幺正变换将其对角化而变换到自身表象，则 $\hat{H}$ 的本征值、本征态均可求出，所有问题不都解决了吗？这难道不是十分容易求解的最简便的普适方法吗？为什么不这样做？深层次的原因就在于变换理论本身不是严格正确的，所以才使得上述"漂亮"形式下的"最简便的普适方法"在实际上行不通。

上述讨论中引申出的问题不是我们目前关心的中心议题，故不再展开论述，也不做相应的数学物理论证。我们在这里只是想得出一个明白无误的结论：海森堡平均值运动方程不是一个基本方程，也不对 SE 产生有价值的"追补"效应。

（四）关于测量问题

众所周知，从 QM 创立到今天已经过去了一个世纪，然而将 QM 置于"测量"基点之上的 SQM，却仍然未能建立起一套自洽、完善而令人满意的测量理论——该问题虽耗尽了众多智慧大脑的心血，但人们至今仍深陷在无休止争论的困惑之中。

测量问题从本质上讲原本是十分清楚而简单的。以图 3 – 14 的测量为例，在（a）、（c）、（e）的区间，粒子做的是匀速直线运动，故在云室（b）、（d）中才通过亚稳态物质将这种本就客观存着的直线轨道运动"放大"为宏观可观察的效应。若我们的目的不是研究粒子在云室中如何与亚稳态物质作用的微观机制，而是描述粒子的运动，显然就可以将粒子视为在一个有阻尼力的物质中运动，其方程可以简写为

$$\frac{d\vec{p}}{dt} = -k\frac{\vec{p}}{|\vec{p}|} = -k\vec{p}^0 \tag{8-188}$$

上式中的 k 可以由实验测量的方法确定。若云室的线度不大，阻尼可以略去（即令 $k = 0$），则是自由运动。在云室外的区间，例如（e）区间，粒子的速度

$$v^{(e)} = l_{DE}/t_{DE} \tag{8-189}$$

当然，（8 – 189）式是按自由粒子的牛顿方程给出的。同样，若假定牛顿方程对描述带电粒子在（f）中的运动也成立，则有

$$v^{(f)} = \frac{eB}{\mu}R \tag{8-190}$$

$v^{(f)}$ 为粒子在均匀磁场 B 中作半径为 R 的匀速圆运动时的速度，故由 $v^{(f)} = v^{(e)}$ 有

$$R = \frac{\mu}{eB}\frac{l_{DE}}{t_{DE}} \tag{8-191}$$

其中 t_{DE} 为质量 μ、电荷 e 的粒子在区间（e）通过直线距离 l_{DE} 时所用的时间。上式在高精度上已为实验所实证，表明在测量问题中牛顿方程是成立的。

由此可见，SQM 能否从自身框架中推导出牛顿方程，既是论证 SQM 包含了 CM 而满足（C_4）判据的需要，又是论证 SQM 满足（C_5）判据、即可用实验来检验 SQM 以完成理论与实验检验自封闭的极重要步骤。

爱伦菲斯特定理便是上述思路的具体体现。若假定

$$\hat{\vec{H}}^+ = \hat{\vec{H}} = \hat{H} \tag{8-192}$$

将其代入（8 –174）式之中，则得

$$\frac{d\langle\hat{A}\rangle}{dt} = \frac{1}{i\hbar}\langle\Psi|[\hat{A},\hat{H}]|\Psi\rangle \tag{8-193}$$

即海森堡平均值运动方程成立。与之相应地，爱伦菲斯特定理的数学论证将是成立的。

但是，在怎样的情况下（8 –192）式才成立呢？（8 –192）式是一种抽象表述，但

论及厄密性离不开具体的态。由（8-174b）式可见，这种厄密性可表示为

$$\langle \Psi | \overleftarrow{\hat{H}}^+ \hat{A} | \Psi \rangle = \langle \Psi | \overrightarrow{\hat{H}\hat{A}} | \Psi \rangle \qquad (8-194)$$

令

$$|\eta\rangle = \hat{A}|\Psi\rangle \qquad (8-195)$$

将 $|\Psi\rangle$ 按 $\hat{H}$ 的本征谱 $\{\psi_n\}$ 展开

$$\left. \begin{array}{l} |\Psi\rangle = \sum_n c_n |\psi_n\rangle \\ \\ c_n = \langle \psi_n | \Psi \rangle \end{array} \right\} \qquad (8-196)$$

则

$$|\eta\rangle = \sum_n c_n \hat{A} |\psi_n\rangle \qquad (8-197)$$

前面我们已经指出，若 $\hat{A}$ 与 $\hat{H}$ 不互易，则 $\hat{A}|\psi_n\rangle$ 将越出 $\{\psi_n\}$ 所组成的 Hilbert 空间。由此可见，仅当 $\hat{A}$ 与 $\hat{H}$ 互易

$$[\hat{A}, \hat{H}] = 0 \qquad (8-198)$$

时，$\hat{A}|\psi_n\rangle$ 才不越出该空间。这样，因（8-198）式的关系，则 $|\psi_n\rangle$ 也将是 $\hat{A}$ 的本征态

$$\hat{A}|\psi_n\rangle = A_n |\psi_n\rangle \qquad (8-199)$$

A_n 为其本征值，为实数。于是，代入（8-197）式，有

$$|\eta\rangle = \sum_n c_n A_n |\psi_n\rangle \qquad (8-200)$$

现利用 $\langle \psi_m | \psi_n \rangle = \delta_{mn}$ 及（8-196）式、（8-200）式，有

$$\langle \Psi | \overleftarrow{\hat{H}}^+ \hat{A} | \Psi \rangle = \sum_m \langle \psi_m | c_m^* \overleftarrow{\hat{H}}^+ \vec{A} \sum_n c_n | \psi_n \rangle = \sum_{m,n} c_m^* c_n E_m A_n \langle \psi_m | \psi_n \rangle \qquad (8-201a)$$

$$= \sum_{m,n} c_m^* c_n E_m A_n \delta_{mn} = \sum_n |c_n|^2 E_n A_n$$

类似上述运算过程，可得

$$\langle \Psi | \overrightarrow{\hat{H}\hat{A}} | \Psi \rangle = \langle \Psi | \hat{A}\hat{H} | \Psi \rangle = \sum_n |c_n|^2 E_n A_n \qquad (8-201b)$$

（8-201a）=（8-201b），由此证明厄密性条件（8-194）成立。

由此可见，当且仅当 $\hat{A}$ 与 $\hat{H}$ 可互易时，（8-194）式所定义的厄密性条件才成立，与之相应地，爱伦菲斯特定理才成立。但是，所给出的仅是无意义的平凡恒等式（8-169a）。

然而，对任意的系统（包括测量系统）而言，坐标 $\vec{r}$ 永不与 $\hat{H}$ 互易

$$[\vec{r}, \hat{H}] \neq 0 \qquad (8-202)$$

故必有关系

$$\frac{d\langle \vec{r} \rangle}{dt} \neq \frac{1}{i\hbar}\langle [\vec{r}, \hat{H}] \rangle \qquad (8-203)$$

对 $V(\vec{r}) \neq 0$ 的任意系统而言，因

$$[\hat{\vec{p}}, \hat{H}] \neq 0 \qquad (8-204)$$

故

$$\frac{d\langle \hat{\vec{p}} \rangle}{dt} \neq \frac{1}{i\hbar}\langle [\hat{\vec{p}}, \hat{H}] \rangle \qquad (8-205)$$

仅当自由运动情况时，$V(\vec{r}) = 0$，有

$$[\hat{\vec{p}}, \hat{H}] = 0 \qquad (8-206)$$

此时下式成立

$$\frac{d\langle \hat{\vec{p}} \rangle}{dt} = \frac{1}{i\hbar}\langle [\hat{\vec{p}}, \hat{H}] \rangle = 0 \qquad (8-207)$$

$$\langle \hat{\vec{p}} \rangle = 常数 \qquad (8-208)$$

$(8-208)$ 式虽"很像"自由运动情况，但因 $\langle \vec{r} \rangle$ 的方程 $(8-203)$ 式不成立，故不能表示为

$$\frac{d}{dt}\langle \vec{r} \rangle = \left\langle \frac{\hat{\vec{p}}}{\mu} \right\rangle \qquad (8-209)$$

即得不出 $\langle \vec{r} \rangle = \langle \hat{\vec{p}}/\mu \rangle t$ 的结果。

这样我们看到，爱伦菲斯特定理实际上根本就不可能用来论证 SQM 包容了 CM，也不可能论证 SQM 可以实现与实验检验的自封闭。

除了爱伦菲斯特定理之外，人们还用玻姆隐变量的方式通过与 $H-j$ 方程的比较以及采用 W. K. B 近似来讨论 SQM 与 CM 的关系[1]。我们不否认这些工作和讨论的价值，但有一点却是明确无误的：它们均不具有普适性——若真具有普适性的话，测量问题早就已经解决了，人们不会迄今仍争论不休。我们还认为，令宇宙基本常数 $\hbar \to 0$ 的任何讨论，都是不可取的。

正因为测量问题的理论未完善建立，而哥本哈根学派统计解释的基础为"测量"，"量子力学形式表示的解释最终集中在测量理论上"，故"在这里争论开始了……"[2]

事实上，QM 用态矢量 $|\psi\rangle$ 描述运动状态，而实验直接观察到的是力学量（例如 $\hat{A}$）

---

[1] 曾谨言编著：《量子力学》，科学出版社 1986 年版，第 463～491 页。

[2] 卢鹤绂著：《哥本哈根学派量子论考释》，复旦大学出版社 1984 年版，第 157 页。

的平均值（即所谓"观测值"$\langle\psi|\hat{A}|\psi\rangle$）。那么，这两者是什么关系呢？

设体系的归一化态矢为$|\psi\rangle$，被测力学量为$\hat{A}$。设$\hat{A}$的本征方程为

$$\hat{A}|\varphi_n\rangle = A_n|\varphi_n\rangle, \quad \langle\varphi_m|\varphi_n\rangle = \delta_{mn} \tag{8-210}$$

将$|\psi\rangle$按$\{|\varphi_n\rangle\}$展开

$$|\psi\rangle = \sum_n |\varphi_n\rangle\langle\varphi_n|\psi\rangle = \sum_n c_n|\varphi_n\rangle \tag{8-211}$$

则在$|\psi\rangle$态作观测时，$\hat{A}$的观测值为

$$\langle\hat{A}\rangle = \langle\psi|\hat{A}|\psi\rangle = \sum_n |c_n|^2 A_n \tag{8-212}$$

其中

$$W_n = W_n(A_n) = |c_n|^2 = |\langle\varphi_n|\psi\rangle|^2 \tag{8-213}$$

称为在$|\psi\rangle$态下测量力学量$\hat{A}$得到本征值A_n时的概率。

在以上关于力学量$\hat{A}$的观测值$\langle\hat{A}\rangle$的测量问题的一般讨论中，存在下列需澄清的疑点：

1. "客观的态"与"实在的态"

海森堡给出了哥本哈根学派对该问题的标准回答：在不被观察时，微客体的状态由态矢表示并按薛定锷方程变化，这一表示和变化规律不受观察干扰，是客观的；然而态矢及其变化都不能直接观察，但观察结果的描述却可直接与实验比较并被实验证实，是实在的[1]。

按照海森堡的上述说法，$|\psi\rangle$态即是他所说的"客观的态"，它是不能被直接观察的；在一个具体的测量中，例如我们测量$\hat{A}$时取A_n的值，故$|\varphi_n\rangle$是海森堡所说的"实在的态"。

现在问：测量前的客观态$|\psi\rangle$中的力学量$\hat{A}$是否就具有了确定值A_n？

答案是否定的。这是因为，若测量前$\langle\psi|\hat{A}|\psi\rangle = A_n$的话，则表明系统不在$|\psi\rangle$态而在$\hat{A}$的本征态$|\varphi_n\rangle$上，这将与$|\psi\rangle$预言有不同测量结果的概率分布［即（8-212）式］不相符合。

若承认上述的解释，那就意味着测量所得的"实在的态"，不是在测量前就已客观存在的描述系统性质的客观态$|\psi\rangle$，而是它与测量仪器相互作用的表现。既然如此，那就表明 SQM 中关于统计分布的认识不能被认为是对客观态$|\psi\rangle$及其统计分布$\{|c_n|^2\}$的

① 尹鸿钧编著：《量子力学》，中国科学技术大学出版社 1999 年版，第 573 页。

认识，从而就会与（8-211）式本身的意义与解释发生内在冲突。这就说明统计解释并不能对客观态 $|\psi\rangle$ 及相应的薛定锷方程做出客观而完善的认识，所以是可质疑的。

2."波包编缩"

测量过程的"编缩困难"涉及如下一些问题：

第一，如何从（8-212）式众多的态向实际测量中实现的态 $|\varphi_k\rangle$ 演变：

$$\left.\begin{aligned}\sum_n c_n |\varphi_n\rangle &\Rightarrow |\varphi_k\rangle \\ \{ |c_n|^2 \langle 1\} &\Rightarrow |c_n|^2 = 1\end{aligned}\right\} \tag{8-214}$$

须知，对定态系而言，利用 $\hat{H}$ 的厄密性有

$$\frac{dc_i}{dt} = \left\langle \varphi_i \left| \frac{\partial}{\partial t}\psi \right.\right\rangle = \frac{1}{i\hbar}\langle \varphi_i | \hat{H}\psi \rangle = \frac{1}{i\hbar}\langle \hat{H}\varphi_i | \psi \rangle = \frac{1}{i\hbar}E_i\langle \varphi_i | \psi \rangle = \frac{1}{i\hbar}c_i E_i$$

解为

$$c_i(t) = c_i(0)e^{-iE_i t/\hbar} \Rightarrow |c_i(t)|^2 = |c_i(0)|^2 \tag{8-215}$$

即概率不随时间发生变化。那么，由 $|c_n|^2 < 1$ 所组成的集合体，又如何可能向所测得的"实在的态"（一次测得该态 $|\varphi_k\rangle$，即表明其出现的概率为1）发生如（8-214）式所示的编缩呢？

第二，实在的态 $\varphi_k = \varphi_k(\vec{r})$ 是一个弥散于全空间的波函数，根据波函数的概率解释，$\varphi_k^*(\vec{r})\varphi_k(\vec{r})d^3\vec{r}$ 被称为粒子在 $\vec{r}$ 点邻域出现的概率。粒子在被测量到时，却为一个点，设为 $\vec{r}_p$ 处。现问：弥散于全空间的概率波又是如何"编缩"为在 $\vec{r}_p$ 的一个点的？

第三，为了"形象"地模拟粒子，人们将粒子想象为一个狭窄的"波包"。但理论研究表明波包要扩散，且波包越窄扩散越厉害[①]。若用波包来模拟电子，这就意味着电子在运动过程中将变得越来越"胖"。但是，实验上却并未观察到电子"变胖"的现象。当然，非线性理论得出孤立子解曾使"波场一元论"量子物理学家们兴奋了一阵子——这种在运动和碰撞中不扩散的波包（即孤立子，soliton），似乎可以用来解决量子论描述粒子的困难；但人们发现，"一般说来，$n > 1$ 维非线性方程的孤立子解不一定是稳定的"[②]，并不能普适地用孤立子解来模拟3维的粒子，故而困难依旧。

事实上，SQM中的测量问题，应认为是如何实现SQM包容CM的问题，所以可以用 C_4 判据来检验。

---

① 曾谨言编著：《量子力学》（下册），科学出版社1986年版，第616~619页。
② 周凌云等编著：《非线性物理理论及应用》，科学出版社2000年版，第270页。

若 SQM 满足 C_4 判据，它就应在自己的理论框架内给出 CM。但我们知道，经典力学所描述的"粒子"，不仅包括电子、原子之类的微观粒子，也包括地球、太阳之类的宏观粒子；而且，是用粒子的"质心"这个具有质量而无维度的几何点作为粒子运动的"代表点"的。试问：有几何维度的"波包"与无几何维度的"质点"是同类概念吗？如果用波包的大小表示粒子的线度，我们就可以用狭窄的波包来模拟电子；那么，是否要用一个很大的波包来模拟太阳和地球？而且，用波包的大小来模拟粒子，岂不正是最初薛定锷对波函数的解释吗？既然玻恩的概率波批判了薛定锷的认识，那为什么在同一理论解释系统中却又允许回到薛定锷的解释？正因为"波包"和"质点"是两类完全不同的模型和数学定义，所以从 SQM 出发，就必不可能如爱伦菲斯特定理论证的那样，建立起 SQM 与 CM 的光滑而自洽的衔接。

第四，测量中的认识论问题。

哥本哈根学派无疑深受马赫经验主义的影响。而把 QM 的基础建于观测的经验之上，也就在一定的意义上拒斥了客体本身的纯客观性，以及寓于这种客观性背后的对 QM 的本体论的思考。正是这种哲学观使得玻尔相信"不存在量子世界，只存在一个抽象的量子物理描述。认为物理学的任务是去发现自然界是怎样的是错的。物理学涉及的是关于自然界我们能说什么"[1]。正因为如此，在他看来，要问氢原子之类的客体到底是什么样子，是没有意义的（即不能去问它们是什么样的物理图像）。同样，在测量过程中，测量仪器必定是宏观设备，描述测量效果也必然要使用经典语言；既然如玻尔所说"一切经验最终必须用经典概念来表达"，故他认为要解释波包编缩（也称为收缩）是违背量子力学原则的。于是，他做出了一个著名的论断："从观察系到测量仪器的单个量子的转换过程是固有不可预示、不可控制和不可分析的。"[2] 于是这种缺乏深刻本体论思考的马赫经验论反映到哥本哈根学派的哲学观上，就以"不可认识"来作为避风港——然而，玻尔却无法自圆其说地面对一个问题：以"精确测量"为立论基础的 SQM，为什么却要以"不可精确测量"的自我否定来诠释？

可见，问题是如此地显然：既然哥本哈根学派认为统计解释提供了对 QM 的完全的认识，而任何宏观物体都被认为是由大量服从量子定律的原子等微观客体组成的，那么就测量的过程而言，认为其"违背量子力学原则"的玻尔说法就是不成立的——所以，SQM 不能对此作解释与描述的本身，就只能被视为是自己在反论自己的不完善性！

① A. Petersen，"The Phylosophy of Niels Bohr"，*Bulletin of Atomic Scientists*，19（1963）#7，#8.
② N. Bohr，*Phys. Rev.*，48（1935）696.

正因为如此，就必须以超出玻尔观点的方式来思考。冯·诺依曼、维格纳、伦敦和鲍尔等人就是如此。他们将测量过程分成为客体、仪器、观察者三个组成部分，从而也就把量子论延伸到人的精神以及心理学的领域中去了。按此解释，如伦敦和鲍尔仔细研究所表明的那样，波包的编缩最终只能发生在人的主观意识之中。维格纳支持这种以人为中心的立场。他说："正是一个印象进入到我们的意识里才使波函数改变"，"具有意识的人必然在量子力学中起着不同于无生命的测量工具的作用。"他的意思显然是知觉影响着对原子客体的量子描述。所以，他提议要探索意识作用于物质上所起的各种不寻常的效应。

虽然这种思考和研究路线强调了对本体论的思考并在一定意义上排除了玻尔思考中的逻辑矛盾，但是这种人的中心主义的本体论是违背科学自然主义基本立场的，从而它也把 SQM 的"完善性"建立在不可理喻的"神秘主义"之上，因而面临着两个挑战：不能解释在人类存在之前为何有量子客体及量子规律的存在；与具有不同思维和意识的科学家们却可以获得同样的观测结果（实验检验的可重复性）的客观事实难以协调。[1]

由此可见，无论采取玻尔的认识论还是诺依曼等人的认识论，都不能解释测量过程中的种种矛盾，也不能由此论证 SQM 是完善的。

总之，以上我们所述的众多悖论性的概念和认识，充斥于 SQM 之中，是一个确定的事实。然而，令人搞笑的是，我们的科学家们、甚至包括一些大科学家却往往犯"低级错误"——完全看不到它的存在。为什么如此？这是因为其傲慢与固执的思维定式：当把一个本不完善、也未深入触及波函数物质性底蕴的 SQM 硬要说成是完善而深刻的最终认识时，又怎能不落入充斥着悖论的思维和理论的论证之中呢？而当我们去教和学 SQM 时，只是去"仰视"这些大科学家，去"相信"他们说的都是"正确的"，不敢质疑也不敢独立思考，又怎能不陷入柳树滋所称的"哥本哈根迷雾"[2] 之中而模糊我们的心智呢？

三、分析结论

SQM 取得了举世瞩目的巨大成功，这是毋庸置疑的客观事实。但它的成功表现在哪里呢？从上面的讨论我们已经看到，主要在于两个方面：

其一，作为 QM 的基础（主方程）的薛定锷方程在一定意义和范围内是一个正确的

① 卢鹤绂著：《哥本哈根学派量子论考释》，复旦大学出版社1984年版，第158页。
② 柳树滋著：《物理学的哲学思考》，光明日报出版社1988年版，第59页。

基本自然规律方程——它已经为广泛领域内的实证成功所证明，并且人们至今仍在运用它成功地解决各种各样的问题。这是 SQM 取得成功的关键所在。

其二，作为解释系统的"概率波解释"具有某种合理性。这主要表现在：

（1）从认识论上讲，概率波解释是以粒子的一元论来认识量子规律的，故它在认识论上具有启迪性价值，这是不容忽视和低估的。

（2）采用概率的解释，对处于本征态（例如本征能量为 E_n 的本征态 Ψ_n）的粒子来讲，就计算［例如（8－102）式］"值"而言，"平均值观察量"在相当高的精确度上与实验相符。

（3）当粒子系统不处于特定的本征态而处于任意态时，概率解释下的平均值（8－112）式被广泛实证是成立的。

但是，通过讨论我们又看到，概率解释系统的提出，本身就表明 SQM 理论的倡导者自己就认为 SE 是不完善的。而它对 SE 不完善性所做的 4 个方面的"追补"，却完全通不过 C 判据的检验。这就表明，将波函数理解为粒子的概率波是存在缺陷的，尚未完全揭示出波函数的真正基础。

四、启示

上述分析结论的自然延伸是：在吸收 SQM 合理内核的基础上，通过对波函数的"再认识"，揭示出它的真正底蕴，才有可能克服上述的种种错误与悖谬，同时开辟一个新的理论方向——这就是我们从以上的分析中所得到的启示。

这显然是一件极重要的工作。但它的根基在什么地方呢？我们在此先做一些定性分析。

（一）应把 SE 中的波函数 $\Psi(\vec{r}, t)$ 解释为物质性的场函数

前面我们通过对"关于概率波解释"的分析已经看到，由（8－141）式可见，无论将 $\rho(\vec{r}, t)$ 解释为找到单个粒子或作为粒子集合体的系综的概率密度，其物理图像均是不正确的；由此必带来（8－142）式的物质观的困难。而要克服上述困难，SE 中的波函数 $\Psi(\vec{r}, t)$ 就必须被解释为物质性的场函数。

（二）这个物质性的场，就是物质性背景空间（MBS）

这一理解可以克服由"概率波解释系统"而产生的种种矛盾。在前面对"关于'平均值'"的讨论中，我们已经得出了两个明确的结论：

1. 能量本征值 E_n 不能被直接理解为粒子处于本征态 Ψ_n 的能量 ε_n；

2. 但是，具有"波动性"的粒子取分立值的能量 ε_n，与波场的本征能量 E_n 在相当高的精度上其数值是相等的

$$\varepsilon_n \approx E_n \qquad\qquad (8-216)$$

上式在实验上早已为事实所证实。例如，定态系的机械能守恒。按照薛定锷的理解，E_n 被解释为粒子的能量，那么 E_n 为一确定值，粒子的能谱应是一条精细的线，不存在宽度。但事实上，即使对孤立、静止的原子而言，能谱也不是精细的线，而存在着所谓的"自然宽度" ΔE_n。可见粒子的实际能量 $\varepsilon_n = E_n + \Delta E_n$，并非 $\varepsilon_n = E_n$。

这是为什么呢？当然，从 SQM 的角度采取追补性的附加假定也可以对此给予解释，但却是一种"头痛医头"的权宜性方法——一个明显的反问是：这样追补性的附加假定能回答原子稳定性存在的自组织成因的机制吗？能由此去克服 SQM 中的一系列基础性困难吗？显然不能！所以这类工作虽有"实用性"的价值，却不具备"本质性"的意义。所以我们应当重新从"源头"上思考——因为众多问题和困难的出现，只是外在表象，溯到"源头"上看就简单了；只要将来自"源头"上的简单的原因找出来，"流"上的众多问题才能一并解决，从而才能触及"本质性"——这才是一种深邃的思考。

现在我们来看看（8-103）式的数学表示。从数学上讲，（8-103）式被解释为"概率密度"并没有错。问题在于它究竟是谁的概率密度。由于存在（8-216）式这一关系，人们都将 E_n 直接理解为粒子的能量，故将（8-103）式代入（8-102）式之中，$\rho(\vec{r},t)$ 当然就被解释成了找到粒子的概率密度。由此使得人们长久以来不能从数学表述（8-102）式、（8-103）式所设定的"紧箍咒"中解脱出来。

然而，我们上面的分析表明，在 C 判据的检验下，E_n 及 ρ_n 并不能直接被解释为粒子的能量和粒子的概率密度。而应将 Ψ_n 理解为物质性的场，将 ρ_n 理解为该物质性场的概率密度（这样，玻恩解释中合理内核的实质就被继承了下来），E_n 则应被理解为该物质性场的本征能量。那么，该场的物质性基础又是什么呢？

现在我们将图 3-4 与（8-216）式结合起来并作成图 8-17，于是两者的关系就清楚地显示出来：E_n 及 ρ_n 应解释为物质性背景空间（MBS）的能量及概率密度，并通过 $\varepsilon_n \approx E_n$ 的关系，表明粒子和场之间时时刻刻相互交换能量达到近似动态平衡。MBS 的载体粒子为"元子"，传递的是瞬时相互作用。若不用粒子与元子的碰撞机制

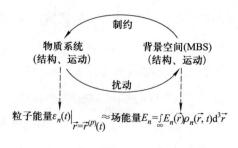

图 8-17

来认识，也可以用一种在微观尺度下的平均效应——"场"的方式加以提取，而薛定锷方程事实上就是通过上述 $\varepsilon_n \approx E_n$（他认为是严格相等）的能量交换方式来建立的物质性薛定锷场（即 MBS 场）的场方程。t 时刻，粒子的质心在确定的位置 $\vec{r} = \vec{r}^{(p)}(t)$，而场却充满全空间。由于力场是瞬时的（即元子粒子的速度被视为无穷大——这当然是一种近似），所以全空间的元子都参与了与物质系统的能量交换，这就是图 8 – 17 式中右边为什么要作全空间积分的原因。

有了图 8 – 17 所示的解释之后，概率波解释系统的"追补"所产生的困难均已被消除。

（三）SE 与牛顿力学方程之间应是相容而不是相斥的

这里，$\varepsilon_n \approx E_n$ 也提示了另外一层关系：既然概率波解释系统"追补"的是用粒子能量 ε_n 来理解 SE 认识的不足，则在 SE 中就应包含着这一信息：SE 与牛顿力学方程之间应是相容而不是相斥的。

对 SE 微分有

$$\frac{d}{dt}\left(i\hbar\frac{\partial}{\partial t}\Psi_n\right) = \frac{d}{dt}(\hat{H}\Psi_n) = \left(\frac{d}{dt}E_n\right)\Psi_n + \hat{H}\left(\frac{d}{dt}\Psi_n\right)$$

令 $\dfrac{d}{dt}\Psi_n = \varphi$，且上式右边为 $\dfrac{d}{dt}\left(i\hbar\dfrac{\partial}{\partial t}\Psi_n\right) = i\hbar\dfrac{\partial}{\partial t}\left(\dfrac{d}{dt}\Psi_n\right)$，于是有

$$i\hbar\frac{\partial}{\partial t}\varphi = \hat{H}\varphi + \frac{dE_n}{dt}\Psi_n \tag{8 – 217}$$

因

$$i\hbar\frac{\partial}{\partial t}\varphi = \hat{H}\varphi \tag{8 – 218}$$

将 (8 – 218) 式代回 (8 – 217) 式，则得

$$\frac{dE_n}{dt} = 0 \tag{8 – 219}$$

薛定锷在给出 SE 时，认为 E_n 即是粒子的能量 ε_n，即认为 $E_n = \varepsilon_n$，故有

$$E_n = \varepsilon_n = \frac{1}{2\mu}p_n^2 + V_n(\vec{r}); \quad (p_n = \mu\frac{d\vec{r}}{dt} = \mu\vec{v}_n) \tag{8 – 220}$$

将 (8 – 220) 式代回 (8 – 219) 式，有

$$\frac{d}{dt}E_n = \frac{d}{dt}\varepsilon_n(\vec{v}_n, \vec{r}) = \frac{\partial\varepsilon_n}{\partial\vec{v}_n}\cdot\dot{\vec{v}}_n + \frac{\partial\varepsilon_n}{\partial\vec{r}}\cdot\dot{\vec{r}} = \left(m\dot{\vec{v}}_n + \frac{\partial V_n}{\partial\vec{r}}\right)\cdot\dot{\vec{r}} = 0 \tag{8 – 221}$$

由上式有

$$m \frac{d\vec{v}_n}{dt} = -\nabla V_n(\vec{r}) \qquad\qquad (8-222)$$

这正是牛顿方程。可见牛顿方程与 SE 是相容的。

（四）牛顿方程需要修正

但是，E_n 和 ε_n 在事实上并不完全相等，且因（8-221）式的关系，以及（8-222）式是从 SE 推导出来的，故粒子的运动应与 Ψ_n 是相关联的。所以，可以引入一个力

$$\vec{F}^{(s)} = \vec{F}^{(s)}(\Psi_n) \qquad\qquad (8-223)$$

而把（8-222）式修正为

$$m \frac{d\vec{v}_n}{dt} = -\nabla V_n(\vec{r}) + \vec{F}^{(s)}(\Psi_n) \qquad\qquad (8-224)$$

上式两边点积 $\dot{\vec{r}}$，则有

$$\left(m\dot{\vec{v}}_n + \frac{\partial V_n}{\partial \vec{r}} \right) \cdot \dot{\vec{r}} = \dot{\vec{r}} \cdot \vec{F}^{(s)}(\Psi_n) \qquad\qquad (8-225)$$

若

$$\dot{\vec{r}} \cdot \vec{F}^{(s)} = 0 \qquad\qquad (8-226)$$

则（8-225）式退化为（8-222）式［它来自（8-221）式］，表明 $E_n = \varepsilon_n$，而这正是薛定锷的原始理解。但事实上，如我们已分析指出的，E_n 和 ε_n 只满足（8-216）式的近似关系，故一般地讲

$$\dot{\vec{r}} \cdot \vec{F}^{(s)} \neq 0 \qquad\qquad (8-227)$$

这样，（8-224）式就有可能用来回答前面所提及的"自然宽度"等问题。前面分析的玻尔的氢原子的工作所得出的重要启示（8-35b）式，也由（8-224）式获得了印证。

正因为（8-216）式的关系，所以给各种形式的"隐参量"理论提供了基础。但是另一方面，E_n 在实质上却并不是粒子的能量［粒子能量应根据牛顿力学的定义方式按（8-220）式给出］，所以玻姆的理论以及 W. K. B 近似[1]虽有合理性，但却不具备普适性；爱伦菲斯特定理也并不可能建立起与经典力学的自洽联系。

（8-224）式弥补了 SE 不描述粒子运动的不足，从而可以描述粒子的运动和认识微观系统的内部结构。它不仅为正确理解 SE 提供了基础，而且又肯定了 SE，并通过方程给出（8-216）式从而也就可能肯定（8-103）式以及由此肯定（8-112）式，SQM 的

[1] G. . Wenzel, Zeit. *Physik* 38（1926）518, H. M. Kramers, Zeit. *Physik* 39（1926）828, L. Brillouin, Compes Rendus, 183（1926）24；J. de Physigue et le Rad. 7（1926）353.

合理内核就被继承了下来。而且原论述的第（三）、第（四）点的"追补"所产生的种种困难，特别是 SQM 中的关于测量问题的那些貌似不可逾越的困难，随着（8－224）式与 CM 实现了光滑的衔接，均统统被克服。

然而，一个不容回避的事实是，通过（8－224）式我们又回到了决定论以及对粒子轨道运动的描述，而它却是与海森堡所提出的"测不准原理"以及相应的哲学观念严重对立的。这样，我们就必须面对一个选择：要么，海森堡测不准原理及相应的人的中心主义的哲学观是对的，我们的方向是错的；要么，我们的理论方向及相应的自然中心主义的哲学观是对的，海森堡的认识是错误的。若采取后一种认识，则对海森堡测不准原理以及哥本哈根学派的人的中心主义的哲学观的批判，就是不可避免的，完全必要的——因为它不仅关系到量子论革命的继续深入发展，而且关系到我们用什么来作为整个人类认识论的基础！

第4节　量子论革命深入发展的必经之路：对海森堡测不准原理和哥本哈根学派的人的中心主义哲学观的批判

一、测不准原理（Uncertainty principle，简称 UP）的数学表述

人们一般认为，依据 SQM 的理论结构，按"平均值观测量"定义所作的推导，才可以被真正称为"测不准关系的严格证明"。[①] 这一证明为：

若令算子 $\hat{D}$ 和 $\hat{D}^2$ 的平均值为

$$\langle \hat{D} \rangle = \int \psi^* \hat{D} \psi d^3 \vec{r}, \quad \langle \hat{D}^2 \rangle = \int \psi^* \hat{D}^2 \psi d^3 \vec{r} \tag{8-228}$$

且记对力学量 D 测量的均方根偏差为

$$\Delta D = \left[\langle \hat{D}^2 \rangle - \langle \hat{D} \rangle^2 \right]^{\frac{1}{2}} \tag{8-229}$$

则 SQM 证明，对两个厄密算子 $\hat{A}$、$\hat{B}$ 的测量将满足如下的更一般的测不准关系

$$\Delta A \cdot \Delta B \geq \frac{1}{2} |\langle [\hat{A}, \hat{B}] \rangle| \tag{8-230}$$

假若 $\hat{A}$、$\hat{B}$ 是一对正则量，其互易子

$$\hat{A}\hat{B} - \hat{B}\hat{A} = [\hat{A}, \hat{B}] = i\hbar \tag{8-231}$$

代入（8－230）式，则得人们通常所熟悉的测不准原理

$$\Delta A \cdot \Delta B \geq \frac{\hbar}{2} \tag{8-232}$$

---

① 曾谨言编著：《量子力学》（上册），科学出版社 1986 年版，第 124 页。

二、测不准原理（UP）所表达的哲学思想

人们把统计解释的量子力学理论形态特称为统计的量子力学（SQM），以同 QM 的其他的观点、建立的途径或解释基础相区别。

在 SQM 中，为什么必须要以统计解释作为 QM 的解释基础呢？按哥本哈根学派的说法，是因为存在着测量的不可控制的干扰。亦即是说，粒子的波粒二象性以及粒子的量子行为的出现，不再是客观固有的性质，而是人为测量时的观测效应，即所谓通过测量获得的知识。例如，在测量粒子沿 x 方向的运动时，因粒子的空间位置 x 及动量 p_x 这对正则量满足

$$[x, \hat{p}_x] = i\hbar \tag{8-233}$$

故由（8-232）式的测不准原理有

$$\Delta x \cdot \Delta p \geq \frac{\hbar}{2} \Rightarrow \begin{cases} \Delta x \geq \lim\limits_{\Delta p_x \to 0} \left(\dfrac{\hbar}{2\Delta p_x} \right) \to \infty & (8-234a) \\[2mm] \Delta p_x \geq \lim\limits_{\Delta x \to 0} \left(\dfrac{\hbar}{2\Delta x} \right) \to \infty & (8-234b) \end{cases}$$

亦即是说，若粒子的动量 p_x 可以被精确测量（$\Delta p_x \to 0$），则它的空间位置 x 就绝对不可能被精确测量（$\Delta x \to \infty$）；反之亦然。

正因为 x、p_x 不能被同时精确测量，所以微粒不能用经典轨道的概念来描述。这就使得海森堡相信量子论实际上迫使我们把这些规律完全表述为统计规律，并与决定论彻底分道扬镳。

实际上，就其本意而言，测不准原理（UP）的提出，是为被爱因斯坦称之为"闻不到真理味道"的海森堡矩阵力学（乃至整个 SQM）寻找哲学基础——一种"人的中心主义"的哲学观。故卢鹤绂先生说："可见，海森堡认为迷惑人的感觉世界的背后有个数学形式的'真实'世界，因此他的实在概念常被认为接近柏拉图的唯心主义观点。"[①]

三、对测不准原理及它的人的中心主义哲学观的批判

一向主张宽容并生性平和的我们，不得不在本书中第一次采用一个严肃的词——批判。这不是因为别的，而是因为对 UP 及它的人的中心主义哲学观这一谬论的批判，关系到人类的认识论基础，已经远远超出了物理学的范畴。

---

① 卢鹤绂著：《哥本哈根学派量子论考释》，复旦大学出版社 1984 年版，第 137 页。

下面我们以 C 判据为依据，来批判这个以谬误的数学结果为基础建立起来的荒谬原理。

（一）对 UP 的认识论的批判

如海森堡所承认的："所有反对哥本哈根解释的人们在下一点上彼此都同意：在他们看来，最好回到经典物理学的实在概念上，或者更一般地表达，回到唯物主义的本体论；也就是说，回到一个客观真实世界的概念，这个世界的各个最小部分也像石头和树木那样在同一方式上客观地存在着，和我们是否观察它们无关。这是不可能的，或者仅仅部分地可能。"[1] 亦即是说，经典力学的哲学基础——如爱因斯坦所说的，"相信有一个离开知觉主体而独立存在的外在世界，是一切自然科学的基础"[2] ——不应再是我们必须坚持的基本信仰，而应当被代之以海森堡所主张的"人的中心主义"：因为"科学永远以人的存在为前提"，物理量的提取和它的实证均依赖于人所做的实验，均依赖于科学家的认识甚至兴趣。

然而，仅当事物客观地存在，才可能被观察；即使不观察，它也依然存在。而所谓的观测，就是物质之间的相互作用过程，也是以物质及规律的客观存在为前提的。这些都是极为明显的基本事实。正因如此，所以海森堡的观点就必然会遭到爱因斯坦的严厉批判。爱因斯坦曾质疑道：不观察月亮，难道月亮就不存在了吗?!

科学不过是对规律的认识与应用。人们相信科学，崇尚科学，就是相信和崇尚规律。在人类出现之前，自然规律就早已客观地存在着；并且人们对它的认识和应用也早就寓于万事万物之中了。例如，当原子中的电子与能量适当的光子碰撞之后，它将跳到高激发态；但随之又会回到基态。为什么会这样？因为这样原子最稳定，有利于保持原子的"存在"。猫科动物的爪上为什么会长有厚厚的肉垫？因为它可以增加缓冲，以避免捕猎时肢体以至整个身体受到伤害……这一切，难道不是遵从规律的行动和对规律的应用吗？至于其他物种是如何去"认识"规律的，我们并不完全清楚，于是就将这些行为称之为"本能"，即所谓的嵌于自然规律之中的必然性行为和能力。或者如高傲的具有"认知"能力的人类所说的，以本能为特征的其他物种是"低级"的物种，相对于人类高级的"认知能力"而言，它们最多也只是处于低级的"感知能力"的水平上。然而，我们也许忽略了这样一个事实：所谓人类的认识，不过是嵌于以下链条中的"→"所指的方向——"自然规律→必然性行为→本能→感知水平→认知水平"——的发展和进化序列

---

① 转引自卢鹤绂著《哥本哈根学派量子论考释》，复旦大学出版社 1984 年版，第 137 页。
② 爱因斯坦著：《爱因斯坦文集》（第一卷），许良英等编译，商务印书馆 1976 年版，第 292 页。

之中的最高成就,但是它却是以"逆向"的各层次为前提和基础的。而越是低级的阶段,则越接近自然规律的本源。即使按照现代人的观念所定义的仅属于人类的"现代科学",也必须以尊重事物和规律的客观性为依据和前提,也只不过是向自然万物学习后所获得的体会和认识。学习越虚心,体会越深,认识越真,我们就称之为科学"进步"了;反之,则是"退步"了。

我们不否认人在认识和应用规律、即在科学活动中的主动性与创造性。但是,这种主动性与创造性的基础却是深深地扎根在原本就存在的客观事物及其规律之中的,是对其认识和学习的结果。看不到这一点,无前提地谈什么人的主动性与创造性,就会使我们堕入人的中心主义的骄傲与狂妄之中。

爱因斯坦的相对论受马赫相对主义的影响,不恰当地把人的主观介入带进了理论之中。而海森堡则将其继承并放大,以所谓的"测不准原理"为表述,把 SQM 的认识论置于人的中心主义的哲学观之上。相对于经典力学的自然中心主义而言,人的中心主义绝不是在认识论上的进步,反而是一种倒退——不清醒地认识到这一点,将会把我们带到深刻的危机之中:人的中心主义见诸物理学领域,是肆意扭曲客观世界的种种诡异和神秘主义的东西被堂而皇之塞进所谓"未来科学革命"的思想变革和理论描述之中,而让我们进一步远离自然的本性。人的中心主义见诸社会领域,是狂热的原教旨主义思潮泛滥;是自私而贪婪的人类不顾及地球的承载力,使人口爆炸式地增长;是享乐至上和金钱万能的物欲横流在加速物种的消亡和生态的急剧恶化;是让社会达尔文主义的丛林法则激活了形形色色的极端民族主义、国家利益至上主义,让无序的竞争和对自然资源的争夺日益白热化;是新的军事结盟和高科技的军备竞赛悄然兴起,正为新的世界战争集聚着毁灭性的力量……而这一切,正提出一个严肃的警示:人类若不摈弃人的中心主义而向自然中心主义回归的话,就一定会踏上自我毁灭的不归路!

现在,人类又走到了一个新的十字路口——世界正在孕育着一场更为深刻和更为严峻的变革。而变革,从最深层次上讲,就是人类认识论的变革。所以,相互影响相互耦合着的科学革命和社会革命所带动的 21 世纪的全球性变革,就必定以向自然中心主义的回归作为旗帜:其基本内容便是返璞归真,亲近自然,拯救地球。而东方文明以及它的和谐理念的复兴与传播,不过是这场伟大革命乐章中必然跳动着的美妙音符——虽然乐章中也会泛起沉渣和不和谐的声音。如果我们的物理学家们看不到以揭示本源性自然规律为宗旨的物理学的特殊地位和特殊影响力,看不到物理学中的本体论思想所带来的广泛的关联效应,而仅仅沉湎于数学表象和狭隘的"物理学",那我们实在是有愧于这门学科的荣耀和物理学家的责任!

(二) 对 UP 的功能的批判

粒子的空间位矢 $\vec{r}$ 与粒子的动量算子 $\hat{\vec{p}}$ 是不互易的。按 UP 的说法，两者是不能被同时精确测量的。亦即是说，在以"测量"为基础的 SQM 中，它们是不能同时被定义的。既然 $\vec{r}$、$\hat{\vec{p}}$ 不能被同时定义，那么我们又怎么可以去定义角动量算符 $\hat{\vec{L}} = \vec{r} \times \hat{\vec{p}}$ 呢？当剑桥大学的学生们提出上述问题时，量子论的前驱人物之一、诺贝尔奖获得者和作为数学高手并被人们视为可以直追爱因斯坦的狄拉克，公开承认自己无法回答。这并不说明他无知，而恰恰表明他尊重事实，实事求是。因为测不准原理本身的悖论就预示它绝不是真正正确的东西，它又如何可以被理解呢——所以狄拉克说他不懂测不准原理。正因为他弄不懂测不准原理，却看到大量悖论充斥于 SQM 的理论结构之中，所以，这位哥本哈根学派的建立者与信奉者才最终从该学派中反叛了出来。朗道、玻姆、德布罗意等科学家也同样叛离了原先对哥本哈根学派的支持与信仰。

事实上，从功能效应上看，UP 导致的谬误和悖论远不止上面所说的这一个。

如我们所知，SE 能给我们的（例如在广泛讨论的定态系中）只是力学量完全集的本征值和相应的共同本征态。以单电子的氢原子为例，力学量完全集为 $\{\hat{H}, \hat{L}^2, \hat{L}_z\}$，相应本征值为我们前面已介绍过的能量 E_n，角动量平方 $L^2 = l(l+1)\hbar^2$ 和角动量的 z 向分量 $L_z = m\hbar$，以及共同的本征态 $\psi_{nlm}(r, \theta, \varphi)$。即使我们将这些量认为是"粒子的"，按经典的完全性来判断，上述 3 个量对粒子行为的认识和描述，也应被视为是不完全的。因为粒子的完全性知识，应由 $(\vec{r}, \vec{p}) = (x, y, z; p_x, p_y, p_z)$ 这 6 个量来认识和描述。所以确切地说，SE 所提供的信息，最多仅是完善描述单个粒子行为知识的一半——如果 SE 被认为是粒子运动方程的话。所以说，仅就 SE 本身而论，它并不能提供对粒子和系统的完善认识——虽然它作为一个基本自然规律方程的地位是被确立了的。

由此可见，若 UP 为真的话，它最"积极"的功能和价值，也不过是再次重申了对一个力学系统而言，能够被"精确"和"同时"测量的量，应是 UP 所允许的彼此互易的力学量完全集和相应的本征值——即从 UP 所"允许"的角度来论证 SE 的认识是完善的。不过，这一"论证"却是以高昂的自我否定作为代价的：对任何一个系统而言，粒子的空间位矢 $\vec{r}$ 均不与系统的哈密顿量 $\hat{H}$ 互易（$[\vec{r}, \hat{H}] \neq 0$），那么根据（8-230）式的 UP 的一般关系（例如，对定态系而言，能量的均方偏差 $\Delta E \to 0$），有

$$\Delta \vec{r} \geqslant \lim_{\Delta E \to 0} \frac{1}{2} |\langle [\vec{r}, \hat{H}] \rangle| \to \infty \qquad (8-235)$$

即粒子的位置 $\vec{r}$ 不能被精确测量、即不能被精确定义。那么现在我们要问：系统的波函数 $\Psi(\vec{r},t)$ 将如何定义？

由此可见，若承认海森堡的测不准原理为真，那就意味着波函数 $\Psi(\vec{r},t)$ 不能被定义。与之相应地，薛定锷方程（SE）就不能被视为一个基本方程。于是，整个量子力学体系将因承认 UP 而瓦解！

这是一个严重的问题。为挽救这一困局，人们顾不得理论的内在自洽性，采取先验假定的办法宣称："在各种测量之中，电子坐标的测量具有基本的意义。对一个电子所作的坐标测量，在量子力学适用的限度之内，总可以在任何精确度内被完成。"[①]

除了上述的力学量完全集算子之外，设算子 $\hat{A}$ 与 $\hat{H}$ 不互易，且在一般情况下 $\vec{r}$ 和 $\hat{p}$ 也与 $\hat{H}$ 不互易，现问：若 UP 为真，那么描述上述算子的平均值（即观测值）$\langle\hat{A}\rangle$、$\langle\vec{r}\rangle$、$\langle\hat{p}\rangle$ 的相应的运动方程（8-114）式以及爱伦菲斯特定理（8-117）式，还有意义吗？

由此可见，若承认海森堡测不准原理（UP）为真，那就意味着为统计解释提供哲学基础的 UP 将否定统计解释，从而使得 SQM 成为一个自我否定的理论体系。

当然，人们还会争辩说，UP 及统计解释所讲的是"测量过程"，而不是线性薛定锷方程所描述的过程。若真是如此的话，哥本哈根学派就必须面对并回答如下几个问题：

第一，平均值运动方程（8-118）式的得出为什么要以薛定锷方程的成立作为推导的基础（即使不问及 $\hat{A}$ 算子和 $\hat{H}$ 算子的厄密性是否因彼此不互易而相互破坏和 $\hat{H}$ 的本征集对 $\hat{A}$ 算子的描述是否完备）？

第二，薛定锷方程和以测量为基础的统计解释两部分结合构成了 SQM 的全部内容。按照 C_3 的要求，两者应是内在自洽的。但是，由于薛定锷方程所描述的可逆和连续的演变和在测量时波函数不可逆和不连续地约化为它的本征函数之一，于是得到这样的佯谬：可逆的薛定锷方程只能由不可逆的测量去检验，而按照定义，这个可逆的方程却不能描述这些不可逆的测量。因此，量子力学不可能建立起封闭的结构。

第三，只有建立起自洽、完善的测量的理论，UP 及 SQM 的统计解释才真的可以被实证。既然一个完善的测量理论尚未建立，试问：UP 及统计解释能被论证为真的成立吗？

（三）对 UP 的论证的批判

在 CM 中，t 时刻，无论是宏观或微观的粒子，其质心的位置 $\vec{r}(t)$ 是存在并唯一的。它是建于"客观存在"之上的概念。虽质心在事实上是不可能被直接精确测量的，但当

---

① L. D. Landau，E. M. Lifshitz. *Quantum Mechanics*. Pergamon Press，1977：3.

理论的描述落在恰当的实验范围内时，就可以认为是被证明了的。所以，对单粒子而言，以"存在"为认识论的基础，从理论上讲 $\vec{r}(t)$ 肯定不会存在偏差，即 $\Delta\vec{r}(t)=0$。这是基于物质观、物理图像及逻辑自洽性之上的正确认识的必然结果：同一时刻 t，粒子质心不可能同时占据两个不同位置 $\vec{r}''(t)$ 和 $\vec{r}'(t)$，故 $\Delta\vec{r}(t)=\vec{r}''(t)-\vec{r}'(t)\neq0$ 的情况是不存在的。

由上述对 CM 的讨论，我们得出两个主要结论：

第一，脱离理论（包括理论的认识论、物质观、物理图像及逻辑自洽性等）而抽象地或就数学而讨论 SQM 的测量及 UP 的论证将是毫无意义的。

第二，既然 UP 是 SQM 的哲学基础，那么，UP 的论证就必须以 SQM 理论作为数学论证的前提，这才满足 C_3 判据；而且其论证的结果，应表明 CM 的质心的轨道概念不适合于对微观客体的描述。

这里涉及两种不同的认识论，并如海森堡所强调的："任何物理理论只应讨论物理学上可以观测的物理量，对于建立微观现象的正确理论，尤其要注意到这点。"[①] 在这里，海森堡虽强调"测量"却并不否定"存在"的概念，而只是将"存在"置于"精确测量"的基础之上。这样，仅从思辨的角度考虑，海森堡的想法较牛顿理论的基础岂不更扎实而精确吗？但问题在于，我们是否真的能建立起这样的基础，以在 SQM 的框架内论证 UP 是成立的。

1. 对"测不准原理的严格证明"的否定

以氢原子中的单电子为例，它的力学量完全集为 $\{\hat{H},\hat{L}^2,\hat{L}_z\}$，共同的本征态为 ψ_{nlm}。力学量 L_z 是守恒量。由

$$\langle\hat{L}_z^2\rangle=\langle\psi_{nlm}|\hat{L}_z^2|\psi_{nlm}\rangle=m^2\hbar^2;\quad\langle\hat{L}_z\rangle^2=\langle\psi_{nlm}|\hat{L}_z|\psi_{nlm}\rangle^2=m^2\hbar^2\quad(8-236)$$

按照 UP，L_z 是可以被精确测量的：

$$\Delta L_z=[\langle\hat{L}_z^2\rangle-\langle\hat{L}_z\rangle^2]=0\quad(8-237)$$

既然 φ 和 $\hat{L}_z=-i\hbar\dfrac{\partial}{\partial\varphi}$ 是一对正则量

$$[\varphi,\hat{L}_z]=i\hbar\quad(8-238)$$

按照 UP（8-232）式，则下式必须满足

$$\Delta\varphi\geq\lim_{\Delta L_z\to0}\left(\frac{\hbar}{2}\frac{1}{\Delta L_z}\right)\to\infty\quad(8-239)$$

---

① 曾谨言编著：《量子力学》，科学出版社 1986 年版，第 13 页。

但事实上，严格的数学计算结果是：

$$\langle \varphi^2 \rangle = \langle \psi_{nlm} | \varphi^2 | \psi_{nlm} \rangle = \frac{4}{3}\pi^2 ; \quad \langle \varphi \rangle^2 = \langle \psi_{nlm} | \varphi | \psi_{nlm} \rangle^2 = \pi^2 \qquad (8-240)$$

$$\Delta\varphi = \left[\langle \varphi^2 \rangle - \langle \varphi \rangle^2\right]^{\frac{1}{2}} = \frac{\pi}{3} \quad (并非 \to \infty) \qquad (8-241)$$

结果（8-241）式否定了 UP 的结论（8-239）式，从而表明 UP 不成立。这只是众多例证中的一个。

为什么会出现上述表明 UP 不成立的结果呢？现在我们来寻找原因。

设 $\hat{B}$ 在它的本征态 $|b\rangle$ 测量时有

$$\hat{B}|b\rangle = B|b\rangle, \quad \langle b|\overleftarrow{\hat{B}^+} = \langle b|B \qquad (8-242)$$

其中 B 为本征值。设态正交归一，$\langle b|b \rangle = 1$。若

$$[\hat{B}, \hat{A}] = i\hbar \qquad (8-243)$$

假定 $\hat{B}$ 满足如下的厄密性条件

$$\langle b|\overleftarrow{\hat{B}^+}\hat{A}|b\rangle - \langle b|\hat{B}\hat{A}|b\rangle = 0 \qquad (8-244)$$

则可以一般性地证明 UP 的如下结论是成立的：

$$\Delta A \cdot \Delta B \geqslant \frac{\hbar}{2}; \quad \Delta A \geqslant \lim_{\Delta B \to 0}\left(\frac{\hbar}{2}\frac{1}{\Delta B}\right) \to \infty \qquad (8-245)$$

但事实上

$$\langle b|\overleftarrow{\hat{B}^+}\hat{A}|b\rangle = B\langle b|\hat{A}|b\rangle \qquad (8-246)$$

$$\langle b|\hat{B}\hat{A}|b\rangle = \langle b|\hat{A}\hat{B}|b\rangle - \langle b|i\hbar|b\rangle = B\langle b|\hat{A}|b\rangle - i\hbar \qquad (8-247)$$

上两式相减所得的严格的数学结果为

$$\langle b|\overleftarrow{\hat{B}^+}\hat{A}|b\rangle - \langle b|\hat{B}\hat{A}|b\rangle = i\hbar \neq 0 \qquad (8-248)$$

即 $\hat{B}$ 不满足"假定"所设定的厄密性条件（8-244）。由此我们得出结论：

"测不准原理的严格证明"所得出的关于 UP 的结果（8-245）式，是与前提（厄密性假定）相悖的伪结论。故由错误的 UP 得不出否定粒子的轨道运动和决定论的任何结论。

2. 对"用'波包'证明 UP"的否定

在 SQM 中，常用"波包"来模拟粒子。例如，对一维的高斯波包

$$\psi(x) = e^{-\frac{1}{2}\alpha^2 x^2} \qquad (8-249)$$

其概率分布

$$|\psi(x)|^2 = e^{-\alpha^2 x^2} \qquad (8-250)$$

波包可看成不同波数（波长）的平面波的叠加。$\psi(x)$的傅立叶变换$\phi(x)$由下式定义

$$\psi(x) = \frac{1}{\sqrt{2\pi}} \int_{-\infty}^{\infty} \phi(k) e^{ikx} dk \qquad (8-251a)$$

$$\phi(x) = \frac{1}{2\pi} \int_{-\infty}^{\infty} \psi(x) e^{-ikx} dx \qquad (8-251b)$$

若将（8-249）式代入（8-251b）式，则得

$$\phi(k) = \frac{1}{2\pi} \int_{-\infty}^{\infty} e^{-\frac{1}{2}\alpha^2 x^2 - ikx} dx = \frac{1}{\alpha} e^{-\frac{k^2}{2\alpha^2}} \qquad (8-252)$$

$|\phi(k)|^2$仍是一个高斯波包，代表$\psi(x)$中所含波数为k的分波的成分。

由图8-18可见，对高斯波包，$|\psi(x)|^2$的展宽Δx可近似地估计为

$$\Delta x \sim 1/\alpha \qquad (8-253)$$

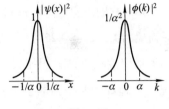

图 8-18

$|\phi(k)|^2$的展宽Δk可近似地估计为

$$\Delta k \sim \alpha \qquad (8-254)$$

于是，由上两式，有关系

$$\Delta x \cdot \Delta k \sim 1 \qquad (8-255)$$

将德布罗意关系$p_x = \hbar k$代入上式，得

$$\Delta x \cdot \Delta p_x \sim \hbar \qquad (8-256)$$

（8-255）式、（8-256）式的结论不限于高斯波包，对任何波包都适用，因为它是从波包频谱分析所得出的一般结论。

（8-256）式的结论，也可以由均方根偏差的计算得出（推导从略）。（8-256）式也被称作 UP 的数学证明。

但是，它真的具有海森堡所理解的"测不准"的意义并由此可以用来否定 CM 及轨道概念吗？

从表面上看，用一个狭窄的波包来模拟粒子的运动，似乎很真，但却存在如下的一系列根本性错误：

第一，波包模型不具备真实性，违背 C_2 判据。

模型是用理论描述客体时的必要近似与抽象。这种近似与抽象既要基本上反映客体的某种真实的客观性，又要有利于理论自洽地建立。

在 CM 中，对一个有结构的系统，系统的质心的空间位矢被定义为

$$\vec{r}(t) = \sum_i m_i \vec{r}_i(t) \Big/ \sum_i m_i \qquad (8-257)$$

它是存在并唯一的。并且，通过以上的定义方式以及对子系统 $\vec{r}_i(t)$ 运动的描述，既可以反映出不同系统的内在结构，也可以描述该系统的结构与演化。正因为这一原因，使得 CM 可以去描述一切系统，具有统一性。

与之相反的是，在波包模型中，却使用一个 δ 波包（令 $\alpha \to 0$ 即可）去模拟粒子的质心，表面上"很相似"，但实际上却不具备物理图像的真实性。

（8 – 257）式的定义是依赖于系统内的物质结构及分布的。对不同的系统而言，$\vec{r}(t)$ 是不一样的。这就使得 $\vec{r}(t)$ 作为系统运动的代表点，与所代表的实际系统之间具有一一对应的关系；（8 – 257）式的定义还可进而用来描述系统内部运动与结构。

若采用波包模型，例如采用 δ 波包来代替系统的质心，则其结果将是任何不同系统（从地球、原子到电子等）都可以用同一个 δ 波包来模拟，就失去了代表点与实际系统之间的一一对应关系，而变成了无穷多的系统均用同样一个波包来代表的多对一的对应关系，从而也就失去了模型对具体系统模拟的唯一性，故而也就失去了模型在物理图像上的真实性。而且采取波包模型，丝毫无助于对系统内部结构与运动的了解与描述。这是场的一元论在描述粒子和认识粒子性时的一个根本性的困难与弊端。

由此可见，在对系统的粒子性的认识与描述上，相对于系统模型及质心概念而言，波包模型不是一个好的概念和真实的模型，根本就不可能用来取代 CM 的系统模型和相应的质心概念。

第二，波包模型的逻辑基础不对，违背 C_3 判据。

t 时刻，质心及质心的动量 $\vec{p}$（相应的波数为 k）是唯一的。采用波包模型之后，粒子在同一时刻即具有了不同的谱（即具有了不同的动量），这在逻辑上说不通，违背 C_3 判据。

第三，由波包模型出发，建立不起与 CM 的自洽联系，违背 C_4 判据；波包要扩散，不能被实验所证实，违背 C_5 判据。

关于 SQM 不能建立起与 CM 的自洽联系，前面已论证过，不再重复。下面谈一谈波包扩散的问题。

用波包模拟粒子的运动时，可将波包写为

$$\psi(x,t) = \frac{1}{\sqrt{2\pi}} \int_{-\infty}^{\infty} \phi(k) e^{i(kx - \omega t)} dk \qquad (8-258)$$

以高斯波包为例，$\phi(k) = e^{-k^2/2\alpha}$，代入上式，计算后得[①]

$$\psi(x,t) \approx e^{-i\omega_0 t} \frac{\alpha}{\sqrt{1 + i\beta\alpha^2 t}} e^{-\frac{(x - \nu_g t)^2 \alpha^2}{2(1 + i\beta\alpha^2 t)}} \qquad (8-259)$$

强度分布为

$$|\psi(x,t)|^2 = \frac{\alpha^2}{\sqrt{1 + \beta^2 \alpha^4 t^2}} e^{-\frac{\alpha^2}{1 + \beta^2 \alpha^4 t^2}(x - \nu_g t)^2} \qquad (8-260)$$

波包的展宽为

$$\Delta x \approx \frac{1}{\alpha} \sqrt{1 + \beta^2 \alpha^4 t^2} \qquad (8-261)$$

若令 $t = 0$ 时波包的宽度为 Δx_0（$= 1/\alpha$），则

$$\Delta x = \Delta x_0 \sqrt{1 + \beta^2 t^2 / (\Delta x_0)^4} \qquad (8-262)$$

在以上公式中，ν_g 为波包的群速度，β 为群加速度

$$\nu_g = \frac{d\omega}{dk}, \quad \beta = \frac{d^2\omega}{dk^2} \qquad (8-263)$$

对于非相对论自由粒子，利用德布罗意关系

$$E = \hbar\omega = \frac{1}{2\mu}p^2, \quad p = \hbar k \qquad (8-264)$$

有

$$\omega = \hbar k^2 / 2\mu \qquad (8-265)$$

给出

$$\nu_g = \frac{\hbar k}{\mu} = \frac{p}{\mu}, \quad \beta = \frac{d^2\omega}{dk^2} = \frac{\hbar}{\mu} \neq 0 \qquad (8-266)$$

将（8-266）式代回（8-262）式，我们看到，当 $\beta \neq 0$ 时，当 $t \to \infty$ 时，$\Delta x \to \infty$，即波包要扩散。亦即是说，用波包来模拟粒子时，粒子随运动的时间发展，将变得越来越"胖"，且波包越窄，发胖得越厉害。然而，实验并不支持上述结论，故通不过 C_5 判据的检验。

第四，物质观和认识论不对，违背 C_1 判据。

根据（8-264）式，可将波数和频率写为

$$k_i = \mu\nu_i / \hbar, \quad \omega_i = \mu\nu_i^2 / 2\hbar \qquad (8-267)$$

由 SE 知，自由粒子的解为

---

① 曾谨言编著：《量子力学》（下册），科学出版社 1986 年版，第 619 页。

$$\psi_i(x,t) = e^{-i(E_it - p_ix)/\hbar} = e^{i(k_ix - \omega_it)} \qquad (8-268)$$

现将（8-258）式波包的傅立叶展开（积分式）写成广义求和（$\sum_j$，若连续，则为微分）的形式

$$\psi(x,t) = \frac{1}{\sqrt{2\pi}} \int_{-\infty}^{\infty} \phi(k) e^{i(kx-\omega t)} dk = \sum_j c_j e^{i(k_jx - \omega_jt)} \qquad (8-269)$$

将（8-268）式与（8-269）式相比较，要从（8-269）式中给出波数、频率为 k_i、ω_i 的粒子所满足的波函数，可以引入一个投射算子 $\hat{P}_i$，它按下式来定义

$$\hat{P}_i\psi(x,t) = \psi_i(x,t) \qquad (8-270)$$

将（8-268）式、（8-269）式代入上式有

$$\sum_j \hat{P}_i c_j e^{i(k_jx - \omega_jt)} = e^{i(k_ix - \omega_it)} \qquad (8-271)$$

由上式知，投射算子

$$\hat{P}_i = \frac{1}{c_j} \delta_{ij} \qquad (8-272)$$

由此可见，利用上述投射算子 $\hat{P}_i$ 的概念，我们可以从 SQM 的"波包"假设中，投射出对第 i 个粒子做实验（粒子的动量 $p_i = \hbar k_i$，能量 $E_i = \hbar\omega_i$）的过程。

为了将上述投射过程具体化，我们回到图 8-14 的实验。设自由粒子 t 时刻到达 E 点，并作为以后粒子在（f）装置中运动的初始条件。粒子从源 S 发出后到达 E［去掉（b）、（d）装置］的整个过程，是自由运动过程。设第 i 个粒子的速度为 ν_i，则它的波数 k_i、频率 ω_i 以及波函数可由（8-267）式、（8-268）式描写。而在对该粒子的这次测量时，所测得的 ν_i 即是实验值 $\nu^{(e)} = \nu^{(f)}$［见（8-189）式及（8-190）式］

$$\nu_i = \nu^{(e)} = \nu^{(f)} = \frac{eB}{\mu} R_i \qquad (8-273)$$

对于电量为 e 的微观粒子（例如电子），我们不能直接"看到"它，而要通过图 8-14 的实验装置将其放大才可观察。在对（f）装置的一次实验测量（通过读 R_i 去测出 ν_i）中，仅可能把原本就存在的粒子及相应的速度 ν_i 投射出来［即（f）装置起着投射算子 $\hat{P}_i$ 的作用］，而不能把本就不存在的粒子及速度 $\nu \neq \nu_i$ 也投射出来。这样，我们就得出结论：在对第 i 个粒子的该测量（即作 $\hat{P}_i$ 算子操作）中，粒子原本就具有速度 ν_i，其相应的态函数为（8-268）式中的 $\psi_i(x,t)$，而非处于（8-269）式所示的波包态 $\psi(x,t)$。

若我们通过多次测量（N 次）测得具有速度 ν_i（波数 k_i、频率 ω_i）的粒子的次数为 N_i，则它所占的概率 W_i 为

$$W_i = N_i / N = N_i \Big/ \sum_i N_i \qquad (8-274)$$

令

$$W_j = |c_j|^2 \qquad (8-275)$$

则知 $|c_j|^2$ 为测得出现波数为 k_i（频率为 ω_i）的粒子出现的概率。由此可见，（8-269）式的所谓"波包"不是描述单个粒子的波函数，而是"系综"的波函数。

通过上述的讨论（其核心思想是以"存在"为认识论的基础和理论描述的第一性概念），我们得出的结论是：

（1）波包模型不是以"存在"为认识论基础的，故其物质观、认识论不对，通不过 C_1 判据的检验。

（2）纠正了充满主观随意性的用波包来模拟单粒子行为的错误之后，波包最多可以被认为是描述系综状态的函数——若大量实验证实该波包对系综状态的描述是合理的话。

（3）既然波包是系综的态函数，所以测不准所反映的是系综的情况，而不是单粒子的情况。因为对单粒子而言，由图 8-18 可见，仅极少数的粒子落在 $|\Delta k| \geqslant \alpha$ 的区域内，而绝大多数的粒子则落在 $|\Delta k| \leqslant \alpha$ 的区域。故有：

A. 对少数粒子而言

$$\Delta x \cdot \Delta p_x \geqslant \hbar \qquad (8-276)$$

B. 对绝大多数粒子而言

$$\Delta x \cdot \Delta p_x \leqslant \hbar \qquad (8-277)$$

由此可见，粒子的运动行为根本就不遵从海森堡所理解的所谓"测不准原理"。

（4）采用系综概念，虽可以给出所谓的测不准关系，但却已经不再具有海森堡所理解的意义，不是对单粒子行为"测不准"的限制。

（5）以"存在"为认识论的基础，前面所论及的关于 SQM 中的"测量困难"事实上已被基本克服，作为"量子力学统计解释之全部内容"的核心表述（8-126）式也是被肯定了的。所以，我们并不否定 SQM 的合理性及其积极意义。

3. 对其他 UP 证明方式的否定

证明 UP 的一个常用例证是所谓的单缝衍射实验。设缝宽为 d。直接利用布喇格公式（8-91）式有

$$pd\sin\theta = \begin{cases} \pm nh\,(\text{极大}) \\ \pm\left(n+\dfrac{1}{2}\right)h\,(\text{极小}) \end{cases} \quad (n=0,1,2,\cdots) \qquad (8-278a)$$

将 $p = h/\lambda$ 代入上式，则有

$$d\sin\theta = \begin{cases} \pm n\lambda \ (\text{极大}) \\ \pm\left(n+\dfrac{1}{2}\right)\lambda \ (\text{极小}) \end{cases} \quad (n=0,1,2,\cdots) \qquad (8-278b)$$

由（8 – 278）式及图 8 – 19 可见，$n=0$（$\theta=0$）为主极值，第一暗线在 $\theta = \theta_\pm$ 处，满足

$$d\sin\theta_\pm = \pm\frac{1}{2}h \qquad (8-279)$$

若记

$$\Delta r \sim \frac{d}{\pi}, \quad \Delta p \sim p\sin\theta_+ \qquad (8-280)$$

则得所谓的测不准关系

$$\Delta r \cdot \Delta p \sim \hbar \qquad (8-281)$$

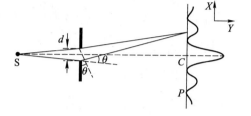

图 8 – 19　单缝衍射实验

它被解释为：$\Delta p \sim p\sin\theta_+$ 为测量粒子动量的不确定程度，$\Delta r \sim \dfrac{d}{\pi}$ 为测量电子在 x 方向上电子位置的不确定程度，这两种因测量而产生的"不确定度"（或称为测量产生的"偏差"）满足（8 – 281）式。

但是，上述实验真的具有海森堡所理解的所谓"测不准"的意思吗？

从源 S 发出的一个粒子，在屏 P 上只打一个点，是一对一的关系。众所周知，这一对一的关系是一种决定论的关系（虽然我们尚不知是怎样的决定论关系）。所以仅从概念上来认识，（8 – 281）式也不与否定决定论相联系。

$\Delta p \sim p\sin\theta_+$ 为电子在第一主峰内的最大动量偏差。在衍射中，一个粒子打一个点，而绝大多数的点是打在峰值附近处的。对这些电子而言，动量偏差

$$\Delta p = p\sin\theta \ll p\sin\theta_+ \qquad (8-282)$$

故对绝大多数衍射的电子而言，都在

$$\Delta p \cdot \Delta r \ll \hbar \qquad (8-283a)$$

的范围内。同样，d 是缝宽。CM 使用的是质心的概念。测量电子的位置时，总是用其他的粒子去碰电子的所谓散射方法来进行的。测得的"不确定度"，事实上是电子的"线度"。即使将电子的线度称为不确定度 Δr，则知 Δr（即电子的大小）也远较缝宽小，即

$$\Delta r \ll d/\pi \qquad (8-284)$$

故同样得出

$$\Delta p \cdot \Delta r \ll \hbar \qquad (8-283b)$$

由上述分析可见，（8 – 283）式根本就不具备海森堡所理解的测不准关系的意义，

故（8 – 281）式不能称之为 UP 的证明。

单缝衍射装置加上透镜，便是光学显微镜。海森堡同样论证，用此装置观测自由电子位置时，存在他所说的测不准原理[1]。他的论证方式是：x 方向测量位置的精度为

$$\Delta x \sim \lambda / \sin \varepsilon \qquad (8 – 285)$$

其中 λ 为光波的波长，ε 为显微镜的孔径角。海森堡称，光子打到电子后"因为并不知道光量子在辐射束（孔径角为 ε）中的方向，因此 x 方向上电子反冲值的测不准量为：

$$\Delta p_x = \frac{h\upsilon}{c} \sin \varepsilon \qquad (8 – 286)$$

于是由（8 – 285）式、（8 – 286）式得出海森堡的测不准原理

$$\Delta p_x \cdot \Delta x \sim h \qquad (8 – 287)$$

这是海森堡所理解的"测不准原理的数学论证"吗？下面提出几点质疑：

第一，上面的论证不仅对电子成立，对比电子大的任何粒子也都成立。

设一个线度为 $\Delta x = \lambda / \sin \varepsilon$ 的宏观粒子在显微镜中可以被清晰地看到，则对它的测量将同样满足（8 – 287）式。而对电子来讲，它的线度 $\Delta x^{(e)}$ 远小于宏观粒子的线度 Δx

$$\Delta x^{(e)} \ll \Delta x \qquad (8 – 288)$$

于是对电子来讲，则有

$$\Delta p_x \cdot \Delta x^{(e)} \ll h \qquad (8 – 289)$$

可见，它根本不具备测不准原理的意义，故不能称（8 – 287）式为 UP 的数学物理论证。

第二，光学显微镜是波动光学的一个实际应用例子，并遵从波动光学的理论。麦克斯韦的电动力学理论实现了光、电、磁现象的统一。电动力学包括场的波动方程和粒子在洛伦兹力下的牛顿方程两个组成部分，从而表明两者是并存的。而海森堡的上述讨论运用波动力学知识却得出否定经典力学的结论，从大的逻辑上讲，是自洽的吗？

第三，根据测不准原理，一个量 Δx（或 Δp_x）变小，另一个量 Δp_x（或 Δx）则必增加。但是，现代实验的结果却不支持上述结论。

例如，由宾里希（G. Binnig）和罗富尔（H. Rohrer）发明的"扫描隧道显微镜"（Scanning Tunneling Microscope，简称 STM），从原理上讲并不复杂（复杂和困难的是工艺和技术）：将一根尖锐的探针移到金属表面的近处，并在探针与金属之间加上电压，就会有隧道电流通过它们的间隙，其大小与探针和金属原子之间的距离有关且十分敏感。在 20 世纪 80 年代，利用 STM，就可以使人们一个原子一个原子地"看"到物体表面。

---

[1] W. 海森堡著：《量子论的物理原理》，王正行等译，科学出版社 1983 年版，第 16～21 页。

而且，他们还发现探针偶尔也会拣起一个原子；移动针尖，就可以把原子在物体表面来回移动。利用 STM，施外泽（E. Schweizer）发明了一项激动人心的新技术，把 35 个原子拖到合适的位置排成了"IBM"三个字母：字母"I"用了 9 个原子，字母"B"和"M"各用了 13 个原子。在低温下，原子的行为很稳定。STM 的发明，是一项革命性的成果。从实验的角度彻底打破了海森堡测不准原理的神话。1986 年，宾里希和罗富尔获得了诺贝尔物理学奖。

1985 年，宾里希访问他的加利福尼亚同事时与他们一起研制成功了原子力显微镜（Atomic Force Microscope，简称 AFM）：利用钻石探针的针尖在物体表面移动时，微弱的原子力会使悬臂弯曲，而弯曲大小可以检测。由此作物体的表面分析，从而使得 AFM 成为 STM 的重要补充。

纳米技术等所开创的"量子工程"也同样否定了测不准原理。

1985 年，纽曼（T. Newman）利用"电子束蚀刻"技术编程序，用每个字母只有 50 个原子宽度的文字刻下了狄更斯《双城记》的第一页。为此，他得到了费曼悬赏的 1 000 美元的奖金。不久，艾格勒（Eigler）及其小组利用 STM 技术装置，通过一次移动一个原子的方法制造出了"人工分子"：由 8 个铯原子和 8 个碘原子构成。康奈尔大学的威尔逊·何（Wilson Ho）研究小组也同样将一个氧化碳分子和一个铁原子结合在一起并研究了这个"人工分子"的振动性质。物理学家们开创了不用化学合成而用"量子工程"技术去合成分子的新途径，并由此发现和证明了一个事实：生命的基础，在本质上是量子力学的。

如果我们用激光去照射原子，当原子吸收了激光中的光子后，会因光子的冲击而速度变慢一点。光子从原子中自发辐射，其方向是随机的。利用这一性质，人们造出了磁光陷阱：6 束激光用来减慢原子的速度，磁场（克服重力等）把原子维持于陷阱中。利用激光冷却的理论，1985 年朱棣文（Steven Chu）和他的同事荷尔德尔（Holmdel）首次将原子冷却到了 $0.000\ 24k$。其后，法国的一个小组将氦原子冷却到了 $0.000\ 000\ 18k$。1995 年 6 月，真正的突破实现了：由康奈尔（E. Cornell）和威曼（C. Weiman）为首的小组，成功地将一群原子冷却到了绝对零度以上 1 亿分之 2 度。大约 200 个原子形成了一个玻色 – 爱因斯坦凝聚态。

上述的陷阱，在使得原子 Δp 下降的同时又将原子很好地定域在陷阱中，从而使得 Δr 也下降。这就从一般的意义上，用理论和实际技术的结合，证实了测不准原理不是量子粒子遵从的基本原理！

除了上述的事例之外，海森堡在其著作中，通过对康普顿效应和带电粒子在磁场中的偏转的讨论，通过"近似"和对量的"再理解"，也推导出了他所说的"测不准关系"。[1] 这里没有必要进行具体的数学物理分析去论证海森堡具体错在哪里，因为只需从逻辑上就可以判断海森堡的论证绝不可能成立：从肯定轨道运动和决定论的理论公式出发（即以此为"前因"），借助"近似"和"再理解"，却可以推导出他所解释的"测不准"（即得出的"后果"）；然而，这个后果却是否定前因的。这在逻辑上是不允许的。可见，海森堡的论证，连最基本的逻辑关系都没有弄对头。

总之，通过上述讨论我们看到，无论以 SQM 理论框架为基础作较为"严格"的数学物理论证，还是从实际的例证出发采取拼拼凑凑的方式，都不能论证海森堡所理解的"测不准原理"是成立的。由此我们不得不得出一个可能让哥本哈根学派感到沮丧的明确结论：海森堡所提出的所谓测不准原理及所表达出的人的中心主义的哲学观是对量子论革命认识的严重扭曲，它混乱了人们的思想，已经成为量子论革命继续发展的人为障碍，必须予以抛弃！

四、测不准关系的实质是量子化关系

通过以上论述，我们彻底否定了海森堡测不准原理。但有些人仍然有疑问：既然测不准原理是错的，那它为什么很好用，可以用来定性地解决许多看似困难的问题呢？为了回答这一问题，我们来探讨一下测不准原理的实质。

海森堡在其著作中唯一不做近似所引用的量子论结果是[2]："而从第 n 个量子态所满足的关系 $\int pdq \sim nh$ （36）就得出 $\Delta p_s \cdot \Delta q_s \sim nh$ （37）"。在这里，海森堡加上"s"下标，表示这些量是测量 p 和 q 所可能达到的"最高精度"。图 8-20 可以表明它们的意义。

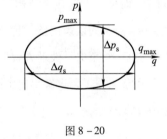

图 8-20

将图 8-20 与图 8-7 作比较，我们看到，以海氏原著中的（37）式为数学形式、被海森堡称之为"测不准关系"的关系式的，实质是普朗克-玻尔的"量子化关系"。在量子化关系中，其数学表述为（椭圆的面积）

---

① W. 海森堡著：《量子论的物理原理》，王正行等译，科学出版社 1983 年版，第 21~25 页。
② W. 海森堡著：《量子论的物理原理》，王正行等译，科学出版社 1983 年版，第 25 页。

$$\pi p_{max} \cdot q_{max} = \int p dq = nh \qquad (8-290)$$

若将

$$\Delta p_s = 2p_{max}, \quad \Delta q_s = 2q_{max} \qquad (8-291)$$

代入（8-290）式中，则有

$$\Delta p_s \cdot \Delta q_s = \frac{4}{\pi}nh \to \Delta p_s \cdot \Delta q_s \sim nh \qquad (8-292)$$

这便是海森堡所谓的"测不准关系"。我们知道，相图8-20用于普朗克的谐振子或用于玻尔的氢原子中的电子运动的描述时，使用的仍是经典决定论和经典轨道概念；唯一不同于经典理论连续轨道分布（由此使得能量取连续值）的是，粒子只运动在特殊的"量子化"的"分立"的轨道上而使得粒子具有了"波动性"。玻尔工作的最突出的贡献是将这种反映"分立性"即"波动性"的海氏原著中的"（36）式"作为"约束条件"来使用，从而不仅给出了分立的能谱，也给出了分立的量子化轨道半径

$$r_n = r_B n^2 = a_0 n^2 \quad (n=1,2,3,\cdots) \qquad (8-42)$$

以 r_n 标记氢原子的大小，就可以给出氢原子的"结构"［基态时，$n=1$，氢原子的大小（即半径）用玻尔半径 $a_0 = r_1 = \hbar^2/\mu e^2 \sim 0.529 \times 10^{-8}$ cm 来标记］。亦即是说，玻尔的工作已经对"波粒两重性"达到了非常本质的认识："粒子性"即是粒子的定域性、系统性，可用牛顿的质心作为运动的代表点；"波动性"即是"分立性"，它表明粒子的运动显示出了不同于经典力学的连续运动的特征——受"量子化条件"的制约，并通过分立的量子化轨道（8-36）式及相应的能量分立值，揭示出氢原子这个粒子不是一个"点粒子"，而是一个具有"结构"的系统。也就是说，它通过"量子化约束→分立性→波动性→结构"的认识链条，将"波动性"的真正实质——"结构"揭示了出来。玻尔通过"约束→约束力→波动方程"所做的对波动方程的预示，后来被薛定锷证实并发现。将 SE 用于氢原子，再次得出了同于玻尔的能级。在波函数 $\psi_{nlm}(r,\theta,\varphi)$ 中，l 为角量子数（$l=0,1,2,\cdots,n-1$）。l 越大，即角动量越大，表明电子运动越快，则它离核越近。故 $l=n-1$ 的轨道是最贴近核的最可几轨道。令 $l=n-1$，如我们在后面章节中将证明的，所给出的轨道正是（8-42）式的玻尔轨道。可见它们之间存在着深刻的内在联系。

这样我们就看到，当海森堡将 Δp_s、Δq_s 理解为测量时的"最高精度"并将（8-292）式［即海氏原文中的（37）式］解释为"测不准原理"时，他做了不应有的概念偷换：将原本肯定轨道运动和决定论的"量子化关系"，偷换成了否定轨道运动和决定论的"测不准关系"；将以客观"存在"为基础的自然中心主义，偷换成了以"测量"为基础

的人的中心主义。于是，以海森堡测不准原理为哲学基础的认识论，将人们罩在浓浓的哥本哈根的迷雾之中，使得人们长期深陷于充满佯谬和悖论的 SQM 的泥潭之中，难以将量子论革命继续深入下去。

然而，海森堡给出的近似的数学关系却仍然是成立的，它反映的是波、粒"两重性"二者之间的实质性联系，即系统的结构大小或粒子的运动区域与粒子动量之间存在的固有制约性关系——即"量子化关系"，也就是海森堡所说的"测不准关系"。正因如此，我们感觉到这一简单的数学关系很好用，故而相信它；但是，这一数学关系却不具有海森堡所解释的意义，所以这种"解释"才会被前面的一系列论证所否定。

人们可能又会问：既然测不准关系实质上就是量子化关系，反映的是粒子具有结构这一事实，并在氢原子实例中找到了印证；那么，它可否从一般的意义上获得进一步的印证呢？为解答这一问题，让我们再回到薛定锷波动方程建立时的出发点来看一看。

我们曾从（8－80）式的平面波

$$\Psi(\vec{r},t) = e^{i(\vec{p}\cdot\vec{r}-Et)/\hbar} \qquad (8-293)$$

出发"推导"出了自由运动的 SE。那么，（8－293）式中是否包含了关于粒子结构的信息呢？

对相位"$\varphi = p\cdot r - Et =$ 常数"微分有

$$d\varphi = p\cdot dr - Edt = 0 \rightarrow \nu_s = \frac{dr}{dt} = \frac{E}{p} = \frac{p^2/2\mu}{p} = \frac{1}{2}\frac{p}{\mu} = \frac{1}{2}\nu < \nu \qquad (8-294)$$

即波的相速度 ν_s 小于粒子运动的速度 ν，波落在了粒子的后面。按照玻尔的理论，Ψ 场将产生一个力 $\vec{F}^{(s)}(\Psi)$ 作用于粒子。若（8－294）式成立，则表明力作用不到粒子上。

现我们将（8－293）式用于电子的描述。电子是一个有结构大小的粒子而非"点粒子"，故可将其模拟成图 8－21 的示意关系。从物理图像上分析，对尺度为 Δr 大小的自由电子，波函数应满足以下条件

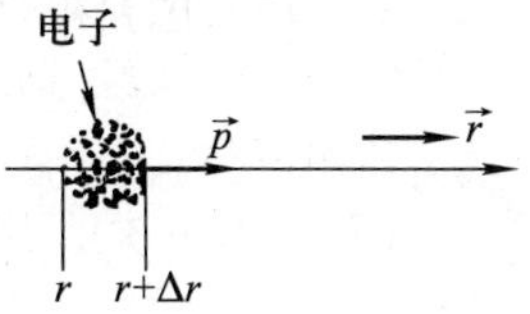

$$\Psi(r,t) = \Psi(r+\Delta r,t) \qquad (8-295a)$$

图 8－21

即要求

$$e^{ip\cdot r/\hbar} = e^{ip\cdot(r+\Delta r)/\hbar} \qquad (8-295b)$$

于是由

$$e^{ip\cdot\Delta r/\hbar} = 1 \rightarrow \cos(p\cdot\Delta r/\hbar) = \cos 2\pi = 1$$

$$\Delta r\cdot p = 2\pi\cdot\hbar \rightarrow \Delta r\cdot p = h \qquad (8-296)$$

将上式的 p 写成 Δp，则为 $\Delta p \cdot \Delta r \sim h$，这又与测不准关系的表达是一样的；但是却不具备海森堡理解的意义，所表达的是电子具有大小（即有"结构"）的信息

$$\Delta r = \frac{h}{p} \sim \frac{\hbar}{p} = \frac{\hbar}{\mu\nu} \equiv \lambda \qquad (8-297)$$

若定义波长 $\lambda \sim \Delta r$ 代表电子的线度大小，则将有

$$\lambda \sim \Delta r\big|_{\nu\to0} \to \infty \qquad (8-298)$$

即静止电子的线度无穷大。这显然是荒谬的。

（8-294）式与（8-298）式均出现了物理意义上的困难。原因在哪里呢？

非相对论情况是相对论情况的近似。但是数值上的近似不能以丢掉不可忽略的物理实质为代价。

根据前面的讨论，即使采用谭暑生的"回路光速不变"的相对论观去纠正狭义相对论在认识上的不足，但在相当高的精度上，仍是肯定狭义相对论的理论结果的。故而，我们仍可用爱因斯坦的理论结果。

记 $\vec{p}_0 = \mu c \vec{p}_0^{(0)}$，$\vec{p}_t = mc\vec{p}_t^{(0)}$，$\vec{P} = m\vec{\nu}$，由图 8-22 的相对论关系，有

$$\vec{p}_t = \vec{p}_0 + \vec{P} \qquad (8-299)$$

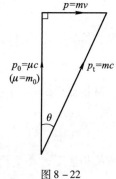

图 8-22

我们曾指出，相对论中的静能 $m_0 c^2$ 代表具有内部结构的粒子的内部能量。故在严格的意义上，即使在电子质心的动量 $\vec{p} = 0$ 时，其内部运动也仍然存在（$\vec{p}_0 = \mu c \vec{p}_0^{(0)} \neq 0$），故它仍可扰动 MBS 而激发薛定锷场。所以，在讨论自由电子的运动并了解其"结构"时，应考虑到相对论效应。因此，应将（8-293）式拓展为

$$\Psi_c(\vec{r},t) = e^{i(\vec{p}_t \cdot \vec{r} - Et)/\hbar} \qquad (8-300)$$

类似于（8-297）式，用康普顿波长 λ_c 来表示电子的线度（"结构"的"大小"），则有

$$\Delta r \sim \lambda_c \sim \frac{\hbar}{p_t} = \frac{\hbar}{mc} \qquad (8-301)$$

当 $\nu = 0$ 时，$p_t = \mu c = m_0 c$，有

$$\Delta r_0 \sim \lambda_{c_0} = \frac{\hbar}{p_0} = \frac{\hbar}{\mu c} = \frac{\hbar}{m_0 c} \qquad (8-302)$$

根据以上两式，可以给出电子线度的理论估计值，记为 $\Delta r^{(th.)}$。实验测量值记为 $\Delta r^{(exp.)}$。现将两者列表对比如下：

	静止	$E = 20\text{Gev}$	$E = 60\text{Gev}$
$\Delta r^{(th.)}$	3.86×10^{-11} cm	0.965×10^{-15} cm	3.2×10^{-16} cm
$\Delta r^{(exp.)}$	公认：3.86×10^{-11} cm	$< 10^{-15}$ cm	$< 10^{-16}$ cm

可见理论值和实验值在一定意义上是相吻合的。即波函数中的确包含着所谓电子"结构"的信息。

在（8-300）式中，注意到 $\vec{P} \perp \vec{p_0}$，若取 $\vec{r} /\!/ \vec{P} = m\vec{v}$ 的话，则有

$$\Psi_c = e^{i(\vec{P} \cdot \vec{r} - Et)/\hbar} \tag{8-303}$$

此即是狄拉克波函数。由上式给出的狄拉克相速度为

$$\nu_s^{(D)} = \frac{E}{P} = \frac{mc^2}{mv} = \frac{c^2}{v} \tag{8-304}$$

对光子而言，$v = c$，得 $\nu_s^{(D)} = c$。对静止的粒子而言，$v = 0$，$\nu_s^{(D)} = \infty$，其相速度与非相对论 QM 的"瞬时"相互作用的概念是一致的。

有趣的是，将（8-302）式视为电子微环形电流半径时，则电荷量为 e 的电流（流速为 c）流动的周期为

$$T = \frac{1}{c} 2\pi \lambdabar_{c_0} = \frac{2\pi\hbar}{\mu c^2} \tag{8-305}$$

电流强度

$$I = e/T = e\mu c^2/2\pi\hbar \tag{8-306}$$

由上两式得出与实验一致的电子磁矩

$$P_m = I \cdot s/c = \frac{I}{c} \pi \lambdabar_{c_0}^2 = \frac{e\hbar}{2\mu c} \tag{8-307}$$

即静止的电子相当于一个微型电流线圈。

若记 x 方向运动的电子的线度为 $\Delta x \sim \Delta r \sim \lambdabar_c$，记 $\Delta p_x \sim p_t$，由（8-301）式就有所谓的测不准关系

$$\Delta x \cdot \Delta p_x \sim \hbar \tag{8-308}$$

但它的实质是由（8-300）式反映的波粒两重性，及由此给出的电子"结构"的信息，并不具备海森堡所诠释的内容。因为如下的数学处理

$$\Delta p_x \sim \lim_{\Delta x \to 0} \frac{\hbar}{\Delta x} \to \infty \tag{8-309}$$

在物理上是不允许的：$\Delta x \to 0$ 即表示电子成了无结构的点——即电子不存在了。电子有质心，地球也有质心。就如不能用地球大小来标记对地球质心测量的"不确定度"那

样，我们同样不能用电子的线度大小来标记对电子质心测量的"不确定度"。这是不能混为一谈的不同的概念①。

总结以上分析，我们可以得出如下结论：海森堡测不准关系的数学形式可以保留，但这一形式却不具备海森堡所诠释的内容；它的实质是量子化关系，反映的是系统或粒子的内在的运动制约关系，表达的是微观系统的结构信息。

五、坚持自然中心主义，将量子论革命继续深入下去

量子论建立已经一个世纪了，它取得了一系列让人叹服的巨大成就。但是，以海森堡测不准原理为解释基础所确立起的人的中心主义，却又偏离了爱因斯坦等人所坚持的科学自然主义的正确轨道，从而阻滞了量子论的继续发展。爱因斯坦就曾以明确的语言表达过对这一问题的基本看法："我拒绝当今统计性量子论的基本观念，其原因是我不相信这一基本概念会成为整个物理学的基础……事实上，我坚决相信，当前流行的量子论在本质上是统计性的这个特征只应归咎于这个事实，即这个理论是对物理体系进行的一个不完备的描述。"②

这种"不完备性"，我们在前面的讨论及其他的文章中已经作了清楚的论证③。正是这种事实上存在的不完备性，使得"目前西方大多数物理学家，尽管依然声称相信哥派观点，但在实际工作中已不那么强调了"④。目前，关于量子论基础的争论仍在持续。这不得不使人们深刻地感到，"量子力学理论的争论，或许是一个更深层次争论的一部分，在进一步探索中，人们对自然界中物质存在形式和运动规律的认识，也许还有更根本性的变革。"⑤ 这种"更根本性的变革"才是我们应认真思考的，因为它是将量子论革命继续深入下去的关键所在。

但如何思考呢？我们不否认当前关于"退相干"、"纠缠态"、"测量理论"等问题讨论的积极意义。但是，在建立和探索其数学表述之前，有一个最根本的问题必须首先解决，这就是"哲学本体论"。如果我们仍然以 SQM 的人的中心主义作为认识的基础，在 SQM 的基础上修修补补，那么，来自认识论的对客观世界认识的片面性和不完善性，可能被纠正吗？即使加上具有明显主观臆断的所谓的"多世界解释"，最多也只能把困境

① 赵国求、曹文强：《测不准原理的物理意义》，《武钢大学学报》1996 年第 1 期，第 59 页。
② 卢鹤绂著：《哥本哈根学派量子论考释》，复旦大学出版社 1984 年版，第Ⅶ页。
③ 曹文强、赵国求：《对量子力学完善性的质疑》，《武钢大学学报》1995 年第 4 期，第 61 页；Cao Wenqiang. Can Statistical Quantum Mechanical Description of Physical Reality Be Considered Perfect? Chinese Academic Forum, 2005 (5)：5.
④ 卢鹤绂著：《哥本哈根学派量子论考释》，复旦大学出版社 1984 年版，第 139 页。
⑤ 曾谨言：《量子物理学百年回顾》，《物理》2003 年第 10 期，第 666 页。

隐于主观臆断的神秘主义之中，而无助于实际困难的克服。

所以，量子论的"更根本性的变革"必须建立在自然中心主义的基础上，以尊重物质及其规律的客观存在为认识的出发点。在这个基点尚未建立起来之前就急急忙忙地去建立数学表述，那是盲人骑瞎马的努力。

自然中心主义表现于物理学的理论研究与描述中，就在于以"存在"为研究和描述的对象。物质以什么方式存在？通过对整个物理学、甚至对整个科学的反思，我们已经无例外地获得了一个统一的答案：粒子是物质存在方式的最基本的形态。亦即是说，整个科学"更根本性的变革"将孕育在"粒子一元论"这一思考和理论的探索之中。

以粒子的一元论为认识基础去回顾物理学革命的历史，已经给了我们许多启发与思考。现在，我们已经走到了借助这些"启发与思考"去建立起具体的数学物理表象，以便撩开"更根本性变革"神秘面纱的时候了。我们能否通过努力在某种意义上实现引论中伯纳尔所希望和预言的某种科学统一性目标呢？这正是我们下一编将要探索和回答的问题。

第3编
寻求"科学统一性"的初步探索

第9章 科学的统一性及系统结构动力学（SSD）理论的建立

第1节 科学的统一性和SSD探索科学统一性的基本思路

一、科学及其层次性

按照《辞海》的解释，科学是"运用范畴、定理、定律等思维形式反映现实世界各种现象的本质和规律的知识体系"[1]，即人类认识自然、生命、思维、行为、社会等领域规律的知识集合体的总称。在"科学"这一总的名目下，形成了各个不同的分支学科。它们通常是研究客观世界或人类自身内在世界某一领域或某一发展阶段、某一运动形式的物质及其运动的，是人类对宇宙间各个不同领域中事物的本质特征、必然联系与运动规律的理性认识。

"科学"这个"知识体系"，具有明显的层次结构。越是高层次的学科，其覆盖的范围越广，概括性越强；由于只有简单性、抽象性才可以覆盖复杂性、具体性，所以高层次学科所使用的语言就必然简练而抽象。而越是低层次的学科，则覆盖的范围越窄，所描述和解释的现象越具体，越真实而精细；因而它们所使用的语言工具必然要越复杂化。科学的各个层次之间是相互补充的。高层次的学科抽象出覆盖范围广泛的本质性规律，为低层次的学科提供指导；低层次的学科依赖这种指导、遵循这些规律，开展更为具体的研究，同时又以自己的研究成果为高层次学科的抽象规律提供支持和具体、丰富的营养。

在科学的层次结构（参见图9-1）中，居于顶端的是哲学。哲学源出希腊文

---

[1] 辞海编辑委员会：《辞海》（第6版缩印本），上海辞书出版社2010年版，第1026页。

philosophīa，意即爱智慧。它是理论化、系统化的世界观和方法论，是关于自然界、社会和人类思维及其发展的最一般规律的学问。[①] 也就是说，它是关于世界的"总的科学"。因此，它具有最高的科学概括性，在整个科学体系中居于"帅"的地位，覆盖并且统帅着其他一切分支学科。居于第二层次的是物理学和数学。物理学以研究"物质的基本性质及其最一般的运动规律，以及物质的基本结构和基本相互作用"为宗旨。由于世界本质的物质性，使物理学理所当然地获得了"元

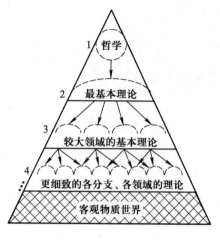

图 9 - 1

科学"的地位，被称之为科学的"基石"。数学作为"研究现实世界的空间形式和数量关系的科学"[②]，其本质是逻辑。由于世间的所有事物都必须遵从逻辑的制约——没有不符合逻辑的事物，只有不符合逻辑的思维——所以数学作为"通用的方法"，可以在所有的学科研究中得以使用。这两门学科的有机结合，就可以借用数学表象的载体，将哲学对物质世界的思辨性认识进行具体化表达，以获得其准确性。由于这种认识往往是覆盖一切领域、一切发展阶段和一切运动形式的物质的，所以也就往往具有高度的简单性和概括性。再往下看，其余各门不同的学科，则是更具体地研究各不同领域，或不同发展阶段、不同运动形式的物质及其规律的。并且学科分支越细小，则研究得越具体，越真实而精细。这就是科学体系的第三层次、第四层次……直到同工程技术衔接起来的最具体的应用层次。数学在这些分支学科的研究中同样也起着重要的作用，以至于人们称"只有在自己的研究中能成功地运用数学时，该门学科才能在真正的意义上被称之为科学"。但需要注意的是，按照哥德尔定律，简单性、概括性、抽象性和复杂性、真实性、精细性、具体性之间是"鱼与熊掌不可兼得"的关系。随着具体化程度的增加，要想达到"真实而精确"的描述，所运用的数学工具就将必然越来越复杂。

---

① 辞海编辑委员会：《辞海》（第 6 版缩印本），上海辞书出版社 2010 年版，第 2413 页。
② 辞海编辑委员会：《辞海》（第 6 版缩印本），上海辞书出版社 2010 年版，第 1746 页。

二、科学的统一性和探求科学统一性的基本方向

（一）科学的统一性寓于物质规律的客观必然性之中

对"科学统一性"这一概念，目前并没有精确的定义。一般认为，所谓"科学统一性"，指的是各个不同领域、不同发展阶段和不同运动形式的物质，受着普遍而统一的本源性基本规律的支配。寻求科学的统一性，就是寻求这些全域覆盖性的统一的基本规律。

研究科学的统一性，首先涉及的问题是这种统一性是否存在。如果它本身就不存在，讨论统一性就成了无稽之谈。我们说科学统一性是存在的。这主要是因为我们所认识的一切客体，都是物质的不同表现，故它们都要遵从关于物质运动和演化的基本自然规律。例如，从高楼上掉下来，无论是"死"的石头还是自命为"高级智慧生命"的"活"的人，都近似地做自由落体运动。若将它们抛出去，都做抛物线运动。若抛出去的速度再大些，以至于达到约 8 km/s，就都会绕着地球转，像月亮一样。推而广之，地球绕着太阳转，天上星体间的相互关联着的运动，其道理也是一样的。这"一样的道理"，就是统一的基本自然规律。而正是因为这种统一的基本自然规律是客观存在的，所以我们才有可能去认识它——科学的统一性寓于物质规律的客观必然性之中。

（二）科学的统一性是可以被认知的

科学作为人类知识体系的总称，是人类认识的产物，当然离不开人以及人的主体意识。而作为高级生命现象的人类，既遵从着自然规律，也是自然规律锻造出的作品。在这一锻造过程中，自然规律的信息就必然会刻在人类的生命意识之中，刻在了思维的物质基础之上。正是由于这一原因——在人类的"基因"中保留着自然规律的信息，才使得基于自然规律客观性之上的科学统一性不仅是"客观存在"的，而且是可以被人类所"认知"的。

（三）探求科学统一性的基本方向

由于科学体系自身的层次性，决定了我们对科学统一性的探索也具有层次性的特点。哲学在整个科学体系中居于最高的层次，因此真正的科学统一性只存在于哲学的思辨之中，特别是关于本体论的准确认识之中。中国的"阴阳根本律"以及西方关于"粒子与虚空"的论述，皆属于此。它们是对世间万事万物本质性的总体把握，是从宇宙万物表现的复杂性中找出的交集（即统一的规律）。这种把握，是科学统一性的第一层次，即最高的层次。当然，哲学用以认识世界的方法是充分发挥人类思维创造性功能的思辨性方法，所采用的语言是具有高度概括和抽象能力的自然语言；用于对具体事物的描述，

就必然是粗糙而不够精细的。于是，就必须用具体学科的理论语言对哲学所认识的科学统一性加以完善、补充和具体化。这是科学统一性的第二层次。由于我们前面说过的理由，科学统一性的第二层次只能到物理学（与数学的结合）中去寻找。企图在更具体的学科层次中去寻找所谓的"科学统一性"，很可能是缘木求鱼。而把希望寄托在低层次学科的交叉上，希望用所谓的"复杂性科学"来驾驭，大概也不是一条很好的道路。因为尽管这种思考具有一定的合理性，但却存在明显的不足：学科交叉优势互补，可以更全面地看待事物，这是其合理性的一面；但是，交叉又往往是不同学科所涉及领域的不同理论和思想的简单组合或叠加，这就会使得研究的领域和看问题的方法，均向复杂化方向发展，其结果是用复杂性思维来思考问题，反而更不能把握原本质朴而简单的宇宙自然的本源性规律——因为众所周知，本源性的基本自然规律是质朴而简单的。

鉴于以上的理由和本书的写作目的，下面我们就从物理学的角度，来谈一谈科学统一性的探索问题。

三、我们对科学统一性的思考和 SSD 探索科学统一性的基本思路

（一）对科学统一性的探索同克服物理学的"内、外困境"是密不可分的

如上所说，正是由于科学统一性寓于自然规律的统一性、简单性之中这一基本事实，把作为"科学基石"的物理学推向了探索科学统一性的独特地位，使它既获得了特殊的荣耀又处在巨大的挑战之中：一切其他学科在寻找该学科领域的"特殊性"之后，都会转向"形而上"的更高层次去追问更深层次的原因——由"道法自然"的必然性，势必要求物理学从自然规律的本源性及必然性中给予更本质的回答。

然而，被寄予厚望的物理学，目前在面对各学科，特别是生命、行为、社会科学所提出的挑战和问题时，却是那样的无力！现有的物理学理论只研究所谓"死"的物质，一旦涉及生命、行为和社会科学中广泛存在的主动性、信息、意识、自组织等方面，它便束手无策了。甚至在物理学内部，各不同领域（经典力学、量子力学、热力学、电动力学等）之间也互不连通，存在着明显的理论断层，不能"统一"起来，更遑论由"基本自然规律"去"统一"整个科学体系！可见，正是由于这种"内、外困境"的存在，才使得物理学在探索科学统一性的道路上不能大踏步地前进。

因此，物理学内、外困境的克服同对科学统一性的探索，是密不可分的。因为基于科学和自然规律的统一性，物理学的内外困境不过是同一根源在"内"、"外"两个方向

上的反映而已。所以，走出困境的根本途径就应是将上述问题放在科学统一性的大思维之中来思考！

（二）SSD 探索科学统一性的基础条件

1. 哲学基点

如上所述，科学统一性的最高层次存在于哲学的思辨之中。因而，系统结构动力学（System Structure Dynamic，简称 SSD）对科学统一性的探索，首先就要寻求正确哲学观念的指导。我们认为，就本体论而言，东西方哲学的最高成就应属中国的"阴阳根本律"和西方的"原子论"。"阴阳根本律"认为，"一阴一阳之谓道"，"道法自然"，"道生一，一生二，二生三，三生万物"。西方的"原子论"认为，物质是可分的，但不是无限可分的；粒子是物质存在的最基本的方式。将这二者综合起来并运用现代的语言表述就是：

（1）世界是由非物质性的"无"（即"虚空"，也就是"阴"）与物质性的"有"（即"实在"，也就是"阳"）组成的。正是物质"实在"在"虚空"中的存在与运动、作用及演化，才产生了我们这个林林总总的大千世界。因而，存在着一个非物质性的空的空间（称之为"绝对真空间"），它是一种没有任何物质存在的客观存在方式。它为物质提供了一个统一的"表演舞台"，可以使物质的存在和运动真实而明白地凸显出来。因而，在这个空间中建立的参考系——绝对静止参考系，就是一个绝对优越的参考系。由此，可以为整个科学确立起科学自然主义的坚实的认识论基础。

（2）作为"实在"的物质，是由各不同层次的"粒子"组成的，最终可追溯为由不可再分的最基本的粒子（某种有结构的连续物质分布，即"元子"）所组成；实物性的物质粒子之间的关联，是通过元子的集合体所构成的物质性背景空间（MBS，即元子的"占有空间"）实现的；这种"关联"，即是人们通常所说的"力"或"相互作用"。将粒子（即"系统"）视作物质存在的最基本的形态，就确立起了一种自洽而真实的一元论物质观。

以上两点，是 SSD 探索科学统一性的哲学基点。

2. 物理基础

然而，正如上面说过的，哲学的思辨性认识是高度抽象的，还必须用具体的数学物理语言将其精确化。而基于科学的继承性，我们首先应当看一看能不能在现有的物理学理论中找到可以基本荷载上述 1 中（1）、（2）两个哲学基点的具体载体，作为探索的出发点。

（1）牛顿理论为我们进一步探索科学统一性提供了基本出发点

扫描现有的物理学理论，我们发现牛顿理论正好基本符合我们的要求：它以绝对空间为其理论的运行背景；以粒子（系统）模型作为对物质存在基本方式的抽象表述。而且，这一理论运用牛顿原理

$$\frac{d\vec{p}}{dt} = \vec{F} \tag{9-1}$$

来描述一切物质运动演化的基本规律，从而具有基本自然规律应具有的全域覆盖性和高度概括性、简单性。因此，它完全可以作为我们进一步探索科学统一性的基本出发点。

然而，就科学的统一性而言，牛顿的理论尚存在缺陷：在物理学内部，它不能统一电动力学、热力学和量子力学；它更不能于外部统一认识生命、行为和社会等诸多现象。因此，要实现更高程度的科学统一，就要克服牛顿理论的缺陷，即对科学统一性的进一步探索应当从克服牛顿理论的缺陷开始。

本书第 2 编的分析表明，牛顿理论的第一个缺陷是存在着一定程度的逻辑悖论。众所周知，牛顿原理（9-1）式中粒子的动量 $\vec{p} = m\vec{v} = m\dot{\vec{r}}$，而 $\vec{r}$ 是由子系统所组成的粒子的质心位矢

$$\vec{r} = \sum_i m_i \vec{r}_i \Big/ \sum_i m_i = \sum_i m_i \vec{r}_i / m \tag{9-2}$$

上式中的 $\vec{r}_i$ 又是由再一层次的子系统所组成的粒子的质心位矢。质心是什么？它只是一个具有质量但却无几何维度的"几何点"！牛顿的系统模型（即粒子模型）就是建筑在"质点"这个"几何点"的数学抽象之上的。这当然是一种似真而又非真（即有一定程度的"失真"）的认识。因为对任何一个有限的定域系统而言，质心总是存在的，故粒子模型具有极广泛的普适性。但是，具有几何尺度大小的有结构的粒子的概念，却建筑在子系统的无几何维度的质心概念之上，这就使理论出现了逻辑悖论——因为按照逻辑，无几何维度的几何点的集合体是不能生成有几何维度的实体的。这种悖论会造成理论运用的实际困难。以两体碰撞为例，直接利用（9-1）式立即就会遇到困难：质心与质心的碰撞是两个无维度几何点间的碰撞，从理论上讲，是不会引起运动方向变化的——而这与事实不符。可见，两粒子的质心事实上不可能发生直接碰撞。

牛顿力学理论体系中的第二个缺陷是没有回答"力是什么？"的问题，未对力场进行定义。由此引发出质量的定义问题、惯性参考系的定义问题，特别是机械唯物论的错误等（详见本书第 3 章，此处不再重复）。

第三，由于牛顿对"绝对空间"的认识存在偏差，使得牛顿原理中作为对背景空间效应的提取方式的"力"$\vec{F}$，并没有包括自然界中广泛存在的不满足牛顿第三定律的非有心力成分，这就使得牛顿原理（9-1）式作为基本自然规律，其科学统一性的覆盖面存在一定的问题。

以上问题的存在，表明牛顿理论既为我们奠定了前进的基础，又为我们留下了进一步探索科学统一性的足够空间。

（2）牛顿以来物理学理论探索的进展给我们提供了启示

事实上，牛顿以来物理学的理论探索，都是在某种程度上追补或修正牛顿理论，在一定程度上克服牛顿理论的缺陷。它们主要集中在补充牛顿对力场认识的不足上。

例如，在对经典电磁场的研究中，产生了电动力学，于经典、宏观的意义上补充了牛顿对电磁力认识的不足。在电动力学中，电磁力场用连续的场函数来模拟，数学上用了较复杂的偏微分方程。粒子的运动则由洛伦兹力下的牛顿方程来描述。这是一个局限在"电磁领域"的宏观理论，它仅具有局域的科学统一性（统一性下降了，对客体描述的真实性相比较而言却增加了；当然，数学上的复杂性也增加了）。对引力的研究，产生了爱因斯坦的引力论。该理论采用了更复杂的里曼几何语言，使人们对引力的认识在宏观的意义上具体化形象化了：它将引力理解为时空的"弯曲"，而把粒子的运动归结为在短程线上的运动，由此追补了牛顿对引力认识的不足并修正了粒子运动方程。但爱因斯坦引力论同样也仅是局域统一性的理论［随着统一程度的下降，对客体描述的真实性相对提高，精确度也获得了提高（例如"四大实证"对牛顿定律的修正），但数学的复杂性也随之增加］。应当说，这些补充与修正都是具有重要意义的。如第2编中分析过的，经典电动力学和爱因斯坦引力论的革命性的意义，主要是揭示出"真空"不空，里面存在西方人称之为"以太"我们称之为 MBS 的物质，它是力场的载体。

另一方面，由于粒子是物质存在的基本形态，所以在进一步对力场的认识中，场的粒子性就会被显示出来，特别是在微观小的时空尺度上，场的粒子性会有更明显的表现。量子论就是在这方面取得进展的反映。它事实上是从"量子"的角度来深化对物质存在基本方式及其运动规律的认识，也是对牛顿关于力场认识不足的追补——只不过与宏观场理论不同的是，它追到了微观的"量子"层次上。作为量子论的第一个场方程，薛定锷关于场 $\Psi(\vec{r}, t)$ 的波动方程只适用于无基本粒子产生与湮灭的低能区范围，数学上采用希伯尔空间。

而在高能区，涉及粒子的产生与湮灭，涉及在高能情况下 MBS 被激发而形成的"传播子"所产生的附加作用力的贡献，故而也就涉及了场的量子化问题。在这些方面对牛顿理论的补充与修正，产生了基本粒子物理学和量子场论。该理论将基本力场划分为4种（如表9-1所示）：

表9-1

作用类型	作用强度	力程	规范群	媒介子名称	媒介子特征量（电荷，质量*，自旋）	作用范围
引力相互作用	10^{-39}	长	GL（4）	引力子 $G_{\mu\nu}$	（0，0，2）	天体、宇宙
电磁相互作用	1/137	长	U（1）	光子 A_μ	（0，0，1）	微观、宏观
弱相互作用	10^{-13}	$\sim 10^{-16}$ cm	SU（2）	中间玻色子 $\begin{cases} W_\mu^\pm \\ Z_\mu^0 \end{cases}$	$(e^\pm，83，1)$ （0，93，1）	微观
强相互作用	1	$\sim 10^{-13}$ cm	SU（3）	胶子 A_μ^a	（0，1，0）	微观

注：* 质量单位：Gev/c^2

量子电动力学（QED）、量子弱电统一理论（QWED）和量子色动力学（QCD）是基本粒子理论的三个标准模型理论。把三种相互作用的规范场理论统一起来的规范场理论称之为大统一理论（GUT，Grand Unification Theory）。目前，该理论尚未定型，多数人倾向于 SU（5）大统一方案。这是一种通过"真空"激发的量子化途径给出传播子来认识"力场"的粒子性的理论方案。在这里，由于力场的粒子性被充分暴露出来，对力场微观机制的认识更具体和更细致了，故相应的数学手段也就更为复杂。例如，量子场论以泛函积分理论为手段，规范场的数学工具是纤维丛理论，而当我们去认识对称性与守恒律时，群论的语言就成为有力的数学工具。可见，对系统的认识越具体，描述越细致、越真实，数学工具就越复杂；相应地，科学统一性就必定下降。总之，基本粒子物理学与量子场论只是在继续深化对力场微观机制的认识，从微观的角度追补牛顿对力场认识的不足，所以它仍是一种局域统一性的理论。它们虽然也取得了很大的成功，但也面临一系列的基础性困难。而在其中，涉及理论根基的，核心是对"真空"的认识问题。如果"真空"不是物质性的，那么规范对称性、对真空的作用、讨论真空的时空几何等，就都没有了物质性基础。而其他引申出的困难，事实上也均与真空的物质性基础未予解答并与"物质"用场的一元化模型处理相关联。对于这些"成功"与"困难"，人们已经作了许多思考，甚至不少人认为应进行根本性的变革。这里不再进一步讨论。

由以上的分析可见，牛顿以后物理学理论的发展，的确在（借用不同的数学模型和手段）弥补牛顿对力场认识不足的缺陷方面有不少成就——它们都在某一领域内、以具体力场的研究"证实"了牛顿确实没有对力场进行全面的认识。这些研究因此是具有重要意义的。但是，这种深入具体领域的研究，就提升理论的科学统一性而言，在认识论上又存在不足。究其原因，便是因为它们都没有追溯到"源头"上用一种统一的观点去看问题的本质所在。因此，要推进科学统一性探索的进展，SSD 必须另辟蹊径——从源头上寻找克服牛顿理论缺陷的方法——这就是牛顿以来物理学理论发展在科学统一性问题上带给我们的最重要的启示。

（三）SSD 探索科学统一性的基本思路

"回到源头去"，就要"从哲学出发"。我们从哲学分析中得到的最基本的认识是：粒子是物质存在的最基本的方式，存在着由"元子"这个有结构的连续物质分布、不可再分的最小物质实体所组成的物质性背景空间以及绝对真空间。这是我们的出发点。但如何在物理学中将它们具体化呢？

1. 就"粒子"而言，沿用牛顿的粒子（系统）模型是方便而简捷的

由于粒子是物质存在的最基本方式，则物质间的相互作用，即"力"，便只能由粒子间的碰撞产生。于是，从认识论层次的理论描述上，我们就可以通过"有结构的碰撞"建立起对"力场"的认识：

$$\text{有结构的碰撞} \Rightarrow \begin{cases} \text{引力场} \\ \text{电磁场} \\ \text{量子场} \\ \text{薛定锷场} \end{cases} \tag{9-3}$$

然而，碰撞只能发生在物质与物质之间，而不能是抽象的"几何点"（虚空）的碰撞，所以最终的碰撞只能发生在元子的层次上。于是，就可以把所有的"力"形式地定义为

$$\vec{F}_t = -\sum_v \frac{d\vec{p}_v}{dt} = \frac{d\vec{p}}{dt} \tag{9-4}$$

上式中 $\vec{p} = m\vec{v} = m\dot{\vec{r}}$ 为我们所考察的实物粒子的动量；$\vec{p}_v$ 为永远也不可能单独被直接"抓住"而被"看到"的、有结构和大小的元子的动量。这种理解，一举解决了牛顿对"力"未加定义的困难和"质心"概念建筑在非物质的"几何点"上的内在逻辑矛盾，从而从"源头"上解决了问题。

以上述理解为基础，我们就可以把（9-1）式改写为

$$\frac{d\vec{p}}{dt} = -\sum_v \frac{d\vec{p}_v}{dt} \tag{9-5}$$

这个方程就是在绝对静止参考系中成立的"最基本的方程"，适用于一切物质系统，具

有最广泛的统一性。需要注意的是，这一方程的形式虽然"很像"牛顿方程，但在实质上却根本就不再是原来意义上的牛顿方程，它已经获得了质的飞跃与提升。

目前的理论进展已经表明了上述认识的正确性。例如，王建成、李鸿仪等人采用上述方式，将简化了的刚性弹性碰撞用于对引力的研究中，其工作已经取得了成功（参见本书第7章）。这一成功表明，将元子的结构及粒子的结构暴露出来，采取粒子与元子之间的有结构的碰撞，并考虑到粒子运动对 MBS 的激发，有可能将"瞬时"非定域相互作用以及由"传播子"表达的定域相互作用同时给出来。当然，这种"有结构的碰撞"对力场的认识虽是最为直接的，然而却是最为困难的。这有待于理论与实际计算的进一步研究。我们预期，它可以用于解决许多方面的问题。例如，可以通过对（9 - 5）式的"重塑"，并通过（9 - 3）式的方式，与经典的或量子的"场论"衔接起来，用以提升场论的认识和克服场论的无法克服的固有性困难，如"真空的本质"与"物理背景"的"微观机制"和"微观属性"，及其对基本粒子和宇宙的结构的影响等，似乎都能从 MBS 的物质性、粒子性上找到源头和回答。这方面的工作可能将成为 21 世纪的一件非常有价值的本质而且前沿的重点性工作。这是由第一层次、第二层次的科学统一性见诸第三层次，去研究力场必然会带来的新的变革——虽然由于传统思维的"惯性"作用，人们认识到这一点会有一个相当长的时间"滞后"，但该变革迟早终将沿着上述方向发生。

2. 用碰撞机制可以从微观和本体论的角度深化对力场的认识

但是，当我们去描述力场作用下的粒子如何运动时，这种描述方式就不方便了。这时用某种平均意义下的"场"的语言就比较方便。为此，我们可以将来自元子的碰撞的效应，用力场的方式加以提取和表述，得出修正后的牛顿方程

$$\frac{d\vec{p}}{dt} = \vec{F}_t \quad （场函数） \tag{9 - 6a}$$

值得注意的是，上述方程同牛顿原理（9 - 1）式在形式上"很相似"，但事实上却有本质的不同。因为上式中的 $\vec{F}_t$ 和（9 - 1）式中的 $\vec{F}$ 并不完全等同。前者包含了后者，但却多出了一部分牛顿在 $\vec{F}$ 中没有提取出的 MBS 的效应。将这部分背景空间效应形式地记为 $\vec{F}^{(s)}$，则上式就应改写为

$$\frac{d\vec{p}}{dt} = \vec{F}_t = \vec{F} + \vec{F}^{(s)} \tag{9 - 6b}$$

其中 $\vec{F}$ 为原牛顿原理（9 - 1）式中的力。

为什么要在（9 - 6b）式中新添加一个力 $\vec{F}^{(s)}$？从哲学上讲，是因为绝对真空间存在

的客观性，决定了我们只有在绝对静止参考系中才能达到对物质存在、运动与演化的"完全真"的认识。而牛顿对绝对空间认识的不完全性，使得他没有把背景空间的作用完全提取出来。所以必须要把剩余的那些背景空间的作用再提取出来，以"补充"牛顿的认识。而既然添加 $\vec{F}^{(s)}$ 以后，从背景空间这个"源头"上补充和修正了牛顿原理的认识，则（9−6）式便是比牛顿原理（9−1）式具有更大的覆盖范围的基本自然规律方程，具有更广泛的科学统一性。

那么，$\vec{F}^{(s)}$ 是否真的存在？我们在第 2 编中的详尽分析表明，它的确是存在的：我们在电磁运动中看到了这个力，在引力运动中看到了这个力，在热力学的耗散过程中看到了这个力，在微观的量子领域同样也看到了这个力。因此可以说 $\vec{F}^{(s)}$ 的存在已经得到了理论的实证。

由此看来，只要我们确定了（9−3）式中各种场的具体形式，从而寻找出相应的 $\vec{F}^{(s)}$ 的表述形式，我们就可以用具体化后的（9−6）式去描述相应类别的物质的运动和演化过程。然而，具体选择哪一种场入手来展开研究呢？我们认为，对描述微观量子领域规律的薛定锷场的认识，在探索科学统一性中具有特别重要的意义——因为所有的宏观现象都是以微观为基础的。所以，SSD 应当选取它作为探索科学统一性的"突破口"。

3. 涉及微观问题，"波粒两重性"就是不可回避的

"波粒两重性"是量子论中最基本的困难，也是量子论无法自圆其说的悖论产生的总根源，涉及了量子理论的根基。

所谓"粒子性"，就是粒子在空间存在区域的非全空间弥散的定域性。根据我们第 8 章中的分析，具有"粒子性"的粒子同时又具有了所谓的"波动性"，是说粒子的运动行为出现了"分立性"：在衍射实验中，粒子只打在"分立的"衍射条纹的地方；在玻尔的旧量子论中，电子则只运行在"分立的"量子化轨道上，由此使得能级出现了量子化"分立的"特征。

因此，站在粒子一元论的物质观上，我们对"波粒两重性"的看法是：粒子性是粒子存在方式的特征；波动性即分立性是粒子运动方式的特征。也就是说，我们对"波粒两重性"问题必须以如下的方式加以理解和描述：

既然粒子的"存在"是定域的，则作为它的物质分布，就只能处在一个小的定域区间，所以就不可能、也不应当用弥散于全空间的波场来模拟和描述这种物质分布——哪怕是将这种波解释为"概率波"也不行！因为在 t 时刻，粒子仅存在于一个特定区域，

在此区域出现的概率即为1，而在其他的区域出现的概率即为0。正是由于这一根本原因，所以在 SQM 中，用场的一元论图像来描述粒子，就必然会出现由概率波解释而产生的所谓"编缩困难"，以及相应的测量困难等一系列无法克服的基础性难题；即使在量子场论中，也同样会产生所谓的"发散"困难等。

说得更明确些就是：既然粒子的"粒子性"是被肯定了的，那么就一定要用粒子模型来模拟粒子。模型即是抽象，即是近似。没有这种抽象与近似，刻意抽象化、理想化的数学就进入不了物理学的理论描述之中。而要把由子系统结成的各式各样的、具有复杂几何构型和不同物质分布的"粒子"的共性高度抽象出来，以达到一定意义上的统一描述，牛顿的系统（粒子）模型，无疑是一个好的模型候选者。在未找到其他更好的模型和手段之前，至少这是一个不错的选择，而且这样的选择还有利于科学发展中的继承性，易于建立起新理论与牛顿力学的衔接和解决测量问题。当然，既然选牛顿的粒子模型来描述粒子及其粒子性，则系统质心的动量 $\vec{p}$ 就应按牛顿的方式来定义，即 $\vec{p} = m\vec{v}$（m 为系统的总质量）。

然而，又如何反映粒子运动行为的分立性、即"波动性"特征呢？首先让我们看一看这种"波动性"行为特征的表现。如前所分析的，这种所谓"波动性"的行为特征，是微观粒子的运动行为所表现出的不同于经典力学的特征——它的轨道不再是经典的轨道，而是特殊的、分立的轨道。

运动的行为，除受初条件的影响外，核心是要受到力的作用。所以追问运动行为的原因何在时，牛顿称"外力是改变物体运动状态的原因"。当然，仅把原因归结为"外力"，是一种外因决定论，如第 3 章所分析的，这是不够全面的。故而可将其改为"力是改变物体运动状态的原因"。而现在的"力"，既包括牛顿所认识的外力，也可以包括尚未被认识的新力。而为了使粒子运动的行为具有新的"波动性"、即"分立性"的量子化运动特征，就应有一个新的力 $\vec{F}^{(s)}$ 存在，所以就应将经典牛顿方程修改为（9-6）式。但由于所有的力从源头上说都来自于元子的作用，都是背景空间效应的某种提取方式，所以 $\vec{F}^{(s)}$ 也必然和背景场 ψ 有关，因而可以将 $\vec{F}^{(s)}$ 改写为 $\vec{F}^{(s)}(\psi)$。背景场 ψ 是一个未知的场——当然，从猜测的角度讲，它很可能就是薛定锷场 ψ（即波函数）。由于场 ψ 是刻画 MBS 的物质性场，在微观领域，由 MBS 急剧地起伏不平所产生的"皱褶效应"，就可以使具有粒子性的粒子，因 $\vec{F}^{(s)}(\psi)$ 的制约而运动在特殊的分立的量子化轨道上，从而显示出"波动性"。由于在这里波粒两重性通过粒子所满足的（9-6）式达到了统一性的认识和精确的描述，所以量子论的波粒两重性悖论即可以被克服。

4. 按照上面的分析，将（9-3）式与（9-6）式结合起来且仅用于低能微观领域，来认识薛定锷场，（9-6）式就可以表述为

$$\frac{d\vec{p}}{dt} = \vec{F}_t = \vec{F} + \vec{F}^{(s)}(\psi) \tag{9-7}$$

其中 $\vec{F}$ 为非定域的力（是已知的），$\vec{F}^{(s)}(\psi)$ 为薛定锷场 ψ 所产生的附加力。如前面已分析指出的，由于 $\vec{F}^{(s)}(\psi)$ 的存在，粒子被约束在特殊的分立的量子化轨道上，通过"分立性"从而使得具有"粒子性"的粒子有了所谓的"波动性"。由于"波粒两重性"是通过粒子本身所满足的决定论性的方程（9-7）式获得统一回答的，长期困扰人们的所谓粒子与波的"两重性悖论"就得以克服。另外，借助（9-7）式，我们还可以去认识微观客体的内在运动及结构，从而纠正 SQM 无物理图像从而无法认识客体内在行为的缺陷。（9-7）式又可以直接与经典力学衔接起来，使 SQM 关于测量的困难不复存在。

而且，由于从本质上讲，生命的产生发生在量子力学层面（DNA 的自复制和组成生命的蛋白质等物质涌现于该层面），因而当我们已经可以用（9-7）式来细致地描述该层面物质系统的行为时，揭示生命和思维、精神之谜以及进化之谜，从而克服物理学不能面对生命、行为、社会科学的根本性困难，难道还会遥遥无期吗？

通过上面的讨论，我们已经看到，作为"基本方程"的（9-3）、（9-5）、（9-6）、（9-7）四式，就对两个基本性问题（力场是如何形成的和在力场已知后粒子如何运动、系统如何演化）的回答而言，是完全胜任的，从而证明它们是物理学中最具广泛科学统一性的认识方式，可以为 21 世纪的科学革命，提供一个坚实的认识论基础和理论描述基础。

然而，上述寻找科学统一性道路的方案如何具体实现呢？问题归结为找出（9-7）式的具体表述并完成相应的数学物理论证——这就是本章以下各节的任务。

第 2 节　结构的物质性及对结构力 $\vec{F}^{(s)}(\psi)$ 的形式的分析

寻找（9-7）式的具体表述形式，关键在于找出其中的 $\vec{F}^{(s)}(\psi)$ 的具体表述形式。在这个力的具体形式还没有给出来以前，我们不妨发挥思维的创造性，先对它做大体上的"猜想"，这可以为我们实实在在地找出 $\vec{F}^{(s)}(\psi)$ 的具体表述形式做准备——提供选择和思路。当然，对 $\vec{F}^{(s)}(\psi)$ 的形式的猜想，不应当是毫无根据的"胡猜"或"乱想"，

而应当具有一定的思想或认识上的基础——它便是结构的物质性。

一、结构的物质性

我们前面说过，由于宇宙间的一切从根本上说都是物质的存在、运动与演化的表现，所以科学的统一性寓于物质规律的客观必然性之中。因而，科学统一性的实现也必然依赖于对"物质"这一概念的深化认识。

在第 2 编中，我们曾将物质概念扩展表述为：物质是由其"特征属性"、"时空属性"和"结构属性"共同组成的；三者不可分割的"有机复合体"才能被称之为"物质"。与传统认识中将"物质"这一概念仅仅归结为"是由其'特征属性'和'时空属性'所组成的"不同的是，我们在这里添加了"结构"这一物质概念的基本维度。正是围绕着对这一物质概念基本维度的深化认识，才导致了我们对一个新的力——$\vec{F}^{(s)}(\psi)$ 的认识和发现。上述事实清楚地表明，结构在寻求科学统一性中扮演着极其重要的角色。由此看来，要找出 $\vec{F}^{(s)}(\psi)$ 的具体形式，也必然依赖于对结构的物质性和结构力存在的真实性的深化认识。

然而，物质概念是不是真的需要添加这一基本的维度？或者说这一添加是不是"画蛇添足"或"空穴来风"？我们对这一问题的回答是：结构的物质性是被科学的各层次所证明了的一个客观真实的存在！

例如，人们早已知道，同样都是由碳原子所组成的石墨和金刚石，只是由于其分子"结构"的不同，就显示出了完全不同的性质。在这里，"结构"明确地表现出了"作用"——即"力"。在管理中，组织的"结构"不同，就会产生不同的管理效果。如此等等。即使在目前仍被人们认为是十分神秘的生命现象中，"结构"也有力地显示出了它的作用。下面就让我们较详细地谈一谈这个问题。

薛定锷于 20 世纪 40 年代在都柏林大学关于"生命是什么"的著名讲演，被认为是现代生物物理学（包括量子生物学）的开端。也正是从此以后，量子生物学家们才开始对很多生命物质的细致结构做了大量的计算，并取得了很大的成就。并且量子生物学家们还认识到："对核酸来说，不能单是做计算，还必须深入考察结果和生物功能有什么联系。"也就是说，要搞清楚生命的问题，还应当搞清楚与生命有关联的那些未知的机制。那么，这些未知的机制是什么呢？

泡令在 1973 年曾指出：物质的很多内部作用力（如取向力、诱导力、色散力等）都早已清楚了，但却发现还相当普遍地存在着另一种形式的分子之间的作用力，即集团与集团之间的一种具有高度选择性的作用力。只有当两集团的电子性质与几何构型适应时，它才表现出其特殊的作用；并且这种作用并不等于两集团间各个单个原子作用能的总和，而是比这个总和大得多。这表明"选择性"是生命物质的重要功能。事实上生命的自复制过程就是一种高度选择性的过程。而该功能却密切地依赖于分子集团的"几何构型"——即它们的"空间结构"的力。

目前，这一作用力的功能已经得到确认。例如，量子生物学家经过复杂计算，已可用 $\rho = \Psi^* \Psi$ 的概率等高线来形象模拟 DNA 等的"空间结构"。DNA 太复杂，我们来看一个简单的图像，其机制是一样的。Switkes 等人曾通过计算，生动地描绘出了 H - B 和 B - H - B 的平面等概率密度曲线，以此来解释 B_2H_6 分子的几何构型（参见图 9 - 2），并由此找到了定域化外部 B - H 键和联结每个中心氢原子与两个硼原子的三中心桥键的证据。[1]

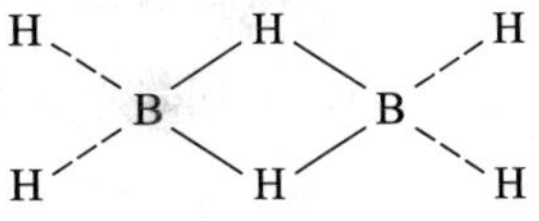

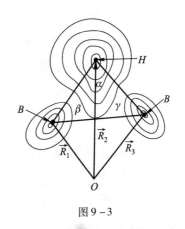

图 9 - 2

图 9 - 3 画出的是 B - H - B 的概率等高线示意图。在图中，越是内层的线，概率密度 ρ 越大，而氢原子 H 和两个硼原子 B 则被定域在 ρ 的极值处。它们之间的夹角 α、β、γ，称之为分子间的"键角"。若将 ρ 理解为原子在空间出现的"概率密度"，则各种 $\rho(\vec{r})$ 都有一定的概率出现而表明键角是变化的。但事实上，分子的键角是很固定的，故而在事实上，上述三个原子被固定在 $\rho(\vec{R}_i)$（$i = 1, 2, 3$）的特定位置上的——这与 SQM 的概率解释不一样。为什么上述原子被定域在特殊的 $\vec{R}_i$（$i = 1, 2, 3$）的邻域呢？我们来形象地说明这个问题。为了

图 9 - 3

作图方便，现在将 $\vec{R}_i$ 画在一个轴上，把图 9 - 3 的概率分布等效地画为图 9 - 4（a）所示的样子。

现在我们再想象与之对应地存在一个等效势 V_{eff} [如图 9 - 4（b）所示]，$\vec{R}_i$（$i = 1, 2, 3$）处是等效势的"势洼"处。而势洼处不正是"平衡点" $\vec{R}_i$ 所在的地方吗？若原子偏离了这个平衡点，则必有一个力

$$\vec{F}^{(s)} = -\nabla V_{eff} \tag{9-8}$$

① E. Switkes, etal., J. *Chem. Phys.*, 1969 (51)：2085.

将原子拉回平衡位置。这不就对上述键角的成因以及 B_2H_6 分子几何构型的动力学成因给予了清楚回答吗？

由图9-4可见，$V_{eff}(\vec{r})$ 的存在，是由 $\rho(\vec{r})$ 的分布造成的，故 $V_{eff}(\vec{r}) = V_{eff}^*(\rho(\vec{r}))$。将它代入（9-8）式，即有

$$\vec{F}^{(s)} = \vec{F}^{(s)}[\rho(\vec{r})] \tag{9-9}$$

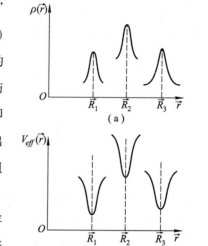

其中 $\rho(\vec{r})$ 表征着前述的分子集团的"几何构型"即分子的空间立体几何结构。这也就是说，（9-9）式的力是一种"结构力"！这样一来，前面所提及的解释生命现象所必需的"选择性的力"——它是与分子集团的"几何构型"相关的一种特殊的力（即"结构力"），已经由（9-9）式的抽象表述显示了出来。当然，（9-9）式这个力的存在，也为回答自组织的问题提供了可能。[①]

由以上的论述可见，结构的物质性和结构力的存在的确是一个客观事实。然而，这个力被牛顿力学所表达了吗？显然没有。因此我们就可以"猜测"——$\vec{F}^{(s)}(\psi)$ 必然是与结构有关的！

图9-4

二、结构力 $\vec{F}^{(s)}$ 的形式分析

（一）$\vec{F}^{(s)}$ 应与 $d\ln\rho$ 有关

上面我们用一个例子说明了结构力在自组织、选择性、自复制等生命现象中的作用。然而，仅能说明自组织、选择性、自复制的力学机制，还解释不了生命。生命的最显著的特征是具有"思维"和"精神活动"等复杂功能。

而要将所谓精神、思维等现象弄明白，是离不开"信息"这一思维和精神之"源"的——因而，必须溯到源头上揭示出所谓"信息"的本质和相应的"信息的动力学机制"。因为我们谈论思维和精神现象时，脱离不开信息：例如，没有信息，"思考"什么？脱离开"信息的动力学机制"，"思考"又如何进行？

我们知道，控制论和信息论都以"信息"作为中心概念。维纳认为，信息是一种

---

① 贺恒信、曹文强：《系统科学革命：物质观变革的基础》，《系统辩证学学报》1995年第2期，第78页。

"模式和组织的形式"，并说量子理论给出了信息与能量的新联系。因此，追溯到物质的微观层次，信息就与"模式"、"组织"亦即是与"结构"联系了起来。事实上，无量子跃迁，即不从一个态 ψ_i 变到 ψ_j 从而使得 ρ_i 变到 ρ_j，就没有作为信息的能量输出与输入。所以论及信息，就必然与结构 ρ 及其变化 $d\rho$ 相关联。由于只有通过"结构的变化"才能使得信息"显露"出来，所以我们"猜测"：(9－9) 式的结构力 $\vec{F}^{(s)}(\psi)$ 的表示式中的 ρ 应改换为 $d\rho$。

另一方面，我们注意到玻姆也十分关注信息与量子力学间的联系。他明确指出"波函数属于一种信息结构"，并以雷达波的信息效应为例，说信息是与结构的变化量 $d\rho$ 的"强度无关而仅依赖于它的形式"。[①] 按照这一思路，就应再将 $d\rho$ 改换为 $d\ln\rho$。因为

$$d\ln\rho = \frac{d\rho}{\rho} = \frac{d(\Psi^*\Psi)}{(\Psi^*\Psi)} \tag{9－10}$$

对上式作代换，令

$$\Psi' = A\Psi \tag{9－11}$$

我们仍有

$$d\ln\rho' = \frac{d\rho'}{\rho'} = \frac{d(A^*\Psi^* \cdot A\Psi)}{A^*\Psi^* \cdot A\Psi} = \frac{A^*A}{A^*A} \cdot \frac{d\rho}{\rho} = \frac{d\rho}{\rho} = d\ln\rho \tag{9－12}$$

即与其强度 $|A|^2 = A^*A$ 无关。但玻姆并未注意到信息是以能量为载体的，因而信息与能量就应纠缠在一起——即两者之间应是一种"积"的形式——玻姆方程恰恰不满足这一要求。

当然，从逻辑上讲，这种 $\vec{F}^{(s)}$ 与结构 ρ 的强度无关的看法是有道理的。如我们前面论及的，薛定锷场是用场函数的方式提取 MBS 中的元子的，刻画的是 MBS 的信息。而从宇宙学的角度讲，前面我们也由 MBS 给出了"引力"的微观机制。我们知道，一般说来不同的空间领域 MBS 的分布是不一样的；而从历史的角度讲，即使采用暴胀－收缩模式，也表明在不同时期 MBS 的强度是不一样的。而作为物理规律，应是可以认识一切历史阶段的——即一切历史阶段应遵从同样的规律，故而作为物理方程中的力 $\vec{F}^{(s)}$ 就不应依赖于 ρ 的绝对强度。这正是 (9－12) 式的实质。

这样说来，(9－9) 式就应更明确地表示为

$$\vec{F}^{(s)} = \vec{F}^{(s)}(d\ln\rho) \tag{9－13}$$

---

① D. Bohm, et al., *Phys. Rept.*, 6 (1987) 323, 349.

并且，若我们定义

$$H_I = \ln \Omega = -\ln \rho \qquad\qquad (9-14)$$

为"广义信息"以表征对信息不同认识方式中的"共性"和来自微观物质基础之"源"的话，作概率的解释，我们即可以导出申农的信息熵，[①] 从而表明他的定义不过是广义信息的一种特殊理解。这样，就可以由"结构"和"结构的力"，把解释生命最为关键的、人们早已意识到但却找不到物理机制的"信息"及"信息的动力学机制"，通过（9－13）式和（9－14）式揭示出来[②]（该问题的详细讨论和数学推导放在本书第 11 章中，这里不再展开讨论）。

（二）$\vec{F}^{(s)}$ 应是一个非线性力

普利高津的耗散结构理论是物理学与系统科学思想相结合的产物，这一理论将一系列新思想带进了科学的视野。应当说，该理论也存在明显的不足和众多可质疑的地方[③]，但它关于在远离平衡态的地方可以存在靠与外界交换能量而形成的"耗散结构"的思想，却是极富启发性的。

生命就是一个耗散结构系统。这一点很容易理解。而且，退化到量子系统看，生命物质乃至最简单的原子，事实上也是一个耗散结构系统。最简单的例证是，孤立、静止的原子也存在"自然宽度"——它即是原子中的电子与环境即 MBS 交换能量而形成的一种"耗散结构"方式，由此可见这一机制具有相当的普遍性。然而，这一机制——耗散——的"力"是非线性的。既然我们添加 $\vec{F}^{(s)}$ 的目的是为了弥补原牛顿理论的不足，则显然就应当使耗散——从而非线性在我们新增添的 $\vec{F}^{(s)}$ 中得到反映。而且，目前非线性科学的发展已经证明"世界在本质上是非线性的"，所以，将非线性带进我们的具有更高程度科学统一性的理论的结构中，是必需的。

考虑到牛顿理论的缺陷之一是没有"主动性"，且将其与反映"非线性"关联起来，就可以把 $\vec{F}^{(s)}$ 的可能形式抽象地写为

$$\vec{F}^{(s)} = \vec{F}^{(s)}(\vec{r}, \vec{p}, T, d\ln \rho) \qquad\qquad (9-15)$$

其中 $T = mv^2/2$，反映"非线性"部分的效应。

应当说，这种形式上的分析是很有用的——（9－15）式这种"可能的形式"，能为我们实实在在地给出方程做准备——提供选择与思路。

---

① C. E. Shannon. "A Mathematical Theory of Communication"，*Bell System Tech*，1948（27）：359－423，623－659.

② 曹文强、贺恒信：《系统结构动力学的科学统一性（Ⅱ）——自组织、进化、生命和意识》，《甘肃科学学报》1997 年第 3 期，第 11 页。

③ 贺恒信、曹文强：《系统科学理论发展的分析及对我们的启示》，《科学·经济·社会》1993 年第 2 期，第 66 页。

然而，要真正找到 $\vec{F}^{(s)}(\psi)$ 的具体形式，还必须选择合适的工具。下面我们就来谈一谈这个问题。

第3节 寻找 $\vec{F}^{(s)}(\psi)$ 具体形式的工具：变分原理

一、变分法简介

(一) 函数与泛函

1. 函数（参见图 9–5）

函数 $y = y(x)$ 表示 y 的值是随着数 x 的变化而变化的。

2. 泛函（参见图 9–6）

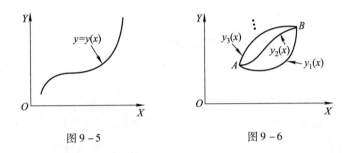

图 9–5　　　　　　　图 9–6

函数的函数关系称之为泛函数，简称为泛函。它表示泛函 J 的值是依赖于函数 $y(x)$ 的形式的，随着 $y(x)$ 的形式不同而不同。我们将 J 与 $y(x)$ 的这种泛函关系记为：

$$J = J[y(x)] \tag{9–16}$$

例如，对于落体问题（参见图 9–7），从 $A \rightarrow B$ 可以有多条路径 $y_1(x)$，$y_2(x)$，……［一般抽象为 $y(x)$。这些不同的路径（轨道）可以用多种不同的方法来具体实现。例如，可以用在光滑铁丝上穿一个小球的方法来实现］。而物体从 $A \rightarrow B$ 走过的总路程可表示为

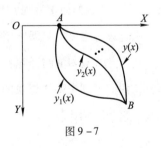

图 9–7

$$s = \int_A^B ds = \int_A^B \sqrt{dx^2 + dy^2} = \int_A^B [1 + (dy/dx)^2]^{1/2} dx = s[y(x)] \tag{9–17}$$

可见，路程 s 与轨道函数 $y(x)$ 之间是一种泛函关系。

而在落体问题中，从 $A \rightarrow B$ 所用的总时间 T 为：

$$T = \int_A^B dt = \int_A^B ds/v$$

将 $v = \sqrt{2gy}$ 代入上式，则得

$$T = \int_A^B \sqrt{\frac{1 + (dy/dx)^2}{2gy}}\,dx = T[y(x)] \qquad (9-18)$$

可见，落体从 $A{\to}B$ 所需的时间（即泛函 T）也是随着轨
道（即函数 $y(x)$）的不同而不同的。

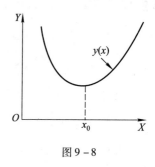

图 9-8

（二）极值问题

1. 函数的极值——微分法则

函数 $y(x)$ 在 $x = x_0$ 处取极值的条件是

$$dy(x)\Big|_{x=x_0} = \left(\frac{dy(x)}{dx}\right)_{x=x_0} dx = 0 \qquad (9-19)$$

即在 $x = x_0$ 处，曲线 $y(x)$ 的斜率

$$\left(\frac{dy(x)}{dx}\right)_{x=x_0} = 0 \qquad (9-20)$$

上述数学运算的实质是：在 $x = x_0$ 的邻域给自变量 x 一个小增量 dx，由它所引起的因
变量的变化 dy，相对于 dx 而言，是高阶无穷小量（即近乎于不变化）。可见，极值条
件与函数在 x_0 处的稳定性相联系——若对应到力学问题，令 $y = V(x)$，$V(x)$ 为势函数，
$(\partial V(x)/\partial x)_{x=x_0} = 0$ 所求出的是势场的"势洼"处（例如，线性谐振子 $V(x) = kx^2/2$，势
洼 $x_0 = 0$），该处即是粒子的"平衡位置"，即它的稳定位置。

2. 泛函的极值——变分法则

上面我们看到，对于力学上的平衡问题而言，平衡位置即是粒子所处的"真实位
置"。真实位置如何求得呢？是通过函数的微分求极来求得的。

上述思想也可以拓展应用到泛函的求极值问题上来。实际运动的真实路径只有一条。
如何找出这条真实的路径呢？由图 9-9 所示的关系
可见，我们可以先将"想象的虚假路径"与"实际
的真实路径"相比较。给自变量 x 一个增量 dx，真
实路径将发生一个真实的位移 dy。而令自变量 x 在
x 处不变化（$\delta x = 0$），想象 $y(x)$ 的形式发生了变
化：$y(x) \to y'(x)$，则会产生一个"想象的虚位
移"δy。这一"想象的虚位移"，即对应于 $\delta x = 0$、
由于 $y(x)$ 变化所引起的变分为

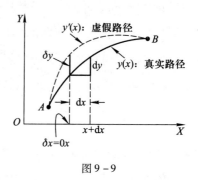

图 9-9

$$\delta y = y'(x) - y(x) \qquad (9-21)$$

与之相应地，由于 $y(x)$ 的变化而引起的泛函 $J = J[y(x)]$ 在 x 处发生的变化为

$$\delta J[y(x)] = J[y'(x)] - J[y(x)] = \frac{\partial J}{\partial y}\delta y \quad (\text{变分条件}: \delta x = 0, \delta y|_A = \delta y|_B = 0)$$

$$(9-22)$$

显然，同微分求极相类似，运用泛函求极，可得出真实路径 $y(x)$ 应满足的条件

$$\delta J[y(x)]_{y=y(x)} = 0 \qquad (9-23)$$

这也就是说，使用这种变分求极的数学手段，就可以通过想象中的虚假路径与真实路径的比较，求出真实的路径来（即确定真实路径应满足的条件）：对真实的路径而言，其泛函 $J[y(x)]$ 具有稳定性——此即（9-23）式的物理内容。

（三）欧拉（Euler）方程

做一般抽象，设泛函

$$J[y(x)] = \int_{x_A}^{x_B} f(y, \dot{y}, x)\, dx \qquad (9-24)$$

其中 $\dot{y} = dy/dx$。则由（9-23）式，真实路径 $y = y(x)$ 应满足下式

$$\delta J[y(x)] = \delta \int_{x_A}^{x_B} f(y, \dot{y}, x)\, dx = 0 \quad (\text{变分条件}: \delta x = 0, \delta y|_{x_A} = \delta y|_{x_B} = 0,)$$

$$(9-25)$$

应用 $\delta x = 0$ 以及 $\delta \dot{y} = \delta\left(\frac{dy}{dx}\right) = \frac{d}{dx}\delta y$，有

$$\delta f = \frac{\partial f}{\partial y}\delta y + \frac{\partial f}{\partial \dot{y}}\delta \dot{y} + \frac{\partial f}{\partial x}\delta x = \frac{\partial f}{\partial y}\delta y + \frac{\partial f}{\partial \dot{y}}\frac{d}{dx}\delta y \qquad (9-26)$$

将（9-26）式代回（9-25）式有

$$\delta J = \int_{x_A}^{x_B}\left(\frac{\partial f}{\partial y}\delta y + \frac{\partial f}{\partial \dot{y}}\frac{d(\delta y)}{dx}\right)dx = \int_{x_A}^{x_B}\left(\frac{\partial f}{\partial y}\delta y\right)dx + \int_{x_A}^{x_B}\frac{\partial f}{\partial \dot{y}}d(\delta y) = 0 \qquad (9-27)$$

注意到（9-25）式的变分条件，由分部积分有

$$\int_{x_A}^{x_B}\frac{\partial f}{\partial \dot{y}}d(\delta y) = \frac{\partial f}{\partial \dot{y}}\delta y\Big|_{x_A}^{x_B} - \int_{x_A}^{x_B}\left[\frac{d}{dx}\left(\frac{\partial f}{\partial \dot{y}}\right)\right]\delta y\, dx = -\int_{x_A}^{x_B}\left[\frac{d}{dx}\left(\frac{\partial f}{\partial \dot{y}}\right)\right]\delta y\, dx \qquad (9-28)$$

将（9-28）式代回（9-27）式有

$$\delta J = \int_{x_A}^{x_B}\left\{\left[\frac{\partial f}{\partial y} - \frac{d}{dx}\left(\frac{\partial f}{\partial \dot{y}}\right)\right]\delta y\right\}dx = 0 \qquad (9-29)$$

由于积分限 x_A、x_B 是任意选取的，要上式成立，则要求被积函数为零

$$\left[\frac{\partial f}{\partial y} - \frac{d}{dx}\left(\frac{\partial f}{\partial \dot{y}}\right)\right]\delta y = 0 \qquad (9-30)$$

又因 δy 是任意变分，要（9-30）式成立，式中 δy 的"系数"就应为零。于是得欧拉方程

$$\frac{d}{dx}\left(\frac{\partial f}{\partial \dot{y}}\right) - \frac{\partial f}{\partial y} = 0 \qquad\qquad (9-31)$$

二、经典力学变分原理

由上面的陈述可见，数学上的变分法产生的原因，可追溯到物理上的最速落径问题。而把变分法的数学运算和思想回馈到物理学中来，则产生了所谓的"分析力学"。分析力学涉及的范围很广泛，这里不做详细介绍。本小节的目的，是想从对经典变分原理的认识出发，进而上升到哲学的层面，看一看变分法具有什么样的重要意义与价值。

（一）微分变分原理

1. 虚功原理

设由 n 个质点所组成的力学系统，受到 k 个几何约束（这样的系统称为完整系统）

$$\varphi_\gamma(\vec{r}_1, \cdots, \vec{r}_n, t) = 0 \quad (\gamma = 1, \cdots, k) \qquad\qquad (9-32)$$

时，处于平衡状态

$$\vec{F}_i + \vec{N}_i = 0 \quad (i = 1, \cdots, n) \qquad\qquad (9-33)$$

其中 $\vec{F}_i$ 为第 i 个质点所受的主动力，$\vec{N}_i$ 为其所受的约束力。在等时变分（$\delta t = 0$，它对应于前面的 $\delta x = 0$）的条件下，给每一个质点以虚位移 $\delta \vec{r}_i$（即"虚假的位移"。这里的 $\vec{r}_i = \vec{r}_i(t)$，对应前面的 $y = y(x)$），则有

$$\vec{F}_i \cdot \delta \vec{r}_i + \vec{N}_i \cdot \delta \vec{r}_i = 0 \qquad\qquad (9-34)$$

对整个力学组求和，则得其所做的"虚功"为

$$\delta W = \sum_{i=1}^{n} \vec{F}_i \cdot \delta \vec{r}_i + \sum_{i=1}^{n} \vec{N}_i \cdot \delta \vec{r}_i = 0 \qquad\qquad (9-35)$$

定义满足

$$\sum_{i=1}^{n} \vec{N}_i \cdot \delta \vec{r}_i = 0 \qquad\qquad (9-36)$$

的力学系统为"受理想约束的系统"。于是，对完整、理想的力学系统，有

$$\delta W = \sum_{i=1}^{n} \vec{F}_i \cdot \delta \vec{r}_i = 0 \qquad\qquad (9-37)$$

由此我们可以得出虚功原理（伯努利 1917 年提出）：

力学组平衡位置与约束相容的邻近位置不同的是，对平衡位置（真实位置）来讲，

力学组虚位移所做的元功（虚功）等于零（即对力学组所做的功的变分为零）。

需要说明的是，由于静力平衡条件（9-33）式为人们所熟知，故我们上面由它出发去得出（9-37）式便于读者理解。不过这样做可能会给人一种"虚功原理"是"推导"出来的印象——但事实上，（9-37）式是可以用"最高原理"的形式直接给出的。

运用变分原理求解力学问题（即采用"分析力学"的方法）要比运用牛顿力学的传统方法求解问题更简单。例如，体系受 k 个约束，则体系的自由度 s 为

$$s = 3n - k \qquad (9-38)$$

于是就可以引入 s 个独立的广义坐标 q_1，q_2，$\cdots$，q_s，利用约束关系（9-32）式给出下列变换

$$\vec{r}_i = \vec{r}_i(q_1, q_2, \cdots, q_s, t) \quad (i = 1, 2, \cdots, n) \qquad (9-39)$$

但须注意的是，$\vec{r}_i$ 是在绝对系中的粒子的空间位矢（由于绝对系的特殊优越地位）。故而经（9-39）式的"广义变换"用广义坐标来描述粒子运动时，其相应的方程仍只在静系中成立。

从（9-39）式出发，由 $\delta t = 0$（等时变分条件），有

$$\delta \vec{r}_i = \frac{\partial \vec{r}_i}{\partial q_1} \delta q_1 + \cdots + \frac{\partial \vec{r}_i}{\partial q_s} \delta q_s = \sum_{\alpha=1}^{s} \frac{\partial \vec{r}_i}{\partial q_\alpha} \delta q_\alpha \qquad (9-40)$$

将（9-40）式代回（9-37）式，有

$$\delta W = \sum_{\alpha=1}^{s} \left(\sum_{i=1}^{n} \vec{F}_i \cdot \frac{\partial \vec{r}_i}{\partial q_\alpha} \right) \delta q_\alpha = 0 \qquad (9-41)$$

由于 δq_1，δq_2，$\cdots$，δq_s 是相互独立的变量，要使上式成立，则要求其"系数"为零，于是得静平衡方程

$$Q_\alpha \equiv \sum_{i=1}^{n} \vec{F}_i \cdot \frac{\partial \vec{r}_i}{\partial q_\alpha} = 0 \quad (\alpha = 1, 2, \cdots, s) \qquad (9-42)$$

由静平衡方程（共 s 个）就可以求得静平衡时的广义坐标（q_1，$\cdots$，q_s），代回（9-39）式则可求得系统静平衡时的位置 $\vec{r}_i$。在这里我们只需求解（9-42）式的 $s = 3n - k$ 个方程。然而，运用（9-32）式和（9-33）式所组成的联立方程组求解平衡位置，它的方程数为 $3n + k$ 个。两者的方程数之差为 $(3n + k) - (3n - k) = 2k$。亦即是说，在求解问题时，传统牛顿力学运用几何学方法和分析力学运用变分方法相比较，前者较后者要多用 $2k$ 个方程。而约束越多（k 越大），传统的牛顿力学方法所用的方程就更多，其求解与变分法相比较就更复杂。这是从求解问题上所显示出的变分原理的优势。

2. 达朗贝尔—拉格朗日（d'Alembert-Lagrange）原理

对受（9-32）式 k 个约束的质点组，其动力学方程为

$$\vec{F}_i + \vec{N}_i = m_i \ddot{\vec{r}}_i \quad (i = 1, 2, \cdots, n) \tag{9-43}$$

将其移项，有

$$-m_i \ddot{\vec{r}}_i + \vec{F}_i + \vec{N}_i = 0 \tag{9-44}$$

因此，若将 $-m_i \ddot{\vec{r}}_i$ 也视为"力"（称为"惯性力"），就与（9-33）一致了。进行同样的处理，就有

$$\delta W = \sum_{i=1}^{n} (-m_i \ddot{\vec{r}}_i + \vec{F}_i) \cdot \delta \vec{r}_i + \sum_{i=1}^{n} \vec{N}_i \cdot \delta \vec{r}_i = 0 \tag{9-45}$$

（9-45）式也可以直接以"最高原理"的形式给出。由此有达朗贝尔—拉格朗日原理：

在任一瞬，真实运动和运动学上允许的可能运动不同的是，对真实运动而言，由主动力、约束反作用力、惯性力作虚位移所做的元功等于零（即所做功的变分为零）。

3. 拉格朗日方程

对于理想系而言，利用（9-36）式，有

$$\delta W = \sum_{i=1}^{n} (-m_i \ddot{\vec{r}}_i + \vec{F}_i) \cdot \delta \vec{r}_i = 0 \tag{9-46}$$

将（9-40）式代入（9-46）式之中，经运算（从略）即得著名的拉格朗日方程

$$\frac{d}{dt}\left(\frac{\partial T}{\partial \dot{q}_\alpha}\right) - \frac{\partial T}{\partial q_\alpha} = Q_\alpha \quad (\alpha = 1, 2, \cdots, s) \tag{9-47}$$

其中 $\dot{q}_\alpha = dq_\alpha/dt$，$T$ 为系统的总动能

$$T = \sum_{i=1}^{n} \frac{1}{2} m_i \dot{\vec{r}}_i^2 = T \quad (q, \dot{q}, t) \tag{9-48}$$

其中 $q \equiv \{q_1, \cdots q_s\}, \dot{q} = \{\dot{q}_1, \cdots, \dot{q}_s\}$。

若主动力 $\vec{F}_i$ 有势

$$\vec{F}_i = -\nabla_i V \quad (\vec{r}_1, \cdots, \vec{r}_n, t) \tag{9-49}$$

将（9-49）式代回（9-42）式得广义力

$$Q_\alpha = -\frac{\partial V}{\partial q_\alpha} \tag{9-50}$$

将（9-50）式代回（9-47）式有

$$\frac{d}{dt}\left(\frac{\partial T}{\partial \dot{q}_\alpha}\right) - \frac{\partial T}{\partial q_\alpha} = -\frac{\partial V}{\partial q_\alpha} \tag{9-51}$$

注意到 $T = T(q, \dot{q}, t)$、$V = V(q, t)$，若令

$$L = T - V = L(q, \dot{q}, t) \tag{9-52}$$

利用 $\partial V / \partial \dot{q}_\alpha = 0$、$\partial L / \partial \dot{q}_\alpha = \partial T / \partial \dot{q}_\alpha$，有

$$\frac{d}{dt}\left(\frac{\partial L}{\partial \dot{q}_\alpha}\right) - \frac{\partial L}{\partial q_\alpha} = 0 \quad (\alpha = 1, 2, \cdots, s) \tag{9-53}$$

L 称为系统的拉氏函数，（9-53）式为保守力学系的拉格朗日方程。

将（9-53）式与（9-31）式相比较，可以看出它们的数学形式是完全一样的。

（二）积分变分原理

前面我们以虚功原理为例，简介了微分变分原理。下面以哈密顿原理为例，简介积分变分原理。

对保守力学组，若 $L(q, \dot{q}, t)$ 完全表征了力学组的特性，则称为力学组的力学量。若定义哈密顿作用量为

$$s = \int_{t_1}^{t_2} L(q, \dot{q}, t)\, dt \tag{9-54}$$

则哈密顿原理认为，应有

$$\delta s = \delta \int_{t_1}^{t_2} L(q, \dot{q}, t)\, dt = 0 \quad (变分条件: \delta t = 0, \delta q\big|_{t_1} = \delta q\big|_{t_2} = 0) \tag{9-55}$$

（9-55）式即著名的哈密顿（Hamilton）原理：

对完整保守力学组，在给定相同的初末形相时，真实运动与运动学上可能的运动不同的是，对真实运动而言，哈密顿作用量的变分等于零；或者换句话说，对真实运动来讲，哈密顿作用量具有稳定性。

该原理又称稳定作用量原理，由哈密顿于 1843 年提出。

将（9-55）式与（9-25）式相比较，可以看出两者是完全对应的。故应有运动方程

$$\frac{d}{dt}\left(\frac{\partial L}{\partial \dot{q}_\alpha}\right) - \frac{\partial L}{\partial q_\alpha} = 0 \quad (\alpha = 1, 2, \cdots, s) \tag{9-56}$$

若上式中的 L 选为 $L = T - V$，则（9-56）式即是（9-53）式。

三、变分原理的哲学思想及其带来的认识论变革

拉格朗日 1788 年写了一本大型著作《分析力学》。在这本书中，他完全用数学分析的方法（即上面介绍的变分法）来解决所有的力学问题，而无须借用以往牛顿力学常用的几何的方法，全书一张图也没有。后来，人们就把上述求解力学问题的方法称为"分

析力学方法"。对于"分析力学"一词，在各力学著作中并无统一的定义。通常，人们认为用广义坐标叙述力学理论，是分析力学的主要标志。

很容易看出分析力学方法（即变分原理）有两个突出的特点：第一，由于（9－39）式的广义变换关系，就使得以广义坐标 $q = (q_1, \cdots, q_s)$ 为变量的运动方程具有了更广泛的普遍性；第二，由于广义坐标的数目 $s = 3n - k$，故而约束越多（k 越大），则相应的方程数 s 便越少，从而相较牛顿力学采用拉格朗日不定乘子法求解 $3n + k$ 个联立方程组而言，显示出了求解的方便性。

上述的说法无疑是有道理的。但是，假若系统不受约束，则上述的第二条优点也就不存在了。以单粒子系统为例，有

$$T = \frac{1}{2}m\vec{v}^2, \quad V = V(\vec{r}), \quad L = T - V \tag{9-57}$$

将（9－57）式代入（9－53）式，注意到

$$\frac{\partial L}{\partial \vec{r}} = \frac{\partial T}{\partial \vec{v}} = m\vec{v} = \vec{p}, \quad \frac{\partial L}{\partial \vec{r}} = -\frac{\partial V}{\partial \vec{r}} = -\nabla V(\vec{r}) \tag{9-58}$$

即得牛顿方程

$$\frac{d\vec{p}}{dt} = -\nabla V(\vec{r}) = \vec{F} \tag{9-59}$$

亦即是说，由变分原理所给出的拉格朗日方程与牛顿方程是完全等价的，并不形成优势。在此种情况下，采用广义坐标就只是一种描述手段上的变化，最多有一些方法论上的优点，并不具有理论上的重大变革、特别是"思想变革"的实质性意义。因此，若仅按上述方式来认识，分析力学的变分法和相应的变分原理，在理论发展上就毫无突破性的意义了——它最多只是增加了一种新的数学手段，带来了一点运算方法上的改进。

然而，事实并非如此。

众所周知，从认识论上看，牛顿力学（9－59）式基本上是由"归纳法"给出的。归纳是对客观事物的归纳总结，认识论的基础建立在对客观事实的尊重上。牛顿从众多客观事物中总结归纳出了对自然的一个基本看法："外力是改变物体运动状态的原因"，此即是著名的牛顿原理。而变分法及相应的变分原理，则不仅继承了牛顿力学中对客观事实的尊重这一认识论的合理内核，而且在此基础上又有新的突破。这主要表现在以下几点上：

其一，说变分法继承了牛顿"对客观事实的尊重"这一认识论基础，是因为它认为"真实的路径"是唯一的——而"唯一"，就不仅承认了客观性，而且完全排除掉了"主

观介入"看待同一事物的差异性。

其二，变分法不仅继承了牛顿归纳的实验实证主义方法的合理内核，而且将其上升到逻辑实证主义方法的高度。变分法实质上是建立在这样的逻辑思辨基础之上的：真实的路径只有一条，约束条件和运动学上所允许的可能路径却有许多条——但它们事实上却不是被自然规律所允许的，故而是"虚假路径"。因此，我们就可以借这种两者之间相比较的逻辑关系，为寻找"真实路径"提供可能。

其三，上述的"可能"，可以通过以下两种思考来具体实现：

（1）通过"变分条件"的选取，建立起"虚假路径"与"真实路径"之间的比较关系。例如，将图9－9中的 x 选为 t，就是我们前面所介绍的"等时变分"条件。我们知道，粒子只有运动才能改变位置，而运动是需要时间的（$dt \neq 0$）。这时发生的位移（以广义坐标表示为 dq）即是"真实位移"。如果 $\delta t = 0$，则相应地所发生的位移（δq），即是"想象中的"一个"虚假位移"。并且，$\delta t = 0$ 还可以使虚假的可能路径与真实的、自然规律所选定的那条唯一的路径，在"同一时刻"来做比较。正是通过这一抽象的逻辑思维，才可以建立起如图9－10所示的"虚假路径"与"真实路径"之间的"比较关系"。

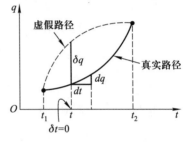

图9－10

（2）作为"基本假设"或"逻辑前提"，选取一个描述系统基本性质的泛函［见（9－16）式］，然后通过泛函的求极［即变分为零，见（9－23）式］，从"可能"与"真实"的比较（即取该量具有稳定性的极端情况）中，就可以找到描述该系统的"基本方程"［见（9－31）式］。

由变分法所产生的变分原理的思想实质是：自然规律隐藏在黑暗之中，我们是难以直接把握它的，但却可以从它所表现出的各种"最"极端的状态中，在一定的意义上窥测到其真谛——将这种"窥测"的方法翻译为变分原理的语言就是"变分求极"。按照这样的认识，运用变分法就可以使我们在一定的意义上，"发现"所研究对象的自然规律——变分原理可以提供找到"可能的自然规律"的途径。如上面我们所论述的，通过变分求极，在分析力学中就可以"发现"作为基本自然规律的牛顿方程。

其四，在运用变分法时，泛函 J（力学系统中称为作用量）并没有事先给定，它依赖于我们对系统特征性状的认识。它的选择是否得当［对应到力学系统中，就是作用量 W、s（它是通过 L 来表达的）选得是否恰当］，是在选择了变分条件之后，由变分求极

541

所得出的方程对系统的描述是否是"客观真"的认识来确认和判断的（或说是由 C 判据来检验的）。变分原理本身并没有规定 J（在力学系统中，就是没有规定其作用量）的具体表述形式是什么，它依赖于我们对问题的分析与认识。"分析与认识"得是否完善与正确，要通过所导出的基本方程，由 C 判据来加以检验［或最低限度是按传统说法，由实验（即（C_5）判据）来加以验证］。以哈密顿原理为例，L 的具体形式并没有给定；若选 $L = T - V$，由它就可以给出拉格朗日方程——它事实上是以广义坐标为变量来表述的牛顿方程。由于在宏观、经典的广大领域里牛顿方程被证明是一个正确的基本自然规律方程，所以我们才能说哈密顿原理选择 $L = T - V$ 为描述系统特征性状的力学量，在宏观、经典领域是对的。

　　通过上面的分析我们看到，从认识论和哲学的层面上讲，变分原理不仅继承、而且突破和提升了牛顿原理——从实验实证主义的方法上升为逻辑实证主义的方法（参见表 9－2）。其哲学基点就建立在自然的本性之上。简单而质朴的自然，既不喜欢用多余的装饰来夸耀，也不愿意耗费无谓的精力去张扬；它总是选择"最经济"（耗功最小）的方式，"最短程"（曲率最小）的路径等"最佳的性状"来表现自己的行为，书写自己的历史，展现自己那朴实无华的至上之美。通过对这种"自然之美"的认识，我们就能得到一把开启自然之谜大门的钥匙：利用变分原理的比较——"变分求极"—— 在对于"最"的窥探中发现自然规律。亦即是说，在认识论上，变分原理把物理学从牛顿的"力"的语言之中解脱出来，以一种新的思维来认识系统和自然：对一个系统（或更广义地说，以系统的研究来表达对普适性自然规律的认识）而言，只要我们找到了反映该系统基本特征与性状的泛函（即作用量），选择了适当的比较方式（即 $\delta x = 0$，变分条件），我们就可以通过比较的方法，由变分求极，从众多"可能"之中将"真实"地反映系统本质的规律（或由系统的研究反映出的基本自然规律）找出来。正是这一原因，

表 9－2

	认识前提	正确性检验	动力学方程
牛顿原理	外力是改变力学系统运动的原因（事实归纳）	所归纳出的规律的正确性	$\begin{cases} \dfrac{d\vec{p}_i}{dt} = \vec{F}_i + \lambda_i \sum_\alpha \nabla_i \varphi_\alpha \quad (i = 1, \cdots, n) \\ \varphi_\alpha(\vec{r}_1, \cdots, \vec{r}_n) = 0 \quad (\alpha = 1, \cdots, k) \end{cases}$
变分原理	真实运动与约束和运动学上允许的可能运动不同的是，对真实运动来讲，表征力学系统的作用量的变分为零（逻辑判断）	逻辑前提在物质观上的正确性和所推导出的规律的正确性	$\begin{cases} \dfrac{d}{dt} \dfrac{\partial L}{\partial \dot{q}_\beta} - \dfrac{\partial L}{\partial q_\beta} = 0 \quad (\beta = 1, \cdots, s) \\ \vec{r}_i = \vec{r}_i(q_1, \cdots, q_s, t) \quad (i = 1, \cdots, n) \end{cases}$

变分原理在认识论和哲学的层面突破了牛顿原理，而使得它获得了远较牛顿原理的普适性，使之不仅可以用来研究传统的"力学"问题，也可以用来研究更为广泛的系统和问题。因而，变分法和相应的变分原理虽源于"力学问题"的研究，但若我们将其不仅仅局限于传统的研究领域和思维定式之中，则"显得古老"的这一理论就有可能获得新生，从而表明它将是一个"富矿"。

四、变分原理——寻找 $\bar{F}^{(s)}(\psi)$ 具体形式的有力工具

我们前面说过，深入到微观领域之后，牛顿方程虽"仍有效"但却"不完善"。故我们寻找的微观领域粒子运动的基本方程，就应既能保留牛顿原理的"仍有效"，又要追补其"不完善"的方面——这是寻找 $\bar{F}^{(s)}(\psi)$ 具体形式的基本方向。而由于变分法和相应的变分原理在认识论上对牛顿原理的突破，所以当发现牛顿原理在微观领域不够完善之后，我们就可以借助变分作用量 L 的不同选取，经由哈密顿原理去"导出"修正后的牛顿方程，使之适合于微观领域。而这个新的作用量 L 选择得是否恰当，是依据所导出的基本方程，由 C 判据的检验来判定的。当然，若仍沿用传统的看法，就是应由实验的检验 [（C_5）判据] 来判定。由于 L 选定了，方程的形式是定死了的，而该方程是很容易通过对系统的描述来获得检验的。一旦检验结果表明这一工作是成功的，就可以推广为一般性的方程。这样去"发现规律"，其基础较为牢靠：因为不论 L 中的哪一个量选取得不对，或者错了一个正、负号，就立即会在所"推导"出的方程中表现出来，并且一定会在对系统的描述中遭遇失败。

第4节　系统结构动力学（SSD）理论的建立——由量子变分原理导出 SSD 基本方程

运用变分原理寻找新的基本方程，关键是如何正确地选取变分作用量。

一、所选取的变分作用量应满足的要求

从一般的意义上说，变分作用量应满足以下两个基本要求：其一，它所提取的信息应是完备的；其二，它的形式应是合适的。

（一）作用量中所提取的信息应是完备的

1. 经典变分作用量的分析

以经典哈密顿原理为例，由其变分作用量（以无约束单粒子为例）s 的变分为零

$$\delta s = \delta \int_{t_1}^{t_2} L(\vec{r}, \dot{\vec{r}}, t)\, dt = 0 \quad (变分条件:\delta t = 0, \delta \vec{r}\,|_{t_1} = \delta \vec{r}\,|_{t_2} = 0) \qquad (9-60)$$

可得出动力学方程

$$\frac{d}{dt}\left(\frac{\partial L}{\partial \dot{\vec{r}}}\right) - \frac{\partial L}{\partial \vec{r}} = 0 \qquad (9-61)$$

具体而言，对在 $V(\vec{r}, t)$ 势场中运动的粒子，选取拉氏函数

$$L = T - V = \frac{1}{2}m\,\dot{\vec{r}}^2 - V(\vec{r}) = L(\vec{r}, \dot{\vec{r}}, t) \qquad (9-62)$$

将（9-62）式代回（9-61）式，即得（动量 $\vec{p} = m\dot{\vec{r}}$）

$$\frac{d\vec{p}}{dt} = -\nabla V(\vec{r}) = \vec{F} \qquad (9-63)$$

由于牛顿方程（9-63）式在经典领域被证明是一个正确的基本自然规律方程，因而我们说 L 的选取是对的。

"对"在何处呢？除了（9-62）式的形式是合适的以外，关键在于 L 对系统信息的提取是完善的。怎样才能提取出完善的信息呢？最好的方法是从"源头"上找出总的根源：因为溯到源头上才可以透过复杂性表象的外衣去认识其背后隐藏着的简单性，从而化繁为简。由于粒子是物质存在的最基本形态，要完善地描述粒子的动力学状态，如前面曾指出的，在力已知的情况下，就应有 6 个动力学变量，例如可选取为 $(\vec{r}; \dot{\vec{r}})$，因而就经典力学而言，$L(\vec{r}, \dot{\vec{r}}, t)$ 所提取的信息就是完备的。

2. 为满足提取完善信息的要求，量子变分作用量应具备的条件

上述方法当然也可以被运用到量子领域中来，以便将（9-60）式的经典哈密顿变分原理推广到量子微观领域，以期找到克服量子论困境的途径。

形式地考虑，可以把推广后的"量子变分原理"写为

$$\delta s_Q = \delta \int_{t_1}^{t_2} L_Q\, dt = 0 \quad (变分条件:\delta t = 0, \delta \vec{r}\,|_{t_1} = \delta \vec{r}\,|_{t_2} = 0) \qquad (9-64)$$

考虑到新建立的方程应是对经典牛顿方程合理内核的继承，同时也是对其不完善性的"追补"，则上式中的变分作用量 L_Q 就应当包含有超出 $L(\vec{r}, \dot{\vec{r}}, t)$ 的更完善的信息。于是，我们可以形式地将其写为

$$L_Q = f(L(\vec{r}, \dot{\vec{r}}, t), ?) \qquad (9-65)$$

其中 $L(\vec{r}, \dot{\vec{r}}, t)$ 为（9-62）式的经典拉氏函数。而"?"则代表"不完善"且尚不知其"原因"的部分。只需令

$$L_Q = L(\vec{r}, \dot{\vec{r}}, t) \qquad (9-66)$$

就可以给出（9－63）式，表明当"?"的作用消失时，就退化为经典力学情况。可见在 L_Q 中，牛顿力学"仍有效"的部分已经被完全保留下来了。

然而，这个"?"，即"未知的原因"又是什么呢？

我们同样要从"源头"上入手。溯到源头上，就是回到我们前面已从哲学分析中得出的以下基本认识：

（1）粒子是物质存在的最基本形态；

（2）由最基本的粒子——元子所组成的物质性背景空间（MBS），充当着宇宙物质的"砖块"和将物质性粒子关联起来的力场的"操盘手"的双重角色。

众所周知，经典力学（CM）的牛顿方程（简称为 NE）是以粒子模型来认识世界的，即它是承认上述第（1）点的。正是由于（1）被肯定，才使得牛顿力学在某些场合（例如自由粒子运动、带电粒子在宏观电、磁场中的运动等）"仍有效"。但是深入到微观力场之中时，它又出了问题，从而表明其"不完善"。那么，逻辑地思考应是：它之所以"不完善"的原因，只能从对（2）的认识中来寻找。

如何寻找呢？我们知道，牛顿力学将运动变化的原因归为"力"，而"力"就来自我们上述的第（2）点认识。事实上，非定域作用 $V(\vec{r})$ 就是对（2）中所说的 MBS 的一种提取方式。然而它提取完了吗？电动力学、相对论等均证实了 $V(\vec{r})$ 对 MBS 的提取是不完的（所以才有它们对牛顿力学的"修正"）。同样，在微观领域，这种对 MBS 提取的不完全性也必然会反映出来。若我们将牛顿力学未提取完全的"力场"信息用一个场函数来模拟（即取元子作用的平均效应），并令此场函数为 $\varphi(\vec{r},t)$；且考虑到场 $\varphi(r,t)$ 的引入与相应的宇宙常数的发现是关联的，故而 L_Q 与 $\hbar$ 是相关的，则（9－65）式就应被抽象地表示为

$$L_Q = f(L(\vec{r},\dot{\vec{r}},t),\varphi(\vec{r},t),\hbar) \qquad (9-67)$$

在上式的 L_Q 中，从物质观上讲所考察的是粒子，故由上面的分析可见，这一信息已由 L 实现了完全的提取；而涉及 $V(\vec{r})$ 对 MBS 提取不完全的部分，现在可由 $\varphi(\vec{r},t)$ 得到补充。因而（9－67）式中 L_Q 对信息的提取就更为完善了。

（二）L_Q 的形式选取应是合适的

然而，作为 $V(\vec{r})$ 对 MBS 提取不完全的部分，这个 $\varphi(\vec{r},t)$ 究竟是什么呢？我们认为它可能就是薛定锷方程（SE）中的波函数 $\Psi(\vec{r},t)$。为了说明这一点，让我们再回过头来总结一下对 SE 的看法。

在第 8 章中，我们曾给出了一个定态 SE 的例子［参见（8－142）式］

$$ih\frac{\partial}{\partial t}\Psi(\vec{r},t)=\hat{H}\Psi(\vec{r},t)=E\Psi(\vec{r},t) \quad (a)$$

$$\Psi(\vec{r}\neq\vec{r}^{(p)}(t))=0 \qquad\qquad (b) \qquad (9-68)$$

按照 SQM 的理解，将 Ψ 解释为 t 时刻于 $\vec{r}$ 处找到粒子（设此时粒子在 $\vec{r}=\vec{r}^{(p)}$ 处）的概率波，就必然会有（9-68）的（b）式的结果。与之相应地，在 $\vec{r}\neq\vec{r}^{(p)}$ 的地方，（9-68）的（a）式的意义就是：将操作算子 $\hat{H}$ 作用于 $\Psi=0$ 的非物质性的"空"之上，却可以产生出物质性的能量来。这在数学运算及物质观上都是不能允许的。由此可见，$\Psi(\vec{r},t)$ 不能被解释为找到粒子的概率波。由于（9-68）的（a）式被广泛证明是正确的，所以从物质观上讲，$\Psi(\vec{r},t)$ 就应被理解为某种物质性的量，而且只有一种唯一可能的解释：$\Psi(\vec{r},t)$ 是对 MBS 的一种统计平均近似意义下的提取方式。与之相应地，本征能量 E 是场的能量而非粒子的能量，在数值上与粒子的能量 ε 近似相等。于是，对（9-68）式进行哲学思考所得的结论便是：

$$\Psi(\vec{r},t):\text{描述 MBS 的物质性场}; \quad (a)$$

$$\text{数值上}:E\approx\varepsilon; \qquad\qquad\qquad (b) \qquad (9-69)$$

$$\text{意义上}:E\neq\varepsilon\text{。} \qquad\qquad\qquad (c)$$

事实上，正是因为（9-69）式（b）的存在，为隐变量、经典近似、经典-量子关系等的讨论提供了可能。我们一度也曾从经典-量子关系的角度考虑过经典-量子之间的联系[1]，不过发现这只具有"形"上的意义，而并无"实"的内容。A. Heslot 也作过这种类似的研究[2]。他将 $|\Psi\rangle$ 在正交完备集 $\{|\varphi_k\rangle\}$ 上作展开

$$|\Psi\rangle=\sum_k\lambda_k|\varphi_k\rangle \qquad (9-70)$$

并令

$$\lambda_k=(x_k+ip_k)/\sqrt{2\hbar} \qquad (9-71)$$

令

$$H=\langle\Psi|\hat{H}|\Psi\rangle=H(x_k,p_k) \qquad (9-72)$$

则 SE 方程可以写为

$$\frac{dx_k}{dt}=\frac{\partial H}{\partial p_k},\quad \frac{dp_k}{dt}=-\frac{\partial H}{\partial x_k} \qquad (9-73)$$

该式在形式上很像经典力学的哈密顿正则方程——因此，作者认为它是一个"爆炸性的

① 曹文强：《从量子力学与经典力学的相似性看量子体系的建立》，《大学物理》1991 年第 6 期，第 25 页。

② A. Heslot, "Quantum Mechanics as a Classical Theory", *Phys. Rev.* D, 31 (1985) 1341.

结果"。但仔细研究会发现，它与我们得出的结果一样，仅具有"形"上的意义，而并无"实"的内容。不过作者将前面提及的普朗克－玻尔（Plank-Bohr）量子化关系理解为几何学的"时空弯曲"倒很有新意。而这一新意，被赵国求的波函数的曲率波解释具体化了。例如，以氢原子波函数为例，赵发现径向波函数可以写为

$$R(r) = R_n 2B_0 e^{-R_r r} \cdot (2R_n r)^l \cdot L_{n+l}^{2n+1}(2R_n r) \qquad (9-74)$$

其中 $B_0 = -b_0(2l+1)!\ (n-l-1)!\ /[(n+l)!]^2$，$L_{n+l}^{2n+1}$ 为缔合拉格朗日多项式，而

$$R_n = \frac{1}{na_0} \qquad (9-75)$$

为赵定义的电子在第 n 能级上的曲率[1]。而且，这一波函数与曲率之间的联系并非仅为氢原子中的电子波函数所独有，而是普遍存在的。鉴于广义相对论的巨大影响，于是赵将波函数解释为时空弯曲的"曲率波"。

我们知道，爱因斯坦的"时空弯曲"意味着在宏观领域对物质性背景空间（MBS）存在的肯定。与之相类似，则赵国求的曲率波所揭示的"时空弯曲"就意味着在微观领域对 MBS 存在的肯定——既是同一 MBS 的存在，当然必在宏观、微观领域同时获得印证。当然，由于场函数是对 MBS 元子粒子效应的一种统计平均方式的提取，所以宏观、微观的场方程的具体形式应是不一样的。

由上面的分析可见，从 C 判据出发，利用图 2－7 对 SE 及波函数 Ψ 所作的物质观层面的认识，结合对赵国求的工作、特别是对电动力学和相对论的工作的分析，就使（9－69）式的（a）、（b）、（c）的结论，获得了证实。因此，现在就可以认为，量子变分原理中的力学量 L_Q ［（9－67）式］中的 $\varphi(\vec{r}, t)$，作为一个刻画 MBS 的场函数，同 SE 中的波函数 $\Psi(\vec{r}, t)$ 是紧密相关的。当然，薛定锷方程及相应的波函数 $\Psi(\vec{r}, t)$ 是否对 MBS 做出了准确的认识和描述，尚是不完全清楚的。但基于 SE 取得了较广泛的成功，故可以形式地认为

$$\Psi(\vec{r}, t) \approx \varphi(\vec{r}, t) \qquad (9-76)$$

于是，我们就可以将欲寻求的变分作用量在形式上写为

$$s_Q = \int_{t_1}^{t_2} L_Q dt = \int_{t_1}^{t_2} L_Q(L(\vec{r}, \dot{\vec{r}}, t), \hbar, \Psi(\vec{r}, t)) dt \qquad (9-77)$$

---

[1] 赵国求：《运动与场》，冶金工业出版社 1994 年版，第 110 页。

（三）在不考虑量子效应时，量子变分原理应准确地还原为牛顿方程

这是量子变分原理应涵盖经典变分原理的要求，也是其对牛顿力学合理内核全部继承的表现。那么，（9-77）式能否实现这一要求呢？

以单粒子为例，（9-77）式应退化为（9-60）式。

对经典情况，假若将 s_Q 写为

$$s_Q = \int_{t_1}^{t_2} L_Q dt = \int_{t_1}^{t_2} \left[\int_\infty \Psi^*(\vec{r},t) L(\vec{r},\dot{\vec{r}},t) \Psi(\vec{r},t) d^3\vec{r} \right] dt \qquad (9-78)$$

其中对空间积分的部分

$$L_Q \equiv \int_\infty \Psi^*(\vec{r},t) L(\vec{r},\dot{\vec{r}},t) \Psi(\vec{r},t) d^3\vec{r} = \langle \Psi(\vec{r},t) | L | \Psi(\vec{r},t) \rangle \qquad (9-79)$$

是在同一时刻 t 对全空间的积分。而在同一时刻，粒子的拉氏函数

$$L(\vec{r},\dot{\vec{r}},t) = \frac{1}{2} m \dot{\vec{r}}^2(t) - V(\vec{r}(t),t) \qquad (9-80)$$

中的量的意义为：t 时刻，粒子在 $\vec{r}(t)$ 处，t 不变，$\vec{r}$ 不变，故同一时刻 $\vec{r}$ 为一确定值，与之相应地，势能 $V(\vec{r}(t),t)$ 及动能 $m\dot{\vec{r}}^2(t)/2$ 也是确定值。亦即是说，当（9-79）式对"场的流动指标"作积分时，L 应视为常量。注意到 L 不是微分算子，故有

$$L_Q = \int_\infty L\Psi^*(\vec{r},t) \Psi(\vec{r},t) d^3\vec{r} = L\int_\infty \rho(\vec{r},t) d^3\vec{r} = L \qquad (9-81)$$

这里应用了归一化条件

$$\int_\infty \Psi^*(\vec{r},t) \Psi(\vec{r},t) d^3\vec{r} = 1 \qquad (9-82)$$

可见上述的选择（只是可能的选择之一）是可以满足要求的。

（四）所寻找的 L_Q 导出的粒子运动基本方程应是非线性方程

系统科学的兴起，既引起了认识论的震动更把非线性的问题及其重要意义突出地表现了出来。这引起了广泛的关注，当然也引起了我们的关注[1]。而数学的介入，则把非线性问题上升到了一个更高的层次，极大地推动了非线性理论的发展并向广阔的领域拓展，同样也冲击着量子领域[2]。虽然"量子混沌"的讨论曾被经典混沌学家们拒绝认为是经典意义上的，但至少可以说量子物理学家们关注到了非线性问题，并从例如能谱的分析、粒子半经典近似下的运动等的讨论中，证实了在量子问题中非线性及混沌现象也是普遍存在的。这印证了非线性理论关于"非线性才是大自然的魂魄"的结论。目前，一些学

---

① 王顺金、曹文强：《从物理学的观点看系统科学和系统结构的层次性》，《自然辩证法研究》1992年第2期，第6页。
② 顾雁：《量子混沌》，上海科技教育出版社1995年版；徐躬耦著：《量子混沌运动》，上海科技出版社1995年版。

者已经将"非线性科学"的崛起，视为继量子论、相对论之后自然科学的"第三次大革命"，成为全世界科学界的一个主体研究方向。非线性理论告诉我们：基本自然规律应是非线性的；决定论乃是本质性的规律；它可以通过内随机性建立起一座决定论与随机的非决定论间的桥梁，从而把随机的非决定论性的理论涵盖在决定论性的非线性理论之中。[①] 非线性科学的崛起，极大地改变了人们的思维方式，取得了一系列极为重要的成果。因而，我们当然希望由所寻找到的 L_Q 所得出的粒子运动方程，能满足上述要求。

二、量子变分作用量 L_Q 的具体选取

怎么去找出 L_Q 的具体形式呢？我们可以从对应原理的角度以及从目前人们的研究中来寻找启示。

（一）目前人们的研究所提供的启示

高姆巴斯（P. Gombas）曾用如下的变分原理[②]

$$\delta \int_{\infty} \Psi^* (\hat{H} - E) \Psi d^3 \vec{r} = 0 \qquad (9-83)$$

去求能量 E。这里的 E 是因（9-82）式归一化条件的存在，作为"不定乘子"引入的。

而在朗道的著作中，则进而将不定乘子 E 改写为 $i\hbar \partial / \partial t$，且将（9-83）式改写为

$$\delta \int_{t_1}^{t_2} \langle \Psi | \left(\hat{H} - i\hbar \frac{\partial}{\partial t} \right) | \Psi \rangle dt = 0 \qquad (9-84)$$

称 Ψ^* 和 Ψ 为两个独立的函数。对 Ψ^* 变分时，有

$$\int_{t_1}^{t_2} \langle \delta\Psi | \left(\hat{H} - i\hbar \frac{\partial}{\partial t} \right) | \Psi \rangle dt = 0 \qquad (9-85)$$

由此得 SE：

$$i\hbar \frac{\partial}{\partial t} | \Psi \rangle = \hat{H} | \Psi \rangle \qquad (9-86)$$

对 Ψ 变分，有

$$\int_{t_1}^{t_2} \langle \Psi | \left(\hat{H} - i\hbar \frac{\partial}{\partial t} \right) | \delta\Psi \rangle dt = 0 \qquad (9-87)$$

由此得 SE 的伴随方程：

$$i\hbar \frac{\partial}{\partial t} (\langle \Psi |) = \langle \Psi | \overleftarrow{\hat{H}^+} \qquad (9-88)$$

① 郝宁湘：《现代混沌学为"本体非决定论"提供了科学依据吗?》，《系统辩证学学报》1995 年第 4 期，第 17 页。
② [匈] P. 高姆巴斯著：《量子力学中的多粒子问题》，高等教育出版社 1959 年版。

但是，在寻找量子论的基本方程时，（9－84）式的变分原理和相应的变分力学量

$$L_Q = \int_\infty \Psi^* \left(\hat{H} - i\hbar \frac{\partial}{\partial t} \right) \Psi d^3 \vec{r} = \langle \Psi | \left(\hat{H} - i\hbar \frac{\partial}{\partial t} \right) | \Psi \rangle \qquad (9-89)$$

的选取以及变分运算均存在以下逻辑毛病：

第一，由于存在连续性方程（8－82）式，故 Ψ 及 Ψ^* 两者不能被视为是彼此独立的，所以（9－85）式和（9－87）式的视 Ψ 与 Ψ^* 彼此独立的变分运算不成立。

第二，变分力学量（9－89）式的选取与它欲达成的目标——导出作为基本方程的 SE——在逻辑上是不自洽的。

我们知道，选取（9－89）式为变分力学量，则相应的变分原理为

$$\delta \int_{t_1}^{t_2} L_Q dt = 0 \qquad (9-90)$$

然而，（9－60）式中的变分力学量 L 是不允许为零的。因为如果它为零，变分就不能实现。而当将经典变分原理推广为量子变分原理时，道理是一样的，L_Q 也不允许为零。

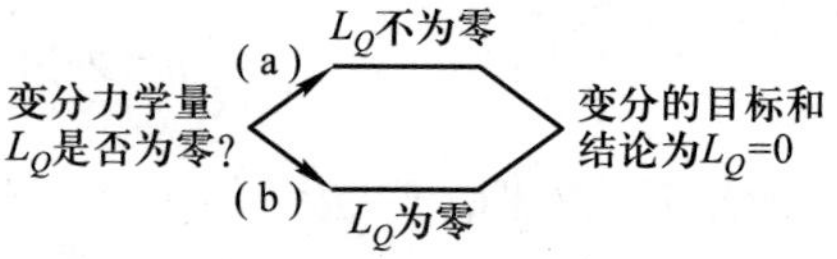

现我们做逻辑判断。如图 9－11 所示，若就 L_Q 是否为零来提问，只存在两种可能：

（a）L_Q 不为零。这满足变分力学量不为零的要求。但是，由变分原理求得的 SE（9－86）式却表明

变分力学量 L_Q 是否为零？ — (a) L_Q 不为零 / (b) L_Q 为零 — 变分的目标和结论为 $L_Q = 0$

图 9－11

$$\left(\hat{H} - i\hbar \frac{\partial}{\partial t} \right) | \Psi \rangle = 0 \qquad (9-91)$$

故将（9－91）式代入（9－89）式得出

$$L_Q = \langle \Psi | \left(H - i\hbar \frac{\partial}{\partial t} \right) | \Psi \rangle = 0 \qquad (9-92)$$

于是出现内在的逻辑悖论。故变分原理是不允许选择通道（a）的。

（b）变分力学量 L_Q 选为零。但是，这种选取是不被变分原理所允许的。

既然通道（a）、（b）均不被变分原理所允许，所以朗道的变分原理（9－84）式就不成立。

那么，怎样才能找到 L_Q 的正确形式呢？我们注意到，某位物理学家曾讲过一句著名的话：100 个人有 100 种对量子力学的不同理解（由于 SQM 是一个充斥着大量悖论的体系，所以人们对它的理解肯定是不一样的）。然而，却正是从这些"不一样"的理解之中，我们才能获得启示，从而找到克服 SQM 困难的途径。所以，尽管朗道上述的变分原理不能被视为是寻找 QM 基本方程的正确原理，但却不能由此否定其背后的思想以及给

我们的启示：

（1）将经典变分原理拓展为量子变分原理，不仅可以用来研究具体问题，而且也可以用来寻找微观领域的基本方程。这是由数学上的变分法与变分原理的哲学观念所确立的，并且在实际的领域（例如量子场论）中，人们也是这样做的。

（2）不定乘子 E 可以被写成 $i\hbar\partial/\partial t$。

（二）"对应原理"的视角

另一方面，我们也注意到了"对应原理"的合理性。这种"合理性"寓于人们在广泛领域所观察到的"同形性"与"重演律"的事实之中。但"同形"不等于"同质"和"全同"；"重演"不等于"重复"。所以对"对应原理"的使用要具体分析。

表 9-3

经典力学量	A	量子观测量	$\langle\Psi|\hat{A}|\Psi\rangle$
经典变分原理	$\delta\int_{t_1}^{t_2} L dt = 0$	量子变分原理	$\delta\int_{t_1}^{t_2}\langle\Psi|\hat{L}|\Psi\rangle dt = 0$

现在我们先利用对应原理，看一看会有什么样的结果。由表 9-3 所述的"对应原理"，我们似乎应将

$$\delta\int_{t_1}^{t_2}\langle\Psi|\hat{L}|\Psi\rangle dt = 0 \qquad (9-93)$$

视为寻找微观量子领域基本方程的量子变分原理。但这里存在着两个须"具体分析"的问题：

第一，形式地看待，我们若令 L' 为 $\hat{L}$ 的本征值，$|\Psi\rangle$ 为 $\hat{L}$ 的本征函数，则可写

$$\hat{L}|\Psi\rangle = L'|\Psi\rangle \qquad (9-94)$$

我们知道，不仅薛定锷本人、且大多数人均认为该 L' 即是粒子的量 L：

$$L' = L \qquad (9-95)$$

至少从数上讲，人们认为（9-95）式是严格成立的。但是，如我们前面已经分析指出的，L' 是场的量而不是粒子的量，即使在"数"的方面它们也只是近似相等。然而，不管采用哪种观点，都可以将（9-93）式进而形式地写为

$$\delta\int_{t_1}^{t_2}\langle\Psi|L|\Psi\rangle dt = 0 \qquad (9-96)$$

由于粒子是物质存在的基本形态，且要找的方程就是粒子的运动方程，故（9-96）式的选取似乎更为合理。这种合理性，已由（9-78）式的选取［它即是（9-96）式］能给出严格的牛顿方程这一事实所"证实"。

第二，(9-96) 式的变分原理尚未考虑到约束条件

$$\langle \Psi | \Psi \rangle = \int_{\infty} \Psi^* \Psi d^3 \vec{r} = 1 \qquad (9-97)$$

考虑到 (9-97) 式约束的限制，如朗道那样，则应在 (9-96) 式中增加一个不定乘子并可以写为 $i\hbar \partial / \partial t$。这样，我们所要寻找的量子变分原理便可以具体地写为

$$\delta \int_{t_1}^{t_2} \langle \Psi | \left(L + i\hbar \frac{\partial}{\partial t} \right) | \Psi \rangle dt = 0 \qquad (9-98)$$

三、由量子变分原理导出系统结构动力学 (SSD) 方程

我们知道，"原理"都是以最高假设的形式给出的。假设就是假定，就是"猜测"。归纳法从众多的事例中总结出一个在所归纳的领域中成立的"原理"（物理学基本方程），然后推广说它"是适应一切领域的基本原理"。这种"推广"，不是"猜测"吗？同样，按照逻辑实证主义的观点，依据逻辑关系给出"原理"，并做出与上面所说的相同的论断，也是一个"猜测"。从这样的意义上讲，(9-98) 式的确也可以视为是一种"猜测"。

但和实验实证主义及逻辑实证主义不同的是，我们在本书中贯彻了一个基本的原则，一切理论均应用同一把尺子——C 判据来加以检验，且 C 判据也是我们去构造理论的依据和出发点；而前面的定性分析过程，事实上就是受到图 2-7 的约束的。因而，我们的上述"猜测"也许会更有根据。事实上，依据我们的分析，任何一个思维健全的人都会得出这样一个结论：(9-98) 式的得出，至少从定性分析和哲学思辨的角度讲是可以通得过 (C_1)、(C_2) 和 (C_3) 的检验的。所以，作为"猜测"的"最高原理"(9-98) 式，不是"瞎猜一通"，它是有道理的。

当然，物理学思考的基础来自定性分析和哲学思辨，但作为精确定量科学的物理学却又不能停留在这一步——作为一种基本理论，在物理学中就应找出基本方程 [以 (C_4)、(C_5) 的检验来做更具体的论证，将是下两章的内容]。

现在我们将上述的量子变分原理严格化，并在本节中导出基本方程。

（一）量子变分原理和系统结构动力学基本方程的导出[①]

设 $L(\vec{r}, \dot{\vec{r}}, t)$ 是所考察系统的拉氏函数，$\Psi(\vec{r}, t)$ 是描述物质性背景空间的场函数。设

---

① Cao Wenqiang. "On the Materialistic Basis of Wave-Particle Duality and Nonliear Description of Motion of Particle". *Chinese Academic Forum*, 2005 (3): 53.

$$s = \int_{t_1}^{t_2} \langle \Psi(\vec{r}, t) \left| \left[L(\vec{r}, \dot{\vec{r}}, t) + i\hbar \frac{\partial}{\partial t} \right] \right| \Psi(\vec{r}, t) \rangle dt \qquad (9-99)$$

为作用量，其中 $\vec{r} = \{\vec{r}_1, \cdots, \vec{r}_n\}$，$n$ 为系统内的粒子数。

现假定存在以下的"量子变分原理"：对所考察的量子系统，在等时变分和给定相同初、末位形的条件下

$$\delta t = 0, \quad \delta \vec{r}(t)\big|_{t_1} = 0, \quad \delta \vec{r}(t)\big|_{t_2} = 0 \qquad (9-100)$$

真实运动与运动学上允许的运动不同的是，对于前者，其作用量的变分为零

$$\delta s = \delta \int_{t_1}^{t_2} \langle \Psi | \left(L + i\hbar \frac{\partial}{\partial t} \right) | \Psi \rangle dt = \delta \int_{t_1}^{t_2} dt \int_{\infty} d^3\vec{r} \cdot \left\{ \Psi^* \left(L + i\hbar \frac{\partial}{\partial t} \right) \Psi \right\} dt = 0$$

$$(9-101)$$

（9 – 101）式是以最高原理的形式给出的，正确与否，应由 C 判据作全面检验。

记 $\rho = \Psi^* \Psi$。利用（9 – 100）式，由（9 – 101）式分部积分后，有

$$\int_{t_1}^{t_2} dt \int_{\infty} d^3\vec{r} \sum_{i=1}^{n} \left\{ \rho \left[\frac{\partial L}{\partial \vec{r}_i} - \frac{d}{dt} \left(\frac{\partial L}{\partial \dot{\vec{r}}_i} \right) - \frac{\partial L}{\partial \dot{\vec{r}}_i} \frac{1}{\rho} \frac{d\rho}{dt} \right] + L \frac{\partial \rho}{\partial \vec{r}_i} + \frac{\partial}{\partial \vec{r}_i} \left(\Psi^* i\hbar \frac{\partial}{\partial t} \Psi \right) \right\} \cdot \delta \vec{r}_i = 0$$

$$(9-102)$$

由上式给出基本方程

$$\frac{d}{dt} \left(\frac{\partial L}{\partial \dot{\vec{r}}_i} \right) = \frac{\partial L}{\partial \vec{r}_i} + L \frac{\partial \ln \rho}{\partial \vec{r}_i} - \frac{\partial L}{\partial \dot{\vec{r}}_i} \frac{d\ln \rho}{dt} + \frac{1}{\rho} \frac{\partial}{\partial \vec{r}_i} \left(\Psi^* i\hbar \frac{\partial \Psi}{\partial t} \right) \qquad (9-103)$$

若选 L 为经典拉格朗日函数

$$L = T - V = \sum_i \frac{1}{2} \mu_i v_i^2 - V \quad (\vec{r}_1, \cdots, \vec{r}_n, t) \qquad (9-104)$$

则粒子的动量为牛顿所定义的经典动量

$$\vec{p}_i = \frac{\partial L}{\partial \dot{\vec{r}}_i} = \vec{v}_i^0 \frac{\partial L}{\partial v_i} = \mu_i v_i \vec{v}_i^0 = \mu_i \vec{v}_i \qquad (9-105)$$

将（9 – 105）式代入（9 – 103）式，则有

$$\frac{d\vec{p}_i}{dt} = -\nabla_i V + (T - V) \nabla_i \ln \rho - \vec{p}_i \frac{d\ln \rho}{dt} + \frac{1}{\rho} \nabla_i \left(\Psi^* i\hbar \frac{\partial \Psi}{\partial t} \right) \qquad (9-106)$$

与经典牛顿方程

$$\frac{d\vec{p}_i}{dt} = -\nabla_i V \quad (i = 1, \cdots, n) \qquad (9-107)$$

相比较，如果令

$$\vec{F}_i^{(s)} = (T - V) \nabla_i \ln \rho - \vec{p}_i \frac{d\ln \rho}{dt} + \frac{1}{\rho} \nabla_i \left(\Psi^* i\hbar \frac{\partial \Psi}{\partial t} \right) \qquad (9-108)$$

则方程（9-106）可以简写为

$$\frac{d\vec{p}_i}{dt} = -\nabla_i V + \vec{F}_i^{(s)} \quad (i=1,\cdots,n) \qquad (9-109)$$

此即是我们所得出的描述粒子运动的基本方程。

须注意的是，如在量子变分原理中所陈述的，$\Psi(\vec{r}, t)$"是描述物质性背景空间的场函数"，并没有说它就是薛定锷方程中的波函数。但如果我们从（9-106）式导出了薛定锷方程（SE），则证明了前面（9-76）式的分析是成立的。

由于（9-106）式是一个带进了量子信息的动力学方程，为便于记忆，所以我们称其为量子动力学（QD）方程。将（9-109）式与（9-107）式相比较，最重大的变化是"结构"作为物质观的一个基本维度进入了 QD 方程之中。为突出结构在系统演化中的重要意义，所以我们更一般性地称其为系统结构动力学（SSD）方程。

（二）由量子变分原理所导出的基本方程的意义和作用

由方程的形式可见，（9-109）式是一个非线性方程。由于 $\vec{F}^{(s)}$ 不仅与内部粒子的运动状态 $\vec{p}_i$、$T = \sum_{i=1}^{n} \frac{1}{2}\mu_i\nu_i^2$ 有关，而且与 $\rho(\vec{r}_1, \cdots, \vec{r}_n; t)$ 有关——即与该系统的"结构"（即"几何构型"）有关，故它是一个与结构相关的非线性的"结构力"。"结构"，作为物质概念的一个基本维度，通过上述微观系统粒子运动的基本方程，被清楚地揭示了出来。第3章分析的结论，玻尔理论给予的启示和诉求，以及前面来自生命科学的启示以及对信息的分析（包括其形式），都由上述方程显示了出来。

同时，因为量子变分理论提出时充分考虑到了（C_1）、（C_2）、（C_3）判据的制约，所以当我们由该变分原理导出粒子基本方程（9-109）式之后，假如 L_0 选得比较准，那么（9-109）式就一定会在（C_4）、（C_5）中取得实证成功，从而变革 SQM，为 QM 输入新的思想，成为推动 QM 继续发展的新动力。

在下面的两章中，我们将证明：在经典极限下，（9-109）式准确退化为牛顿方程，不仅能建立起 QM 与 CM 的联系，而且使长期困扰 SQM 的关于测量问题的困难自动消除；在量子情况下，由（9-109）式可准确推导出薛定锷方程，从而表明 QM 的全部成果将被整体肯定并继承下来；还可以由（9-109）式导出"统计解释之全部内容"的（8-112）式，从而论证系综解释的确是合理的，从而保留而不是否定了统计解释的合理内核；由（9-109）式还可以生动地描述系统内粒子的运动，使哥本哈根学派否定基于经典轨道概念之上的物理图像之后却始终建立不起真实物理图像、以至于"无人懂量子力学"的困惑不复存在；（9-109）式在热力学条件下，将导出热力学基本方程，为热现象提供微观基础，从而有可能推动热力学的进一步发展；有关生命现象中的自组织、进化、思维及精神之源也可以由（9－109）式揭示出来，从而证明了生命是自然的产物、生命的价值在于遵从自然规律……这一系列的论证及其成功，或许能在某种意义上回答第 1 章中所论及的伯纳尔的"猜想"。

事实上，我们的工作无疑学习和继承了爱因斯坦、狄拉克、普朗克、薛定锷、玻姆、贝尔、费曼等人的思想，才能坚持科学自然主义的基本立场，坚持对波函数的"实在论"认识，走上决定论的道路。同时，在吸收了非线性理论思维之后，由内随机性又将随机的非决定论性的统计认识纳入到了决定论的框架之中。这样，我们不仅特别继承了玻尔的"互补性思想"，而且使哥本哈根学派的统计解释也同样得到了肯定与继承。总之，我们并没有丢掉前人的正确思想和应当继承的东西——这不是因为别的，只是因为我们生长在华夏文明的沃土上，"阴阳"的包容性和深刻的"道法自然"的本体论注定了我们的思维和道路。若我们的理论的确存在合理性，并对 21 世纪理论的继续发展提供了一些新思维，可以作为人们继续前行的一块垫脚石的话，那只能证明华夏文明和它的文化的深厚与凝重！

第10章 系统结构动力学（SSD）的"科学统一性"（Ⅰ）：对物理学理论的改造与提升

本书前面的分析表明，结构作为组成物质概念的一个基本维度长期被人们所忽视，结构对于物质存在及其演化的重要作用也一直未能获得清醒一致的认识与揭示。正是由于这一来自物质观源头上的、对物质概念基本维度的认识上的缺失或模糊不清，才使得我们对诸多问题的认识出现混乱，并表现为各学科之间缺乏应有的科学统一性。因而，我们之所以能提出具有更高程度科学统一性的新理论 SSD，根源就在于对物质这一最基本概念的深化认识和拓展：物质是由其特征属性、时空属性和结构属性组成的；三者不可分离的有机统一体，才构成所谓的"物质"。

作为上述认识的一个合理的逻辑推论，当结构的物质性被揭示出来之后，来自物质观源头上的关于物质基本维度缺失的问题就得到了解决，从而由该问题所派生的物理学内部的理论断层问题，以及物理学不能面对生命、社会科学的挑战（即物理学不具备同生命、社会科学的统一性）的困难，就应当获得某种程度上的解决和克服，并由此加深我们对于这些领域的认识。

因此，为突出结构的物质性以及结构力在物质演化中的强大作用、功能和意义，我们将该理论称为"系统结构动力学"。根据上面的论述，SSD 似乎应当满足更高程度科学统一性的要求。然而，它是否真的具备了这种功能，则必须加以检验并做出论证。这正是本章和下一章讨论的主要议题。在本章中，我们将论证 SSD 在物理学内部实现科学统一的问题。

第1节 SSD 与量子力学的连接——由 SSD 方程导出量子力学的薛定锷方程[①]

一、SSD 方程给数学的发展出了一道题目

在第 9 章中我们导出的基本方程为 [参见 (9 – 109) 式]

$$\frac{d\vec{p}_i}{dt} = -\nabla_i V + \vec{F}_i^{(s)} \quad (i = 1, \cdots, n) \tag{10 – 1}$$

其中结构力 $\vec{F}_i^{(s)}$ 为

$$\vec{F}_i^{(s)} = (T - V)\nabla_i \ln \rho - \vec{p}_i \frac{d \ln \rho}{dt} + \frac{1}{\rho}\nabla_i\left(\mathbf{\Psi}^* i\hbar \frac{\partial \mathbf{\Psi}}{\partial t}\right) \tag{10 – 2}$$

而 $\mathbf{\Psi}(\vec{r}_1, \cdots, \vec{r}_n, t)$ 为刻画 MBS 性质的物质性场函数，$\rho(\vec{r}_1, \cdots, \vec{r}_n, t) = \mathbf{\Psi}^*(\vec{r}_1, \cdots, \vec{r}_n, t)\mathbf{\Psi}(\vec{r}_1, \cdots, \vec{r}_n, t)$。方程 (10 – 1) 是从量子微观领域导出的基本自然规律方程，而且是一个决定论性的动力学方程。

由上述方程可知，若 $\vec{F}_i^{(s)}$ 可以近似略去

$$\vec{F}_i^{(s)} \approx 0 \tag{10 – 3}$$

则 (10 – 1) 式退化为 CM 的牛顿方程

$$\frac{d\vec{p}_i}{dt} = -\nabla_i V = \vec{F}_i \tag{10 – 4}$$

若力 $\vec{F}_i = -\nabla_i V(\vec{r}_1, \cdots \vec{r}_n, t)$ 已知，则在初条件已知的情况下，我们就可以求出粒子的运动。

但是，与纯经典粒子的运动不同的是，在微观领域，具有"粒子性"的粒子，在运动中表现出了所谓的"波动性"。而如前面我们已分析指出的，波动性即是"分立性"，反映的是微观粒子运动在分立的量子化轨道之上，从而使得粒子的能量取分立值，并由此表征出系统内在的"结构"信息。在玻尔的"旧量子论"中，这种"分立性"以氢原子中电子运动的分立的量子化轨道的方式做了生动的展示，并由此提出了寻找一个物质性的场——$\mathbf{\Psi}(\vec{r}_1, \cdots, \vec{r}_n, t)$ 及它应满足的相应的场方程的诉求（这一诉求后来为薛定锷场和相应的场方程的建立所回应）。于是，我们看到了这样一个自然的逻辑关系：既然 $\vec{F}_i^{(s)}(\mathbf{\Psi})$ 充当着玻尔的"约束条件"中的"力"的角色，该"约束条件"又导致了

[①] 曹文强：《由非线性粒子运动方程导出薛定锷方程》，《武汉工程职业技术学院学报》2004 年第 1 期，第 10 页。

薛定锷场及相应的场方程——薛定锷方程（SE）的产生，那么显而易见，$\vec{F}_i^{(s)}(\Psi)$ 中的场 Ψ 与薛定锷场肯定是有某种联系的。因此，就应当能从（10-1）式推导出薛定锷方程（SE）。这是 SSD 经过了上一章（C_1）、（C_2）、（C_3）的检验之后，在（C_4）判据检验下应具有的功能。

但是，（10-1）式的理论结构却给我们出了一道难题：由于 $\vec{F}_i^{(s)}(\Psi)$ 中的场 Ψ 以及相应的场方程不知道，故 $\vec{F}_i^{(s)}(\Psi)$ 是一个"未知力"。而它不知道，运动量 $\vec{p}_i$ 也就不知道，该方程不是成了一个不可解的方程了吗？为什么会如此？难道是我们的认识出了问题，才导致了上述方程求解中的困难？其实，事实正好相反，它恰恰证明了我们的物质观、物理图像和逻辑是正确的［即在（C_1）、（C_2）、（C_3）上是正确的］。现在，就让我们再回到粒子（系统）与 MBS 的关系的认识上来看一看吧。

非定域相互作用势 $V(\vec{r}_1, \cdots \vec{r}_n, t)$ 以及为了弥补 V 对 MBS 提取的不完善新增加的部分 $\vec{F}_i^{(s)}(\Psi)$，均来自 MBS。于是，在我们目前的理论形态（10-1）式中，若记 $\vec{r} = \{\vec{r}_1, \cdots, \vec{r}_n\}$、$\vec{p} = \{\vec{p}_1, \cdots, \vec{p}_n\}$，则图 3-4 所示的抽象认识，就可以被具体化为图 10-1 的认识方式。

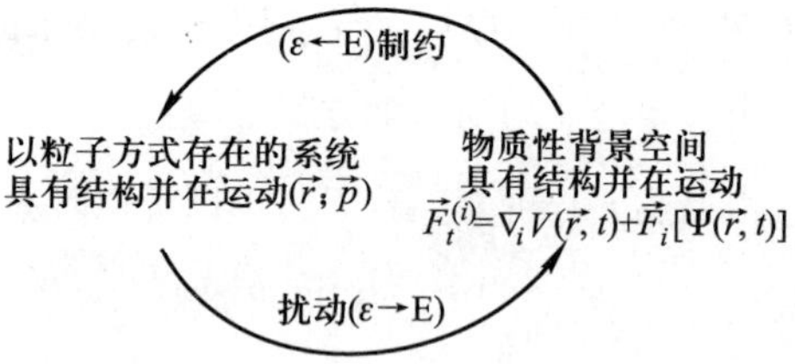

以元子粒子方式存在的 MBS 对粒子

$(\varepsilon \leftarrow E)$制约

以粒子方式存在的系统
具有结构并在运动$(\vec{r}, \vec{p})$

物质性背景空间
具有结构并在运动
$\vec{F}_t^{(i)} = \nabla_i V(\vec{r}, t) + \vec{F}_i[\Psi(\vec{r}, t)]$

扰动$(\varepsilon \to E)$

图 10-1

系统的"制约性"效应，在 CM 和 QM 之中均用"力场"的方式加以提取。而在力场中，作为一种平均的瞬时效应，$\vec{F}_i = -\nabla_i V(\vec{r})$ 被认为是已知的。但是，$\vec{F}_i$ 对 MBS 效应的提取不完全，所以就应追补一个项目 $\vec{F}_i^{(s)}$，它显然应与系统的结构和 $\vec{r} = \{\vec{r}_1, \cdots, \vec{r}_n\}$、运动量 $\vec{p} = \{\vec{p}_1, \cdots, \vec{p}_n\}$，以及由于对 MBS 提取不完全而剩余的场 $\Psi(\vec{r}, t) = \Psi(\vec{r}_1, \cdots, \vec{r}_n, t)$ 相关联，且该力应是一个非线性的力。所以，我们可以将其写为如下的抽象形式

$$\vec{F}_i = \vec{F}_i(\vec{r}_1, \cdots, \vec{r}_n; \vec{p}_i; T; d \ln \rho(\vec{r}_1, \cdots, \vec{r}_n, t))$$

仅从纯思辨以及我们目前对各领域所做考察的角度看来，该力所携带的信息应是正确和完备的。而由图 10-1 所示的关系可见，正因为粒子与 MBS 之间存在着互动的耦合关系，所以粒子的运动和 MBS 场才有可能均不知道。这是物理过程的内在逻辑关系的要求。由于我们是运用图 10-1 所示的方法来认识粒子与场之间的关系的，所以若我们的认识是对的，给出的方程也是对的，所给出的方程就应当反映出上述的"内在逻辑"：在同一方程中，粒子的运动和场均不是已知的。亦即是说，建立在正确的物质观基础之上的 SSD 方程，向数学家们出了一道题目：在数学上，这类方程应该如何认识，如何

求解?

二、由 SSD 方程导出 QM 的主方程 SE

当从思辨的角度深究物理学中的本体论、认识论、物质观的基础时，物理学家们是典型的形而上的哲学家；而一旦面临具体的实际问题时，他们又往往是典型的实用主义者——常常以"形而上"和"实用主义"的两副面孔出现，且缺一不可。作为形而上学家的牛顿，就是用实用主义的办法来处理他的理论的：力场未知，由已知的运动不就可以求出来了吗？——牛顿就是运用这种实用主义的办法，将牛顿方程用于开普勒问题，由运动去求力，得出了他的伟大发现：对万有引力的揭示。

在就上述"题目"求教数学家而尚未获得答案之前，我们当然也可以使用牛顿的"实用主义"方法：由"已知"的运动去求"未知"的 Ψ 以及它所满足的方程。而从简单的系统开始，是研究问题的一般途径。所以我们就从最简单的自由粒子运动入手。

(一) 经典自由粒子运动

对于自由运动，$V = 0$，于是（10-1）式的单粒子运动方程为

$$\frac{d\vec{p}}{dt} = \vec{F}^{(s)} = -\vec{p}\,\frac{d\ln\rho}{dt} + T\nabla\ln\rho + \frac{1}{\rho}\nabla\left(\Psi^*\,i\hbar\,\frac{\partial\Psi}{\partial t}\right) \tag{10-5}$$

由（10-5）$\cdot\,\dot{\vec{r}}$，有

$$\frac{dT}{dt} = -2T\frac{\partial\ln\rho}{\partial t} - T\dot{\vec{r}}\cdot\nabla\ln\rho + \frac{1}{\rho}\dot{\vec{r}}\cdot\nabla\left(\Psi^*\,i\hbar\,\frac{\partial\Psi}{\partial t}\right) \tag{10-6}$$

在上述运算中用到了如下关系

$$\vec{p}\cdot\dot{\vec{r}} = m\vec{v}\cdot\vec{v} = 2\cdot\frac{1}{2}mv^2 = 2T \tag{10-7}$$

和

$$\frac{d\ln\rho}{dt} = \frac{\partial\ln\rho}{\partial t} + \frac{\partial\ln\rho}{\partial\vec{r}}\cdot\dot{\vec{r}} = \frac{\partial\ln\rho}{\partial t} + \dot{\vec{r}}\cdot\nabla\ln\rho \tag{10-8}$$

而人们通常认为，经典自由粒子的动量 T 是守恒的

$$\frac{dT}{dt} = 0 \Rightarrow \frac{1}{2\mu}p^2 = const \equiv \varepsilon \tag{10-9}$$

将（10-9）式代回（10-6）式，有

$$\frac{dT}{dt} = -2T\frac{1}{\rho}\frac{\partial\rho}{\partial t} + \frac{1}{\rho}\dot{\vec{r}}\cdot\nabla\left[\Psi^*\left(i\hbar\frac{\partial}{\partial t} - \varepsilon\right)\Psi\right] \tag{10-10}$$

559

满足（10－10）式的解可以选为

$$\begin{cases} \dfrac{\partial\rho}{\partial t} = \dfrac{\partial}{\partial t}(\Psi^*\Psi) = 0 & (10-11) \\[3mm] i\hbar\dfrac{\partial}{\partial t}\Psi(\vec{r},t) = \varepsilon\Psi(\vec{r},t) & (10-12) \end{cases}$$

由（10－11）式知，一般解为

$$\Psi(\vec{r},t) = e^{if(t)/\hbar}\varphi(\vec{r}) \tag{10-13}$$

$f(t)$ 为实函数，将（10－13）式代回（10－12）式，有

$$\frac{df(t)}{dt} = -\varepsilon \Rightarrow f(t) = -\varepsilon t + c_i \tag{10-14}$$

将（10－14）式代回（10－13）式，有

$$\Psi(\vec{r},t) = e^{-i\varepsilon t/\hbar}\varphi(\vec{r}) \tag{10-15}$$

在这里，因子 $e^{ic/\hbar}$ 已吸收到 $\varphi(\vec{r})$ 之中。事实上，由（10－11）式和（10－12）式可见，该因子对粒子的运动无贡献，故可以省去。

令 $\hat{\vec{p}} = -i\hbar\nabla$。因 $\Psi(\vec{r},t)$ 是场函数，应满足场的偏微分方程，该方程可形式地写为

$$i\hbar\frac{\partial}{\partial t}\Psi(\vec{r},t) = \hat{H}(\hat{\vec{p}})\Psi(\vec{r},t) \tag{10-16}$$

其中 $\hat{H}$ 为待定算子。将（10－15）式、（10－16）式代回（10－12）式，有

$$\hat{H}\varphi(\vec{r}) = \varepsilon\varphi(\vec{r}) \tag{10-17}$$

现将（10－15）式代回（10－5）式，且令 $\rho_\varphi = \varphi^*\varphi$，则有

$$\frac{d\vec{p}}{dt} = \frac{1}{\rho_\varphi}\{-\vec{p}(\vec{r}\cdot\nabla\rho_\varphi) + 2\varepsilon\nabla\rho_\varphi\} \tag{10-18}$$

按通常理解，经典自由运动应为

$$\frac{d\vec{p}}{dt} = 0 \Rightarrow \vec{p} = 常矢量 \tag{10-19}$$

（10－18）式满足（10－19）式的解可选为（$f(\vec{r})$ 为实函数）

$$\nabla[\varphi^*\varphi] = 0, \varphi(\vec{r}) = e^{if(\vec{r})/\hbar} \tag{10-20}$$

将（10－20）式代回（10－17）式，有

$$\hat{H}e^{if(\vec{r})/\hbar} = \varepsilon e^{if(\vec{r})/\hbar} \tag{10-21}$$

为简化问题而不失一般性，我们不妨讨论 x 方向的一维自由运动。此时 $f(\vec{r}) = f(x)$，$\hat{H} = \hat{H}(\hat{p}_x)$，

则有

$$\hat{H}(\hat{p}_x) e^{if(x)/\hbar} = \varepsilon e^{if(x)/\hbar} \tag{10-22}$$

设 $\hat{H}$ 是 $\hat{p}_x$ 的一次形式，α_1 为待定系数

$$\hat{H}(\hat{p}_x) = \alpha_1 \hat{p}_x \tag{10-23}$$

代回（10-22）式，有

$$\alpha_1 \frac{df}{dx} = \varepsilon_2, \quad f(x) = \frac{\varepsilon}{\alpha_1} x + c \tag{10-24}$$

将（10-24）式代回（10-20）式，则有

$$\varphi(x) = e^{i\frac{\varepsilon}{\alpha_1}x/\hbar} \tag{10-25}$$

代回（10-15）式，得

$$\Psi(x,t) = e^{-i\varepsilon(t-\frac{1}{\alpha_1}x)/\hbar} \tag{10-26}$$

注意到德布罗意波的相速度 ν_s 与群速度 $\nu_g = \nu$ 之间的关系

$$\nu_s = \frac{1}{2}\nu_g = \frac{1}{2}\nu \tag{10-27}$$

利用（10-27）式，且由（10-26）式，令 $(t-x/\alpha_1) = c_3$，微分得

$$\nu_s = \alpha_1 = \frac{dx}{dt} = \frac{1}{2}\nu \tag{10-28}$$

可见 α_1 是运动学量，不满足场方程条件，即 $\hat{H}$ 不能取为（10-23）式的形式。

现设 $\hat{H}$ 取 $\hat{p}$ 的二阶形式

$$\hat{H}(\hat{p}_x) = \alpha_2 \hat{p}_x^2 = -\alpha_2 \hbar^2 \frac{d^2}{dx^2} \tag{10-29}$$

代入（10-22）式有

$$\hat{H}e^{if/\hbar} = -\alpha_2 \hbar^2 \frac{d^2}{dx^2} e^{if/\hbar} = \varepsilon e^{if/\hbar} \tag{10-30}$$

微分后，由上式有

$$-i\alpha_2 \hbar \frac{d^2f}{dx^2} + \alpha_2 \left(\frac{df}{dx}\right)^2 = \varepsilon \tag{10-31}$$

令 $\alpha_2 = A + iB$，A、B 为实数，由（10-31）式，有

$$\begin{cases} A\hbar \frac{d^2f}{dx^2} - B\left(\frac{df}{dx}\right)^2 = o & (10-32a) \\[3mm] B\hbar \frac{d^2f}{dx^2} + A\left(\frac{df}{dx}\right)^2 = \varepsilon & (10-32b) \end{cases}$$

（10－32）式的解为

$$\begin{cases} \left(\dfrac{df}{dx}\right)^2 = \dfrac{A\varepsilon}{A^2+B^2} = \text{实常数} & (10-33a) \\[3mm] \dfrac{d^2f}{dx^2} = \dfrac{B\varepsilon}{(A^2+B^2)\hbar} = \text{实常数} & (10-33b) \end{cases}$$

因 $f(x)$ 是实函数，故（10－33a）式的解为

$$f(x) = \beta x + \gamma \qquad (10-34)$$

β、γ 是两个积分常数。将（10－34）式代入（10－33b）式，得

$$\frac{d^2f}{dx^2} = 0, \quad B = 0, \quad \alpha_2 = A = \text{实数} \qquad (10-35)$$

故波函数

$$\begin{cases} \varphi(x) = e^{i\beta x/\hbar} & (10-36) \\[2mm] \psi(x,t) = e^{-i(\varepsilon t - \beta x)/\hbar} & (10-37) \end{cases}$$

令 $(\varepsilon t - \beta x) = c_3$，微分且利用（10－27）式，得相速度

$$\nu_s = \frac{dx}{dt} = \frac{1}{2}\nu = \frac{1}{\beta}\varepsilon = \frac{1}{\beta}\frac{1}{2}\mu\nu^2 \qquad (10-38)$$

由上式得积分常数

$$\beta = \mu\nu = p_x \qquad (10-39)$$

由（10－37）、（10－39）两式得场函数

$$\Psi(x,t) = e^{-i(\varepsilon t - p_x x)/\hbar} \qquad (10-40)$$

将（10－34）、（10－35）、（10－39）三式代回（10－32b）式，得

$$\alpha_2 = \varepsilon/\beta^2 = \frac{1}{2\mu} \qquad (10-41)$$

α_2 为特征参量而非运动学量，是满足场方程条件的。由此得

$$\hat{H}(\hat{p}_x) = \frac{1}{2\mu}\hat{p}_x^2 = -\frac{\hbar^2}{2\mu}\frac{d^2}{dx^2} \qquad (10-42)$$

推广到三维经典自由运动，则

$$\hat{H} = \frac{1}{2\mu}\hat{p}^2 = -\frac{\hbar^2}{2\mu}\nabla^2 \qquad (10-43)$$

场方程和相应的解为

$$i\hbar\frac{\partial}{\partial t}\Psi(\vec{r},t) = \hat{H}\Psi(\vec{r},t) \qquad (10-44)$$

$$\begin{cases} \Psi(\vec{r},t) = Ae^{-i\varepsilon t/\hbar}e^{i\vec{p}\cdot\vec{r}/\hbar} & (10-45) \\ \rho(\vec{r},t) = \Psi^*\Psi = |A|^2 = const. & (10-46) \end{cases}$$

此即我们所熟知的自由粒子情况下的薛定锷方程及其解。

将（10-46）式代回（10-5）式，有

$$\frac{d\vec{p}}{dt} = \vec{F}^{(s)} = 2\varepsilon\nabla\ln\rho - \vec{p}\frac{d\ln\rho}{dt} = 0 \qquad (10-47)$$

即若 $\rho =$ 常数，则 $\vec{F}^{(s)} = 0$。也就是说，在 ρ 为常数——对应着 MBS 平坦时——的状态下，经典自由粒子运动方程成立。

将上述的推导过程及第 8 章的推导 [从（8-65）式到（8-71）式] 对照起来看，会加深对上述推导的意义的理解。但需特别强调的是，我们必须要对（8-65）式有正确的看法。无源的自由电磁场的解即是（8-65）式。可见，按照麦克斯韦、洛伦兹等人的观点，（8-65）式就代表着"以太"（即我们所说的 MBS）介质的振动，故（8-65）式是一个物质性的场函数，而非哥本哈根学派所解释的找到粒子的概率波。在自由无源场中光走直线，与粒子的自由运动相联系。而德布罗意关于物质粒子的表述（8-55）式，则与爱因斯坦的光粒子表述（8-21）式是完全一样的。于是，在这里（8-65）式就变成了自由粒子的波函数（8-66）式——但是，这一变化却并没有改变它作为粒子扰动 MBS 从而激发出的物质性场的物理实质。

而在 SSD 之中，$\Psi(\vec{r},t)$ 从一开始就被认为是物质性场，是刻画 MBS 的性质的。可见，从上述的推导，我们可以反过来理解原来薛定锷方程建立的思路，从而就会对波函数的物质性有更深的理解。

（二）经典定态问题

以单粒子为例，$V = V(\vec{r})$，SSD 方程为

$$\frac{d\vec{p}}{dt} = -\nabla V - \vec{p}\frac{d\ln\rho}{dt} + (T-V)\nabla\ln\rho + \frac{1}{\rho}\nabla\left(\Psi^* i\hbar\frac{\partial\Psi}{\partial t}\right) \qquad (10-48a)$$

（10-48a）$\cdot\dot{\vec{r}}$ 有

$$\frac{d\varepsilon}{dt} = -2T\left(\frac{\partial\ln\rho}{\partial t} + \dot{\vec{r}}\cdot\nabla\ln\rho\right) + (T-V)\dot{\vec{r}}\cdot\nabla\ln\rho + \frac{1}{\rho}\dot{\vec{r}}\cdot\nabla\left(\Psi^* i\hbar\frac{\partial\Psi}{\partial t}\right)$$

$$= -2T\frac{\partial\ln\rho}{\partial t} - \varepsilon\dot{\vec{r}}\cdot\nabla\ln\rho + \frac{1}{\rho}\dot{\vec{r}}\cdot\nabla\left(\Psi^* i\hbar\frac{\partial\Psi}{\partial t}\right) \qquad (10-48b)$$

经典保守力场时，机械能守恒

$$\frac{d\varepsilon}{dt} = 0, \quad \varepsilon = T + V = Const. \qquad (10-49)$$

563

代回（10-48b）式，有

$$\frac{d\varepsilon}{dt} = -2T\frac{1}{\rho}\frac{\partial\rho}{\partial t} + \frac{1}{\rho}\dot{\vec{r}}\cdot\nabla\left[\psi^*\left(i\hbar\frac{\partial}{\partial t}-\varepsilon\right)\Psi\right] = 0 \tag{10-50}$$

（10-50）式的解可以选为

$$\frac{\partial\rho}{\partial t} = \frac{\partial}{\partial t}\left[\Psi^*(\vec{r},t)\Psi(\vec{r},t)\right] = 0 \tag{10-51}$$

$$i\hbar\frac{\partial}{\partial t}\Psi(\vec{r},t) = \varepsilon\Psi(\vec{r},t) \tag{10-52}$$

满足上两式的波函数为

$$\Psi(\vec{r},t) = e^{-i\varepsilon t/\hbar}\varphi(\vec{r}) \tag{10-53}$$

将（10-53）式代回（10-48b）式，令$\rho_\varphi = \varphi^*\varphi$，有

$$\frac{d\vec{p}}{dt} = -\nabla V - \vec{p}\frac{1}{\rho_\varphi}(\dot{\vec{r}}\cdot\nabla\rho_\varphi) + 2T\frac{1}{\rho_\varphi}\nabla\rho_\varphi \tag{10-54}$$

在此情况下，粒子遵从牛顿运动方程

$$\frac{d\vec{p}}{dt} = -\nabla V \tag{10-55}$$

比较以上两式，则要求

$$\vec{F}^{(s)} = -\vec{p}\frac{1}{\rho_\varphi}(\dot{\vec{r}}\cdot\nabla\rho_\varphi) + 2T\frac{1}{\rho_\varphi}\nabla\rho_\varphi = 0 \tag{10-56}$$

自由粒子情况下$\varepsilon = T$，将（10-18）式中的ε换成T并与（10-19）式结合起来，所得结果与（10-56）式是完全一样的。所以其后的讨论也是一样的。

（10-56）式的解可选为

$$\nabla\rho_\varphi = \nabla\left[\varphi^*(\vec{r})\varphi(\vec{r})\right] = 0 \tag{10-57}$$

令场的波动方程为

$$i\hbar\frac{\partial}{\partial t}\Psi(\vec{r},t) = \hat{H}\Psi(\vec{r},t) \tag{10-58}$$

其中$\hat{H}$为待定算子。利用（10-52）、（10-53）、（10-58）三式，有

$$\hat{H}\varphi(\vec{r}) = \varepsilon\varphi(\vec{r}) \tag{10-59}$$

类似前面的处理，得同时满足（10-49）、（10-55）、（10-59）三式的$\hat{H}$算子及空间波函数

$$\hat{H} = -\frac{\hbar^2}{2\mu}\nabla^2 + V(\vec{r}) \tag{10-60}$$

$$i\hbar\frac{\partial}{\partial t}\Psi(\vec{r},t) = \left[-\frac{\hbar^2}{2\mu}\nabla^2 + V(\vec{r})\right]\Psi(\vec{r},t) \tag{10-61}$$

$$\left.\begin{array}{l}\Psi(\vec{r},t) = Ae^{-i\,\varepsilon t/\hbar}e^{i\vec{p}\cdot\vec{r}/\hbar}\\[2mm]\rho(\vec{r},t) = \Psi^* \cdot \Psi = |A|^2 = \text{常数}\end{array}\right\} \tag{10-62}$$

很容易验证，在（10-62）式的情况下 $\rho = $ 常数，对应于 MBS 平坦时的状态，此时牛顿方程成立

$$\vec{F}^{(s)}(\rho = \text{常数}) = 0, \quad \frac{d\vec{p}}{dt} = -\nabla V \tag{10-63}$$

前面我们已经申明过，鉴于 SSD 方程是一类新型的数学物理方程，从而对数学提出了如何求解这类新型方程的要求。在此问题未解决之前，我们采用的是物理学家们常用的"实用主义"方法，运用已知运动求力的办法，去寻找场 $\Psi(\vec{r},t)$ 以及它所满足的方程。一旦我们找到了 $\Psi(\vec{r},t)$ 所满足的方程，则我们所讨论的客体——粒子和相应的 $\Psi(\vec{r},t)$ 场，就归结为由下述方程组来描述（以单粒子为例）

$$\left\{\begin{array}{l}\dfrac{d\vec{p}}{dt} = -\nabla V - \vec{p}\dfrac{d\ln\rho}{dt} + (T-V)\nabla\ln\rho + \dfrac{1}{\rho}\nabla\left(\Psi^* i\hbar\dfrac{\partial\Psi}{\partial t}\right)\\[4mm]\quad = -\nabla V + \vec{F}^{(s)}(\vec{p},T,d\ln\rho) \tag{10-64}\\[4mm]i\hbar\dfrac{\partial}{\partial t}\Psi(\vec{r},t) = \left[-\dfrac{\hbar^2}{2\mu}\nabla^2 + V\right]\Psi(\vec{r},t) = \hat{H}\Psi(\vec{r},t) \tag{10-65}\end{array}\right.$$

（三）量子定态问题

1. 单粒子系

此问题中粒子的能量守恒。运用和前面完全相同的做法，我们可得出如下形式的薛定锷方程及其解

$$\left.\begin{array}{l}i\hbar\dfrac{\partial}{\partial t}\Psi(\vec{r},t) = \hat{H}\Psi(\vec{r},t)\\[3mm]\Psi(\vec{r},t) = e^{-i\,\varepsilon t/\hbar}\varphi(\vec{r})\end{array}\right\} \tag{10-66}$$

将（10-66）式代回（10-50）式，有

$$\frac{d\varepsilon}{dt} = \frac{1}{\rho}\dot{\vec{r}}\cdot\nabla\left[\psi^*\left(i\hbar\frac{\partial}{\partial t}-\varepsilon\right)\psi\right] = \frac{1}{\rho_\varphi}\dot{\vec{r}}\cdot\nabla[\varphi^*(\hat{H}-\varepsilon)\varphi] \tag{10-67}$$

显然，基于自然规律的统一性，我们可以假定（10-65）式中的哈密顿算子 $\hat{H}$ 仍适用于微观领域。以束缚定态为例，设粒子处于 φ_n 的本征态上，相应的本征能量为 E_n

$$\left.\begin{array}{l}\hat{H} = -\dfrac{\hbar^2}{2\mu}\nabla^2 + V(\vec{r})\\[3mm]\hat{H}\varphi_n(\vec{r}) = E_n\varphi_n(\vec{r})\end{array}\right\} \tag{10-68}$$

（10-67）式中插进（10-68）式后为

$$\frac{d\varepsilon}{dt} = (E_n - \varepsilon)\dot{\vec{r}} \cdot \nabla \ln \rho_n \qquad (10-69)$$

在一般的情况下，因

$$\dot{\vec{r}} \neq 0, \quad \nabla \ln \rho_n \neq 0, \quad \dot{\vec{r}} \cdot \nabla \ln \rho_n \neq 0 \qquad (10-70)$$

要使粒子能量 ε 在束缚定态时为常数，显然只有当（10-69）式中的 $\varepsilon = E_n$ 时才有可能

$$\frac{d\varepsilon}{dt} = o_n, \quad \varepsilon = 常数 = E_n \qquad (10-71)$$

在经典力学中，（10-71）式的积分"常数"是由外界人为所给的初条件确定的。而在量子微观系统中，（10-70）和（10-71）两式是内封闭的

$$\frac{d\varepsilon}{dt} = o \qquad \varepsilon = E_n \qquad (10-72)$$

亦即是

$$\varepsilon = E_n \rightarrow \frac{d\varepsilon}{dt} = 0 \rightarrow \varepsilon = 常数 = E_n \qquad (10-73)$$

可见它的积分常数不是由外界人为给定的，而是由粒子与 MBS 之间如图 10-1 所示的反馈机制自己形成的：粒子扰动 MBS 要付出能量（ε）给 MBS，MBS 制约粒子系统要付出能量（E）给粒子，两者是动态平衡的。亦即是说，它是一个无外界人为参与或者没有人为指令的情况下自行发育、形成稳定结构的过程。这样的自组织系统又称为"自治系统"。

至于粒子怎样运动、为什么在这样的运动下系统可以形成一个稳定的自组织结构，则由 QD 方程

$$\frac{d\vec{p}}{dt} = -\nabla V - \vec{p}\frac{d \ln \rho_n}{dt} + (T - V)\nabla \ln \rho_n + \varepsilon_n \nabla \ln \rho_n \qquad (10-74)$$

去做更细致的描述。

在这里，我们可以清楚地看到（10-74）式与（10-63）式之间的重大区别：在（10-63）式的情况下，$\vec{F}^{(s)} = 0$，MBS 是平坦的，粒子的行为是纯经典的，是无"波动性"的。然而，粒子在微观领域的行为 [例如，因 $\vec{F}^{(s)}$ 的存在，氢原子中的电子轨道是量子化（"分立"）的] 则具有了"波动性"，换句话说就是它形成了一种稳定的自组织结构。由此我们就可以看到，这些关联着的"量子化"、"分立性"、"波动性"、"自组织结构"的概念和现象，均来自于 MBS 的非均匀性——是它的"皱褶效应"所产生的"结构力" $\vec{F}^{(s)}$ 在导演着上述的一切。这将在本章后面具体实例的讨论中做更详细的论述。

2. 多粒子系

（1）情况1：无关联的多集团体系

设有彼此无关联（即它们之间无相互作用）的 N 个独立集团，则这 N 个独立集团所组成的无关联的系统的拉氏函数为

$$L = \sum_{\alpha=1}^{N} L^{(\alpha)} \tag{10-75a}$$

相应的变分原理则退化为

$$\delta \int_{t_1}^{t_2} \left\langle \Psi_\alpha(\vec{r}^{(\alpha)}, t) \left| \left(L^{(\alpha)} + i\hbar \frac{\partial}{\partial t} \right) \right| \Psi_\alpha(\vec{r}^{(\alpha)}, t) \right\rangle dt = 0 \quad (\alpha = 1, \cdots, N) \tag{10-75b}$$

由变分原理（10-75b）式给出的方程为

$$\frac{d\vec{p}_i^{(\alpha)}}{dt} = -\nabla_i V^{(\alpha)} + \vec{F}_i^{(s)*} \quad (\alpha = 1, \cdots, N; i = 1, \cdots, N_\alpha) \tag{10-76}$$

其中 N 为独立集团数；N_α 为第 α 集团内的粒子数。

若 $N_\alpha = 1$，则上式可以去掉 i 指标，表示 N 个独立粒子的运动。此即前面已讨论过的内容。

（2）情况2：n 个关联粒子组成的系统

若 $N_\alpha \neq 1$，且彼此有关联，则归结为求每一个（α）集团内的 N_α 个相互关联着的粒子的运动，这些方程是耦合的。此即下面讨论的情况。

此情况下 $V = V(\vec{r}_1, \cdots, \vec{r}_n)$，粒子间是相互关联的。由（10-1）$\cdot \dot{\vec{r}}_i$，有

$$\dot{\vec{r}}_i \cdot \frac{d\vec{p}_i}{dt} = -\dot{\vec{r}}_i \cdot \nabla_i V - \dot{\vec{r}}_i \cdot \vec{p}_i \left(\frac{1}{\rho} \frac{\partial \rho}{\partial t} + \sum_j \dot{\vec{r}}_j \cdot \nabla_j \ln \rho \right) + (T - V) \dot{\vec{r}}_i \cdot \nabla_i \ln \rho +$$

$$\frac{1}{\rho} \dot{\vec{r}}_i \cdot \nabla_i \left(\Psi^* i\hbar \frac{\partial \Psi}{\partial t} \right) \tag{10-77}$$

对 i 求和，且令系统的总能量

$$\varepsilon = T + V = \sum_{i=1}^{n} \frac{1}{2\mu_i} p_i^2 + V \tag{10-78}$$

并注意到 $\sum_{i=1}^{n} \dot{\vec{r}}_i \cdot \vec{p}_i = 2T$，$\sum_j^{n} \dot{\vec{r}}_j \cdot \nabla_j \ln \rho = \sum_{i=1}^{n} \dot{\vec{r}}_i \cdot \nabla_i \ln \rho$，于是（10-77）式可改写为

$$\frac{d\varepsilon}{dt} = -2T \frac{1}{\rho} \frac{\partial \rho}{\partial t} - (T + V) \sum_{i=1}^{n} \dot{\vec{r}}_i \cdot \nabla_i \ln \rho + \frac{1}{\rho} \sum_{i=1}^{n} \dot{\vec{r}}_i \cdot \nabla_i \left(\Psi^* i\hbar \frac{\partial \Psi}{\partial t} \right) \tag{10-79}$$

在该问题中，ε 为守恒量。设场方程为

$$i\hbar \frac{\partial}{\partial t} \Psi(\vec{r}_1, \cdots, \vec{r}_n, t) = \hat{H} \Psi(\vec{r}_1, \cdots, \vec{r}_n, t) \tag{10-80}$$

于是（10 - 79）式可以被写为

$$\frac{d\varepsilon}{dt} = -2T\frac{1}{\rho}\frac{\partial\rho}{\partial t} + \frac{1}{\rho}\sum_{i=1}^{n}\dot{\vec{r}}_i \cdot \nabla_i[\Psi^*(\hat{H} - \varepsilon)\Psi] \qquad (10 - 81)$$

作为一个合理的假设，n 个粒子体系的哈密顿算子可由单个量子体系的哈密顿算子［即（10 - 68）式］拓展给出

$$\hat{H} = \sum_{i=1}^{n}\frac{-\hbar^2}{2\mu_i}\nabla_i^2 + V(\vec{r}_1, \cdots, \vec{r}_n) \qquad (10 - 82)$$

并设体系的定态波函数为 $\varphi(\vec{r}_1, \cdots, \vec{r}_n)$，相应的系统的定态本征方程为

$$\hat{H}\varphi(\vec{r}_1, \cdots, \vec{r}_n) = E\varphi(\vec{r}_1, \cdots, \vec{r}_n) \qquad (10 - 83)$$

其中 E 为场的本征能量。

定态系，能量 ε 是守恒量

$$\begin{cases} \dfrac{d\varepsilon}{dt} = 0 & (10 - 84) \\[3mm] \varepsilon = 常数 & (10 - 85) \end{cases}$$

（10 - 81）式满足（10 - 84）式的解可以选为

$$\begin{cases} \dfrac{\partial\rho}{\partial t} = \dfrac{\partial}{\partial t}(\Psi^*\Psi) = 0 & (10 - 86) \\[3mm] i\hbar\dfrac{\partial}{\partial t}\Psi = \hat{H}\Psi = \varepsilon\Psi & (10 - 87) \end{cases}$$

上两式的解为

$$\Psi(\vec{r}_1, \cdots\vec{r}_n, t) = e^{-iEt/\hbar}\varphi(\vec{r}_1, \cdots, \vec{r}_n) \qquad (10 - 88)$$

$$\varepsilon = 常数 = E \qquad (10 - 89)$$

即（10 - 85）式的积分常数就被确定了下来——它是 MBS 场的本征能量。（10 - 89）式的解释同于（10 - 72）式的解释：积分常数不是外界人为给定的，而是由粒子与 MBS 之间如图 10 - 1 所示的反馈机制自己形成的（"内封闭的"）。

其中 φ 满足定态薛定锷方程。若系统是在平均场 V 下的束缚态，第 i 个粒子的场的本征能量为 $E_{m_i}(i = 1\cdots, n)$，相应的本征态为 $\varphi_{|E_{m_i}|}$，则（10 - 83）式为

$$\hat{H}\varphi_{|E_{m_i}|}(\vec{r}_1, \cdots\vec{r}_n) = \left(\sum_{i=1}^{n}E_{m_i}\right)\varphi_{|E_{m_i}|}(\vec{r}_1, \cdots, \vec{r}_n) = E\varphi_{|E_{m_i}|}(\vec{r}_1, \cdots, \vec{r}_n) \quad (10 - 90)$$

于是（10 - 89）式为

$$\varepsilon = const. = \sum_{i=1}^{n}E_{m_i} \qquad (10 - 91)$$

（四）一般任意系统

基于自然规律的统一性，我们可以将上述思考推广到任意的一般系统。亦即是说，无论是经典系统还是量子系统，也无论是定态系还是非定态系，MBS 场 Ψ 以及系统粒子的运动方程均可由下述的方程组描述

$$i\hbar \frac{\partial}{\partial t}\Psi(\vec{r}_1,\cdots,\vec{r}_n,t) = \hat{H}\Psi(\vec{r}_1,\cdots,\vec{r}_n,t) \qquad (10-92)$$

$$\frac{d\vec{p}_i}{dt} = -\nabla_i V - \vec{p}_i \frac{d\ln\rho}{dt} + (T-V)\nabla_i\ln\rho + \frac{1}{\rho}\nabla_i\left(\Psi^* i\hbar \frac{\partial\Psi}{\partial t}\right) \quad (i-1,\cdots,n)$$
$$(10-93)$$

其中 $\rho = \Psi^*\Psi$，哈密顿量

$$H = \sum_{i=1}^{n} \frac{-\hbar^2}{2\mu_i}\nabla_i^2 + V(\vec{r}_1,\cdots,\vec{r}_n,t) \qquad (10-94)$$

亦即是说，当 Ψ 场及方程尚不知道时，我们应由（10-93）式在已知运动的条件下去寻找（10-92）式；反过来，一旦薛定锷方程已经建立，而在通常的情况下是已知力场 $V(\vec{r}_1,\cdots,\vec{r}_n,t)$ 去求解运动，则我们需先求解（10-92）式，得出 Ψ 后再去求解（10-93）式，给出粒子的运动，以达到对系统物理过程及结构的清楚认识。

三、结论

前面我们已提到，（10-93）式给数学出了一道题目：此类型的方程如何解？这留给数学家们去回答——它或许将会带来一些新的认识。

我们在这里采用的是"实用主义"的态度，在运动已知的情况下去求解 Ψ 以及 Ψ 所满足的场方程。上述论证表明，薛定锷方程只是按我们上述理解方式所给出的一种特解。这一特解的求出，证明了如下几点结论：

（1）薛定锷方程（SE）是由 SSD 方程推导出的结果，这不仅表明 SSD 已建立起了同 SQM 的自洽联系，而且表明 SSD 方程是较 SE 更基本的方程。由于 SSD 是由"量子变分原理"推导出来的，故也可以这样说：量子变分原理是一个较薛定锷原理更基本的原理。

（2）薛定锷场 Ψ 是 MBS 场的场函数，是一个物质性的量，而非哥本哈根学派所理解的找到粒子的概率波。薛定锷、玻姆等人关于波函数的"实在论"的认识以及国内赵国求等人关于"曲率波"的实在论思考，是正确的。

（3）SSD 方程是一个决定论性的方程。这说明爱因斯坦关于"我无论如何相信上帝不是掷骰子"的思想和狄拉克量子论应回到决定论的预言是正确的，它已为 SSD 方程所

证实。

（4）薛定锷关于粒子的能量即是 SE 方程的本征能量的假定，在上述理解的前提下是合理的。

（5）哥本哈根学派关于不存在一个客观的量子世界及不存在相应的物理图像的不可知论已被否定。量子世界到底是什么样子，是可以认识的。

当然，SE 的求出，仅是按本节的讨论方式所给出的一种特解。至于采取其他方式给出怎样的解，是属于 SSD 更广泛功能所讨论的题目，而且与后面将涉及的内容相关联，故不再论述。但就由 SD 导出 SE 而言，论述是完整的，其相应的结论也是明确的。

第 2 节　SSD 与经典力学的连接——由 SSD 方程导出经典力学的牛顿方程[①]

一、SSD 方程的修正形式及其思想实质

（一）SSD 方程的修正形式

上章我们由量子变分原理

$$\delta \int_{t_1}^{t_2} \left\langle \Psi(\vec{r},t) \left| \left(L(\vec{r},\dot{\vec{r}},t) + i\hbar \frac{\partial}{\partial t} \right) \right| \Psi(\vec{r},t) \right\rangle dt = 0 \qquad (10-95)$$

导出的、由 n 个粒子组成的系统的每个粒子的动力学方程（SSD 方程）为

$$\frac{d\vec{p}_i}{dt} = -\nabla_i V + (T-V)\nabla_i \ln\rho - \vec{p}_i \frac{d\ln\rho}{dt} + \frac{1}{\rho}\nabla_i \left(\Psi^* i\hbar \frac{\partial\Psi}{\partial t} \right) \quad (i=1,\cdots,n)$$

$$(10-96)$$

在（10-95）式中，$\vec{r}=\{\vec{r}_1,\cdots,\vec{r}_n\}$。该变分是在等时变分（$\delta t = 0$）的条件下，由 $\vec{r}_i$ 的虚变更

$$\vec{r}_i \Rightarrow \vec{r}_i + \delta\vec{r}_i \quad (i=1,\cdots,n) \qquad (10-97)$$

来实现的。上述的虚变更，显然并没有考虑第 i 个子系统的内部运动对该子系统的质心运动的影响。亦即是说，上述的变分原理事实上做了"截断近似"——其成立的条件是：系统的质心运动与系统内子系统运动之间要么不存在关联效应，要么这种关联效应很小，可以略去。

我们知道，CM 的牛顿方程（简称 NE）为

---

① Cao Wenqiang. "Deducing the Schrodinger Equation from a Nonlinear Equation of Motion of Particle". *Chinese Academic Forum*, 2005（4）：40.

$$\frac{d\vec{p}}{dt} = \vec{F}_i^{(e)} + \vec{F}_i^{(I)} \quad (i = 1, \cdots, n) \tag{10-98}$$

其中 $\vec{F}_i^{(e)}$ 为外力；$\vec{F}_i^{(I)}$ 为系统内各子系统间的内力，它满足

$$\sum_{i=1}^{n} \vec{F}_i^{(I)} = \vec{F}^{(I)} = 0 \tag{10-99}$$

即系统的"内力之和为零"。令 $\vec{p} = \sum_i \vec{p}_i$ 为系统的总动量。对（10-98）式求和，则有

$$\frac{d\vec{p}}{dt} = \sum_{i=1}^{n} \vec{F}_i^{(e)} + \sum_{i=1}^{n} \vec{F}_i^{(I)} = \sum_{i=1}^{n} \vec{F}_i^{(e)} = \vec{F}^{(e)} \tag{10-100}$$

现在让我们来分析牛顿方程（10-100）式。我们知道，系统内的粒子是在运动着的，从而每时每刻系统的分布方式 $\{\vec{r}_1(t), \cdots, \vec{r}_n(t)\}$、即系统的"结构"是不一样的。然而，（10-100）式却表示系统质心的运动仅与外力有关而与内力无关，从而也就是与系统的内在结构无关。这就表明结构的物质性及与结构相关联的"结构力"未被牛顿所认识。这是牛顿原理在物质观上的缺陷。而要纠正这一缺陷（这一点在电动力学的洛伦兹力中我们已经看到了——它不满足第三定律），就必须修正牛顿第三定律。

薛定锷在建立 SE 的时候，是如我们在第 8 章讨论过的那样〔参见（8-72）式、（8-73）式〕，将经典量

$$\varepsilon = T + V = \frac{1}{2\mu}p^2 + V \tag{10-101}$$

作对应推广

$$\hat{\varepsilon}\Psi = \left(\frac{1}{2\mu}\hat{p}^2 + V\right)\Psi \tag{10-102}$$

而得出 SE 的

$$i\hbar\frac{\partial}{\partial t}\Psi = \left(-\frac{\hbar^2}{2\mu}\nabla^2 + V\right)\Psi \tag{10-103}$$

且在薛定锷的认识中，是认为场的本征能量 E 与粒子的经典能量 ε 从数值到意义都相等的

$$E = \varepsilon \tag{10-104}$$

在上一节我们由 SSD 方程推导 SE 时，也表明（10-104）式的确是成立的。为什么会如此？这是因为由（10-95）式推导（10-96）式时用到了"截断近似"——略去了质心运动与系统内部运动之间的关联。而这一处理，就是保留了牛顿的观点，而此观点又与薛定锷的认识及上述建立 SE 的观点是一致的，从而必导致在论证中出现（10-104）式的结论。

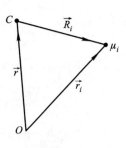

但上述略去质心与内部关联的观点是否完全正确呢？如果是正确的，由（10-96）式求和，令 $\vec{p} = \sum_{i=1}^{n} \vec{p}_i$，求出的系统质心运动方程就应与（10-96）式具有完全一样的数学形式而不会产生附加的力——一种质心与内部结构相关联的力。但事实上并非如此。现在我们来证明这一点。

如图 10-2 所示，O 为静系参考原点，C 为系统质心，此时有

$$
\left.\begin{array}{l}
\vec{r} = \dfrac{1}{\mu} \sum_{i=1}^{n} \mu_i \vec{r}_i \\[2mm]
\vec{R}_i = \vec{r}_i - \vec{r} = \vec{r}_i - \dfrac{1}{\mu} \sum_{i=1}^{n} \mu_i \vec{r}_i
\end{array}\right\} \tag{10-105}
$$

图 10-2

在直角坐标系中

$$
\vec{r} = (x, y, z), \quad \vec{r}_i = (x_i, y_i, z_i), \quad \vec{R}_i = (\xi_i, \eta_i, \zeta_i) \tag{10-106}
$$

利用上述关系,则有

$$
\frac{\partial}{\partial x_i} = \frac{\partial x}{\partial x_i} \frac{\partial}{\partial x} + \frac{\partial \xi_i}{\partial x_i} \frac{\partial}{\partial \xi_i} = \frac{\mu_i}{\mu} \frac{\partial}{\partial x} + \left(1 - \frac{\mu_i}{\mu}\right) \frac{\partial}{\partial \xi_i} \tag{10-107}
$$

其他分量道理一样。于是由上式有

$$
\nabla_i = \nabla_{\vec{r}_i} = \frac{\mu_i}{\mu} \nabla_{\vec{r}} + \left(1 - \frac{\mu_i}{\mu}\right) \nabla_{\vec{R}_i} \tag{10-108}
$$

相应地，系统的总动能可以分解为质心动能 T_c 与对质心的动能 $T^{(I)}$ 两部分之和

$$
T = \sum_{i=1}^{n} \frac{1}{2} \mu_i \dot{\vec{r}}_i^2 + \sum_{i=1}^{n} \frac{1}{2} \mu_i \dot{\vec{R}}_i^2 = T_c + T^{(I)} \tag{10-109}
$$

一般地讲,势 V 包括两部分

$$
V = V^{(e)} + V^{(I)} \tag{10-110}
$$

其中 $V^{(e)}$ 为外势能；$V^{(I)}$ 为系统内的内势能，它满足牛顿第三定律

$$
\sum_{i=1}^{n} (-\nabla_i V^{(I)}) = \sum_{i=1}^{n} \vec{F}_i^{(I)} = 0 \tag{10-111}
$$

现对（10-96）式求和，并令 $\vec{p} = \sum_i \vec{p}_i$，且注意到 $\sum_i \frac{\mu_i}{\mu} \nabla_{\vec{r}_i} = \nabla_{\vec{r}}$，运用上述关系，有

$$
\frac{d\vec{p}}{dt} = -\sum_{i=1}^{n} \nabla_i V^{(e)} - \vec{p} \frac{d\ln\rho}{dt} + (T - V) \sum_{i=1}^{n} \nabla_i \cdot \ln\rho + \sum_{i=1}^{n} \nabla_i \left(\Psi^* i\hbar \frac{\partial \Psi}{\partial t}\right)
$$

$$= - \nabla_{\vec{r}} V^{(e)} - \vec{p} \, \frac{d \ln \rho}{dt} + (T - V^{(e)}) \, \nabla_{\vec{r}} \ln \rho + \frac{1}{\rho} \, \nabla_{\vec{r}} \Big(\Psi * i\hbar \, \frac{\partial \Psi}{\partial t} \Big) + \vec{F}^{(fl.)}{}_{(n)}$$

$$(10-112)$$

其中 $\vec{F}^{(fl.)}{}_{(n)}$ 是由 n 个粒子组成的系统的质心运动与内部运动关联所引起的涨落项

$$\vec{F}^{(fl.)}{}_{(n)} = - \sum_{i=1}^{n} \Big(1 - \frac{\mu_i}{\mu} \Big) \nabla_{\vec{R}_i} V^{(e)} + (T^{(I)} - V^{(I)}) \nabla_{\vec{r}} \ln \rho + [(T_C - V^{(e)})$$

$$+ (T^{(I)} - V^{(I)})] \sum_{i=1}^{n} \Big(1 - \frac{\mu_i}{\mu} \Big) \nabla_{\vec{R}_i} \ln \rho + \frac{1}{\rho} \sum_{i=1}^{n} \Big(1 - \frac{\mu_i}{\mu} \Big) \nabla_{\vec{R}_i} \Big(\Psi * i\hbar \, \frac{\partial \Psi}{\partial t} \Big)$$

$$(10-113)$$

由 (10-112) 式的形式可见,不计 $\vec{F}^{(fl.)}{}_{(n)}$ 项目时,它正是 n 个粒子所组成的系统的质心(视为一个粒子)的 SSD 方程。但是该 SSD 方程并不完善,还应加以修正,增加一个质心运动与内部结构及运动相关联的涨落项 $\vec{F}^{(fl.)}{}_{(n)}$。

由此可见,无论是牛顿还是薛定锷,在认识粒子运动时均忽略了"关联涨落项" $\vec{F}^{(fl.)}{}_{(n)}$ 的贡献,而这是不完善的。

现在我们将 $\vec{F}^{(fl.)}{}_{(n)}$ 的意义再说得清楚一些:它是由 n 个粒子所组成的系统的质心与内部结构之间的关联涨落力。其中 $\rho = \Psi * (\vec{r}_1, \cdots, \vec{r}_n, t) \Psi (\vec{r}_1, \cdots, \vec{r}_n, t)$,$\Psi$ 是 n 个粒子系统的波函数。可见,为了表示得更明白一点,可以将 ρ 改记为 ρ_n,将 $\vec{F}^{(fl.)}{}_{(n)}$ 改记为 $\vec{F}^{(fl.)} (n, \rho_n)$。

现在把 (10-112) 式的修正运用到 (10-96) 式的修正之中。(10-96) 式为第 i 个子系统的质心运动的 SSD 方程。但是,该子系统又是由其内的再下一个层次的 n_i 粒子组成的,所以同样也应考虑第 i 个子系统质心运动与其内部运动之间的关联耦合力 $\vec{F}^{(fl.)}{}_{(n_i, \rho_{n_i})}$。设该力在形式上与 (10-113) 式是一样的,只是 μ 应理解为第 i 个子系统的总质量;μ_i 则应理解为第 i 个子系统内部的粒子的质量;$\vec{r}$ 则理解为第 i 个子系统的质心位矢;T_C、$V^{(e)}$ 为第 i 个子系统质心的动能和外势能;$T^{(I)}$、$V^{(I)}$ 为第 i 个子系统内粒子的动能和势能;$\rho_{n_i} = \Psi_{n_i} * (\vec{r}_1^{(i)}, \cdots, \vec{r}_{n_i}^{(i)}, t) \Psi_{n_i} (\vec{r}_1^{(i)}, \cdots, \vec{r}_{n_i}^{(i)}, t)$,$\Psi_{n_i}$ 为由 n_i 个粒子组成的第 i 个子系统的波函数。于是,当考虑到质心与内部运动关联耦合的涨落后,(10-96) 式就应修正为

$$\frac{d \vec{p}_i}{dt} = - \nabla_i V + (T - V) \nabla_i \ln \rho - \vec{p}_i \, \frac{d \ln \rho}{dt} + \frac{1}{\rho} \nabla_i \Big(\Psi * i\hbar \, \frac{\partial \Psi}{\partial t} \Big)$$

$$+ \vec{F}_i^{(fl.)} (n_i, \rho_{n_i}) \quad (i = 1, \cdots, n) \qquad (10-114)$$

(二) 引入涨落修正所带来的认识论变革

上述修正与相应修正项的引入,在事实上已经颠覆了一系列的传统思想,它迫使我们必须用一种变革性的新思维来重新认识和构建物理学理论的基础。

在传统的物理学基本理论的研究中，任何一个理论在建立时，都认为自己不仅在认识上是完善的，在数学描述上也是完善的。但事实上，如我们在对现存各种理论的回顾与分析中所看到的那样，两者均是不完善的，均存在自身理论无法克服的根本性困难。

为什么会如此呢？数学上的哥德尔定理已经做出了回答。将哥德尔定理的思想投射到物理学中，就意味着若在认识论上是完善的，则在理论的描述上就一定是不完善的——凡是一个基于正确认识论的基本理论形态，就不应具有绝对意义上的自封闭性。例如，若按传统的认识——牛顿第三定律严格成立，牛顿力学就应是一个认识完善的自封闭的理论体系；然而，按刚刚确立起来的新观点，恰恰因为理论是自封闭的，那么它在认识论上就一定是不完善的：例如，电动力学发现的洛伦兹力就打破了牛顿第三定律的禁戒，表明在微观领域牛顿力学部分地失效了。

正是基于对牛顿力学的认识上的不完善性的分析，我们发现其根源是牛顿在 CM 中未对"力"加以定义，并进而揭示出了"力"事实上是来自元子粒子所组成的 MBS 的效应的一种平均提取方式。自然，我们可以采取已知运动求力的方式给出力场，但这种满足牛顿第三定律的力场作为一种连续的场函数，只是一种"近似"的平均提取方式。这种提取其实并不完善。所以，在微观的尺度上，尚未被提取出来的那些部分的效应就一定会表现出来——这就是量子现象产生的原因：人们称粒子具有了"波动性"。当我们又用一个连续的场函数代表这个"不完善的部分"，在变分原理中采取了"截断近似"之后，我们所导出的 SSD 方程，事实上就是站在粒子一元论的认识之上，但却采取了"粒子"和"场"两种模型手段所给出的粒子运动方程——它也可以被视为是一个修正后的牛顿方程。正是由于在这一方程中追加了 $\vec{F}^{(s)}$，完善了对"波动性"的认识，故由它就可以导出薛定锷方程（NE）。NE 的导出，证明了 SSD 方程建立的合理性与积极意义——SSD 已把 CM 与 QM 统一于同一个理论的表述之中，达成了对波粒两重性的完善认识。

但我们必须注意的是，结构力 $\vec{F}^{(s)}$ 是通过连续性的场函数 $\Psi(\vec{r}_1,\cdots,\vec{r}_n,t)$ 来表达的。而凡是这类不同领域内的"平均提取方式"，就一定是不完全的，就一定存在平均不掉的涨落项。其原因可以从微观角度来分析：由于这个力来自元子与系统内子系统的碰撞效应，故它就一定是与系统的内在结构相关联的，所以系统的质心运动就必与其内在结构相关联。而在描述第 i 个子系统的质心运动时，同样也会受到该子系统与其内在结构相关联的力的作用。于是，要完善地认识和描述一个系统，我们就得不断地向子系统追问下去。试问如此"完善"下去的理论描述是现实的吗？显然是不现实的。所以，一个理论若在认识论上是完善的，就一定不可能是自封闭的。正因为如此，理想主义的完善认识只能存在于哲学的思辨之中。因此，在理论建立的实际操作中，就必须使用实用主义的不完善的认识方法——变分原理中的"截断近似"，就是这一方法的重要技术手段。

当然，截断近似是建立在质心与内部关联被视为"很小"这一认识之上的。正因为采取了截断近似，质心运动与内部运动的涨落部分未予考虑，所以上节在推导 SE 时，才能认为粒子的能量与场的本征能量是相等的。

但是，由于 SSD 方程修正了 NE，则必须反映不满足第三定律的力。所以，当我们从 (10-96) 式出发给出该系统质心运动的 SSD 方程时，就一定要多出一个质心与内部结构相关联的涨落项。因而，即使视它为"小"的因素，而特别是当涨落项"大"的时候，反馈到第 i 个子系统的质心运动方程时，也应当把这个小的修正项加上——如我们在 (10-114) 式中所做的那样。

由此可见，上述的"实用主义"的理论建立过程，事实上是期望在不完善之中达到尽可能完善的认识。而这一切的"完善"与"不完善"（即近似）出于何处，机制来自何方，是建立在极清楚的认识与掌握之中的，不是茫然的处理，不是一种从数学到数学的游戏式的思考。

从以上的论述可见，我们的上述思维是很不同于传统思维的——它是 C 判据下的必然性结果。所以，如果不以 C 判据来约束我们的思维方式，仍按传统的思维来行事，就既不可能正确地反思和认识现存的物理学理论及其问题，也不可能理解 SSD 理论和它的思想基础。而在面临人类文化、理论及整个社会变革的新局面时，若没有不同于传统观念的变革性新思维，我们又怎么可能正确地认识和把握前进的方向呢？

二、经典近似——由 SSD 方程导出牛顿方程

经典力学所描述的是一个系统的质心运动。这时，利用 (10-112) 式，有

$$\frac{d\vec{p}}{dt} = -\nabla_{\vec{r}} V - \vec{p}\,\frac{d\ln\rho}{dt} + (T-V)\nabla_{\vec{r}}\ln\rho + \frac{1}{\rho}\nabla_{\vec{r}}\left(\Psi^* i\hbar\frac{\partial\Psi}{\partial t}\right) + \vec{F}^{(fl.)}(n,\rho)$$

$$= -\nabla_{\vec{r}} V + \vec{F}^{(s)} + \vec{F}^{(fl.)}(n,\rho) \tag{10-115}$$

1. 宏观物体的经典力学过渡

对于一个由大量微观子系统（$n\to\infty$）所组成的宏观系统（例如地球）而言，若下面的无规位相近似条件成立

$$\lim_{n\to\infty}\vec{F}^{(fl.)}(n,\rho)\to 0 \tag{10-116}$$

则表明系统的质心运动与内部运动之间是不存在关联的。亦即是说质心运动波函数 $\Psi_c(\vec{r})$ 与系统内部运动波函数 $\Psi_I(\vec{R})$ 是可分离变量的

$$\Psi = \Psi_C(\vec{r},t)\,\Psi_I(\vec{R}) \tag{10-117}$$

则

$$\rho = \Psi^*\Psi = \Psi_C^*\Psi_C \cdot \Psi_I^*\Psi_I = \rho_C \cdot \rho_I \tag{10-118}$$

$$\ln\rho = \ln(\rho_C \cdot \rho_I) = \ln\rho_C + \ln\rho_I \tag{10-119}$$

$$\nabla_{\vec{r}}\ln\rho = \nabla_{\vec{r}}[\ln\rho_C(\vec{r},t) + \ln\rho_I(\vec{R})] = \nabla_{\vec{r}}\ln\rho_C(\vec{r},t) \tag{10-120a}$$

注意到

$$i\hbar\frac{\partial}{\partial t}\Psi = \hat{H}\Psi = (\hat{H}_C + \hat{H}_I)\Psi \tag{10-120b}$$

其中 $\hat{H}_I$ 为原来意义上的哈密顿算子。在定态问题中，$\Psi = \Psi_I(\vec{R})$（因在 ρ_I 中时间因子显示不出来，故可以不必写出），将（10-117）式代入（10-120b）式，（10-120b）式的解可以形式地写为

$$\hat{H}\Psi = (E_C + E_I)\Psi \tag{10-120c}$$

故

$$\nabla_{\vec{r}}\left(\Psi^*i\hbar\frac{\partial\Psi}{\partial t}\right) = (E_C + E_I)\nabla_{\vec{r}}\ln\rho = (E_C + E_I)\nabla_{\vec{r}}\ln\rho_C(\vec{r},t) \tag{10-121}$$

将上述关系代回（10-115）式，则有

$$\frac{d\vec{p}}{dt} = -\nabla_{\vec{r}}V - \vec{p}\left(\frac{d\ln\rho_C}{dt} + \sum_{i=1}^{n}\dot{\vec{R}}_i \cdot \nabla_{\vec{R}_i}\ln\rho_I(\vec{R})\right)$$
$$+ (T - V)\nabla_{\vec{r}}\ln\rho_C + (E_C + E_I)\nabla_{\vec{r}}\ln\rho_C \tag{10-122}$$

对宏观系，可近似地考虑

$$\lim_{n\to\infty}\sum_{i=1}^{n}\dot{\vec{R}}_i \cdot \nabla_{\vec{R}_i}\ln\rho_I \to 0 \tag{10-123}$$

于是得

$$\frac{d\vec{p}}{dt} = -\nabla_{\vec{r}}V - \vec{p}\frac{d\ln\rho_C}{dt} + (T - V)\nabla_{\vec{r}}\ln\rho_C + (E_C + E_I)\nabla_{\vec{r}}\ln\rho_C = -\nabla_{\vec{r}}V + \vec{F}^{(s)}$$
$$\tag{10-124}$$

（1）若解可以取如下的形式

$$\Psi_C(\vec{r},t) = e^{-iE_Ct/\hbar}e^{i\vec{p}\cdot\vec{r}/\hbar} \tag{10-125}$$

将（10-125）式代回（10-124）式，则准确退化为经典牛顿方程

$$\frac{d\vec{p}}{dt} = -\nabla_{\vec{r}} V = \vec{F} \tag{10-126}$$

（2）对于 $E_c = T_c + V > 0$ 的情况，即不是结合态而是散射态的问题时，解取（10-125）式的形式是合理的。但在结合态问题中，解一般不能取（10-125）式的形式。但只要满足

$$\vec{F} \gg \vec{F}^{(s)} \tag{10-127}$$

则经典牛顿方程也是在高精度下近似成立的

$$\frac{d\vec{p}}{dt} \approx -\nabla_{\vec{r}} V = \vec{F} \tag{10-128}$$

例如在地球绕日运动的研究中，由（8-133）式的对应关系及（8-135）式的结果，知（10-127）式是成立的，故（10-128）式即是描述地球绕日的运动方程。

若（10-116）、（10-123）、（10-127）三式不成立，则应考虑到宏观量子效应（例如，摩擦事实上就是一种宏观的量子效应，上述方程可以给出摩擦的微观基础）。

2. 微观粒子的经典力学过渡

微观粒子（例如电子）系统内子系统的数目有限，是少体问题，故（10-116）式一般不成立。现考虑粒子（分子、原子或电子）在宏观场 V 中的运动。若假定质心运动与内部运动是近似可分离变量的

$$\Psi \approx \Psi_c \Psi_I \tag{10-129}$$

而 Ψ_c 可取（10-125）式的形式，则（10-115）式退化为

$$\frac{d\vec{p}}{dt} \approx -\nabla V - \vec{p}\frac{d \ln \rho_I}{dt} + \vec{F}^{(fl.)}(n,\rho) \equiv -\nabla V + \vec{F'}^{(fl.)}(n,\rho) \tag{10-130}$$

上式与牛顿方程相比较，多出了一个关联涨落项 $\vec{F'}^{(fl.)}$。由于内部运动是快速的准周期（τ_I）运动，故在宏观经典场（例如重力场）中，微观粒子（例如原子、分子、电子等）的运动也将不是纯经典的，而是在经典光滑轨道上叠加上了由关联涨落效应引起的"量子脉动"——玻姆称其为"芭蕾"式的运动。[1] $\vec{F'}^{(fl.)}$ 的效应，事实上也是波动性的一种表现，它在某些情况下起着重要的作用（在后续的章节中我们求解衍射、势垒穿透以及解释微观系统的自组织结构的稳定性等问题时，这一点将被清楚地看到）。即使 $V = 0$，在经典力学的意义上粒子处于静止状态（对宏观物体而言，大体是正确的），但由（10-130）式可见，在 SSD 的意义上，静止的微观粒子却是不存在的。但是，若在解释实验现象时干

---

[1] D. Bohm et al., *Phys. Rept.*, 1987 (144)：323, 349.

涉产生的结果不重要，或在宏观短、微观长的时间 τ（$\tau \gg \tau_I$）内不能明显观察到此脉动，于是由（10-130）式有微观粒子的经典力学过渡

$$\frac{d\vec{p}}{dt} \approx -\nabla_{\vec{r}} V = \vec{F}^{(e)}, \quad (for\ \vec{F}'^{(fl.)} \approx 0) \quad\quad (10-131)$$

三、结论

SSD 方程（10-115）式其实就是一个拓展了的牛顿方程。其拓展就在于认为经典力学所提取的力 $\vec{F} = -\nabla_i V$ 不完善，还有部分剩余的相互作用未被提取完。未被提取完的、来自 MBS 场的贡献，由场 Ψ 描述，它产生了两部分附加作用（$\vec{F}^{(s)} + \vec{F}^{(fl.)}$）。在略去 $\vec{F}^{(fl.)}$ 时，从已知运动出发，由 SSD 方程可导出 Ψ 场所满足的 SE。由于 SSD 方程又是描述粒子的运动的方程，故无论对宏观粒子还是微观粒子，无论对粒子在系统中的行为还是在测量中的行为，均可以进行描述。而且，在适宜的条件下，该方程又准确地退化为 CM 的牛顿方程（NE），从而也就可以由 SSD 方程导出 NE。这表明 SSD 方程已将 NE 作为自己的近似，已把 NE 包含在自己之中了。这也证明了 SSD 方程是较 NE 和 SE 更基本的方程，而且它能将 QM 与 CM 自洽而光滑地衔接起来。从而也就一般性地论证了：SQM 中测量问题的困难，在 SSD 理论的框架之中已被克服。

我们在第 1 章中说过，伯纳尔曾期望用一种"根本性的变革"来重新构造出一种理论，"它必须解释波和粒子的悖论，它必须使得原子里的世界和广阔宇宙空间同样能够被理解"。由上面的叙述可见，SSD 已经实现了这一点。为什么在伯纳尔看来极困难的问题，在 SSD 中能极简单地解决了呢？原因就在于我们坚持的是 M. 雅梅所指出的研究方向：物理学与哲学的结合。这一结合，必导致对粒子一元论的肯定。宏观粒子、微观粒子都是粒子，故应遵从相同的规律；不过由于在微观场合存在着来自 MBS 的物质性 Ψ 场的不可忽略的作用，才使粒子显示出了"波动性"而已。这样看来，问题不是十分简单直观、生动真切吗?!

第 3 节　SSD 与热力学的连接——由 SSD 方程导出热力学基本方程

一、对热力学基本方程微观基础的传统认识

在统计热力学中，准静态近独立粒子系的内能

$$\varepsilon = \sum_l a_l \varepsilon_l \quad\quad (10-132)$$

对上式微分，即有

$$d\varepsilon = \sum_{l} a_l d\varepsilon_l + \sum_{l} \varepsilon_l da_l \qquad (10-133)$$

其中，a_l、ε_l 分别为处于 l 态时系统的粒子数和相应粒子的能量。

热力学是描述热运动的宏观理论，"能量"是它最基本的语言，故能量守恒与转换定律

$$d\varepsilon = \delta W^{(e)} + \delta Q^{(e)} \qquad (10-134)$$

是最基本的定律。其中 $W^{(e)}$、$Q^{(e)}$ 分别为外界对系统所做的功和系统从外界吸收的热量。对于准静态过程而言，上述方程可以用系统的态参量来表示，从而可将（10-134）式改写为

$$d\varepsilon = -PdV + TdS_e \qquad (10-135)$$

将（10-133）、（10-134）、（10-135）三式结合起来，就可以把热力学第一定律写为

$$d\varepsilon = \sum_{l} a_l d\varepsilon_l + \sum_{l} \varepsilon_l da_l = \delta W^{(e)} + \delta Q^{(e)} = -PdV + TdS_e \qquad (10-136)$$

（10-136）式又称为"热力学基本方程"。

众所周知，统计物理学是热运动的微观理论，由此出发可以揭示出热现象和热力学基本定律的微观基础，使我们对热力学基本定律有更为本质的认识。也正因为如此，所以在热力学与统计物理中，人们希望从统计理论的角度推导出热力学基本定律来，然而却总是做不到。于是传统理论就说："热量是热现象中所特有的宏观量，是没有相对应的微观量的。"[1]

于是一个矛盾产生了：若"热量"真的没有微观对应量、即没有相应的微观基础，那么"热量"之源何在？经典和量子统计从微观来认识宏观热现象又是在干什么？既然传统认识认为统计物理学已经揭示了热运动的本质，能够把热力学的三大定律归结为一个基本的统计原理，并阐明三大定律的统计意义，但却又说"热量是没有微观基础的"，这岂不是一种"自我否定"的逻辑悖论吗？

二、对热力学基本方程微观基础的分析

我们知道，一旦理论出现了在自身框架内不能自圆其说的"逻辑悖论"，就表明它在认识论的基点上和理论基础上出现了问题。这时，瞄准基本理论的"悖论"，分析悖论的成因，将产生关系到理论基础的重大突破。这一点已经为前面各章节的广泛论证充

---

[1] 汪志诚编：《热力学·统计物理》，人民教育出版社 1980 年版，第 209 页。

分证实。

现在就来看一看热力学中产生上述悖论的原因何在吧。从方程看，外力做功引起的内能变化的部分［即（10-136）式右边的第 1 项］

$$d\varepsilon_1 = \sum_l a_l d\varepsilon_l = \delta W^{(e)} = -PdV \qquad (10-137)$$

可由确定论的牛顿方程（NE）导出。这说明在对热力学微观基础的认识上，NE 是"仍然有效的"。但是，由 NE 不能推导出（10-136）式右边的第 2 项，从而不能完整地推导出热力学基本方程，这就表明 NE 是"尚不完善的"。

那么，NE 不能推导出（10-136）式右边的第 2 项、对热力学的微观基础认识"不完善"的原因何在呢？从方程看，（10-136）式右边的第 2 项为

$$d\varepsilon_2 = \sum_l \varepsilon_l da_l = \delta Q^{(e)} = TdS_e \qquad (10-138)$$

根据气体分子运动论，由能量均分定理，理想气体分子的能量（即平动动能）为[1]

$$\bar{\varepsilon} = \frac{1}{2} m \bar{v}^2 = \frac{3}{2} kT \qquad (10-139)$$

可见，温度是有"微观基础"的。当然，作为宏观量的温度 T，是大量微观基础量的宏观统计平均效应的表现。而"理想气体"的概念则建筑在两个基本假定之上：分子之间无相互作用；分子为质点（即无内部自由度）。对实际气体而言，分子的总能量不仅包括平动能量加上分子间的势能，而且还包括内部自由度（振动、转动以及原子内电子的运动等）的能量，情况要复杂得多。但是，一个不变的事实却是：作为宏观量的温度 T 是有微观基础的。a_l 是处于 l 状态的粒子数。在量子力学中，l 即是所有的自由度的状态量子数编号。da_l 表示处于 l 态的粒子数 a_l 发生了变化，在量子力学中就意味着粒子发生了"量子跃迁"。对应起来考虑就可以看出，熵变 dS 这一宏观平均量的微观基础是与粒子的量子跃迁相关联的，而量子跃迁又是与所谓的概率密度 $\rho = \Psi^* \Psi$ 的变化相关联的，即与 $d\rho$ 相关联的。可见 dS 也是存在微观基础的。

通过上面的简单分析我们看到，热量不是没有微观对应量（即微观基础），只不过现行理论对这个量的认识还不完善，还没有找到它的微观基础。而要克服这种"不完善"，须从宏观、微观两方面同时入手。

1. 就热力学理论本身而论，由于在理想系统内能的认识中并未包括来自量子跃迁的"辐射能"，故是"不完善"的。这就要求首先应修正热力学第一定律。我们在本

---

① 刘克哲编：《物理学》，高等教育出版社 1999 年版，第 216 页。

书第 5 章中已经进行过这一修正，使重新表述（即修正）后的热力学第一定律变为（5-133）式，即

$$d\varepsilon = \delta W + \delta Q^{(e)} + \delta Q^{(I)} = \delta W + \delta Q \qquad (10-140)$$

同时，还分别引入了"内部熵"与"外部熵"的概念

$$dS_I = \frac{\delta Q^{(I)}}{T}, \quad dS_e = \frac{\delta Q^{(e)}}{T} \qquad (10-141)$$

则有

$$d\varepsilon = d\left(\sum_l \varepsilon_l a_l\right) = \sum_l a_l d\varepsilon_l + \sum_l \varepsilon_l da_l = \delta W + \delta Q = -PdV + TdS \qquad (10-142)$$

其中总的熵变

$$dS = dS_I + dS_e = d(S_I + S_e) \qquad (10-143)$$

如在第 5 章已论述过的，通过热力学第一定律的重新表述，三大定律间的内在不协调矛盾得以克服，而且将三大定律仅归结为一个基本定律。因此，导出热力学基本方程，就是要从微观粒子方程出发推导出（10-142）式。

2. CM 和 SQM 作为两大微观基础理论，均不能单独导出热力学基本方程，从而表明两者均是不完善的，均应加以修正。如何修正呢？由热力学基本方程的推导过程所提供的信息可见，这一修正的方向应为：

第一，用决定论的粒子运动方程去推导热力学基本方程的方向是正确的。

第二，由 NE 推导热力学基本方程时，只能给出其中的第 1 项而给不出第 2 项。这表明尽管 NE 推导的方向是对的，但由于 NE 本身存在着不完善性，所以只能描述"粒子性"的一面，而不能描述"波动性"的一面，从而也就不能导出与量子辐射跃迁相关联的第 2 项。因此，NE 应吸收 QM 的理论成果来追补自身的不完善性。而使用被改造后的、能同时认识粒子性与波动性的新的 NE 方程，就应当能推导出热力学基本方程，揭示"热量的微观基础"。

第三，波粒两重性是指与经典情况相比较，量子微观领域的"粒子"具有了"波动性"。而由于 UP 否定对粒子的决定论描述，在 SQM 中就不存在一个决定论性的描述粒子运动的方程，这就使得 QM 完全缺乏对"粒子性"的认识。波粒两重性是同一粒子的存在形态和运动行为这两个方面的不同表现，如果完全缺乏对粒子性的认识，则由 SE 所揭示出的波动性又怎么可能被正确地认识呢？所以在 SQM 中，不仅波动性、粒子性两者处于严重的悖论之中，甚至连什么叫波动性、粒子性也弄不清楚。正是由于在 SQM 中无粒子运动方程，所以以"精确测量"为立论依据的 SQM，最后不得不以不能被测量来做自

我否定。也正是由于 SQM 无粒子运动方程，见诸热力学问题，便使得从 SQM 出发根本就无法去推导热力学基本方程——可见，相较于 NE 的不完善性而言，SQM 是更加不完善的。而要追补它的不完善性，就必须追补一个描述粒子运动的决定论性的方程。

把上述的第二、第三两点关联起来，CM 与 QM 的内在关联不就建立起来了吗？SSD 方程不就是一种内在逻辑的产物了吗？而 SSD 方程一旦建立，则由 SSD 出发导出热力学基本方程就应是必然的结果。

三、由 SSD 方程导出热力学基本方程

在近独立粒子近似下，设由 n 个粒子（原子或分子）组成的系统的第 i 个粒子的动能为 T_i、势能为 $V_i(\vec{r}_i)$，外力对该粒子做的功为 $W_i^{(e)}(\vec{r}, t)$。系统的拉氏函数为

$$L = \sum_{i=1}^{n} (T_i - V_i + W_i^{(e)}) = \sum_{i=1}^{n} L_i^{(e)} \tag{10-144}$$

由量子变分原理给出的粒子运动方程为

$$\frac{d\vec{p}_i}{dt} = -\nabla_i V_i + \nabla_i W_i^{(e)} + W_i^{(e)} \nabla_i \ln \rho_i - \vec{p}_i \frac{d \ln \rho_i}{dt} + (T_i - V_i) \nabla_i \ln \rho_i + \frac{1}{\rho_i} \nabla_i \left(\Psi_i^* i\hbar \frac{\partial \Psi_i}{\partial t} \right)$$
$$\tag{10-145}$$

将 $\dot{\vec{r}}_i \cdot \vec{p}_i = 2T_i$ 及如下关系

$$\vec{p}_i \cdot \frac{d \ln \rho_i}{dt} = \vec{p}_i \frac{\partial \ln \rho_i}{\partial t} + \vec{p}_i (\dot{\vec{r}}_i \cdot \nabla_i \ln \rho_i) = \vec{p}_i \frac{\partial \ln \rho_i}{\partial t} + (\vec{p}_i \cdot \dot{\vec{r}}_i) \nabla_i \ln \rho_i +$$

$$\dot{\vec{r}}_i \times (\vec{p}_i \times \nabla_i \ln \rho_i) = \vec{p}_i \frac{\partial \ln \rho_i}{\partial t} + 2T_i \nabla_i \ln \rho_i + \dot{\vec{r}}_i \times (\vec{p}_i \times \nabla_i \ln \rho_i)$$
$$\tag{10-146}$$

代入（10-145）式则有

$$\frac{d\vec{p}_i}{dt} = -\nabla_i V_i + \nabla_i W_i^{(e)} + W_i^{(e)} \nabla_i \ln \rho_i - \vec{p}_i \frac{\partial \ln \rho_i}{\partial t} -$$

$$\varepsilon_i \nabla_i \ln \rho_i + \dot{\vec{r}}_i \times (\vec{p}_i \times \nabla_i \ln \rho_i) + \frac{1}{\rho_i} \nabla_i \left(\Psi_i^* i\hbar \frac{\partial \Psi}{\partial t} \right) \tag{10-147}$$

（10-147）$\cdot \dot{\vec{r}}_i$，且利用 $\varepsilon_i = T_i + V_i$，则有

$$\frac{d\varepsilon_i}{dt} = -\varepsilon_i \dot{\vec{r}}_i \cdot \nabla_i \ln \rho_i + \dot{\vec{r}}_i \cdot \nabla_i W_i^{(e)} + W_i^{(e)} \dot{\vec{r}}_i \cdot \nabla_i \ln \rho_i -$$

$$2T_i \frac{\partial \ln \rho_i}{\partial t} + \frac{1}{\rho_i} \dot{\vec{r}}_i \cdot \nabla_i \left(\Psi_i^* i\hbar \frac{\partial \Psi_i}{\partial t} \right) \tag{10-148}$$

注意到

$$\frac{d\ln\rho_i}{dt} = \frac{\partial\ln\rho_i}{\partial t} + \dot{\vec{r}}_i \cdot \nabla_i \ln\rho_i,$$

$$\frac{dW_i^{(e)}}{dt} = \frac{\partial W_i^{(e)}}{\partial t} + \dot{\vec{r}}_i \cdot \nabla_i W_i^{(e)} \tag{10-149}$$

则（10-148）式可进一步写为

$$\frac{d\varepsilon_i}{dt} = -\varepsilon_i \frac{d\ln\rho_i}{dt} + \varepsilon_i \frac{\partial\ln\rho_i}{\partial t} + \frac{dW_i^{(e)}}{dt} - \frac{\partial W_i^{(e)}}{\partial t} + W_i^{(e)} \frac{d\ln\rho_i}{dt}$$

$$- W_i^{(e)} \frac{\partial\ln\rho_i}{\partial t} - 2T_i \frac{\partial\ln\rho_i}{\partial t} + \frac{1}{\rho_i}\dot{\vec{r}}_i \cdot \nabla_i\left(\Psi_i^* i\hbar \frac{\partial\Psi}{\partial t}\right) \tag{10-150}$$

上式两边乘以 ρ_i，则得

$$\frac{d(\varepsilon_i\rho_i)}{dt} = \frac{d(W_i^{(e)}\rho_i)}{dt} + \left[-L_i^{(e)} \frac{\partial\ln\rho_i}{\partial t} + \frac{1}{\rho_i}\dot{\vec{r}}_i \cdot \nabla_i\left(\Psi_i^* i\hbar \frac{\partial\Psi_i}{\partial t}\right) - \frac{\partial W_i^{(e)}}{\partial t}\right]\rho_i \tag{10-151}$$

即

$$\frac{d(\varepsilon_i\rho_i)}{dt} = \frac{d(W_i^{(e)}\rho_i)}{dt} + R_i \tag{10-152}$$

其中

$$R_i \equiv \left[-L_i^{(e)} \frac{\partial\ln\rho_i}{\partial t} + \frac{1}{\rho_i}\dot{\vec{r}}_i \cdot \nabla_i\left(\Psi_i^* i\hbar \frac{\partial\Psi}{\partial t}\right) - \frac{\partial W_i^{(e)}}{\partial t}\right]\rho_i$$

$$\equiv R_i^{(\rho)} + R_i^{(e)} \equiv (f_i^{(\rho)} + f_i^{(e)})\rho_i = f_i\rho_i \tag{10-153}$$

其中

$$f_i^{(e)} \equiv -\frac{\partial W_i^{(e)}}{\partial t} \tag{10-154}$$

对（10-152）式求和，则有

$$\frac{d}{dt}\left(\sum_{i=1}^{n} \varepsilon_i\rho_i\right) = \frac{d}{dt}\left(\sum_{i=1}^{n} W_i^{(e)}\rho_i\right) + \sum_{i=1}^{n} f_i\rho_i \tag{10-155}$$

考虑由上述（原子或分子）系统所组成的宏观热力学系统（暂不考虑化学反应问题），现来追踪一个粒子（原子或分子）的运动，（10-155）式即是以能量形式表述的该粒子的运动方程。由（10-155）式可见，方程的最后一项为

$$R = R^{(\rho)} + R^{(e)} = \sum_{i=1}^{n} (R_i^{(\rho)} + R_i^{(e)}) = \sum_{i=1}^{n} f_i\rho_i \tag{10-156}$$

其中 $R^{(\rho)}$ 与 $\ln\rho_i$ 的变化相关联，是辐射关联项；$R^{(e)}$ 与 $W^{(e)}$ 的变化相关联，包括粒子与器壁的相互作用（直接碰撞或热辐射等）、粒子间的相互作用、直接碰撞、辐射碰撞等对

该粒子（原子或分子）做功的总贡献。大量粒子的集合使得这种作用快速而频繁，通过 R 非定域长程关联的耦合，使得系统具有了单粒子所没有的新质，从而在热力学条件下结成了所谓的"热力学系统"。这样一来，引入两个假定是合适的：①在宏观短、微观长的时间内粒子跑遍全空间；②在这样的时间内，粒子跑遍薛定锷场密度空间。此时，场密度 ρ 作"概率密度"的理解是合适的（这一点在下节中还会做补充的证明）。于是，由（10–155）式有

$$\frac{d}{dt}\left(\int \sum_{i=1}^{n} \varepsilon_i \rho_i d^3 \vec{r}_i\right) = \frac{d}{dt}\left(\int \sum_{i=1}^{n} W_i^{(e)} \rho_i d^3 \vec{r}_i\right) + \int \sum_{i=1}^{n} f_i \rho_i d^3 \vec{r}_i \tag{10–157}$$

在平均场近似下，$\rho = \prod_i \rho_i(\vec{r}_i, t)$，并利用态的归一化条件，于是由

$$\int \sum_{i=1}^{n} \varepsilon_i \rho_i d^3 \vec{r}_i = \int \sum_{i=1}^{n} \varepsilon_i \mid \psi_i(\vec{r}_i, t) \mid^2 d^3 \vec{r}_i \cdot \prod_{j \neq i} \int \mid \psi_j(\vec{r}_j, t) \mid^2 d^3 \vec{r}_j$$

$$= \left\langle \Psi(\vec{r}_1, \cdots, \vec{r}_n, t) \left| \left(\sum_{i=1}^{n} \varepsilon_i\right) \right| \Psi(\vec{r}_1, \cdots, \vec{r}_n, t) \right\rangle$$

$$= \langle \Psi \mid \hat{H} \mid \Psi \rangle \tag{10–158}$$

类似有

$$\overline{W}^{(e)} = \int \sum_{i=1}^{n} W_i^{(e)} \rho_i d^3 \vec{r}_i = \langle \Psi \mid W^{(e)} \mid \Psi \rangle \tag{10–159}$$

其中

$$W^{(e)} = \sum_{i=1}^{n} W_i^{(e)} \tag{10–160}$$

于是（10–157）式可写为

$$\frac{d}{dt}[\langle \Psi \mid \hat{H} \mid \Psi \rangle] = \frac{d}{dt} \overline{W}^{(e)} + \bar{f} \tag{10–161}$$

略去关联所引起的平均涨落项 $\bar{f}$，则上式可写为

$$d[\langle \Psi \mid \hat{H} \mid \Psi \rangle] = d \overline{W}^{(e)} \tag{10–162}$$

将 $\mid \Psi \rangle$ 按 $\hat{H}$ 的本征态 $\varphi_l(\vec{r}, t) = \varphi_l(\vec{r}) e^{-i\varepsilon_l t/\hbar}$ 展开

$$\mid \Psi \rangle = \sum_l c_l \mid \varphi_l \rangle, c_l = \langle \varphi_l \mid \Psi \rangle \tag{10–163}$$

令 $\mid c_l \mid^2 = g_l$，则有

$$\langle \Psi \mid \hat{H} \mid \Psi \rangle = \sum_l \mid c_l \mid^2 \varepsilon_l = \sum_l g_l \varepsilon_l \tag{10–164}$$

代回（10–162）式有

$$d\overline{W}^{(e)} = d\overline{E} = \sum_l g_l d\varepsilon_l + \sum_l \varepsilon_l dg_l \tag{10–165}$$

设宏观热力学系统由 N 个粒子组成。由假定②，显然

$$Ng_l = N \mid c_l \mid^2 \equiv a_l \qquad (10-166)$$

与（10-142）式中的 a_l 在意义上是一致的，表示 l 态的粒子数。同样可令 $N\bar{E} = \varepsilon$。于是由（10-165）式乘 N 以及（10-142）式可得

$$d\varepsilon = d(N\bar{E}) = \sum_l a_l d\varepsilon_l + \sum_l \varepsilon_l da_l = \sum_l a_l d\overline{W}_l{}^{(e)}$$

$$+ \sum_l \overline{W}_l{}^{(e)} da_l = \delta W + \delta Q = -PdV + TdS \qquad (10-167)$$

式中

$$\overline{W}_l{}^{(e)} \equiv \langle \varphi_l \mid W^{(e)} \mid \varphi_l \rangle \qquad (10-168)$$

故有

$$\delta W = -PdV = \sum_l a_l d\varepsilon_l = \sum_l a_l d\overline{W}_l{}^{(e)} \qquad (10-169)$$

$$\delta Q = TdS = \sum_l \varepsilon_l da_l = \sum_l \overline{W}_l{}^{(e)} da_l \qquad (10-170)$$

由此，我们导出了热力学基本方程并给"热量"以清楚的物理意义——热量是有微观对应量的。另外，人们还易于看到，前面的（①、②）两条基本假定即相当于"各态历经"假设。它是基于对"热力学条件"的分析，自动镶嵌于从决定论的粒子运动方程推导出统计热力学方程的中间环节之中的。

SSD 导出热力学基本方程，对推动热力学理论的进一步发展可能会产生积极的影响。准静态过程 $\bar{f}$ 可近似略去，而在非平衡态则必须考虑。SSD 明显地可以用来讨论更细致的输运过程。它还可以纠正传统认识的不足。例如，在传统的认识中，从外界吸热（或放热）才引起系统的熵变。但绝热自由膨胀不从外界吸热（$\delta Q^{(e)} = 0$），系统也有熵变；可见系统存在内部熵（S_I）的概念，从（10-170）式的微观机制上是很容易理解的。$\overline{W}_l^{(e)}$ 来自于 $W_i^{(e)}$——即外界对原子或分子粒子内第 i 个粒子所做的功。绝热条件下，通过非绝热壁与热源接触的非弹性碰撞做的功为零，直接置于辐射场中而由辐射量子输入与热力学系统内粒子发生辐射碰撞做的功也为零（两者的和即为 $\delta Q^{(e)} = 0$）。但是 $W_i^{(e)}$ 中所包括的宏观热力学系统内的原子或分子之间相互碰撞做功的部分却不为零（这些碰撞会改变粒子的状态，使 $da_l \neq 0$），并由此产生熵变。故当 $\delta Q^{(e)} = 0$ 时，TdS_I 却是可以不为零的。这正是我们前面所定义的来自量子跃迁辐射的辐射能。由此可见，区分内、外熵的概念是微观物理过程的必然要求——而这正是诺贝尔奖得主普利高津"耗散结构理论"的出发点。普利高津的理论无疑取得了重大的成功并将一系列新思想带进了理论的视野，是系统科学理论发展的突出成果之一。但是，在缺乏微观理论基础的前提下，不

可避免地也存在一些模糊的认识。例如，他的内、外熵的划分是机械式的，缺乏微观的认识；"负熵生序"是他理论的一个基本思想（这无疑吸收了薛定锷的观点），然而实际计算出的贝纳德花样却表明熵是增加的——从而使得实际系统的结果与理论的前提假定处于悖论之中，如此等等。正因为这样一些让人们感到困惑的因素，所以他的理论也受到人们、特别是贝达朗菲和哈肯等人的批评。而 SSD 理论的提出以及在热力学中的应用，将有助于这些问题的澄清，也有助于非平衡态热力学理论的发展。这些问题属于更专题的讨论，涉及更广大的层面，在此不做进一步的论述。

第4节　SSD 对基本量子现象的解释

一、对求解 SSD 方程的一些说明

前面我们由量子变分原理（9－99）式导出了在"截断近似"下的 SSD 方程（9－106）式，并进而由（9－106）式导出了薛定锷方程（SE）。从而表明 SE 仅是（9－106）式的一个特解，表明 SE 已被统一于 SSD 的理论框架之中。至于是否还存在其他不同于 SE 的方程，属于 SSD 的扩展应用的讨论范畴，在此不再深入论述。

当我们进而考虑到事实上所存在的质心运动与内部运动之间的耦合所引起的涨落效应之后，（9－106）式被修正为

$$\frac{d\vec{p}_i}{dt} = -\nabla_i V - \vec{p}_i \frac{d\ln\rho}{dt} + (T - V)\nabla_i \ln\rho + \frac{1}{\rho}\nabla_i\left(\Psi^* i\hbar \frac{\partial\Psi}{\partial t}\right) + \vec{F}_i^{(fl.)}(n_i, \rho_{n_i})$$

$$(10-171)$$

其中（$i = 1, \cdots, n$），涨落项为

$$\vec{F}_i^{(fl.)}(n_i, \rho_{n_i}) = -\sum_{j=1}^{n_i}\left(1 - \frac{\mu_j^{(i)}}{\mu^{(i)}}\right)\nabla_{\vec{R}_j^{(i)}} V_i^{(e)} + (T_i^{(I)} - V_i^{(I)})\nabla_{\vec{r}^{(i)}}\ln\rho_{n_i}$$

$$+ [(T_c^{(i)} - V_i^{(e)}) + (T_i^{(I)} - V_i^{(I)})]\sum_{j=1}^{n_i}\left(1 - \frac{\mu_j^{(i)}}{\mu^{(i)}}\right)\nabla_{\vec{R}_j^{(i)}}\ln\rho_{n_i}$$

$$+ \frac{1}{\rho_{n_i}}\sum_{j=1}^{n_i}\left(1 - \frac{\mu_j^{(i)}}{\mu^{(i)}}\right)\nabla_{\vec{R}_j^{(i)}}\left[\varphi_i^*(\vec{r}_1^{(i)}, \cdots, \vec{r}_{n_i}^{(i)}, t) i\hbar \frac{\partial}{\partial t}\varphi_i(\vec{r}_1^{(i)}, \cdots, \vec{r}_{n_i}^{(i)}, t)\right]$$

$$(10-172)$$

（10－172）式中，$\rho_{n_i} = \varphi_i^*\varphi_i$，$\varphi_i(\vec{r}_1^{(i)}, \cdots, \vec{r}_n^{(i)}, t)$ 为第 i 个子系统（它又由 n_i 个粒子组成）的波函数；它的质量为 $\mu^{(i)} = \mu_i = \sum_{j=1}^{n_i}\mu_j^{(i)}$，其中 $\mu_j^{(i)}$ 为第 i 个子系统内第 j 个粒子的质量；$T_c^{(i)}$ 为第 i 个子系统的质心动能，$T_i^{(I)}$ 为相应的对质心的动能；$V_i^{(e)}$ 和 $V_i^{(I)}$ 分

别为第 i 个子系统的外势能与内势能；$\vec{r}^{(i)}$ 为第 i 个子系统质心的空间位矢，$\vec{R}_j^{(i)}$ 为第 i 个子系统内第 j 个粒子对该系统质心的位矢，$\vec{r}_j^{(i)}$ 为该粒子的空间位矢。

以上两式是更严格的 SSD 方程，因为它补充了对耦合涨落效应 $\vec{F}_i^{(fl.)}$ 的考虑——当然仅当它是一个小的修正时才成立。若质心与内部之间的耦合很大以至于"截断近似"不成立，那么目前的 SSD 理论就要被突破，而应去寻找新的理论描述。这是属于 SSD 理论进一步发展的问题，本书暂不考虑。我们在这里强调这一点是想说明，一个理论不将自己视为一个"大统一"的理论，并清楚地认识到了自己的近似程度及适用范围，是它理性和成熟的标志。

应当说，涨落项（10 – 172）式的揭示在认识论上具有极其重要的意义。（10 – 171）式是一个决定论性的非线性方程，而在其中却包含着一个非线性的质心与内部结构相关联的涨落项，从而与第 i 个子系统内的粒子关联了起来——而这个"子系统的粒子"的质心运动又将与其内的粒子再关联起来，于是形成一个序列。这些信息我们能够全部都知道吗？显然不能。正因为如此，涨落 $\vec{F}_i^{(fl.)}$ 将一种"内随机性"带进了 SSD 方程（10 – 171）式之中。也就是说，决定论是包容随机的统计理论的——这一来自非线性科学的结论，从作为微观基本自然规律的 SSD 方程中已获得了实实在在的印证。

但这种"印证"是真实的吗？客观世界以其实实在在的存在特征，早就做出了明确的回答：简单系统组成一个新的更大的复合系统，就获得了新质而不是简单的复合与叠加——或如系统科学所说的"整体大于部分之和"；即使在相对简单的粒子系统中，这种性质也被观察到了：自然状态的中子与在核中的中子的衰变寿命是不一样的；氢原子中的电子受着自旋（即内部运动）–轨道（即质心运动）耦合的作用力，角动量守恒遭到了破坏。

而且，正因为存在上述的非线性涨落项，就使我们在求解 SSD 方程时，面对着不同于在 CM 中求解 NE 时的情况。求解 NE 时，如果力已知，给定了初条件，粒子运动的解是唯一确定的。然而当我们求解 SSD 方程时，尽管力（即势 V）已知，并假定在 V 已知的情况下，相应的 SE 的解在理论上已给出，但是由于关联涨落这个未知力的存在（例如求解原子中的电子运动，而电子的内部信息我们目前知之甚少，故与电子内部运动相关联的力 $\vec{F}^{(fl.)}$ 就是一个未知力），所以事实上求解是不充分的。故在下面的求解中，作为初级近似，将不考虑 $\vec{F}^{(fl.)}$ 的作用。只能在给出解之后，再定性地讨论这个未知的小涨落项的影响。即使不考虑涨落项，在 V 已知时，得先解 SE 才能求出 Ψ。然而，这不是一件轻松的工作。通常的量子力学书中，也仅仅求解了几个简单的系统（无穷深势阱、势垒贯穿、氢原子、谐振子等)。为什么如此呢？因为求解 SE 非常困难。鉴于该原因，我们仅讨论通常量子力学教材中已知 Ψ 的简单系统。这样就可以绕过求解 Ψ 的困难，而可以直接去求解 SSD 方程，从而给出物理图像，从而使得读者、特别是学过 SQM 的读者去作对比，以了解 SSD 所带来的变化。

二、用 SSD 方程解释基本量子现象

（一）能量平均值

1. 单粒子能量平均值

在第 8 章中我们曾指出，粒子的能量 ε 与本征能量 E 在相当高的精度上被实验证明是相等的［参见（8-152）式］

$$\varepsilon = E = \int_{\infty} \Psi^* \hat{H} \Psi d^3\vec{r} \Big/ \int_{\infty} \Psi^* \Psi d^3\vec{r} \qquad (10-173)$$

所以，能克服概率波解释困难，又能给予上式正确合理的解释，"对任何一个企图突破 SQM 的理论来说，都是一个必须直面的挑战"。

现在我们就来直面这一"挑战"。

略去 $\vec{F}^{(\hbar)}$，对单粒子，则（10-171）式退化为

$$\frac{d\vec{p}}{dt} = -\nabla V - \vec{p}\frac{d\ln\rho}{dt} + (T-V)\nabla\ln\rho + \frac{1}{\rho}\nabla\left(\Psi^* i\hbar \frac{\partial\Psi}{\partial t}\right) \qquad (10-174)$$

其相应的 SE 为

$$i\hbar\frac{\partial}{\partial t}\Psi = \hat{H}\Psi = \left[-\frac{\hbar^2}{2\mu}\nabla^2 + V(\vec{r})\right]\Psi \qquad (10-175)$$

由于 $V = V(\vec{r})$ 为定态问题，故只需解定态 SE。设本征方程为（E 为常数）

$$\hat{H}\psi(\vec{r}) = E\psi(\vec{r}) \qquad (10-176a)$$

于是求得的波函数为

$$\Psi(\vec{r},t) = e^{-iEt/\hbar}\psi(\vec{r}) \qquad (10-176b)$$

相应的场密度为

$$\rho = \Psi^*(\vec{r},t)\Psi(\vec{r},t) = \psi^*(\vec{r})\psi(\vec{r}) = \rho(\vec{r}) \qquad (10-177)$$

将上述关系代入（10-174）式之中有

$$\frac{d\vec{p}}{dt} = -\nabla V - \vec{p}\frac{d\ln\rho(\vec{r})}{dt} + (T-V)\nabla\ln\rho(\vec{r}) + \frac{1}{\rho(\vec{r})}\nabla[\psi^*(\vec{r})\hat{H}\psi(\vec{r})] \qquad (10-178)$$

利用矢量运算关系

$$\vec{c} \times (\vec{a} \times \vec{b}) = (\vec{c} \cdot \vec{b})\vec{a} - (\vec{c} \cdot \vec{a})\vec{b} \tag{10-179}$$

并注意到 $\partial \ln \rho / \partial t = 0$，$\dot{\vec{r}} \cdot \vec{p} = 2T$，则有

$$\vec{p}\,\frac{d\ln\rho}{dt} = \vec{p}\Big(\frac{\partial\ln\rho}{\partial t} + \dot{\vec{r}} \cdot \nabla\ln\rho\Big) = (\dot{\vec{r}} \cdot \nabla\ln\rho)\vec{p}$$

$$= \dot{\vec{r}} \times (\vec{p} \times \nabla\ln\rho) + (\dot{\vec{r}} \cdot \vec{p})\nabla\ln\rho = \frac{1}{\mu}\vec{p} \times (\vec{p} \times \nabla\ln\rho) + 2T\,\nabla\ln\rho \tag{10-180}$$

粒子能量 $\varepsilon = T + V$。将（10-180）式代入（10-178）式有

$$\frac{d\vec{p}}{dt} = -\nabla V - \varepsilon\,\nabla\ln\rho(\vec{r}) + \frac{1}{\rho}\nabla[\psi^*\hat{H}\psi] - \frac{1}{\mu}\vec{p} \times (\vec{p} \times \nabla\ln\rho) \tag{10-181}$$

上式两边点积 $\dot{\vec{r}} = \vec{v}$，且注意到（10-181）式中第 4 项在点积运算后为零，则有

$$\frac{d\varepsilon}{dt} = -\frac{\varepsilon}{\rho}\dot{\vec{r}} \cdot \nabla\rho(\vec{r}) + \frac{1}{\rho}\dot{\vec{r}} \cdot \nabla[\psi^*\hat{H}\psi] = -\frac{\varepsilon}{\rho}\frac{d\rho}{dt} + \frac{1}{\rho}\frac{d[\psi^*\hat{H}\psi]}{dt} \tag{10-182}$$

上式两边乘 ρdt，移项后得

$$d[\rho(\vec{r})\varepsilon] = d[\psi^*(\vec{r})\hat{H}\psi(\vec{r})] \tag{10-183}$$

令积分常数为零，由上式积分有

$$\rho(\vec{r})\varepsilon = \psi^*(\vec{r})\hat{H}\psi(\vec{r}) \tag{10-184}$$

利用（10-177）式，上式也可以写为

$$\varepsilon\Psi^*(\vec{r},t)\Psi(\vec{r},t) = \Psi^*(\vec{r},t)\hat{H}\Psi(\vec{r},t)] \tag{10-185}$$

对上式作体积分，有

$$\int_\infty \varepsilon\Psi^*(\vec{r},t)\Psi(\vec{r},t)d^3\vec{r} = \int_\infty \Psi^*(\vec{r},t)\hat{H}\Psi(\vec{r},t)d^3\vec{r} \tag{10-186}$$

上式的物理意义是在 t 时刻对场 $\Psi(\vec{r},t)$ 中的场的流动指标 $\vec{r}$ 作积分。而在 t 时刻，单粒子的质心必在某一确定的位置上（即它在哪里虽不知道，但作为一种客观的存在，它却必在某一位置——亦即是说，我们不是以观测的主观介入作为立论基础，而是以客观存在作为立论基础的）。不妨设为 $\vec{r}^{(p)}(t)$，于是粒子的能量

$$\varepsilon = \frac{1}{2}\mu\,(\dot{\vec{r}}^{(p)}(t))^2 + V(\vec{r}^{(p)}(t)) \tag{10-187}$$

在 t 时刻是一个常量。于是在（10-186）式左边的积分中，ε 就可以被提出积分号之外，得

$$\varepsilon = E = \frac{\displaystyle\int_\infty \Psi^*(\vec{r},t)\hat{H}\Psi(\vec{r},t)d^3\vec{r}}{\displaystyle\int_\infty \Psi^*(\vec{r},t)\Psi(\vec{r},t)d^3\vec{r}} \tag{10-188}$$

这正是（10-173）式——它是 SSD 方程的导出结果。这一结果不仅证明了 SSD 方程的

正确性，而且证明了 SE 并不与决定论的粒子运动方程（即 SSD 方程）处于对立之中，反而恰恰是处于相容的状态之中的。于是，前面关于 SE 与 NE 相容性的论证［参见（8 – 222）及（8 – 227）式］，在这里获得了印证。更重要的是场 Ψ 的物质性基础已被揭示了出来，前面第 8 章中所质疑的"找到粒子的概率波"的困难已被完全克服。下面对该问题进行详细分析。

前面我们曾对哥本哈根学派的"概率波"提出质疑［参见（8 – 142）式］，因它将 $\Psi(\vec{r}, t)$ 理解为 t 时刻找到粒子［此时粒子在 $\vec{r}^{(p)}(t)$ 处］的几率波，这会造成如下的困难：

$$\begin{cases} i\hbar \dfrac{\partial}{\partial t}\Psi(\vec{r},t) = \hat{H}\Psi(\vec{r},t) = E\Psi(\vec{r},t) & (10-189a) \\[2mm] \Psi(\vec{r} \neq \vec{r}^{(p)}(t), t) = 0 & (10-189b) \end{cases}$$

亦即是说，在 $\vec{r} \neq \vec{r}^{(p)}$ 的地方，因（10 – 189b）式，波函数为零，故（10 – 189a）式中的 Ψ 为非物质的"空"。于是（10 – 189a）式的物理意义就是：通过 $\hat{H}$ 算子对非物质的"空"作数学操作，却可以产生出物质性的能量来。这在物质观、数学运算上能讲得通吗？显然是讲不通的［但为什么人们对此却长期争论不休，搞不明白呢？原因就在于 C 判据未建立起来，物理学的真正基础未建立起来——在传统的认识中，是把物理学的基础置于"数学运算成立"及"实验上取得实证成功"之上的，而不是如 C 判据那样，置于"正确的物质观、正确的认识论和正确的物理图像"之上。正因为这一原因，虽然人们也看到了（10 – 189）式中的（a）、（b）解释上的困难，但基于（10 – 189a）式运算的正确性和（10 – 188）式运算的正确性，以及在实验上的确高精度地被证明为成立的，于是哥本哈根学派感到满意了，质疑者在此止步而不再深思了。可见，缺乏正确哲学观的指导，是物理学的悲哀：物理学在面临巨大困难时之所以找不到出路，皆源于此］。

那么怎么办呢？既然将 $\Psi(\vec{r}, t)$ 解释为找到粒子的概率波将产生数学运算与物质观上的困难，而（10 – 189a）式及（10 – 188）又都是成立的，一个符合逻辑［（C_3）的要求］的推断必然是：$\Psi(\vec{r}, t)$ 是描述某种物质性客体的场，而不是找到粒子的概率波。作如此理解之后，与（10 – 189）式的解释相比较，情况就改变了：

$$\begin{cases} i\hbar \dfrac{\partial}{\partial t}\Psi(\vec{r},t) = \hat{H}\Psi(\vec{r},t) = E\Psi(\vec{r},t) & (10-190a) \\[2mm] \Psi(\vec{r} \neq \vec{r}^{(p)}(t), t) \neq 0 & (10-190b) \end{cases}$$

于是（10 – 189）式固有的物质观上和数学运算上的困难，在（10 – 190）式中就不存在了。

那么，这一物质性场又是什么？为什么会有（10-188）式的数学关系？此关系反映的物理实质又是什么呢？

让我们将（10-188）式再重写一下。它可以形式地写为

$$\varepsilon = E = \frac{\int_\infty \Psi^*(\vec{r},t)E\Psi(\vec{r},t)d^3\vec{r}}{\int_\infty \Psi^*(\vec{r}',t)\Psi(\vec{r}',t)d^3\vec{r}'} = \int_\infty E(\vec{r})\left(\frac{\Psi^*(\vec{r},t)\Psi(\vec{r},t)}{\int_\infty \Psi^*(\vec{r}',t)\Psi(\vec{r}',t)d^3\vec{r}'}\right)d^3\vec{r}$$

$$= \int_\infty E(\vec{r})\rho(\vec{r},t)d^3\vec{r} \tag{10-191}$$

其中

$$\rho(r,t) = \frac{\Psi^*(\vec{r},t)\Psi(\vec{r},t)}{\int_\infty \Psi^*(\vec{r}',t)\Psi(\vec{r}',t)d^3\vec{r}'} \tag{10-192a}$$

$$= \frac{(A\Psi(\vec{r},t))^*(A\Psi(\vec{r},t))}{\int_\infty (A\Psi(\vec{r}',t))^*(A\Psi(\vec{r}',t))d^3\vec{r}'} \tag{10-192b}$$

既然 $\Psi(\vec{r},t)$ 是一个弥散于全空间的物质性场，且又是不能被直接观察到的物质形态，那么，它显然就是一种虽客观存在、但却不能被直接观察到的物质性的背景场——即前面所定义的 MBS。由（10-192a）式可见，$\rho(\vec{r},t)$ 可以被解释为 MBS 的概率密度。而（10-192b）式则表明，Ψ 场乘以一复数 A 而变为 $A\Psi$ 之后，其理论结果不变，故可以使得 Ψ 获得任意的量纲。所以又可以直接将 $\rho(\vec{r},t)$ 解释为 MBS 的场密度。

那么为什么要做一个全空间的体积分呢？我们知道，在 CM 和 QM 之中相互作用被假定是"瞬时"的。既是"瞬时"的，从粒子的角度讲，就意味着组成 MBS 场的场粒子（即我们定义的"元子"）的速度为无穷大（当然，这只是一种近似的说法）。所以，t 时刻（实为很小的时段内），全空间的元子都将参与实物粒子的碰撞——从数学运算来讲，将上述碰撞产生的能量交换用 MBS 场密度来提取时，即表达为对全空间的一个体积分。此即上述体积分的意义。而这一过程既然是碰撞过程，我们不妨用碰撞理论对它做一个更深层次的理解。

如果我们设粒子的碰撞为弹性碰撞，且假定两粒子的质量是一样的，利用（5-90）式的结果就有

$$\vec{v}_1' = \vec{v}_2, \quad \vec{v}_2' = \vec{v}_1 \tag{10-193}$$

其中带"'"者表示碰后的速度。上式的意义为：第 1 个粒子碰撞后获得了第 2 个粒子碰撞前的速度；第 2 个粒子碰撞后获得了第 1 个粒子碰撞前的速度。而现在又假定相互碰撞的两个粒子的质量是相等的，这就意味着碰撞使得这两个全同粒子彼此互换了位置。

591

现在将上述的思想与结论用于我们的讨论之中。假定粒子 1 是 MBS 的场粒子（即元子），并用下标 f 代替 1；粒子 2 是实物粒子，并用下标 p 代替 2。于是可将（10 – 193）式改写为

$$\vec{v}_f' = \vec{v}_p, \quad \vec{v}_p' = \vec{v}_f \tag{10 – 194}$$

当然，对于（10 – 194）式人们会提出质疑：若我们考虑的实物粒子是电子，在上述碰撞的处理中，可以认为电子的质量与元子的质量相等吗？但这样问也许表明提问者忽略了对实际碰撞的更深入的了解与分析。在低速碰撞时，碰撞是在有限的时间（宏观短、微观长的时间）内完成的。由于粒子的内部运动相较于粒子质心的运动要快得多，故内部的粒子均参与了碰撞的过程，所以用的是粒子的总质量。且若碰撞未引起内部量子跃迁发生的话，则碰撞就是弹性的（当然，这往往是一种近似）。但现在的情况不一样。碰撞前，元子粒子的速度 $\vec{v}_f$ 假定可以被视为无穷大（$\vec{v}_f \to \infty$）。这样，元子将深入到粒子的深层次与粒子发生碰撞。这正如我们前面所分析的，元子是不可能与质心这个几何点发生碰撞的。这样一层层追问下去，如第 3 章曾分析指出的，将物质粒子分解到最基础的层次上时，它便是由不能再分解的最基本的粒子组成的，而这种粒子即是我们所定义的元子。所以，上述的元子与粒子的碰撞，深入到最基础层次上便是元子与元子之间的碰撞。当然，元子有几类我们还不清楚，不同类的元子的质量是否一样也不清楚。但如果我们假定，各类元子的质量均是一样的，只是结构不一样，才传递不同的相互作用，那么，两碰撞粒子的质量一样的假定就可以认为是成立的。

现在记场粒子的质量为 μ_f，物质粒子内的最基础的粒子的质量为 μ_p。当然，按上述假定，$\mu_f = \mu_p$。于是，碰撞过程就可以用图 10 – 3 的过程来加以理解[1]。

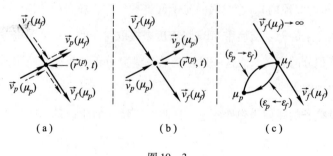

$$(a) \qquad\qquad (b) \qquad\qquad (c)$$

图 10 – 3

① Cao Wenqiang. "To Overcome the Basic Difficulties of the Statistical Quantum Mechanics". *Chinese Academic Forum*, 2005（6）：37 –43.

如图（10-3）中（a）所示，场粒子 μ_f 的速度从碰前的 $\vec{v}_f\,(\mu_f)$ 变成为碰后的 $\vec{v}_p\,(\mu_f)$，而粒子内元子 μ_p 的速度从碰前的 $\vec{v}_p\,(\mu_p)$ 变成为碰后的 $\vec{v}_f\,(\mu_p)$，即两粒子交换了位置。若我们仍采用出射粒子是场粒子 μ_f 的观点的话（这将不改变结果），那就应当这样来理解：两者碰撞后并未互换位置，而只是场粒子 μ_f 在时空点 $(\vec{r}^{(p)},\,t)$ 处获得了 μ_p 粒子的动量 $\vec{p}_p$ 后，又立即将相同的动量 $\vec{p}_p=\mu_f\vec{v}_p$ 再退还给了粒子 $\vec{v}_f$［如图（10-3）中（b）所示］。从能量交换的角度讲，场粒子 μ_f 在吸收了粒子的能量（$\varepsilon_f\to\varepsilon_f$）的同时，又释放出相同的能量 ε_p 给粒子 μ_p［如图（10-3）中（c）所示。为作图方便，我们将 μ_f 和 μ_p 画得拉开了一个距离］。碰撞点在 $(\vec{r}^{(p)},\,t)$ 处，故实物粒子的能量为 $\varepsilon\,(\vec{r}^{(p)})$。但在 t 时刻（一个极小的时段内），全空间的场粒子均参与了上述的碰撞过程，故应作一个体积分。这就是（10-191）式的物理内容。

（10-189）式的概率波解释困难与（10-191）式的计算被实验证明是正确的，这两者之间如何才能协调一致，并且不在物质观、物理图像和逻辑自洽性上出现任何问题，是一个让人们深感困惑的、涉及深层次理论基础的问题。它已经困惑人们近一个世纪了。所有的争论者对上述问题均各执一词，谁也说服不了谁：挑战者可以用（10-189）式来提出质疑，而哥本哈根学派则可以用（10-191）式的成立来加以维护——（10-192a）式将 ρ 理解为概率波是正确的；由于能量 E 在取值上的确被证明几乎与粒子的能量 ε 相等，因此可以被写成 ε，故 $\rho\,(\vec{r},\,t)$ 就可以被解释为找到粒子的概率密度。试问，错在哪里？挑战者在没有建立起一个粒子运动理论并推导出（10-191）式之前，是无力对上述的辩解和反问做出回答的，于是在此止步了。类似地，哥本哈根学派面对（10-189）式的质疑也无力做出回答，只好找出种种的"理由"来加以搪塞——而正如第9章所论证的，"搪塞"的结果使得 SQM 必然落入自我否定的悖论之中。也就是说，（10-189）式的困难成为哥本哈根学派无法克服的困难，他们只好在此止步了。正因为如此，一个世纪的持续而激烈的争论，其结果是谁也说服不了谁，于是物理学理论的发展就"卡"在了这里。然而，SSD 方程建立之后，上述问题却获得了解答。它使 SQM 的合理性被保留，但所有的困难均不再存在（正因为该问题的解释极为基本又极为困难，所以我们做了相当详细的讨论）。

进一步讲，从右边向左边看（10-191）式，可以将它解释为：处于场中的一个点 $\vec{r}^{(p)}$ 处的粒子，其能量是场赋予的（即视为场在此处的激发）；而这正是量子场论的观点。正因为粒子和场处于图 10-1 所示的能量交换的动态平衡之中，所以场论从一元论的场概念出发，当然在某种意义上可以达成对粒子的认识而获得实证成功。这是显然的。

与之相应地，连续性的场模型在描述定域范围内存在的粒子时，也不存在图像与技术上的种种基础性困难。这是不难想象和理解的。

当然，在上面的讨论中，我们并没有考虑涨落效应。如果考虑到涨落的小偏离，则可以将粒子能量 ε 与场的本征能量 E 的关系形式地写为

$$\varepsilon = E + \Delta E \approx E \qquad (10-195)$$

由此可见，这两个能量虽在值上近似相等，但事实上无论是量值还是意义均是不一样的。在 QM 中把两者当成同一个量来认识，显然有失偏颇。关于这一问题，特别是 ΔE 的问题，我们在后面还会具体讨论。

另外，上面我们用弹性碰撞来讨论问题，而实际的过程应是有结构的元子之间的相互碰撞，所以碰撞的结果与弹性碰撞的结果肯定会有差别。即使用弹性碰撞处理，场元子与粒子内元子的碰撞，也许一般不是同质量粒子的碰撞，故结果也会有差别（至于微观的碰撞过程到底是什么样子的，仍是有待研究的极难解决的问题，这有待于未来的理论发展来回答）。而当我们不用粒子碰撞来描述，而用场的平均效应来认识时，上述的"差别"就表现为"涨落"——所以，我们说涨落是存在微观基础的。

2. 定态多粒子体系的能量平均值

就主体性问题而言，SQM 是求解力学量完全集的本征值（守恒量）及相应的本征态（波函数）的。而在具体问题，例如氢原子问题的讨论中，由于存在自旋–轨道耦合，角动量守恒被破坏，所以 SQM 讨论的最基本、最重要的守恒量是能量。因此我们也以能量作为讨论的最基本的量，来看看 SSD 是如何给出 QM 中的能量并进而充实和完善其认识的。

定态多粒子系的 V 不显含 t，体系的定态 SE 为（E 在 SQM 中被理解为系统的总能量）

$$\hat{H}\psi = \left[\sum_{i=1}^{n} \frac{-\hbar^2}{2\mu_i} \nabla_i^2 + V(\vec{r}_1, \cdots, \vec{r}_n) \right]\psi = E\psi \qquad (10-196)$$

系统含时间的总波函数为

$$\Psi(\vec{r}_1, \cdots, \vec{r}_n, t) = e^{-iEt/\hbar}\psi(\vec{r}_1, \cdots, \vec{r}_n) \qquad (10-197)$$

SSD 方程为

$$\frac{d\vec{p}_i}{dt} = -\nabla_i V - \vec{p}_i \frac{d\ln\rho}{dt} + (T-V)\nabla_i \ln\rho + \frac{1}{\rho}\nabla_i\left(\Psi^* i\hbar\frac{\partial\Psi}{\partial t}\right) \quad (i=1,\cdots n)$$

$$(10-198)$$

将（10-196）、（10-197）两式代入 SSD 方程并注意到 $\dot{\vec{r}}_i \cdot \vec{p}_i = 2T_i$ 以及如下的量的

关系

总动能

$$T = \sum_{i=1}^{n} T_i = \sum_{i=1}^{n} \frac{1}{2\mu_i} p_i^2 \qquad (10-199)$$

总能量

$$\varepsilon = T + V \qquad (10-200)$$

$$\sum_{i=1}^{n} \dot{\vec{r}}_i \cdot \nabla_i V(\vec{r}_1, \cdots, \vec{r}_n) = \frac{dV}{dt} \qquad (10-201)$$

$$\sum_{i=1}^{n} \frac{d\vec{p}_i}{dt} \cdot \dot{\vec{r}}_i = \frac{d}{dt} \sum_{i=1}^{n} T_i = \frac{dT}{dt} \qquad (10-202)$$

$$\sum_{i=1}^{n} \dot{\vec{r}}_i \cdot \nabla_i \ln \rho(\vec{r}_1, \cdots, \vec{r}_n) = \frac{d\ln \rho}{dt} \qquad (10-203)$$

由 (10 – 198) 式 $\cdot \dot{\vec{r}}_i$ 后求和, 有

$$\sum_{i=1}^{n} \frac{d\vec{p}_i}{dt} \cdot \dot{\vec{r}}_i = - \sum_{i=1}^{n} \dot{\vec{r}}_i \cdot \nabla_i V - \sum_{i=1}^{n} 2T_i \frac{d\ln \rho}{dt} + (T - V) \sum_{i=1}^{n} \dot{\vec{r}}_i \cdot \nabla_i \ln \rho + \frac{1}{\rho} E \sum_{i=1}^{n} \dot{\vec{r}}_i \cdot \nabla_i \rho$$

$$(10-204)$$

即有

$$\frac{d\varepsilon}{dt} = - \varepsilon \frac{1}{\rho} \frac{d\rho}{dt} + E \frac{1}{\rho} \frac{d\rho}{dt} \qquad (10-205)$$

两边乘 ρdt, 则有 $\rho d\varepsilon + \varepsilon d\rho = E d\rho$, 即

$$d(\rho\varepsilon) = d(\Psi^* E \Psi) \qquad (10-206)$$

两边积分并令积分常数为零, 有

$$\varepsilon(\Psi^* \Psi) = \Psi^* \hat{H} \Psi \qquad (10-207)$$

t 时刻, 粒子能量

$$\varepsilon = \sum_i T_i + V = \sum_{i=1}^{n} \frac{1}{2} \mu_i (\dot{\vec{r}}_i(t))^2 + V(\vec{r}_1(t), \cdots, \vec{r}_n(t)) \qquad (10-208)$$

是一常数, 由 (10 – 207) 式积分, 有

$$\int_{\infty} \varepsilon \Psi^*(\vec{r}_1, \cdots, \vec{r}_n, t) \Psi(\vec{r}_1, \cdots, \vec{r}_n, t) d^3 \vec{r}_1 \cdots d^3 \vec{r}_n$$

$$= \varepsilon \int_{\infty} \Psi^* \Psi d^3 \vec{r}_1 \cdots d^3 \vec{r}_n = \int_{\infty} \Psi^* \hat{H} \Psi d^3 \vec{r}_1 \cdots d^3 \vec{r}_n \qquad (10-209)$$

于是 (10 – 209) 式同除以 $\int_{\infty} \Psi^* \Psi \prod_{i=1}^{n} d^3 \vec{r}_i$ 得多粒子系统的能量

$$\varepsilon = \frac{\langle \Psi | \hat{H} | \Psi \rangle}{\langle \Psi | \Psi \rangle} = E = 常数 \qquad (10-210)$$

由此我们有结论：

（1）在不计涨落时，SQM 将定态多粒子系的本征能量 E 视为系统的总能量 ε 是成立的。

（2）在形式上，设第 i 个粒子的能量为 ε_i，于是在不计涨落时有

$$\varepsilon = \sum_{i=1}^{n} \varepsilon_i = \varepsilon_1 + \varepsilon_2 + \cdots + \varepsilon_n = E = 常数 \qquad (10-211)$$

上式表明，虽总能量 $\varepsilon = E = $ 常数，是不变的，但是系统内每个粒子的能量 ε_i 在满足 （10-211）式的情况下却是可以变化的——亦即是说，系统内粒子之间的能量可以相互交换，是可以存在着能量的"内转换"的。

（3）若记涨落引起的能量为 $\Delta E^{(fl.)}$，计算所得的结果可以形式地写为

$$\varepsilon = E + \Delta E^{(fl.)} \qquad (10-212)$$

可见，本征能量 E 在意义和数值上与系统粒子的总能量 ε 是不相同的。当然，由于 （10-211）式的原因，在相当高的精度上，本征能量在数值上可以被视为系统的粒子能量，从而为各种所谓的"经典极限"、"隐参量理论"等存在的合理性提供了某些依据；但从严格的意义上讲，由于（10-212）式，事实上无论是在数值上或者量的物理意义上，都不允许将 SE 的本征能量 E 直接理解为系统的粒子能量 ε。所以，在 SQM 中讨论的"经典极限"以及各种各样的"隐参量理论"，就不可能真正建立起 QM 与 CM 之间的协调一致的衔接——虽然有人仍在继续着类似的工作和努力。

（二）系综平均值

在第 8 章中，我们曾以能量为例，给出了（8-112）式

$$\overline{E^{(th.)}} = \sum_n |c_n|^2 E_n = \sum_n \omega_n \varepsilon_n = \overline{E^{(exp.)}} \qquad (8-112)$$

人们通常称上述概率波解释及对测量问题的讨论为"量子力学统计解释之全部内容"，它也是 SQM 处理问题的直接基础。现在我们由 SSD 方程来推导（8-112）式。

忽略小的涨落项，利用（10-173）式的结果，若系统处于特定的本征态 ψ_n，本征能量为 E_n，则有粒子能量 ε_n

$$\varepsilon_n = E_n = \langle \psi_n | \hat{H} | \psi_n \rangle \qquad (10-213)$$

也就是说，在相当高的精度上，SQM 关于 $E_n = \varepsilon_n$ 的假定（8-110）式是成立的。

现假定系统不处于某一特定的本征态 ψ_n 而处于任意态 φ，利用波函数的正交归一性

$$\langle \psi_m | \psi_n \rangle = \delta_{mn} \qquad (10-214)$$

则 φ 可以展开为

$$\left| \varphi \right\rangle = \sum_n c_n \left| \psi_n \right\rangle , c_n = \langle \psi_n | \varphi \rangle \qquad (10-215)$$

则 SQM 在理论上的处于 φ 态的能量平均值为

$$\overline{E}^{(th.)} = \langle \varphi | \hat{H} | \varphi \rangle = \sum_{m,n} \langle \psi_m | c*_m \hat{H} c_n | \psi_n \rangle = \sum_{m,n} c*_m c_n \langle \psi_m | \hat{H} | \psi_n \rangle$$

$$= \sum_{m,n} c*_m c_n E_n \langle \psi_m | \psi_n \rangle = \sum_{m,n} c*_m c_n E_n \delta_{mn} = \sum_n c*_n c_n E_n$$

$$= \sum_n | c_n |^2 E_n \qquad (10-216)$$

设实验上共做了足够大的 N 次测量，其中 N_n 次测得粒子的能量为 ε_n，所占概率 $\omega_n = N_n / N$，则实验上测得的能量平均值为

$$\overline{E}^{(exp.)} = \sum_n \omega_n \varepsilon_n \qquad (10-217)$$

其中 ω_n 满足概率的归一性

$$\sum_n \omega_n = \sum_n \frac{N_n}{N} = \frac{1}{N} \sum_n N_n = \frac{N}{N} = 1 \qquad (10-218)$$

利用 φ 的归一化条件

$$\langle \varphi | \varphi \rangle = \sum_{m,n} \langle \psi_m | c*_m c_n | \psi_n \rangle = \sum_{m,n} c*_m c_n \langle \psi_m | \psi_n \rangle$$

$$= \sum_{m,n} c*_m c_n \delta_{mn} = \sum_n c*_n c_n = \sum_n | c_n |^2 = 1 \qquad (10-219)$$

若假定 ［即 (8-111) 式］

$$| c_n |^2 = \omega_n = N_n / N \qquad (10-220)$$

(10-213) 式两边同乘 ω_n 并对 n 求和，且运用 (10-220) 式及 (10-216) 式，则得

$$\overline{E}^{(exp.)} = \sum_n \omega_n \varepsilon_n = \overline{E}^{(th.)} = \sum_n | c_n |^2 E_n = \langle \varphi | \hat{H} | \varphi \rangle \qquad (10-221)$$

于是，我们从决定论性的 SSD 方程出发，准确表达和推导出了 SQM 的系综平均值公式。由此我们有如下结论：

（1）决定论性的 SSD 方程推出非决定论性的 SQM 的系综平均值公式，不仅证明 SSD 已完全肯定和吸收了 SQM 的理论成果，而且从微观基础理论的角度证实了非线性理论的一个一般性结论："具有内随机性的决定论性的非线性理论是包容随机的统计理论的。"由此就可以在确定论与非确定论之间架设起一座桥梁。

（2）作为"统计解释之全部内容"的系综平均值得以肯定，使我们对于备受争议又

充满了各种悖论、总面临挑战的统计的量子力学为什么总是被证明是成功的，不再感到奇怪了——争议、悖论和挑战的实质已被 SSD 揭示了出来，问题已经得到了澄清——这就肯定了 SQM 的合理内核，提升了人们对它的认识。

事实上，本征方程

$$\hat{H}|\psi_n\rangle = E_n|\psi_n\rangle \qquad (10-222)$$

中的态 $|\psi_n\rangle$ 刻画的是 MBS 的性质，本征能量 E_n 并不是粒子的能量，而是 MBS 场的能量。E_n 和 $|\psi_n\rangle$ 都是存在但却不可能被直接观测的量，然而却可以通过图 10-3 的微观机制、从而通过图 10-1 的物理过程来显示它的作用，由此才使得人们普遍认为本征能量即是粒子能量的假定 $E_n = \varepsilon_n$，在高精度上是近似成立的。而且，由于一般说来（10-220）式的假定无疑也是正确的，所以"统计解释之全部内容"的系综平均，就必定会在各方面被反复证明是"正确的"、"成功的"。由此我们看到：

第一，在人们尚未建立起一个较完善的决定论性的粒子运动方程之前（因这一步往往十分困难），SQM 借助统计解释的合理性，使我们在一个尚不完善的理论框架中，达成了对微观领域众多现象在一定意义上的认识，推动了量子规律的应用和量子技术的发展。因此，它在科学上的意义和价值是不容诋毁和贬低的。

第二，爱因斯坦和布洛欣采夫关于哥本哈根学派的 SQM 解释是系综统计的理论的论断，是正确的。

第三，薛定锷关于波函数应是物质性的量、此物质性的量应与某种基本物质的发现相关联的直觉猜想，以及坚定地反对波函数的概率波解释的立场，是完全正确的。正如前面所讨论的，薛定锷场刻画的是作为物质基础和力场基础的最基本的粒子——元子的性质（统计平均效应），故其力场是非定域的——这种非定域相互作用作为最基本的相互作用，已获得了广泛的实证。

（3）由爱因斯坦-玻尔之争所导致的贝尔不等式的检验[1]，证明了两件重要的事：第一，SQM 的统计解释是合理的——如已取得的实证成功那样，在贝尔不等式的检验中再次被证明为成功——并没有赋予更多的新内容；第二，超光速的非定域长程关联是更为基本的相互作用，它打破了爱因斯坦把光速作为最高传递速度的禁戒，恢复了经典理论（如牛顿理论和电动力学理论中的静电相互作用）早已肯定的"瞬时"相互作用——

---

[1] J. S. Bell, *Physics*, 1964 (1)：195；*Rev. Mod. Phys.*, 1966 (38)：447.

它对相对论和量子场论来讲，似乎是一个需直面的挑战——正如卢鹤绂所指出的："这足以说明当前的量子论本质上是个非局域性理论，牵涉到类空联系或关联，即牵涉到比光速还快的信号传播。"[①]

而由 SSD 推导出（10-221）式以及（10-210）式、（10-211）式，则为我们理解在贝尔不等式检验下 SQM 为什么一定会取得成功，提供了基础。这里我们不去进一步介绍贝尔不等式的推导，只用定性方式来理解。至于采用角动量表象还是能量表象，不是本质性问题。而且，即使测量角动量而引起角动量变化，也会引起能量的变化，故仅用上述能量平均值公式也可以达成对贝尔不等式所证明的"两件重要的事"的理解。例如，当我们测系统中的某粒子时（设该粒子的标号为 j），虽粒子与仪器间的相互作用力不直接作用于其他的粒子，但是当该粒子的运动状态发生改变时，则（10-198）式中（$T-V$）中的 T 就发生了变化，由于粒子 j 的运动改变所产生的瞬时相互作用，将带来 i 粒子（$i=1$，…，n；$i \neq j$）运动状态的改变。这一变化，必然会使各粒子的能量在满足（10-211）式的情况下重新分配。这一重新分配进而又要影响到（10-221）式的重新分配。为什么阿斯佩等人能在实验上观察到相应的结果，上述的定性解释提供了可理解的基础——它并不是什么无本之木、无源之水。

由上述的讨论可见，贝尔不等式对定域的隐参量理论的否定，否定的是爱因斯坦对定域相互作用的"绝对化"。它虽肯定了统计解释的成功，但却并没有否定决定论以及爱因斯坦对哥本哈根学派"人的中心主义"的批判的正确性。

当贝尔不等式再次被欢呼为哥本哈根学派的又一次伟大胜利的时候，人们似乎并没有去做更深入的思考——正如我们已经说过的那样，不用 C 判据、特别是（C_1）、（C_2）判据来检验一个理论和一种思想，而仅仅以（C_5）判据作为唯一的检验标准，只能把我们禁锢在庸俗的实用主义之中，限制了更深入的理性思考，从而有可能成为科学继续前进的阻碍力量。

（三）自由运动

自由单粒子运动无疑是最简单的运动——无论从宏观到微观，我们所观察到的事实是：粒子均做匀速直线运动。然而在 SQM 的理论框架中，就连这样一个最简单的粒子运动状态也无法给予自洽的理论描述——而由于对最简运动的描述不涉及未知的其他复杂因素所带来的不确定性，所以对最简运动的描述是否成功，事实上对一个理论起着判定

———————————————

① 卢鹤绂著：《哥本哈根学派量子论考释》，复旦大学出版社 1984 年版，第 171 页。

性实验的作用。用这种方法来判定 SQM 的不成功，在前面已做出了评述，这里不再重复。现在来看看 SSD 的描述。

自由运动条件下 $V=0$，由（10-176）式解得的波函数为平面波

$$\Psi(\vec{r},t) = e^{-iEt/\hbar}\psi_p(\vec{r}) = e^{-iEt/\hbar}e^{i\vec{p}\cdot\vec{r}/\hbar} \qquad (10-223)$$

$$\rho = \Psi^*\Psi = 1 \qquad (10-224)$$

将上述结果代入单粒子运动方程（10-174），则得

$$\frac{d\vec{p}}{dt} = 0 \Rightarrow \vec{p}(t) = \vec{p}_0 \Rightarrow \vec{r}(t) = \vec{r}_0 + \frac{\vec{p}_0}{\mu}t \qquad (10-225)$$

由于 $\vec{r}$、$\vec{p}$ 是按 CM 来定义的量，故上式给出的是真正的经典自由粒子运动方程。

SSD 对自由粒子运动的上述解释极其简单明了——上式表明，不论是宏观粒子还是微观粒子，均遵从同样的自由粒子运动方程（规律）；对微观粒子而言，最多只是会由于涨落的存在（此处将其略去了），在直线轨道上叠加一个小的"脉动"。在这里，哪里还存在 SQM 中用波包来描述时的复杂性和不可思议的粒子变胖（"波包扩散"）等种种困难呢？

（四）粒子在一维无穷深势阱中的运动

1. 一般描述

单粒子运动方程为

$$\frac{d\vec{p}}{dt} = -\nabla V(\vec{r}) - \vec{p}\frac{d\ln\rho}{dt} + (T-V)\nabla\ln\rho + \frac{1}{\rho}(\Psi^*\hat{H}\Psi) + \vec{F}^{(fl.)} \qquad (10-226)$$

对于定态问题

$$\left.\begin{aligned}
&\hat{H}\psi(\vec{r}) = E\psi(\vec{r}) \\
&\Psi(\vec{r},t) = e^{-iEt/\hbar}\psi(\vec{r}) \\
&\rho = \Psi^*\Psi = \psi^*(\vec{r})\psi(\vec{r}) = \rho(\vec{r})
\end{aligned}\right\} \qquad (10-227)$$

代回（10-226）式，有

$$\frac{d\vec{p}}{dt} = -\nabla V(\vec{r}) - \vec{p}(\vec{r}\cdot\nabla\ln\rho) + (T-V)\nabla\ln\rho + E\nabla\ln\rho + \vec{F}^{(fl.)} \qquad (10-228)$$

利用下述关系

$$(\vec{r}\cdot\nabla\ln\rho)\vec{p} = \frac{1}{\mu}\vec{p}\times(\vec{p}\times\nabla\ln\rho) + \dot{\vec{r}}\cdot\vec{p}\,\nabla\ln\rho = \frac{1}{\mu}\vec{p}\times(\vec{p}\times\nabla\ln\rho) + 2T\,\nabla\ln\rho$$

$$(10-229)$$

则有

$$\frac{dp}{dt} = -\nabla V - \frac{1}{\mu} \vec{p} \times (\vec{p} \times \nabla \ln \rho) + (E - \varepsilon) \nabla \ln \rho + \vec{F}^{(fl.)} \qquad (10-230)$$

对 x 方向的一维运动而言 $\rho = \rho(x)$，$\vec{p} = p\vec{e}_x$，故

$$\vec{p} \times \nabla \ln \rho = p\vec{e}_x \times \vec{e}_x \frac{d\ln \rho(x)}{dx} = 0 \qquad (10-231)$$

代回（10-230）式，得

$$\frac{d\vec{p}}{dt} = -\nabla V + (E - \varepsilon) \nabla \ln \rho + \vec{F}^{(fl.)} \qquad (10-232)$$

若不计涨落，则上式退化为

$$\frac{d\vec{p}}{dt} = -\nabla V + (E - \varepsilon) \nabla \ln \rho, \quad (\text{for } \vec{F}^{(fl.)} \to 0) \qquad (10-233)$$

在 $V = V(\vec{r})$ 的定态问题中粒子的能量 ε 为常数。$(10-233) \cdot \dot{\vec{r}}$，有

$$\frac{d\varepsilon}{dt} = (E - \varepsilon) \dot{\vec{r}} \cdot \nabla \ln \rho = 0 \qquad (10-234)$$

要上式成立，则要求

$$\varepsilon = T + V = \frac{1}{2\mu} \vec{p}^2 + V(\vec{r}) = 常数 = E \qquad (10-235)$$

将（10-235）式代回（10-233）式，则得粒子运动方程

$$\frac{d\vec{p}}{dt} = -\nabla V \qquad (10-236)$$

2. 无穷深势阱的理论结果

现将上述一般的一维定态问题的理论结果运用于一维无穷深势阱中的单粒子运动。（10-227）式的解为［参见（8-153）式、（8-154）式］[1]：

本征能量

$$E_n = \frac{\pi^2 \hbar^2}{8\mu a^2} n^2 \quad (n = 1, 2, \cdots) \qquad (10-237)$$

本征波函数

$$\psi_n = \begin{cases} \dfrac{1}{\sqrt{a}} \sin\left(\dfrac{n\pi}{2a}x\right), n = 偶数 \\[3mm] \dfrac{1}{\sqrt{a}} \cos\left(\dfrac{n\pi}{2a}x\right), n = 奇数 \end{cases} \quad (\text{for } |x| < a) \qquad (10-238)$$

$$\psi_n = 0 \qquad (\text{for } |x| > a) \qquad (10-239)$$

---

① 周世勋编：《量子力学教程》，高等教育出版社 1995 年版，第 34~35 页。

设粒子处在第 n 个本征态上。在 $|x| < a$ 的区间，由于 $V = 0$，则将上述结果代回 $(10-235)$ 和 $(10-236)$ 两式就有

$$\varepsilon_n = \frac{1}{2\mu} p_n^2 = E_n = \frac{\pi^2 \hbar^2}{8\mu a^2} n^2 \qquad (10-240)$$

$$\frac{dp_n}{dt} = 0 \Rightarrow p_n = \pm \sqrt{2\mu\varepsilon_n} = \pm \frac{\pi\hbar}{2a} n \Rightarrow \nu_n = \pm \frac{\pi\hbar}{2\mu a} n \qquad (10-241)$$

它表明粒子以速度值 $\nu_n = \pi\hbar n/2\mu a$，在无穷深势阱中于 $|x| < a$ 区间作自由运动。

在 $|x| = a$ 处，则有

$$\frac{dp_n}{dt} = -\nabla V = F, \quad (|F| \to \infty) \qquad (10-242)$$

即刚性粒子与刚性壁发生碰撞。由碰撞理论知，碰后粒子获得相同的速度值，而作反向运动。

亦即是说，上述结果正确地给出了刚性粒子在刚性壁内的往返运动——如此一来，第 8 章中的 SQM 的解释困难就被克服了。

3. SSD 所提供的新认识

一般说来，我们对 SSD 的要求是：与 SQM 相比较，不仅应在 C 判据的检验中有更好的表现（这一点已被证明），而且还应具有后者所不具有的新功能——可以发现和解释新现象。现在我们以无穷深势阱为例来证明这一点。

（1）为什么基态能量 $\varepsilon_1 \neq 0$？它的自组织过程是如何发生的？

在 SQM 中，是将本征能量 E_1 理解为粒子能量的。$n = 1$ 时的基态能量

$$E_1 = \frac{\pi^2 \hbar^2}{8\mu a^2} \neq 0 \qquad (10-243)$$

按照 CM 理论，将粒子置于势阱中的某处，让它初始时静止，则粒子以后也将处在静止的状态，故其最低能量（仅为动能）$\varepsilon_1 = 0$。而这是与 $(10-243)$ 式不一致的，这就表明量子粒子遵守的是完全不同于 CM 的 QM 规律。但是，为什么会这样呢？其机制是什么？在 SQM 中并没有给出正确而深刻的答案——它只是根据粒子具有"波粒两重性"，称"静止的波是不存在的"——由此给予 $(10-243)$ 式某种解释。众所周知，在 SQM 中"波"是被解释为"概率波"的，是由 $\rho = \Psi^* \Psi$ 来刻画的。然而，在定态问题中 $\rho = \rho(x)$，是与时间 t 无关的静止的定态分布。所以单用一句"静止的波是不存在的"，根本就回答不了为什么粒子能量 $\varepsilon_1 = E_1 \neq 0$ 这一问题。

然而，SSD 却可以生动地再现这一自然过程的内在机理。

由 $(10-233)$ 式可见，若真的不存在 $\vec{F}^{(fl.)}$ 的话，粒子在基态（$n = 1$）的动力学方

程便为

$$\frac{d\vec{p}_1}{dt} = -\nabla V + (E_1 - \varepsilon_1)\nabla\ln\rho_1 = (E_1 - \varepsilon_1)\nabla\ln\rho_1, \quad (|x| < a) \qquad (10-244)$$

在 $x = 0$ 处（参见图 $10-4$），由于

$$\frac{d\ln\rho_1(x)}{dt}\bigg|_{x=0} = 0 \qquad (10-245)$$

即有

$$p_1(t) = p_1(0) = 常数 \qquad (10-246)$$

若初条件为 $p_1(0) = 0$，则有

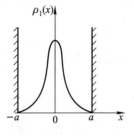

图 $10-4$

$$p_1(t) = p_1(0) = 0 \Rightarrow \varepsilon_1 = \frac{1}{2\mu}p_1^2 = 0 \qquad (10-247)$$

从而表明 $\varepsilon_1 \neq E_1$，说明（$10-244$）式在解释基态能量时失败。

然而 SSD 方程中事实上却存在着涨落项 $\vec{F}^{(fl.)}$。于是，在 $x = 0$ 处真实的完整方程为

$$\frac{dp_1}{dt}\bigg|_{x=0} = (E_1 - \varepsilon_1)\frac{d\ln\rho_1(x)}{dx}\bigg|_{x=0} + F^{(fl.)}\big|_{x=0} = F^{(fl.)}\big|_{x=0} \neq 0 \qquad (10-248)$$

上式表明，当我们将粒子静止地放在 $x = 0$ 的地方时，由于（$10-248$）式的原因，粒子在涨落力的作用下要发生运动而不再满足（$10-246$）式和（$10-247$）式。由于粒子在运动，$\varepsilon \neq 0$，于是粒子的方程为

$$\frac{dp_1}{dt} = -\varepsilon_1\frac{d\ln\rho_1(x)}{dx} + E_1\frac{d\ln\rho_1(x)}{dx} \qquad (|x| < a, \text{for } F^{(fl.)} \to 0) \qquad (10-249)$$

可见，涨落项就像一个"触发开关"：在它的作用下粒子要遵从（$10-248$）式的运动方程，所以粒子必将发生运动并偏离 $x = 0$ 的地方。在触发了粒子的运动之后，由于这个质心运动与内部运动相干的力是一个小量，且由于内部运动是快速的准周期运动，所以它仅仅是在（$10-249$）式所描述的运动上叠加了一个小的、快速的"脉动"。这样一来，有时在实际计算时这个小量便可以近似地略去，以利于方程（$10-249$）的求解。

但事实上 $\varepsilon_1 \neq 0$，于是由（$10-249$）$\cdot \dot{x}$ 便可得

$$\frac{d\varepsilon_1}{dt} = -\varepsilon_1\frac{1}{\rho_1}\frac{d\rho_1}{dt} + E_1\frac{1}{\rho_1}\frac{d\rho_1}{dt} \qquad (10-250)$$

即

$$d(\rho_1\varepsilon_1) = d(\rho_1 E_1) \qquad (10-251)$$

积分

$$\int_{x_0}^{x} d(\rho_1 \varepsilon_1) = \int_{x_0}^{x} d(E_1 \rho_1) \qquad (10-252)$$

$$\varepsilon_1(x)\rho_1(x) = E_1\rho_1(x) + \rho_1(x_0)\varepsilon_1(x_0) - E_1\rho_1(x_0) \qquad (10-253)$$

若假定

$$\varepsilon_1(x_0) = E_1 \qquad (10-254)$$

代回（10-253）式则得

$$\varepsilon_1(x(t)) = \varepsilon_1(t) = \frac{\pi^2 \hbar^2}{8\mu a^2} = 常数 \qquad (10-255)$$

于是粒子的能量 ε_1 便获得了基态本征能量的量值，即粒子的基态能量不为零。

为什么要选择（10-254）式的初条件呢？由上述能量方程看不出来。让我们再回到（10-249）式

$$\begin{cases} \dfrac{dp_1}{dt} = -(E_1 - \varepsilon_1)\dfrac{d\ln\rho_1^{-1}(x)}{dx} & (10-256) \\[3mm] \quad = \dfrac{1}{2\mu}p_1^2 \dfrac{d\ln\rho_1^{-1}(x)}{dx} - E_1\dfrac{d\ln\rho_1^{-1}(x)}{dx} & (10-257) \end{cases}$$

（10-257）是一个关于 p_1 的一阶非线性（由于存在 p_1^2 项）方程。目前我们还给不出这个非线性方程的解析解，且由于我们曾提及过的"困难处境"，也给不出数值解，不能用数值解的图示方法来给出解答。因此，我们采用下述的图示定性分析法，来提供对选取（10-254）式初条件的原因的解释——这一方法看起来虽不够精细，但物理图像反而更加生动，易于理解和揭示出自组织过程的本质原因。

假若（10-257）式中不存在等式右边的第一项这个非线性项目，则它退化为

$$\frac{dp_1}{dt} = -E_1\frac{d\ln\rho_1^{-1}(x)}{dx} = -\frac{d(E_1\ln\rho_1^{-1}(x))}{dx} \qquad (10-258)$$

两边同乘 $\dot{x}$，则有

$$\frac{d\varepsilon_1}{dt} = -\frac{d(E_1\ln\rho_1^{-1})}{dt}$$

即

$$\frac{d}{dt}\left[\varepsilon_1 + E_1\ln\rho_1^{-1}(x)\right] = \frac{d}{dt}\left[\frac{1}{2}\mu\dot{x}^2 + V_E(x)\right] = 0 \qquad (10-259)$$

其中势能和动能分别为

$$V_E(x) = E_1\ln\rho_1^{-1}(x) \qquad (10-260)$$

$$T_1 = \varepsilon_1 = \frac{1}{2}\mu\dot{x}^2 \qquad (10-261)$$

于是由（10-259）式有

$$T_1 + V_E(x) = \frac{1}{2}\mu\dot{x}^2 + E_1\ln\rho_1^{-1}(x) = 常数 \qquad (10-262)$$

（10-262）式即是在 $|x| < a$ 处的"等效的机械能守恒律"。将它与我们最熟悉的谐振子问题联系起来加以对比分析，能让我们更容易理解［（10-262）式可示意为图 10-5］。

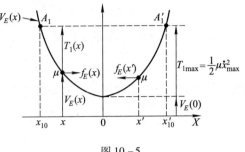

图 10-5

前面曾提到涨落项 $F^{(fl.)}$ 犹如一个"触发开关"，由于它的作用，将使粒子发生运动而偏离 $x=0$ 的地方，但向何方偏离却是随机的。我们不妨假设它使粒子偏离于 x_{10} 处。而粒子的运动一旦被"触发"后，涨落这个"小"的因素就可以略去。若假定不存在 p_1^2 这个（10-257）式中的非线性项，我们就可得出（10-262）式。由图 10-5 可见，粒子在 A_1 时，速度为零，但它要受一个力［参见（10-258）式］$f_E = -\dfrac{d}{dx}V_E(x_{10})$ 的作用，于是粒子从左向右做加速运动，到达 $x=0$ 处时粒子的动能达到最大值 T_{1max}；于是粒子继续向右运动，这时（例如运动到 x' 处时）它受到一个与运动方向相反的力 $f_E(x')$ 的作用，从而被减速；最后到达 A_1' 处（它与 A_1 同能量高度）时粒子的速度变为零。但到达 A_1' 后，又会由于力 f_E 的作用而从右向左运动，再回到 A_1 点——粒子就这样做着一种于 $[x_{10}, x_{10}']$ 区间内的振荡运动。

上面我们描述的是假设粒子不受非线性力作用时的情况，但事实上粒子是受到了非线性力的作用的，方程事实上为（10-256）式。由于在 t 时刻 $\varepsilon_1(t) = T_1(t)$，即为一个常数，于是定性地讲，粒子所受的力就可以形式地近似地写为

$$-\frac{d}{dx}(E_1 - T_1)\ln\rho_1^{-1}(x) = f_\varepsilon(x) \qquad (10-263)$$

同样，设粒子从静止点 A_1 出发向右运动。设运动到 x' 时的动能为 $T_1(x')$（>0），则此时的"等效势能"为

$$[E_1 - T_1(x')]\ln\rho_1^{-1}(x') = V_\varepsilon(x') \qquad (10-264)$$

相应地，粒子运动到 x' 时受到的与运动方向相反的"阻力"为

$$-\frac{d}{dx}[(E_1 - T_1(x'))\ln\rho_1^{-1}(x')] = f_\varepsilon(x') \qquad (10-265)$$

将上述的"等效势能"和"阻力"与不存在非线性项时的"等效势能"和"阻力"

相比较，利用（10-260）式和（10-258）式，有

$$E_1 \ln \rho_1^{-1}(x') = V_E(x') \qquad (10-266)$$

$$-\frac{d}{dx}[E_1 \ln \rho_1^{-1}(x')] = f_E(x') \qquad (10-267)$$

由于（当 T_1 尚未增加到 E_1 的量值时）

$$E_1 - T_1(x') < E_1 \qquad (10-268)$$

可见"等效势"与"阻力"之间有如下关系

$$V_\varepsilon(x') < V_E(x') \qquad (10-269)$$

$$|f_\varepsilon(x')| < |f_E(x')| \qquad (10-270)$$

即存在非线性项之后的"势"及"阻力"要小一些。

现在将上两式的关系与图 10-5 联系起来，我们可以作出图 10-6 的示意图。由图 10-6 可见，在 x' 处，"势" V_ε（虚线所示）较 V_E（实线所示）变平坦了，相应地，处于 B_ε 点的粒子所受到的"阻力"的值 $|f_\varepsilon(x')|$ 较实线 B_E 点处的粒子所受的"阻力" $|f_E(x')|$ 变小了。这就意味着在考虑了非线性项之后，与不考虑非线性项时相比较，粒子将跑得更远一些（因"阻力"变小了）。设到达 x_{20} 位置时粒子

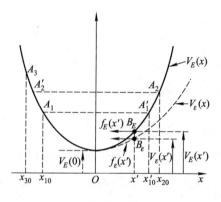

图 10-6

的速度减小为零。此时无非线性项，于是粒子处于 V_E 曲线的 A_2 处。即粒子处于一种较 A_1' 更高的能量状态上。

粒子从 A_2 处向左运动，运动方式与前一样，粒子将同样会运动得更远一些，设为 x_{30}。到 x_{30} 处时，粒子速度为零；于是粒子处于 V_E 曲线的 A_3 处——它较 A_2 处的能量状态更高……这样一直发展下去，当粒子运动到 x_0、即动能增长到

$$\varepsilon_1(x_0) = \frac{1}{2}\mu \dot{x}_0^2 = E_1 \qquad (10-254)$$

的时刻后（若选粒子到达 x_0 的时刻为 t_0，即 $t > t_0$ 时），将（10-254）式代回（10-256）式则得

$$\frac{dp_1}{dt} = 0, \quad (t > t_0) \quad \Rightarrow \quad p_1 = 常数 \qquad (10-271)$$

于是得

$$p_1 = \pm \sqrt{2\mu\varepsilon_1} = \pm \sqrt{2\mu E_1} = \pm \frac{\pi\hbar}{2a} \qquad (10-272)$$

即粒子将在 $|x| < a$ 处以（10 – 272）式的方式作往返运动。

上面所描述的物理过程和物理图像是十分生动而清晰的：在涨落触发开关"触发"之后，粒子的动能要"雪崩"似的增加，直到满足（10 – 254）式为止。这说明有真实的物质性力在给它提供能量——所增加的动能不会无中生有地凭空而来。这些能量究竟从何而来？由方程

$$\frac{dp_1}{dt} = (E_1 - \varepsilon_1)\frac{d\ln\rho_1}{dx} = -\frac{1}{2\mu}p_1^2\frac{d\ln\rho_1(x)}{dx} + E_1\frac{d\ln\rho_1(x)}{dx}, \quad (|x| < a, t < t_0)$$

$$(10-273)$$

可见，它来自两方面：其一，是方程（10 – 273）右边的第 2 项——它纯粹是来自 MBS 的贡献；其二，是该方程右边的第 1 项——这是粒子及其运动与 MBS 之间的一种关联耦合项（非线性项）。可见，在我们的理论解释中，粒子的"力"和"能"是存在实实在在的物质性基础的。

现在我们在 (x, p_x) 相空间将上述整个运动过程用相轨线来表示（参见图 10 – 7）。

由图 10 – 7 可见，若将粒子置于 $x = 0$ 的地方，由于随机涨落项的存在，粒子将因该力而产生运动，从而偏离 $x = 0$ 处。其后，非线性力的继续作用使得这种偏离被不断放大，粒子能量与之相应地也不断增加。当粒子运动到 x_0 处（即 A

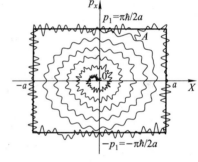

图 10 – 7

点）时，粒子能量 ε_1 (x_0) 与本征能量 E_1 相等。此时，粒子在图 10 – 7 所示的方形相轨线上运动（小折线代表由涨落引起的粒子的"脉动"运动状态）。

由上述分析可见，由涨落所引起的粒子的初始偏离（即初始条件）虽是随机的，但经非线性相互作用的"调制"后，粒子一定会进入相同的相轨线中运动。这便是贝达朗菲在系统论中提出、并在非线性理论中广泛观察到的"异初同终律"。粒子在图 10 – 7 所示的方形相轨线上运动时，虽可以偏离相轨线（"脉动"性），但却又不能远离此相轨线，从而形成一个"环"——人们将其称为"极限环"。粒子的运动一旦偏离了这个极限环，系统内在的非线性力就一定要将粒子拉回到极限环上来，以保障粒子运动状态（即自身的组织结构状态）具有稳定性。这种在没有任何人为干扰和外界指令的条件下，系统自身通过非线性自组织力保持其结构和运动处于稳定状态的过程，被称之为"自组

织"过程。这样一来，系统科学和非线性理论所揭示的"异初同终律"、"极限环"、"自组织"等等现象和规律，便通过 SSD 方程的求解，用一个极简单的无穷深势阱中粒子运动的例子充分地展现了出来，从而表明系统科学和非线性理论所揭示的是来自自然之源的必然性本质规律。

现在我们再来看一看基态时的"相面积"。由图 10 - 7 可见，相面积 A_1 为

$$A_1 = \oint p_x dx = 2a \cdot 2p_1 = 4a \cdot p_1 = 4 \cdot a \cdot \frac{\pi \hbar}{2a} = 2\pi \hbar = h \qquad (10-274)$$

而 n 态时的相面积

$$A_n = \oint p_x dx = 2a \cdot 2p_n = nh \qquad (10-275)$$

此式便是普朗克 - 玻尔的"量子化关系"——海森堡则称之为"测不准关系"——通过上面的分析可以明显看出，它并不与否定轨道概念、否定决定论相联系。

（2）粒子如何跨越 $\rho = 0$ 的节点？

$\rho = 0$ 的地方被称为"节点"。爱因斯坦就曾质问过哥本哈根学派，既然你们说在节点处粒子出现的概率为零，那么在量子跃迁中粒子怎么可能跨越节点而使跃迁得以实现呢？这种来自 C_2 的物理图像上的挑战是生动而本质的。哥本哈根学派根本没有办法回答这个问题，它也是以往任何理论都深感棘手而力图回避的问题。

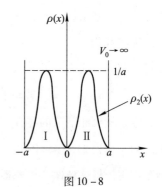

图 10 - 8

以 $n = 2$ 的态为例。如图 10 - 8 所示，在 $x = 0$ 处"概率密度"为零

$$\rho_2(x = 0) = \frac{1}{a} \sin^2\left(\frac{\pi}{a}x\right)\Big|_{x=0} = 0 \qquad (10-276)$$

故 $x = 0$ 的点称为"节点"。

若上述的"密度"被解释为找到粒子的概率密度的话，那就表明粒子在 $x = 0$ 的节点处是不会出现的——既然如此，就"表明粒子不能越过节点（$x = 0$）从区间 I 运动到区间 II；反之亦然"。这正是我们在第 8 章所质疑的。

但事实上，上述的所谓"密度"并不是非物质性的找到粒子的概率，而是 MBS 这一物质性场的分布密度。如果这样看问题，困难就迎刃而解：

在 $x = 0$ 处，$\rho_2(x = 0) = 0$，$d\rho_2(x = 0)/dx \neq 0$，于是有

$$\frac{d\ln \rho_2(x)}{dx}\Big|_{x=0} = \frac{1}{\rho_2(x)} \frac{d\rho_2(x)}{dx}\Big|_{x=0} \to \infty \qquad (10-277)$$

但是，由于 $\vec{F}^{(fl)}$ 的存在，粒子将会有一些小的"脉动"。也就是说，$E_1 = \varepsilon_1$ 只是一种平均的理想状态，事实上严格说来 $\varepsilon_1 \neq E$（或只能说是近似相等，即 $\varepsilon_1 \approx E$）。于是存在两种情况（例如当粒子沿 x 正方向运动时）

（a）当 $\varepsilon_2 > E_2$ 时，则

$$(E_2 - \varepsilon_2) \frac{d\ln \rho_2}{dx}\bigg|_{x=0} \to -\infty \qquad (10-278a)$$

（b）当 $\varepsilon_2 < E_2$ 时，则

$$(E_2 - \varepsilon_2) \frac{d\ln \rho_2}{dx}\bigg|_{x=0} \to \infty \qquad (10-278b)$$

在情况（a）中，粒子受到一个无穷大的反向力，使粒子无法通过 $x=0$ 处。但由于涨落是快速而频繁的，粒子又可以立即从（a）的状态变化为（b）的受力状态，即粒子受到一个正向无穷大的作用力，则使它又能通过节点。亦即是说，（b）的情况在 $x=0$ 处是必然会出现的，故可以将其代入粒子运动方程

$$\frac{dp_2}{dt}\bigg|_{x=0} = \left(E - \varepsilon_2 \frac{d\ln \rho_2}{dx}\right)\bigg|_{x=0} \to \infty \qquad (10-279)$$

这就解释了粒子为什么可以通过 $x=0$ 的节点处。

而在节点 $x=0$ 的邻域，由于涨落（10-278a）和（10-278b）两者相继存在，故在一个就质心平动而言的小的时间内，两者的平均效应几乎对消，从而使其淹没在涨落引起的"脉动"之中，显示不出特别强的效应来。

一个看似困难而棘手的问题，如此容易地被 SSD 理论解决了，其原因就在于自然本身是简单的——如果理论正确地反映了这种简单性，那么在理论解释中就一定不会有匪夷所思、哗众取宠的稀奇古怪现象的产生。正因为如此，在 SQM 中由于物质观和物理图像不合适所带来的那些看似困难的所谓基态能量不为零、穿越节点等问题，都可以被 SSD 简单地予以解释，并在解释过程中找到其实实在在的物质性基础；非线性科学的革命性的前沿理论成果，也在 SSD 方程对极简单系统的求解中，找到了来自本源性自然规律的回答——这些都是 SQM 所不具备的功能。而且我们可以由求解的过程看到，SSD 方程中的各个项目都被暴露了出来，缺失任何一个项目、或者任何一个符号不合适，都不可能获得解释上的成功。

（3）"经典力学过渡"问题

对"经典力学过渡"的理解不同，对该问题就有不同的回答方式。从严格的意义上讲，由于牛顿在 CM 中对粒子运动的描述运用的是轨道概念，所以所谓过渡到 CM，就是

609

过渡到用轨道概念来描述粒子的运动。但是，由于 UP 否定轨道概念，所以严格说来在 SQM 中根本就不能讨论真正的"经典力学过渡"——也正因为如此，所以 SQM 也就不可能建立起关于测量的严格理论。在 SQM 中有时又将所谓的"连续性"称之为"经典过渡"，这就更不正确了。人们知道，通常散射问题发生在连续能区，那是否可以称这些问题就是经典问题？显然不能。总之，我们对 SQM 中种种所谓经典力学过渡的讨论，都是持否定态度的。

我们对该问题的看法是，粒子是物质存在的基本形态，粒子的质心及其运动是客观存在的，所以无论是宏观还是微观粒子的运动，都可以使用轨道概念进行统一的描述。因此，就使用轨道概念而言，是不存在所谓经典力学过渡的问题的。

事实上，宏观粒子没有显示出微观粒子所具有的"波动性"的一面，才是经典与量子之间的最显著的差别。所以在我们的理解中，所谓经典力学过渡就是向牛顿的经典力学方程严格成立的情况过渡，故而也就是"宏观过渡"。

以无穷深势阱为例。如果讨论的微观粒子是电子，其"壁"的尺寸就可取为"原子"的尺度；亦即是取质量 $\mu \sim 10^{-28}$ 克，线度 $a \sim 10^{-8}$ cm。而在讨论一个宏观粒子在无穷深势阱中的运动时，可取其质量 $\mu_宏 \sim 1$ 克，线度 $a_宏 \sim 1$ cm。现在让我们来看看相对应的结果。

处于第 n 个态上的本征能量

$$\varepsilon_宏^{(n)} = \frac{\pi^2 \hbar^2}{8\mu_宏 a_宏^2} n^2 \sim \frac{\pi^2 \hbar^2 n^2}{8(10^{28}\mu) \cdot (10^8 a)^2} \sim \frac{\pi^2 \hbar^2}{8\mu a^2} n^2 \times 10^{-44} \sim \varepsilon_微^{(n)} \times 10^{-44} \to 0$$

$$(10-280)$$

相邻两态的能量差

$$\varepsilon_宏^{(n+1)} - \varepsilon_宏^{(n)} = \varepsilon_微^{(1)}(2n+1) \times 10^{-44} \to 0 \qquad (10-281)$$

由于 $\varepsilon_微^{(1)}$ 在宏观尺度上看是很小的，故由上式可见，宏观粒子相邻两态间的能量差是非常之小的——远远小于宏观粒子所处实际环境所引起的涨落，故根本就观测不到。所以"分立性"（即"波动性"）消失。同时可看出，基态能量

$$\varepsilon_宏^{(1)} \sim \varepsilon_微^{(1)} \times 10^{-44} \to 0 \qquad (10-282)$$

故基态粒子在宏观意义上是静止的。

由于"波动性"已消失，故反映"波动性"力学机制的 $\vec{F}^{(fl)}$ 就可以略去，于是 SSD 方程退化为 NE。

而在 SQM 中，所谓的"经典过渡"是按如下方式理解的：

$$E_{n+1} - E_n = (2n+1)E_1 \qquad\qquad (10-283)$$

由于

$$\frac{E_{n+1} - E_n}{E_n} = \frac{2n+1}{n^2} = \left(2\,\frac{1}{n} + \frac{1}{n^2}\right) \xrightarrow{n\ \text{很大时}} 0 \qquad (10-284)$$

分立性消失而变得连续了，于是说：当 n 很大时就过渡为经典情况。

然而我们由（10-283）式可见，相邻本征态的能量差是随着 n 增大而增大的，这表明"分立性"、即"波动性"是明显存在的，怎么会成为"经典行为"呢？而且，n 很大时粒子的本征能量可以用严格的 CM 来求解吗？显然不能。那么，上述所讨论的内容怎么能被称之为"经典过渡"呢？！

4. 关于涨落项 $\vec{F}^{(fl.)}$

涨落项 $\vec{F}^{(fl.)}$ 是一个粒子的质心运动与粒子的内部结构及其运动相关联的非线性耗散力。在量子现象的解释（如前面的讨论）中，这个力起着非常关键而重要的作用。

（1）涨落项像一个"量子小精灵"，它在关键的地方、关键的时刻，"聪明"地扮演着重要的角色。在解释基态粒子能量不为零时，它就像一个触发开关或点火装置一样。一个小的扰动使得粒子偏离平衡位置，于是粒子通过从 MBS 吸取能量而使自身的能量发生"雪崩"式的增长，直到它获得基态能量为止。在粒子处于节点时，又是它——恰当的涨落——起到某种"开关"作用，使得粒子穿越节点成为可能，从而保证粒子具有"波动性"的运动状态得以实现。在以上两个例证中，若没有它的存在，经典粒子的量子行为就无法实现。这说明它在粒子（系统）从经典向量子转换、从而获得量子行为的新质的过程中，起着极为关键的作用。

（2）在一般情况下 $\vec{F}^{(fl.)}$ 很小，初级近似下可以略去。另一方面，由于系统内的粒子（例如氢原子中的电子）的内部结构尚不清楚，故（10-171）式是无法严格给出的。所以在实际求解的过程中，也往往只好不考虑它。但我们万万不可忘记它会在关键的时刻、关键的地方、关键的问题上起着不可忽略、极其重要的作用——而这时，即使不能做严格的计算，我们也必须对它的效应做定性的考虑。

（3）但是，如果不是上面（2）中所说的情况，即如果系统内粒子的"内部结构"已知的话，那么这个涨落项便可以纳入计算之中。这样一来，我们就可以通过模型理论的手段，建立对微观粒子内部结构的描述，并通过其效应的观测，来检验模型理论是否正确。这就表明非相对论性的 SSD，与相对论性的量子场论之间可能并不存在一条不可逾越的鸿沟。同时运用这两者，就可以互为补充，以更好地认识基本粒子的内部结构。

这也说明在 SSD 方程的 $\vec{F}^{(fl.)}$ 这一项目中，蕴涵着揭示微观粒子内部结构的价值。

总之，上面我们借无穷深势阱中粒子的运动这个极简单的例子，对 SSD 方程所揭示的一些新现象做了示例性的说明，讲得比较细。因为这些新的现象和特质是微观系统所共有的，所以在以下对其他系统的讨论中，除非与上面所讲的情况有所不同，将不再重复论述。

（五）线性谐振子

对定态一维粒子而言，基本方程组为

$$\begin{cases} \dfrac{dp}{dt} = -\dfrac{dV(x)}{dx} + (E-\varepsilon)\dfrac{d\ln\rho(x)}{dx} + F^{(fl.)} & (10-285) \\[3mm] \hat{H}\psi(x) = \left[-\dfrac{\hbar^2}{2\mu}\dfrac{d^2}{dx^2} + V(x) \right]\psi(x) = E\psi(x) & (10-286) \end{cases}$$

其中 $\rho(x) = \psi^*(x)\psi(x)$，$\varepsilon = T + V$ 为粒子的能量。在 SSD 中，该问题归结为先求 SE（10-286）式，然后代入（10-285）式求解粒子如何运动，从而给出量子系统的内在结构及运动的信息——而这是传统 SQM 根本无法实现的功能。

1. SE 的解[①]

一维线性谐振子的势函数为

$$V(x) = \frac{1}{2}\mu\omega^2 x^2 = \frac{1}{2}kx^2 \qquad (10-287)$$

相应的定态 SE 为

$$\left(-\frac{\hbar^2}{2\mu}\frac{d^2}{dx^2} + \frac{1}{2}\mu\omega^2 x^2 \right)\psi_n(x) = E_n\psi_n(x) \qquad (10-288)$$

求得的本征能量 E_n 及本征波函数 ψ_n 为

$$E_n = \left(n + \frac{1}{2} \right)\hbar\omega, \quad (n=0,1,2,\cdots) \qquad (10-289)$$

$$\psi_n(x) = N_n e^{-a^2 x^2/2} H_n(ax) \qquad (10-290)$$

其中 $a = \sqrt{\mu\omega/\hbar}$，$N_n = \sqrt{a/\pi^{1/2}2^n \cdot n!}$，厄米多项式 H_n 为

$$H_n(\xi) = (-1)^n e^{\xi} \frac{d^n}{d\xi^n} e^{-\xi^2} \qquad (10-291)$$

2. SSD 方程的解

设粒子处于第 n 个本征态上，动量为 p_n，能量为 $\varepsilon_n = T_n + V = \dfrac{1}{2\mu}p_n^2 + V$

---

① 周世勋：《量子力学教程》，高等教育出版社 1995 年版，第 38～44 页。

（10 - 285）· $\dot{x}$ 有

$$\frac{d\varepsilon_n}{dt} = (E_n - \varepsilon_n)\frac{d\ln \rho_n(x)}{dt} + F^{(fl.)} \cdot \dot{x} \qquad (10 - 292)$$

若略去涨落所做的功

$$F^{(fl.)} \cdot \dot{x} \to 0 \qquad (10 - 293)$$

因定态时粒子能量 $\varepsilon_n = $ 常数，则应有

$$\frac{d\varepsilon_n}{dt} = (E_n - \varepsilon_n)\frac{d\ln \rho_n(x)}{dt} = 0 \qquad (10 - 294)$$

上式要求粒子能量

$$\varepsilon_n = 常数 = E_n = \left(n + \frac{1}{2}\right)\hbar\omega \qquad (10 - 295)$$

将（10 - 295）式代回（10 - 285）式，若忽略 $F^{(fl.)}$ 则有

$$\frac{dp_n}{dt} = \mu\ddot{x}_n = -\mu\omega^2 x_n \Rightarrow \ddot{x}_n + \omega^2 x_n = 0 \qquad (10 - 296)$$

上式的解为谐振子的解

$$\left. \begin{array}{l} x_n(t) = \dfrac{\nu_{on}}{\omega}\sin \omega t \\[2mm] \dot{x}_n(t) = \nu_{on}\cos \omega t \end{array} \right\} \qquad (10 - 297)$$

利用（10 - 295）式，有

$$\left. \begin{array}{l} \varepsilon_n = \dfrac{1}{2}\mu\dot{x}_n^2 + \dfrac{1}{2}\mu\omega^2 x_n^2 = \dfrac{1}{2}\nu_{on}^2\cos^2 \omega t + \dfrac{1}{2}\mu\nu_{on}^2\sin^2 \omega t = \dfrac{1}{2}\mu\nu_{on}^2 = E \\[3mm] \nu_{on} = \sqrt{2E_n/\mu} = \left[2\left(n + \dfrac{1}{2}\right)\hbar\omega/\mu\right]^{1/2} \end{array} \right\} \qquad (10 - 298)$$

于是得

$$\left. \begin{array}{l} x_n(t) = \sqrt{\dfrac{2E_n}{\mu\omega^2}}\sin \omega t \\[3mm] p_n(t) = \mu\dot{x}_n(t) = \mu\omega\sqrt{\dfrac{2E_n}{\mu\omega^2}}\cos \omega t \end{array} \right\} \qquad (10 - 299)$$

3. SSD 解给出的新认识

由（10 - 299）式可以看出，量子振子与经典振子是很相似的，唯一的差别在于：与后者相比较，前者具有了"分立性"，从而具有了所谓的"波动性"。那么，这种量子粒子的"波动性"的实质是什么？它将会给我们带来一些什么样的新知识？

（1）分立的相轨线和系统的结构

在相空间 $(x,\ p_x)$ 中，处于第 n 个能态上的振子的相面积

$$A_n = \oint p_n dx_n = \pi p_n^{(\max.)} \cdot x_n^{(\max.)} = \pi \cdot \left(\mu\omega\sqrt{\frac{2E_n}{\mu\omega^2}}\right) \cdot \left(\sqrt{\frac{2E_n}{\mu\omega^2}}\right)$$

$$= \pi\mu\omega\frac{2E_n}{\mu\omega^2} = 2\pi\frac{E_n}{\omega} = 2\pi\frac{1}{\omega}\left(n + \frac{1}{2}\right)\hbar\omega = \left(n + \frac{1}{2}\right)h \qquad (10-300)$$

上式其实就是普朗克-玻尔的量子化关系（仅因基态能 $E_0 = \hbar\omega/2 \neq 0$，在上式中多出了一个 $h/2$）。它表明粒子的轨道被量子化了（如图 8-7 所示），从而使得粒子的能量只能取分立值。这种"分立性"反映的是粒子（系统）具有"结构"，通常被称为粒子的"波动性"。

（2）微观结构的自组织成因

粒子（系统）的微观结构是如何造就的呢？这一问题的实质是在问它与经典有什么差别。

在纯经典的情况下，粒子的运动方程为

$$\frac{dp}{dt} = -\frac{d}{dx}V(x) = -\frac{1}{2}\mu\omega^2 x \Rightarrow \ddot{x} + \omega^2 x = 0 \qquad (10-301)$$

这一方程与量子振子的方程（10-296）式在本质上是没有差别的。它给出的解为

$$x(t) = \frac{\nu_0}{\omega}\sin \omega t$$

$$\dot{x}(t) = \nu_0 \cos \omega t \qquad (10-302)$$

与（10-297）式相比较，在形式上也是没有差别的。

那么差别在哪里呢？在于（10-302）式的初条件是可以任意人为给定的——从而也就使得运动是可以连续变化的。从能量的角度讲，由（10-301）·$\dot{x}$，有

$$\frac{d\varepsilon}{dt} = 0 \Rightarrow \varepsilon = \frac{1}{2\mu}p^2 + \frac{1}{2}\mu\omega^2 x^2 = 常数 \qquad (10-303)$$

这里的积分常数是人为给定的，故能量就是可以连续变化的。

但量子振子却不一样。它的初条件不是由外在的人为指令给出的。将（10-294）式与（10-295）式结合起来，两者就形成了一种内封闭的关系：

$$\frac{d\varepsilon_n}{dt} = 0 \qquad \varepsilon = E_n = 常数 \qquad (10-304)$$

由此可见，在量子振子情况下，与（10-302）式、（10-303）式相对应的运动初条件

和积分常数〔见（10－297）式中的 $x_{no} = \nu_{on}/\omega$ 以及 $\dot{x}_{no} = \nu_{on}$〕均不是人为指令的结果，而是在系统的内在力学机制制约下产生的。

但如何制约呢？由（10－285）式可见，与经典振子方程（10－301）不一样的是，量子振子的运动方程为（若不计 $F^{(fl.)}$）

$$\frac{dp}{dt} = -\frac{d}{dx}V(x) + F^{(s)} \qquad (10-305)$$

$$F^{(s)} = (E - \varepsilon)\frac{d\ln\rho(x)}{dx} \qquad (10-306)$$

这说明量子粒子除了受到经典牛顿力的作用外，还受到一个"结构力" $F^{(s)}$ 的作用，而这个力是与 $d\ln\rho(x)/dx$ 相关联的。在宏观振子的情况下，它很"小"，可以略去。但对微观振子而言，相比较起来它就变得"大"了，起着决定性的制约作用。正是系统内在力学机制的这一制约，才使得粒子的能量不再能任意给定。这种力学机制——如（10－304）式所表示的那样——是内封闭的。或者说得再清楚一些，依靠这种机制所形成的是一种不依赖于人的干预和人的指令的自组织结构。所谓的"波动性"、即"分立性"，就是粒子的一种自组织结构状态的反映，其动力学机制则来自结构力的自组织效应的制约———一旦粒子偏离了玻尔－普朗克量子化条件所规定的相轨线，粒子就会依赖 $F^{(s)}$ 的自组织力量，非要把自己再拉回到上述相轨线上运动不可，从而才使得系统获得了自组织结构的稳定性。

SSD 的上述认识，不仅使波粒两重性获得了统一，而且将其深化了——与系统的稳定的自组织结构关联了起来，这就更加丰富了我们对微观系统的认识。

（3）基态能与粒子跨越节点的问题

线性谐振子的基态能从何而来？在节点处粒子如何运动？这在 SQM 中同样是无法说清的。SSD 理论对这一问题的回答与在无穷深势阱中的情况类似，故无须重复。

（4）振子的线度

由（10－297）式可求得振子的最大振幅（即振子的线度）

$$x_n^{(\max)} = \frac{\nu_{on}}{\omega} = \frac{1}{\omega}\sqrt{\frac{2E_n}{\mu}} = \sqrt{\frac{2E_n}{\mu\omega^2}} = \sqrt{\frac{2}{k}}\left[\left(n + \frac{1}{2}\right)\hbar\omega\right]^{1/2} \qquad (10-307)$$

若将振子置于外界的环境中，当外界的温度 T 高时，振子就处在较高的能态上（即 n 较大），由（10－307）式可见，振子的线度相应地就大一些。将这一结果应用到（内部具晶格振动的）固态物质上，所对应的效应便是所谓的热胀冷缩现象（具体的拓展处理从略）。

（5）经典极限

由线性谐振子的势的公式可见

$$V(x) = \frac{1}{2}\mu\omega^2 x^2 = \frac{1}{2}kx^2, \omega = \sqrt{k/\mu} \qquad (10-308)$$

势的特性由弹性模量 k 来标记，$k = (\partial^2 U/\partial x^2)$，若在宏观和微观系统中函数 U 的性质近似相似，我们就可以简单地视其 k 近似相等，即令 $k_{mac.} \approx k_{mic.}$。假定宏观的折合质量 $\mu_{mac.} \sim 1 \, [g]$，微观的折合质量（例如双原子分子）$\mu_{mic.} \sim 10^{-24} \, [g]$，于是我们有宏观量与微观量之间的如下关系

$$\left.\begin{array}{l} \omega_{mac.} \sim \omega_{mic.} \left(\dfrac{\mu_{mic.}}{\mu_{mac.}}\right)^{1/2} \sim \omega_{mic.} \cdot 10^{-12} \\[3mm] \Delta E_{mac.} = \hbar\omega_{mac.} \sim \Delta E_{mic.} \cdot 10^{-12} \\[3mm] (x_0^{(max.)})_{mac.} \sim (x_0^{(max.)})_{mic.} \cdot 10^{-6} \end{array}\right\} \qquad (10-309)$$

由上述关系可见，在宏观振子的情况下，相邻能级的间隔 $\Delta E_{max.}$ 是如此之小，以至于在宏观实验的误差之内其"分立性"（即"波动性"）是观察不到的。换句话说，这时振子的"波动性"消失而退化为 CM 的情况，所以在基态时经典振子是静止的（$(x_0^{(max.)})_{mac.}$ 的线度远小于宏观振子物体自身的尺度，观察不到，故可视其为静止）。

（6）涨落对振子行为的影响

我们说，在上述一维振子的情况下涨落 $\vec{F}^{(fl.)}$ 仅使振子的运动出现了一个小脉动，不会引起大的效应。但是，如果仔细考虑涨落项的物理实质——它是质心运动与内部运动的一种干涉效应，可能就会带来一些新的发现。

例如，如果 $\vec{F}^{(fl.)}$ 中的内部运动部分包含着 y 方向不为零的力，则若无特殊的外在约束迫使振子仅作一维（x 方向）运动的话，则实际的振子运动就应是 x、y 平面内的二维运动。当然，若 $\vec{F}^{(fl.)}$ 中还包含着 z 方向不为零的力的话，就会是 3 维运动。由于 3 维只是 2 维的推广，为简化讨论，我们就以 2 维情况为例。

情况 1：在此种情况下，2 维振子的经典拉氏函数可以写为如下的形式：

$$L = \sum_{i=1}^{2} \left(\frac{1}{2}\mu\dot{x}_i^2 - \frac{1}{2}kx_i^2\right) \qquad (10-310)$$

其中 $x_1 = x$，$x_2 = y$。这种情况满足（10-75）式，于是 x、y 两个方向的运动不存在耦合。亦即是说，相应的哈密顿量

$$\hat{H} = \left[-\frac{\hbar^2}{2\mu}\frac{\partial^2}{\partial x^2} + \frac{1}{2}kx^2\right] + \left[-\frac{\hbar^2}{2\mu}\frac{\partial^2}{\partial y^2} + \frac{1}{2}ky^2\right] = \hat{H}_x(x) + \hat{H}_y(y) \qquad (10-311)$$

是"和"的形式，其总波函数

$$\psi_k(x,y) = \psi_m(x)\psi_n(y) \tag{10-312}$$

是分离变量型的。相应的定态 SE 为

$$\hat{H}\psi_k = E_k\psi_k \tag{10-313}$$

$$\left.\begin{aligned} \hat{H}_x\psi_m &= E_m\psi_m \\[2mm] \hat{H}_y\psi_n &= E_n\psi_n \end{aligned}\right\} \tag{10-314}$$

（10-314）式的一维谐振子问题已解出，其能量为

$$E_m = \left(m + \frac{1}{2}\right)\hbar\omega, \quad E_n = \left(n + \frac{1}{2}\right)\hbar\omega \quad (m, n = 0, 1, 2, \cdots) \tag{10-315}$$

振子的总本征能量

$$E_k = E_m + E_n = (k+1)\hbar\omega \quad (m + n = k = 0, 1, 2, \cdots) \tag{10-316}$$

若振子的解选为

$$\left.\begin{aligned} x_m(t) &= \frac{1}{\mu\omega}\sqrt{2\mu E_m}\sin\omega t \\[2mm] y_n(t) &= \frac{1}{\mu\omega}\sqrt{2\mu E_n}\sin\omega t \end{aligned}\right\} \tag{10-317}$$

则振子的轨道为一直线

$$y_n = \left(\frac{E_n}{E_m}\right)^{1/2} x_m \tag{10-318}$$

若振子的解选为

$$\left.\begin{aligned} x_m(t) &= \frac{1}{\mu\omega}\sqrt{2\mu E_m}\cos\omega t \\[2mm] y_n(t) &= \frac{1}{\mu\omega}\sqrt{2\mu E_n}\sin\omega t \end{aligned}\right\} \tag{10-319}$$

则振子的轨道是一个椭圆

$$\frac{x_m^2}{\left(\sqrt{2\mu E_m}/\mu\omega\right)^2} + \frac{y_n^2}{\left(\sqrt{2\mu E_n}/\mu\omega\right)^2} = 1 \tag{10-320}$$

情况 2：但事实上，由于 $\vec{F}^{(fl)}$ 项目的存在（除非以技术条件使得 $\vec{F}^{(fl)}$ 与某外力对消为零，于是变为情况 1），x、y 两个方向的运动是耦合的。这时，x、y 方向的运动方程为

$$\frac{dp_x}{dt} = -\frac{\partial V}{\partial x} + (T - V)\frac{\partial\ln\rho}{\partial x} - p_x\frac{d\ln\rho}{dt} + \frac{1}{\rho}\frac{\partial(\psi^*\hat{H}\psi)}{\partial x} \tag{10-321a}$$

$$\frac{dp_y}{dt} = -\frac{\partial V}{\partial y} + (T - V)\frac{\partial\ln\rho}{\partial y} - p_y\frac{d\ln\rho}{dt} + \frac{1}{\rho}\frac{\partial(\psi^*\hat{H}\psi)}{\partial y} \tag{10-321b}$$

617

在这里 $\rho = \psi^* \psi$，且 ψ 满足如下 SE

$$\left.\begin{aligned}&\hat{H}\psi = E\psi \\ &\hat{H} = -\frac{\hbar^2}{2\mu}\left(\frac{\partial^2}{\partial x^2} + \frac{\partial^2}{\partial y^2}\right) + \frac{1}{2}k(x^2 + y^2)\end{aligned}\right\} \qquad (10-322)$$

也就是说仅考虑 $\vec{F}^{(\text{几})}$ 将两者耦合起来的效应，但在求运动时却又略去了涨落。由（10-322）式可见，SE 仍可以是分离变量型的

$$\left.\begin{aligned}&\psi(x,y) = \zeta(x)\eta(y) \\ &E = E_x + E_y = T_x + T_y + V\end{aligned}\right\} \qquad (10-323)$$

定态问题，$\partial \ln \rho / \partial t = 0$，故（10-321）式中方程右边的第 3 项可以写为

$$p_x \frac{d\ln\rho}{dt} = p_x\left(\dot{x}\frac{\partial\ln\rho}{\partial x} + \dot{y}\frac{\partial\ln\rho}{\partial y}\right) = 2T_x\frac{\partial\ln\rho}{\partial x} + p_x\dot{y}\frac{\partial\ln\rho}{\partial y} + 2T_y\frac{\partial\ln\rho}{\partial x} - 2T_y\frac{\partial\ln\rho}{\partial x}$$

$$= 2T\frac{\partial\ln\rho}{\partial x} + p_y\left(\dot{x}\frac{\partial}{\partial y} - \dot{y}\frac{\partial}{\partial x}\right)\ln\rho \qquad (10-324a)$$

类似上述运算，有

$$p_y\frac{d\ln\rho}{dt} = 2T\frac{\partial\ln\rho}{\partial y} + p_x\left(\dot{y}\frac{\partial}{\partial x} - \dot{x}\frac{\partial}{\partial y}\right)\ln\rho \qquad (10-324b)$$

将（10-324）式代回（10-321）式且利用（10-322）式和（10-323）式，有

$$\begin{cases}\dfrac{dp_x}{dt} = -kx + (E-\varepsilon)\dfrac{\partial\ln\rho_x}{\partial x} - p_y\left(\dot{x}\dfrac{\partial\ln\rho_y}{\partial y} - \dot{y}\dfrac{\partial\ln\rho_x}{\partial x}\right) & (10-325a) \\[4mm] \dfrac{dp_y}{dt} = -ky + (E-\varepsilon)\dfrac{\partial\ln\rho_y}{\partial y} - p_x\left(\dot{y}\dfrac{\partial\ln\rho_x}{\partial x} - \dot{x}\dfrac{\partial\ln\rho_y}{\partial y}\right) & (10-325b)\end{cases}$$

这里，$\rho_x = \zeta^*(x)\zeta(x)$，$\rho_y = \eta^*(y)\eta(y)$。

对于定态问题，振子粒子的能量 ε 是守恒的，故有

$$\varepsilon = const. = E = E_x + E_y \qquad (10-326)$$

代回（10-325）式，得

$$\begin{cases}\dfrac{dp_x}{dt} = -kx - p_y\left(\dot{x}\dfrac{\partial\ln\rho_y}{\partial y} - \dot{y}\dfrac{\partial\ln\rho_x}{\partial x}\right) & (10-327a) \\[4mm] \dfrac{dp_y}{dt} = -ky - p_x\left(\dot{y}\dfrac{\partial\ln\rho_x}{\partial x} - \dot{x}\dfrac{\partial\ln\rho_y}{\partial y}\right) & (10-327b)\end{cases}$$

由（10-327）式我们有如下结论：

A. 振子总能量仍是守恒的，但是两振动方向的能量可以相互转换（即可以存在由非线性相干引起的运动状态和能量交换的"内转换"）。

这一点很容易证明。由 （10-327a）·$\dot{x}$ +（10-327b）·$\dot{y}$，有

$$\frac{d\varepsilon}{dt} = -\dot{x}p_y\left(\dot{x}\frac{\partial\ln\rho_x}{\partial y} - \dot{y}\frac{\partial\ln\rho_x}{\partial x}\right) - \dot{y}p_x\left(\dot{y}\frac{\partial\ln\rho_x}{\partial x} - \dot{x}\frac{\partial\ln\rho_y}{\partial y}\right)$$

$$= (-\dot{x}\mu\dot{y}\cdot\dot{x} + \dot{y}\mu\dot{x}\cdot\dot{x})\frac{\partial\ln\rho_y}{\partial y} + (\dot{x}\mu\dot{y}\cdot\dot{y} - \dot{y}\mu\dot{x}\cdot\dot{y})\frac{\partial\ln\rho_x}{\partial x} = 0$$

$$(10-328)$$

即得

$$\varepsilon = \varepsilon_x + \varepsilon_y = const. = E \qquad (10-329)$$

内转换效应使得系统的总能量仍是守恒的。能量守恒，即意味着系统不向外辐射能量，系统处于稳定状态——按哈肯的话说便是系统处于稳定的自组织状态。但是，这种自组织状态却是依靠（10-327）式的第 2 项的非线性协同相干实现的——这种"协同"效应是很重要的，它已经被哈肯观察到了，哈肯在"协同学"中是用"序参量"的语言来提取它的（哈肯的理论是有重要意义的，他看到在未找出宏观热力学系统基本定律的微观基础之前，统统用一个宏观的"熵"概念作为"生序"的"序参量"显然是太粗糙了。他还观察到两个相关联的系统所组成的系统，可以通过能量的内部交换协同起来形成稳定的自组织结构，这无须大量地耗散能量。于是他引入了"序参量"的概念，强调了"协同"——即强调了"合作"与"双赢"。事实上，在企业合并、地区协作等社会、经济领域中，"合作双赢"的现象早就被观察到了）。

B. 若（10-327）式中的第 2 项满足如下条件

$$\frac{\dot{y}}{\dot{x}} = \frac{dy}{dx} = \frac{\partial}{\partial y}\ln\rho_y \Big/ \frac{\partial}{\partial x}\ln\rho_x \qquad (10-330)$$

即它的轨道运动满足（10-330）式的轨道运动微分方程时，（10-327）式则退化为两个彼此独立的振动

$$\frac{dp_x}{dt} = -kx \qquad (10-331a)$$

$$\frac{dp_y}{dt} = -ky \qquad (10-331b)$$

假若 y 方向被限定在基态上运动（这依赖于技术条件），我们只考虑（10-331a）式的一维线性谐振子的运动（求解与前相同）。于是，我们便从 2 维退化为 1 维。

这种从高维向低维过渡的所谓"低维量子力学问题"，不仅产生了一系列的新性质，而且具有重大的应用价值。量子阱、量子线、量子点都有重要的应用前景。纳米科技也已被人们视为 21 世纪的重大科学技术，引起了广泛的关注和应用开发热。这些低维问题

（此处以及前面的讨论，均是低维问题）的进一步应用，包括纳米技术的讨论等，只是对上述理论结果的应用（即加上了技术性的"约束"），属于技术的问题，不再做进一步讨论。

（六）势垒贯穿（隧道效应）

1. SQM 的解释

设能量为 E 的粒子沿 x 正方向射向图 10-9 所示的方势垒

$$V(x) = \begin{cases} V_0 & (0 < x < a) \\ 0 & (x < 0, x > a) \end{cases} \qquad (10-332)$$

定态 SE 为

$$\left[-\frac{\hbar^2}{2\mu} \frac{d^2}{dx^2} + V(x) \right] \psi(x) = E\psi(x) \qquad (10-333)$$

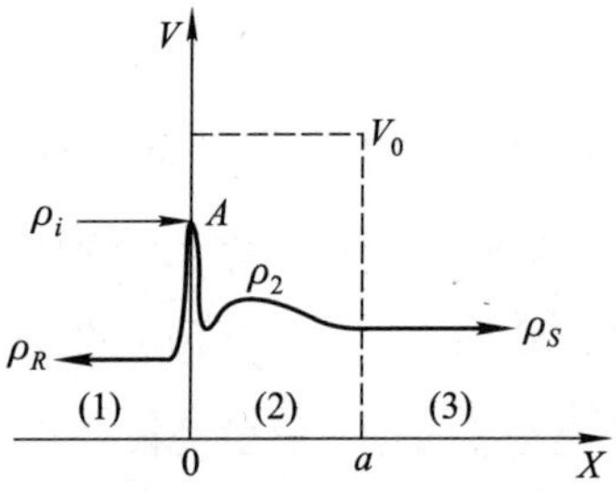

图 10-9

解得在三个区间的波函数分别为

$$\psi_1 = \psi_i + \psi_R = e^{ik_1 x} + A_1 e^{-ik_1 x}, \quad \psi_2 = A_2 e^{k_2 x} + B_2 e^{-k_2 x}, \quad \psi_3 = se^{ik_1 x} \qquad (10-334)$$

其中

$$k_1 = (2\mu E/\hbar^2)^{1/2}, \quad k_2 = \left[2\mu(V_0 - E)/\hbar^2 \right]^{1/2} \qquad (10-335)$$

ψ_i、ψ_R 和 ψ_3 分别称为入射波、反射波和透射波。

利用波函数的连续性条件

$$\psi_1(0) = \psi_2(0), \quad \left(\frac{d\psi_1}{dx} \right)_{x=0} = \left(\frac{d\psi_2}{dx} \right)_{x=0}, \quad \psi_2(a) = \psi_3(a), \quad \left(\frac{d\psi_2}{dx} \right)_{x=a} = \left(\frac{d\psi_3}{dx} \right)_{x=a} \qquad (10-336)$$

可得如下的系数关系

$$\left. \begin{aligned} & 1 + A_1 = A_2 + B_2 \\ & ik_1(1 - A_1) = k_2(A_2 - B_2) \\ & A_2 e^{k_2 a} + B_2 e^{-k_2 a} = se^{ik_1 a} \\ & k_2(A_2 e^{k_2 a} - B_2 e^{-k_2 a}) = ikse^{ika} \end{aligned} \right\} \qquad (10-337)$$

由上述联立方程组可求得系数

$$A_2 = \frac{s}{2}\left[1 + \frac{ik_1}{k_2}\right]e^{ik_1a - k_2a}$$

$$B_2 = \frac{s}{2}\left[1 - \frac{ik_1}{k_2}\right]e^{ik_1a + k_2a}$$

$$s = \frac{-2ik_1/k_2 \cdot e^{-ik_1a}}{[1 - (k_1/k_2)^2]shk_2a - 2i(k_1/k_2)chk_2a}$$

$$A_1 = \frac{-(k_1^2 + k_2^2)shk_2a}{2k_1k_2chk_2a + i(k_1^2 - k_2^2)shk_2a}$$

$$(10-338)$$

由上式求得反射系数 R 和透射系数 T_s 分别为

$$R = |A_1|^2 = \frac{(k_1^2 + k_2^2)sh^2k_2a}{(k_1^2 + k_2^2)sh^2k_2a + 4k_1^2k_2^2} \tag{10-339}$$

$$T_s = |s|^2 = \frac{4k_1^2k_2^2}{(k_1^2 + k_2^2)sh^2k_2a + 4k_1^2k_2^2} \tag{10-340}$$

由上两式有

$$R + T_s = |A_1|^2 + |s|^2 = 1 \tag{10-341}$$

这正是概率守恒（或粒子数守恒）的表现。

"按照经典力学来看，在 $E < V_0$ 情况下，粒子根本不能穿过势垒，将完全被弹回。但按量子力学计算，在一般情况下，透射系数 $T_s \neq 0$。这种现象——粒子能穿过比它动能更高的势垒，称为隧道效应（tunnel effect），它是由于粒子的波动性引起的。"[①]

概率波解释隧道效应存在如下困难：

（1）如果是一个粒子入射，则入射的几率为 1。现在问一个问题：粒子是反射回去了还是透射过去了？

按照（10-341）式的解释，对一个粒子入射而言，应做如下的理解

$$\left.\begin{array}{l} |A_1|^2\%\text{的部分被反射了回去} \\ |s|^2\%\text{的部分被透射了过去} \end{array}\right\} \tag{10-342}$$

这当然是不对的，因为"一个粒子"是不能一部分被反射回去而一部分被透射过去的——它与粒子作为一个整体的物理图像不吻合。

（2）但如果不将（10-341）式解释为单个粒子出现的概率守恒，而解释为系综的概率守恒，（10-342）式的矛盾便可以克服。

---

① 曾谨言：《量子力学》，科学出版社 1986 年版，第 77 页。

然而此矛盾克服后，却又面临如下的困难：概率来自随机性，即粒子可能被反射回去，也可能进入势垒后再透射过去，这完全是随机的；将多次单粒子事件"串起来"放在同一时刻来考察（即作系综处理），则其概率关系满足（10－341）式。那么，这种"随机性"从何而来？其力学机制是什么？这在 SQM 中是无法说清的。

（3）既然有粒子透射过去，便有粒子进入势垒的内部。而按能量守恒

$$E = \frac{p^2}{2\mu} + V(x) = \frac{p^2}{2\mu} + V_0 \qquad (10-343)$$

在 $0 < x < a$ 的区域（2）（即势垒的内部），$V(x) = V_0$。由于 $E < V_0$，于是有

$$p_2^2 = -2\mu(V_0 - E) \Rightarrow p_2 = \pm i \left[2\mu(V_0 - E) \right]^{1/2} \qquad (10-344)$$

上式意味着粒子的动量为"虚数"。而按照相对论，这意味着粒子的速度 ν_2 是超过光速的

$$p_2 = \frac{\mu\nu_2}{\sqrt{1 - \left(\frac{\nu_2}{c}\right)^2}} = \frac{\mu\nu_2}{\mp i \sqrt{\left(\frac{\nu_2}{c}\right)^2 - 1}} = \pm i\mu\nu_2 \Big/ \sqrt{\left(\frac{\nu_2}{c}\right)^2 - 1} \qquad (10-345)$$

那么粒子从入射速度 $\nu_i < c$ （$\nu_i = \sqrt{2E/\mu}$）被加速到 $\nu_2 > c$ 的力从何而来？

（4）对（10－344）式的问题，人们是这样来回答的：怎样理解势垒贯穿中的势垒内部粒子动能是负值的问题？在量子力学中，这个问题的提法就不能成立，因为（10－343）式是算符的等式。由于坐标算符和动量算符不对易，势能算符 $V(x)$ 和动能算符 $\hat{p}^2/2\mu$ 也就不对易，即势能和动能不能同时具有不确定值；在这种情况下，说在某一点或在某一区域内粒子的能量等于动能与势能之和是没有意义的。（10－343）式只说明在一个态中平均总能量等于平均动能和平均势能之和，对一个态求平均时，要对变量的整个区域积分。当粒子在势垒范围内被发现时，根据测不准关系，粒子的动能就在某一范围内不确定。

"下面计算这个不确定的范围：因为势垒的宽度为 a，粒子在势垒内说明粒子坐标的不确定范围是

$$\Delta x \leq a$$

根据测不准关系

$$\overline{(\Delta x)^2}\,\overline{(\Delta p_x)^2} \geq \hbar^2/4$$

因而有

$$\overline{(\Delta p_x)^2} \geq \hbar^2/4a^2$$

所以粒子动能的不确定范围是

$$\Delta T = \overline{(\Delta p_x)^2}/2\mu \geqslant \hbar^2/8\mu a^2 \text{''}^{①} \qquad (10-346)$$

但是，上述解释对我们这里的问题而言并不成立。因为该问题是定态系问题，能量守恒，故（设粒子的入射动量为 p_i）

$$E = \frac{1}{2\mu}p_i^2 = 常数 \qquad (10-347)$$

在 $[0, a]$ 区间，因 $V(x) = V_0 = 常数$，而

$$[v_0, \hat{H}] = 0, \quad [\hat{T}, \hat{H}] = 0, \quad [V_0, \hat{T}] = 0 \qquad (10-348)$$

所以 $\hat{T}$、$V_0 = V(x)$ 是可以同时被精确测量的量

$$\langle V_0 \rangle = \frac{\int_0^a \psi_2^* \, V_0 \psi_2 dx}{\int_0^a \psi_2^* \, \psi_2 dx} = \frac{V_0 \int_0^a \psi_2^* \, \psi_2 dx}{\int_0^a \psi_2^* \, \psi_2 dx} = V_0 \qquad (10-349)$$

$$\langle \hat{T} \rangle = \frac{-\hbar^2}{2\mu}\int_0^a \psi_2^* \frac{d^2}{dx^2}\psi_2 dx \Big/ \int_0^a \psi_2^* \, \psi_2 dx = -\frac{\hbar^2}{2\mu}k_2^2 = -\frac{\hbar^2}{2\mu}\frac{2\mu(V_0-E)}{\hbar^2} = E - V_0$$
$$(10-350)$$

故而

$$\langle \hat{T} \rangle = \frac{1}{2\mu}p_2^2 = E - V_0 < 0 \qquad (10-351)$$

所形成的（10-344）式的困难是实实在在的，是根本就不可能用所谓的"测不准"绕得过去的。

而且，即使按测不准原理的说法，由于（10-348）式的存在，$\hat{T}$ 就是可以被精确测量的，故而 $(\Delta p_x)^2$ 和 ΔT 应为零。但是，（10-346）式却又称 $\Delta T \neq 0$。于是，"测不准关系"的解释便是内部不自洽的。事实上，势垒穿透讲的是粒子可以穿越较自身能量更高的一个势垒（这在 CM 中是不允许的）。这是一个客观事实。现在 SQM 将其原因归结为"测不准"——由于测量产生了动量的不确定性 [即（10-346）式]，那么试问：如果不测量的话粒子就不会穿越势垒了吗？而且，即使"承认"（10-346）式这种悖论式的解释，它又能给理解"隧道效应"——即如何去"建立"和"通过"隧道——提供什么样的帮助呢？SQM 对"隧道效应"的解释只是给出了一个数学结果，对人们搞清楚其物理机制是完全没有帮助的！

① 周世勋编：《量子力学教程》，高等教育出版社 1995 年版，第 92 页。

2. SSD 对势垒穿透的解释

（1）关于粒子如何进入势垒的问题

在区间（1），对入射粒子而言（记 $p = p_i$）

$$\frac{dp_i}{dt} = (E - \varepsilon_i)\frac{d\ln \rho_i}{dx} = 0, \quad (x < a) \tag{10-352}$$

于是有

$$p_i = \mu\nu_i = 常数 \Rightarrow p_i = \sqrt{2\mu E} \Rightarrow \nu_i = \sqrt{2E/\mu} \tag{10-353}$$

当入射粒子运动到 $x = 0$ 处时，粒子的运动方程为

$$\frac{dp}{dt} = -\nabla V(x) + (E - \varepsilon)\frac{d\ln \rho}{dx} + F^{(fl.)} \tag{10-354}$$

将 $F^{(fl.)}$ 形式地写为

$$F^{(fl.)} \equiv -\frac{dp^{(fl.)}}{dt} \tag{10-355}$$

并令

$\varepsilon' = \dfrac{1}{2\mu}(p + p^{(fl.)})^2 + V = \dfrac{1}{2\mu}p'^2 + V$，则（10-354）式应形式地写为

$$\frac{dp'}{dt} = -\nabla V(x) + (E - \varepsilon')\frac{d\ln \rho}{dx} \tag{10-356}$$

在不考虑 $F^{(fl.)}$ 时，如我们前面已讨论过的，应有

$$\varepsilon = \frac{1}{2\mu}p^2 + V = E \tag{10-357}$$

而当考虑 $F^{(fl.)}$ 时

$$\varepsilon' = \frac{1}{2\mu}p'^2 + V \neq E \tag{10-358}$$

亦即是说，能量 ε' 将围绕 $\varepsilon = E$ 有一个小的涨落。由于 $F^{(fl.)}$ 的具体形式依赖于粒子（例如电子）的内部结构，而内部结构现在还不知道，故我们无法精确求解，只能定性地说它引起在 $\varepsilon = E$ 下的一个小的涨落，而只讨论（10-354）式略去 $F^{(fl.)}$ 时的解。但是，在 $x = a$ 处时，这个"小精灵"的关键作用再次显示了出来，则必须解（10-356）式。由于方形势垒仅是一种"理想化"的模拟，事实上其梯度是有限的，故

$$F = -\nabla V(x)\,\big|_{x=a} \rightarrow 负的很大但仍有限的值 \tag{10-359}$$

而（10-356）式的"力"的第 2 项的可能形式为

$$F' = (E - \varepsilon') \frac{d\ln\rho}{dx}\bigg|_{x=a} = \begin{cases} (E - \varepsilon') \lim_{\Delta x \to 0} \dfrac{\ln\rho_2(a) - \ln\rho_i(a)}{\Delta x} & (10-360a) \\[3mm] (E - \varepsilon') \lim_{\Delta x \to 0} \dfrac{\ln\rho_R(a) - \ln\rho_i(a)}{\Delta x} & (10-360b) \end{cases}$$

由于在 $x = a$ 处，场密度发生了非连续性的跃变（参见图 10-9。为便于作图，将非连续跃变画得光滑了）

$$\rho_2(a) < \rho_i(a), \rho_R(a) < \rho_i(a) \tag{10-361}$$

代回（10-360）式之中有（分别记 F' 为 F'_a 和 F'_b）

$$F'_a = -(E - \varepsilon')\left[\ln\rho_i(a) - \ln\rho_2(a)\right] \lim_{\Delta x \to 0} \frac{1}{\Delta x} \to \infty, \; (\varepsilon' > E \text{ 时}) \tag{10-362a}$$

$$F'_b = -(E - \varepsilon')\left[\ln\rho_i(a) - \ln\rho_R(a)\right] \lim_{\Delta x \to 0} \frac{1}{\Delta x} \to -\infty, \; (\varepsilon' < E \text{ 时}) \tag{10-362b}$$

于是

（a）当

$$\varepsilon' > E \tag{10-363}$$

时，我们有

$$\frac{dp'_2}{dt}\bigg|_{x=a} = F + F'_a \to \infty \tag{10-364}$$

于是，入射粒子就因受到一个无限大的正方向的力的作用，被拉进了势垒的内部。

（b）当

$$\varepsilon' < E \tag{10-365}$$

时，我们有

$$\frac{dp'_R}{dt}\bigg|_{x=a} = F + F'_b \to -\infty \tag{10-366}$$

于是，入射粒子就因受到一个无限大的反方向的力的作用，被反弹了回去。

对于情况（a），由（10-364）式有

$$p'_2 - p_i = \infty \cdot \lim_{\Delta t \to 0} \Delta t = \text{有限值} \tag{10-367}$$

于是有

$$p'_2 = p_i + \text{有限值} \Rightarrow \nu'_2 = \nu_i + \text{有限值} \Rightarrow \nu'_2 > \nu_i \tag{10-368}$$

即在势垒内部，粒子获得了较入射粒子更大的速度。根据（10-344）式及（10-345）式，有（记 $p'_2 = p_2$）

$$\frac{-\mu^2 \nu_2^2}{\frac{\nu_2^2}{c^2} - 1} = -2\mu(V_0 - E)$$

即可求得进入势垒内的粒子的速度为

$$\nu_2 = \sqrt{\frac{2(V_0 - E)}{\frac{2(V_0 - E)}{c^2} - \mu}} = c \sqrt{\frac{2(V_0 - E)}{2(V_0 - E) - \mu c^2}} > c \qquad (10-369)$$

上式中的 ν_2 为实量，由此可得出势垒穿透的限制条件，即当

$$2(V_0 - E) - \mu c^2 > 0 \qquad (10-370\text{a})$$

时，粒子可穿越势垒；反之，当

$$2(V_0 - E) - \mu c^2 < 0 \qquad (10-370\text{b})$$

时，粒子则不能穿越势垒。

（10-369）式和（10-370）式是理论的预言结果（当然包括承认相对论结果是合适的），是可以用实验来加以检验的。

（2）概率守恒公式的导出

由（10-362）式可见，由于在 $x=a$ 处涨落快速而频繁，故（a）、（b）两种情况均可能发生。而在一次具体的事件中，到底哪一种情况发生是随机的。但某个事件一旦发生，就要么是（a），要么是（b），根本不会产生一个粒子的一部分反射、另一部分透射的困难或问题。当多次事件发生之后，采取系综处理的观点，设 N 个粒子入射，有 N_R 个粒子反射和 N_T 个粒子透射。则有

$$N\varepsilon_i = N_R \varepsilon_R + N_T \varepsilon_T \qquad (10-371)$$

定态问题，能量守恒

$$\varepsilon_R = \varepsilon_T = \varepsilon_i \equiv \varepsilon \qquad (10-372)$$

将（10-372）式代回（10-371）式，有

$$1 = \frac{N_R}{N} + \frac{N_T}{N} = R + T_s \qquad (10-373)$$

式中，R、T_s 称为反射系数和透射系数

$$R = \frac{N_R}{N}, \quad T_s = \frac{N_T}{N} \qquad (10-374)$$

若假定

$$\frac{N_R}{N} = |A_1|^2, \quad \frac{N_T}{N} = |s|^2 \qquad (10-375)$$

则得 SQM 的"概率守恒"

$$1 = R + T_s = |A_1|^2 + |s|^2 \qquad (10-376)$$

在 $k_2 a \gg 1$，$sh k_2 a \approx \frac{1}{2} e^{k_2 a} \gg 1$ 时，透射系数

$$T_s = \frac{N_T}{N} = |s|^2 = \frac{4k_1^2 k_2^2}{(k_1^2 + k_2^2)^2 sh^2 k_2 a + 4k_1^2 k_2^2} \approx \frac{16 k_1^2 k_2^2}{(k_1^2 + k_2^2)^2} e^{-2k_2 a} \qquad (10-377)$$

根据 k_1、k_2 的定义，有

$$k_1^2 + k_2^2 = 2\mu V_0 / \hbar^2, \quad k_1^2 k_2^2 = \left(\frac{2\mu}{\hbar^2}\right)^2 E(V_0 - E)$$

于是（10-377）式可改写为

$$T_s \approx \frac{16 E(V_0 - E)}{V_0^2} e^{-\frac{2a}{\hbar}\sqrt{2\mu(V_0 - E)}} \qquad (10-378)$$

可见透射系数与势垒宽度 a、$(V_0 - E)$ 以及粒子的质量 μ 的依赖关系是很敏感的。

　　SSD 对势垒穿透的解释，根本不存在 SQM 概率波解释的种种悖论和困难，物理图像是直观而生动的。在我们的解释中，粒子不是因为能量 E 小于势垒 V_0（即（$E < V_0$ 时），必须在势垒上打一个"洞"（隧道）才能穿过去；而是因为涨落效应使得结构力在 $x = a$ 处为无限大，它把粒子加速到超光速而"越过"势垒的。所以，能否观察到势垒内粒子的超光速运动，是对 SSD 理论上述讨论是否合理的一种检验。苏联学者曾宣称他们测得了势垒内的超光速粒子运动，可能是对 SSD 上述解释的一个支持。

（七）氢原子——玻尔理论的再现及对其意义的再讨论

1. 玻尔氢原子理论

玻尔的理论选取广义坐标 $q_n = \varphi$、广义动量 $p_n = \partial T / \partial \varphi = \mu a_n^2 \dot{\varphi}$。对圆轨道的电子，玻尔由如下的联立方程组

$$\oint p_n q_n = 2\pi \mu a_n^2 \dot{\varphi} = n\hbar \quad (n = 1, 2, \cdots) \qquad (10-379)$$

$$\mu \frac{\nu_n^2}{a_n} = \mu a_n \dot{\varphi} = \frac{e^2}{a_n^2} \quad (n = 1, 2, \cdots) \qquad (10-380)$$

解得玻尔半径 a_n 及相应的能量 ε_n 为

$$a_n = \frac{\hbar^2}{\mu e^2} n^2 = n^2 a_0, \quad a_0 \equiv a_1 = \frac{\hbar^2}{\mu e^2} \qquad (10-381)$$

$$\varepsilon_n = T_n + V_n = -\frac{1}{2} \frac{e^2}{a_n} = -\frac{\mu e^4}{2\hbar^2} \cdot \frac{1}{n^2} \qquad (10-382)$$

很好地解释了氢原子的分立能谱。

2. 由 SSD 理论再现玻尔理论

对单粒子情况，取球坐标 (r, θ, φ)，由变分原理所导出的粒子方程为

$$\frac{d\vec{p}}{dt} = -\nabla V + (T - V)\nabla\ln W + \frac{1}{W}\nabla\left[r^2\sin\theta\left(\psi^* i\hbar\frac{\partial\psi}{\partial t}\right)\right] \tag{10-383}$$

在这里，$W(r, \theta, \varphi) = \psi^*(r, \theta, \varphi)\psi(r, \theta, \varphi) \cdot r^2\sin\theta$。为了保持我们理论公式符号的一致性，我们仍用 ρ 来标记 W（只要记住该量的意义，就不会引起任何矛盾）。

氢原子是定态问题，$\partial\ln\rho / \partial t = 0$。SE 为

$$i\hbar\frac{\partial}{\partial t}\psi = \hat{H}\psi = E\psi = (T + V)\psi \tag{10-384}$$

将（10-384）式代回（10-383）式则有

$$\frac{d\vec{p}}{dt} = -\vec{r}^0\frac{e^2}{r^2} - \vec{p}(\dot{\vec{r}} \cdot \nabla\ln\rho) + 2T\nabla\ln\rho \tag{10-385}$$

在满足 $\varepsilon = E$ 的条件下，（10-385）式有多种可能的特解，玻尔的解是其中之一。对玻尔的圆轨道解，它满足如下条件

$$\theta = \pi/2, \quad \dot{\vec{r}} = \vec{\nu} = \nu\vec{\varphi}^0 \tag{10-386}$$

于是，相对应于玻尔解有

$$\rho = W\big|_{\theta=\pi/2} = r^2\psi^*\left(r, \theta = \frac{\pi}{2}, \varphi\right) \cdot \psi\left(r, \theta = \frac{\pi}{2}, \varphi\right) \sim r^2 R_{nl}^2(r) \equiv f(r) \tag{10-387}$$

$R_{nl}(r)$ 为径向波函数。利用上两式，有

$$\dot{\vec{r}} \cdot \nabla\ln\rho = 0 \tag{10-388}$$

于是（10-385）式退化为

$$\frac{d\vec{p}}{dt} = -\vec{r}^0\frac{e^2}{r^2} + \vec{r}^0 2T\frac{\partial\ln f(r)}{\partial r} = -\vec{r}^0\frac{e^2}{r^2} + \vec{F}^{(s)}(\rho) \tag{10-389}$$

将（10-386）式代入（10-389）式，有径向方程

$$-\frac{\mu\nu^2}{r} = -\frac{e^2}{r^2} + 2T\frac{\partial\ln f(r)}{\partial r} \tag{10-390}$$

径向波函数为[①]

$$R_{nl} \sim \left(\frac{2}{na_0}r\right)^l e^{-r/na_0} L_{n+l}^{2l+1}\left(\frac{2}{na_0}r\right) \tag{10-391}$$

其中拉格朗日多项式为

---

① 周世勋编：《量子力学教程》，高等教育出版社 1995 年版，第 69 页。

$$L_{n+1}^{2l+1}(\xi) = \sum_{\mu=0}^{n-l-1} (-1)^{\mu+1} \frac{[(n+1)!]^2}{(n-l-1-\mu)!(2l+1+\mu)!\mu!} \xi^\mu \qquad (10-392)$$

在主量子数为 n 的态上，最可几的轨道应是电子离核最近的轨道。若电子在该轨道上运动，那么它的角动量的量子数应取极大值

$$l = n - 1 \qquad (10-393)$$

上式要求（10-392）式只取 $\mu = 0$ 这一项，于是有

$$f(r) \sim r^2 R_{n,n-1}^2(r) \sim r^{2n} e^{-\frac{2}{na_0}} \qquad (10-394)$$

另一方面，要（10-380）式成立，则必要求（10-390）式中的第 2 项为零，利用（10-394）式有

$$\left(\frac{\partial \ln f(r)}{\partial r}\right)_{r=r_n} = \frac{2(n^2 a_n - r_n)}{na_0 r_n} = 0 \Rightarrow r_n = n^2 a_0 = a_n \qquad (10-395)$$

此即（10-381）式的玻尔量子化轨道。将（10-395）式代回（10-390）式，则有

$$\frac{\mu v_n^2}{r} = \frac{e^2}{r_n^2} \Rightarrow T_n = \frac{1}{2}\mu v_n^2 = \frac{1}{2}\frac{e^2}{r_n} = -\frac{1}{2}V(r_n) \qquad (10-396)$$

于是，电子的能量

$$\varepsilon_n = T_n + V(r_n) = \frac{1}{2}V(r_n) = -\frac{e^2}{2r_n} = -\frac{\mu e^4}{2\hbar^2}\frac{1}{n^2} \qquad (10-397)$$

此即玻尔公式之（10-382）式。

利用（10-395）式和（10-396）式，很容易导出"普朗克-玻尔量子化关系"（10-379）式，即 $r_n p_n = n\hbar$。若用 Δr_n 来标记 r_n，用 Δp_n 来标记 p_n，则有

$$\Delta r_n \cdot \Delta p_n = n\hbar \qquad (10-398)$$

上式仅是粒子具有"波粒两重性"的一种数学表示———对正则量应受（10-398）式的制约，借助它氢原子才具有了以上所描述的结构，故而"波动性"是与微观系统的"结构"相关联的。（10-398）式也被海森堡称之为 UP。按照 UP，基态量将满足如下关系

$$\Delta p_1 = \lim_{\Delta r_1 \to 0}\left(\frac{\hbar}{\Delta r_1}\right) = \lim_{a_0 \to 0}\left(\frac{\hbar}{a_0}\right) \to \infty \qquad (10-399)$$

然而，$a_0 \to 0$ 就意味着电子落入了核之中，这时氢原子就不复存在了。可见海森堡对测不准的上述理解是完全错误的——虽然我们并不否定相应数学关系的存在和它的积极意义。

3. 玻尔轨道的合理性

为什么电子一定要在玻尔轨道上运动？这一问题的实质是在问：电子在玻尔轨道上

运动时，氢原子是否具有运动稳定的自组织结构？

现在我们来看看（10－390）式、（10－389）式中的结构力在氢原子稳定性中所扮演的角色。在 $r = r_n$ 轨道的邻域，$\vec{F}^{(s)}$ 有如下性质

$$\vec{F}_n^{(s)} = \vec{r}^0 \cdot 2T \frac{\partial \ln f(r)}{\partial r} \begin{cases} <0 \\ =0 \\ >0 \end{cases} (\text{for } r \begin{cases} > \\ = \\ < \end{cases} r_n) \qquad (10-400)$$

从上式容易看出，当电子受到一个外界的小干扰从而偏离了 $r = r_n$ 的平衡轨道位置时，结构力 $\vec{F}^{(s)}$ 就要产生一个指向该轨道的吸引力而将电子拉回到该轨道——可见，$\vec{F}^{(s)}$ 是一种保持氢原子稳定的"自组织力"。

设有一个小的偏离 ξ，令 $r = r_n + \xi$；利用（10－395）式，在 $r = r_n$ 的邻域作展开，则有

$$F_n^{(s)}(\rho) = 2T_n \left(\frac{\partial^2 \ln f(r)}{\partial r^2} \right)_{r_n} (r - r_n) + \cdots \approx 2T_n \left(-\frac{2n}{r_n} \right) \xi \equiv -\frac{\partial}{\partial \xi} V_{eff.n}^{(s)} \quad (10-401)$$

利用 $2T_n = -V(r_n) = e^2/r_n$、$r_n = n^2 a_0$，则上式可改写为

$$\frac{\partial}{\partial \xi} V_{eff.n}^{(s)} = \frac{2ne^2}{r_n^3} \xi = \frac{2e^2}{a_0^3} \frac{1}{n^5} \xi \qquad (10-402)$$

于是，结构力 $\vec{F}^{(s)}(\rho)$ 的"等效势"便为

$$V_{eff.n}^{(s)} = \frac{1}{2} \left(\frac{2e^2}{a_0^3} \right) \frac{1}{n^5} \xi^2 \propto \frac{1}{n^5} \quad (n = 1, 2, \cdots) \qquad (10-403)$$

亦即是说，当电子偏离 $r = r_n$ 的轨道时，电子的运动方程为（10－390）式，电子同时受静电力与结构力的双重作用。由于结构力具有（10－400）式及（10－403）式的性质，它就可以保持运动的稳定性。而且由（10－403）式可以看出低激发态较高激发态稳定，而基态最为稳定。

正因为上述种种原因，玻尔轨道是一种合理的轨道——虽然它仅是可能存在的解之一。

4. 玻尔互补性原理

一个理论的价值，不仅表现在解决实际问题的应用价值上，更重要的是表现在思想和认识论的价值上：它是否能为人们的科学探索提供正确的思想和认识论基础，成为指引其后理论发展的一盏明灯。从这个意义上说，玻尔"旧量子论"的价值是重大的：它不仅是整个量子论发展中的一个重要中继站，而且为玻尔在哲学上提出"互补性原理"

提供了基础。

玻尔在1927年提出的"互补性原理"这一哲学思想，曾被哥本哈根学派的一些人们称之为"已接触到宇宙的神经"，"是我们这一时代最革命的哲学概念"。应当说这种评价是正确的。需要指出的是，我们看待玻尔的这一哲学观念，应当把握它的实质："互补性"是它的核心，所指的是"相反的"事物和概念是"相互补充的"，是一种"互补性"的关系。当然，这种哲学思想是包含在"阴阳根本律"之中的。正是由于这一原因，当玻尔应邀访问中国而看到中国道家的"阴阳图"和接触到华夏文明的哲学渊源，深刻感受到华夏文明的博大精深时，才真正认识了"互补思想"的伟大意义——基于此，他才决定以"阴阳图"作为玻尔家族的"族徽"。

我们认为，"阴阳根本律"作为哲学思想的最高成就，是宇宙的根本大法。正因为这一原因，东西方人都可以发现它，认识它。只不过由于东西方文化和文明发展的初条件、边条件不一样，使两种文明的发展轨迹很不相同。就其主流而言，华夏文明的思想原点是"相反相成"、"亦此亦彼"，是一种"阴阳包容"的"和谐文化"。而同样是就主流而言，西方文明的思想原点则是"矛盾对立"、"非此即彼"，是一种"阴阳对立"的"对立文化"。所以西方人很晚才开始领悟到阴阳的包容性，而且不可能领悟得很深。所以，作为一个西方人，玻尔能提出"互补性原理"，其实已经是十分不容易了。所以，我们更应当肯定这一思想的积极意义和价值。特别是展望21世纪及其后的人类文明发展，可以预见，阴阳根本律可以帮助世界走向和谐，使人类不因自身的对立与争斗而毁灭承载自身的诺亚方舟（这将在最后一章中做适当的展开论述）！

玻尔互补性思想的核心是"互补"二字：粒子性与波动性、决定论与非决定论，经典的连续与量子的分立等，应是相互包容、相互补充的。这一思想同样可以应用于理论的建构之中。例如，正因为我们坚持阴阳的包容性，所以我们坚持从不同的理论中汲取其合理的内核、特别是思想的成果；所以我们在分析玻尔的旧量子论时，特别吸收了它所包含的阴阳互补思想，并由此给出了一种反映阴阳思想的理论构架：既有粒子性（使用粒子模型），又有波动性（使用场模型）；既是决定论性的理论，又兼容随机的统计理论；既允许经典的连续轨道概念存在，又包含分立的量子化轨道和由涨落带来的随机脉动；既讲认识论上的完全性，又承认理论描述上的不完善性，要求理论应留足进一步探索的发展空间，不要将一个理论的正确性、合理性绝对化。也恰恰是因为我们正确地吸收了作为阴阳思想在量子论中的应用的"玻尔互补性原理"的合理内核，所以由我们所构建的SSD理论，就一定会如前面所论证的那样去重现玻尔的旧量子论，使它的合理性得到进一步的肯定。

当然，玻尔对他自己提出的"互补性原理"的认识和理解并不完全到位。一个突出的事例就是在对待"测不准原理"的认识上。

我们知道，玻尔互补性原理的基本思想是：要完整地再现量子的实在性，必须使用两组互相排斥而又互相补充的经典物理学概念，这些概念的总和能提供关于整体量子现象的完全信息。可见，互补性原理并不否定经典物理学，也不否定经典的轨道概念——玻尔的旧量子论就是以轨道概念为基础加上量子化条件的产物。由此可见，海森堡关于否定经典力学和经典轨道概念在微观领域仍有效的测不准原理，与玻尔的互补性原理是尖锐对立的。正因为这一原因，所以玻尔起初并不支持海森堡提出的 UP。师生之间这种观点上的尖锐对立，引起了海森堡的严重不安。据海森堡回忆，由于奥斯卡和克莱因的中间调停，总算使玻尔与海森堡言归于好。最后达成的一致是海森堡承认测不准原理是玻尔互补性原理的一个特例，前者包含于后者之中。但事实上，从哲学观念上讲，海森堡对 UP 的理解可以纳入到玻尔的互补性原理之中吗？显然是不行的。然而，让人感到吃惊的是，玻尔此后竟然从反对转变为容忍海森堡的测不准原理，甚至到最后坚决地支持海森堡的测不准原理。这突出表现在玻尔与爱因斯坦的两次大交锋之中。第一次交锋玻尔"似乎"胜利了，但却说服不了爱因斯坦；而第二次交锋，如董光璧所指出的：EPR 悖论使得用"测量对客体的不可控制的干扰"来解释测不准关系已站不住脚，玻尔只得借助量子态的不可分离性来咨辩。这就说明"不可分离性"是比"测不准原理"更基本的原理。因此，我们有理由认为"不可分离性原则"是今后发展量子力学必须坚持的原则。[①] 可见在 EPR 悖论问题的争论中，玻尔的胜利也仅仅是否定了爱因斯坦将定域相互作用绝对化，证实了非定域的"瞬时"相互作用是更为本质的联系，但却不能因此去肯定海森堡在 UP 中所反映的哲学观，更不能否定爱因斯坦基于科学自然主义的"实在论"观点的正确性。

为什么玻尔提出了类似"阴阳根本律"的哲学思想却又不能很好地把握这一规律呢？原因就在于缺乏对于"道法自然"这一哲学本体论的更深层次的思考与认识。在这一问题上，爱因斯坦是正确的，而玻尔却是错误的。量子论发端于对波粒两重性的认识。一个显然的事实是：波粒两重性以及相应的微观客体所遵从的量子规律，是属于客体的一种自然属性。因而，对波粒两重性及相应的量子规律的认识，应建立在"道法自然"

---

① 董光璧：《定域隐变量理论及其实验检验的历史和哲学讨论》，《自然辩证法通讯》1984 年第 2 期，第 25 页。

的本体论的思考之上。因为一个明白无误的事实是：若我们不去做实验，或甚至就没有人类的存在，微观客体的波粒两重性及相应的量子规律也仍然是存在的。所以规律本身是纯客观的，是不可能建立在所谓的人为实验的"测不准"的基础之上的。但正因为玻尔在本体论的认识上的欠缺，所以他在强调知识的形式依赖于测量过程时，却不能将测量过程纳入到同样的自然规律和正确的哲学基点上来思考，以至于说出"不存在一个量子世界，只存在一个量子物理学的抽象描述。说物理学的任务是去发现自然界怎样行动是个错误。物理学处理的只是关于自然界我们能说些什么"，"根本不可能获得与观测无关的原子客体'本身'的知识"这种错话。①

除玻尔的"互补性原理"之外，在西方，可以说黑格尔的"辩证法"在某种意义上是"阴阳根本律"的现代表述和"集大成者"——虽现在在西方哲学界，有些人将其视为"一条死狗"。我们是不否定黑格尔辩证法的积极意义的（当然，也应看到这一理论的不足）。据我国哲学界考证，黑格尔辩证法思想是受中国阴阳五行学说的影响提出的。对此我们不做评论。但有一点却是肯定的，如同玻尔一样，无论黑格尔是独立提出还是受阴阳思想影响而提出辩证法，他同样没有把握住阴阳根本律的本体论思想，这才使黑格尔把辩证法的核心归结为"绝对精神"，并由此使哲学界称其为"唯心主义的"。但人们常常弄不清这个问题，笼统地说要"坚持辩证法，反对形而上学"。其实，"反对形而上学"，就是反对在辩证法分析之后再去做本体论的思考，再去做来自源头上的追问。正因为如此，就会使源于中国阴阳学说的西方辩证法达不到基于"道法自然"基础之上的阴阳根本律的高度而显得相对浮浅。也恰因为这一原因，所以在本书中我们从来不用"辩证统一"来画出认识上的句号。例如，在对波粒两重性的认识上，不少人和书都这样说：电子是什么？是粒子？还是波？确切地讲，电子既不是经典意义上的粒子，也不是经典意义上的波；但我们也可以说，电子既是粒子也是波，它是粒子和波两重性矛盾的辩证统一。试问：这样一个"辩证统一"让我们真正因此了解了"波粒两重性"吗？真正揭示了隐于"两重性"背后的实质了吗？能让我们理解其"辩证统一"究竟"统一"于何处了吗？所以不做本体论的"形而上"的追问，辩证法只能停留在相对浮浅的层面上。

因此，我们不否定辩证法的积极意义，但觉得华夏文明的"阴阳根本律"比它更为博大精深。但让人感到奇怪的是，我们不少人在哲学上常常以拥有辩证法思想为荣，却

---

① 柳树滋：《两位科学巨人的论点及其哲学意义——爱因斯坦和玻尔关于量子力学解释问题的争论》，《中国社会科学》1983年第5期。

以拥有阴阳思想为耻。这是为什么呢？——大概辩证法是洋人的产物，阴阳是中国人的古董，洋人的话总比中国人的话来得正确和重要。这种否定华夏文明和中华文化先进性的思想和行为，表现在各个层面上。这迫使我们不得不思考一个问题：缺乏自尊和自信，沿着对自身优秀文化和文明否定的道路行进，中国会具有真正崛起的底蕴吗?！我们民族中的一些人、特别是知识界和思想界的某些"精英"们，是否应当补补钙、真正地反思一下?！（然而有趣的是，不少西方人却认识到了建于"二元对立"之上的西方哲学正走向末路，希望到东方文化和文明中来寻根："遥远的东方土地上的一个根本性的真理，它最终将对我们产生的影响是我们所不能预测的"——荣格用这样的话对此作了诠释。）

（八）衍射实验

1. SQM 的解释

（1）理论处理

在 SQM 中，对图 10 – 10 所示双缝衍射实验现象的解释，与对光束衍射的解释是一样的。

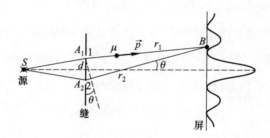

图 10 – 10

分别以下标 1、2 来标记通过缝 1、2 的波

$$\psi_1 = Ae^{-i(E_1 t - \vec{p}_1 \cdot \vec{r}_1)/\hbar} \qquad (10-404a)$$

$$\psi_2 = Ae^{-i(E_2 t - \vec{p}_2 \cdot \vec{r}_2)/\hbar} \qquad (10-404b)$$

所有来自源 S 的粒子能量均一样，$E_1 = E_2 \equiv E$。于是相干波的强度为

$$\rho = \psi^* \psi = (\psi_1 + \psi_2)^* (\psi_1 + \psi_2) = A^2 (e^{i\vec{p}_1 \cdot \vec{r}_1/\hbar} + e^{i\vec{p}_2 \cdot \vec{r}_2/\hbar}) * (e^{-i\vec{p}_1 \cdot \vec{r}_1/\hbar} + e^{-i\vec{p}_2 \cdot \vec{r}_2/\hbar})$$

$$= A^2 (2 + e^{i(\vec{p}_1 \cdot \vec{r}_1 - \vec{p}_2 \cdot \vec{r}_2)/\hbar} + e^{-i(\vec{p}_1 \cdot \vec{r}_1 - \vec{p}_2 \cdot \vec{r}_2)/\hbar})$$

$$= A^2 \{2 + 2\cos[(\vec{p}_1 \cdot \vec{r}_1 - \vec{p}_2 \cdot \vec{r}_2)/\hbar]\} = 2A^2[1 + \cos\delta] \qquad (10-405)$$

其中相位差

$$\delta = \frac{1}{\hbar}(\vec{p}_1 \cdot \vec{r}_1 - \vec{p}_2 \cdot \vec{r}_2) \qquad (10-406)$$

在本问题中，$\vec{p}_i // \vec{r}_i$，经两缝的同源粒子的动量值相等，$p_1 = p_2 \equiv p$，于是

$$\delta = \frac{p}{\hbar}(r_1 - r_2) = \frac{p}{\hbar}(s_1 - s_2) = \frac{p}{\hbar}\Delta s \qquad (10-407)$$

其中 r_1、r_2 应理解为粒子分别经 1、2 两条路径走过 s_1 和 s_2，故 $(s_1 - s_2) = \Delta s$ 又称为"程差"。由于 $sA_1 = sA_2$，于是有

$$\Delta s = s_1 - s_2 = (sA_1 + A_1B) - (sA_2 + A_2B) = A_1B - A_2B \qquad (10-408\text{a})$$

当缝屏间距 l 远大于缝宽 d 时

$$\Delta s = A_1B - A_2B \approx d\sin\theta \qquad (10-408\text{b})$$

将（10-408b）、（10-407）两式代回（10-405）式得

$$\rho = 2A^2\left[1 + \cos\left(\frac{pd}{\hbar}\sin\theta\right)\right] \qquad (10-409)$$

由（10-409）式可见，当

$$\frac{pd}{\hbar}\sin\theta = \begin{cases} 2n\pi \\ (2n+1)\pi \end{cases} \quad \text{时，} \quad \rho \text{ 为} \begin{cases} \text{极大值} \\ \text{极小值} \end{cases} \quad (n = 0, \pm 1 \pm 2, \cdots) \qquad (10-410)$$

进而利用爱因斯坦 – 德布罗意关系

$$E = \hbar\omega, \quad p = \hbar k \qquad (10-411)$$

对光束则有

$$kd\sin\theta_n = \begin{cases} 2n\pi \\ (2n+1)\pi \end{cases} \quad \text{时，} \quad \rho \begin{cases} \text{极大} \\ \text{极小} \end{cases} \qquad (10-412)$$

此即为光线衍射的布喇格公式。

对粒子（例如电子），将 $p/\hbar = 2\pi/\lambda$ 代入，得

$$d\sin\theta_n = \begin{cases} n\lambda \\ \left(n + \dfrac{1}{2}\right)\lambda \end{cases} \quad \text{时，} \quad \rho \text{ 为} \begin{cases} \text{极大值} \\ \text{极小值} \end{cases} \qquad (10-413)$$

此即微粒衍射的布喇格公式。

（2）概率波解释衍射的困难

将（10-411）式代入（10-404）式之中，则有

$$\psi \sim Ae^{-i(\omega t - \vec{k}\cdot\vec{r})} \qquad (10-414)$$

此即无源电磁场的单色平面波解。所以，上述理论处理，实质上描述的是光束的衍射行为。

利用（10-411）式将（10-414）式的物质性场改换成（10-404）式的薛定锷场（波函数），是薛定锷建立 SE 的出发点（如我们在第 8 章所看到的那样。可参阅（8-65）式～（8-69）式的"推导"）。但是，在 SE 建立之后，哥本哈根学派却把场 ψ 解释为非物质性的概率波。这一概念上的变化，从表面上看，虽通过（10-413）式获得了与（10-412）式在衍射实验上的相似性，在一定意义上证实了粒子也具有"波动性"，但却面临如下无法克服的困难：

A. 由（10-405）式可见，作概率波解释时，ρ 的实际意义是

$$\rho = \psi^*(\vec{r}_1, \vec{r}_2, t)\psi(\vec{r}_1, \vec{r}_2, t) = \rho(\vec{r}_1, \vec{r}_2, t) \qquad (10-415)$$

即 t 时刻、粒子通过缝 1 和缝 2 在屏上所形成的连续概率分布。但对于极弱流的粒子入射（例如电子）的情况，比如先有一个粒子入射并在屏上打出一个点，过一段时间又有一个粒子入射并在屏上再打出一个点……给出的是随时间变化的一个离散的分布——它显然并不是（10-415）式描述的连续分布。这是（10-415）式的概率波解释遇到的第一个根本性困难。

B. 虽然一个粒子在屏上打出一个点，但该点只落在（10-413）式所描述的邻域而形成"分立的"衍射花样。由此可见，分立性所反映的波动性是属于单个粒子的属性。那么为什么粒子只落在衍射花样的地方而不落在别的地方呢？更深层次的原因和机制又是什么呢？SQM 是给不出任何可以理解的有意义回答的。这是 SQM 遇到的又一个根本性困难。

C. 在（10-415）式的概率波解释中，$\vec{r}_1$、$\vec{r}_2$ 被理解为粒子分别通过缝 1、缝 2 的空间位矢。难道在同一时刻 t，单个粒子可以同时通过两条缝吗？显然不行！因为这是与粒子的"粒子性"（即在空间中存在的定域性）相矛盾的。这是 SQM 遇到的又一个无法解决的矛盾。

D. 对于上述双缝衍射中粒子究竟"走哪条路"（which way）的问题，费曼做了"追踪电子"的理想实验。他的方法是在缝的后面加一个光源去照射电子，以便测定电子究竟走哪条路。其结果是，在打开光源时，测得单个粒子只能通过一条缝；但这时，由于光源的干扰，干涉条纹消失了。而一旦关掉光源，双缝干涉条纹出现，但却无法知道粒子究竟走的哪条路。

事实上，无论做实验或做逻辑的推断，都说明单个粒子每次只能通过一条缝。既然一个粒子每次只通过一条缝，这和关掉一条缝而只让粒子通过另一条缝所产生的效果应当是一样的。因为单缝衍射的解释与双缝衍射是一样的，只需将公式中双缝的间距 d 改

换为单缝的缝宽 d_s 即可。设分别通过 2 个单缝时的概率分布为 ρ_{s_1} 和 ρ_{s_2}，于是按概率波解释，同时打开两条缝时的概率分布就应为（ρ 表示双缝时的概率分布）

$$\rho = \rho_{s_1} + \rho_{s_2} \qquad (10-416)$$

但实验事实却并不符合（10-416）式。对此，SQM 又将如何回答？SQM 再次遇到了挑战。

应当说，对上述双缝的问题不少书上都做了一些讨论。但这种运用"波粒两重性"和概率波所做的解释，就像"弯弯绕"似的，常常把我们"绕"得不知所云。

这种情况使我们联想到一件事：讲狭义相对论时，所有的教科书无一例外地都以迈克耳孙－莫雷实验为出发点。然而建立了相对论之后，却都又回避用相对论去严格解释迈克耳孙－莫雷实验。为什么？因为无论是用洛伦兹的解释还是用爱因斯坦的解释，所计算的光程差都是零；这就意味着干涉仪测得的结果是无干涉条纹存在，当然也不存在干涉仪转动 90° 后干涉条纹的移动。但实验的结果却是干涉仪测到了干涉条纹，仪器转动 90° 后无条纹的移动。由此可见，作为立论基础的判定性实验迈克耳孙－莫雷实验，既不支持爱因斯坦，也不支持洛伦兹的解释。但所有的教科书均全然不顾及这一事实，仍然闭着眼睛在那里大谈相对论的产生和迈克耳孙—莫雷实验的密切关系。同样，作为概率波解释立论基础的双缝衍射的实验结果是：①一个粒子打一个点；②打完后的点的集合体形成衍射花样。然而，对上述结果，SQM 能做出严格的理论处理和自洽的解释吗？根本就不可能——包括 SQM 在内的所有理论对上述问题采取的都是回避态度。这事实上就证明，作为 SQM 立论基础的衍射实验，恰恰是以判定性实验的方式，不支持波函数的概率波解释。

2. SSD 对衍射实验的解释

然而，SSD 理论却可以圆满地解释衍射实验的结果。

（1）理论处理

现考虑一个粒子（例如电子）入射的双缝衍射。在单粒子情况下，粒子的运动方程为（10-171）式

$$\frac{d\vec{p}}{dt} = -\nabla V - \vec{p}\,\frac{d\ln\rho}{dt} + (T-V)\nabla\ln\rho + \frac{1}{\rho}\nabla\left(\psi^*\,i\hbar\,\frac{\partial\psi}{\partial t}\right) + \vec{F}^{(fl.)} \qquad (10-417\text{a})$$

其中涨落项 $\vec{F}^{(fl.)}$ 由（10-172）式描述。

由于 $\vec{F}^{(fl.)}$ 涉及粒子（例如电子）的内部结构与运动状态以及与其质心运动的关联，此力目前尚不能给予描述，所以我们不能用（10-417）式去精确地解释粒子在衍射中

的轨道运动，但这并不意味着我们不可以在一定的近似意义上用它去解释双缝衍射实验。

事实上，由于涨落力的存在，我们不知道粒子究竟是走路径1还是路径2，即粒子通过缝1或缝2是随机的。但是，粒子只能通过其中的一条路径到达屏，则是确定无疑的。于是我们不妨设粒子走的是路径1（参见图10-10）。

由于条件不充分，不能由（10-417）求出粒子的轨道，我们改换在能量空间讨论。源 S 发出该粒子之后，在 SA_1 的路径上，$\rho = \rho_1 = $ 常数（即使考虑到 $\vec{F}^{(fl.)}$ 的作用，也仅是在经典直线轨道上附加了一个小的脉动，可以略去不计）。粒子经缝1进入干涉区之后，ρ 由（10-405）式描写。但应注意的是，这里的 $\vec{r}_1$、$\vec{r}_2$ 是场的流动指标，即在场中考虑粒子时粒子所在处的 $\vec{r}$。所以，就物理意义而言，此处 ρ 中的 $\vec{r}_1$ 和 $\vec{r}_2$ 均应为 $\vec{r}$，即 $\vec{r}_1 = \vec{r}_2 = \vec{r}$。对定态系而言，$E = $ 常数，$\partial \rho / \partial t = 0$，于是由（10-417）$\cdot \dot{\vec{r}}$，有

$$\frac{d\varepsilon}{dt} = -\frac{d(E-\varepsilon)}{dt} = (E-\varepsilon)\frac{1}{\rho}\frac{d\rho}{dt} + \vec{F}^{(fl.)} \cdot \dot{\vec{r}} \qquad (10-418)$$

即有

$$d[(\varepsilon - E)\rho] = \rho \vec{F}^{(fl.)} \cdot d\vec{r} \qquad (10-419)$$

由于 $\vec{F}^{(fl.)}$ 的存在，粒子能量 ε 将会围绕本征能量 E 有一个小的涨落，故 $\varepsilon \neq E$。由于粒子总是走能量损失最小的运动路径，故在进入干涉区之后，快速而频繁的内部非周期运动就应满足如下条件

$$\int_0^c \rho \vec{F}^{(fl.)} \cdot d\vec{r} \approx 0 \qquad (10-420)$$

将（10-420）式代入（10-419）式，则得

$$[E - \varepsilon(0)]\rho(0) \approx [E - \varepsilon(B)]\rho(B) \qquad (10-421)$$

由于（10-420）的制约，使粒子的能量 $\varepsilon(0) \sim \varepsilon(B)$，代入（10-421）式有

$$\rho(0) \sim \rho(B) \qquad (10-422)$$

即

$$A^2 \left\{ 2 + 2\cos\left[\frac{p}{\hbar}(r_1 - r_2)\right] \right\}_0 \approx A^2 \left\{ 2 + 2\cos\left[\frac{p}{\hbar}(r_1 - r_2)\right] \right\}_B$$

$$\left\{ \cos\left[\frac{p}{\hbar}(r_1 - r_2)\right] \right\}_0 \approx \left\{ \cos\left[\frac{p}{\hbar}(r_1 - r_2)\right] \right\}_B \qquad (10-423)$$

在 0 处，$r_1 - r_2 = 0$；在 B 处，$r_1 - r_2 \approx d\sin\theta$，于是得

$$\cos\left(\frac{p}{\hbar}d\sin\theta\right) \approx 1 \qquad (10-424)$$

即粒子只打在满足（10-424）式条件的屏的位置上

$$\frac{pd}{\hbar}\sin\theta_n \approx 2\pi \Rightarrow d\sin\theta_n \approx n\lambda \quad (n=0, \pm 1, \pm 2, \cdots) \tag{10-425}$$

如果假定粒子走的是路径2，做同样的推导，将得出同样的结果。

（2）SSD 提供的新认识

（10-425）式是由决定论性的单粒子运动方程（10-417）式导出的结果，从而提供的认识是：

A. 决定论与随机性的兼容性

决定论兼容随机的统计理论，在 CM 中就已经存在。在纯经典的情况下，粒子也处在实际环境之中，故所谓的"外力"也并不是完全知道的。例如，让一片羽毛从空中自由落下，由于空气阻力的涨落效应不能被精确掌握，所以我们也无法精确描述羽毛自由下落的复杂质心运动轨道。当然这种随机性是一种"外随机性"。

在 SSD 中，由于存在质心运动与粒子内部运动之间的耦合效应，由于对粒子（例如电子等）的内部运动认识得不完全，因而 $\vec{F}^{(fl.)}$ 是一个未知的力。因此，对于微观过程而言，即使经典意义上的"外力"完全知道（或者创造条件排除掉那些未知的外在涨落力），$\vec{F}^{(fl.)}$ 这个未知的因素也仍然存在，这种"内随机性"也是排除不掉的。所以决定论是兼容随机性的。

B. 由以上的论述可见，内随机性是由于人的描述和认识上的不完善性带来的。我们当然不能因为人的认识和描述的不完善性，就去否定粒子运动的纯粹客观性。由于粒子存在的定域性，所以粒子要么通过缝1要么通过缝2，但绝不会同时通过两条缝，这是确定无疑的。无论粒子实际上通过哪条缝，但它仅打在满足（10-425）式关系的屏的位置上，并且一个粒子仅打出一个点，其累计效应便是满足（10-425）式布喇格公式的衍射花样。

C. 为什么粒子必会落在由（10-425）式所决定的位置上呢？我们知道，在双缝衍射实验中，粒子只能通过其中的一条缝，但波却可以同时通过两条缝。由于薛定锷波函数刻画的是波场 MBS 的性质，它在干涉区间变得起伏不平（由 ρ 来描述），这就产生了附加在牛顿力 $-\nabla V$ 之上的结构力 $\vec{F}^{(s)}$ 和涨落力 $\vec{F}^{(fl.)}$

$$\frac{d\vec{p}}{dt} = -\nabla V + \vec{F}^{(s)} + \vec{F}^{(fl.)} \tag{10-417b}$$

正是由于物质性力 "$\vec{F}^{(s)} + \vec{F}^{(fl.)}$" 的存在，才使得量子粒子具有了和经典粒子不同的性质，从而使它在双缝衍射中仅打在（10-425）式决定的地方，形成相应的衍射花样而表现出"分立性"——这种分立性与玻尔的氢原子中电子的分立的量子化轨道是完全类似的——从而显示出微观粒子具有所谓的"波动性"。

D. 若关闭缝2，则粒子和波均只能通过缝1，于是形成单缝衍射花样。讨论单缝衍射与讨论双缝衍射是类似的，将公式中双缝的缝间距 d 改为单缝的缝宽 d_s，则得单缝衍射公式

$$d_s \sin \theta_n^{(s)} \approx n\lambda \tag{10-426}$$

设缝1和缝2的宽度一样，我们分别关闭缝2和缝1则分别得出两组如（10-426）式所描述的衍射花样。当同时打开缝1和缝2后，由于波同时通过两条缝，所以给出的是（10-425）式描述的双缝衍射花样——它不是两条单缝衍射花样的叠加。

E. 关于粒子走哪条缝的"which way"问题，以上我们进行了很多讨论和研究。由这些讨论可见，那些在传统的认识中搞不清楚的问题，在我们的理论解释中均已搞得明明白白。

然而，不少人却还在那里纠缠不清。例如人们称，"1998年德国康斯坦茨大学的 Dürr 等成功地用原子干涉仪做了一个 R_b 原子的 which way 实验"[1]，为了得到相干的原子束，先让它经过"单缝"，再投射到"双缝"上。注意这里的"单缝"和"双缝"都是加引号的。其实是让原子束通过激光形成的驻波场（具有确定的波长，其作用相当于具有一定晶格常数的晶格）。把从"双缝"射出的 R_b 原子束聚焦到屏上，即可观察出干涉现象。Dürr 等的 R_b 原子束的双缝干涉实验的特点，是让 R_b 原子的质心运动（决定 R_b 原子的路径）与 R_b 原子内部态相纠缠（不可分离变量）。实验结果表明：如果沿两条路径运动的 R_b 原子的内部态相同，则会测到与平常干涉相似的干涉条纹；如果沿两条路径运动的 R_b 原子的内部态不相同，则干涉条纹不出现。因而人们可以根据 R_b 原子的内部态来判断它是从哪一条路径来的[2]。

其实，上述实验根本不可能判断出 R_b 原子走的是哪一条路径，它证实的恰恰是我们的理论所描述的结果。由于质心运动与内部运动是耦合的，所以质心运动与内部运动在严格的意义上就是不可分离变量的，即是"相纠缠"的。这个"纠缠"，表现在我们的理论中，就是 $\vec{F}^{(fl)}$ 的力学效应：

"如果沿两条路径运动的 R_b 原子的内部态相同"，就表明（10-420）式所用的是同一个 $\vec{F}^{(fl)}$，当然就会得出同样的（10-425）式，所以就"会观测到与平常干涉相似的干涉条纹"。"如果沿两条路径运动的 R_b 原子的内部态不相同"，由于内部运动与质心运

① 柯善哲、肖福康、江兴万编：《量子力学》，科学出版社2006年版，第87页。

② Dürr S，Noon T，Rempe G. *Nature*，1998，395：33~35；*Phys. Rev.* Lett.，1998，81（26）5707.

动的耦合效应，所以通过两条路径的不同 R_b 原子的质心动量是不一样的，能量也是不一样的，从而使得在干涉区内所形成的 ρ 不再是前面描述双缝衍射时的 ρ，所以"干涉条纹不出现"（理论处理中仅需区分通过两缝的入射粒子的 $\vec{p}$、E，其他的处理与前面一样。但应注意到波同时通过两条缝，然后应将所有的波加起来，再乘以相应的复共轭。这样就可以得出一个复杂振动的 MBS 密度分布 ρ，它将破坏原来的双缝衍射的 ρ。具体的运算要复杂一些，但数学的内容并不复杂，读者很容易将它写出来，所以在这里从略）。

事实上，粒子究竟走哪条路在实验中是很容易做出判断的——只要在双缝的前面放置一个感光屏即可。虽然粒子的运动有随机性，但若一次只通过一个粒子的话，则它要么通过缝 1，要么通过缝 2，并且只能在屏上打出一个点，绝不会打出两个点。这样不就可以确定它走的是哪一条路了吗？当然，这样做实验是得不到双缝的干涉条纹的。但该实验却可以证明粒子只能走一条路径这一"客观事实"。而以这种客观事实的"存在"作为描述的基础，同时又不否定随机性，这便是 SSD 理论所做的描述。在这种描述中，同样解释了干涉条纹出现的原因，并且根本不存在传统思维的种种困惑！由此可见，在上述 SSD 对双缝衍射的理论描述中，SQM 概率波解释的合理内核已被包容，它的种种问题和困难则已被克服。

F. 从上面的推导可见，形成干涉条纹的条件是：粒子具有相同的能量，具有相同的质心运动与内部运动相耦合的涨落力。只要这些条件得到满足，就必有衍射条纹，与其他条件无关。所以：①与粒子是否发自同一个源无关；②对光来讲，其处理与粒子类似，故可作单光子的衍射，且与是否同光源无关，即传统上认为光自身仅与自身干涉的说法可能并不是必要条件；③经典粒子的 $(\vec{F}^{(s)} + \vec{F}^{(fl.)}) = 0$，所以不形成衍射条纹。

G. AB 效应

① 问题的提出与实验检验

1959 年，阿哈罗诺夫－玻姆在《量子论中电磁势的意义》一文中，提出了著名的 AB 效应，还设计出实验来论证"势"具有独立的意义，不单是经典电动力学中的"数学符号"。[1]

如图 10－11 所示，由于屏蔽效应，

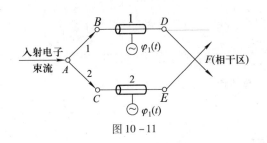

图 10－11

① Y. Aharonov, D. Bohm. *Phys. Rev.* , 1959（115）：485.

法拉第笼 1、2 内无电场但却有电势 φ。当质量为 μ、电荷为 q 的非相对论性粒子在笼内运动时，其哈密顿量为

$$\hat{H} = \hat{H}_0 + V(t), \quad V(t) = q\varphi(t) \tag{10-427}$$

其中 $\hat{H}_0$ 为无外接电源 $\varphi(t)$ 时的哈密顿量。

若记 $\psi_0(\vec{r}, t)$ 为 $\hat{H}_0$ 的波函数

$$i\hbar \frac{\partial}{\partial t} \psi_0(\vec{r}, t) = \hat{H}_0 \psi_0(\vec{r}, t) \tag{10-428}$$

则易证明如下形式的波函数 ψ

$$\psi = \psi_0 e^{-is/\hbar}, \quad s = \int V(t) \, dt \tag{10-429}$$

即是 $\hat{H}$ 系统的波函数：

$$i\hbar \frac{\partial \psi}{\partial t} = \left(i\hbar \frac{\partial \psi_0}{\partial t} + \psi_0 \frac{\partial s}{\partial t} \right) e^{-is/\hbar} = (\hat{H}_0 \psi_0 + V(t) \psi_0) e^{-is/\hbar} = (\hat{H}_0 + V(t)) \psi_0 e^{-is/\hbar} = \hat{H}\psi \tag{10-430}$$

若两个笼都不接电源，在 F 区两束电子汇合后的波函数为

$$\psi^{(0)}(\vec{r}, t) = \psi_1^{(0)}(\vec{r}, t) + \psi_2^{(0)}(\vec{r}, t) \tag{10-431}$$

那么，经过笼时受电势作用的两束电子，于 F 区汇合后的波函数应为

$$\psi(\vec{r}, t) = \psi_1^{(0)} e^{-is_1/\hbar} + \psi_2^{(0)} e^{-is_2/\hbar}, \quad s_i = q \int \varphi_i(t) \, dt \quad (i = 1, 2) \tag{10-432}$$

其中 $\psi_i^{(0)}$ $(i = 1, 2)$ 为 $\hat{H}_0$ 的经路径 1、2 的波函数。

将（10-432）式与（10-431）式相比较，相对于（10-431）式的相位 δ_0 而言，将会附加上一个相位差

$$\delta_{AB} = -(s_1 - s_2)/\hbar \tag{10-433}$$

因而，相对于 $\hat{H}_0$ 而言就会产生干涉条纹的移动。

进一步推广，假若同时存在标势 φ 和矢势 $\vec{A}$，由于同时受 φ、$\vec{A}$ 的作用，则将导致波函数的相位改变为（高斯单位）

$$\psi = \psi_0 e^{-is/\hbar}, \quad s = q \int \left(\varphi \, dt - \frac{1}{c} \vec{A} \cdot d\vec{r} \right) \tag{10-434}$$

其中，仅因 $\vec{A}$ 引起的相位改变为

$$-\frac{s_A}{\hbar} = \frac{q}{c\hbar} \int \vec{A} \cdot d\vec{r} \tag{10-435}$$

当空间只有磁场（$\varphi = 0$，则 $\vec{A} = \vec{A}\ (\vec{r})$）存在时，（10 – 434）式的正确性很容易验证。设 ψ_0 满足不存在磁场时的薛定锷方程

$$i\hbar \frac{\partial}{\partial t}\psi_0 = \hat{H}(\hat{\vec{p}})\psi_0 \qquad (10-436)$$

存在磁场时，则应将 $\hat{H}$ 中的量 $\hat{\vec{p}}$ 换成 $\left(\hat{\vec{p}} - \frac{q}{c}\vec{A}\right)$，故相应的 SE 为

$$i\hbar \frac{\partial}{\partial \psi} = \hat{H}\left(\hat{\vec{p}} - \frac{q}{c}\vec{A}\right)\psi \qquad (10-437)$$

注意到 $\left(\hat{\vec{p}} - \frac{q}{c}\vec{A}\right)\psi = e^{-is/\hbar}\hat{\vec{p}}\psi_0$，则可得

$$\hat{H}\left(\hat{\vec{p}} - \frac{q}{c}\vec{A}\right)\psi = e^{-is/\hbar}\hat{H}(\hat{\vec{p}})\psi_0 = e^{-is/\hbar}i\hbar\frac{\partial}{\partial t}\psi_0 = i\hbar\frac{\partial}{\partial t}(e^{-is/\hbar}\psi_0) = i\hbar\frac{\partial \psi}{\partial t} \qquad (10-438)$$

例如，在图 10 – 12 所示的实验中，中间放置一个长的螺线管，则管内有磁场，管外虽无磁场 $\vec{B}$ 但却存在矢势 $\vec{A}$，于是就存在着（10 – 435）式的相位改变。于是相对于 δ_0 产生附加相位改变而产生干涉条纹的移动。AB 效应的预言，已经被实验观测所证实。[①]

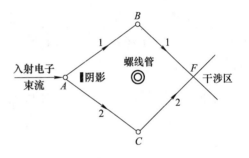

图 10 – 12

② SSD 的解释

记由（10 – 434）式标记的 s 为

$$s_i = q\int\left(\varphi_i dt - \frac{1}{c}\vec{A}_i \cdot d\vec{r}_i\right) \quad (i = 1,2) \qquad (10-439)$$

由此产生的附加相位差为

$$\delta_{AB} = -(s_1 - s_2)/\hbar \qquad (10-440)$$

在上面所描述的干涉实验中，$\hat{H}_0$ 即是自由运动的平面波解。也就是说（10 – 405）式中的 ψ_1、ψ_2 就是（10 – 431）式中的 $\psi_1^{(0)}$、$\psi_2^{(0)}$。于是在干涉区有

$$\begin{aligned}\rho &= \psi * \psi = (\psi_1^{(0)}e^{-is_1/\hbar} + \psi_2^{(0)}e^{-is_2/\hbar}) * \cdot (\psi_1^{(0)}e^{-is_1/\hbar} + \psi_2^{(0)}e^{-is_2/\hbar})\\ &= (\psi_1^{*(0)}e^{is_1/\hbar} + \psi_2^{*(0)}e^{is_2/\hbar})(\psi_1^{(0)}e^{-is_1/\hbar} + \psi_2^{(0)}e^{-is_2/\hbar})\\ &= \psi_1^{*(0)}\psi_1^{(0)} + \psi_2^{*(0)}\psi_2^{(0)} + \psi_1^{*(0)}\psi_2^{(0)}e^{i(s_1-s_2)/\hbar} + \psi_1^{(0)}\psi_2^{*(0)}e^{-i(s_1-s_2)/\hbar} \qquad (10-441)\end{aligned}$$

---

① R. G. Chambers, *Phys. Rev.* Lett., 1960（5）：3. Akira Tonomura, et al., *Phys. Rev.* Lett., 48（1982）1443；59（1986）92.

注意到 $E_1 = E_2 = E$，将下式

$$\left.\begin{array}{l} \psi_1^{(0)} = Ae^{-iE_1 t/\hbar} e^{i\vec{p}_1 \cdot \vec{r}_1/\hbar} \\[2mm] \psi_2^{(0)} = Ae^{-iE_2 t/\hbar} e^{i\vec{p}_2 \cdot \vec{r}_2/\hbar} \end{array}\right\} \tag{10-442}$$

代回（10-441）式有

$$\rho = A^2 \left\{ 2 + e^{-i(\vec{p}_1 \cdot \vec{r}_1 - \vec{p}_2 \cdot \vec{r}_2)} e^{i(s_1-s_2)/\hbar} + e^{i(\vec{p}_1 \cdot \vec{r}_1 - \vec{p}_2 \cdot \vec{r}_2)/\hbar} e^{-i(s_1-s_2)/\hbar} \right\} = 2A^2 \left[1 + \cos(\delta_0 + \delta_{AB}) \right] \tag{10-443}$$

其中，不存在电磁势时的相位差

$$\delta_0 = (\vec{p}_1 \cdot \vec{r}_1 - \vec{p}_2 \cdot \vec{r}_2)/\hbar \tag{10-444}$$

由于（10-443）式同（10-424）式产生的相位 δ_0 ［参见（10-405）式。其 $\delta = \delta_0$］ 相比多出了一个附加相位 δ_{AB}，因此将产生干涉条纹的移动。

在 SSD 理论中，是将 AB 效应与其他的衍射现象一样纳入同一个框架中来认识和理解的，并不觉得有什么特别之处。然而，若不从 SSD 的角度来思考，则会感到它非常之不寻常。

为便于讨论，我们下面以较简单的情况为例，令

$$\left.\begin{array}{l} \vec{A} = 0 \Rightarrow \vec{B} = \nabla \times \vec{A} = 0 \\[2mm] \varphi = 常数 \Rightarrow \vec{E} = -\nabla\varphi = 0 \end{array}\right\} \tag{10-445a}$$

将其代入带电粒子运动方程之中，有

$$\frac{d\vec{p}}{dt} = q\vec{E} + \frac{q}{c}\vec{v} \times \vec{B} = q\vec{E} = -q\nabla\varphi = 0 \tag{10-445b}$$

即当标势 $\varphi = $ 常数时，它对带电粒子的运动是不产生影响的。然而，由（10-432）、（10-433）两式可见，δ_{AB} 一般却并不为零（例如，选 2 为参考波，其上无法拉第笼，$\varphi_2 = 0$；1 上有法拉第笼，$\varphi_1 \neq 0$，则 $\delta_{AB} = -s_1/\hbar = \left[-q\int\varphi_1 dt \right]/\hbar \neq 0$），于是将产生衍射条纹的移动。既然"$\varphi = $ 常数"，对粒子的运动不产生任何效应，那为什么还会有条纹的移动呢？——可见这种效应"非常之不寻常"了——因而该效应甚至被人们称之为"20世纪的迈克耳孙-莫雷实验"，认为它将引起理论和认识论上的重大变革。

然而在 SSD 看来，它却是"非常之寻常"的，如我们在第 4 章曾讨论过的，它事实上只是证明了两件事：（a）非定域关联的存在；（b）在绝对静系考察时，将 MBS 凸显了出来。

由于非定域关联的存在，则在干涉区内，由干涉产生的 MBS 的分布状况就已经规定

了粒子的运动行为：必形成干涉条纹。

以绝对静系为背景，MBS 无一遗漏地被凸显出来，这就会产生新的力 $\vec{F}^{(s)}$ 和 $\vec{F}^{(fl.)}$。这时，带电粒子将遵从 SSD 方程（10 – 417）式。（10 – 417）$\cdot \vec{r}$，可以给出能量方程（10 – 418）式。在这里，我们注意到（10 – 418）式中的 E 为场的本征能量，它满足 SE

$$i\hbar \frac{\partial}{\partial t}\psi = \left(-\frac{\hbar^2}{2\mu}\nabla^2 + q\varphi \right)\psi = E\psi \tag{10 – 446}$$

不存在标势 φ 时的 SE 为

$$i\hbar \frac{\partial}{\partial t}\psi_0 = -\frac{\hbar^2}{2\mu}\nabla^2 \psi_0 = E_0 \psi_0 \tag{10 – 447}$$

其解为

$$\psi_0 \sim e^{-i(E_0 t - \vec{p} \cdot \vec{r})/\hbar} \tag{10 – 448}$$

$$E_0 = \frac{1}{2\mu}\vec{p}^2 \tag{10 – 449}$$

（10 – 446）式的解为

$$\psi = \psi_0 e^{-is/\hbar} = \psi_0 e^{-\frac{iq}{\hbar}\int \varphi dt} \tag{10 – 450}$$

将（10 – 450）式代回（10 – 446）式，得

$$E = \frac{1}{2\mu}\vec{p}^2 + q\varphi \tag{10 – 451}$$

现在我们再来看（10 – 418）式

$$\frac{d\varepsilon}{dt} = (E - \varepsilon)\frac{1}{\rho}\frac{d\rho}{dt} + \vec{F}^{(fl.)} \cdot \dot{\vec{r}} \tag{10 – 452}$$

在不考虑 $\vec{F}^{(fl.)}$ 项时，上式可以写为（定态系，能量守恒）

$$d\varepsilon = \frac{1}{\rho}[\psi^*(\hat{H} - \varepsilon)\psi] = 0 \tag{10 – 453}$$

正是运用上述关系，我们在前面由已知的运动求得了 SE。这说明 SE 的成立与粒子运动的真实性是互为因果的。于是由上式有

$$\hat{H}\psi = \varepsilon\psi \tag{10 – 454}$$

将（10 – 454）、（10 – 446）两式相比较，有

$$\hat{H}\psi = \varepsilon\psi = E\psi \Rightarrow \varepsilon = E = \frac{1}{2\mu}\vec{p}^2 + q\varphi \tag{10 – 455}$$

即粒子的能量为场的本征能量。由此可见，在从（10 – 417a）式向（10 – 452）式的过渡中，进行如下运算时

$$\vec{F}_e = -\nabla V = q\vec{E} = -q\nabla\varphi = 0 \tag{10 – 456}$$

项目

$$\vec{F}_e \cdot \vec{r} = -q\,\vec{r} \cdot \nabla\varphi = -\frac{d(q\varphi)}{dt} \qquad (10-457)$$

是不能被丢掉的。因此才会有场

$$\frac{d\vec{p}}{dt} \cdot \vec{r} + (-\vec{F}_e \cdot \vec{r}) = \frac{d}{dt}\left(\frac{\vec{p}^2}{2\mu} + q\varphi\right) = \frac{d}{dt}\varepsilon \qquad (10-458)$$

（10-458）式中的粒子能量 ε 满足（10-455）式，它等于本征能量 E。

上面是用数学语言进行的讨论。若从力学过程分析，则与讨论无穷深势阱为什么基态能量不为零是类似的。考虑到 $\vec{F}^{(fl.)}$ 的作用之后，ψ 不是平面波解，故 $d\rho/dt = \vec{r} \cdot \nabla\rho \neq 0$。这时虽（10-457）式为零，但

$$\frac{d\varepsilon_0}{dt} = (E - \varepsilon_0)\frac{1}{\rho}\frac{d\rho}{dt} \neq 0 \qquad (10-459)$$

于是粒子的运动状态$\left(这里用的是总能量 \varepsilon_0 = \frac{1}{2\mu}\vec{p}^2\right)$就一定要发生变化，直到 $\varepsilon_0 \rightarrow \varepsilon = E$，就会有

$$\frac{d\varepsilon}{dt} = (E - \varepsilon)\frac{1}{\rho}\frac{d\rho}{dt} = 0 \qquad (10-460)$$

这时方程才平衡，粒子的运动才会稳定下来。

当然，由于 $\vec{F}^{(fl.)}$ 这一项的具体形式不知道，我们不能严格求解，只能进行上面的定性讨论。不过从中我们也可以看出，$\vec{F}^{(fl.)}$ 具有极其重要的影响，在关键时刻、关键地方起着关键的作用，我们必须考虑这种作用——尽管我们目前只能进行定性的考虑。

事实上，当将（10-457）式移项时，我们为什么要用（10-458）式来处理呢？原因就在于 $\vec{F}^{(fl.)}$ 所引起的效应。为了省去对 $\vec{F}^{(fl.)}$ 的作用过程的理解，就必须按（10-458）式来处理。

由此可见，在静系中，由于 $\vec{F}^{(s)}$ 和 $\vec{F}^{(fl.)}$ 均被凸显了出来，则必要求 $\varepsilon = E$，而不是牛顿力学的 $\varepsilon = \varepsilon_0 = p^2/2\mu$。亦即是说，这样一来，"势"便具有了绝对的意义。该问题在第4章中已做过讨论，这里不再重复。

其实，"静系"的优越性在 CM 中已由"非定域关联"所肯定。只是到了后来，由于错误地否定了静系的优越性和非定域关联，把光速绝对化，这才造成了认识上的误区。用"误区"的认识来看 AB 效应，当然感到"非常之不寻常"——但事实上，当我们

"返璞归真"，又回到原来正确的认识论和哲学基点上之后，这种"非常之不寻常"在事实上是"非常之平常"的：因为大自然是简单而质朴的，是不会去搞什么哗众取宠、令人惊叹的"不寻常"事件的。

当然，AB 效应的问题也可从其他的角度来理解。最为正统和流行的是规范变换和规范场的理解。有兴趣的读者可以参阅有关文章。[①] 不过，规范场使用的是纤维丛的数学语言，一般读者阅读起来可能并不轻松。

（九）散射问题和量子跃迁

通常在 QM 中主要研究束缚态问题、散射问题和量子跃迁问题。在 SSD 中，通过导出量子力学的能量平均值以及一些例证，我们已经解决了第一个问题。而由于在 SQM 中散射和量子跃迁问题实质上是按系综观点处理的，所以当我们从系综的角度导出了（10 – 221）式，并由此肯定了 SQM 关于系综的"统计解释的全部内容"之后，则自然也就一般性地论证了在散射问题和量子跃迁问题上 SSD 已建立起了与 SQM 的联系，而无须再对这两个问题进行论述。但为了论证的完整性并使数学和物理内容更清楚一些，我们仍做一点极简单的推导和讨论。

（一）散射问题

1. 散射所讨论的问题

在自然系统中，作用力一般都是与时间无关的，故属于定态问题。在定态问题中，由 n 个粒子所组成的系统，其粒子的运动方程为

$$\frac{d\vec{p}_i}{dt} = -\nabla_i V(\vec{r}_1, \cdots, \vec{r}_n) - \vec{p}_i \frac{d\ln \rho}{dt} + (T - V)\nabla_i \ln \rho + \frac{1}{\rho}\nabla_i\left(\psi^* i\hbar \frac{\partial \psi}{\partial t}\right) + \vec{F}_i^{(fl.)} \quad (i = 1, \cdots, n)$$

$$(10 - 461)$$

其中 $\rho = \psi^*(\vec{r}_1, \cdots, \vec{r}_n)\psi(\vec{r}_1, \cdots, \vec{r}_n)$。

散射问题又称为碰撞问题。碰撞就是用一个粒子去"碰"另一个粒子（称为"靶"）。我们不妨将入射粒子记为 1，余下的部分称为"靶粒子"。由于在定态问题中能量守恒

$$i\hbar \frac{\partial \psi}{\partial t} = \hat{H}\psi = E\psi \qquad (10 - 462)$$

于是可将方程写为

---

① Tai Tsun Wu, Chenning Yang. *Phys. Rev.* D, 1975（12）：3843，3845.

$$\frac{d\vec{p}_1}{dt} = -\nabla V_1 - \vec{p}_1 \frac{d\ln\rho}{dt} + (T-V)\nabla_1\ln\rho + E\nabla_1\ln\rho + \vec{F}_1^{(fl.)} \qquad (10-463)$$

$$\frac{d\vec{p}_i}{dt} = -\nabla V_i - \vec{p}_i \frac{d\ln\rho}{dt} + (T-V)\nabla_i\ln\rho + E\nabla_i\ln\rho + \vec{F}_i^{(fl.)} \qquad (n=2,3,\cdots,n)$$

$$(10-464)$$

前面我们已经论证过，定态多粒子系的总能量是守恒的［见（10-211）式］

$$\varepsilon = \sum_{i=1}^{n} \varepsilon_i = \varepsilon_1 + \varepsilon_2 + \cdots + \varepsilon_n = \varepsilon_1 + \varepsilon_T = \varepsilon_1 + \sum_{i=2}^{n} \varepsilon_i = E = 常数 \qquad (10-465)$$

其中 ε_T 为"靶"的能量。（10-465）式表明，虽然 $\varepsilon = E =$ 常数，但系统内粒子间的能量却是可以相互转换的。

上述守恒关系对初态和末态都成立，于是有（记 i 为初态，f 为末态）

$$\varepsilon_1^{(i)} + \varepsilon_T^{(i)} = \varepsilon_1^{(f)} + \varepsilon_T^{(f)} \qquad (10-466)$$

如果入射粒子 1 与靶粒子碰撞而散射后能量不变，即

$$\varepsilon_1^{(f)} = \varepsilon_1^{(i)} \qquad (10-467a)$$

我们则称其为"弹性散射"。弹性散射通常发生在入射粒子能量低的情况下：由于靶粒子处在分立的能级上，若入射粒子的能量低，就不足以引起靶粒子的量子跃迁，也就没有能量交换，这就是弹性散射。反之，若入射粒子能量很高，就有可能发生非弹性散射，使得

$$\varepsilon_1^{(f)} \neq \varepsilon_1^{(i)}, \quad \varepsilon_T^{(f)} \neq \varepsilon_T^{(i)} \qquad (10-467b)$$

如果粒子 1 入射后碰出来的散射粒子为靶内的第 j 个粒子，则称这样的反应为"击出反应"（或叫"敲击反应"）；若粒子 1 入射后不再跑出来，而是与靶核融为一个新粒子，则称为"复合反应"……散射反应的类型很多，我们可以通过这些反应研究粒子的性质，也可以通过它们"制造"人工新粒子——发现"新元素"。因此，散射作为一种科学手段是很重要的。卢瑟福就是通过 α 散射证实他的原子的有核模型的，它对微观理论起了奠基性的作用。

2. 散射的描述与散射截面的定义

当一群入射粒子打到靶上时，由于每个入射粒子与靶粒子的相对位置不一样，作用就不一样，散射的情况也就不一样。在这种情况下，采用统计描述是方便的。这时所提取的关键的物理量称为"散射截面"，它在实验上可以测量。人们可以通过散射截面，获取有关靶粒子的某些知识。

如图 10-13 所示，设沿 Z 方向入射到散射中心 O（即靶粒子）的入射粒子流密度

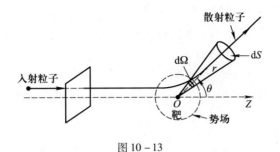

图 10-13

（沿垂直于 Z 上单位面积、单位时间所通过的粒子数，量纲为 $1/L^2 \cdot T$）为 N_i，入射粒子受 O 的作用后，在单位时间、于 (θ, φ) 方向附近立体角 $d\Omega = ds/r^2$ 内发生散射的粒子数为 dn_s（量纲为 $1/T$），则 dn_s 正比于 N_i 和 $d\Omega$

$$dn_s \propto N_i d\Omega \Rightarrow dn_s = \sigma(\theta, \varphi) N_i d\Omega, \quad \sigma(\theta, \varphi) = \frac{dn_s}{N_i} \frac{1}{d\Omega} \qquad (10-468)$$

比例系数 $\sigma(\theta, \varphi)$ 的量纲为 $T^{-1}/[L^2 \cdot T]^{-1}$，即具有面积的量纲，故称为微分（部分）散射截面；对所有方向做积分，得总（全）散射截面

$$\sigma_t = \int \sigma(\theta, \varphi) d\Omega = \int_0^\pi \sin \theta d\theta \int_0^{2\pi} d\varphi \cdot \sigma(\theta, \varphi) \qquad (10-469)$$

假若散射中心势场对 Z 轴是对称的，σ 仅与 θ 有关（$\sigma(\theta, \varphi) = \sigma(\theta)$）而与 φ 无关，则总截面

$$\sigma_t = 2\pi \int_0^\pi \sigma(\theta) \cdot \sin \theta d\theta \qquad (10-470)$$

在经典力学中，粒子具有确定而光滑的轨道。我们可以通过如图 10-14 所示的"瞄准距离"（又称为"碰撞参量"）b 确定散射截面。设粒子与靶之间的作用力为斥力。散射时距靶越近的粒子所受的斥力越大，所以偏转的角度越大（如图 10-14 中的粒子 1、2 的情况）。为方便讨论，可以设排斥势与 φ 无关。于是我们看到，在 $b \rightarrow b - db$ 间入射

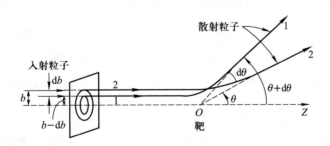

图 10-14

的粒子必散射到 $\theta \to \theta + d\theta$ 的范围内。也就是说,在立体角 $d\Omega = \sin\theta d\theta d\varphi$ 内测得的散射粒子必来自入射环面 $b|db|d\varphi$ 内的入射粒子。于是,在经典力学中,当势已知时,就可以求出 $b = b(\theta)$,进而可以由

$$\sigma(\theta)d\Omega = \sigma(\theta)sim\,\theta d\theta d\varphi = b|db|d\varphi, \quad \sigma(\theta)\sin\theta = b\frac{|db|}{d\theta} \quad (10-471)$$

求得总截面

$$\sigma_t = 2\pi\int_0^\pi \sigma(\theta)\sin\theta d\theta = 2\pi\int_0^b bdb = \pi b^2 \quad (10-472a)$$

例如,在图 10 – 15 所示的情况下,粒子与一个绝对钢体的钢球散射,仅在 $b = a$ 之内的粒子才有可能与靶发生碰撞。由 $(10-472a)$ 式知,CM 的钢球弹性散射总截面为

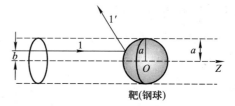

图 10 – 15

$$\sigma_t^{(CM)} = \pi b^2 = \pi a^2 \quad (10-472b)$$

它表示这时粒子相当于在和一个面积为 πa^2 的盘(即图示的钢球大圆截面积)发生碰撞。

在 SQM 中,由于测不准原理的关系,认为粒子具有波粒两重性而无轨道概念,故在处理散射时用系综几率幅的办法来描述。例如,对上述的钢球散射,SQM 求得的弹散总截面为

$$\sigma_t^{(SQM)} = 4\pi a^2 > \sigma_t^{(CM)} = \pi a^2 \quad (10-473)$$

$(10-473)$ 式表示图 10 – 15 所示整个钢球的表面积 s ($s = 4\pi a^2$)均参与了同入射粒子的碰撞。

然而,上述 $(10-473)$ 式的结果是因为测量时"测不准"才产生的吗?显然不是。事实上,它来自"波粒两重性"。但"波粒两重性"为什么能产生上述 $(10-473)$ 式的不同于经典〔见 $(10-472b)$ 式〕的结果呢?SQM 是根本无法回答这一问题的——因为 SQM 根本不能描述系统的过程,它只能给出统计的结果。但是,SSD 却可以。现在就让我们来看一看 SSD 对上述刚球散射的描述。

由 $(10-463)$ 式可见,在弹散问题中,微观粒子入射和出射的轨道都和经典粒子并不完全相同,都存在随机涨落引起的脉动。将 $(10-464)$ 式对 i 求和,可以给出靶粒子质心的运动方程,它也会因涨落的存在而发生脉动(即静止的粒子是不存在的)。在

考虑两者的相对运动时，当然可以视靶为不动，而将两者脉动的叠加称之为散射粒子的脉动——它自然要更大一些。从定性角度分析，如图 10-16 所示，对 $b > a$ 的情况而言，因经典粒子的轨道是确定而光滑的，所以它不与靶（钢球）发生碰撞。而量子粒子具有波粒两重性，SSD 理论认为这时粒子的轨道虽是存在的，但却是随机的和脉动的，因而是有可能同钢球发生碰撞的，因而 $\sigma_t^{(QD)} >$

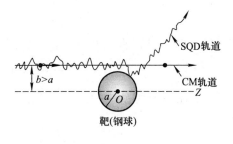

图 10-16

$\sigma_t^{(CM)}$。这就从定性的角度说明了不等式（10-473）之所以存在的原因。而且，我们由图 10-16 还可以看出，以 SSD 轨道运动的粒子不仅可以与钢球"前面"的部分发生碰撞，而且还可以绕到球的"背后"与球发生碰撞——也就是整个钢球的表面（其表面积 $s = 4\pi a^2$）对碰撞均有所贡献。如此一来，$\sigma_t^{(SQM)} = 4\pi a^2$ 的物理意义就被 SSD 的解释具体化了，从而也就变得生动和可以理解了。

由上述例证可以看出，SSD 并不否定 SQM，它只是包容了 SQM 并进一步把问题的物理实质揭示出来了。当然，使用 SSD 这种更精确的决定论性的描述，可能会给出更细致的过程，甚至会产生一些超越 SQM 的新知识和新修正。但是，由于目前 $\vec{F}^{(fl.)}$ 尚不清楚，所以还无法具体计算。即使能以模型（或参数化）的方式给出 $\vec{F}^{(fl.)}$，使之可以计算，我们目前也无法去做具体的计算（因环境条件的制约）。所以，下面我们将不论及 SSD 对 SQM 的拓展和对新现象的揭示部分，而只讨论 SSD 与 SQM 的兼容性：SSD 将给出和 SQM 相同的弹散截面。

我们知道，由于内随机性的存在，可以用系综观点处理上述弹性散射问题。取散射靶的中心 O 为坐标原点，设粒子与靶的互作用能为 $V(\vec{r})$，则体系的定态 SE 为

$$\left[-\frac{\hbar^2}{2\mu}\nabla^2 + V(\vec{r}) \right]\psi = E\psi \qquad (10-474)$$

令 $k^2 = \dfrac{2\mu E}{\hbar^2}$，$U(\vec{r}) = \dfrac{2\mu}{\hbar^2}V(\vec{r})$，则上式可以改写为

$$\left[\nabla^2 + (k^2 - U(r)) \right]\psi = 0 \qquad (10-475)$$

一般说来，都是在离 O 很远的地方（$\vec{r}\to\infty$）观察散射粒子的，故只需讨论（10-475）式在 $\vec{r}\to\infty$ 时的渐近解。设

$$U(\vec{r}) \xrightarrow[(\vec{r}\to\infty)]{} 0 \qquad (10-476)$$

651

则可知 ψ 有下述的渐近解

$$\psi(\vec{r}) \xrightarrow[(\vec{r} \to \infty)]{} e^{i\vec{k} \cdot \vec{r}} + \psi_s \tag{10-477}$$

将（10-477）式代回（10-475）式，并注意到

$$(\nabla^2 + k^2) e^{i\vec{k} \cdot \vec{r}} = 0 \tag{10-478}$$

则可得出 ψ_s 满足的方程

$$(\nabla^2 + k^2) \psi_s = U(\vec{r}) \psi_s \tag{10-479}$$

在球坐标系中

$$\nabla^2 = \frac{1}{r} \frac{\partial^2}{\partial r^2}(r) + \frac{\nabla^2_{\theta\varphi}}{r^2} \xrightarrow[(\vec{r} \to \infty)]{} \frac{1}{r} \frac{\partial^2}{\partial r^2}(r) \tag{10-480}$$

即当 $r \to \infty$ 时，上式的第 2 项对 $\theta\varphi$ 的微分部分为 2 阶无穷小量，与其中第 1 项的 1 阶无穷小相比可以略去。于是利用（10-476）式和（10-480）式，得 ψ_s 的渐近方程为

$$\frac{\partial^2}{\partial r^2}(r\psi_s) + k^2(r\psi_s) = 0 \tag{10-481}$$

其解为

$$\psi_s = f(\theta, \varphi) \frac{e^{ikr}}{r} + g(\theta, \varphi) \frac{e^{-ikr}}{r} \tag{10-482}$$

上式中，第 1 项为从 O 向外发射的球面波；第 2 项为从外向 O 的会聚波。从物理上考虑，应选择 $g(\theta, \varphi) = 0$，于是得散射波

$$\psi_s(\vec{r}) = f(\theta, \varphi) \frac{e^{ikr}}{r} \tag{10-483}$$

将（10-483）式代回（10-477）式，得 ψ 的渐近解为

$$\psi(\vec{r}) \xrightarrow[(\vec{r} \to \infty)]{} \psi_i + \psi_s = e^{i\vec{k} \cdot \vec{r}} + f(\theta, \varphi) \frac{e^{ikr}}{r} \tag{10-484}$$

其中 ψ_i 为入射波（$\vec{k}$ 沿 Z 方向）

$$\psi_i = e^{i\vec{k} \cdot \vec{r}} = e^{ikZ} = e^{ipZ/\hbar} \tag{10-485}$$

这里我们必须注意的是，从物理实质上讲，可被观测的量是粒子的量，而不是 QM 的本征值。例如，粒子的能量 ε 是可被观测的，而与之相应的本征能量 E 事实上是背景场的能量，是不能被直接观测的。如我们从 SSD 方程所论证的，正是由于在定态系中粒子的能量 ε 等于场的本征能量 E

$$\varepsilon = \frac{\langle \psi | \hat{H} | \psi \rangle}{\langle \psi | \psi \rangle} = \int E \frac{\psi^* \psi}{\langle \psi | \psi \rangle} dV = E \tag{10-486}$$

所以 SQM 在计算时才不会产生问题。与之相应地，将上述结果，即 $\varepsilon = E$ 再代入（10 –
486）的表述式中，则有

$$\varepsilon = \int \varepsilon \, \frac{\psi^* \psi}{\langle \psi | \psi \rangle} dV \qquad (10-487)$$

由（10 – 487）式可见，从量子计算的角度讲，称

$$\rho(\vec{r}, t) = \frac{\psi^* \psi}{\langle \psi | \psi \rangle} = \psi^*(\vec{r}, t) \psi(\vec{r}, t) \quad （若 \psi 归一） \qquad (10-488)$$

为在 t 时刻于 $\vec{r}$ 邻域单位体积内找到粒子的概率将是合理的。

当然，上述结果是在忽略 $\vec{F}^{(fl.)}$ 时的结论。但是，如前面已讨论过的，除在特殊的关节点上 $\vec{F}^{(fl.)}$ 的作用应特别强调外，通常的情况下涨落 $\vec{F}^{(fl.)}$ 只是一个很小的量，故仍有 $\varepsilon \approx E$。所以即使考虑到涨落，在初级近似条件下上面的结论也仍然是成立的。

现在，我们就借用上述理解和概念，在这种"初级近似"的意义上来求弹性散射的截面。

弹性散射时，粒子的初、末态能量相等

$$\varepsilon^{(i)} = \varepsilon^{(f)} = \varepsilon^{(s)} \qquad (10-489)$$

利用（10 – 487）、（10 – 489）两式并将（10 – 484）式代入后，有

$$\varepsilon^{(i)} = \varepsilon^{(s)} = \int \varepsilon^{(s)} \psi_s^* \psi_s dV = \int \varepsilon^{(s)} | f(\theta, \varphi) |^2 \frac{1}{r^2} r^2 \sin \theta d\theta d\varphi dr \qquad (10-490)$$

设实验中共有 N 个粒子入射。将上述结果做系综处理，令 $\varepsilon_i = N \varepsilon^{(i)}$ 为入射的总能量，$\varepsilon_s = N \varepsilon^{(s)}$ 为散射的总能量，于是有

$$\varepsilon_i = \varepsilon_s = \int \varepsilon_s \frac{| f(\theta, \varphi) |^2}{r^2} r^2 \sin \theta d\theta d\varphi dr \qquad (10-491)$$

上式两边同乘 N_i / ε_s 即有

$$N_i = \int N_i \frac{| f(\theta, \varphi) |^2}{r^2} r^2 \sin \theta d\theta d\varphi dr = \int [N_i \, | f(\theta, \varphi) |^2 d\Omega] dr \qquad (10-492a)$$

则

$$P(\theta, \varphi) = | f(\theta, \varphi) |^2 d\Omega dr \qquad (10-492b)$$

是流强为 N_i 的入射流在 dV 内出现的概率。于是，我们得单位时间散射到 $d\Omega$ 内的粒子数

$$dn_s = N_i \, | f(\theta, \varphi) |^2 d\Omega \qquad (10-493)$$

将（10 – 492b）式代回（10 – 468）式得弹性散射时的散射截面

$$\sigma^{(SSD)}(\theta, \varphi) = \frac{1}{N_i d\Omega} \cdot dN_s = | f(\theta, \varphi) |^2 \qquad (10-494)$$

由此可见，SSD 给出的结果 $\sigma^{(SSD)}$ 与 SQM 所给出的结果 $\sigma^{(SQM)}$ 是一样的。

$$\sigma^{(SSD)}(\theta,\varphi) = \sigma^{(SQM)}(\theta,\varphi) = |f(\theta,\varphi)|^2 \qquad (10-495)$$

这说明 SSD 并没有否定 SQM，而是肯定并吸收了它的理论成果；但是，在这种系综统计理解的基础之上，加上前述的具有随机涨落的轨道运动描述，由 SSD 就能更为清楚地了解问题的物理实质。

（二）量子跃迁

外界做功为 $W^{(e)}(\vec{r},t)$ 时，系统的拉氏函数为 $L = T - V + W^{(e)}$。由变分原理推得的粒子运动方程为

$$\frac{d\vec{p}_i}{dt} = -\nabla_i V + \nabla_i W^{(e)} - \vec{p}_i \frac{d\ln\rho}{dt} + L\nabla_i \ln\rho + \frac{1}{\rho}\nabla_i\left(\psi^* i\hbar \frac{\partial\psi}{\partial t}\right) \quad (i=1,\cdots,n)$$

$$(10-496)$$

若令

$$\varepsilon = T + V - W^{(e)} = \varepsilon^{(c)} - W^{(e)} \qquad (10-497)$$

其中 $\varepsilon^{(c)} = T + V =$ 系统的总机械能（经典值）。$(10-496)\cdot\dot{r}_i$ 并求和，有

$$\frac{d\varepsilon}{dt} = -\frac{\partial W^{(e)}}{\partial t} - \left(\sum_i \dot{\vec{r}}_i \cdot \vec{p}_i\right)\frac{d\ln\rho}{dt} + L\sum_i (\dot{\vec{r}}_i \cdot \nabla_i \ln\rho) +$$

$$\frac{1}{\rho}\sum_i \dot{\vec{r}}_i \cdot \nabla_i\left(\psi^* i\hbar \frac{\partial\psi}{\partial t}\right) \quad (i=1,\cdots,n) \qquad (10-498)$$

注意到 $\sum_i \dot{\vec{r}}_i \cdot \vec{p}_i = 2\sum_i T_i = 2T$，则上式可改写为

$$\frac{d\varepsilon}{dt} = -\varepsilon\frac{d\ln\rho}{dt} - \frac{\partial W^{(e)}}{\partial t} - L\frac{\partial\ln\rho}{\partial t} + \frac{1}{\rho}\sum_i \dot{\vec{r}}_i \cdot \nabla_i\left(\psi^* i\hbar \frac{\partial\psi}{\partial t}\right) \qquad (10-499)$$

即

$$d\varepsilon = -\varepsilon d\ln\rho + R \qquad (10-500)$$

其中

$$R = \left[-\frac{\partial W^{(e)}}{\partial t} - L\frac{\partial\ln\rho}{\partial t} + \frac{1}{\rho}\sum_i \dot{\vec{r}}_i \cdot \nabla_i\left(\psi^* i\hbar \frac{\partial\psi}{\partial t}\right)\right]dt \equiv R^{(e)} + R^{(\rho)}, \quad R(e) \equiv -\frac{\partial W^{(e)}}{\partial t}dt$$

$$(10-501)$$

在宏观较短而微观较长的有限时间内观测时，外界做功的累积效应 $R^{(e)}$ 的微观效应可以近似略去；$R^{(\rho)}$ 与系统内粒子间辐射长程非定域关联相联系，在微观长的时间下的累积无规效应也可近似略去。若不能略去，则归结为"涨落"。若不计涨落，则有

$$d\varepsilon \approx -\varepsilon d\ln\rho \Rightarrow d(\varepsilon\rho) \approx 0 \qquad (10-502)$$

积分，有

$$\varepsilon_f(t)\rho_f(t) \approx \varepsilon_i(0)\rho_i(0) \tag{10-503}$$

势激发时，粒子的初始位形无法确定，且微粒子运动快速而频繁，在宏观的观测时间内允许我们作系综处理。这样，ε 即可理解为系综的能流。

设 $W^{(e)}(t \leqslant 0) = 0$，令

$$E = \int \varepsilon \rho d^3 \vec{r} \tag{10-504}$$

（10-503）式通过（10-504）式的积分，得

$$E_f(t) = E_i(0) = E_i^{(c)}(0) \tag{10-505}$$

i、f 为初末态下标。（10-505）式是（10-497）式在上述系综理解下总能量守恒的体现。

设体系的非定态 SE 为

$$i\hbar \frac{\partial}{\partial t}\psi = [\hat{H}_0 + \hat{H}'(t)]\psi \tag{10-506}$$

其中微扰 $\hat{H}'(t \leqslant 0) = 0$。将 ψ 按 $\hat{H}_0$ 的本征函数

$$\phi_n(\vec{r}, t) = \varphi_n(r)e^{-iE_n t/\hbar} \tag{10-507}$$

展开

$$\psi(\vec{r}, t) = \sum_n a_n(t)\phi_n(\vec{r}, t) \tag{10-508}$$

设初态始于 $\phi_k(\vec{r}, 0)$，则知 $a_n(0) = \delta_{nk}$；末态为 $\psi(\vec{r}, t)$，有

$$\int \rho_f(\vec{r}, t)d^3\vec{r} = \langle \psi | \psi \rangle = \sum_m |a_m(t)|^2 = 1 \tag{10-509}$$

由（10-505）、（10-509）两式有

$$\frac{E_f(t)}{E_i^{(c)}(0)} = \sum_m |a_m(t)|^2 \tag{10-510}$$

因 $E_f = E_i$，可以用 $\varepsilon_k = \hbar\omega_k$ 转换成粒子数

$$n_k = \frac{E_i^{(c)}(0)}{\varepsilon_k} = \frac{E_k^{(c)}(0)}{\varepsilon_k}, \quad n_f = \frac{E_f(t)}{\varepsilon_k} = n_k \tag{10-511}$$

上式反映粒子（电子）数守恒。令

$$E_f = \sum_m E_m^{(f)}, \quad n_m = \frac{E_m^{(f)}}{\varepsilon_k} \tag{10-512}$$

得从 $| k \rangle$ 态到 $| m \rangle$ 态的量子跃迁概率公式（参见图10-17）

655

$$W_{k \to m}^{(QD)}(t) = W_{k \to m}^{(SQM)}(t) = |a_m(t)|^2 \quad (10-513)$$

它给出了同于 SQM 的理论结果，这表明 SSD 仍肯定并吸收了 SQM 的理论成果。

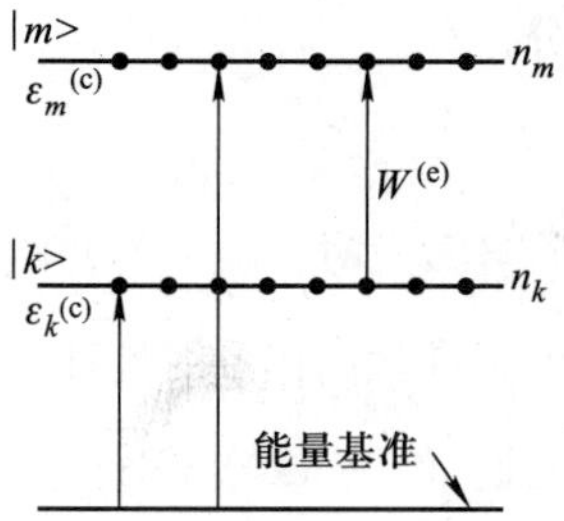

图 10-17

三、小结

在前面的讨论中我们只举了通常教材中的几个例子。由于这都是教材中的例子，学生和一般读者容易通过这些例证，将 SSD 和 SQM 进行对照比较，以便理解 SSD 到底带来了什么样的变化。我们从以上讨论过的几个有限问题可以看出：既然 SSD 能给出能量平均值的一般公式（10-188），相应地就涵盖了定态微扰论而无须对后者再做讨论；SSD 能导出跃迁概率公式（10-513），则就涵盖了而无须再讨论非定态微扰论；它能给出衍射的一般公式，并以 AB 效应为例作理论处理，则类似的其他"几何效应"的衍射（如中子在重力场中的衍射），道理便是一样的，所以也就无须再讨论……由此可见，有限的例证包含着远较例证本身更为丰富的内容，只不过需人们举一反三去体会。而如众所周知的，SQM 理论主要包含束缚态、散射、量子跃迁和测量这四个基本问题，它们均被 SSD 成功处理，故例证虽有限，但证明方式仍是较为完善的。

当然，SSD 对 SQM 而言不仅有继承，也有发展：它可以解释 SQM 所不能解释的新现象，从而具有发现新事物的功能。对上述有限例证的讨论已经使该"功能"跃然于我们的面前——SSD 所能认识和解释的现象，是 SQM 根本不可能认识和解释的。不过，专业工作者可能会对上述例证式的讨论感到"不过瘾"，他们更关心 SSD 能否用于他们所研究的更复杂的系统，能否解决他们正关注着的"前沿性问题"。我们说，这些前沿性问题很多，也很复杂，属于专题性问题，本书不准备予以讨论。但是，只要稍加留意 SSD 方程的形式及它所携带的信息，所表达出的潜在功能，就不难发现 SSD 是可以用于专业工作者所研究的领域或具体系统的。

例如，新兴的"量子工程学"是一个备受关注的前沿性领域。其中，"纳米技术"已获得突飞猛进的发展，显示出了广泛的应用开发前景。纳米是 1 米的十亿分之一（即 1 纳米 = 10^{-9} 米 = 10^{-7} 厘米）。纳米级"粒子"的尺度是氢原子线度（0.526×10^{-8} cm）的数百倍。它的特征是一方面保留了量子的行为特征，另一方面经典决定论的行为相对又较多（因为纳米级粒子较大，故而涨落较小）。再者，纳米级粒子的行为还有赖于组成它的"材料"和我们施予它的约束（即外力）。如此等等。然而，上述种种因素在

SSD 方程中均有相对应的物理项，表明 SSD 对它的认识是完善的。可见，在 SSD 的理论结构与表述之中，已经孕育了将它用于纳米领域研究的可能性。

又如，在所谓"介观物理学"问题的研究中，电子输运过程的量子特征是十分重要的课题。然而，当理论尚不能真正描述电子是如何运动的时候，所谓的"输运理论"能被实实在在地建立起来吗？在这样的问题中，SSD 方程作为描述具有量子特征的单粒子运动的决定论性的方程，表现出来的独特优势是十分明显的。

再如，在量子计算机的研究中，"量子纠错"是一个有待解决的重大困难问题。它涉及的因素很多，其中也包括技术因素。以"门操作"为例，操作不当就会出错。而在 SSD 理论中，电子的行为既是决定论的又是随机的。这种随机涨落依赖于具体的系统。在系统已确定的情况下，电子随机涨落的范围就可以固定下来。只要我们的"门触发"过程与上述的涨落范围的设计是相匹配的，则触发就具有了一对一的决定论的关系，这就使判别是否出错、如何纠正出错和保证不出错有了依据。可见，SSD 理论恰恰为该领域的研究提供了更为精确的理论基础。

在这里，我们不再去一一列举 SSD 可能的应用前景。专家们不妨尝试将 SSD 方程用于自己关心的专题性研究中，我们热情地等待着你们的结论。

事实上，某些问题上升到形式理论的高度，会更容易找到本质性答案。从形式理论上讲，SSD 的理论结构及它的方程数如下：

$$
\left.
\begin{aligned}
&i\hbar\frac{\partial}{\partial t}|\psi\rangle = \hat{H}|\psi\rangle \\
&-i\hbar\frac{\partial}{\partial t}\langle\psi| = \langle\psi|\overleftarrow{\hat{H}^+} \\
&\int\psi^*(\vec{r},t)\psi(\vec{r},t)d^3\vec{r} = 1 \\
&\frac{\partial\rho}{\partial t} + \nabla\cdot\vec{j} = 0
\end{aligned}
\right\} \text{4 个方程}
\tag{10-514}
$$

$$
\left.
\begin{aligned}
&\vec{p} = \mu\frac{d\vec{r}}{dt} \\
&\frac{d\vec{p}}{dt} = -\nabla V + \vec{F}^{(s)}(\psi) + \vec{F}^{(fl.)}
\end{aligned}
\right\} \text{6 个方程}
\tag{10-515}
$$

$$
\text{总方程数} = 4 + 6 = 10
\tag{10-516}
$$

按第 7 章对"神奇的数字 10"的讨论，当同时使用粒子和场两个模型来描述粒子和 MBS 时，就理论形式的要求而论，SSD 应视为是完善的。

对应于 SSD 的（10 - 515）式，SQM 有如下公式：

$$\left. \begin{array}{l} \dfrac{d\langle \vec{r} \rangle}{dt} = \dfrac{1}{\mu}\langle \hat{\vec{p}} \rangle \\[3mm] \dfrac{d\langle \hat{\vec{p}} \rangle}{dt} = \dfrac{1}{i\hbar}\langle [\hat{\vec{p}}, \hat{H}] \rangle \end{array} \right\} \quad 6\,\text{个方程} \qquad (10-517)$$

按照前面的说法，将（10 - 514）式与（10 - 517）式联立起来，从形式理论的角度讲，SQM 也是完善的。

但是，如我们在第 8 章中已论证过的，（10 - 517）式仅具有"形"的相似性而无"质"的内容，它事实上不是一个基本方程。正因为如此，就使得 SQM 存在固有的不完善性，既不能认识粒子与系统的运动行为，也不能建立起与 CM 的衔接，使得测量问题成为基本困难。

为什么 SSD 较 SQM 具有更好的科学统一性并能更好地描述和认识微观系统的性质呢？上面我们已经从形式理论结构的角度，通过对比，获得了一般性的解答。

另外，从概念上讲 ψ 场是刻画 MBS 的场，而电动力学的电磁场也被认为是刻画 MBS 的场，可见两者存在内在联系——即存在 SSD 将电动力学统一于其中的可能性。不过，我们虽已经注意到了 SSD 在概念及方程的形式上有可能实现与电动力学间的衔接，但由于问题较复杂而尚未满意地给出数学表述，加之时间仓促，故此问题暂时没有纳入到本书中讨论，将留待未来同其他一些问题一起再加以探讨。

第11章 系统结构动力学（SSD）的"科学统一性"（Ⅱ）：对自组织、进化、生命及意识等问题的解释

对测不准原理的思索，曾使得罗伯特·迪克（R. Dicke）提出"人的因素原理"，认为宇宙之所以如此，是由于我们在其中。其意义可以引申为如果宇宙中没有"有生命"的、能够观察宇宙的"思考者"的存在，宇宙便是没有意义的。而宇宙在创始时如果不孕育着能够产生生命的因素，那么生命也是不可能出现的。

所以，作为人类知识体系的科学，是作为生命体的人类的组织——社会产生之后才有的活动；而正是由于宇宙"创始之初"——那时是没有人类、甚至还没有"生命"的——已经孕育着"能够产生生命的因素"，后来的一切才会发生。所以，生命、人类及其社会的产生和发展，是嵌于物种和自然进化的序列之中的——它们都是"物质"运动变化的产物。因而，研究一切物质运动、描述基本自然规律的基本物理学理论，就应当可以将"死"的"物"和"活"的"生命"纳入同一个理论框架之中来加以认识。正是由于上述原因，要说明SSD所具有的较广泛的科学统一性，就必须走出传统思维的狭隘领地，在更广阔的领域中来加以验证：证明它提供了一种将"死"的物和"活"的生命纳入统一的基本自然规律中来加以认识的思维方法和探索模式。这样，对生命现象才有可能加以本质的驾驭和把握。这种驾驭和把握，除了涉及生命和非生命物质的一个共性问题，即它们为什么能相对稳定地"存在"——由于它是生命和非生命物质的共性，显然不能用高级生命物质（人）的"指令"来解释，而只能用"自"组织来解释——之外，还涉及如何跨越非生命物质的"死"和生命物质的"活"这一巨大的鸿沟，特别是高级生命的活动是"精神"指导下的有"意识"的活动的问题。这些问题都和"生命"紧密地联系在一起。因此，本章将把目光集聚在有关生命的问题上。

然而，我们面对的是一个宏大的题目群。要把有关生命的众多极其复杂的问题"组

装"起来给予一种统一的解释，哪怕只是定性的或思辨性的解释，都是极其困难的。运用物理学的基本理论来提供这种解释，更是极其困难——这是迄今为止任何一种理论都未曾登上过的一座高峰。然而，这种"总体解释"的基本理论却是十分必要的。因为众所周知，只要基本理论包含着可生成所研究系统的概念基元，以及相应的机制以提供自洽的定性解释，就可以由这些基元性概念所生成的一批次级概念，作概念及理论的重塑，构建出应用于具体系统的微观理论，依靠其相应的解释、模型、计算等配套系统的具体化，对各具体系统做更深入而具体的研究和更细致的描述。

目前人们已经从宏观、介观和微观的层次上，采用了定性分析、定量计算的各种理论，来认识和描述生命这一涉及复杂现象和功能的极其复杂的系统。这些工作无疑都是具有重要意义的。但目前看来，这些理论都还不能用一种连贯一致的方式给予生命完整的认识，还存在着不同的问题，表现出各种各样的局限性。因而，从理论的概念系统和理论的结构形式上看，应上升到更高层次的统一性来做更深刻的把握。正是由于这一原因，我们才构建了 SSD，作为对更高层次科学统一性理论的探索方案之一。也正是由于这一原因，作为对 SSD 的"科学统一性"的论证，为能在某种意义上基本保证论述的完善性，才不仅应如已论述过的那样，将所涉及的一些物理学基本理论的合理内核囊括于自己之中，而且还应当出于"总体把握"的需要，将生命过程中的几个彼此关联着的大的关节点论述清楚，给出一致而自洽的解释。而由于由物理学基本理论发展出应用于各具体系统、特别是复杂系统的微观具体理论，是相当困难而复杂的工作，所以在目前的阶段，我们也只能用系统科学所倡导的整体论方法，做总体的把握，把注意力放在一些最基本和最重要的问题的回答上：

第一，目前人们已经在宏观、介观和微观的层次上发展出的各种理论，其重要意义究竟在哪里？我们可以从中得出一些什么样的启示，提取出哪些有用的信息？这些理论又存在什么样的不足和认识上的缺失？SSD 是否可以追补上述的不足与缺失？这是 SSD 不容回避、必须回答的。

第二，在具体回答上述问题时，我们将它们上升提炼为几个大的关节点——因为将这几个关节点论述清楚了，生命及其意义就从总体上得到了把握（其细节是更具体的理论描述的任务）。这几个大的关节点是：

（1）生命作为一种客观物质形态，只有在一定意义上保持"活"而且相对"稳定"的状态，才能"存在"；这就要求回答自组织的本源性动因是什么。

（2）"生命"不同于一般的其他"非生命"系统的一个显著特征，是它可以通过自复制使生命得以延续。这就要求回答自复制的动力学机制是什么。

（3）面对生命、行为以及社会的问题，关键是要回答意识和精神的实质是什么这一根本性问题。如果连意识与精神的物质性基础都揭示不出来，那么它们的"根"又在何处？那冥冥之中的人的行为和社会的规律又何以能从本质上把握呢？

（4）生命和社会既然是进化的产物，那么是什么因素引起进化？进化的方向、目的和规律又是什么？

第三，在上述问题基本搞清楚的前提下，人的行为以及道德的基础就可以建立起来了；与之相应地，由人所组成的社会这个有机生命体的演化，就有了来自自然规律必然性的基础。在此基础上，我们就很容易认识当今"全球化"浪潮的意义、方向以及为什么在全球化的浪潮中必将迎来华夏文明的复兴——它是规律要求的必然——当然，这一问题是与另一个问题密切相关的：为什么华夏文明是四大文明中唯一不曾中断的文明？它的先进性在自然规律的必然性中如何被揭示和肯定？这些问题弄清楚了，华夏文明乃至东方文化的复兴以及建立和谐社会与和谐世界的理念（或提法）就找到了自然规律的有力支撑，中国的和平崛起就不仅仅是一种谋求"小康"的狭义的努力，而将具有引领人类建立新的文化和社会走向的宏大而深远的意义，并由此赋予了华夏儿女特殊的历史使命。

当然，由于篇幅的限制，以上问题在本章中只能以高度"浓缩"的办法加以讨论。现在，就让我们踏上生命进化的探索之旅，去拨动那最让人激动的生命旋律吧……

第 1 节　对进化理论的分析

谈到生命，就不能不谈到"进化"。这是因为，"使生物学不同分支联系起来的惟一的重要主题便是进化"[①]。而 1953 年美国科学家米勒等人首次模拟原始地球大气成分，用甲烷、氨、氢、水蒸气等气体为原料，利用电火花放电的方法，生成 11 种氨基酸这些生命体的"基础材料"，用实验室手段证明了奥巴林等人关于生命起源的学说[②]，则雄辩地证明了生命也是由非生命"进化"而来的，是宇宙物质发展演化的产物。所以，对进化理论的分析，有着特别重要的意义。

一、达尔文之前的进化论思想

"进化"这一思想并不是达尔文的首创。在达尔文之前，人们已经从不同角度对

---

① ［美］G. H. 弗里德、G. J. 黑德莫诺斯著：《生物学》，田清涞等译，科学出版社 2002 年版，第 5 页。
② S. Miller, J. *Am. Chem. Sac.* 1955 (77)：2351.

"进化"有了深浅程度不同的认识。

如果追溯得久远一些，古希腊的亚里士多德的自然阶梯观及其在胚胎发育中的体现，就已经朦胧地有了生物"进化"的思想。而布丰（Buffon）则可能是第一个提出生物进化概念的现代博物学家。他认为物种是变化的，并运用比较解剖学中的发现支持自己的观点。与布丰同时代的瑞士博物学家博内则认为，胚胎的发育过程包含了生命的全部自然创造史。因此，可以说在18世纪，"自然"与生命的"进化"相关联的思想就已经开始形成。

到了19世纪，进化的观点在自然史的研究中已相当流行，而且思考也相应地成熟起来。

例如，拉马克（J. B. Lamarck）大约在1799年就产生了进化的思想，并于1809年发表了他的巨著《动物哲学》，不仅对动物分类做出了重大贡献，还为进化提供了大量的证据，其理论被人们视为第一个科学的进化理论。他发现，在任何有机体的生活史中，生物的各种器官，经常使用就会发育变大；反之就会萎缩。例如，铁匠或其他大量使用身体肌肉职业者的胳膊就发达，不经常使用腿部的人，其腿部就萎缩。他相信个体在其一生中发生的这些变化将传递给下一代，这就是"获得性遗传"（Inheritance of acquired characters）。这是一种"用进废退"的理论（Use-disuse theory），反映拉马克关于在环境作用下，进化具有目的——"用"则趋于"完善"——的线性进化思想。

钱伯斯则于1848年匿名发表了关于自然史的书籍《创造自然史的痕迹》。他虽未受过博物学的严格训练，却善于博采众长来论述他的生物渐变理论。但由于他的理论以"自然神学"为基础，结果两头不讨好：正统的自然神学者认为他的理论将败坏人们的道德；而严肃的科学家则认为他的理论不严谨、机制太荒谬。而恰因为他的理论受到人们的猛烈抨击，却使得他的著作在头十年甚至比后来达尔文的《物种起源》还畅销，反而更促进了进化论思想的传播。

几乎与钱伯斯同时，作为"社会达尔文主义"的创始人，H. 斯宾塞于1851年发表了《社会静力学》，利用拉马克的思想倡导无政府主义。他认为，人类的心灵可通过调节以适应环境并可以遗传下去。因此，人们通过遗传就会自动做自己应该做的事情，因而也就可以达到一种无需政府控制的"无政府的状态"。斯宾塞将人类社会划分成军事阶段、工业阶段以及将来的最高级阶段（即所谓的有机依存的阶段）。他接受了亚当·斯密的古典经济学的思想，强调个体之间的自由竞争，认为只有这样才能达到真正的和谐。通过他的努力，"进化"（Evolution）成了一个专门的术语，而他的"适者生存"一词后来则被达尔文用"自然选择"来加以说明。

另外，托马斯·马尔萨斯的人口论也是一个影响深远的理论。在他的理论中，"环境"与"自然选择"已经被拓展到了社会学的领域之中。他用雄辩的方式证明人口增长的速度是按几何级数（$2，4，8，16，\cdots，2^n$）增长的，而可用资源却是按算术级数（$1，2，3，4，\cdots，n$）增加的；故人口增加的速度将远远大于食物等资源的负担能力。最后，人口与食物和其他资源的比例将会极度不平衡，难以控制和管理，从而形成严峻的为生存而战的竞争或斗争。于是只有通过战争、瘟疫、洪水等灾难——"神对人类的惩罚"——才能使人口保持与资源相当的水平。他的这一思想影响了达尔文，使达尔文相信后代数量过多是导致生存竞争的根源。

以上这些进化论的思想，无疑为达尔文理论的提出奠定了思想基础。

二、达尔文进化论的提出及其革命性意义

1859 年 11 月 24 日是一个历史性的日子。因为在这一天，查尔斯·达尔文（C. Darwin）的里程碑式的巨著《物种起源》（*The Origin Species by Means of Natural Selection*）在伦敦出版，标志着达尔文进化论的正式诞生。

达尔文进化论的提出，得益于他年轻时曾随英国皇家海军"贝格尔"号进行环球科考与测量，做了细致的观察并收集了大量的第一手资料。而在其后，通过长达 20 年的对资料的区分、整理与分析、思考，特别是受著名鸟类学家 J. 古尔德的启发——古尔德提醒他注意岛上的鸟与相隔不太远的美洲大陆上的鸟的异同，这是"达尔文思想的分水岭"——他逐渐认识到应从动态、连续、进化的新的角度去认识生命。在这一过程中，他广博地阅读各种著作，从中吸收养料，把各方面的信息与观点纳入到一个统一的思维框架中关联起来。例如，斯宾塞的"进化"、"适者生存"成为了他的理论的思想材料，马尔萨斯的"人工选择"则成了他的"自然选择"的重要基础。达尔文正是在对大量的事实材料的认真研究分析和对广泛领域的知识进行吸收、关联、筛选的基础上，才构建起了他的伟大理论。

事实上，人们之所以认为查尔斯·达尔文的名字同进化理论的联系最为紧密，不仅是因为正是他所收集的大量有说服力的证据，结束了关于是否存在进化过程的争论，更主要的是因为正是达尔文提出了有关进化机制的理论——自然选择（Natural selection）法则——这是整个达尔文进化论的核心。而按照迈尔的理解，自然选择法则被划分成 5 个主要方面：（1）生物进化理论；（2）共同由来理论；（3）渐变论；（4）物种增殖理论；（5）自然选择理论。将上述 5 个方面归结起来，就可以将达尔文进化论的基本思想表述为：生命起源于少数或一种类型，由于每一代都产生过量的后代，数量多于环境资源（食物、水、隐蔽场所和配偶），所以存在严酷的生存竞争（Competition），由此产生物种的可遗传的变异，在自然环境的选择下，优胜劣汰，由此造成了物种的进化。

继《物种起源》之后，达尔文于 1871 年又出版了《人类由来》一书。在该书中，达尔文论证人与动物源于共同的祖先，是进化和自然选择的产物，没有任何理由认为人类不应该遵从宇宙的自然法则。这样，就把人类和动物的距离拉近了、缩短了，"将人从'万物主宰'的地位上拉了下来"[1]，置于自然规律的平等的地位上。这可以说是达尔文理论中最具革命性意义的部分，是时代性的伟大的认识论变革——正如弗洛伊德评价的那样，达尔文主义与哥白尼学说一样，不仅在科学领域，而且对整个社会、整个人类的自我认识都产生了广泛而深刻的影响：哥白尼的理论使人们认识到，原来认为是神圣而位于宇宙中心的地球，只不过是围绕一颗恒星运行的普通行星；达尔文主义则冷酷地向世人展示，我们人类并不是神创的尤物，而只是一种普通的生物，与其他生物有着挣不断的联系。然而从许多方面来讲，达尔文主义的影响更深刻和久远，因为我们是什么，是比我们居住在哪里更重要的问题；而且达尔文在对自然及对我们人类的认识上，是个彻底的唯物论者。所以达尔文主义成为人们很熟悉的一个词，而在哥白尼、伽利略、牛顿、爱因斯坦的名字后面，却很少有人加上"主义"两个字。这种用法上的差别可能就反映了达尔文进化论的巨大影响。

值得一提的是，在进化论宏伟的思想殿堂中，华莱士（A. R. Wallace）是一个不应当被忘却的名字。1858 年 6 月 18 日，达尔文收到了华莱士的一篇论文[2]，感到其观点同自己"惊奇地巧合"，这促使达尔文抓紧时间于 1859 年发表了他的《物种起源》。如此一来，虽然华莱士作为"自然选择进化论"创始人之一的光辉被达尔文遮掩了，但他更强调人与动物的最根本的区别就是人存在意识，从而创造了不同于动物的世界，故两人虽存在竞争但关心与同情以及合作更是华莱士主流的观点，再加上他对达尔文理论的尊重和他在名利上的豁达与优雅，最终赢得了人们长久的敬意。另外还应当指出，作为进化论的一个重要成果，摩尔根（T. H. Morgan）在《基因论》一书中，把孟德尔的"遗传因子"、魏斯曼的"决定子"和约翰森的"基因"概念统一了起来。这就为其后从分子水平上进一步去揭示"遗传"与"进化"的关系，提供了基础。

---

[1] 张钧：《进化与社会》，见傅世侠、张钧主编《生命科学与人类文明》，北京大学出版社 1994 年版，第 15 页。
[2] 上海外国自然科学哲学著作编译组编译：《华莱士著作选》，上海人民出版社 1975 年版，第 27～39 页。

三、伴随着进化论所出现的一股逆流

正如我们上面所分析的那样，进化论不仅是自然科学中的一次革命，而且也是社会科学中的一次革命——进化的观点认为，自然界处在永恒的运动和变化发展之中，太阳系和地球有其形成、发展和变化的历史，生物也有其起源、适应变化、分异和灭绝的历史，自然界的存在不依赖任何"造物主"的"智慧"；映射到社会科学中，人类文明的历史不再是偶然历史事件的组合，而是一个有其发生原因和发展规律的连续发展过程——正是进化学说带来的这一根本性的观念变革，才使得社会科学开始成为真正的科学。①

然而，这样一个原本革命性的理论，在历史上却曾被曲意理解为弱肉强食的"丛林法则"，造就出了形形色色的"社会达尔文主义"。它们为西方资本主义的大鱼吃小鱼、强国侵略弱国以及殖民统治提供了理论基础和道义力量，演出了一桩桩血淋淋的罪恶。

社会达尔文主义在斯宾塞那里，被强化为自由竞争及其进步性，在美国受到了垄断资本家的普遍欢迎：钢铁巨头 A. 卡内基、石油大王 J. 洛克菲勒、金融巨子 J. 摩尔根从中获得了安慰，因为他们认为：赚钱盈利、剥削他人是天经地义的事，连学者都为此提供了坚实的理论依据。更让他们倍感欣慰的是，按照斯宾塞的观点，自由竞争、个人尽可能为了自己的利益去赢利，才是社会进步的真正动力，他们——这些连自己都曾经在良心上自责过的商人——一下子成了社会发展的主要推动者；但是广大的劳动阶层、许多的中小企业家却并不认同，因为在大鱼吃小鱼的商战中，他们无疑是受害者，故他们宁肯接受其他的非达尔文主义的社会观。

社会达尔文主义见之于人口繁衍与种族，产生了所谓的"优生学"——这是达尔文的堂弟 F. 高尔顿于 1893 年在《探讨人类天赋》一书中首创的，并很快在德国、法国、俄国、意大利、北欧诸国、波兰、瑞士等国蔓延。"优生学"的一个靶子是限制向西方的外来移民。例如，在美国，参众两院 1924 年以绝对多数赞成的优势通过了更为严酷的移民法，因为在他们看来，亚洲人、东南欧洲人都是劣等人，至少应限制其迁入和限制其在美国的繁衍。德国则走得更远。1933 年，希特勒当上总理不久，内阁出台了《优生绝育法》，于 1934～1937 年强迫 22.5 万人做绝育手术。1935 年颁布《纽伦堡法》限制犹太人繁衍。1939 年，纳粹开始实施安乐死以禁止"低能"和"劣等"人生存，被强制实施"安乐死"的人不仅有身心残疾者，还有吉卜赛人和犹太人等，直到"二战"导致

① 傅世侠、张钧主编：《生命科学与人类文明》，北京大学出版社 1994 年版，第 17～18 页。

惨绝人寰的犹太大屠杀!

社会达尔文主义还被用来为霸权主义、殖民主义提供"理论根据"。作为进化论的领袖式人物, E. 海克尔在 19 世纪末提出了"一元论"的进化论, 企图将哲学、宗教和科学统一起来, 并创立了"一元论联盟", 20 世纪初在德国很有影响力。他们根据进化论, 认为在国与国的竞争中强大国家必胜过弱小国家。一个国家只有不断搏斗才能进步, 而德国要大步前进就必须成为世界最强的国家, 谋得世界霸权。社会达尔文主义对德国发动第一次世界大战、纳粹的出现和第二次世界大战的爆发, 起到了推波助澜的作用。作为达尔文的故乡, 英国则将社会达尔文主义用到了极致, 在建立庞大的"日不落"的殖民帝国的征途中, 讲究"契约"的英国, 为了不留"后患", 干脆对一些殖民地区的种族实施灭绝性的杀戮! ……

沉重的历史已被一页一页地翻了过去。在面向人类共同未来的时候, 我们主张宽容而不主张去清算历史旧账; 但是, 当某些西方人仍带着后殖民主义思想用蔑视的眼光对"欠发达国家"、特别是一些非洲贫苦国家指手画脚的时候, 于盛气凌人的高傲中是否也应当摸摸自己的良心: 多少民族与国家今日的"落后", 不都残留着昔日殖民的"后遗"?! 对一些西方政客, 也许我们不得不说句不客气的话: 与其搞政治上的人权空谈, 不如对这些国家和民族做些实实在在的有效补救!

上述触目惊心的事实同时还告诉我们, 虽然我们在不断地崇尚和赞美科学, 但科学却并非纯洁的美丽天使, 而是一把锋利无比的双刃剑, 剑上刻着痛苦的记忆: 经典物理学为工业革命提供了物质基础的同时, 却又曾让更多的人成为了工业机械的奴隶与捆绑于其上的齿轮和螺丝钉; 工业文明的成果不仅使得两次世界大战演绎得更加的惨烈, 还让我们时刻生活在核阴影的恐怖之中, 而其所造就的环境污染、资源浪费、人口激增、生态破坏等正将人类向自身毁灭的道路加速推进。今天, 人们又在大谈"生物学革命", 似乎相信人类面临的危机可以通过生物技术的开发与利用得以克服; 然而, 可预见的未来却是: 认识不清或应用不当, 它将比机械的、化学的力量更危险和更具毁灭性!

这些事实进一步证明, 一个科学理论的价值最重要的是它在本体论、认识论上的价值, 其次才是它的应用价值。自然规律本身是客观的、纯洁的。而当且仅当我们彻底摈弃人的中心主义, 才有可能使科学理论逼近这种"客观性"和"纯洁性", 从而也才有可能依据正确的认识去合理地开发它的"应用价值", 造福而不是祸害人类的进步与文明。

四、达尔文理论遗留下的问题

上面我们指出伴随着进化论这一科学理论的出现, 曾经产生过一股危害剧烈的逆流。

这是为什么呢？

有些人把这归咎为对达尔文理论的曲解。例如，有人说，"曾有一段时间自然选择被当成生存斗争，最好的个体才能生存。达尔文的追随者们所提出的这个观点试图用连续大打斗和流血来描绘自然，但是没有考虑合作机制在生存中的重要性"，而"变异类型分化的繁殖成功率是更精确的总结，它也强调随着长时间的推移，持续成功的唯一原则是繁殖成功，即不能成功繁殖的个体在后代中没有体现，不管这些个体本身的生存适合度如何高"。① 这就把产生逆流的原因完全推向了"达尔文的追随者们"，而将达尔文理论本身彻底解脱了出来。

然而正如俗语所说，"苍蝇不叮无缝的鸡蛋"：如果达尔文理论中不存在可被人利用的缺陷或者模糊不清之处，更明确地说，如果它不存在"可以生成恶果的种子或土壤"，其"追随者们"又怎么可能从中结出"罪恶的果实"呢？至于人们用"不能将适用于低等生命的规律推广到人类及其社会这一高级生命体"来为进化论推脱，则站在自然规律统一性的视角看来更是不值一驳的。事实上，我们需要的，不是用"为尊者讳"的态度遮掩进化论先贤们的不足，而恰恰是实事求是的分析——寻找进化理论的真正缺陷之所在，并在此基础上找到克服困难的途径，这才是对先贤们的最好慰藉和最大的敬重。也就是说，只有将其缺陷暴露出来并纳入自然规律的必然之中，加以改造，达尔文的进化论才能用温暖之光抚慰正日益孤寂的人类心灵，用爱的火炬去照亮人类前进的步伐。

那么，达尔文进化论所遗留的问题是什么？其根源又在何处？

我们知道，拉马克的"用进废退"说强调的是物种的"主动性"，而达尔文主张"物竞天择，适者生存"。这相较于拉马克的观点是明显的进步，不仅强调"物竞"，即强调竞争，强调主动性，从而包含了拉马克的观点；而且强调"天择"，也就是强调在环境的作用与压力下自然规律"选择"的必然性，从而增加了对自然规律的不可抗拒力量的承认。这是达尔文进化论最积极的意义。

但是，"天择"的自然规律又是什么呢？在达尔文那里并没有得到回答，从而使理论陷入了"同义反复"的"循环论证"之中：谁能够生存？是最适应者；谁是最适应者？能够生存的。正是由于这一缺陷的存在，使得达尔文面临着一些根本性的挑战：

第一，达尔文强调生物的进化依赖其生存条件，通过变异的选择达到对当时、当地的环境条件的适应，因而进化"转变"的方向是适应环境的方向。但若环境变化是无方

---

① ［美］G. H. 弗里德、G. J. 黑德莫诺斯著：《生物学》，田清涞等译，科学出版社 2002 年版，第 300 页。

向的，进化也就无一定的方向。但达尔文理论所揭示的生物由原始简单的类型到复杂高级的类型的进化历史又似乎是有方向的。这一矛盾如何解决？

第二，"物竞天择，适者生存"，天择出来的是对环境的"最适应者"。细菌和病毒不仅繁殖力无敌，而且可以通过变异来适应环境的变化，在生命物种之中，无疑是"最适应者"。那么，为什么还会进化出其他更"高级"的物种（包括我们人类自己）呢？

第三，"优胜劣汰"与"适者生存"的论述与客观事实处于严重的对立与矛盾之中：被我们称之为"优"的高级生命（包括人类自身）恰恰远不如我们称之为"劣"的低级生命那样更适应环境。即从适应环境的角度来看，越是高级（即"优"）的生命，相对就越为脆弱。

第四，"优胜劣汰"所讲的"优"的胜出（"生"）是以"劣"的淘汰（"死"）为代价的，这与我们所观察到的大量的"合作"的客观事实并不相符合。

第五，生殖的变异说的遗传机制不清。

我们不去列举更多的疑问。这些疑问已经足够了。也正因为达尔文理论存在上述的种种疑问，所以人们纷纷攘攘地争论了一个多世纪，迄今也未形成一个令人满意的综合而统一的理论。

这些疑问事实上是相互关联的——它们都同进化的目的、方向和规律有关。它们事实上已经说明，尽管达尔文理论革命性意义的核心——自然选择强调了自然规律在生命和物种进化中的必然性，但是，由于在达尔文的理论中对"优"没有进行界定，所以就没有把自然进化的方向说清楚。然而，我们讲"优"、讲"好"的背后，始终存在着一个评价标准或价值尺度的问题（例如讲物种优、人品优、社会优等，事实上都要有一个统一的"价值尺度"和"评判标准"来判断）。达尔文理论对进化没有建立起一个统一的评判标准或价值尺度，因此它便不能回答进化的目的与方向的问题。

亦即是说，达尔文的进化论给我们遗留下了一个极为重大的问题：物种演化的目的、方向和规律是什么？   （Q_1）

当然，我们不能苛求达尔文，科学有它的历史性，人们应该以宽容的心态去看待科学和人类认识论的发展。而且，既然进化是自然规律，那么显然，描述物种进化的方程——"进化方程"（The evolution equation，或更严格地称之为物种"演化方程"），就应该由物理学的基本自然规律的方程之中将它推导出来，去回答问题（Q_1）所提出的疑问——这本应是物理学家的责任，又怎能把一切都推到达尔文的身上呢？

顺便说一句，T. H. 赫胥黎自称是达尔文的"猎犬"。他的著作甚至早于达尔文的理论被介绍到了中国。他的孙子 Z. S. 赫胥黎在 1942 年提出了所谓的"综合进化论"。对于遗传与变异提出了较达尔文更清楚的解释。对此我们不作更多的介绍。因为当（Q_1）这个最根本性的问题都回答不了的时候，又何以称为"综合"呢？

第 2 节　关于解释生命现象的分子生物学和数学物理理论探索的分析

科学的发展有着它自身的节律。生命的产生发生于量子力学（QM）层面，所以仅当 QM 理论及相应的技术条件产生之后，人们才有可能从生命的形态学描述转向分子水平来认识生命和进化的原因，从而促进分子生物学的兴起。可能正是由于这一原因，才使得薛定锷戏剧性地成为了现代生命科学的开创者：出于对"概率波"解释系统的极度愤慨，作为 QM 的奠基者和量子波动方程提出者的薛定锷，退出了自己开创的理论方向。但在 20 世纪 40 年代，以他所著的《生命是什么?》这本小册子为标志，开创了生命科学探索的新纪元——它引导一大批物理学家介入生命科学的研究之中，将实验性的和定性描述的生物科学，逐步引导到了理论生物学的探索阶段。而物理学家和物理学实验手段（例如显微技术、衍射技术、核磁场共振技术等）的介入，则大大地加速了生物科学的发展，特别是结构生物学的发展，从而使得人们对于组成生命体的基础性物质及其结构和功能的认识日益加深。

一、分子生物学

1953 年生命科学研究中发生的两件大事［即前面提及的美国科学家米勒等人的实验与沃森和克里克发现遗传物质 DNA（脱氧核糖核酸）的双螺旋结构］，不仅生动地说明了生命进化是遵从基本自然规律的，而且将人们对生命、特别是遗传与变异的认识推向了分子层次，从而也就为人们从微观的分子水平上揭示生命的奥秘及其背后的自然规律的必然性，真正了解生命的意义，提供了实实在在的物质性基础。

（一）分子生物学研究所提供的信息

生命体是极其复杂的。但是，复杂性的背后却是其简单性。在这里，我们不可能全面论述分子生物学研究的系统成果，而只把目光集聚在它们所提供的有关生命体的一些最简单而最本质方面的信息上。这主要是：

1. 从力的角度讲，涉及生命体的基本力为静电力

因为从微观看来，我们所研究的生命体涉及原子核和电子。在核内，涉及核子间的强相互作用以及核子间相互转化的弱相互作用。然而强相互作用的力程 $\sim 10^{-13}$cm 的量

级，弱相互作用的力程 ~ 10^{-14} cm 的量级，而分子间的间距大于 10^{-8} cm，故在分子层面无须考虑上述作用。由（两电子的引力/库伦力）$\approx 2.5 \times 10^{-43}$ 可知，引力相互作用也是十分微弱的，故也可以不考虑。又因分子的速度 v 远小于光速 c，而磁作用 $\propto v/c$，故也可以不考虑磁相互作用。由此可见，需考虑的作用力基本上就是静电力，作用力是很简单而且很单一的。

2. 从组成物质的化学元素看，生命体涉及的化学元素并不是很多

主要元素只有 16 种：^{1}H、^{6}C、^{7}N、^{8}O、^{15}P、^{16}S 是 6 种主要元素，由 H、C、O 组成了碳水化合物和类脂化合物，由 H、C、O、N、S 组成了蛋白质（N、S 起稳定作用），由 H、C、O、N、P（P 用于传输能量）组成了核酸；^{20}Ca、^{19}K、^{11}Na、^{12}Mg 是 4 种少量元素，约占 0.1% ~ 2% 的比例，它们主要用于肌肉的调节与神经的冲动；Fe、Cu、Zn、Co、Mn 和 Mo 是 6 种微量元素，所占比例约 0.01%，它们是酶的激活剂以及配合物的成分。除上述 16 种元素外，还有一些少量或微量的含量不定的元素。

3. 组成生命的最重要的生物大分子主要有两种

其一是蛋白质。蛋白质是由 20 种氨基酸组成的大分子长链。氨基酸的分子量大约为 100 左右，它由一个氨基、一个氢原子、一个羧基和一个 R 基团（通常是氨基酸的侧键）所组成，其化学结构式如图 11 - 1 所示。两个氨基酸分子相连，脱去一个水分子（H_2O）形成肽链。分子量大于 1 000 的肽链叫蛋白质，小于 1 000 的叫多肽。按螺旋性质分（参见图 11 - 2），有 L（左旋）氨基酸和 D（右旋）氨基酸。所有的生命蛋白质都是 L 型。这是因为光线经大气折射产生光的旋光性而引起的。据人类基因组的研究估计，人类共有大约 10 万个基因，这些基因能编码 10 万种蛋白质。蛋白质在生物过程中承担着极为关键的作用，承担着酶的催化、机械支持、运输和贮存、协调动作、免疫保护、生长和分化的控制、神经冲动的产生和传递、信号传导、跨膜运输、电子传递等多种功能。

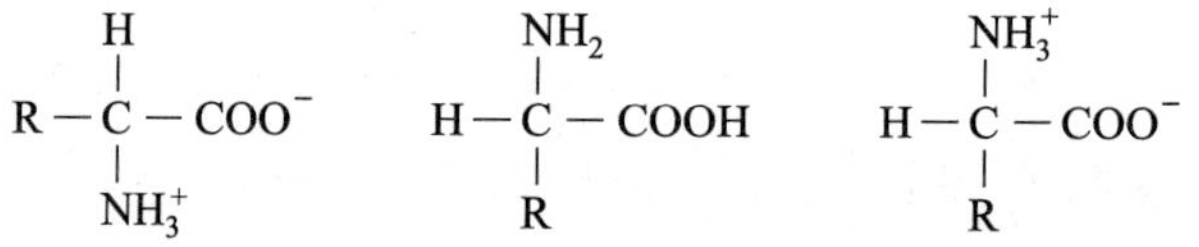

$$
\begin{array}{ccc}
\mathrm{H} & \mathrm{NH_2} & \mathrm{NH_3^+} \\
| & | & | \\
\mathrm{R-C-COO^-} & \mathrm{H-C-COOH} & \mathrm{H-C-COO^-} \\
| & | & | \\
\mathrm{NH_3^+} & \mathrm{R} & \mathrm{R}
\end{array}
$$

（a）氨基酸的　　　（b）电离的氨基酸　　　（c）氨基酸的
　　　化学结构式　　　　　　　　　　　　　　　　偶极离子
　　　　　　　　　　　　　　　　　　　　　　　　（或两性离子）

图 11 - 1

R
C
H_2N
H
HOOC
L型
R
C
NH_2
H
COOH
D型

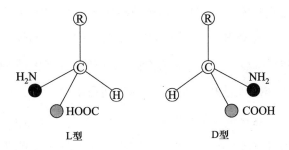

图 11－2

其二是核酸。核酸分为两种：一种叫脱氧核糖核酸（DNA）；另一种叫核糖核酸（RNA）。核酸由几百到几千个核苷酸组成。核苷酸的分子量大约为 100，包括 1 个五碳糖、1 个碱基和 1 个磷酸根，通过磷酸二酯键连成核酸。核苷酸作为组成核酸的单体是由含氮碱基（嘌呤或嘧啶）、戊糖和磷酸组成的物质：含氮碱基—戊糖合称为核苷，再加上磷酸（即含氮碱基－戊糖－磷酸）合称为核苷酸。嘌呤和嘧啶共计有 5 种，其分子式如图 11－3 所示。两种核酸的成分如表 11－1 所示。

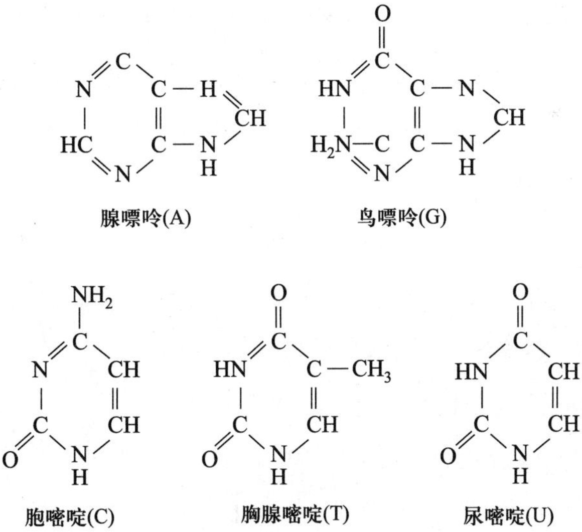

腺嘌呤(A)
鸟嘌呤(G)
胞嘧啶(C)
胸腺嘧啶(T)
尿嘧啶(U)

图 11－3

表 11－1　两种核酸的成分

构成成分		DNA	RNA
含氮碱基	嘌呤碱	A，G	A，G
	嘧啶碱	C，T	C，U
戊糖		D 脱氧核酸	D 核酸
磷酸		磷酸	磷酸

RNA 是单键，主要功能有三：作为 DNA 副本的 mRNA；作为 mRNA 和特定氨基酸间结合体的 tRNA；作为产生氨基酸工厂的 rRNA。DNA 是双螺旋结构，主要功能是贮存遗传密码、自复制、转录与翻译。以 DNA 为模板合成 RNA 叫转录；以 RNA 为模板合成蛋白质叫翻译，它使得 DNA 通过 RNA 把信息传递给蛋白质。

4. 所有的生命体生长发育（其核心是自复制）的机理是相似的

所有的生物体均由细胞（cell）所组成，细胞是生命的结构和功能单位。1858 年鲁道夫·微尔啸（Rudolf Virchow）指出，所有的细胞都来源于先前存在的细胞。也就是说，生命是由细胞的分裂（例如有丝分裂）生长发育而成的。这对所有的生命体而言都一样，从而表现出机制上的单一性。深入研究细胞的分裂过程之后，人们现在已经在一定的意义上弄清，它说到底是通过 DNA 的所谓"自复制"来完成的。而 DNA 自复制的过程可以画成如下的流程图：

DNA 双螺旋 $\xrightarrow{\text{拓扑异构酶}}$ 单链缺口 $\xrightarrow{\text{螺旋酶}}$ 解螺旋 $\xrightarrow{SSB \text{ 蛋白拓扑异构酶}}$ 去稳定作用和

解除螺旋力 $\xrightarrow{\text{引发酶}}$ 起始 $\xrightarrow{DNA \text{ 聚合酶}}$ 延伸 $\xrightarrow{DNA \text{ 连接酶}}$ 封闭缺口

也就是说，DNA 自复制时先要解旋，而解旋时需要多种蛋白质参与。拓扑异构酶（topoisomerase）打断一条链使双螺旋解旋，并可消除由此产生的螺旋张力。单链 DNA 结合蛋白（SSB 蛋白）的作用是稳定单链并协助解旋。而解旋作用实质上是由解旋酶完成的，使其定位于复制叉上。链生长起始于引发酶，在 DNA 聚合酶的作用下沿某固定方向延伸。外切核酸酶可切除 DNA，连接酶将两部分 DNA 相连。当然，原核生物与真核生物在 DNA 复制上存在一些差异，但大体上的步骤是一样的。

将上述的 DNA 的自复制机制用简单的方式来表示，那就是 1957 年 F. 克里克所提出的"中心法则"："DNA→RNA→蛋白质"，可将其表示为图 11-4。而正是由于具有了由 DNA 自复制所产生、并且经细胞分裂而实现的"繁殖"功能，生命才得以延续。所以，自复制作为生命所具有的"新质"的最主要的特征，是可以用来标志"生命"的。

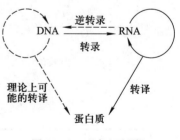

图 11-4 "中心法则"

5. 生命的"活性"及其功能的多样化，来源于生命物质结构的复杂化和高级化

按照"基因学派"的观点，基因是生物细胞中的遗传物质，基因必须以蛋白质的形式表达出来，才能显示出生物的各种遗传性状。一个典型的细胞可能含有 10 万种左右的

蛋白质，在细胞的生命中每种蛋白质都有自己的使命。而这种"使命"即它的功能又从何而来呢？

我们知道，蛋白质是由 20 种氨基酸组成的超级大分子。蛋白质合成时，一个氨基酸的 α 羧基和另一个氨基酸的 α 氨基连接起来成为酰胺键，通常称为肽键。两个氨基酸缩去一个水分子后生成一个二肽的情况如图 11–5 所示。很多氨基酸由肽键相连而形成一个多肽键，它是一个没有分支的结构。在多肽链中一个氨基酸单位称为一个残基。多肽链具有方向性，如图 11–6 所示。由此可见，

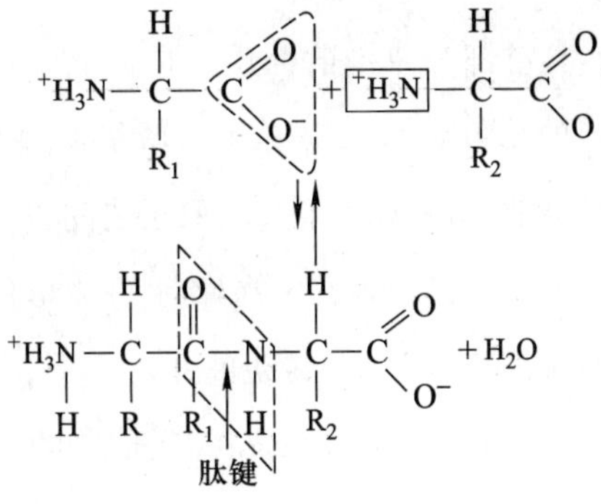

图 11–5　一个肽键的形成

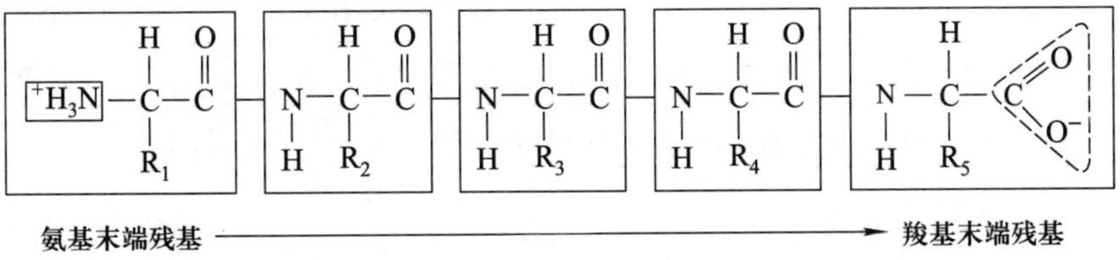

氨基末端残基 ⟶ 羧基末端残基

图 11–6

多肽链由一规则地重复的主链和变化多端的侧链（如 R_1，R_2，R_3，…）两部分组成，主链称为"骨架"，如图 11–7 所示。很多蛋白质，如铁氧还原蛋白、肌红蛋白，由一个多肽链组成。还有一些蛋白质，含有两个或

图 11–7

多个不同的肽链。例如，胰岛素由两条链（A、B）组成，它们通过二硫键连接起来。蛋白质具有由基因所规定的氨基酸序列。蛋白质的氨基酸序列是由遗传决定的，基因编码各种蛋白质中的氨基酸的排列顺序。

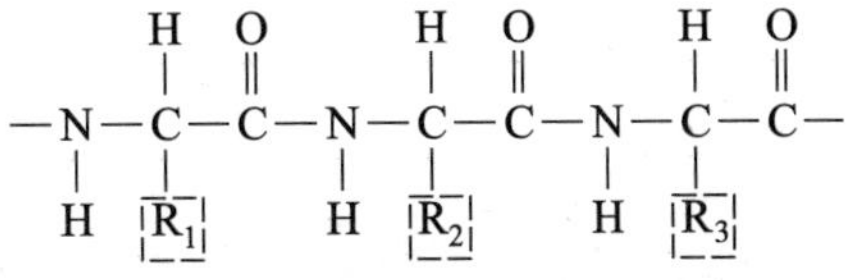

蛋白质的一个引人注目的特征是它们都有确切的 3 维结构。一个伸展的或随机排布的多肽没有任何生物活性，多肽链必须按照一定的规则折叠成 3 维结构，才具有生物活性。生物的功能来自构象，构象指的是原子在一个分子结构中的 3 维排列方式。氨基酸序列的重要性在于不同的氨基酸序列规定了蛋白质的不同构象。蛋白质构象研究的创始人鲍林（Pauling）和科里（Corey）在 20 世纪 30 年代后期的研究中提出了一个重要的结论，即蛋白质肽单位的"刚性"和"共面性"。如图 11–8 所示，肽单位中羰基原子和

673

氮原子之间所形成的键（肽键）的键长约 0.132 nm。这个键长介于单键 C—N（0.149 nm）和双键 C ＝N（0.127 nm）之间，具有部分双键的性质，是近似于"刚性"的。相反，α‑碳原子与羰基碳原子之间是单键，α‑碳原子与氮原子之间也是一个纯粹的单键，因此，在刚性的肽单位两侧的这些键具有充分转动自由。

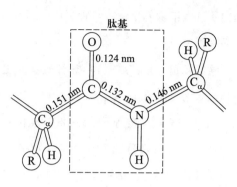

图 11‑8　肽基的刚性与共面性

蛋白质中肽键的键长和键角等如图 11‑9 所示。所列出的数值都是能量最低状态的统计平均值，因为在实际的结构中原子都处于一定的运动中，键长和键角都有一定的涨落。也就是说肽平面也有可能扭曲，肽键 C—N 也可能在一定范围内旋转。正是上述的性质，由于存在"扭曲"、"旋转"，才使得蛋白质这种具有生物"活性"的超级大分子有一级结构、二级结构、三级结构甚至极复杂的四级结构。为使读者能形象地理解，在图 11‑10 中给出了 DNA 及其结构和蛋白质的结构概图。

（a）

（b）　　　　　（c）

图 11‑9　肽键的结构及其结构参数（长度单位为 Å）

（a）肽键的共振结构；（b）反式肽键及其结构参数；（c）顺式肽键及其结构参数

人们发现，正是"结构"在生命功能发挥中起着极其重要的作用。例如，生物体内的催化剂——酶蛋白之一的脱氢酶，功能是把"氢"原子从某分子的特定部位拉下来。

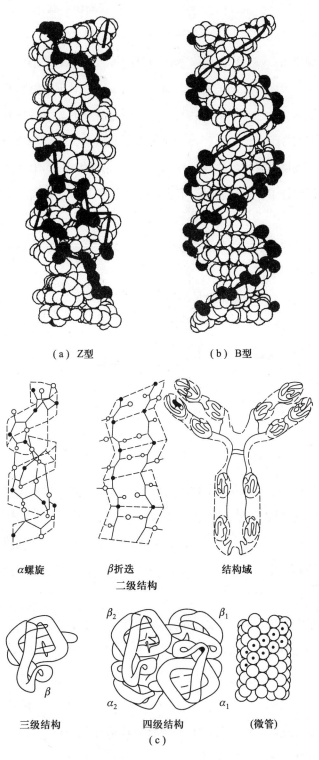

（a）Z型　　　　　　　　（b）B型

α螺旋　　　　β折迭　　　　结构域

二级结构

三级结构　　　　四级结构　　　（微管）

（c）

图 11 - 10　DNA 及蛋白质的结构

酶蛋白是由 500 多个氨基酸组成的大分子，而脱氢酶活动中心却不到 10 个氨基酸。何以需要组成这么大的分子呢？原来正是这种大分子结构依靠本身的"结构变形"起到了分子水平的调节控制作用。酶蛋白分子以聚体（至少是二聚体，甚至可以是 24 个单体缔合的有完整三维构象的聚体）为功能单位。当聚体中某一单位（称为亚基）与底物（作用对象）结合后，此聚体发生形变而导致其他亚基结合底物的能力有三种可能的变化：更易结合，或更不易结合，或无变化。人们提出协同的概念并分别称之为正协同、负协同和无协同。例如，无协同时，酶活性要提高 10 倍，底物需增加 81 倍才能完成；正协同时，底物增加 9 倍就行了。这就表明，生物在分子水平上的一些调控功能就在于"分子本身结构的变化、变形"所表现的"组织化力"，即"结构力"的效应上。

上述例证生动地说明了，为什么生物大分子例如 DNA、RNA 和蛋白质以及蛋白酶要组成极其复杂的结构。这就是因为，要获得生物性的"功能"，必须要求拥有与之相应的"结构"。亦即是说，生物是嵌于图 11-11 所示的"结构-功能"所产生的相应"结构复杂化-功能多样化"的进化序级中的特殊产物。这可以说是分子生物学（或称结构生物学）的研究给我们提示的最重要的信息。

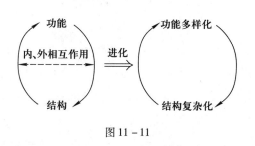

图 11-11

（二）分子生物学研究所提出的问题

自 20 世纪 70 年代以来，分子生物学（或称结构生物学）取得了飞速的进展。特别是通过测量获得了许多较为详细的数据，使人们对蛋白质的结构和功能的认识不断深化。但是，这些研究仍然有待深化。例如我国就有学者指出，现在还不能明确提出一组普遍适用的原则，使得我们能从蛋白质多肽的氨基酸序列预测其三维空间结构，进而预测其功能。

其实，并不是只有"预测"问题，还存在着其他的许多问题：

（1）按照"中心法则"，遗传信息的转移是单向的，也就是从遗传信息（DNA 或 RNA）到形状的表达（蛋白质）是单向的（参见图 11-4）。既然信息流是单向的，环境和外界的信息流不能流向 DNA 或 RNA，那么环境的"自然选择"的"进化"又何以表达呢？这样，中心法则就从根本上否定了"获得性遗传"，这是与广泛观察到的、并与我们所相信的进化论的观点相违背的。

1961 年，美国生物化学家 M. V. 尼伦格等人成功地破译了遗传，1966 年阐明了生物的遗传密码。该理论大致认为，所有生物，无论植物、真菌还是动物，其遗传密码都是一样的。这就从根本上证明了达尔文关于生物具有单一的"共同来源"的正确性。由此出发，对进化感兴趣的遗传学家很快意识到，生物之间的亲缘关系也许可以用比较遗传信息（DNA序列上的核苷酸）的差异分析出来。运用此方法得出的谱系分歧时间，与化石记录或其他资料显示的分歧时间大致吻合，当然也有一些明显的不准：测定表明，企鹅与鸡的关系比鸡同鸭、鸽的关系还近，这显然不对。

但有人将基因决定一切的观点推向了极致。1976年，道金斯发表了轰动性的著作《自私的基因》。他认为：一个动物只不过是DNA的贮存处，是DNA制造更高的途径；进化则是基因的搏斗，都追求尽可能多地复制自己；故而，自然选择的单位是基因而不是个体，因为个体的身体只不过是基因聚集的地方，是受基因控制的生存机器。

而新达尔文主义者则强烈地反对这种基因决定一切的观点，认为将生物分解为基因这样的"基本单位"便以为了解了生物的一切，是一种过于简单的"机械还原论"。生物不是简单的"基本成分"的堆积，生物有历史，生物是各个组成部分相互作用的客体，生物的功能及优势与外界的环境密切相关。

这就引发了这样的一个问题：上述"基因学派"与"进化论学派"的相互对立的观点，将如何认识和协调？ (Q₂)

（2）基因的自复制过程是一个解双旋与再建双旋结构的过程，或称为"解构"与"建构"的过程。中间的具体过程非常复杂。要了解它，用生化学家的语言讲，就需要描述氢键是如何断裂的和如何再接上的这些复杂的化学反应过程。而用物理学家的语言来讲，事实上就是要回答：除了静电相互作用之外，"解构"与"建构"的相互作用从何而来，又是如何起作用的？ (Q₃)

（3）单细胞生物的"遗传"仅涉及细胞的分裂，而更高等的生物体，例如鸡，则是由一个受精卵（蛋）发育而来的。用生物学家的话讲，这种生长发育是受基因控制的，通过基因单位功能的有序释放来生成多种器官。但是"有序释放"是如何进行的？目前人们尚一无所知，故也只是一种说法而已。事实上，DNA的自复制及细胞的不断分裂形成各种器官的过程，是一个在相互作用下的"预成"过程：就像在铸造过程中，事先就有了一个"模子"，所以倒进去的铸造液体就一定会形成"模子"规定的形状。也就是说，DNA基因与环境发生相互作用后，是按"预成"的方式"制造"生物器官的——这就要求在基本方程之中，存在一种超前的"预成"的相互作用。那么，如何描述这种相互作用？ (Q₄)

二、对解释生命和进化的数学物理理论探索的分析

（一）系统科学群对生命的认识

作为这一探索方向的理论，主要是以所谓的"老三论"、"新三论"为代表的系统科学理论（当然，既不能称这样的划分是完善而准确的，也不能无视其他科学家的贡献）。

1. "老三论"

"老三论"指申农的"信息论"，维纳的"控制论"，以及贝塔朗菲的"系统论"。

信息论最突出的贡献在于首次定量地给出了信息的数学定义，这就为通过信息去揭示思维、意识、精神等现象提供了希望与可能。而布里渊关于申农的信息熵与热力学的玻耳兹曼概率熵等价的证明则提示人们，物理学有可能借助信息熵概念的引入，从物理学的基本自然规律出发去掀开生命进化的谜底，以达成对生命的本质性的认识。

控制论则证明了把"负反馈"、"控制"和"目的论"引入科学的合理性，并论述了它们与"信息"之间的联系。该理论虽源于机械的控制，但其理论思想对认识生命也有着潜在的价值。

系统论企图以一种"新的世界观"去建立"关于有机体的一般理论"。它最重要的贡献是从不同层面中观察到了"同形性"、"异因同果律"和"异初同终律"等规律，看到了"结构的一致性"，认识到了"结构力"（贝塔朗菲称之为"组织的力"）的强大的作用和在进化中的积极意义。这正如贝塔朗菲指出的："组织和组织的力还没有弄清楚。这点可以从当前基本粒子研究的混乱中看出，另一方面也可以从所观察到的结构缺乏物理学的认识和遗传密码还没有一种'语法'中看出"。他在"显示结构的一致性，表现在它的各层次或领域的同形秩序痕迹中"，产生了"新的世界观"，感悟到了某种"科学统一性"。正是通过"系统"—"结构"—"功能"之间关系的研究，系统论突出了结构这一中心概念的地位。因为如果没有结构，哪来的系统和与之相应的功能呢？所以"结构"作为物质概念的新维度和组成新的世界观的基础性概念，在系统论中已经到了呼之欲出的境地。可以说，在时代性的认识论变革的思考中，贝塔朗菲系统论所折射出的思想是发人深省的，是极富启发性的。然而，由于贝塔朗菲的"非物理主义"的认识论基础，却使得该理论只能把人们带到思想、认识和理论发生重大变革的大门口"外"，还没有"登堂入室"，这是十分令人惋惜的。

2. "新三论"与耗散结构理论分析

（1）"新三论"

世界是统一的，统一于物质自身的运动演变的规律之中。所以认识生命现象，同样也是物理学家义不容辞的责任。正是因为这一原因，继"老三论"之后，该轮到物理学家或以物理学理论为基础去认识生命的理论登台的时候了。这就是所谓的"新三论"：普利高津的耗散结构理论，哈肯的协同学理论，艾根和舒斯特尔的超循环理论。这些理论为人们提供了崭新的思想，而在其中，影响最大的无疑是普利高津的理论。所以在这里我们重点分析一下该理论所带来的启示。

（2）耗散结构理论的积极意义

普利高津的"耗散结构理论"，其基础直接建立在作为物理学基本理论——"四大力学"之一的热力学之上。它既是对传统平衡态热力学理论的继承，又是对它的发展。它将热力学理论从平衡态推广到非平衡态，从线性区推广到非线性区，建立起了非平衡非线性的热力学理论，无疑代表了热力学理论的发展方向。作为一种方向性探索，其积极意义是不容置疑的。因为该理论是建立在物理学的基本理论的基础之上的，这就使得用该理论去认识生命现象时，与物理学应有的"普适性"、"本源性"的特点关联了起来，从而也就在一定的意义上翻开了运用物理学所揭示的基本自然规律去认识生命现象的新的一页。美国未来学家阿尔文·托夫勒甚至认为耗散结构理论可以作为当今科学的历史性转折的一个标志。

（3）耗散结构理论的主要内容

普利高津理论起因于他注意到了生命和进化的规律同经典热力学基本定律之间的矛盾。如图 11 - 12 所示，热力学平衡态是一种稳定状态。但是，它却是一种无序的非组织状态。用熵的语言讲，对应的是"最大熵"（即最混乱）的状态。但是，进化和生命现象却不断导致产生新的物种，使结构趋于复杂化。而这是与热力学中的"熵增加原理"——自发过程总是趋于熵增加，即向组织的解构、向更无序的方向演化——

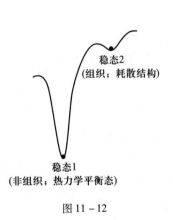

稳态2
（组织；耗散结构）

稳态1
（非组织；热力学平衡态）

图 11 - 12

截然相反的。故而，生命和进化的规律，挑战了经典热力学的基本定律。

如何克服这一困难呢？普利高津引入了内部熵的概念，即把系统的总的熵变写为

$$dS = d_i S + d_e S \qquad (11-1)$$

其中"外部熵变" $d_e S$ 没有确定的符号，但"内部熵变" $d_i S$ 则永不为负（为与熵增加原理一致），即

$$\left.\begin{array}{r} d_i S \geqslant 0 \\ d_e S \begin{array}{l} > 0 \\ < 0 \end{array} \end{array}\right\} \Rightarrow \text{"负熵成序"} \qquad (11-2)$$

无疑在吸收了薛定锷"生物吃负熵"的思想之后，普利高津继而设想，若 $d_e S < 0$（即外熵变为负），以至于在满足（11-2）的情况下而使得系统的总熵变 $dS < 0$，不就可以克服"熵增"而走向"有序"了吗？——这就是"负熵成序"。然而，这需要将平衡态热力学推广为非线性非平衡态热力学、即远离平衡态的热力学，由此便产生了普利高津的理论。

该理论表明：从原则上讲，当体系处于远离热力学平衡的状态时，一个无序的平衡态的稳定性并不像在近平衡状态时那样总有保障。在某些情况下，无序态（例如均匀的定态，即图 11-12 所示的态 1）有可能失去稳定性，系统有可能通过和外界交换物质与能量，以及通过系统内部的不可逆过程（能量的耗散过程），使某些涨落被放大，以达到某种有序的状态（例如图 11-12 所示的态 2）。这种远离热力学平衡态的、通过与外界环境间交换物质和能量来维持的有序的稳定状态，被普利高津称之为"耗散结构"（Dissipative Structure）。

在普利高津的理论中，熵这个概念起着中心的作用。包括其"最小熵原理"、"超熵产生原理"以及作为理论核心支柱的"负熵流"——即"负熵成序"的假定等，均同熵这个概念有关。

根据普利高津的理论，有如下关系

$$\left.\begin{array}{l} P \equiv \dfrac{d_i S}{dt} > 0 \\[2mm] \dfrac{dP}{dt} = \dfrac{d_i^2 S}{dt^2} \left\{ \begin{array}{l} = 0, \text{定态} \\ < 0, \text{偏离定态} \end{array} \right. \end{array}\right] \qquad (11-3)$$

（11-3）式中的第 1 式为热力学第二定律［即（11-2）式的第 1 式］的要求，第 2 式对定态成立，第 3 式称为"最小熵产生原理"。普利高津认为这是他科学生涯中第一个重要的建树，他认为该原理表示出在非平衡态系统的一种"惯性"性质，若给出边界条件来阻碍系统达到热力学平衡（即熵产生为零），则此系统会停止在"最小耗散"的状态。亦即是说，"最小熵产生原理"似乎可以被用来作为系统演化或发展的判据。另一方面，在平衡值附近使系统摄动，则

$$S = S_0 + \delta S + \frac{1}{2}\delta^2 S \qquad (11-4)$$

其中 S_0 是平衡态的熵，$\delta^2 S$ 被称之为"超熵"，它对时间的变化率称之为"超熵产生"。普氏的理论证明，在局域平衡假定的基础上，相对于参考态的熵的二级偏离（超熵）总是负的

$$\delta^2 S < 0 \qquad\qquad (11-5)$$

并进而证明超熵产生

$$\frac{d}{dt}\left(\frac{1}{2}\delta^2 S\right) \begin{cases} >0，\text{则参考态是渐近稳定的} \\ <0，\text{则参考态是不稳定的} \\ =0，\text{则参考态处于临界稳定态} \end{cases} \qquad (11-6)$$

（4）人们对耗散结构理论的质疑

普利高津的耗散结构理论是非平衡非线性热力学发展的一个重要的阶段性成果，对解释生命现象也具有一定的积极意义，产生了广泛的影响，这是不容否定的。但它是否就是一个真正完善而且结论确切的理论呢？人们对此是有疑问的。

例如，针对着普利高津的通过"负熵成序"的"耗散结构理论"，哈肯就曾指出，从无序转变为有序时，均有熵增为负（不管是平衡还是非平衡情形）这一结论从来未被证明过；他甚至说他严格证明过这个结论是错的，如果只考虑（信息）熵，是不能对开放系统做出无序或有序的结论的。而且，依据普氏理论进行的实际计算表明，贝纳德对流中系统熵产生增加了，这一点和最小熵产生原理是矛盾的，它说明普利高津的耗散结构在最小熵产生原理的范围之外，这就表明这一理论自身出现了悖论。

我国学者李如生、王兆强等人也指出了该理论中的许多问题。李如生在自己的书中曾指出[①]：有不少人认为 $\delta^2 S$ 并不能看做一个 Lyapounov 函数，且事实上在有些情况下 $\delta^2 S$ 是可以为正的，例如在可发生两相分离的不稳定相中，因此不能认为如（11-3）的稳定性判据是完备的。而王兆强则说"负熵成序"是一个错误的假说[②]：比如在伯纳德对流中，液体向上流动时形成温度梯度 $T_1 > T_2 > \cdots > T_n$。输入系统的熵应是 $\delta Q/T_1$，而输出系统的熵应是 $-\delta Q/T_n$，总的熵变为

$$d_e S = \frac{\delta Q}{T_1} - \frac{\delta Q}{T_n} < 0 \qquad (11-7)$$

但是，定态时 δQ 只是传输量，每部分吸热和放热相等，系统内部总的热量变化只能为零。由此，系统内部 $d_i S = 0$，因而可以视 $dS < 0$。但问题在于这种 dS 是系统的总熵变吗？

---

① 参见李如生《非平衡态热力学和耗散结构》，清华大学出版社 1986 年版。
② 王兆强：《"负熵成序"是一个错误的假说》，《自然辩证法学报》1989 年第 21 期。

不是！因为系统本身熵变为零。那么这里 dS 究竟表示什么？它更似乎是无意义的。

事实上，玻耳兹曼概率熵的定义为

$$S = k\ln \Omega \tag{11-8}$$

以麦克斯韦-玻耳兹曼系统为例

$$\Omega_{MB} = \frac{N!}{\prod_l a_l!}\prod_l \omega_l{}^{a_l} \tag{11-9}$$

其中 a_l 为粒子处于能级 ε_l 上的粒子数，ω_l 为该能级的简并度，N 为系统的总粒子数。将（11-9）式代回（11-8）式则有

$$S = k\ln \Omega_{MB} = k\left(\ln N! - \sum_l \ln a_l! + \sum_l a_l \ln \omega_l\right) \tag{11-10}$$

为便于讨论，我们考虑一种特殊情况。在温度高的情况下，设每一能级 ε_l 上只有一个粒子（$a_l=1$），于是有（高温时）

$$S_1 = k\ln N! + k\sum_l \ln \omega_l \tag{11-11}$$

在低温时，设粒子全部处于基态 l_0，故 $a_0 = N$，于是有（低温基态情况）

$$S_0 = k\ln N! - k\ln N! + k\ln \omega_0 = k\ln \omega_0 \tag{11-12}$$

由以上两式可见，在总粒子数 N 确定的情况下，系统的简并度越大，则系统的熵越大。

而在同一能级中，简并度 ω_l 越大，就意味着可供粒子占据状态的方式越多。对应到人类社会中，则意味着同一个人的生产、生活的方式越多。在原始社会中，人们的生产、生活方式少，即 ω_l 小，故处于低熵的状态。而在现代社会中，人们的生产、生活方式多，即 ω_l 大，故处于相对的高熵状态。从原始社会的低熵状态进化到现代社会的高熵状态，试问是进步还是退步？是更有序了还是更无序了？由此可见，用"熵"的概念来描述"序级"，显然是太粗糙了。而且，从另一个角度讲，高熵、低熵都是"人类社会"这一生命系统可以存在的状态，这就说明维持人类社会的存在（即它的自组织状态）并不需要从外界去吸收"负熵"以使得其处于熵不增加的状态。因此，"负熵成序"从根本上说就是一个错误的假说！

当然还可以列出更多的可质疑之处。但上面所提出的问题就足以说明普利高津的理论似乎还不是一个已经被真正确立起来的完善的理论。而且，尽管普氏理论所描述的"耗散结构"状态看起来似乎很像生命系统所处的状态，但仅用耗散结构也并不能完善回答关于生命的问题。例如，不少动物会"冬眠"，此时代谢极其缓慢而表明不处在远离平衡态。但冬眠状态下的动物可以称其为不是生命吗？不仅某些动物有此功能，人经训练（即练功）也会有此功能。印度拜火教的某些练功较深的僧人，可以练到几个月不

吃不喝，完全处于休眠的"假死"状态。埋入坟墓，几个月后挖出，又会再"活"过来。"假死"不是"真死"。处于"假死"状态的僧人，难道不是生命吗？我们已经从冷冻的地层中发现了上百万年的极低等的生命，这种生命经过长时间的"贮存"后又可以再复活。由此可见，生命既可以处于近平衡态附近的依靠极少、甚至无能量交换的状态，也可以处于远离平衡态依靠与外界交换能量的状态。可见，即使不问及其他方面的问题，最多也只能说"耗散结构"是生命的一种可能状态，而不是生命存在的必要条件。另外，人们还注意到，生命系统对外部环境的信息有记忆能力，对环境的变化有适应性，具有独特的自复制和遗传能力，而这些都是"耗散结构"理论所不能描述的。

（5）耗散结构理论出现瑕疵的原因分析

那么，为什么普氏的理论出现了众多的问题呢？

这是因为在推广旧理论时，如果对旧理论的根基和存在的问题分析不足，仍沿袭原理论的错误基点，那么，发展后的理论在基点上就一定会有问题。普利高津的理论之所以产生问题的根本原因，就在于此。这里的所谓"基点"，便是"熵增加原理"。

我们知道，熵在热力学中是一个很重要的概念，也是普利高津理论的中心概念，所以对它的深入理解至关重要。而根据第 5 章的讨论和论证的结果，我们有如下一些基本结论：

第一，克劳修斯通过（5-22）式所引入的"熵"这个概念，建立在可逆的卡诺循环的基础之上，也就是说它只适用于平衡态、理想系［即无相互作用的质点（无内部结构）系］的情况。此时熵是一个全微分，是一个态函数，也是一个广延量。

第二，熵的概念可以被推广到非平衡态去，但被推广后的熵将不再是一个态函数，也不再是一个广延量。

第三，熵的概念从微观上来分析，可以在一定的意义上被视为"混乱度"的量度，但是却不能由熵来标度"序级"。

由此出发，正如我们在第 5 章中已经论证过的，熵增加原理不是一个正确的原理。我们的证明表明，在一个循环中，当存在泄漏时

$$\oint \frac{\delta Q^{(I)}}{T} = \int_A^B {}^{(I)}\left(\frac{\delta Q^{(I)}}{T}\right)_i - \int_A^B \left(\frac{\delta Q^{(I)}}{T}\right)_R > 0 \qquad (5-179)$$

克氏第二定律才成立

$$\int_A^B \left(\frac{\delta Q^{(e)}}{T}\right)_R > \int_A^B {}^{(I)}\left(\frac{\delta Q^{(e)}}{T}\right)_i \qquad (5-180)$$

上式只是表示实际的不可逆过程（i）的熵变永远较理想的可逆过程（R）的熵变为小。

我们知道，理想的可逆过程仅对无结构、无相互作用的质点体系才成立；而实际的不可逆过程所对应的却是有结构、有相互作用的体系。（5－176）式表明，在同样的初末态的条件下，无结构的理想系统的熵变永远都较有结构的有相互作用的实际系统的熵变为大，这就表明后者的混乱度将小于前者。也正因为宇宙中的实际系统均是有结构的有相互作用的系统，所以自然界表现出的并不是热力学平衡态所描述的最混乱的无序状态，而是有组织的有序状态。

以氢原子为例，l 能态的简并度

$$\omega_l = l^2 \qquad\qquad (11-13)$$

基态 $l_0 = 1$，其简并度

$$\omega_0 = 1 \qquad\qquad (11-14)$$

于是，由（11－11）式和（11－12）式有

$$\Delta S = S_0 - S_1 = k\ln 1 - k\ln N! - 2k\sum_l \ln l = -k\left(\ln N! + 2\sum_l \ln l\right) < 0 \quad (11-15)$$

由（11－8）式可知，若仅考虑氢原子电子运动的自由度而不考虑氢原子质心运动的自由度，则在从高温向低温（设处于基态）转变的过程中，系统的熵变是减少了而不是增加了。既然我们称（11－8）式"也适用于非平衡态"[1]，但由上面的微观统计所给出的熵却表明，系统的熵变是减少了，从而就与所谓的热力学熵增加原理产生了直接的冲突！

上述论证再一次说明了"熵增加原理"并不是一个正确的基本原理。也正因为普利高津没有看到这一点，未能使这一错误在自己的理论中得到纠正，所以才使得他的在"基点"未修正的情况下发展出的理论必然出现某些问题，未能成为一个真正完善的理论。因此，要更深入而全面地认识生命，还需要寻找更好的理论手段。

（二）解释生命的数学物理微观理论探索

1. 统计的量子力学（SQM）方法

从微观来讲，DNA 的自复制发生于 QM 层面，所以按理说解释生命应是 QM 的任务。那么，它是否可以独立地挑起这副担子呢？

1927 年海特勒－伦敦求解了氢分子 H_2[2]，因而 1927 年被认为是"量子化学"的创始年——从此，传统化学被提升到了量子化学的水准之上，使得我们对于"化学键"这类的概念有了更深入的认识。

---

① 汪志诚：《热力学·统计物理》，人民教育出版社 1982 年版，第 212 页。
② Heitler W.，Lendon E.，*Phys.*，1927，44，s. 455.

例如 SQM 的计算表明，对 H_2 分子而言，当两电子的自旋反平行时，它们大部分时间处于两核之间；而自旋平行时，则被排斥在核区间外。这样，两反平行的氢原子（总自旋为零）相遇就可能形成氢分子。可见，化学中的共价键或同极键，是由于自旋的两个电子配对才产生的。由于化学键具有饱和性，故无 H_3 分子。这就为化学中的"键"提供了来自 SQM 的微观基础，其机制就变得清楚了。如果我们再仔细追究，由（8－306）式可见，电子由自旋可以产生"自旋磁矩"。这种自旋磁矩类似于一个"小磁棒"。两个小磁棒平行放置在一起，电子平行时，由于首尾的极性相同，故是"相斥的"；若反平行，极性相反，则是"相吸的"。这样，为什么反平行的两个氢原子能形成氢分子 H_2，就被 SQM 解释得很清楚了。

SQM 的计算还表明，满壳层中的电子实际上基本上不参与化学键的形成。而参与形成化学键的电子称为"价电子"。例如水分子 H_2O 由一个 ^{16}O 原子与两个 H 原子组合而成。氧原子第 1 满壳为 2 个电子，第 2 满壳为 4 个电子，第 3 满壳为 8 个电子共计 14 个电子，于是第 4 壳层仅剩下两个电子。这两个电子分别与两个 H 中的电子反平行配对形成化学键，就结成了如图 11－13 所示的化学键角为 $104°50'$ 的水分子。计算还表明，氢键对分子相互作用的总的贡献约占 69%。由于水分子是极性分子，相互之间还存在残余的库伦相互作用，所以作为大量水分子集合体的"水"，能聚合在一起而具有"黏滞性"。计算表明，$\beta \approx 0$ 时，单个氢键的能量最大。

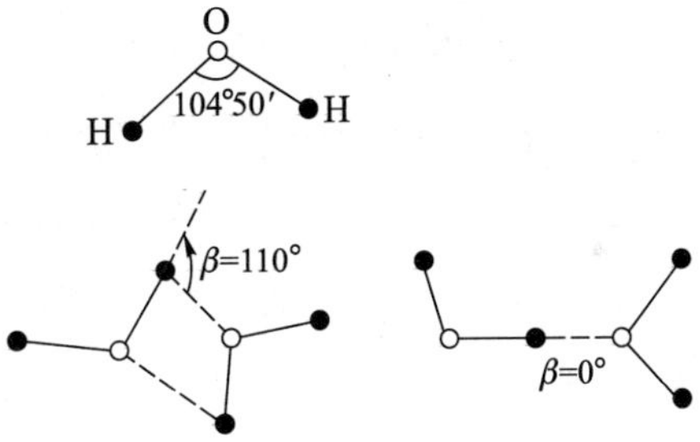

图 11 - 13

上面我们以最简单的分子为例，通过不十分完善的简单介绍想表明的主要意思是，SQM 从微观的角度为我们提供了认识微观体系如何组织起来，以及认识化学反应、化学键等的形成，提供了有力的基础。SQM 作为一个成功的理论所取得的举世瞩目的巨大成功，是毋庸置疑的。

但这种认识是否就是完善的呢？以图 11－13（a）为例，即使加上"杂化轨道"的技术处理，SQM 计算给出的键角也小于 $104°50'$ 的实际观测值。这一事实表明，SE 的描述尚是不够完善的。

上述的不完善性与前面所提及的定态时原子存在自然宽度所表现的 SE 的不完善性是关联的。进而将与 SE 从根本上不能描述生命的不完善性关联起来。

我们知道，SE 是 SQM 的基本方程，形式地被表述为

$$i\hbar \frac{\partial}{\partial t}\Psi(\vec{r}_1,\cdots,\vec{r}_n,t) = \hat{H}\Psi(\vec{r}_1,\cdots,\vec{r}_n,t) \qquad (11-16)$$

前面曾指出，涉及生命现象的基本力场是静电相互作用。现将生命体在微观层次上全部暴露出来，设 n 为生命体内的电子、原子核的总粒子数，则其系统的哈密顿量可写为

$$\hat{H} = \sum_{i=1}^{n}\frac{-\hbar^2}{2\mu_i}\nabla_i^2 + \sum_{i=1}^{n}\sum_{j>i}^{n}\frac{q_iq_j}{r_{ij}^2} \qquad (11-17)$$

由于 $\hat{H}$ 不显含时间 t，故是一个定态问题，于是有

$$\Psi(\vec{r}_1,\cdots,\vec{r}_n,t) = e^{-iEt/\hbar}\varphi(\vec{r}_1,\cdots,\vec{r}_n) \qquad (11-18)$$

φ 满足定态 SE

$$\hat{H}\varphi(\vec{r}_1,\cdots,\vec{r}_n) = E\varphi(\vec{r}_1,\cdots,\vec{r}_n) \qquad (11-19)$$

其中 E 为整个生命体内的能量，它是一个常数（$E=$ 常数）。试问：SQM 所描述的"$E=$ 常数"的状态是生命体的具有"代谢过程"的"活生生"的状态吗？

另外，在 SQM 中存在着"测量困难"，它产生的原因是 QM 的统计解释——按海森堡的话讲，就是在量子力学之中不存在经典轨道概念。那么，例如对人的有性繁殖来讲，仅当男性的精子———一种像蝌蚪状的小生命——通过女性阴道能游向子宫并与那里的卵子结合形成受精卵，女性才能受孕，人类才能遗传和繁殖。既然 SQM 否定轨道的经典运动，那就不能描述上述的受精过程。试问，它还谈得上去描述和认识生命吗？

当然，我们称 SQM 不完善，并不是说其工作没有意义和价值。在解释生命中，人们已经作了不少有意义的工作，这里不作详细介绍，以上的讨论只是提出了一个问题：

SQM 存在着固有的理论缺陷，这使它不能完善地去解释生命现象。如何才能克服这些缺陷以完善地描述和解释生命现象？ （Q₅）

2. 经典力学（CM）方法

正因为 SQM 不能描述粒子是如何运动的，而在事实上粒子（例如自复制过程和其他化学反应过程中的分子）是运动着的，于是人们就又想到了用 CM 的 NE（牛顿方程）来描述生命中的过程，将其与计算机技术结合起来，被称之为"经典分子动力学"。

其基本的动力学方法是用不定乘子法的 NE

$$m_i\ddot{\vec{r}}_i = -\nabla_i V(\vec{r}) + \sum_{k=1}^{N_c^{(i)}}\lambda_k(t)\nabla_i\sigma_k(\vec{r}) = -\frac{\partial}{\partial\vec{r}_i}\Big[V(\vec{r}) + \sum_{k=1}^{N_c^{(i)}}\lambda_k\sigma_k(\vec{r})\Big]$$

$$(11-20)$$

其中第 i 个分子的"约束力"为

$$F_i^{(c)} = -\sum_{k=1}^{N_c^{(i)}} \lambda_k(t) \frac{\partial \sigma_k(\vec{r})}{\partial \vec{r}_i} \tag{11-21}$$

在这里，所谓的"约束"被理解为：在分子运动中，有些运动不十分主要而有些运动则变化的频率很快，于是在较大的时间步长的范围内就可以将其"冻结"；于是对极其复杂的分子系统，求解的量就可以减少但却同样可以获得所需要的信息。"冻结"就是限制原子间的距离——这既符合实际也是转换成计算程序的需要。为此，人们提出了许多方法，而广泛采用的是 SHAKE 方法。[①] 设体系中第 i 个质点存在 $N_c^{(i)}$ 个约束，第 k 个约束与 k_1 和 k_2 两个原子间的距离有关，即约束

$$\sigma_k(\vec{r}) \equiv \vec{r}_{k_1k_2}^2 - d_{k_1k_2}^2 = 0 \quad (i = 1, \cdots, N_c^{(i)}) \tag{11-22}$$

这里 $r_{k_1k_2}$ 是 k_1 与 k_2 两原子间的实际距离，$d_{k_1k_2}$ 为限制距离。其中"经验势"

$$V(\vec{r}) = \sum_{bond} \frac{1}{2} k_b (b - b_0)^2 + \sum_{angles} \frac{1}{2} k_\theta (\theta - \theta_0)^2 + \sum_{dihedrals} \frac{1}{2} k_\phi [1 + \cos(n\varphi - \delta)^2] +$$

$$\sum_{torsions} \frac{1}{2} k_\xi (\xi - \xi_0)^2 + \sum_{pairs(i,j)} \left(\frac{c_{12}}{r_{ij}^{12}} - \frac{c_6}{r_{ij}^6} \right) + \sum_{pairs(i,j)} \frac{q_i q_j}{4\pi\varepsilon_0 \varepsilon_r r_{ij}} \tag{11-23}$$

上式中，第一项是键长的畸变能，它用简单的弹簧来模拟，k_b 是弹性强度常数，b_0 是成键原子间的平均距离，此项的求和遍历所有共价键；第二项是键角畸变能，k_θ 是键角畸变常数，θ_0 是平衡键角，求和遍历所有实在键角；第三项代表沿一个给定的键旋转时引起二面角畸变的能量，本质上是周期的，其中 k_ϕ 是力常数，n 是周期，δ 为参数角；第四项代表共平面原子偏离平面的程度，k_ξ 是力常数，ξ_0 是平衡位置；第五项反映体系的范德瓦尔斯相互作用，r_{ij}^6 代表亲和力，r_{ij}^{12} 代表近程排斥，c_{12}、c_6 为常数；最后一项是体系中两原子的静电相互作用，ε_0 和 ε_r 是真空介电常数和相对介电常数，ε_r 往往取作与距离成反比。

（11-22）式中的相关量由实验测得的特征量来输入。然后将上述微分方程用差分的形式表示，即可给出相应的计算方程。"优化"的计算机方法不再介绍，可参阅有关著作。[②]

这种几乎是纯经典力学的模拟方法比较生动直观，有利于去了解分子内在运动的某些信息，当然也可以计算出结果。作为"分子动力学"的这种计算机模拟技术，以

---

① Ryckaer J. P., Ciccotti G., and Berenolsen H. J. C., "Numerical Integration of the Cartesian Equation of Motion a System With Constraints", *J. of Commputational Phys.*, 1977, 23: 327.

② 阎隆飞、孙之荣主编：《蛋白质分子结构》，清华大学出版社 1999 年版，第 250~259 页。

NE 为基本方程者可称之为"经典分子动力学"，以 SE 为基本方程者则可称为"量子分子动力学"。

但我们要问一问：按照正统的哥本哈根的解释系统，两者是自洽和相容的吗？这涉及理论根基的问题。如果人们不去追问，那么生命的种种问题就不能纳入到一个统一的理论框架之中得到深刻了解——当然，这其中存在着实际的困难，从 QM 诞生到今天，已经过了整整 80 年的岁月，迄今 QM 与 CM 的统一问题仍然没有得以真正解决；我们总不能等到这一根基性问题解决之后再来谈实际问题吧！于是我们就想出了类似上述"分子动力学"这种"实用主义"的办法——管它理论基础是否牢靠，理论内在是否自洽，只要能计算出结果就可以了——这种极度"实用主义"的办法是有意义的。但我们要问的是：能永远停留于此吗？

3. 其他的理论方法

正因为物理学的基本理论在认识生命现象时尚未提供一种统一的理论形态，所以生物学中的理论就出现了其他的各种各样的方法。这些方法真是"八仙过海，各显神通"——例如人们提出了各式各样的数学算法，像"遗传算法"、蒙特卡罗方法、最速下降法、共轭梯度法，以及计算生物各器官、系统（如神经系统、膜系统等）的各种数学方法。方法之多，让人目不暇接。这里不作进一步介绍。

（三）对解释生命和进化的数学物理理论探索的思索

1. 人们的看法

上面我们简单介绍了系统科学群、经典的或量子的分子动力学、各种数学模型以及相应的算法等对解释生命和进化的理论探索。不可否认，这些探索在一定的意义上为我们了解生命提供了理论角度，丰富了我们对生命的认识。但是，就对"生命"两个字意义的解释而言，它们离较完善的认识还相距甚远。因为一个十分显然的事实是，认识同一现象的理论越表现得庞杂纷繁，越表明我们尚未真正接触到本质和规律——因为本质和规律是简单的。

中科院院士郝柏林先生指出："生命科学的理论和规律常有例外，它们既不能还原成简单的物理法则，也不会违反基本的物理定律"，"与遍历类似但更弱一些的要求，是时间变化的定态假设，即认为一个发展过程总是在同一机制、同一环境之中。其实，定态过程是无始无终、'始终如一'的。遍历和定态都是与进化或演化对立的概念"，但是，"物理学家们往往从现存的结构和相互作用来解释现象，更习惯于在'遍历'和'定态'的假定下思考问题"。这样，一方面现有的物理学理论，如 QM 和 CM 或 TD，可以部分地解释一些生命中的过程，为其提供微观基础，但又在根本点上与生命的规律不相容，从而出现"理论断层"；于是又迫使一些人采取完全抛开物理学去作其他方式的、甚至是纯数学的研究。所以郝先生称"许多生物唯象模型的研究，更近乎'数学生物学'"；并很不客气地尖锐指出："用新颖的名词包装，成不了科学成果。"[①]

2. 对"人们的看法"的思考

我们应当如何理解郝先生的上述论述呢？

生命"不会违反基本的物理规律"但却"不能还原成简单的物理法则"，表明以现行的"物理法则"为表述的现行的物理学理论还没有达到较完善的"基本物理规律"的水准，所以，例如 CM 和 SQM 均可以用以描述生命的某些问题但却又都不完善。而基于自然规律的统一性，这种不完善在物理学内、外两个层面就会统一地显现出来，只不过程度不同而已。

事实上，建立在线性思维之上的物理学，以协变性、对称性、守恒律等作为基本认识和研究的对象。它取得了很大成功，证明这些基本认识有利于提取简单物质系统的基本性状。但是，它仍是不完善的。例如高能领域，在作为微观理论的粒子物理与场论中，人们发现虽然物理定律是守恒的，但实验观察结果却往往是守恒律不断遭到破坏。而在低能领域，由于在作为微观理论的 SQM 中，静电力这类涉及原子、分子的定态系能量是守恒的，所以就决定了 SQM 在本质上解释不了"自然宽度"的存在的问题。又如，生命可以被遗传而得以延续，故而生命之树常青；但对个体而言，有生就必有死，这是规律。这种规律又怎么可能纳入到以协变性、对称性、守恒律、定态为标志性特征的原物理学理论中来认识呢？所以，目前纷呈的各种关于生命的数学物理理论虽有价值，但却尚未以变革性的思维去认识问题，因而似乎都还没有真正触及生命的本质。

三、物理学研究生命科学所提出的问题的途径分析

（一）生物学中的基本矛盾

20 世纪 40 年代，英国理论生物学家约瑟夫·亨利·伍杰（Joseph Henry Woodger）写了一本名为《生物学原理》（*The Biological Principles*）的书，书中称生物学中存在四大矛盾：

① 郝柏林：《关于理论物理与理论生命科学的一些思考》，见郝柏林、刘寄生主编《理论物理与生命科学》，上海科学技术出版社 1997 年版，第 15、17 页。

活力论与机械论（vitalism vs. mechanism）;

新生论与预成论（epigenesis vs. preformation）;

因果论与目的论（causality vs. teleology）;

个体与环境（organism vs. enviroments）。

(Q_6)

然而，如徐京华所指出的："这 50 多年来，生物学已有了很大发展，以至于把这些问题都推到后台去了。大家都忙于搞什么基因工程、生物医学工程、蛋白质工程等等问题"，对上述问题 [即 (Q_6)]，"大概都认为是老夫子的谈话，但实质上这些问题仍然存在并未解决"。而要解决这些问题，如徐京华以十分明确的语言所表达的那样，"都与生物学与物理学理论基础的统一有关。"[①] 这一深刻洞见，是一针见血的!

（二）物理学应怎样来研究生命科学所提出的问题

1. 思维方法

物理学家与其他领域的科学家相比较，思维方式并不完全相同。后者关注的是所研究领域的系统的特殊性、差异性和复杂性;而前者则把一切领域和系统纳入到统一的自然规律中来思考，企图由"特殊性、差异性和复杂性"揭示出隐于其背后的一般性、共同性和简单性，用简单而统一的基本自然规律（即基本物理方程）来涵盖一切，而把具体领域中的特殊系统视为由某些"元素"或"组元"在特殊初条件、边条件之下的"特解"——由它来再现所谓的特殊性、差异性和复杂性。

图 2 - 8 所示的 C 判据是哲学与物理学的某种忠实映射关系，它也集中体现了物理学家们的思维方法。下面我们来具体地说明这一思维方法。

（1）(C_5) 对应着来自实验、经验的思维方法，它可以被用来对理论作第一步的检验;这种检验的结果往往可以使我们找到改进理论的出发点。例如，CM 不能解释粒子的量子行为，理论是"机械"决定论的;QM 能解释粒子的量子行为，但却存在测量的困难。这些问题就是改进 CM 和 QM 的出发点。

（2）如何看待这些困难和问题? 首先应上升到 (C_4) 来寻找"统一性"。同形性、重演律等所折射出的就是"统一性"。但统一性往往不可能一眼看出，而要我们来仔细寻找。而找出统一性的最重要的方法是将事物关联起来思考。所以 (C_4) 的思维方法就是将事物关联起来研究的方法，是寻找不同问题的深层次的"交汇"的思维方法。

事实上，一个理论出现一个问题和困难，往往难以找到问题的所在和克服困难的途

---

① 徐京华:《复杂性与生命现象》，见郝柏林、刘寄生主编《理论物理与生命科学》，上海科学技术出版社 1997 年版，第 24 页。

径；而出现的问题和困难越多，反而更容易处理。例如，利用 SE 求解定态问题时，能量守恒，谱是精细的线（不存在宽度）；而事实上即使孤立、静止的原子也存在"自然宽度"。存在自然宽度表明电子的能量有涨落，存在与外界的能量交换而具有"代谢"的功能；在 SE 的描述中不存在自然宽度，就意味着 SE 不能描述"代谢"——而代谢是生命的特征之一，故 SE 就不能描述生命。但是生命的确发生在 QM 层次，这就使得理论陷于矛盾之中。同样，无论是 DNA 的自复制、细胞的生长和发育，还是"低级"的单细胞或者"高级"的人的运动，"大体上"都是遵从经典运动方程的，但 NE 的描述却又不完善——例如，"活"的人站在秋千上直立不动，与"死"的木头是完全一样的，处于 CM 所描述的静平衡的状态，是完全遵从 NE 的，就荡不起秋千来；但当"活"的人真的"活"起来而不同于一段"死"的木头时，蹬秋千的技巧合适，我们就会越荡越高。这表明 NE 可以描述生命，但却并不完善。

再把上述的 CM 与 SQM 的困难放到 TD（热力学）中来考察，发现 NE（牛顿方程）只能推导出（5-211）式中的第 1 项而推不出第 2 项；而由 SE（薛定锷方程）出发，则根本推不出（5-211）式。这样，CM、QM、TD 和生命科学中的困难和问题就都被关联到了一起。

（3）当上述种种的问题被关联起来之后，就可以上升到（C_3）来认识——采用逻辑思维的方法。这时，我们会发现，物理学的根本性困难表现在两个方面：任何一种现存的物理学理论都存在一系列根本性困难，而这些困难又与其均不能描述生命的困难相连。而要将这些困难统一解决，就需要一个描述包括生命物质在内的粒子运动的动力学方程

$$\frac{d\vec{p}_i}{dt} = \vec{F}_i^{(e)} + \vec{F}_i^{(l)} + \vec{F}_i^{(s)} (\rho = \psi^* \psi) \quad (i = 1, \cdots, n) \tag{11-24}$$

当然，我们此时虽尚不知（11-24）式为何具体的形式，但（11-24）式已经给出了极明确的信息：若 $\vec{F}_i^{(s)} \to 0$，则（11-24）式还原为 NE；$\vec{F}_i^{(s)} \neq 0$，多出一项，则可能将 TD（热力学）的基本方程（5-211）推导出来；（5-211）式第 2 项为"热量"，而热量与量子跃迁辐射相关，从而与 QM 的态 ψ 的变化相关，故而 $\vec{F}_i^{(s)}$ 应写为（11-24）式的抽象形式，且由此预示着可由（11-24）式将 QM 的 SE 推导出来。这就表明（11-24）式可望同时将 CM、QM 和 TD 统一起来。在实现了该统一之后，（11-24）式就可以描述"活"的人荡秋千这一最为直观的运动，从而表明可以把生命科学的问题囊括进来。

（4）上述的思路对吗？我们的思维还得向更高的层次攀登。现在上升到（C_2）来看问题。（C_2）讲的是"真实性"，是一种直觉的、以保证"真"为目标的思维方法。

（11-24）式是"粒子"运动方程，是一种"粒子的一元论"的认识。举目四望，一切物质的确均是以"粒子"方式存在的——这一认识是"真切"的。故而（11-24）式的"粒子一元论"的基础是正确的，即（11-24）式的理论方向是合理的。那么这一理论方向的真正含义又是什么呢？

（5）再往上，上升到（C_1）来看问题时，讲的是"物质观"、即"本体论"。它要求我们在最高的"哲学本体论"的层次上分析（11-24）式是否真的有道理。

从"物质观"的高度来看问题时，涉及以下几方面的基本内容：（ⅰ）物质以什么基本方式存在；（ⅱ）物质由什么基本属性（或基本概念）组成；（ⅲ）物质运动遵从什么基本规律（即什么基本方程）；（ⅳ）认识物质及其运动必须是纯客观的。将这四点联合起来思考，就必导致我们在第3章中的结论。这时我们就认识到了，原来物理学的基本困难上升到物质观来看时，是物质的"结构属性"未被我们充分认识和给予恰当地描述。所以"结构"的物质性的揭示就成为了物质观的变革——林林总总的众多看似非常困难而又似乎互不相干的问题，上升到哲学本体论关联起来看时，就本质而简单了：粒子的一元论并没错，但是在认识到了物质的"特征属性"、"时空属性"后，在对"结构属性"这一维度的认识上出了问题。这一维的问题解决了，站在空而静的参考背景下，就可以将一切物质形态尽收眼底。

2. 具体道路

上面我们谈到，原有的物理学理论的"内"、"外"困境源于"守恒律"被破坏。那么，从力的角度讲，就说明存在一个"未知的力"。怎么认识它呢？就应将物理学的"内部"困境与物理学的"外部"困境——不能面对生命科学的挑战——联合起来思考。而在研究生命时人们发现生命是一个非线性系统，存在极其明显的"结构力"的动力学效应。将这一切关联起来去追补原理论的不足，就应当建立一个包含着"结构力"的非线性物理方程，将与"结构"相关的"结构力"纳入到原有的"物理学基本理论视野"之中。而且，所建立的基本物理规律方程还应当在近似下还原为原有的理论。

将由 n 个子系统组成的系统的运动方程抽象地表示为

$$\frac{d\vec{p}_i}{dt} = \vec{F}_i^{(e)} + \vec{F}_i^{(I)} + \vec{F}_i^{(s)}(\rho) \quad (i=1,\cdots,n) \tag{11-25}$$

其中 $\vec{F}_i^{(e)}$、$\vec{F}_i^{(I)}$ 为第 i 个子系统质心所受的外力与内力。将（11-25）式与牛顿方程（NE）

$$\frac{d\vec{p}_i}{dt} = \vec{F}_i^{(e)} + \vec{F}_i^{(I)} \tag{11-26}$$

相比较，仅多出了一项"结构力" $\vec{F}_i^{(s)}$ (ρ)。

我们知道，方程（11-25）的具体化，就是我们在第9章中导出的 SSD 方程。

那么，SSD 能否回答以（Q_1）、（Q_2）……为标记的上述种种问题而直面来自生命科学的挑战呢？这对 SSD 无疑将是一次严峻的检验。在下一节中，虽然我们并不分别去谈在什么地方回答了哪一个问题，但细心的读者将会看到，通过 SSD 对生命及进化的解释，上面所提出的这些问题事实上均已被 SSD 所回答。

第3节　SSD 对生命及进化的解释

不少科学家都有相同的感觉和信念：在自然的深处，有着美的简洁，有着美的和谐。正是这种对"美与和谐"的追求，促使我们踏上了 SSD 理论探索的极艰苦的征程——如果世界本不美，那我们生有何意义？如果自然的美和生命的美不能被揭示出来，科学探索又有什么价值？正因为看到了人间太多的丑陋，我们苦闷，我们思索，我们期望从自然规律美的简洁、美的和谐之中，把本属于生命和人类的美彰显出来。所以 SSD 也在某种意义上表达着我们内心深处的期盼、呐喊……

SSD 的基本理论形态及思想产生于 20 世纪 90 年代。由于种种困难和原因，直到现在才通过本书以迟来的方式将其系统地表达出来，但总算是获得了一定程度的对于内心责任的解脱。值得欣喜的是，在这近 20 年的短暂时间里，世界和中国都发生了巨大的变化，久违的美开始含苞绽放，那就让我们抓住它，肯定它，培育它。

一、生命的自组织

如果生命不能以某种相对稳定的形式被组织起来，那么生命就不可能存在。所以自组织是在生命进化交响乐中谱写的第一乐章。

许多著名学者都认为，在演化的意义上，所谓自组织就是自然界在没有人参与或没有人为指令下自行发育形成稳定结构的过程。哈肯就曾思索过一个问题：在无生命世界的简单得很多的系统中是否可能出现自组织过程？他认为这是可能的，因为他把自组织理解为趋向"目的"的过程——即在给定的环境中，系统只有在到达相空间的目的点或目的环时才是稳定的，离开了这个点或环就不稳定，系统一定要把自己拖到目的点或目的环上才肯罢休。哈肯的这一认识非常重要。他将生命与非生命纳入到统一的自然规律之中来认识，因为只有这样才有可能从规律的统一性中揭示出自组织产生的深层次原因，也有利于我们从对最简单的非生命物质的认识与描述之中，透视出生命的规律——生命

693

物质只不过将某些特性作了铺展与放大，并在某种复杂的层次上，由"量"的积累通过"结构"的变化实现了"质"的改变，显示出了生命所获得的"新质"而已。

现在就让我们来看一看人们是如何认识生命自组织问题的。

（一）从数学的"普适性"出发对自组织的讨论

在讨论自组织问题时，人们广泛借用了数学的成果和思想。例如，常常同微分方程的稳定性问题联系起来，归结为对李雅普诺夫指数等问题的讨论。

以下面的两变量的耦合方程为例

$$\begin{cases} dx/dt = P(x,y) \\ dy/dt = Q(x,y) \end{cases} \tag{11-27}$$

设 $\{x_0, y_0\}$（简记为 0）为平衡点，则可由

$$\left(\frac{dx}{dt}\right)_{x_0,y_0} = 0, \left(\frac{dy}{dt}\right)_{x_0,y_0} = 0 \tag{11-28}$$

求得平衡点 0。现于平衡点附近作展开，取一级近似，且令

$$a = (\partial P/\partial x)_0, \quad b = (\partial P/\partial y)_0, \quad c = (\partial Q/\partial x)_0,$$
$$d = (\partial Q/\partial y)_0, \quad A = a + d, \quad B = ad - bc \tag{11-29}$$

有

$$\left.\begin{array}{l} dx/dt = a(x - x_0) + b(y - y_0) \\ dy/dt = c(x - x_0) + d(y - y_0) \end{array}\right\} \tag{11-30}$$

将坐标原点平移到 (x_0, y_0) 处后，由（11-30）式消元，则可得方程

$$\frac{d^2 x}{dt^2} = (a + d)\frac{dx}{dt} - (ad - bc)x \tag{11-31}$$

在 $\{\dot{x}, x\}$ 组成的相空间中，解的相轨线如图 11-14 所示。在控制论中，图 11-14 中的①、②代表负反馈；③代表绕平衡点的等幅振荡；④、⑤、⑥代表正反馈。

①稳定结点   ②稳定焦点   ③中心点   ④不稳定结点   ⑤鞍点   ⑥不稳定焦点
$-A>0, A^2 \geq 4, B>0$ $-A>0, 4B>A^2$ $A=0, B>0$ $-A<0, A^2 \geq 4, B>0$ $4B<0$ $-A<0$

图 11-14

现以宏观的一维线性阻尼振子为例

$$\ddot{x} = -\omega_0^2 x - \gamma\dot{x}, \quad (\gamma > 0) \tag{11-32}$$

它的相轨线为图 11-14 中的②所示的稳定焦点。如果上式中的 $\gamma = 0$，则（11-32）式退化为简谐振动方程

$$\ddot{x} = -\omega_0{}^2 x \qquad\qquad (11-33)$$

其解为图 11 - 14 中③所示的中心型稳定。焦点型较中心型具有更强的稳定性，这是因为 (11 - 32) 式右边第 2 项阻尼力的"耗散"在起作用。

上述"纯数学"的方法，在讨论生命现象中的某些问题时，有着"普适性"的意义；但我们又必须注意到，生命现象显然不是上述数学上的"普遍性"所能概括的：

第一，一维线性谐振子可以用 (11 - 33) 式来描述。例如一维晶格的振动即属此情况。由 (11 - 33) 式可知该系统处于中心型自组织稳定的结构状态。但是，我们必须注意的是，一维晶格振动的方程是由物理学的基本方程得出的，不是由 (11 - 30) 式的线性方程组"消元"得来的。二者的"源头"不一样，不能混为一谈。

第二，若我们用 (11 - 32) 式来模拟生命的运动，则它的"目的点"为平衡点 O (参见图 11 - 14)。然而，到达此目的点之后，粒子（系统）就"不运动了"——在生命中这就意味着"死亡"；而在通常状态下，生命是一个"耗散结构"，它是"活"的。所以，(11 - 32) 式显然不能用来描述生命自组织状态。

由此可见，生命现象远较上述的"纯数学"的内容要丰富和复杂得多，故讨论生命现象时，物理学家不仅需要借助数学的某些成果和思想，还应有不同于数学家的思维：必须面对生命的实际并上升到自然规律的本源性上，从基本物理方程的角度来认识自组织。

（二）SSD 对自组织的认识

美国生物学家坎农认为，任何生命体都有一种特殊的"智慧"：将内部组织起来使自己处于稳定的自组织状态。例如，高级生命都依赖于生化反应的温度（约为 36 ~ 40℃）等条件（坎农将其称为"内稳态"）。一旦偏离这些条件，马上就会导致一系列反应，使肌体重新回到恒定值范围。但"内稳态"——一种稳定的自组织状态——是如何实现的呢？坎农把躯体维持内稳态的机制称为"拮抗装置"，维纳和坎农的助手罗森勃古特则将其称为"负反馈调节"。这一过程可由图 11 - 15 来描述。

事实上，坎农所讲的"智慧"即是所谓的"主动性"。亦即是说，在描述过程

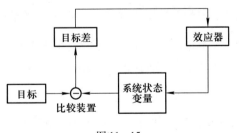

图 11 - 15

变化的数学物理方程中，与运动"变量"相关的量又成了"变量变化"的原因，罗森勃古特将其称为"反馈调节"。例如，可将 (11 - 32) 式写成下述的抽象形式：

$$\frac{d}{dx}(\dot{x}) = f(x, \dot{x})$$

（调节）

（反馈）

$$(11-34)$$

于是，"主动性"、"反馈调节"就被表达了出来。将（11－34）式与物理学的一维动力学方程

$$\frac{d}{dx}(\dot{x}) = F_x$$

$$(11-35)$$

作相应的比较，可见（11－34）式右边的f与（11－35）式中的力F_x相当。这样我们就看到作为运动变化的"原因"的力f是与运动$\dot{x}$相关的，从而也就与我们所讨论的系统——例如生命——自身的运动、即主动性是相关的，并通过（11－34）式的箭头关系形成"反馈"与"调节"的机制。

由于生命现象极其复杂，所以人们从不同的角度来认识它、描述它，虽均不能统一而本质地认识生命现象，但却都提供了一系列的有价值的信息和思想。例如，坎农、维纳在上述工作中用"反馈"的方法来讨论所谓的生命自组织，虽然还远远达不到对生命本质的认识，但将反馈一上升，通过（11－34）式与（11－35）式的比较，其重要的思想价值就显现了出来——原来反馈讲的是主动性，而生命不正是具有主动性的物种吗？

另一方面，无论是系统科学群还是数学的非线性理论，均视"非线性"是重大的思想和理论变革。非线性理论的如下认识特别引人注目：与运动有关的力又成为引导运动的原因，它既带进了非线性，又带进了主动性而成为进化创新的动因；非线性是自组织和进化的动力学之源；确定论性的非线性理论可以通过"内随机性"包容随机的统计理论；进化是自然规律之下的确定论性的必然，确定论是更本质的规律。[1] 而当进一步上升到"非线性"的高度之后，前述讨论自组织的关于"主动性"⇒"负反馈"⇒"自组织"的思想就被纳入到了非线性进化理论的更大思维空间之中。因为"自组织—稳定性"只能描述"稳定—存在"这组关系而不能描述进化。而将自组织、进化均能纳入到统一的认识之中的是非线性理论。但是，非线性源自何处呢？

如同上面讨论"自组织"的数学问题一样，人们又往往将非线性的产生归结为来自组元间消元所产生的非线性相干。贝塔朗菲在《系统论》中就是采取这一认识来解释生命科学中的一些现象的。而这种认识显然存在毛病。例如，氢原子就是一个稳定的自组

---

[1] 郝宁湘：《现代混沌学为"本体非决定论"提供了科学依据吗?》，《系统辩证学学报》1995年第4期，第17页。

织结构，核被视为近似不动，仅电子在运动，故"组元"为 1 个电子。若消元是通过消去组元变量，则氢原子就提供了有力的反证。如果消元不是消去"组元"变量，而是消去运动变量的"元素"，那么我们可以用一维振子来提供反例。由此可见，就其本质而言，非线性不是来自数学上的由消元产生的"非线性相干"，而应是本源性的——描述自然规律的基本物理方程应当是非线性的，这才与"大自然无情地是非线性的"论述相自洽。

然而，如何从物理学的基本自然规律方程中揭示出非线性的本质呢？把"非线性—自组织—进化"等相互关联的事实与"自然规律"紧密地联系起来，不能不使我们联想起系统论对物理学的挑战。因为系统论所带来的认识论变革以及它的强烈的"非物理主义"对物理学的挑战和挞伐是震撼性的，物理学家不能以冷漠的无视来筑起一道围墙，而应正面地去迎接挑战，去吸收"活力论"的新思维。"系统科学和系统哲学的产生和发展，标志着一个科学与哲学的综合的时代的来临"，"系统哲学以系统的结构作为差异的基础，依据组织结构自发产生的系统进化原则来观察世界"[①]。将系统科学、系统哲学与非线性理论所带来的"认识论变革"关联起来，我们发现它们有着深层次的"交汇"——变革的实质是揭示了"结构是组成物质概念的必不可少的一个维度"，所以我们们称系统科学变革的实质是物质观的变革。同时，我们发现哲学上关于量变质变规律的论述又是不完善的：量的简单积累并不能带来质变，质变是通过结构的变革来实现的。例如，同分异构体（"量"上无任何差异）仅因"结构"不一样就产生了"质"的差异，就是明证。即使论及"最高层次"的社会，若无社会结构的改变，也不会有社会的变革。所以"量变"仅是"质变"的可能条件之一，两者之间并非因果关系。所有这些关联着的思考都在说明，把物质性的结构维度纳入到物理学的基本方程之中，是解开物理学的"内"、"外"困境，包括深化对生命自组织问题的认识的关键之所在。也就是说，通过对极其广泛的领域人类思想遗产的扫描，我们得出了"结构"及其"物质性"这一核心思想，并由此出发提出了 SSD 的理论构想，给出了 SSD 的理论方程

$$\frac{d\vec{p}_i}{dt} = -\nabla_i V - \vec{p}_i \frac{d\ln\rho}{dt} + (T - V)\nabla_i \ln\rho + \frac{1}{\rho}\nabla_i\left(\Psi^* i\hbar \frac{\partial\Psi}{\partial t}\right) + \vec{F}^{(fl.)} \quad (11-36)$$

$$= -\nabla_i V + \vec{F}_i^{(s)} + \vec{F}_i^{(fl.)} \quad (i = 1, \cdots, n)$$

运用上述方程，就可以将前述的系统科学、非线性理论等的变革性思想表述出来。

———————————

① 黎德扬、洪涛：《系统哲学是当代科学技术进步的深刻反映》，《系统辩证学学报》1995 年第 4 期，第 1 页。

需要说明的是，本书的目的在于"哲学思考"，而一个基本理论的价值，首先在于它的认识论、本体论价值，即它的"哲学思想价值"，其次才是理论实证成功的"应用价值"。下面我们将 SSD 的"哲学思想"与（11 – 36）式所提供的"概念空间"结合起来，看一看 SSD 具有一些什么样的"哲学思想价值"，以及它为什么能够去认识生命。

表 11 – 2

	$\vec{F}_i = -\nabla_i V$	$\vec{p}_i$	$T = \sum\limits_{i=1}^{n} \dfrac{1}{2}\mu_i v_i^2$	$\dfrac{d\ln\rho}{(\vec{r}_1,\cdots,\vec{r}_n,t)}$	$\vec{F}_i^{(fl.)}$
概念空间（动力学成因）	(a)系统间内力 (b)环境的外力	(c)反馈 (d)主动性	(e)非线性 (f)运动关联	(g)结构 (h)信息	(i)随机性 (j)涨落与选择

将牛顿原理改作为"力是改变物体运动状态的原因"这一正确表述后，（11 – 36）式中由所谓"原因"组成的"概念空间"（动力学成因），涉及的 5 个方面如表 11 – 2 所示。通过上述"概念空间"，我们就能了解生命中的各种现象是由什么样的动力学成因带来的。基于规律的统一性，我们可以用最简单的例证，先来看一看所谓的"自组织"是如何形成的。

把（11 – 36）式用于定态单粒子问题，如前面已推导过的，两边点积 $\vec{r}$ 将给出如下的能量方程

$$\frac{d\varepsilon}{dt} = (E - \varepsilon)\dot{\vec{r}} \cdot \nabla\ln\rho + \vec{F}^{(fl.)} \cdot \dot{\vec{r}} \tag{11 – 37}$$

其中 $\vec{F}^{(fl.)}$ 为随机涨落的耗散项。如果不存在该项，能量守恒，于是有

$$d\varepsilon/dt = (E - \varepsilon)\dot{\vec{r}} \cdot \nabla\ln\rho = 0 \Rightarrow \varepsilon = E = 常数 \tag{11 – 38}$$

此时系统处于与环境无能量交换、即无"新陈代谢"的状态，故而刻画的不是生命的状态，所以也就不能描述生命的自组织状态。

由此可见，$\vec{F}^{(fl.)}$ 这个质心运动与内部运动相耦合的随机涨落项的存在，是必然性的要求。考虑到它的存在后，即使以"最简单"的无穷深势阱为例，我们也能从 SSD 的描述中读出关于生命自组织的关键信息。

如图 10 – 4 所示，在基态时，若将粒子静止地置于 $x = 0$ 的地方（此处力 $F = 0$，且 $(\partial\ln\rho_1/\partial x) = 0$），故当不考虑 $F^{(fl.)}$ 时，（10 – 233）式为

$$\frac{dp_1}{dt} = (E_1 - \varepsilon)\frac{\partial\ln\rho_1}{\partial x}\Big|_{x=0} = 0 \tag{11 – 39}$$

其解为

$$p_1(t) = p_1(0) = 0 \Rightarrow \varepsilon_1 = p_1^2/2\mu = 常数 = 0 \tag{11 – 40}$$

$x=0$ 是"平衡点"，对应的是"稳定状态"，但（11-40）却表明这是一种既无"代谢"且粒子也"不运动"的"死亡"状态！

然而，考虑涨落 $\vec{F}^{(fl.)}$ 之后，在 $|x|<a$ 的区间，方程为

$$\frac{dp_1}{dt}=\left(E_1-\frac{1}{2\mu}p_1^2\right)\frac{\partial\ln\rho_1(x)}{\partial x}+F^{(fl.)} \tag{11-41}$$

由于涨落的存在，粒子在 $x=0$ 处不能处于静止状态，因为粒子要受到上式右边第2项与"结构"（$\rho_1(x)$）、"主动性"（p_1）相关的一个"非线性"力的作用。于是，受图10-6所示的力对运动的影响，粒子将做如图10-7所示的运动。亦即是说，由于涨落的存在，粒子做出了"选择"：不要（11-40）所描述的"死亡"状态，而要图10-7所描述的"活"的状态，即通过与结构关联的非线性"结构力"的正反馈"放大"功能，使粒子最后运动到了能量耗散最小的近似等于本征能量 E_1 的状态

$$\varepsilon\approx E_1 \tag{11-42}$$

这是一个"活"的自组织稳定状态：因涨落的存在，基态粒子的能量 ε "近似"而非"严格"等于基态本征能量 E_1，粒子是要通过涨落力与作为环境的 MBS 交换能量而有"代谢"功能的。

于是，我们通过这一简单的例证，就可以由图11-16看到所谓的"分叉"与"选择"间的关系：方程是决定论的，但面对上述两种"死"与"生"的稳定状态（1和2），涨落通过与非线性结构的反馈机制，做出了"生"的自组织状态选择。

无穷深势阱是一个理想的模型，不完全代表一个真实的系统。最简单的真实系统是氢原子系

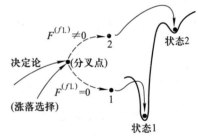

1："死"的平衡态
2："活"的自组织态

图11-16

统。氮、氢、氧等是生命物质的"砖瓦"。若氢原子都不是一个稳定的自组织状态，哪还有更高层次的生命大分子自组织状态的存在？所以我们下面来建立生物自组织状态的这第一个砖块——基于规律的统一性，这个例子所提供的信息应是完善的。

为简化问题以避免复杂的数学运算，我们仍以前面的玻尔"圆轨道"为例来讨论。不考虑涨落力时，电子的运动方程为［见（10-389）式］

$$\frac{d\vec{p}}{dt}=-\vec{r}^{0}\frac{e^2}{r^2}+\vec{r}^{0}2T\frac{\partial\ln f(r)}{\partial r} \tag{11-43}$$

由该方程我们求得了玻尔轨道［见（10-395）式］

$$r_n = n^2 a_0 = a_n \qquad (11-44)$$

以及电子的能量 [见 (10 – 397) 式]

$$\varepsilon_n = -\frac{\mu e^4}{2\hbar^2}\frac{1}{n^2} \quad (n = 1, 2, \cdots) \qquad (11-45)$$

它等于 SE 方程求得的本征能量 E_n

$$\varepsilon_n = E_n = 常数 \qquad (11-46)$$

这同样是一种无"代谢"的状态。

这种无"代谢"的状态不是一种真实的状态，故观察到即使是孤立、静止的原子都存在"自然宽度"就成为一种逻辑的必然。所以自然宽度的存在是对 SQM 发出的挑战。面对这样的挑战，人们当然可以采取追加"附加性假定"的办法来加以修补——它虽有意义，但属"头痛医头，脚痛医脚"的办法，解决不了根本问题。因为采取这种"急救"的方式，虽可以求出自然宽度，但是，能描述氢原子的自组织状态吗？能由此克服 SQM 的一系列困难、包括测量的基本困难吗？

我们知道，考虑涨落后 (11 – 43) 式应修改为

$$\frac{d\vec{p}}{dt} = -\vec{r}^{\,0}\frac{e^2}{r^2} + \vec{r}^{\,0}2T\frac{\partial \ln f(r)}{\partial r} + \vec{F}^{(fl.)}$$

$$(11-47)$$

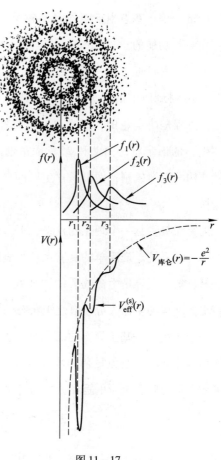

现将"概率密度" $f(r)$ 画成图 11 – 17 的示意图。其中，点浓处表示 $f(r) \propto \rho(r)$ 的值大，点疏处表示 $f(r)$ 的值小。图 11 – 17 与前面的图 9 – 2、图 9 – 3、图 9 – 4 的内容和意义是一样的。前面我们已经求出了 (11 – 47) 式第 2 项的"等效势" [参见 (10 – 403) 式]

$$V_{eff.n}^{(s)} = \frac{1}{2}\left(\frac{2e^2}{a_0^3}\right)\frac{1}{n^5}\xi^2 \propto \frac{1}{n^5}$$

$$(n=1, 2, \cdots) \quad (11-48)$$

由它产生的"结构力"为

$$\vec{F}_n^{(s)} = -\nabla V_{eff,n}^{(s)} = \vec{r}^{\,0}2T\frac{\partial \ln f_n(r)}{\partial r}$$

$$(11-49)$$

图 11 – 17

能级的"自然宽度"是原子普遍存在的现象，它是孤立、静止的原子的自发辐射宽度。孤立、静止的原子无疑处于基态，故我们来讨论基态的电子行为。

在基态时，若不考虑涨落 $\vec{F}^{(fl.)}$，则电子运动在 $r=a_0$ 的圆轨道上，$\varepsilon_1 = E_1 = $ 常数，不存在自然宽度，即不存在"代谢"。但事实上，由于 $\vec{F}^{(fl.)}$ 的存在，电子将偏离此圆轨道而存在小的涨落运动。此时，电子除了受（11 – 47）式右边第 1 项的静电力的作用外，还要受第 2 项非线性结构力（11 – 49）式的作用，以及第 3 项涨落力 $\vec{F}^{(fl.)}$ 的作用。由于电子对圆轨道的偏离很小，故可以将电子动量分解为两部分：圆周运动的"横向部分"与产生偏离的"径向部分"。对于前一部分，可以近似地认为（ν_φ 为横向速度）

$$\frac{\mu \nu_\varphi^2}{r} = \frac{e^2}{r^2} \tag{11 – 50}$$

即彼此近似地被"对消"掉了。于是剩下的径向部分则近似地满足如下方程

$$\mu \ddot{r} = 2T \frac{\partial \ln f(r)}{\partial r} + F_r^{(fl.)} \tag{11 – 51}$$

利用（11 – 50）式，则粒子的动能为

$$T = \frac{1}{2} \mu \nu_\varphi^2 + \frac{1}{2} \mu \dot{r}^2 = \frac{1}{2} \frac{e^2}{r} + \frac{1}{2} \mu \dot{r}^2 \tag{11 – 52}$$

于是（11 – 51）式可改写为

$$\mu \ddot{r} = \frac{e^2}{r} \frac{\partial \ln f(r)}{\partial r} + \mu \dot{r}^2 \frac{\partial \ln f(r)}{\partial r} + F_r^{(fl.)} \tag{11 – 53}$$

当不存在涨落 $F^{(fl.)}$ 时，基态电子作圆运动，$r = r_1 = a_0$；当存在涨落后，径向就存在偏离，可设这个小的偏离为 ξ。为了比较，设 $t = 0$ 时加上了涨落，它给了一个初始的径向速度 $\dot{r}_0$，于是，t 时刻的径向速度和加速度为

$$\dot{r}(t) = \dot{r}_0 + \dot{\xi}(t) \Rightarrow \ddot{r}(t) = \ddot{\xi}(t) \tag{11 – 54}$$

再利用（10 – 395）式知

$$\left(\frac{\partial \ln f(r)}{\partial r} \right)_{r = r_1} = 0, \left(\frac{\partial^2 r}{\partial r^2} \right)_{r = r_1} = -\frac{2}{a_0^2} \frac{\partial \ln f(r)}{\partial r}$$

$$\approx \left(\frac{\partial \ln f}{\partial r} \right)_{r = r_1} + \left(\frac{\partial^2 f}{\partial r^2} \right)_{r = r_1} \xi = -\frac{2}{a_0^2} \xi \tag{11 – 55}$$

在 $r \approx a_0$ 的平衡轨道附近作展开后，利用（11 – 54）、（11 – 55），可得径向小偏离方程

$$\mu \ddot{\xi} = \frac{e^2}{r} \left(-\frac{2}{a_0^2} \xi \right) + \mu (\dot{r}_0 + \dot{\xi})^2 \left(-\frac{2}{a_0^2} \xi \right) + F_r^{(fl.)}$$

$$= -\frac{2}{a_0^2} \left(\frac{e^2}{r} + \mu \dot{r}_0^2 \right) \xi - \frac{4}{a_0^2} (\dot{r}_0 \xi) \dot{\xi} - \frac{2}{a_0^2} (\xi) \dot{\xi}^2 + F_r^{(fl.)} \tag{11 – 56}$$

由于 ξ 是一个小量，故（11–56）式右边第 1 项 $r = a_0 + \xi \approx a_0$。现记

$$\omega_0 = \left(\frac{2e^2}{\mu a_0^3} + \dot{r}_0^2 \frac{2}{a_0^2}\right)^{\frac{1}{2}}, \quad \Gamma = \frac{4}{\mu a_0^2}\dot{r}_0\xi \qquad (11-57)$$

则小偏离 ξ 的运动方程为

$$\ddot{\xi} = -\omega_0^2\xi - \Gamma\dot{\xi} - \frac{2}{\mu a_0^2}\xi\dot{\xi}^2 + \frac{1}{\mu}F_r^{(fl.)} \qquad (11-58)$$

初速度 $\dot{r}_0$ 选为正值。若（11–58）式仅考虑右边第 1 项，则为谐振动方程。而其他项的作用如下：

$$\left.\begin{array}{l} -\Gamma\dot{\xi} = -\left(\dfrac{4\dot{r}_0}{\mu a_0^2}\right)\xi\dot{\xi}\left\{\begin{array}{l} <0 \ (\xi<0, \ \dot{\xi}<0) \\ <0 \ (\xi>0, \ \dot{\xi}>0) \end{array}\right. \\[3em] -\dfrac{2}{\mu a_0^2}\xi\dot{\xi}^2\left\{\begin{array}{l} <0 \ (\xi>0, \ \dot{\xi}^2>0) \\ >0 \ (\xi<0, \ \dot{\xi}^2>0) \end{array}\right. \\[3em] \dfrac{1}{\mu}F_r^{(fl.)}：让偏离永存。 \end{array}\right\} \qquad (11-59)$$

正是（11–59）式中这几个力的相互竞争，才使得电子的径向小偏离是叠加在简谐振动之上的具有复杂方式的运动模式，由此形成一个小的、但却具有非常丰富内容的"自然宽度"的谱。

不考虑涨落时，基态电子做圆运动。将电子运动平面置于 x、y 平面内，并将圆运动按 x、y 方向分解后，其相轨线为图 11–18 所示的"椭圆"。但由于涨落实际上是存在的，电子通过与 MBS 交换能量，将受（11–58）式右边的复杂的非线性力的作用，从而将围绕椭圆作极复杂的相轨线运动（如图 11–18 中的折线所示，为让人们看得清楚些，图中将其画得夸大了）。这正是哈肯所说的、以目的环为"目的"的"自组织"运动模式。

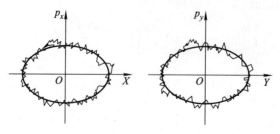

图 11–18

由于电子内部结构尚不清楚，故 $F_r^{(fl.)}$ 是个未知的小项。即使将其略去后，（11–58）式仍是一个复杂的非线性方程，无法给出解析解。为了给出一个解析解，并便于同量子

物理理论讨论自然宽度的方法衔接理解[1]，因 $\xi\dot{\xi}^2$ 是三阶小量，在略去 $F_r^{(fl.)}$ 之后，也将其略去，并将 Γ 近似取为

$$\Gamma = \frac{4\dot{r}_0}{\mu a_0^2}\xi \approx \frac{4\dot{r}_0}{\mu a_0^2}a_0 = \frac{4\dot{r}_0}{\mu a_0} \qquad (11-60)$$

于是（11 – 58）式退化为下面的近似方程

$$\ddot{\xi} + \omega_0^2\xi + \Gamma\dot{\xi} \approx 0 \qquad (11-61)$$

其解为（令 $\omega_0 = 2\pi v_0$）

$$\xi(t) = \xi_0 e^{-\Gamma t/2}\sin(2\pi v_0 t) \qquad (11-62)$$

作展开

$$\xi(t) = \int_{-\infty}^{\infty} c(v) e^{i2\pi vt}dv, \quad c(v) = \int_{-\infty}^{\infty} \xi(t) e^{-i2\pi vt}dt \qquad (11-63)$$

在 $v \to v + dv$ 间出现频率 v 的分布函数为

$$\Gamma(v) = |c(v)|^2 / \int_{-\infty}^{\infty} |c(v)|^2 dv = \Gamma / [4\pi(v - v_0) + (\Gamma/2)^2] \qquad (11-64)$$

由此得自然宽度的理论值为

$$(\Delta v)_{th.} = \Gamma/2\pi = \frac{2}{\pi\mu a_0}\dot{r}_0 \qquad (11-65)$$

涨落给予的初始速度 $\dot{r}_0$ 仅可由实验测定。设实验值

$$(\Delta v)_{exp.} = \frac{2}{\pi\mu a_0}\dot{r}_0 \Rightarrow \dot{r}_0 = \frac{1}{2}\pi\mu a_0 (\Delta v)_{exp.} \qquad (11-66)$$

代回（11 – 65）式，得

$$(\Delta v)_{th.} = (\Delta v)_{exp.} \qquad (11-67)$$

由此，我们给出了对"自然宽度"的解释。

上面我们用一个极简单的例子回答了所谓"自组织"的问题。在平衡位置（或平衡轨道）附近作展开，与数学上讨论微分方程的稳定性在精神上是一致的。但我们讨论的出发点来自 SSD，它是一种由与"结构"、"涨落"有关的非线性所给出的稳定性，如图 11 – 18 所示，它是一种"活"的自组织形态，而非由线性方程消元所给出的如图 11 – 14 的③所示的"死"的自组织状态。这是有差别的。

需要说明的是，从泛生论的角度，可以把一切自然之物都看成是有"生命"的。上述的"活"的自组织状态所描述的统一性，就代表了这种观点。但是，我们通常所讲的

① 史斌星编著：《量子物理》，清华大学出版社 1982 年版，第 310 ~ 314 页。

生命，却是不同于泛生论的"生命"的，它是有生也有死的。例如，简单的细菌和病毒，其细胞直接暴露在自然环境之中，生命的周期都很短。即使作为"高级生命"的人，其心肌蛋白质的半衰期大约30天，相应地，一月中生命体20%的细胞也要死亡。所以生命必须通过进化找到"自复制"的特殊途径，才能得以延续。目前，大多数讨论生命的各种理论，都集中在我们刚才讨论过的"自组织"的层面——这虽很必要，但还远远达不到对生命本质的认识。为此，我们还得沿生命的进化之旅继续去探寻。

二、生命的自复制和遗传

生命的基础元素要通过自组织才能稳定地存在；而个体的生命却是有限的。所以，生命要得以延续，就必须创造出自复制的机制。因此，自复制和遗传是生命进化交响乐的第二乐章。

（一）生物学对自复制和遗传的一般认识

生物性状的遗传和变异主要是由基因控制的，基因主要存在于染色体上，而染色体只不过是一条裸的 DNA 大分子。所以，遗传是通过 DNA 的自复制来进行的。

DNA（脱氧核糖核酸）是一种复杂的由两条键相互缠绕形成的"双螺旋结构"。DNA 含有的碱基有4种：A（腺嘌呤）、C（胞嘧啶）、G（鸟嘌呤）、T（胸腺嘧啶），其分子式见图 11-3。每个 DNA 分子上有上万个碱基对。基因就是 DNA 分子链上的一个特定的区段，其平均大小约 1 000 对碱基；于是该区段有 $4^{1\,000}$ 种不同的排列组合方式，也就是说具有 $4^{1\,000}$ 种不同性质的基因。按生物学家的说法，DNA 贮存了大量遗传变异的信息，符合生物的遗传和多样性的需要，特别是通过 DNA 的准确复制，又解决了遗传的传递问题，从而拉开了从分子遗传学的角度来认识遗传和变异的序幕。

大量的实验表明，DNA 的自复制主要是以"半保留"的形式进行的。即在 DNA 的自复制过程中，两条多核苷酸长链由于氢键的断裂彼此分开，"一分为二"成为单链。然后，每条单链以自己为"模板"，吸收周围与自己碱基互补的游离核苷酸，进行氢键结合，在一些聚合物及能源的作用下，逐步连接起来，形成一条新的 DNA。这样，就由原来的一个 DNA 分子"变成"两个几乎完全相同的 DNA 分子，由此"复制"并"繁殖"。关于其间的用 RNA（核糖核酸）作引物合成的更为细致的过程，这里不再介绍。

基因能进行复制，从而保证了基因在遗传传递过程中的连续性和传递的准确性。但是，基因又是如何表达，也就是说基因是如何控制性状的发育和表现的呢？

生物的性状（包括各不同的器官、系统）千差万别，它们都直接与蛋白质有关。一个细胞内含有几千种不同种类的蛋白质，行使不同的功能，控制一系列生化反应和代谢过程，从而显示出各种各样的形态特征和性状的表现。而引起蛋白质差异的是来自于DNA分子中蕴藏的遗传信息的差异。蛋白质的合成过程，实质上是受DNA的遗传信息控制的。DNA可以进行自我复制，这称为自我催化；以DNA双链中的一条为模板，互补地合成RNA，这一过程称为转录；然后根据信使mRNA中的遗传密码合成多肽，这一过程称为转译。DNA控制蛋白质合成的过程称为异体催化。这一概念即前述的"中心法则"：

$$复制 \; DNA \xrightarrow{\;转录\;} RNA \xrightarrow{\;转译\;} 蛋白质$$

具有了上述的自复制与蛋白质的合成功能之后，生命体就可以通过细胞的分裂使自身得以延续。单细胞的简单生命是通过细胞的不断分裂来繁衍的。而对像人这样的生命体，则是通过有性繁殖（男性的精子与女性的卵子结合成为受精卵这样的细胞，然后细胞不断分裂、成长为各种器官并最后形成"婴儿"）来繁衍，并"重演"人类的整个进化历程的。

上面我们用高度"浓缩"的最简方式介绍了自复制、遗传和生物繁衍的过程，当然其中间过程事实上非常复杂，不同的生物又有许多差异。这些我们都不再去做进一步的介绍。因为我们主要论述的是SSD对此能说些什么。

（二）SSD对生命自复制及遗传机制的理论解释

从总体上讲，可以说目前的生命科学仍处于对实验观察做出记录、分类和形态结构描述的水平上。定量的"理论生物学"研究虽已开展，也取得了相当的成果，但因其理论基础还存在问题，所以当涉及深层次的机制时，就无法给出统一而合理的解释。但从理论家的角度看问题时，却要抹去细致的微观过程，而首先提出对关键机制的总体统一认识——因为余下的细致过程，是可以由此后理论的实际应用的大量工作去解决的。而将自复制、生长发育、遗传等抽象到一般性理论的高度上，事实上是要求回答下述三个核心问题：

第一，DNA自复制过程的核心，是通过氢键的断裂使双螺旋"解构"而一分为二成为两条单链；而每条单链均可作为模板合成其互补链；然后在原来的链上又结合上了互补的链，即两条单链"建构"而合二为一，成为一个新的双螺旋结构。从动力学理论的高度看问题时，就要求SSD回答"解构"和"建构"的动力学机制是什么，如何在一个理论中同时提供完全相反的关于"解构"和"建构"统一的力学机制的答案。

第二，复杂的生命体（例如人）是由一个受精卵通过细胞的不断分裂发育生长出各种器官、系统之后才"完形"的（"婴儿"）。生物学家讲，这是靠DNA遗传信息功能的"有序释放"来实现的——而这不过只是一种假说或称猜想，因为如何"有序释放"的功能和机制还没有说清楚。其实，这里涉及一个极为关键的"预成"问题——就像浇铸成形一样，事先要有一个"铸模"，铸液浇进去才能成形。有形的"铸模"起着设计好的"预成者"的角色。当然，在生物的生长发育过程中，这种有形的预成者的角色通常难以观察到，而无形的预成者的角色却肯定在起作用，且也可找到实际的例证。例如，通过红外成像生物学家们观察到，指头断了以后，断掉部分的"影像"却还存在；树叶生长时，前面就有一个"影像"在规定着树叶必长成的样子。这成为人们百思不得其解的一个理论难题。那么，SSD如何在理论中提供"预成"的动力学机制，我们必须对此给予统一的回答。

第三，在遗传中又存在变异。但"中心法则"称信息流只能从内向外流出，这样的话，变异就不可能发生。SSD能克服上述矛盾并给变异以清楚的回答吗？

下面就来对这三个重大的理论难题分别进行论述。

1. 对 DNA 自复制中的"解构"与"建构"的统一动力学机制的解释

"阴阳根本律"控制着宇宙间的一切，得失是相辅相成的：无失即无得，欲得就必有失。基本粒子的能级间隔为 Gev 的量级，核为 Mev 的量级，原子为 ev 的量级，而到大分子约为 10^{-4}ev 的量级。也就是说，越低层次的简单物质系统，实现状态变化所需要的能量越高，从而也就越稳定；反之，越高层次的复杂物质系统实现状态变化所需要的能量越低，从而也就越不稳定。过分地稳定就失去了活性；但过分的活性却又要失去稳定——这就是活性与稳定性的得与失的阴阳互补关系。生命的奇迹就发生在对这种互补关系的掌握与平衡之中：以复杂性的创造来获得充分的活性，又以可能失稳的有限生命为代价，通过自复制的活性再创造出生命，从而演绎出既悲壮又欢欣的进化交响曲。

实际上，为什么DNA和蛋白质（包括作为催化剂的各种蛋白酶）都是极其庞大的生物大分子？就是为了获得活性。那么活性又是从哪里来的？从各个层次考察，我们获得的统一答案是：结构和结构力在生命中起着关键性的作用——生命体是依靠结构的复杂化，通过结构力的动力学效应来实现功能多样化（即活性，例如同时具有"解构"和"建构"的功能）的（这正是图 11 - 11 形象地表达的内容）。现在就让我们从一般的意义上来看一看SSD方程是如何提供结构力以获得"解构"与"建构"功能的。因（11 - 36）的形式比较复杂，不便于问题的讨论，我们先设法将方程的项目化简。

涨落力 $\vec{F}_i^{(n)}$ 由（10 - 113）式定义。由于式中包含着内动能 $T^{(I)}$（实为第 i 个子系

统内部的动能 $T_i^{(I)}(n_i)$）以及质心动能 T_c（实为该子系统质心动能 $T_c^{(i)}$），故粒子是运动着的（即 $T^{(I)} = T^{(I)}(t)$，$T_c = T_c(t)$），所以 $\vec{F}_i^{(fl.)}$ 是一个与时间有关的项目。当考虑到 $\vec{F}_i^{(fl.)} = \vec{F}_i^{(fl.)}(t)$ 时，由已知运动求力，若视 $\vec{F}_i^{(fl.)}$ 很小、薛定锷方程仍是方程的特解时，则其解为非定态 SE。这样，SE 方程求解生命时所遇到的（11－19）式的困难就被克服了。但为了方便，我们仍视 $\vec{F}_i^{(fl.)}$ 很小，可将其略去，则可以视 SE 为定态情况。这一假定对大分子集团的子系统而言大体上是合适的。但应注意的是，由于涨落实际上是存在的，系统的总能量 ε 并不严格等于本征能量 E。在作了上述的考虑和近似后，则（10－81）式可认为是近似成立的。故有

$$\frac{d\varepsilon}{dt} = -2T\frac{1}{\rho}\frac{\partial\rho}{\partial t} + \frac{1}{\rho}\sum_{i=1}^{n}\dot{\vec{r}}_i \cdot \nabla_i[\Psi^*(\hat{H}-\varepsilon)\Psi] \tag{11-68}$$

作定态近似之后，有

$$\hat{H}\Psi^* = E\Psi, \quad \partial\rho/\partial t = 0 \tag{11-69}$$

故（11－68）式可被写为

$$\frac{d\varepsilon}{dt} = \sum_{i=1}^{n}\frac{1}{\rho}(E-\varepsilon)\dot{\vec{r}}_i \cdot \nabla_i\rho \tag{11-70}$$

将

$$\frac{d\varepsilon}{dt} = \sum_{i=1}^{n}\dot{\vec{r}}_i \cdot \left(\frac{d\vec{p}_i}{dt} + \nabla_i V\right) \tag{11-71}$$

代回（11－70）式，有

$$\sum_{i=1}^{n}\dot{\vec{r}}_i \cdot \left[\frac{(E-\varepsilon)}{\rho}\nabla_i\rho - \left(\frac{d\vec{p}_i}{dt} + \nabla_i V\right)\right] = 0 \tag{11-72}$$

在微观系统中，事实上是不存在经典意义上的那类"几何约束"的，故 $\dot{\vec{r}}_i$ 为 $3n$ 个彼此独立的变量。要上式成立，则要求式中方括弧（[]）中的量为零，于是得

$$\frac{d\vec{p}_i}{dt} = -\nabla_i V + (E-\varepsilon)\nabla_i\ln\rho \tag{11-73}$$

在（11－73）式中，若不考虑等式右边第 2 项的结构力，便是经典牛顿方程（NE）——而我们知道，机械决定论的 NE 是不能用来描述和解释生命现象的。但现在（11－73）式与 NE 相比多出了方程右边的第 2 项——结构力，故它才应该是解开生命自复制秘密的关键所在。现在就让我们来看一看它究竟有什么样的功能。

假定 $\varepsilon > E$。将力投影到某个方向（例如 x 方向），则结构力 $F_x^{(s)}$ 存在如下四种情况：

$$F_x^{(s)} = -(\varepsilon - E)\frac{1}{\rho}\frac{\partial \rho}{\partial x_i}\begin{cases} >0, \left(\text{当}\dfrac{\partial \rho}{\partial x}<0\right) & \text{(a)} \\[2mm] <0, \left(\text{当}\dfrac{\partial \rho}{\partial x}>0\right) & \text{(b)} \\[2mm] =0, \left(\text{当}\dfrac{\partial \rho}{\partial x}=0\right) & \text{(c)} \\[2mm] =\text{很大}, \left(\text{当}\rho\to 0, \dfrac{\partial \rho}{\partial x}\neq 0\right) & \text{(d)} \end{cases} \qquad (11-74)$$

现在我们就可以用（11-74）式来提供 SSD 对于生命自复制中同时存在"解构"与"建构"机制的解释了［若 $\varepsilon < E$，（11-74）式内容一样，只是倒了一下符号，故其解释完全相同］。

上章我们提到，著名的生化学家泡令曾指出，人们发现在生物体中相当普遍地存在一种与分子结构形式相关的分子之间的作用力，这是一种具有高度选择性的作用力。只有当两集团的电子性质与几何构型适应时，它才表现出其特殊性，且该力并不等于单个原子作用能的总和，而是比这个总和大得多得多。系统论中所谓的"整体大于部分之和"的论述，就是这一现象的一般理论表述。而这一情况是可由（11-74）式中的（d）来提供解释的。同时我们知道，生命体中存在数量庞大的蛋白酶，DNA 的自复制、转录和表达要依靠各种蛋白酶的参与。这是因为蛋白酶的催化效率较非生物催化剂高 10 万亿倍（可以使得 100 万年的反应被浓缩为 1 秒钟——所以，弄清酶的结构，实现酶的人工合成，将引起化学工业的革命），可以加快反应速度；而且，通过不同酶的参与可使得结构函数 ρ 发生变化，以便在同一位置 x_i 处（如氢键处）同时实现（11-74）式中的（a）、（b）两种力学机制——如一种代表 DNA "解构"需要的结构力，与之相反的另一种则代表着"建构"所需要的结构力。这样，就从 SSD 方程出发，一般而统一地解释了 DNA 自复制所需的"解构"和"建构"功能的力学机制。

2. 关于生命体在生长发育时的"预成"机制的解释

如前所提及的，所谓生命中的"预成论"的问题，伍杰（Woodger）早已提出而人们却百思不得其解。如何解决这一问题呢？我们认为，单独一个困难往往难以解决，困难多了解决起来可能反而会容易些。为什么？因为只要将其关联起来，寻找出共同的"交汇"点，则众多困难表面上的复杂性就会归结为从交汇中寻找到的统一性及所表现出的简单性。

生命体的故事发生在 QM 层面，那么上述的生命"预成"问题自然也会在 QM 的理论中被反映出来：为什么高激发态一定落向基态？为什么在恰当的能量下，基态粒子必跃迁到某一高激发态（态由波函数描写）？这种事先设计好的"预成"机制从何而来？

量子物理学家们同样百思不得其解。反映到衍射现象中，人们同样会问：为什么电子只落在如预设好了的衍射花样处而不落在别的任意的地方？而当存在"矢势"和"标势"时（即 AB 效应）衍射条纹就会发生移动——对此的百思不解，使人们惊呼 AB 效应将引起物理学理论的大变革。而将上面提到的预成问题与 EPR 悖论关联起来，就反映为玻尔关于非定域关联的存在对爱因斯坦仅存在定域关联的认识的否定，以及后来所谓的贝尔不等式的检验和阿斯佩等人的非定域相互联系的存在的实验证明——但此联系的物质性基础又在何处呢？人们同样不能回答。进而反映到理论研究中，人们称定域关联的相对论与非定域关联的量子论间存在着深刻的理论断层——它迄今仍是一个人们尚无法跨越的巨大的理论障碍……以上这些现象提出的实际上是同一个问题——由此我们看到了又一次重演：物理学内部的困难与物理学不能迎接来自生命科学的挑战，这二者之间是内在关联的。因此，如果能很好地回答关于生命的预成机制的问题，则上述种种困难就将统一地一并得以解决。下面我们来寻找预成机制的物质性基础。

以单粒子为例。若 $\vec{p} = \mu\vec{v} = m_0\vec{v}$（经典牛顿动量），从（10 – 5）式出发（自由粒子）

$$\frac{d\vec{p}}{dt} = -\vec{p}\,\frac{d\ln\rho}{dt} + T\,\nabla\ln\rho + \frac{1}{\rho}\nabla\left(\Psi^*\,i\hbar\,\frac{\partial\Psi}{\partial t}\right) \tag{11-75}$$

我们推导出了自由粒子的 SE

$$i\hbar\,\frac{\partial}{\partial t}\Psi(\vec{r},t) = \hat{H}\Psi(\vec{r},t) = -\frac{\hbar^2}{2\mu}\nabla^2\Psi(\vec{r},t) \tag{11-76}$$

其波函数及粒子的能量分别为

$$\begin{cases} \Psi(\vec{r},\ t) = Ae^{-iEt/\hbar}e^{i\vec{p}\cdot\vec{r}/\hbar} \\ \varepsilon = E = \frac{1}{2\mu}p^2 = 常数 \end{cases} \tag{11-77}$$

由波函数求得的相速度为［见（8 – 293）式］

$$\nu_s = \nu/2 \tag{11-78}$$

即波落在了粒子的后面。这样一来，与 $\rho = \Psi^*\Psi$ 相关的结构力就作用不到粒子之上，这无疑是与事实不符的。

这里我们须注意到的是，（11 – 75）式中尚未考虑涨落项 $\vec{F}^{(fl.)}$。若考虑到该项，则（11 – 75）式应修正为

$$\frac{d\vec{p}}{dt} = -\vec{p}\,\frac{d\ln\rho}{dt} + T\,\nabla\ln\rho + \frac{1}{\rho}\nabla\left(\Psi^*\,i\hbar\,\frac{\partial\Psi}{\partial t}\right) + \vec{F}^{(fl.)} \tag{11-79}$$

现在我们来看一看图 8 – 22 所示的"相对论修正"给我们带来了什么样的信息。

现记 p_0 为垂直分量 $p_\perp$，有

$$\vec{p}_0 = \mu c \vec{p}_0^{(0)} \equiv \vec{p}_\perp \tag{11-80}$$

其中 $\vec{p}_0^{(0)} \equiv \vec{p}_0 / |\vec{p}_0|$ 为单位矢。将 P 作展开，有

$$P = m\nu = \frac{\mu}{\sqrt{1 - \left(\dfrac{\nu}{c}\right)^2}} \nu = \mu\nu + \left[\frac{1}{2}\left(\frac{\nu}{c}\right)^2 + \frac{3}{8}\left(\frac{\nu}{c}\right)^4 + \cdots\right]\mu\nu \tag{11-81}$$

$$\vec{P} = \vec{p} + \vec{p}_{/\!/} \tag{11-82}$$

其中

$$\vec{p} = \mu\vec{\nu}, \quad \vec{p}_{/\!/} = \left[\frac{1}{2}\left(\frac{\nu}{c}\right)^2 + \frac{3}{8}\left(\frac{\nu}{c}\right)^4 + \cdots\right]\mu\vec{\nu} \tag{11-83}$$

于是"总动量" $\vec{p}_t$ 为

$$\vec{p}_t = \vec{p}_0 + \vec{P} = \vec{p} + (\vec{p}_\perp + \vec{p}_{/\!/}) \tag{11-84}$$

亦即是说，考虑到相对论效应之后，粒子的总动量将由经典动量 $\vec{p}$ 变成相对论性的总动量 $\vec{p}_t$。此即所谓的"相对论修正"。

（11-75）式中没有考虑涨落的作用，此时的动量为经典动量 $\vec{p} = \mu\vec{\nu}$。然而，当在（11-79）式中考虑到涨落力之后，显然就会引起加速度 $\vec{a} = \dot{\vec{\nu}}$ 的变化。从一般性意义上讲，变化产生的附加改变既可以与 $\vec{a}$ 平行（记为平行分量 $\vec{a}_{/\!/}$），也可以与 $\vec{a}$ 垂直（记为垂直分量 $\vec{a}_\perp$），即加速度 $\vec{a}$ 的一般的可能变化可以形式地写为

$$\mu\vec{a} \Rightarrow \mu\vec{a}' = \mu(\vec{a} + \vec{a}_{/\!/} + \vec{a}_\perp) = d\vec{p}/dt + d\vec{p}'_{/\!/}/dt + d\vec{p}'_\perp/dt \tag{11-85}$$

现将涨落 $\vec{F}^{(fl.)}$ 所产生的"附加效应"形式地写为

$$\vec{F}^{(fl.)} = -d\,(\vec{p}'_\perp + \vec{p}'_{/\!/})\,/dt \tag{11-86}$$

将其代回（11-75）式，则有

$$\frac{d\vec{p}}{dt} + \frac{d}{dt}(\vec{p}'_\perp + \vec{p}'_{/\!/}) = \frac{d}{dt}[\vec{p} + (\vec{p}'_{/\!/} + \vec{p}'_\perp)] = \frac{d\vec{p}_t}{dt}$$

$$= -\vec{p}\frac{d\ln\rho}{dt} + T\nabla\ln\rho + \frac{1}{\rho}\nabla\left(\Psi^* i\hbar \frac{\partial\Psi}{\partial t}\right) \tag{11-87}$$

其中总动量

$$\vec{p}_t = \vec{p} + (\vec{p}'_\perp + \vec{p}'_{/\!/}) \tag{11-88}$$

（11-88）式与（11-84）式在形式上是一致的。这种一致性告诉我们：爱因斯坦在狭义相对论中所预示的相对论效应是存在微观基础的（这正是洛伦兹的观点）；由于该效应来自 MBS 的涨落效应——而它是在绝对静系中被凸显出来的，故相对论效应是对

静系而言的，这正是我们在第 8 章的分析中所得出的结论。

如果（11 – 88）式所定义的量代表相对论的量（11 – 84）式（即认为两者相等）的话，从"原则上"讲，由（11 – 87）式出发就可以推出"相对论性的"SE。例如，将 $\vec{p}_t$ 理解为光粒子的动量，我们就不难推导出相应的 $\hat{H}$ 及 Ψ（它正是自由电磁场的场函数），从而显示出 SSD 与电动力学之间的某种内在联系。但是如第 8 章曾指出的，虽然爱因斯坦的理论结果在数值上以相当高的精度被实验证明是非常有效的，然而其理论的出发点和哲学基础却又存在明显的瑕疵，由此使得其理论结论与他的同时性假定并不十分相容。这一事实表明了狭义相对论尚须发展以调整到正确的哲学基点上来。如何发展？与 SSD 间的关系如何协调？这又与 SSD 和电动力学间的关系相关联。这种种因素复杂地交织在一起，使我们尚未将其处理得十分满意，故在这里也就不讨论由 SSD 给出的、与电动力学相联系的某些初步的结果。但是有一点却是明确的：（11 – 88）式与（11 – 84）式在形式上惊人的相似性是有微观基础及相应的物质基础的——它就是 MBS。若将（11 – 88）式取为与（11 – 84）式相同的值，注意到 $\vec{P} \perp \vec{p}_0$，若取 $\vec{r} /\!/ \vec{P} = m\vec{v}$ 的话，则有（8 – 302）式的狄拉克波函数

$$\Psi_c = e^{i(\vec{P} \cdot \vec{r} - Et)/\hbar} \tag{11 – 89}$$

其相应的狄拉克相速度〔见（8 – 303）式〕

$$\nu_s^{(D)} = E/P = c^2/\nu \tag{11 – 90}$$

由于我们所讨论的粒子的速度 $v \ll c$，故有

$$\nu_s^{(D)} = c^2/\nu \gg c \qquad （当 \nu \ll c 时） \tag{11 – 91}$$

即波的速度是远大于粒子运动的速度的。

于是，问题就被澄清了。在非相对论性领域讨论问题时，由于 $v/c \ll 1$，$\vec{P} \approx \vec{p}$，故而（11 – 89）式可近似写成薛定锷波函数

$$\Psi_c = e^{i(\vec{P} \cdot \vec{r} - Et)/\hbar} \approx e^{i(\vec{p} \cdot \vec{r} - Et)/\hbar} = \Psi \tag{11 – 92}$$

但是其相速度却应使用（11 – 91）式的结果，即波是一种超前的引导波。这样一来，前述的种种"预成"问题就可以获得统一的解释。以前面所讨论的衍射为例，在粒子到达干涉区之前，这种超前的引导波就已经到达了那里。通过波的相干，产生了预设好了的某种相干的起伏不平的 MBS 分布，从而使粒子进入该区域后，必然会按预成的方式行事——起伏不平的 MBS 分布的"结构力"的效应，必将引导粒子打在预设的干涉条纹的地方。如果外势发生变化，则 ρ 将发生分布的变化，于是干涉条纹就会发生移动——此即所谓的 AB 效应。

由上述的讨论可见,关于"预成"的问题——无论是生命中的预成还是量子领域中的预成——由 SSD 已经给出了统一的解释,且其物质性基础(MBS)是十分明确的。

3. 对"中心法则"及其中存在的所谓"矛盾"的分析与解释

按照分子生物学的观点,遗传和变异均取决于"遗传密码";其中心法则告诉我们,遗传信息的转移是单向的,即从遗传信息(DNA 或 RNA)到形态的表达(蛋白质)是单向的。然而,如果基因的遗传密码完全控制着遗传和变异的话,那么由获得性遗传来解释进化的达尔文理论就将不成立。但达尔文进化论又被广泛的观察事实证明是符合实际的。这就使得建于微观分子层次上的基因遗传理论与建于宏观的博物学、生物考古学等之上的进化论处于不太相容的境况之中。所以,进一步深入理解中心法则、遗传与变异,对于更好地从微观角度揭示进化的内在自然本性,将具有十分重要的意义。

(1)基因、遗传与变异

基因是 DNA 长链中的一个特定的区域段——基因集"功能、重组、突变"三位一体,它携带着特定的遗传信息。DNA 分子上有上万个碱基对,各种碱基的排列次序没有什么限制,但它们在分子链中的排列位置和方向却只有四种形式:

$$① \begin{array}{c} A\cdots T \\ C\cdots G \end{array} \qquad ② \begin{array}{c} C\cdots G \\ A\cdots T \end{array} \qquad ③ \begin{array}{c} A\cdots T \\ G\cdots C \end{array} \qquad ④ \begin{array}{c} G\cdots C \\ A\cdots T \end{array}$$

作为 DNA 链上的一个特定区域的基因,其平均大小约为 1 000 对碱基。而作为"遗传密码符号"的碱基有 4 种(例如 DNA 为 A、T、C、G;RNA 为 A、T、C、U),但氨基酸却只有 20 种。从排列方式(记为 n)考虑,若 2 个碱基的密码子决定一种氨基酸,则 $n = 4^2 = 16 < 20$;若 3 个碱基决定一种氨基酸,则 $n = 4^3 = 64 > 20$。可见应当是由 3 个碱基的密码子决定一种氨基酸,故而是"三联密码子",而多出来的部分则应"简并掉"。把决定 20 种氨基酸的密码子定出来,就可以编成"密码字典表"——被称之为破译生命的一本"天书"。在联合国的主持下,众多的生物学家参与了对这本"天书"的解读,到 2003 年完成了人类的基因图谱。这是生命科学史上的一件大事,也是全球科学家分工协作的一个伟大创举。

DNA 中的信息是沿着有义链的一个方向的线性排列解读的。一个密码子包含 3 个碱基,故而三联密码子的改变就会引起遗传信息的改变而被称之为"突变"(mutation)。可引起突变的物质称为诱变剂,如各种化学物质、离子射线、x 射线、宇宙射线等。突变的方式有多种。一种突变是由额外碱基的插入引起的,由此引起了阅读框架在插入点位置处的移动,从而改变了其后全部密码子的序列。例如 $\boxed{abc}\ \boxed{def}\ \boxed{ghi}\ \boxed{jkl} \xrightarrow{\text{插入 } X}$

$\boxed{\text{xab}}$ $\boxed{\text{cde}}$ $\boxed{\text{fgh}}$ $\boxed{\text{ijk}}$ l 。如果碱基的插入发生在基因的开头，蛋白质合成会终止，这种突变可能造成酶的缺失从而引起人类的遗传病。如果碱基在基因的末端插入，则只有最后的一个或几个氨基酸受到影响，功能会有一些小的改变。反之，碱基的缺失也会造成移码，使阅读框架向前移动一个碱基，从而使其后的全部密码均发生改变，这就不能合成蛋白质。例如 $\boxed{\text{abc}}$ $\boxed{\text{def}}$ $\boxed{\text{ghi}}$ $\boxed{\text{jkl}}$ $\xrightarrow{\text{缺失 } a}$ $\boxed{\text{bcd}}$ $\boxed{\text{efg}}$ $\boxed{\text{hij}}$ kl。对蛋白质合成影响较小的一种突变称为"置换"：以另一碱基代替了原来的碱基。人类的一种血液病——镰状细胞贫血，就是因缬氨酸（V）置换谷氨酰胺（Q）而引起的。

基因理论的建立以及其后遗传密码的破译，是分子生物学中的重要阶段性理论成果。基因工程的应用前景十分诱人，是一个极其热门的领域，在这里不做更多的介绍。

（2）基因的"力量"

事实上，基因不仅决定了遗传的生物性状，甚至也决定着生物的某些行为，从而不仅展示出了基因的巨大力量，也由此展示出了"自然选择"中伟大的自然的力量。然而，在对动物及人的行为的认识上，曾存在两种观点：一种观点认为，初生的婴儿是一块白板，一切都是后天教育及环境影响的结果；另一种则反对上述的"白板说"，认为后天的行为在相当程度上是受控于基因遗传的。后一种观点的最简单和最直观的论据是婴儿一出生就会吃奶，复杂的吮吸、吞咽的行为是"教育"的结果吗？草原上初生的牛犊会努力而艰难地站立起来，如此复杂的行为也是"教育"的吗？一年生的动物，可以无师自通地进行复杂的性交行为，对此又怎么解释？而面对上述的诘难，第一种观点则回应道：婴儿不吃奶就会饿死；牛犊不站立起来并会奔跑，就会被袭来的狮子吃掉；不会性交，就不会繁殖后代……凡此种种，不过是不同物种选择了不同的"适者生存"的方式，其中并无什么更深层次的缘由，而只是一种无须教育的本能。

然而什么是"本能"？当人们不能去穷及原因的时候，就把一切不能回答的疑团都推给了本能。所以本能不是别的，只不过是人们无知的代名词！其实，既然本能是为了满足"适者生存"的需要而使物种得以延续，而适者生存又是通过自然规律的选择来决定的，于是一个清晰的脉络便显露了出来：本能不是别的，它只是嵌于自然规律之上的必然！通过本能的揭示，将打开这扇尘封已久的通往揭示生命进化规律和生命意义真谛的大门。

我们可以在对确立行为遗传根基的实验观测中清楚地看出基因的"力量"。我们知道，确立行为遗传根基的最大量的基本材料来自于"异卵双生子"（DZS）与"同卵双生子"（MZTS）之间的比较。事实证明，MZTS 比 DZS 有更多的同行相似性。美国著名记者威廉·赖特在《基因的力量》一书中记述了许多考察证据。译者郭本禹在该书"译者后记"中介绍说："美国全国卫生研究所的科学家，在对 200 名极度聪明的美国儿童和智商一般的儿童的 DNA 结构进行比较之后发现，在人类的基因组中存在与智商有密切联系的一组基因，智商超常的儿童与智商一般的儿童的 DNA 存在明显差别，由此可以断定，儿童的智商的高低取决于基因遗传的差异。"① 由此可见，即使是自命为"最高级生命"的人类，其行为也摆脱不了基因的力量——在这样的意义上讲，对每个个体而言，某种"天命启示"是存在的，即"命运"是存在的。既然基因刻上的是自然选择力的作用，所以命运之中所透视的亦即是自然规律的某种必然性。用唯意志论的方式来否定命运，并不是一种正确而完善的唯物观。正确的态度是我们要从"命运"之中解读出信息与规律，以便真正认识命运并成为命运的主人，而不单单满足于做命运之外的冷漠的旁观者，或者完全堕为被命运绝对操弄的奴隶。

（3）基因自复制的"中心法则"中存在的所谓"矛盾"

简单的生命体（例如单细胞生物）是直接暴露在环境之中的，因而易于受到强烈的"诱变剂"的作用而发生基因的变异。所以，细菌和病毒等比较简单的生命体找到了通过不断地变异和无敌繁殖的方式来适应环境的途径，从而使它们成为"最适应者"。但是，这种"最适应"所选择的是一种以个体的短暂生命为代价来换取群体的无限扩张为目的的生存方式。而这种以外界能量的无穷大输入为前提的生存方式却是自然规律不允许的。所以，就必然会形成新的物种，以新的进化方式来遏制这种无限扩张，使之满足自然规律的必然性要求。

这种对"自然规律必然性"要求的满足，所带来的就是互助、合作与分工造就出的结构越来越复杂化、功能越来越多样化、智能越来越高级化的不同层次的物种的存在。与之相应的，繁殖的进化历程就从无性繁殖到有性繁殖，从卵生到胎生，并由此使得作为遗传物质的 DNA 受到了越来越精细而严格的保护，以便在不同环境和层次上的有利于互助、合作和分工的基因能被很好地遗传下去。这种互助、合作与分工，既表现在生物个体的各组织器官上，也表现在生命体的行为上，以及由个体所组成的"家庭"与"社会"之上。这种基因的遗传，正是进化论中所表述的"获得性遗传"。

然而正如前面所提及的，上述的"获得性遗传"从表面上看来似乎又是与基因自复

---

① ［美］威廉·赖特著：《基因的力量》，郭本禹等译，江苏人民出版社 2001 年版，第 309～310 页。

制的"中心法则"不相容的。

中心法则表明，DNA 作为整个遗传过程中的重要起始物质，并不受 RNA 和蛋白质的干扰。"长期以来人们普遍接受这种单向的信息流，但后来发现了反转录酶（revers transcript ase）。这是一种在 RNA 病毒（反转录病毒）中存在的酶，该酶可催化以 RNA 为模板合成 DNA，与通常的信息流方向相反。虽然这只是反转录病毒中存在的特例，但对于具有普遍性的沃森和克里克中心法则是个挑战。"①

这种对"中心法则"的挑战实际上是在挑战"唯基因决定论"。其例证不仅仅是上面所谈到的反转录酶。例如，母腹中的胎儿从受精卵到发育成熟，都要在子宫中的胎盘组织内通过脐带从母体获得所需要的营养物质。营养情况不一样，将直接影响胎儿的生长状态。科学家研究发现，母亲对某些食物的偏爱，可以影响孩子对食物的喜爱；"胎教"会促进胎儿的智力发育；孕妇的心情，也会对胎儿产生影响……所有这些，都可以纳入"基因决定论"之中吗？事实上，许多因素都对生物（包括我们人）的身体性状、性格、智慧程度起着极大的影响作用，甚至是关键性的作用。这些作用，包括量子跃迁水平上的，也包括营养物质对 R 侧链的影响的化学水平上的，甚至包括更高级的来自精神层面的因素。例如，两个感情很好的人长期相处，不仅其行为举止会相互影响，而且来自精神上的相互"投射"也会使两个人长得越来越像。机械的基因决定论对此能解答吗？若基因真的决定了一切，那么在父母基因已确定不变的情况下，为什么所生的子女的基因却会存在差异？人们可以用男性精子中的 xy 染色体与女性卵子中的 yy 染色体在结合的"初始"时存在随机涨落来咨辩，但"随机涨落"造成初始时结合的差异的缘由又在哪里？男女双方的身体状况不一样，相互之间的情感及性的冲动不一样，甚至连性交的过程中的激情状态、方式及体位不一样，都可能对随机涨落时的"初条件"产生影响。所以，基因在遗传中的确在起作用、甚至是极大的作用，但是它却并不是作用的全部，其他的极为复杂的因素同样也在起作用，甚至是极为关键的作用。因而，我们似乎不应当将中心法则绝对化，尽管中心法则的内容是积极的——它表明，自然规律的意志不希望被长期精挑细选出来的优势基因轻易发生突变——即由 DNA 排序在高级生命中被重重保护下的稳定性，透射出了"自然的本意"：希望这种被"优选"后的基因，尽可能不因变异而丢失。所以我们从亲属的代代遗传中，可以发现他们的基因具有更多的相似性。

---

① ［美］G．H．弗里德、G．J．黑德莫诺斯著：《生物学》，田清涞等译，科学出版社 2002 年版，第 89 页。

(4) 对所谓"矛盾"的原因分析

那么，挑战"唯基因决定论"的那些"其他因素"主要又是什么呢？让我们来看一个例子。

一只鸟蛋只不过是一个受精卵。如果自然地处于较低的温度下，作为生命体的受精卵是不会发育成为小鸟的。亦即是说该生命体处于"蛰伏"的状态——深入到微观用QM的话讲，就是分子基本上处于基态。雌鸟孵蛋的过程给予蛋"温度"——从QM的层次讲，即是向生命物质输入以声子、光子为载体的能量子。这种低能（恰当温度）的能量子虽不能改变基因的排序，但却可以引起核酸和蛋白质内的分子的量子跃迁，即在不改变分子化学成分及DNA排序的前提下，引起生物大分子的"结构变形"。所以在孵化的初始阶段，这种以量子能量子为载体的信息是"向内"输入的，所产生的量子效应——"结构变形"，起着生命自复制启动"开关"的作用。由于处于高激发态的粒子又要通过自发辐射跃迁到基态，所以要使得上述的"结构变形"能持续地保留，从而使得生命体内各种强烈依赖这种"结构变形"的种种反应（包括蛋白酶的催化）持续进行，鸟就必须持续地孵化。中途停止，这个小生命就会死亡。可见，在从蛋到小鸟孵化出的整个过程之中，来自上述的量子效应所产生的"结构变化"而形成的"结构力"一直参与了作用。而在一对夫妻的生殖过程中，退到量子层次来看问题就可以发现，对他们的不同的子女而言，虽其父母各自的精子、卵子染色体中的DNA的排序是一样的，但我们上面所谈到的"初条件"的差异却使得其空间结构的形态并不完全相同。正是"空间结构形态"不一样，才使得染色体在结合初始产生了组合的差异——基因突变，所以同一对夫妻所生的兄弟姐妹的基因才会有差异。这种不能很好为我们认识和掌握的因素，被我们笼统地称之为"随机涨落"——但是，退到量子层次来看，却存在实实在在的微观基础。这种极重要的作用是不可以视而不见的。正是上述的论述，在一定的意义上和从某种程度上解答了人们的疑问："蛋白质中除一定的氨基酸顺序外，还必须有一定的空间结构才能体现生物功能。为什么会如此？"也就是说，进化选择的单位不单是基因的遗传密码的排序方式，还包括基因以及蛋白质的空间结构等复杂的因素——而恰恰是在突出这些因素的作用之后，从基因及生命物质的空间结构的讯息中才透视出了进化所选择的是个体，以及由个体所结成的"家庭"乃至群体和社会。因为事实是如此的明显：善于互助、分工、协调的细胞，组成了结构更加复杂、功能更加多样的生命体；而善于互助、分工、协调的健康有力而又足智多谋的生命体，不仅更易获得性的交配权，而且也有利于他（她）获得更好的条件来养育其后代。

(三) SSD 对自复制和遗传进行解释的更具体的讨论

1. 定性讨论

用微观理论进行更细致的描述，不仅对 SSD，而且对其他任何一种被人们"相信"的微观理论也同样是十分困难的。一个蛋白质的分子量就在 $10^4 \sim 10^7$ 左右，它显然是任何一种理论都无法去"精确"描述的。所以 SSD 用于遗传、自复制的较精确的描述，有赖于人们对该理论的理解与重塑，以及相应的计算机配套计算系统的具体化来实现，这些都是将来的具体工作，这里无法讨论。但 SSD 可以被成功地用来解释遗传和进化，在一定的意义上却是可以证实的：

第一，即使不去具体地求解 SSD 方程，仅从该方程所生成的"概念空间"（见表 11 – 2）来看，人们就不难发现，上面我们所讨论的一切，没有一个概念可以超越该概念空间，从而表明 SSD 对于生命的认识是完善的。

第二，SSD 已将生命科学中目前所使用的基本理论（如量子的、经典的分子运动论以及热力学理论）统一于其中，这就不仅吸收了它们的合理成果，而且可以追补它们的不完善性以深化我们对生命真谛的认识。

现在，让我们先来定性地说明一下上述两个问题。我们选取（11 – 73）式作为讨论的出发点，并把小的涨落也考虑进去，有

$$\frac{d\vec{p}_i}{dt} = -\nabla_i V + (E - \varepsilon)\nabla_i \ln \rho + \vec{F}_i^{(fl.)} = \vec{F}_i^{(e)} + \vec{F}_i^{(I)} +$$

$$(E - \varepsilon)\nabla_i \ln \rho(\vec{r}_1, \cdots, \vec{r}_n, t) + \vec{F}_i^{(fl.)} \quad (i = 1, \cdots, n) \qquad (11 – 93)$$

其中 $\vec{F}_i^{(e)}$ 和 $\vec{F}_i^{(I)}$ 为系统内第 i 个子系统所受的外力和内力。

在其他条件均不变的情况下，作为"结构函数"的 $\rho(\vec{r}_1, \cdots, \vec{r}_n, t)$ 中是包含着遗传密码排序方式所显含的基因的结构的。故基因不一样，则 ρ 就不一样，引起的 $\vec{p}_i$ 的运动（可由它来描述化学反应、细胞生成等的结果）就是不一样的。所以"基因必起作用"是对的。但是，在内力相同、基因一样的情况下，外面输入"热量"的信息，虽基因排序仍然不变，但量子跃迁所引起的 ρ——结构的时空分布却是不一样的，相应地（11 – 93）式中第 3 项的结构力就不一样，于是作为"果"的运动 $\vec{p}_i$ 也就不一样。这不正是前面分析指出的量子层次的"结构"的效应吗？在这里，甚至所谓的种种"涨落"的物质性基础，$\vec{F}_i^{(fl.)}$ 也给予了解答。如此等等。而上述种种来自 SSD 所提供的极为明确的认识，显然是目前的分子运动论和热力学理论根本无法提供的。即使谈到统一性，除 SSD 外的各种理论描述［例如经典分子运动论的（11 – 23）式和（11 – 25）式］，也不

过是 SSD 的一种简化情况下的理解。

2. 较详细的讨论

为了加深理解，下面我们再以一种简单的方式来做较详细的讨论。图 11 – 19 抽象地给出了由 A、B、C 三分子组成的一个系统（图中越靠内的 ρ 的等高线表示 ρ 越大）。在 ρ 的极值处，A、B、C 处于平衡位置。

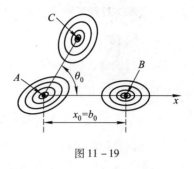

图 11 – 19

取 A 为原点，当 B 沿 AB 连线 x 轴方向发生小偏离运动时，可将方程在平衡点附近作展开。为方便起见，不妨以（11 – 93）式作为讨论的出发点。其中的结构力作展开后有

$$F_x^{(s)} = -(\varepsilon - E)\frac{\partial \ln \rho}{\partial x} = -(\varepsilon - E)\left(\frac{\partial \ln \rho}{\partial x}\right)_{x_0} - (\varepsilon - E)\left(\frac{\partial^2 \ln \rho}{\partial x^2}\right)_{x_0}(x - x_0) + \cdots$$

$$(11-94)$$

注意到平衡处 $(\partial \ln \rho / \partial x)_{x_0} = 0$，且因 ε 对 E 的偏离为一小量，平均起来可视此小量 $\Delta \varepsilon = \varepsilon - E \approx$ 常数，于是有

$$F_x^{(s)} \approx -\Delta \varepsilon \left(\frac{\partial^2 \ln \rho}{\partial x^2}\right)_{x_0}(x - x_0) \equiv -\frac{\partial}{\partial x}V^{(s)} \qquad (11-95)$$

若记

$$x_0 = b_0, \quad x = b, \quad \text{且令} \quad k_b \equiv \Delta \varepsilon \left(\frac{\partial^2 \ln \rho}{\partial x^2}\right)_{x_0} \qquad (11-96)$$

则得

$$V(s) \approx \frac{1}{2}k_b(b - b_0)^2 \qquad (11-97)$$

此即是（11 – 25）式中的第 2 项。令 θ_0 为平衡时的键角，同样在平衡键角附近对结构力作展开，很容易给出（11 – 25）式的第 2 项。图 11 – 19 为平面情况。拓展为 3 维立体情况，同样作展开处理，很容易给出其第 3、4 项（这些推导都很简单，故从略）。范氏力是静电力的剩余作用的经验模拟，它以及（11 – 25）式的最后一项，已包含于（11 – 93）式的 V 之中。而正因为经典的分子运动论不过是 SSD 方程在一定近似和简化情况下的一种模型理论，当然有其合理性，也可以用来计算出一些结果；但是"缘由"不清楚，近似和不足发生于何处都不十分清楚。有了 SSD 作为支撑，分子运动论将会获得大的发展。

由上面的论述就可以说 SSD 已获得了较广泛的实证成功，这一点也可以由前面一系

列 SSD 的数学物理方程在具体系统中的应用所充分证明。基于科学的统一性，这种证明已经是有足够说服力的了。但是，人们还会有疑问：毕竟 SSD 没有用来具体描述一个"活生生"的生命运动。

3. 一个具体的例子

事实上，无论是微观层次的自复制、细胞的分裂生长和器官的形成，以及生物大分子的"活"的运动，细胞的"活"的运动，精子游泳的"活"的运动，直到我们人的跑、跳等的运动行为，都是生物的"活生生"的运动。在 SSD 中均归结为用同样的方程组（11-36）来描述。所以，只要能运用 SSD 方程解释了其中的任何一个——例如人"荡秋千"的运动，就可以用同样的方式解释自复制和遗传。我们之所以这样做，主要是因为生物大分子的"元素"太多，目前不好计算，但描述人的运动，可以对方程作简化；而由它对活的生命运动的成功描述，也可以对 SSD 作出验证。

利用（10-112）式，我们有系统的质心运动方程

$$\frac{d\vec{p}}{dt} = -\nabla_{\vec{r}}V^{(e)} - \vec{p}\frac{d\ln\rho}{dt} + (T - V^{(e)})\nabla_{\vec{r}}\ln\rho + \frac{1}{\rho}\nabla_{\vec{r}}\left(\Psi^* i\hbar \frac{\partial\Psi}{\partial t}\right) + \vec{F}^{(fl.)}(n,\rho) \tag{11-98}$$

其中 $\vec{r}$ 为系统质心的空间位矢，$\vec{F}^{(e)} = -\nabla_{\vec{r}}V^{(e)}$ 是作用于体系上的外力和。

现假定系统的总波函数是近似可分离变量的

$$\Psi = \Psi_c(\vec{r},t)\Psi_I(\vec{R}) \tag{11-99}$$

代回（11-98）式得（10-122）式

$$\frac{d\vec{p}}{dt} = -\nabla_{\vec{r}}V^{(e)} - \vec{p}\left(\frac{d\ln\rho_c}{dt} + \sum_{i=1}^{n}\dot{\vec{R}}_i \cdot \nabla_{\vec{R}_i}\ln\rho_I(\vec{R})\right) + (T - V^{(e)})\nabla_{\vec{r}}\ln\rho_c +$$
$$(E_c + E_I)\nabla_{\vec{r}}\ln\rho_c + \vec{F}^{(fl.)}(n,\rho) \tag{11-100}$$

若质心运动波函数取平面波

$$\psi_c(\vec{r},t) = e^{-iE_c t/\hbar}e^{i\vec{p}\cdot\vec{r}/\hbar} \tag{11-101}$$

代回（11-100）式则得

$$\frac{d\vec{p}}{dt} = -\nabla_{\vec{r}}V^{(e)} - \vec{p}\left(\sum_{i=1}^{n}\dot{\vec{R}}_i \cdot \nabla_{\vec{R}_i}\ln\rho_I(\vec{R})\right) + \vec{F}^{(fl.)}(n,\rho) \tag{11-102}$$

涨落力在关键的地方起着关键性的作用，但在通常情况下却很小，可以略去。略去涨落力之后，上式可以写为

$$\frac{d\vec{p}}{dt} = -\nabla_{\vec{r}}V^{(e)} - \vec{p}\left(\sum_{i=1}^{n}\dot{\vec{R}}_i \cdot \nabla_{\vec{R}_i}\ln\rho_I(\vec{R})\right) \tag{11-103}$$

现将人体视为由几个大的子系统所组成的体系。其中 $\vec{R}_i$ 为第 i 个子系统质心对体系质心 C 的位矢（见图 10-2）。对（11-103）式求解，存在两种情况：

情况 1. 假若

$$\dot{\vec{R}}_i = 0 \quad (i = 1, \cdots, n) \tag{11-104}$$

即人的身体各部分均不动时，将（11-104）式代回（11-103）式，则得 CM 的牛顿方程

$$\frac{d\vec{p}}{dt} = -\nabla_{\vec{r}} V^{(e)} = \vec{F}^{(e)} \tag{11-105}$$

例如，我们站在地面上，身体各部分不动，则外力为重力 $m\vec{g}$ 和地面的约束反力（支撑力）$\vec{N}$，两者处于平衡状态

$$\frac{d\vec{p}}{dt} = \vec{F}^{(e)} = m\vec{g} + \vec{N} = 0 \tag{11-106}$$

则我们身体的质心将不会运动

$$\vec{p}(t) = \vec{p}(0) = 0 \tag{11-107}$$

例如我们荡秋千时，若站在踏板上，身体各部分保持不动，你将永远荡不高。

现我们来描述"荡秋千"这一运动（参见图 11-20）。人体质心在 C 点，质心位矢为 $\vec{r} = \overrightarrow{OC}$。当人站在踏板 B 上保持身体不动时，质心 C 的受力分析见图 11-20（b）。其运动方程为

$$\frac{d\vec{p}}{dt} = m\vec{g} + \vec{N} \tag{11-108}$$

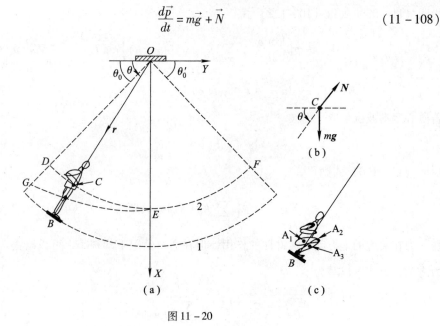

图 11-20

两边叉乘 $\vec{r}$ 后，再点乘 $\vec{e}_z$ 单位矢，有

$$\frac{d(rmv)}{dt} = mgr\cos\theta \qquad (11-109)$$

即得

$$\frac{dv}{dt} = -\frac{v}{r}\dot{r} + g\cos\theta \qquad (11-110)$$

其中 $v = r\dot{\theta}$ 为横向运动速度。人体站着不动，$\dot{r} = 0$，故方程为

$$\frac{dv}{dt} = g\cos\theta \qquad (11-111)$$

该方程对"死"的物以及"活"而"不动"的人的荡秋千过程的描述是一样的，我们不去具体地求解它（一般理论力学书上都有，故从略）。它的解的特点是，在 θ_0 角度自由释放后，荡过去的最大高度为 $\theta_0' = \theta_0$：永远荡不高。其质心的轨迹如曲线 DEF 所示。

情况 2. 假若

$$\dot{\vec{R}}_i \neq 0 \quad (i = 1, \cdots, n) \qquad (11-112)$$

这时方程为

$$\frac{d\vec{p}}{dt} = \vec{F}^{(e)} - \vec{p}\left(\sum_{i=1}^{n} \dot{\vec{R}}_i \cdot \nabla_{\vec{R}_i} \ln\rho_I(\vec{R})\right) \qquad (11-113)$$

例如，当我们站在磅秤上不动时，以竖直向上为 y 方向，利用（11-108）式则有

$$\frac{dp_y}{dt} = -mg + N = 0 \Rightarrow N = mg \qquad (11-114)$$

磅秤上的"读数" N 便是所称得的我们的重量。

但是，若我们站在磅秤上做竖直的上起下蹲的运动时，利用（11-113）式，则相应的方程为

$$\frac{dp_y}{dt} = -mg + N - p_y\left(\sum_{i=1}^{n} \dot{\vec{R}}_i \cdot \nabla_{\vec{R}_i} \ln\rho_I(\vec{R})\right) \qquad (11-115)$$

这时秤上的读数

$$N = mg + \dot{p}_y + p_y\left(\sum_{i=1}^{n} \dot{\vec{R}}_i \cdot \nabla_{\vec{R}_i} \ln\rho_I(\vec{R})\right) \qquad (11-116)$$

你就会发现秤上的"重量"不是（11-114）式所描述的情况（重量恒定不变），而是（11-116）式所描述的变动的情况。而且通过（11-116）式作测量，可以测出 $\nabla_{\vec{R}_i} \ln\rho_I(\vec{R})$ 的值。

又如我们跑步时，选竖直方向为 y，前进方向为 x，令 f 为摩擦力的反力。则"活"的跑动的人在两个方向上的分量方程为：

$$\frac{dp_x}{dt} = f - p_x \left(\sum_{i=1}^{n} \dot{\vec{R}}_i \cdot \nabla \vec{R}_i \ln \rho_I(\vec{R}) \right) \tag{11-117}$$

$$\frac{dp_y}{dt} = -mg + N - p_y \left(\sum_{i=1}^{n} \dot{\vec{R}}_i \cdot \nabla \vec{R}_i \ln \rho_I(\vec{R}) \right) \tag{11-118}$$

由上述方程组即可对人的"百米赛"的运动过程的详细情况做出描述。这时你才会发现，这是一项"精神"状态下的很"技术性"的运动。对它我们不做具体的求解，而仅以下面的"活"人用"活的方式"荡秋千为例进行求解就可以了，因为求解的过程大体上是一样的。

现考虑（11-113）式中的第2项的修正。修正后的（11-110）式为：

$$\frac{d\nu}{dt} = g\cos\theta - v \left(\frac{\dot{r}}{r} + \sum_{i=1}^{n} \dot{\vec{R}}_i \cdot \nabla \vec{R}_i \ln \rho_I(\vec{R}) \right) \tag{11-119}$$

现将人体分解为如图11-20（c）所示的几大部分。由于在荡秋千时手、肩运动的部分大致上相互抵消，可以不考虑；身躯部分的贡献较小，也可以略去；故只考虑大腿和小腿部分的贡献。A_2、A_3分别为大、小腿的质心，故$\overrightarrow{OA_2} = \vec{R}_2$，$\overrightarrow{OA_3} = \vec{R}_3$。

对于小腿部分，有

$$\vec{r}_3 = \vec{r} + \vec{R}_3 \tag{11-120}$$

仅考虑径向部分，则有

$$r_3 = r + R_3 \tag{11-121}$$

由于r_3近似为常数，故有

$$\dot{R}_3 = \dot{r}_3 - \dot{r} \approx -\dot{r} \tag{11-122}$$

大腿部分的处理类似，有

$$\dot{R}_2 = \dot{r}_2 - \dot{r} \tag{11-123}$$

（11-119）式中的最后一项只考虑对质心的径向运动部分而略去小的横向部分，则有

$$\sum_{i=2}^{3} \dot{\vec{R}}_i \cdot \nabla_{\vec{R}_i} \ln \rho_I(\vec{R}) = \dot{R}_2 \frac{\partial}{\partial R_2} \ln \rho_I(R) + \dot{R}_3 \frac{\partial}{\partial R_3} \ln \rho_I(R)$$

$$= \dot{r} \left[\left(\frac{\dot{r}_2}{\dot{r}} - 1 \right) \frac{\partial}{\partial R_2} \ln \rho_I(R) - \frac{\partial}{\partial R_3} \ln \rho_I(R) \right] \tag{11-124}$$

将（11-124）式代回（11-119）式，得

$$\frac{d\nu}{dt} = g\cos\theta - v\dot{r} \left[\frac{1}{r} + \left(\frac{\dot{r}_2}{\dot{r}} - 1 \right) \frac{\partial}{\partial R_2} \ln \rho_I(R) - \frac{\partial}{\partial R_3} \ln \rho_I(R) \right] \tag{11-125}$$

有了上述方程，我们现在就可以来描述荡秋千的过程了。我们采取如下所述的方式

来荡秋千：初始时在最高处自由释放，人处于下蹲的状态，质心处于图 11 - 20 中 G 的位置；荡到最低处时，人的质心处于站立时的位置 E。即在图 11 - 20 所示的从 $\theta = \theta_0$ 到 $\theta = \pi/2$ 的这段运动中，质心的曲线如 GE 所示；在此区间，质心的径向速度 $\dot{r} < 0$，而 $\dot{r}_2 > 0$，故 $\dot{r}_2/\dot{r} = -|\dot{r}_2/\dot{r}|$。在从 G 到 E 的过程中，于 G 处我们处于"张紧"的蹬秋千的下蹲状态，到 E 时为处于"松弛"的站立状态。与之相应地 $\rho_I (R)$ 则对应为肌肉的分布状态。从"张紧"向"松弛"变化时，$\partial \ln \rho_I (R)/\partial R_i < 0$（$i = 2, 3$）。利用上述关系，在 GE 段则有

$$\frac{d\nu}{dt} = g\cos\theta + \nu |\dot{r}| \left[\frac{1}{r} + \left(1 + \left| \frac{\dot{r}_2}{\dot{r}} \right| \right) \left| \frac{\partial}{\partial R_2} \ln \rho_I (R) \right| + \left| \frac{\partial}{\partial R_3} \ln \rho_I (R) \right| \right]$$

$$= g\cos\theta + F_\tau^{(s)} \tag{11-126}$$

与（11 - 111）式相比较，在 GE 段由于"活"的人采取了意志控制下的一种正确的蹬秋千的方式而产生了一个附加的正的切向力

$$F_\tau^{(s)} = \nu |\dot{r}| \left[\frac{1}{r} + \left(1 + \left| \frac{\dot{r}_2}{\dot{r}} \right| \right) \left| \frac{\partial}{\partial R_2} \ln \rho_I (R) \right| + \left| \frac{\partial}{\partial R_3} \ln \rho_I (R) \right| \right] > 0 \tag{11-127}$$

从而获得了较（11 - 111）式更大的切向加速度，故而秋千荡到最低处时速度更大；在 EF 段人站立不动，与（11 - 111）式描述的情况一样，但是荡到最高处时 $\theta_0' < \theta_0$，从而荡高了。在最高处，切向速度为零，再突然蹲下，继而重复上述的蹬秋千的过程，荡向另一边时，又荡高了一些。如此反复进行，秋千就会越荡越高。

上面我们以荡秋千为例，采取简化的办法，描述了秋千怎样才能荡得高这样一种在人的意识控制下的技巧运动过程，对此给予了正确的解答。虽然许多人都会荡秋千，但为什么会荡高，采取什么样的技巧才能荡得更好？这是迄今为止任何一种基本理论都无法回答的。既然 SSD 方程可以用来描述如荡秋千、跑、跳等运动技巧的问题，故而在事实上，（11 - 113）式就可以被视为按前面近似处理下的一个描述体育运动技巧的基本力学方程。亦即是说，作为本节讨论的一个"附带产品"，我们已经为"运动技巧力学"建立起了基本的理论，为从事体育运动的专业提供了如何进行"科学训练"的理论依据。当然，若不采用我们前面的近似方式，也可以用修改后的（11 - 113）式去作更细致的讨论——这是专业人员关心的问题，我们不再述论。

三、精神和意识的物质性

上面我们已经提到了"精神"、"意识"，然而精神、意识又为何物呢？下面我们来探寻科学中这一最为深奥的问题。

（一）认识精神和意识物质性问题的极端重要性

事实上，在科学探索中最容易提出的问题才是最难回答的问题。例如，"什么是物质？"这个最容易提出的问题就是一个很难回答的问题，也是科学的中心问题。从远古圣哲的思考到今天的科学研究，甚至在有些人已经声称到了所谓"科学终结"的时候，我们对物质及其内涵都还没有给出一个可以被广泛认同的科学定义。至于对物质运动规律的认识，虽然我们已经建立起了一个庞大的科学体系，取得了众多令人瞩目的成果，但是所有的理论却又都面临一系列根基性的困难，表明建于物质概念之上的理论危机的根源恰恰是物质概念的模糊不清和残缺。又如，"什么是精神？"同样也是一个很难回答的问题。具有精神现象的活生生的人，是"精神"的最直接的体验者——因为"精神"无时无刻如影随形般地伴随着我们：如果没有了精神，就不会有道德与规范，人就会堕为一具无灵魂的躯壳，或一堆行尸走肉；没有精神指导下的有意识的活动，人就不会具有明确的目的性行为，当然也就无生产与实践，从而更谈不上所谓社会的形成以及科学的产生。然而，当人的精神和意识的根基及其规律尚不清楚的时候，由人的智能"养活"的社会，其规律又何以把握？精神，这个我们最熟悉的东西恰恰又是让我们最感陌生的东西，它亦真亦幻般地神奇，让人类思考了数千年，迄今尚因不知谜底何在而陷于深深的苦恼之中。

物质和精神这两个最普通、最常用的概念和最容易提出的问题，是真真切切的"存在"，它触摸到了宇宙的神经与心脏。所以我们对它的探求，就深深触及了哲学本体论的核心。因而，深化对"物质"与"精神"的认识，探求物质与精神两者的统一，就必定会成为科学的一个更高的追求目标，并由此必带来物质观和认识论的大变革。

20世纪以来，量子论的产生，为我们认识生命提供了微观探针；分子生物学的崛起，使作为生命最主要特征的精神成为了科学研究的中心课题。进而，使以传统的"死的物质"为研究对象的物理学与以"活的生命"为研究对象的生命科学在"精神"这个概念上发生了不可避免的交汇——一次预料之中的大碰撞。这次大碰撞必将成为人类物质观、认识论变革的引爆点。

然而，与东方的"心物一体"不一样的是，物质与精神相分离的"二元论"是西方认识论中的一个痼疾性的毛病。以机械决定论的牛顿力学为标志的西方"现代科学"产生之后，物质与精神则被进一步撕裂："物质"成为了自然科学的研究对象；而"精神"则留给了宗教，攥在上帝的手中。

时至今日，探讨精神的物质性和精神与物质相统一的问题，具有越来越重要的意义。

然而，认识精神现象实在是太复杂和太困难了，以至于尼采称精神是"长角带刺"的问题。篇幅所限，下面就让我们以快速而简要的方式去翻阅精神自己所叙述的故事吧。

（二）精神物质性的实验证据

精神现象很复杂，涉及的因素很多。但从某种角度讲，精神现象的表现之一便是我们脑思维指导下的有目的的运动。因此，如果精神现象的确具有物质基础的话，那么具有思维（记忆）能力的脑物质与目的性运动二者之间的关联性，就一定会获得实验的实证。

英国汉普顿工学院史利弗教授的实验具有较强的说服力。他成功地将一只蜜蜂的脑组织植入另一只蜜蜂的脑子中，因思维的交叉而使得后者的运动变得混乱不堪。注入虫卵，长成成虫带往田野，它在 20 个蜂巢中选择提供脑组织的蜜蜂的蜂巢，毫不犹豫地飞了进去。由此可见，作为精神现象的思维、意识和记忆，是以实实在在的物质存在被转移了过去的。类似的白鼠实验也获得了成功。1968 年，G. 翁盖尔在《自然》上发表的文章宣称，可以用人工注射的方法，将一个动物脑内的记忆信息直接转移到另一个动物的脑中。因而，可以说精神的物质性有着众多扎实的实验依据。

也正因为精神存在实实在在的物质性基础，所以才使得我们从实验和理论上去研究精神现象特别是脑的思维活动和功能等成为可能。对于重约 1 350 克、大约由 10^{11}（千亿）量级神经元细胞所组成的人的大脑而言，其神经元之间的空间关系如何，相互之间是如何连接的，那些精确的线路是如何配置起来的，人和动物是如何感知周围世界的，脑是如何贮存、加工和利用信息的，脑是如何计划并采取对外界的行动的，人是怎样学习过去的经验并改变自己的行为的，人是如何思维、判断和决策的，如此等等，人们都还远远没有弄清楚。但是，人们却已经通过感受体生物物理、神经递质及受体、神经通路以及行为神经学等多方面的研究，获取了一系列重要的第一手资料，取得了可喜的成果。

在对精神现象的众多研究中，1981 年诺贝尔生理及医学奖得主斯佩里（R. W. Sperry）等人的工作十分值得一提。他们的研究表明：那些大规模的脑兴奋的所有组织化的力量和动力学性质构成精神和心灵现象。他们的出色工作有两点特别引人注目：

第一，研究表明，整个精神活动的动力学行为是因果性的。"因果力量里面有因果力量，一环套一环"，它"不与较低实体的物理化学规律相抵触"，"并且受整个分子的较大空间形状力量的控制"。这事实上是揭示了精神的物质性，动力学的因果性和统一性，层次上的嵌套性，精神力量与形状力量（即结构力）的相关性。

第二，他们通过随意运动的研究，发现精神具有意向性；它高度选择和识别性地作用于 SMA（补立性神经区域），而 SMA 位于人的右半脑。"在运动意向中 SMA 的神经首先激发"，"形成特化的运动程式"，"再通过脑向其他地方扩展"，驱动"皮层放电沿脊髓下行而发生随意运动"。这实际上揭示了精神活动和"精神力量"通过"选择"表达的"目的性"。另外，如熟知的，左半脑具有语言、分析、逻辑判断等功能，而右脑——如长期认为的——缺乏语言"自我"感觉等。那么显然，在进化过程中，右和左两半脑主要"分工"承担弗洛伊德在《图腾与禁忌》中称之为"潜意识"和"显意识"的功能，而前者与"本能"联系，后者则更多地嵌进对文化的"记忆"。由此揭示出潜意识对于显意识、本能对于文化的因果性支配关系——虽然显意识可以强行控制以迫使随意运动中断而打破这种因果关系，从而显示出"克制"和"意志"的力量。

他们根据上述的实验结果指出："这表明物理学不再把世界理解为可以还原为量子力学，或者可以还原为任何基本粒子和场。各种不同层次的全部性质按其形式在因果上是实在的，因而必须包括在因果的解释中。按照这些条件，量子理论不再是取代或包摄、而是补充和完善经典力学。"[1]

斯佩里等人关于裂脑人和精神现象的实验研究的重要性不仅在于实实在在地证实了精神的物质性，更在于他们能将科学的变革与统一性结合起来。他们与贝塔朗菲一样，已经抓住了点燃科学大变革的"引信"——结构，只不过还不知道如何去点燃这只"引信"，因为这是物理学家而不是生命科学家的责任。

（三）信息、信息的动力学机制及对精神现象的认识

无论是自然选择、环境影响还是 DNA 的自复制，都涉及信息的问题。试想一下，如果不能感知和适应环境的变化，即不能去接收、处理、存储和利用信息，生物又怎么可能"趋利避害"、"适者生存"，以至于"进化"而形成不同生存环境中千差万别的物种呢？所以，给出信息的定义并使信息的动力学机制进入物理学的基本理论之中，是物理学揭示 DNA 自复制、生命以及进化和生命所特有的精神现象奥秘的关键之所在。

申农 1948 年在奈奎斯特（Nyquisct）和哈特利（Hartley）工作的基础上，只考虑语法信息中的概率信息，给出了著名的"信息熵"的定义，它是对离散无记忆信息源的不定性的量度。申农的工作一发表，人们立即意识到它在生命科学中的潜在价值。而物理学家布里渊关于热力学玻耳兹曼概率熵与申农的信息熵等价的论证，更是预示了物理学通过理论变革可以解释生命的可能性——这种"可能性"即是将 QM 与 CM 结合以使得

---

[1] R. 斯佩里、J. 艾克尔斯著：《精神对脑的至上性：精神主义革命——诺贝尔奖获得者 R. 斯佩里和 J. 艾克尔斯关于脑—精神关系的谈话》，张友跃译，转引自《自然科学哲学问题》，1989 年第 3 期，第 49 页。

牛顿力学获得新形式下的新生与发展；而这正是前面提到的斯佩里和艾克尔斯从生命科学研究中所得出的结论："量子理论不再是取代或包摄、而是补充和完善经典力学。"

当然，信息的内容远较申农的定义丰富。目前对信息的定义多达数十种，迄今不能统一，就充分说明对信息的认识需要深化。从物理学的角度看，可能至少涉及三个问题：从质的方面提问，归结为回答"什么是信息"，核心是它是不是物质性的量；从量的方面提问，归结为回答"怎样度量信息"；从功能方面提问，归结为回答"信息的动力学机制是什么"，并由此揭示出所谓"精神"的实质。

1. 信息及其物质性

现在，让我们先来看一看信息的物质性。关于信息是不是物质的问题，迄今仍是一个在科学界、包括哲学界争论不休而又得不到解决的涉及认识论基础的重大问题。例如，苏联学者 A. 别尔格在其名著《信息场》中认为信息是物质；维纳认为信息就是信息，既不是物质，也不是能量；东欧的一些学者则认为信息既不是物质，也不是精神，而是第三种范畴；我国哲学界的邬焜又提出信息的"中介论"的观点。如此等等，不一而足。

这正如王雨田所感慨的那样："严格地说，究竟什么是信息？信息到底起什么作用？如何起作用？至今在科学上还是不很明确的。其次，要弄清信息的定义，并把它作为一个哲学范畴来对待，那就更难，有待探讨。"并在文中指出："从属性论的观点出发，又考虑到系统分析中要研究物质、能量与信息三要素，这就很自然地会形成三元论的新的世界图景"。[1]

上述的"要素观"将世界看成由物质、能量与信息组成，但因其未再上升和溯源而似乎与"物质的一元论"观念相违背。和贝塔朗菲一样，他们在认识论上的明显失误就在于面对复杂系统和生命系统时，缺乏深刻的本体论思考，企图用"要素"、"组元"等更为复杂的所谓"复合性概念"来研究系统——它虽有意义和实际价值，但却未溯到"源头"上去寻找其本源性与简单性。因而虽然已经看到了"结构"这一概念所带来的物质观、认识论的重大变革性意义，但却又把握不住这一重大历史性变革的机遇而与之失之交臂。

事实上，一个正确思想的形成，往往并不在于谁特别"高明"，而恰恰在于其"不高明"——不认为自己有什么突发奇想的新奇概念，而在于如何认识和吸收已有的一切

---

① 王雨田：《关于系统科学哲学探讨的回顾与问题》，《系统辩证学学报》1994 年第 1 期，第 1～10 页。

合理成果。因为存在一个明确无误的事实：从古到今，世界上的一切还没有什么是未被人们思考过的。

例如，从某种意义上讲，所谓"结构"又可以称为"形式"。而对于形式，在亚里士多德的著名的物质"四因说"中早就有过深入的思考。他认为四因中的"质料因"（即特征属性）和"形式因"（即结构属性）是最为本质的；"形式因"就是事物的结构形式，它可以囊括"动力因"和"目的因"；而物质实体就是"质料因"与"形式因"的统一。将人们的各种思想，特别是系统论的变革性的思想结合起来思考，于是我们提出："应当把系统科学所揭示出的'结构'这一属性包含进'物质'的概念范畴中去。如果是这样，现行的物质概念就可以扩充为：结构是物质存在的方式，它和物质的固有特征量（质量、电荷）以及时空性质密不可分地联系在一起；没有脱离物质、离开时空而单独存在的结构；同样也没有脱离时空而又不表现为一定结构形式的物质；结构和时空一样，都是物质的固有基本属性；亦即物质是由它的特征属性、时空属性、结构属性这三者来表征的；三者不可分割的有机统一体才构成所谓的'物质'。"亦即是说，物质概念应由图 11 – 21 来表示。所以说，"系统科学革命的实质是奠定了物质观变革的基础"，从而于哲学的层面上升了对系统科学革命性意义的认识。[①]

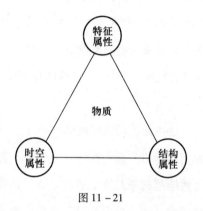

图 11 – 21

如此一来，将上面所讲的"三要素"再分析一下就可以看出，对所谓的"物质"，以前人们所认识到的不过是以质量、电荷来表征的"特征属性"；而所谓的"能量"，例如一个物体的动能

$$T = mv^2/2 = m\,(d\vec{r}/dt)^2/2 \qquad (11 – 128)$$

则是由"特征属性"（质量 m）和"时空属性"（速度 $\vec{v} = d\vec{r}/dt$）组成的一个有机整体。

现在让我们再回到关于信息的问题上来。对所谓的"信息"，目前人们已经从不同的角度认识到了它与"结构"的关联。我们认为，因为有差异才有信息，从结构是物质的存在方式看，事物之间的差异表现在存在方式上就是结构的差异；从演化的角度讲，物质在结构的变迁中实现并表征着自己的时空运动，这种运动与结构的关联凝结着信息。生命物质系统在它的内部结构的"痕迹"中凝结了关于自身演化多重历史的信息；也就

---

① 贺恒信、曹文强：《系统科学革命：物质观变革的基础》，《系统辩证学学报》1995 年第 3 期，第 78 页。

是说，生命物质系统在自身的生物性结构中贮存、凝结了关于自身在其宇宙复杂关联下建于结构时空流形上的进化的历史。遗传信息即是对生物进化历史的"记忆"，由与遗传信息相关的动力学机制通过自身复制功能来再现生物进化的历史。

那么"结构"的物质性载体是什么呢？

上面我们所谈到的"时空"——"时间"与"空间"，其中的"空间"是指物质粒子的"占有空间"——它是离不开物质性载体的；而"时间"，同样也离不开物质性载体，并以物质性载体的演化来表征。那么，"结构"能没有物质性载体吗？当然会有，这个载体便是我们已经揭示出的、以"老祖宗"深刻思考过的"元"来命名的"元子"这种物质粒子。但由于元子抓不住，看不见，而只能以其效应来反映其存在——这就是所谓"结构力"的动力学效应。也就是说，因为信息是用"结构"来表征的，而结构的物质载体是看不见、摸不着的"元子"，所以当我们观察实物粒子时，就只能用力的方式将信息"折射"出来。同时，信息的传输离不开能量，所以反映到方程之中〔如(11-36)式〕，与"结构力" $d\ln\rho$ 相关的项目就均是与"能量"以"积"的方式存在的。

通过上面的讨论，关于信息的物质性的问题大致就说清楚了。

2. 信息的定义与度量

众所周知，申农是基于传统的排列组合或统计意义来定义和度量信息的。这种方法有一定的意义和价值。但是否是深刻的呢？让我们来看一个例子。

蛋白质是生命体的基础性物质，是由氨基酸组成的链。假若蛋白质是由 100 个氨基酸分子组成的（实际上往往要大得多得多），而组成生命体的基础性氨基酸为 20 种。这样，形成按某一次序排列成的蛋白质，就需要排列 20^{100} 次（约 10^{130} 次）。若认为蛋白质是由这 20 种氨基酸碰撞所偶然产生的，就需要碰撞 10^{130} 次。假若这种偶然性的机遇每秒发生 1 亿次（即 10^{-8} 秒发生一次），那么出现一次所设想的组合也要 10^{123} 秒。而地球的年龄才 10^{17} 秒。显然用传统的所谓随机性统计理论是不能解释生命的。亦即是说，不可能用热力学熵或申农的信息熵之类的概念来表征所谓生命中的"序"的概念。

又如，1962 年 H. 勃瑞姆曼在《通过进化与重组达到优化》中提出所谓"勃瑞姆曼极限"的问题。由

$$\Delta E \cdot \Delta t \geqslant h \qquad (11-129)$$

若提供能量总数为 $E = mc^2$，而处理信息为 N 位，$\Delta E = E/N$，得

$$N \leqslant (mc^2 \cdot \Delta t)/h \Rightarrow N \leqslant 1.36 \times 10^{47} \quad (\text{取 } \Delta t = 1, m = 1\ g) \qquad (11-130)$$

他设想一台地球般大的计算机（$m_{earth} = 6 \times 10^{27} g$），从地球诞生计算到现在（地球年龄为 10^{10} 年 ~ $3.14 \times 10^{17} s$），则这台可想象的计算机所完成的总计算量为

$$2.56 \times 10^{92} \text{位} \sim 10^{93} \text{位} \qquad (11 - 131)$$

但生物视网膜的神经末梢几乎可连续地区分颜色和亮度，大大简化情况下计算的信息量将达

$$2^{1\ 000\ 000} \approx 10^{300\ 000} \qquad (11 - 132)$$

勃瑞姆曼极限对它来说简直就是零。

可见，对生命而言，无论是感觉系统、神经系统还是脱氧核糖核酸（DNA）的自复制，都不是申农的信息熵可以刻画的，而有着远较"比特"数更丰富的内容。生物体几乎是连续地而不是一位一位地进行信息的解码、传递、存贮与加工的，它有着特殊的途径。如果我们不认识到这一点，就会走向机械的、单向的思维之中。由上述讨论可见，基于传统的排列组合或统计意义上的概率概念来构成所谓的"信息"之类的概念，显得是太简单了。

那么，应当如何定义和度量信息呢？

信息背后是结构，而结构是近于连续的一种时空分布。所以说，在生物学意义上来定义信息时，要用建于时空中的"信息场"的概念。即既要吸收申农、布里渊他们的工作与思想，又必须突破其不必要的束缚。我们不妨用 H_I 来标记信息，并抽象出一个"结构函数" $g(\vec{r}, t)$ 来定义信息，暂时将其表述为

$$H_I = f_1\left[g(\vec{r}, t) \right] \qquad (11 - 133)$$

但上述的结构函数又是什么？其表述又应如何具体化呢？

由于一切生命、非生命的物质系统，均展开于量子层面。故 $g(\vec{r}, t)$ 应在该层面上找到实实在在的基础。正因为上述原因，所以斯佩里等人在生命的精神活动中就会观察到"形状力量"（即我们所说的"结构力量"）的控制；维纳则认识到："消息本身就是一种模式和组织的形式"，"量子理论给出了信息和能量的新联系"。而上述论述，正是涵盖在表 11 - 2 中的"概念空间"中的（g）和（h）。于是抽象的 $g(\vec{r}, t)$ 就可以被具体化为

$$g(\vec{r}, t) = f_2(\rho) \qquad (11 - 134)$$

将（11 - 134）式代回（11 - 133）式有

$$H_I = f_1\left[f_2(\rho) \right] = f_3(\rho(\vec{r}, t)) \qquad (11 - 135)$$

其中 $\rho = \psi^* \psi$ 为薛定锷场密度。

哈肯曾表示，"信息可以发生在不同的层次上，可以有完全不同的方式加以解释"。因此，可以定义"特殊信息"

$$H_I^\beta = f^\beta(\rho) \equiv \beta \ln \Omega, \ (\Omega \equiv 1/\rho) \qquad (11-136)$$

其中 β 可以是一个系数、函数，或者更一般地讲是一个操作算符，以借此反映哈肯的观点，并提取

$$H_I \equiv \ln \Omega = -\ln \rho = \beta^{-1} H_I^\beta \qquad (11-137)$$

为"广义信息"（简称为"信息"），以表征对信息不同认识中的"共性"和信息之"源"。作概率解释，它正好和申农信息熵平行一致。设有 N_i 个粒子处于 ψ_i 态，则有

$$-N_i \ln \rho_i = N_i H_I(i) \qquad (11-138)$$

设系统粒子总数为 N，则处于 ψ_i 态的概率为 $p_i = N_i/N$。由上式则有

$$\sum_{\{i\}} (N_i/N) H_I(i) = -\sum_{\{i\}} p_i \ln \rho_i \qquad (11-139)$$

由 SSD 方程（11-36）可见，ρ 在方程中是以下式的形式出现的

$$d\ln \rho = \frac{d\rho}{\rho} \qquad (11-140)$$

如前面曾分析指出的，ρ 可以获得任意的量纲，故而 $\rho(\vec{r}, t)$ 也就可以作概率的解释。但是，它是时空上的分布函数而不单单是一个数，而恰恰因为它表征的是时空上强度的分布，在生物学的意义上，才会嵌于生物活的组织之上，才会有"记忆"。所以广义信息所定义的是一种信息场的概念。但当对全空间作积分之后，则 $\ln \rho_i \rightarrow \ln p_i$，于是（11-139）式与申农的定义是一致的。由此可见，申农的信息熵是（11-137）式所定义的广义信息在特殊情况下的一种理解，也就是将所定义的"操作算子"

$$\beta \equiv \int d^3\vec{r} \sum_{\{i\}} \frac{N_i}{N} \qquad (11-141)$$

作用于（11-136）式的一种结果。

3. 信息的动力学机制及其与精神现象的关联

（1）SSD 使信息的动力学机制进入了物理学的基本方程之中

一个极显然的事实是，任何意义下的所谓信息都离不开微观基础。没有微观系统及相应效应的存在，哪来的其他意义的关于信息的认识和定义呢？既然上面定义广义信息的（11-137）式具有基础性的意义，就为我们认识用其他方式定义的信息提供了微观基础。

于是我们看到，"信息"通过如下的关系

$$d\ln\rho = -dH_I \tag{11-142}$$

实实在在地进入了 SSD 方程（11-36）之中，并进而可以把（11-36）形式地写为

$$\frac{d\vec{p_i}}{dt} = m_i\frac{d^2\vec{r_i}}{dt^2} = \vec{F}_i + \vec{F}_i^{(s)}\left[\vec{p}_i, \sum_i\frac{1}{2\mu_i}\vec{p}_i{}^2, dH_I(\vec{r}_1,\cdots,\vec{r}_i,\cdots,\vec{r}_n,t)\right] + \vec{F}_i^{(fl.)}$$

$$\tag{11-143}$$

其中的 $\vec{F}_i$ 包括外力 $\vec{F}_i^{(e)}$ 及内力 $\vec{F}_i^{(I)}$ 两部分

$$\vec{F}_i = \vec{F}_i^{(e)} + \vec{F}_i^{(I)} \tag{11-144}$$

由方程（11-143）可见，信息 H_I 的动力学效应就清楚地展现了出来。

（2）SSD 对精神现象的初步解释

当信息的动力学机制实实在在地进入了 SSD 的方程以后，或许我们就可以来窥探一下"长角带刺"的精神现象了。但由于精神现象实在是太过丰富与复杂了，以至于对它下一个准确的定义都很难，所以我们只能按自己的理解简要地进行论述。而若从"精神现象表现为一种经思考后的有目的的行为现象"这一角度来看，则涉及如下几个主要问题：

人和动物是如何感知周围世界（即接收外界信息）的；

人和动物是如何加工和贮存信息的；

人和动物是如何利用信息作出思维、判断和决策从而采取目的性行为的。

SSD 对上述问题的回答，是用方程来说话的。故而当我们用方程去回答上述问题并判断其是否真的得到了回答时，其标准显然应是：方程中是否有相应的项目对应着问题中的概念；方程通过运行能否解答所提出的问题——由于微观过程十分复杂而具体，可以暂不要求得出严格的定量结果，但至少应提供可理解的定性解答（篇幅所限，只能作简要回答）。

① 信息的接收

一切外在的信息，无论是声、光还是电、热等等信息的输入，反映到方程之中，最后均表现为系统所受的外力。这即是（11-143）式中的 $\vec{F}_i^{(e)}$。可见方程中存在对应项。

在该力作用下，系统内的粒子将发生运动，但这种运动不同于牛顿的机械运动

$$\frac{d\vec{p_i}}{dt} = \vec{F}_i^{(e)} \tag{11-145}$$

因为上式给出的是一种纯经典的机械运动：只要受到外力的作用，粒子就必有完全确定论性的相应运动。即系统的运动是完全受控于外界的，是随外界而起舞的。但 SSD 的运

动却不一样，系统内的粒子在外界刺激（即 $\vec{F}_i^{(e)}$）的作用下，其反应是有选择的，因为它还将受结构的力——即内在地为信息所掌控，也就是受精神掌控着的力的作用，而此力是与微观系统的结构相关联的。

从量子层次来看问题时，由于 SSD 包含了 QM，故其内在机制就要受控于 QM 的机制。如我们所知，量子跃迁现象只发生在与量子系统相匹配的相应的能级内，并受选择定则的控制。所以生物仅对某些特定的刺激作出反应——接收其信号。例如，人仅对特定的光波段、声波段有反应，而对超声波段就无反应；但蝙蝠由于其自身的不同结构，却是通过"超声波"信号来感知外界世界的。

正因为各种生命体对外界的感觉不一样，所以在它们的"感觉"里世界是不一样的：在盲人的眼里世界是漆黑的，在色盲的蝴蝶眼里世界是单色的，在正常人眼里世界是五彩缤纷的。然而，上述的不一样，却并不构成 SQM 的认识论基础。因为不同的生命只是因其自身感觉的不同才形成了一种"主观的世界"，而"客观的世界"却是唯一的而且不依赖于人、蝴蝶、蝙蝠或任何动物自身的"主观意识"的。因而，要摈弃一切物种的主观性，就不能将思维的参考基础建立在任何实物之上，而要将任何与实物相关的"主观思维"完全抹去——这个抹去了任何实物及它的"思维"（即结构）后的参考背景，就必是一个空洞无物的、无任何结构（即无任何差异）的空而静的完全平坦的"绝对真空间"——它才是唯一客观的参考背景。以它为背景才能显露一切物质的实在包括其相应的规律。反过来，建立在绝对静系之上的正确的自然规律方程又可以去解释为什么会有那些"主观世界"（从更一般的意义上讲，它事实上叫做实验观测）的存在，也才能够谈得上"主观的世界"对"客观世界"的认识是否对的问题。

这样，我们就引出了一个最根本性的结论：人生若有意义，人若有某种权利和义务，则这种意义、权利和义务就应嵌于自然规律的必然之中，而不来自任何人为的主观赋予；人类自身命运及自身解放的真正钥匙在于对自然规律的正确认识、遵从与合理的应用。这才是我们应确立的唯一信念。

当外界的信息（即外力）输入后就会做功，反映到方程中，就可以抽象地表达为

$$\int d\varepsilon_i = \int \vec{F}_i^{(e)} \cdot d\vec{r}_i + \int \vec{F}_i^{(s)} \cdot d\vec{r}_i + \int \vec{F}_i^{(fl.)} \cdot d\vec{r}_i \tag{11-146}$$

设粒子是从 l 态跃迁到 m 态的，则有

$$\Delta\varepsilon^{(i)}{}_{l\to m} = \varepsilon_i^{(l)} - \varepsilon_i^{(m)} = \int_{\vec{r}_i^{(m)}}^{\vec{r}_i^{(l)}} \vec{F}_i^{(e)} \cdot d\vec{r}_i + \int_{\vec{r}_i^{(m)}}^{\vec{r}_i^{(l)}} \vec{F}_i^{(s)} \cdot d\vec{r}_i + \int_{\vec{r}_i^{(m)}}^{\vec{r}_i^{(l)}} \vec{F}_i^{(fl.)} \cdot d\vec{r}_i \quad (i = 1, \cdots, n)$$

$$\tag{11-147}$$

即外界信息通过上式，转换成了生物体接受信号的组元（设其组元内的元素数为 n）的能量改变——在这样的意义上，我们说生命体通过"感觉器官"接收到了外界的信息。

上述方程的运算结果，本身又代表了一种通过力学机制所形成的生命体对外界信息加工后的"映射"（记为":"）

$$\left.\begin{array}{c}\vec{F}_i \\ \uparrow\end{array}\right\} \underset{\text{(映射)}}{:} \left\{\begin{array}{c}\Delta\varepsilon^{(i)}_{l\to m} \\ \uparrow\end{array}\right. (i=1,\cdots,n;\ l,\ m=1,\cdots n) \qquad (11-148)$$

（外界信息）　　　（内在接收信号）

但我们应注意的是，上述的"映射"关系与（11 - 145）式是不一样的。因为它还要受系统内在结构的制约。如果外界信号的力度太大，以至于 $\Delta\varepsilon$ 超过了系统的电离能，则系统就会瓦解，或者产生局部的病变，或者产生细胞变异。

生命体复杂的程度不一样，接收信息的方式和接收信息量的多少也就不一样。对单细胞生命体而言，由于结构相对简单，组织力部分的贡献较小，所以接收信息的方式较为单一，故更多地表现为"刺激→反应"的较为单向的机制。而对复杂的生命体而言，复杂的感官系统具有分工与协调的机制。从（11 - 143）式内部的函数关系可见，由于 $\vec{F}^{(s)}$ 之中包含了作为运动结果的量，故"果"又成了"因"，所以形成了如图 11 - 22 所示的因果关系。

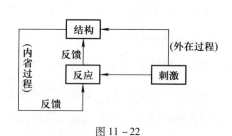

图 11 - 22

正因为在复杂的生命体中存在上述复杂的反馈机制，所以作为感觉器官的系统，本身就是一个"活"的自组织系统，它自动地承担着应担负的功能，因此才会存在着不通过大脑进行思维加工的正常的"功能运转态"和特定的"应急反应态"运动模式。这正如贝塔朗菲所说，"生物是一个自发的主动系统的有机体……带根本性的不是刺激的反应，而是内在活动力……例如切断运动神经和感觉神经的联系之后，这种运动依然存在。"

正因为 SSD 方程的动力学过程给出了图 11 - 22 这样一种不同于 CM 而仅属于复杂生命系统的内在的运行模式，所以我们就会观察到一系列无须脑指挥下的运动模式。例如，不经意间手背由于碰触而有了异常的感觉（例如触电），手马上就会收缩并离开。又如，蜥蜴断掉的尾巴，自己还会在地上跳动。2008 年 1 月 13 日美国《自然 - 医学》杂志刊文称，明尼苏达大学以多丽丝·泰勒为首的研究小组，首先从鼠尸中取出一颗完整心脏，去除其中不需要的细胞，保留心室、血管及心脏瓣膜等心脏结构，随后注入一只新生鼠体内未发育完全的心脏细胞。在无菌培养液中，4 天后观察到它收缩，8 天后心脏开始怦怦跳动——死亡的心脏又活了过来。上述种种看似"奇迹"的现象，就是由图 11 - 22 所示的自然规律创造的。

② 信息的加工与存储

上面我们讲过，外界信息转换成了以能量为载体的内在接收信息——这种信息可能是量子层次上的（例如量子跃迁中的光粒子、声子），也可能是化学意义上的，还可能是静电势差意义上的，如此等等。如果某种外界刺激不是经常发生的，通常生物就采取"应急反应"的方式处理，而无须在大脑中贮存以记住这种信息。这种行为即使在更高级的社会生命系统中也可以发现。例如，如果某地方发生了小的偶发事件，当地的管理部门已经及时地作了处理，就既无须留档，也无须上报中央。

但是，若这种外在刺激发生的频率较高，且很重要，以至于需要生命体更大的系统间的联合行动来作出反应以应对的话，显然它就必须传输到作为中央处理器的大脑之中被贮存起来。

有人估计，大约 80% ~ 90% 的外界信息是通过视觉获得的，所以我们就以视觉为例。视网膜的功能是接收光（电磁波）的刺激，然后经（11 - 148）式转换成视网膜神经的能量变化——即所谓的"神经冲动"。但由于它不是一种简单的仅依靠"外在过程"的"刺激 - 反应"过程，而是具有"内省过程"的生命体的"活"的过程，所以视网膜神经节就预先对光的亮度、边缘、对比度等进行了初步处理，然后再将信号传输给大脑。这种以能量为载体的信号所映射的是外在的光信号，而光信号给出的是外在物体的几何构型与运动。而上述的"映射信号"对于大脑皮层中由神经细胞所构成的神经元而言，却又相当于外力，于是一个更大的系统之间便又重复着上述从（11 - 146）式到（11 - 148）式的一个新的映射过程，其反馈机制与图 11 - 22 是一样的。在这里，接收信号的脑组织系统是以分布方式 $\rho\ (\vec{r}_1,\ \cdots,\ \vec{r}_n,\ t)$ 来应对外界作用的，而外来信息通过（11 - 147）式被映射为了脑组织中的分布——且对外在的"空间结构"特别敏感。这是由方程自身的机制及内省反馈过程所决定的。

20 世纪 50 年代微电极等技术的应用，使人们对大脑的反应功能有了新的认识。特别是 1981 年诺贝尔生理学与医学奖获得者 D. H. 休贝尔和 T. N. 威塞尔等人的工作尤为引人注目。他们的研究表明，许多脑皮层神经元对光的刺激不起反应，而要求外在的刺激物必有一定的形态和一定的朝向以及运动方向等。例如，一些神经元仅对水平线条起反应，而有的仅对垂直线条起反应，有的仅对斜行线条起反应，有的仅对某种运动方向的反应最大。亦即是说，脑系统是用不同区域内的神经元感受区的大小及形态等来重新组织起关于外界刺激强度及空间形态的表象变换的——即是用脑组织的"结构"来存贮对外界事物的信息的。正因为如此，所以当我们形成对某些事物的认识之后，在脑中会形成相应的组织结构——故而，虽物已逝但它仍在我们的记忆中——这已为实验所证实。

正因为脑组织对外界的认识和记忆主要是以内在的结构来映射外在事物的结构——是一种物质与物质之间的映射关系，所以人的认识方式不同于经人为改造后的计算机式的"数字化"转化与映射的认识方式。可能恰因上述的原因，人脑对数值的运算能力虽不如计算机，但对事物的综合判断、分析的能力，对图像的识别能力——这些不以非此即彼的二值逻辑、而以模糊逻辑作为基础——却又远远超过了计算机及其相应智能机器人的能力。例如，母亲化了妆，改换了发型，婴儿却仍可一下子认出她就是妈妈；鸡蛋虽和石头外形相似，但我们还是能一下子分出哪个是鸡蛋，哪个是石头。而让智能机器人去作识别就很困难。所以脑思维的复杂性以及对某些问题的判别，其运算要远较二进制的计算机快捷和聪明得多。对这个约由千亿至万亿神经元组成的"脑计算系"而言，IBM 研究所的克雷（E. Conher）估计，把亿万台（10^{12}）现代巨型计算机并起来，"也许才是一个人脑"。目前人们对脑与感觉系统关系的认识如图 11 – 23 所示。这里不做更详细的介绍。

但在这里，有两件事值得特别一提：

一是关于对潜意识和显意识的理解问题。

根据（11 – 137）式的定义知

$$H_I \equiv -\ln \rho(\vec{r}_1, \cdots, \vec{r}_n, t) = H_I \quad (\vec{r}_1, \cdots, \vec{r}_n, t) \qquad (11 – 149)$$

可见信息是以组织系统中的时空分布来加以定义的。所以信息展开于不同的层面：在 DNA 的较小的空间范围内贮存的是"遗传信息"；而在一个生物的细胞中所贮存的就不仅仅是遗传信息，也包含着细胞的运动等新的运动模式的信息……随着物质的进化，物种从简单走向了复杂，于是在我们身体内就形成了嵌套式的"结构链"

$$\rho_k = \rho_k(\rho_{k-1}) = \rho_k\{\rho_{k-1}[\rho_{k-2}(\cdots)]\} \qquad (11 – 150)$$

其中 k 为复杂程度的序级；k 越大，复杂程度越大。而在其中，又包裹着相应的复杂程度较小的组织系统。（11 – 150）式既是对复杂组织系统的表征，又标志着生物物种组织进化的序列发展。与（11 – 150）式表示的复杂化相联系的是"信息链"的生成

$$H_I^{(k)} = H_I^{(k)}(H_I^{(k-1)}) = H_I\{H_I^{(k-1)}[H_I^{(k-2)}(\cdots)]\} \qquad (11 – 151)$$

k 越大，信息量越大，通过动力学方程（11 – 36）的机制释放，就使物种的行为模式越

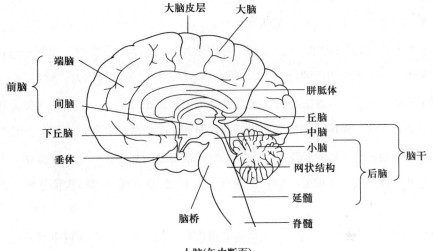

人脑(矢中断面)

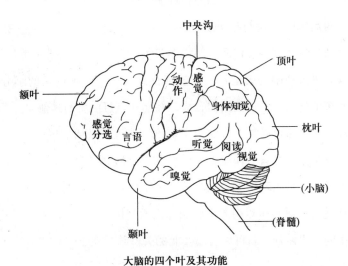

大脑的四个叶及其功能

图 11 – 23

来越丰富。

上述的"结构"和"信息"在生物机体中的嵌套结构不是一种大箱套小箱的无关联的机械式嵌套，而是一种相互关联于动力学行为之中的有机嵌套——因为在（11 – 36）、（11 – 143）两式之中，不同的 k 之间是相互作用和相互耦合反馈的。

正因为上述的"结构链"和与之相对应的"信息链"是进化的产物，所以就带进了我们对进化的记忆，而 k 越小的系统，则更多地刻上了更原始的记忆。这些与生命原始记忆相关的意识，被弗洛伊德称之为"潜意识"。受潜意识控制的运动，即所谓"本能"性的运动行为。所以"本能"和"潜意识"开启的是一扇宣泄自然规律主导下的生命与进化规律的窗口。此问题后面将进一步讨论。

二是关于记忆保留（存贮）的问题。

从动力学系统的描述我们已经看到，对应于外界的刺激，在生物的系统——特别是大脑的系统之中会形成相应的结构，以这种结构方式将对外界的认识"映射"了下来，即贮存了下来。但是，外界的刺激（即外界的作用）取消之后，上述的结构又会在一定的意义上变化，从而使得"记忆"变得模糊以至于消失。故而获得的是短暂的记忆。从短期记忆过渡到长期记忆的必要条件，如我们通常感觉的那样，一是有刻骨铭心的具有强烈震撼性事件的信息（即输入信息的强度极大），二是复诵（以多次信息输入的累计来增大输入信息强度）。

1973 年布利斯（Bliss）等人的家兔实验很值得关注：用短暂的连续电脉冲刺激家兔脑内海马体的传入纤维后，神经突触的兴奋性明显升高，兴奋性突触后电位（ESPS）明显增大，神经元对后来的测验刺激所出现的反应明显增强。现已证明，在连续刺激下，传入神经末梢释放出较多的神经传质，使得神经元的膜内外电位差减小到足以使钙离子通道开放，从膜外进入细胞的大量钙离子选择性地与一种叫钙调素的小分子蛋白组合，通过第二信使系统的作用，促进蛋白质合成，并能加速蛋白质和其他大分子物质的输运。所合成的蛋白质便可以通过微管上升到树突棘内，使得被激活的树突棘体积增大，突触后膜蛋白质结构发生重组，膜上神经传递质（如谷氨酸）的受体增多使得突触的传递效率出现长时间增长，于是出现突触传递增强（LTP）效应。这些研究表明，神经冲动在回路中的反复传递（复诵）可以引起突触局部代谢变化，进而引起形态结构变化。

将复杂的中间过程撇开，就可以看出实验的关键结论在于"重组"、"体积增大"和"形态结构变化"。

记忆必有物质基础——以某种组元为单位的"记忆构件"（生物学称之为突触、树突……）。在我们的方程中，则是标志生物系统组织的"结构函数" ρ $(\vec{r}_1, \cdots, \vec{r}_n, t)$，其中 n 为标志所需构件大小的元素数目。如果是用一个构件来记忆（可记该构件为 ρ_1 $(\vec{r}_1, \cdots, \vec{r}_{n_1}, t)$），则如前所述，当刺激去掉后就会因 ρ_1 的变化而丢失对外界的记忆——这就是所谓短期记忆。

但长期记忆又如何解释呢？我们知道，通过上述实验的一系列中间过程，可使得记忆的构件数增多，成为一个集合 $\{\rho_1, \rho_2, \cdots \rho_m\}$ ——这种增多的现象，即是实验上所观察到的"形态结构变化"、"结构发生重组"及"体积增大"。如我们在第 10 章曾描述过的，这样一个由记忆构件的集合体所组成的新的更大的记忆系统，其子系统构件是相互关联的，即它们之间可以发生能量之间的"内转换"。于是，虽然一个构件的记忆消失，但另外的构件通过"内转换"机制又将记忆保留了下来。正是通过上述的过程，不仅使得所记忆的信息可以长期保留，而且当我们思考时虽然要将某构件中的信息"取出"，但由于该记忆系统内还存在其他构件对信息的保留，故信息仍存在于该记忆系统之中，不会因我们使用该信息而被丢掉——这就是所谓的"长期记忆"。而从原则上讲，SSD 是可以用来描述这些过程的。这样，上述的长期记忆于何处贮存、如何利用记忆并使记忆仍保留的物质基础与动力学机制，就通过对 SSD 方程的定性理解，获得了解答。

正因为 SSD 方程提供了理论基础，就为我们进一步从理论和实验上去深入了解精神的物质性基础以及记忆的细致过程，提供了可能。事实上，目前的生物学实验及认识似乎忽略了量子层次上的信息传递过程。而这种信息传递却是耗能更小、反映更快的方式。因为快速的思维过程，使人感到"化学传质"之类的东西很难担当起这种快速思考的信使的角色。况且，量子信息的存在在某种方式上早已被证实。针灸刺激能产生对病体部位的治疗作用，但却找不到作为信息传输的相应的系统。于是李政道和杨振宁先生称针灸是量子力学的。当然，对这种量子层次的信息传递，以及动作电位、神经传质等是如何在大脑中参与认知活动，起什么样的作用，目前均不是很清楚。这有待于使 SSD 与实验的相互结合，由进一步的研究来深化认识。

③ 精神指导下的目的性行为

人和动物是如何利用信息做出思维判断并继而采取目的性行为的，是一个涉及一系列深奥内涵的复杂问题。人们不断地从各个角度去思考它，但迄今也只是有一个朦胧的感觉，还远远没有抓住它的本质，还没有窥测到它的真谛。

为讨论该问题，我们以前面讨论过的荡秋千这样一个精神指导下的目的性行为为例，用图11－24 所示的办法，将其整个过程分解出来，然后从目的性行为的最后实现，来看一看将带给我们什么样的启示。

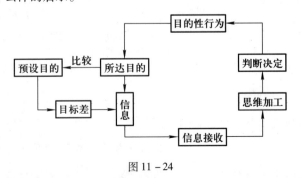

图 11－24

739

一个会荡秋千的人，让他先站在秋千的踏板上，从静止铅直的状态开始，他也会将秋千荡起来并越荡越高。而对一个从来都没有荡过秋千甚至没有见过荡秋千的人来讲，第一次荡秋千，无疑是一个学习的自审过程。为论述方便，我们采取前面的论述方式，对该初学者而言，先给他一个初始的高度（即初始的张角 θ_0），然后再让他去"荡"。而这时，"预设目标"为秋千越荡越高。对我们这位初识初学荡秋千者，脑中无任何的认知结构，所以刚开始荡秋千时，他的动作完全是随机的。在蹬了一个周期后，他就会将"所达目的"与"预设目的"作比较，产生一个"目标差"。这个目标差即是所获得的"信息"，它被我们的感觉系统——这里主要是眼的观察所获取的"光信号"——所收集，然后传输给大脑，从而建立起一个短暂记忆。这样一个过程，事实上就是一个"学习"的过程。善于学习与思考的人，就会做出如下的"判断与决策"：若上次采取的蹬秋千的"目的性行为"方式的"所达目的"与"预设目的"的趋向是一致的，他就会重复上次的行为；反之，二者若是相反的，他就会采取与上次相反的蹬秋千方式。这样，过了几个周期以后，就会使得"所达目的"与"预设目的"的趋向协调起来。在不断地"荡"的过程中，他还会思考如何荡得更好：即以最省力的方式在最短的时间内将秋千荡得更高。于是通过图 11-24 式的不断的反复实践，他就逐渐掌握了荡秋千的技巧。对此不断地练习——相当于前面所论及的"复诵"——就可以建立起较长期存在的"结构"，即该信息就被大脑记忆了下来。

我们用 SSD 的一个简化处理后的近似方程（11-103）式作具体运用给出（11-125）式后，已经对上述荡秋千的目的性运动给予了描述——只是用 GEF 曲线来说明为什么采取此方式就可以越荡越高。而更技巧的方式（即采取什么样的曲线更佳），可从对（11-125）式的讨论中进一步给出。对此我们不做进一步的论述。

当然，在上述的简化公式中，精神意识的"指导"，是以（11-125）式中第 2 项中的 r、$\dot{r}$、$\ddot{r}_2$、$\frac{\partial}{\partial R_i}\ln\rho_l(R)$ $(i=2, 3)$ 的项目来标志的，方程本身尚反映不出与精神、意识的关联。注意到（11-119）式中的 $\vec{R}_i$ 是简化后的子系统的质心坐标 $\left(\vec{R}_i = \sum_{j=1}^{n_i}\mu_j\vec{r}_j^{(i)} / \sum_{j=1}^{n_i}\mu_j\right)$，则要描述 $\vec{R}_i$ 就应将描述 $\vec{r}_j^{(i)}$ 位矢变化的方程关联进来。当我们将描述 $(\vec{r}_j^{(i)}, \vec{p}_j^{(i)})$ $(i=1, \cdots, n)$ 的所有 SSD 方程写出来后，与（11-119）式联立起来，再根据前面对精神、信息的动力学机制的理解以及对信息的加工、记忆的理解，所谓目的性运动是在精神、意识控制下的运动，从方程的描述上讲就是完善的了。具体的描述和微观解释很复杂，是未来具体应用时讨论的问题。即使这一步不进行，结论也是清楚的：在理论描述上、至少从定性讨论和一定例证的定量描述上，已经被证明是完全的。

其实，我们最关心的不是对上述更细致微观过程的深究（它是理论未来的具体应用问题），而是通过上述事例所折射出的"一般性"——只有它才触及了宇宙的"心脏"，才能去感受自然的"本我"。

例如，在上述"荡秋千"这个"实践"或"学习"的过程中，学得好的秋千就荡得高。那么"学"的是什么呢？上升到理论和认识论的高度，所学的就是对自然规律的认识、遵从与应用。若举行一场"优胜劣汰"的荡秋千的选拔赛，则那些最善于学习从而最能认识、遵从和应用自然规律的选手，将在比赛中被"择优"而胜出。这样一来，精神指导下的目的性行为的"目的"就被显示出来了——它就是"择优"。

事实上，讨论荡秋千同讨论物种进化是一回事。因为自然规律的统一性可以使得看似互不关联的不同事物具有"同形性"、"重演律"。隔行如隔山，但隔行不隔理。"理"，即"基本自然规律"，是一样的，问题在于你如何思考，有无由外向内的透视能力。

其实，人们早就在"透视"这个问题了。"超循环"（Hypercyle）理论的创始人之一、诺贝尔奖得主、德国著名生化学家 M. 艾根认为，生命的开端一定是混沌的，因为大量化学分子以一种无组织的形式组合在一起，产生某种有序结构而不产生另一种，完全是随机的。所以出现生物的第一步是随机事件，是随机涨落来选择的。这个随机事件给世界带来了生命的信息。亦即是说，作为高级生命的自组织系统，是有"开端"的。这种"开端"来自无生命的自组织物质系统——一种尚未具有生命自组织那种特殊"功能"与"目的"的系统。那么这种由特殊功能所产生的目的又是什么呢？

艾根认为，系统依靠与外界的物质和能量交换的支持，生命按"选择价值最大的信息"的方向进行组织，不断从一个"定态"向更高的"定态"变化，选择价值是由系统的结构来决定的，所以遗传信息提供的选择，仅仅是系统分歧道路上最稳定、能量最低的一条，这也就是遗传信息的本质。系统的进化过程由外界条件和系统结构来决定。

艾根的思考已经把我们所讨论的以"择优"表达的进化的"目的"初步关联了进来，带到了认清这一问题的大门口。现在到了跨进大门这一关键一步的时候了。

他提到了"选择价值最大的信息"和"能量最低的一条"这两个概念。

对荡秋千而言，消耗能量越少而荡得越高，我们就说荡秋千的人越"聪明"，"智能度高"。为什么他聪明呢？因为他接收处理的信息量大，能把蹬、踩的复杂过程的信息与秋千复杂运动的信息接收下来做出正确的处理。亦即是说，消耗单位能量而获得了更大信息量的处理与输出。

是这样的吗？让我们来看一个更直观的例子。在商品中，例如作为通讯工具的电话，从固定电话到移动电话（手机），从简单的通讯对话到具有可以发短信、听音乐、看电影、上网等功能的"智能型"产品的不断发展，用量来刻画，不是输入单位能量的信息产出量更大了吗？在管理中，消耗的能量越小（例如所用的人、财、物越少）而信息的处理与输出越大，我们就说其管理模式越"先进"，如此等等。

于是，这些看似"互不相关"的事物透射出了同样的信息，所谓进化中的"择优"的"优"，即进化的序级，可由如下的量来描述：

$$A_\rho = dH_1/dE \qquad\qquad (11-152)$$

我们称 A_ρ 为"智能度"或"文明程度"，以它来标记进化程度的高低。高者为"优"——即输入单位能量的信息产出量大，于是由"优"所表达的"目的"量就被定义了下来。这样就为衡量一个系统（包括生命系统和社会系统）确立起了统一的价值尺度和评判标准。

给出了这个量的定义之后，进化规律的揭示就离我们不远了。千万年来令人们困惑和思考的一个极为重大的规律——进化规律已经显露在地平线上了，现在就让我们去迎接它，揭开它的神秘面纱吧！

四、进化方程的导出和对进化与生命的意义的认识

进化是生命演奏的最壮丽的乐章。生命通过进化的伟大创造力，把天空变得湛蓝，把大地变得翠绿，把江河变得清澈……让地球这个最普通、最平凡的小小行星生机勃勃，在无穷的宇宙间傲然独立，把自然之美演绎得如此丰富，如此精彩！面对这幅最美的画卷，我们赞美，我们感叹，我们更在思索：为什么自然要进化出生命，以创造出这如此多的美？而同时，为什么同自然的美与和谐形成鲜明对照，人世间却充满了那么多的血腥、暴力、压迫与丑恶？

如果说是上帝创造了人，那我们就不得不向上帝问个究竟——拷问上帝，拷问自然——从这拷问之中找回本属于人类的与自然一样的美，找回我们丢失的精神与灵魂。正是这一拷问，产生了达尔文的进化理论——一次伟大的思索。也正是进化论告诉我们：生命是自然锻造的作品，它必然要遵从自然规律，必然会彰显自然之美。而且，既然同为自然的创造物，那么在自然规律的天平上，人类就不具备超越其他物种的任何特权。因此，我们只能从对自然之美的感悟与认识之中，将人性的美从自然规律之中再寻找出来，还人类一个真实、美丽的"本我"。这正是进化论对将物质与精神、生命与非生命撕

裂成两半的物理学提出的最强有力的挑战，是对物理学的机械唯物观最具震撼性的冲击。因而，进化论不仅代表着人类在思索，更代表着人类对物理学的质疑和对物理学深深的期盼——因为以研究基本自然规律为己任的物理学，在解释生命和进化中本来就有着不可推卸的责任。

但是，人类的科学与认识论有着它自身的内在发展逻辑与节奏，只有当量子论把探针深入到微观世界之后，当我们的实验技术发展到一定的水平，可以在微观层次对生命提供一定意义上的认识之后，而且当生命科学、系统科学、非线性科学、哲学和社会科学的一系列新的思想和观念强烈地影响到物理学之后，才有可能促使物理学家们去思考，才有可能诱导物理学自身发生变革。这是一个必然的认识历程，它被紧密地关连在人类整体的文化变革之中。而 SSD 不过是人们的上述思考中的一朵浪花，一个初步的尝试。这一尝试能否使我们在对生命与进化的认识上有所前进呢？现在就让我们来进行具体的分析。

（一）进化方程的导出

考虑到外界环境对系统所做的功 $W^{(e)}(\vec{r}, t)$，则（9-101）式的变分原理应改写为

$$\delta \int_{t_1}^{t_2} \langle \psi(\vec{r}, t) \left| \left(L - W^{(e)} + i\hbar \frac{\partial}{\partial t} \right) \right| \psi(\vec{r}, t) \rangle dt = 0 \qquad (11-153)$$

其中 $\vec{r} = \{\vec{r}_1, \cdots, \vec{r}_n\}$，$L = T - V$，$n$ 为系统内的粒子数。作与前面类似的推导，所得的 SSD 动力学方程为

$$\frac{d\vec{p}_i}{dt} = -\nabla_i V + \nabla_i W^{(e)} - \vec{p}_i \frac{d\ln\rho}{dt} + (T - V + W^{(e)}) \nabla_i \ln\rho +$$

$$\frac{1}{\rho} \nabla_i \left(\psi^* i\hbar \frac{\partial\psi}{\partial t} \right) + \vec{F}_i^{(fl.)} \quad (i = 1, \cdots, n) \qquad (11-154)$$

（11-154）式两边点积 $\vec{r}_i$ 后再对 i 指标求和，有

$$\frac{d}{dt}\left(\sum_i T_i \right) = -\sum_i \dot{\vec{r}}_i \cdot \nabla_i V + \sum_i \dot{\vec{r}}_i \cdot \nabla_i W^{(e)} - \sum_i (\dot{\vec{r}}_i \cdot \vec{p}_i) \cdot \frac{d\ln\rho}{dt} +$$

$$(T - V + W^{(e)}) \sum_i \dot{\vec{r}}_i \cdot \nabla_i \ln\rho + \frac{1}{\rho} \sum_i \dot{\vec{r}}_i \cdot \nabla_i \left(\psi^* i\hbar \frac{\partial\psi}{\partial t} \right) +$$

$$\sum_i \dot{\vec{r}}_i \cdot \vec{F}_i^{(fl.)} \qquad (11-155)$$

注意到 $\sum_i \dot{\vec{r}}_i \cdot \vec{p}_i = \sum_i 2T_i = 2T, V = V(\vec{r})$，则上式可写为

$$\frac{d(\varepsilon - W^{(e)})}{dt} = -\frac{\partial W^{(e)}}{\partial t} - 2T \frac{\partial\ln\rho}{\partial t} - (\varepsilon - W^{(e)}) \frac{d\ln\rho}{dt} + (\varepsilon - W^{(e)}) \frac{\partial\ln\rho}{\partial t} +$$

$$\frac{1}{\rho}\sum_i \dot{\vec{r}}_i \cdot \nabla_i \left(\psi^* i\hbar \frac{\partial\psi}{\partial t}\right) + \sum_i \dot{\vec{r}}_i \cdot \vec{F}_i^{(fl.)} \qquad (11-156)$$

现令

$$E = W^{(e)} - \varepsilon \qquad (11-157)$$

则上式可以改写为

$$-E\frac{d\ln\rho}{dt} = \frac{dE}{dt} - (2T - \varepsilon + W^{(e)})\frac{\partial\ln\rho}{\partial t} + \frac{1}{\rho}\sum_i \dot{\vec{r}}_i \cdot \nabla_i \left(\psi^* i\hbar \frac{\partial\psi}{\partial t}\right) + \sum_i \dot{\vec{r}}_i \cdot \vec{F}_i^{(fl.)}$$

$$(11-158)$$

利用（11-137）式关于信息 H_I 的定义

$$H_I = \ln\Omega = -\ln\rho \qquad (11-159)$$

且令关联

$$c_R = \left(\frac{\varepsilon - 2T - W^{(e)}}{E}\frac{\partial\ln\rho}{\partial t}\right)dt + \frac{1}{E\rho}\sum_i \left[\nabla_i\left(\psi^* i\hbar \frac{\partial\psi}{\partial t}\right)\right] \cdot d\vec{r}_i + \frac{1}{E}\sum_i \vec{F}_i^{(fl.)} \cdot d\vec{r}_i$$

$$(11-160)$$

将（11-159）、（11-160）两式代回（11-158）式，则得进化方程

$$\frac{dH_1}{dE} = \frac{1}{E} + c_R \qquad (11-161)$$

利用（11-152）式的定义 $A_\rho = dH_I/dE$

也可以将上式很简单地写为

$$A_\rho = \frac{1}{E} + c_R \qquad (11-162)$$

其中 A_ρ 可以作为"智能度"、"进化程度"、"文明程度"等的"评判标准"或"价值尺度"的一个参考基准量（这一点下面将会较详细地解释与讨论）。

（二）进化方程的初步解读

1. 物种进化与相对稳定的"存在"

我们所讨论的进化是物种的进化。所以，作为"外界压力"的环境 $W^{(e)}$ 是一个长时间刻度下的随时间变化的量。亦即是说，在短时间内看来可以视 $W^{(e)}$ 与时间无关，所以系统就可以被大致视为定态，即有 $\partial\ln\rho/\partial t \approx 0$，故 c_R 的第一项是个小量；在上述近似条件下，$i\hbar\partial\Psi/\partial t \approx (E + W^{(e)})\Psi$，且对一个由大量分子组成的集合体而言，由于存在无规性，c_R 中的第 2 项 $E^{-1}(\varepsilon + W^{(e)})\sum_i (\nabla_i \ln\rho) \cdot d\vec{r}_i$ 以及第 3 项同样是一个小量。这样，在进化中，A_ρ 的变化就主要依赖环境能量（E）输入变化。由方程（11-162）可

见，当环境发生变化（E 变化），以智能度 A_ρ 来标记的物种就发生变化（进化或退化）；而若 $E \approx$ 常数，则 $A_\rho \approx$ 常数，物种则处于一个相对稳定的进化序级中——即相对稳定地"存在"——换种方式来讲，即人们所说的在一定意义上具有相对稳定性的自组织结构。

2. 物种进化与"活性"

然而，生命是有意义的；而为存在而存在的"存在"却是无目的和无意义的，它只是实现某种目的和意义的条件。所以只有相对稳定的存在还不足以产生生命，与生命进化相关联的另一重要因素是"活性"——这是进化的新内涵。

事实上，达尔文在进化论中已经看到了事物的这两个方面："适者生存"和"优胜劣汰"。前者的核心是"生存"，即"存在"；后者的核心是"优化"，是生命进化的方向与目的。但是，在达尔文的理论中，优的胜出（生）是以劣的淘汰（死）为前提和代价的。所以，达尔文并没有搞清楚"相对稳定的存在序级"与"相对不稳定的择优进化序级"之间的阴阳互补共生关系，这就使他的理论产生了重大的失误。因为按照达尔文对"优"的理解，高级的、复杂的物种为优，低级的、简单的物种为劣。于是，生命体中最重要的而且极其复杂的物质——例如 DNA 大分子——就是"优"，而简单的氮、氢、氧和苯环等基础性原子和分子就是"劣"。但是，若以上的"优"的胜出（生）是以"劣"的淘汰（死，即不存在）为代价的，试问 DNA 还能存在吗？

其实，如前面所介绍的，生命的基础性物质主要只有 16 种——由这 16 种物质组装成了生物的有机大分子结构，并通过不断地"组装"——用更复杂的高层次组织结构把相对简单的低层次组织结构包裹于其中——实现着"进化"。在这一过程中，生命恰当地处理了活性与稳定性的关系，保持着活性与稳定性的适度平衡——因为过分的稳定就会失去活性；但过分的活性又会失去稳定性而使系统瓦解——但总体强调的是以适度的失稳为代价以换取生命活性，即自复制功能的实现。

为什么一定会如此呢？深入到微观来看就可以发现，组织的结构越复杂，组元相互之间的作用力越弱，量子层次的跃迁所需的能量就越小，组织的结构函数也愈加平坦，不同能态之间的波函数的重叠部分也越多。这就使系统具有了新的功能：①组元的摆幅可以增大，而使大分子更具"柔性"，易于变形。例如，X 衍射发现，蛋白质内单个原子摆动可达 0.05 nm（相当于一个原子的半径），而表面原子则可达 0.2 nm。所以我们看到，组成 DNA 的基础物质稳定而对称，而作为整体的 DNA 大分子却具有复杂的不对称的三维立体结构，是相当柔性的。正是这一特点，才使得核酸和蛋白质（包括蛋白酶）极具生命的活性，从而大大缩短了生物体内的化学反应的时间，这才有可能使自复制得以实现，使生命得以延续。②波函数彼此重叠加大，才可能形成所谓的"杂化轨道"，从而形成量子层次上的"亚稳态"。量子系统吸收外界能量之后可以跃迁到"亚稳态"上，并在亚稳态上保留一段时间。这就意味着外界的信息映射转换为了能量的输入，该能量则被量子系统吸收，跃迁到了亚稳态，从而形成了不同于基态的结构——通过上述的中间（映射）过程，最终将外界的"信息"转换成"结构"而被贮存保留了下来，这就是"记忆"。如果从激发态立即自发辐射又回到基态而无结构的差异，就没有记忆的功能。为什么生物大分子必有亚稳态？这是嵌于规律之中的必然性要求使然。不过亚稳态的记忆是短暂记忆——它不具备长期记忆的功能，但却为长期记忆以及后来更高级阶段生命的思想和意识的产生打下了基础。

但需注意的是，在用物理学的理论解释生命和进化时，困难是把生命界简单地划分为有序与无序是不够的。这里所讲的"序"是秩序，是与周期、对称性、守恒律相联系着的概念。而这些概念，恰恰是传统的线性物理学理论的基础。所以，要克服物理学自身内在的困难及不能面对生命科学的困难，就必须走出传统思维和概念所设置的藩篱，而且新的理论形态一定是非线性、非对称、非守恒的——但是，一定的条件下，它又可以退化为原有的理论，又将原有的概念、认识和近似意义下的规律涵盖于其中。正因为如此，我们才可以从 SSD（它是一种非线性、非对称、非守恒的理论形态）中给出对"自组织"的新理解——一种具有"耗散"和"代谢"的"活的"自组织。它既继承和肯定了旧的自组织理论最核心的成果——只有"稳定"系统才可能"存在"，从而为认识物种和生命奠定了第一个基础，建造了第一级阶梯，又发展了自组织理论——因为只有"活的"和具有"代谢"功能的自组织理论，才具有将"死"的物与"活"的生命纳入同样的自然规律中来认识的功能。

3. 生命进化的方向："智能度"不断提高的方向

探讨进化方向——即在进化的过程中，什么是"优"？为什么物种会朝着上述"优"的方向进化？——是讨论生命与进化时不能回避的一个十分重要的问题。

（1）进化方程的预示

由进化方程（11 - 161）式可见，若在进化的流向中，外界输入的能量持续减少（即 $E \searrow$），必造成"进化驱动压力" P 的上升（即 $P \nearrow$）

$$P \equiv \frac{1}{E} \nearrow \ （若 E \searrow） \tag{11-163}$$

所以，在这一"驱动压"的作用下，物种就必须进化以提高智能度（$A_\rho \nearrow$）

$$A_\rho = \frac{dH_I}{dE} \nearrow \quad （当 E \searrow 、 P \nearrow 时） \tag{11-164}$$

来适应环境的变化。由此可见，"进化"的方向是"择优"：通过组元之间的合作与协调而结成更为复杂和更具智慧的新的物种。或者说，进化方程所预示的进化方向是智能度不断提高的方向。

（2）对上述"预示"的理解

选基态为能量的基点，ε 表示系统处于一定激发态下的总激发能，$W^{(e)}$ 为环境输入系统的净功。设输入的总功为 $W_T^{(e)}$，耗散为 $W^{(0)}$，则

$$W^{(e)} = W_T^{(e)} - W^{(0)} \tag{11-165}$$

$$E = W^{(e)} - \varepsilon = W_T^{(e)} - W^{(0)} - \varepsilon = （W_T^{(e)} - \varepsilon） - W^{(0)} \tag{11-166}$$

由上式可见，E 为系统内组元间传输信息所需的能量，对生命体而言，还应包括机体更新的能量。但对于生命而言，这一能量只能在一定的范围内变化：必须使 $E \neq 0$、$W_T^{(e)}$ 不大于将系统肢解的分离能，能级 E、ε 和功 $W_T^{(e)}$、$W^{(0)}$ 均与系统的能级间隔同数量级。

实际上，在进化的流向中，基础物质的能级间隔的量级，是随着物种复杂程度的上升而下降的。也就是说，随着物种复杂程度的上升，可供利用、即可以从环境中获取的能量 $W_T^{(e)}$ 将下降，所以 E 也将下降（$E \searrow$）。这种能量争夺的"竞争"将使得"进化驱动压" $P = 1/E$ 增大（$\nearrow$）。体系为了有效地利用 E 必采取"收缩"技巧以减少耗散 $W^{(0)}$，从而要求系统（物种）提高"智能度" A_ρ（$\nearrow$）以适应环境的变化。

以液体结晶为例。当温度降到相变点以下（即外界输入的能量下降）时，液态游离分子采取收缩模式而结晶。最初长出的晶体称为晶核。它相对于游离分子而言增加了新的晶格振动自由度，即增加了新的有序性，也扩大了信息空间。输入单位能量可以获得更大的信息度，从而表明晶核成为游离分子中脱颖而出的"智者"。晶核向外耗散的能量 $W^{(0)}$ 减小，从而形成相对低温区。温度梯度压把"智者"（晶核）推向了"吸引中心"的地位，使得"弱智"的游离分子向"智者"靠拢并向其"学习"，于是形成更大的"智者集团"——晶体生长，而这又强化了扩展趋势，于是液体结晶为晶体。这不是"拟人化"的描述，而是（在泛生论意义上）真实发生的生命过程——只不过处于生命的低级阶段而已。

又如，在阿米巴细胞"假合"中，当环境恶化食物匮乏时，获取的能量下降（$E \searrow$）而进化驱动压 P 上升（$P \nearrow$）。为减少耗散，开始产生少数细胞组成的聚集中心，并周期性地发出趋化信号（CAMP），周围其他细胞对此做出反应而向中心聚集，产生向中心移

动的同心波。最终每个聚集中心通过趋化信号转发机制能控制约 10^8 个阿米巴细胞。假合的阿米巴细胞聚集体形成了新的结构方式，出现了分工痕迹和新的整体运动模式，终极效应是降低能量耗散，增加新的自由度，扩大信息空间和信息处理的能力，从而提高了"智能度"（A_ρ ↗）。阿米巴聚合体这一进化后的新生命向外界耗散的能量小了，于是在平均意义上就较单个的阿米巴细胞消耗的能量更小。由于聚体扩大后具有了新的运动方式，出现了分工的痕迹，从而增强了捕食的能力，更适应环境的变化而具有了单个阿米巴细胞所没有的新质。这个过程就是"优化"的过程。饥饿环境消除，则聚集体又解体为单个阿米巴细胞——相对于聚体而言，这个分解的过程是一个减少体系合作方式和智能度下降（A_ρ ↘）的"退化"过程。

上述例证生动地说明，"进化"的方向是提高生命物种的智能度——这是由无情的自然规律筛选出来的。自然界中的一切生命，包括自命为有"文化"而成为"高级生命"的人类也不例外：假设一群人突然遭到了恐怖袭击而被带到一个空旷的大房间中，恐怖分子强迫所有的人脱得一丝不挂，同时在房间中通上冷气，让温度降到零下30℃。现在这群男女将怎样应对？他们肯定要采取和上述的阿米巴细胞同样的行为，抱在一起成为一个聚体——或许有极少数"文化教养高"、"道德功底厚"的人不加入这个聚体而坚守着那份"执着"。但在两小时后救援人员把这群人解救出来的时候，那几个"守道德"、"有教养"的"执着者"早已冻死，而抱成聚体的人们则会获救。以上情境是一次真正的"天择"：按自然规律办事的人们活了下来，坚持着"道德"、"教养"而不遵从自然规律的人被无情地淘汰。

（3）从原始生命的初期进化历程来论证进化的方向是"智能度"提高的方向

按照进化论，有机的生命是从无机非生命进化而来的，生命有着共同的来源。生物考古学已经发现了一系列的古细菌和古细胞的化石。它们有着更为简单的生命结构。例如，人们发现了以盐类和酸类为食物、生活在90℃环境里的微生物。这类比细菌结构更为简单的微生物，被确认为是自然界的原始生物。其发现者 C. R. 沃斯估计这些古细菌大约生活在40亿年前，这使他相信已将古生物的研究追溯到一切生命的共同祖先。可见，最原始的生命必定要以无机物和地球上所形成的有限有机分子为"食物"。

然而，这些原始生命又如何发展得如今天这样丰富多彩呢？

按照我们上面的分析，生命结成核酸、蛋白质之后，由于形成由结构变形产生的生物功能所需的能量更小，而变形所形成的运动自由度更大、信息的产出量更大（即 $A_\rho = dH_I/dE$ 更大），故而"聪明"了起来。然而，外界输入的能量是存在涨落的。如果外界的能量涨落较大，大分子链就可能被打断，但更基础的物质却不会解构。由于生命体内的生物大分子链被打断所需能量不大，反过来，生命体用"修复"或"变异"来恢复生物大分子结构所需的能量也不大，过程也就相应地较为简单——这使生命更易于适应环境。为了使生命体具有强一些的自我保护功能，如奥巴林假说中"团聚说"所描述的，就要形成实际上的"膜"。但是，一个十分现实的问题是，过强的外界涨落，无论是膜的保护还是"修复"与"变异"功能都不足以将生命体保持下来，生命就会死亡。所以原始生命找到了使生命得以延续的第一个途径：细胞的无性分裂（例如二倍体分裂，即一个细胞分裂成两个新的细胞）——舍此无其他任何可供选择的途径——这是规律支配下的必然。这种分裂是自我肯定与否定的阴阳共生关系：原来的细胞的存在，是一种对自我存在的肯定；而一旦一分为二，则对原有的旧的细胞的存在而言就是一种否定；但新生的两个细胞又保留了原有细胞的物质和特性，即在否定之中又有肯定。正是这种肯定表达了生命的进化与发展。然而，这其中存在着一个难以把持的平衡关系：在细胞未完全分裂前，环境的涨落也可能杀死细胞。因此，要使原始生命体得以延续，必要求（除了变异以外）繁殖率大于死亡率。所以原始生命或其后的简单的生命基本上都是以无敌的繁殖力来应对自然的。

但是，这种以地球上的物质为食物并选择了繁殖无敌的方式的最初的生命体在三个方面不符合自然规律的要求：①无敌的繁殖的最终目标是使本物种变得无限大，而有限的地球空间是容不下单一物种"无限大"拓展的，即从自我生长的角度讲，不被允许；②这种无限的繁殖以地球上的有限物质作为能量的支撑，是违反能量守恒的，即"无限繁殖"与"有限能量"的供应不能达到平衡；③虽然原始生命体变得"聪明"了起来，但还没有达到"智能"思考的水准，所以它还没有认识到前面所说的那两点生存法则违反了自然法则，还没有完全懂得宇宙的意旨。

正因为原始的生命还没有完全读懂自然的规律和宇宙的意旨，所以生命就必须继续进化发展，以符合自然本身的规律性制约关系。

（三）进化和生命的意义

如上所述，由于原始生命的无敌繁殖是不被自然所允许的，所以就必进化出新的生命形式来加以遏制。这种形式之一，是进化出新的物种，将太阳能转化成生物所需的能量——这就是光合作用和绿色生命植物的出现。它是地球生命进化分叉路上的一次最重要和最伟大的事件：没有它的出现，地球上的生命进化链条就会被最终打断。这一次分叉的根本性作用，是从地球以外汲取生命进化所需要的能源（太阳光能）供给。其二，是在生命的进化过程中进行了一次大分工，产生了植物和动物，形成了捕食者与被捕食者间的制约性食物链（网）关系。正是这两大要素，使得地球上的生命体依赖于太阳的能流以及地球自身的物质基础，不断发展演化，产生了众多的物种，在改造自己的同时，也改造了它赖以生存的自然环境，形成了一个大的生态系统。

按照生物学的观点，所谓生态系统，就是生物物种之间以及生物与自然环境之间所结成的能量流动、营养物质循环、种群数量调节的一个大的关系网络。在这一系统中，每种或每个生命既是物质、能量、信息的消费者，又是生态系统中的生产建设者，各自享受着自然馈赠的权利，也承担着自己的义务与责任。

（1）地球上的生命体从太阳所吸收的能量转化成了生物自身的"信息能"

太阳光在地球生命中的作用细说起来非常复杂。而为了获得某种本质性的认识，我们在这里不纠缠细致的中间过程：如果忽略掉流星、小行星、宇宙及太阳的粒子流对地球物质的贡献的话，由质子、中子、电子三种费米子集合体组成的地球，其总粒子数和质量数就是守恒不变的——因低能光子不足以在地球上实现光子转化为正负电子的反应（$\gamma \to e^+ + e^-$），所以地球所吸收的光并不能改变地球上的总粒子数与质量。那么从总的效应来看，地球上的物质吸收太阳光，其终极效果只能是被转化为作为信息载体的能量而加以利用。所以，光能是以"信息能"的形式来参与地球生态系统的进化以实现其功能的。这种能量利用关系如下所示：

太阳输入地球的光能量 E_{ip} ⇨ 地球生态系统 ⇨ 未被利用的输出光能 E_{op}

事实上，在地球生态已趋于稳定（存在涨落与波动，但在平均意义上视为近似稳定）的情况下，动态平衡下的"生物量"就可以近似视为一个常量。该常量大体对应着（11－157）式中的 ε 中所代表的该物种处于基态和结构不发生变化时的最低能量态 ε_0。即处于生物活性时的能量 ε 可以被分解为

$$\varepsilon = \varepsilon_A + \varepsilon_0 \qquad\qquad (11-167)$$

其中 ε_A 为偏离 ε_0 状态的能量——即维系机体内量子跃迁、物质的建构和解构的能量，亦即是相对于 ε_0 发生结构变化的能量，所以实为"信息能"。当整个进化阶梯已基本稳定时，我们知道，$E \approx$ 常数，而外界输入的能量 $W^{(e)}$ 是由食物链来供应的，于是由（11－157）式有

$$E = W^{(e)} - (\varepsilon_A + \varepsilon_0) \qquad\qquad (11-168)$$

将与生物量相对应的 $\varepsilon_0 \approx$ 常数（$d\varepsilon_0 \approx 0$）以及 $E \approx$ 常数（$dE \approx 0$）代入（11－168）式之中，有

$$dE = dW^{(e)} - d\varepsilon_A - d\varepsilon_0 \approx dW^{(e)} - d\varepsilon_A \approx 0 \tag{11-169}$$

故得

$$dW^{(e)} \approx d\varepsilon_A \tag{11-170}$$

$dW^{(e)}$ 即是被该物种所利用的由食物链所提供的能量，这个能量，由（11-170）式可见，又转化成了该物种内部分子结构变化的能量——此能量，即是维系生物活力的"信息能"。

上面的解释可能抽象了一点。现在举一个例子。一个成年人天天吃进食物（$W^{(e)}$），排泄废物。我们身体的重量（与 ε_0 相对应）大体上保持不变，吃进的食物 $W^{(e)}$ 却发生了变化（该量即 $dW^{(e)}$）。那么 $dW^{(e)}$ 跑到哪里去了？原来它变成了我们思考问题、做各种运动（两者均对应着我们身体内分子结构的变化）的信息能 $d\varepsilon_A$。这便是（11-170）式的意思。

（2）地球系统所吸收的总的信息能是有限的，所以要求选择消耗较少能量和提高智能度的进化方向

由前面所述的关系可见，地球生态系统单位时间获得作为玻色子的光子的能量为

$$\Delta E_\gamma / \Delta t = (E_{ip} - E_{op}) / \Delta t \tag{11-171}$$

其最大值

$$(\Delta E_\gamma / \Delta t)_{\max} = E_{ip} / \Delta t \tag{11-172}$$

是一个有限量。

生命有生有死，是时间的变量。上述的由生态系统单位时间所吸收的信息能，被转化成了单位时间的信息产出 $\Delta H_I / \Delta t$，两者间的转化率为

$$A_\rho = \frac{\Delta H_I / \Delta t}{\Delta E_\gamma / \Delta t} = \frac{\Delta H_I}{\Delta E_\gamma} \tag{11-173}$$

其最大转化率

$$(A_\rho)_{\max} = \frac{(\Delta H_I / \Delta t)_{\max}}{(\Delta E_\gamma / \Delta t)_{\max}} = \frac{(\Delta H_I)_{\max}}{E_{ip}} \tag{11-174}$$

就是一个有限值。也就是说，由于维系地球整个生态系统（一个"活"的具有"智慧"和"思考"的大系统）的单位时间内的最大信息能的输入量是有限的，于是转化成该系统单位时间的信息产出也是有限的，所以一个依靠信息来养活的生态系统，其总能量就是有限的。

以上这一关系是"自然关系"——它要求处于整个生态大循环中的生物必须通过"学习"满足这一总的制约。学习好的（满足自然规律的）被保留了下来，而学习不及

格的"差生"（不能遵从和应用规律的）则被淘汰。这也就是为什么在地球数十亿年的生命进化历程中，95%的物种被自然淘汰而消亡，现存于地球上的物种大约只有千万种的原因。

恐龙时代的物种大灭绝，是说明自然规律对生命进化的"制约"的一个极好的例子。

我们知道，在恐龙的时代，地球上的生命的活力得到了充分的张扬，从植物到动物都在"疯长"，甚至今天的小草（如蕨类植物）那时都是数十米高的参天大树。无论是草食性恐龙还是肉食性恐龙，身躯都大得吓人。这些生物的存在，均以巨大的能量消耗为代价。从进化方程来看，则表现为下述的关系

$$A_\rho \searrow = \frac{dH_I}{dE} \searrow = \frac{1}{E} \searrow + c_R \qquad (11-175)$$

即要求以能量 E 不断增加（$E \nearrow$）的消耗为代价来维持，所以发展出的生物模式是"头脑简单、四肢发达"的非智能型庞然大物。所以，这种以不断增加的能量消耗为代价的进化路线，是自然规律所不允许的，迟早必会中断。

目前较多的观点认为恐龙的灭绝是小行星与地球相撞惹的祸。即使把它视为事实上的原因，这个"因"也只是一种涨落。这种涨落造成了类似"核冬天"的效应：撞击的大地尘埃遮住了太阳光，大量的植物，特别是"疯长"型的高大植物死亡。于是草食性恐龙大量死亡，进而使得肉食性的恐龙死亡。就如"多米诺骨牌效应"一样，一次进化的方向就这样被打断了。在这里，所谓"涨落"做了分叉路上的选择，表面上看似偶然，内在的却是必然——那种以巨大而无节制的能量消耗为代价的进化路线，是不被自然法则所允许的。所以继恐龙的大灭绝之后的小型生物又进行了第二次进化。其进化的方式为：

$$A_\rho \nearrow = \frac{dH_I}{dE} \nearrow = \frac{1}{E} \nearrow + c_R \qquad (11-176)$$

亦即是说，在总能量有限的前提下，由于可供争夺的能量有限而使得能量输入 $E \searrow$，于是生物就必如前面所述的阿米巴细胞那样采取合作的方式进化，以消耗较少的能量和提高智能度的方式来应对，于是就不允许长成巨大身躯的低智能生物。在适当的环境和条件下，通过生态的彼此制约，达到一物种能量消耗动态平衡（$E \approx$ 常数），则由上式可见，生物进化程度也就近似固定下来了（$A_\rho \approx$ 常数）。这样，就形成了在进化阶梯上各自适应并受制于生态系统的物种群网络结构。它们既是生态系统之中的"消费者"，又是维系生态系统的"建设者"，承担着各自的义务、权利与责任。这一次进化的方向的选

择，总趋势是与自然所需要的进化律相一致的。

（3）由生命系统的"食物链"关系看进化和生命的意义

如前所述，在生命进化中，由分工所造就的捕食者和被捕食者的制约性关系，构成了食物链（网）。按照食物链中能量（食物）流动的关系，生物学家们根据种群的"职业性"作用将其划分为：

生产者：是食物链中的第一组成部分，通常包括绿色植物，它们将来自太阳的一部分能量转化为被自身所利用的有机分子并将其贮存在自己的组织之中（通过光合作用）。

消费者：是靠绿色植物和其他动物生存的动物。初级消费者是食草动物，靠植物生产者为生；次级消费者依赖初级消费者为生；而三级、四级消费者位于食物链中更高的位置上。

分解者：是细菌、真菌、植物或者靠死去的有机体为生的动物，它们将生物的有机物质释放到食物链中。

而如果从生物量（我们可以将生态系统内有机体的重量称之为"生物量"）的角度来考察，由食物链（能流）所组成的生命系统，是一个金字塔式的结构（参见图 11 - 25）。

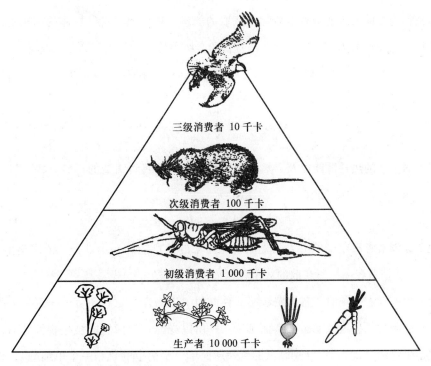

三级消费者 10 千卡

次级消费者 100 千卡

初级消费者 1 000 千卡

生产者 10 000 千卡

图 11 - 25

为什么会形成上述的金字塔结构呢？人们从营养物质的循环（包括作为其基础的微观元素如碳、氮、硫的循环）、物种间的制约和调节、生态的演替等不同的角度来加以考察。这方面的研究很有意义，专著也很多，这里不作介绍。而我们则从另一个角度来考察，也许会得出更为本质性的解答。

我们知道，最初的"食物"是由绿色植物提供的。对绿色植物而言，其能量输入 $W^{(e)}$（现记为 $W_P^{(e)}$）由两部分组成。一部分是由地球物质提供的（记为 $W_0^{(e)}$），另一部分是被植物"锁住"的来自太阳的光能（记为 $W_\gamma^{(e)}$）。即对绿色植物而言

$$W_P^{(e)} = W_\gamma^{(e)} + W_0^{(e)} \tag{11-177}$$

因此，整个生态的食物链基本上就都是由 $W_P^{(e)}$ 来提供的，并通过食物链关系在生物物种之间进行分配。其中，$W_0^{(e)}$ 这部分来自地球物质的能量经过整个生态的大循环又回归于大地母亲，故而在大循环中 $W_0^{(e)}$ 是不变的。于是就整个生态系统来考察食物链的分配时，就应有如下关系

$$dW_P^{(e)} \approx dW_\gamma^{(e)} \approx \sum_j dW_1^{(e)}(j) \approx \sum_j d\varepsilon_A^{(1)}(j) \tag{11-178}$$

其中 j 为"第 1 消费者级别"中的各生物物种。上式表明，我们的所有的所谓生物活性，归根结底都来自于太阳光能的利用。

以植物为食的 1 级消费者由植物所获取的能量，转换成了自己机体的结构能，但是又存在耗散。设耗散为 $dW_{10}^{(e)}(j)$，故提供给 2 级消费者的可供其转化的能量为

$$dW_2^{(e)} = \sum_j dW_1^{(e)}(j) - \sum_j dW_{10}^{(e)}(j) \equiv d\overline{W}_1^{(e)} - d\overline{W}_{10}^{(e)} \tag{11-179}$$

其中，平均耗散

$$d\overline{W}_{10}^{(e)} = \sum_j dW_{10}^{(e)}(j) \tag{11-180}$$

包括 1 级消费者的热耗散能以及自然死亡后不被 2 级消费者消费的部分。将（11-178）式代入（11-179）式，则有

$$dW_2^{(e)} = dW_\gamma^{(e)} - d\overline{W}_{10}^{(e)} < dW_\gamma^{(e)} \tag{11-181}$$

就是说 2 级消费者只获得了由太阳光能转化而来的信息能的一小部分。依次类推，3 级消费者、4 级消费者……所获取的数量就越来越小。

而在生态动态平衡时，各消费者层次种群的"生物量"近似不变——退到细胞的层次，便是细胞的总量近似动态平衡而不变——所以光能作为信息能被生物消费后，只是转变成了生物的"活力"：级别越低的生命越简单（最简单的只是一个单细胞），级别越高的生命结构越复杂；所以，对复杂的高级生命体而言，信息能不仅为体内的细胞自身所消费，还包括细胞与细胞之间以及由细胞组成的生物器官之间的关联通信对信息能的消费。所以，消费级别越高的生物，尽管可供其利用的信息能更少，但它对信息能的需

求却比消费级别低的生物更大，所以它只能以更小的生物量来应对，其总效应是使得生物量随消费级别的上升而迅速的减少，这才形成了如图 11 - 25 所示的生物量的金字塔式的分布。

食物链关系的金字塔式的分布是生物向自然规律学习后给出的答卷。从这一"答卷"中我们读出了如下的"生命语言"：

各生命物种在这个大的"有生命"的生态系统之中，按照分工，各司其职，有机地组成一个整体，各自勤劳地做着自己的贡献——既是整个系统的生产者，又是消费者——都是美丽地球共同家园的建设者和守护神。在履行上述建设者和守护神义务的整个生命的旅程中，每个生命都享受着被自然所赋予的一切意义：生的权利，创造美的光荣，合作分享的欢愉，以至于最后死时的礼赞。这是无悔的历程。

然而，人们却往往习惯于用"弱肉强食"的丛林法则来解读生命，其实这是一种误解——食物链不过是自然借以维系整个生态达到动态平衡的一种结构方式。而且同是"猎杀"生命，鸟吃小虫，牛吃草，我们绝不会认为残酷。而狮子猎杀草原上的牛时，我们就会觉得残酷。原因在于从动物分类来看，狮子和牛属同一层次，且牛是大型动物，被猎杀的视觉效果很血腥。但是，放到自然规律之下来考察，狮子猎杀牛的行为就有了不同的理解——作为生命的狮子，其行为是有"意义"的：

第一，仅把狮子视为"消费者"是一种机械的划分。狮子死后又回归大地，为分解者所消费，最后又被植物所吸收。故它既是消费者又是生产者。

第二，作为最高级别"消费者"的狮子，其角色不仅仅是一个消费者，更是一个建设者。在非洲的大草原上，数量庞大的牛群在吃草。牛总是以最小的体能消耗（少走路）的办法吃身边附近的草。结果是庞大的牛群在同一处进食，这将造成过量的啃食以及大量排泄物在同一地方集中，不利于这片草地的尽快恢复。狮子捕猎的一个重要效果是驱赶牛群不在同一地就食，从而起着"牧牛者"保护生态的建设者的作用。

第三，按照食物链金字塔的划分，狮子无疑处于"消费者"的最高层次。狮子对牛的适度猎杀，起着对牛群数量的控制作用，这对维系整个生态系统的动态平衡是必要的。从狮子这一物种与牛这一物种之间狩猎者与被狩猎者的关系出发，人们可以用数学模型计算出两者之间事实上是一种相互依存的动态平衡关系——这是食物链背后的生态法则的必然性反映。

第四，正因为作为"王者"的狮子在起着对生态的制约和调节者的作用，因而实际上就是在担任着维系生态的"管理者"、"组织者"的角色——"王"在这里倒也似乎是恰当的称呼并另有一番意义。

那么，何者为王？当然是智者为王。作为智者，则必然智能度 A_ρ 大。但 A_ρ 怎样才能大呢？由前面的定义知，当下式满足时

$$大的 A_\rho = 大的信息产出 dH_I / 小的能量消耗 dE \qquad (11-182)$$

才可以被称为"智者"，故要求 dH_I 大，所以它反应敏捷，身形矫健，面对危难勇猛战斗；要求 dE 小，所以狮子从不"为渊驱鱼，为丛驱雀"，做赶尽杀绝的事，而是捕猎有度，绝不会捕杀一大堆的牛来聚为自己的"私有财产"，做事实上的无谓的浪费。它这样的"王"比某些人间的"王"，更配这个"王"字。

（四）生命的真正意义——真、善、美

从前面的讨论中，我们已经看到，生命不是来自上帝打字的偶然出错，而是在适当条件下自然规律的必然——既是必然，就有它的因果关系，它的方向，以及由方向所显示的目的——生命和进化的意义。现在就让我们去看一看它的真谛和意义何在。

生命是美丽的。这种美，不仅表现于外在的自然界令人惊叹的鬼斧神工的杰作——蝴蝶的翅膀，孔雀开屏时的尾羽……——美艳得让人难以描述和形容，以至于难以想象和思考它的成因，只能说它是上帝的创作；更表现在生命的内心世界之中——只不过我们难以与生命的"意识"对话，而统统将其归结为本能。

当然，在生机勃勃的生命世界里，也处处充满着竞争。然而，竞争并不是你死我活的斗争。就竞争的本意而言，是对自己作为一个鲜活生命体的存在价值的肯定，是对自己创造精神的自信与宣泄，是对不断进取、敢于拼搏的不屈的主动性意志力的赞美。当我们把生命的竞争归为本能即归为基因的遗传时，在事实上也就是将其归结为通过生命行为所表达出的宇宙自然规律——须知，作为万物支配者的自然之律，并不是沉默寡言的，它是通过万物来作为自己的代言人的。而且，既然竞争是生命的共同本性，那么在同类之间的竞争中就必要求竞争者对于竞争对手的竞争意识给予尊重，故而也就必派生出相应的连带产物：合作、互助与牺牲。

让我们通过对生物的性行为——这一生命的关键性主宰——的考察，来看一看从中透射出的丰富信息。

在非洲草原上，一对公羊正在角力决斗——这是一场为争夺获得众多嫔妃的选拔赛，一场公平的竞争。胜者获得了交配权，败者自动退出。但是，在选拔赛中，它们懂得竞争的游戏规则：（1）竞争应是仪式性的选拔，以不过分的伤害为基本准则。原因很简单，胜负者俱伤的结果，最后将导致共同死亡——于是，种群就会因性的遗传中断而不

复存在——这里表达的是群体利益至上的个体意识。（2）败者退出，是一种因自己性交权利的遗传基因不能保留而向胜者作转让的牺牲。但"牺牲"的背后，是让胜者去承担优势基因得以遗传的义务和责任。所表达的仍是种群利益至上的意识与行为。狼在与同伴争夺配偶的竞争中，常竖立起背上的毛（使自己显得"庞大"），直视对手（意志表达），然后咆哮着露出犬齿并猛然冲向对方（竞争中非胜不可的行为表现）。但是，这种竞争仍是"仪式"（rituals）性的，避免直接的打斗，以使双方都保持合适的状态。其缘由与前所述是一样的。

我们也在中央电视台的"动物世界"栏目中，看到过森林中鸟类求偶时丰富多彩的有趣表演：众多的鸟交替着展示自己美丽的羽毛、漂亮的舞姿和婉转的歌喉，甚至引导雌鸟去参观它的杰作：精心布置的"新房"，里面还有细心挑选的装饰——光洁鲜亮的小石子和采来的鲜花。这是雄鸟在展示自己的美与智慧。那么，为什么雄鸟比雌鸟有更为鲜艳美丽的羽毛？原因也许很简单：满足雌鸟对美的视觉要求与选择判断；鲜艳与美丽还起着对雌鸟的保护作用，因为这样雄鸟就更容易引起捕食者的注意与攻击。并且，为了养育后代，我们还看到动物的亲情和爱，看到了夫妻间的互助与合作，也看到了种群对幼小生命的保护，如此等等——这里所显示的还是一种牺牲的精神。

这种竞争、互助、合作与牺牲，是进化的必然性要求与产物。这一点，我们从前面所讲过的阿米巴细胞的例证中已经看到过：就取得食物的营养而言，作为同类的阿米巴细胞之间是处于互为竞争对手的地位的，但在食物匮乏时，这种竞争并不导致将同类杀死，因为这不利于种群自身的生存；相反，它们采取了互助合作的方式组织起来，走向了智能化的更高的序级。而一旦被组织起来，就必有分工，为了整体目标与功能的实现，个体原有的功能与目标，有些就需要限制甚至于牺牲，有些则需要进一步改造与发挥。例如，地衣是菌、藻两类植物的聚体。藻类进行光合作用制造养料供菌使用，菌吸收、保持水分和无机盐供藻类使用。这种由进化造就的固定的互助、合作、分工的关系，遍及着生命系统的各个层次，从低级生命到高级的动物直到种群和整个生态。

这里，我们丝毫也读不出什么"自私的基因"，恰恰相反，所读出的是情、爱、合作、分工与牺牲，是生命力中表达出的真、善、美，这才是俄国学者克鲁泡特金的《互助论》（*Mutual Aid*）中所表达出的思想与精神的实质。

即使是自命为进化"最高成就"的人——从大地母亲的怀抱中脱颖而出的一个特殊的物种——也同样是如此。

黄继光为什么是英雄？他文化程度并不高，但其英雄行为却被大家所接受并广为传诵,"青史留名",信息产出 dH_I 高。他早逝的青春,犹如激越的闪电在长空中划出的一道短暂而耀眼的美丽弧光。他对社会的索取少(dE 小),但精神高尚(dH_I 大),是属于高智能型的优秀人物,所以人们尊他为战斗英雄。钱学森从美国回到自己的祖国,是为金钱还是为报效祖国?我们不仅佩服他的杰出才华,更佩服他杰出的思想和人品。袁隆平的贡献以及他的人品,同样也为人们铭记和歌颂。这些科学家才是真正的知识精英,是和平年代的真正英雄!又如,孔子有钱吗?富裕吗?为宣传他的思想,一生颠沛流离,"困于陈蔡",受尽了人间的苦。但这位"仁者"却是最高境界的智者,被奉为"圣人",我们直到今天都还在膜拜他——而且可以肯定的是,只要人类不消亡,他的思想都将永远是照亮人类思想和文化前进的一盏不灭的灯。再如,耶稣富有吗?他不仅不富有,而且最后被钉在了十字架上。但他伟大的牺牲与伟大的爱为万世万人所敬仰,所以全世界都为这位伟人过"圣诞节"——因为这一天,人们会复诵他的教导:互助、友爱和分享。

为什么不同的地域、不同的社会都具有相同的评价标准和价值尺度?就是因为我们人类是进化的产物,支配生命进化的自然规律已刻在我们的基因里,成为了永不消逝的最根本性的记忆!正是这一记忆,使得我们在人类的深刻困境中看到了一丝希望。也正因为如此,所以同是商人,作为"儒商"代表的山西钱商为我们所称道,现代的杰出商人李嘉诚、比尔·盖茨为人们所敬重;而"为富不仁"的商人却为人所不齿。为什么呢?"富",占有的财富多,即 dE 大;"不仁",输出的信息 dH_I 很小,其结果是(11-182)式中的分母很大而分子很小,即智能度非常低——所以那些只知盘剥穷人、唯利是图、每天挺着个大肚子摇头晃脑得意洋洋的思想和行为,不被人们认同和接受。因为作为进化高级产物的人类,是以高智能作为资本和骄傲的,所以瞧不起那些为富不仁的商人。

但不可否认的是,对自己作为"最高智能型"物种出现的价值和意义的迷失,却正在使人类因自私与贪婪蒙蔽了自己的心智——他的进化方向不是变得越发地聪慧美丽,反而是越发地愚蠢和丑恶:爆炸式的物质财富增长与纵欲式的消费正在加速着维系整个生态的平衡机制的破坏,使人类作为一个整体,似乎正在步着恐龙的足迹。而随着"上帝之死"到"人类之死"的呐喊,也并没有把人类加速奔向自我毁灭的脚步止住。疯狂的社会和疯狂的人类到底是怎么了?人们不得不去思索。

然而遗憾的是,以"终极关怀"为己任的哲学却退却了——哲学走进了"贫困化"的泥潭。由于哲学的贫困化,又必使得传统的社会科学的发展也陷入了贫困化。正是在这样的困境中，"社会生物学"应运而生，其中最著名的是威尔逊的理论，它被美国著名社会学家丹尼尔·贝尔列为战后 25 年间西方社会科学四大进展的首位。它所主张的生物主义是在脱离人及其社会的自然属性这个根所构想的社会学理论纷纷"落马"之后的必然性反思，意在将人与动物及其他生物拉平，从对生命进化和生物的本性的考察中，把社会和生物联系起来，去寻求人类和人类文化所依据的先在的根，去重识、重铸人与世界、人与人和社会以及与生态的关系。当然，一个显然的事实是：站在人的视角用传统的方法来观察人类和社会，无论以怎样的善良之心来审视，最终也还是人的主观的理论作品。所以，为克服上述认识论基础上的毛病，梅恩主张将还原论改造为"本体论的还原论"来作为方法论基础。

可以说，社会生物主义的本体论还原论相对于传统的"人的社会理论"而言，是一个真正的进步。但是，如果生命与进化的来自自然规律的根基尚未找到的话，认识生命的本质就缺乏了更坚实的基础。也就是说，既然宇宙中的一切现象，包括人类的精神在内，都是具有物质基础的，那么作为"物质"，就应当服从同样的物理规律，也应当可以通过科学的分析，得到更深刻的理解。由此可见，接过人们手中的接力棒，站在自然规律的立场上来考察生命的进化，才有可能从中折射出生命的价值和意义，从而寻找到我们人类及其社会所依据的先在的根。这样，我们才有可能走出人类认识论的误区，走出人类的困境。

五、华夏文明的复兴是当今人类社会进化的必然要求

对人类文明的历史，社会学家有自己的审视方法，物理学家也有着自己的视角。在后者看来，尽管人类具有自己的意识和创造力，从而使得人类文明的发展，从表面上看紧紧地依赖于人的主观意识、意志和创造性；但是，人类及其社会作为一个有机的生命体，不可能不遵从生命进化的自然选择法则。亦即是说，在人类历史的背后，仍有着铁的规律性制约：自然规律的不可抗拒的意志力！

当然，和任何有机生命体一样，人类及其社会这个有机生命体在进化中同时也有退化。世界上有许多显赫一时的庞大帝国，都在时间风雨的冲刷中一个接一个地轰然崩塌。可令人惊奇的是，在东方这片神秘的土地上，作为人类文明摇篮的"四大文明"之一的华夏文明却成了唯一的例外——她绵延不绝，从未中断，迄今仍屹立在东方的地平线上。不过，近代以来，中国曾落伍过：西方殖民主义者的坚船利炮终于砸开了中国的大门，使中国从此陷入了长达 100 多年的灾难与痛苦之中。

然而，华夏儿女却并没有就此屈服或沉沦。相反，他们擦干了身上的鲜血和脸上的泪水，坚强地站立起来，立即开始了艰难的复兴之旅——义无反顾地追寻着心中的这个历经了屈辱之后的沉重的梦。为了实现这个梦，优秀的中华儿女一代又一代地思索、探寻、奋争，不惜流血牺牲，虽历经过多次失败但仍前仆后继，不屈不挠，无怨无悔……正是这不断地追寻与探索、奋斗，才使得我们终于走出了困境，重新傲然屹立，使得华夏大地有了今天的初步繁荣，并让华夏文明重放异彩。

现在，我们正在中华崛起的路上奋进，这一崛起同样也是华夏文明的崛起。因而，我们应该认真地总结思考一下，从人类社会进化和文明发展的角度看来，在我们百多年来的寻梦过程中有些什么样的经验教训？华夏文明究竟是不是一个特殊优秀的文明？为什么华夏文明能够不像历史上曾经存在过的其他文明那样被打断？为什么华夏文明要重新复兴？华夏文明的复兴将给全球社会这个全人类的共同有机生命体带来什么？

在进行这一思索时，我们不能不注意一个事实：当西方的炮舰把我们从"优秀文明"的高傲中震"醒"的时候，我们也曾经被震"慑"过——在其后的"百年反思"、"百年问路"的探索中，我们曾经几乎总是在不断地否定自身文化和文明而一味地求教于西方——这不能不说是一个惨痛的教训。正如香港的袁尚华先生深有体会所言：

> 在文化交流的过程中，如果我们只是被动地接受西方文化及其潮流的影响，甚至只是盲目地唯西方所是，则我们不单会丧失思维力、批判力，更严重的是，我们将会迷失方向，丧失我们自己，丧失我们中国传统的宝贵文化。面向21世纪，作为中国人究竟应如何自处？面对我们传统文化，中国人究竟应如何重新站立？面对西方文化、西方潮流的强大压力究竟如何回应？
>
> 过去百多年来，我们自己用太多的力量去作自我批判，在批判我们自身文化的诸多不是，甚至将一切罪恶都推到了中国文化身上，妄自菲薄，在精神上先自我放逐，再向西方沿门托钵。对于中国人来说，这150年的历史实在是太痛苦了，邯郸学步，受苦的是自己。现在，是扭转这种思维的时候了。这不是说我们要否定西方文化，排斥其价值，而是在接受它、输入它、实现它之前，必须先深入了解它，甚至先超越它，先要对它有一涵盖的精神，我们才不会丧失志气，为表象所迷。[1]

---

[1] 袁尚华：《现代多元文化中的"平面化"问题》，转引自祝瑞开主编《儒学与21世纪中国——构建、发展"当代新儒学"》，学林出版社2000年版，第446页。

事实上，历史早已作出了它忠诚的见证：华夏文明作为唯一不曾中断过的文明，本身就说明了她的确是一种具有特殊优越性的文明。对于其原因，深入到文明的内部去考察是极其复杂的，也是多角度的。例如，我们可以从人的行为的角度来考察——遵从着孔子的教导，中国人历来注重"己所不欲，勿施于人"，认为人类社会应以"仁"、"和"作为凝聚的力量。在按照上述的行为准则组织社会时，互助、协作、分工就是符合逻辑的要求。而在分工中，也就必有个人权利的获得，同时还有"转让"，即所谓的"牺牲"——沿此思路去考察，人们对华夏文明的"先进性"也会有新的认识。

　　但我们觉得这似乎还不够，因为最深刻的回答在于对"理"的揭示之中。当上升到"理"、即上升到"规律"的高度看问题时，一个毋庸置疑的事实是，世间的一切都是物质性宇宙发展演化的产物，遵从宇宙发展演化的统一的自然规律。而自然规律是什么？是真理。既然是真理，就具有普适性，所以在时间上就具有长存性。将华夏文明的"长存性"与真理所具有的"长存性"在自然规律的基础上关联起来，就可以获得一个明确的答案：华夏文明不曾中断的长存性寓于该文明是一种符合自然规律的文明，是经自然选择法则筛选出的文明——它已经不单单是一种符合逻辑的推断，且已经被作为基本自然规律的"进化方程"所印证！

　　现在就让我们从生命和人类及其社会文明进化的角度来较详细地谈一谈这个问题。

　　在本书中，我们曾得出一个基本结论：有机的原始生命起源于无机的物质，这是在地球这个特殊环境下自然规律的必然。自原始生命产生之后，生命的主动性与创造性就获得了充分的张扬，它们既促成了物种的必然进化，又创造了与之相应的地球生态环境——地球生态环境是无数生命的集体创作，它是与地球之外更大的环境和条件，特别是与作为"信息能流"输入者的太阳父亲，紧密相连的——生命就是太阳父亲和大地母亲孕育出的孩子。也就是说，正是自然规律在支配着万事万物的存在及演化，也包括生命、生态等有机界的演化。同时，生命在进化过程中通过"学习"也在应答着自然规律：学习所获的心得，主要通过基因的变异、由自然规律的筛选来加以贮存。亦即是说，被筛选出的、被自然法则所肯定了的物种，就将自然规律"刻"在了自己的基因之上，也就刻在了本能之上——通过本能性行为表达生命对自然规律的"认识"、遵从与应用。也就是说，这时所获得的是一种"本能性意识"，我们将其称之为"本我性意识"。该意识虽已经知道必须如此，但却还不知道为什么必须如此，处于一种非理性的"感知水平"上。但是，由于本我意识刻着自然规律，故而刻着生命的意义，所以它才是生命精神归属的真正家园。

那么，生命进化的缘由及其真正意义又是什么呢？

我们知道，作为一个开放系而进化着的生态环境，既被无数生命所创造，又在筛选着不同的物种：只有那些不仅懂得自己参与竞争、参与创造，且又懂得在这个大的生命体（地球的总的生态环境）中遵从内在自然法则——互助、协作、分工，既享受生命的意义又贡献生命的价值——的物种，才被保留下来，形成了一个金字塔式的进化阶梯。据估计，全世界现存生物大约为 500～1 000 万种（被记录的只有约 150 万种）；地球生物圈全部活物质更新周期平均为 8 年。生命体通过自己的种种功能，维系并净化着地球上十分宝贵的生态系统。

在这个生态系统中，如果按食物链的"生产者"、"消费者"模式做简单的划分，处于最基层的"生产者"是地球生命大厦的基础，一旦抽掉它，生命大厦就会立即崩塌。处于上层的"消费者"是一个相互关联着的生物群体，它们是维持生态有机动态平衡的制衡者、即组织者。人类就是从"消费者"中的一员进化而来的，处在这个"群体"的最高端。

应当说，如果进化出人类是自然上帝的指令，那么这种"指令"就应当赋予人类的出现某种深意：在这个共同的生态家园中，作为从"消费者"中进化出的人类物种，不仅应如其他物种一样，既是这个为所有生命所共同拥有的家园中的享受者，也应是这个家园的建设者、管理者。人类在有着不可推卸的义务与责任之外，似乎还有着更为独特的生命意义——这也许才是"上帝"创造人类的本意。

那么自然上帝是通过什么样的途径向人类传达出他的指令呢？指令的本意又是什么呢？为此我们不得不去追究是什么创造了人类，与别的物种相比，自然上帝赋予了人类什么样的特别功能。

按多数人的说法和较为可信的证据，人是从猿进化而来的。但又是什么力量在推动着这个进化的历程，从而必然产生出一个特别的人类物种呢？较流行的一种说法是"劳动创造了人"。但是这一说法经不起推敲，因为任何生命体事实上均在"劳动"，不劳而获在生物界是不能生存的——除极特殊的反例（例如某些退化了的特殊寄生物种，包括植物性的和动物性的寄生；这是为进化方程和能量动态平衡下的守恒律所允许的，因为在能量输入、输出达到动态平衡后，一个大的系统内的各组元可以结成一个能量相互转换的内转换系统，但是仍有能流的耗散输出，存在涨落，故极少量的寄生可能存在，但只是特殊的反例）——所以说，以"劳动"为标尺，是不能将人类从动物界中区分出来的。于是，人们又称人类的劳动不是动物那种仅依靠自身机体的劳动，而是依靠工具的。

在它也被理所当然地论证为不成立之后，人们则进一步将说法改换为："人类是依靠自己创造出工具的劳动来创造自己的。"

但是，这一先验命题仍不成立。

这是一个实验：猩猩关在笼子里，在高高的笼顶上有香蕉，但猩猩够不着。在笼里放有大小不等的木箱；猩猩会把大箱子放在下面，小箱子放在上面，以完全符合力学原理的堆放方式，搭起一个台阶，然后借助台阶这个"工具"，拿到香蕉。显然，在这里猩猩运用了"组合原理"也同样"创造"出了"工具"。猩猩还会"钓蚂蚁"：它折一段植物，粘上自己的唾液，伸进蚂蚁的洞穴里把蚂蚁"钓"上来吃。须知，这个工具同样也是经"创意"后的组合式工具，故而也是"创造出的工具"。

不久前研究人员在南美洲发现了一个猴群，其智商和创造性甚至远远高于大猩猩。研究人员发现，猴王会去找合适的石材，然后用力地摔向坚硬的石板，让它分成片状的小块。猴子们用这些片状的小块制成"刀"，用它来切割食物，然后拿到河里洗净后食用。有一次，在树上玩耍的小猴遭到了豹子的攻击。在豹子爬向树上小猴的途中，猴子们不断地扔石头去打这只豹子。由于距离远，石子小，击不伤豹子。但在豹子快要抓到小猴的一刹那，猴王急中生智，抱起一块较大的石头放在树杈上，然后搬动树杈，借树杈的弹力将石头准确地射在了豹子的头部，于是赶走了豹子。遗憾的是不久小猴就因惊吓过度，心力交瘁而死了。但令研究人员吃惊的是，猴群不仅如人类那样将小猴掩埋，还举行了悲哀的葬礼……

事实上，在生命的世界里，我们已经不断地看到过各式各样的生命所创造的奇迹，看到生命的劳动与智慧：蜘蛛会编织出设计精巧的网，依靠网这个工具捕食；河狸会犹如高级的工匠一样"筑坝"，以修筑出一个"池塘"，靠池塘的自然养鱼来维持生计；蚂蚁会"种植"蘑菇；会发声的动物几乎都有"语言"；猴群、蜂群、白蚁群等是精细分工合作的"有组织的社会"；猩猩、猴、海豚等很富于"创造性"；马等动物会"识数"……以上的事实已经以十分明确的方式否定了"创造＋工具"的"劳动创造人类"的说法。

那么，究竟是什么创造了人类？要寻找出正确的答案，就应找出是什么样的完全不同于动物的因素促进了人类的出现与进化。而在追溯人类进化的轨迹时，我们看到了"火"和"原始宗教"。

人类是唯一掌握了"火"的物种。火的广泛功能不仅促进人类的脑容量增大、智商提高，而且使得人类在复杂的丛林环境中赢得对于其他物种的独特优势——对人有威胁的所有其他动物都怕火。这就使得人类在竞争中赢得了对于所有其他物种的胜利。但也正是由于这一"胜利",使人类产生了对"我"的某种放大了的肯定,开始产生了挣脱自然束缚的一种新的意识——"自我意识",并随着它的出现把"本我意识"压入到了意识的最底层。

"原始宗教"的诞生,是人类彻底从动物之中分离出来的分界线,它徐徐地拉开了人类文明进化史的帷幕。"原始宗教"的诞生也标志着"原始科学"的产生——这是因为科学的核心命题("因-果")这时也已经被提出——出现了科学的最初思维与原型:占星术问的是宇宙的"因"与人间事物之"果"的关联;一些原始部落中的巫师,其主宰权利也来源于他能面对部落的问题("果")给出一个"因"——哪怕他的因果回答在我们现代文明人看来近乎荒唐,解决的方法也很血腥和残酷。可以说这些"占星家"、"巫师"等,正是现代知识分子的始祖:占星家是现代天文学家的先辈,巫师则是现代医生、心理学家的最初原型。所以,透过原始宗教的神秘色彩,我们看到的是体脑分工的原始骚动,听到的是人类初民认知自然的原始呐喊。正是由此出发,才展开了一部以认识自然规律、应用自然规律为目的,围绕科学中轴线所表征出的人类文化发展及其变革的历史,一部人类及社会的文明进化史。在这一进程中,人类个体不过是创造和延续文化的载体;而知识阶层登上舞台,更使得人类文化和社会呈现出加速发展的趋势。

此后,从动物中彻底分离出来的人类并没有停下文明发展的步伐。随着人类生产、生活方式的日益复杂,人类对自然科学和人文社会科学认识的日益丰富,于是"文化意识"作为一种"显意识"就成为人的一种更主要的意识,正是它把"自我意识"和"本我意识"压入记忆的深处而成为"潜意识",其中"本我意识"又处在意识的最底层。这既是人类的"进化"——我们去认识规律了;但又是人类的"退化"——"本我"这个与自然最贴近的意识被压入了底层从而被关在了意识的深处,它使我们在认识论上离自然反而越来越远了。

由以上的简单分析可见,人类文明的进化历程同样也是自然进化规律作用下的必然。不过,由于地缘不同和文明发生、发展的初条件(历史)不同,不同地区人类文明发展的轨迹却是很不一样的。如同一切生命体一样,它们的命运和归宿同样也将经受自然法则的筛选与淘汰。

我们现在之所以要提出文明复兴的问题,是因为人类曾取得过巨大的成就,但也走过弯路。前面我们曾经提到,人类文明的进化过程是以"离自然规律的根越来越远"为代价的。正因为如此,当人类走过一段进程而感到认识论和哲学枯竭之后,就又必须回头看,去向古文明学习和请教。西方对希腊、罗马文明的"文艺复兴",就是这种"请教"。这一次"回头看"导致了以机械唯物观为认识论基础的现代物理学的兴起与快速发展，促进了工业革命的兴起。但是，这次科学革命也把精神和物质分成了两半，在造就巨大工业文明和财富的同时，也造就了殖民战争的血腥、两次世界大战的残酷；造就了人口的大爆炸、生态的急剧恶化，使得地球上的生物物种以平均每天约一二百种的速度消亡；造就了越来越富的亿万富翁，但相对贫困化却在加速发展——2%的富人占有了50%的财富，而50%的穷人却只占有2%的财富……试问：这样的文明发展方式可以长存下去吗？是为自然法则所允许的吗？当然不是。所以，人们又必须回头看，再向古文明学习和请教——这是当今华夏文明，乃至东方文明复兴的原因之一。

那么，这次复兴究竟是中国人自作多情地提出的假命题，还是人类必须做出的符合规律的选择？下面我们摘录美国著名物理学家卡普尔的几段话来作为回答：

笛卡儿的哲学不仅对于经典物理学的发展具有意义，而且对于直到今天的西方思维方式也具有深刻的影响。笛卡儿的名言"我思故我在"，使得西方人把自己与思维等同起来而不是与有机体等同起来。这就把存在于身体"内部"的自我分离了出来。而从身体分离出来的思维徒劳无益地想控制它。这就引起了有意识意志与无意识本能之间的明显冲突。每个人按照他的活动、才能、感情和信仰等进一步分割成大量的分离部分。这就卷入了无穷的冲突。这些冲突则不断产生形而上学的混乱和挫折。

用东方的观点看来，把自然分成不同的对象不是根本性的，任何这样的对象都具有永远变化的性质。……宇宙则被看成是一个不可分割的实在，它永远在运动，是有生命的有机体，同时是精神的又是物质的。

东方哲学的有机的、"生态的"世界观无疑是它们最近在西方、特别是在青年中间泛滥的主要原因之一。在我们西方文化中，占统治地位的仍然是机械的、局部性的世界观。越来越多的人把这看成是我们社会广为扩散的不满的根本原因。有许多人转向东方式的解放道路。有趣然而并不奇怪的是，被东方神秘主义所吸引的人向《易经》求教……他们把科学和物理学看成是难以理解的狭隘的科学，它要对现代技术的所有邪恶负责。

最后，卡普尔所得出的结论是：

大部分当代的物理学家并没有意识到他们理论的哲学、文化和精神方面的含义。

他们中大部分都在积极支撑一个仍然以机械世界观框架为基础的社会。他们并没有看到科学已经超越了这样的观念而走向一体化的宇宙。其中不但包括我们的自然环境，而且也包括我们人类自己。我相信，现代物理学所包含的世界观与我们目前的社会是不一致的，这种社会并没有反映出我们在自然界中所观察到的协调的相互关系。而要达到这种动态的平衡就需要一种完全不同的社会和经济结构。这是一种真实意义上的文化革命。我们整个文化能否生存下去就取决于我们能否进行这种变革。它最终取决于我们采纳东方神秘主义某些阴的态度的能力，要有体验统一自然和协调生活的艺术。①

卡普尔在其著作中，除了用东方神秘主义为"测不准原理"、"相对性原理"解脱的部分之外，其他的观点是很有见地的。他生动地描述了我们所生活的这个大变革的时代，认为这是一个相互关联着的整体文化变革，当然也包括物理学的变革——它事实上是变革中的最敏感的指针，犹如工业革命之于经典物理学一样。而在这次势必发生的大变革之中，华夏文明乃至东方文明的复兴是必然的。

有趣的是，在这场物质与精神相统一、物理学与生命科学相统一的物理学的必然性变革之中，作为最初的尝试与努力，SSD 的全部思想和哲学基础，都来自于华夏文明的思想宝库——它把"道法自然"和"阴阳根本律"全然地表达在了定律的方程之中，但是却并没有抛弃西方原有的机械唯物观之上的理论，而是将其统摄和包裹在了一个更深的东方的思维之中。这也许是一种暗示，东西方文明的思想并非是水火不相容的，恰恰相反，当把西方文明的思想和成果纳入东方文明之中，反而促进了东方文明的发展而走向了更高的境界。

正是在这样的意义下，全球化推动下的中国的崛起，就应纳入到华夏文明复兴的自然规律之下来思考。这样我们就会看到，中国的崛起不仅仅是经济的崛起，更是文化和文明程度提高的崛起——然而，我们在这方面的理论研究以及更富开拓思想的前瞻性思维，却显得十分薄弱，这就使得我们的目光似乎还不够远大与清楚，常常处在一种被动的局面下。当然，这并不是没有客观的原因——这一伟大的变革，似乎完全超出了"改革开放"时预定的目标和当时的期待，是理论界未曾充分预计到的，所以理论的滞后在情理之中。不过，我们似乎到了该有成熟理论来作答的时候了。因为在吸收了西方文明

---

① 灌耕编译：《现代物理学与东方神秘主义》，四川人民出版社 1983 年版，第 10～11、12、13、244～245 页。

之后的华夏文明的复兴，将给世界带来什么，不仅是中华儿女正在思考和欲求得的答案，更是全世界、特别是怀着焦急与恐惧的西方急需求得的答案——我们相信，这个答案是美好的，是充满希望的。

由于用进化的规律去谈华夏文明的复兴以及当前世界的大变革是一个宏大的题目，所以这里不能深入讨论与展开，而留给以后的专著再论述。

六、小结

需要说明的是，在上面我们对生命和进化的讨论中，没有更细致地描述和追究微观过程。之所以如此，一是因为目前我们对众多微观过程的了解还是相当有限的，可供提取的、为我们讨论的目标服务的信息有限。二是因为深入到微观，例如从化学的角度写出一大堆反应式来描述，专业人员早已熟悉它，无须我们介绍，而非专业人员却又看不懂，故干脆不作讨论。三是因我们最主要的目标是把进化纳入自然规律的统一尺度下来考察，以便揭示出生命意义的真谛。我们希望从生命意义的真谛的体悟中，找到属于生命力也属于我们人类自身的"本我"——这不是因为别的，而是因为我们是从动物进化而来的，我们挣不断与动物、从而与自然相连的脐带，无论你如何自命为"高级"或者"高贵"，也逃脱不掉自然规律下的宿命。而认识命运就是认识规律。当且仅当我们认识了规律，才能遵从规律并正确而合理地应用规律，从而真正成为掌控自身命运的主人。

科学是一个在继承中不断变革、甚至发生革命的进程中逐步完善的进化着的知识体系。在科学进化的过程中，有着许多被人们称之为"科学革命"的重大事件。然而，在所有这些事件中，以牛顿力学为代表的经典物理学革命和以达尔文进化论为代表所推动起来的当今的生物科学革命，是人类科学史上最伟大的、不可替代的科学革命。这是因为前者开创了对"物质"的自然规律的探究，后者开创了对"精神"的自然内涵的追问。正是有这两者作为基础，一场"物质"与"精神"相统一的新的科学革命才必将在21世纪爆发。这是科学发展的内在必然，也是深陷困境后人类的期盼与呼唤。

王亚辉在他的文章中表达了他对该问题的类似思考："牛顿的经典力学把宇宙统一为一个整体，却把我们的世界和文明一分为二：物理世界和生命世界，物质文明和精神文明。主要基于物理科学和工业现代化物质文明高度发展的结果，出现核战争的威胁，人口爆炸和生态日益恶化。……'解铃还须系铃人'。对生命和复杂系统的思考和探索，使一些有远见的理论物理学家开始反思，如何消灭物理学和生命科学之间的鸿沟，能否用物理学的观点来全面解释生命及其进化过程，以实现自然科学的大统一。"这对于

"在实现物理科学和生命科学的统一，自然科学和人文科学的统一的历史使命中，在推动人类思维的发展中，无疑将起越来越重要的作用"[1]，这是很有见地的思想。

物理科学与生命科学相结合，精神与物质相统一，必成为 21 世纪科学发展的方向和研究的重大论题。它将深深地影响着人类的生产和生活方式，影响着人们的思维和对人生意义的重新认识——这一影响已经开始显现——它犹如东方天际透射出的一抹亮光，将把生命照耀得更加亮丽，将给人类社会带来新的希望。那就让我们去迎接它，迎接这一场势必爆发的革命吧！

---

① 王亚辉：《生物学与人类进步》，转引自傅世侠、张钧主编《生命科学与人类文明》，北京大学出版社 1994 年版，第 1 页。

结 束 语

（一）

与所谓的"哲学贫困化"和"后现代主义思潮"——它们正在使得哲学被逐步"空心化"——不一样的是，我们认为哲学作为"总科学"的地位依然是存在的和稳固的。所谓总科学，指的是哲学作为一个公共核心的组装作用及其指导性价值，并不是让各学科再回到哲学这个母胎中去。我们之所以这样说，是因为哲学的本体论以及对人类命运的"终极关怀"等命题不是什么伪命题，而恰恰是客观存在的，是科学和人类急需解决的根本性问题。而且，本体论作为哲学的核心与灵魂所在，是不可能被哲学从自己的辞典中抹去的——也正因为如此，哲学的指导性作用才不容诋毁。

我们不是哲学家，不可能在这里对哲学的众多问题作深入的讨论。我们只是凭着自己粗浅的体会，感觉到哲学会给人以智慧，会让人的眼睛更亮，能让人在纷繁的问题中抓住核心与实质，把自己的研究与思考引向正确的道路。

但是，如何把哲学的指导具体化呢？在本书中，我们解决这一问题的办法是在向哲学求教后，根据物理学的实际提出了检验理论的 5 条标准（即"C 判据"），由此将哲学的指导性作用具体化。这一转换不仅给了我们全面而科学地评价理论一把度量标尺，也给我们思考问题提供了指导的依据，使 C 判据成为了本书的中心指导思想——也正是通过它，才使得哲学的指导性作用贯穿了全书的始终。

另外，按照哲学的本体论探求的精神，我们应当去探求那"终极"的存在。然而我们知道，尽管"终极"是存在的，但以人类的语言和有限的认识去达到终极却永远是不可能的——虽然我们不能因终极的认识达不到就否定终极的存在。"道可道，非常道"，讲的就是这个道理。也正因为如此，科学才能成为一个进化着的有机生命体，成为一株永不言衰的长青之树，科学理论才能在继承中不断向前发展；而推动科学发展的动力，则在很大程度上取决于对原有的理论提出质疑和挑战——这是科学发展的常态，本身并不是什么值得大惊小怪的事——当然，这种挑战和质疑应当是实事求是的。

正是受到探求"终极"、"发展科学"的强烈愿望的驱使，才使得我们在本书第2编中对物理学革命进行了认真的回顾与分析。其中对量子论和相对论的分析尤为重要，因为量子论和相对论是20世纪物理学的两根基本支柱，它们不仅取得了一系列重大成果，成为20世纪物理学的革命性标志，而且都成为了许多人心中的信仰。然而，当我们从"信仰"中走出来，却会发现在其巨大成功的外在表象下潜伏着深刻的危机：一，量子论和相对论均将"主观介入"带进了理论的基点之中；二，它们均存在一系列于理论的自身框架内无法克服的根本性困难；三，不仅相对论和量子论，而且整个物理学均无力面对来自生命科学和人文社会科学的强有力挑战。上述三个问题是紧密关联着的，只不过是同一原因在不同侧面的反映而已。

如何去分析和克服上述困难呢？科学理论常用的思维是科学家去拷问自然。然而，当出了问题的时候，就不能再用上述的方法了；而应当倒过来，从拷问自然转向拷问科学，进而从拷问科学再转向拷问科学家自身——即拷问人。正是按照这一思路，我们发现上述三方面困难的根源出在理论外在表象背后的思想，即我们的认识论上，其核心是"主观介入"——只有它才是"因"，其他的都是"果"。如果"因"上的困难未得以克服，只在"果"上做文章，一头栽进数学表象中，只去做一些修修补补的工作，是解决不了根本问题的。

那么，"主观介入"对吗？它显然是不对的。因为存在一个明白无误的事实：自然及其规律是先于我们人类的出现早就存在着的。于是，我们在认识自然时，显然就不能以"人"作为参考的基准。为什么物理学不能面对生命科学的挑战？从认识论的角度讲，是机械唯物的认识论的缺陷所致；在某种意义上，又可以把这一"缺陷"理解为人把自己凌驾于动物及其他生命之上，位置没有摆对头。位置不摆对，又怎么能与其他生命体沟通以了解它们呢？这也就是说，要克服机械唯物论，就应当把人与动物及其他物种放在同一个天平上：无论是人、动物或其他一切物种，大家不过都是同一种东西——"物质"；在自然规律面前谁都没有任何的特权，都应当遵从相同的基本自然规律。由此出发将思维再向前推进一步：既然不能以人作为参考基准，当然也不能把基准构建在任何物质的实在之上。然而除去物质之后，剩下的是什么呢？只能是一个非物质性的"空"。用物理学的话讲，就是存在一个空而静的绝对参考系，只有它才是一个优越的参考基准——其"优越"就在于排除掉了任何主观片面性及对物质认识的不完全性。

这样我们就有了第一条基本结论：

世界是由非物质性的"无"（即"虚空"，也就是"阴"）与物质性的"有"（即"实在"，也就是"阳"）组成的。正是物质性的"实在"在"虚空"中的运动、作用及演化，才产生出了我们这个林林总总的大千世界。当且仅当我们站在"空"而"静"的绝对参考系来考察时，才能去掉任何人为性，甚至去掉任何动物或任何"物"的特殊性，从而才具有完全纯客观的认识；以此为参考基准，才可能使得物质（无论是"死"的物还是"活"的生命）以及其运动（无论是简单的机械运动、系统的有组织结构的运动、生命体的有意识的运动还是人类历史的演进运动）和演化规律，无一遗漏地被凸显出来，从而使得规律真正显示出其纯客观性，只有这样，对世界的认识才是统一而完整的。

那么什么是物质呢？该问题在本书中已经作了回答，这里不再重复。若仅从物质存在的方式提问，则归结为回答物质以什么样的最基本的形态存在。通过考察与实证，我们获得了一个统一而准确无误的基本结论：粒子（系统）是物质存在的最基本形态，并严格论证了存在不可以被再分割的最基本的粒子——我们将其称之为"元子"[1]。

于是，我们就有了第二条基本结论：

粒子（系统）是物质存在的最基本形态。存在不可以再被分割的最基本的粒子——元子，它既是构成物质系统的最基础的单元，又是传递力场（相互作用）的最基本的载体。

上述两条结论的得出，是本书前三章的基本内容。本书只有上述两条基本结论。这两条基本结论是本书的立论基础，其后的一切推论均是由它们派生出来的。因而，这两条基本结论就是"源头"。而在溯到源头上看问题时，问题就变得非常简单，也非常本质了。以上我们所进行的哲学思考，所依据的哲学基础就是作为最高哲学成就的"道法自然"和"阴阳根本律"，它是我们华夏文明的整个认识论的最直接和最深奥的根基。

以上述两条基本结论为依据，我们考察了物理学的各领域，并且获得了无一例外的

---

[1] Cao Wenqiang. To Ovevcome The Basic Difficulties of The Statistical Quantum Mechanics. Chinese Academic Forum，2005 (6)：37 –44.

实证成功——由此纠正了物理学中的一系列认识上的不足和缺陷。这些构成了本书第 3 章至第 8 章的内容。特别值得一提的是，人们已经运用粒子模型建立起了对力场微观机制的认识，并且已经获得了计算与实验成功。这一认识，已经超越了传统的认识，包括爱因斯坦用"几何化"模拟手段对引力的认识。目前人们热衷寻找的所谓"暗物质"、"暗能量"，如在第 7 章所讨论的，事实上就是在寻找提取了牛顿引力相互作用之后的剩余的来自元子的对力场的贡献。这种贡献产生的效应也许可能被观察到，但作为载体物质基础的元子我们却抓不住——因为若抓得住，即意味着我们可以作元子 - 元子碰撞实验，但正如本书已论述过的，这却是不可能办到的。至于量子场论中的所谓"传播子"，不过是由元子所构成的物质性背景空间的激发模式。

在本书的第 3 编中，为了克服传统物理学机械唯物论不能面对生命科学的痼疾性缺陷，并注意到生命展开于量子力学层面（生物有机大分子及 DNA 的自复制发生在量子力学水平），我们以统计量子力学为突破口，在第 9 章中由量子变分原理导出了系统结构动力学（SSD）方程。在 SSD 非线性粒子运动方程中，"结构"是物质概念的一个具体的维度，并且物种的"主动性"也进入了方程之中。

而在第 10 章中，我们进一步由 SSD 方程导出了量子力学的薛定锷方程、经典力学的牛顿方程和热力学基本方程，从而实现了经典力学、量子力学和热力学的统一；同时，统计量子力学的基本成果也仍被继承。从而在物理学内的一个较为广泛的领域，证明了 SSD 的合理性及所取得的成功。

在第 11 章中，我们又将 SSD 推广应用到了生命科学领域，较成功地解释了活的生命自组织问题、生命自复制的动力学机制问题，以及意识和精神的物质性问题。进而，定义了描述进化序级的基本量，由 SSD 方程推导出了描述生命和物种进化的"进化方程"，为正确理解"进化"，提供了以自然规律方程为基础的一系列新的认识，它既支持了达尔文的进化论，又纠正了其认识上的欠缺和失误。在第 11 章中我们还谈道，人类社会作为一种生命有机体，与生命一样是关联于复杂环境之中的组织结构形态，同样应受到自然规律的制约，遵从进化方程所揭示的进化方向；否则早晚都会在自然法则的筛选下被淘汰。因此，可以说进化方程为我们理解人类文明的演进史提供了一把来自自然规律的钥匙。正是它使我们认识了：为什么在人类文明的历史中，华夏文明在长达数千年的时间里，其主要方面一直走在世界的前列？为什么一个个辉煌一时的文明及相应的庞大帝国都一个接一个地轰然倒地，成为了历史的遗迹，而唯有华夏文明不曾中断，迄今还保留着古老传统的记忆却又显示出旺盛的青春活力？这一人们长期思考而仍未穷及缘由的问题，从进化方程的规律中获得了明确的答案：尊重自然，由社会政治和文化精英主导，注重社会的和谐发展——这就使华夏文明的演进史具有了与自然规律极其相似的平行性，因而她也就是经得起自然进化规律筛选的文明。也正是由于这一深刻的原因，华夏文明在新的全球化变革时期不仅必然复兴，而且在吸收和融进了西方文明和其他文明的精粹之后，势必会闪耀更加夺目的异彩。它不仅将成为中国崛起的真正内在驱动力和强大的精神支撑，而且将为全人类文明的继续前进注入健康鲜活的新生命力。

应当说，华夏文明乃至东方文明的复兴，中国、亚洲乃至所有新兴国家的崛起，已经不单单是一个"经济现象"了，它事实上包含了更为丰富的内容和更为深远的意义。如果把中国的崛起仅仅局限在"小康"的狭隘层面上来理解，那实在是有愧于崛起和复兴的真正价值。因此，我们每一个炎黄子孙，或许都应对此有更深层次的理解，也都应对自己提出更高的要求。我们要用行动来证明：中华民族的伟大复兴，带给世界的是蓝的天，绿的水，是和谐与友爱、互助与共赢，是在缩小着贫富之间的巨大差距，是在帮助那些暂时还贫困的国家与民族，是华夏子民的每一分子都具有高尚的道德风貌和不竭的创造精神……

（二）

如何将物理科学与生命科学及人文社会科学结合起来，如何实现物质与精神的有机统一，是人们长久思考、苦苦追寻的目标。作为首次尝试，SSD 已经显示出了实现这一目标的某种可能性。当然，SSD 所取得的某些成功，只是为人们的继续探索提供了一些思想，或许最多也不过是人们走向更高阶段的一块垫脚石。因为一个明确无误的事实是：任何物理学理论都离不开模型，但模型就是近似，而只要存在近似，就必然会对理论的适用范围做出前提性的制约——这已为哥德尔定理严格证明——所以，再好的理论都不可能包打天下。

正因为如此，即使在 SSD 的内部，我们也注意到了粒子模型与场模型间的互相补充关系，注意到了决定论的认识与统计的描述间的交替作用与兼容——这是哲学上的"阴阳根本律"给我们的启示。这是其一。其二，对于 SSD，我们并不十分在意方程的数学表述，更注重的其实是它背后的思想。我们知道，SSD 所取得的某些成功，只是证明了它具有某种合理性。随着人们对问题研究的深入和认识水平的提高，或许完全有可能因采用更好的数学手段，提出更好的理论及其数学物理方程，去超越或涵盖 SSD——就类似于现在 SSD 涵盖薛定锷方程、牛顿方程和热力学方程那样。但数学方程可以被人们所超越，甚至随历史的发展而被人们遗忘，真正站得住脚的思想却永远不会被人们遗忘，而会被人们所继承——因为，唯有思想之树可以常青。

（三）

正因为"思想之树可以常青"，所以哲学获得了任何科学都无法获得的特权：唯有哲学可以"包打天下"——因为如我们在第9章中所论述的那样，思辨性的哲学处于科学体系金字塔的最顶端，居于"帅"的地位，手中握着"本体论"和"终极关怀"的王牌，具有最广泛的概括性与普适性，可以通过哲学的思辨与具体学科的适当结合，对具体学科提供最有助益的指导。然而遗憾的是，目前的哲学却正在日益走向贫困化——当然，这并不是哲学本身的问题，而是哲学家、特别是现代西方哲学家的思维方式、研究内容及方法的问题。

就思维方式而言，哲学、特别是现代西方哲学过分地强调了"理性思维"和"逻辑实证"，这一点并不是永远正确的。例如，我们将"基于物质观、认识论上的哲学本体论的正确性"［即（C_1）判据］和"物理图像的真实性"［即（C_2）判据］置于C判据的最高位置并作为物理学的真正而直接的基础，从思维方式讲，就并不是逻辑思维方法的产物——（C_1）的内容是"悟"出来的，（C_2）的产生则靠的是直觉。所以就思维方式而言，C判据是一种源自华夏文明复杂性思维的5维思维方法。然而，只要问题思考对了，就必然会满足"理性"和"逻辑"、即（C_3）判据关于"理论内概念及逻辑运行的自洽性"的要求。

然而，西方人具有强烈的宗教情结，常喜欢"绝对"，非此即彼。例如，要么是完全的决定论，要么完全是随机的非决定论。海森堡不就是如此的吗？量子力学的统计解释有其合理性并取得了很大的成功，于是他就称"与决定论分道扬镳"，并认为这就是革命。这是典型的思想方法上的单打一。当然，这种追根寻底的执着不是没有意义，只是容易走进死胡同。而这种非此即彼的程式，在高度理想化、抽象化的数学中是可以的，但在其他的领域可能就要出问题。中国人的思维就不一样。中国哲学认为"一阴一阳谓之道"，表面上"对立"的东西，实际上恰恰是可以互补和相互转化的。本书中所建立的SSD方程，其全部内容可以说均是在"阴阳根本律"的指导下产生的，它本身就是"阴阳根本律"的"产品"：方程是决定论的，但却又存在随机涨落的不确定性。正因为如此，所以由SSD就可以再现统计量子力学的结果。

我们上面关于东西方思维的不同思维方式的论述，并不是否认西方思维方法的价值，也不是否定现代西方哲学研究所取得的丰富成果。而是说从总体上看来，直线单一的思维方法存在着严重的问题；而且正是这种思维方式才将哲学引向了贫困化。这对具有东方思维习惯的中国哲学界而言是应当引以为戒的。

除了思维方法上的缺陷之外，当前的哲学、特别是现代西方哲学在研究内容上似乎也存在着毛病——它好像离实际和其他的学科越来越远了，越来越龟缩回狭小的传统领地中去搞"字纸篓"式的研究去了。而这样一来，它怎么可能发挥对其他学科的指导性作用呢？

在哲学家们面前谈哲学问题，我们似乎是在班门弄斧。其实，我们之所以要说出上述的一些肤浅感受，只是一种对哲学和哲学家们的呼唤与期待。因为无论是物理学家还是其他学科的科学家，都深感在他们的研究中时刻离不开哲学的指导。然而，在各个学科的领域中，却很少见到哲学家的身影，也很少听到他们的声音。须知，如 H. 雅梅急切呼吁的那样："所有科学必须以哲学为其公共的核心组织起来"，否则，"整个文化都会走向衰败"。

特别是在当前，我们正经历着一场全方位的重新组织和重新整合的全球化大革命。在这个大革命的大背景下，中国和东方正在强劲地崛起。而在这一崛起中，华夏文明的复兴将起到核心的作用。所以，如何与西方文明融合以提升华夏文明使之走向更高的阶段，如何提高全民的素质，如何克服前进道路上的种种困难、绕过险滩以确保中国和华夏文明的崛起以更小的代价付出来实现，是众多学科急需研究的课题。而在其中，哲学的"公共核心"和把其他学科"组织起来"的地位是别的学科所不能替代的。正因为如此，人们对我国的哲学界寄予特殊的厚望。我们相信，哲学会重新回到自己应有的位置上去挑起自己应担负的担子，这似乎也应当是哲学自身发展的内在必然。

总之，如本书的书名所标志的，SSD 既是一次物理学理论的探索，更是一次"哲学思考"。在思考中，凝聚着我们的忧患，我们的期盼，同时它也是所有炎黄子孙的期盼。那就让我们众志成城，用我们的肩膀去挑起中华崛起的重担，用我们的智慧和双手把华夏文明复兴的大旗高高擎起，用我们的努力让中华及其文明的伟大复兴早日实现，从而给世界以和谐，给大地以绿色，给人类以新的希望！

附录：有关本书的一些说明

（1）

这本书是探讨"科学统一性"的。但以往人们只是笼统地说"自然科学和社会科学相统一"等等的话，而对究竟什么才是科学的统一性，并没有精确的定义。按我们的理解，它指的是相信各个不同学科研究的对象，即各个不同领域、不同发展阶段或不同运动形态的物质，受着普遍而统一的反映其本质的基本规律的支配。换句话说，就是相信存在着对各个不同的学科具有全域覆盖性的最基本的规律。而寻找这种规律，就是对科学统一性的探索。

从结构上说，除第一章外，这本书分四大部分。

一、第九章是核心，提出了一个系统结构动力学（SSD）基本方程，作为我们所建议的反映支配各个不同领域、不同发展阶段或不同运动形式的物质本质的最基本的规律的数学表述。当然在论述中比较具体地谈到了这一方程是怎么提出来的。

二、第十、十一两章是对这一方程的"全域覆盖性"即"科学统一性"的"证明"，事实上也是想说明它的价值或者意义之所在。其中第十章是它在物理学领域内的应用，说明它在物理学内部具有"全域覆盖性"。这是通过由该方程分别导出宏观领域的牛顿方程、微观领域的薛定锷方程以及热力学基本方程（在此之前似乎世界上还没有人能完整地推导出热力学基本方程——推导不出其中的 TdS 项）来表明的——说明这一理论已经涵盖但又超越了原有的牛顿力学、量子力学和热力学理论，是一个比之更高一个层次的理论形态（而"四大力学"中电动力学的麦克斯韦方程还未来得及导出——本书的第一作者曹文强先生认为只要有时间去做，是有可能导出的，他已有初步考虑。可惜他已不幸去世，不能实现自己的这一心愿了）。同时，这一章中还以基本量子现象的解释为例，表明了它比旧理论对现象的解释更合理。

第十一章是它在生命科学中的应用。用这一理论解释了生命科学中的一些最基本的问题。而通过生命科学，才有可能把物理学的基本理论应用到社会科学中去，使这一理论的"科学统一性"更为广泛。当然对生命科学我们是外行，不过这些解释也不无道理。

三、第三至第八章是建立这一理论的铺垫。即叙述怎么会想到是这样的理论形态，理论中那些似乎是"先验"的东西是怎么来的。其实说到底不外乎是分析以前的物理学主要理论其意义在何处、还存在什么问题、为什么会产生这些问题、应当如何来解决这些问题。其中对牛顿理论的分析是关键，特别是对"力"如何理解。我们是把力看成背景空间对物体的作用的一种等效性表示的。另一个是牛顿的机械唯物论的问题。这主要是没有考虑"内力"，和力中缺乏主动性的因素。结合上面对力的理解，从而导出了牛顿的力对背景空间的作用表述不完全，有一部分背景空间的作用在牛顿力中没有包括进去，而这一部分应当是非线性的、与信息有关的、包含有主动性（与速度——动能有关）的；而且一定是"内力"，是不满足牛顿第三定律的，是与质心的运动相耦合的（这才能造成"质变"和结构层次的递进）。

其他如对经典电动力学等的分析，主要是为了印证物质性背景空间的存在，等等。在此略去不再多说。

四、还有一个第二章，主要是哲学上的意义，提出了一个新的理论评判标准，也提供了对物理学理论进行剖析的工具。

由上可见，这本书的论述在结构上已经构成了一个完整的体系。

（2）

这个理论说穿了很简单，其实就是对牛顿原理（第二定理）进行了修正。牛顿在建立第二定理时，所说的"力"是想包括自然界所有的力的。但事实上却不是这样。由于第三定理的制约，所有的内力都两两抵消了，起作用的只是外力。所以，我们可以把所有的力分为两类，一类是满足第三定理的力，第二类就是不满足第三定理的力。既然牛顿原理没有把第二类力包括进去，要使牛顿原理成为真正普遍的原理，就要补充进第二类的力。我们在牛顿方程中补充了这个力，就完整了，使之成为了一个真正普适、覆盖范围更广的原理。

不满足第三定理的力有没有呢？当然有。例如电磁（而不是静电）力以及涉及耗散过程的力都是不满足第三定理的。

我们新补充的这个力具有什么特点呢？从方程中可以看出，它是非线性的、与动能（速度）有关的、与信息有关的。这就使得它虽小却十分重要。因为现代科学已经证明，线性只是一些特例，一种近似，世界在本质上是非线性的。加进了这个非线性项，就使牛顿方程变成了非线性方程，才能真正反映非线性的世界。要知道线性（等比例放大或缩小）只能带来量变，而非线性（各部分不是等比例放大或缩小）才能带来质变。不断发展变化着的世界只有用非线性方程才能正确描述。另外，速度是反映事物自身现在状况的量，牛顿的力是与速度无关的，在这样的力作用下，事物将来的状况（用将来的速度反映）是与现在的速度无关的。将速度带入力中，将改变这种情况，使得物体将来的速度与现在的速度有关，这就反映了主动性：将来的处境取决于现在的努力。再者，我们新加入的这个力是与系统科学所讲的"信息量"呈正比的，因而反映了信息是一种"力"，即将信息带入了物理学的方程之中，这才有可能解释作为信息的发展产物的精神（信息—意识—精神）的作用，才有可能将自然科学与生命科学、进而社会科学相统一。

正是由于这些特点，才使得这一修正具有重大意义。例如这就可以让我们更容易理解为什么"外因是变化的条件，内因才是变化的依据"：我们新加入的这个力是"非外力"（所有的外力都可以包含进原牛顿的力中），即内力，它是非线性的，正是它才带来了质变。事实上，由于在这里，内力是起作用的（即它与质心的运动是有关的——与之"耦合"），这种耦合会带来质变，这种质变的一种表现就是影响结构层次的递进，这才有可能带来事物的进化。这也说明世界是自我发展起来的，它在自身的发展过程中就孕育了发展自身的力量，不再需要上帝的第一推动力。再举一个例子：它对热力学中熵增加原理的否定也很有意义。因为熵增加原理所预言的"热寂"（在世界不断"无序"中最终的结果）与达尔文进化论所讲的世界不断走向生动活泼（越来越有序）是明显矛盾的。比利时的物理学家普利高津用区分内、外熵并说外熵是可以减少的，从而总熵是可增可减的办法企图解决这一矛盾，建立了他的非平衡态热力学的"耗散结构理论"，并因此获得了诺贝尔奖。但他并没有说明内熵和外熵都是怎么来的，只是一种机械的划分。而我们在书中已经明确说出了内、外熵产生的原因，事实上是超越了普利高津的。

这个理论的最终原点建立在绝对空间和粒子说之上，认为世界最终是由一层一层的大大小小的粒子组成的，它们安放在一个绝对空的匣子内。这个空匣子是一个没有任何物质存在的绝对空的空间，它构成了一个参照系，成为物质活动表演的舞台。正因为它是绝对空的，所以就是没有与物质相联系的运动的，所以又是绝对静止的。而那些粒子有大有小，其中最小的是不可再分的，我们称之为"元子"。这些元子充满全宇宙，在传递着粒子与粒子之间的相互作用。

为什么会有以上认识？这是从对牛顿的"力"的分析产生的。牛顿并没有说明力是什么。他只是说力产生物体动量的改变，而反过来就是物体动量的改变产生力。从这里可以看出力其实只是一个中间环节。如果想一想两个互相不直接接触的物体，中间充满着元子，它们是如何产生相互作用（力）的呢？很容易想到两个物体是通过元子来传递相互作用的：A碰一大堆元子，这一大堆元子再碰 B，从而把 A 的作用传给 B。这个图像很简单，也很容易理解和想象。这就是我们关于元子假设的来源。

因而，绝对空间和元子，是这本书最基本的两条假设。而从这两条基本假设出发，就可以逻辑地推导出本书的所有结论。就凭这种逻辑的一贯性，也可以说这个理论是优美的。

贺恒信

2013 年 9 月 20 日于广东省中山市坦洲镇

主要参考文献

[1] 派依斯．一个时代的神话——爱因斯坦的一生 ［M］．戈革，等，译．上海：东方出版中心，1998.

[2] 爱因斯坦．爱因斯坦文集（第一卷）［M］．许良英，等，编译．北京：商务印书馆，1976.

[3] L. V. 贝塔朗菲．一般系统论——基础、发展、应用 ［M］．北京：社会科学文献出版社，1978.

[4] 刘放桐，等．现代西方哲学 ［M］．北京：人民出版社，1995.

[5] 辞海编辑委员会．辞海：第6版缩印本 ［M］．上海：上海辞书出版社，2010.

[6] B. 霍夫曼．量子史话 ［M］．北京：科学出版社，1979.

[7] 柳树滋．物理学的哲学思考 ［M］．北京：光明日报出版社，1988.

[8] 卢鹤拔．哥本哈根学派量子论考释 ［M］．上海：复旦大学出版社，1984.

[9] 董光璧．物理时空新探 ［M］．长沙：湖南教育出版社，1998.

[10] 福克．空间、时间和引力的理论 ［M］．北京：科学出版社，1965.

[11] T. S. 库恩．科学革命的结构 ［M］．李宝恒，纪树立，译．上海：上海科学技术出版社，1980.

[12] 卡约里．物理学史 ［M］．戴念祖，译．呼和浩特：内蒙古人民出版社，1981.

[13] N. 维纳．控制论 ［M］．郝学仁，译．北京：科学出版社，1962.

[14] 罗正大．量子外力——宇宙第一推动力 ［M］．成都：四川科学技术出版社，2003.

[15] C. F. von Weizsacker. 物理学与哲学 ［M］∥现代物理学参考资料（第三集）．北京：

科学出版社，1978.

[16] C. G. 荣格. 寻求灵魂的现代人 [M]. 贵阳：贵州人民出版社，1987.

[17] 陈禹. 关于系统的对话——现象. 启示与探讨 [M]. 北京：中国人民大学出版社，1989.

[18] 黑格尔. 哲学史演讲录 [M]. 北京：商务印书馆，1960.

[19] 库珀. 物理世界 [M]. 北京：海洋出版社，1984.

[20] 北京大学物理系理论物理教研室电动力学教学小组. 电动力学 [M]. 北京：人民教育出版社，1961.

[21] 北京工业大学应用物理系理论物理组. 理论物理简明教程：上册 [M]. 北京：北京工业大学出版社，1998.

[22] 汪志诚. 热力学统计物理 [M]. 北京：人民教育出版社，1980.

[23] 杰里米·里夫金，特德·霍华德. 熵：一种新的世界观 [M]. 吕明，袁舟，译. 上海：上海译文出版社，1987.

[24] 伊·斯唐热，伊·普利高津. 从混沌到有序——人与自然的新对话 [M]. 上海：上海译文出版社，1987.

[25] A. 爱因斯坦. 相对论原理 [M]. 赵志田，等，译. 北京：科学出版社，1980.

[26] 爱因斯坦. 爱因斯坦文集：第二卷 [M]. 范岱年，等，编译. 北京：商务印书馆，1977.

[27] P. G. 柏格曼. 相对论引论 [M]. 北京：人民教育出版社，1979.

[28] 周衍柏. 理论力学教程 [M]. 北京：高等教育出版社，1985.

[29] 郭硕鸿. 电动力学 [M]. 北京：人民教育出版社，1982.

[30] 温伯格. 引力论和宇宙论 [M]. 邹振隆，张历宁，等，译. 北京：科学出版社，1984.

[31] 张元仲. 狭义相对论实验基础 [M]. 北京：科学出版社，1983.

[32] 坦盖里尼. 导论 [M]. 上海：上海科学技术出版社，1963.

[33] 赵展岳. 相对论导论 [M]. 北京：清华大学出版社，2003.

[34] 加来道雄. 超越时空——通过平行宇宙、时间卷曲和第十维度的科学之旅 [M]. 刘玉玺，曹志良，译. 上海：上海科技教育出版社，1999.

[35] 史蒂芬·霍金. 时间简史——从大爆炸到黑洞 [M]. 许明贤，吴忠超，译. 长沙：湖南科学技术出版社，2004.

[36] 陈建国. 时间·空间飞船——相对论的哲学问题 [M]. 北京：地质出版社，1999.

[37] 陈绍光. 谁引爆了宇宙——引力起源与引力红移 [M]. 成都: 四川科学技术出版社, 2004.

[38] 陈汉涛. 建构在三维时空坐标系的相对论——脉络性原理 [M]. 哈尔滨: 哈尔滨工业大学出版社, 1998.

[39] 尹鸿钧. 量子力学 [M]. 合肥: 中国科学技术大学出版社, 1999.

[40] 阿尔明·赫尔曼. 量子论初期史 [M]. 北京: 商务印书馆, 1990.

[41] 曾谨言. 量子力学 [M]. 北京: 科学出版社, 1986.

[42] 朗达, 粟弗席兹. 场论 [M]. 北京: 人民教育出版社, 1979.

[43] 周世勋. 量子力学教程 [M]. 北京: 高等教育出版社, 1995.

[44] 董光璧, 田玉昆. EPR 之谜 [M]. 西安: 陕西科学技术出版社, 1988.

[45] 范洪义. 量子纠缠态表象及应用 [M]. 上海: 上海交通大学出版社, 2001.

[46] 安东尼·黑, 帕特里克·沃尔特斯. 新量子世界 [M]. 雷奕安, 译. 长沙: 湖南科学技术出版社, 2005.

[47] 余寿绵. 高等量子力学 [M]. 济南: 山东科学技术出版社, 1985.

[48] 布洛欣采夫. 量子力学原理 [M]. 北京: 高等教育出版社, 1956.

[49] 周凌云, 王瑞丽, 吴光敏, 等. 非线性物理理论及应用 [M]. 北京: 科学出版社, 2000.

[50] W. 海森堡. 物理学家的自然观 [M]. 吴忠, 译. 范岱年, 校. 北京: 商务印书馆, 1990.

[51] W. 海森堡. 量子论的物理原理 [M]. 王正行, 李绍光, 张虞, 译. 北京: 科学出版社, 1983.

[52] 卡尔·波普尔. 历史主义贫困论 [M]. 北京: 中国社会科学出版社, 2005.

[53] 赵光武, 黄书进. 后现代主义哲学述评 [M]. 北京: 西苑出版社, 2000.

[54] 王顺金. 物理学前沿问题 [M]. 成都: 四川大学出版社, 2005.

[55] 维纳. 控制论 [M]. 北京: 科学出版社, 1962.

[56] 陈滨. 分析动力学 [M]. 北京: 北京大学出版社, 1987.

[57] 赵国求. 运动与场 [M]. 北京: 冶金工业出版社, 1994.

[58] 顾雁. 量子混沌 [M]. 上海: 上海科技教育出版社, 1995.

[59] 徐躬耦. 量子混沌运动 [M]. 上海: 上海科技出版社, 1995.

[60] P. 高姆巴斯. 量子力学中的多粒子问题 [M]. 北京: 高等教育出版社, 1959.

[61] 刘克哲. 物理学 [M]. 北京: 高等教育出版社, 1999.

[62] G. H. 弗里德，G. J. 黑德莫诺斯．生物学［M］．田清涞，等，译．北京：科学出版社，2002.

[63] A. M. 奥巴林．地球上生命的起源［M］．北京：科学出版社，1960.

[64] E. 迈尔．生物学思想的成长［M］．刘珺珺，等，译．长沙：湖南教育出版社，1990.

[65] 达尔文．物种起源［M］．舒德干，等，译．北京：北京大学出版社，2006.

[66] 查尔斯·达尔文．人类的由来［M］．潘光旦，译．北京：商务印书馆，1982.

[67] 上海外国自然科学哲学著作编译组．华莱士著作选［M］．上海：上海人民出版社，1975.

[68] 田洛．未竟的综合——达尔文以来的进化论［M］．济南：山东教育出版社，1998.

[69] 傅世侠，张钧．生命科学与人类文明［M］．北京：北京大学出版社，1994.

[70] 赫胥黎．进化论与伦理学［M］．《人类在自然界的位置》翻译组，译．北京：科学出版社，1971.

[71] 阎隆飞，孙之荣．蛋白质分子结构［M］．北京：清华大学出版社，1999.

[72] 弗·乔·阿耶拉，约·亚·基杰．现代遗传学［M］．蔡武城，等，译．长沙：湖南科学技术出版社，1987.

[73] R. 道金斯．自私的基因［M］．卢允中，张岱之，译．北京：科学出版社，1981.

[74] 申农．通讯的数学理论［M］．上海：上海市科技编译馆，1965.

[75] H. 哈肯．高等协同学［M］．郭治安，译．北京：科学出版社，1989.

[76] M. 艾根，P. 舒斯特尔．超循环论［M］．上海：上海译文出版社，1990.

[77] 湛垦华，沈小峰．普利高津与耗散结构理论［M］．西安：陕西科学技术出版社，1982.

[78] 哈肯．信息与自组织［M］．郭治安，译．成都：四川教育出版社，1988.

[79] 李如生．非平衡态热力学和耗散结构［M］．北京：清华大学出版社，1986.

[80] A. C. 达维多夫．生物学与量子力学［M］．北京：科学出版社，1990.

[81] 陈国良，王煦法，庄镇泉，等．遗传算法及其应用［M］．北京：人民邮电出版社，1996.

[82] 赵南明，周海梦．生物物理学［M］．北京：高等教育出版社，2000.

[83] 金家骏，俞峰．生物化学动力学［M］．上海：上海交通大学出版社，1996.

[84] 哈肯．协同学——自然成功的奥秘［M］．戴鸣钟，译．上海：上海科学普及出版社，1988.

[85] W. B. 坎农．躯体的智慧［M］．北京：商务印书馆，1980.

［86］金观涛．整体的哲学——组织的起源、生长和演化［M］．成都：四川人民出版社，1987．

［87］王亚馥．遗传学基础［M］．兰州：兰州大学出版社，1986．

［88］郝柏林，刘寄星．理论物理与生命科学［M］．上海：上海科学技术出版社，1997．

［89］李明刚．高级分子遗传学［M］．北京：科学出版社，2005．

［90］吴乃虎．基因工程原理［M］．北京：科学出版社，2004．

［91］威廉·赖特．基因的力量［M］．郭本禹，等，译．南京：江苏出版社，2001．

［92］L. 布里渊．生命、热力学和控制论（参见 American Scientists，Vol. 33，No. 4，1949；译文载于《控制论哲学问题译文集》第一集，北京：商务印书馆1965 年版）；

［93］陶济．欧洲哲学史著名命题史话［M］．北京：北京出版社，1989．

［94］庞元正，李建华．系统论、控制论、信息论经典文献选编［M］．北京：求实出版社，1989．

［95］丹尼尔·贝尔．当代西方社会科学［M］．范岱年，等，译．北京：社会科学文献出版社，1988．

［96］李映华．物理学的几个重大理论问题［M］．广州：华南理工大学出版社，1997．

［97］胡宁．爱因斯坦的物理思想和研究方法［J］．自然辩证法通讯，1979（3）．

［98］M. 雅梅．新物理哲学含义思考［J］．王作跃，译．自然科学哲学问题丛刊，1983（3）．

［99］C. F. 冯扎克．维纳·海森堡——一篇纪念性的演讲［J］．自然科学哲学问题丛刊，1983（1）．

［100］A. Guth．暴涨宇宙［J］．科学，1984（9）．

［101］金吾伦．理论评价的客观性和历史性［J］．自然信息，1996（1－2）．

［102］钱长炎，胡化凯．赫兹对经典电磁理论发展的贡献及其影响［J］．物理，2003（9）．

［103］周义昌，李华钟．量子力学的一些几何效应［J］．物理学进展，1995（3）．

［104］郭汉英．酝酿中的变革——爱因斯坦之后的相对论物理［J］．自然辩证法通讯，1979（3）．

［105］P. A. M. 狄拉克．我们为什么信仰爱因斯坦［J］．曹南燕，译．自然科学哲学问题丛刊，1983（3）．

［106］张操．关于超光速问题研究的一种建议［J］．自然杂志，1978（8）．

［107］曹盛林，等．超光速运动及河外射电源的超光速膨胀［J］．北京：北京师范大学学

报，1996（2）.

[108] 李政道. 物理学的挑战（节选）［J］. 科学，2000，（3）.

[109] 曹文强，贺恒信. 系统结构动力学——探索宇宙进化动因的尝试［J］. 科学·经济·社会，1992（4）.

[110] 曹文强，贺恒信. 系统结构动力学（SSD）对基本量子现象的解释（Ⅰ）［J］. 甘肃科学学报，1996（2）.

[111] 曹文强，贺恒信. 系统结构动力学（SSD）对基本量子现象的解释（Ⅱ）［J］. 甘肃科学学报，1996（3）.

[112] 曹文强，贺恒信. 量子论的结构场解释与系统结构动力学方程的建立［J］. 甘肃科学学报，1996（4）.

[113] 曹文强，贺恒信. 系统结构动力学的科学统一性（Ⅰ）［J］. 甘肃科学学报，1996（1）.

[114] 曹文强，贺恒信. 系统结构动力学的科学统一性（Ⅱ）——自组织、进化、生命和意识［J］. 甘肃科学学报，1997（3）.

[115] 曹文强，王顺金，吴国华. 原子核物理学的巨大进展［J］. 核物理动态，1991（1）.

[116] 曹文强，王顺金，吴国华. 核物理的研究前沿与九十年代展望［J］. 核物理动态，1991（1）.

[117] Georgi Dvali. 冲出黑暗［J］. 科学，2004（4）.

[118] 吕家鸿. 对万有引力定律的一种可能的修正［J］. 中国科学技术大学学报，1984（1）.

[119] 吕家鸿. 修正牛顿三大定律，探索相对论的物理意义［J］. 自然辩证法研究，1987（6）.

[120] 吕家鸿. 从超光速和3K背景看牛顿时空观的统一［J］. 赣南师范学院学报，1989（2）.

[121] 曹文强. 论波粒两重性的物质性基础和粒子运动的非线性描述［J］. 武汉工程职业技术学院学报，2003（4）.

[122] 曹文强，刘波. 系统科学物质观变革的基础分析［J］. 系统辩证学学报，1996（2）.

[123] 董光璧. 定域隐变量理论及实验检验的历史和哲学讨论［J］. 自然辩证法通讯，1984（2）.

［124］罗嘉昌. 爱因斯坦定域性破坏的哲学意义［J］. 自然辩证法通讯，1988（1）.

［125］沈惠川. Born 是 Copenhagen 学派掌门人之一"关于量子力学发展早期的学派之争的评述"的评述［J］. 武汉工程职业技术学院学报，2003（4）.

［126］赵国求. 消除相对论与量子力学深层次矛盾的新进展［J］. 武汉工程职业技术学院学报，2004（2）.

［127］赵国求，曹文强. 测不准原理的物理意义［J］. 武钢大学学报，1996（1）.

［128］曹文强，赵国求［J］. 对量子力学完善性的质疑［J］. 武钢大学学报，1995（4）.

［129］曾谨言. 量子物理学百年回顾［J］. 物理，2003（10）.

［130］曹文强. 从量子力学与经典力学的相似性看量子体系的建立［J］. 大学物理，1991（6）.

［131］王顺金，曹文强. 从物理学的观点看系统科学和系统结构的层次性［J］. 自然辩证法研究，1992（2）.

［132］郝宁湘. 现代混沌学为"本体非决定论"提供了科学依据吗?［J］. 系统辩证学学报，1995（4）.

［133］曹文强. 由非线性粒子运动方程导出薛定锷方程［J］. 武汉工程职业技术学院学报，2004（1）.

［134］王兆强. "负熵成序"是一个错误的假说［J］. 自然辩证法学报，1989（21）.

［135］贺恒信，曹文强. 系统科学革命——物质观变革的基础［J］. 系统辩证学学报，1995（2）.

［136］徐才，郭凤海. 物质、能量和信息与人类智能的起源与本质［J］. 自然辩证法研究，1992（12）.

［137］R. W. 斯佩里. 分离大脑手术的一些结果（获诺贝尔奖讲话）［J］. 张尧官，等，译. 世界科学，1982（9）.

［138］邬焜. 相互作用、演化与信息［J］. 西北大学学报（哲社版），1991（增刊）.

［139］M. 艾根. 物质的自组织和生物高分子的进化［J］. 外国自然科学哲学摘译，1997（1）.

［140］Wiener N. *Cybernetics or Control and Communication in the Animal and the Machine*, John Willey & Sons. Inc. ，1949.

［141］C. E. Shannon, *A Mathematical Theory of Communication*, Bell System Tech. J. 27, pp. 359 –659，1948.

［142］L. Marder, *Time and the Space – Traveller*, Allen & Vnwin, Londn, 1971.

[143] E. Shrodinger, *What is life?*, Cambridge Press, 1967.

[144] H. Haken, *Synergetics*, 2nd, Springer – Verlug. Berlin, 1978.

[145] P. J. Bowler, *The Eclipse of Darwinism*, John Hophins University Press, 1983.

[146] Z. S. Huxley, *Evolution*, *The Modern Synthesis*, London: Allen & Unwin, 1942.

[147] Wilson E. O. , Sociobiology, Harvard University Press, 1975.

[148] A. Einstein, B. Podolsky and X. Rosen, *Phys. Rev.* , 47 (1935) 777.

[149] N. Bohr, *Phys. Rev.* , 48 (1935) 696.

[150] A. J. Aspect, J. Dajibard and G. Roger, *Phys. Rev.* Lett. , 49 (1982) 1804.

[151] D. Bohm, *Process Studies*, 8 (1978) 89.

[152] Y. Aharonov and D. Bohm, *Phys. Rev.* , 115 (1959) 485.

[153] Akira Tonomura, et al. , *Phys. Rev.* Lett. , 489 (1982) 1443; 59 (1986) 92.

[154] Jiancheng Wang, Jiahong Lu and Jianguo Cheng, "The Mechanism of Newton' Universal Gravi tation", *Twenty – Third Midwestern Mechanics Conference*.

[155] Cao Wenqiang, "Can Statistical Quantum Mechanical Description of Physical Reality Be Considered Perfect?" *Chinese Academic Forum* 5 (2005) 5.

[156] Cao Wenqiang, "Deducing the Schrodinger Equation from a Nonlinear Equation of Motion of Particle", *Chinese Academic Forum*, 4 (2005) 40.

[157] Ellis L. , The Decline and Fall of Socialogy , *American Socialogist*, 1977, V12, N2.

主要参考文献

后　记

　　和出版社签订了出版合同，知道这本书真的要出版了。此时，我可以说是百感交集，五味杂陈。我们的研究成果终于可以展现在世人面前了，我自然十分地欣喜。但同时，更多地是痛惜才华横溢且为本书耗尽半生心血的曹文强先生——他未能亲眼看到这本书的出版，未能亲自闻一闻这本书散发的醉人墨香就撒手而去了！

　　曹文强和我是同校同系同专业毕业的，他高我三届，是我的学长。"文化大革命"后我们各自辗转回到母校任教。他一直潜心于理论物理的研究，而我则"耐不住寂寞"，不久即转行去搞当时十分热门的管理学和系统科学去了。当然，我还和搞物理的人保持着密切的联系。大约是1991年吧，一个偶然的机会，曹文强同我谈起他不久前开启的一个研究方向是关于自然科学和社会科学相统一问题的。我对此也颇感兴趣，两人一拍即合，随即开始合作，并在1992年联名发表了该课题研究的第一篇文章。但随着研究的深入，困难接踵而来，我们仍然没有放弃。其间也合作或各自独立地零星发表过一些文章，只不过限于篇幅，无法把问题说清楚，并没有引起多大的反响。就这样十几年过去了。到2005年时，我们的研究已经成形，就想借爱因斯坦相对论发表100周年的机会写一本书，系统地阐述我们的观点（这就是为什么这本书有一个似乎和别的章节联系不太紧密的第一章的原因）。但写了一段时间后发现短期内根本无法完成这一任务。正在进退两难之际，得到了兰州大学科研处和教育部2007年度哲学社会科学研究后期资助项目的大力支持，这才于2008年年初写成了书稿，2008年3月底将书稿交到了出版社。后来，在责任编辑认真负责的运作下，今天本书终于得以顺利出版了。我们二十多年的心血总算没有白费，曹文强先生九泉之下有知，也终于可以瞑目了！

需要说明的是，本书的出版得到了中国科学院近代物理研究所研究员、博士生导师王琦的大力支持。王琦先生很负责任，花了将近一年的时间审读了全稿，写出了很中肯的审稿意见，甚至具体指出了某些需要修正的地方，我按照这些意见进行修改，使本书质量在总体上得到了提升。在此谨向王琦先生表示真诚的感谢。

还需要说明的一点是，本书篇幅较大，整体把握起来有一定的困难。所以写了一个"附录：有关本书的一些说明"，是关于本书结构、主体理论的作用和意义、立论基点等问题的简短说明，有兴趣的读者不妨看一看，可能会对读者理解本书有所裨益。

最后，再次对教育部社科司、兰州大学科研处、高等教育出版社，特别是编辑所提供的诚恳支持和帮助以及他们辛苦的工作表示真挚的谢意！缺少了诸位的努力，本书的出版就是不可能的。

贺恒信

2013 年 9 月 24 日于广东中山坦洲镇锦绣阳光花园小区

后记